5th Edition

통신이론

Communication Systems

An Introduction to Signals and Noise in Electrical Communication

McGraw-Hill Korea

| 5th Edition |

Carlson · Crilly

통신이론

홍대형 · 김기두 · 송상섭
윤동원 · 은창수 · 전태현 공역

Communication Systems

An Introduction to Signals and Noise in Electrical Communication

McGraw-Hill Korea

The **McGraw-Hill** Companies

McGraw-Hill Korea

COMMUNICATION SYSTEMS, fifth Edition

1 2 3 4 5 6 7 8 9 10 MH-KOREA 20 10

Original: Communication Systems, 5/e
By A. Bruce Carlson, Paul B. Crilly
ISBN 978-0-07-338040-7

Korean ISBN 89-6055-163-5 93560
978-89-6055-163-3

Printed in Korea

통신이론, 5/e

발 행 일 / 2010년 11월 10일 인쇄
저 자 / A. Bruce Carlson, Paul B. Crilly
역 자 / 홍대형, 김기두, 송상섭, 윤동원, 은창수, 전태현
발 행 인 / 채정태
발 행 처 / (주)한국맥그로힐
주 소 / 서울시 마포구 서교동 376-12 지우B/D 2F
전 화 / (02) 325-2351
등록번호 / 제 10-1734호(1999.3.29)

ISBN: 978-89-6055-163-3

판 매 처 / 한티미디어
문 의 / 02) 332-7993~4
가 격 / 34,000원

서 문

이 책은, 이전에 출간된 네 개의 판과 마찬가지로 전기전자 혹은 컴퓨터 공학 분야의 학부 과정 고학년 또는 대학원 과정 1학년 학생들을 위하여 쓴 통신 시스템 개론 교재이다.

처음에는 신호의 전송과 물리적인 시스템의 고유한 제한을 학습하여 통신에 대한 통합된 개념을 확립한다. 그런 다음에 아날로그 통신 시스템, 랜덤 신호와 잡음, 디지털시스템 그리고 정보이론을 학습한다.

수학적 기법이나 모델들이 이 책 전체에서 중요한 역할을 할 수밖에 없으나 공학적인 문맥에서는 항상 결과를 위한 수단으로 사용될 뿐이다. 많은 응용기술들이 실질적으로 중요하여 개념과 설계방법의 실례로서 포함되었다. 또 하드웨어적 고려 요소들이 다양한 통신 방식을 정당화하고, 관심을 고무하여, 다른 파생 분야와의 연결을 보일 목적으로 포함되었다.

예비지식

예비지식은 전기전자 혹은 컴퓨터 공학의 2~3년 과정을 이수한 정도로 가정하였다. 필수적인 예비지식은 미분방정식, 정상상태와 과도상태의 회로 해석, 그리고 전자공학의 기초 과목들이다. 수강생들은 또한 연산 증폭기, 디지털논리, 행렬 표기에 어느 정도 익숙해야 한다. 꼭 요구되는 것은 아니지만 선형 시스템의 분석, Fourier변환, 그리고 확률 이론에 대해 알고 있으면 도움이 될 것이다.

내용과 구성

제5판의 새로운 특징은 (a) 책의 웹사이트 www.mhhe.com/carlsoncrilly에서 사용가능한 추가된 MATLAB† 예제 및 응용문제와 연습문제; (b) 학습 내용에 대한 실제적인 적용, 학생의 문제해결능력의 향상 및 이론적 강화를 위하여 각 장의 마지막에 포함된 새로운 개념적 질문들; (c) 확장된 범위의 무선 통신과 무선 시스템의 도전에 대한 독자의 더 나은 평가를 위한 무선 전파에 대한 소개; (d) 직교 주파수 분할 변조 및 초광대역 시스템과 같

† MATLAB은 MathWoks Inc.의 등록된 상표임.

은 확장된 범위의 디지털 변조 시스템; (e) 확장된 범위의 대역 확산; (f) 무선통신망에 대한 논의; (g) 수학적 기호와 약어 목록에 대한 쉬운 참조 등을 포함하고 있다.

이 교재는 개정된 서론장 다음의 두 개의 장에서 기본적인 방법들을 다룬다. 그런 후에 이러한 방법들은 다음의 네 장에서 샘플링과 펄스 변조를 포함하여 아날로그 통신시스템에 적용된다. 확률, 불규칙 신호와 잡음은 그 다음의 세장에서 소개되고 또 아날로그 시스템에 적용된다. 부록의 한 장에서 따로 회로와 시스템의 잡음을 다룬다. 남은 여섯 개의 장은 디지털 통신과 정보 이론을 위하여 할당 되었는데, 여기에는 불규칙 신호에 대한 지식이 요구되고 또 부호화 된 펄스 변조를 포함한다.

학부과정에서는 별 선수과목 없이 모든 열여섯 개의 장을 일 년에 다룰 수 있을 것이다. 또는 아날로그 통신에 관한 한 학기 학부 강의를 처음 일곱 개의 장으로 구성할 수 있을 것이다. 만약 선형시스템과 확률이론이 선수 과목으로 다루어 졌다면, 뒷부분의 여덟 개의 장들의 대부분을 디지털 통신을 가르치는 학부 고학년 혹은 대학원 과정의 한 학기 과목에 포함시킬 수 있을 것이다.

각 장의 모듈식 구조는 강의를 상당히 다른 형식으로 구성할 수도 있도록 한다. 목차에는 주제의 선택을 위하여 꼭 미리 다루어져야 할 필요가 있는 부분들을 표시하였다.

강의 보조

첫 장 이후 각각의 장들은 학생들의 학습에 도움이 되는 학습 목표의 목록들을 포함하고 있다. 이장에는 또 몇 개의 예제와 응용문제들이 포함되어 있다. 응용문제들은 학생들이 내용에 제시된 새로운 과제들을 완벽하게 이해하는데 도움이 되도록 꾸며져 있으며 해답을 교재의 뒷부분에 수록하였다. 예제들은 학생들이 종종 어려워하는 개념들과 기술을 분명히 하는 것을 목적으로 선택되었다.

장의 끝에 수록된 연습문제들은 각 절로 구분되어 번호가 매겨져 있다. 여기에는 간단한 기본적인 처리와 계산을 하는 문제부터 고급 분석 및 설계 과제까지 있다. 연습문제 해답집은 출판사로부터 교수들에게만 제공된다.

학생들에게 도움을 주기 위하여 특별히 다음과 같은 몇 개의 인쇄상의 도구들을 사용하였다.

- 기술적인 용어들은 처음 사용되는 경우 굵은 글씨로 표기하였다.
- 식을 포함하지 않는 중요한 개념과 정리들을 상자 안에 보였다.
- 연습문제 번호의 *표시는 책의 뒷부분에 답이 제시되어 있음을 나타낸다.
- ‡표시는 더 도전적인 문제들을 나타낸다.

편리하게 참고 할 수 있도록 책의 뒷부분에 변환 쌍들, 수학적인 관계, 확률 함수를 포함하는 표들을 수록하였다.

통신 시스템 공학자들은 많은 약어를 사용하고 있다. 그래서 통상적인 약어들과 그것의 의미를 색인에 포함시켰다. 또한 공통적으로 사용되는 수학 기호들도 목록에 추가되었다.

온라인 자원들

본 책에 수반되는 웹사이트는 www.mhhe.com/carlsoncrilly이고 새로운 MATLAB 문제들 외에도 컴퓨터 네트워크(TCP/IP) 및 데이터 암호화에 대한 내용을 포함하고 있다. 또한 보충 목록이나 참고문헌의 형태로 주석된 서지목록 등을 포함한다. 완벽한 해답지나 파워 포인트 강의자료, 영상 라이브러리는 온라인으로 교수들에게만 제공된다. 웹사이트에 대한 추가적인 정보는 판매처에서 제공할 것이다.

전자 교재

본 책은 CourseSmart를 통해 교수와 학생 모두에게 제공된다. CourseSmart는 학생이 온라인 책을 대략 반값으로 구입할 수 있도록 해주는 온라인 자원으로 e교재를 구입하면 학생은 CourseSmart의 학습을 위한 웹 도구를 사용할 수 있다. 웹 도구는 전문검색, 메모 및 강조, 학우간의 메모 공유를 위한 이메일 도구를 포함한다. CourseSmart의 내용에 대해서 더 알고 싶다면 판매처에 문의하거나 www.CourseSmart.com을 방문하면 된다.

감사의 글

나는 전판에 기여한 많은 분들에게 은혜를 입었다. 의견을 주고 장서를 사용하게 해준 Marshall Pace, Seddick Djouadi, Aly Fathy 교수와 지원을 아끼지 않은 Tennessee 대학교 전기공학과와 컴퓨터 과학과, 본문 작성을 도와준 Ms. Judy Evans, Ms. Dana Bryson, Messrs. Robert Armistead, Jerry Davis, Matthew Smith, Tobias Mueller에게 감사를 드린다.

또한 훌륭한 의견을 제시해 준 다음의 검토자들에게 감사를 드린다. Ali Abdi, *New Jersey Institute of Technonlogy,* Venkatachalam Anantharam, *University of California-Berkeley,* Nagwa Bekir, *California State University-Northridge,* Deva K. Borah, *New Mexico State Univeresity,* Sohail Dianat, *Rochester Institute of Technology,* David C. Farden, *North Dakota State University,* Raghvendra Gejji, *Western Michigan University,* Chiristoforos Hadjicostis, *University of Illinois,* Dr. James Kang, *California State Polytechnic University-Pomona,* K.R. Rao, *University of Texas at Arlington,* Jitendra K. Tugnait, *Auburn University.*

나의 친구들 Ms. Anissa Davis, Mrs. Alice LaFoy, Drs. Stephen Derby, Samir ElGhazaly, Walter Green, Melissa Meyer, John Sahr와 나의 형제 Peter Crilly의 격려에 감사를 드리며, 그리고 나의 자녀들 Margaret, Meredith, Benjamin, Nathan Crilly의 격려와 유머에 감사를 드린다. 특별히 많은 시간을 들여 본 책을 검토해준 Oak Ridge 국립연구소의 Dr. Stephen Smith에게 감사를 드린다. 또한 교수로서의 역할모델이 되어주신 Dr. Lonnie Ludeman에게 감사를 드리기 원한다. 마지막으로 나는 나의 학업을 지속하고 대학원에서 통신시스템을 연구할 수 있도록 내 안에 열정과 의욕을 창조한 故 A. Bruce Carlson에게 은혜를 입었음을 밝힌다.

Paul B. Crilly

역자 약력

- 홍대형 서강대학교 교수
- 김기두 국민대학교 교수
- 송상섭 전북대학교 교수
- 윤동원 한양대학교 교수
- 은창수 충남대학교 교수
- 전태현 서울산업대학교 교수

역자서문

지난 20여 년 동안 통신공학 분야의 기술은 획기적으로 발전해 왔다. 특히 이동 및 무선통신과 인터넷을 중심으로 새로운 시스템 및 서비스들이 개발되고 성공적으로 도입되었다. 이동전화 및 초고속인터넷은 거의 전 국민이 자유스럽게 사용하고 있고 이러한 성공을 통하여 국제적으로도 'IT 강국'으로 인정받게 되었다. 이러한 성공에는 새로운 기술의 개발 및 적용이 크게 기여했다. 예를 들면, 이동전화에서는 폭발적으로 늘어나는 가입자를 수용하는데 CDMA 디지털 방식의 도입이 결정적으로 기여했다. 또, 국가적으로 초고속인터넷을 위한 정보통신망을 구축하는 데는 xDSL 및 케이블 모뎀 기술이 경제적이고 효율적으로 가입자 회선을 구축하는데 적용되어, 결과적으로 일반 가정에서도 높은 전송속도로 인터넷을 포함한 고속의 데이터 서비스를 활용하고 즐길 수 있게 되었다. 또 새로운 개념의 이동/무선 인터넷 WiBro를 우리기술과 국제협력을 통해 개발하였으며 결국 3G 국제 표준의 하나로 인정을 받았다. 이 기술의 발전된 형태는 차세대 이동통신인 4G 국제 표준의 하나로 제안되어 현재 ITU-R에서 표준화 과정이 진행 중이다. 또 이동 단말용 방송통신 기술인 DMB가 개발되고 상용화되었으며, IPTV에서 m-IPTV로, 또 3D 방송 등 새로운 서비스를 위한 새로운 기술들이 계속해서 개발되고 상용화 되고 있다.

통신공학은 유선, 무선, 적외선, 광을 포함한 모든 통신 및 방송 관련 기술을 이해하는데 필수적인 전자 및 정보통신공학의 기본 과목으로 관련 분야의 고급 과목을 수강하고 고급 기술을 이해하는데 필요한 필수 과목이다. 한편 관련 기술 및 분야가 매우 다양해지고 넓어지고 있어 모든 주제들을 폭 넓게, 또 충분히 신도있게 다루는 것이 점점 어려워지고 있는 실정이다. 이러한 시점에 새로운 기술적 발전을 잘 반영하면서도 여전히 필요한 기본 기술들을 충실히 다루고 있는 본서의 개정판이 발간된 것은 매우 유익한 일이다.

통신공학 분야에서는 다양한 교재들이 국내에 소개되어 있다. 이들은 모두 통신공학 교재로서는 정평이 있는 책들이다. 그러나 본서는 이들 중에서도 1968년 초판이 발간된 이후 개정을 거듭해 와서 가장 역사가 깊을 뿐만 아니라 가장 널리 사용되어온 책이기도 하다. 특히 이번에 제5판으로 개정되어 출간된 이 교재는 다른 교재와 비교하여 몇 가지 두드러진 장점들을 지니고 있다.

우선 최신 기술들이 추가되었으며 통신공학 관련 최신 주제들을 빠짐없이 폭넓게 다루고 있다. 이번 개정판에는 OFDM, UWB, 대역 확산, 이동/무선 통신망, 무선 전자파 전파 등의 내용이 추가되거나 개정되었다. 또한 학습을 돕기 위한 주요 도구인 MATLAB을 이용하여 학습 효과를 높일 수 있도록 관련 예제 및 응용/연습 문제들이 추가되었다. 이러한 새로운 기술들을 광범위하게 다루면서도 각 주제의 기술적 심도를 적절히 조절하고 또 통신공학의 기본 원리 및 주제를 여전히 충실히 다루어 전체적으로 균형을 잘 유지하였다. 결과적으로 점점 복잡해지고 있는 방송통신 시스템 및 관련 기술을 쉽게 습득할 수 있도록 구성하였다.

또 위에 언급한 기술들 외에도 다수의 응용 예들을 추가하여 개념을 이해하고 실제적인 중요성을 인식하는데 도움이 되도록 하였다. 각 장마다 다룰 내용의 개요와 학습목표를 제시하고 주요 개념 및 정리들을 상자 안에 표기하여 독자들의 이해를 돕도록 하였다. 특히 학습 내용에 대한 이론적 이해도 제고와 이를 응용한 문제해결 능력의 향상에 도움이 되도록 각 장의 마지막에 새로운 개념의 질문들이 추가되었다.

또 본문에서 사용된 수학적 기호와 약어들을 목록으로 정리하여 쉽게 참조할 수 있도록 하였으며, 주제 별로 더욱 심도 있는 연구를 위한 참고문헌을 소개하여 추후 연구를 위한 지침을 효과적으로 제시하고 있다. 이 책에는 훌륭한 예제와 다양한 연습문제가 각 장마다 많이 수록되어 있다. 학습하는데 있어서 적절한 예제와 연습문제만큼 중요한 것은 없을 것이다. 그러므로 학생들이 이 책을 통하여 통신공학의 기본 개념을 잘 소화할 수 있을 것으로 기대되어 다행스럽기 그지없다. 전체적으로 저자의 오랜 교육 경험이 잘 반영되어 있어 이전 판이나 다른 교재들에 비하여 수준이 한 단계 높아진 훌륭한 교재이다.

이 책의 원저는 이해하기 쉽고 평이하게 기술되었으면서도 저자들의 문장력이 돋보이는 책이다. 그런데 역자들이 최선을 다 하였지만 번역을 통해서 이 책의 특색과 장점이 훼손되지나 않았는지, 또 중대한 오류라도 범하지나 않았는지 걱정이 앞선다. 학생들이 아무쪼록 이 책을 충분히 활용하여 통신공학을 더 잘 이해하고 또 응용할 수 있다면 이보다 더 큰 위안은 없을 것이다. 그리고 이 책이 출판되기까지 물심양면으로 애써주신 McGraw-Hill Korea 관계자 여러분께 깊은 감사를 드린다. 또 역자들을 옆에서 도와준 대학원 연구실의 조교들께도 감사한다.

2010년 10월

역자 일동

약어 목록

1X EV-DO	evolution data optimized one time (3세대 이동통신 표준중 하나의 이름)
1G, 2G, 3G	first-, second- and third-generation wireless phones (1세대, 2세대, 3세대 이동통신)
3GPP	third-generation partnership project (3세대 이동통신 표준화 단체)
AC	alternating current (교류)
ACK	positive acknowledgment (긍정 응답)
ADC	analog-to-digital converter (아날로그-디지털 변환기)
ADSL	asynchronous DSL (비대칭 DSL)
AFC	automatic frequency control (자동 주파수 조절)
AGC	automatic gain control (자동 이득 조절)
AM	amplitude modulation (진폭 변조)
AMI	alternate mark inversion (교호 부호 반전)
AMPS	Advanced Mobile Phone Service (북미 방식 1세대 아날로그 이동전화 표준)
APK	amplitude-phase shift keying (진폭-위상 전위 변조)
ARQ	automatic repeat request (자동 재전송 요구)
ASK	amplitude-shift keying (진폭-전위 변조)
ASCII	American Standard Code for Information Interchange (미 정보 교환용 표준 부호)
AVC	automatic volume control (자동 크기 조절)
AWGN	additive white gaussian noise (가산성 백색 가우스 잡음)
BER	bit error rate or bit error probability (비트오류율, 비트오류확률)
BJT	bipolar junction transistor (이극 접합 트랜지스터)
BPF	bandpass filter (대역 통과 필터)
BPSK	binary PSK (이진 PSK)
BSC	binary symmetric channel (이진대칭채널)
CCD	charge-coupled devices (전하-결합 소자)
CCIR	International Radio Consultative Committee (국제 무선통신 자문위원회)

CCIT	International Telegraph and Telephone Consultative Committee of the Internationals Union (국제연합의 국제 전신전화 자문위원회)
CD	compact disc (콤팩트 디스크)
CDF	cumulative distribution function (누적 분포 함수)
CDMA	code-division multiple access (부호분할 다원접속)
CIRC	cross-interleave Reed-Solomon error control code (교차 인터리브 리드-솔로몬 오류제어부호)
CNR	carrier-to-noise ratio (반송파 대 잡음비)
CPFSK	continuous-phase FSK (연속위상 FSK)
CPS	chips per second (초당칩수)
CRC	cyclic redundancy code or cyclic reduncancy check (순회 잉여 부호, 순환적 잉여 체크)
CSMA	carrier sense multiple access (반송파 감지 다원접속)
CVSDM	continuously variable slope delta modulation (연속 가변 경사 델타 변조)
CW	continuous-wave (연속파)
DAC	digital-to-analog converter (디지털-아날로그 변환기)
dB	decibels (데시벨)
dBm	decibel milliwatts (데시벨 밀리와트)
dBW	decibel watts (데시벨 와트)
DC	direct current, or direct conversion(receiver) (직류, 또는 직접 변환(수신기))
DCT	discrete cosine transform (이산 코사인 변환)
DDS	direct digital synthesis (직접 디지털 합성)
DFT	discrete Fourier transform (이산 푸리에 변환)
DLL	delay-locked loop (지연-동기 루프)
DM	delta modulation (델타 변조)
DPCM	differential pulse-code modulation (차분 펄스 부호 변조)
DPSK	differentially coherent PSK (차분 동기 PSK)
DSB or DSB-SC	double-sideband-suppressed carrier modulation (반송파 억압 양측파대 변조)
DSL	digital subscriber line (디지털 가입자 회선)
DSM	delta-sigma modulator (델타-시그마 변조기)
DSP	digital signal processing or digital signal processor (디지털 신호 처리 또는 디지털 신호 처리기)
DSSS or DSS	direct-sequence spread-spectrum (직접-수열 대역-확산)
DTV	digital TV(디지털 TV)
EIRP	effective isotropic radiated power (유효 등방성 방사전력)
EV-DV	evolution, data, and voice (3세대 이동통신 표준중 하나의 이름)

FCC	Federal Communications Commission (USA) (미국 연방 통신 위원회/연방통신위원회(미국))
FDD	frequency-division duplex (주파수 분할 이중)
FDM	frequency-division multiplexing (주파수 분할 다중화)
FDMA	frequency-division multiple access (주파수 분할 다원접속)
FDX	full duplex (양방향)
FEC	forward error correction (순방향 오류 정정)
FET	field effect transistor (전계 효과 트랜지스터)
FFT	fast Fourier transform (고속 푸리에 변환)
FHSS	frequency-hopping spread-spectrum (주파수 도약 대역 확산)
FM	frequency modulation (주파수 변조)
FOH	first order hold (일차유지)
FSK	frequency-shift keying (주파수 전위 변조)
GMSK	gaussian filtered MSK (가우시안 필터링된 MSK)
GPRS	general packet radio system (유럽방식 2세대 이동통신 표준중 하나의 이름)
GPS	global positioning system (위성 위치 확인 시스템)
GSM	Group Special Mobile, or Global System for Mobile Communications (유럽방식 2세대 이동통신 표준의 이름)
HDSL	high bit rate DSL (고속 디지털 가입자 회선)
HDX	half duplex (반 양방향)
HDTV	high definition television (고해상도 TV)
HPF	highpass filter (고역 통과 필터)
Hz	hertz (헤르츠)
IDFT	inverse discrete Fourier transform (역 이산 푸리에 변환)
IFFT	inverse fast Fourier transform (역 고속 푸리에 변환)
IF	intermediate frequency (중간 주파수)
IMT-2000	international mobile telecommunications-2000 (3세대 이동통신 전체의 명칭)
IP	internet protocol (인터넷 프로토콜)
IS-95	Interim Standard 95 (북미방식 2세대 이동통신 표준의 이름)
ISDN	integrated services digital network (종합정보 통신망)
ISI	intersymbol interference (심볼간 간섭)
ISM	industrial, scientific, and medical (산업, 과학, 의학)
ISO	International Standards Organization (국제표준조직)
ITU	International Telecommunications Union (UN 산하 국제 표준화 기구의 명칭)
JFET	junction field-effect transistor (접합 전계 효과 트랜지스터)
kHz	kilohertz (킬로 헤르츠)
kW	kilowatt (킬로 와트)

LAN	local area network (근거리 통신망)
LC	inductor/capacitor resonant circuit (인덕터/커패시터 공진 회로)
LO	local oscillator (국부 발진기)
LOS	line of sight (가시선)
LPC	linear predictive code (선형 예측 부호화)
LPF	lowpass filter (저역 통과 필터)
LSSB or LSB	lower single-sideband modulation (하측 단측파대 변조)
LTI	linear time-invariant systems (선형 시불변 시스템)
MA	multiple access (다원접속)
MAI	multiple access interference (다원접속 간섭)
MAP	maximum a posteriori (최대 사후 확률)
MC	multicarrier modulation (다중 반송파 변조)
MHz	megahertz (메가 헤르츠)
MMSE	minimum means-squared error (최소 평균 제곱 오차)
modem	modulator/demodulator (변조기/복조기)
MPEG	motion picture expert group (영상 압축 표준화 단체)
MSK	minimum shift keying (최소 전위 변조)
MTSO	mobile telephone switching office (이동 전화 교환국)
MUF	maximum useable frequency (최대 사용가능 주파수)
MUX	multiplexer (다중화기)
NAK	negative acknowledgment (부정 응답)
NAMPS	narrowband advanced mobile phone service (협대역 AMPS)
NBFM	narrowband frequency modulation (협대역 주파수 변조)
NBPM	narrowband phase modulation (협대역 위상 변조)
NET	network (통신망)
NF	noise figure (잡음 지수)
NIST	National Institute of Standards and Technology (미국 국립표준기술연구소)
NRZ	nonreturn-to-zero (영점 비복귀)
NTSC	National Television System Committee (국가 텔레비전 시스템 위원회)
OFDM	orthogonal frequency-division multiplexing (직교 주파수 분할 다중화)
OFDMA	orthogonal frequency-division multiple access (직교 주파수 분할 다원접속)
OOK	on-off keying (온-오프 변조)
OQPSK	offset quadrature phase shift keying (오프셋 4위상 전위 변조)
OSI	open systems interconnection (국제표준화기구(ISO)에서 개발한 모델 이름)
PAM	pulse-amplitude modulation (펄스 진폭 변조)
PAR	peak-to-average ratio(power) (최대전력 대 평균전력 비율)

PCC	parallel concatenated codes (병렬 연접 부호)
PCM	pulse-code modulation (펄스 부호 변조)
PCS	personal communications systems or services (개인 휴대 통신)
PD	phase discriminator (위상 변별기)
PDF	probability density function (확률 밀도 함수)
PEP	peak envelope power (최대 포락선 전력)
PLL	phase-locked loop (위상 동기 루프)
PM	phase modulation (위상 변조)
PN	pseudonoise (의사 잡음)
POT	plain old telephone (보통의 기존 전화)
PPM	pulse-position modulation (펄스 위치 변조)
PRK	phase reverse keying (위상 반전 변조)
PSD	power spectral density (전력 스펙트럼 밀도)
PSK	phase shift keying (위상 전위 변조)
PWM	pulse width modulation (펄스 폭 변조)
QAM	quadrature amplitude modulation (직교 위상 진폭 변조)
QoS	quality of service (서비스 품질)
QPSK	quadriphase PSK (4위상 전위 변조)
RC	time constant: resistance-capacitance (시정수: 저항-캐퍼시턴스)
RF	radio frequency (무선 주파수)
RFC	radio frequency choke (무선 주파수 초크)
RFI	radio frequency interference (무선 주파수 간섭)
RMS	root mean squared (제곱 평균의 제곱근)
RS	Reed-Solomon (리드-솔로몬)
RV	random variable (랜덤 변수)
RZ	return-to-zero (영점 복귀)
SDR	software-defined radio (소프트웨어 구현 라디오)
SIR	signal-to-interference ratio (신호 대 간섭 비)
S/N, SNR	signal-to-noise ratio (신호 대 잡음 비)
SDSL	symmetrical DSL (대칭 디지털 가입자 회선)
SONET	Synchronous Optical Network (동기식 광 네트워크)
SS	spread-spectrum (대역 확산)
SSB	single-sideband modulation (단측파대 변조)
SX	simplex (단방향)
TCM	trellis-coded modulation (트렐리스 부호화 변조)
TCP/IP	transmission control protocol/Internet protocol (전송 제어 프로토콜/인터넷 프로토콜)
TDD	time division duplex (시간 분할 양방향)
TDM	time-division multiplexing (시간 분할 다중화)
TDMA	time-division multiple access (시간 분할 다원접속)

TH	time-hopping (시간 도약)
THSS	time-hopping spread-spectrum (시간 도약 대역 확산)
TH-UWB	time-hopping ultra-wideband (시간 도약 초광대역)
TR	transmit reference (전송 기준)
TRF	tuned RF receiver (동조 RF 수신기)
UHF	ultrahigh frequency (극초단파)
UMTS	universal mobile telecommunications systems, or 3G (유럽방식 3세대 이동통신 표준의 이름)
USSB or USB	upper single-sideband modulation (상측 단측파대 변조)
UWB	ultra-wideband (초광대역)
VCC	voltage-controlled clock (전압 제어 클록)
VCO	voltage-controlled oscillator (전압 제어 발진기)
VDSL	very high-bit DSL (초고속 디지털 가입자 회선)
VHDL	VHSIC(very high speed integrated circuit) hardware description language (초고속 집적회로 설계 자동화용 하드웨어 기술 언어)
VHF	very high frequency (초단파)
VLSI	very large-scale integration (초대규모 집적 회로)
VOIP	voice-over-Internet protocol (인터넷 전화 프로토콜)
VSB	vestigial-sideband modulation (잔류 측파대 변조)
W	watts (와트)
WBFM	wideband FM (광대역 FM)
WCDMA	wideband code division multiple access (광대역 부호 분할 다원접속)
WiLan	wireless local area network (무선 근거리 통신망)
WiMAX	Worldwide Interoperability for Microwave Access (광대역 무선 접속기기 표준화 및 인증 단체 이름)
Wi-Fi	Wireless Fidelity, or wireless local area network (무선 근거리 통신망 기기 인증 단체 이름)
WSS	wide sense stationary (광의 정적)
ZOH	zero-order hold (영차 유지)

수학적 기호 목록

A, A_c	amplitude constant and carrier amplitude constant (진폭 상수, 반송파 진폭 상수)
A_e	aperture area (구경 면적)
A_m	tone amplitude (톤 진폭)
$A_v(t)$	envelope of a BP signal (대역통과 신호의 포락선)
B	bandwidth in hertz(Hz) (대역폭)
B_T	transmission bandwidth, or bandwidth of a bandpass signal (전송대역폭, 대역통과신호의 대역폭)
C	channel capacity, bits per second, capacitance in Farads, or check vector (채널 용량, 초당 비트 수, 패럿으로 표시한 정전 용량, 또는 체크 벡터)
$C_{vw}(t_1, t_2)$	covariance function of signals $v(t)$ and $w(t)$ (두 신호의 공분산)
D	deviation ratio, or pulse interval (편이율 또는 펄스 간격)
DR	dynamic range (동작 범위)
$DFT[\ ]$, $IDFT[\ ]$	discrete and inverse discrete Fourier transform (이산 또는 역이산 푸리에 변환)
E	error vector (에러 벡터)
E, E_1, E_0, E_b	signal energy, energy in bit 1, energy in bit 0, and bit energy (신호 에너지)
$E[\ ]$	expected value operator (기대값 연산자)
$F_X(x)$	cumulative distribution function of X (누적 분포 함수)
$F_{XY}(x, y)$	joint cumulative distribution of X and Y (X와 Y의 누적 분포 함수)
G	generator vector (생성 벡터)
$G_x(f)$	power spectral density of signal $x(t)$ (신호 $x(t)$의 전력 스펙트럼 밀도)
$G_{vw}(f)$	cross-spectral density functions of signals $v(t)$, $w(t)$ (신호 $v(t)$와 $w(t)$의 상호 스펙트럼 밀도 함수)
$H(f)$	transfer or frequency-response function of a system (시스템의 전달 함수 또는 주파수 응답 함수)
$H_C(f)$	channel's frequency response (채널의 주파수 응답)
$H_{eq}(f)$	channel equalizer frequency response (채널 등화기의 주파수 응답)
$H_Q(f)$	transfer function of quadrature filter (직교 필터의 전달 함수)
IR	image rejection (영상 제거)

$J_n(\beta)$	Bessell function of first kind, order n, argument β (변수가 β인 제 1 종 n차 베셀 함수)
L, L_{dB}	loss in linear and decibel units (선형 및 데시벨 단위로 표시한 손실)
L_u, L_d	uplink and downlink losses (상향, 하향 손실)
M	numerical base, such that $q = M^v$ or message vector ($q = M^v$와 같은 수식의 밑수, 메시지 벡터)
N_D	destination noise power (최종단 잡음 전력)
N_R	received noise power (수신 잡음 전력)
N_0	power spectral density or spectral density of white noise (백색 잡음의 전력 스펙트럼 밀도 또는 스펙트럼 밀도)
NF, or F	noise figure (잡음 지수)
$N(f)$	noise signal spectrum (잡음 신호 스펙트럼)
P	power in watts (와트 단위로 표시한 전력)
P_c	unmodulated carrier power (변조되지 않은 반송파 전력)
$P(f)$	pulse spectrum (펄스 스펙트럼)
P_e, P_{e0}, P_{e1}	probability of error, probability of zero error, probability of 1 error (오류 확률)
P_{be}, P_{we}	probability of bit and word errors (비트 오류 확률, 워드 오류 확률)
P_{out}, P_{in}	output and input power(watts) (출력 및 입력 전력(와트))
P_{dBW}, P_{dBmW}	power in decibel watts and milliwatts (dBW 및 dBmW 단위로 표시한 전력)
P_{sb}	power per sideband (측파대 당 전력)
$P(A)$, $P(i, n)$	probability of event A occurring and probability of i errors in n-bit word (사건 A가 발생할 확률, n개의 비트 중 i개의 오류가 발생할 확률)
$Q[\ ]$	gaussian probability function (가우시안 확률함수)
R	resistance in ohms (옴 단위로 표시한 저항)
$R(\tau)$	autocorrelation function for white noise (백색 잡음의 자기 상관 함수)
R_c	code rate (부호화율)
$R_v(t_1, t_2)$	autocorrelation function of signal $v(t)$ (신호 $v(t)$의 자기 상관 함수)
$R_{vw}(t_1, t_2)$	cross-correlation function of signals $v(t)$ and $w(t)$ (신호 $v(t)$와 $w(t)$의 상호 상관 함수)
S_T	average transmitted power (평균 전송 전력)
S_X	message power (메시지 전력)
S/N, $(S/N)_R$, $(S/N)_D$	signal-to-noise ratio (SNR), received SNR, and destination SNR (신호 대 잡음 비, 수신 신호 대 잡음 비, 최종단 신호 대 잡음 비)
S_D	destination signal power (최종단 신호전력)
S_R	received signal power (수신 신호 전력)
T_b	bit duration (비트 지속 시간)
T_0, T	repetition period (반복 주기)
T_c	chip interval for DSSS (DSSS의 칩간격)
T_s	sample interval or period (샘플 간격 혹은 샘플 주기)

$V_{bp}(f)$	frequency domain version of a bandpass signal (대역통과 신호의 주파수 영역 표현)
W	message bandwidth (메시지 대역폭)
X	code vector (코드 벡터)
X, Y, Z	random variables (랜덤 변수)
Y	received code vector (수신 코드 벡터)
$X(f), Y(f)$	input and output spectrums (입력 및 출력 스펙트럼)
$X_{bp}(f)$	bandpass spectrum (대역통과 스펙트럼)
a_k	kth symbol (k번째 심볼)
a_n, b_n	trigonometric Fourier series coefficients (삼각함수형 푸리에 급수계수)
c	speed of light in kilometer per second (초당 킬로미터 단위로 표시한 빛의 속도)
c_n	*n*th coefficient for exponential Fourier series, or transversal filter weight (지수형 푸리에 급수의 계수 또는 가로형 필터의 계수)
c_n^{k+1}	$(k+1)$th estimate of the *n*th tap coefficient (*n*번째 탭 계수의 $(k+1)$번째 예측)
$c(t)$	output from PN generator or voltage-controlled clock (PN 생성기 혹은 전압 제어 클록의 출력)
d	physical distance (물리적 거리)
$d_{\min}$	code distance (코드 거리)
f	frequency in hertz (헤르츠 단위로 표시한 주파수)
$f(t)$	instantaneous frequency (순시 주파수)
f_c	carrier or center frequency (반송파 주파수, 중심 주파수)
f_c'	image frequency (영상(影像) 주파수)
f_d	frequency interval (주파수 간격)
f_{IF}	intermediate frequency (중간 주파수)
f_{LO}	local oscillator frequency (국부 발진기 주파수)
f_k, f_n	discrete frequency (이산주파수)
f_m	tone frequency (톤 주파수)
f_Δ	frequency deviation constant (주파수 편이 상수)
f_0	center frequency (중심 주파수)
f_s	sample rate (샘플링율)
g, g_T, g_R	power gain and transmitter and receiver power gains (전력이득, 송신기 전력이득, 수신기 전력이득)
g_{dB}	power gain in decibels (dB) (dB 단위로 나타낸 전력이득)
$h(t)$	impulse-response function of a system (시스템의 임펄스 응답 함수)
$h_C(t)$	impulse-response function of a channel (채널의 임펄스 응답 함수)
$h_k(t), h_k(n)$	impulse-response function of *k*th portion of subchannel (*k*번째 부 채널의 임펄스 응답 함수)
$h_Q(t)$	impulse-response function of a quadrature filter (직교 필터의 임펄스 응답 함수)
Im[x] and Re[x]	imaginary and real components of x (x의 허수 및 실수 성분)
j	imaginary number operator (허수화 연산자)

l	length in kilometers (킬로미터 단위의 길이)
m	number of repeater sections (중계기 부분들의 수)
m_k, $\hat{m}_k$	actual and estimated k message symbol (k번째 메시지의 실제심벌과 추정심벌)
$n(t)$	noise signal (잡음 신호)
$p(t)$	pulse signal (펄스 신호)
$p^0(t)$, $p^1(t)$	gaussian and first-order monocycle pulses (가우시안 펄스, 1차 모노사이클 펄스)
$\widetilde{p}_n$	output of transversal filter's nth delay element (가로 필터의 n번째 지연 요소 출력)
$\widetilde{p}(t)$	input to equalizing filter (등화 필터의 입력)
$p_{eq}(t_k)$	output of an equalizing filter (등화 필터의 출력)
$p_X(x)$	probability density function of X (랜덤 변수 X의 확률 밀도 함수)
$p_{XY}(x)$	joint probability density function of X and Y (X 및 Y의 결합 확률 밀도 함수)
q	number of quantum levels (양자화 레벨의 수)
r, r_b	signal rate, bit rate (신호율, 비트율)
$s(t)$	switching function for sampling (샘플링에서의 스위칭함수)
$s_0(t)$, $s_1(t)$	inputs to multiplier of correlation detector (상관 검파기의 곱셈기로의 입력)
$\mathrm{sgn}(t)$	signum function (시그넘 함수)
t	time in seconds (초 단위로 표시한 시간)
t_d	time delay in seconds (초 단위로 표시한 시간 지연)
t_k	kth instant of time (k번째 시각)
t_r	rise time in seconds (초 단위로 표시한 상승 시간)
$u(t)$	unit step function, or output from rake diversity combiner (단위 계단파 함수, 또는 레이크 다각화 결합기의 출력)
v	number of bits (비트수)
$v(t)$	input to a detector (검파기 입력)
$v_k\ (t)$	kth subcarrier function (k번째 부반송파 함수)
$\langle v(t) \rangle$	average value of$v(t)$ ($v(t)$의 평균값)
$v_{bp}(_t)$	time-domain expression of a bandpass signal (대역통과 신호의 시간 영역 표현)
$w^*(t)$	complex conjugate of $w(t)$ ($w(t)$의 복소수 켤레)
$\hat{x}$	Hilbert transform of x, or estimate of x (x의 힐버트 변환, 또는 x의 추정값)
$x(t)$, $y(t)$	input and output time functions (입력 및 출력 시간 함수)
$x(t)$	message signal (메시지 신호)
$x(k)$, $x(kT_s)$	sampled version of $x(t)$ ($x(t)$의 이산 신호)
$X(n)$	discrete Fourier transform of $x(k)$ ($x(k)$의 이산 푸리에 변환)
$x_b(t)$	modulated signal at a subcarrier frequency (부반송파 주파수에서의 변조된 신호)
$x_c(t)$	modulated signal (변조된 신호)
$x_q(k)$	quantized value for kth value of x (x의 k번째 값의 양자화값)
$y(t)$	detector output (검파기 출력)

$x_k(t)$, $y_k(t)$	subchannel signal (부채널 신호)
$y_D(t)$	signal at destination (수신측의 신호)
$z_m(t)$	output of matched filter or correlation detector (정합필터 출력 또는 상호상관 검파기 출력)
α	loss coefficient in decibels per kilometer, or error probability (킬로미터당 데시벨 단위의 손실계수, 에러확률)
γ	baseband signal to noise ratio (기저대역 신호 대 잡음 비)
γ, γ_{TH}	threshold signal to noise ratio (baseband) (문턱 신호 대 잡음비)
$\gamma_b = E_b/N_0$	bit energy signal-to-noise ratio (신호 비트 에너지 대 잡음 비)
δ	incremental delay (지연증가분)
$\delta(t)$	unit impulse, or Dirac delta function (단위임펄스, Dirac 델타함수)
$\varepsilon(t)$, ε, ε_k	error, increment, and quantization error (오류, 증가분, 양자화 오류)
Δ	quantization step size (양자화 스텝 크기)
λ	wavelength, meters, or time delay (파장, 거리, 또는 시간 지연)
μ	modulation index, or packet rate (변조 지수, 또는 패킷률)
σ	standard deviation (표준 편차)
σ_Y, σ_Y^2	standard deviation and variance of Y (랜덤변수 Y의 표준편차, 분산)
τ	pulse width, or time constant (펄스폭 또는 시정수)
ϕ	phase angle (위상각)
$\phi(t)$	instantaneous phase (순시 위상)
ϕ_Δ	phase deviation constant (위상 편이 상수)
$\phi_v(t)$	phase of a BP signal (대역통과 신호의 위상)
ω_c	carrier frequency in radians per second (초당 라디안 단위로 표시한 반송파 주파수)
ω_m	tone frequency in radians per second (초당 라디안 단위로 표시한 톤 주파수)
$\Pi(t/\tau)$	rectangular pulse (구형 펄스)
$\Lambda(t/\tau)$	triangle pulse (삼각 펄스)
L	Laplace operator (라플라스 연산자)
$\mathcal{F}$, $\mathcal{F}^{-1}$	Fourier transform operator and its inverse (푸리에 변환 연산자, 푸리에 역변환 연산자)
$*$	convolution operator (컨벌루션 연산자)
$\mathfrak{T}$, $\mathfrak{T}_0$, $\mathfrak{T}_N$	noise temperatures (잡음 온도)

차 례

제 1 장

서론

개 요

“Attention, the Universe! By kingdom, right wheel!” 이 예언적 문구는 1838년 Samuel F. B. Morse가 최초로 16 km 정도의 거리를 송신한 기록된 전신 메시지다. 이 사건으로 인하여 전기에 의한 새로운 통신시대가 열렸다고 해도 과언이 아니다. 약 150년이 지난 지금, 통신공학은 지구에 있는 TV(television) 시청자들이 우주에서 일어나는 우주 비행사들을 볼 수 있는 시점까지 진보하였다. 전화기, 라디오 그리고 텔레비전은 근대 생활의 필수품으로 자리를 잡았고 장거리 회선은 텍스트, 데이터, 음성 그리고 영상 등을 싣고 전 세계로 뻗어가고 있다. 대륙 간의 통신망을 시용하여 컴퓨터와의 통신이 기능하며 우리의 집에 있는 모든 가전제품들을 조정할 수 있다. 무선 통신 단말기는 우리가 어디에 있든지 상관없이 가능한 통신수단을 연결시켜 준다. Morse의 시대 이후 도약이 이루어졌음이 틀림없으며 다가올 수십 년은 통신공학 분야에 수많은 업적의 도래를 알릴 것이 확실하다. 이 교재는 전기적 통신 시스템의 분석 방법, 설계 원리, 그리고 고려되는 하드웨어 등을 소개하며 각 장은 전망을 확립하는 설명적인 개요를 제공한다.

1.1 통신 시스템의 구성과 제한

통신 시스템은 발생지에서 멀리 떨어진 목적지까지 정보를 운반한다. 통신 시스템의 적용 분야는 매우 다양하므로 모든 종류를 전부 열거할 수 없으며 특정 시스템의 각 세부 사항을 자세하게 설명 할 수도 없다. 일반적인 시스템은 다양한 요소들로 구성되어 있고 이러한 요소들은 회로, 전자, 전자기, 신호 처리, 마이크로프로세서 그리고 통신망과 같은 일반적인 전기공학의 전반적인 분야를 포함한다. 또한 통신 시스템을 작은 요소로 쪼개어 설명하는 것은 통신 시스템이 작은 요소들의 합을 능가하는 통합체임을 모호하게 하는 것이다.

따라서 우리는 좀 더 일반적인 시각에서 접근을 할 것이다. 모든 통신 시스템은 **정보를 전송**한다는 가장 기본적인 기능을 갖고 있다는 것을 상기하고 전기적인 형태의 정보를 운송하는 이론과 문제에 국한할 것이다. 이러한 점들이 광범위한 분야의 적용에 가능하도록 설계의 방법과 분석이 심도 있게 검토될 것이다. 따라서 본 교재에서는 통신 수단을 **시스템**으로 고려하겠다.

정보, 메시지 그리고 신호

정보의 개념이 통신의 핵심임을 의심할 여지는 없지만 정보란 명확함을 거부하는 철학적 개념과 의미를 내포하는 단어들의 조합이기도 하다. 따라서 이해의 어려움을 피하기 위해 발생지에서 생성된 정보의 물리적인 표시를 의미하는 메시지를 대신 사용한다. 통신 시스템의 목적은 송신된 **메시지**가 어떠한 형태이든지 수신기에서 사용이 가능한 형태로 재생시키는 일이다.

정보의 근원은 기계와 사람처럼 다양한 종류가 존재하며 메시지 또한 많은 형태로 생성된다. 그럼에도 불구하고 메시지를 **아날로그와 디지털**이라는 두 가지 형태로 구분하는데 이러한 분류는 성공적인 통신을 위한 기준이 된다.

아날로그 메시지는 물리적 양이 시간에 따라 변하며 그 형태가 매끄럽고 연속적이다. 말을 할 때 발생되는 음향의 압력, 자이로 항공기의 각의 위치, 텔레비전 영상의 빛의 밝기 등이 아날로그 메시지의 예다. 아날로그 메시지가 시간에 따라 변하는 파형에 존재하

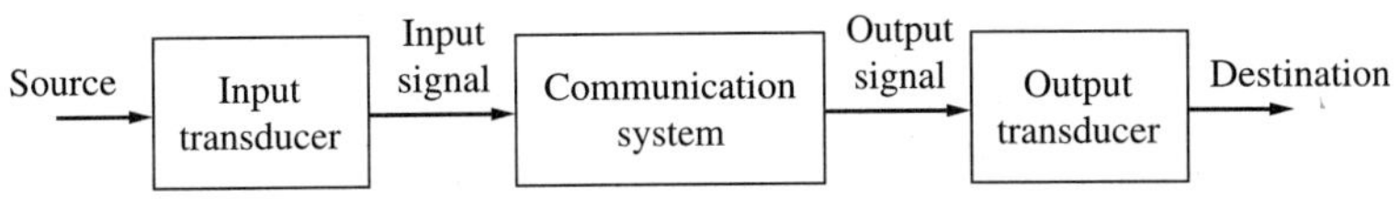

그림 1.1-1
입출력의 변환기를 포함한 통신 시스템.

므로 아날로그 통신 시스템은 특정한 **충실도의 범위**를 만족하도록 파형을 전달해야 한다.

디지털 메시지는 이진 요소들의 유한 집합으로부터 구성된 기호들의 정렬된 수열이다. 이 면에 새겨진 글자, 매 시간 변하는 온도의 수치, 컴퓨터 키보드의 자판 등이 디지털 메시지의 예이다. 정보가 이진 기호로 이루어져 있으므로 디지털 통신 시스템은 명확히 정의된 시간에 특정한 **정확도**의 범위에 만족하도록 기호를 전달해야 한다.

아날로그나 디지털에 관계없이 소수 메시지의 근원은 본질적으로 전기적인 특성을 갖는다. 따라서 대부분의 통신 시스템들은 그림 1.1-1에서 설명되는 것처럼 입력과 출력의 **변환기**를 포함하고 있다. 입력 변환기는 메시지를 전압 또는 전류와 같은 전기적 신호로 변환시키며 출력 변환기는 출력 신호를 원하는 메시지의 형태로 변환시킨다. 예를 들면 음성 통신 시스템의 입력 변환기는 마이크이며 출력 변환기로 스피커가 쓰인다. 이제부터 적합한 변환기가 존재한다는 사실을 가정하고 **신호를 전송**한다는 목적에 초점을 맞추자. 본 교재는 메시지도 신호처럼 물리적으로 형상화된 정보이므로 **신호**와 **메시지**가 번갈아 사용된다.

통신 시스템의 구성 요소

그림 1.1-2는 변환기가 제거되었지만 원치 않는 요소들이 추가된 통신 시스템의 구성요소를 나타낸다. 송신기, 통신 채널 그리고 수신기는 통신 시스템의 필수요소이며 각 요소는 신호를 전송할 때 다음과 같은 특정한 역할을 한다.

송신기는 입력된 신호를 송신 채널의 특성에 알맞은 신호로 바꾸어 준다. 통신에 필요한 신호 처리로는 언제나 **변조**와 **부호화**가 수반된다.

통신 채널은 송신 측과 수신 측을 연결하는 전선, 동축케이블, 라디오 전파 또는 레이저빔과 같은 전기적인 매체이다. 따라서 모든 채널은 약간의 통신 **손실** 또는 **감쇠**가 발생되며 특히 전송 거리가 멀수록 신호의 전력이 점차적으로 감소된다.

수신기는 채널을 통과한 신호를 목적지의 변환기에 전달하는 역할을 담당한다. 수신기는 송신에서 발생된 손실을 보상하는 **증폭**과 **복조** 그리고 송신기에서 수행된 신호 처리의

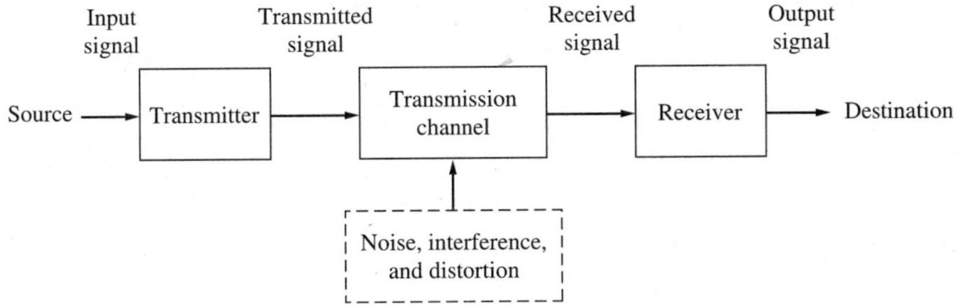

그림 1.1-2
통신 시스템의 구성 요소들.

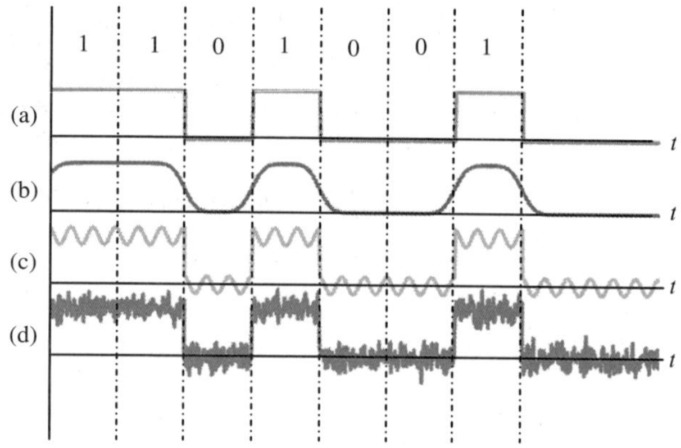

그림 1.1-3
신호 1101001을 전송할 때 신호의 일그러짐: (a) 송신기에서 발생된 원 신호, (b) 왜곡의 영향, (c) 간섭의 영향, (d) 잡음의 영향.

역순을 담당하는 **복호화** 등을 포함한다. **필터링** 또한 수신기의 중요한 기능 중 하나이다.

원치 않는 다양한 영향은 신호를 전송하는 과정에서 발생된다. 감쇠는 수신기에서 신호의 **세기**를 감소시키며 더욱 심각하게 영향을 끼치는 요소로는 왜곡, 간섭, 그리고 잡음 등이 있는데 이들은 신호의 형태나 스펙트럼으로 표현된다. 비록 이러한 악영향은 어느 곳에서나 발생할 수 있지만 이상적인 송신기와 수신기를 고려할 때 모든 책임이 채널로 전가되는 것이 일반적인 관례이며 그림 1.1-2가 이러한 관행을 나타낸다. 그림 1.1-3a는 송신기에서 발생된 이상적인 1101001 이진 코드의 그래프이다. 신호의 값을 정의하는 모서리를 주의 깊게 보자. 그림 1.1-3b-d는 각각 왜곡, 간섭, 잡음에 의한 신호의 일그러짐을 보여준다.

왜곡은 시스템의 불완전한 반응으로 인한 파형의 동요이다. 잡음과 간섭과는 달리 신호를 끄면 왜곡이 사라진다. 만약 채널이 선형적이지만 왜곡된 반응을 나타낸다면 등화기라 불리는 특별한 필터를 사용하여 왜곡을 교정하거나 최소한 줄일 수 있다.

간섭은 송신기, 고압선 또는 교환 회로와 같은 인위적인 요인으로부터 발생되는 이질적인 신호에 의한 오염이다. **간섭**은 라디오 시스템에서 자주 발생되며 이는 수신 안테나에 항상 같은 시간에 다양한 신호가 수신되기 때문이다. 라디오 주파수 간섭(RFI, Radio Frequency Interference)은 케이블 시스템에서 주로 나타나며 통신선 또는 수신 회로가 위치한 부근의 발생지로부터 신호를 포착할 때 나타난다. 적절한 필터를 사용하면 원하는 신호의 주파수 영역 이외의 신호를 제거할 수 있다. 부호 분할 다원 접속(code division multiple access, CDMA)방식을 적용한 시스템을 예외로 하고, 적절한 필터링은 원하는 신호와 다른 대역의 주파수를 차지하고 있는 간섭 신호를 제거할 수 있다.

잡음은 시스템의 내부와 외부에서 발생되는 불규칙적이고 예측하기 어려운 전기적인 신호이다. 정보를 포함한 신호에 이처럼 불규칙적인 신호가 추가되면 메시지는 부분적으로 손상을 입거나 모두 삭제되기도 한다. 필터링이 이러한 잡음의 오염을 줄여 주지만 완벽하게 없애지는 못한다. 따라서 잡음은 근본적인 시스템의 제한 중 하나이다.

마지막으로 그림 1.1-2는 한방향 혹은 **단방향**(SX; Simplex) 전송을 보여준다. 물론 쌍방향 통신은 양쪽 모두에 송신기와 수신기가 필요하다. **양방향**(FDX; Full Duplex) 시스템은 동시에 양쪽 방향으로 송신이 가능한 채널을 나타내며 **반 양방향**(HDX; Half Duplex) 시스템은 각 방향으로 송신이 가능하나 동시에는 불가능하고 차례로 가능하다.

근본적 제한들

통신 시스템을 설계하는 공학도는 두 가지 종류의 제한에 직면하게 되며 그 중 하나가 사용이 가능한 하드웨어, 경제적인 요소 그리고 연방 규정과 같은 다양한 종류의 **기술적인 문제들**이다. 실질적으로 이러한 제한을 완벽하게 해결할 수는 없지만 이론적으로 이러한 문제점을 해결할 수 있다. 또 다른 제약은 자연의 법칙과 같은 **물리적인 근본적 제한들**이다. 이러한 제약들은 기술적인 문제들과 상관없이 무엇이 수행 가능한지를 가늠한다. 전기적 매체를 이용하여 정보를 전송할 경우 **대역폭**과 **잡음**이 근본적인 제한들이다.

대역폭은 **속도**의 단위 개념으로 신호와 시스템에 모두 적용된다. 신호가 시간에 따라 급격하게 변하면 주파수 성분인 **스펙트럼**은 넓은 범위에 분포하며 따라서 신호가 넓은 대역폭을 갖는다고 말한다. 유사하게 신호의 변화에 따르는 시스템의 능력을 사용 가능한 주파수 응답 또는 **전송 대역폭**이라 한다. 모든 전기적 시스템은 에너지를 저장하는 요소들로 구성되며 축적된 에너지는 순간적으로 변할 수 있다. 따라서 모든 통신 시스템은 신호의 변화를 나타내는 비율을 제한하는 유한한 대역폭 B를 갖는다.

실시간 통신을 하려면 충분한 통신 대역폭이 필요하지만 그렇지 못할 경우 심각한 왜곡이 발생된다. 따라서 텔레비전 영상신호를 전송하기 위하여 수 메가 헤르츠의 대역폭이 필요하며 상대적으로 낮은 변화율을 갖는 음성신호는 $B \approx 3$ kHz가 적당하다. 초당 r개의 부호를 갖는 디지털 신호의 경우 $B \geq r/2$의 대역폭이 필요하다. 실시간 전송이 요구되지 않는 통신의 경우 사용이 가능한 대역폭이 신호의 최고 속도를 결정한다. 따라서 정보를 전송할 때 소요되는 시간은 B에 반비례한다.

잡음은 정보를 전송할 때 발생되는 두 번째의 제한에 해당하며 과연 잡음이 불가피한가라는 질문의 해답을 역학이론에서 찾을 수 있다. 절대온도 0도 보다 높은 온도에서 열에너지는 미세한 입자들의 불규칙한 운동을 유발시킨다. 또한 전자와 같이 충전된 입자들의 불규칙 운동은 열잡음이라 불리는 불규칙한 전류와 전압을 생성한다. 물론 다른 종류의 잡음도 있지만 모든 통신 시스템에는 **열잡음**이 나타난다.

정보를 전달하는 신호와 잡음을 **신호 대 잡음의 전력비율**인 S/N(signal-to-noise power ratio)으로 측정한다. 일반적으로 열잡음의 전력은 아주 작아 큰 S/N값으로 인하여 잡음은 무시가 될 수 있다. 하지만 S/N값이 작은 경우 잡음은 아날로그 통신의 충실도에 영향을 주며 디지털 통신의 경우 오류를 발생시킨다. 이 현상은 장거리 회선에서 특히 심하게 나타나며 이는 전송 손실이 수신 신호의 전력을 잡음의 수준까지 떨어뜨리기 때문이다. 수신기에서 사용되는 증폭은 신호와 함께 잡음도 증폭하므로 큰 도움이 되지 않는다.

이러한 제한들을 고려한 Shannon(1948)[†]은 정보의 전송 속도가 아래와 같은 **채널 용량**을 넘을 수 없음을 밝혔다.

---

† 본문에서 사용되는 참고는 이러한 형식으로 표기된다. 완전한 인용구는 www.mhhe.com/carlsoncrilly의 참고란에 알파벳 순서로 기재되었다.

$$C = B \log_2 (1 + S/N) = 3.32\, B \log_{10} (1 + S/N)$$

Hartley-Shannon의 법칙이라 불리는 이 관계식은 주어진 대역폭과 신호 대 잡음 비율을 고려한 통신 시스템의 최대 성능의 범위를 설정한다. 이 법칙에서는 잡음이 임의의 가우시안 분포를 가지고 정보가 임의로 부호화 되었다는 것을 가정함에 주의하자.

1.2 변조와 부호화

변조와 부호화는 정보의 전송을 효율적이고 안정적으로 수행하는 과정이므로 상세히 다룰 필요성이 있으며 이어지는 여러 장들에서 변조와 부호화 방법을 설명한다.

변조 방법들

변조는 메시지 신호를 나타내는 **변조 신호**와 특별한 응용에 사용되는 **반송파**와 같이 두 종류의 파형을 수반한다. 변조기는 변조 신호의 변화에 대응하여 반송파를 체계적으로 바꾸며 결과적으로 변조된 파형은 메시지 정보를 운송하게 된다. 일반적으로 변조는 가역적인 과정이며 **복조**라는 과정을 통하여 메시지를 복원할 수 있다.

그림 1.2-1은 아날로그 변조 신호 (a)와 이에 대응하는 **정현** 반송파의 진폭을 조정하여 얻은 변조된 파형 (b)의 일부를 나타낸다. 이 방법은 라디오 방송과 같은 응용에 사용되는 진폭 변조(AM; Amplitude Modulation)와 유사하다. 또한 메시지 신호는 정현 반송파에 싣는 방법에 따라 주파수 변조(FM; Frequency Modulation)와 위상 변조(PM; Phase Modulation)가 가능하며 정현 반송파를 사용하는 모든 방법들을 **연속파** 변조(CW;

그림 1.2-1

(a) 변조 신호; (b) 사인함수를 이용한 진폭 변조; (c) 진폭 변조의 펄스 열 반송 신호.

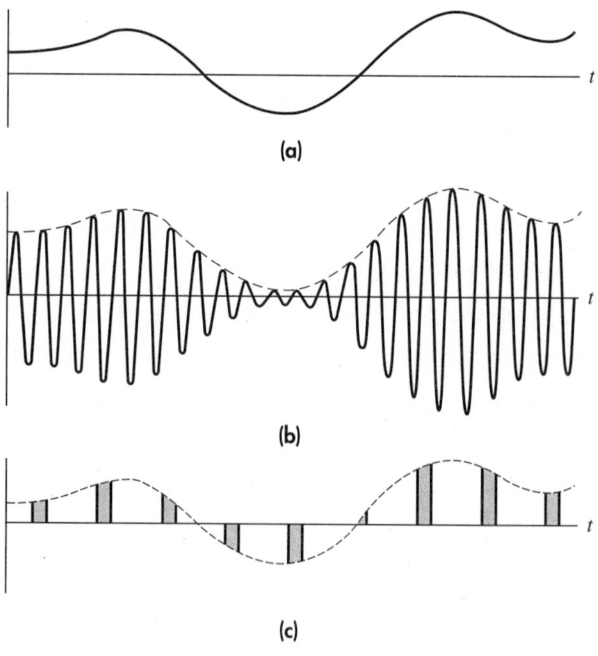

Continuous-Wave)라 한다.

사실 우리의 몸은 말을 할 때마다 CW 변조기의 역할을 한다. 성대에서 생성된 반송음성은 구강의 근육운동으로 반송음성이 변조되고 대기를 통하여 전송된다. 따라서 귀를 통하여 감지된 음성신호는 AM 신호와 유사한 변조된 음파이다.

대부분의 장거리 통신 시스템은 변조 신호가 갖는 가장 큰 주파수 보다 높은 반송주파수를 이용하는 CW 변조를 사용하며 변조된 신호의 스펙트럼은 반송 주파수의 주변에 밀집된 형태의 분포를 갖는다. 따라서 CW 변조방식은 **주파수 천이**를 초래한다. 예를 들어 AM 방송의 경우 메시지의 주파수가 100 Hz~5 kHz이고 반송 주파수가 600 kHz인 경우 변조된 반송 신호는 595~605 kHz의 주파수 대역을 갖는다.

펄스 변조라 불리는 또 다른 변조방법은 주기적인 짧은 펄스의 열을 반송파로 사용하며 그림 1.2-1c는 펄스 진폭 변조(PAM; pulse amplitude modulation)의 파형을 나타낸다. 그림에서 알 수 있듯 PAM 파형은 아날로그 신호로부터 축출된 짧은 샘플로 구성된다. **샘플링**은 중요한 신호 처리 기법이며 일정한 조건을 충족하면 주기적인 샘플들로부터 파형을 완벽하게 **복원**할 수 있다.

하지만 펄스 변조방식 자체만으로는 효율적인 신호전송에 필요한 주파수 천이를 제공하지 못한다. 따라서 일부 송신기는 펄스 변조와 CW 변조 방식을 조합하여 사용하며 다른 변조방식들은 **부호화**를 겸한 펄스 변조방식을 사용한다.

변조의 이익과 응용

통신 시스템에서 변조의 근본목적은 전송채널의 특성에 적합하게 변조된 신호를 생성하는 일이다. 하지만 변조를 통해 얻을 수 있는 몇 가지 실용적인 이득과 응용분야가 있다.

효율적인 전송을 위한 변조. 일정한 거리 이상 신호를 전송할 경우 특정 전송 매체를 사용하든 아니든 항상 전자기파의 이동이 사용된다. 특정한 전송기법의 효율은 전송된 신호의 주파수에 좌우된다. CW 변조방식의 주파수-천이 특성을 살펴보면 원하는 전송방법에 따라 반송파의 주파수를 선택하여 메시지 정보에 적용된다.

예를 들어 효율적인 가시거리 무선전파는 신호 파장의 최소 1/10에 해당하는 물리적인 길이의 안테나가 요구된다. 100 Hz대의 주파수 성분을 갖는 변조되지 않은 오디오 신호의 경우 안테나의 길이 300 km 정도가 필요하다. 또한 100 MHz로 변조된 FM방송인 경우 약 1 m 정도의 실용적인 길이의 안테나가 필요하다. 100 MHz보다 낮은 주파수의 경우 적당한 크기의 안테나를 사용하며 더 나은 효율을 가지는 전파 방식들이 있다.

참고로 그림 1.2-2는 신호의 전송에 적합한 전자기의 스펙트럼을 보여주며 자유공간 파장, 주파수대 명칭, 전형적인 전송 매체와 전파방식을 설명한다. 또한 미연방통신위원회(FCC)의 승인을 얻은 대표적인 응용분야도 설명한다. 미국의 전체 주파수 할당 내역에 대한 내용은 http://www.ntia.doc.gov/osmhome/chap04chart.pdf에서 확인 할 수 있다. 주목할 점은 FCC가 모든 주파수 대역 중 산업적(industrial), 과학적(scientific), 의학적(medical) 목적을 위한 주파수 대역을 할당 한 것이다(ISM band). 이 대역에서는 전자레인지와 같은

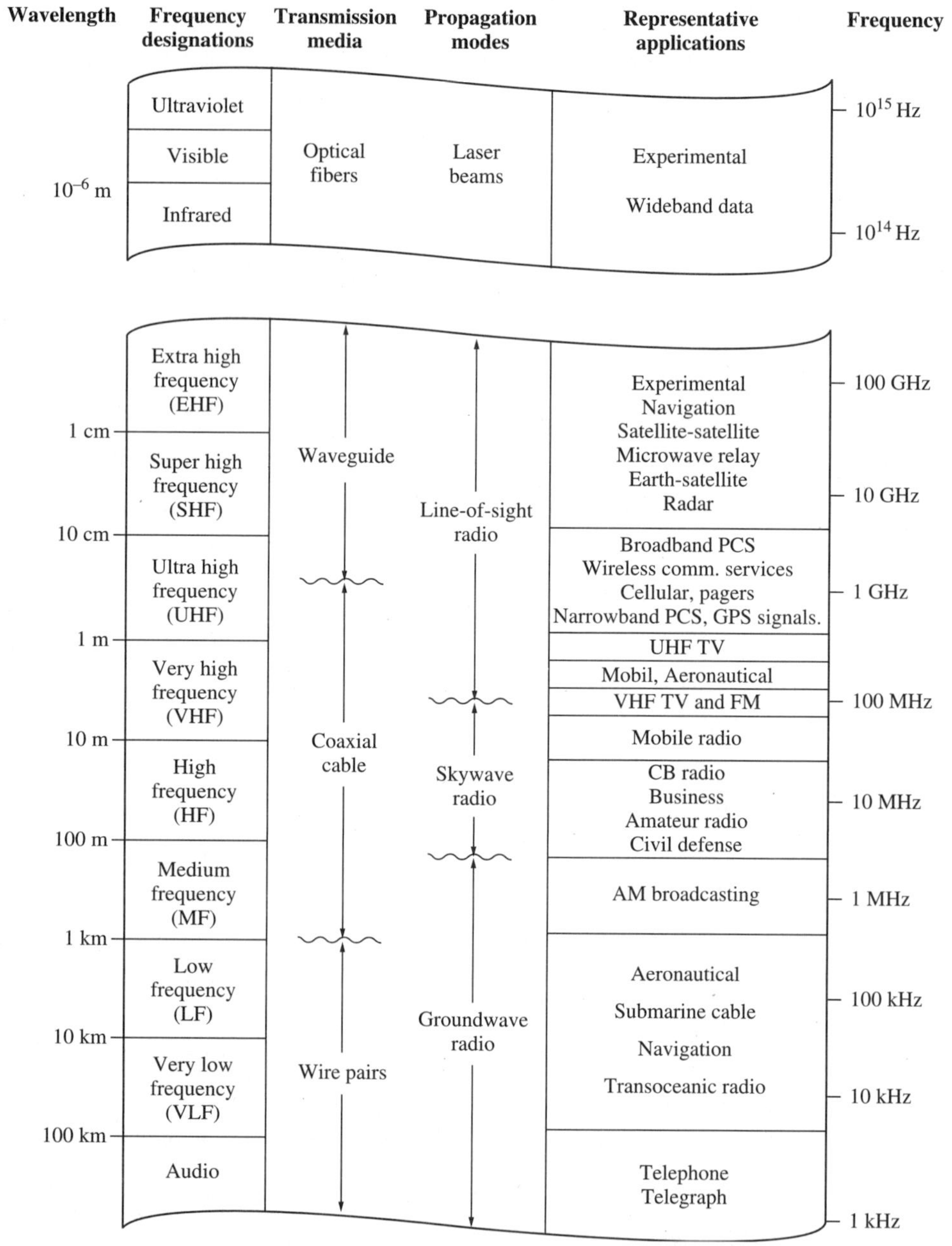

그림 1.2-2

전자기 스펙트럼.*

* 미연방정부의 국가표준기술기구(National Institute of Standard and Technology, NIST)는 시간과 주파수 표준을 각각 60 kHz와 2.5, 5, 10, 15, 20 MHz로 방송한다.

일상적인 방사체를 포함하여 다양한 산업적, 의학적 또는 실험적인 송신 기기의 전력전송이 제한적으로 허용된다.† ISM 대역의 기기들은 반드시 다른 ISM 기기로 부터의 전파 간섭을 용인할 수 있어야 한다.

하드웨어 제한의 극복을 위한 변조. 통신 시스템의 설계는 사용이 가능한 하드웨어와 가격

† ISM 대역의 중심 주파수는 6.789 MHz, 13.560 MHz, 27.120 MHz, 40.68 MHz, 915 MHz, 2.45 GHz, 5.8 GHz, 24.125 GHz, 61.25 GHz, 122.5 GHz, and 245 GHz.

의 제약을 받으며 하드웨어의 성능은 사용되는 주파수에 따라 결정된다. 변조는 설계자에게 하드웨어 제한을 극복할 수 있는 주파수 영역으로 신호를 옮길 수 있게 해 준다. 이때 관심을 가져야 하는 것은 절대 주파수를 중앙 주파수로 나눈 값으로 정의되는 **비율대역폭**(fractional bandwidth)이 1−10퍼센트로 유지되면 하드웨어 비용과 복잡도가 최소화된다는 사실이다. 송신기와 수신기에 사용되는 변조기가 바로 비율대역폭을 고려한 부분이다.

또한 넓은 대역폭을 갖는 신호는 높은 주파수의 반송파로 변조되어야 한다. Hartley-Shannon의 법칙에 따르면 정보의 속도는 대역폭에 비례하므로 높은 정보 속도에는 높은 반송파 주파수가 필요하다. 예를 들어, 5 GHz 마이크로파 시스템은 500 kHz 무선 채널을 사용할 때 보다 10,000배 많은 정보를 수용할 수 있다. 전자기파 스펙트럼 중 더 높은 광 레이저 빔은 TV 채널보다 1000만 배에 해당하는 대역폭을 갖는다.

잡음과 간섭을 줄이기 위한 변조. 간섭이 줄어들 때까지 신호의 전력을 높이는 방법은 잡음과 간섭을 해결하기 위한 쉬운 방법이지만 경제적인 부담과 장비의 손상을 유발시킨다(초기의 대서양 횡단 케이블 중 일부가 사용가능한 수신 신호를 만들려다가 높은 전압으로 파괴되었다). 다행히도 FM을 포함한 다른 종류의 변조방법은 잡음과 간섭을 억제시키는 소중한 특성을 갖고 있다.

이러한 특성은 **광대역 잡음 감소**라 불리며 그 이유는 변조신호의 대역폭보다 훨씬 큰 전송 대역폭을 사용하기 때문이다. 따라서 광대역 변조는 설계자에게 신호의 전력을 줄이는 대신 대역폭을 늘일 수 있도록 허용하며 이는 Hartley-Shannon의 법칙에서 적용된 교환 관계이기도 하다. 하지만 높은 반송파 주파수는 광대역 변조를 수행을 위해 필요한 부분이기도 하다.

주파수 할당을 위한 변조. 라디오나 텔레비전 수신기를 특정한 방송국에 맞추는 과정은 특정 시간에 수많은 신호 중 하나의 신호를 선택하는 일이다. 사실 각 방송국은 서로 다른 반송파 주파수를 사용하므로 원하는 신호를 필터링을 사용하여 다른 신호들로부터 구분할 수 있다. 변조를 사용하지 않을 경우 한 방송국 당 하나의 수신 지역이 정해지며 그렇지 않는다면 두 개 이상의 방송국에서 전송된 신호가 뒤섞이는 간섭이 발생될 것이다.

다중화를 위한 변조. 다중화는 하나의 채널을 통해 동시에 전송을 할 수 있도록 서로 다른 신호를 결합하는 방법이다. **주파수 분할 다중화**(FDM; Frequency Division Multiplexing)는 CW 변조 방법을 사용하여 각 신호를 서로 다른 반송파 주파수에 할당하며 수신기의 필터가 각 신호를 분리한다. **시간 분할 다중화**(TDM; Time-Division Multiplexing)는 펄스 변조를 사용하여 중첩되지 않은 시간 슬롯은 다른 신호의 샘플이 사용한다. 예를 들면 그림 1.2-1c에 표현된 펄스간의 공백은 다른 신호의 샘플들로 채워질 수 있다. 그 다음 수신측의 교환 회로는 신호의 복원을 위한 샘플을 검출한다. FM 스테레오 방송, 케이블 TV, 장거리 전화 등에 다중화 기법이 사용된다.

다중화의 변형으로 **다원 접속**(MA; Multiple Access)이 있다. 다중화는 주파수 스펙트럼과 같은 공유 통신 자원을 특정 지점에서 고정적으로 할당하는 반면 MA는 통신 자원을 멀리 떨어져 나누어 사용한다. 예를 들면 **부호 분할 다원 접속**(CDMA; Code Division Multiple Access)은 각 디지털 이동전화 사용자들에게 고유의 부호를 설정하며 개별적인 통신은 송신자와 수신자간의 부호의 상관관계에 의하여 구분이 된다. CDMA 기술을 사용하면 다른 사용자가 같은 주파수 대역을 동시에 사용할 수 있으므로 통신측면에서의 효율을 높이는 또 다른 방법을 제공한다.

부호화 방법과 이득

변조는 효율적인 전송을 위한 신호 처리의 과정이라 설명을 하였다. **부호화**는 디지털 또는 이산 기호 형태의 정보를 전송할 때 효율을 증대시키는 기호처리의 방법이며 변조와 부호화 모두 신뢰할 수 있는 장거리 디지털 전송에 필요하다.

부호화는 디지털 메시지를 새로운 부호의 수열로 변환하며 **복호화**는 부호화된 수열을 전송 시 유발되는 약간의 오류가 포함된 상태로 원래의 메시지로 전환시킨다. 컴퓨터나 $M \gg 2$ 부호인 다른 디지털 정보원을 고려해 보자. 이 정보원을 부호화하지 않고 전송할 경우 부호 당 하나의 파형이 필요하므로 모두 M개의 다른 파형을 사용한다. 대신 각 부호를 K개의 **이진수를 포함하는 부호워드**로 표현해 보자. 이진수 K를 이용하여 2^K개의 부호워드의 표현이 가능하므로 M진의 정보 부호를 부호화하기 위하여 부호워드 당 $K \geq \log_2 M$개의 이진수가 필요하다. 만약 정보원이 초당 r개의 부호를 생성한다면 이진부호는 초당 Kr개의 이진수가 그리고 통신 대역폭은 부호화되지 않은 신호 대역폭의 K배의 대역폭이 필요하다.

확장된 대역폭을 사용하면 M진의 정보 부호의 이진 부호화는 두 가지 장점을 제공한다. 첫째, 두 가지 다른 파형으로 혼합된 신호를 다루므로 필요한 하드웨어가 단순하다. 둘째, 원하지 않는 잡음은 M개의 다른 파형으로 혼합된 신호보다 이진신호에 영향을 덜 주므로 잡음으로 인한 오류 또한 적어진다. 따라서 이러한 부호화방법은 광대역 잡음 제거를 위한 필수적인 디지털 기법이다. 단, 각각 다른 M개의 파형이 서로 다른 주파수를 가지고, 다른 공간에서 송신 되거나 직교한다면 위의 규칙에서 예외가 발생할 수도 있다.

채널 부호화는 잡음이 심한 채널에서 신뢰도를 높이기 위하여 의도적으로 만들어지는 여분을 사용하는 기법이다. **오류 제어 부호화**는 광대역 잡음 제어에 사용된다. 각 이진 부호워드에 추가적인 **검사 비트**를 삽입하여, 발생되는 대부분의 오류를 탐지하거나 교정한다. 오류제어 부호화는 대역폭과 하드웨어의 복잡도를 높이지만 낮은 신호 대 잡음 비에서는 오류가 거의 없는 디지털 통신을 가능하게 한다.

이제 다른 근본적인 시스템 제한인 대역폭을 살펴보자. 많은 통신 시스템이 전송을 목적으로 전화망을 사용한다.

이 전송 시스템의 대역폭은 수십 년 전에 정해진 설계사양에 따라 제한되어 있으므로 데이터 전송 속도를 높이기 위해서는 신호의 대역폭을 줄여야만 한다. 고속모뎀(데이터 변조기/복조기)이 이러한 데이터의 축소가 요구되는 응용 중 하나이다. **신호원 부호화** 기법은 효율적인 부호화를 위하여 정보 신호의 통계적인 특성을 이용한다. 따라서 신호원 부호화는 원하는 효율을 얻기 위하여 잉여정보를 줄인다는 측면에서 채널 부호화와 이원적으로 고려될 수 있다.

마지막으로, 디지털 부호화의 이점은 **펄스 부호 변조**(PCM; Pulse-Code Modulation)와 같은 아날로그에서 디지털로의 변환기법을 사용하면 아날로그 통신에도 적용될 수 있다. PCM 신호는 아날로그 메시지의 샘플링, 샘플의 계수화, 그리고 부호화의 과정을 거쳐 생성된다. 디지털 통신의 신뢰성, 다용도성, 그리고 효율성을 고려할 때 PCM은 아날로그 통신을 위한 중요한 방법이 되었다. 또한 고속 마이크로프로세서와의 결합에 의해 아날로그 기능을 **디지털 신호 처리**로 대체하는 것도 PCM에 의해 가능해졌다.

1.3 무선 채널에서 전자기파의 전파

100여 년 전 마르코니(Marconi)는 북미와 유럽 간 최초의 무선통신을 성공시켰다. 오늘날 무선통신은 주로 유비쿼터스 휴대형 전화기, 무선 컴퓨터 네트워크, 개인용 통신 기기, 무선 센서 등의 보다 좁은 의미로 정의된다.

광파와 같이 라디오 신호는 본래 직진성을 가진다, 따라서 가시선(line-of-sight, LOS)을 벗어나는 전달을 위해서는 파동의 굴절이 필요하다. 지구가 구형이므로 실제적인 LOS 통신은 대략 48 km 또는 30 마일정도가 되며 이것은 지형이나 그림 1.3-1에 표현된 것처럼 안테나의 높이에 따라 달라질 수 있다. 따라서 도달 범위를 극대화하기 위해서 텔레비전 방송이나 이동전화의 안테나는 대개 언덕이나 높은 탑, 또는 산위에 위치하고 있다.

빛과 같이, 전자기파가 지구의 지평선 또는 장애물들을 넘어 전달되는 데에는 굴절, 회절, 산란과 같은 여러 가지 영향이 작용한다. 이 현상들은 전파 기술자들에게 도움이 되기도 하지만 때때로 문제를 일으키기도 한다. 예를 들어 위성기술이 발전하기 이전 국제적인 방송사나 군용통신은 그림 1.3-2에 나타낸 것과 같이 단파 라디오 신호를 반사하는 이온층의 F층 반사†를 활용할 수 있었다. 여기서 신호는 Los Angeles(LA)에서 3900 km 떨어진 New York City (NY) 까지 전달되었다. 하지만, 이온층 반사를 사용하여 특정한 목적지에 전파를 전달하는 성능은 주파수, 안테나의 종류, 태양의 활동, 그 외의 이온층에 영향을 주는 다양한 현상들에 의해 좌우된다. LA에서 NY까지 신호를 전달할 때 고려할만한 흥미로운 현상은 신호가 Salt Lake City나 Chicago를 건너뛰어 전달되기 쉽다는 것이다. 이온층의 전달은 RF(radio frequency) 통신을 위하여는 비교적 불안정한 수단이다. 하지만 안정성은 주파수 다각화를 이용하여 향상시킬 수 있으며, 이것은 여러 개 중 하나가 목적지에 도달할 확률을 향상시키기 위해 동일한 신호를 다양한 주파수로 전송하는 것을 의

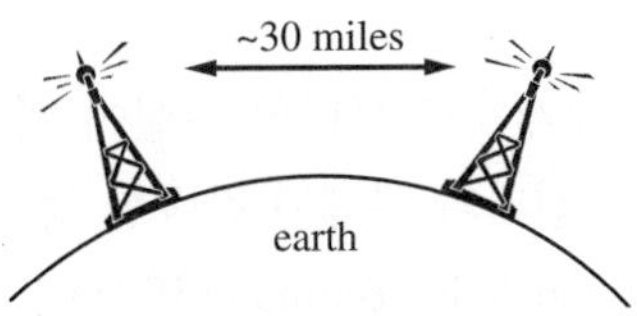

그림 1.3-1
가시선 통신과 지구의 곡면.

† 전파는 실제로 이온층에서 굴절된다.

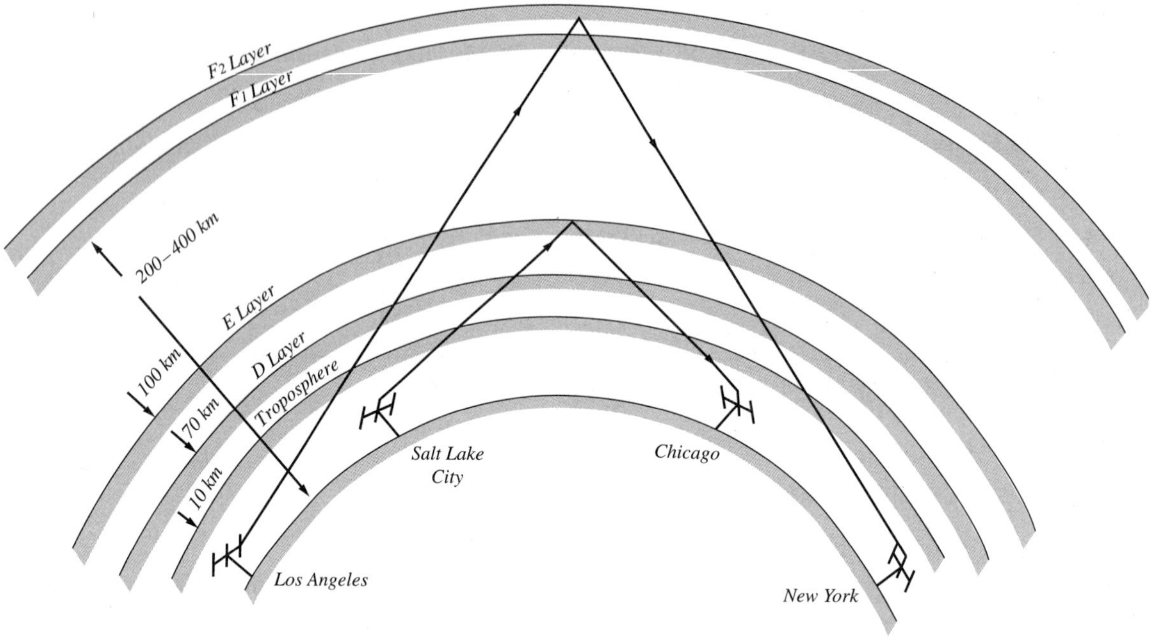

그림 1.3-2

지구의 대기권과 이온층의 E–와 F–층을 경유하는 공간파의 전달. 명확한 도시를 위해 거리나 비율 등은 근사화 되었음.

그림 1.3-3

지형이나 건물의 반사로부터 발생하는 다중경로 간섭.

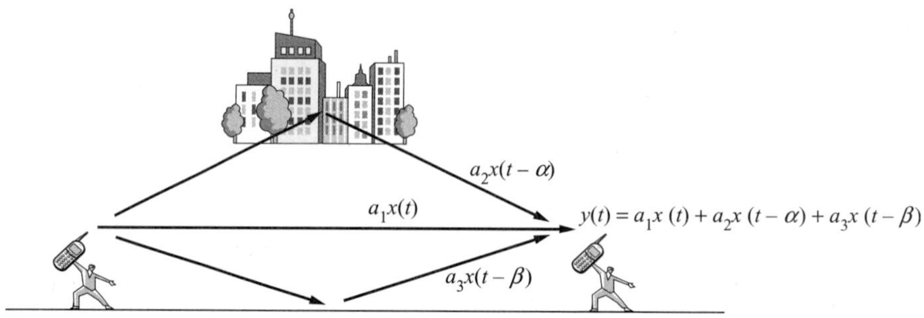

미한다. 반면에, 그림 1.3-3에서와 같이 전파의 반사는 한 목적지에 원 신호뿐 아니라 원 신호가 지연된 간섭 신호가 도달함으로 인하여 **다중경로**(multipath) 간섭을 일으킬 수 있다. 이러한 해로운 부가신호는 신호의 페이딩(fading)을 발생시킨다. 그림 1.3-3에서 수신된 신호는 세 가지 요소의 합으로 구성된다: 이것은 직접적인 하나의 신호와 두 개의 다중경로 신호이며 간단하게 $y(t) = a_1\,x(t) + a_2\,x(t-\alpha) + a_3\,x(t-\beta)$이다. 이 신호는 α와 β값에 영향을 받으므로 간섭을 만들어 내거나 소거할 수 있으며, 이에 따라 $y(t)$의 진폭은 크게 감소하거나 증가할 수 있다.

신호의 쇠퇴나 감쇠는 전달 매개체로 부터의 손실에 의해 발생할 수 있다. RF 신호가 굴절될 뿐 아니라 일반적인 전파 전파와 관계된 간략한 정보를 제공하는 다양한 요인들이 있음을 고려하자. 우리는 E. Jordan과 K. Balmain(1971)의 저서와 ARRL Handbook에서 전파 전파에 대한 장을 참고하였다.

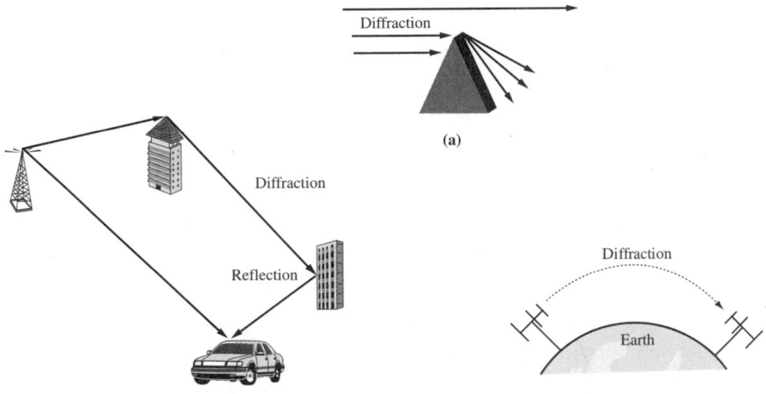

그림 1.3-4
파동의 회절: (a) 광학적, (b) 빌딩의 꼭대기, (c) 언덕 위나 지구.

RF 신호의 굴절

파동의 반사는 빌딩뿐만 아니라 언덕이나 자동차, 심지어는 비행기에 의해서도 일어날 수 있다. 예를 들어 12 km 상공의 비행기에서 일어난 반사를 통해서 900 km 떨어진 두 기지국간의 통신이 가능하다. 물론 이것은 실험적인 경우의 예이다.

파동은 **굴절**에 의해 휘어진다. 왜냐하면 파동은 다른 굴절지표를 가진 매개체 사이를 진행할 때 속도가 변화하기 때문이다. 이것을 통해 물속에 있는 물체가 실제로는 물 밖에서 보는 것과 다른 위치에 놓여 있는 것을 설명 할 수 있다.

회절은 파동이 뾰족한 모서리를 만나거나 반사되어 지연된 경우 발생하며 이 경우 파동은 그림 1.3-4a와 같이 진행 방향이 달라지거나 휘어지게 된다. 몇몇의 경우에서는 모서리가 뾰족하지 않아도 그림 1.3-4b와 c의 경우에서처럼 신호는 빌딩과 산으로부터 회절될 수 있다. 그림 1.3-4b가 반사와 회절에서 발생된 다중경로 신호임을 기억하도록 하자. 300 미터 이상(예를 들면 1 MHz)의 파장은 지구를 통해 회절 될 수 있고 **대지전파**(ground-wave-propagation)가 가능해 진다.

만약 매개체가 반사분자를 가지고 있다면 빛이나 전파는 산란되어 회절 될 수 있다. 일반적인 예로 안개는 자동차 전조등의 빛을 산란시킨다. 유사하게 유성우가 지구의 대기에 남긴 이온화된 자취는 28−432 MHz 범위의 신호를 산란시켜 비 LOS에서 신호의 전파를 가능하게 한다. 이것은 다른 전파과정들과 마찬가지로 매우 일시적으로 발생되는 현상이다.

공중파 전파

공중파 전파는 대류권이나 이온층에서 굴절되어 광학적인 LOS이상의 거리에서 통신이 가능한 무선파동이다. 그림 1.3-2는 대류권과 이온층의 D-, E-, F-층을 포함하는 지구의 대기권과 지구 표면으로부터 근사화된 상대거리를 보여준다. 78%의 질소와 1%의 다른 기체를 포함하고 있는 대류권은 지표 바로 위에 존재하는 층으로 구름 및 기상활동을 포함하고 있다. 따라서 기온이나 수분함량에 따라 대류권의 밀도는 변화한다. 이온층은 대략 지표 70 km 상공에서 시작되며 대부분 수소나 헬륨가스로 구성되어 있다. 태양의 자외선이 이온화에 영향을 끼치기 때문에, 이 층은 태양활동의 영향을 받으며 고도가 높아질

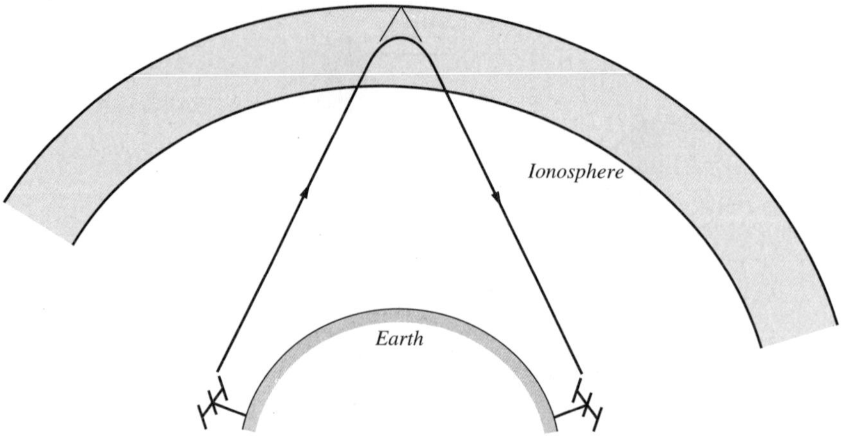

그림 1.3-5
이온층에서의 단파굴절.

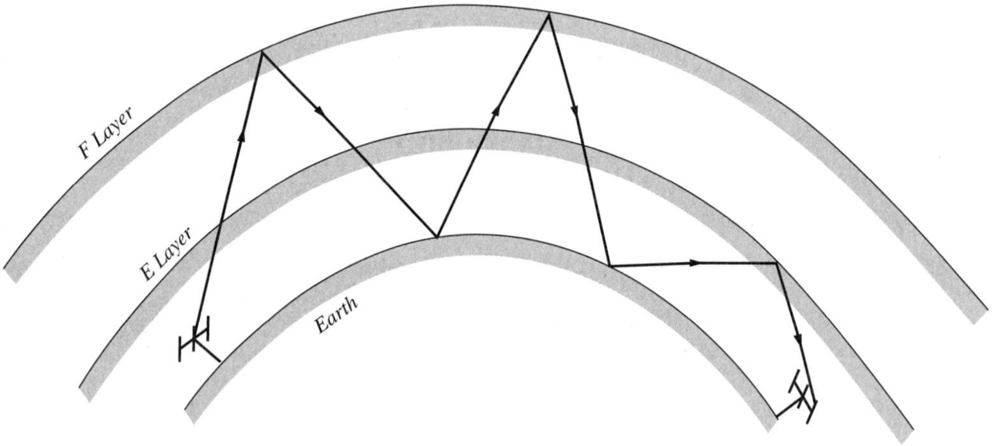

그림 1.3-6
다중 홉(hop)을 통한 신호의 전파.

수록 전자의 밀도가 증가한다. 입사각에 영향을 받는 D-층 (70−80 km)은 낮 동안에만 존재하며 5-10MHz 이하의 라디오 신호를 흡수한다. 그러므로 이 대역 이하의 주파수를 가지는 신호가 LOS 밖의 영역으로 전달될 때에는 주로 지상파를 통하여 전파된다. 이것이 왜 낮에는 지역 AM방송만을 들을 수 있는지를 알려준다. E-층 (대략 100 km) 또한 주로 낮에만 존재한다. F1층과 F2층은 낮에 존재한다. 하지만 밤에는 두 층이 혼합되어 단일한 F층을 이룬다. E층과 F층은 대류권에도 약간 포함되어 있으며 공중파 전파에 기초가 된다.

E나 F층에서 단파가 휘어지는 주된 이유가 반사에 의한 것처럼 보이는 것과는 다르게 실제로는 그림 1.3-5에 나타난 굴절이 발생한다. 이 특별한 층은 고도에 따라 증가하는 굴절 지표를 가지며 이것은 단파가 진입할 때 아래 방향의 굴곡을 가지는 원인이 된다. 층의 두께와 전자 밀도 변화는 파동이 지구로 되돌아 갈 정도의 충분한 굴절을 만들어 낸다.

E나 F층에 구조와 고도는 한 번의 홉(hop)의 최대거리가 각각 2,500 km, 4,000 km 이 된다. 그림 1.3-2에서 LA와 NY 사이의 거리가 3,900 km이고 Salt Lake City에서 Chicago 까지의 거리가 2,000 km(E-layer)인 것에 주목하자. 그림 1.3-6은 지구와 F-, E-층 사이에, 또는 F와 E층 사이에 여러 번의 홉이 발생할 수 있음을 보여주고 있다. 다중 홉은 신호가

지구 둘레의 절반까지도 전파되는 것을 가능하게 한다. 물론 각 홉이 발생할 마다 신호의 강도는 점차 소실된다.

E층은 낮에 태양의 활동에 따라 20 MHz까지의 신호를 굴절시킬 수 있다. 그 외의 시간에는 E층의 높은 에너지를 가진 분자들의 이온화에 의해 북극광 등이 나타나며 이 현상은 900 MHz 까지의 신호를 전파할 수 있다. 산발적으로 E층을 건너뛰는 경우도 있는데 이 경우에는 220 MHz 정도의 신호를 전파할 수 있다. F층은 대략 20 MHz 정도까지의 신호를 굴절 시킬 수 있지만 태양 흑점의 활동에 따라 F층을 통해 50 MHz 이상의 신호가 수천 마일까지 전파될 수도 있다.

이온층에 수직으로 입사한 신호를 지구로 굴절시킬 수 있는 최대 주파수를 **최대 가용 주파수**(maximum usable frequency, MUF)라고 한다. 하지만 실제의 경우 신호의 경로는 이온층에 수직이 아니며 낮은 입사각은 더 두꺼운 층과 만나게 되기 때문에 이온층은 더 높은 주파수를 굴절 시킬 수 있다. MUF는 태양의 활동에 따라 달라지지만 하루에 몇 시간에 불과할 지라도 대개 적어도 14 MHz는 된다.

유사하게 대류권의 기온역전, 습도, 그 외의 기후조건 들은 무선 파동의 굴절이나 산란에 영향을 준다. 심지어 정상적인 환경에서도 공기는 불균일한 굴절 지표를 가지고 있기 때문에 수평편파는 아랫방향의 굴곡을 가지고 LOS 밖까지 이동할 수 있다. 어떠한 경우에도 대류권산란은 30 MHz 이상의 신호에 주요한 영향을 미친다. 이것은 단기적으로 영향을 끼치지만 220, 432 MHz 신호들은 2500 마일 이상까지 도달하는 경우도 있다.

다음과 같이 대기에서 발생되는 항목들을 요약할 수 있다: (a) 이온층은 MUF 이하의 신호들이 LOS 밖으로 전달되도록 해주지만 목적지를 건너뛰게 할 수도 있다; 따라서 목적지에 신호가 도착할 확률을 높이기 위해서 주파수 다각화 및 안테나 각도의 다양화를 사용한다. (b) MUF는 태양의 활동에 매우 큰 영향을 받는다. (c) 14-30 MHz 이상 신호의 LOS 밖으로의 전파는 매우 순간적이고 불안정하다. 이것은 30 MHz 이상 신호의 경우 안정적인 통신을 위하여 위성을 사용하는 것의 이유가 된다. (d) 대기권 또는 다른 수단을 이용한 LOS 밖으로 전파는 안정적이지 않고 동시에 다중경로 간섭이나 다른 사용자 간의 간섭에 대한 원인으로 작용할 수 있다. 무선 기술자는 시스템의 설계에 모든 전파 모드에 대하여 주지할 필요가 있다

1.4 새로운 발전들

전통적인 전화통신은 그림 1.4-1a와 같이 전용(또는 가상)선이 근원지와 목적지를 연결하는 **회선교환**(circuit switching) 방식으로 구현되어왔다. 인터넷(Internet)은 원래 효율적이고 빠르게 문자와 데이터를 전송하기 위해 설계되었다. 인터넷은 데이터 열을 패킷으로 나누고 목적지까지 사용가능한 채널의 집합을 통해 데이터를 전송하는 **패킷교환**(packet switching)방식을 사용한다. 그림 1.4-1b는 전화와 문자 정보가 패킷교환방식을 이용하여 전달되는 방식을 보여준다. 패킷교환방식은 텍스트와 같이 데이터가 산발적이거나 간헐적인 경우 회선 교환 방식보다 효율적이지만 음성 전화와 같은 경우에는 효과적이지 않을

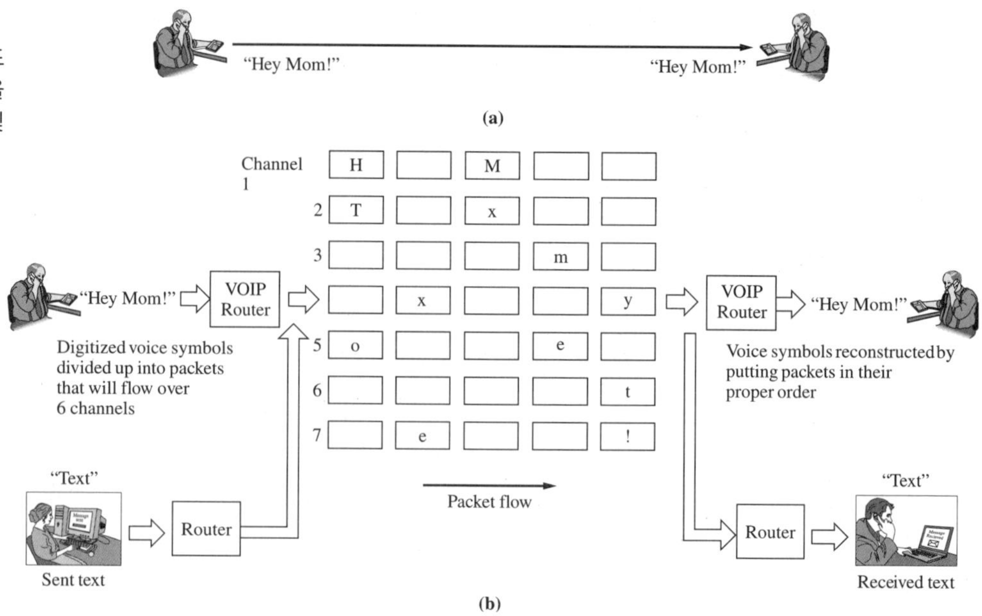

그림 1.4-1
(a) 회선교환 방식을 사용하는 표준 전화선. (b) 패킷교환 방식을 사용하는 인터넷전화(VoIP) 및 인터넷을 통해 통신하는 사용자.

수 있다. 고속 라우터 및 케이블 TV 기간시설의 지속적인 발전과 더불어 **인터넷 전화 또는 VoIP**(Voice-over-Internet Protocol)는 표준 전화의 회선 교환방식을 대체해가고 있다. 사실상 제 3세대(3G) 이동전화기는 패킷교환방식을 주로 이용한다.

3G 이동통신 시스템 또는 UMTS(Universal Mobile Telecommunications Systems)는 기존 음성만을 전달했던 1세대(1G)와 2세대(2G) 이동통신 시스템을 대신한다. 3G는 이제 이동통신 네트워크의 국제 표준으로써 다음과 같은 특징을 가진다: (a) 음성과 데이터, (b) 패킷교환 방식만을 사용 (몇몇 시스템은 회선 교환 방식과 호환), (c) 부호 분할 다원 접속(code division multiple access, CDMA), (d) 국제 로밍서비스, (e) 기존 2G 시스템을 기반으로 한 발달된 진보. 예를 들면 2.5G 이동전화 시스템은 음성과 데이터의 조합을 사용한다. 3G 표준에 대한 더 많은 정보는 Goodman과 Myers(2005) 그리고 Ames와 Gabor(2000)의 자료를 참고하자.

패킷교환 방식과 더불어 기존의 채널들을 더 효율적으로 활용하기 위한 다원접속 방식에 대한 연구도 꾸준히 진행되어 왔다. 이러한 연구는 서비스품질(Quality of Service, QoS)의 저하 없이 이동전화를 낮은 가격으로 많은 사람이 사용할 수 있도록 하였다. 전통적인 방법은 주파수, 시간, 부호 분할 다원 접속 방식을 포함한다. (FDMA, TDMA, CDMA) FDMA와 TDMA는 7장에서, 직접 수열 대역 확산 방식(direct sequence spread spectrum)은 15장에 다룬다. FDMA와 TDMA는 각각 할당된 주파수와 시간슬롯을 통하여 채널을 공유한다. 이 두 가지 경우 모두 과도한 사용자의 접속은 다른 사용자의 통화가 배경에서 들리게 되는 누화의 원인이 되기도 한다. 따라서 FDMA와 TDMA에는 경제성과 간섭사이의 트레이드오프(trade-off)관계가 존재한다. 이것은 사용자수를 엄격히 제한해야 하는 이동전화의 특별한 경우이다. 이 제한은 더 이상의 사용자가 전화를 걸 수 없게 만들며 심지어는 통화중인 사용자의 전화를 끊고 주파수나 시간 슬롯을 확보하기도 한다. 반면에 CDMA는 통화 당사자 외에는 잡음만을 들을 수 있고 사용자가 많은 셀 안에서 통화를 시도하는 경우 다른 사용자가 통화를 마칠 때까지 일시적으로 배경 잡음의 크기를 증가시킨다. 따라서 CDMA 사용자의 경우 셀당 유연한 한계를 설정 할 수 있으며 더 많은 사용자를 허용할 수 있다. 이것은 CDMA가 3G 이동통신 시스템에 사용되는 중요한 이유가 된다. 또한, CDMA는 다중경로 요소를 다른 사용자로 간주하기 때문에 다중경로 문제를 줄여준다.

직교 주파수 분할 다중화(Orthogonal Frequency Division Multiplexing, OFDM)은 주파수 분할 방식의 변형으로 서로 직교하는 일련의 반송주파수를 선택하여 사용자간의 간섭을 줄일 수 있다. 또 다른 OFDM의 응용기술은 단일 채널로 메시지를 고속 전송하는 대신에 같은 메시지를 여러 채널의 저속 전송으로 전송하는 것이다; 이것은 다중경로 문제를 감소시킨다. OFDM은 Wi-Fi나 WiMax와 같은 무선 컴퓨터 네트워크에 널리 사용되며 14장에서 다룬다.

초광대역(Ultra WideBand, UWB) 시스템은 주변에 존재하는 RF 간섭 강도 이하의 평균 전력으로 동작할 수 있다. 다른 말로 UWB의 출력전력은 컴퓨터 기판이나 다른 디지털 논리 회로와 같은 일상적인 방사체 보다 낮은 수준이다. 최근 FCC 지침에서는 등록되지 않은 UWB의 동작을 −41 dBm 이하의 전력 및 3.1~10.6 GHz 정도의 주파수 범위에서 허가하고 있다. 지속적이고 통합적인 UWB 기술의 발전은 RF 스펙트럼의 폭넓은 활용을 가능하게 할 것이며 더 많은 사용자와 서비스를 창출할 것이다.

컴퓨터 네트워크(Computer networks) Wi-Fi (또는 IEEE 802.11)와 WiMax (또는 IEEE 802.16)는 FCC가 915 MHz, 2.45 GHz, 5.8 GHz ISM 그리고 다른 UHF와 마이크로파 대역을 통신 목적으로 사용가능하게 함으로써 발전되어 온 두 종류의 컴퓨터 무선 통신 시스템이다. Wi-Fi 기술은 근거리 통신망(local area network, LAN)에 사용되며 커피 전문점 등과 같은 "hot-spot"에서 노트북 컴퓨터 등을 이용할 때 사용된다. 이 범위는 대략 수백 미터에 도달한다. WiMax는 모바일 무선 시스템으로 기존의 이동전화 기간시설에 사용되며 이동전화 셀에 필적하는 범위를 가진다. WiMax는 데이터 서비스를 위한 무선 전화의 대용으로 권고되어 왔으며 건물 내의 인터넷 접속에 있어서 케이블 대용으로 사용될 수 있다. 다른 말로 WiMax는 광대역연결의 "last-mile"로 사용될 수 있다. WiMax와 Wi-Fi, 이동전화가 모두 다른 주파수를 가지고 다른 시스템에서 동작함에 주의하자.

소프트웨어 라디오 또는 **소프트웨어 정의 라디오**(software-defined radio, SDR)는 표준 아날로그 회선 방식에서보다 더 높은 유연성을 제공하는 통신 기술의 또 다른 최신 기술로서 수신단은 그림 1.4-2a와 같다. 안테나에서 받아들인 신호는 RF 증폭기에 의해 증폭되고 아날로그-디지털 변환기(analog-to-digital converter, ADC)에서 디지털화 된다. ADC의 출력은 복조 등을 수행하는 디지털 신호 처리장치(digital signal processor, DSP)를 거친 뒤 사용자가 들을 수 있도록 디지털-아날로그 변환기(digital-to-analog converter, DAC)를 거쳐 가청 신호로 변환된다. 소프트웨어 라디오 송신기는 역으로 사용될 수 있다. 유연성은 소프트웨어적으로 조절되는 기지국의 주파수의 변화와, 필터의 특성, 변조 방식, 이득 등을 포함한다. 많은 경우 하드웨어의 기술적인 한계가 GHz 대역이기 때문에 기기들이 종종 아날로그와 소프트웨어 라디오의 하이브리드 형태로 되어 있음을 주지하자. 소프

그림 1.4-2
(a) 소프트웨어 라디오 수신기.
(b) FPGA로 구현된 소프트웨어 라디오 수신기.

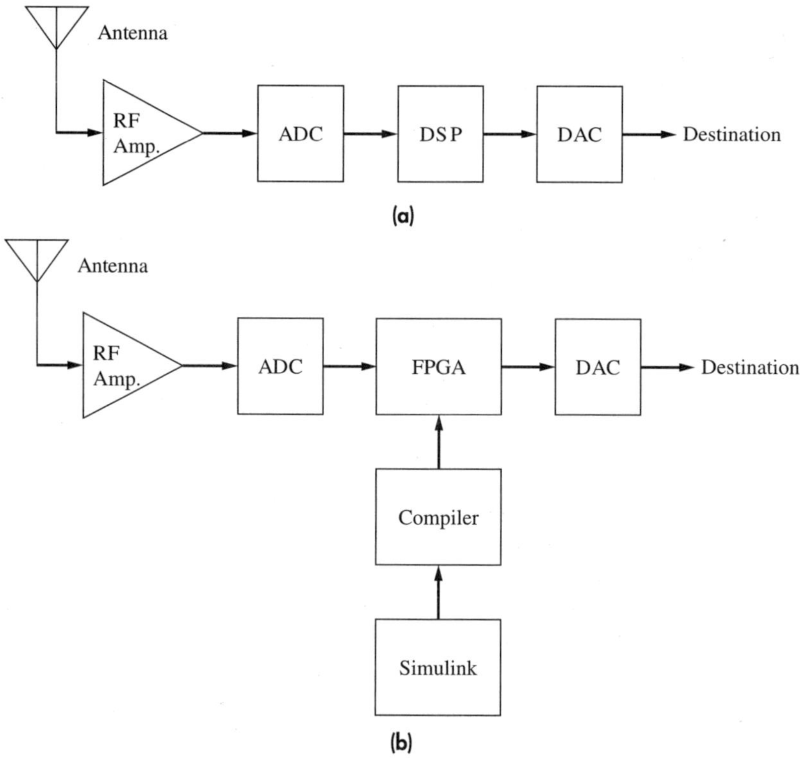

트웨어 라디오는 종종 현장 프로그래머블 게이트 어레이(field programmable gate array, FPGA)로 구현된다. 그중 송신단과 수신단은 Simulink와 같은 몇몇 고급언어로 개발되고 컴파일을 위해 VHDL (VHSIC(very high speed integrated circuits), hardware description language)로 변환된 뒤 그림 1.4-2b와 같이 FPGA로 다운로드된다.

1.5 역사적 전망과 사회의 영향

통신 시스템의 놀라운 진보는 "공학자는 사회 변화의 주도자"†임을 다시 한 번 확인 시켜 주었으며 개인적, 상업적, 정보적 측면을 막론하고 공공 정책의 과감한 변화를 유도하는 힘으로 작용했다. 이러한 패러다임의 변화는 다음세대의 통신 시스템을 창조하고 발전시킨 공학자들의 근면성 덕분이다. 몇 가지 예를 인용하면, 한 때에는 전화는 육상통신선 만을 사용하였고 정부의 독점적 조정을 받았다. 먼 거리까지 통화하기 위해서는 매 분마다 부과되는 할증 가격을 지불해야만 했다. 오늘날의 소비자는 VoIP나 이동전화 등의 인터넷을 사용한 부가적인 전화 서비스를 선택 할 수 있다. 이 새로운 기술들은 단거리와 장거리의 경계를 허물었으며 대개 사용시간을 고려하지 않고 값싼 고정 가격으로 사용이 가능해졌다. 또한 정부의 직권 기능도 축소되었다. 유사하게 디지털 가입자 회선(digital subscriber line, DSL)을 이용하여 전화 회사들은 표준 전화와 동영상 서비스를 제공할 수

† Daitch, P.B. "Introduction to College Engineering" (Reading, MA:Addison Wesley, 1973), p.106.

있다. WiMax 좁은 의미에서 Wi-Fi 기술은 유선 네트워크 접속의 필요를 감소 시켰다. 예를 들어 WiMax도 케이블과 같이 집이나 직장에 동영상이나 데이터, 음성을 제공할 수 있다. 더욱 흥미로운 것은 많은 지역 전화 회사의 일부인 이동전화 공급자들과 다르게 WiMax 회사들은 종종 작은 독립회사로써 시작한다는 것이다. WiMax가 시작하게 된 몇 가지 동기는 정부에 의해 규제되는 지역 전화 회사나 케이블 회사의 대안을 제공한다는 것이었다(Andrews et al., 2007). 마지막으로 위성을 경유하는 텔레비전은 지역의 제한이나 충돌 없이 반지름 일 미터 이내의 접시형 안테나를 이용해 시청이 가능하다. 지금은 미국 내의 어느 대학에서나 대부분의 학생 들이 이동전화를 사용하여 미국 전 지역과 통화할 수 있으며 유선전화와 견줄만한 품질과 비용적 측면을 가진다. 전화로 음성, 음악, 문자, 그리고 동영상 정보를 보내고 받을 수 있다. 인터넷을 통한 전자상거래는 정부의 판매 세금 정책을 되돌아보게 만들었지만 동시에 VoIP와 이동전화는 정부 입장에서 새로운 세금의 원천이 되었다. 유비쿼터스 이동전화와 인터넷은 우리가 장소와 시간에 제한받지 않고 원하는 정보에 대한 접근이 가능하게 해준다. “모든 것으로부터 떠나서” 멀리 떨어진 곳으로 휴가를 가고 싶은 직원은 정중하게 고용주에게 휴가중에는 이동전화를 받고 싶지 않으며 또한 “hot spot”이 없기 때문에 이메일을 확인할 수 없다고 이야기해야만 한다. 인터넷과 디지털 녹음 기술은 음악이나 동영상의 다운로드를 쉽게 만들었고 이는 관련 업체들이 저작권을 강화하는 동시에 그들의 사업모델에 대해 다시 한 번 생각할 수 있는 계기가 되었다.

그러나 이러한 공공 정책과 사회적 규범의 대변동은 통신 과학 및 기술의 진보에 의해서 유도된다. 이전의 국제 외교는 여러 달이 걸리는 배의 속도, 육로수송에 의해 제한되었지만 대륙 간의 전보가 개발된 1800년대 중반이후 외교 역학관계는 급격하게 변화하였다. 전보 이전의 고속 전송은 달리기가 빠른 사람이나 연기를 피워서 이루어졌었다. 무선 통신의 도래는 빠른 군용 통신을 가능하게 하였지만, 가로채기나 암호 해독, 경쟁국의 방해 등으로 인한 전쟁이나 외교 문제 또한 야기되었다. 여러 국가적인 대변동과 혁신은 인터넷이나 팩스 등을 사용하여 외부와 쉽고 빠르게 연락할 수 있었던 시민들에 의해 주도되었다. 극장에서 이동전화를 끄거나 예의상의 문제로 발생하는 마찰 등은 이동전화의 사용으로 인해 발생되는 골칫거리 일수 있지만 통신 공학자들은 이전부터 그래왔고 앞으로도 지속적으로 사회에 중대한 영향을 주게 될 것이다.

역사적 전망

본 교재는 교육적인 관점으로 구성되었으며 통신 시스템의 발전 과정을 반영하지는 않는다. 역사적인 전망을 제공하기 위하여 표 1.5-1은 중요한 발명, 과학적 발견, 중요한 논문 그리고 이러한 사건과 연관된 이름을 토대로 전기 통신의 연대기를 설명한다.

연대기에 열거된 일부 항목은 이미 설명이 되었고 남은 부분들은 특정한 사건들과 관계가 있는 장에서 설명될 예정이니 정기적으로 표를 참조하면 도움이 될 것이다.

표 1.5-1 전기적 통신의 연대기

Year	Event
1800–1837	*Preliminary developments* Volta discovers the primary battery; the mathematical treatises by Fourier, Cauchy, and Laplace; experiments on electricity and magnetism by Oersted, Ampere, Faraday, and Henry; Ohm's law (1826); early telegraph systems by Gauss, Weber, and Wheatstone.
1838–1866	*Telegraphy* Morse perfects his system; Steinheil finds that the earth can be used for a current path; commercial service initiated (1844); multiplexing techniques devised; William Thomson (Lord Kelvin) calculates the pulse response of a telegraph line (1855); transatlantic cables installed by Cyrus Field and associates.
1845	Kirchhoff's circuit laws enunciated.
1864	Maxwell's equations predict electromagnetic radiation.
1876–1899	*Telephony* Acoustic transducer perfected by Alexander Graham Bell, after earlier attempts by Reis; first telephone exchange, in New Haven, with eight lines (1878); Edison's carbon-button transducer; cable circuits introduced; Strowger devises automatic step-by-step switching (1887); the theory of cable loading by Heaviside, Pupin, and Campbell.
1887–1907	*Wireless telegraphy* Heinrich Hertz verifies Maxwell's theory; demonstrations by Marconi and Popov; Marconi patents a complete wireless telegraph system (1897); the theory of tuning circuits developed by Sir Oliver Lodge; commercial service begins, including ship-to-shore and transatlantic systems.
1892–1899	Oliver Heaviside's publications on operational calculus, circuits, and electromagnetics.
1904–1920	*Communication electronics* Lee De Forest invents the Audion (triode) based on Fleming's diode; basic filter types devised by G. A. Campbell and others; experiments with AM radio broadcasting; transcontinental telephone line with electronic repeaters completed by the Bell System (1915); multiplexed carrier telephony introduced; E. H. Armstrong perfects the superheterodyne radio receiver (1918); first commercial broadcasting station, KDKA, Pittsburgh.
1920–1928	*Transmission theory* Landmark papers on the theory of signal transmission and noise by J. R. Carson, H. Nyquist, J. B. Johnson, and R. V. L. Hartley.
1923–1938	*Television* Mechanical image-formation system demonstrated by Baird and Jenkins; theoretical analysis of bandwidth requirements; Farnsworth and Zworykin propose electronic systems; vacuum cathode-ray tubes perfected by DuMont and others; field tests and experimental broadcasting begin.
1927	Federal Communications Commission established.
1931	Teletypewriter service initiated.
1934	H. S. Black develops the negative-feedback amplifier.
1936	Armstrong's paper states the case for FM radio.
1937	Alec Reeves conceives pulse-code modulation.
1938–1945	*World War II* Radar and microwave systems developed; FM used extensively for military communications; improved electronics, hardware, and theory in all areas.
1944–1947	*Statistical communication theory* Rice develops a mathematical representation of noise; Weiner, Kolmogoroff, and Kotel'nikov apply statistical methods to signal detection. Arthur C. Clarke proposes geosynchronous satellites.
1948–1950	*Information theory and coding* C. E. Shannon publishes the founding papers of information theory; Hamming and Golay devise error-correcting codes at AT&T Labs.
1948–1951	Transistor devices invented by Bardeen, Brattain, and Shockley at AT&T Labs.
1950	Time-division multiplexing applied to telephony.
1953	Color TV standards established in the United States.
1955	J. R. Pierce proposes satellite communication systems.
1956	First transoceanic telephone cable (36 voice channels).
1958	Long-distance data transmission system developed for military purposes.

(계속)

표 1.5-1 전기적 통신의 연대기 (계속)

Year	Event
1960	Maiman demonstrates the first laser.
1961	Integrated circuits go into commercial production; stereo FM broadcasts begin in the U.S.
1962	Satellite communication begins with Telstar I.
1962–1966	*High-speed digital communication* Data transmission service offered commercially; Touch-Tone telephone service introduced; wideband channels designed for digital signaling; pulse-code modulation proves feasible for voice and TV transmission; major breakthroughs in theory and implementation of digital transmission, including error-control coding methods by Viterbi and others, and the development of adaptive equalization by Lucky and coworkers.
1963	Solid-state microwave oscillators perfected by Gunn.
1964	Fully electronic telephone switching system (No. 1 ESS) goes into service.
1965	Mariner IV transmits pictures from Mars to Earth.
1966–1975	*Wideband communication systems* Cable TV systems; commercial satellite relay service becomes available; optical links using lasers and fiber optics.
1969	ARPANET created (precursor to Internet).
1971	Intel develops first single-chip microprocessor.
1972	Motorola develops cellular telephone; first live TV broadcast across Atlantic ocean via satellite.
1980	Compact disc developed by Philips and Sony.
1981	FCC adopts rules creating commercial cellular telephone service; IBM PC is introduced (hard drives introduced two years later).
1982	AT&T agrees to divest 22 local service telephone companies; seven regional Bell system operating companies formed.
1985	Fax machines widely available in offices.
1985	FCC opens 900 MHz, 2.4 GHz, and 5.8 GHz bands for unlicensed operation. These eventually were used for Wi-Fi technology/standards for short range, broadband wireless networks.
1988–1989	Installation of trans-Pacific and trans-Atlantic optical cables for light-wave communications.
1990–2000	*Digital communication systems* 2G digital cellular phones; digital subscriber lines (DSLs); Wi-Fi for wireless local area networks; digital television (DTV) standards developed; digital pagers.
1994–1995	FCC raises $7.7 billion in auction of frequency spectrum for broadband personal communication devices.
1997–2000	Wi-Fi (IEEE 802.11) standards published; Wi-Fi products start being used.
1998	Digital television service launched in U.S.
2000–present	Third-generation (3G) cell phone systems introduced; WiMax (IEEE 802.16) for mobile and longer, wider-area networks.
2002	FCC permits marketing and operation of products containing ultra-wideband technology.
2009	All over the air, TV signals will be by digital programming; analog-only TVs will no longer work.

1.6 편람

본 교재는 아날로그와 디지털 통신의 광범위한 서론을 다루며 중요한 주제에 관련된 배경 자료의 검토가 선행된다. 각 장은 학습 목적의 목록과 설명될 주제의 개요로 시작된다. 교재의 대부분이 복잡한 문제의 중심을 다룰 수 있는 수학적인 모델이 사용되지만 이러한 모델은 물리적인 추리와 공학적인 판단에 입각한다.

제2장과 제3장은 결정적 신호와 신호의 통신, 왜곡 그리고 필터링에 대한 시간 영역과 주파수 영역의 분석을 다룬다. 제2장에서는 이산 푸리에 변환(Discrete Fourier Transform, DFT)을 간략히 소개한다. DFT는 신호 처리의 필수 분야일 뿐 아니라 DFT와 역DFT의 구현은 OFDM의 효율적인 구현을 가능하게 해준다. OFDM은 14장에서 다룰 것이다. 제4장과 제5장은 다양한 종류의 CW 변조방법과 이유를 설명하며 변조된 파형, 송신기와 전송 대역폭과 같은 특별한 주제도 다룬다. 샘플링과 펄스 변조는 제6장에서 소개되며 수신기, 다중화 시스템 그리고 텔레비전 시스템을 포함하는 아날로그 변조시스템이 제7장에서 소개된다. 제10장에서 CW 변조방법에 대한 잡음의 영향을 설명하기 전에 확률이론, 불규칙 신호 및 잡음의 표현에 관련된 통계를 제8장과 제9장에서 다룬다.

디지털 통신은 제11장에서 기저대역 전송을 시작으로 디지털 신호와 스펙트럼, 잡음, 오류, 그리고 동기와 같은 중요한 개념을 설명한다. 제12장은 PCM을 포함하는 부호화된 펄스 변조와 디지털 다중화 시스템을 소개한다. 오류 제어 부호화에 관련된 간단한 개론이 제13장에서 주어지며 제14장은 다른 방법들과의 성능비교를 마지막으로 CW 변조에 의한 디지털 전송 시스템을 분석한다. 대역 확산 시스템과 다른 무선 시스템 그리고 초광대역 시스템에 대한 내용이 본판 제15장에 추가되었다. 마지막으로 제16장은 디지털 통신의 회고적인 시각을 제공하는 정보 이론의 개요가 설명되며 다시 Hartley-Shannon의 법칙으로 돌아간다. 컴퓨터 네트워크는 서로 관련이 있으면서도 다른 분야이기 때문에 이 책의 웹사이트(www.mhhe.com/Carlson)에는 전통적인 통신(예를 들면 물리적 계층과 더 상위의 데이터 전송 프로토콜 계층)과 네트워크의 영역을 묶어주기 위한 간략한 설명이 수록되었다. 이 웹사이트는 암호화에 대한 간략한 논의도 포함하고 있다.

각 장은 개념과 분석 기법을 보강하는 다수의 응용문제를 포함한다. 응용문제를 풀어보고 교재의 뒤에 위치한 해답을 참조하는 것이 좋다. 또한 응용문제와 각 장의 마지막에 나오는 연습문제와 관계가 있는 중요한 자료나 수학적 관계식을 정리한 표가 교재의 뒷부분에 수록되어 있다. 각 장의 마지막에 있는 문제들과 더불어 본 교재에는 학생들의 이론 적용 능력향상에 도움을 주고 수식에 실제적인 의미를 부여하기 위한 정량적인 문제들이 추가 되었다. 해답들은 이전 장들의 내용이나 심지어는 선수 과목들의 내용을 요구할 수도 있다. 또한 이론과 문제해결능력의 강화를 위한 컴퓨터 응용문제도 책의 웹사이트(www.mhhe.com/Carlson)에 추가 되었다. 마지막으로 주요 기호나 약어에 대한 목록도 기재되었다.

비록 대부분의 통신 시스템을 특별한 특성을 갖는 "블랙박스"의 형태로 표현하지만 명확한 설명을 위하여 통신 소자의 포괄적 취급보다는 종종 특정 연산을 수행하는 전기 소자를 살펴본다. 이외에 더욱 진보적인 주제를 다룬 장은 별표(*)로 표기되었으며 이러한 주제들은 연속성의 문제 없이 생략할 수 있다. 추가적인 기타 자료들은 부록에 포함되어 있다.

두 종류의 참고문헌이 포함되었다. 각 장에 인용된 저서와 논문들은 특정한 항목에 대한 추가적인 정보를 제공한다. 부가적인 참고문헌들이 보충 목록으로 추가되었고 더 깊이 있는 연구를 목적으로 하는 이들을 위한 주석으로 사용될 수 있다.

1.7 질문 및 연습문제

1. 2005년 7월 런던에 폭탄이 떨어졌을 때 폭발 근처에 있던 사람들은 이동전화를 사용한 음성통신이 불가능하였지만 문자 메시지는 주고받을 수 있었다. 그 이유는 무엇인가?

2. 낮보다 밤에 더 많은 수의 AM방송 청취가 가능한 이유는 무엇인가? 또 밤에 더 간섭이 심해지는 이유는 무엇인가?

3. 전화 모뎀이 56 kbits/s의 상한 전송률을 가지는 것과 비교해 DSL이나 케이블이 Mbits/s 대의 전송률을 가지는 이유는 무엇인가?

4. 대역폭이 중요한 이유는 무엇인가?

5. 여러 사용자가 한 채널을 공유하는 방법을 열거하시오.

6. 단파 라디오 신호가 세계 곳곳까지 전파 되는 반면 AM, FM, TV 방송이 지역에 한정되는 이유는 무엇인가?

7. FM, AM, UHF, VHF, PCS, CDMA, TDMA, FDMA는 무엇인가?

8. 기존의 전화선과 인터넷의 데이터 전송방식의 차이는 무엇인가?

9. 아날로그 통신과 디지털 통신의 주요 특성은 무엇인가?

10. 이동전화가 사진을 전송받기 위해 적은 대역폭을 사용하는 반면 텔레비전은 상대적으로 큰 대역폭을 사용하는 이유는 무엇인가?

11. 몇몇 AM 기지국에서 일몰시 전력을 감소시키는 이유는 무엇인가?

12. 위성중계기가 단파대역 이상에서 동작하는 이유를 최소 2가지 제시하시오.

13. 대기권 위의 무엇이 라디오 신호의 반사를 위해 사용되어 왔나? (위성은 신호를 재전송함에 유의할 것)

14. 다중경로 통신에 있어서 라디오 신호가 아닌 것의 예를 드시오.

15. 인터넷전화에서 고속 라우터가 필요한 이유를 설명하시오.

16. TV 신호는 높은 주파수 대역을 이용하고 음성신호는 낮은 주파수 대역을 이용하는 이유는 무엇인가?

17. 안테나의 모양과 크기가 다양한 이유는 무엇인가?

18. 몇몇 FM 방송국이 FCC로부터 낮은 주파수 대역을 할당받기 원하는 이유는 무엇인가(예를 들면 $f_c < 92$ MHz와 $f_c > 100$ MHz)?

19. 대역 제한된 무선 채널을 고려할 때, Hartely-Shannon법칙을 위배하지 않고 대역폭이나 SNR의 증가 없이 채널의 용량을 증가시키는 방법은 무엇인가?

20. 우리가 불꽃이 말을 하도록 만들 수 있는 방법은 무엇인가?

21. 일반인이 이해할 수 있도록 μs(microsecond)와 ns(nanosecond), ps(picosecond)를 정의하시오.

제 2 장

신호와 스펙트럼

개 요

전기통신 신호는 전압이나 전류처럼 시간에 따라 변한다. 물리적으로 신호가 시간영역에 있더라도 각 주파수마다 정현파 성분을 포함하는 신호로 표현되는 이 신호들은 **주파수 영역**에서도 표현될 수 있다. 이러한 주파수 영역의 표현을 **스펙트럼**이라 한다.

Fourier 급수와 Fourier 변환을 이용한 스펙트럼 분석은 통신 공학에서 중요한 기초가 된다. 특히 시간 영역에서 신호 분석의 복잡함에 비해, 주파수 영역에서의 스펙트럼 분석은 비슷한 특징을 갖는 신호들을 분류할 수 있게 해준다. 또한 스펙트럼이 필터의 주파수 응답 특성 또는 다른 시스템의 성분에 응답하였을 때, 그 스펙트럼 반응은 설계 시스템에 대한 평가를 나타낸다.

따라서 이 장에서는 주파수 영역에서의 해석에 중점을 두어 신호의 스펙트럼 분석에 대하여 설명한다. Fourier 급수가 기반인 주기 신호의 선 스펙트럼과 Fourier 변환이 기반인 비주기 신호의 연속 스펙트럼에 대하여 공부하게 된다. 이 두 종류의 스펙트럼은 임펄스 개념을 기초로 하며 큰 연관성을 갖고 있다.

스펙트럼 분석의 첫 번째 단계로서 본 교재는 시간 영역에서의 신호 표현에 대하여 기술하였다. 하지만 이러한 표현형은 단순히 수학적이며 불완전한 모델이다. 사실 공학 용도로 쓰일 수 있는 완벽한 물리적인 신호들의 수식은 매우 복잡하며, 현실적으로 표현이 불가능하다. 그러므로 본 교재는 물리적 신호의 주요 특징들에 대해서 복잡성을 최소화하여 표현하려 노력하였다. 여러 가지 다른 신호 유형들에 대하여 공부함으로써 특정 용도에 따른 알맞은 유형별 신호를 선택 할 수 있는 배경지식을 얻게 될 것이다. 대부분 이러한 모델들은 신호의 특정 종류에만 적용된다. 이 장에서 신호의 대 분류를 통해, 신호의 특정한 성질에 대하여 강조하게 될 것이다.

학습목표

이 장을 공부하고 응용문제들을 푼 후에 다음의 사항들을 수행할 수 있어야 한다.

1. 정현파를 포함하는 신호들의 단측 또는 양측 선 스펙트럼을 그리고 식별한다(2.1절).
2. 간단한 신호에 대한 평균 값, 평균 전력, 총 에너지를 구한다(2.1절, 2.2절).
3. 지수형 Fourier 급수와 계수, 삼각 Fourier 급수, 그리고 Fourier 변환 및 역변환 표현형을 상술한다(2.1절, 2.2절).
4. 주파수 영역 표현형으로부터 신호의 시간 영역 특징을 구하고, 그 역으로도 구한다(2.2절).
5. 단순 구형파 펄스 및 구형파 펄스열 또는 sinc 펄스의 스펙트럼을 그리고 식별한다(2.1절, 2.2절).
6. Parseval의 전력 정리와 Rayleigh의 에너지 정리를 이해하고 적용한다(2.1절, 2.2절).
7. 선형성, 시간 지연, 척도 조절, 주파수 천이, 변조, 미분 및 적분 등의 변환 정리에 대해 이해하고 적용한다(2.3절).
8. 변환 정리를 이용해서 시간 영역 연산에 의해 신호의 스펙트럼을 구하고 그린다(2.3절).
9. 하나의 신호가 구형파 펄스 함수일 때 컨벌루션 적분을 구하고 가능한 한 단순화 작업을 한다(2.4절).
10. 컨벌루션 정리를 응용하고 상술한다(2.4절).
11. 임펄스를 포함하는 표현을 단순화하거나 계산한다(2.5절).
12. 정수형, 계단형, 임펄스형, 정현파, 삼각 및 구형 파형을 포함한 신호의 스펙트럼을 구한다(2.5절).
13. 신호의 집합에 대한 이산 푸리에 변환(DFT)를 구한다.

2.1 선 스펙트럼과 Fourier 급수

이 절은 페이저의 회전 방식을 이용하여 주파수 영역을 설명하고 Fourier 급수를 사용하여 유한 평균 전력을 갖는 주기 신호의 선 스펙트럼을 구한다.

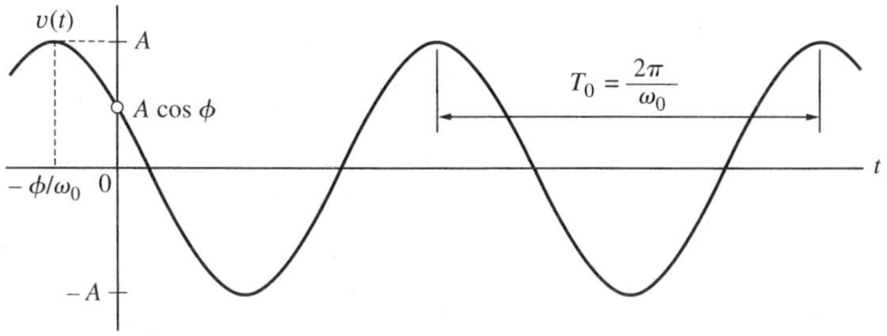

그림 2.1-1
정현파 $v(t) = A\cos(\omega_0 t + \phi)$.

페이저와 선 스펙트럼

그림 2.1-1과 같은 정현파나 AC(alternating current)파형 $v(t)$를 생각해보자. 편의상 정현파를 코사인 함수로 표현하면 다음과 같이 되고

$$v(t) = A\cos(\omega_0 t + \phi) \tag{1}$$

여기서 A는 최대값 또는 **진폭**이고 ω_0은 **라디안 주파수**이다. **위상각** ϕ는 최대치가 시간의 원점으로부터 이동된 것을 나타낸 것이고, $t = -\phi/\omega_0$에서 발생된다. 식 (1)은 $v(t)$가 모든 시간 영역에서 $T_0 = 2\pi/\omega_0$의 **주기**로 반복되고 있음을 의미한다. 주기의 역수는 **순환 주파수**와 같으며, 단위는 초당 회전수 또는 hertz이다.

$$f_0 \triangleq \frac{1}{T_0} = \frac{\omega_0}{2\pi} \tag{2}$$

사실 실제 신호 중에서 무한대로 뻗어나가는 신호는 없지만 식 (1)은 충분히 긴 시간동안 지속되는 정현파의 적절한 모델이다. 교류 정상상태 회로분석은 무한의 정현파—흔히 복소수형 지수 함수나 **페이저**로 표현된다는 가정 하에 이루어진다. 또한 페이저는 스펙트럼 분석에 주요한 방법 중 하나이다. 정현파 신호의 페이저 표현은 **Euler 정리**가 그 기반이다.

$$e^{\pm j\theta} = \cos\theta \pm j\sin\theta \tag{3}$$

여기서, $j \triangleq \sqrt{-1}$이고, θ는 임의의 각이다. 만일, $\theta = \omega_0 t + \phi$라고 가정하면, 정현파를 실수 부분과 허수 부분으로 표현할 수 있다. 즉,

$$\begin{aligned} A\cos(\omega_0 t + \phi) &= A\,\mathrm{Re}\left[e^{j(\omega_0 t+\phi)}\right] \\ &= \mathrm{Re}\left[Ae^{j\phi}e^{j\omega_0 t}\right] \end{aligned} \tag{4}$$

이며 이것을 페이저 표현형이라고 한다.

왜냐하면, 괄호 안의 식은 그림 2.1-2a처럼 실수 부분과 허수 부분이 축이 되는 복소수 평면에서 벡터가 회전하는 것처럼 보이기 때문이다. 페이저는 A의 길이를 갖고 있으며 초당 f_0의 순환 주기로 시계 반대 방향으로 움직인다. 그리고 $t = 0$일 때 각 ϕ는 양수의 실

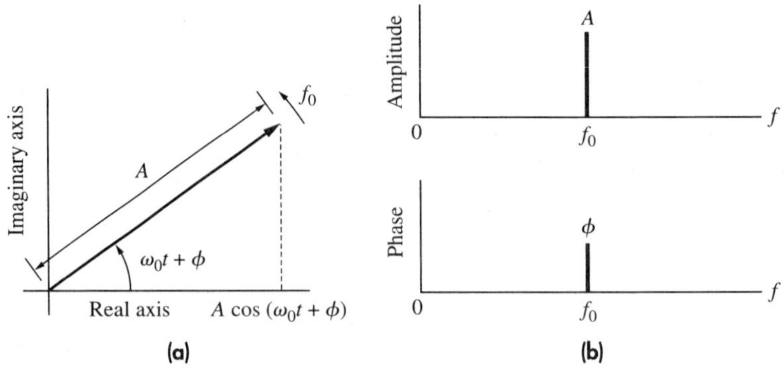

그림 2.1-2
$A \cos(\omega_0 t + \phi)$의 표현형. (a) 페이저 다이어그램; (b) 선 스펙트럼.

수축[†]으로서 적용되며 실수축에서의 페이저 투사는 식 (4)의 정현파와 같다.

이제 페이저의 세 가지 지표인 진폭, 위상 각, 순회 주파수에 대하여 알아보자. 같은 페이저를 **주파수 영역**에서 표현하기 위하여 반드시 각 주파수 f_0에 따른 진폭과 위상을 연결 지어 생각해야 한다. 그러므로 적절한 주파수 영역의 표현은 그림 2.1-2b와 같은 **선 스펙트럼**이어야 하며 주파수에 따른 위상과 진폭을 포함해야 한다. 이 그림은 단조로워 보이는 반면 복잡한 신호들로 확장되었을 경우에는 매우 함축적인 값을 갖는다. 다음 단계를 설명하기 전에 선 스펙트럼과 관련된 다음 네 가지 사항들을 살펴보도록 하자.

1. 모든 스펙트럼의 독립적 변수는 라디안 주파수 ω보다는 **순환 주파수** f가 쓰인다. 그리고 f_0와 같은 특정 주파수는 그 상황에 따라서 별도로 명시된다. ($2\pi f$의 약식표현인 ω로 종종 쓰이는 경우도 있다.)
2. 위상각은 **코사인**파 또는 양의 실수축의 페이저 다이어그램에 의해서 측정된다. 따라서 사인파는 다음과 같이 코사인 파로 변환될 필요가 있다.

$$\sin \omega t = \cos (\omega t - 90°) \tag{5}$$

3. 진폭은 항상 **양수**로 나타낸다. 만일 음수가 발생될 경우, 위상을 이용하여 양수로 변환하여야 한다.

$$-A \cos \omega t = A \cos (\omega t \pm 180°) \tag{6}$$

   $+180°$나 $-180°$ 중 어느 값을 사용하더라도 결국 같다.
4. "ωt"와 같은 각은 고유의 라디안으로 표현되지만 위상각은 일반적으로 도로 표현된다. 그러나 도로 표현된 각은 항상 적절한 기호를 동반하므로 혼합된 표기 방식으로 인한 혼동을 가져오지는 않는다.

이러한 사항을 기술하고 선 스펙트럼의 진보된 개념을 유도하기 위하여 다음 신호를

---

† 페이저는 양수의 시간축이 책의 위쪽 방향이라 할 때 페이저의 궤적이 책으로 부터 독자를 향해 반시계방향으로 회전하며 진행하는 오른손 법칙에 따라 3차원으로 표현될 수 있다. 한 번의 회전당 진행률은 f_0 rev/s가 된다(P. Ceperley, 2007).

고려해보자.

$$w(t) = 7 - 10\cos(40\pi t - 60°) + 4\sin 120\pi t$$

위의 식을 그림으로 표현하면 그림 2.1-3a와 같다. 상수 부분을 0의 주파수나 DC(direct current) 성분으로 변환하고 식 (5)와 (6)을 적용하면 코사인의 합으로 나타내어진다.

$$w(t) = 7\cos 2\pi 0t + 10\cos(2\pi 20t + 120°) + 4\cos(2\pi 60t - 90°)$$

그림 2.1-3b는 위의 스펙트럼을 나타낸다.

그림 2.1-3b를 **단측** 또는 **양의** 주파수 선 스펙트럼이라 하며 정현파의 선형 조합으로 나타낼 수 있다. 그리고 또 다른 스펙트럼 표현형은 그 값이 음의 주파수를 포함하며 중요하다. 이러한 표현형은 $\text{Re}[z] = \frac{1}{2}(z + z^*)$의 성질을 사용하여, 식 (4)로부터 얻을 수 있으며, z는 켤레 복소수인 z^*와 함께 복소수 값을 갖는다. 따라서 만일 $z = Ae^{j\phi}e^{j\omega_0 t}$면, $z^* = Ae^{-j\phi}e^{-j\omega_0 t}$가 되고 식 (4)는 다음과 같이 되며 **켤레 페이저**를 얻을 수 있다.

$$A\cos(\omega_0 t + \phi) = \frac{A}{2}e^{j\phi}e^{j\omega_0 t} + \frac{A}{2}e^{-j\phi}e^{-j\omega_0 t} \tag{7}$$

그림 2.1-4는 이에 대응되는 페이저 다이어그램과 선 스펙트럼을 나타낸다. 페이저 다

그림 2.1-3

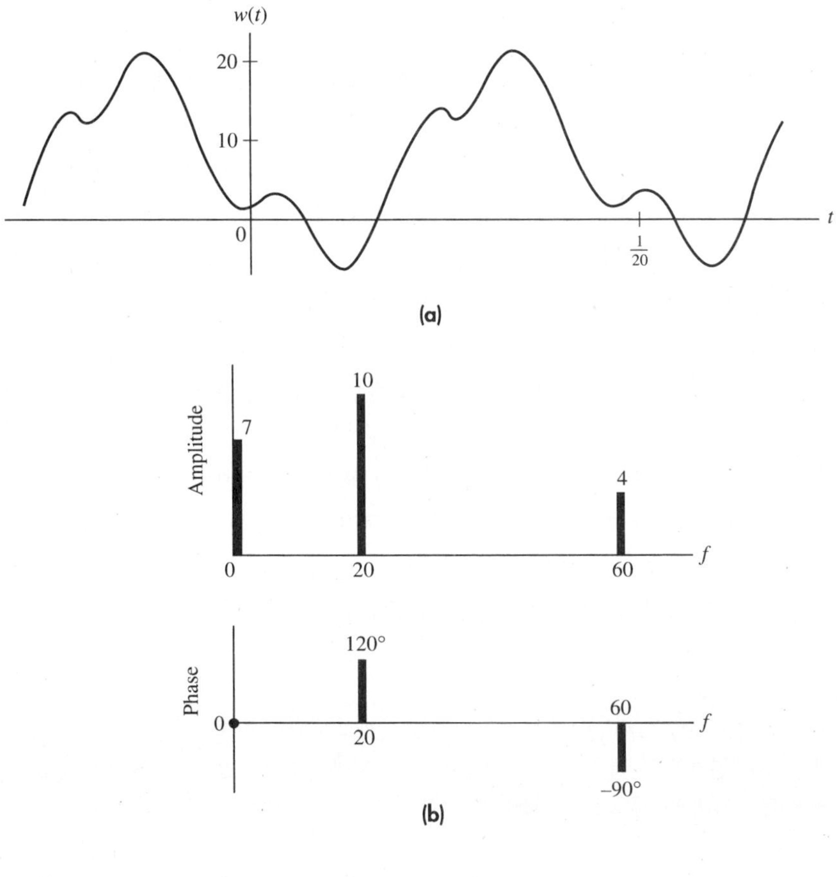

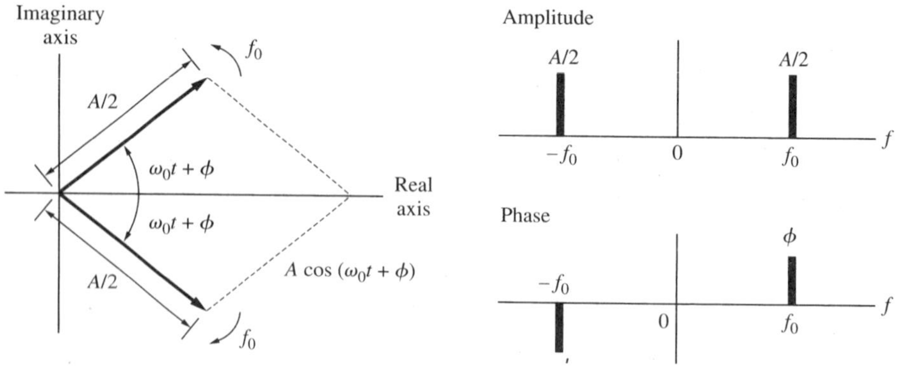

그림 2.11-4
(a) 켤레 복소수의 페이저; (b) 양측 스펙트럼.

그림 2.1-5

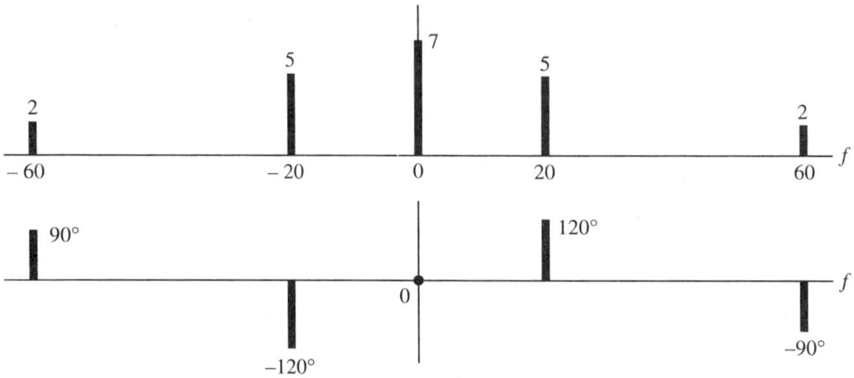

이어그램은 길이는 같지만 각도와 회전의 방향이 반대인 두 개의 페이저를 포함한다. 페이저 합은 항상 실수축과 만나 $A\cos(\omega_0 t + \phi)$가 되며 선 스펙트럼은 **양측**이 된다. 그 이유는 반대 방향의 회전이 이루어지기 위하여 항상 음의 주파수 성분을 포함하기 때문이다. 그리고 진폭이 두 주파수 $\pm f_0$ 각각의 영역으로 양분되기 때문에 진폭을 반으로 줄어든다. 이러한 진폭 스펙트럼은 **우대칭**의 성질을 갖는 반면, 위상 스펙트럼은 켤레 복소수의 성질에 의하여 **기대칭**의 성질을 가진다. 이러한 대칭성은 그림 2.1-5에 잘 나타나며 그림 2.1-3b의 양측 형태이다.

이러한 단측 또는 양측 선 스펙트럼은 단지 정현파나 시간 함수 페이저의 표현임을 간과해서는 안 된다. 단측 스펙트럼에서 하나의 선은 실수 코사인 파를 나타내는 반면, 양측 스펙트럼에서 하나의 선은 복소수의 지수 형태를 표현하는 것이며, 실수 코사인파를 구하기 위하여 켤레의 형태가 반드시 필요로 한다. 그러므로 양측 스펙트럼의 $[f_1, f_2]$와 같은 임의의 주파수 구간을 언급할 경우 항상 대응되는 음의 주파수 구간$[-f_1, -f_2]$을 포함하여야 한다. 두 가지 열거된 구간을 간단히 표현하면 $f_1 \leq |f| \leq f_2$이다.

끝으로, 다음 사항을 잊어서는 안된다.

> 두 가지 방법으로 표기되는 진폭 스펙트럼은 위상 스펙트럼 보다 많은 정보를 포함하고 있다. 두 가지 모두 시간영역의 함수를 정하는데 필요하지만 진폭 스펙트럼은 그 자체만으로 각 주파수마다 어떠한 성분이 얼마의 비중으로 존재하는지 알 수 있다.

다른 관점에서 살펴보면 진폭 스펙트럼은 신호의 주파수 내용을 표현하고 있다.

$v(t) = -3 - 4 \sin 30\pi t$의 단측, 그리고 양측 스펙트럼을 구하시오. **응용문제 2.1-1**

주기 신호와 평균 전력

일반적으로 정현파와 페이저는 주기 신호로 분류된다. 이러한 신호는 다음과 같은 관계를 만족하며 여기서 m은 정수이다.

$$v(t \pm mT_0) = v(t) \qquad -\infty < t < \infty \tag{8}$$

이 식은 신호를 왼쪽 또는 오른쪽으로 주기의 정수배만큼 천이 시켜도 파형이 변하지 않는다는 것을 보여준다. 결론적으로 주기 신호는 한 주기의 특성에 의해 완전하게 표현된다.

주파수 영역에서의 주기 신호의 표현형은 Fourier 급수의 전개에 의한 선 스펙트럼으로 나타난다. 급수의 전개는 신호가 유한의 평균 전력을 가질 경우에만 가능하며 평균 전력 및 다른 시간 평균은 신호의 중요한 특성이므로 이러한 개념은 뚜렷이 명시 될 것이다.

임의의 시간 함수 $v(t)$의 전체 시간 **평균값**은 다음과 같이 정의된다.

$$\langle v(t) \rangle \triangleq \lim_{T\to\infty} \frac{1}{T} \int_{-T/2}^{T/2} v(t)\, dt \tag{9}$$

$\langle v(t) \rangle$의 표기는 우변의 평균 연산을 나타내며, 3단계로 구성 된다: 곡선의 넓이를 구하기 위하여 $v(t)$를 $-T/2 \le t \le T/2$의 구간에서 적분한다; 넓이를 시간 구간 T로 나눈다; 그리고, 모든 시간 영역을 포함하기 위해 $T \to \infty$한다. **주기** 신호의 경우 식 (9)는 임의의 구간 T_0에서 평균으로 줄어들게 된다. 그러므로

$$\langle v(t) \rangle = \frac{1}{T_0} \int_{t_1}^{t_1+T_0} v(t)\, dt = \frac{1}{T_0} \int_{T_0} v(t)\, dt \tag{10}$$

이고 약식심볼 $\int_{T_0}$은 임의의 구간 t_1부터 $t_1 + T_0$까지의 적분을 나타낸다.

만일, 전압 $v(t)$가 저항 R에 흐르면, 전류 $i(t) = v(t)/R$가 발생하고 순간 전력 $v(t)i(t) = v^2(t)/R = Ri^2(t)$의 평균값을 구함으로써 평균 전력을 계산할 수 있다. 그러나 주어진 신호가 전압인지 또는 전력인지 알 수 없으므로 지금부터는 $R = 1\ \Omega$이라는 가정 하에 전력을 **정규화**한다. 임의의 주기 신호와 관련된 **평균 전력**에 대한 정의는 다음과 같다.

$$P \triangleq \langle |v(t)|^2 \rangle = \frac{1}{T_0} \int_{T_0} |v(t)|^2\, dt \tag{11}$$

복소수 신호 모델의 가능성을 허용하여 $v^2(t)$ 대신 $|v(t)|^2$을 사용하였다.

어떤 경우에도 P값은 실수이며 양수일 것이다. 식 (11)의 적분 결과가 $0 < P < \infty$의 조건을 만족시킨다면, 신호 $v(t)$를 주기 전력신호라 부르며 대부분의 모든 주기 신호는 이러한 분류에 속한다. 전력 신호의 평균값은 양수나 음수, 또는 0의 값을 가진다.

몇몇 신호의 평균은 물리적 이해를 통하여 그 값을 얻을 수 있고 한 특별한 예로 아래의 정현파를 살펴보자.

$$v(t) = A\cos(\omega_0 t + \phi)$$

위 식은 다음 성질을 가진다.

$$\langle v(t)\rangle = 0 \qquad P = \frac{A^2}{2} \tag{12}$$

이러한 결과는 $v(t)$와 $|v(t)|^2$의 한 주기에 대한 그림을 그려봄으로써 확인이 가능할 것이다.

Fourier 급수

이전의 그림 2.1-3의 신호 $w(t)$는 하나의 DC 성분과 두 개의 정현파를 더함으로써 생성되었다. 이제 정현파의 합이나 회전된 페이저에서 주기 신호를 분해하는 방법을 살펴볼 것이다. 이 방법을 위해 **지수형 Fourier 급수**를 사용해보자.

신호 $v(t)$를 주기 $T_0=1/f_0$인 전력 신호라 가정하자. 이 신호의 지수형 Fourier 급수 전개는 다음과 같다.

$$v(t) = \sum_{n=-\infty}^{\infty} c_n e^{j2\pi n f_0 t} \qquad n = 0, 1, 2, \ldots \tag{13}$$

급수의 계수는

$$c_n = \frac{1}{T_0}\int_{T_0} v(t)e^{-j2\pi n f_0 t}\,dt \tag{14}$$

에 의하여 $v(t)$와 관계가 있다. 여기에서 c_n은 $v(t)e^{-j2\pi f_0 t}$의 평균과 같다. 일반적으로 이 계수는 복소수의 형태이므로, 이 식은 다음과 같이 극형식으로 표현될 수 있으며

$$c_n = |c_n|\, e^{j\arg c_n}$$

여기서, **arg** c_n은 c_n의 **각**을 나타낸다. 또한 식 (13)은 페이저의 무한 합으로서 주기전력신호로 전개되며, 그 n번째 식은 다음과 같다.

$$c_n\, e^{j2\pi n f_0 t} = |c_n|\, e^{j\arg c_n} e^{j2\pi n f_0 t}$$

위 식의 급수 수렴 성질은 스펙트럼 특징을 고려한 후에 언급되어야 할 것이다.

식 (13)의 $v(t)$를 살펴보면 $nf_0 = 0, \pm f_0, \pm 2f_0, \ldots$의 주파수에서 진폭 $|c_n|$와 각 $\arg c_n$을 갖는 페이저 성분을 포함하고 있다. 따라서 $v(t)$의 주파수 영역 그림은 급수 계수에 의

해 정의되는 양측 선 스펙트럼이 된다. 다음의 스펙트럼을 표현하는 식은 매우 중요하다.

$$c(nf_0) \triangleq c_n$$

여기서 $|c(nf_0)|$는 f의 함수로서 **진폭 스펙트럼**을 나타내며, arg $c(nf_0)$는 **위상 스펙트럼**을 나타낸다. 주기 전력 신호의 세 가지 중요한 스펙트럼 성질은 다음과 같다.

1. 모든 주파수는 **기본 주파수** $f_0 = 1/T_0$의 정수배 또는 **고조파**이다. 따라서 선 스펙트럼은 f_0의 균일한 간격을 갖는다.
2. 식 (14)에서 $n = 0$으로 하면, DC 성분은 신호의 **평균값**과 동일해지며, 다음과 같은 식이 유도된다.

$$c(0) = \frac{1}{T_0}\int_{T_0} v(t)\,dt = \langle v(t)\rangle \tag{15}$$

   계산된 $c(0)$의 값은 v(t)를 조사하면 확인이 가능하며 이 방법은 적분의 결과가 모호할 때 유용하다.
3. 만일 $v(t)$가 시간 영역의 **실수** 함수라면 식 (14)에서 n을 $-n$으로 교체하여

$$c_{-n} = c_n^* = |c_n|\,e^{-j\arg c_n} \tag{16a}$$

   가 된다. 그러므로

$$|c(-nf_0)| = |c(nf_0)| \qquad \arg c(-nf_0) = -\arg c(nf_0) \tag{16b}$$

   이다. 위의 식은 진폭 스펙트럼이 우함수의 성질을, 위상 스펙트럼이 기함수의 성질을 가짐을 의미한다.

실수 신호를 논의할 때 식 (16)의 특성에 의해 c_0를 제외한 지수형 급수는 **켤레 복소수**로 재분류가 가능하다. 따라서 식 (13)은

$$v(t) = c_0 + \sum_{n=1}^{\infty} |2c_n| \cos(2\pi nf_0t + \arg c_n) \tag{17a}$$

또는

$$v(t) = c_0 + \sum_{n=1}^{\infty} [a_n \cos 2\pi nf_0t + b_n \sin 2\pi f_0t] \tag{17b}$$

와 같이 된다. 여기서 $b_n = \mathrm{Im}[c_n]$이다. Re[ ]와 Im[ ]은 각각 실수와 허수에 대한 연산자를 나타낸다.

식 (17a)는 **삼각 Fourier 급수**이며, 단측 스펙트럼을 나타낸다. 하지만, 대부분의 경우에는 지수형 급수와 양측 스펙트럼을 사용한다.

식 (17)의 정현파부는 **직교기저함수(orthogonal basis function)**를 나타낸다. 다음의 식과 같은 경우, 함수 $v_n(t)$와 $v_m(t)$는 t_1에서 t_2 사이에서 **직교**한다.

그림 2.1-6
함수 sinc λ = $(\sin \pi\lambda)/\pi\lambda$.

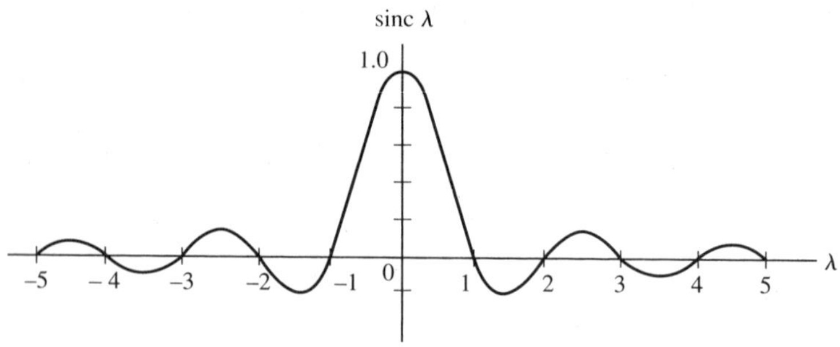

$$\int_{t_1}^{t_2} v_n(t)v_m(t)dt = \begin{cases} 0 & n \neq m \\ K & n = m \end{cases} \qquad \text{with } K \text{ a constant.}$$

차후에 7.2절(QAM)과 14.5절에서 직교 반송파 신호를 사용하여 여러 명의 사용자가 서로에 대한 간섭 없이 채널을 공유하는 방법에 대해 설명할 것이다.

예를 들기 전에 한 가지 짚고 넘어가야 할 사항이 있다. c_n의 적분은 다음 식에서처럼 페이저의 평균값과 관련이 있다.

$$\frac{1}{T}\int_{-T/2}^{T/2} e^{j2\pi ft}\,dt = \frac{1}{j2\pi fT}(e^{j\pi fT} - e^{-j\pi fT}) \tag{18}$$
$$= \frac{1}{\pi fT}\sin \pi fT$$

이 표현은 시간 영역에서 나타나며 스펙트럼 분석에서 사용된다. 여기서는 다음과 같이 정의되는 **sinc 함수**에 대하여 소개해 보면

$$\text{sinc}\,\lambda \triangleq \frac{\sin \pi\lambda}{\pi\lambda} \tag{19}$$

이고 λ는 독립 변수를 나타낸다. 몇몇 저자들은 sinc λ = Sa$(\pi\lambda)$를 사용하기 위하여 Sa $(x) \triangleq (\sin x)/x$로 정의되는 **샘플링 함수**를 이용한다. 그림 2.1-6은 sincλ가 $\lambda = 0$일 때 최대값을 갖는 우함수이며, 그 외의 모든 정수 값 λ에서 영점 교차가 됨을 보인다. 따라서

$$\text{sinc}\,\lambda = \begin{cases} 1 & \lambda = 0 \\ 0 & \lambda = \pm 1, \pm 2, \ldots \end{cases}$$

이고 sinc λ와 $\text{sinc}^2\,\lambda$의 값들은 책 뒤의 표 T.4에 주어져 있다. 한편 표 T.3에는 Fourier 분석에 유용하게 쓰이는 몇 가지 수학적 관계가 수록되어 있다.

구형파 펄스열

예제 2.1-1

그림 2.1-7의 구형파 펄스열을 생각해보자. 각 펄스는 진폭이 A이며 그 폭은 τ이다. 펄스의 가장자리 $t = \pm\tau/2$마다 계단형의 불연속성이 있고 **불연속성**이 있는 지점에서 $v(t)$를 정의할 수 없다. 이러한 특징으로부터 물리적 신호와 수학적 모델의 구분이 가능하다. 즉, 물리적 신호에서는 이러한 단계적 전이가 불가능하지만 펄스의 폭보다 시간 전이의 폭이 상대적으로 아주 작은 값을 갖게 될 경우에 수학적 모델로 고려할 수 있다.

Fourier 계수를 구하기 위하여, 식 (14)의 적분 구간을 $-T_0/2 \le t \le T_0/2$로 하면 다음과 같다.

$$v(t) = \begin{cases} A & |t| < \tau/2 \\ 0 & |t| > \tau/2 \end{cases}$$

그러므로

$$\begin{aligned} c_n &= \frac{1}{T_0}\int_{-T_0/2}^{T_0/2} v(t)e^{-j2\pi n f_0 t}\,dt = \frac{1}{T_0}\int_{-\tau/2}^{\tau/2} Ae^{-j2\pi n f_0 t}\,dt \\ &= \frac{A}{-j2\pi n f_0 T_0}\left(e^{-j\pi n f_0 \tau} - e^{+j\pi n f_0 \tau}\right) \\ &= \frac{A}{T_0}\frac{\sin \pi n f_0 \tau}{\pi n f_0} \end{aligned}$$

이며 t로 곱하고 나누면 최종적으로

$$c_n = \frac{A\tau}{T_0}\operatorname{sinc} n f_0 \tau \tag{20}$$

과 같이 되며, 이는 식 (19)에서 $\lambda = nf_0\tau$인 경우이다.

스펙트럼의 진폭은 $\tau/T_0 = f_0\tau = 1/4$의 경우 $|c(nf_0)| = |c_n| = Af_0\tau\,|\operatorname{sinc} nf_0\,\tau|$로부터 그림 2.1-8a와 같이 구할 수 있다. 곡선처럼 연속 함수 $Af_0\,\tau|\operatorname{sinc} f\tau|$을 연결해 그리면 그 선은 **포락**선이 된다. $\pm 4f_0, \pm 8f_0, \pm 12f_0, \ldots$의 선 스펙트럼은 $1/\tau$의 배수이므로 이곳에서의 포락선은 0의 값을 갖게 된다. DC 성분은 $c(0) = A\tau/T_0$의 진폭을 가지며 이는 그림 2.1-7을 보면 $v(t)$의 평균값임을 확인할 수 있다. 첨언하면, τ/T_0는 펄스폭과 주기의 비율과 같고, 종종 **동작 비율(duty cycle)**로 불린다.

그림 2.1-8b의 위상 스펙트럼은 항상 실수이자 음의 값을 가질 수도 있는 c_n에 의해서 결정된다. 그러므로 $\arg c(nf_0)$는 $\operatorname{sinc} nf_0\tau$의 부호에 따라 0°와 ±180°의 값을 갖게 된다.

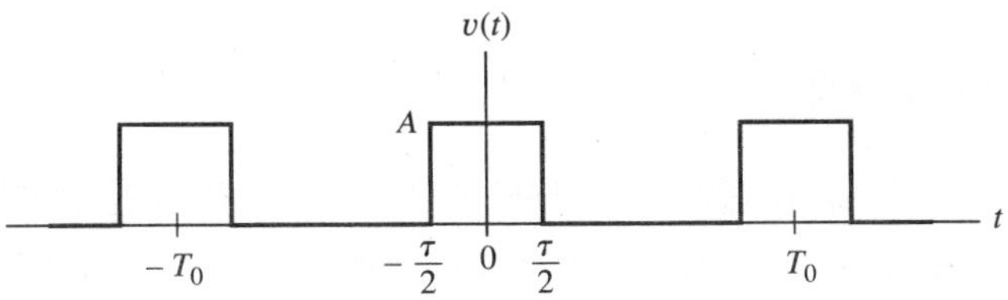

그림 2.1-7
구형파 펄스 열.

그림 2.1-8

$f_0\tau$ = 1/4일 때 구형파 펄스열의 스펙트럼. (a) 진폭; (b) 위상.

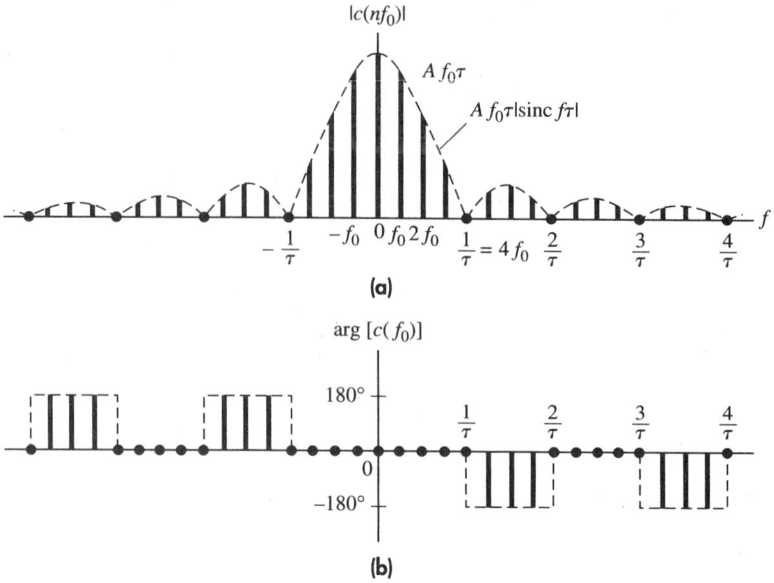

위상의 기대칭 성질을 설명하기 위하여 +180°와 −180°가 모두 사용된다.

주기펄스를 주파수 성분으로 다시 나타내기 위하여 다시 한 번 이전의 내용을 살펴보자. 식 (17)에 있는 삼각급수에서 $\tau/T_0 = f_0\tau = 1/4$이므로 $c_0 = A/4$이고 $|2c_n| = (2A/4)|\text{sinc } n/4| = (2A/\pi n)|\sin \pi n/4|$이다. 따라서

$$v(t) = \frac{A}{4} + \frac{\sqrt{2}A}{\pi}\cos\omega_0 t + \frac{A}{\pi}\cos 2\omega_0 t + \frac{\sqrt{2}A}{3\pi}\cos 3\omega_0 t + \cdots$$

이며 세 번째 고조파까지의 합을 통하여 그림 2.1-9a에 있는 $v(t)$ 그림의 근사치를 알 수 있다. 이 근사치는 주기 펄스의 대략적인 모형을 포함하고 있지만 가장자리의 직각 모서리는 세밀하게 표현되지 않는다. 그림 2.1-9b의 보다 정확한 근사치는 일곱 번째 고조파까지의 합을 통해 표현된다. 적은 진폭의 높은 고조파로부터 정확한 가장자리의 직각 모서리 모양이 생성된다는 점이 중요하다. 또한 $v(t)$가 불연속성인 $t = \pm\tau/2$에서 이 급수가 중간값 $A/2$로 수렴되는 점 역시 중요한 사항이다.

응용문제 2.1-2 다음의 모든 경우에 대하여 구형파 펄스열의 진폭 스펙트럼을 그리시오: $\tau = T_0/5$, $\tau = T_0/2$, $\tau = T_0$. 마지막의 경우 펄스열은 모든 시간 영역에서 상수로서 연속적으로 나타나는데 이는 스펙트럼으로 어떻게 표현되는지 설명하시오.

수렴 조건과 Gibbs 현상

주기 신호는 유한한 Fourier 급수로써 그 근사값을 알 수 있음을 확인하였다. 하지만 $v(t)$에 대한 무한급수가 **수렴**할 수 있는지는 미지수이다. 그에 대한 증명은 수학적 개념을 통하여

얻어질 수 있지만 여기서 언급하지 않을 것이다. 대신 증명 없이 몇몇 중요한 결과를 언급할 것이다. 보다 자세한 사항은 Ziemer, Tranter and Fannin(1998)또는 Stark, Tuteur and Anderson(1998)을 참고하기 바란다.

Fourier 급수 전개에 관한 **Dirichlet 조건**은 다음과 같다: $v(t)$가 유한의 최대값, 최소값을 갖는 주기 함수이고 한 주기 안에 불연속 구간의 개수가 유한하며 한 주기가 유한한 면적을 가질 때, 즉 **절대 적분 조건**을 만족할 때, Fourier 급수가 존재하며, 일정한 값으로 수렴한다. 이 조건은 충분조건이지만, 엄밀히 말해서 필요조건은 아니다.

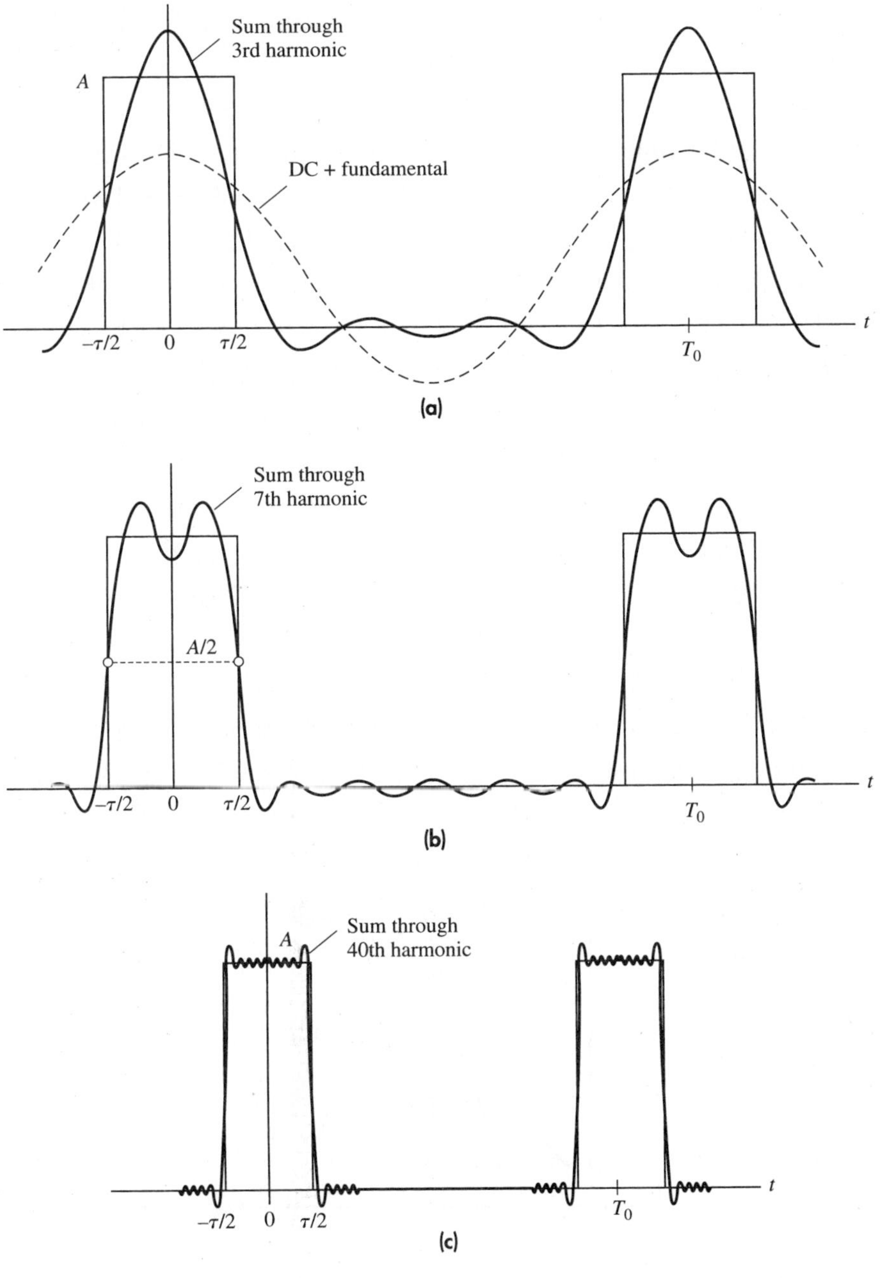

그림 2.1-9
구형파 펄스열의 Fourier 급수 복원.

이를 대신한 또 다른 조건은 **제곱 적분 조건**이다. 즉, $|v(t)|^2$이 주기 신호의 한 주기에서 유한한 면적을 갖는 것이다. 이 조건에서 급수는 다음과 같이 **평균 수렴**한다. 만일

$$v_N(t) = \sum_{n=-N}^{N} c_n e^{j2\pi n f_0 t}$$

이면

$$\lim_{N\to\infty} \int_{T_0} |v(t) - v_N(t)|^2 \, dt = 0$$

이다.

다시 말하면, $v(t)$와 부분 합 $v_N(t)$간의 차이의 제곱 평균은 더 많은 항들이 포함될수록 사라지게 된다.

$v(t)$에 대한 절대 적분 조건이나 제곱 적분 조건 중 어느 것을 만족하더라도 Fourier 급수는 불연속 구간에서 **Gibbs 현상**이 발생된다. 그림 2.1-10은 $t = t_0$의 계단식 불연속 구간에서 Gibbs 현상을 나타내고 있다. $v_N(t)$의 부분 합은 불연속 구간의 **중심점**에서 수렴하며 이것은 매우 이치에 맞는 것처럼 보인다. 하지만 불연속 구간의 양쪽에서 $v_N(t)$는 N에 관계없이 계단 높이의 약 9%의 최대값을 갖고 주기가 $T_0/2N$인 진동하는 오버슈트를 가진다. 따라서 $N \to \infty$에서 진동은 0이 아닌 스파이크로 남으며 이것을 "Gibbs ears"라 한다. 이것은 그림 2.1-9c에서 볼 수 있듯이 불연속 구간의 위와 아래 점에서 나타난다. Kamen and Heck(1997, 제4장)에 Gibbs 현상에 대한 보다 자세한 사항이 MATLAB 예제를 통해 설명되어 있다.

실제 신호는 연속적이므로 Gibbs 현상은 발생되지 않으며 $v(t)$와 같은 것으로써 Fourier 급수를 사용하는 것은 정당하다. 구형파 펄스열과 같은 이상적인 신호들은 때때로 불연속점을 포함한다. 그러므로 이러한 신호들을 다룰 때에는 수렴에 대하여 항상 염두에 두어야 한다.

또한 Gibbs 현상은 실제 신호에 쓰이는 필터의 형태와 깊은 관계가 있다. 구형파 펄스처럼 생긴 이상적 필터는 그 스펙트럼이 불연속적이기 때문에 시간 영역에서 신호의 왜곡을 발생시킨다. 다른 관점에서 볼 때 주파수 영역에서 구형파 모양의 필터와 곱해진 신호

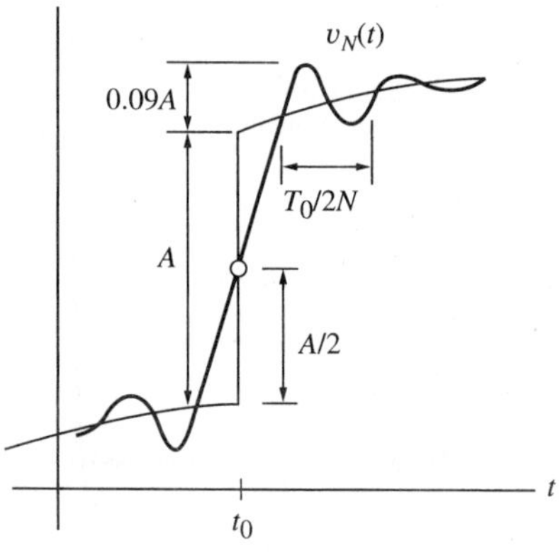

그림 2.1-10
계단형 불연속 구간에서의 Gibbs 현상.

는 시간 영역에서 sinc 함수와 컨벌루션된 신호로 바뀌게 된다. 따라서 실제 응용에서는 Hamming 또는 Hanning 윈도우와 같은 더 좋은 시간-주파수 특성을 갖는 다른 윈도우 형태를 사용한다. Oppenheim, Schafer and Buck(1999)에 윈도우 형태에 관한 자세한 설명이 기재되어 있다.

Parseval의 전력 정리

Parseval 정리는 주기 신호의 평균 전력 P와 Fourier 계수를 연관시킨다. 이 정리를 이끌어 내기 위하여 다음 식을 사용하도록 하자.

$$P = \frac{1}{T_0}\int_{T_0} |v(t)|^2\, dt = \frac{1}{T_0}\int_{T_0} v(t)v^*(t)\, dt$$

복소수 지수형 Fourier 급수를 $v^*(t)$로 대체하면

$$v^*(t) = \left[\sum_{n=-\infty}^{\infty} c_n e^{j2\pi n f_0 t}\right]^* = \sum_{n=-\infty}^{\infty} c_n^* e^{-j2\pi n f_0 t}$$

그러므로

$$\begin{aligned} P &= \frac{1}{T_0}\int_{T_0} v(t)\left[\sum_{n=-\infty}^{\infty} c_n^* e^{-j2\pi n f_0 t}\right] dt \\ &= \sum_{n=-\infty}^{\infty}\left[\frac{1}{T_0}\int_{T_0} v(t)e^{-j2\pi n f_0 t}\, dt\right]c_n^* \end{aligned}$$

이며 합 내부의 적분은 c_n과 같다. 즉, 다음이 Parseval 정리이다.

$$P = \sum_{n=-\infty}^{\infty} c_n c_n^* = \sum_{n=-\infty}^{\infty} |c_n|^2 \tag{21}$$

이 결과 스펙트럼 설명은 매우 간단하다:

> 평균 전력은 진폭선 스펙트럼의 높이 $|c_n| = |c(nf_0)|$를 제곱하고 더함으로써 구할 수 있다.

식 (21)은 위상 스펙트럼을 사용하지 않으며 이것이 신호의 주파수 내용과 관계있는 진폭 스펙트럼의 주요한 역할에 대한 사전 설명을 강조하는 것에 유의하자. 식 (21)의 내용을 보다 구체적으로 살펴보기 위하여 $c_n e^{j2\pi n f_0 t}$ 형태의 페이저의 합인 $v(t)$의 지수형 Fourier 급수 전개를 살펴보자. 각 페이저의 평균 전력은 다음과 같음을 쉽게 증명할 수 있다.

$$\langle |c_n e^{j2\pi n f_0 t}|^2 \rangle = |c_n|^2 \tag{22}$$

그러므로 Parseval 정리는 **평균 전력의 중첩**을 의미한다. 왜냐하면 $v(t)$의 총 평균전력은 페이저 성분의 평균 전력의 합과 같기 때문이다. Fourier 급수와 관련된 여러 가지 정리를 여기에 소개할 수도 있지만 제2장과 3장에 나오는 Fourier 변환 정리의 특별한 경우로 취

급하는 것이 보다 좋은 방법일 것이다. 통신 시스템에서 많이 쓰이는 여러 가지 주기 신호들에 대한 Fourier 계수와 관련된 몇 가지 공식들을 표 T.2에 나열하였다.

응용문제 2.1-3 그림 2.1-5로부터 식 (21)을 이용해 P를 계산하시오.

2.2 Fourier 변환과 연속 스펙트럼

짧은 구간의 주기를 갖는 신호의 한 주기를 이론상 무한대로 늘림으로써 비주기 신호로 변환시켜 보자. 만일 비주기 신호의 총 에너지가 유한한 값이라면 주파수 영역에서신호는 Fourier 변환으로부터 얻어진 연속 스펙트럼이다.

Fourier 변환

그림 2.2-1은 전형적인 비주기 신호를 보여주고 있다. 그림 2.2-1a는 $v(t)$가 펄스 구간 밖에서 0이기 때문에 단일 구형파 펄스가 **엄격히 시간제한**이 되었음을 나타낸다. 또 다른 신호는 $t \rightarrow \pm\infty$일 때, $v(t) \rightarrow 0$으로 수렴하기 때문에 **점근적 시간제한** 신호이다. 이러한 신호들은 펄스를 사용하여 어느 정도는 표현될 수 있다. 신호들의 평균값 $v(t)$나 $|v(t)|^2$을 모든 시간 영역에서 구해보면 이들의 평균은 0이 된다. 즉, 이러한 신호는 평균 전력을 구하는 것보다는 비주기 신호의 대표적인 성질인 에너지를 구해야 한다.

만일 $v(t)$가 저항에 흐르는 전압이라면 전달되는 총 에너지는 순간 전력 $v^2(t)/R$을 적분하여 구할 수 있다. 따라서 정규화된 **신호의 에너지**는 다음과 같다.

$$E \triangleq \int_{-\infty}^{\infty} |v(t)|^2\, dt \qquad (1)$$

그림 2.2-1

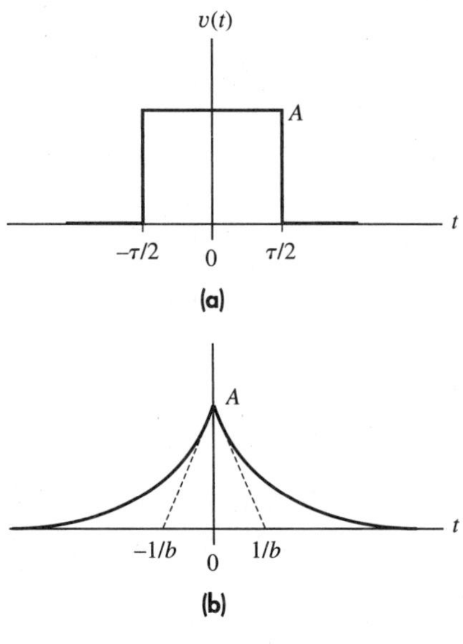

E는 $|v(t)|^2$ 파형의 총 면적이므로 몇몇의 에너지 계산은 단순한 관찰에 의해서도 가능하다. 예를 들어 진폭이 A인 구형파 펄스의 에너지는 단순히 $E = A^2\tau$이다.

식 (1)은 적분이 존재하고 $0 < E < \infty$를 만족할 때 신호 $v(t)$가 확실한 에너지를 갖고 있다고 말하며 **비주기 에너지 신호**라 칭한다. 대부분의 시간제한 주기 신호들은 이 분류에 속하며 이는 Fourier 변환을 사용하기 위한 스펙트럼 분석의 중요한 조건이 된다.

Fourier 변환의 시작을 주기적 전력 신호의 Fourier 급수 표현형으로부터 시작해 보자.

$$v(t) = \sum_{n=-\infty}^{\infty} c(nf_0)e^{j2\pi n f_0 t} \tag{2}$$

$$= \sum_{n=-\infty}^{\infty} \left[\frac{1}{T_0}\int_{T_0} v(t)e^{-j2\pi n f_0 t}\,dt\right]e^{j2\pi n f_0 t}$$

위의 식은 $c(nf_0)$의 적분을 포함하고 있다. **Fourier 적분 정리**에 따라 신호의 주기가 무한대로 확장됨에 따라 Fourier 급수의 극한 형태로 간주되는 비주기 에너지 신호와 비슷한 표현이다. 예제 2.1-1은 주기 펄스의 스펙트럼 성분은 펄스들의 주기가 증가함에 따라서 점점 가까워지도록 $nf_0 = n/T_0$의 간격으로 위치함을 보여주고 있다. 하지만 펄스의 폭 τ가 일정하다면 스펙트럼의 형태는 변하지 않는다. 주파수 간격 $f_0 = T_0^{-1}$이 0에 가까워지고 (식 (3)에는 df로 표현됨), 지수 n이 무한대에 근접하면 곱 nf_0는 연속 주파수 변수 f로 되며 다음과 같이 된다.

$$v(t) = \int_{-\infty}^{\infty}\left[\int_{-\infty}^{\infty} v(t)e^{-j2\pi ft}\,dt\right]e^{j2\pi ft}\,df \tag{3}$$

괄호 안의 식은 $V(f)$ 또는 $\mathscr{F}[v(t)]$ 기호로 표현되는 $v(t)$의 **Fourier 변환**이고 이것은 모든 시간에 대한 적분으로 연속 변수 f의 함수가 되며 다음과 같이 정의된다.

$$V(f) = \mathscr{F}[v(t)] \triangleq \int_{-\infty}^{\infty} v(t)e^{-j2\pi ft}\,dt \tag{4}$$

시간 영역 함수 $v(f)$는 모든 주파수 f에 대한 적분인 아래의 **Fourier 역변환**에 의하여 $V(f)$로부터 복원된다.

$$v(t) = \mathscr{F}^{-1}[V(f)] \triangleq \int_{-\infty}^{\infty} V(f)e^{j2\pi ft}\,df \tag{5}$$

조금 더 정확히 말하면 $\mathscr{F}^{-1}[V(f)]$는 $v(t)$에 **평균수렴**된다. 이는 불연속 구간에서 Gibbs현상이 발생되는 Fourier 급수 수렴과도 같은 개념이다. 하지만, 식 (5)의 등식이 성립하는 것으로 간주할 것이며 $\mathscr{F}^{-1}[V(f)] = v(t)$의 증명은 2.5절에서 다룰 것이다.

식 (4)와 (5)는 **Fourier 적분의 쌍**을 구성한다.† 이 식들은 계산에 있어서 서로 연결되어 있는 것으로 보이지만 보통은 주어진 문제에서 $V(f)$ 또는 $v(t)$만을 안다. 만약 $V(f)$를

† 다른 정의는 주파수 변수로 ω가 사용되며 따라서 $1/2\pi$ 또는 $1/\sqrt{2\pi}$가 상수로 곱해진다.

알면 식 (5)를 이용해서 $v(t)$를 구할 수 있으며 $v(t)$를 알면 식 (4)를 이용하여 $V(f)$ 또한 구할 수 있다. 이제 주파수 영역에서의 스펙트럼에 대하여 알아보자.

우선 식 (2)와 (5)를 비교하면 $V(f)$는 주기 신호의 $c(nf_0)$와 마찬가지로 비주기 신호에서도 같은 역할로 쓰인다. 따라서 $V(f)$는 비주기 신호 $v(t)$의 **스펙트럼**이다. 그러나 $V(f)$는 $c(nf_0)$가 이산 주파수에서 정의된 것에 반하여 그의 모든 변수에서 정의된 연속 함수이다. 그러므로 비주기 신호는 선 스펙트럼이라기보다는 **연속 스펙트럼**을 갖게 된다. 이 차이점을 설명하기 위하여 식 (2)와 (5)를 다시 비교해 보자. 주기 신호의 경우 시간 영역 함수를 불연속 주파수 페이저의 합으로 표현한 반면 비주기 신호의 경우 연속 주파수 함수를 적분함으로써 시간 영역 함수를 표현한다. $V(f)$의 세 가지의 주요 성질들을 아래와 같이 정리 하였다.

1. Fourier 변환은 복소수 함수이므로 $|V(f)|$는 $v(t)$의 진폭 스펙트럼이고 $\arg V(f)$는 위상 스펙트럼이다.
2. $f = 0$에서의 $V(f)$의 값은 다음과 같이 $v(t)$의 **순면적**과 같아지고, 이것은 주기신호에서 $c(0)$가 $v(t)$의 평균값과 같은 경우와 비교된다.

$$V(0) = \int_{-\infty}^{\infty} v(t)\, dt \tag{6}$$

3. 만일 $v(t)$가 **실수**이면, 다음과 같이 되고

$$V(-f) = V^*(f) \tag{7a}$$

그리고

$$|V(-f)| = |V(f)| \qquad \arg V(-f) = -\arg V(f) \tag{7b}$$

이므로 진폭 스펙트럼은 우대칭이며 위상 스펙트럼은 기대칭이다. **헬미샨 대칭**은 식 (7)을 만족하는 복소수 함수를 말한다.

예제 2.2-1 **구형파 펄스**

이전의 내용에서 구형파 펄스열의 선 스펙트럼에 대하여 살펴보았다. 이제 그림 2.2-1a의 단일 구형파 펄스에 대하여 알아보자. 이것은 매우 일반적인 신호 모델이어서 특별한 표시로 나타낼 만하며 그 표시 형태는 다음과 같다.

$$\Pi(t/\tau) \triangleq \begin{cases} 1 & |t| < \tau/2 \\ 0 & |t| > \tau/2 \end{cases} \tag{8}$$

이는 $t = 0$을 중심으로 τ의 폭과 크기 1의 진폭을 갖는 구형파 펄스를 나타내는 식이다. 그림의 구형파 펄스는 기호로 다음과 같이 표현된다.

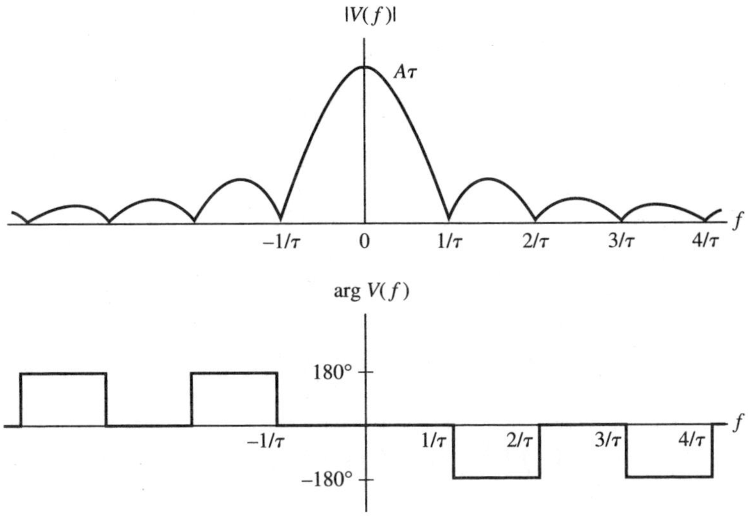

그림 2.2-2
구형파 펄스 스펙트럼 $V(f) = A\tau \operatorname{sinc} f\tau$.

$$v(t) = A\Pi(t/\tau) \tag{9a}$$

$v(t)$를 식 (4)에 대입시키면 다음의 식을 얻을 수 있다.

$$\begin{aligned} V(f) &= \int_{-\tau/2}^{\tau/2} Ae^{-j2\pi ft}\,dt = \frac{A}{\pi f}\sin \pi f\tau \\ &= A\tau \operatorname{sinc} f\tau \end{aligned} \tag{9b}$$

$V(0) = A\tau$이고 이것은 펄스의 넓이와 같은 값이다. 그림 2.2-2의 스펙트럼은 선 스펙트럼과 연속 스펙트럼의 유사점과 차이점들을 설명하기 위해 그림 2.1-8의 스펙트럼과 비교되어야 한다.

그림 2.2-2를 자세히 살펴보면 구간 $|f| > 1/\tau$에서 $|V(f)| \ll |V(0)|$이므로 $|f| < 1/\tau$의 범위에 스펙트럼의 중요 부분이 존재함을 알 수 있다. 따라서 $1/\tau$은 스펙트럼 '폭'의 주요 측정 요소이다. 구형파 펄스의 폭이 줄어들면 주파수 영역에서의 폭은 늘어나고, 반대로 구형파 펄스의 폭이 넓어지면 주파수 영역의 폭은 줄어든다. 그러므로 구형파 펄스폭이 좁다면 광대역 스펙트럼을 갖게 되고, 구형파 펄스의 폭이 넓다면 협대역 스펙트럼을 갖게 된다. 이러한 현상을 **상호 확산**이라고 하며 이것은 펄스든 아니든 대부분 신호의 일반적 성질이다. 왜냐하면 고주파 성분은 급속한 시간의 변화에 의존하는 반면 완만하고 느린 시간의 변화는 상대적으로 높은 주파수 성분에 별로 의존하지 않기 때문이다.

대칭 신호와 인과 신호

신호가 시간 축을 기준으로 대칭이라면 변환 적분을 간단히 할 수 있다. 물론 신호가 대칭적인지 아닌지는 파형의 모양과 시간 영역의 원점 위치 두 가지 모두에 의존한다. 하지만 주파수 영역에서의 원점이 물리적으로 의미 있는 기준인 것과 대조적으로 일반적으로 시간 영역의 원점은 물리적으로 유일한 것이 아니기 때문에 어느 곳이든 설정할 수 있다.

이러한 시간 대칭적 성질을 구체적으로 살펴보기 위하여 표기의 편의성과 식 (4)를 $e^{-j2\pi ft} = \cos \omega t - j \sin \omega t$로 전개하기 위하여 $2\pi f$를 ω로 고쳐서 표기하자. 따라서 일반적으로

$$V(f) = V_e(f) + jV_o(f) \tag{10a}$$

이며 여기서

$$V_e(f) \triangleq \int_{-\infty}^{\infty} v(t) \cos 2\pi ft \, dt \tag{10b}$$

$$V_o(f) \triangleq -\int_{-\infty}^{\infty} v(t) \sin 2\pi ft \, dt$$

이고 이것은 각 $V(f)$의 **우**함수와 **기**함수 부분이며 $v(t)$와는 관계가 없다. 게다가 $v(t)$가 **실수**라면

$$\text{Re}[V(f)] = V_e(f) \qquad \text{Im}[V(f)] = V_o(f)$$

식 (7)에서 정리된 것처럼, $V^*(f) = V_e(f) - jV_o(f) = V(-f)$이다.

$v(t)$가 시간 대칭성을 가질 때 일반적 관계식을 사용해 식 (10b)에 있는 적분 식을 다음과 같이 간단히 할 수 있다.

$$\int_{-\infty}^{\infty} w(t) \, dt = \int_{0}^{\infty} w(t) \, dt + \int_{-\infty}^{0} w(t) \, dt \tag{11}$$

$$= \begin{cases} 2\displaystyle\int_{0}^{\infty} w(t) \, dt & w(t) \text{ even} \\ 0 & w(t) \text{ odd} \end{cases}$$

여기서 $w(t)$는 $v(t) \cos \omega t$나 $v(t) \sin \omega t$ 모두를 나타낸다. 만일 $v(t)$가 **우대칭** 함수이면 식

$$v(-t) = v(t) \tag{12a}$$

이며 $v(t) \sin \omega t$가 기함수인 반면 $v(t) \cos \omega t$는 우함수이다. 그러므로 $V_o(f) = 0$이고

$$V(f) = V_e(f) = 2\int_{0}^{\infty} v(t) \cos \omega t \, dt \tag{12b}$$

이다.

반대로 $v(t)$가 **기대칭** 함수이면

$$v(-t) = -v(t) \tag{13a}$$

이며

$$V(f) = jV_o(f) = -j2\int_0^{\infty} v(t) \sin \omega t \, dt \tag{13b}$$

이고 $V_e(f) = 0$이다.

식 (12)와 (13)은 **실수 대칭** 신호의 스펙트럼이 완전 실수이고 우함수이거나 완전 허수이고 기함수임을 보여준다. 또한 예제 2.2-1의 구형파 펄스는 시간 영역에서 실수함수이자 우함수이고 그 스펙트럼은 주파수 영역의 실수 및 우함수이다.

이제 다음의 성질로 정의되는 **인과** 신호에 대하여 알아보자.

$$v(t) = 0 \qquad t < 0 \tag{14a}$$

위의 식은 신호가 $t = 0$ 이후에 존재함을 간단히 의미한다. 인과적 성질은 시간 영역의 대칭성을 허용하지 않으므로 그 스펙트럼은 아래의 계산으로부터 실수부와 허수부 두 부분을 모두 포함한다.

$$V(f) = \int_0^{\infty} v(t) e^{-j2\pi ft} \, dt \tag{14b}$$

이 적분 식은 선형 회로 및 시스템의 변환 정리로서 가장 많이 쓰이는 **Laplace 변환**과 흡사한 형태이다. 그러므로 두 가지 변환 정리에 관한 공통점과 차이점을 알아볼 필요가 있다.

편측 또는 단측 Laplace 변환은 아래와 같이 정의된 것과 같이 복소수 변수 $s = \sigma + j\omega$의 함수이다.

$$\mathscr{L}[v(t)] \triangleq \int_0^{\infty} v(t) e^{-st} \, dt$$

이것은 $t < 0$일 때 $v(t) = 0$임을 나타낸다. 식 (14b)와 $\mathscr{L}[v(t)]$를 비교하면 만일 $v(t)$가 **인과적 에너지** 신호라면 $s = j\omega = j2\pi f$로 치환함으로써 Laplace 변환으로부터 $V(f)$를 구할 수 있다. 하지만 Laplace 변환의 일반적인 변환 테이블은 Laplace 변환이 $\sigma > 0$일 때만 가능하고 $t \to \infty$일 때 $|v(t)e^{-st}| = |v(t)e^{-\sigma t}| \to 0$인 **비에너지** 신호들을 상당수 포함하고 있다. $\sigma \neq 0$일 때 $s = \sigma + j\omega$는 주파수 영역 밖에 존재하기 때문에 이러한 신호는 Fourier 변환이 불가능하다. 반대로 Laplace 변환이 불가능한 비인과적 에너지신호들은 Fourier 변환이 가능하다. 보다 자세한 사항은 Kamen and Heck(1997, 제7장)을 참고하기 바란다.

인과적 지수형 펄스

예제 2.2-2

그림 2.2-3a는 시간 상수 $1/b$에 의한 인과적 하강 형태의 지수 파형을 나타낸다.

$$v(t) = \begin{cases} Ae^{-bt} & t > 0 \\ 0 & t < 0 \end{cases} \tag{15a}$$

스펙트럼은 식 (14b)나 $\mathscr{L}[v(t)] = A/(s + b)$의 Laplace 변환으로부터 구할 수 있다. 그 결

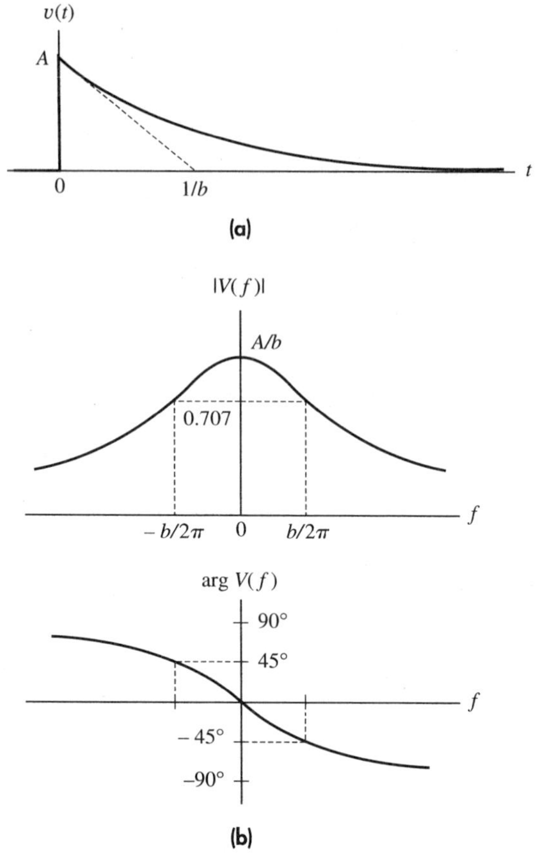

그림 2.2-3
인과적 지수형 펄스; (a) 파형; (b) 스펙트럼.

과는 다음과 같은 유리화된 복소수 함수이다.

$$V(f) = \frac{A}{b + j2\pi f} \tag{15b}$$

식 (15b)의 분자와 분모에 $b - j\,2\pi f$ 를 곱하면 다음과 같은 유리화된 표현을 얻을 수 있다.

$$V(f) = \frac{b - j2\pi f}{b^2 + (2\pi f)^2}\,A$$

그리고 다음과 같음을 알 수 있다.

$$V_e(f) = \text{Re}\,[V(f)] = \frac{bA}{b^2 + (2\pi f)^2}$$

$$V_o(f) = \text{Im}\,[V(f)] = -\frac{2\pi fA}{b^2 + (2\pi f)^2}$$

이것을 극형식으로 변환하면 진폭 및 위상 스펙트럼을 구할 수 있으며 그림 2.2-3b에 표현되었다.

$$|V(f)| = \sqrt{V_e^2(f) + V_o^2(f)} = \frac{A}{\sqrt{b^2 + (2\pi f)^2}}$$

$$\arg V(f) = \arctan \frac{V_o(f)}{V_e(f)} = -\arctan \frac{2\pi f}{b}$$

이 경우 위상 스펙트럼은 $-90°$에서 $+90°$까지의 모든 각을 포함하는 평탄한 곡선이며 이것은 시간 영역의 비대칭성에 기인한다. 그러나 $V(f)$는 $v(t)$가 실수 함수이기 때문에 역시 헬미샨 대칭이다. 또한 시간 영역에서 파형의 폭은 시간 상수인 $1/b$에 비례하는 반면, 그 스펙트럼 폭은 b에 비례한다—상호 확산의 또 다른 예이다.

응용문제 2.2-1

표 T.3에의 적분 정의를 사용하여 그림 2.2-1b의 대칭적 하강 지수형 함수 $v(t) = Ae^{-b|t|}$의 스펙트럼 $V(f)$를 그리고 예제 2.2-2의 $V_e(f)$와 결과 값을 비교하시오. $|V(f)| \geq (1/2)|V(0)|$의 주파수 범위를 계산하여 상호 확산에 대하여 확인하시오.

Rayleigh의 에너지 정리

Rayleigh 에너지 정리는 Parseval 전력 정리와 비슷하다. 본 정리에서 신호 $v(t)$의 에너지가 스펙트럼 $V(f)$와 관계가 있음을 나타낸다.

$$E = \int_{-\infty}^{\infty} V(f)V^*(f)\,df = \int_{-\infty}^{\infty} |V(f)|^2\,df \tag{16}$$

따라서

> 진폭 스펙트럼 제곱을 선 주파수 영역에서 적분하면 총 에너지가 된다.

종종 시간 영역 함수 $|v(t)|^2$의 제곱이 어렵지 않기 때문에 E를 계산하는데 식 (16)이 가치가 있는 것은 아니다. 그보다는 $|V(f)|^2$은 주파수 영역에서의 에너지의 분포를 나타내는 것이므로 **에너지 스펙트럼 밀도**라 할 수 있다. 이로 인하여 특정 주파수 대역 df에서 미분한 에너지는 $|V(f)|^2\,df$와 같은 의미이며 3.6.절에서 자세히 기술하기로 한다. 신호 에너지의 대부분은 스펙트럼 폭으로 알려진 주파수 영역에 포함되기 때문에 이러한 해석은 스펙트럼 폭의 양적 개념을 알 수 있도록 해준다.

그림 2.2-4는 구형파 펄스의 에너지 스펙트럼 밀도를 나타내며 스펙트럼 폭은 $|f| < 1/\tau$이다. 이 대역 안에 있는 에너지는 그림에서 어둡게 색칠된 부분이다. 즉

$$\int_{-1/\tau}^{1/\tau} |V(f)|^2\,df = \int_{-1/\tau}^{1/\tau} (A\tau)^2 \operatorname{sinc}^2 f\tau\,df = 0.92A^2\tau$$

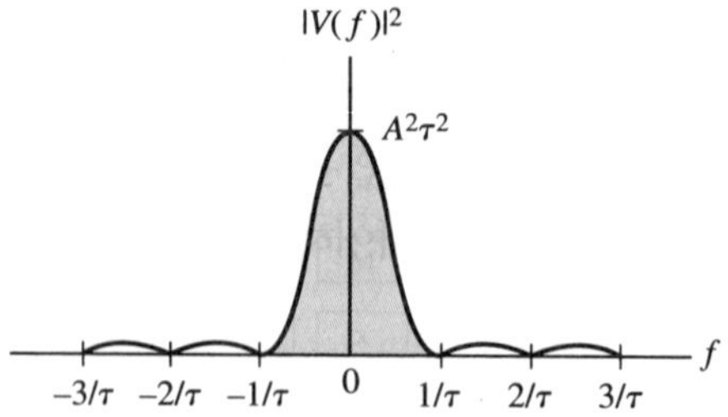

그림 2.2-4
구형파 펄스의 에너지 스펙트럼 밀도.

이며 펄스의 총 에너지는 $E \approx A^2\tau$이므로 이전에 가정한 스펙트럼 폭은 총 에너지의 90% 이상을 갖고 있다.

Rayleigh 정리는 실제 $v(t)$와 $w(t)$의 변환 형태인 $V(f)$와 $W(f)$를 갖는 임의의 에너지 신호의 일반적인 적분 관계

$$\int_{-\infty}^{\infty} v(t)w^*(t)\,dt = \int_{-\infty}^{\infty} V(f)W^*(f)\,df \tag{17}$$

의 특별한 경우이다. 따라서 만일 $w(f) = v(f)$로 치환할 경우 식 (17)으로부터 식 (16)을 얻을 수 있다. 이 때, $\int_{-\infty}^{\infty} v(t)v^*(t)dt = E$임을 유념해야 한다. 식 (17)에 대한 또 다른 응용은 다음 식으로 알 수 있다.

식 (17)의 증명은 Parseval 정리의 유도 과정과 같은 방식을 따른다.

$$w^*(t) = \left[\int_{-\infty}^{\infty} W(f)e^{j\omega t}\,df\right]^* = \int_{-\infty}^{\infty} W^*(f)e^{-j\omega t}\,df$$

시간 영역과 주파수 영역의 적분 연산의 순서를 교환을 하게 되면 다음과 같다

$$\begin{aligned}\int_{-\infty}^{\infty} v(t)w^*(t)\,dt &= \int_{-\infty}^{\infty} v(t)\left[\int_{-\infty}^{\infty} W^*(f)e^{-j\omega t}\,df\right]dt \\ &= \int_{-\infty}^{\infty}\left[\int_{-\infty}^{\infty} v(t)e^{-j\omega t}\,dt\right]W^*(f)\,df\end{aligned}$$

괄호 안의 식은 $V(f)$와 같기 때문에 이것으로써 모든 증명이 끝난다.

위와 같은 적분 연산 순서의 교환은 많은 유용한 결과를 도출해 낼 수 있으므로 신호 분석에 있어서는 아주 중요한 연산 방식이다. 하지만 이러한 방식은 완벽한 사전지식 없이 사용해서는 안 된다. 실제적인 방법으로 그 결과가 이치에 맞으면 그 방식이 맞는다고 가정할 수 있다. 확실하지 않으면, 답을 알고 있는 간단한 경우로 결과 식을 검사하는 것도 좋은 방법일 것이다.

응용문제 2.2-2

식 (15b)의 $V(f)$의 Rayleigh 정리를 적용하여 인과적 지수형 펄스의 에너지를 구하시오. 그리고 $|v(t)|^2$를 적분하여 결과 값을 확인하시오.

쌍대성 정리

Fourier 적분의 쌍을 다시 살펴보면, 지수의 부호와 적분 변수만 다르다는 것을 알 수 있다. 이러한 유사성에 대한 흥미 있는 결과가 **쌍대성 정리**이다. 이 정리는 $v(t)$와 $V(f)$가 알려진 변환 쌍이고 **시간 함수** $z(t)$가 다음과 같은 $V(f)$의 관계가 성립할 경우

$$z(t) = V(t) \tag{18a}$$

이면

$$\mathscr{F}[z(t)] = v(-f) \tag{18b}$$

이며 $v(-f)$는 $t = -f$를 갖는 $v(t)$이다.

Fourier 변환의 적분 변수가 가변수인 정적분으로 정의됨을 알 수 있을 때 쌍대성 정리가 정해진다. 그러므로 식 (5)의 변수 f를 가변수인 λ로 고쳐 표현하면 다음과 같다.

$$v(t) = \int_{-\infty}^{\infty} V(\lambda)e^{j2\pi\lambda t}\,d\lambda$$

또한 식 (4)의 t가 가변수이고 이 정리이론에서 $z(t) = V(t)$이므로 다음 식을 만족하며

$$\mathscr{F}[z(t)] = \int_{-\infty}^{\infty} z(\lambda)e^{-j2\pi f\lambda}\,d\lambda = \int_{-\infty}^{\infty} V(\lambda)e^{j2\pi\lambda(-f)}\,d\lambda$$

적분을 비교해보면, $\mathscr{F}[z(t)] = v(-f)$임을 알 수 있다.

비록 식 (18)에 있는 쌍대성 정리가 추상적인 개념인 듯 하지만 쌍대성 정리는 적분연산 없이도 새로운 변환 쌍을 생성해주는 유용한 방법이다. 이 정리는 $v(t)$가 실수이며 우함수일 때 가장 유용하게 쓰일 수 있으며 이것을 이용하면 $z(t)$ 역시 실수이자 우함수가 되며 $Z(f) = \mathscr{F}[z(t)] = v(-f) = v(f)$가 된다. 다음 예제로 이 과정을 확실히 이해해 보자.

---

sinc 펄스 **예제 2.2–3**

다소 낯설지만 통신 이론에서 중요한 시간 함수인 sinc 펄스는 그림 2.2-5a와 같고 다음과 같이 정의된다.

$$z(t) = A \operatorname{sinc} 2Wt \tag{19a}$$

다음의 쌍대성 변환 쌍을 이용하면 $Z(f)$를 구할 수 있다.

$$v(t) = B\Pi(t/\tau) \qquad V(f) = B\tau \operatorname{sinc} f\tau$$

식 (19a)를 다음과 같이 다시 표현하면

$$z(t) = \left(\frac{A}{2W}\right)(2W) \operatorname{sinc} t(2W)$$

그림 2.2-5
sinc 펄스와 대역제한 스펙트럼.

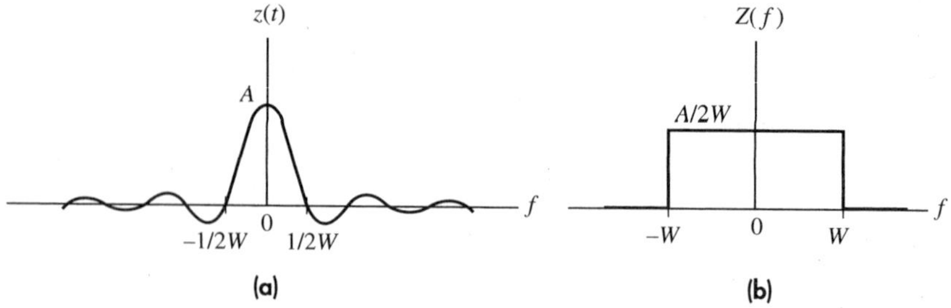

이고 $\tau = 2W$이며 $B = A/2W$인 $z(t) = V(t)$임을 알 수 있다. 이때 쌍대성 변환을 사용하면 $\mathscr{F}[z(t)] = v(-f) = B\Pi(-f/\tau) = (A/2W)\Pi(-f/2W)$이거나 다음과 같고 그 이유는 구형파 함수가 우대칭이기 때문이다.

$$Z(f) = \frac{A}{2W}\Pi\left(\frac{f}{2W}\right) \tag{19b}$$

그림 2.2-5b에 있는 $Z(f)$의 그림은 sinc 펄스의 스펙트럼이 $|f| > W$의 구간에서 0임을 보여준다. 그러므로 스펙트럼 폭은 양의 주파수에서 측정된 W로. 명확하게 정의되며 $Z(f)$가 **대역제한** 되었다고 말한다. 하지만 신호 $z(t)$는 무한대의 신호이며 단지 점근적으로 시간 제한된 것임을 간과해서는 안 된다.

응용문제 2.2-3 2.2-1의 결과에 쌍대성 정리를 적용하여 $z(t) = B/[1 + (2\pi t)^2]$의 변환을 구하시오.

변환 계산

아주 간단한 파형을 제외하고 변환 계산의 마지막 단계로 무작위의 적분 계산이 뒤따른다. 이와는 다른 실용적인 방식에 대하여 알아보자.

문제에서 임의의 신호가 수학적으로 정의되었다면 그 계산이 Fourier 변환 표에 기재되어 있는지 우선 살펴보아야 한다. 쌍대성 정리를 보더라도 표의 양쪽 열 모두가 유용하게 사용될 것이다. Laplace 변환 또한 식 (14)의 켤레 성질을 이용할 경우 유용하게 사용된다.

이러한 쌍대성 정리와는 반대로 2.3절은 여러 가지 변환 정리를 다룬다. 이러한 정리들은 복잡한 파형을 변환이 알려진 여러 가지 간단한 파형으로 바꾸어 준다. 이러한 방법을 이용하면 이상적인 신호 모델로의 신호 추정 방편으로써 사용할 수 있다. 예를 들어 $\tilde{z}(t)$는 $z(t)$를 추정하는 함수이고 그 진폭 제곱의 오류 $|z(t) - \tilde{z}(t)|^2$가 작다고 가정하자. 만일 $Z(f) = \mathscr{F}[z(t)]$이고, $\tilde{Z}(f) = \mathscr{F}[\tilde{z}(t)]$이면

$$\int_{-\infty}^{\infty} |Z(f) - \tilde{Z}(f)|^2\, df = \int_{-\infty}^{\infty} |z(t) - \tilde{z}(t)|^2\, dt \tag{20}$$

이다. 이는 $v(t) = z(t) - \tilde{z}(t)$인 Rayleigh 정리에 의한 것이다. 그러므로 적분된 추정 오류는 시간 영역과 주파수 영역에서 동일한 값을 가진다.

위의 방법은 Fourier 급수 계수의 계산으로부터 간단히 변경된다. 구체적으로 $v(t)$가 주기 신호이고 $z(t) = v(t)\Pi\,(t/T_0)$라고 가정하면 비주기 신호는 $v(t)$의 한 주기를 포함한다. 만약

$$Z(f) = \mathscr{F}[v(t)\Pi(t/T_0)] \tag{21a}$$

이면, 2.1절의 식 (14)로부터, $v(t)$의 계수는 다음과 같이 주어진다.

$$c_n = \frac{1}{T_0} Z(nf_0) \tag{21b}$$

이러한 관계가 변환 정리의 적용으로 Fourier 급수 계산을 쉽게 만든다.

마지막으로 만약 신호가 샘플들의 집합과 같은 수치적인 형태로 표현된다면, 2.6절에서 설명되어 있듯이, 그 변환 역시 수치적인 계산에 의해 얻어질 수 있다. 이러한 목적을 위해 이산 푸리에 변환(DFT)와 고속 연산이 가능한 고속 푸리에 변환(FFT)이 사용된다.

2.3 시간과 주파수 관계

이전 절에서 배운 Rayleigh 정리와 쌍대성 정리는 주파수 영역에서의 에너지 신호의 표현을 쉽게 도출하는 데 도움이 된다. 이제 Fourier 변환과 관련된 여러 가지 정리에 대하여 살펴보자. 이들은 단지 계산 연습이 아닌 두 가지의 매우 중요한 이유로 포함되었다. 첫 번째는 시간 영역과 주파수 영역과의 변환 관계로 나타내는 스펙트럼을 표현할 때 그 가치가 높다. 두 번째는 알고 있는 변환 쌍에 정리를 적용시켜 확장된 변환목록을 만듦으로 그 목록은 새로운 신호 모델이 나올 때마다 유용하게 쓰일 것이다.

이러한 정리를 표현하는 데 있어 신호에서 스펙트럼으로의 변환 및 역변환의 표현기호를 $V(f) = \mathscr{F}[v(t)]$ 그리고 $v(t) = \mathscr{F}^{-1}[V(f)]$로 사용한다. 또한 더욱 간결하게 $v(t) \leftrightarrow V(f)$로 표현하기도 한다. 책 뒤에 위치한 표 T.1에 앞으로 소개될 변환 정리와 변환 쌍, 그리고 몇몇 추가 사항이 나열되어 있다.

중첩

중첩은 다음과 같이 Fourier 변환에 적용된다. 만일 a_1과 a_2가 상수일 때

$$v(t) = a_1 v_1(t) + a_2 v_2(t)$$

이면

$$\mathscr{F}[v(t)] = a_1\mathscr{F}[v_1(t)] + a_2\mathscr{F}[v_2(t)]$$

이다. 임의의 수에 대한 급수를 일반화하면 다음과 같은 중첩 또는 선형 정리가 된다.

$$\sum_k a_k\, v_k(t) \leftrightarrow \sum_k a_k\, V_k(f) \tag{1}$$

이 정리는 시간 영역에서의 선형조합은 주파수 영역에서도 선형조합이 됨을 나타낸다. 이 정리의 증명은 평범하지만 매우 중요한 정리이다.

실용적으로 문제에서 신호가 함수의 선형 조합이고 각 함수의 스펙트럼을 이미 알고 있다면, 식 (1)은 스펙트럼 분석에 대단한 편의를 제공한다. 이론적으로 중첩 정리는 선형 시스템의 연구를 위한 Fourier 변환의 적용에 특히 중요한 의미를 갖는다.

시간 지연과 척도 조절

시간 함수 $v(t)$로부터 독립 변수를 변화시켜 다른 여러 가지 파형을 만들어 낼 수 있다. 특히 t를 $t - t_d$로 바꾸어 **시간 지연**된 신호 $v(t - t_d)$를 만들 수 있다. 시간 지연된 신호는 $v(t)$와는 동일한 형태를 유지하지만 시간 축에서 t_d만큼 오른쪽으로 이동된다. 주파수 영역에서는 시간 지연으로 인해서 기울기 $-2\pi t_d$ 만큼의 선형 위상이 더해진다.

$$v(t - t_d) \leftrightarrow V(f)e^{-j2\pi f t_d} \tag{2}$$

만일 t_d가 음의 값을 갖는다면 이 선호는 시간 영역에서 앞당겨지며 양의 기울기를 갖는 위상이 더해지게 된다. 하지만 $|V(f)e^{-2j\pi f t_d}| = |V(f)||e^{-j2\pi f t_d}| = |V(f)|$이므로 두 경우 모두 진폭 스펙트럼은 변하지 않는다.

시간 지연 정리의 증명은 변환 적분 변수를 $\lambda = t - t_d$로 바꾸는 것으로부터 출발한다. 편의상 $\omega = 2\pi f$로 바꾸어 증명하면 다음과 같은 식이 얻어진다.

$$\begin{aligned}
\mathscr{F}[v(t - t_d)] &= \int_{-\infty}^{\infty} v(t - t_d)e^{-j\omega t}\, dt \\
&= \int_{-\infty}^{\infty} v(\lambda)e^{-j\omega(\lambda + t_d)}\, d\lambda \\
&= \left[\int_{-\infty}^{\infty} v(\lambda)e^{-j\omega\lambda}\, d\lambda\right] e^{-j\omega t_d}
\end{aligned}$$

괄호 안의 적분은 $V(f)$이므로 $\mathscr{F}[v(t - t_d)] = V(f)e^{-j\omega t_d}$가 된다.

또 다른 시간 영역에서의 변환 정리는 척도 조절이며 t 대신에 αt를 넣음으로써 $v(t)$의 모양을 수평적으로 변화시킨다. 척도 신호 $v(\alpha t)$는 $|\alpha| < 1$일 경우에는 확장되며 $|\alpha| > 1$의 경우에는 축소된다; α의 값이 음수라면 확장 또는 축소의 형태로 시간반전이 될 것이다. 녹음된 신호의 재생 기능이 척도 조절의 예제이다.

시간 영역에서의 척도 조절은 주파수 영역에서의 역비례 척도 조절에 해당한다.

$$v(\alpha t) \leftrightarrow \frac{1}{|\alpha|} V\left(\frac{f}{\alpha}\right) \qquad \alpha \neq 0 \tag{3}$$

그러므로 시간 영역에서 신호를 축소시키면 주파수 영역의 스펙트럼은 확장되며, 그 반대의 경우도 마찬가지이다. 만일 $\alpha = -1$이면 $v(-t) \leftrightarrow V(-f)$이므로 이 경우에는 시간 영역 신호와 스펙트럼 모두 반전된다.

$\alpha = -|\alpha|$로 치환하고 변수 $\lambda = -|\alpha|t$로 바꾸어 $\alpha < 0$의 경우에 대하여 식 (3)을 증명해보자. 그러면 $t = \lambda/\alpha$, $dt = -d\lambda/|\alpha|$가 되고

$$\begin{aligned}\mathscr{F}[v(-|\alpha|t)] &= \int_{-\infty}^{+\infty} v(-|\alpha|t)e^{-j\omega t}\,dt \\ &= \frac{-1}{|\alpha|}\int_{+\infty}^{-\infty} v(\lambda)e^{-j\omega\lambda/\alpha}\,d\lambda \\ &= \frac{1}{|\alpha|}\int_{-\infty}^{+\infty} v(\lambda)e^{-j2\pi(f/\alpha)\lambda}\,d\lambda \\ &= \frac{1}{|\alpha|}V\left(\frac{f}{\alpha}\right)\end{aligned}$$

이다. 위의 증명이 다음의 일반적인 관계를 이용하였음을 살펴볼 필요가 있다.

$$\int_a^b x(\lambda)\,d(-\lambda) = -\int_{-a}^{-b} x(\lambda)\,d\lambda = \int_{-b}^{-a} x(\lambda)\,d\lambda$$

위와 같은 경우에 대하여 앞으로는 중간 전개 과정을 생략하기로 한다.

중첩과 시간 지연

예제 2.3-1

그림 2.3-1a의 신호는 구형파 펄스 $v(t) = A\Pi(t/\tau)$ 두 개를 이용해서 생성되었다.

$$z_a(t) = v(t - t_d) + (-1)v[t - (t_d + T)]$$

중첩과 시간 지연 이론을 적용시키면, 다음과 같은 식을 얻을 수 있다.

$$\begin{aligned}Z_a(f) &= V(f)e^{-j2\pi f t_d} + (-1)V(f)e^{-j2\pi f(t_d+T)} \\ &= V(f)[e^{-j2\pi f t_d} - e^{-j2\pi f(t_d+T)}]\end{aligned}$$

여기서 $V(f) = A\tau \operatorname{sinc} f\tau$이다.

$Z_a(f)$에 있는 괄호 안의 식은 Fourier 분석에 자주 사용되는 표현형 $e^{j2\theta_1} \pm e^{j2\theta_2}$의 한 경우이다. 이 표현형의 보다 유익한 변형으로는 인수 분해와 Euler 정리에 의해서 다음과 같이 나타낼 수 있다.

$$\begin{aligned}e^{j2\theta_1} \pm e^{j2\theta_2} &= [e^{j(\theta_1-\theta_2)} \pm e^{-j(\theta_1-\theta_2)}]e^{j(\theta_1+\theta_2)} \qquad (4) \\ &= \begin{cases} 2\cos(\theta_1 - \theta_2)e^{j(\theta_1+\theta_2)} \\ j2\sin(\theta_1 - \theta_2)e^{j(\theta_1+\theta_2)} \end{cases}\end{aligned}$$

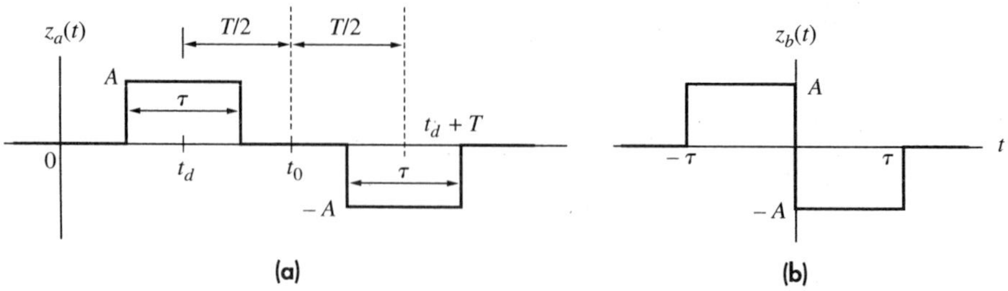

그림 2.3-1
예제 2.3-1의 신호.

식 (4)의 위쪽 결과는 (+)의 표시를, 아래쪽 결과는 (−)의 표시를 나타내고 있다.

그림 2.3-1a에 표시된 것처럼 $\theta_1 = -\pi f t_d$와 $\theta_2 = -\pi f(t_d + T)$이므로 $\theta_1 - \theta_2 = \pi f T$이고 $\theta_1 + \theta_2 = -2\pi f t_0$이며 여기서 $t_0 = t_d + T/2$이다. 따라서 $V(f)$를 대입한 식은 다음과 같다.

$$Z_a(f) = (A\tau \operatorname{sinc} f\tau)(j2 \sin \pi f T e^{-j2\pi f t_0})$$

$Z_a(0) = 0$은 $z_a(t)$의 순면적이 0이라는 것과 일치함을 의미한다.

만일 $t_0 = 0$이고 $T = \tau$일 경우 $z_a(t)$는 그림 2.3-1b의 파형으로 변하게 된다.

$$z_b(t) = A\Pi\left(\frac{t + \tau/2}{\tau}\right) - A\Pi\left(\frac{t - \tau/2}{\tau}\right)$$

이 스펙트럼은 다음과 같이 된다.

$$Z_b(f) = (A\tau \operatorname{sinc} f\tau)(j2 \sin \pi f\tau)$$
$$= (j2\pi f\tau)A\tau \operatorname{sinc}^2 f\tau$$

이 스펙트럼은 $z_b(t)$가 기대칭이기 때문에 허수만을 포함한다.

응용문제 2.3-1

$v(t)$가 실수 함수이고 임의의 에너지 신호일 경우, 다음을 증명하시오.

$$z(t) = a_1 v(t) + a_2 v(-t) \qquad [5a]$$

일 때,

$$Z(f) = (a_1 + a_2)V_e(f) + j(a_1 - a_2)V_o(f) \qquad [5b]$$

이며 $V_e(f)$와 $V_o(f)$는 각각 $V(f)$의 실수와 허수 부분이다.

주파수 천이와 변조

쌍대성은 새로운 변환 쌍을 만드는 것 외에도 변환 정리를 생성하는 데 사용된다. 특히 시간 지연 정리의 쌍대성은 다음과 같다.

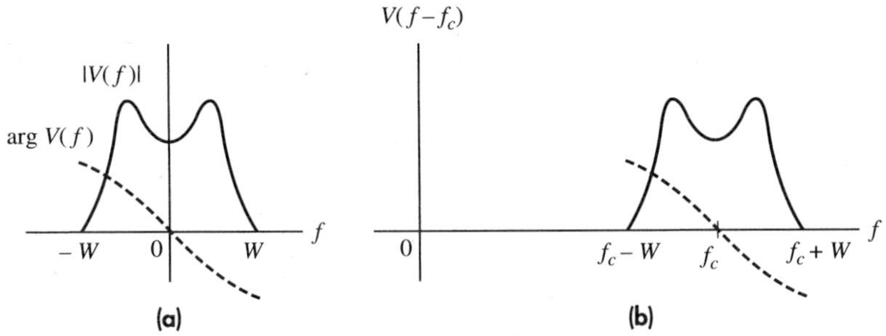

그림 2.3-2
대역제한 스펙트럼의 주파수 천이.

$$v(t)e^{j\omega_c t} \leftrightarrow V(f-f_c) \qquad \omega_c = 2\pi f_c \tag{6}$$

시간 함수인 $e^{j\omega_c t}$의 곱으로 인해서 스펙트럼이 $+f_c$만큼의 주파수가 천이 되므로 이것을 **주파수 천이** 또는 **복합 변조**라고 한다.

주파수 천이의 효과에 대하여 알아보기 위해 그림 2.3-2a와 같이 $v(t)$가 대역 제한된 스펙트럼을 갖는다고 가정하고 진폭과 위상을 같은 좌표에 각각 실선과 점선으로 표현하였다. $f_c > W$라고 가정하면 그림 2.3-2b의 천이된 스펙트럼 $V(f - f_c)$로부터 다음의 결론을 얻을 수 있다:

1. 주요 성분들은 주파수 f_c 주위에 집중되어 있다.
2. 비록 $V(f)$가 W로 대역 제한된 신호이지만 $V(f - f_c)$는 $2W$의 스펙트럼 폭을 갖는다. 그러므로 주파수 천이는 스펙트럼 폭을 두 배로 증가시킨다. 다시 말하면 $V(f)$의 음의 주파수 성분이 주파수 천이로 인하여 양의 주파수 성분으로 표현된다.
3. $V(f - f_c)$는 헬미샨이 아니지만 천이 원점인 $f = f_c$를 기준으로 대칭적이다.

이러한 사항들은 $v(t)e^{j\omega_c t}$가 실수인 시간 함수가 아니고 통신 신호로서 발생될 수 없다는 사실 때문에 다소 이론적이라 할 수 있다. 하지만, $v(t)\cos(\omega_c t + \phi)$는 반송파 변조 등에 실제 쓰이는 일반적인 파형이다. 따라서 식 (6)을 직접 전개하면 다음과 같은 **변조 정리**를 얻을 수 있다.

$$v(t)\cos(\omega_c t + \phi) \leftrightarrow \frac{e^{j\phi}}{2}V(f-f_c) + \frac{e^{-j\phi}}{2}V(f+f_c) \tag{7}$$

즉, 신호에 정현파를 곱하면 그 스펙트럼은 f_c만큼 좌, 우로 천이된다는 것이다. 복소수 변조에 대한 설명도 이와 같은 원리를 포함하고 있다. 또한 결과 스펙트럼이 헬미샨이면 $v(t)\cos(\omega_c t + \phi)$가 시간 영역에서 실수함수이다. 이 변조 정리는 Euler 정리와 식 (6)에 의해서 쉽게 증명된다.

RF 펄스 예제 2.3-2

f_c가 라디오 주파수 대역일 때 RF(radio-frequency) 펄스라고 불리는 그림 2.3-3a의 유한

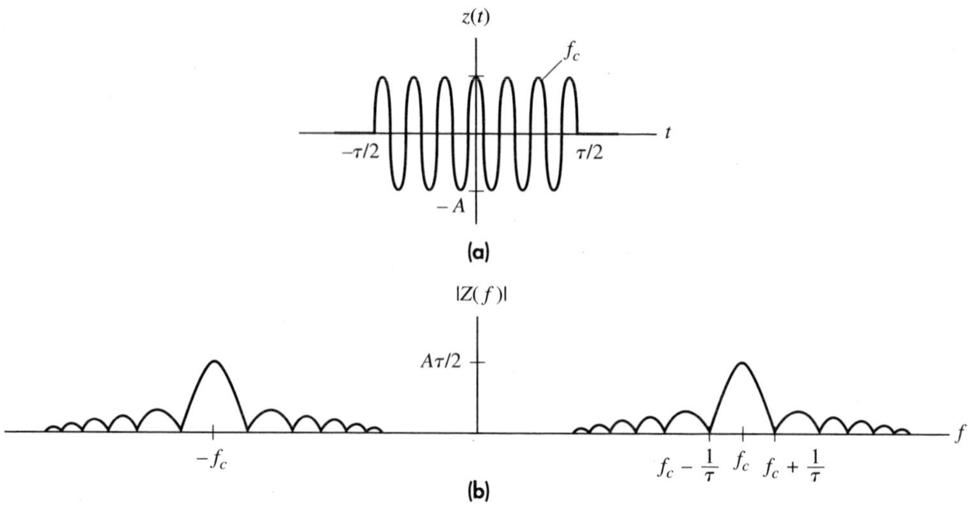

그림 2.3-3
(a) RF 펄스; (b) 진폭 스펙트럼.

정현파를 살펴보자(라디오 파형에 속하는 주파수 범위는 그림 1.1-2에서 알 수 있다).

$$z(t) = A\Pi\left(\frac{t}{\tau}\right)\cos\omega_c t$$

이므로 식 (7)의 $v(t) = A\Pi(t/\tau)$와 $V(f) = A\tau \operatorname{sinc} f\tau$을 이용하여 다음을 얻을 수 있다.

$$Z(f) = \frac{A\tau}{2}\operatorname{sinc}(f - f_c)\tau + \frac{A\tau}{2}\operatorname{sinc}(f + f_c)\tau$$

위의 식으로부터 얻어진 스펙트럼은 그림 2.3-3b에 표현되었고 $f_c \gg 1/\tau$일 경우 두 개의 천이된 sinc 함수의 겹친 부분은 무시해도 무방하다.

이것은 유한 구간의 정현파이기 때문에 그 스펙트럼은 연속적이며, $f = \pm f_c$ 이외의 주파수를 포함하고 있다. 다른 주파수들은 $|t| > \tau/2$일 때 $z(t) = 0$이며 τ가 작을 경우 $\pm f_c$ 주변으로 큰 폭의 스펙트럼이 확장되는 즉 상호 확장으로부터 생겨난다. 이와는 반대로, 무한대의 정현파는 주파수 영역에서 오직 두 개의 불연속 주파수 $\pm f_c$를 포함하는 양측 선 스펙트럼으로 나타난다.

미분과 적분

어떤 연산 기법은 신호의 미분이나 적분과 관계가 있다. 이런 연산이 주파수 영역에 미치는 영향은 아래의 정리와 같지만 다음을 주의해야 한다: 신호의 미적분 형태가 Fourier 변환이 가능한지를 우선 살펴봐야 한다; $v(t)$의 에너지가 유한하다는 것이 미적분을 하는데 있어 완벽하게 보장하는 것은 아니다.

미분 정리를 유도하기 위하여 $v(t)$를 역변환 적분의 형태로 바꾸고 계산의 순서를 다음과 같이 바꾼다.

$$\frac{d}{dt}v(t) = \frac{d}{dt}\left[\int_{-\infty}^{\infty} V(f)e^{j2\pi ft}\,df\right]$$
$$= \int_{-\infty}^{\infty} V(f)\left(\frac{d}{dt}e^{j2\pi ft}\right)df$$
$$= \int_{-\infty}^{\infty} [j2\pi f\,V(f)]e^{j2\pi ft}\,df$$

역변환 정리의 정의에 의해 괄호 안의 식은 $\mathscr{F}[dv(t)/dt]$이고, 따라서

$$\frac{d}{dt}v(t) \leftrightarrow j2\pi f\,V(f)$$

반복하여 계산하면 **미분 정리**를 얻는다.

$$\frac{d^n}{dt^n}v(t) \leftrightarrow (j2\pi f)^n V(f) \tag{8}$$

이제 과거 시간에 대한 적분을 사용하여 $v(t)$로부터 다른 함수를 생성할 수 있다고 가정해보자. 이 연산은 $\int_{-\infty}^{t} v(\lambda)d\lambda$와 같이 표현될 수 있으며 가변수 λ는 상위 적분 구간의 독립 변수 t와의 혼돈을 막기 위하여 사용되었다. **적분 정리**는

$$V(0) = \int_{-\infty}^{\infty} v(\lambda)\,d\lambda = 0 \tag{9a}$$

라고 가정하면,

$$\int_{-\infty}^{t} v(\lambda)\,d\lambda \leftrightarrow \frac{1}{j2\pi f}V(f) \tag{9b}$$

이다. 식 (9a)의 '순면적 = 0'의 조건은 적분된 신호가 $t \to \infty$일 때 0의 값임을 확인시켜 준다(이 조건은 2.5절에서 다시 다루기로 한다).

이 정리들의 뜻을 풀어 보면 다음과 같다.

> $|f| > 1/2\pi$의 구간에서 $|j2\pi fV(f)| > |V(f)|$이므로 미분은 신호의 고주파 성분을 확장시킨다. 반대로 적분은 신호의 고주파 성분을 축소시킨다.

따라서 스펙트럼의 표현은 미분이 시간의 변화를 강조하는 반면에 적분은 변화를 평탄하게 만드는 시간 영역에서의 관측과도 일치한다.

예제 2.3-3

삼각 펄스

그림 2.3-1b의 파형 $z_b(t)$는 순면적이 0이며 적분의 결과로 **삼각** 펄스의 모양이 생성된다. 구체적으로 다음을 가정해보자.

$$w(t) = \frac{1}{\tau}\int_{-\infty}^{t} z_b(\lambda)\, d\lambda = \begin{cases} A\left(1 - \dfrac{|t|}{\tau}\right) & |t| < \tau \\ 0 & |t| > \tau \end{cases}$$

위 식은 그림 2.3-4a에서 볼 수 있다. 예제 2.3-1의 $Z_b(f)$에 적분 정리를 대입하면 다음과 같다.

$$W(f) = \frac{1}{\tau}\frac{1}{j2\pi f} Z_b(f) = A\tau\ \mathrm{sinc}^2 f\tau$$

이는 그림 2.3-4b와 같다. 이 스펙트럼을 그림 2.2-2와 비교해보면 구형파 펄스와 삼각 펄스의 면적이 모두 $A\tau$임에도 불구하고 A의 진폭과 τ 구간을 갖는 구형파 펄스보다 삼각 펄스의 고주파 성분이 적음을 알 수 있다. 차이점은 삼각 펄스가 2τ 만큼 확산되고 구형파 펄스의 계단식 시간 변수와 같은 급격한 변화가 없음을 알 수 있다.

변환 쌍은 **삼각 펄스 함수**의 정의에 의해서 다음과 같이 간단하게 나타낼 수 있다.

$$\Lambda\left(\frac{t}{\tau}\right) \triangleq \begin{cases} 1 - \dfrac{|t|}{\tau} & |t| < \tau \\ 0 & |t| > \tau \end{cases} \tag{10}$$

따라서 $w(t) = A\Lambda\,(t/\tau)$이고

$$A\Lambda\left(\frac{t}{\tau}\right) \leftrightarrow A\tau\ \mathrm{sinc}^2 f\tau \tag{11}$$

이다. 어떤 교재에서는 $\Lambda(\ )$을 대신하여 Tri( )가 사용되기도 한다. 삼각 펄스는 컨벌루션이라는 또 다른 수학적 연산을 통하여 구형파 펄스로부터 생성될 수 있다. 컨벌루션은 다음 절에서 배우게 될 것이다.

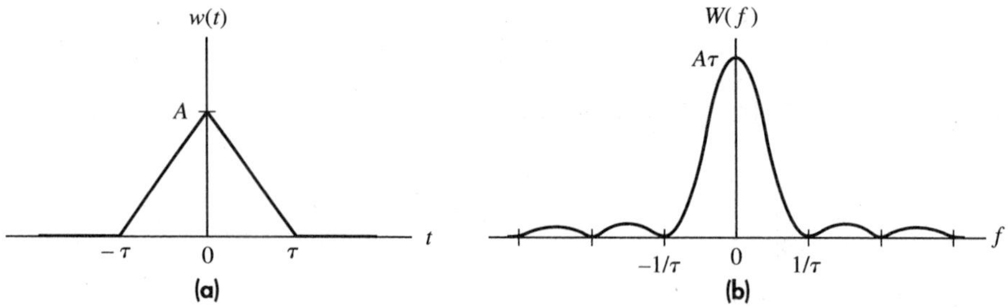

그림 2.3-4
삼각 펄스와 그 스펙트럼.

응용문제 2.3-2

미분 정리의 쌍대성은 다음과 같다.

$$t^n v(t) \leftrightarrow \frac{1}{(-j2\pi)^n} \frac{d^n}{df^n} V(f) \qquad [12]$$

변환적분 $\mathscr{F}[v(t)]$을 f에 대해 미분하여 $n = 1$일 때 이러한 관계를 증명하시오.

2.4 컨벌루션

통신 공학도가 사용하는 도구 중에 컨벌루션이라 불리는 수학적 연산은 사용 빈도가 높다. 그것의 응용 분야로는 시스템 분석, 확률 이론 뿐 아니라 변환 계산이 포함된다. 여기서는 시간과 주파수 영역에서의 컨벌루션에 대하여 살펴보도록 하자.

컨벌루션 적분

같은 변수에 대한 두 함수 $v(t)$, $w(t)$의 컨벌루션은 다음과 같이 정의된다.

$$v(t) * w(t) \triangleq \int_{-\infty}^{\infty} v(\lambda)w(t-\lambda)\,d\lambda \qquad (1)$$

$v(t) * w(t)$의 표기는 단지 식 (1)의 우변을 나타낼 뿐이고 별표(*)는 켤레 복소수를 의미하지는 않는다. 식 (1)은 **컨벌루션 적분**이며 독립 변수가 명백한 경우 종종 $v * w$로 표현된다. 또한 특별한 경우 식을 좀 더 명쾌하게 나타내기 위해 $[v(t)] * [w(t)]$로 표기하기도 한다. 여기에 변수 t가 함수의 독립 변수로서 컨벌루션 되는 동일한 것임을 주의 깊게 살펴봐야 한다; 적분은 항상 가변수 (λ와 같은)에 대하여 수행되며, 적분 범위에서는 t가 상수이다.

두 함수가 모든 t에 대하여 연속적일 때 $v(t) * w(t)$의 계산은 일반적인 적분보다 어렵지 않다. 그러나 하나 또는 두 개의 함수 모두가 불연속적이라면 컨벌루션의 도식적 해석이 큰 도움이 된다.

설명을 위하여 그림 2.4-1a의 함수를 고려해 보자.

$$v(t) = Ae^{-t} \qquad 0 < t < \infty$$

$$w(t) = t/T \qquad 0 < t < T$$

식 (1)에서, $v(\lambda)$는 $v(\mathrm{t})$와 같은 형태를 가지며

$$w(t-\lambda) = \frac{t-\lambda}{T} \qquad 0 < t-\lambda < T$$

그러나 λ에 대한 함수 $w(t-\lambda)$의 그림을 얻기 위해 두 가지 단계가 필요하다: 첫째로 $w(t)$를 시간상에서 반전하고 t를 λ와 바꾸어 $w(-\lambda)$로 만든다; 둘째로 주어진 t의 값을 이용하

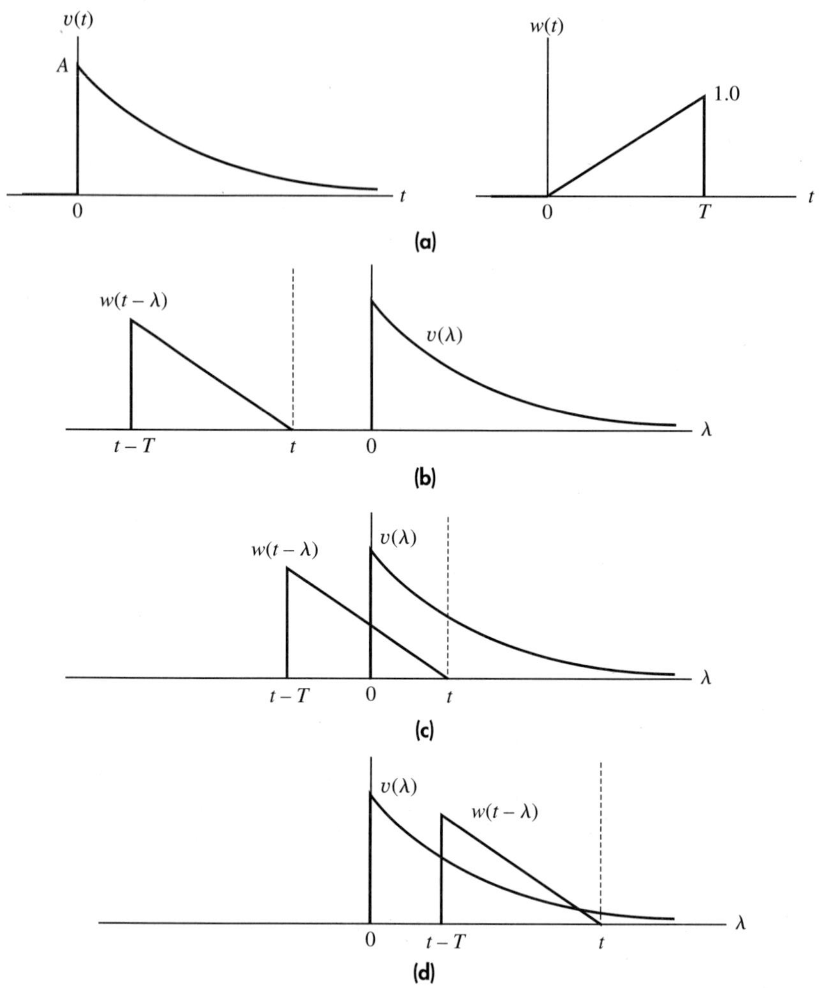

그림 2.4-1
컨벌루션의 그래프적 표현.

여 $w(-\lambda)$를 오른쪽으로 t만큼 이동시켜 $w[-(\lambda - t)] = w(t - \lambda)$를 얻는다. 그림 2.4-1b는 $v(\lambda)$와 $w(t - \lambda)$가 $t < 0$일 때를 나타낸다. t의 값은 $v(\lambda)$의 원점으로부터 $w(-\lambda)$의 이동된 원점까지의 거리와 같고 점선으로 표시되었다.

$v(t) * w(t)$는 $-\infty < t < \infty$ 범위에서 계산되며, $w(t - \lambda)$에 대하여 왼쪽에서 오른쪽으로 이동되며, t에 따라 컨벌루션 적분 값이 변한다. 특히 그림 2.4-1b의 경우 $t < 0$일 때에는 겹쳐지지 않으므로 적분 값은 0이 된다.

$$v(t) * w(t) = 0 \qquad t < 0$$

그림 2.4-1c의 $0 < t < T$의 경우 $0 < \lambda < t$의 구간과 겹쳐지며 t가 적분의 상한 값이 된다.

$$v(t) * w(t) = \int_0^t Ae^{-\lambda}\left(\frac{t - \lambda}{T}\right) d\lambda$$

$$= \frac{A}{T}(t - 1 + e^{-t}) \qquad 0 < t < T$$

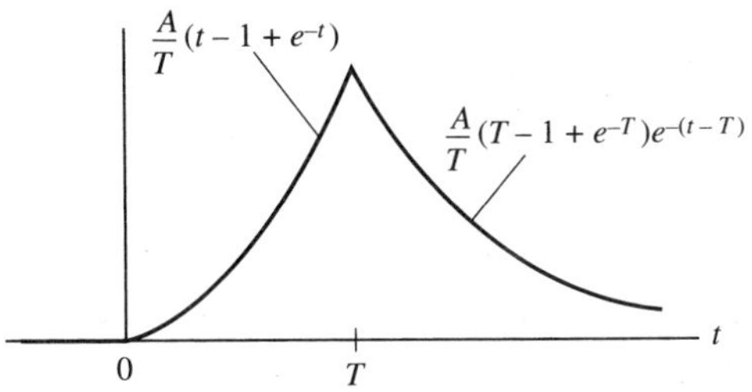

그림 2.4-2
그림 2.4-1의 컨벌루션 결과.

마지막으로 그림 2.4-1d에서 $t > T$일 때 $t - T < \lambda < t$에 대하여 겹쳐지며

$$v(t) * w(t) = \int_{t-T}^{t} Ae^{-\lambda}\left(\frac{t-\lambda}{T}\right) d\lambda$$

$$= \frac{A}{T}(T - 1 + e^{-T})e^{-(t-T)} \qquad t > T$$

이다. 그림 2.4-2의 최종 결과는 컨벌루션이 일반적으로 **평활화** 연산임을 나타내며, $v * w(t)$는 원래 함수의 어느 한 쪽보다 "평탄"하다.

컨벌루션 정리

컨벌루션 연산은 많은 중요하고 유용한 특성을 만족시키며 식 (1)의 컨벌루션 적분으로부터 유도될 수 있으며 어떤 경우에는 도식적 분석으로부터 명백하게 얻을 수도 있다. 예를 들어 그림 2.4-1을 더욱 자세히 살펴보면 v를 뒤집은 후 w에 겹치도록 이동시킨 경우에도 결과가 동일함을 알 수 있다. 즉, 컨벌루션은 **교환 법칙**이 성립된다. 이 특성은 **결합 법칙**과 **분배 법칙**과 함께 아래에 명시되어 있다.

$$v * w = w * v \tag{2a}$$

$$v * (w * z) = (v * w) * z \tag{2b}$$

$$v * (w + z) = (v * w) + (v * z) \tag{2c}$$

이 식들은 모두 식 (1)으로부터 유도될 수 있다.

컨벌루션 연산을 살펴보았고 다음은 두 가지 **컨벌루션 정리**를 살펴보자.

$$v(t) * w(t) \leftrightarrow V(f)W(f) \tag{3}$$

$$v(t)w(t) \leftrightarrow V(f) * W(f) \tag{4}$$

이 정리는 시간 영역에서의 컨벌루션은 주파수 영역에서 곱이 됨을 의미한다. 또한 시간 영역에서의 곱은 주파수 영역에서의 컨벌루션이 된다. 이 두 관계는 앞으로도 자주 사용되는 중요한 개념 이다.

식 (3)의 증명은 시간 지연 정리를 사용하여 다음과 같이 증명할 수 있다.

$$\mathscr{F}[v * w(t)] = \int_{-\infty}^{\infty}\left[\int_{-\infty}^{\infty} v(\lambda)w(t-\lambda)\,d\lambda\right]e^{-j\omega t}\,dt$$

$$= \int_{-\infty}^{\infty} v(\lambda)\left[\int_{-\infty}^{\infty} w(t-\lambda)e^{-j\omega t}\,dt\right]d\lambda$$

$$= \int_{-\infty}^{\infty} v(\lambda)[W(f)e^{-j\omega\lambda}]\,d\lambda$$

$$= \left[\int_{-\infty}^{\infty} v(\lambda)e^{-j\omega\lambda}\,d\lambda\right]W(f) = V(f)W(f)$$

식 (4)는 $v(t)w(t)$의 변환과 $w(t)$를 역변환 $\mathscr{F}^{-1}[W(f)]$로 치환하여 사용함으로써 증명 할 수 있다.

예제 2.4-1

사다리꼴 펄스

컨벌루션 정리를 설명하기 위해 그리고 다른 변환 쌍을 얻기 위해 그림 2.4-3a의 구형파 펄스를 컨벌루션 해보자. 이것은 도식적 해석과 대칭 관계를 이용한 비교적 간단한 작업이다. $\tau_1 > \tau_2$일 때, 겹침이 없는 경우, 부분적으로 겹친 경우, 완전히 겹친 경우 등의 세 가지 경우로 나뉜다. 그림 2.4-3b는 겹침이 없는 $v(\lambda)$와 $w(t-\lambda)$를 보여주며 $v(t) * w(t) = 0$인 경우이다. 이 영역에서

$$t + \frac{\tau_2}{2} < -\frac{\tau_1}{2}$$

또는

$$t < -\frac{(\tau_1 + \tau_2)}{2}$$

이다. 겹침이 존재하는 또 다른 대응하는 영역은 $t - \tau_2/2 > \tau_1/2$ 또는 $t > (\tau_1 + \tau_2)/2$이다. 겹침이 없을 때의 영역을 결합하여 나타내면 $|t| > (\tau_1 + \tau_2)/2$이다. 부분적 겹침의 경우 $t + \tau_2/2 > -\tau_1/2$와 $t - \tau_2/2 < -\tau_1/2$의 영역에서 다음과 같이 나타낸다.

$$v(t) * w(t) = \int_{-\frac{\tau_1}{2}}^{t+\frac{\tau_2}{2}} A_1A_2\,d\lambda = A_1A_2\left(t + \frac{\tau_1+\tau_2}{2}\right) \quad -\frac{\tau_1+\tau_2}{2} < t < -\frac{\tau_1-\tau_2}{2}$$

대칭성을 이용하여 다른 부분적 겹침의 영역도 다음과 같이 나타낼 수 있다.

$$v(t) * w(t) = \int_{t-\frac{\tau_s}{2}}^{\frac{\tau_1}{2}} A_1A_2\,d\lambda = A_1A_2\left(-t + \frac{\tau_1+\tau_2}{2}\right) \quad \frac{\tau_1-\tau_2}{2} < t < \frac{\tau_1+\tau_2}{2}$$

마지막으로 완전히 겹쳐진 영역에서의 컨벌루션은

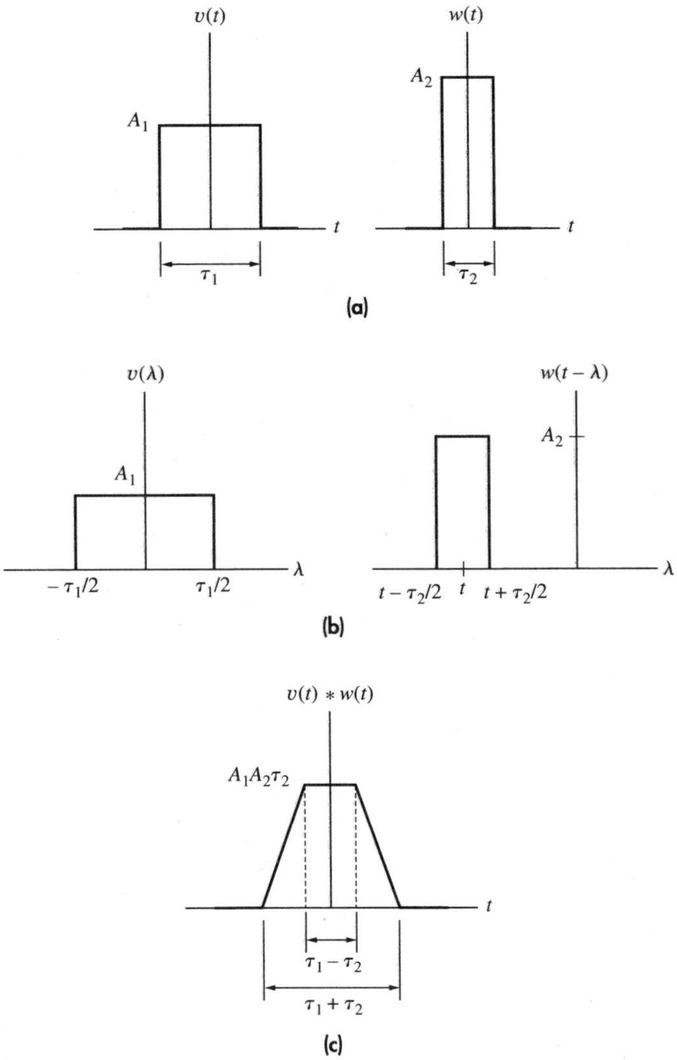

그림 2.4-3
구형파 펄스의 컨벌루션.

$$v(t) * w(t) = \int_{t-\frac{\tau_2}{2}}^{t+\frac{\tau_2}{2}} A_1 A_2 \, d\lambda = A_1 A_2 \tau_2 \qquad |t| < \frac{\tau_1 - \tau_2}{2}$$

이다. 결과는 그림 2.4-3c에 나타난 사다리꼴 펄스이며 이 변환은 $V(f)W(f) = (A_1\tau_1 \text{ sinc } f\tau_1)(A_2\tau_2 \text{ sinc } f\tau_2)$로 표현될 수 있다.

$\tau_1 = \tau_2 = \tau$라 할 때 사다리꼴 형태는 $A = A_1A_2\tau$인 그림 2.3-4a의 삼각 펄스로 줄어들게 되고, 스펙트럼은 이전 결과와 같은 $(A_1\tau \text{ sinc } f\tau)(A_2\tau \text{ sinc } f\tau) = A\tau \text{ sinc}^2 f\tau$이 된다.

이상적 저역 통과 필터

예제 2.4-2

이상적 필터의 필터링 결과로 인한 신호에 발생되는 불연속 효과에 대하여 2.1절에서 설

그림 2.4-4

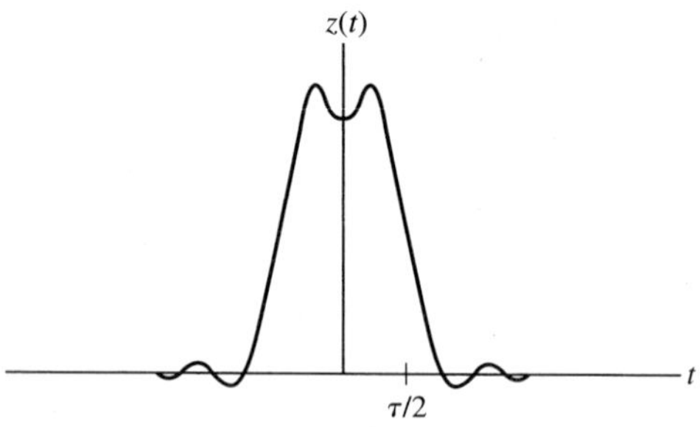

명하였다. 예제 2.2-1의 구형파 함수인 $v(t) = A\Pi(t/\tau)$를 이용하여 좀 더 살펴보기로 하자. $v(t)$의 변환 $V(f) = A\tau \text{ sinc } f\tau$이며 f는 모든 값에서 존재한다. $V(f)$에 구형파 함수를 곱해 $f = 1/\tau$에서 신호를 저역 통과시킬 수 있다.

$$W(f) = \Pi\left(\frac{f}{2/\tau}\right) \leftrightarrow \frac{2}{\tau}\text{sinc}\left(\frac{2t}{\tau}\right)$$

출력함수는

$$z(t) = v(t) * w(t) = w(t) * v(t) = \int_{t-\frac{\tau}{2}}^{t+\frac{\tau}{2}} \frac{2A}{\tau} \text{sinc} \frac{2\lambda}{\tau}\, d\lambda$$

이다. 이 적분은 닫힌 형식으로 값은 구할 수 없으나 표 T.4를 사용하여 수식적으로 구할 수 있고 그림 2.4-4와 같은 결과를 얻을 수 있다. 이 결과는 그림 2.1-9b와 비슷하다.

응용문제 2.4-1

$v(t) = A \text{ sinc } 2Wt$이고 스펙트럼이 W로 대역 제한되었다고 가정하자. $w(t) = v(t)$일 때 식 (4)를 사용하여 $v^2(t)$의 스펙트럼이 $2W$로 대역 제한됨을 보이시오.

2.5 임펄스와 제한 변환

지금까지 주기적 전력 신호를 나타내는 선 스펙트럼과 비주기적 에너지 신호를 나타내는 연속 스펙트럼 등 두 가지 스펙트럼을 구분해왔다. 그러나 신호가 주기와 비주기 성분을 동시에 포함할 경우, 스펙트럼을 표현하기가 곤란하기 때문에 이산 주파수 요소의 표현을 위하여 주파수 상에서의 **임펄스**를 이용하여 이러한 문제를 해결할 수 있게 된다. **제한 변환**의 기본 개념은 임펄스를 포함한 일반적으로 변환이 불가능한 시간 영역의 여러 가지 신호들의 스펙트럼 표현을 가능하게 한다.

단위 임펄스의 특성

단위 임펄스 또는 **Dirac 델타 함수** $\delta(t)$는 정확히 말해서 수학적 의미의 함수는 아니다. 오히려 정해진 규칙에 의해 정의되는 **일반화된 함수** 또는 **분포**로 알려진 특별한 경우에 속한다. 특히 $\delta(t)$의 특성은 다음과 같이 정의된 관계로부터 얻을 수 있다.

$$\int_{t_1}^{t_2} v(t)\,\delta(t)\,dt = \begin{cases} v(0) & t_1 < 0 < t_2 \\ 0 & \text{otherwise} \end{cases} \tag{1}$$

여기서 $v(t)$는 $t = 0$에서 연속적인 임의의 함수이다. 이 규칙은 식의 좌변에 $v(0)$ 또는 0의 값을 할당한다. 식 (1)과 다음의 모든 식에서 t를 f로 치환하면 주파수상의 임펄스 $\delta(f)$로 적용할 수 있다.

만약 식 (1)에서 $v(t) = 1$이라면 다음 식과 같으며 이 때 ϵ는 임의의 작은 값을 갖는다.

$$\int_{-\infty}^{\infty} \delta(t)\,dt = \int_{-\epsilon}^{\epsilon} \delta(t)\,dt = 1 \tag{2}$$

식 (2)는 $\delta(t)$가 이산점인 $t = 0$에서 **단위 면적**을 가지며 그 외의 다른 경우에는 누계 면적이 0임을 설명하고 있다. 이것을 좀 더 광범위하게 나타내면 다음과 같다.

$$\delta(t) = 0 \qquad t \neq 0 \tag{3}$$

식 (2)와 (3)은 임펄스와 유사한 정의이며 공통의 도식적 해석을 나타낸다. 예를 들면, 그림 2.5-1의 $A\,\delta(t - t_d)$에서 화살표 옆의 A는 $t = t_d$에서 A의 면적 또는 가중치임을 의미한다.

임펄스가 물리적으로 존재하지는 않지만 변수 $\epsilon \to 0$일 때의 한계에서 $\delta(t)$의 특성을 갖는 일반적인 함수는 많다. 특히 $\delta_\epsilon(t)$ 함수가 다음과 같다면

$$\lim_{\epsilon \to 0} \int_{-\infty}^{\infty} v(t)\,\delta_\epsilon(t)\,dt = v(0) \tag{4a}$$

이는 다음과도 같다.

$$\lim_{\epsilon \to 0} \delta_\epsilon(t) = \delta(t) \tag{4b}$$

식 (4a)를 만족하는 두 함수는 그림 2.5-2에 나타나 있다.

$$\delta_\epsilon(t) = \frac{1}{\epsilon}\,\Pi\left(\frac{t}{\epsilon}\right) \tag{5}$$

$$\delta_\epsilon(t) = \frac{1}{\epsilon}\,\text{sinc}\,\frac{t}{\epsilon} \tag{6}$$

$v(t)$를 적분하기 전에 Maclaurin 급수로 전개함으로서 식 (5)가 식 (4a)를 만족시킨다는 것

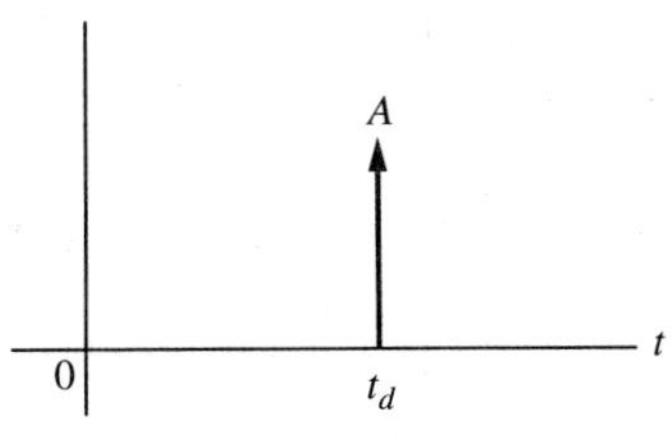

그림 2.5-1
$A\delta(t - t_d)$의 도식적 표현.

그림 2.5-2
$\epsilon \to 0$일 때 임펄스가 된 두 함수.

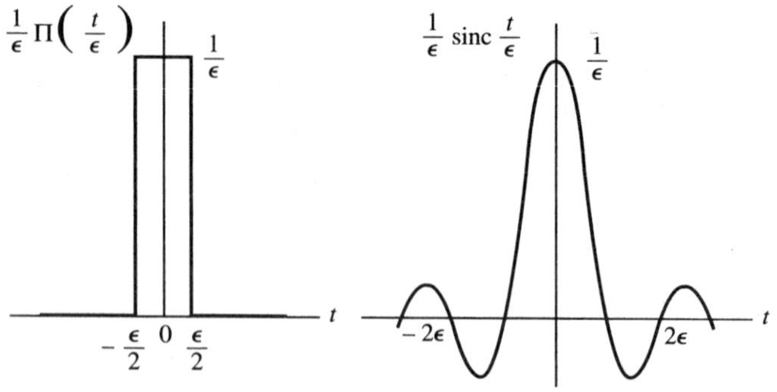

을 쉽게 알 수 있다. 식 (6)의 논증은 임펄스와 변환을 고려할 때 간단하게 소개될 것이다.

정의에 의하여 임펄스는 적분 연산을 동반하지 않고서는 수학적 또는 물리적 의미를 갖지 않는다. 가장 중요한 적분 성질의 두 가지는

$$v(t) * \delta(t - t_d) = v(t - t_d) \tag{7}$$

$$\int_{-\infty}^{\infty} v(t)\, \delta(t - t_d)\, dt = v(t_d) \tag{8}$$

이며, 두 식 모두 식 (1)로부터 유도될 수 있다. 식 (7)은 **반복 연산**으로, $v(t)$와 $\delta(t - t_d)$를 컨벌루션하면 $v(t)$함수를 t_d 만큼 지연시켜서 다시 표현한다. 이에 반해 식 (8)은 $\delta(t - t_d)$가 "위치된" 지점인 $t = t_d$에서 $v(t)$의 값을 골라내는 **샘플링** 연산이다.

임펄스 식은 결국 적분하도록 규정되어 있으며 적분 전의 표현을 간단하게 하기 위해 비적분 관계를 사용하기도 한다. 이 두 가지 관계식은

$$v(t)\, \delta(t - t_d) = v(t_d)\, \delta(t - t_d) \tag{9a}$$

$$\delta(\alpha t) = \frac{1}{|\alpha|}\delta(t) \qquad \alpha \neq 0 \tag{9b}$$

이며 두 함수 모두 $-\infty < t < \infty$로 적분하여 증명할 수 있다. 식 (9a)의 곱셈 관계는 샘플링 특성을 다시 설명한다. 식 (9b)의 척도 조절 관계는 독립 변수 t와 연관하여 $\delta(\alpha t) = \delta(t)/|\alpha|$과 같다. $\alpha = -1$이면 우대칭 특성에 의해 $\delta(-t) = \delta(t)$로 나타낼 수 있다.

응용문제 2.5-1

$v(t) = (t - 3)^2$임을 이용해서 다음의 값을 구하거나 간단히 하시오.

(a) $\int_{-\infty}^{\infty} v(t)\, \delta(t + 4)\, dt$; (b) $v(t) * \delta(t + 4)$; (c) $v(t)\, \delta(t + 4)$; (d) $v(t) * \delta(-t/4)$.

주파수 영역에서의 임펄스

주파수 영역의 임펄스는 페이저 또는 상수로 표현된다. 특히 모든 시간에서 $v(t) = A$라면

비록 이 신호는 무한의 에너지를 갖지만 제한을 통해 변환을 얻을 수 있다.

$$v(t) = \lim_{W \to 0} A \operatorname{sinc} 2Wt = A \tag{10a}$$

이미 변환 쌍 $A \operatorname{sinc} 2Wt \leftrightarrow (A/2W)\Pi(f/2W)$을 알고 있으므로 식 (5)에 $\epsilon = 2W$와 $t = f$를 사용하여 다음을 얻을 수 있다.

$$\mathscr{F}[v(t)] = \lim_{W \to 0} \frac{A}{2W} \Pi\left(\frac{f}{2W}\right) = A\,\delta(f) \tag{10b}$$

그러므로

$$A \leftrightarrow A\,\delta(f) \tag{11}$$

이며, 시간 영역에서 상수의 스펙트럼은 $f = 0$일 때 주파수 영역의 임펄스이다.

이 결과는 시간의 변화가 없는 상수 신호는 스펙트럼 또한 $f = 0$으로 한정되어 있어야 한다는 것과 직관적으로 일치한다. 임펄스 형태는 역변환을 통해 시간 영역으로 되돌릴 때 적분을 사용해야 하고, 임펄스는 주파수 영역에서의 불연속점에서 0이 아닌 값으로 집중되어야 한다. 식 (1)을 사용해서 이 인수를 수학적으로 검사해 보면,

$$\mathscr{F}^{-1}[A\,\delta(f)] = \int_{-\infty}^{\infty} A\,\delta(f) e^{j2\pi ft}\,dt = Ae^{j2\pi ft}\Big|_{f=0} = A$$

이며 식 (11)을 만족한다. 임펄스는 적분을 통하여 $v(t) = A$와 같은 물리적 값을 얻게 된다는 것을 기억하자.

위의 과정을 구형파 펄스 $A\Pi(t/\tau)$로 대신할 경우 $\tau \to \infty$일 때 모든 시간 영역에서 연속적이 된다. 따라서 근 $\mathscr{F}[A\Pi(t/\tau)] = A\tau \operatorname{sinc} f\tau$이기 때문에 식 (11)과 일치하는 수식을 요구한다.

$$\lim_{\tau \to \infty} A\tau \operatorname{sinc} f\tau = A\,\delta(f)$$

또한 이것은 sinc 함수가 적합한 제한 조건 하에 임펄스가 된다는 식 (6)의 초기 주장을 밑받침한다.

식 (11)을 일반화시키는 과정에서, 주파수 천이와 변조 정리를 적용하면 다음 식을 얻을 수 있다.

$$Ae^{j\omega_c t} \leftrightarrow A\,\delta(f - f_c) \tag{12}$$

$$A\cos(\omega_c t + \phi) \leftrightarrow \frac{Ae^{j\phi}}{2}\delta(f - f_c) + \frac{Ae^{-j\phi}}{2}\delta(f + f_c) \tag{13}$$

그러므로 단측 페이저의 스펙트럼은 $f = f_c$에서 1개의 임펄스를 갖는 반면 정현파의 스펙트럼은 그림 2.5-3에서 보는 바와 같이 2개의 임펄스를 갖는다. 더 나아가 $v(t)$가 지수형 Fourier 급수의 임의의 주기 신호라면,

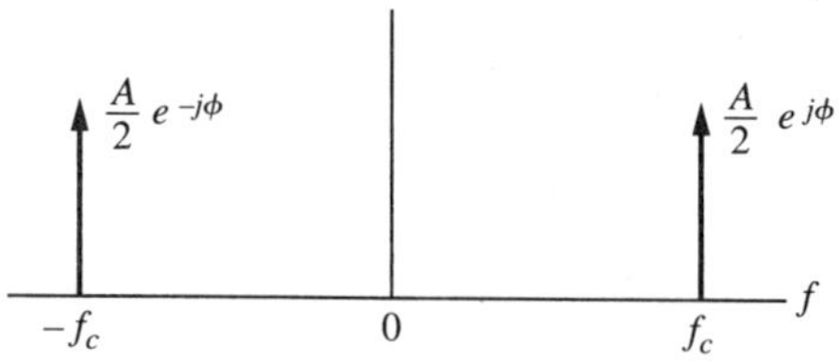

그림 2.5-3
$A\cos(\omega_c t+\phi)$.

$$v(t)=\sum_{n=-\infty}^{\infty} c(nf_0)e^{j2\pi nf_0t} \tag{14a}$$

이고 또한 Fourier 변환은 다음 식과 같으며 여기서 중첩은 합의 변환을 허용한다.

$$V(f)=\sum_{n=-\infty}^{\infty} c(nf_0)\,\delta(f-nf_0) \tag{14b}$$

식 (11)~식 (14)로부터 어떠한 양측 선 스펙트럼도 다음의 규칙을 이용하면 연속스펙트럼으로 변환할 수 있다: 선 스펙트럼을 선의 높이와 같은 가중치를 갖는 임펄스로 변환한다. 선 스펙트럼의 위상은 복소수인 임펄스의 가중치에 포함된다. 따라서 제한 변환을 사용하여 주기와 비주기 신호를 모두 연속 스펙트럼으로 표현할 수 있다. 그러므로 임펄스 함수는 스펙트럼 분석을 하나로 통일하는 데 중요한 역할을 한다.

그러나 선 스펙트럼과 주기 신호의 "연속적인" 스펙트럼과의 차이는 무엇인가란 의문이 생긴다. 명백하게 물리적 차이는 없지만 그 차이는 수학적 규정에 달려있다. 선 스펙트럼으로부터 시간 영역으로 변환하기 위하여 선 스펙트럼이 나타내는 페이저들을 모두 더한다. 또한 연속 스펙트럼에서 시간 영역으로 변환하기 위하여 임펄스들을 적분하여 페이저를 구한다.

예제 2.5-1

임펄스와 연속 스펙트럼

그림 2.5-4a의 정현파 파형은 $-1/f_c < t < 1/f_c$의 구간에서 주파수 $2f_c$를 갖고 그 외의 구간에서는 고정 주파수 f_c를 갖는다. 이러한 신호는 **주파수 변조**에 의해 생성되며 제5장에서 다루기로 하자. 여기서 관심이 있는 부분은 임펄스 성분과 비임펄스 성분을 모두 포함한 스펙트럼이다.

분석을 위하여 $\tau = 2/f_c$로 하고 $v(t)$를 세 개의 항으로 분해하면 다음과 같다.

$$v(t)=A\cos\omega_c t - A\Pi(t/\tau)\cos\omega_c t + A\Pi(t/\tau)\cos 2\omega_c t$$

첫 두 항은 코사인 파형을 나타내며 셋째 항으로 표현되는 주파수 $2f_c$의 RF 펄스를 위한 공간을 만드는 "홀"을 포함한다. $v(t)$를 각 항별로 변환하면 다음과 같다.

$$\begin{aligned} V(f) &= \frac{A}{2}[\delta(f-f_c)+\delta(f+f_c)] \\ &\quad -\frac{A\tau}{2}[\text{sinc}\,(f-f_c)\tau + \text{sinc}\,(f+f_c)\tau] \end{aligned}$$

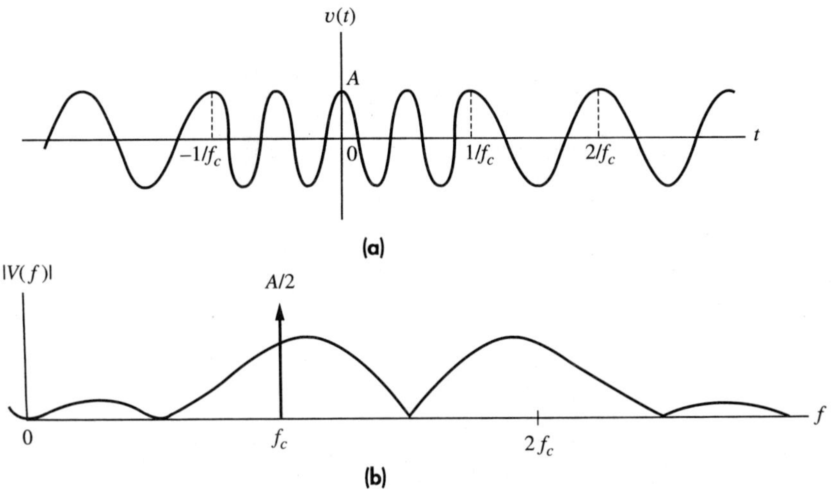

그림 2.5-4
예제 2.5-1의 파형과 진폭 스펙트럼.

$$+\frac{A\tau}{2}[\operatorname{sinc}(f-2f_c)\tau+\operatorname{sinc}(f+2f_c)\tau]$$

여기서 식 (13)과 예제 2.3-2의 결과를 적용하였다. 음의 주파수 성분을 빼고 진폭 스펙트럼을 그리면 그림 2.5-4b와 같다. $|V(f)|$는 비임펄스 성분이 $2f_c$에 포함되어야 하므로 $f = f_c$에서 대칭이 아니다.

계단과 시그넘 함수

모든 시간에서 DC 성분을 갖는 신호는 주파수 영역에서 임펄스 형태로 표현됨을 보았다. 이제 그림 2.5-5a와 같이 "꺼짐"에서 $t = 0$일 때 "켜짐" 형태로 변하는 **단위 계단 함수**를 살펴보자. 그 정의는 다음과 같다.

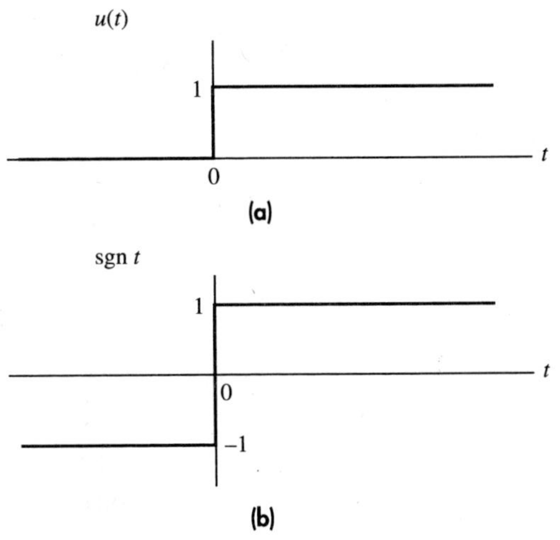

그림 2.5-5
(a) 단위 계단 함수; (b) 시그넘 함수.

그림 2.5-6

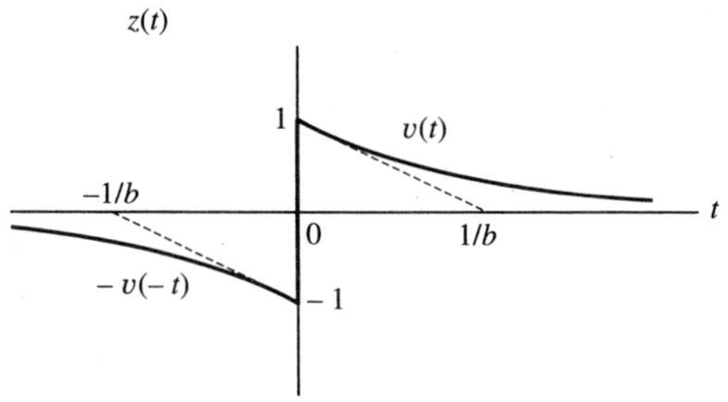

$$u(t) \triangleq \begin{cases} 1 & t > 0 \\ 0 & t < 0 \end{cases} \tag{15}$$

위 함수는 Fourier 정리에 자주 사용되며 특히 어떠한 신호라도 시간 영역에서 $u(t)$와 곱해지면 $t < 0$의 구간에서 0 값을 갖기 때문에 **인과** 신호와 관련이 깊다. 하지만 대칭성의 결여는 제한 변환을 구할 때에 문제점을 발생시킨다. 왜냐하면, 극한에서의 연산은 **외형 통합**과 같은 식이므로 식 (10)처럼 대칭적으로 계산되어야 한다. 이러한 문제를 해결하기 위하며 그림 2.5-5b처럼 정의된 기대칭인 시그넘 함수(또는 **sign 함수**라고 불린다)로부터 실마리를 찾아보자.

$$\text{sgn}\, t \triangleq \begin{cases} +1 & t > 0 \\ -1 & t < 0 \end{cases} \tag{16}$$

시그넘 함수는 그림 2.5-6의 $z(t)$처럼 에너지 신호의 제한적 경우이다. $v(t) = e^{-bt}u(t)$에서

$$z(t) = v(t) - v(-t) = \begin{cases} +e^{-bt} & t > 0 \\ -e^{+bt} & t < 0 \end{cases}$$

만일 $b \to 0$이라면 $z(t) \to \text{sgn}\, t$가 된다. 예제 2.2-2와 응용문제 2.3-1의 결과를 조합해보면 다음과 같다.

$$\mathscr{F}[z(t)] = Z(f) = j2V_o(f) = \frac{-j4\pi f}{b^2 + (2\pi f)^2}$$

그러므로

$$\mathscr{F}[\text{sgn}\, t] = \lim_{b \to 0} Z(f) = \frac{-j}{\pi f}$$

그리고 변환 쌍은 다음과 같다.

$$\text{sgn}\, t \leftrightarrow \frac{1}{j\pi f} \tag{17}$$

그림 2.5-5의 계단과 시그넘 함수는 다음과 같은 관계를 갖는다.

$$u(t) = \tfrac{1}{2}(\text{sgn } t + 1) = \tfrac{1}{2}\,\text{sgn}\, t + \tfrac{1}{2}$$

그러므로 $\mathcal{F}[1/2] = \frac{1}{2}\delta(f)$이기 때문에 다음과 같이 관계가 성립한다.

$$u(t) \leftrightarrow \frac{1}{j2\pi f} + \frac{1}{2}\delta(f) \tag{18}$$

시그넘 함수의 스펙트럼은 DC 임펄스를 포함하지 않는 점이 중요한 사항이다. 이것은 sgn t가 2.1절의 식 (9)에서처럼 모든 시간에서 0의 평균값을 갖는 기함수라는 사실과 일치한다. 반대로, 단위 계단 함수의 평균값은 $\langle u(t)\rangle = 1/2$이므로, 그 스펙트럼은 $\frac{1}{2}\delta(f)$을 포함한다(일반적으로 평균값 $c(0)$을 갖는 주기 신호의 변환 식은 DC 성분인 $c(0)\delta(f)$를 포함한다).

임펄스형 DC 형태는 적분된 신호가 0이 아닌 순면적을 가질 경우 **적분 이론**으로 나타낼 수 있다. 이 특성은 $u(t)$와 임의의 에너지를 갖는 신호인 $v(t)$와의 컨벌루션을 통하여 유추할 수 있다.

$$\begin{aligned} v(t) * u(t) &= \int_{-\infty}^{\infty} v(\lambda)u(t-\lambda)\,d\lambda \\ &= \int_{-\infty}^{t} v(\lambda)\,d\lambda \end{aligned} \tag{19}$$

구간 $\lambda > t$에서 $u(t-\lambda) = 0$이다. 하지만 식 (18)과 컨벌루션 정리에 의해서

$$\mathcal{F}[v(t) * u(t)] = V(f)\left[\frac{1}{j2\pi f} + \frac{1}{2}\delta(f)\right]$$

이며 따라서

$$\int_{-\infty}^{t} v(\lambda)\,d\lambda \leftrightarrow \frac{1}{j2\pi f}V(f) + \frac{1}{2}V(0)\,\delta(f) \tag{20}$$

이다. 여기서 $V(f)\,\delta(f) = V(0)\,\delta(f)$을 사용하였다. 식 (20)은 $V(0) = 0$인 경우, 이전에 설명된 적분 정리로 표현된다.

> 변조 정리를 적용하여 인과 정현파인 $v(t) = Au(t)\cos\omega_c t$의 스펙트럼을 구하시오. **응용문제 2.5-2**

시간 영역에서의 임펄스

시간 영역의 임펄스 함수 $\delta(t)$는 신호 모델로서는 하찮아 보일지 모르지만, 이어지는 절에서는 의미 있는 실용적인 응용에 대하여 설명할 것이다. 동시에 $\delta(t)$는 분석적인 도구로도 중요한 가치가 있다. 변환 유도를 위하여 $\tau \to 0$으로 놓으면

$$\frac{A}{\tau}\Pi\left(\frac{t}{\tau}\right) \leftrightarrow A \operatorname{sinc} f\tau$$

이며 이것은 다음 식으로 변한다.

$$A\,\delta(t) \leftrightarrow A \tag{21}$$

그러므로 시간 영역의 임펄스 변환은 **고정 진폭**을 갖게 되며, 스펙트럼이 **모든 주파수에 동등한 비율로 분포됨**을 의미한다.

이미 배운 것처럼 $A\,\delta(t) \leftrightarrow A$는 $A \leftrightarrow A\,\delta(f)$와 쌍이며 이러한 쌍대성 관계는 아래의 상호 확산의 두 가지 극단적 성질을 모두 포함한다.

> 시간 영역에서 "0"의 구간을 갖는 임펄스 신호의 스펙트럼은 폭이 무한대이며, 시간 영역에서 무한대의 일정한 값을 갖는 신호의 스펙트럼은 폭이 "0"이다.

시간-지연 정리를 식 (21)에 적용하면, 조금 더 일반화된 관계식을 얻을 수 있다.

$$A\,\delta(t - t_d) \leftrightarrow Ae^{-j2\pi f t_d} \tag{22}$$

$\mathscr{F}[A\delta(t - t_d)] = Ae^{-j2\pi f t_d}$의 직접 변환 관계를 증명하는 것은 단순한 문제이다. 그러기에 $\mathscr{F}^{-1}[Ae^{-j2\pi f t_d}] = A\delta(t - t_d)$의 관계식 성립이 필요하며 이는 단위 임펄스의 중요한 적분식을 이끌어낸다.

$$\mathscr{F}^{-1}\left[e^{-j2\pi f t_d}\right] = \int_{-\infty}^{\infty} e^{-j2\pi f t_d} e^{j2\pi f t}\, df$$

이므로, 결론은 다음과 같다.

$$\int_{-\infty}^{\infty} e^{j2\pi f(t-t_d)}\, df = \delta(t - t_d) \tag{23}$$

그러므로 적분의 좌변은 단위 임펄스의 극한 형식으로써 계산되며, 이 결과는 Fourier적분 정리를 증명하는 데 사용될 것이다.

잘 정의된 변환 $V(f) = \mathscr{F}[v(t)]$를 만족하는 $v(t)$가 연속적인 시간의 함수라고 가정할 때 그 역변환도 $v(t)$와 같은지 알아보자. 직접 변환과 역변환의 정의로부터 다음과 같이 쓸 수 있다.

$$\begin{aligned}\mathscr{F}^{-1}[V(f)] &= \int_{-\infty}^{\infty}\left[\int_{-\infty}^{\infty} v(\lambda)e^{-j2\pi f\lambda}\, d\lambda\right]e^{j2\pi f t}\, df \\ &= \int_{-\infty}^{\infty} v(\lambda)\left[\int_{-\infty}^{\infty} e^{j2\pi(t-\lambda)f}\, df\right] d\lambda\end{aligned}$$

하지만 식 (23)의 괄호 안의 적분은 $\delta(t-\lambda)$과 같으므로

$$\mathscr{F}^{-1}[V(f)] = \int_{-\infty}^{\infty} v(\lambda)\,\delta(t-\lambda)\,d\lambda = v(t) * \delta(t) \tag{24}$$

이다. 따라서 $\mathscr{F}^{-1}[V(f)]$는 $v(t)$와 같고 이는 $v(t) * \delta(t) = v(t)$와 같은 맥락이다. 좀 더 논리적인 해법은 불연속점에서의 Gibbs 현상을 포함하며, Papoulis(1962, 제2장)에서 자세히 설명된다.

마지막으로 적분을 이용한 **단위 계단**과 단위 임펄스의 관계는 다음과 같다.

$$\int_{-\infty}^{t} \delta(\lambda - t_d)\,d\lambda = \begin{cases} 1 & t > t_d \\ 0 & t < t_d \end{cases} \tag{25}$$

$$= u(t - t_d)$$

양쪽 모두를 미분하면 계단 불연속의 미분을 통한 임펄스의 또 다른 해석을 제공하는 다음 식을 얻을 수 있다.

$$\delta(t - t_d) = \frac{d}{dt}u(t - t_d) \tag{26}$$

미분 정리로 연결된 식 (22)와 (26)은 어떠한 변환 계산을 신속히 처리하고 신호의 고주파 스펙트럼 롤 오프의 예측을 도와주며 그 방법은 다음과 같다. 문제의 신호가 서서히 불연속이 나타날 때까지 한 번 또는 그 이상 반복적으로 미분한다. 그 다음 미분은, 예를 들면 n차 미분 계수는, 각각의 불연속점인 $t = t_k$에서 높이 A_k의 임펄스 $A_k\,\delta(t - t_k)$를 포함한다. 따라서

$$\frac{d^n}{dt^n}v(t) = w(t) + \sum_k A_k\,\delta(t - t_k) \tag{27a}$$

이며 $w(t)$는 비임펄스 함수이다. 식 (27a)의 변환은

$$(j2\pi f)^n V(f) = W(f) + \sum_k A_k\,e^{-j2\pi f t_k} \tag{27b}$$

로 주어지며, $W(f) = \mathscr{F}[w(t)]$일 때, $V(f)$를 연산할 수 있다.

또한 $f \to \infty$에서 $|W(f)| \to 0$일 때 $|V(f)|$의 고주파 반응은 $|f|^{-n}$에 비례하며, 스펙트럼이 ***n*차 롤 오프**를 갖는다고 한다. 만일 n이 큰 값일 경우 신호가 매우 적은 고주파 성분을 포함함을 나타낸다(이것은 많은 통신 시스템의 디자인에서 중요한 사항이다).

올림 코사인 펄스 — 예제 2.5-2

그림 2.5-7a는 올림 코사인 펄스라 불리는 파형을 나타낸다.

$$v(t) = \frac{A}{2}\left(1 + \cos\frac{\pi t}{\tau}\right)\Pi\left(\frac{t}{2\tau}\right)$$

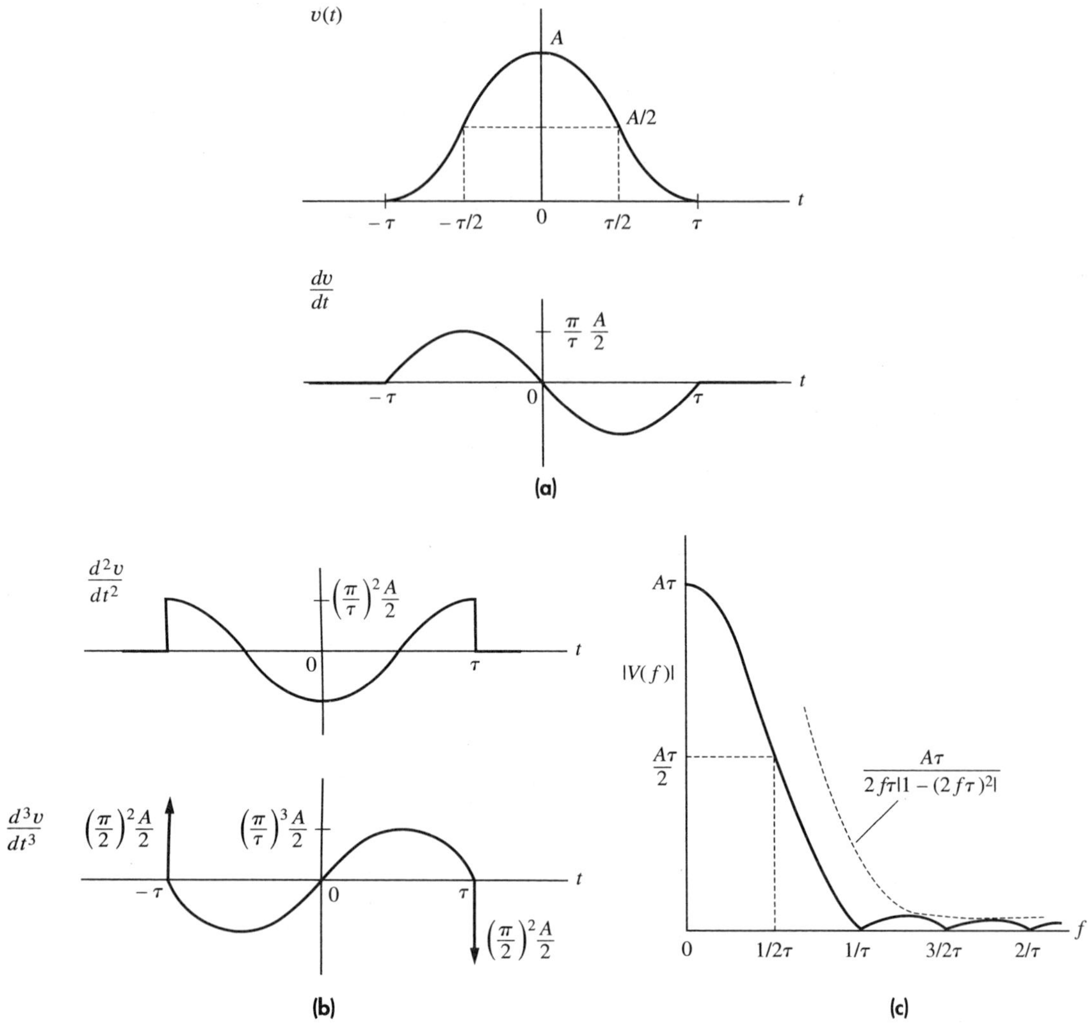

그림 2.5-7

올림 코사인 펄스. (a) 파형; (b) 미분; (c) 진폭 스펙트럼.

스펙트럼 $V(f)$와 고주파 롤 오프를 구하기 위해 미분 방법을 사용해 보자. $v(t)$의 첫 번째부터 세 번째까지의 미분은 그림 2.5-7b에 나타나 있다.

$$\frac{dv(t)}{dt} = -\left(\frac{\pi}{\tau}\right)\frac{A}{2}\sin\frac{\pi t}{\tau}\Pi\left(\frac{t}{2\tau}\right)$$

이는 불연속이지 않지만 $d^2v(t)/dt^2$는 $t = \pm\tau$에서 불연속이다. 따라서

$$\frac{d^3}{dt^3}v(t) = \left(\frac{\pi}{\tau}\right)^3\frac{A}{2}\sin\frac{\pi t}{\tau}\Pi\left(\frac{t}{2\tau}\right) + \left(\frac{\pi}{\tau}\right)^2\frac{A}{2}\delta(t+\tau) - \left(\frac{\pi}{\tau}\right)^2\frac{A}{2}\delta(t-\tau)$$

이다. 이 식은 식 (27a)와 같은 형식이지만, 첫 번째 식의 변환을 바로 알기는 힘들다.

다행히도 첫 번째와 세 번째의 미분을 비교해 보면 $d^3v(t)/dt^3$의 첫 번째 식이 $w(t) =$

$-(\pi/\tau)^2\ dv(t)/dt$로 표현됨을 알 수 있다. 그러므로 $W(f) = -(\pi/\tau)^2(j^2\pi f)V(f)$와 식 (27b)로부터 다음 식을 얻을 수 있다.

$$(j2\pi f)^3 V(f) = -\left(\frac{\pi}{\tau}\right)^2 (j2\pi f)V(f) + \left(\frac{\pi}{\tau}\right)^2 \frac{A}{2}(e^{j2\pi f\tau} - e^{-j2\pi f\tau})$$

정해진 순서대로 계산하여 마지막으로 결과를 유도해보면 다음과 같다.

$$V(f) = \frac{jA \sin 2\pi f\tau}{j2\pi f + (\tau/\pi)^2(j2\pi f)^3} = \frac{A\tau \operatorname{sinc} 2f\tau}{1-(2f\tau)^2}$$

그림 2.5-7c는 $f \geq 0$에서의 진폭 스펙트럼을 나타낸다. $|V(f)| = |\operatorname{sinc} f\tau| = |(\sin \pi f\tau)/(\pi f\tau)|$의 구형파 펄스가 오직 1차의 롤 오프를 갖고 있는 반면 이 문제의 $|V(f)|$는 3차 롤 오프($n = 3$)임을 주의하자.

$v(t) = (2At/\tau)\Pi(t/\tau)$일 때 $dv(t)/dt$를 그리고 식 (27)을 사용해 $V(f)$를 구하시오. **응용문제 2.5-3**

2.6 이산 시간 신호와 이산 푸리에 변환

6.1절에서는 신호가 가지는 대역폭의 두 배 이상의 샘플링 주파수로 샘플링 된 신호가 샘플링 된 샘플들에 의해서 완벽히 복원 될 수 있음을 보일 것이다. 그림 2.6-1a과 같은 샘플링 주파수 $f_s = 1/T_s$를 가지는 구형파 펄스열을 생각해 보자. 샘플링 간격 Δt가 T_s일 이 샘플들은 다음과 같이 표현된다.

$$x(t)|_{t=kT_s} = x(kT_s) \tag{1a}$$

더욱이 만약 샘플들이 주기적인 임펄스 함수라면

$$x(kT_s) = x(t)\delta(t - kT_s) \tag{1b}$$

이다. 여기서 T_s를 제거하면

$$x(k) = x(kT_s) \tag{1c}$$

와 같고 이 때 $x(k)$는 숫자가 순차적으로 배열된 **이산 시간 신호**가 된다. $x(k)$는 복소수의 값을 가질 수 있으며 $k = 0, 1, \ldots, N-1$의 총 N개의 값으로 구성된다.

샘플링이 주기 임펄스 함수를 이용하여 수행되었기 때문에 2.2절 식 (4)의 푸리에 변환 적분을 다음과 같은 가중 연산자로 대체할 수 있다.

$$X(n) = \sum_{k=0}^{N-1} x(k)e^{-j2\pi nk/N} \quad n = 0, 1 \ldots N \tag{2}$$

그림 2.6-1

N = 16인 경우의 (a) 표준 구형파 펄스열 (b) DFT[$x[k]$]와 아날로그 주파수 축.

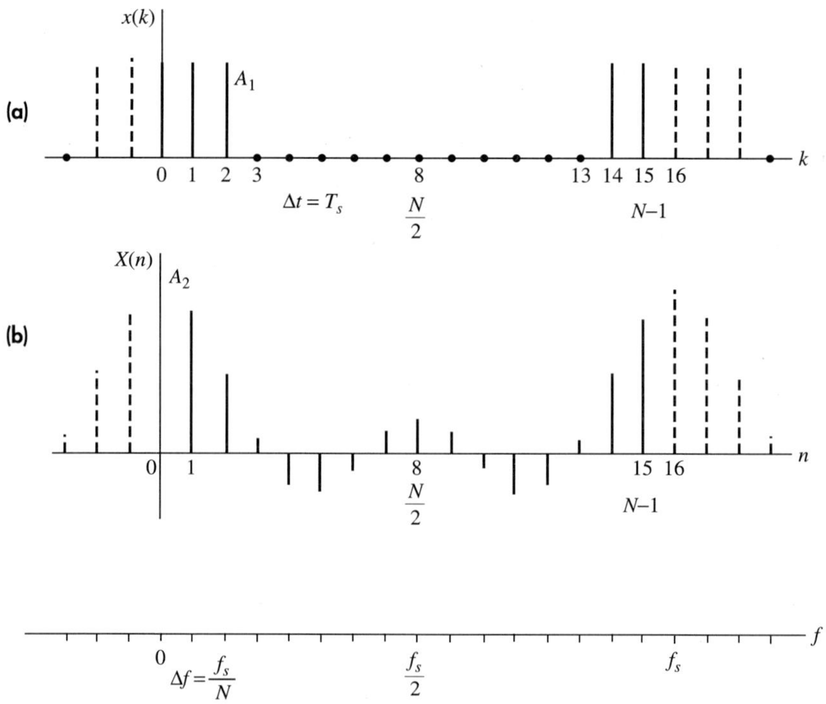

또 다른 방법으로 식 (2)는 2.2절의 식 (4)의 적분을 가중 연산자로 바꾸고 $dt \rightarrow \Delta t = T_s$로 치환하여 얻을 수도 있다. 함수 $X(n)$은 **이산 푸리에 변환**(Discrete Fourier Transform, DFT)이고 $DFT[x(k)]$로 표기된다. 이 때 N개의 샘플로 구성되는데 각각 $1/(NT_s) = f_s/N$ Hz의 시간간격을 가진다. 그림 2.6-1a는 샘플링 된 신호를, 그림 2.6-1b는 샘플링 된 신호의 DFT를 보여준다. DFT 스펙트럼이 어떻게 N 샘플 또는 f_s Hz 마다 자체 반복되는가에 주목하자. DFT는 양의 N값일 때만 계산이 가능하다. n에서 $n + 1$ 까지의 간격이 f_s/N Hz로 표현됨에 주목하자, 따라서 이산 주파수는

$$n \rightarrow f_n = nf_s/N \tag{3}$$

이 된다.

$x(k)$와 $X(n)$은 모두 숫자들의 순차적 배열이기 때문에 컴퓨터나 다른 디지털 신호 처리 프로세서(DSP)에 의해서 쉽게 처리될 수 있다.

이에 대응되는 **역 이산 푸리에 변환**(inverse discrete Fourier transform, IDFT)는

$$x(k) = IDFT[X(n)] = \frac{1}{N}\sum_{n=0}^{N} X(n)e^{j2\pi nk/N}\ k = 0, 1 \ldots N \tag{4}$$

이다. 식 (2)와 (4)는 다음과 같은 실수부와 허수부로 분리될 수 있다.

$$X_R(n) = \text{Re}[X(n)] \text{ and } X_I(n) = \text{Im}[X(n)]$$

과

$$x_R(k) = \text{Re}[x(k)] \text{ and } x_I(k) = \text{Im}[x(k)]$$

$X(n)$ 또는 $x(k)$로부터 $x(t)$를 복원하는 과정은 6.1절에서 다루게 될 것이다.

식 (2)와 (4)의 예로부터 DFT와 IDFT를 계산하기 위해서는 N^2회의 복소수 곱셈이 요구됨을 알 수 있다. $N = 2^v$ 만큼의 샘플에 대한 연산을 수행한다고 할 때, **고속 푸리에 변환**(fast Fourier transform, FFT), 역 고속 푸리에 변환(inverse FFT, IFFT)으로 알려진 Cooley-Tukey 기법을 사용하며 복소수 연산 횟수를 $\frac{N}{2}\log_2 N$으로 감소시킬 수 있다. 이 기법은 시스템의 성능을 매우 크게 향상시킨다. 더 나아가 14.5절에서는 IFFT/IFT의 구조를 사용하며 직교주파수 다중화(orthogonal frequency multiplexing)를 효율적으로 구현하는 방법에 대해 다루기로 한다.

이산 시간 단주기 신호와 DFT

예제 2.6-1

MATLAB을 사용하여 $a = 100$, $f_s = 1$ Hz이고 $k = 32$를 중심으로 하는 $N = 64$의 단주기 펄스를 생성하고 그리시오. 그리고 DFT를 계산하고 그리시오. 단주기는 가우시안함수의 도함수이고

$$x(t) = \frac{t}{a}e^{-\left(\frac{t}{a}\right)^2} \tag{5}$$

이다. 샘플링 간격을 1초라고 가정하고 $k = 32$인 것을 고려하면 식 (6)은 다음 식과 같다.

$$x(k) = \frac{(k-32)}{100}e^{-\left(\frac{k-32}{100}\right)^2} \tag{6}$$

DFT의 계산은 실수부와 허수부를 발생시킨다. 그러므로 전력 스펙트럼은 진폭의 제곱 또는

$$Puu(n) = X(n)X^*(n) = |X(n)|^2$$

이 된다. MATLAB 프로그램은 아래와 같다. 그림 2.6-2는 샘플링 된 신호와 DFT 결과의 실수 및 허수부를 보여준다.

```
clear
  a=100;
  N=64;
%                    Generate a 64 point monocycle centered at
%                    n32.
  k=(0:N-1);
  for j=1:N
      x(j)=(j-N/2)/a*exp(-((j-N/2)^2)/a);
  end;
  x=x/max(x);        % normalize x
```

그림 2.6-2

단주기 신호 및 DFT 결과:
(a) T_s = 1 s 일 때, 단주기 $x(k)$;
(b) Re[$X[n]$]; (c) Im[$X[n]$];
(d) Puu(n) = $|X[n]|^2$.

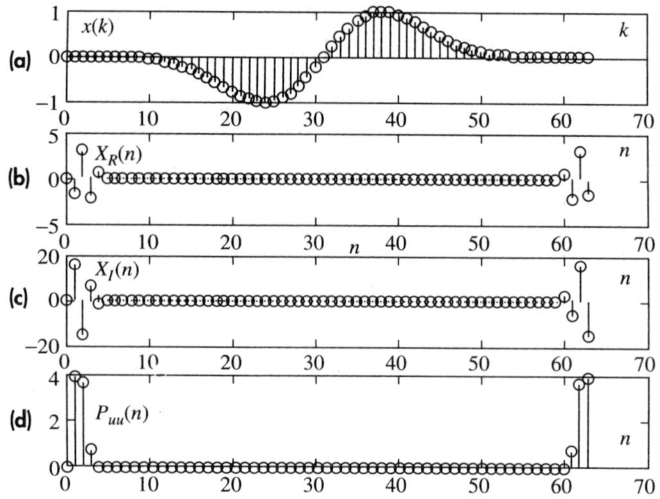


```
  subplot(4,1,1), stem(k,x);
%                                Generate its 64 point-DFT, plot real, imaginary and
%                                magnitude squared
  n=(0:N-1);
  u=fft(x,N);
  xreal=real(u);
  ximag=imag(u);
  Puu=u.*conj(u)/N;

  subplot(4,1,2), stem(n,xreal);
  subplot(4,1,3), stem(n,ximag);
  subplot(4,1,4), stem(n,Puu);
end
```

k에서 $k + 1$까지가 1초에 해당하는 것과 n에서 $n + 1$까지가 1/64 − Hz 간격인 것을 명심하자. 따라서 $x(k)$와 $X(n)$은 각각 64초와 64 Hz에 걸쳐 표현된다.

응용 문제 2.6-1 식 (2)를 유도하시오. 단 신호는 임펄스 열에 의해 샘플링 되었다고 가정한다.

DFT를 이용한 컨벌루션

연속 시간 시스템에서와 마찬가지로 이산 시간 시스템의 출력은 입력신호와 시스템의 임펄스 응답 간의 선형 컨벌루션이며 간단하게

$$y(k) = x(k) * h(k) = \sum_{l=0}^{N} x(l)h(k-l) \tag{7}$$

과 같이 나타낼 수 있다. 여기서 $x(k)$와 $h(k)$의 길이는 각각 N_1과 N_2로 제한되고 $y(k)$의 길이는 $N \geq (N_1 + N_2 - 1)$로 제한된다. $y(k)$와 $x(k)$는 각각 $y(t)$와 $x(t)$를 샘플링한 신호이며 *은 **선형 컨벌루션**(linear convolution) 연산자를 의미한다. 시스템의 이산 시간 임펄스 응답 함수 $h(k)$는 아날로그 측에서의 $h(t)$†와 대략 같다. 하지만. 복잡함을 피하기 위해 어떤 경우에서 이들이 거의 같아지는지에 대한 논의는 다루지 않는다. 여전히 $H(k)$가 이산 시스템 응답일 때 $h(k) \leftrightarrow H(k)$의 DFT 쌍이 유효함을 기억하자.

만약

$$X_1(n) = DFT[x_1(k)] \text{ and } X_2(n) = DFT[x_2(k)]$$

이라면

$$x_1(k) \otimes x_2(k) \leftrightarrow X_1(n)X_2(n) \tag{8}$$

이 된다. 이 때 ⊗는 **순환 컨벌루션**(circular convolution)을 의미한다. 순환 컨벌루션은 두 함수가 같은 길이를 가져야만 하고 결과 함수의 길이가 $N_1 + N_2 - 1$보다 짧을 수 있다는 것을 제외하고는 선형 컨벌루션과 유사하다. 더욱이 선형 컨벌루션이 컨벌루션 결과의 길이에 더해가는 연산인 것인 반면에 순환 컨벌루션은 새로운 항이 컨벌루션 결과의 처음으로 순환되어 되돌아오게 된다.

컴퓨터를 사용하기 위해 특수화된 DFT 하드웨어를 사용함으로 얻을 수 있는 이득은 14.5절에서 확인할 수 있다. 만약 길이를 $N_1 = N_2$, $N \geq (2N_1 - 1)$로 고정하고자 한다면 선형 컨벌루션과 순환 컨벌루션은 같은 결과를 보인다.

$$y(k) = x_1(k) * x_2(k) = x_1(k) \otimes x_2(k) \tag{9a}$$

$$Y(n) = DFT[x_1(k)] \times DFT[x_2(k)] \tag{9b}$$

$$Y(k) = DFT[x_1(n) \otimes x_2(n)] \tag{9c}$$

과

$$y(k) = IDFT[Y(n)] \tag{9d}$$

$x_1(k)$와 $x_2(k)$의 길이는 짧은 길이의 0을 신호 안에 더해줌으로 동일하게 만들어 줄 수 있다. 따라서 CFT가 연속시간 시스템의 컨벌루션을 대체할 수 있는 것과 같이 DFT도 이산 시간 시스템의 선형 컨벌루션을 대체하여 사용될 수 있다. DFT와 순환 컨벌루션의 더 많은 정보는 Oppenheim, Schafer, Buck (1999)의 저서를 참고하라.

† $f_s \gg$ Nyquist rate 인 경우 함수 $h(k) \cong h(t)$이다. 더 많은 정보를 위해서는 Ludeman(1986)을 참고.

2.7 질문 및 연습문제

질문

1. 주기신호가 비주기 신호에 비하여 도청되기 쉬운 이유는 무엇인가?
2. $H(f) = \mathrm{sinc}(f\tau)$와 $H(f) = \mathrm{sinc}^2(f\tau)$ 모두가 저역 통과 주파수응답을 가지며 샘플링 된 신호의 복원에 사용될 수 있다고 할 때, 시간 영역에서의 동작에 대하여 설명하시오.
3. 비통신목적의 상품을 설계하였는데 FCC에서 규정한 최대 간섭한계를 초과하는 RF 간섭 신호를 발생시킨다면, 이 기기에서 발생시키는 문제가 되는 신호의 형태를 추정하시오.
4. 동일한 두 신호가 주파수 영역에서 곱해졌을 때, 출력펄스의 폭에 미치는 영향을 설명하시오.
5. 두 신호가 시간 영역에서 곱해졌을 때, 출력신호의 대역폭에 미치는 영향을 설명하시오.
6. 이상적 필터가 실현가능하지 않은 이유는 무엇인가?
7. 펄스폭이 감소할 때, 신호의 대역폭에 미치는 영향을 설명하시오.
8. 반복적인 계산법을 사용하여 적분연산자가 선형정리를 만족함을 보이시오.
9. 비선형 수학함수의 예를 들고 그 이유를 밝히시오.
10. 저항 네트워크와 같은 많은 전기 시스템은 입력과 출력 전압간의 선형 관계를 가지고 있다. 전압입력에 대해서 비선형적 전압출력을 가지는 기기의 예를 들어보시오.
11. **비주기적 에너지 신호**라는 용어에 불필요한 표현이 포함된 이유를 설명하시오.

연습문제

2.1-1 페이저 신호 $v(t) = Ae^{j\phi}e^{j2\pi mf_0t}$를 가정할 때, 식 (14)가 적합한 진폭과 위상을 갖는 0이 아닌 계수 c_m이 한 개 뿐임을 확인하시오.

2.1-2 어떤 주기 신호가 $v(-t) = v(t)$의 **우대칭** 특성을 가진다면, 식 (14)는 다음과 같다.

$$c_n = \frac{2}{T_0}\int_0^{T_0/2} v(t)\cos(2\pi nt/T_0)\,dt$$

이 식을 사용해서 $|t| < T_0/4$에서 $v(t) = A$이고, $T_0/4 < |t| < T_0/2$에서 $v(t) = -A$일 때, c_n을 구하시오. 우선 파형을 그리고, $\langle v(t)\rangle$로부터 c_0를 결정한 후에 c_n을 구하고 스펙트럼을 그리시오.

2.1-3 $|t| < T_0/2$에서 $v(t) = A - 2A|t|/T_0$일 때, 문제 2.1-2를 푸시오.

2.1-4 $|t| < T_0/2$에서 $v(t) = A\cos(2\pi t/T_0)$일 때, 문제 2.1-2를 푸시오.

2.1-5 어떤 주기 신호가 $v(-t) = -v(t)$의 **기대칭** 특성을 가진다면, 식 (14)는 다음과 같다.

$$c_n = -j\frac{2}{T_0}\int_0^{T_0/2} v(t)\sin(2\pi nt/T_0)\,dt$$

이 식을 사용해서 $0 < t < T_0/2$에서 $v(t) = A$이고, $-T_0/2 < t < 0$에서 $v(t) = -A$일

때, c_n을 구하시오. 우선 파형을 그리고, $\langle v(t) \rangle$로부터 c_0을 결정한 후에 c_n을 구하고 스펙트럼을 그리시오.

2.1-6 $|t| < T_0/2$에서 $v(t) = A \sin(2\pi t/T_0)$일 때, 문제 2.1-5를 푸시오.

2.1-7‡ $\langle v(t \pm T_0/2) = -v(t) \rangle$인 **반 파장 대칭성**의 주기 신호를 가정할 때, 어떤 주기의 후반부가 뒤집힌 전반부처럼 보인다. 모든 짝수 차수의 고조파에 대하여 $c_n = 0$임을 보이시오.

2.1-8 50%의 동작 비율과 $\pm A$의 진폭을 가지는 주기 구형파 신호 전력의 99%를 포함하는 신호를 푸리에 급수로 표현하기 위해서는 몇 개의 고조파 성분이 필요한가?

2.1-9* Parseval의 전력 정리를 이용해서 $\tau/T_0 = 1/4$의 구형파 펄스열에서 $|f| > 1/\tau$ 이상의 모든 주파수가 제거된 경우의 평균 전력을 계산하시오. $|f| > 2/\tau$와 $|f| > 1/2\tau$ 이상의 모든 주파수를 제거한 경우도 계산하시오.

2.1-10 $v(t)$가 표 T.2에 정리된 우대칭 삼각 파형이며, $v'(t)$는 삼각 Fourier 급수에서 0이 아닌 처음 3개의 항으로 구한 근사식이다. (a) $v'(t)$에 포함된 전체 신호 전력의 백분율을 구하시오. (b) $|t| < T_0/2$에서 $v'(t)$의 그림을 그리시오.

2.1-11 표 T.2의 구형파 파형에서, 2.1-10의 문제를 푸시오.

2.1-12‡ 표 T.2에 나온 톱니 모양의 파형에서 P를 구하시오. Parseval의 전력 정리를 적용해서 $1/1^2 + 1/2^2 + 1/3^2 + \cdots$의 합과 $\pi^2/6$이 같은지를 보이시오.

2.1-13‡ 표 T.2에 나온 삼각파에서 P를 구하시오. Parseval의 전력 정리를 적용해서 $1/1^4 + 1/3^4 + 1/5^4 + \cdots$의 합과 $\pi^4/96$이 같은지를 보이시오.

2.2-1 **코사인 펄스** $v(t) = A \cos(\pi t/\tau)\Pi[(t/\tau)$를 가정했을 때, $V(f) = (A\tau/2)[\text{sinc}(f\tau - 1/2) + \text{sinc}(f\tau + 1/2)]$임을 보이고, 상호 확산됨을 증명하기 위해 $f \geq 0$에서 $|V(f)|$의 그림을 그리시오.

2.2-2 **사인 펄스** $v(t) = A \sin(2\pi t/\tau)\Pi(t/\tau)$를 가정했을 때, $V(f) = -j(A\tau/2)[\text{sinc}(f\tau - 1) - \text{sinc}(f\tau + 1)]$임을 보이고, 상호 확산됨을 증명하기 위해 $f \geq 0$에서 $|V(f)|$의 그림을 그리시오.

2.2-3 $v(t) = (A - A|t|/\tau)\Pi(t/2\tau)$일 때 $V(f)$를 구하고, 그 결과를 sinc 함수를 이용해서 표현하시오.

2.2-4* $v(t) = (At/\tau)\Pi(t/2\tau)$일 때 $V(f)$를 구하고, 그 결과를 sinc 함수를 이용해서 표현하시오.

2.2-5 $\tau = 1$ ms이고 $v(t) = \Pi(t/\tau)$이다. 모든 $f > f_0$에 대해서 $|V(f)| < \frac{1}{30}V(0)$인 f_0를 구하시오.

2.2-6 $v(t) = (t/\tau)$일 때, 문제 2.2-5를 푸시오.

2.2-7 Rayleigh의 정리를 이용해서 신호 $v(t) = \text{sinc}2Wt$에서 에너지를 계산하시오.

2.2-8* 예제 2.2-2에서 $v(t)$를 인과 지수형 펄스라 할 때, Rayleigh의 정리를 이용해서 $W = b/2\pi$와 $W = 2b/\pi$일 때의 $|f| < W$에 포함된 전체 에너지의 백분율을 계산하시오.

2.2-9 식 (17)의 좌변을 다음과 같이 쓴다고 가정하자.

---

* 해답이 책 뒤에 주어짐.

$$\int_{-\infty}^{\infty} v(t)w(t)\, dt$$

이 경우 우변의 결과를 구하고, $v(t)$가 실수이고 $\omega(t) = v(t)$일 때, 식을 간단히 하시오.

2.2-10 $\mathscr{F}[w^*(t)] = W^*(-f)$임을 보이고, 식 (17)을 이용해서 $\int_{-\infty}^{\infty} v(t)z(t)dt$의 주파수 영역 식을 구하시오.

2.2-11 쌍대성 정리를 이용해서 $v(t) = \text{sinc}\ 2t/\tau$의 Fourier 변환을 구하시오.

2.2-12* 문제 2.2-1의 결과에 쌍대성 정리를 적용해서 $Z(f) = A\cos(\pi f/2W)\Pi(f/2W)$일 때 $z(t)$를 구하시오.

2.2-13 문제 2.2-2의 결과에 쌍대성 정리를 적용해서 $Z(f) = -jA\sin(\pi f/W)\Pi(f/2W)$일 때 $z(t)$를 구하시오.

2.2-14‡ 식 (16)과 변환 쌍을 이용해서 다음과 같음을 보이시오.

$$\int_0^{\infty} (a^2 + x^2)^{-2}\, dx = \pi/4a^3$$

2.3-1* 그림 2.2-1a에서 $v(t)$를 구형파 펄스라 할 때, $\tau \ll T$인, $z(t) = v(t - T) + v(t + T)$에서 $Z(f)$를 구하고, 그림을 그리시오.

2.3-2 $z(t) = v(t - 2T) + 2v(t) + v(t + 2T)$일 때, 문제 2.3-1을 푸시오.

2.3-3 $z(t) = v(t - 2T) - 2v(t) + v(t + 2T)$일 때, 문제 2.3-1을 푸시오.

2.3-4 다음 식과 같을 때 $v(t)$를 그리고, $V(f)$를 구하시오.

$$v(t) = A\Pi\left(\frac{t - T/2}{T}\right) + B\Pi\left(\frac{t - 3T/2}{T}\right)$$

2.3-5 다음 식과 같을 때 $v(t)$를 그리고, $V(f)$를 구하시오.

$$v(t) = A\Pi\left(\frac{t - 2T}{4T}\right) + B\Pi\left(\frac{t - 2T}{2T}\right)$$

2.3-6* $z(t) = v(at - td)$일 때, $Z(f)$를 $V(f)$의 식으로 구하시오.

2.3-7 식 (6)을 증명하시오(2.3절).

2.3-8 On-off 방식의 이진 시스템으로 "1"인 경우가 τ초 동안 구형파 윈도우를 가지는 100 MHz 사인파 함수인 경우를 생각해보자. 100.2 MHz 에서의 스펙트럼의 크기가 스펙트럼 최대값의 1/10을 넘지 않도록 하려면 τ는 적어도 얼마가 되어야 하나?

2.3-9 삼각파에 대하여 문제 2.3-8을 풀고 결과를 문제 2.3-8의 결과와 비교하시오. 어떤 파형이 더 넓은 스펙트럼을 차지하는가?

2.3-10 $y = f(x) = 2x + 10$인 시스템은 선형인가?

2.3-11 $y = f(x) = x^2$ 일 때 문제 2.3-10을 푸시오.

2.3-12 $y = \int 2x dx$일 때 문제 2.3-10을 푸시오.

2.3-13 $x(t) = 10\cos(20\pi t + \pi/5)$를 시간 지연을 포함하는 표현으로 바꾸시오.

2.3-14 신호 $x_c(t) = 10\cos(2\pi \times 7 \times 10^6)$은 어떤 목적지로 전송된다. 수신된 신호는 $x_R(t) = 10\cos(2\pi t \times 7 \times 10^6 \times t - \pi/6)$ 이다. 송신지와 수신지 간의 최소 거리는 얼마인가? 또 그 외의 가능한 거리는 얼마인가?

2.3-15 $x_c(t) = 10\cos(2\pi \times 7 \times 10^6)$에 대해 10 μs와 30 μs의 두 가지 지연된 버전이 있을 때, 가능한 경로 길이의 차이는 얼마인가?

2.3-16 식 (7)을 이용해서 문제 2.2-1의 변환 쌍을 구하시오.

2.3-17 식 (7)을 이용해서 문제 2.2-2의 변환 쌍을 구하시오.

2.3-18 식 (7)을 이용해서 $z(f) = Ae^{-|t|}\cos\omega_c t$일 때, $Z(f)$를 구하시오.

2.3-19 식 (7)을 이용해서 $t \geq 0$에서 $z(t) = Ae^{-t}\sin\omega_c t$와 $t < 0$에서 $z(t) = 0$일 때, $Z(f)$를 구하시오.

2.3-20 식 (12)를 이용해서 문제 2.2-4를 푸시오.

2.3-21 식 (12)를 이용해서 $z(t) = Ate^{-b|t|}$일 때, $Z(f)$를 구하시오.

2.3-22 식 (12)를 이용해서 $t \geq 0$에서 $z(t) = At^2e^{-t}$와 $t < 0$에서 $z(t) = 0$일 때, $Z(f)$을 구하시오.

2.3-23 표 T.1의 Gaussian 펄스를 가정했을 때, 다음의 경우 새로운 변환 쌍을 일반화하시오. (a) $n = 1$로 식 (8)을 적용하시오. (b) $n = 1$로 식 (12)을 적용하시오.

2.4-1 컨벌루션을 사용하여 2.3절의 식 (7)을 증명하시오. ($\phi = 0$으로 가정)

2.4-2 $0 < t < 2$에서 $v(t) = t$와 $t > 0$에서 $\omega(t) = A$일 때, $y(t) = v(t) * w(t)$를 구하고 그림을 그리시오. 두 신호 모두 특정 범위의 밖에서는 0과 같다.

2.4-3 $0 < t < 3$에서 $w(t) = A$일 때, 문제 2.4-2을 푸시오.

2.4-4 $0 < t < 1$에서 $w(t) = A$일 때, 문제 2.4-2을 푸시오.

2.4-5 $t \geq 4$에서 $v(t) = 2\Pi(\frac{(t-1)}{2})$, $w(t) = A$이고, 그 외 구간에서 $w(t) = 0$일 때, $y(t) = v(t) * w(t)$을 구하고, 그림을 그리시오.

2.4-6 $t > 0$일 때 $w(t) = e^{-2t}$이고 그 외의 구간에서 $w(t) = 0$일 때 문제 2.4-5를 푸시오.

2.4-7 $w(t) = \Lambda(\frac{t}{\tau})$일 때 문제 2.4-5를 푸시오.

2.4-8* $t > 0$에서 $v(t) = Ae^{-at}$이고, $w(t) = Be^{-bt}$일 때, $y(t) = v * w(t)$를 구하시오. 두 신호 모두 특정 범위의 밖에서는 0과 같다.

2.4-9 $0 \leq t \leq 2$에서 $w(t) = \sin \pi t$이며, 그 외 구간에서는 $w(t) = 0$일 때, 문제 2.4-8을 푸시오. (힌트: 지수의 합으로 정현파를 표현하시오.)

2.4-10 식 (1)로부터 식 (2a)를 증명하시오(2.4절).

2.4-11 $v(t)$와 $w(t)$가 우대칭이라고 할 때, 식 (1)로부터 $v(t) * w(t)$도 우대칭임을 보이시오.

2.4-12 $v(t)$와 $w(t)$가 기대칭이라고 할 때, 식 (1)로부터 $v(t) * w(t)$도 기대칭임을 보이시오.

2.4-13 문제 2.4-11에서의 대칭성질을 이용하여 $v(t) = \Pi(\frac{t}{\tau})$일 때, $v(t) * v(t) * v(t)$를 구하고 그림을 그리시오.

2.4-14 식 (3)을 이용해서 식 (2b)를 증명하시오.

2.4-15* $v(t) = \text{sinc } 4t$와 $w(t) = 2\text{sinc}(\frac{t}{2})$일 때, $y(t) = v(t) * w(t)$를 구하고, 그림을 그리시오.

2.5-1 예제 2.3-2로부터 신호 $z(t)$와 그 변환 $Z(f)$를 고려해서, $\tau \to 0$일 때 $z(t)$와 $Z(f)$를 구하시오.

2.5-2 $v(t)$가 Fourier 급수 계수 $c_v(nf_0)$로 정의된 주기 신호일 때, 식 (14)와 변환 정리를 적용해서 $w(t) = v(t - t_d)$일 때 $c_w(nf_0)$를 $c_v(nf_0)$의 식으로 표현하시오.

2.5-3 $w(t) = dv(t)/dt$일 때 문제 2.5-2를 푸시오.

2.5-4‡ $w(t) = v(t) \cos m\omega_0 t$일 때, 문제 2.5-2를 푸시오.

2.5-5* $0 < t < 2\tau$에서 $v(t) = A$이고, 그 외 구간에서는 $v(t) = 0$일 때, 식 (18)을 이용해서 $V(f)$를 구하고, 그 결과가 구형파 함수의 $v(t)$인지 확인하시오.

2.5-6 $|t| > \tau$에서 $v(t) = A$이고, 그 외 구간에서는 $v(t) = 0$일 때, 식 (18)을 이용해서 $V(f)$를 구하고, 그 결과가 구형파 함수의 $v(t)$인지 확인하시오.

2.5-7 $t < -T$에서 $v(t) = A$, $t > T$에서 $v(t) = -A$이고, 그 외 구간에서는 $v(t) = 0$일 때, 식 (18)을 이용해서 $V(f)$를 구하시오. 그 결과를 $T \to 0$로 하여 확인하시오.

2.5-8 $v(t) = (1/\epsilon)\Pi(t/\epsilon)$이고

$$w(t) = \int_{-\infty}^{t} v(\lambda)\, d\lambda$$

일 때, $\omega(t)$를 그리고, 식 (20)을 이용해서 $W(f)$를 구하고, $\epsilon \to 0$일 때 식 (18)과 위의 결과를 비교하시오.

2.5-9 $v(t) = (1/\epsilon)e^{-t/\epsilon}\, u(t)$일 때, 일 때, 문제 2.5-8을 푸시오.

2.5-10 임펄스를 가진 $v(t)$의 컨벌루션으로 $z(t)$를 표현함으로써 문제 2.3-1의 신호 변환을 구하시오.

2.5-11* 문제 2.3-2의 신호로 문제 2.5-10을 푸시오.

2.5-12 문제 2.3-3의 신호로 문제 2.5-10을 푸시오.

2.5-13* 식 (9a)를 이용해서 신호 $v(t) = \sum_{n=0}^{8} \sin(2\pi t)\delta(t - 0.5n)$을 구하고, 그림을 그리시오.

2.5-14 식 (9a)를 이용해서 신호 $v(t) = \sum_{n=-10}^{10} \cos(2\pi t)\delta(t - 0.1n)$을 구하고, 그림을 그리시오.

2.6-1 구형파 함수의 DFT가 이 구형파가 반복되는 주기 함수의 푸리에 급수와 비례함을 보이시오.

2.6-2* 샘플링된 신호가 잡음을 포함할 때, 필터의 출력이 과거와 현재의 3개 샘플의 평균으로 구성되는 평균 필터를 사용하여 신호를 처리한다. $N = 8$일 때 $H(n)$을 구하시오.

2.6-3 현재의 샘플에 더 큰 가중치를 부여하는 가중 평균 필터를 사용하여 문제 2.6-2를 푸시오. 가중치는 8/16, 4/16, 3/16, 1/16이다.

2.6-4 $X_R(n) = (6,0,0,4,0,4,0,0)$, $X_I(n) = (0,0,-1,0,0,1,0,0)$, $f_s = 160$ Hz인 8-point DFT가 주어졌을 때, (a) $x(n)$을 구하시오, (b) $x(t)$를 구하시오, (c) 아날로그 주파수 해상도를 구하시오, (d) 아날로그 등가 신호의 DC값을 구하시오.

2.6-5 $x(k) = (3,1,1,0)$일 때 4-point DFT를 구하시오.

2.6-6 $W = 20$ MHz일 때 $x(t) \leftrightarrow X(f)$에 대하여 0.01 MHz의 해상도를 구현하기 위한 최소의 f_s와 N값을 구하시오.

2.6-7 $x_1(k) = (4,2,2,5)$, $x_2(k) = (1,1,3,5,8,0,1)$일 때, 순환 컨벌루션과 선형 컨벌루션의 결과가 같아지기 위한 N의 값을 구하시오.

2.6-8 만약 프로세서가 10 ns 당 한 번의 곱셈을 수행할 수 있다면 표준 알고리즘을 사용하여 $N = 256$인 DFT를 수행하는데 걸리는 시간을 구하고 FFT를 사용할 때의 소요시간과 비교하시오.

2.6-9 $N = 4096$일 때 문제 2.6−8을 푸시오.

제 3 장

신호 전송과 필터링

개 요

신호의 전송은 전기적 파형을 왜곡 없이 한 곳에서 다른 곳으로 완벽하게 전달하는 과정이다. 신호의 필터링은 주파수 내용을 변화시켜 의도적으로 파형을 왜곡시키는 과정이다. 대부분의 전송 시스템과 필터는 공통적으로 선형성과 시불변적인 특성을 갖고 있으며 이 특성은 시간 영역의 임펄스 응답 또는 주파수 영역의 주파수 응답을 사용하여 전송과 필터링을 설계하는 데 도움을 준다.

제3장은 시간 영역과 주파수 영역에서의 시스템 응답에 대한 일반적인 이해를 시작으로 광섬유나 위성과 같은 다양한 매체와 시스템을 위한 신호 전송과 왜곡의 분석에 이를 적용시킬 것이다. 그리고 다양한 형태의 필터 사용과 통신 시스템에서의 필터링을 조사할 것이다. 특히 전송 손실, Hilbert 변환 그리고 상관관계와 같은 몇몇 관련 주제도 포함되었다.

학습목표

이 장을 공부하고 응용문제들을 푼 후에 다음의 사항들을 수행할 수 있어야 한다.

1. 임펄스 응답 $h(t)$, 계단파 응답 $g(t)$, 그리고 전달 함수 $H(f)$에서 LTI 시스템의 입출력의 관계를 설명하고 응용한다(3.1절).
2. 주파수 영역의 분석을 이용하여 시스템의 출력을 정확하게 또는 유사하게 표현한다(3.1절).
3. 단순한 시스템의 블록 다이어그램으로부터 $H(f)$를 찾는다(3.1절).
4. 진폭 왜곡, 지연 왜곡, 선형 왜곡과 비선형 왜곡을 구별한다(3.2절).
5. 주어진 채널에서 무왜곡 전송을 따르는 주파수 범위를 확인하고, 특정한 범위에서 무왜곡 전송을 위하여 필요한 등화를 알아낸다(3.2절).
6. 데시벨 계산을 사용하여 증폭기를 사용한 케이블 전송 시스템의 신호 전력을 구한다(3.3절).
7. 광섬유와 위성 시스템 상의 전송을 위한 필요조건과 특징을 논한다(3.3절).
8. 이상적 LPF(lowpass filter), BPF(bandpass filter), 또는 HPF(highpass filter)의 $H(f)$와 $h(t)$를 그림으로 나타내고 그 특징을 구별한다(3.4절).
9. $H(f)$가 주어졌을 때, 실제 LPF의 3-dB 대역폭을 찾아낸다(3.4절).
10. 펄스 전송에 요구되는 대역폭을 설명하고 응용한다(3.4절).
11. Hilbert 변환의 특성을 설명하고 응용한다(3.5절).
12. 전력 또는 에너지 신호의 교차 상관 함수와 자기 상관 함수를 정의하고, 그 특성을 설명한다(3.6절).
13. Wiener-Kinchine 정리와 스펙트럼 밀도 함수의 특성을 설명한다(3.6절).
14. $H(f)$와 입력 상관관계 또는 스펙트럼 밀도 함수가 주어졌을 때 출력 상관관계 또는 스펙트럼 밀도를 구한다(3.6절).

3.1 LTI(선형 시불변) 시스템의 응답

그림 3.1-1은 외부 **입력 신호** $x(t)$와 **출력 신호** $y(t)$를 갖는 "블랙박스" 내부 시스템을 나타낸다. 전기 통신에 관련하여 시스템은 일반적으로 입력 포트에서 사용된 전압 또는 전력과 출력 포트에서 만들어 낸 또 다른 전압 또는 전력에 의하여 조절되는 두 포트 통신망으로 구성된다. 에너지 저장 요소와 그 밖의 내부 효과는 입력과 매우 다르게 보이는 출력 파형의 원인이 된다. 그러나 그 구성 요소가 무엇이든 상관없이, 시스템 특성은 입력과 출

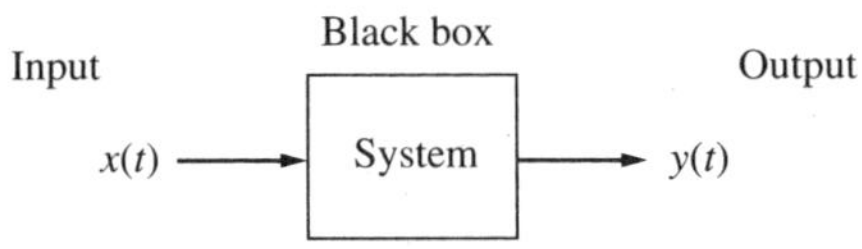

그림 3.1-1
시스템에 대한 외부 입력과 출력.

력의 **자극과 응답 관계**에 의해서 결정된다.

이것들은 특별하지만 매우 중요한 시스템 분류 중의 하나인 **선형 시불변 시스템**(짧게는 LTI; Linear Time-Invariant 시스템)과 커다란 연관성이 있다. 중첩 적분과 시스템 임펄스 응답을 사용하는 시간 영역에서의 입출력 관계를 증명할 것이다. 나아가 시스템 전달함수의 식으로 표현된 주파수 영역 분석을 할 것이다.

임펄스 응답과 중첩 적분

입력 $x(t)$가 적용될 때 내부의 저장된 에너지를 갖고 있지 않는 LTI 시스템을 그림 3.1-1이라 하자. 출력 $y(t)$는 $x(t)$에 의한 **강제 응답**이며,

$$y(t) = F[x(t)] \tag{1}$$

에 의하여 표현된 것처럼 $F[x(t)]$는 입출력간의 기능적 관계를 나타낸다. **선형** 특성은 식 (1)이 **중첩의 원리**에 따라 작동함을 의미한다. 만약

$$x(t) = \sum_k a_k x_k(t) \tag{2a}$$

이고 a_k가 상수일 때,

$$y(t) = \sum_k a_k F[x_k(t)] \tag{2b}$$

이다. **시불변성**은 시스템의 특징이 **시간에 대하여 고정**되어 있음을 의미한다. 그러므로 시간이 이동된 입력 $x(t - t_d)$의 경우 다음 식과 같으며 출력은 시간 전위만 될 뿐 그 외의 것은 변하지 않는다.

$$F[x(t - t_d)] = y(t - t_d) \tag{3}$$

대부분의 LTI 시스템은 전송 선로와 같은 공간적으로 분포된 구성 요소들과 구분되는 저항, 캐패시터 그리고 인덕터와 같은 **집중 파라미터** 소자로만 구성된다. 소자별 입출력 관계식으로 시작하는 집중 파라미터 시스템의 직접적인 분석은 식 (4)의 형태로 표현된 선형미분 방정식으로 입출력 관계를 이끌어낸다.

$$a_n \frac{d^n y(t)}{dt^n} + \cdots + a_1 \frac{dy(t)}{dt} + a_0 y(t) = b_m \frac{d^m x(t)}{dt^m} + \cdots + b_1 \frac{dx(t)}{dt} + b_0 x(t) \tag{4}$$

a'와 b'는 요소의 값을 나타내는 상수 계수이다. 독립 에너지 저장 요소의 수는 시스템의 차수로 알려진 n의 값을 결정한다. 아쉽게도 식 (4)는 $y(t)$의 직접적인 표현을 나타내지는

않는다.

입출력의 확실한 식을 얻기 위해 제일 먼저 시스템의 **임펄스 응답**을 정의해야 한다.

$$h(t) \triangleq F[\delta(t)] \tag{5}$$

이것은 $x(t) = \delta(t)$일 때의 강제 응답과 같다. 그러나 어떤 연속적인 입력 신호라도 $x(t) = x(t) * \delta(t)$의 컨벌루션으로 표현이 가능하다. 따라서

$$\begin{aligned} y(t) &= F\left[\int_{-\infty}^{\infty} x(\lambda)\delta(t-\lambda)\,d\lambda\right] \\ &= \int_{-\infty}^{\infty} x(\lambda)F[\delta(t-\lambda)]\,d\lambda \end{aligned}$$

이며 시스템의 선형성에 의하며 연산 순서의 교환을 허용한다. 시불변성의 특성에 따라 $F[\delta(t-\lambda)] = h(t-\lambda)$이고 다음 식과 같이 컨벌루션의 교환 법칙을 확인할 수 있다.

$$y(t) = \int_{-\infty}^{\infty} x(\lambda)h(t-\lambda)\,d\lambda \tag{6a}$$

$$= \int_{-\infty}^{\infty} h(\lambda)x(t-\lambda)\,d\lambda \tag{6b}$$

식 (6)의 두 형태 모두 **중첩 적분**이라고 하며 임펄스 응답 h(t)와 입력 $x(t)$의 컨벌루션으로 강제 응답을 표현한다. 시간 영역에서의 시스템 분석은 컨벌루션을 수행할 수 있는 능력과 더불어 임펄스 응답에 대한 지식을 필요로 한다.

미분 방정식 또는 다른 어떤 시스템 모델로부터 $h(t)$를 결정하는 방법은 다양하다. 그러나 $x(t) = u(t)$를 이용하여 시스템의 **계단파 응답**

$$g(t) \triangleq F[u(t)] \tag{7a}$$

을 구하는 것이 보다 수월할 것이다. 이때

$$h(t) = \frac{dg(t)}{dt} \tag{7b}$$

이다. 임펄스와 계단파 응답 사이의 유도 관계는

$$\frac{d}{dt}[v(t) * w(t)] = v(t) * \left[\frac{dw(t)}{dt}\right]$$

의 일반적인 컨벌루션 특성으로부터 얻을 수 있다. 그러므로 정의에 의하여 $g(t) = h(t) * u(t)$이므로 $dg(t)/dt = h(t) * [du(t)/dt] = h(t) * \delta(t) = h(t)$이다.

1차 시스템의 시간 응답

예제 3.1-1

간단한 RC (resistor and capacitor)회로인 그림 3.1-2는 입력 전압 $x(t)$와 출력 전압 $y(t)$의 2포트의 망으로 구성되어 있다. 참조 전압의 극성은 +/− 표기로 표시하되, 여기서는 높은 전위를 + 기호로 가정한다. 이 회로는 다음 미분 방정식에 의하여 결정되는 1차 시스템이다.

$$RC\frac{dy(t)}{dt} + y(t) = x(t)$$

위와 유사한 식들이 어떠한 전송 선로와 케이블들을 나타낸다. 그러므로 특히 시스템 응답에 대하여 살펴보자.

미분 방정식 또는 회로도로부터 계단파 응답은 다음과 같이 구할 수 있다.

$$g(t) = (1 - e^{-t/RC})u(t) \tag{8a}$$

물리적으로 해석하면, 캐패시터는 초기 전압 0에서 시작되고 $x(t) = u(t)$일 때 시간상수 RC에 따라 $y(\infty) = 1$로 변한다. 이러한 반응은 그림 3.1-3a에 보이며, 그림 3.1-3b는 $g(t)$를 미분해서 얻어진 임펄스 응답을 나타낸다.

$$h(t) = \frac{1}{RC}e^{-t/RC}u(t) \tag{8b}$$

$g(t)$와 $h(t)$는 $t < 0$에서 입력이 0이기 때문에 인과 파형이다.

임의의 입력 $x(t)$의 응답은 식 (8b)에 중첩 적분을 적용하여 구할 수 있다. 예를 들어 구형파 펄스를 $t = 0$에서 적용하면, $0 < t < \tau$에서 $x(t) = A$이다. 컨벌루션 $y(t) = h(t) * x(t)$

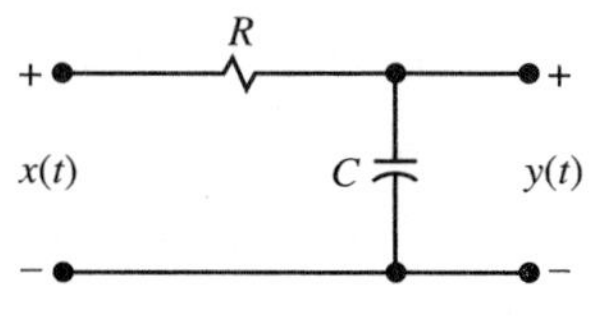

그림 3.1-2
RC 저역 통과 필터.

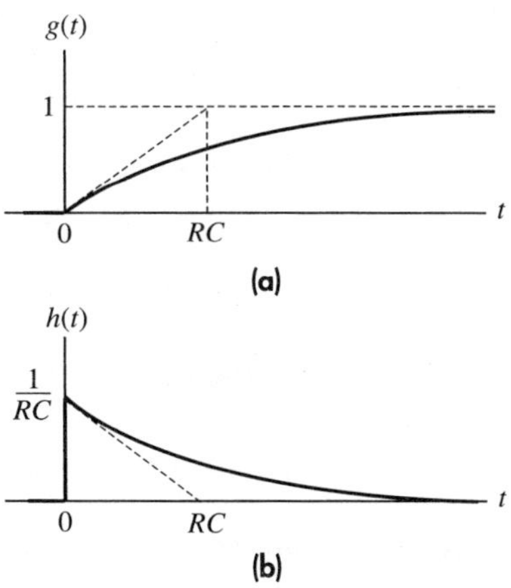

그림 3.1-3
RC 저역 통과 필터의 출력. (a) 계단파 응답; (b) 임펄스 응답.

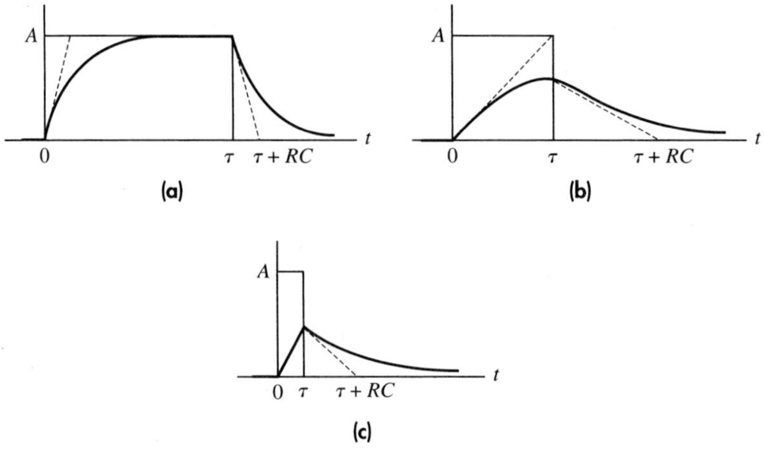

그림 3.1-4

RC 저역 통과 필터의 구형파 펄스 응답. (a) $\tau \gg$ RC; (b) $\tau \approx$ RC; (c) $\tau \ll$ RC.

는 그림 2.4-1처럼 결과값이 세 부분으로 나뉜다.

$$y(t) = \begin{cases} 0 & t < 0 \\ A(1 - e^{-t/RC}) & 0 < t < \tau \\ A(1 - e^{-\tau/RC})e^{-(t-\tau)/RC} & t > \tau \end{cases} \quad (9)$$

그림 3.1-4는 τ/RC의 세 가지 값에 대한 결과를 나타낸다.

응용 문제 3.1-1 그림 3.1-2에서 저항과 캐패시터를 바꾸어 계단파와 임펄스 응답을 구하시오.

전달 함수와 주파수 응답

고차원 시스템을 위한 시간 영역의 분석은 더욱더 어려우며 수학적 복잡도는 핵심을 이해하기 어렵게 만든다. 주파수 영역으로 옮겨 해석하는 방법이 시스템 응답의 색다르고 좀 더 명백한 관점을 확인할 수 있다. 첫 번째 단계로, 임펄스 응답의 Fourier 변환인 시스템 **전달 함수**를 정의한다. 즉,

$$H(f) \triangleq \mathscr{F}[h(t)] = \int_{-\infty}^{\infty} h(t)e^{-j2\pi ft}\,dt \quad (10)$$

이다. 이러한 정의는 최소한 제한된 의미에서 $H(f)$가 존재해야 한다. **불안정**한 시스템의 경우 $h(t)$는 **시간에 따라 증가**하고 $H(f)$는 존재하지 않는다.

$h(t)$가 실시간 함수일 때, $H(f)$는 헬미샨 대칭을 갖으며

$$H(-f) = H^*(f) \quad (11a)$$

따라서 지적이 없는 이상 다음과 같은 특성은 유지된다고 가정할 것이다.

$$|H(-f)| = |H(f)| \qquad \arg H(-f) = -\arg H(f) \quad (11b)$$

전달 함수의 주파수 영역 해석은 아래의 페이저 입력에 대한 $y(t) = h * x(t)$에 따른다.

$$x(t) = A_x e^{j\phi_x} e^{j2\pi f_0 t} \qquad -\infty < t < \infty \tag{12a}$$

$x(t)$가 모든 시간에 대하여 존재하는 이 조건은 ac 정상 상태 회로 분석의 경우와 같은 정상 상태를 다루고 있음을 의미한다. 이 정상 상태 강제 응답은

$$\begin{aligned} y(t) &= \int_{-\infty}^{\infty} h(\lambda) A_x e^{j\phi_x} e^{j2\pi f_0(t-\lambda)} d\lambda \\ &= \left[\int_{-\infty}^{\infty} h(\lambda) e^{-j2\pi f_0 \lambda} d\lambda \right] A_x e^{j\phi_x} e^{j2\pi f_0 t} \\ &= H(f_0) A_x e^{j\phi_x} e^{j2\pi f_0 t} \end{aligned}$$

이며 식 (10)에 의하여 $f = f_0$에서 $H(f_0) = H(f)$이다. $H(f_0)$를 극형식으로 바꾸면

$$y(t) = A_y e^{j\phi_y} e^{j2\pi f_0 t} \qquad -\infty < t < \infty \tag{12b}$$

이고 출력 페이저의 진폭과 각도를 구별하였다.

$$A_y = |H(f_0)| A_x \qquad \phi_y = \arg H(f_0) + \phi_x \tag{13}$$

켤레 페이저와 중첩을 이용하여

$$x(t) = A_x \cos(2\pi f_0 t + \phi_x)$$

이면 식 (13)에서와 같은 A_y와 ϕ_y를 갖는

$$y(t) = A_y \cos(2\pi f_0 t + \phi_y)$$

이 됨을 볼 수 있다.

임의의 주파수 f_0에서 $A_y/A_x = |H(f_0)|$이므로, $|H(f)|$는 주파수 함수로 시스템의 **진폭율**(때때로 **진폭 응답** 또는 **이득**이라고도 한다)을 나타낸다는 결론이 도출된다. 또한 $\phi_y - \phi_x = \arg H(f_0)$이므로 $\arg H(f)$는 **위상 진위**를 나다낸다. 주파수 영역에서의 $|H(f)|$와 $\arg H(f)$의 그림은 시스템의 주파수 영역 표현과 같은 의미로서 시스템 **주파수 응답**을 나타낸다. 그러므로 $H(f)$를 전달 함수 또는 주파수 응답 함수라 부른다.

이제 스펙트럼 $X(f)$를 갖는 신호 $x(t)$를 가정해 보자. 컨벌루션 정리에 따라서, $y(t) = h(t) * x(t)$를 변환하여 다음을 얻을 수 있다.

$$Y(f) = H(f)X(f) \tag{14}$$

위 식은 주파수 영역에서 시스템 분석의 기초가 된다. 정리하면

> 출력 스펙트럼 $Y(f)$는 입력 스펙트럼 $X(f)$에 전달 함수 $H(f)$를 곱한 것과 같다.

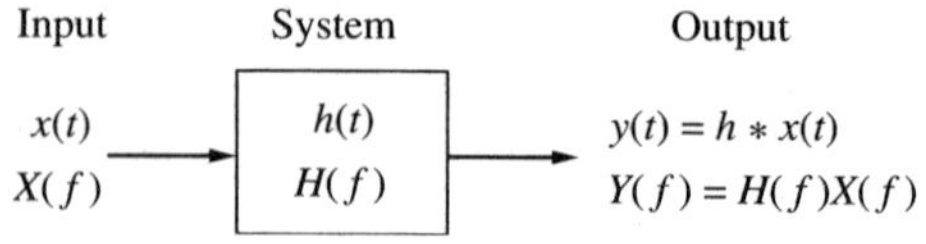

그림 3.1-5
LTI 시스템의 입출력 관계.

이에 대응하는 진폭과 위상 스펙트럼은

$$|Y(f)| = |H(f)||X(f)|$$
$$\arg Y(f) = \arg H(f) + \arg X(f)$$

이며, 이는 식 (13)의 단일 주파수 표현과 비슷하다. 만약 $x(t)$가 에너지 신호라면, $y(t)$는 스펙트럼 밀도의 에너지 신호이며 전체 에너지는 Rayleigh 에너지 정리에 따라 다음과 같다.

$$|Y(f)|^2 = |H(f)|^2|X(f)|^2 \tag{15a}$$

$$E_y = \int_{-\infty}^{\infty} |H(f)|^2|X(f)|^2\, df \tag{15b}$$

식 (14)는 시스템 전달 함수와 변환 쌍 $h(t) \leftrightarrow H(f)$에 새로운 의미를 부여한다. $x(t)$가 단위 임펄스라고 가정할 경우 $X(f) = 1$이고 따라서 $x(t) = \delta(t)$일 때 $y(t) = h(t)$라는 정의와 일치하는 $Y(f) = H(f)$이다. 주파수 영역의 관점에서, 평탄한 입력 스펙트럼 $X(f) = 1$은 모든 주파수 성분을 동등한 비율로 포함하고 있으며, 그 출력 스펙트럼은 전달 함수 $H(f)$의 모양과 동일하게 된다.

그림 3.1-5는 두 영역에서의 입출력 관계를 요약해서 보여준다. 즉, $H(f)$와 $X(f)$가 주어졌을 때 출력 스펙트럼 $Y(f)$를 출력 신호 $y(t)$보다 훨씬 쉽게 구할 수 있다. 원칙적으로, $y(t)$는 $Y(f)$의 역변환으로부터 구할 수 있다.

$$y(t) = \mathscr{F}^{-1}[H(f)X(f)] = \int_{-\infty}^{\infty} H(f)X(f)e^{j2\pi ft}\, df$$

그러나 이 적분은 시간 영역의 컨벌루션을 사용하는 것과 비교하여 특별한 이점을 주지는 못한다. 주파수 영역 시스템 분석의 장점은 주파수 영역에서 출력 신호에 대한 결과를 얻기 위해 스펙트럼 특성의 지식을 사용한다는 것이다.

마지막으로, $h(t)$에 관계 없이 $H(f)$를 결정하는 방법은 두 가지 방법이 있다. 만약 집중 파라미터 시스템에서의 미분 방정식을 안다면, 전달 함수를 다음과 같이 다항식의 비율로 표현할 수 있고

$$H(f) = \frac{b_m(j2\pi f)^m + \cdots + b_1(j2\pi f) + b_0}{a_n(j2\pi f)^n + \cdots + a_1(j2\pi f) + a_0} \tag{16}$$

계수는 식 (4)와 같으며 식 (16)은 식 (4)의 Fourier 변환을 따른다.

또한, 시스템의 **정상 상태 페이저 응답**을 계산할 수 있다면, 식 (12)와 (13)에 의해 다음과 같이 된다.

$$H(f) = \frac{y(t)}{x(t)} \qquad \text{when} \qquad x(t) = e^{j2\pi ft} \tag{17}$$

이 방법은 전기 회로의 임피던스 분석 방법에 상응하나, 어떠한 LTI 시스템에서도 동일하게 유효하다. 게다가 식 (17)은 Laplace 변환의 결례를 사용한 s 영역에서의 전달 함수 $H(s)$의 특별한 경우를 보여준다. 일반적으로 $s = \sigma + j\omega$이며 $H(f)$는 $s = j2\pi f$ 의하여 $H(s)$로부터 간단히 얻을 수 있다. 물론 이 방식은 시스템이 안정적이라는 것을 가정 한다.

1차 시스템의 주파수 응답

예제 3.1–2

예제 3.1-1의 RC 회로가 임피던스 $Z_R = R$과 $Z_C = 1/j\omega C$인 그림 3.1-6a으로 다시 표현된다. $x(t) = e^{j\omega t}$일 때 $y(t)/x(t) = Z_C/(Z_C + Z_R)$이므로 식 (17)로부터

$$H(f) = \frac{(1/j2\pi fC)}{(1/j2\pi fC) + R} = \frac{1}{1 + j2\pi fRC} = \frac{1}{1 + j(f/B)} \tag{18a}$$

이며 시스템 파라미터는 다음과 같다.

$$B \triangleq \frac{1}{2\pi RC} \tag{18b}$$

식 (16) 또는 $H(f) = \mathscr{F}[h(t)]$로부터 동일한 결과를 얻을 수 있다.(사실 시스템의 임펄스 응답은 예제 2.2-2의 인과 지수형 펄스와 같은 형식이다.) 진폭율과 위상 전위는

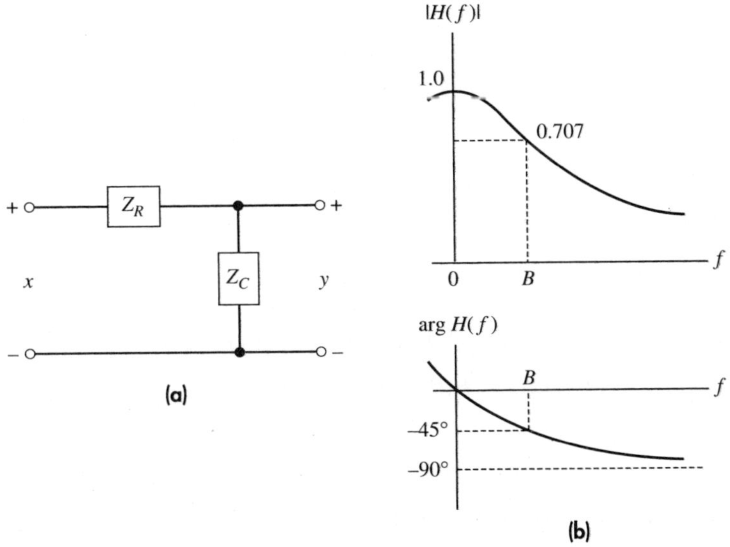

그림 3.1-6
RC 저역 통과 필터. (a) 회로; (b) 전달 함수.

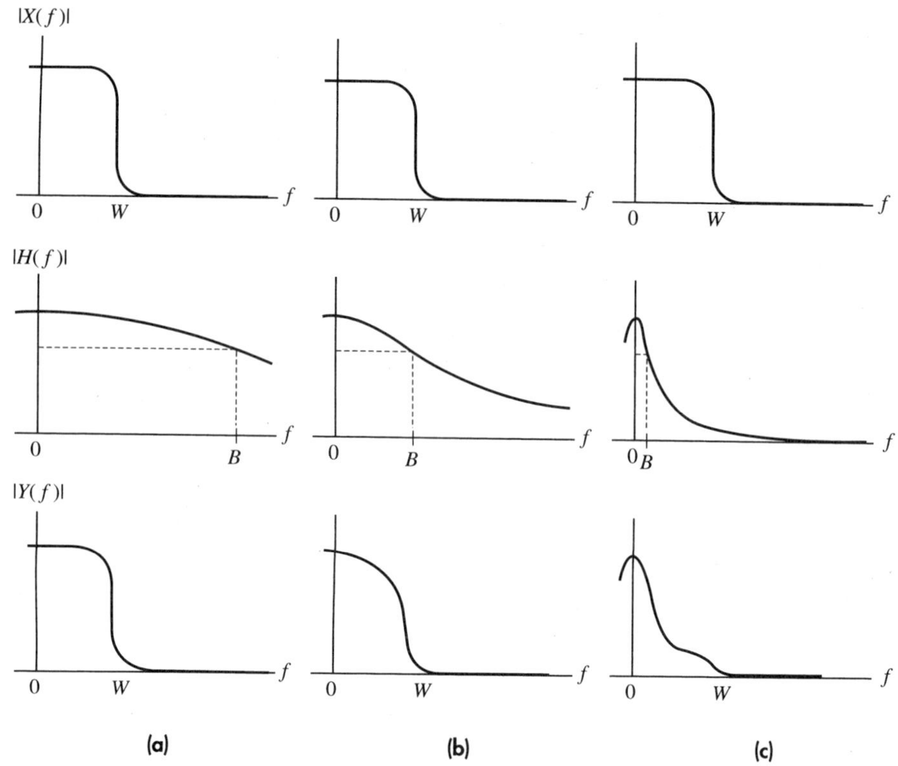

그림 3.1-7
1차 저역 통과 필터의 주파수 영역 분석 (a) $B \gg W$; (b) $B \approx W$; (c) $B \ll W$.

$$|H(f)| = \frac{1}{\sqrt{1 + (f/B)^2}} \qquad \arg H(f) = -\arctan \frac{f}{B} \tag{18c}$$

이고, $f \geq 0$일 때 그림 3.1-6b처럼 나타난다. 헬미샨 대칭으로 인하여, $f < 0$의 경우를 생략해도 정보의 손실은 전혀 없다.

진폭율 $H(f)$는 시스템의 주파수 선택 특성과 관련된 특별한 의미를 가지고 있다. 이러한 특별한 시스템은 $|f| \gg B$의 구간에 존재하는 고주파 성분의 진폭을 과감히 저하시키는 반면에 $|f| \ll B$의 구간에 존재하는 저주파 성분의 진폭에는 거의 영향을 주지 않기 때문에 **저역 통과 필터**라고 한다. 여기서 파라미터 B는 필터의 **통과 대역** 또는 **대역폭**의 측정치이다.

주파수 영역 분석이 어디까지 가능한지 설명하기 위하여, 입력 $x(t)$를 $|f| > W$에서 스펙트럼을 무시해도 좋을 임의의 신호라고 가정하자. B와 W의 상대적인 값에 따라 고려되는 세 가지의 가능한 경우를 생각해 보자.

1. 그림 3.1-7a처럼 $W \ll B$일 때, 신호의 주파수 범위 $|f| < W$에서 $|H(f)| \approx 1$이고 $\arg H(f) \approx 0$이다. 따라서 $Y(f) = H(f)X(f) \approx X(f)$이고 $y(t) \approx x(t)$이기에 필터에 의하여 **무왜곡 전송**을 한다.
2. 그림 3.1-7b와 같이 $W \approx B$라면 $Y(f)$는 $H(f)$와 $X(f)$ 모두에 의하여 결정된다. $y(t)$는 $x(t)$와 매우 다르기 때문에 출력이 **왜곡**되었다고 할 수 있지만, 실제 파형을 알아내기

위하여는 시간영역에서의 계산이 필요하다.

3. 그림 3.1-7c와 같이 $W \gg B$일 때, $|f| < B$에서 입력 스펙트럼은 거의 일정한 $X(0)$값을 가지므로 $Y(f) \approx X(0)H(f)$이다. 따라서, $y(t) \approx X(0)h(t)$이고, 출력 신호는 필터의 임펄스 응답처럼 보인다. 이러한 조건 하에서 입력 신호의 합리적 모델을 임펄스로 볼 수 있다.

펄스의 스펙트럼 폭이 $W = 1/\tau$이므로 구형파 입력 펄스를 갖는 이전의 시간 영역분석은 이러한 결론을 증명한다. $1/\tau \ll 1/2\pi RC$ 또는 $\tau/RC \gg 1$와 상응되는 $W \ll B$의경우 그림 3.1-4a처럼 $y(t) \approx x(t)$이다. 반대로, $\tau/RC \ll 1$에 상응하는 $W \gg B$의 경우그림 3.1-4c와 같이 $y(t)$는 $h(t)$와 유사하다.

응용 문제 3.1-2

그림 3.1-6a에서 $Z_L = j\omega L$이 Z_C로 치환될 경우 $H(f)$를 구하시오. 결과를 시스템 파라미터 $f_\ell = R/2\pi L$로 표현하고, f에 대한 $|H(f)|$그림을 그려 봄으로 고역 통과 필터 임을 증명하시오.

블록도 분석

통신 시스템은 서로 연결된 많은 구성 블록 또는 하부 시스템으로 구성된다. 몇몇 블록들은 전달 함수로 알려진 두 포트 망인 반면에 다른 블록들은 그들의 시간 영역 연산으로 주어질 것이다. 또한 어떤 LTI 시스템은 등가 전달 함수로 표현된다. 참고로 표 3.1-1은 네 가지 기본이 되는 시간 영역 연산에 변환 정리를 적용하여 얻은 전달 함수를 보여준다.

표 3.1-1

Time-Domain Operation		Transfer Function
Scalar multiplication	$y(t) = \pm Kx(t)$	$H(f) = \pm K$
Differentiation	$y(t) = \dfrac{dx(t)}{dt}$	$H(f) = j2\pi f$
Integration	$y(t) = \int_{-\infty}^{t} x(\lambda)\, d\lambda$	$H(f) = \dfrac{1}{j2\pi f}$
Time delay	$y(t) = x(t - t_d)$	$H(f) = e^{-j2\pi f t_d}$

문제의 하부 시스템이 각각의 전달 함수에 의하여 표현될 경우 이들을 총괄적으로 생각하고 전체 시스템의 전달 함수로 설명하는 것은 바람직하다. 이들의 관계는 병렬, 직렬 그리고 귀환으로 연결된 두 개의 블록으로 설명된다. 또한 더욱 복잡한 구성은 이 기본적인 규칙을 연속적으로 적용하여 분석할 수 있다. 그러나 어떠한 기본적인 가정이 있어야만 한다. 즉, 전체 시스템의 맥락에서 하부 시스템의 실제적인 응답을 나타내기 위하여 어떤 상호 작용이나 부하 효과는 각각의 전달 함수에서 설명된다. (연산 증폭기로 구현한 간단한

그림 3.1-8

(a) 병렬 연결; (b) 연속 연결; (c) 귀환 연결.

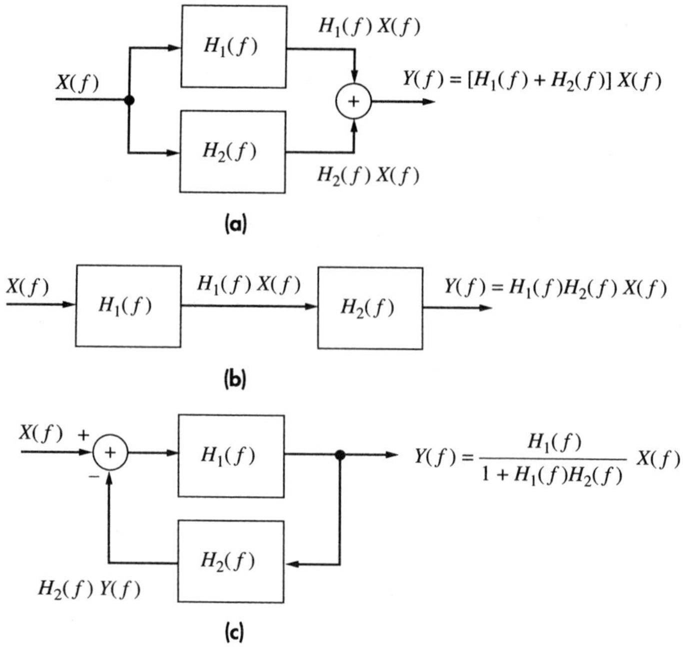

전압 추종기 회로가 블록들을 분리시키거나 부하의 효과를 제거하는데 사용될 수 있다.)

그림 3.1-8a는 **병렬**로 연결된 두 블록을 나타낸다. 두 장치 모두 같은 입력을 가지며 그들의 출력은 시스템의 출력을 얻기 위하여 합해진다. 중첩을 사용하면 $Y(f) = [H_1(f) + H_2(f)]X(f)$이고, 전체 전달 함수는

$$H(f) = H_1(f) + H_2(f) \qquad \text{병렬 연결} \tag{19a}$$

이다. 그림 3.1-8b의 연속 연결의 경우 첫 번째 장치의 출력은 두 번째 장치의 입력이 된다. 따라서 $Y(f) = H_2(f)[H_1(f)X(f)]$이며

$$H(f) = H_1(f)H_2(f) \qquad \text{연속 연결} \tag{19b}$$

이다. 그림 3.1-8c의 **귀환** 연결은 출력이 $H_2(f)$를 통하여 다시 뒤로 되돌려지고, 입력으로부터 제거된다는 것이 위의 두 가지 방법과 다르다.

$$Y(f) = H_1(f)[X(f) - H_2(f)Y(f)]$$

다시 정리하면 $Y(f) = \{H_1(f)/[1 + H_1(f)H_2(f)]\}X(f)$이고

$$H(f) = \frac{H_1(f)}{1 + H_1(f)H_2(f)} \qquad \text{귀환 연결} \tag{19c}$$

이다. 이 경우는 반환된 신호가 제거되는 대신 입력과 더해지게 되는 양의 귀환과는 구별되는 것으로서 더욱 정확하게는 음의 귀환이라 부른다.

영차 유지

예제 3.1-3

그림 3.1-9a의 영차 유지 시스템은 전기적 통신에서 다양한 적용을 갖고 있으며 여기서 병렬과 연속 관계의 적절한 예제로 다뤄 보겠다. 우선은 다음과 같은 개별적인 전달 함수가 필요하다: 병렬의 상위 부분은 $H_1(f) = 1$의 평범한 경로이며; 하위 부분은 T초의 순수 시간 지연과 신호 반전을 일으키고, 전체적으로 $H_2(f) = -e^{-j2\pi fT}$가 된다. 마지막 블록의 적분기는 $H_3(f) = 1/j2\pi f$를 갖는다. 그림 3.1-9b는 전달 함수식으로 등가 블록 다이어그램을 나타낸다.

어렵게 이것을 얻었기에 나머지 과정은 수월하다. $H_{12}(f) = H_1(f) + H_2(f)$로 병렬 부분을 결합하고, 연속 방법을 사용해 다음을 얻는다.

$$\begin{aligned}
H(f) &= H_{12}(f)H_3(f) = [H_1(f) + H_2(f)]H_3(f) \\
&= [1 - e^{-j2\pi fT}]\frac{1}{j2\pi f} \\
&= \frac{e^{j\pi fT} - e^{-j\pi fT}}{j2\pi f}e^{-j\pi fT} = \frac{\sin \pi fT}{\pi f}e^{-j\pi fT} \\
&= T\,\text{sinc}\, fTe^{-j\pi fT}
\end{aligned}$$

따라서 이 시스템의 진폭율이 주파수에서 sinc 함수를 갖는 일반적이지 않은 결과를 얻게 된다!

다른 방법으로 이 결과를 증명하기 위하여 $x(t) = \delta(t)$일 경우 $y(t) = h(t)$의 정의를 사용해서 임펄스 응답 $h(t)$를 구해보자. 그림 3.1-9a를 살펴보면, 적분기의 입력은 $x(t) - x(t - T) = \delta(t) - \delta(t - T)$임을 보여준다. 따라서

$$h(t) = \int_{-\infty}^{t} [\delta(\lambda) - \delta(\lambda - T)]\, d\lambda = u(t) - u(t - T)$$

이며 $t = 0$에서 구형파 펄스의 시작을 나타낸다. $h(t) = \Pi[(t - T/2)/T]$로 임펄스 응답을 다시 표현하면, $h(t) \leftrightarrow H(f)$의 변환관계를 증명하는 데 도움이 된다.

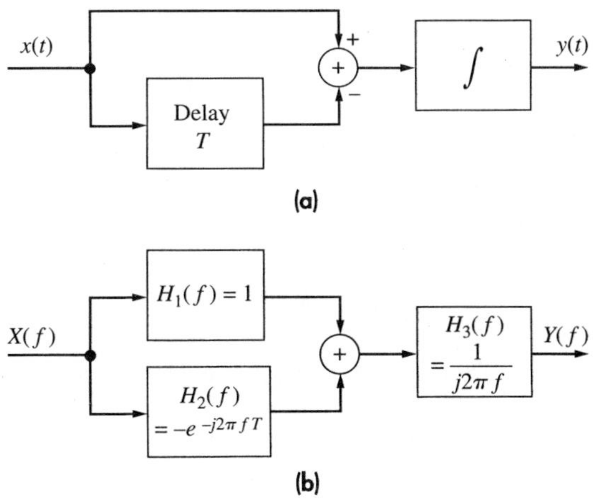

그림 3.1-9
영차 유지의 블록 다이어그램. (a) 시간 영역; (b) 주파수 영역.

응용 문제 3.1-3 $x(t) = A\Pi(t/\tau)$에 영차 유지를 적용해보자. 주파수 영역 분석을 사용해서 $\tau \ll T$, $\tau = T$ 그리고 $\tau \gg T$일 때 $y(t)$를 구하시오.

이산 샘플에 대해서는 각각의 샘플을 보간하는데 있어서 그림 6.1-8a와 같이 영차 유지를 사용할 수 있다. "영차"는 각 샘플들을 연결하는데 영차 함수가 사용되는 것을 의미한다. 유사하게 그림 6.1-8b에서와 같이, 선형 보간을 위해 일차 유지 또는 일차 함수를 사용할 수 있다.

3.2 전송에서의 신호 왜곡

신호 전송 시스템은 정보의 송수신단 사이의 전기적인 채널이다. 이러한 시스템은 단순한 한 쌍의 전선에서 정교한 광 레이저 연결까지 복잡한 범위를 갖는다. 그러나 모든 전송 시스템은 통신에서 특별한 관계의 두 가지 물리적 속성 즉, 출력 신호의 크기를 줄이는 내부 전력 소비와 출력의 형태를 바꾸는 에너지 저장 장치 등을 갖고 있다.

우리의 목적은 왜곡이 없는 무왜곡 신호 전송 조건을 공식화하고 LTI 시스템을 가정하여 그것의 전달 함수를 연구하는 것이다. 또한 왜곡의 다양한 형태를 정의하고 그들의 영향을 최소화하는 가능한 기술들을 살펴볼 것이다.

무왜곡 전송

무왜곡 전송이란 출력 신호가 입력과 같은 "형태"임을 의미한다. 좀 더 명확히 말하자면, 입력 신호 $x(t)$가 주어졌을 때,

> 출력이 상수 배와 유한 시간 지연에 의해서만 입력과 다르다면 그 출력은 무왜곡된 것이다.

분석적으로, 무왜곡 전송은 다음과 같으며 K와 t_d는 상수이다.

$$y(t) = Kx(t - t_d) \tag{1}$$

무왜곡 시스템의 특성은 출력 스펙트럼으로부터 쉽게 찾을 수 있다.

$$Y(f) = \mathcal{F}[y(t)] = Ke^{-j\omega t_d}X(f)$$

전달 함수의 정의에 의하여 $Y(f) = H(f)X(f)$이고 따라서

$$H(f) = Ke^{-j\omega t_d} \tag{2a}$$

이다. 무왜곡 전송을 하는 시스템은 **고정 진폭 응답**(constant amplitude response)과 **음수의 선형 위상 전위**(linear phase shift)를 갖는다.

따라서

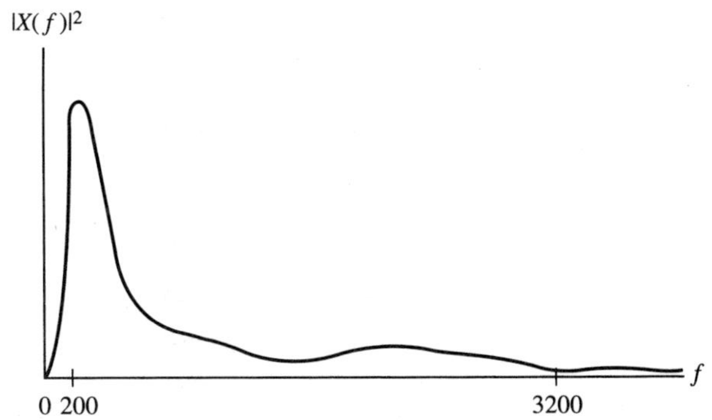

그림 3.2-1
평균 음성 신호의 에너지 스펙트럼 밀도.

$$|H(f)| = |K| \qquad \arg H(f) = -2\pi t_d f \pm m180° \tag{2b}$$

arg $H(f)$는 원점을 통과하거나 ±180°의 정수 배에 교차하여 통과해야 한다. 양수 또는 음수의 K를 얻기 위하여 위상에 $\pm m180°$를 더해준다. 시간 지연이 0인 경우 위상은 상수이고 0 또는 ±180°이다.

식 (2)의 중요하고 분명한 필요조건을 살펴보자. $H(f)$에 대한 조건은 입력 신호가 중요한 스펙트럼 값을 갖는 주파수에서만 요구된다. 이 점을 강조하기 위하여, 그림 3.2-1은 실험 측정으로부터 얻은 평균 음성 신호의 에너지 스펙트럼 밀도를 보여주고 있다. 스펙트럼 밀도는 $f < 200$ Hz와 $f > 3200$ Hz에서 매우 작기 때문에 200 Hz $\le |f| \le$ 3200 Hz에서 식 (2)를 만족시키는 시스템은 왜곡 없는 음성 전송이 가능할 것이다. 또한 사람의 청각은 약 20 Hz에서 20,000 Hz사이의 소리를 듣기 때문에 오디오 시스템은 이 범위에서 왜곡이 없어야만 한다.

그러나 무왜곡 전송의 엄격한 요구는 실제 상황에서는 근사적으로만 만족될 수 있다. 즉 전송 시스템은 항상 약간의 신호 왜곡을 발생시킨다. 다양한 신호의 왜곡 효과에 대하여 공부하기 위하여 세 가지 주요 왜곡의 형태를 정의할 것이다.

1. 다음과 같을 때 **진폭 왜곡**(amplitude distortion)이 발생된다.

$$|H(f)| \neq |K|$$

2. 다음과 같을 때 **지연 왜곡**(delay distortion)이 발생된다.

$$\arg H(f) \neq -2\pi t_d f \pm m180°$$

3. **비선형 왜곡**(nonlinear distortion)은 시스템이 비선형 요소를 포함할 때 발생된다.

처음 두 가지 경우는 선형 시스템의 전달 함수로 설명된 선형 왜곡의 일반적인 형태로 분류될 수 있다. 세 번째 경우는 비선형이므로 전달 함수가 존재하지 않는다.

그림 3.2-2

예제 3.2–1의 전달 함수. (a) 진폭, (b) 위상.

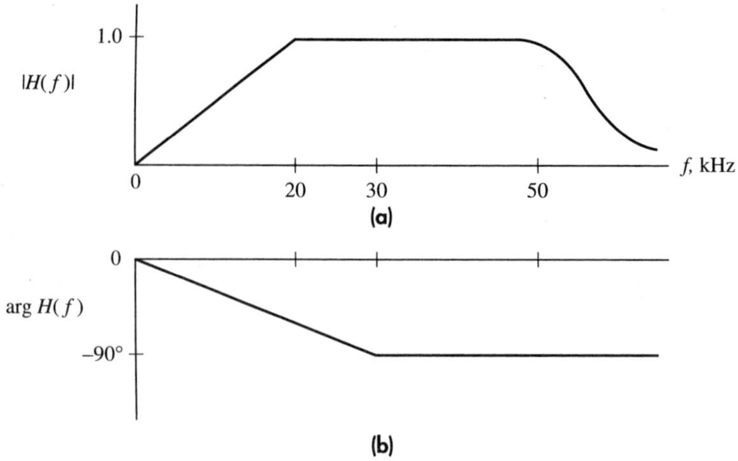

예제 3.2–1

진폭과 위상 왜곡

전송 시스템이 그림 3.2-2의 주파수 응답을 갖는다고 가정하자. 이 시스템은 $20 \leq |f| \leq 30$ kHz에서 식 (2)를 만족한다. 한편 $|f| < 20$ kHz와 $|f| > 50$ kHz에서 진폭 왜곡이 발생하며 지연 왜곡의 구간은 $|f| > 30$ kHz이다.

선형 왜곡

선형 왜곡은 선형 전송 왜곡과 관련된 진폭 또는 지연 왜곡을 포함한다. 진폭 왜곡은 주파수 영역에서 쉽게 설명되며 출력 주파수 성분들의 비율이 정확하지 않음을 의미한다. 이것은 주파수 축에서 일정치 못한 $|H(f)|$가 원인이므로, 진폭 왜곡은 **주파수 왜곡**이라고 불리기도 한다.

진폭 왜곡에서 가장 일반적인 형태는 신호 스펙트럼에서 극초 고주파 혹은 극초 저주파의 과도한 감쇠나 증폭이다. 또한 흔하지는 않지만 스펙트럼에서 주파수대에 불균형 응답도 있다. 주파수 영역의 해석이 쉬운 반면에, 매우 단순한 신호를 제외하고는 시간 영역에서의 효과를 명확하게 측정할 수는 없다. 예를 들면 적절하면서도 간단한 테스트 신호 $x(t) = \cos \omega_0 t - 1/3 \cos 3\omega_0 t + 1/5 \cos 5\omega_0 t$일 때, 그림 3.2-3처럼 대략적으로 구형파 파형으로 나타난다. 만약 저주파 또는 고주파 성분이 절반정도까지 감쇠되었을 때, 출력 결과는 그림 3.2-4와 같다. 예상했던 것처럼, 고주파의 손실은 파형의 "선명도"를 감

그림 3.2-3

테스트 신호 $x(t) = \cos \omega_0 t - 1/3 \cos 3\omega_0 t + 1/5 \cos 5\omega_0 t$.

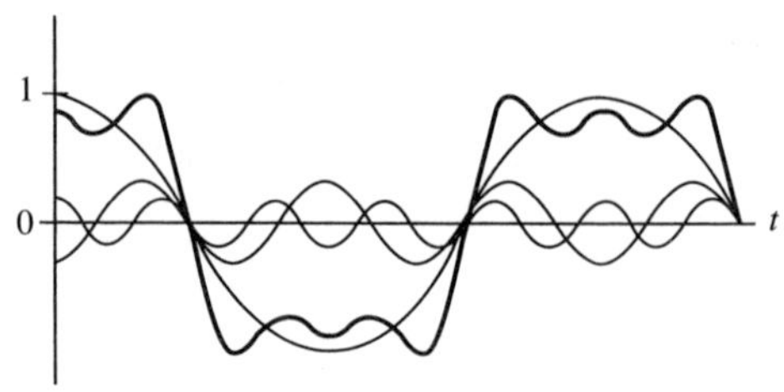

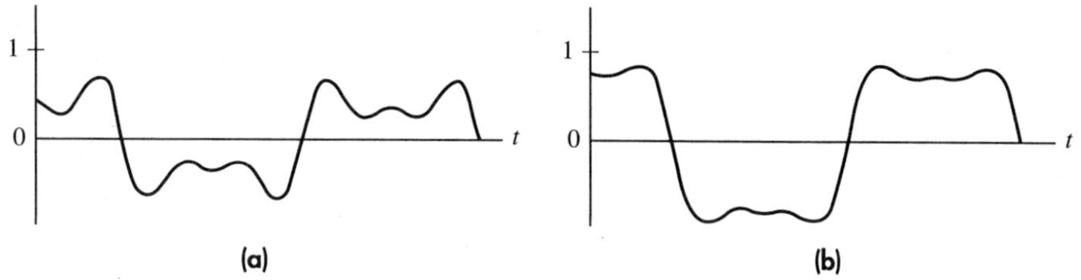

그림 3.2-4

진폭 왜곡의 테스트 신호. (a) 저주파 감쇠; (b) 고주파 감쇠.

소시킨다.

특정한 신호 형태에 대한 실험 연구 없이 질적인 측면에서 진폭 왜곡에 관하여 살펴보면 보통 "평탄한"주파수 응답이 요구되는 것으로 나타난다(이는 진폭 왜곡을 충분히 작게 하기 위하여 $|H(f)|$가 허용 한계 내에서 일정한 주파수 구간을 의미이다).

이제 위상 전위와 시간 지연에 대하여 살펴보자. 만약 위상 전위가 선형이 아니라면, 다양한 주파수 성분은 서로 다른 시간 지연을 발생시키며, 이렇게 왜곡된 결과를 **위상 왜곡** 또는 **지연 왜곡**이라고 한다. 임의의 위상 전위를 고려할 때, 시간 지연은 주파수의 함수로 표현되며 라디안으로 표현된 모든 각도를 갖는 $\arg H(f) = -2\pi f t_d(f)$이다.

$$t_d(f) = -\frac{\arg H(f)}{2\pi f} \tag{3}$$

식 (3)은 $H(f)$가 주파수 영역에서는 선형적일 경우에만 주파수에 독립적이다.

일반적으로 혼동되는 부분은 고정 시간 지연 대 고정 위상 전위이다. **고정 시간 지연**은 바람직할 뿐만 아니라 무왜곡 전송에 필요하다. **고정 위상 전위**는 일반적으로 왜곡의 원인이 된다. 시스템이 0° 또는 $\pm m180°$와 다른 고정 위상 전위 θ를 갖는다고 가정하자. 각 신호의 주파수 성분은 그 자신의 주파수에 $\theta/2\pi$ 주기만큼 지연될 것이다; 이는 고정 위상 전위의 의미이다. 그러나 시간 지연은 주파수마다 달라지고, 각 주파수 성분은 시간에서 섞여 왜곡이 발생할 것이다.

왜곡을 발생시키는 고정 위상 전위는 그림 3.2-3의 테스트 신호에서 각 성분을 $\theta = -90°$, 즉 사 분의 일주기 만큼 지연시켜 보면 알 수 있다. 입력이 대략 구형파 파형이었는데 출력은 그림 3.2-5의 삼각파처럼 보일 것이다. 임의의 비선형 위상 전위에 의해 파형의 악화는 더 심해질 수 있다.

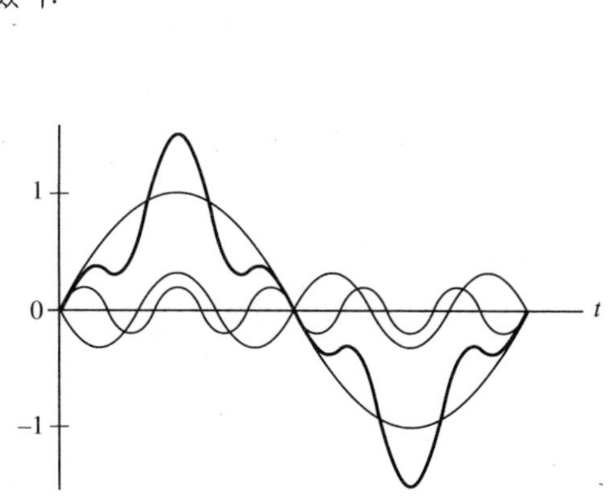

그림 3.2-5

고정 위상 전위 $\theta = -90°$의 테스트 신호.

그림 3.2-5에서 위상 전위된 신호의 최대 절정은 입력 테스트 신호보다(약 50퍼센트 정도) 매우 커진 것을 알 수 있다. 이는 진폭 응답 때문이 아니라, 세 가지 주파수 성분의 출력 진폭들이 사실상 변화가 없으므로, 입력 신호의 경우와 다르게 왜곡된 신호의 성분들 모두가 같은 시간에 최대 혹은 최소값에 이르기 때문이다. 반대로 그림 3.2-5를 테스트 신호로 하고 +90°의 고정 위상 전위를 하면 출력 파형이 그림 3.2-3처럼 나타난다. 이처럼, 지연 왜곡만으로도 절정의 증가 또는 감소뿐 아니라 다른 파형의 변화가 유발될 수 있다.

분명히 지연 왜곡은 펄스 전송에서 중요한 요소이며, 디지털 데이터 시스템에서 전송 지연을 균일하게 하는데 많은 노력을 기울인다. 반면 인간의 청각은 지연 왜곡에 매우 무감각하며 그림 3.2-3과 3.2-5의 파형은 스피커에서는 동일한 소리로 들릴 것이다. 즉 지연 왜곡은 음성과 음악 전송에서는 별로 문제가 되지 않는다.

변조된 신호의 위상 지연의 영향을 살펴보자. 임의의 채널의 전달 함수는 다음과 같이 나타난다.

$$H(f) = Ae^{j(-2\pi f t_g + \phi_0)} = (Ae^{j\phi_0})e^{-j2\pi f t_g} \tag{4}$$

식 (3)으로부터 $\arg H(f) = -2\pi f t_g + \phi_0$를 사용하여 $t_d(f) = t_g - \phi_0/2\pi f$를 얻을 수 있다. 만약 이 대역 채널의 입력이

$$x(t) = x_1(t) \cos \omega_c t - x_2(t) \sin \omega_c t \tag{5}$$

라면, Fourier 변환의 시간 지연 특성으로부터 출력은 t_g 만큼 지연될 것이다. $e^{j\phi_0}$를 사인과 코사인 식으로 바꿀 수 있으므로 채널의 출력을 전개하면

$$y(t) = Ax_1(t - t_g) \cos [\omega_c(t - t_g) + \phi_0] - Ax_2(t - t_g) \sin [\omega_c(t - t_g) + \phi_0]$$

이다. $\arg H(f_c) = -\omega_c t_g + \phi_0 = -\omega_c t_d$를 이용하면

$$y(t) = Ax_1(t - t_g) \cos [\omega_c(t - t_d)] - Ax_2(t - t_g) \sin [\omega_c(t - t_d)] \tag{6}$$

이다. 식 (6)으로부터 반송파는 t_d만큼 지연되며 반송파를 변조하는 신호 x_1, x_2는 t_g만큼 지연된다는 것을 알 수 있다. 반송파의 위상 전위와 일치하는 시간 지연 t_d는 채널의 **위상 지연**이라 불린다. 이 지연은 또한 때때로 **반송파** 지연이라고도 한다. 입력 신호와 수신된 신호의 포락선간의 지연 t_g는 채널의 **포락선** 또는 **그룹 지연**이라 불리며 일반적으로 $t_d \neq t_g$이다.

이것은 선형 대역 통과 채널이 무왜곡일 경우의 조건에 이르게 한다. 이미 설명된 무왜곡 전송의 일반적인 경우와 같이 진폭 응답이 일정해야 한다. 식 (4)의 채널에서 $|H(f)| = |A|$이다. 또한 원 신호 x_1, x_2를 복원하기 위하여 그룹 지연은 일정해야 한다. 그러므로 식 (4)로부터 $\arg H(f) = \theta(f)$를 미분하여 t_g를 구할 수 있다.

$$t_g = -\frac{1}{2\pi}\frac{d\theta(f)}{df} \tag{7}$$

이 경우 arg $H(f)$의 조건은 이미 설명한 일반적인 경우의 표현보다 덜 제한적이다. 만약 $\phi_0 = 0$이면 무왜곡 전송의 일반적인 조건이 만족되고 $t_d = t_g$가 된다.

식 (4)가 몇몇 채널을 표현하지만 많은 채널들이 주파수 선택적이므로 $A \rightarrow A(f)$이고 arg $H(f)$는 주파수의 선형 함수가 아니다. 이것이 **주파수 다각화**가 무선 통신 시스템의 안정성을 강화하기 위하여 적용되는 이유의 하나이다.

응용 문제 3.2-1

식 (3)을 이용해서 그림 3.2-2에서 주어진 arg $H(f)$로부터 $t_d(f)$를 그리시오.

응용 문제 3.2-2

식 (4)와 식 (5)의 관계로부터 식 (6)을 유도하시오.

등화

진폭과 지연을 포함한 선형 왜곡은 이론적으로 **등화** 통신망의 사용으로 개선될 수 있다. 그림 3.2-6은 등화기 $H_{eq}(f)$가 왜곡된 전송 채널 $H_C(f)$과 연속으로 연결되어 있음을 보여준다. 전체 전달 함수는 $H(f) = H_C(f)H_{eq}(f)$이므로 최종 출력은 K와 t_d가 대체로 임의의 상수인 $H_C(f)H_{eq}(f) = Ke^{-j\omega t_d}$일 때 무왜곡이 될 것이다. 그러므로 다음 수식이 필요하며, $X(f) \neq 0$이다.

$$H_{eq}(f) = \frac{Ke^{-j\omega t_d}}{H_C(f)} \tag{8}$$

식 (8)을 정확하게 만족하는 등화기의 설계가 매우 드물기 때문에 등화를 이론적인 치료라고 말한다. 그러나 매우 가까운 근사값은 가능하며 이를 이용하여 선형 왜곡을 나쁘지 않은 수준으로 줄일 수 있다. 아마도 가장 오래된 등화 기술은 연선 전화선의 **장하 코일**

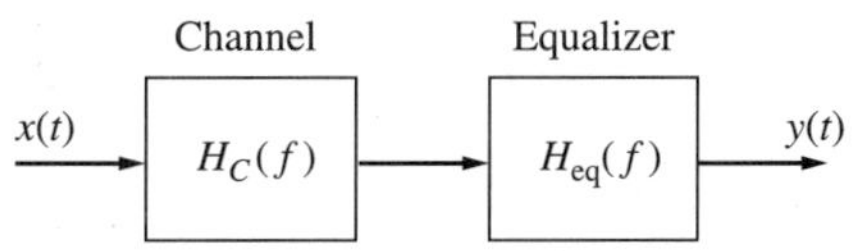

그림 3.2-6
선형 왜곡을 위한 등화기의 채널.

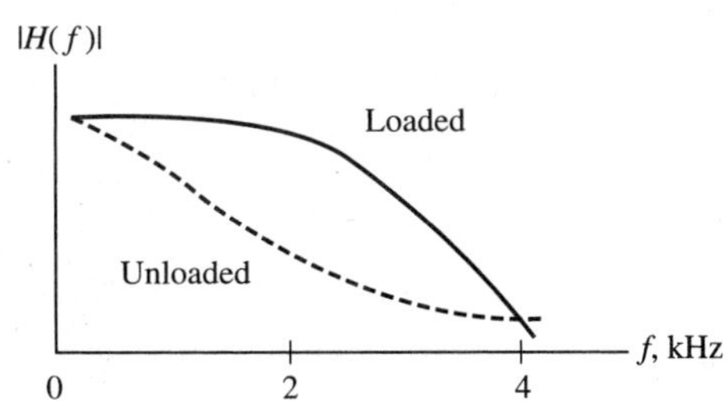

그림 3.2-7
등화를 위한 장하 코일의 유무에 따른 일반적인 전화선의 진폭율.

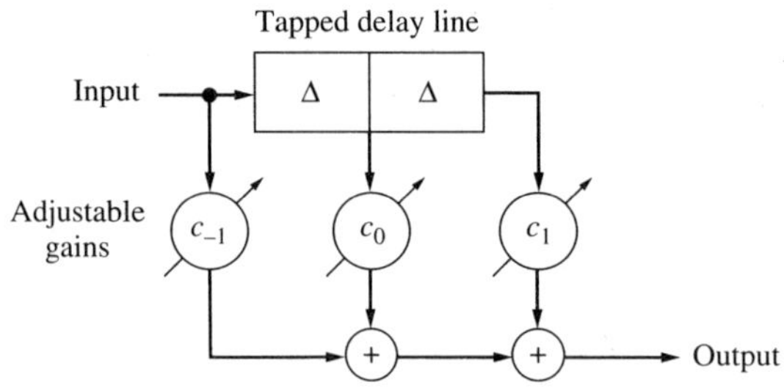

그림 3.2-8
세 탭을 가진 가로형 필터.

의 사용일 것이다. 집중된 인덕터인 이 코일은 매 킬로미터마다 선이 교차되는 곳에 설치되며 그림 3.2-7은 개선된 진폭율을 보여준다. 다른 집중 요소 회로들이 특정적인 등화 작업을 위해 설계되어 왔다.

최근에 **탭 지연 선 등화기** 또는 **가로형 필터**가 편리하고 융통성있는 장치로서 고안되었다. 그 원리를 설명하기 위해 그림 3.2-8은 각각의 끝과 중간에 탭을 갖고 있고 전체 시간 지연 2Δ를 갖는 지연 선로를 나타낸다. 탭 출력들은 조정 가능한 이득, c_{-1}, c_0과 c_1로 연결되며 마지막 출력을 형성시키기 위해 더해진다. 따라서

$$y(t) = c_{-1}x(t) + c_0\, x(t-\Delta) + c_1 x(t-2\Delta) \tag{9a}$$

그리고

$$\begin{aligned} H_{\text{eq}}(f) &= c_{-1} + c_0\, e^{-j\omega\Delta} + c_1 e^{-j\omega 2\Delta} \\ &= (c_{-1}e^{+j\omega\Delta} + c_0 + c_1 e^{-j\omega\Delta})e^{-j\omega\Delta} \end{aligned} \tag{9b}$$

이다 일반적으로 식 (9b)에서 $2M+1$ 탭을 갖고 $2M\Delta$의 지연 선로의 경우

$$H_{\text{eq}}(f) = \left(\sum_{m=-M}^{M} c_m e^{-j\omega m\Delta}\right)e^{-j\omega M\Delta} \tag{10}$$

이며 식 (10)은 주파수 주기 1/Δ를 갖는 **지수형 Fourier 급수** 형식이다. 그러므로 $|f| < W$에서 등화되는 채널 $H_C(f)$는 식 (8)의 우변을 주파수 주기 $1/2\Delta \geq W$(결정된 Δ에 의해)의 Fourier 급수로부터 예측할 수 있다: 주요 항의 수치를 측정하고(M을 결정하고) 탭 이득을 급수 계수에 맞춘다.

탭 지연선은 자연스럽게 **디지털 필터**로 확장된다. 디지털 필터는 순차적 기호를 입력으로 하고 가로형 필터는 연속적인 시간 입력을 가진다는 점에서 차이를 가진다.

많은 응용분야에서, 탭 이득은 바뀌는 채널 특성을 보충하기 위하여 가끔 재조정되어야 한다. 조정 가능한 등화는 송신측과 수신측간의 경로가 미리 결정되어 질 수 없는 전화 시스템 같은 교환기 통신망에서 특히 중요하다. 정교한 **적응 등화기**는 자동 재조정을 위하여 설계 되었다.

적응 등화는 보통 디지털 전기 회로와 마이크로프로세서 제어를 가지고 구현되며 이 경우 지연 선로 대신 전위 레지스터 또는 전하 결합 소자(CCD)가 사용된다. 고정(비적응) 등화기의 가로형 필터는 표면 탄성파(SAW) 장치를 사용한 집적 회로로 구현될 수 있다.

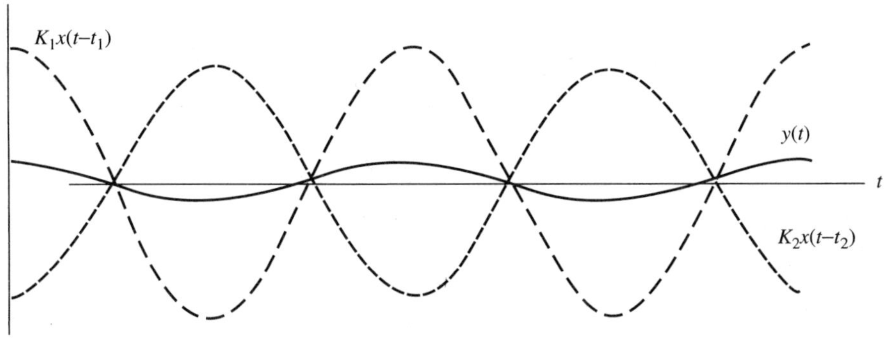

그림 3.2-9
채널의 출력에 영향을 주는 해로운 다중 경로 간섭.

1.3절에서는 다중경로가 채널의 출력에서의 신호 손실의 원인이 된다는 것을 보였다. 그림 3.2-9와 같은, $K_1\,x(t-t_1)$와 $K_2\,x(t-t_2)$의 두 신호를 가정하자. $y(t) = K_1\,x(t-t_1) + K_2\,x(t-t_2)$로 주어진 진폭이 감소된 출력 신호에서 신호간의 상쇄되는 간섭 효과를 쉽게 확인 할 수 있다.

디지털 기호들을 전달하는 다중경로 무선채널은 또한 수신된 기호나 펄스의 일그러짐을 야기하는 **지연 확산**(delay spread)을 가진다. 이것은 그림 1.1-3b의 펄스처럼 보일 수 있다. 만약 지연 확산이 상당히 크면 연속적인 기호들 간에는 **심볼간 간섭**(intersymbol interference, ISI)으로 인한 중첩이 발생할 수 있다. 지연 확산은 첫 번째 반사파와 마지막 반사파의 도달시간차로써 다중경로 임펄스 응답 $h_C(t)$의 표준편차로 정의된다 (Andrews, Ghosh, & Muhamed, 2007; Nekoogar, 2006). 3.1절에서 시스템의 임펄스 응답이 좁아질수록 입력 신호의 형태에는 덜 영향을 끼친다: 따라서, 기호의 지속기간에 대한 지연의 비율이 작을수록 유리하다. 일반적으로 지연 확산이 심볼 폭의 5 또는 10배 이하일 때는 ISI의 요인이 되지 않는다. 지연 확산의 효과는 심볼 전달율을 낮추거나 심볼 간에 충분한 안전 구간(guard time)을 확보함으로 경감시킬 수 있다.

다중경로 왜곡

예제 3.2–2

무신 시스뎀은 종종 송수신기 사이의 두 개(또는 그 이상)의 전파 경로에 의한 다중경로 왜곡을 겪게 된다. 1장의 그림 1.3-3에 보인 것과 같다. 케이블 시스템에서 부적절한 임피던스 때문에 발생하는 반사도 이와 동일한 효과를 낸다. 간단한 예로, 채널의 출력을 다음과 같이 가정하면,

$$y(t) = K_1 x(t-t_1) + K_2 x(t-t_2)$$

이며 $t_2 > t_1$일 때 두 번째 항이 첫 번째의 반사파에 해당된다. 따라서 $K = K_2/K_1$이고 $t_0 = t_2 - t_1$이며

$$\begin{aligned} H_C(f) &= K_1 e^{-j\omega t_1} + K_2 e^{-j\omega t_2} \qquad (11)\\ &= K_1 e^{-j\omega t_1}(1 + ke^{-j\omega t_0}) \end{aligned}$$

이다.

식 (8)을 간단히 하기 위하여 $K = K_1$이고 $t_d = t_1$라 가정하면 등화기의 특징은 다음과 같다.

$$H_{eq}(f) = \frac{1}{1 + ke^{-j\omega t_0}} = 1 - ke^{-j\omega t_0} + k^2 e^{-j2\omega t_0} + \cdots$$

이 경우에, Fourier 급수의 계산이 없이 식 (10)의 형식에 이를 수 있기 때문에 이항 전개가 사용되었다. 작은 반사파를 가정하면, $k^2 \ll 1$이고, 고차항들을 누락시킬 수 있고 따라서 $H_{eq}(f)$를

$$H_{eq}(f) \approx (e^{+j\omega t_0} - k + k^2 e^{-j\omega t_0})e^{-j\omega t_0}$$

로 다시 표현할 수 있다. 식 (9b) 또는 식 (10)과 비교해 보면 $c_{-1} = 1$, $c_0 = -k$, $c_1 = k^2$이고 $\Delta = t_0$ 일 때 세 탭 가로형 필터가 적용될 수 있음을 알 수 있다.

응용 문제 3.2-3 그림 3.2-2에서 5 Hz ≤ $|f|$ ≤ 50 kHz 일 때 주파수 응답이 등화가 되기 위해 필요한 $|H_{eq}(f)|$와 arg $H_{eq}(f)$를 그리시오. 식 (8)에서 $K = 1/4$이고, $t_d = 1/120$ ms이다.

비선형 왜곡과 컴팬딩

비선형 요소를 갖고 있는 시스템은 전달 함수로는 표현될 수 없다. 대신에 입력과 출력의 순간적인 값이 일반적으로 **전달 특성**이라 불리는 곡선 또는 함수 $y(t) = T[x(t)]$의 관계를 가진다. 그림 3.2-10은 전달 특성을 나타낸다; 큰 입력 값에서 출력이 편평해지는 효과는 트랜지스터 증폭기의 포화-차단 효과와 유사하다. 전달 특성의 완전한 설명을 위해 무기억 장치만을 고려하자. 전달 함수는 순전히 선형 개념이므로 선형 혹은 선형화된 시스템에만 해당됨을 반드시 고려해야 한다.

작은 신호 입력 조건에서 그림에 나타난 가는 선처럼 전달 특성을 구간 방식으로 선형화 할 수 있다. 좀 더 일반적인 방법은 곡선을 다음과 같은 다항식으로 근사화하는 것이다.

그림 3.2-10
비선형 장치의 전달 특성.

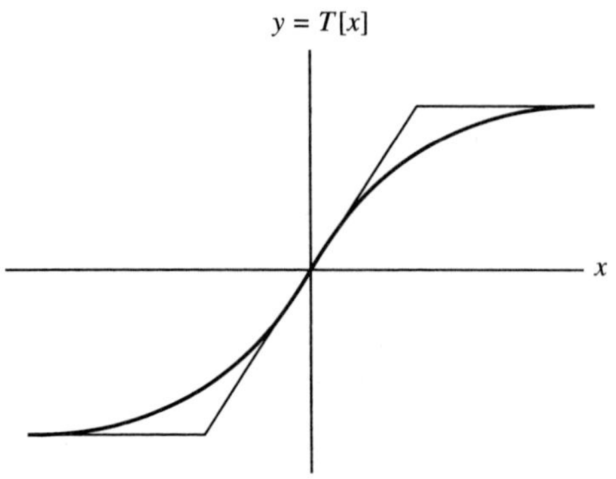

$$y(t) = a_1 x(t) + a_2 x^2(t) + a_3 x^3(t) + \cdots \tag{12a}$$

이 식에서 $x(t)$의 고차항들은 비선형 왜곡을 발생시킨다.

비록 전달 함수를 갖고 있지 않더라도, 출력 스펙트럼은 식 (12a)의 변환으로부터 찾을 수 있다. 특히, 컨벌루션 정리를 적용하면

$$Y(f) = a_1 X(f) + a_2 X * X(f) + a_3 X * X * X(f) + \cdots \tag{12b}$$

이다. $x(t)$가 W에서 대역제한일 때, 선형 통신망의 출력은 $|f| < W$ 이외의 주파수 범위에서는 나타나지 않는다. 그러나 비선형의 경우, 출력은 $2W$의 대역제한을 가지는 $X * X(f)$과, $3W$의 대역제한을 가지는 $X * X * X(f)$를 포함한다. 따라서 비선형성은 입력에는 없는 주파수 성분을 출력에 생성한다. 또한 $X * X(f)$가 $|f| < W$ 성분을 포함한다면 스펙트럼의 일부가 $X(f)$와 겹쳐진다. 필터링 기술을 사용해서 $|f| > W$에 추가된 성분을 제거할 수 있지만 $|f| < W$의 추가된 성분을 손쉽게 제거하는 방법은 없다. 이것이 비선형 왜곡을 만들어 낸다.

비선형 왜곡을 정량적으로 측정하기 위해 입력 신호로 간단한 코사인 파형 $x(t) = \cos \omega_0 t$를 사용한다. 식 (12a)에 삽입해서 전개시키면 다음과 같다.

$$y(t) = \left(\frac{a_2}{2} + \frac{3a_4}{8} + \cdots\right) + \left(a_1 + \frac{3a_3}{4} + \cdots\right)\cos \omega_0 t + \left(\frac{a_2}{2} + \frac{a_4}{4} + \cdots\right)\cos 2\omega_0 t + \cdots$$

그러므로 비선형 왜곡은 입력 파형의 **고조파**로 나타난다. 2차 고조파 왜곡의 양은 해당 항의 기본 항에 대한 비율이며 백분율로 표현하면 다음과 같다.

$$\text{Second-harmonic distortion} = \left|\frac{a_2/2 + a_4/4 + \cdots}{a_1 + 3a_3/4 + \cdots}\right| \times 100\%$$

고차 고조파도 비슷하게 처리되지만 그 효과는 대개 훨씬 적으며 필터링을 통해 완전히 제거될 수 있다.

입력이 코사인 파형 두 개의 합인 $\cos \omega_1 t + \cos \omega_2 t$라 하면 출력은 f_1와 f_2의 모든 고조파와 함께 $f_2 - f_1$, $f_2 + f_1$, $f_2 - 2f_1$ 등의 교차 곱 항도 포함한다. 주파수의 합과 차는 **혼 변조 왜곡**으로 표기된다. 혼 변조 효과를 일반화 하면, $x(t) = x_1(t) + x_2(t)$인 경우, $y(t)$는 **교차곱** $x_1(t)x_2(t)$를 포함한다. (더 높은 차수의 곱은 무시한다.) 주파수 영역에서 $x_1(t)x_2(t)$는 $X_1 * X_2(f)$가 되며; $X_1(f)$과 $X_2(f)$가 비록 주파수 영역에서 나누어지더라도 $X_1 * X_2(f)$는 겹쳐질 수 있으며 일종의 누화를 만들어 낸다. 다른 형태의 **누화**가 발생하는데 비선형성이 반드시 요구되지는 않는다(예를 들어 인접한 케이블 간에는 누화가 발생할 수 있다). 이러한 비선형 왜곡의 양상은 전화 전송 시스템에 특별한 관계가 있다. 반면에 비선형 장치가 변조의 목적에 사용될 때는, 교차곱이 바람직한 결과가 된다.

간섭의 서로 다른 형태와 누화의 차이점은 중요하다. 누화는 하나의 신호가 채널의 비

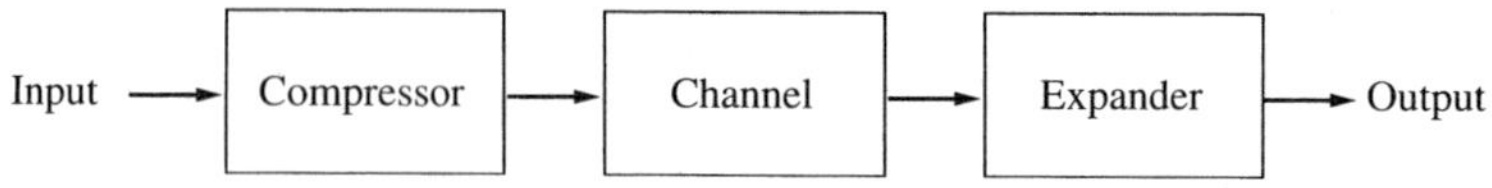

그림 3.2-11
컴팬딩 시스템.

선형 왜곡에 의해 다른 신호의 주파수 대역으로 넘어갈 때 발생한다. 무선 전화나 유아용 모니터로 대화할 때 이 용도로 할당된 주파수 스펙트럼이 꽉 차있어 모든 사용자에게 서로 다른 주파수가 제공되기엔 역부족이기 때문에 누화 현상이 발생한다. 임의의 "분배" 현상은 가끔 일어나기도 한다. 비선형 왜곡으로 인한 누화 현상은 기술의 진보로 인하여 현재의 전화 전송 시스템에서는 거의 드물게 발생되지만, 한때는 이 현상이 치명적인 문제였다.

비선형 장치가 변조를 위해 사용될 때, 교차곱은 원하는 결과값이 된다. 4.3절에서 비선형 장치가 진폭 변조를 얻기 위해 어떻게 사용되는지 설명할 것이다. 제5장에서는 FM 신호를 변조할 때와 검파할 때 모두 발생되는 비선형 왜곡에 대하여 자세하게 다룰 것이다.

비록 비선형 왜곡을 완벽하게 없앨 수는 없지만, 꼼꼼한 설계로 그것을 최소화 시킬 수는 있다. 기본 아이디어는 신호가 채널의 전달 특성의 선형 운영 범위를 초과하지 않도록 설계하는 것이다. 이러한 설계 방법을 따라가는 전략적 방법은 두 개의 비선형 신호 처리기를 이용하는 것으로 그림 3.2-11에 나와 있는 것처럼 입력 단에는 **압축기**를 출력 단에는 **확장기**를 이용하는 것이다.

압축기는 높은 신호 레벨보다 낮은 신호 레벨에서 증폭이 더 크다. 이는 그림 3.2-10과 유사한 형태이며 이로 인하여 입력 신호의 범위를 압축한다. 만약 압축된 신호가 채널의 선형 범위에 해당된다면, 채널의 출력 신호는 채널이 아닌 압축기에 의해 왜곡된 $T_{\text{comp}}[x(t)]$에 비례한다. 이론적으로, 이러한 경우에 확장기는 압축기와의 완벽하게 상호 보완적 특성을 갖게 되므로, 확장된 출력은 $T_{\exp}\{T_{\text{comp}}[x(t)]\} = x(t)$에 비례하게 된다.

압축과 확장의 공동 사용을 **컴팬딩**이라 하며, 전화 시스템에서는 매우 중요하다. 게다가 비선형 왜곡을 줄이는 컴팬딩은 큰소리로 통화하는 사람과 조용한 목소리로 통화하는 사람과의 신호 레벨 차이를 보상해준다. 실제로, 후자의 경우가, 입력에서 신호를 선형 감쇠시키고(채널의 선형 범위내에서 유지하면서) 출력에서 그것을 선형 증폭하는 상대적으로 단순한 기법과 비교되는 컴팬딩의 중요한 장점이 된다. Boyd, Tang, Leon(1983)와 Wiener, Spina(1980)은 고조파 분석에 용이한 모조선형기법을 사용하여 비선형 시스템 분석을 수행하였다.

3.3 전송 손실과 데시벨

신호 왜곡과 더불어 전송 시스템 역시 출력 신호의 전력 레벨이나 "강도"를 저하시키며, 이러한 신호 강도의 저하는 전송 전력 손실로 표현된다. 전력 증폭에 의하여 전송 손실이 보상되기는 하지만 항상 존재하는 전기적 잡음은 전송 손실이 큰 경우 완벽한 신호 복구를 어렵게 한다.

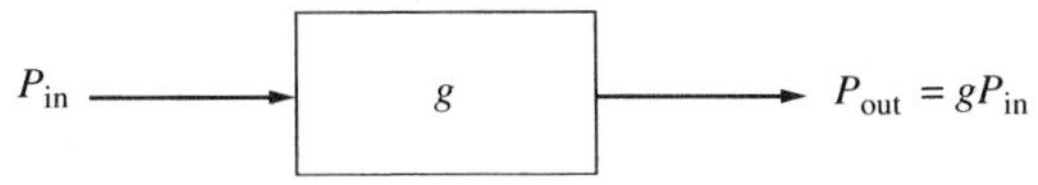

그림 3.3-1
전력이득 g를 갖는 LTI시스템.

이 절에서는 케이블과 무선 통신 시스템에서의 전송 손실을 설명하며 전력 이득의 일반적인 개념 설명을 간단히 하고 통신 기술자들이 사용하는 전력 비율의 유용한 단위인 데시벨을 소개할 것이다.

전력 이득

그림 3.3-1은 평균 전력 P_{in}을 갖는 입력 신호의 LTI 시스템을 나타낸다. 시스템 왜곡이 없을 경우 출력 신호의 평균 전력은 입력 신호의 평균 전력 P_{in}에 비례할 것이다. 즉 시스템의 **전력 이득**은

$$g \triangleq P_{\text{out}}/P_{\text{in}} \tag{1}$$

이며 이때의 상수 g는 계단파 응답 표시인 $g(t)$와는 다르다. 증폭을 포함하는 시스템에서 g는 매우 큰 값을 갖게 되므로

$$g_{\text{dB}} \triangleq 10 \log_{10} g \tag{2}$$

로 정의되는 **데시벨**(dB)로 전력 이득을 표현한다. 데시벨에서 'B'는 처음으로 로그 전력 값을 사용한 Alexander Graham Bell의 머리글자다.

데시벨은 로그 값을 갖기 때문에 10의 거듭제곱으로 전환될 수 있다. 예를 들어, $g = 10^m$는 $g_{\text{dB}} = m \times 10$ dB이 된다. 전력 이득은 항상 양수 값을 가지며 $g \le 1.0 = 10^0$ 즉, $g_{\text{dB}} \le 0$ dB일 때 음수 dB 값을 갖게 되고, 0 dB는 단위 이득 ($g = 1$)이 된다. dB의 값이 주어진다면 비율은 식 (2)의 역에 의해 구할 수 있다.

$$g = 10^{(g_{\text{dB}}/10)} \tag{3}$$

데시벨이 항상 **전력 비율**을 나타내지만 다음과 같이 1 W 또는 1 mW에 의하여 P를 나눈다면 신호 전력은 dB로 표현될 수 있다.

$$P_{\text{dBW}} = 10 \log_{10} \frac{P}{1\text{ W}} \qquad P_{\text{dBm}} = 10 \log_{10} \frac{P}{1\text{ mW}} \tag{4}$$

식 (1)을 $(P_{\text{out}}/1\text{ mW}) = g(P_{\text{in}}/1\text{ mW})$로 다시 쓰고, 양변에 로그를 취하여 dB 식을 얻을 수 있다.

$$P_{\text{out}_{\text{dBm}}} = g_{\text{dB}} + P_{\text{in}_{\text{dBm}}}$$

이런 연산은 곱셈과 나눗셈이 dB 양의 덧셈과 뺄셈으로 되는 더욱 복잡한 관계에서 매우 유용하다. 신호 전력이 전송 시스템의 출력에서 매우 작은 값을 갖기 때문에 통신기술자들은 보통 dBm을 사용한다.

전달 함수 $H(f)$로 표현되는 시스템을 가정해보자. 진폭 A_x을 갖는 정현파 입력은 출력 진폭 $A_y = |H(f)|A_x$를 가지며 **정규화된** 신호 전력은 $P_x = A_x^2/2$와 $P_y = A_y^2/2 = |H(f)|^2 P_x$이 된다. 정규화된 전력은 식 (1)에서의 실제 전력과 똑같지는 않지만 시스템이 입력과 출력에서 같은 임피던스 값을 가질 때 P_y/P_x 비율은 P_{out}/P_{in}과 같다. 다시 말해서, $H(f) = Ke^{-j\omega t_d}$이면 다음과 같다.

$$g = |H(f)|^2 = K^2 \tag{5}$$

이 경우 전력 이득은 $E_y = gE_x$의 의미로서 에너지 신호로 사용되며, 시스템의 입력과 출력 임피던스가 다를 경우 전력 이득(에너지)은 K^2에 비례하게 된다.

만일 주파수 선택적인 시스템이라면, 식 (5)를 얻을 수 없지만, $|H(f)|^2$는 주파수의 함수로 어떻게 이득이 변하는지를 나타낸다. 신호 전력으로 나타낸 주파수 의존도의 유용한 척도로 **상대 이득**을 dB로 아래와 같이 나타낸다.

$$|H(f)|_{dB} \triangleq 10 \log_{10} |H(f)|^2 \tag{6}$$

응용 문제 3.3-1

(a) $P_{dBm} = P_{dBw} + 30$ dB임을 증명하시오. (b) $|H(f)|_{dB} = -3$ dB이라면 $|H(f)| \approx 1/\sqrt{2}$ 이고, $|H(f)|^2 \approx \frac{1}{2}$ 임을 증명하시오. 이 결과의 중요성은 실제 필터에 관련된 절에서 논의된다.

전송 손실과 중계기

수동적인 전송 매체에서는 $P_{out} < P_{in}$이므로 전력 이득보다는 전력 손실을 갖게 된다. 따라서 전송 **손실** 또는 **감쇠**에 대하여 알아보도록 하자.

$$L \triangleq 1/g = P_{in}/P_{out} \tag{7}$$
$$L_{dB} = -g_{dB} = 10 \log_{10} P_{in}/P_{out}$$

따라서 $P_{out} = P_{in}/L$이고 $P_{out_{dBm}} = P_{in_{dBm}} - L_{dB}$이다.

동축 케이블, 광섬유 케이블 그리고 도파관과 같은 전송 선로의 경우 출력 전력은 거리에 대하여 지수 형태로 감소하며 이러한 관계를 다음과 같이 표현한다.

$$P_{out} = 10^{-(\alpha\ell/10)} P_{in}$$

이때 ℓ은 송신단과 수신단 간의 **경로 거리**이고, α는 단위 길이 당 dB의 **감쇠 계수**이다. 따라서 식 (7)은 dB 손실이 거리에 비례함을 나타내는 식 (8)이 된다.

$$L = 10^{(\alpha\ell/10)} \qquad L_{dB} = \alpha\ell \tag{8}$$

표 3.3-1은 다양한 전송 매체와 신호 주파수에 대한 α의 일반적인 값을 보여준다.

dB로 나타낸 감소량은 거리에 따른 전송 신호의 급격한 감소를 알기 힘들게 한다. 식

표 3.3-1 전형적인 전송 손실.

Transmission Medium	Frequency	Loss dB/km
Open-wire pair (0.3 cm diameter)	1 kHz	0.05
Twisted-wire pair (16 gauge)	10 kHz	2
	100 kHz	3
	300 kHz	6
Coaxial cable (1 cm diameter)	100 kHz	1
	1 MHz	2
	3 MHz	4
Coaxial cable (15 cm diameter)	100 MHz	1.5
Rectangular waveguide (5 × 2.5 cm)	10 GHz	5
Helical waveguide (5 cm diameter)	100 GHz	1.5
Fiber-optic cable	3.6×10^{14} Hz	2.5
	2.4×10^{14} Hz	0.5
	1.8×10^{14} Hz	0.2

(8)의 관계를 더욱 확실히 나타내기 위하여 $\alpha = 3$ dB/km이고 길이 30 km인 케이블에서 신호를 전송한다고 가정하면, $L_{\mathrm{dB}} = 3 \times 30 = 90$ dB, $L = 10^9$ 그리고 $P_{\mathrm{out}} = 10^{-9}\,P_{\mathrm{in}}$이 된다. 경로 길이가 두 배이면 감쇠도 180 dB로 두 배가 되며 $L = 10^{18}$, $P_{\mathrm{out}} = 10^{-18}\,P_{\mathrm{in}}$이 된다. 이러한 매우 큰 손실로 인하여 1 pW(10^{-12} W)의 출력을 얻기 위하여 1 MW(10^6 W)의 전력이 필요하다.

전송 신호가 크게 감쇠되는 경우에는 출력 신호의 전압을 올리기 위해 **증폭**이 필요하다. 예를 들면, 그림 3.3-2는 경로의 중간 부분에 삽입된 **중계기 증폭기**와 출력 증폭기를 갖는 케이블 전송 시스템을 나타낸다. (입력의 전치 증폭기는 P_{in}의 값에 포함된다.) 전력 이득은 다음과 같은 연속 연결로 배가 되므로

$$P_{\mathrm{out}} = (g_1 g_2 g_3 g_4)P_{\mathrm{in}} = \frac{g_2 g_4}{L_1 L_3} P_{\mathrm{in}} \tag{9a}$$

이며 dB 식은 다음과 같다.

$$P_{\mathrm{out}} = (g_2 + g_4) - (L_1 + L_3) + P_{\mathrm{in}} \tag{9b}$$

여기서 간단하게 dB 첨자는 생략하지만 식 (9b)의 덧셈과 뺄셈은 분명한 dB 식이며, P_{out}의 단위(dBW 또는 dBm)는 P_{in}와 같다.

그림 3.3-2의 중계기는 신호 전력이 증폭기의 잡음 레벨 이하로 떨어지는 것을 방지하기 위하여 선로의 중간 부분에 위치하게 된다. 이러한 이유로 장거리 케이블 시스템은 몇 킬로미터마다 중계기를 설치하며, 대륙 횡단 전화 연결은 2,000개 이상의 중계기를 포함할 것이다. 이러한 시스템의 신호 전력 분석은 식 (9)의 방법을 따르며, 잡음 분석은 부록에 소개된다.

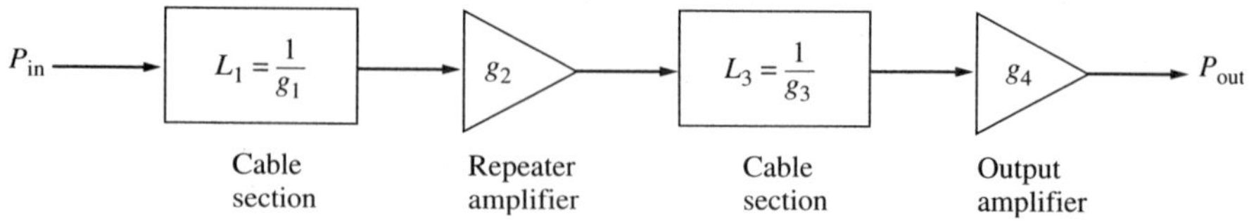

그림 3.3-2
중계기 증폭기를 갖는 케이블 통신 시스템.

광섬유

광통신 시스템은 레이저와 광섬유 기술의 발달로 지난 20년 동안 점차적으로 일반화되었다. 광 시스템은 2×10^{14} Hz 범위의 반송파 주파수를 사용하기 때문에 전송된 신호는 연선이나 동축케이블과 같은 금속 케이블에서 사용할 수 있는 대역폭보다 훨씬 더 큰 대역폭을 가질 수 있다. 위에서 언급된 반송파 주파수에서 사용할 수 있는 이론적 최대 대역폭은 2×10^{13} Hz이며 자세한 내용은 다음 장에서 다루게 될 것이다. 그 정도로 큰 대역폭을 가질 필요는 없겠지만 필요하다면 여분의 대역폭을 갖는 것이 좋다. 빛의 파장을 추가하면 채널의 용량을 증가시킬 수 있다. 다중 광대역 신호의 광섬유 표준인 SONET에 대한 간략한 설명은 12.5절에서 다룬다.

1960년대에 광섬유 케이블은 대략 1000 dB/km의 매우 큰 손실로 인하여 상업적으로는 비실용적이었으나, 오늘날 사용되는 섬유의 종류와 신호의 파장에 따라서 그 손실은 2 dB/km로 대부분의 동축케이블과 연선보다 더 적다. 광섬유 채널의 상용은 큰 대역폭과 적은 데이터 손실의 장점뿐 아니라 여러 가지 장점들을 갖고 있다. 광섬유의 유전체 도파로의 특성은 외부의 신호원으로부터 간섭을 보다 적게 만든다. 전송된 신호는 전류가 아닌 빛이기 때문에 누화를 일으키는 전자기장이 없으며 다른 통신 시스템과의 간섭을 일으키는 무선 주파수 에너지의 방사도 없다. 또한 움직이는 광자가 서로 영향을 미치지 않기 때문에 광섬유 내부에서 잡음이 발생되지 않는다. 광섬유 채널은 문제의 원인인 큰 전류와 전압이 없기 때문에 설치 및 유지가 더 안전하며, 사용자가 알아채지 못하게 광섬유 채널을 도청하는 것이 사실상 불가능하기 때문에 군사적으로 이용하기에 매우 안전하다. 또한 튼튼하고 유연하며 금속 케이블보다 더 큰 온도차를 견뎌 효과적으로 작동한다. 대략 사람의 머리카락 지름과 같은 작은 크기와 가벼운 무게는 더 적은 저장 공간을 가지며 운반 비용이 들지 않음을 의미한다. 끝으로 그것은 충분히 많은 자원인 모래에서 제작되며, 설치 비용이 비싸더라도 장기적인 비용은 금속 기반 케이블을 사용하는 것보다 더 적을 것이다.

저렴한 비용으로 고품질의 아날로그 변조를 구현하는 것이 불가능하므로 대부분의 광통신 시스템은 디지털이며, 신호의 정보원과 최종 수신기가 전자로 구성되어 있어 이 시스템은 전기적 요소와 광학적 요소의 혼합이다. 광 송신기는 광 펄스를 생성하기 위하여 발광 LED(light emitting diode)나 고체 레이저를 사용하며 이 둘 사이의 선택은 설계에 따라서 조절된다. 여러 파장의 비간섭성 빛을 생성하는 발광 다이오드는 튼튼하고 저렴하며 낮은 출력(~0.5 mW)을 갖는데 비하여, 레이저는 훨씬 더 비싸고 더 짧은 수명을 갖지만 한 개 파장의 간섭성 빛을 생성하고 약 5 mW의 출력 전력을 갖는다. 수신기는 대부분 전송 신호의 파장에 따라 핀 다이오드 또는 애벌런스 포토다이오드(APD; avalanche photodiode)를 사용한다. 포락선 검파기(envelope detector)는 광원이 간섭성이 아니어도 되기 때문에 일반

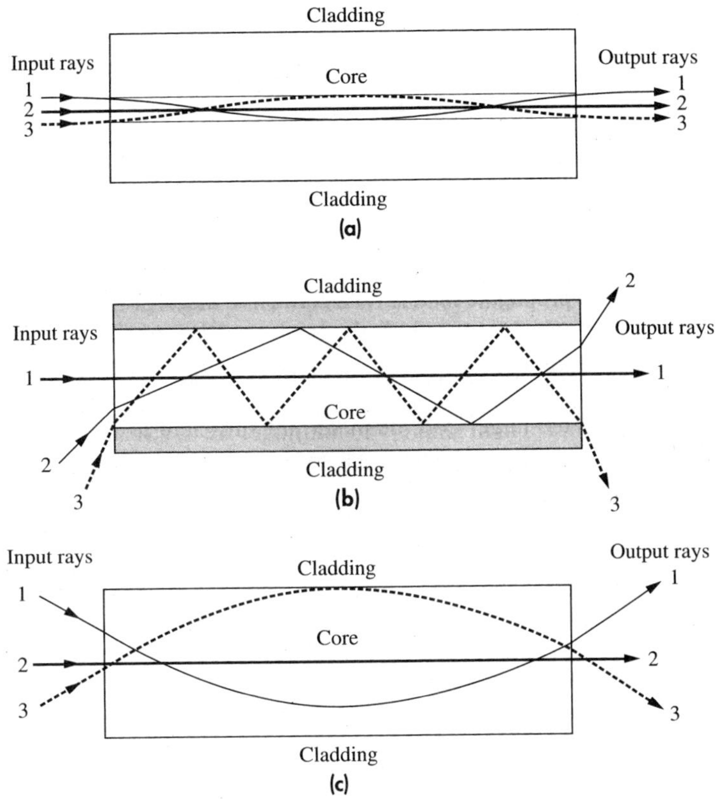

그림 3.3-3

(a) 단순 모드 계단형 광섬유의 빛 전송; (b) 다중 모드 계단형 광섬유의 빛 전송; (c) 다중 모드 지속형 광섬유의 빛 전송.

적으로 사용된다(4.5절 참고). 광섬유 관련 나머지 설명은 광섬유 채널에 대해 집중적으로 다룰 것이다.

광섬유 케이블은 **클래딩** 계층에 의해 둘러싸인 순수한 석영 유리로 구성된 **심**을 가지며, 두 층간의 차이는 도핑정도의 차이나 각각의 작동 온도에서 발생한다. 클래딩은 플라스틱을 사용하여 만들 수 있다. 바깥쪽은 대부분 플라스틱으로 구성된 보호용 껍질로 얇게 쌓여 있고, 클래딩은 심 내부에서 신호 전력을 유지하여 신호의 손실을 줄인다. 광섬유 케이블에는 단일 모드 광섬유, 다중 모드 계단형 광섬유 그리고 다중 모드 지속형 광섬유 등의 세 가지 주된 형태가 있다. 그림 3.3-3a는 단일 모드 광섬유를 통과하는 세 개의 광선을 보여준다. 심 지름이 매우 작기 때문에(~8 μm) 각각의 광선들은 광섬유의 길이를 짧게 전달하기 위해 하나의 경로만을 갖는다. 심과 클래딩 계층 간의 굴절률의 차이는 채널로 돌아오는 굴절된 광선에 의하며 광선은 광섬유를 따란 직선 경로를 따른다. 결론적으로 각각의 광선은 주어진 시간 주기에서 같은 거리를 이동하고 펄스 입력은 기본적으로 출력에서 같은 형태를 갖게 된다. 즉, 단순 모드 광섬유는 큰 통신 대역폭을 가지며 상업적으로 매우 인기 있다. 그러나 작은 심의 지름은 케이블 섹션 가장자리를 맞추는 것과 시작점을 광섬유에 연결하는 것이 어려우며 신호의 손실이 발생될 수 있다.

다중 모드 광섬유는 케이블을 통한 다중 경로를 허용한다. 이것들은 더 큰 심 지름(~50 μm)을 갖기 때문에 광섬유 세그먼트를 꼬아서 연결하기 쉬우며 결과적으로 더 적은 손실을 발생시키며, 더 많은 광선이 서로 다른 각도로 채널에 입력될 수 있다. 다중 모드 계단형 광섬유는 단일 모드 광섬유가 갖고 있는 것과 같이 심과 클래딩 굴절률 간의 단계 변화가 있다. 그림 3.3-3b는 다양한 각도에서의 세 개의 광선이 다중 모드 계단형 광섬유로 들어가는 것을 보여주며, 각 광선의 경로가 매우 다른 것을 볼 수 있다. 광선 1은 단일 모드 광섬유의 경우와 같이 직선으로 전해지며, 광선 2는 심-클래딩 경계를 몇 번 반사되어 케이블을 따라 더 긴 경로를 갖게 되고, 여러 번의 반사를 갖는 광선 3은 훨씬 더 긴 경로를 갖게 된다. 그림 3.3-3b에서 보는 바와 같이 입사각은 수신측의 도달 시간에 영향을 준다. 이러한 채널 지연을 설명하기 위하여 두 가지 용어를 정의할 수 있다. 여러 광선의 도착 사이의 평균 시간차는 **평균 시간 지연**이라 하며, 표준 편차는 **지연 확산**이라 한다. 좁은 펄스의 충돌은 신호가 채널로 전해질 때 펄스폭을 넓히게 되고, 만일 넓어진 펄스가 펄스 간의 차이를 초과한다면 두 펄스가 겹치는 결과를 초래하게 되어 출력에서 펄스를 구별할 수 없게 된다. 그러므로 다중 모드 계반형 광섬유에서 전송된 신호의 최대 대역폭은 단일 모드에서보다 훨씬 더 좁다.

다중 모드 지속형 광섬유는 성능면에서 가장 좋은 결과를 가져온다. 중앙의 큰 심은 균일하지 않은 굴절률을 가지며 굴절률은 중앙에서 가장 크고 바깥 가장자리로 갈수록 점점 약해진다. 그림 3.3-3c에서 보는 것처럼 광선은 다시 다중 경로를 따라 전파된다. 그러나 광선들이 일정하게 굴절되기 때문에 광선의 연속적인 굴곡이 있고, 파형의 속도는 중앙에서 가장 먼 파형들이 가장 빨리 전송되기 위하여 굴절률에 반비례한다. 굴절률 형태는 모든 파형이 수신측에 도착할 때 대체로 같은 지연을 갖도록 설계될 수 있으므로, 분산이 낮을수록 더 높은 전송 대역폭을 허용한다. 다중 모드 지속형 광섬유의 대역폭이 단일 모드 광섬유의 대역폭보다 더 좁은데 비하여 더 큰 심 지름은 장거리 통신 응용에 적합하다는 장점을 갖는다.

광섬유의 모든 형태들은 광섬유 섹션이 서로 연결되는 곳과 광섬유 자체에 연결되는 곳, 광섬유가 송신기나 수신기를 만나는 곳을 포함하여 손실이 일어나는 여러 위치가 있다. 광섬유 안에서의 감쇠는 석영의 불순물로 인한 신호의 **흡수**와 도파관의 불완전성으로 인한 신호의 **산란**에 의해 일어나며, 손실은 전송 거리에 지수적으로 증가하고, 또한 파장에 따라서도 변한다. 감쇠가 최소가 되는 세 개의 파장 영역이 있으며 이것을 표 3.3-1에 보였다. 최소 손실량은 1300 nm와 1500 nm 주위에서 발생되며, 그 주파수들은 장거리 통신 시스템에 자주 사용된다. 현재의 상업적 이용에서는 약 40 km마다 중계기를 필요로 하지만, 매년 기술이 발전되어 이 간격은 계속 증가하고 있다. 보통의 중계기 증폭기는 광파를 전기적 신호로 변형하고 증폭하며 재전송을 위하여 반대로 광신호를 변형한다. 그러나 직접적인 광파 증폭기가 개발되고 있으며 곧 사용 가능할 것이다.

광섬유 통신 시스템은 장거리 통신을 위하여 빠르게 표준화되고 있으며 가정과 회사 안팎으로 점점 광섬유 사용이 증가하고 있다. 수중 광섬유 케이블은 현재 지구 둘레의 2/3 이상에 이르며, 한번에 100,000이상의 전화 통화를 처리할 수 있다. 1956년의 기술적 약진에 의해 단지 36개의 음성 채널만을 전송할 수 있던 최초의 대양 횡단 케이블과 비교해 보라! 현재 시스템은 90 Mbits/sec에서 2.5 Gbits/sec까지 처리할 수 있으며 1000 Gbits/sec와 같은 높은 실험 결과도 있다. 64 kbits/sec의 현재 전송률은 하나의 광섬유를 통해 1,500만의 전화 통화가 가능함을 나타낸다. 전송 용량은 계속 커질 것이고 그것을 채울 새로운 방법들이 찾아질 것이다.

무선 전송

전파에 의한 신호 전송은 요구되는 중계기의 수를 줄일 수 있고, 긴 케이블을 제거한다는 추가적인 장점을 갖고 있다. 무선 전송이 다음 장에서 설명될 변조 과정을 포함하지만 그림 3.3-4에서 설명되는 송신단에서 수신단의 안테나까지 직선 경로로 전송되는 **가시선 전자파 전파**를 위한 전송 손실을 여기서 고찰하는 것이 적합해 보인다. 이 전파 모드는 대개 약 100 MHz 이상의 주파수에서 장거리 통신에 사용된다.

가시선 전자파 경로 상의 **자유 공간 손실**은 전파의 구면 분산에 의해 일어나며, 이러한 손실은 파장 λ, 신호 주파수 f, 광속 c를 갖는 다음 식으로 표현된다.

$$L = \left(\frac{4\pi\ell}{\lambda}\right)^2 = \left(\frac{4\pi f\ell}{c}\right)^2 \tag{10a}$$

ℓ을 킬로미터 단위로, f를 기가헤르츠(10^9 Hz) 단위로 표현한다면, 식 (10a)는 다음과 같이 된다.

$$L_{\text{dB}} = 92.4 + 20\log_{10} f_{\text{GHz}} + 20\log_{10} \ell_{\text{km}} \tag{10b}$$

이 때 L_{dB}이 경로 길이에 정비례하기보다는 로그 ℓ에 따라 증가하는 것을 볼 수 있다. 예를 들면, 경로 길이가 두 배가 되면 손실은 단지 6 dB까지 증가한다. 지상파 전파의 경우 신호는 매개에 의한 흡수나 산란을 통해 감쇠될 수 있다(예를 들면 공기나 수분). 혹독한 기후 조건도 손실을 증가시킨다. 예를 들면 위성 텔레비전 신호는 궂은 날씨일 때에는 때때로 수신이 되지 않는다. 반면에 매질의 불균형성은 레이더가 난류나 또 다른 기상 조건을 탐지할 수 있게 해준다.

또한 지향성 안테나는 어떤 의미에서는 증폭처럼 작용하는 집중 효과를 갖는다.

$$P_{\text{out}} = \frac{g_T\, g_R}{L} P_{\text{in}} \tag{11}$$

이 때 g_T과 g_R는 송신측과 수신측의 안테나 이득을 나타내며 효율적인 **구경 면적** A_e을 갖는 안테나의 최대 송수신 이득은 $c \approx 3 \times 10^5$ km/s인

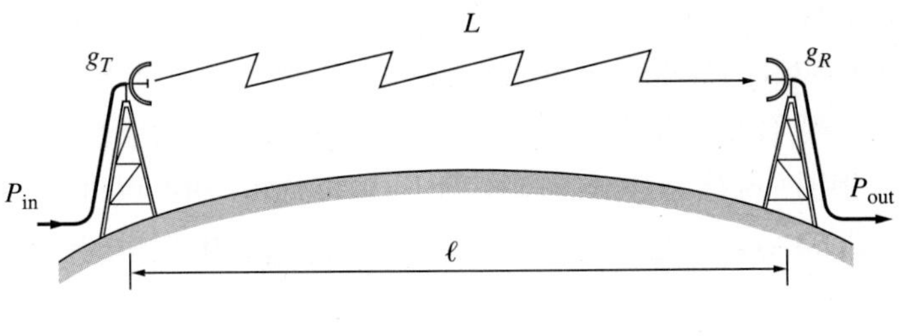

그림 3.3-4
가시선 전자파 무선 통신.

$$g = \frac{4\pi A_e}{\lambda^2} = \frac{4\pi A_e f^2}{c^2} \tag{12}$$

이다. 혼 또는 접시형 안테나의 A_e 값은 거리 물리적 영역과 같으며, 큰 포물선 접시형 안테나는 60 dB 이상의 이득을 제공한다. 전송 전력과 안테나의 이득이 조합되어 **실효 등방성 복사 전력**(effective isotropic radiated power, EIRP) 또는 $EIRP = s_T g_T$로 주어진다.

상업적인 무선국은 더 높은 전력을 갖고 있으나, 시스템의 선형 작동 영역을 넘지 않는 전송 신호를 만들기 위해 종종 압축을 이용한다. 3.2절에서 언급한 바와 같이 압축은 낮은 레벨 신호에 더 큰 증폭을 공급하여 주변 잡음 레벨보다 높게 신호를 끌어올릴 수 있다. 그러나 가정용 라디오는 컴팬딩 과정을 완성하기 위한 확장기가 장착되어 있지 않기 때문에 가청 왜곡이 나타나기도 한다. 이것을 처리하기 위해 음악 제작 회사들은 대부분 원하는 소리의 무결성을 보증하기 위하여 무선국으로 자료를 보낼 때 미리 사전 처리를 하기도 한다.

위성은 초 장거리에 가시선 전자파를 공급하고, 넓은 통신 가능 구역을 갖고 있어 선박이나 비행기와 같은 이동 플랫폼을 포함하여 케이블이나 광섬유로 다룰 수 없는 지역과 연결할 수 있다. 광섬유 시스템이 전화 통화량의 총량을 증가시키고 여러가지 응용에서 위해 위성을 구식으로 만들고 있긴 하지만, 위성 중계는 여전히 대부분의 초 장거리 통신을 다루고 있으며 바다를 가로질러 텔레비전 신호의 전송을 가능하게 만든다. 그것들은 개인 위성 중계기의 사용을 위해 세분화할 수 있는 약 500 MHz의 넓은 대역폭을 갖고 있으며, 대부분의 위성은 정지 위성 궤도에 있다. 이것은 지구의 자전과 동기되어 있고, 적도 위에 정확히 위치하고 있음을 의미하므로 하늘에 정지되어 있는 것으로 보인다. 중요한 장점은 위성에서 지구를 겨냥한 안테나가 고정될 수 있다는 것이다.

전형적인 C 주파수대 위성은 6 GHz의 상향 회선 주파수와 4 GHz의 하향 회선 주파수, 각각 36 MHz의 대역폭을 갖고 있는 12개의 위성 중계기를 갖고 있다. 이러한 주파수 범위 사용은 상대적으로 저렴한 마이크로웨이브 장비의 사용을 가능하게 하며 낮은 상공 배경 잡음을 갖고 있다는 장점을 가지고 있다. 그러나 지구상의 마이크로웨이브 시스템으로부터의 심한 간섭이 있을 수 있어서 많은 위성들은 오늘날 Ku 주파수대를 사용한다. Ku 주파수대는 14 GHz의 상향 회선 주파수와 12 GHz의 하향 회선 주파수를 갖고 있으며 보다 작고 덜 비싼 안테나의 사용을 가능하게 한다. C 주파수대 위성은 거의 대부분이 상업적 케이블 TV 시스템을 위하여 사용되는 반면 Ku 주파수대 위성은 영상 회의를 위하여 사용된다. 가정용 텔레비전 서비스를 위한 직접 방송 위성(DBS; direct broadcasting satellite)을 허용하는 더욱 새로워진 서비스는 17GHz의 상향 회선 주파수와 12 GHz의 하향 회선 주파수를 사용한다.

이러한 특성에 의해, 위성은 같은 시간에 다른 위치로부터 많은 사용자가 접속할 수 있어야 한다. 다양한 다원 접속 기술이 개발되고 있고 다음 장에서 더 설명할 것이다. 이동전화와 같은 개인 통신 장비는 **시간 분할 다원 접속**(TDMA; time-division multiple access)과 부호 분할 다원 접속(CDMA)과 같은 다원 접속 기술에 의존한다. 전파 지연은 음성 통신을 위한 장거리 전송에 문제가 될 수 있고 채널에서 반향 소거를 필요로 할 수도 있다.

현재의 기술은 새로운 소식이나 사건이 발생하는 곳으로 이동하기 위해 휴대용 위성 상향 회선 시스템을 사용할 수 있게 한다. 사실상 모든 장비는 비행기로 수송될 수 있는 소형 트럭이나 몇몇 커다란 트렁크에 들어갈 수 있다. 위성통신에 관한 더 많은 정보를 얻으려면 Ippolito(2008)과 Tomasi(1998)를 참조하기 바란다(1998, 제18장).

위성 중계 시스템

예제 3.3-1

그림 3.3-5는 중계기와 같은 역할을 하는 위성 중계를 갖는 간단한 대양 횡단 텔레비전 시스템을 나타낸다. 위성은 정치 위성 궤도이며 적도에서 약 22,300마일(36,000 km) 떨어진 위에 있고 상향 회선 주파수와 하향 회선 주파수가 각각 6 GHz, 4 Ghz이다. 식 (10b)는 위성을 향하는 송신기에서 수신기까지의 거리가 지구에서 위성까지의 거리와 거의 같기 때문에 상향 경로 손실

$$L_u = 92.4 + 20 \log_{10} 6 + 20 \log_{10} 3.6 \times 10^4 = 199.1 \text{ dB}$$

과 하향 경로 손실

$$L_d = 92.4 + 20 \log_{10} 4 + 20 \log_{10} 3.6 \times 10^4 = 195.6 \text{ dB}$$

을 일으킨다. dB의 안테나 이득은 여러 가지 기능을 나타내는 첨자와 함께 그림에 주어졌다. 예를 들어 g_{RU}는 지구에서 위성까지의 상향 회선상의 수신 안테나 이득을 나타낸다. 위성은 18 dBW의 일반적인 출력을 만드는 중계기 증폭기를 갖고 있다. 송신기 입력 전력이 35 dBW일 경우 위성에서 수신된 전력은 35 dBW + 55 dB-199.1 dB + 20 dB = −89.1 dBW이며, 수신기에서의 출력 전력은 18 dBW + 16 dB − 195.6 dB + 51 dB = −110.6 dBW가 된다. 식 (4)의 역은

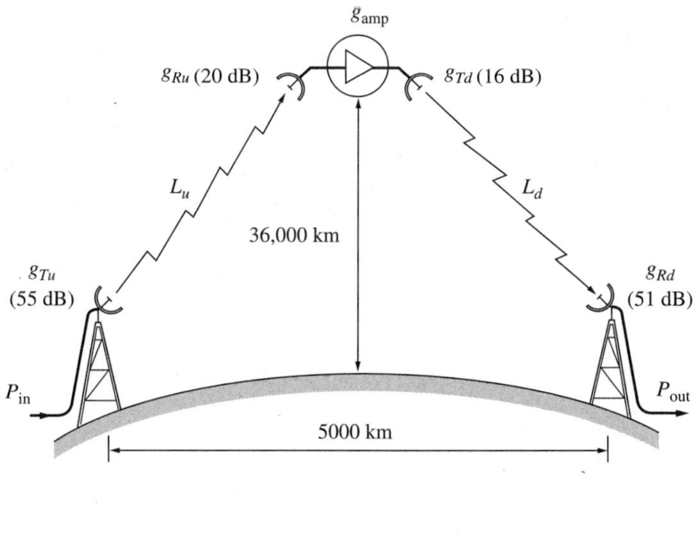

그림 3.3-5
위성 중계 시스템.

$$P_{out} = 10^{(-110.6/10)} \times 1 \text{ W} = 8.7 \times 10^{-12} \text{ W}$$

이 된다. 위성 시스템에서 이러한 극히 작은 전력 레벨은 일반적이다.

응용 문제 3.3-2

40 km 케이블 시스템은 $P_{in} = 2$ W를 가지며 64 dB 이득의 중계기가 입력으로부터 24 km에 삽입되었고, 케이블 구간은 $\alpha = 2.5$ dB/km이다. dB 식을 사용하여 다음의 신호전력을 구하시오. (a) 중계기의 입력을 구하시오. (b) 최종 출력을 구하시오.

예제 3.3-2

도플러 전위

자동차가 지나갈 때, 특별히 빠른 속도로 움직일 때 자동차 경적의 높낮이가 바뀌는 현상을 발견할 수 있을 것이다. 이 주파수의 변화는 **도플러 전위**로 무선 주파수에서도 발생할 수 있다. 방사체가 수신기에 다가올 때 최대 도플러 전위는 다음과 같다.

$$\Delta f = +f_c \frac{v}{c} \tag{12}$$

여기서 Δf, f_c, v, c는 각각 도플러 전위, 공칭 주파수, 물체와 속도, 빛의 속도를 나타낸다. 만약 물체가 수신기로부터 멀어진다면 식 (12)는 음의 부호를 가진다. 물체가 수신기에 ϕ의 각도로 접근하는 경우에는 식 (12)는 다음과 같이 수정된다.

$$\Delta f = f_c \frac{v}{c} \cos \phi \tag{13}$$

자동차가 825 MHz의 이동전화 주파수를 송신하며 접근하는 것을 고려해보자, 자동차가 관측자를 지나갈 때 주파수 전위가 40 Hz였다. 자동차의 속도는 얼마인가?

$$\Delta f = 40 = \frac{825 \times 10^6}{3 \times 10^8} v \Rightarrow v = 14.5 \text{ m/s} = 52.4 \text{ km/hour}$$

3.4 필터와 필터링

실제 모든 통신 시스템은 간섭, 잡음 그리고 왜곡과 같은 불필요한 영향으로부터 정보전달 신호를 구분해내기 위하여 하나 또는 그 이상의 필터를 갖고 있다. 이 절에서는 이상적 필터를 정의하고 실제 필터와 이상적 필터간의 차이를 설명한 후 펄스 신호에서의 필터링 효과를 살펴본다.

이상적 필터

정의에 의하면, 이상적 필터는 하나 또는 그 이상의 특정 주파수 대역에서 무왜곡 전송 특성을 가지며 모든 다른 주파수에서는 영점 응답 특성을 갖는다. 특히 이상적 **대역 통과** 필

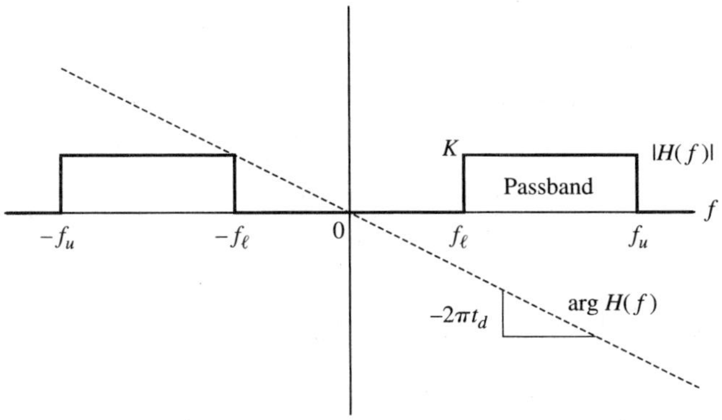

그림 3.4-1
이상적 대역 통과 필터의 전달 함수.

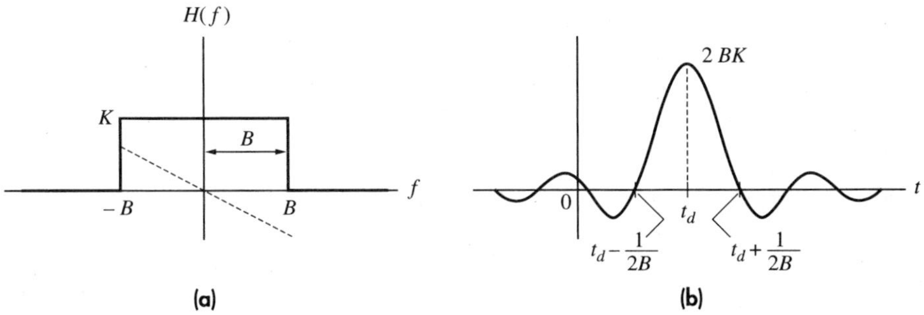

그림 3.4-2
이상적 저역 통과 필터. (a) 전달 함수; (b) 임펄스 응답.

터(BPF)의 전달 함수는 그림 3.4-1에서와 같이

$$H(f) = \begin{cases} Ke^{-j\omega t_d} & f_\ell \le |f| \le f_u \\ 0 & \text{otherwise} \end{cases} \tag{1}$$

이다. 변수 f_ℓ과 f_u는 **통과 대역**의 종점을 나타내기 때문에 각각 아래쪽 **차단 주파수**와 위쪽 차단 주파수이다. 필터 **대역폭**은

$$B = f_u - f_\ell$$

이며 통과 대역의 양의 주파수 부분에서 측정한다.

같은 방식으로 이상적 **저역 통과** 필터(LPF)는 식 (1)에서 $f_\ell = 0$이고 $B = f_u$로 정의되는 반면, 이상적 **고역 통과** 필터(HPF)는 $f_\ell > 0$이고 $f_u = \infty$을 갖는다. 이상적 **대역 제거** 필터 또는 **노치** 필터는 몇몇 **정지 대역** 즉, $H(f) = 0$인 $f_\ell \le |f| < f_u$을 제외한 모든 주파수에서 무왜곡 전송을 일으킨다.

그러나 이러한 모든 필터는 유한개의 요소를 가지고 이루어질 수 없다는 특성으로 인하여 물리적으로 **실현 불가능**하다. 이 가정의 증명을 건너뛰고, 대신 임펄스 응답에 기반을 둔 교육적인 논증을 살펴보자.

그림 3.4-2a에서 보이는 전달 함수의 이상적 저역 통과 필터를 고려하자.

$$H(f) = Ke^{-j\omega t_d}\Pi\left(\frac{f}{2B}\right) \tag{2a}$$

임펄스 응답은 그림 3.4-2b에 설명된

$$h(t) = \mathscr{F}^{-1}[H(f)] = 2BK \operatorname{sinc} 2B(t - t_d) \tag{2b}$$

이다. $h(t)$가 $\delta(t)$ 대한 응답이고, $t < 0$에서 0이 아닌 값을 갖기 때문에 입력이 사용되기 전에 출력이 나타난다. 이러한 필터를 **선행** 또는 **비인과**라고 부르며, 입력 전에 나타나는 출력을 예측부라 부른다. 의심할 여지없이 이런 작용은 물리적으로는 불가능하므로, 이 필터는 실현될 수 없으며 이러한 결과는 이상적 저역 통과 필터와 고역 통과 필터에서도 동일하다.

허구적인 것 같지만, 이상적 필터는 통신 시스템의 연구에 커다란 개념적 가치가 있으며, 많은 실제 필터의 동작이 이상적 필터에 아주 가까워 지고 있다.

응용 문제 3.4-1

이상적 저역 통과 필터의 임펄스 응답이 다음과 같음을 보이시오. 단, $\omega_c = \pi(f_\ell + f_u)$이다.

$$h(t) = 2BK \operatorname{sinc} B(t - t_d) \cos \omega_c(t - t_d)$$

대역제한과 시간제한

아래의 식과 같은 어떠한 상수 W가 존재한다면, 신호 $v(t)$는 대역제한이라고 한다.

$$V(f) = 0 \qquad |f| > W$$

따라서 스펙트럼은 $|f| > W$ 외의 범위에서는 값이 없다. 비슷하게 **시간제한** 신호는 상수 $t_1 < t_2$에 대한 다음 특성에 의해 정의된다.

$$v(t) = 0 \qquad t < t_1 \text{ and } t > t_2$$

따라서 신호는 $t \ge t_1$에서 시작하여 $t \le t_2$에서 종료한다. 실제 필터 대 이상적 필터의 관점에서 이러한 두 가지 정의를 더 살펴보도록 하자.

이상적 필터링과 대역제한 신호의 개념은 이상적 저역 통과 필터에 사용한 신호가 출력에서 대역제한된 신호를 가져오기 때문에 서로 연관성이 있다. 또한 이상적 저역 통과 필터의 임펄스 응답이 모든 시간 영역에서 sinc 펄스라는 것도 알 수 있다. 결과적으로 대역제한 신호가 정확히 시간제한이 될 수 없다. 반대로 쌍대성에 의하여 시간제한 신호는 정확히 대역제한이 될 수 없다. 우리가 다루어온 모든 변환쌍에서 이러한 주장이 성립하며, 일반적인 증명은 Wozencraft와 Jacobs(1965, 부록 5B)에 있다.

완벽한 대역제한과 시간제한은 상호 동시에 일어날 수 없다.

이러한 관찰은 통신 시스템의 연구에 사용된 신호와 필터 모델에 문제를 일으킨다. 신호가 대역제한과 시간제한 모두 될 수 없기 때문에 대역제한된 신호와 이상적 필터를 포기하거나 모든 시간에 존재하는 신호 모델을 사용해야만 한다. 반면 모든 실제 신호는 시작과 종료 시간을 갖는 시간제한임을 우리는 알고 있다. 또 한편 대역제한된 스펙트럼과 이상적 필터의 개념을 완전히 무시하기에는 그것은 너무 유용하고 필요한 것이다.

이러한 난제에 대한 해결책은 실제로는 그리 어려운 것이 아니고 단지 작은 절충을 요구한다. 정확하게 시간 제한된 신호가 완벽하게 대역제한되지 않더라도 어떤 상측 주파수 제한 W를 벗어나서는 스펙트럼이 무시할 수 있을 정도로 작을 수 있고, 정확히 대역제한된 신호가 일정한 시간 구간 $t_1 \leq t \leq t_2$ 밖에서는 무시할 수 있을 정도로 작을 수 있다. 따라서 대부분의 실용적 목적을 위해, 신호는 대역제한되고 또 시간 제한된다고 가정한다.

실제 필터

이상적인 동작에 가까운 구현 가능한 실제 필터의 설계는 이 책의 범위를 벗어나는 고급과정의 주제이지만, 이상적 필터의 가정에 의해 내포된 근사값의 이해를 돕기 위하여 최소한 실제필터와 이상적 필터간의 주된 차이점을 살펴보자. 필터 설계와 구현에 대한 더 많은 정보는 Van Va1kenburg(1982)과 같은 교재에서 찾을 수 있다.

그림 3.4-3은 전형적인 실제 대역 통과 필터의 진폭율을 보여준다. 그림 3.4-1의 이상적 대역 통과 필터와 비교해 볼 때 $|H(f)|$는 통과대역에서는 상대적으로 큰(그러나 상수가 아닌) 값을 가지며, $|H(f)|$가 정지대역에서는 매우 작은(그러나 0이 아닌) 값을 가진다는 것을 알 수 있다. 통과 대역의 종점은 $f_\ell \leq |f| \leq f_u$일 때 $|H(f)|^2$이 $K^2/2$보다 작지 않게 하기 위하여 대부분

$$|H(f)| = \frac{1}{\sqrt{2}}|H(f)|_{\max} = \frac{K}{\sqrt{2}} \qquad f = f_\ell, f_u \tag{3}$$

에 의해서 정의된다. 대역폭 $B = f_u - f_\ell$를 **반전력 대역폭** 또는 3 dB 대역폭이라고 부른다. 비슷하게 정지 대역의 종점은 $|H(f)|$가 $K/10$ 혹은 $K/100$과 같이 충분히 작은 값으로 떨어지는 곳으로 잡을 수 있다.

통과 대역과 정지 대역 사이는 필터가 주파수 성분을 통과시키지도 버리지도 않는 **천이** 영역이며, 그림에서 음영이 넣어진 부분이다. 그러므로 효과적인 신호 필터링은 매우 좁은 천이 영역을 갖는 필터에 의해서 좌우된다. 특별한 종류의 필터에 대하여 이러한 양상을 살펴보고 그 밖의 일반적인 필터 설계를 설명할 것이다.

가장 단순한 표준 필터의 형태는 n개의 반응 요소(커패시터와 인덕터)를 포함하는 n차 **Butterworth** 저역 통과 필터 회로이다. $K = 1$을 갖는 전달 함수는 B가 3 dB 대역폭과 같

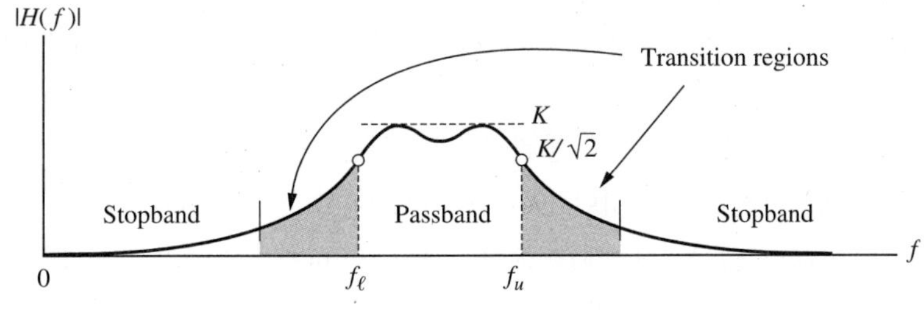

그림 3.4-3
실제 대역 통과 필터의 일반적인 진폭율.

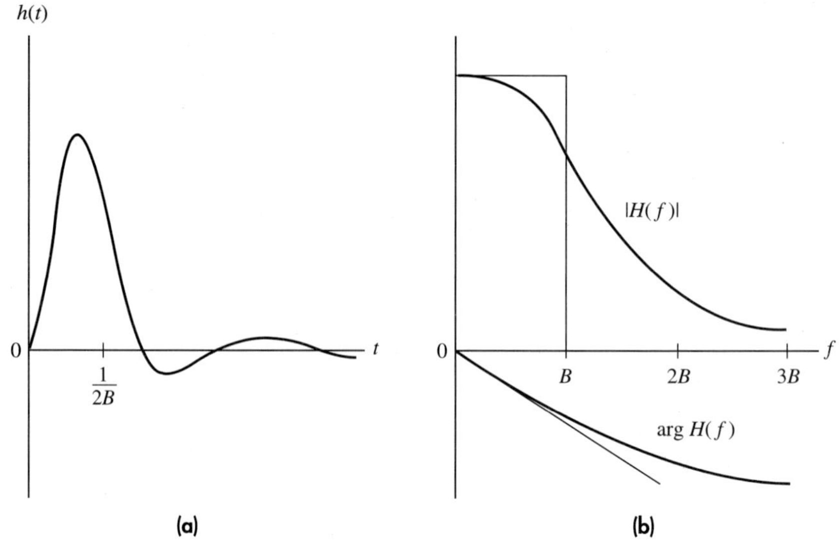

그림 3.4-4
3차 Butterworth 저역 통과 필터. (a) 임펄스 응답; (b) 전달 함수.

표 3.4-1 Butterworth 다항식.

n	$P_n(p)$
1	$1 + p$
2	$1 + \sqrt{2}\,p + p^2$
3	$(1 + p)(1 + p + p^2)$
4	$(1 + 0.765p + p^2)(1 + 1.848p + p^2)$

고 $P_n(jf/B)$가 복소수 다항식인

$$H(f) = \frac{1}{P_n(jf/B)} \tag{4a}$$

형태를 갖는다. Butterworth 다항식들은

$$|P_n(jf/B)|^2 = 1 + (f/B)^{2n}$$

의 특성에 의하여 정의되어

$$|H(f)| = \frac{1}{\sqrt{1 + (f/B)^{2n}}} \tag{4b}$$

이다. 결론적으로 $|H(f)|$의 첫 번째 n 미분 계수는 $f = 0$에서 0이며, $|H(f)|$가 **최대 평탄하다**고 말한다. 표 3.4-1은 정규화된 $p = jf/B$를 사용하는 $n = 1$에서 4까지의 Butterworth 다항식 목록이다.

1차 Butterworth 필터는 RC 저역 통과 필터와 같은 특성을 갖고 있고 이상적 저역 통과 필터의 불충분한 근사값일 것이다. 그러나 회로에 더 많은 요소를 추가함에 따라 n이 증가함으로써 근사값이 개선된다. 예를 들면, 그림 3.4-4a의 3차 필터의 임펄스 응답은 물

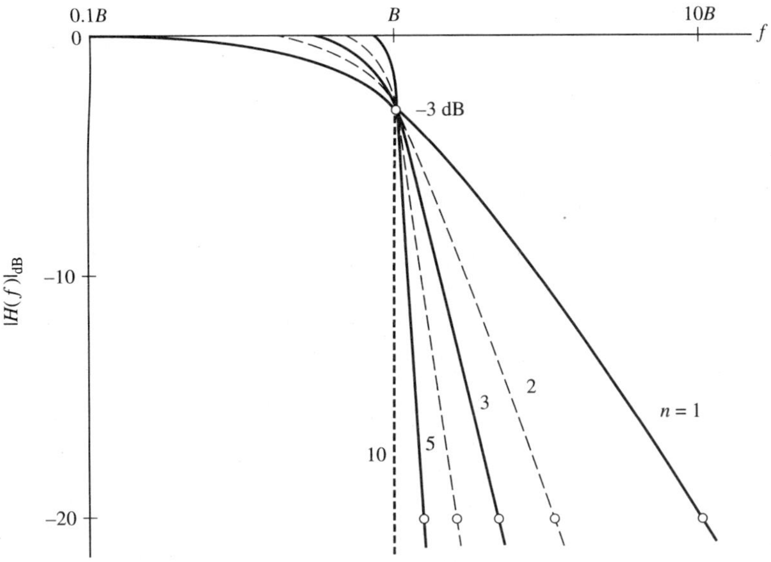

그림 3.4-5

Butterworth 저역 필터의 Bode 도형.

론 예측부 없이 이상적 저역 통과 필터의 임펄스 응답과 매우 유사하며 이러한 필터의 주파수 응답 곡선은 그림 3.4-4b에 보여진다. 위상 전위는 통과 대역에서 거의 선형 경사를 가지며, 따라서 시간 지연과 함께 약간의 지연 왜곡을 수반할 것이다. Butterworth 필터의 차수가 커지면 필터의 임펄스 응답은 더 많이 진동하게 된다.

천이 영역에서 진폭율의 더 분명한 그림은 로그 척도의 f에 대한 dB에서의 도표 $|H(f)|$로 구성된 **Bode 도형**에서 얻을 수 있다. 그림 3.4-5는 여러 가지 n값을 갖는 Butterworth 저역 통과 필터를 위한 Bode 도형을 나타낸다. 만약 정지 대역의 가장자리를 $H(f) = -20$ dB에서 정의한다면, $n = 1$일 때의 천이 영역 폭은 $10B - B = 9B$가 되지만 $n = 10$일 때에는 $1.25B - B = 0.25B$가 된다. 분명히 $|H(f)|$는 $n \to \infty$일 때 이상적인 구형에 근접하게 된다. 동시에 위상 전위의 경사는 n과 함께 증가하고 지연 왜곡은 지나치게 커지게 된다.

지연 왜곡의 발생이 중요한 관심인 상황에서는 **Bessel-Thomson** 필터가 적절한 선택일 수 있다. 이 필터의 종류는 주어진 n값에서 **최대 선형 위상 전위** 특성을 나타내지만 더 넓은 천이 영역을 갖는다. 다른 극단으로 Chebyshev와 elliptic 필터를 포함한 **균일 리플** 필터의 종류는 주어진 n 값에서 가장 가파른 천이 영역을 제공하지만 이 필터들은 통과 대역에서 작은 진폭 리플과 심하게 비선형인 위상 전위를 일으킨다. 예를 들면 균일 리플 필터는 음성 적용에 적합하겠지만, 펄스 적용의 경우는 Bessel-Thomson 필터의 뛰어난 천이 성능이 요구될 것이다. 필터 설계에 대한 더 많은 정보를 위하여는 Williams와 Taylor (2006)을 참고하시오.

모든 세 개의 필터 종류는 큰 인덕터의 필요성을 없애는 연산 증폭기와 같은 능동 소자로 구현될 수있다. **개폐식 캐패시터 필터**의 설계는 대규모 집적 회로에서 너무 큰 공간을 차지하는 저항기를 제거하며 고역 통과 필터나 대역 통과 필터를 얻기 위하여 수정될 수도 있다. 그러나 폭이 좁으면서 거의 사각 모양의 통과 대역을 갖는 대역 통과 필터를 원할 때에는 실제 구현상의 문제가 발생한다. 전기 기계 현상을 이용하는 특별한 설계기

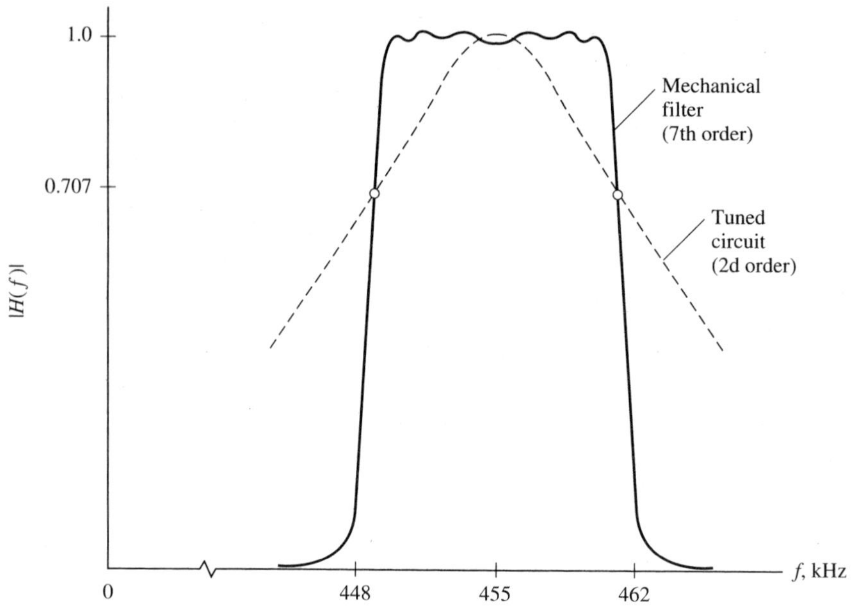

그림 3.4-6
기계적 필터의 진폭율.

법이 그런 응용을 위해 개발되고 있다. 예를 들면, 그림 3.4-6은 AM 방송에서 사용되는 7차 모놀리식 수정 대역 통과 필터의 진폭율을 보여준다.

예제 3.4-1

2차 LPF

그림 3.4-7의 회로는

$$B = \frac{1}{2\pi\sqrt{LC}}$$

를 갖는 2차 Butterworfh 저역 통과 필터의 한 방법이다. 전달 함수는

$$H(f) = \frac{Z_{RC}}{Z_{RC} + j\omega L}$$

이고 여기서

$$Z_{RC} = \frac{R/j\omega C}{R + 1/j\omega C} = \frac{R}{1 + j\omega RC}$$

이다. 따라서

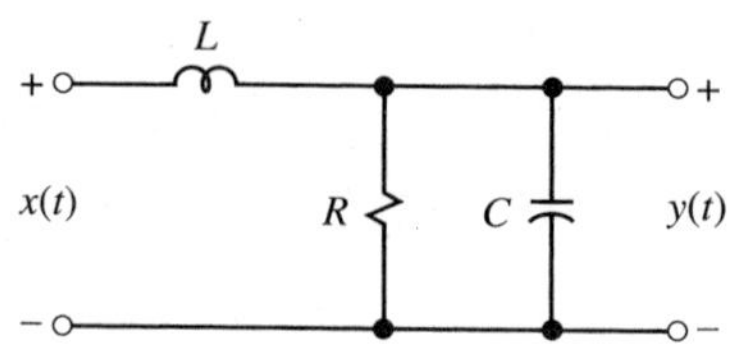

그림 3.4-7
2차 Butterworth 저역 통과 필터.

$$H(f) = \frac{1}{1 + j\omega L/R - \omega^2 LC}$$

$$= \left[1 + j\frac{2\pi L}{R}f - (2\pi\sqrt{LC}f)^2\right]^{-1}$$

이다.

표 3.4-1의 $p = jf/B$라 하면

$$H(f) = \left[1 + j\sqrt{2}\frac{f}{B} - \left(\frac{f}{B}\right)^2\right]^{-1}$$

를 필요로 하며 식을 만족하는 R과 L, C 사이의 관계는 $R = \sqrt{\frac{L}{2C}}$로 정리되는

$$\frac{2\pi L}{R} = \frac{\sqrt{2}}{B} = \sqrt{2}\,2\pi\sqrt{LC}$$

에서부터 알아낼 수 있다.

응용 문제 3.4-2

$f > B$일 때, Butterworth 저역 통과 필터가 $|H(f)|_{\text{dB}} \approx -20n\log_{10}(f/B)$임을 증명하라. 또한 $f \geq 2B$일 때, $|H(f)| \leq 1/10$을 만족하기 위한 n의 최소값을 구하라.

신호는 종종 인위적인 요인으로 발생되는 간섭에 의해 일그러지게 된다. 예로 60 Hz 전원 잡음에 의해 오염된 음성 신호를 들 수 있다. 가장 명확한 해법은 **노치나 대역 제거** 필터를 사용하여 60 Hz 대역의 주파수 성분만을 제거하는 것이다. 하지만 이상적인 필터는 존재하지 않기 때문에 실제로 사용되는 노치 필터는 60 Hz 간섭 신호와 더불어 일부 원하는 성분까지 제거할 수 있다. 그림 3.4-8과 같은 **적응 상쇄**를 고려해 보자. 관측된 신호는 필요 신호 $x(t)$와 60 Hz 간섭으로 구성되어 다음과 같다.

$$y(t) = x(t) + A_I\cos(2\pi 60t + \phi_I)$$

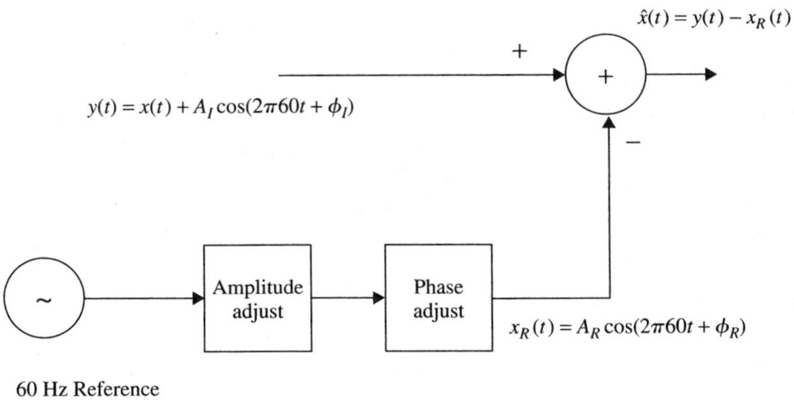

그림 3.4-8
60 Hz 간섭을 제거하기 위한 적응 상쇄 필터.

여기서 A_I와 ϕ_I는 각각 간섭 신호의 진폭과 위상이다. 60 Hz 참조 신호를 만들면

$$x_R(t) = A_R \cos(2\pi 60t + \phi_R)$$

이고 이 때 A_R과 ϕ_R은 각각 참조 신호의 진폭과 위상이다. A_R과 ϕ_R을 조절하여 $x_R(t)$를 간섭을 포함하는 신호 $y(t)$에서 빼주면 60 Hz 신호는 서로 상쇄되어 $x(t)$만을 유추해 낼 수 있다. 다른 말로 하면 참조 신호를 $A_R \cong A_I$, $\phi_R \cong \phi_I$와 같이 변화시키면

$$\hat{x}(t) = y(t) - x_R(t) \cong x(t)$$

을 얻을 수 있다. 정확한 유추를 위해서 참조 신호의 진폭이나 위상을 변화시키는 것은 반복 과정이며 어떤 최적화 과정을 사용하여 수행된다. 적응 상쇄 이론은 B.Widrow(Widrow and Strearn, 1985)에 의해 처음으로 개발되었고 반향제거나 기타 간섭을 제거하는데 적용되었다. 제15장에서는 다중 경로 간섭을 다루는데 있어 유사한 이론을 사용하게 될 것이다.

펄스 응답과 상승 시간

구형파 펄스나 급격한 천이를 갖는 그 밖의 신호는 저역 통과 필터에 의하여 감쇠되거나 제거될 주요한 고주파 성분을 포함한다. 따라서 시간 영역에서 연구되어야 하는 평활화 또는 번짐 효과는 펄스 필터링에 의하여 발생된다. 펄스 응답의 연구는 펄스 전송 시스템에 대한 유용한 정보의 실마리가 된다.

구형파 펄스의 주된 가장자리를 표현하는 단위 계단 입력 신호 $x(t) = u(t)$를 사용하여 살펴보자. 필터의 임펄스 응답 $h(t)$에 대하여 계단파 응답은 $\lambda > t$일 동안에 $u(t - \lambda) = 0$이기 때문에

$$g(t) \triangleq \int_{-\infty}^{\infty} h(\lambda)u(t-\lambda)\,d\lambda = \int_{-\infty}^{t} h(\lambda)\,d\lambda \tag{5}$$

가 된다. 3 dB 대역폭 B를 갖는 1차 저역 통과 필터에서

$$g(t) = (1 - e^{-2\pi Bt})u(t)$$

임을 예제 3.1-1과 3.1-2에서 보았다.

1차 저역 통과 필터는 고주파 전송을 엄격하게 제한하지는 않는다. 따라서 극단적인 경우로 단위 이득과 0의 시간 지연을 가지는 이상적 저역 통과 필터의 경우를 살펴보자.

그림 3.4-9
정현 적분 함수.

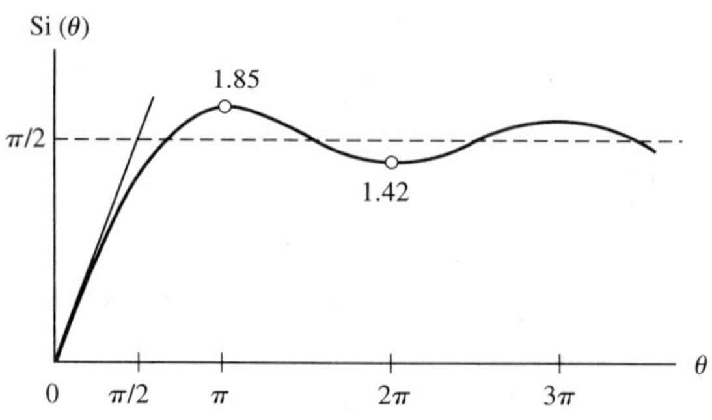

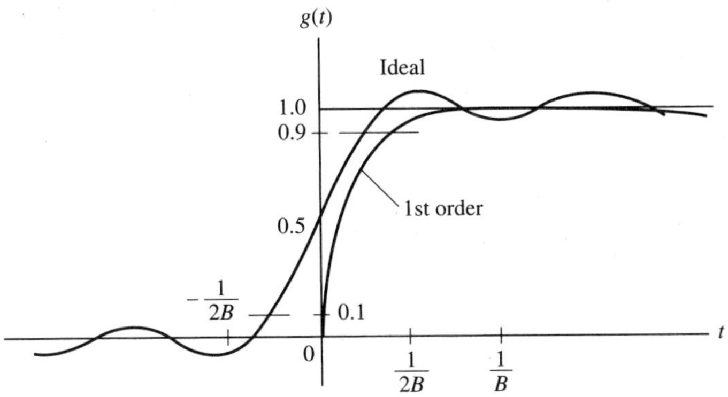

그림 3.4-10
이상적 고차 저역 통과 필터의 계단파 응답.

식 (2b)로부터 $h(t) = 2B \text{ sinc } 2Bt$와 같으며 식 (5)는 $\mu = 2B\lambda$인

$$g(t) = \int_{-\infty}^{t} 2B \text{ sinc } 2B\lambda \, d\lambda$$

$$= \int_{-\infty}^{0} \text{sinc } \mu \, d\mu + \int_{0}^{2Bt} \text{sinc } \mu \, d\mu$$

이 된다. 첫 번째 적분은 1/2과 같다고 알려져 있지만 두 번째 적분은 수치적으로 계산해야 한다. 결과는 **정현 적분 함수**

$$\text{Si}(\theta) \triangleq \int_{0}^{\theta} \frac{\sin \alpha}{\alpha} d\alpha = \pi \int_{0}^{\theta/\pi} \text{sinc } \mu \, d\mu \tag{6}$$

의 식으로 환산하여 표현될 수 있으며, $\theta > 0$에 대하여 결과를 그림 3.4-9에 보였고 $\theta \to \infty$에 따라 $\pi/2$에 가까워진다. 또한 이 함수는 기대칭 특성인 $\text{Si}(-\theta) = -\text{Si}(\theta)$에 따라 $\theta < 0$에서도 정의된다. 식 (6)을 사용하면 $\theta/\pi = 2Bt$의 경우 다음과 같이 된다.

$$g(t) = \frac{1}{2} + \frac{1}{\pi} \text{Si}(2\pi Bt) \tag{7}$$

그림 3.4-10은 1차 저역 통과 필터와 함께 이상적 저역 통과 필터의 계단파 응답을 나타낸다. 이상적 저역 통과 필터는 계단 응답에서 **예측부**, **오버슈트** 그리고 **발진**을 생성하며 $|f| > B$의 모든 고주파를 완전히 제거한다. (이러한 동작은 그림 2.1-10과 예제 2.4-2에서 설명된 Gibbs 현상과 같다.) 이것들 중 어떠한 현상도 고주파를 점차적으로 감쇠시키나 제거하지 못하는 1차 저역 통과 필터의 응답에서는 나타나지 않는다. 예를 들면 3차 Butterworth 저역 통과 필터와 같은 더 선택적인 필터의 계단파 응답은 이상적 저역 통과 필터 응답의 시간 지연된 형태와 거의 비슷하게 될 것이다.

펄스 응답을 설명하기 전에, 그림 3.4-10에서 끌어낼 상승 시간에 관한 중요한 결론이 있다. **상승 시간**은 대부분 $g(t) = 0.1$과 $g(t) = 0.9$ 사이의 시간 간격 t_r로 정의되고, 10~90%의 상승 시간으로 알려진 계단파 응답의 '속도' 측정값이다. 1차 지역통과 필터의 상승 시간은 $g(t)$로부터 $t_r \approx 0.35/B$로 계산될 수 있지만 이상적 필터는 $t_r \approx 0.44/B$를 갖는다. 두 값은 $0.5/B$에 매우 가까우므로 대역폭 B를 갖는 임의의 저역 통과 필터의 상승 시간을

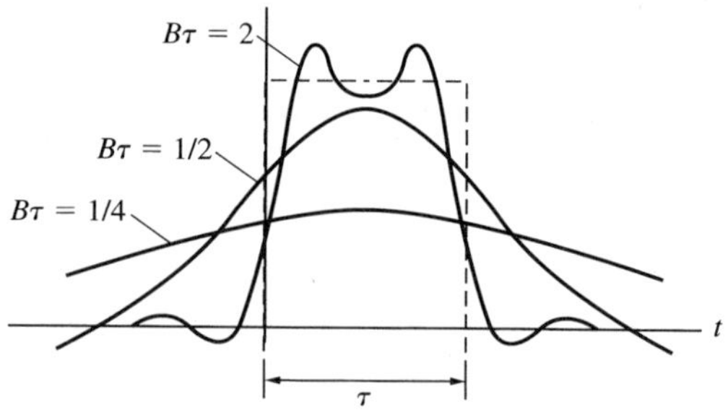

그림 3.4-11
이상적 저역 통과 필터의 펄스 응답.

위해 다음 근사치를 사용할 것이다.

$$t_r \approx \frac{1}{2B} \tag{8}$$

입력 신호가 $t = 0$에서 시작하여 τ의 구간을 갖는 단위 높이의 정현파 펄스라면 펄스 응답을 이용하여 계단파 응답을 알아낼 수 있다.

$$x(t) = u(t) - u(t - \tau)$$

따라서 중첩에 의하여 다음과 같이 나타낼 수 있다.

$$y(t) = g(t) - g(t - \tau)$$

식 (7)의 $g(t)$를 사용하여 이상적 저역 통과 필터의 펄스 응답을 아래와 같이 얻을 수 있으며 결과를 세 가지 $B\tau$의 값에 대하여 그림 3.4-11에 보았다.

$$y(t) = \frac{1}{\pi}\{\text{Si}\,(2\pi Bt) - \text{Si}\,[2\pi B(t - \tau)]\} \tag{9}$$

응답은 $B\tau \geq 2$일 때 거의 사각 형태를 갖는데 반해 $B\tau \leq \frac{1}{4}$의 경우 응답은 심하게 번지고 넓어지게 된다. 중간 경우인 $B\tau = \frac{1}{2}$에서는 알아볼 수는 있으나 사각형이 아닌 출력 펄스를 발생시킨다. 동일한 결론을 그림 3.1-3에서 묘사된 1차 저역 통과 필터의 펄스 응답으로부터도 끌어낼 수 있으며 다른 입력 펄스 형태와 다른 저역 통과 필터 특성의 경우에도 비슷한 결과가 성립된다.

펄스 전송을 위한 대역폭 조건에 대하여 일반적인 설명을 하자면 실제 펄스 형태를 재생하기 위하여 다음 조건을 만족하는 큰 대역폭이 필요하다.

$$B \gg \frac{1}{\tau_{\min}}$$

$\tau_{\min}$은 최소 출력 펄스폭을 나타낸다. 그러나 단지 펄스가 전송되었는지 알아내거나 혹은 펄스 진폭의 측정만을 원하는 경우에는 다음의 중요하고도 편리한 근사식에서 정의된 더 작은 대역폭으로도 가능할 수 있다.

$$B \geq \frac{1}{2\tau_{\min}} \tag{10}$$

또한 식 (10)은 $\tau_{\min}$ 또는 그 이상 간격을 둔 출력 펄스를 구별하기 위한 조건을 제공한

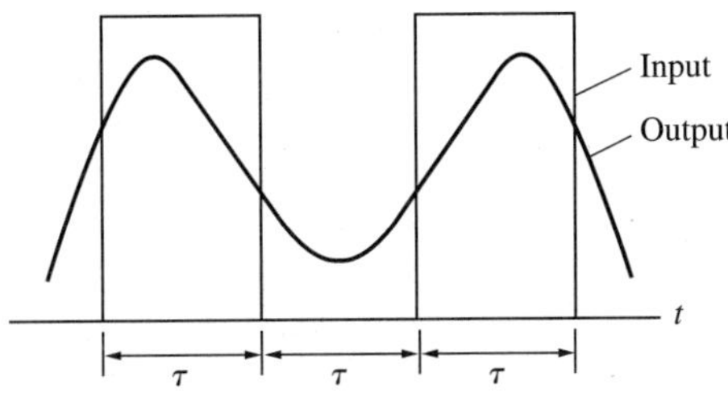

그림 3.4-12
이상적 저역 통과 필터의 펄스 예상도. $B = 1/2\tau$.

다. 그림 3.4-12은 $B = \frac{1}{2}\tau$를 갖는 이상적 저역 통과 채널을 위한 해상도 조건을 보여준다. 더 작은 대역폭이나 더 작은 간격은 각 펄스를 알아내기 어렵게 만드는 중첩을 적지 않게 초래할 것이다.

펄스 검파와 구분 외에도 참조 시간과 비교하여 펄스의 위치를 측정하는데 종종 관심을 가진다. 이러한 측정은 출력 펄스가 둥근 모양이 되고 앞 가장자리와 뒤 모서리의 0이 아닌 상승 시간으로 인하여 본질적으로 불명확하게 된다. 상승 시간의 최소값이 정해지는 경우 식 (8)은 다음과 같은 대역폭 요구 조건을 산출한다.

$$B \geq \frac{1}{2t_{r_{\min}}} \tag{11}$$

앞서 말한 모든 설명에서 만족스러운 위상 전위 특성을 갖는 전송 채널을 가정하였다. 그렇지 않다면 지연 왜곡의 결과는 대역폭에 관계없이 채널은 펄스 전송을 위하여 쓸모없게 된다. 따라서 식 (10)과 (11)에서 대역폭 조건은 $|f| \leq B$ 범위에서 거의 선형에 가까운 선형 위상 전위의 추가 조건을 내포한다. 이러한 조건을 만족시키기 위하여 위상 등화 통신망이 필요하게 된다.

응용 문제 3.4-3

어떤 신호가 10~25 μs 범위의 지속 기간을 갖는 펄스로 이루어져 있다고 가정한다; 펄스는 불규칙 시간에 발생하지만, 주어진 펄스는 항상 이전 펄스의 시작 시간 다음의 최소 30 μs에서 시작한다. 펄스 검파와 해상도를 위하여 요구되는 최소 전송 대역폭을 구하고 출력에서 결과적으로 나타나는 상승 시간을 추정하시오.

3.5 직교 위상 필터와 Hilbert 변환

대부분의 경우 필터링된 신호에 관련된 연구는 신호의 주파수 성분에 기초한 신호의 분리와 연관되어 있기 때문에 Fourier 변환은 관련 연구에서 많이 사용된다. 그러나 위상을 기반으로 신호를 분리하는 것이 더 편리할 경우가 있다. 이러한 응용을 위해 Hilbert 변환을 사용하고 이것을 직교 위상 필터링과 함께 사용할 것이다. 제4장에서 단측파대 진폭 변조의 발생과 대역 통과 신호의 수학적 표현의 두 가지 중요한 연구에 Hilbert 변환이 이용된다.

직교 위상 필터는 양의 주파수 성분은 $-90°$로 음의 주파수 성분은 $+90°$로 위상만을 전위하는 전역 통과 회로망이다. $\pm 90°$ 위상 전위는 $e^{\pm j90°} = \pm j$에 의한 곱과 같기 때문

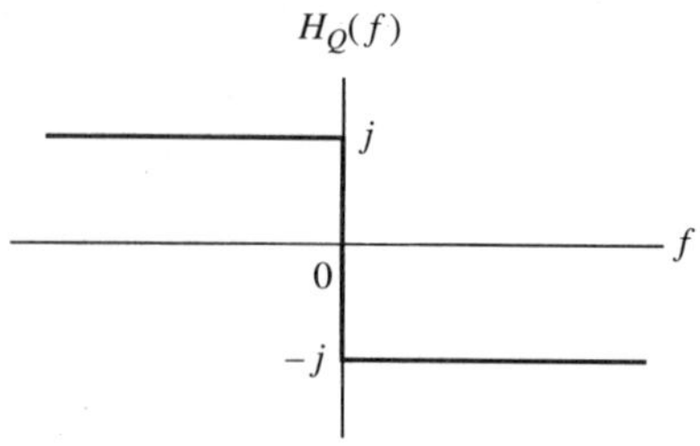

그림 3.5-1
직교 위상 전위기의 전달 함수.

에 전달 함수는 그림 3.5-1에서 보인 것과 같이

$$H_Q(f) = -j\,\mathrm{sgn}\,f = \begin{cases} -j & f > 0 \\ +j & f < 0 \end{cases} \tag{1a}$$

와 같이 시그넘 함수의 표현으로 쓸 수 있고 이에 따른 임펄스 응답은 다음과 같다.

$$h_Q(t) = \frac{1}{\pi t} \tag{1b}$$

$\mathscr{F}[\mathrm{sgn}\ t] = 1/j\pi f$ 에 쌍대성을 적용하면 $\mathscr{F}[1/j\pi t] = \mathrm{sgn}\,(-f) = -\mathrm{sgn}\,f$ 이고 따라서 $\mathscr{F}^{-1}[-j\ \mathrm{sgn}\,f] = j/j\pi t = 1/\pi t$이 된다. 직교 위상 필터에 입력되는 임의의 신호를 $x(t)$라 하면, 출력 신호 $y(t) = x(t) * h_Q(t)$는 $x(t)$의 **Hilbert 변환**으로서 정의되며 $\hat{x}(t)$에 의하여 표현된다. 즉,

$$\hat{x}(t) \triangleq x(t) * \frac{1}{\pi t} = \frac{1}{\pi}\int_{-\infty}^{\infty} \frac{x(\lambda)}{t-\lambda}\,d\lambda \tag{2}$$

Hilbert 변환은 컨벌루션이지만 영역을 바꾸지 않으므로 $x(t)$와 $\hat{x}(t)$ 모두가 시간 함수라는 것을 기억해야 한다. 즉 위상 전위가 출력 스펙트럼 $H_Q(f)X(f)$를 생성하기 때문에 $\hat{x}(t)$의 스펙트럼을 다음과 같이 표현할 수 있다.

$$\mathscr{F}[\hat{x}(t)] = (-j\ \mathrm{sgn}\,f)X(f) \tag{3}$$

Hilbert 변환 쌍의 목록은 Fourier 변환에 비하여 매우 짧으며 많은 일반적인 신호 모델을 위하여 존재하지는 않는다. 수학적으로는, $\lambda = t$일 때 식 (2)에서 잠재적인 단일성에 의한 문제가 있으며, 적분이 정의되지 않는다. 물리적으로는, 식 (1b)에서 보듯이 $h_Q(t)$는 직교 위상 필터가 구현될 수 없음을 의미하는 비인과 신호이다. 실제로는 제한된 주파수 대역에서만 이 필터의 특성을 가지는 회로가 구현될 수 있다.

Hilbert 변환이 비록 시간 영역에서만 동작하지만 많은 유용한 특성을 갖고 있다. 모든 경우 신호 $x(t)$는 실수라고 가정할 것이다.

1. 신호 $x(t)$와 그의 Hilbert 변환 $\hat{x}(t)$는 같은 진폭 스펙트럼을 가지며 이 신호와 Hilbert 변환된 신호의 에너지 또는 전력 또한 동일하다. 이것은 모든 f에서 $|-j\ \mathrm{sgn}\ f| = 1$이므로 식 (3)에서 바도 확인할 수 있다.
2. $\hat{x}(t)$가 $x(t)$의 Hilbert 변환이라면 $\hat{x}(t)$의 Hilbert 변환은 $-x(t)$이다. 이러한 특성의 자세

한 증명은 연습문제로 하다; 그러나 두 번의 연속적인 90° 전위는 결국 180° 전위를 발생시킨다.

3. 신호 $x(t)$와 Hilbert 변환 $\hat{x}(t)$는 직교한다. 2.1절에 기재된 바와 같이

$$\int_{-\infty}^{\infty} x(t)\hat{x}(t)\, dt = 0 \text{ (에너지 신호의 경우)}$$

이고

$$\lim_{T\to\infty} \frac{1}{2T} \int_{-T}^{T} x(t)\hat{x}(t)\, dt = 0 \text{ (전력 신호의 경우)}$$

이다.

코사인 신호의 Hilbert 변환

예제 3.5-1

가장 단순하면서 가장 이해하기 쉬운 Hilbert 변환은 직교 위상 필터의 위상 전위 특성으로부터 얻어진다. 특히 입력이

$$x(t) = A\cos(\omega_0 t + \phi)$$

이라면

$$\hat{X}(f) = -j\,\mathrm{sgn}\, f X(f) = \frac{-jA}{2}[\delta(f-f_0)e^{j\phi} + \delta(f+f_0)e^{-j\phi}]\,\mathrm{sgn}\, f$$
$$= \frac{A}{2j}[\delta(f-f_0)e^{j\phi} - \delta(f+f_0)e^{-j\phi}]$$

이고 $\hat{x}(t) = A\sin(\omega_0 t + \phi)$이 된다.

이러한 변환 쌍은 정현파의 합으로 이루어진 신호의 Hilbert 변환을 구하는 데 사용될 수 있다. 그러나, 대부분의 다른 Hilbert 변환은 다음 예제에 의하여 설명되어진 것과 같이 식 (2)에서 컨벌루션 연산의 실행을 필요로 한다.

구형파 펄스의 Hilbert 변환

예제 3.5-2

지연된 구형파 펄스 $x(t) = A[u(t) - u(t-\tau)]$를 가정하자. Hilbert 변환은 다음과 같다.

$$\hat{x}(t) = \frac{A}{\pi}\int_0^{\tau} \frac{1}{t-\lambda}\, d\lambda$$

그림 3.5-2a는 $0 < t < \tau/2$ 경우를 나타내고, 영역이 $\lambda = 0$과 $\lambda = 2t$ 사이에서 영역이 상쇄됨을 나타낸다.

$$\hat{x}(t) = \frac{A}{\pi}\int_{2t}^{\tau} \frac{d\lambda}{t-\lambda} = \frac{A}{\pi}[\ln(-t) - \ln(t-\tau)]$$

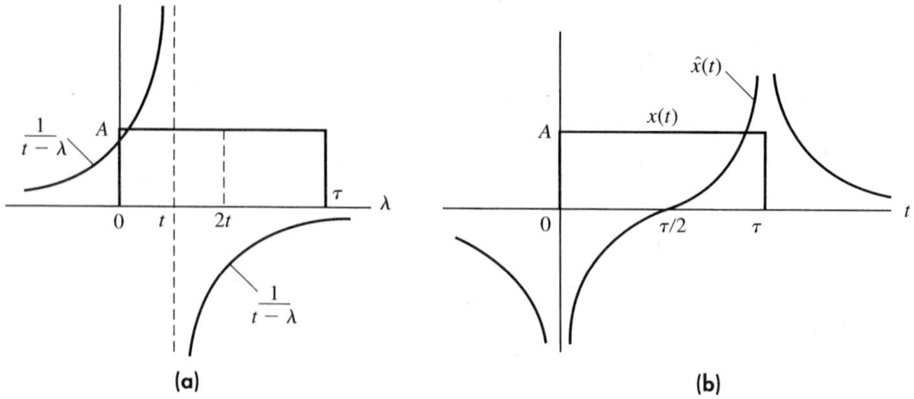

그림 3.5-2
구형파 펄스의 Hilbert 변환.
(a) 컨벌루션; (b) 결과.

$$= \frac{A}{\pi}\ln\left(\frac{-t}{t-\tau}\right) = \frac{A}{\pi}\ln\left(\frac{t}{\tau-t}\right)$$

또한 영역이 $\lambda = 2t - \tau$와 $\lambda = \tau$ 사이에서 상쇄될 때, 이러한 결과는 $\tau/2 < t < \tau$이며, $t < 0$ 또는 $t > \tau$ 동안에는 영역 소거가 없고

$$\hat{x}(t) = \frac{A}{\pi}\int_0^{\tau}\frac{d\lambda}{t-\lambda} = \frac{A}{\pi}\ln\left(\frac{t}{t-\tau}\right)$$

이다. 이렇게 분리된 경우들은 $x(t)$에 따른 그림 3.5-2b에서 보이는 하나의 표현

$$\hat{x}(t) = \frac{A}{\pi}\ln\left|\frac{t}{t-\tau}\right| \tag{4}$$

로 결합될 수 있다.

$t = 0$과 $t = \tau$에서 $\hat{x}(t)$의 무한대 스파이크는 지연 왜곡의 극단적 표시로 볼 수 있다. 그림 3.2-5와 비교하여 보자.

응용 문제 3.5-1

역 Hilbert 변환은 $\hat{x}(t)$로부터 $x(t)$를 재생한다. 스펙트럼 분석을 이용하여 $\hat{x}(t) * (-1/\pi t) = x(t)$임을 증명하시오.

3.6 상관관계와 스펙트럼 밀도

이 절에서는 신호와 시스템 분석의 또 다른 접근방법으로 **상관관계 함수**를 설명한다. 상관관계는 시간 평균과 신호 전력 또는 에너지에 초점을 맞춘다. 상관관계 함수의 Fourier 변환은 에너지 신호의 경우에 에너지 스펙트럼 밀도가 되는 스펙트럼 밀도함수의 식으로 주파수 영역에서 표현된다. 전력 신호의 경우, **스펙트럼 밀도 함수**는 주파수 상의 전력 분포를 나타낸다.

그러나 신호 자체를 Fourier 변환할 필요가 없기 때문에 스펙트럼 밀도로 불규칙 신호의 중요한 분류를 포함하는 신호 모델의 더 넓은 범위를 다룰 수 있다. 결정적 신호를 위한 분석 도구로 사용되는 상관관계와 스펙트럼 밀도를 여기서는 다룬다. 제 9장에서 불규칙 신호를 다루게 되면 이 개념이 더 친숙하게 다가올 것이다.

전력 신호의 상관관계

실수 함수 또는 주기 함수가 아닐수도 있는 전력 신호 $v(t)$를 가정해보자. 단지 조건은 **평균 전력**이 아래와 같이 명확히 정의되어야 한다는 것이다.

$$P_v \triangleq \langle |v(t)|^2 \rangle = \langle v(t)v^*(t) \rangle \geq 0 \tag{1}$$

시간 평균의 연산은 $z(t)$가 임의의 시간 함수인 다음과 같은 일반적인 형태로 해석된다.

$$\langle z(t) \rangle = \lim_{T \to \infty} \frac{1}{T} \int_{-T/2}^{T/2} z(t)\, dt$$

이러한 연산은 다음과 같은 특성을 갖으며 상관관계와 결합되어 자주 사용될 것이다.

$$\langle z^*(t) \rangle = \langle z(t) \rangle^* \tag{2a}$$

$$\langle z(t - t_d) \rangle = \langle z(t) \rangle \qquad \text{any } t_d \tag{2b}$$

$$\langle a_1 z_1(t) + a_2 z_2(t) \rangle = a_1 \langle z_1(t) \rangle + a_2 \langle z_2(t) \rangle \tag{2c}$$

$v(t)$와 $w(t)$가 전력 신호인 경우 평균 $\langle v(t)w^*(t) \rangle$를 $v(t)$와 $w(t)$의 **스칼라 곱**이라 부른다. 스칼라 곱은 두 신호간의 유사한 정도를 나타내는 값으로 복소수일 수도 있다. **Schwarz 부등식**은 신호 전력 P_v와 P_w의 스칼라 곱과 관계를 아래와 같이 보인다.

$$|\langle v(t)w^*(t) \rangle|^2 \leq P_v P_w \tag{3}$$

임의의 상수 a를 갖는 $v(t) = aw(t)$ 일 때, 식 (3)에서 등호가 성립됨을 쉽게 증명할 수 있다. 따라서 $|\langle v(t)w^*(t) \rangle|$는 신호가 비례할 때 최대가 된다. 스칼라 곱의 식으로 상관관계를 정의해 보자.

첫 번째로 $\langle v(t)w^*(t) \rangle$를 해석하고 다음을 가정하여 Schwarz 부등식을 증명하자.

$$z(t) = v(t) - aw(t) \tag{4a}$$

$z(t)$의 평균 전력은 식 (2a)와 (2c)를 이용하여 항들을 전개하고 결합하면 다음과 같다.

$$\begin{aligned} P_z &= \langle z(t)z^*(t) \rangle = \langle [v(t) - aw(t)][v^*(t) - a^*w^*(t)] \rangle \\ &= \langle v(t)v^*(t) \rangle + aa^* \langle w(t)w^*(t) \rangle - a^* \langle v(t)w^*(t) \rangle - a \langle v^*(t)w(t) \rangle \\ &= P_v + aa^* P_w - 2\,\mathrm{Re}\,[a^* \langle v(t)w^*(t) \rangle] \end{aligned} \tag{4b}$$

만약 $a = 1$이라면, $z(t) = v(t) - w(t)$이고

$$P_z = P_v + P_w - 2\,\mathrm{Re}\,\langle v(t)w^*(t) \rangle$$

이다. 스칼라 곱의 큰 값은 신호가 서로 비슷함을 나타내고 이 경우 차이 신호 $v(t) - w(t)$는 작은 평균 전력을 갖는다. 반대로 작은 스칼라 곱은 다른 신호를 의미하며 $P_z \approx P_v + P_w$이다.

식 (4b)를 사용하여 Schwarz 부등식을 증명하기 위하여, $a = \langle v(t)w^*(t)\rangle/P_w$라고 놓으면

$$aa^*P_w = a^*\langle v(t)w^*(t)\rangle = |\langle v(t)w^*(t)\rangle|^2/P_w$$

이다. $P_z = P_v - |\langle v(t)w^*(t)\rangle|^2/P_w \geq 0$가 되고 식 (3)의 형태가 된다.

두 전력 신호의 **교차 상관관계**를 정의하면 다음과 같다.[†]

$$R_{vw}(\tau) \triangleq \langle v(t)w^*(t-\tau)\rangle = \langle v(t+\tau)w^*(t)\rangle \tag{5}$$

이것은 첫 번째 신호에 비해 τ만큼 지연된 두 번째 신호와의 스칼라 곱이며, 또는 동등하게, 두 번째 신호와 τ만큼 앞선 첫 번째 신호의 스칼라 곱과 같다. 식 (5)에서 상대적인 차이 τ는 독립 변수이고 변수 t는 시간 평균 과정에서 없어진다. $R_{vw}(\tau)$의 일반적인 특성은

$$|R_{vw}(\tau)|^2 \leq P_v P_w \tag{6a}$$

$$R_{wv}(\tau) = R^*_{vw}(-\tau) \tag{6b}$$

이다. 식 (6a)는 단순히 Schwarz 부등식을 다시 나타낸 것이고 식 (6b)는 $R_{wv}(\tau) \neq R_{vw}(\tau)$임을 보인다.

이전 결과로부터 $R_{vw}(\tau)$는 τ의 함수로써 $v(t)$와 $w(t-\tau)$간의 유사성을 측정한다는 결론을 얻는다. 그러므로 교차 상관관계는 $\langle v(t)w^*(t)\rangle$에서 무시된 시간 전위에 따른 유사성과 차이점을 찾아내기 때문에 보통의 스칼라 곱보다 더욱 복잡한 측정값이다.

어떤 신호와 그 신호 자체의 상관관계를 구하면 **자기 상관 함수**를 생성한자.

$$R_v(\tau) \triangleq R_{vv}(\tau) = \langle v(t)v^*(t-\tau)\rangle = \langle v(t+\tau)v^*(t)\rangle \tag{7}$$

자기 상관 함수는 평균 측면에서 $v(t)$의 시간 변형에 대하여 의미하는 바가 있다. 만일 $|R_v(\tau)|$가 크다면 그 특정 값 τ에서 $v(t-\tau)$와 $v(t)$는 매우 비슷하며 $|R_v(\tau)|$가 작다면 $v(t)$와 $v(t-\tau)$는 매우 다를 것이다. 자기 상관 함수는 다음 특성을 포함한다.

$$R_v(0) = P_v \tag{8a}$$

$$|R_v(\tau)| \leq R_v(0) \tag{8b}$$

$$R_v(-\tau) = R_v^*(\tau) \tag{8c}$$

즉, $R_v(\tau)$는 헬미샨 대칭이고 원점에서 최대값은 신호 전력과 같다. $v(t)$가 실수이면 $R_v(\tau)$는 실수이면서 우대칭일 것이며 $v(t)$가 주기성을 갖는다면 $R_v(\tau)$ 또한 같은 주기성을 가질 것이다. 끝으로 합 신호 또는 차 신호를 생각해 보자.

[†] 다른 형태의 정의로는 $\langle v^*(t)w(t+\tau)\rangle$이고 식 (5)가 $R_{vw}(\tau)$로 바뀐다.

$$z(t) = v(t) \pm w(t) \tag{9a}$$

자기 상관 함수 형태를 사용하면 다음과 같다.

$$R_z(\tau) = R_v(\tau) + R_w(\tau) \pm [R_{vw}(\tau) + R_{wv}(\tau)] \tag{9b}$$

$v(t)$와 $w(t)$가 모든 τ에 대하여 **상관관계가 없다**면

$$R_{vw}(\tau) = R_{wv}(\tau) = 0$$

이고, $R_z(\tau) = R_v(\tau) + R_w(\tau)$이며 $\tau = 0$이면 다음과 같다.

$$P_z = P_v + P_w$$

따라서 평균 전력의 중첩은 상관관계가 없는 신호에 대하여 성립한다.

페이저와 정현파의 상관관계

예제 3.6-1

2.1절의 식 (18)을 사용하여 페이저와 정현파 신호의 상관관계를 계산하면 다음과 같다.

$$\begin{aligned}\langle e^{j\omega_1 t}e^{-j\omega_2 t}\rangle &= \lim_{T\to\infty}\frac{1}{T}\int_{-T/2}^{T/2} e^{j(\omega_1-\omega_2)t}\,dt \\ &= \lim_{T\to\infty}\operatorname{sinc}\frac{(\omega_1-\omega_2)T}{2\pi} = \begin{cases}0 & \omega_2 \neq \omega_1 \\ 1 & \omega_2 = \omega_1\end{cases}\end{aligned} \tag{10}$$

위 결과를 페이저 신호에 적용하면 다음과 같다.

$$v(t) = C_v e^{j\omega_v t} \qquad w(t) = C_w e^{j\omega_w t} \tag{11a}$$

C_v와 C_w는 진폭과 위상각을 포함하는 복소수이며 교차 상관관계는 다음과 같다.

$$\begin{aligned}R_{vw}(\tau) &= \langle [C_v e^{j\omega_v t}][C_w e^{j\omega_w(t-\tau)}]^*\rangle \\ &= C_v C_w^* e^{j\omega_w \tau}\langle e^{j\omega_v t}e^{-j\omega_w t}\rangle \\ &= \begin{cases}0 & \omega_w \neq \omega_v \\ C_v C_w^* e^{j\omega_v \tau} & \omega_w = \omega_v\end{cases}\end{aligned} \tag{11b}$$

따라서 그들이 동일한 주파수를 갖지 않으면 페이저는 상관관계가 없다. 자기 상관 함수는

$$R_v(\tau) = |C_v|^2 e^{j\omega_v \tau} \tag{11c}$$

이며 $w(t) = v(t)$일 때, 식 (11b)에서 구해진다. 정현파 신호는

$$z(t) = A\cos(\omega_0 t + \phi) \tag{12a}$$

다음의 자기 상관 함수를 갖는다.

$$R_z(\tau) = \frac{A^2}{2} \cos \omega_0 \tau \tag{12b}$$

분명히 $R_z(\tau)$는 실수이고 우함수이며 주기적이고, $R_z(0) = A^2/2 = P_z$의 최대값을 갖는다. 또한 $\omega_0\tau$가 2π 라디안의 배수와 같을 때마다 이러한 최대값이 발생하여 $z(t \pm \tau) = z(t)$이다. 또 한편으로는 $z(t \pm \tau)$와 $z(t)$의 위상이 직교일 때 $R_z(\tau) = 0$이다.

그러나 위상 각 ϕ는 상관관계의 평균 현상 때문에 $R_z(\tau)$에서 나타나지 않는다. 이것은 자기 상관 함수가 특정 신호를 유일하게 정의하지 않는다는 사실을 강조한다.

응용 문제 3.6-1 켤레 페이저의 합으로서 $z(t)$를 사용하고 식 (9)와 (11)을 적용하여 식 (12b)를 유도하시오.

에너지 신호의 상관관계

에너지 신호의 모든 시간상에서 평균 곱은 0이지만, **전체 에너지**는 다른 의미를 갖는다.

$$E_v \triangleq \int_{-\infty}^{\infty} v(t)v^*(t)\, dt \geq 0 \tag{13}$$

에너지 신호의 상관 함수는 다음과 같이 정의될 수 있다.

$$R_{vw}(\tau) \triangleq \int_{-\infty}^{\infty} v(t)w^*(t-\tau)\, dt \tag{14a}$$

$$R_v(\tau) \triangleq R_{vv}(\tau) \tag{14b}$$

적분 연산 $\int_{-\infty}^{\infty} z(t)\, dt$가 시간 평균 연산 $\langle z(t) \rangle$와 같은 수학적 특징을 갖고 있기 때문에 전체 에너지 E_v으로 평균 전력 P_v을 대신한다면, 이전의 모든 상관관계는 에너지신호의 경우에도 성립한다. 예를 들어 식 (6a)의 에너지-신호 형태는 아래의 특성을 갖는다.

$$|R_{vw}(\tau)|^2 \leq E_v E_w \tag{15}$$

식 (14)를 자세히 보면 에너지-신호의 상관관계가 컨벌루션의 형태임을 알 수 있다. $z(t) = w^*(-t)$와 $t = \lambda$를 적용하면 식 (14a)의 우변은

$$\int_{-\infty}^{\infty} v(\lambda)z(\tau-\lambda)\, d\lambda = v(\tau) * z(\tau)$$

즉

$$R_{vw}(\tau) = v(\tau) * w^*(-\tau) \tag{16}$$

가 되며 마찬가지로, $R_v(\tau) = v(\tau) * v^*(-\tau)$이다.

몇몇 추가적인 관계는 Fourier 변환 $V(f) = \mathscr{F}[v(t)]$의 형태로 나타난다. 특히 2.2절의

식 (16)과 식 (17)에서

$$R_v(0) = E_v = \int_{-\infty}^{\infty} |V(f)|^2 \, df$$

$$R_{vw}(0) = \int_{-\infty}^{\infty} v(t)w^*(t)\, dt = \int_{-\infty}^{\infty} V(f)W^*(f)\, df$$

이다. $|R_{vw}(0)|^2 \le E_v E_w = R_v(0)R_w(0)$을 갖고 결합한 적분은 다음과 같다.

$$\left| \int_{-\infty}^{\infty} V(f)W^*(f)\, df \right|^2 \le \int_{-\infty}^{\infty} |V(f)|^2 \, df \int_{-\infty}^{\infty} |W(f)|^2 \, df \tag{17}$$

식 (17)은 Schwarz 부등식의 주파수 영역 표현이며, $V(f)$와 $W(f)$가 비례할 때 등식이 성립 한다.

패턴 인식 예제 3.6-2

패턴 인식 작업을 위하여 교차 상관관계가 사용될 수 있다. 객체 A와 B의 교차 상관관계가 A의 자기 상관관계와 비슷하다면 B는 A와 같다고 할 수 있다. 그렇지 않으면 B는 A와 같지 않다. 예를 들어, $x(t) = \Pi(t)$의 자기 상관관계를 식 (14b)의 $R_x(\tau) = \Lambda(\tau)$와 같은 시각 상관관계를 수행함으로써 알아낼 수 있다. 교차 상관관계 $R_{xy}(\tau) = 2\Lambda(\tau)$를 알아내어 $y(t) = 2\Pi(t)$와 $x(t)$의 유사성을 조사한다면, $R_{xy}(\tau)$가 $R_x(\tau)$의 축적된 버전이라는 것을 알 수 있으므로 $y(t)$는 $x(t)$와 일치한다. 그러나 $x(t)$와 $z(t) = u(t)$의 교차 상관관계를 측정한다면

$$R_{xz}(\tau) = \begin{cases} 1 & \text{for } \tau < -1/2 \\ 1/2 - \tau & \text{for } -1/2 \le \tau \le 1/2 \\ 0 & \text{for } \tau > 1/2 \end{cases}$$

이다. 따라서 $z(t)$가 $x(t)$와 같지 않다.

시각 상관관계의 이러한 형태는 특히 폐쇄 형태 해답을 갖고 있지 않은 신호에 효율적이다. 예를 들면, 자기 상관관계는 음성 신호의 음조(기본 주파수)를 찾을 수 있고, 교차 상관관계는 두 가지 음성 샘플이 같은 음조를 갖고 있는지를 결정할 수 있다.

응용 문제 3.6-2

$v(t) = A[u(t) - u(t - D)]$와 $w(t) = v(t - t_d)$를 가정하자. 식 (16)의 $z(\tau) = w^*(-\tau)$를 사용하여 $R_{vw}(\tau)$를 그림으로 나타내시오. $\tau = -t_d$에서 $|R_{vw}(\tau)|2 \le E_v E_w$이고 $|R_{vw}(\tau)|^2_{\max} = E_v E_w$임을 증명하시오.

그림 3.6-1에 의해 표현된 것과 같은 "τ영역"에서 시스템을 분석해 보자. 자기 상관관계 $R_x(\tau)$를 갖는 신호 $x(t)$를 임펄스 응답 $h(t)$를 갖는 LTI 시스템에 적용하면 출력 신호는 다음과 같다.

그림 3.6-1

LTI 시스템.

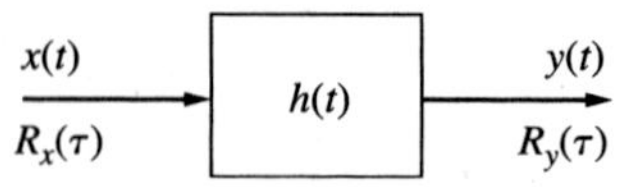

$$y(t) = h(t) * x(t) = \int_{-\infty}^{\infty} h(\lambda)\, x(t-\lambda)\, d\lambda$$

입출력 교차 상관 함수는

$$R_{yx}(\tau) = h(\tau) * R_x(\tau) = \int_{-\infty}^{\infty} h(\lambda)\, R_x(\tau-\lambda)\, d\lambda \tag{18}$$

이고, 출력 자기 상관 함수는

$$R_y(\tau) = h^*(-\tau) * R_{yx}(\tau) = \int_{-\infty}^{\infty} h^*(-\mu) R_{yx}(\tau-\mu)\, d\mu \tag{19a}$$

임을 알 수 있다. 식 (18)을 식 (19a)에 대입하면

$$R_y(\tau) = h^*(-\tau) * h(\tau) * R_x(\tau) \tag{19b}$$

를 얻는다. 이러한 τ 영역 관계에는 시간 영역과 비슷한 컨벌루션의 관계가 있다.

식을 유도하기 위해 $x(t)$와 $y(t)$가 전력 신호라고 가정하여 간단한 시간 평균화 표기를 사용할 수 있다. 분명히, $x(t)$와 $y(t)$ 모두가 에너지 신호라면 같은 결과를 얻을 것이다. 안정된 시스템을 가정하면 $y(t)$가 $x(t)$와 동일한 형태의 신호가 되는 것이 확실하다.

교차 상관관계 $R_{yx}(\tau) = \langle y(t)x^*(t-\tau)\rangle$를 사용하여 $y(t)$에 중첩 적분 $h(t) * x(t)$를 대입하고 다음 식을 위하여 연산순서를 바꾼다.

$$R_{yx}(\tau) = \int_{-\infty}^{\infty} h(\lambda)\langle x(t-\lambda)x^*(t-\tau)\rangle\, d\lambda$$

임의의 λ에 대해 $\langle z(t)\rangle = \langle z(t+\lambda)\rangle$이기 때문에

$$\begin{aligned}\langle x(t-\lambda)x^*(t-\tau)\rangle &= \langle x(t+\lambda-\lambda)x^*(t+\lambda-\tau)\rangle \\ &= \langle x(t)x^*[t-(\tau-\lambda)]\rangle \\ &= R_x(\tau-\lambda)\end{aligned}$$

따라서

$$R_{yx}(\tau) = \int_{-\infty}^{\infty} h(\lambda)R_x(\tau-\lambda)\, d\lambda$$

$R_y(\tau) = \langle y(t)y^*(t-\tau)\rangle$도 같은 방법으로 표현하면

$$R_y(\tau) = \int_{-\infty}^{\infty} h^*(\lambda)\langle y(t)x^*(t-\tau-\lambda)\rangle d\lambda$$

이며 $\langle y(t)x^*(t-\tau-\lambda)\rangle = R_{yx}(\tau+\lambda)$이고 $\mu = -\lambda$로 치환하면 식 (19a)가 된다.

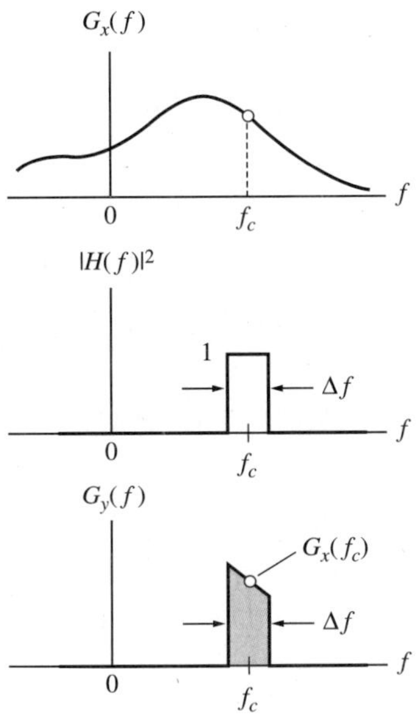

그림 3.6-2
스펙트럼 밀도 함수 해석.

스펙트럼 밀도 함수

마지막으로 스펙트럼 밀도 함수를 살펴보자. 주어진 전력 또는 에너지 신호 $v(t)$의 스펙트럼 밀도 함수 $G_v(f)$는 주파수 영역에서 전력 또는 에너지 분포를 나타내며 두 가지의 기본적인 특성을 갖고 있다. 첫째로, $G_v(f)$ 아래 영역은 평균 전력 또는 전체 에너지와 같다.

$$\int_{-\infty}^{\infty} G_v(f)\, df = R_v(0) \tag{20}$$

둘째로, $x(t)$가 $H(f) = \mathscr{F}[h(t)]$인 LTI 시스템의 입력이면, 입출력 스펙트럼 밀도 함수의 관계는

$$G_y(f) = |H(f)|^2 G_x(f) \tag{21}$$

이며 $|H(f)|^2$은 전력 또는 에너지의 이득을 나타낸다. 이러한 두 가지 특성을 결합하여 입력 스펙트럼 밀도의 식으로 출력 전력 또는 에너지 $R_y(0)$을 나타낸다.

$$R_y(0) = \int_{-\infty}^{\infty} |H(f)|^2 G_x(f)\, df \tag{22}$$

그림 3.6-2에서와 같이 식 (22)는 스펙트럼 밀도의 물리적 해석을 나타내며 $G_x(f)$는 임의적이고 $|H(f)|^2$는 단위 이득을 갖는 협대역 필터처럼 작동하므로

$$G_y(f) = \begin{cases} G_x(f) & f_c - \dfrac{\Delta f}{2} < f < f_c + \dfrac{\Delta f}{2} \\ 0 & \text{otherwise} \end{cases}$$

이다. Δf가 매우 작다면, $G_y(f)$ 아래 영역은 $R_y(0) \approx G_x(f_c)\Delta f$ 이며

$$G_x(f_c) \approx R_y(0)/\Delta f$$

이 될 것이다. 임의의 주파수 $f = f_c$에서 $G_x(f_c)$가 단위 주파수당 신호 전력 또는 에너지와 같다는 결론을 얻을 수 있으며, 임의의 스펙트럼 밀도 함수가 f의 모든 값에서 실수이며 음수가 아니어야만 한다는 결론을 얻을 수 있다.

그러나 어떻게 $v(t)$로부터 $G_v(f)$를 얻을 수 있을까? Wiener-Kinchine 정리에 의하면 먼저 자기 상관 함수를 계산한 후에 Fourier 변환을 실행한다. 즉,

$$G_v(f) = \mathscr{F}_\tau[R_v(\tau)] \triangleq \int_{-\infty}^{\infty} R_v(\tau)e^{-j2\pi f\tau}\,d\tau \tag{23a}$$

$\mathscr{F}_\tau$은 t 대신 τ를 갖는 Fourier 변환 연산을 의미하며 역변환은

$$R_v(\tau) = \mathscr{F}_\tau^{-1}[G_v(f)] \triangleq \int_{-\infty}^{\infty} G_v(f)e^{j2\pi f\tau}\,df \tag{23b}$$

따라서 Fourier 변환쌍은 다음과 같다.

$$R_v(\tau) \leftrightarrow G_v(f)$$

이전의 모든 변환 정리는 자기 상관과 스펙트럼 밀도 사이의 관계를 설명하기 위하여 활용될 수 있다.

만약 $v(t)$가 $V(f) = \mathscr{F}[v(t)]$를 갖는 에너지 신호라면, 식 (16)과 (23a)를 적용하면 다음인 같은 **에너지 스펙트럼 밀도**를 얻는다.

$$G_v(f) = |V(f)|^2 \tag{24}$$

$v(t)$가 Fourier 급수 전개를 갖는 주기적인 전력 신호이면

$$v(t) = \sum_{n=-\infty}^{\infty} c(nf_0)e^{j2\pi nf_0t} \tag{25a}$$

Wiener-Kinchine 이론은

$$G_v(f) = \sum_{n=-\infty}^{\infty} |c(nf_0)|^2\delta(f - nf_0) \tag{25b}$$

와 같은 **전력 스펙트럼 밀도** 또는 **전력 스펙트럼**을 나타낸다. 이러한 전력 스펙트럼은 각각의 고조파 $f = nf_0$에 집중된 평균 페이저 전력 $|c(nf_0)|^2$을 나타내는 임펄스로 이루어져 있다. 식 (25b)를 식 (20)으로 치환하면 Parseval 전력 정리를 설명할 수 있다. 특별한 경우인 정현파 신호

$$z(t) = A\cos(\omega_0 t + \phi)$$

은 그림 3.6-3에 보인

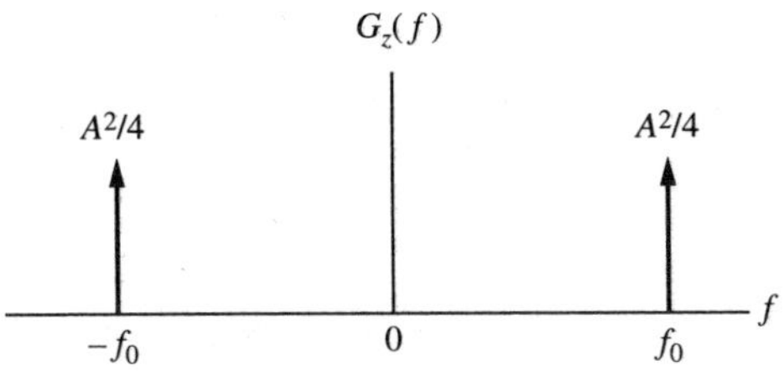

그림 3.6-3

$z(t) = A\cos(\omega_0 t + \phi)$의 전력 스펙트럼.

$$G_v(f) = \mathscr{F}_\tau[(A^2/2)\cos 2\pi f_0\tau]$$
$$= \frac{A^2}{4}\delta(f - f_0) + \frac{A^2}{4}\delta(f + f_0)$$

을 얻기 위하여 식 (12b)의 $R_z(\tau)$를 사용한다.

앞의 모든 경우는 Wiener-Kinchine 정리를 뒷받침하지만 일반적으로 증명을 만족하지는 않는다. 이 정리를 증명하기 위하여, $G_v(f) = \mathscr{F}\tau[R_v(\tau)]$가 식 (20)과 (21)의 특성을 만족하는지 확인해야만 하며, 전자는 $\tau = 0$인 식 (23b)의 역변환으로부터 구할 수 있다. 자기 상관관계의 출력을 상기하면 다음과 같다.

$$R_y(\tau) = h^*(-\tau) * h(\tau) * R_x(\tau)$$
$$\mathscr{F}_\tau[h(\tau)] = H(f) \qquad \mathscr{F}_\tau[h^*(-\tau)] = H^*(f)$$

이기 때문에 컨벌루션 정리는

$$\mathscr{F}_\tau[R_y(\tau)] = H^*(f)H(f)\mathscr{F}_\tau[R_x(\tau)]$$

이고, $\mathscr{F}\tau[R_y(\tau)] = G_y(f)$를 이용하면 $G_y(f) = |H(f)|^2 G_x(f)$가 된다.

LTI시스템의 에너지 스펙트럼 밀도 출력

예제 3.6-3

신호 $x(t) = \text{sinc } 10t$가 그림 3.6-1의 전달 함수

$$H(f) = 3\Pi\left(\frac{f}{4}\right)e^{-j4\pi f}$$

을 갖는 시스템의 입력이다. 식 (24)를 사용하여 $x(t)$의 에너지 스펙트럼 밀도를 구하면

$$G_x(f) = |X(f)|^2 = \frac{1}{100}\Pi\left(\frac{f}{10}\right)$$

이고 함수가 겹쳐지는 영역에서만 진폭이 곱해지므로 출력 $y(t)$의 스펙트럼 밀도는 다음과 같다.

$$G_y(f) = |H(f)|^2 G_x(f)$$
$$= \left[9\Pi\left(\frac{f}{4}\right)\right]\left[\frac{1}{100}\Pi\left(\frac{f}{10}\right)\right]$$

$$= \frac{9}{100} \Pi\left(\frac{f}{4}\right)$$

여러 가지 방법을 사용하여 전체 에너지 E_x와 E_y를 찾을 수 있다.

$$E_x = \int_{-\infty}^{\infty} |x(t)|^2\, dt = \int_{-\infty}^{\infty} |X(f)|^2\, df = \int_{-\infty}^{\infty} G_x(f)\, df$$

$$= \int_{-5}^{5} \frac{1}{100}\, df = \frac{1}{10}$$

또는 $R_x(\tau) = \mathscr{F}_\tau^{-1}\{G_x(f)\} = \frac{1}{10}$ sinc $10t$로부터 $E_x = R_x(0) = \frac{1}{10}$를 알아낼 수 있다. 이와 유사하게

$$E_y = \int_{-\infty}^{\infty} |y(t)|^2\, dt = \int_{-\infty}^{\infty} |Y(f)|^2\, df = \int_{-\infty}^{\infty} G_y(f)\, df$$

$$= \int_{-2}^{2} \frac{9}{100}\, df = \frac{9}{25}$$

이며 $R_y(\tau) = \mathscr{F}_\tau^{-1}\{G_y(f)\} = \frac{9}{25}$ sinc $4t$를 이용하면 $E_y = R_y(0) = \frac{9}{25}$의 결과에 이른다. 위에서 스펙트럼 밀도를 구할 때 사용했던 구형파 함수간의 곱셈과 같은 형태의 연산을 이용하여 출력 신호 $y(t)$를 찾아낼 수 있다.

$$Y(f) = X(f)H(f) = \frac{3}{10} \Pi\left(\frac{f}{4}\right) e^{-j4\pi f}$$

또한 Fourier 변환 정리를 이용하여 $y(t) = \frac{6}{5}$ sinc $4(t - 2)$를 구할 수 있다.

예제 3.6-4

빗살형 필터

그림 3.6-4a의 **빗살형 필터**를 고려해보자. 임펄스 응답은

$$h(t) = \delta(t) - \delta(t - T)$$

이고

$$H(f) = 1 - e^{-j2\pi fT}$$

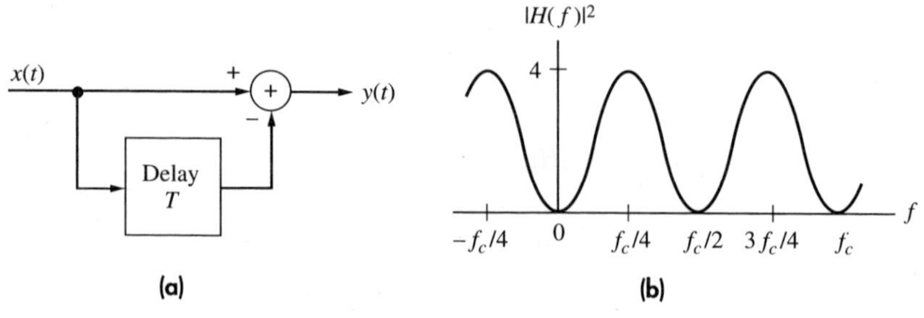

그림 3.6-4 빗살형 필터.

이며

$$|H(f)|^2 = 2 - e^{-j2\pi fT} - e^{j2\pi fT}$$
$$= 4\sin^2 2\pi(f/f_c) \qquad f_c = 2/T$$

이다. 그림 3.6-4b의 $|H(f)|^2$는 이러한 필터의 이름을 설명한다.

만약 입력 스펙트럼 밀도를 알고 있다면. 출력 밀도와 자기 상관은

$$G_y(f) = 4\sin^2 2\pi(f/f_c)G_x(f)$$
$$R_y(\tau) = \mathscr{F}_\tau^{-1}[G_y(f)]$$

로부터 알아낼 수 있다. 그리고 입력 자기 상관을 알고 있다면, 아래와 같이 되고

$$R_y(\tau) = \mathscr{F}_\tau^{-1}[|H(f)|^2] * R_x(f)$$

$|H(f)|^2$의 지수 표현을 사용하여 다음을 얻을 수 있다.

$$\mathscr{F}_\tau^{-1}[|H(f)|^2] = 2\delta(\tau) - \delta(\tau - T) - \delta(\tau + T)$$

그러므로

$$R_y(\tau) = 2R_x(\tau) - R_x(\tau - T) - R_x(\tau + T)$$

이고, 출력 전력 또는 에너지는 $R_y(0) = 2R_x(0) - R_x(-T) - R_x(T)$가 된다.

응용문제 3.6-3

$v(t)$가 에너지 신호일 경우 $\mathscr{F}_\tau[v^*(-\tau)] = V^*(f)$임을 보이시오. 또한 식 (23a)을 식 (16)에 대입하여 $G_v(f) = |V(f)|^2$을 유도하시오.

3.7 질문 및 연습문제

질문

1. 광섬유가 구리선보다 넓은 대역폭을 가지는 이유는?

2. 캐패시터나 인덕터의 기생 커패시턴스를 제거하지 않고도 대역 통과 필터의 Q값을 증가시키기 위한 방법은 무엇인가?

3. 위성은 어떻게 통신에 사용되는가?

4. 다중경로란 무엇이며 문제점은 무엇인가?

5. 어떤 사람이 28 MHz로 동작하는 기기를 사용하여 54에서 60 MHz 대역을 사용하는 채널 2 텔레비전 신호에 간섭을 일으킬 때 책임이 있음을 어떻게 알 수 있나?

6. 송신기는 수평 또는 수직 편파 중 하나를 사용하고, 수신기에서 확실하게 수신하기 위하여 수신 안테나에서 수평과 수직 편파를 모두 사용하는 경우 신호 세기에서 얼마나 손해를 보게되나?

7. 3.3절은 위성이 증폭, 천이, 재방송을 통하여 신호를 중계하는 것을 보였다. 같은 목적을 달성할 수 있는 다른 방법은 무엇인가?

8. 지상파 텔레비전의 변환기가 다른 입력과 출력 주파수를 가지는 이유는 무엇인가?

9. 구형파를 사용하여 오디오 증폭기의 충실도를 평가할 수 있는 방법을 설명하시오. 증폭기는 선형 위상 응답을 가진다고 가정한다. 삼각파형을 사용하는 것이 더 유리한가?

10. 구형파를 사용하여 증폭기의 위상 왜곡을 평가하는 방법을 고안하시오.

11. 선형 중계기 FDMA 시스템을 가진 위성이 특정 사용자의 실효 방사전력(ERP)에 제한을 가지는 이유는 무엇인가?

12. 시불변성을 가지지 못하는 일반적인 R, L, C 전기회로망의 예를 드시오.

13. 아날로그 시스템이 시간에 따라 "노화"되는 것처럼 보이는 이유는 무엇인가?

14. 집중 변수 모델(lumped parameter model)이 더 이상 유효하지 않은 주파수는 얼마인가? 몇 가지 구체적인 예를 들고 그 이유를 설명하시오.

15. 식 (19b)의 연속 관계가 유효하기 위해서는 어떤 가정이 요구되는가?

16. 입력 신호가 여러 개 있을 때 이것들 중 하나를 구별해 낼 수 있는 방법을 두 개이상 기술하시오.

17. 종속(cascade)과 횡속(cascode) 회로의 차이는 무엇인가?

연습문제

3.1-1 임펄스 응답 $h(t)$와 전달 함수 $H(f)$를 갖는 시스템에서, $x(t) = A[\delta(t + t_d) - \delta(t - t_d)]$일 때, $y(t)$와 $Y(f)$를 구하시오.

3.1-2 $x(t) = A[\delta(t + t_d) + \delta(t)]$일 경우, 문제 3.1-1을 푸시오.

3.1-3* $x(t) = Ah(t - t_d)$일 경우, 문제 3.1-1을 푸시오.

3.1-4 $x(t) = Au(t - t_d)$일 경우, 문제 3.1-1을 푸시오.

3.1-5 $x(t) = u(t)$일 경우에, 식 (14)를 이용해서 식 (7b)를 증명하시오.

3.1-6 미분 방정식 $dy(t)/dt + 4\pi y(t) = dx(t)/dt + 16\pi x(t)$와 같이 표현되는 시스템의 $|H(f)|$와 $\arg H(f)$를 구하고 그림을 그리시오.

3.1-7 미분 방정식 $dy(t)/dt + 16\pi y(t) = dx(t)/dt + 4\pi x(t)$ 에 대하여, 문제 3.1-6을 푸시오.

3.1-8 미분 방정식 $dy(t)/dt - 4\pi y(t) = -dx(t)/dt + 4\pi x(t)$에 대하여, 문제 3.1-6을 푸시오.

3.1-9* $H(f) = B/(B + jf)$이고, $x(t)$는 $W \gg B$의 경우일 때 $|f| < W$의 구간에서 $X(f) \approx 0$이라면, 주파수 영역 분석을 이용해서, $y(t)$의 근사값을 구하시오.

3.1-10 $H(f) = jf/(B + jf)$이고, $x(t)$는 $W \ll B$의 경우일 때 $|f| > W$의 구간에서 $X(f) \approx 0$이라면, 주파수 영역 분석을 이용해서, $y(t)$의 근사값을 구하시오.

3.1-11 RC 저역 통과 필터의 입력이 $x(t) = 2 \text{ sinc } 4Wt$일 때, B/W에 대한 에너지 비율 E_y/E_x를 그리시오.

3.1-12 블록들이 시간 지연 $T_1 > T_2$의 경우에 영차 유지됨을 나타낼 때, 그림 3.1-8b에 있는 연속 시스템의 임펄스 응답을 그리고 대응되는 라벨을 표시하시오.

3.1-13 그림 3.1-8b에 있는 연속 시스템에서 $H_1(f) = [1 + j(f/B)]^{-1}$이고 두 번째 블록이 시간 지연 $T \gg 1/B$인 영차 유지일 때, 임펄스 응답을 그리고 대응되는 라벨을 표시 하시오.

3.1-14 비이상적 필터가 시간에 대한 도함수를 구하는데 어떻게 사용되는지 보이시오.

3.1-15 두 개의 동일한 모듈이 연속적으로 연결되어 있다. 각각의 모듈은 $A_V = 5$ V의 전압이득을 가지며 100 ohm의 입력저항, 50 ohm의 출력저항을 가진다. 연속으로 연결된 시스템의 전압이득은 얼마인가?

3.1-16 75 ohm의 출력 저항을 가지는 수신기가 300 ohm의 저항을 가지는 안테나에 연결되어 있을 때 전력 손실이나 이득은 얼마인가?

3.1-17 8 ohm의 출력저항을 가지는 스테레오 증폭기가 4 ohm의 저항을 가지는 스피커에 연결되었을 때 데시벨로 나타낸 이득이나 손실은 얼마인가?

3.1-18* $H_1(f)$이 미분기이고, $H_2(f)$가 이득 K일 때, 그림 3.1-8c에 있는 귀환 시스템의 계단파와 임펄스 응답을 구하시오.

3.1-19 $H_1(f)$이 이득 K이고, $H_2(f)$가 미뷰기일 때, 그림 3.1-8c에 있는 귀환 시스템의 계단파와 임펄스 응답을 구하시오.

3.1-20‡ $H(f)$가 물리적으로 실제 구현할 수 있는 시스템의 전달 함수라면, $h(t)$는 반드시 실수 함수인 동시에 인과 함수일 것이다. 결론적으로, $t \geq 0$일 때 다음을 증명하시오

$$h(t) = 4\int_0^\infty H_r(f)\cos\omega t\, df = 4\int_0^\infty H_i(f)\cos\omega t\, df$$

이때, $H_r(f) = \text{Re}[H(f)]$이고, $H_i(f) = \text{Im}[H(f)]$이다.

3.2-1 입력 신호가 $x(t) = 10\cos\frac{\pi}{2}(t-2) + 10\cos\frac{\pi}{4}(t-2)$로 주어졌고 시스템의 주파수 응답이 $5e^{-j3\omega}$일 때 정상 상태 출력은 얼마인가? 위상은 출력 신호 지연에 얼마나 영향을 미치는가? (결과를 $y(t) = Kx(t - t_d)$의 꼴로 표현하시오).

3.2-2 시스템의 주파수 응답이 $5e^{-j\omega^2}$인 경우 문제 3.2-1을 푸시오. 비선형 위상 왜곡은 어떤 영향을 미치는가?

3.2-3 만일 $x(t)$가 $W \ll B$로 대역제한되었다면, 일차 저역 통과 필터기 무왜곡 전송을 가능하게 함을 보이시오.

3.2-4 삼각파와 비슷한 시험 신호 $x(t) = 4\cos\omega_0 t + \frac{4}{9}\cos 3\omega_0 t + \frac{4}{25}\cos 5\omega_0 t$가 $B = 3f_0$를 갖는 1차 저역 통과 시스템에 입력될 때, $y(t)$를 구하고 그리시오.

3.2-5* 문제 3.2-4의 시험 신호가 $H(f) = jf/(B + jf)$와 $B = 3f_0$를 갖는 일차 고역 통과 시스템에 입력될 때, $y(t)$를 구하고 그리시오.

3.2-6 신호 $2\,\text{sinc}\,40t$가 전달 함수 $H(f)$를 갖는 채널로 전송되고 그 출력은 $y(t) = 20\,\text{sinc}(40t - 200)$이다. $H(f)$를 구하고, $|f| \le 30$의 범위에서 $H(f)$의 크기와 위상을 그리시오.

3.2-7 $B = 2$ kHz를 갖는 1차 저역 통과 시스템에 대하여 $f = 0, 0.5, 1$ 그리고 2 kHz일 때 $t_d(f)$를 계산하시오.

3.2-8 채널이 다음의 전달 함수를 가질 때,

$$H(f) = \begin{cases} 4\Pi\left(\dfrac{f}{40}\right)e^{-j\pi f/30} & \text{for} |f| \le 15 \text{ Hz} \\ 4\Pi\left(\dfrac{f}{40}\right)e^{-j\pi/2} & \text{for} |f| > 15 \text{ Hz} \end{cases}$$

위상 지연 $t_d(f)$와 그룹 지연 $t_g(f)$를 그리시오. $t_d(f) = t_g(f)$를 만족시키는 f값은 얼마인가?

3.2-9 진폭 떨림이 있는 $H_C(f) = (1 + 2\alpha\cos\omega T)e^{-j\omega T}$을 갖는 전송 채널을 고려하자. (a) 출력이 앞서는 그리고 뒤따라오는 반향파를 포함하는 $y(t) = \alpha x(t) + x(t - T) + \alpha x(t - 2T)$임을 보이시오. (b) $x(t) = \Pi(t/\tau)$이고, $\alpha = \frac{1}{2}$라 가정할 때, $\tau = \frac{2T}{3}$과 $\frac{4T}{3}$일 경우에 대하여 $y(t)$를 그리시오.

3.2-10* 위상 떨림이 있는 전송 채널 $H_C(f) = \exp[-j(\omega T - \alpha\sin\omega T)]$을 가정해보자. $|\alpha| \ll \pi/2$이라는 가정 하에 급수 전개를 사용하여 출력이 앞서는 그리고 뒤따라오는 반향파를 포함하는 것을 보이시오.

3.2-11 문제 3.2-10에서 $\alpha = 0.4$를 갖는 $H_c(f)$에 대하여 탭 지연 선 등화기를 설계하시오.

3.2-12 문제 3.2-9에서 $\alpha = 0.4$를 갖는 $H_c(f)$에 대하여 탭 지연 선 등화기를 설계하시오.

3.2-13 $x(t) = A\cos\omega_0 t$가 비선형 시스템 $y(t) = 2x(t) - 3x^3(t)$에 입력된다고 가정할 때 $y(t)$를 코사인의 합으로 표현하고, $A = 1$, $A = 2$일 때 두 번째 고조파 및 세 번째 고조파의 왜곡을 계산하시오.

3.2-14 $y(t) = 5x(t) - 2x^2(t) + 4x^3(t)$일 때, 문제 3.2-13을 푸시오.

3.3-1* 그림 3.3-2의 중계기 시스템이 $P_{in} = 0.5$ W, $\alpha = 2$ dB/km를 가지며, 전체 경로 길이는 50 km라고 가정할 때, $P_{out} = 50$ mW이고 각 증폭기의 입력 신호 전력이 20 μW가 되도록 중계기의 위치와 증폭기 이득을 정하시오.

3.3-2 $P_{in} = 100$ mW, $P_{out} = 0.1$ W인 경우에 대하여 문제 3.3-1을 푸시오.

3.3-3 30 dB의 최대 이득을 갖는 m개의 동일한 증폭기와 $\alpha = 0.4$ dB/km의 동일 분할 전송 선로 m개를 갖는 400 km의 중계기 시스템이 있다. $P_{\text{in}} = 2$ W일 때 $P_{\text{out}} = 50$ mW를 갖도록 필요한 분할 선로의 개수를 구하고, 증폭기의 이득을 구하시오.

3.3-4 m개의 동일한 증폭기와 $\alpha = 0.5$ dB/km의 동일 분할 광섬유 선로 m개를 갖는 3000 km의 중계기 시스템이 있다. $P_{\text{out}} = P_{\text{in}} = 5$ mW를 가지며, 각 증폭기의 입력 전력이 최소한 67 μW가 되도록 필요한 분할 선로의 개수를 구하고, 각 증폭기의 이득을 구하시오.

3.3-5 $\alpha = 2.5$ dB/km일 경우, 문제 3.3-4를 푸시오.

3.3-6* 그림 3.3-4의 무선 연결이 $f = 3$ GHz, $\ell = 40$ km, $P_{\text{in}} = 5$ W를 가진다고 가정해보자. 만일 두 개 안테나가 모두 같은 반지름 r을 갖는 원형 접시라면, $P_{\text{out}} = 2\ \mu$W가 되는 r값을 구하시오.

3.3-7 $f = 200$ MHz, $\ell = 10$ km일 때, 문제 3.3-6을 푸시오.

3.3-8 그림 3.3-4의 무선 연결이 50 km 떨어진 시골 케이블 업체로 도시 TV 방송을 전송하기 위하여 사용되고 안테나와 증폭기를 포함하는 전체 이득 g_{rpt}를 갖는 무선 중계기가 선로 중간에 설치된다고 가정해 보자. P_{out}이 20% 증가되도록 하는 g_{rpt}의 조건을 구하시오.

3.3-9 직접 방송 위성 (DBS) 시스템은 17 GHz의 상향 회선 주파수와 12 GHz의 하향 회선 주파수를 가진다. $P_{\text{in}} = 30$ dBw으로 가정하고 예제 3.3-1 증폭기의 값을 이용하여 P_{out}을 구하시오.

3.3-10 36,000 km 고도의 정지 위성이 4 GHz의 다운링크 주파수로 동작하며 지상의 수신기는 반지름 1/3 m의 접시형 안테나를 가진다. 지상 수신기에 1 pW가 전송되기 위한 위성 송신기의 EIRP는 얼마인가?

3.3-11 송신기에서 송신된 신호가 달에 반사되어 송신 위치로 돌아오는데 요구되는 접시형 안테나의 크기는 얼마인가? 가정은 다음과 같다: 지구에서 달까지의 거리는 385,000 km, 전송 전력은 1000 W, 동작 주파수는 432 MHz, 수신기의 입력 요구 전력은 0.25 pW. 다중경로에서 발생되는 손실은 무시한다.

3.3-12* 접시형 안테나의 이득이 20 dB인 LEO위성 안테나의 궤도 고도는 789 km이고 다운링크 주파수는 1626 MHz이다. 무선 전화기에 1 pW의 전력을 전송할 수 있는 위성 송신기의 전력은 얼마인가? 전화기의 안테나는 단위 이득을 가진다고 가정한다.

3.3-13 궤도 고도가 789 km인 LEO 위성이 있다. $f = 1626$ MHz 일 때 출력 주파수 천이가 1 kHz가 되는 최대 선형 속도는 얼마인가? 가정이 있다면 적으시오.

3.3-14 무선 이동전화기술은 정육각형의 셀 모양으로 나누어진 영역 안에서 동작하는 시스템을 사용하며 각 셀은 대략적인 반지름 r을 가진다. 이동전화는 0.5 W의 전력으로 기지국과 통신이 가능하다고 할 때 셀의 반경이 반으로 줄어들면 전력은 얼마나 감소하겠는가?

3.4-1 $f_u = \infty$일 경우 식 (1)에 정의된 이상적 고역 통과 필터의 임펄스 응답을 구하고 그리시오.

3.4-2* $f_c - B/2 < |f| < f_c + B/2$일 때 $H(f) = 0$을 가지며 그 외의 모든 다른 주파수 영

역에서 무왜곡 전송인 이상적 대역 제거 필터의 임펄스 응답을 구하고 그리시오.

3.4-3 $|f| < 0.7B$의 구간에서 Butterworth 필터가 $|H(f)| \geq -1$ dB를 갖도록 n의 최소값을 구하라. 그리고 $|H(3B)|$값을 dB로 구하시오.

3.4-4 $|f| < 0.9B$의 구간에서 Butterworth 필터가 $|H(f)| \geq -1$ dB를 갖도록 n의 최소값을 구하라. 그리고 $|H(3B)|$값을 dB로 구하시오.

3.4-5 2차 Butterworth 저역 통과 필터의 임펄스 응답이 $b = 2\pi B/\sqrt{2}$의 값을 갖는 $h(t) = 2be^{-bt} \sin bt\, u(t)$이다. 표 3.4-1의 Laplace 변환 테이블 중 $p = s/2\pi B$를 사용하여 이 결과를 구하시오.

3.4-6 그림 3.4-7에서 $R = \sqrt{L/C}$라고 가정하자. (a) $f_0 = 1/(2\pi\sqrt{LC})$에서 $|H(f)|^2 = [1 - (f/f_0)^2 + (f/f_0)^4]^{-1}$임을 증명하시오. (b) f_0의 식으로 3 dB 대역폭을 구하고, $|H(f)|$를 그리고 2차 Butterworth 응답과 비교하시오.

3.4-7 1차 저역 통과 필터의 10~90% 상승 시간이 $1/2.87B$와 같음을 증명하시오.

3.4-8* 문제 3.4-5의 $h(t)$를 이용하여 2차 Butterworth 저역 통과 필터의 계단파 응답을 구하시오. 그리고 $g(t)$를 그리고 상승 시간을 B의 함수로 추정하시오.

3.4-9 대역폭 B를 갖는 이상 저역 통과 필터에 $x(t) = A \text{ sinc } 4Wt$가 입력된다고 가정하자. sinc at의 구간을 $\tau = 2/a$로 하여, 출력과 입력 펄스 구간의 비를 B/W의 함수로 그리시오.

3.4-10‡ 저역 통과 필터의 **유효 대역폭**과 그것의 임펄스 응답의 **유효 구간**이 다음과 같이 정의된다.

$$B_{\text{eff}} \triangleq \frac{\int_{-\infty}^{\infty} |H(f)|\, df}{2H(0)} \qquad \tau_{\text{eff}} \triangleq \frac{\int_{-\infty}^{\infty} h(t)\, dt}{|h(t)|_{\max}}$$

$\mathscr{F}[h(t)]$와 $\mathscr{F}^{-1}[H(f)]$로부터 $H(0)$와 $|h(t)|$를 각각 구하시오. 그리고 $\tau_{\text{eff}} \geq 1/2\ B_{\text{eff}}$임을 보이시오.

3.4-11 인과 함수를 구하기 위해 이상적 저역 통과 필터의 임펄스 응답이 아래와 같이 절단되었다.

$$h(t) = 2KB \text{ sinc } 2B(t - t_d) \qquad 0 < t < 2t_d$$

그 밖의 구간에서는 $h(t) = 0$이다. (a) Fourier 변환을 이용해서 다음을 증명하시오.

$$H(f) = \frac{K}{\pi} e^{-j\omega t_d}\{\text{Si}\,[2\pi(f + B)t_d] - \text{Si}\,[2\pi(f - B)t_d]\}$$

(b) $t_d \gg 1/B$와 $t_d = 1/2B$에 대하여 $h(t)$와 $|H(f)|$를 그리시오.

3.5-1 $x(t) = \delta(t)$라고 하자. (a) 식 (2)로부터 $\hat{x}(t)$를 구하고, 그 결과를 이용해서 $\mathscr{F}^{-1}[-j \text{ sgn } f] = 1/\pi t$임을 증명하시오. (b) $\hat{x}(t) * (-1/\pi t) = x(t)$의 특성으로 다른 Hilbert 변환 쌍을 유도하시오.

3.5-2* 3.1절의 식 (3)과 예제 3.5-2의 결과를 이용해서 $A\Pi(t/\tau)$의 Hilbert 변환을 구하고, 모든 시간에서 $v(t) = A$일 때 $\hat{v}(t) = 0$임을 보이시오.

3.5-3 식 (3)을 이용해서 $x(t) = \text{sinc } 2Wt$라면 $x(t) = \pi Wt \text{ sinc}^2 Wt$임을 보이시오.

3.5-4 예제 3.5-1의 결과를 이용해서 그림 3.2-3 신호의 Hilbert 변환을 구하시오.

3.5-5* 다음 신호의 Hilbert 변환을 구하시오.

$$x(t) = 4 \cos \omega_0 t + \tfrac{4}{9} \cos 3\omega_0 t + \tfrac{4}{25} \cos 5\omega_0 t$$

3.5-6 문제 3.5-3의 Hilbert 변환 쌍의 함수가 동일한 진폭 스펙트럼을 갖는지를 각각의 Fourier 변환의 크기를 이용하여 보이시오. (*힌트*: sinc^2의 항을 sinc 함수와 sinc 함수의 곱으로 표현하시오.)

3.5-7 $x(t) = A \cos \omega_0 t$일 때, $\int_{-\infty}^{\infty} x(t)\hat{x}(t)dt = 0$임을 보이시오

3.5-8 2.2절의 식 (10)에서 $H(f) = H_e(f) + jH_o(f)$인 필터의 전달 함수를 가정해보자. 이 필터가 물리적으로 구현 가능하다면, 임펄스 응답은 $t < 0$ 구간에서 $h(t) = 0$인 인과 특성을 가져야만 한다. 따라서 $h(t) = (1 + \text{sgn } t)h_e(t)$이고 $-\infty < t < \infty$ 구간에서 $h_e(t) = \frac{1}{2}h(|t|)$이다. $\mathscr{F}[h_e(t)] = H_e(f)$일 때 인과성이 성립하려면 $H_o(f) = -\hat{H}_e(f)$이어야 함을 보이시오.

3.6-1 식 (6b)를 증명하시오.

3.6-2 $|x|^2 = xx^*$의 관계를 증명하시오.

3.6-3 $v(t)$가 주기 T_0인 주기 함수일 때, 식 (7)로부터 $R_v(\tau)$도 같은 주기를 가짐을 보이시오.

3.6-4 식 (3)의 $w(t) = v(t - \tau)$로부터 식 (8b)를 유도하시오.

3.6-5 예제 3.6-2에서 설명된 패턴 인식의 방법을 이용해서 $y(t) = \sin 2\omega_0 t$가 $x(t) = \cos 2\omega_0 t$와 유사한지를 확인하시오.

3.6-6* 식 (24)를 이용해서 $v(t) = A\Pi[(t - t_d)/D]$일 때 스펙트럼 밀도, 자기 상관 함수와 신호의 에너지를 구하시오.

3.6-7 $v(t) = A \text{ sinc } 4W(t + t_d)$일 경우 3.6-6의 문제를 푸시오.

3.6-8 $v(t) = Ae^{-bt}u(t)$일 경우 3.6-7의 문제를 푸시오.

3.6-9 식 (25)를 이용해서 $v(t) = A_0 + A_1 \sin (\omega_0 t + \phi)$일 때 스펙트럼 밀도, 자기 상관 함수와 신호의 전력을 구하시오.

3.6-10 $v(t) = A_1 \cos(\omega_0 t + \phi_1) + A_2 \sin(2\omega_0 t + \phi_1)$일 경우 3.6-9의 문제를 푸시오.

3.6-11* 식 (7)로부터 $v(t) = Au(t)$의 자기 상관 함수를 구하고, 그 결과를 이용해서 신호의 전력과 스펙트럼 밀도를 구하시오.

3.6-12 에너지 신호 $x(t) = \Pi(10t)$가 $K = 3$, $B = 20$ 그리고 $t_d = 0.05$인 이상적 저역 통과 필터 시스템의 입력일 때, 출력 신호 $y(t)$를 구하고, $R_y(\tau)$로 간단하게 표현하시오.

3.6-13 $Y(f)$와 $X(f)$가 전압이나 전류 일 때, $Y(f) = H(f)X(f)$이다. $Gy(f) = |H(f)|^2Gx(f)$를 증명하시오.

3.6-14 $x(t) = A \cos(\omega t - \theta)$일 때, $R_X(\tau)$를 구하시오.

3.6-15 $x(t) = A \cos(\omega t - \theta)$이고 $y(t) = A \sin (\omega t - \theta)$일 때 $R_{xy}(\tau)$를 구하시오.

3.6-16 $v(t) = \delta(t) + \delta(t - 1) + \delta(t - 2) + \delta(t - 4)$이고 $w(t) = \delta(t) + \delta(t - 1) + \delta(t - 3)$

$+ \delta(t - 6)$이다. $R_{vv}(\tau)$와 $R_{vw}(\tau)$를 구하시오.

3.6-17 $v(t)$와 $w(t)$가 주기가 7인 주기 함수라고 가정하여 문제 3.6-16을 푸시오. $R_{vv}(\tau)$와 $R_{vw}(\tau)$의 주기는 얼마인가?

제 4 장

선형 연속파 변조

개 요

변조의 여러 가지 목적에 대해서는 제1장에서 그 과정의 정성적인 설명과 함께 항목별로 정리하였다. 간단하게 되짚어보면, 변조는 반송파라 불리는 파형을, 변조 신호 또는 메시지라고 부르는 다른 파형으로써 체계적으로 변형하는 것을 말한다. 기본적인 목표는 주어진 통신 과업에 가장 적합한 성질을 갖는, 정보를 포함하는 변조된 파를 만드는 것이다.

이제 **연속파**(CW) **변조 시스템**을 살펴보기로 하자. 연속파 시스템의 반송파는 아날로그 신호에 의해 변조되는 정현파이며, 우리에게 친숙한 AM 및 FM 라디오가 연속파 시스템의 예이다. 또한 약어인 CW는 무선 전신에서처럼 정현파를 온-오프 키잉하는 것을 말하기도 하지만, 그 경우는 단속(斷續)적 연속파(interrupted continuous wave, ICW)라고 부르는 것이 더 정확할 것이다.

이 장에서는 **선형** CW 변조를 다루는데, 이에는 메시지의 스펙트럼을 그대로(변형 없이) 주파수 이동하는 과정이 포함된다. 양측파대 변조(double-sideband modulation, DSB)가 바로 그런 것이다. 이동된 스펙트럼에 약간의 변화를 주면 흔히 말하는 진폭 변조(amplitude modulation, AM), 단측파대 변조(single-sideband modulation, SSB), 또는 잔류 측파대 변조(vestigial sideband modulation, VSB)가 된다. 각각의 변조 방식에 대해서, 특별히 파형과 주파수 분포, 변조 방법, 송신기, 그리고 복조 방식 등을 중심으로 살펴 볼 것이다. 이 장은 모든 CW 변조에 적용되는 대역 통과 신호 및 시스템에 대한 일반적인 논의로부터 시작한다.

학습목표

이 장을 공부하고 응용문제들을 푼 후에 다음의 사항들을 수행할 수 있어야 한다.

1. 대역 통과 신호가 주어지면, 그 신호의 포락선과 위상, 동위상 및 직교위상 성분, 등가 저역 통과 신호와 그의 주파수 성분 등을 구한다(4.1절).
2. 대역 통과 시스템의 비율 대역폭(fractional-bandwidth)의 어림셈법을 기술하고 적용한다(4.1절).
3. AM 또는 DSB 신호의 파형과 포락선을 스케치하고, AM, DSB, SSB 및 VSB의 주파수 분포의 성질을 구별할 수 있다(4.2와 4.4절).
4. 톤 신호로 변조한 AM, DSB, SSB 및 VSB 신호의 선 스펙트럼과 페이저 도를 그리고, 측파대역 전력과 총 전력을 구할 수 있다(4.2와 4.4절).
5. 곱 변조기, 멱(冪) 변조기, 평형 변조기 등의 차이를 알고, 변조 시스템을 분석할 수 있다(4.3절).
6. 동기 검파, 호모다인 검파, 포락선 검파 등의 특징을 구별할 수 있다(4.5절).

4.1 대역 통과 신호와 시스템

상당한 거리를 사이에 두고 효율적으로 통신하기 위해서는 고주파의 정현파 반송파가 필요하다. 따라서, 2.3절의 푸리에 변환의 주파수 이동에 관한 성질을 대역 제한된 메시지 신호에 적용하면, 대부분의 장거리 송신 시스템은 **대역 통과** 주파수 응답을 갖는다는 것을 알 수 있다. 그 성질은 대역 통과 필터의 성질과 비슷하고, 그러한 시스템을 통해 전송되는 어떠한 신호라도 대역 통과 스펙트럼을 갖게 되어 있다. 여기에서 우리의 목표는 대역 통과 시스템과 신호에만 있는 성질과 거기에 적용할 수 있는 분석 방법을 살펴보는 것이다. 자세한 내용으로 들어가기 전에, 메시지와 변조된 신호에 적용하는 관례들을 살펴보기로 하자.

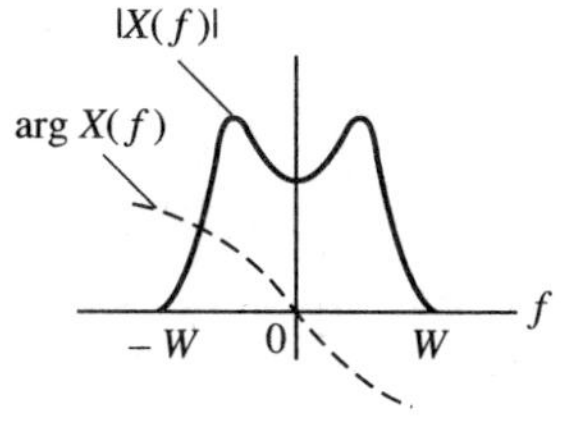

그림 4.1-1
대역폭 W를 갖는 메시지의 스펙트럼.

아날로그 메시지의 표시 관례

가능한 한, 아날로그 통신을 학습하는 동안 임의의 메시지 파형 $x(t)$을 사용할 것인데, 이는 임의의 정보원에서 발생 가능한 모든 메시지 신호 중의 하나를 나타낼 수도 있다. $x(t)$에 부과되는 단 하나의 필수적인 조건은, 그것이 비교적 잘 정의된 **메시지 대역폭** W를 가져야 하며, 그래서 $|f| > W$에서는 주파수 성분을 무시할 수 있어야 한다는 것이다. 그림 4.1-1은 전형적인 메시지 주파수 분포 $X(f) = \mathscr{F}[x(t)]$를 나타낸다. 여기서 메시지는 에너지 신호라고 가정하였다.

수학적인 편의를 위해, 모든 메시지를 크기 조정하거나 정규화하여 그 크기가 1을 넘지 않도록 할 것이다. 그러므로

$$|x(t)| \leq 1 \tag{1}$$

가 된다. 이러한 정규화로 인해 평균 메시지 전력은 상한값을 갖게 된다. 즉, $x(t)$가 결정적(deterministic) 전력 신호라고 가정하면,

$$S_x = \langle x^2(t) \rangle \leq 1 \tag{2}$$

이다. 경우에 따라 그에 적합하도록 에너지 신호나 전력 신호를 모두 $x(t)$로 표시한다.

가끔, 임의의 $x(t)$를 가정해서 분석하는 것이 불가능하지는 않더라도 어려울 경우가 있다. 그럴 경우는 대체 수단으로서 정현파, 즉, **톤** 변조로 되돌아가

$$x(t) = A_m \cos \omega_m t \qquad A_m \leq 1 \qquad f_m < W \tag{3}$$

와 같이 가정한다. 톤 변조의 경우 단측(單側, one-sided) 선 스펙트럼만으로 분석 작업이 가능하고, 전력 계산이 간단해진다. 뿐만 아니라, 어떤 특정 주파수 f_m에서 변조 시스템의 주파수 응답을 구하게 되면—비선형성의 개입이 없이—메시지 대역의 모든 주파수에서의 응답을 유추해낼 수 있다. 비선형성의 효과를 드러내기 위해서는 아래의 식과 같은 **다중 톤** 변조(multitone modulation)를 사용하여야 한다. 즉,

$$x(t) = A_1 \cos \omega_1 t + A_2 \cos \omega_2 t + \cdots$$

여기서, 식 (1)을 만족하기 위해 $A_1 + A_2 + \cdots \leq 1$이다.

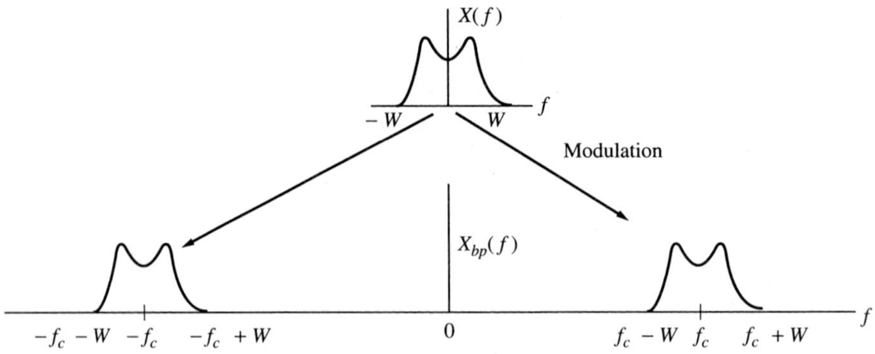

그림 4.1-2
메시지 신호와 변조된 버전의 스펙트럼.

예제 4.1-1

임의의 신호의 변조

정식으로 대역 통과 신호와 변조를 논의하기 전에 다음의 예를 생각해 보자. 그림 4.1-1의 메시지 스펙트럼이 주어졌을 때, 푸리에 변환의 변조 성질을 이용하고 $x(t)$를 반송파 주파수 f_c에 변조하여 다음과 같은 대역 통과 신호를 생성한다.

$$x_{bp}(t) = x(t)\cos 2\pi f_c t \leftrightarrow X_{bp}(f) = \frac{1}{2}[X(f - f_c) + X(f + f_c)]$$

메시지와 변조 신호의 스펙트럼이 그림 4.1-2에 보였다. 시간 영역에서 메시지에 $\cos 2\pi f_c t$를 곱하면 그 스펙트럼이 주파수 f_c로 이동한다. $X_{bp}(f)$의 그래프에서 $X(f)$의 모양이 어떻게 유지되는지를 주목하자. 변조된 신호는 $B_T = 2W$ Hz의 스펙트럼을 차지하게 된다.

대역 통과 신호

다음에는 대역 통과 신호에만 존재하는 특성들을 찾아보고, 대역 통과 전송에 대해 논의할 때 도움이 되는 쓸 만한 분석 도구들을 만들어 보자. 스펙트럼 $V_{bp}(f)$가 그림 4.1-3a에 그려진 것처럼 대역 통과 특성을 갖는 실수(real) 에너지 신호 $v_{bp}(t)$를 생각해 보자. $v_{bp}(t)$는 실수 신호이므로 이 스텍트럼은 헤르미트 대칭성(Hermitian symmetry)을 보이지만, $V_{bp}(f)$는 $\pm f_c$를 중심으로 반드시 대칭이 되지는 않는다. 주파수 영역의 성질로써 **대역 통과 신호**를 다음과 같이 정의한다. 즉,

$$V_{bp}(f) = 0 \quad |f| < f_c - W \qquad (4)$$
$$|f| > f_c + W$$

와 같이 정의하는데, 이 식은 주파수 f_c를 중심으로 한 폭 $2W$ 대역의 바깥에는 주파수 성분이 존재하지 않는다는 것을 나타낸다. $W \ll f_c$라는 조건과 함께 식 (4)를 만족한다면, f_c와 W는 어느 정도 임의로 설정할 수 있다.

이 조건에 부합하는 그림 4.1-3b의 대역 통과 파형은, 주파수 f_c를 갖는 정현파가 진폭과 위상이 천천히 변하는 모양이다. 형식을 갖춘다면

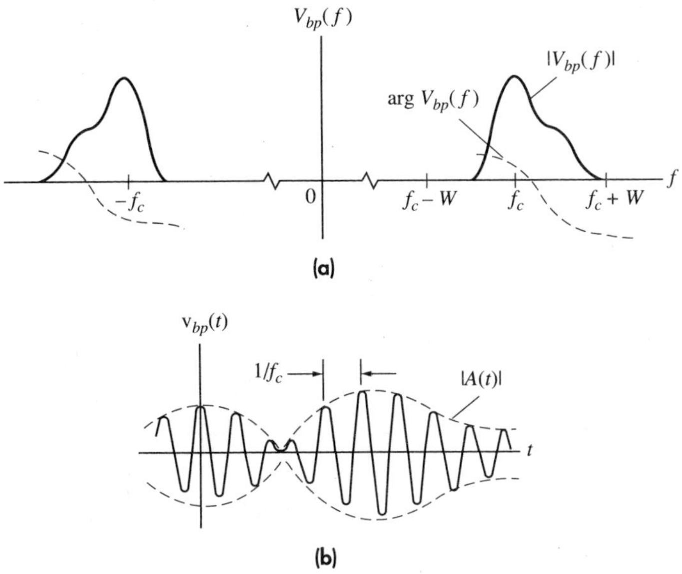

그림 4.1-3

대역 통과 신호: (a) 스펙트럼; (b) 파형.

$$v_{bp}(t) = A(t) \cos [\omega_c t + \phi(t)] \tag{5}$$

와 같이 쓸 수 있을 것이다. 여기서 $A(t)$는 **포락선**을, $\phi(t)$는 **위상**을 나타내는 시간의 함수이다. 점선으로 표시된 포락선은 비음수(non-negative)이므로 $A(t) \geq 0$이다. 만약 음의 진폭이 발생한다면 위상에 $\pm 180°$를 더하는 것으로 반영한다.

그림 4.1-4a는 $v_{bp}(t)$를 복소 평면의 벡터로 표시하는데, 그 길이는 $A(t)$와 같고 각도는 $\omega_c t + \phi(t)$와 같다. 그렇지만 각을 나타내는 항 $\omega_c t$는 반시계 방향으로 초당 f_c 바퀴를 일정하게 도는 성분을 나타내므로 생략할 수 있어 그림 4.1-4b와 같이 표시할 수 있다. 이 페이저 표현법을 앞으로 자주 사용하게 되는데 그림 4.1-4a와는 다음과 같은 연관이 있다. 즉, 그림 4.1-4b의 중심에 핀을 꽂고 초당 f_c 바퀴로 전체 그림을 돌린다면 그림 4.1-4a와 같이 된다는 것이다.

그림 4.1-4a를 좀 더 자세히 살펴보면 $v_{bp}(t)$를 다른 방법으로 표현할 수 있음을 알 수 있다. 즉,

$$v_i(t) \triangleq A(t) \cos \phi(t) \qquad v_q(t) \triangleq A(t) \sin \phi(t) \tag{6}$$

와 같이 놓으면

$$\begin{aligned} v_{bp}(t) &= v_i(t) \cos \omega_c t - v_q(t) \sin \omega_c t \\ &= v_i(t) \cos \omega_c t + v_q(t) \cos (\omega_c t + 90°) \end{aligned} \tag{7}$$

와 같이 된다. 식 (7)은 대역 통과 신호의 **직교위상-반송파** 표현법이라고 하며, 식 (5)의 **포락선-위상** 표현법과 구별된다. 함수 $v_i(t)$와 $v_q(t)$는 각각 **동위상 성분**과 **직교위상 성분**으로 불린다. 직교위상-반송파 표시는, 식 (7)의 두 항은 두 개의 페이저로 표시되는데 첫 번째 페이저에 대해 두 번째 페이저는 $+90°$의 각도를 이루고 있다는 사실에 입각한다.

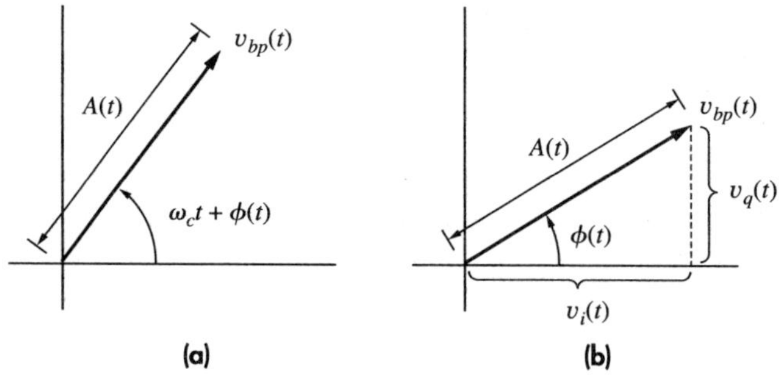

그림 4.1-4
(a) 회전하는 페이저; (b) 회전이 생략된 페이저 도.

대역 통과 신호를 어느 표현법으로 표시해도 좋지만, 직교위상-반송파 표현법이 주파수 영역의 해석에서 유리한 점이 있다. 구체적으로 말하자면, 식 (7)을 푸리에 변환하면

$$V_{bp}(f) = \frac{1}{2}[V_i(f - f_c) + V_i(f + f_c)] + \frac{j}{2}[V_q(f - f_c) - V_q(f + f_c)] \tag{8}$$

이고, 여기서

$$V_i(f) = \mathscr{F}[v_i(t)] \qquad V_q(f) = \mathscr{F}[v_q(t)]$$

이다. 식 (8)을 얻기 위해 $e^{\pm j\,90°} = \pm j$ 라는 사실과 함께 2.3 절 식 (7)로부터의 변조 정리를 사용하였다. 포락선-위상 표현법은 주파수 영역으로 잘 변환되지 않는데, 이는 식 (6)이나 그림 4.1-4b로부터

$$A(t) = \sqrt{v_i^2(t) + v_q^2(t)} \qquad \phi(t) = \arctan\frac{v_q(t)}{v_i(t)} \tag{9}$$

가 되고 이것은 푸리에 변환에 적당한 형식이 아니기 때문이다.

식 (8)로부터 직접 알 수 있는 것은, 식 (4)와 같은 대역 통과 조건을 만족하기 위해서는 동위상 및 직교위상 함수들이 아래의 식과 같이 **저역 통과** 신호이어야 한다는 것이다.

$$V_i(f) = V_q(f) = 0 \qquad |f| > W$$

다시 말하면,

> $V_{bp}(f)$는 주파수 이동된 두 개의 저역 통과 스펙트럼으로 구성되고, $V_q(f)$의 경우는 직교위상 천이되어야 한다.

아래와 같이 **저역 통과 등가 스펙트럼**을 정의할 때 위의 성질을 이용한다.

$$V_{\ell p}(f) \triangleq \tfrac{1}{2}[V_i(f) + jV_q(f)] \tag{10a}$$

$$= V_{bp}(f + f_c)u(f + f_c) \tag{10b}$$

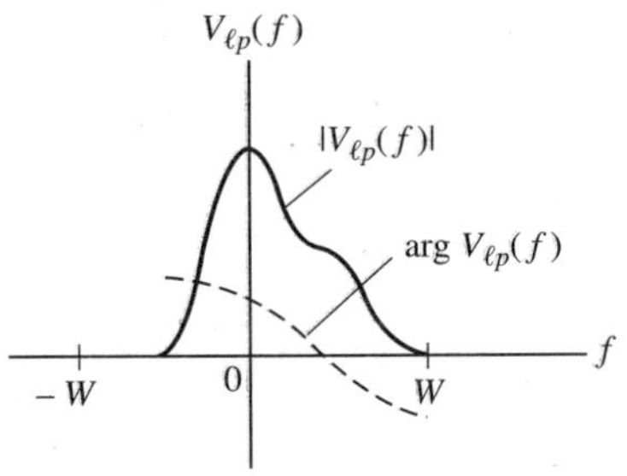

그림 4.1-5
저역 등가 스펙트럼.

그림 4.1-5에 보인 것처럼, $V_{\ell p}(f)$는 $V_{bp}(f)$의 양의 주파수 부분이 단순히 원점으로 주파수 이동된 것과 똑같다.

식 (10)으로부터 시간 영역으로 옮겨 간다면

$$v_{\ell p}(t) = \mathscr{F}^{-1}[V_{\ell p}(f)] = \tfrac{1}{2}[v_i(t) + jv_q(t)] \tag{11a}$$

와 같은 **저역 통과 등가 신호**를 얻는다. 그러므로 $v_{\ell p}(t)$는 실수부가 $\frac{1}{2}v_i(t)$이고 허수부가 $\frac{1}{2}v_q(t)$인 가상의 복소수 신호이다. 다르게는, 직각-극 좌표 변환을 하면

$$v_{\ell p}(t) = \tfrac{1}{2}A(t)e^{j\phi(t)} \tag{11b}$$

가 되는데, 여기서 $v_{\ell p}(t)$를 포락선과 위상의 함수로 표현하기 위해 식 (9)를 사용하였다. 저역 통과 등가 신호의 복소수 성질은 그 스펙트럼 $V_{\ell p}(f)$에 기인한다. 즉, $V_{\ell p}(f)$는 실수 시간 함수의 변환이 되기 위해 필요한 헤르미트 대칭성이 없다는 것이다. 그럼에도 불구하고 $v_{bp}(t)$는 실수 대역 통과 신호를 나타내고 있다.

$v_{\ell p}(t)$와 $v_{bp}(t)$ 사이의 연관성은 식 (5)와 (11b)로부터 다음과 같이 얻어 낼 수 있다.

$$\begin{aligned} v_{bp}(t) &= \text{Re}\,\{A(t)e^{j[\omega_c t+\phi(t)]}\} \\ &= 2\,\text{Re}\,[\tfrac{1}{2}A(t)e^{j\omega_c t}e^{j\phi(t)}] \\ &= 2\,\text{Re}\,[v_{\ell p}(t)e^{j\omega_c t}] \end{aligned} \tag{12}$$

이 결과는 시간 영역에서, **저역 통과에서 대역 통과로의 변환**(lowpass-to-bandpass transfomation)을 나타낸다. 상응하는 주파수 영역 변환은

$$V_{bp}(f) = V_{\ell p}(f - f_c) + V_{\ell p}^*(-f - f_c) \tag{13a}$$

이고, 첫 번째 항은 $V_{bp}(f)$의 양의 주파수 부분을 구성하고 반면에 두 번째 항은 음의 주파수 부분을 구성한다. 앞으로 실수 대역 통과 신호만을 다루게 될 것이므로, $V_{bp}(f)$의 헤르미트 대칭성을 염두에 두고, 그림 4.1-3a와 4.1-5로 부터 얻을 수 있는 좀 더 간단한 표현인

$$V_{bp}(f) = V_{\ell p}(f - f_c) \quad f > 0 \tag{13b}$$

를 사용할 수 있다.

그림 4.1-6
(a) 대역 통과 시스템; (b) 저역 통과 모델.

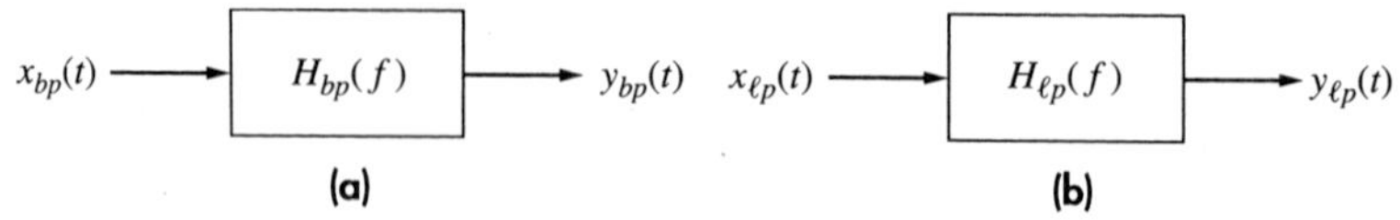

응용 문제 4.1-1 $z(t) = v_{\ell p}(t)e^{j\omega_c t}$라고 놓고 $2\,\mathrm{Re}[z(t)] = z(y) + z^*(t)$라는 사실을 이용하여 식 (12)로부터 식 (13a)를 유도하시오.

대역 통과 전송

이제 그림 4.1-6a에 보인 것과 같이 대역 통과 전송을 분석하는 데 필요한 도구들을 이용할 수 있게 되었다. 그림은 전달함수가 $H_{bp}(f)$인 대역 통과 시스템에 대역 통과 신호 $x_{bp}(t)$가 입력되면 대역 통과 신호 $y_{bp}(t)$가 출력되는 것을 나타낸다. 분명히 $Y_{bp}(f) = H_{bp}(f)X_{bp}(f)$라는 것을 통하여 직접 대역 통과 분석을 할 수도 있었지만, 아래의 식과 같은 저역 통과 등가 스펙트럼들을 이용하는 것이 보통은 더 쉽다. 즉,

$$Y_{\ell p}(f) = H_{\ell p}(f)\, X_{\ell p}(f) \tag{14a}$$

여기서

$$H_{\ell p}(f) = H_{bp}(f + f_c)u(f + f_c) \tag{14b}$$

이고 이는 **저역 통과 등가 전달함수**이다.

식 (14)로 인하여 우리는 대역 통과 시스템을 그림 4.1-6b와 같은 저역 통과 등가 모델로 대치할 수 있다. 저역 통과 등가 모델은 분석을 단순화할 뿐만 아니라, 알려진 저역 통과 시스템에서의 관계들에 비추어 유추할 수 있게 함으로써 대역 통과 시스템에서의 현상들에 대하여 유용한 통찰력을 제공한다. 우리는 대역 통과 신호에 대해 앞에서 얻은 결과들을 바탕으로 대역 통과 모델과 저역 통과 모델 사이를 왔다 갔다 할 것이다.

특히, 식 (14)로부터 $Y_{\ell p}(f)$를 구한 다음에는 그것의 역 푸리에 변환인

$$y_{\ell p}(t) = \mathscr{F}^{-1}[Y_{\ell p}(f)] = \mathscr{F}^{-1}[H_{\ell p}(f)X_{\ell p}(f)]$$

를 얻을 수 있다. 그러면 식 (12)의 저역 통과에서 대역 통과로의 변환으로부터 출력 신호 $y_{bp}(t)$를 얻을 수 있다. 아니면, 식 (10)으로부터 구한 아래의 식

$$\begin{aligned} y_i(t) &= 2\,\mathrm{Re}\,[y_{\ell p}(t)] \quad & y_q(t) &= 2\,\mathrm{Im}\,[y_{\ell p}(t)] \\ A_y(t) &= 2\,|y_{\ell p}(t)| & \phi_y(t) &= \arg\,[y_{\ell p}(t)] \end{aligned} \tag{15}$$

에서와 같이 $y_{\ell p}(t)$로부터 곧바로 출력의 직교위상 성분이나 포락선과 위상을 얻을 수도 있을 것이다. 아래의 예제는 이와 같은 기법들의 중요한 용도를 보여준다.

반송파와 포락선 지연

예제 4.1-2

통과대역에서 일정한 진폭 비를 갖지만 비선형 위상 전이 $\theta(f)$를 갖는 대역 통과 시스템을 생각해 보자. 즉, 그림 4.1-7에 보인 것과 같이

$$H_{bp}(f) = Ke^{j\theta(f)} \qquad f_\ell < |f| < f_u$$

이고

$$H_{\ell p}(f) = Ke^{j\theta(f+f_c)}u(f+f_c) \qquad f_\ell - f_c < f < f_u - f_c$$

이다. 위상의 비선형성이 비교적 약하다고 가정하면 아래의 식과 같이 근사할 수 있다.

$$\theta(f+f_c) \approx -2\pi(t_0 f_c + t_1 f)$$

여기서

$$t_0 \triangleq -\frac{\theta(f_c)}{2\pi f_c} \quad t_1 \triangleq -\frac{1}{2\pi}\frac{d\theta(f)}{df}\bigg|_{f=f_c} \tag{16}$$

이다. 이 근사는 $\theta(f+f_c)$를 테일러 급수로 전개한 뒤 처음 두 항을 취한 것이다.

파라미터 t_0, t_1의 의미를 살펴보기 위해, 입력 신호의 위상이 영이어서 $x_{bp}(t) = A_x(t) \cos \omega_c t$이고 $x_{\ell p}(t) = \frac{1}{2}A_x(t)$라고 하자. 만약 입력 신호의 스펙트럼 $X_{bp}(f)$가 시스템의 통과대역 내에 완전히 들어간다면, 식 (14)로부터

$$Y_{\ell p}(f) = Ke^{j\theta(f+f_c)}X_{\ell p}(f) \approx Ke^{-j2\pi(t_0 f_c + t_1 f)}X_{\ell p}(f)$$
$$\approx Ke^{-j\omega_c t_0}[X_{\ell p}(f)e^{-j2\pi f t_1}]$$

가 된다. 시간-지연 정리를 기억해 보면, 두 번째 항은 $x_{\ell p}(t)$가 t_1만큼 지연된 것에 해당한다는 것을 알 수 있을 것이다. 그러므로

$$y_{\ell p}(t) \approx Ke^{-j\omega_c t_0}x_{\ell p}(t-t_1) = Ke^{-j\omega_c t_0}\tfrac{1}{2}A_x(t-t_1)$$

이고 식 (12)에 의해 통과대역 출력은

$$y_{bp}(t) \approx KA_x(t-t_1)\cos \omega_c(t-t_0)$$

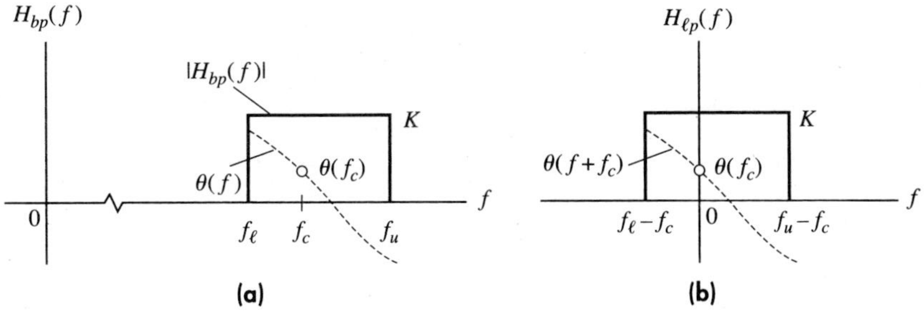

그림 4.1-7
(a) 대역 통과 전달 함수; (b) 등가의 저역 통과.

이 된다. 이 결과를 바탕으로 우리는 t_0은 **반송파 지연**이고 반면에 t_1은 **포락선 지연**이라는 결론을 내릴 수 있다. 그리고 t_1이 주파수와 상관이 없으므로 $\theta(f + f_c)$의 근사식이 유효한 범위 내에서는 포락선이 지연 왜곡을 겪지 않는다. 포락선 지연은 **군**(群, group) 지연이라고도 불린다.

나중에, 한 개의 채널에서 서로 다른 반송파 주파수에 다수의 대역 통과 신호를 전송하는 **다중화**(multiplexing) 시스템에 대해 설명하게 될 것이다. 이 논의에서 채널의 지연 특성을 평가하기 위해 $df/d\theta$ 대 f의 그림을 이용한다. 만일 사용하고자 하는 대역 내에서 웬만큼 평탄한 특성을 갖지 못하면, 과도한 포락선 왜곡을 피하기 위해 위상 등화가 필요할 수도 있다.

응용 문제 4.1-2

어떤 대역 통과 시스템이 0의 위상을 갖지만, $f_\ell < f < f_u$에서 $|H_{bp}(f)| = K_0 + (K_1/f_c)(f - f_c)$ (단, $K_0 > (K_1/f_c)(f_\ell - f_c)$)라고 하자. 이때 $f_\ell < f_c$이고 $f_u > f_c$라고 하고 $H_{\ell p}(f)$를 그리시오. 그리고, $X_{bp}(f)$가 시스템의 통과대역 내에 완전히 들어갈 경우, $x_{bp}(t) = A_x(t) \cos \omega_c t$이면 $y_{bp}(t)$의 직교위상 성분은

$$y_i(t) = K_0 A_x(t) \quad y_q(t) = -\frac{K_1}{2\pi f_c}\frac{dA_x(t)}{dt}$$

가 됨을 보이시오.

가장 간단한 대역 통과 시스템은 그림 4.1-8a에 보인 것과 같은 병렬 공진 또는 동조(同調) 회로이다. 그림 4.1-8b에 도시한 전압 전달 함수는

$$H(f) = \frac{1}{1 + jQ\left(\dfrac{f}{f_0} - \dfrac{f_0}{f}\right)} \tag{17a}$$

과 같이 쓸 수 있는데, 여기서 공진 주파수 f_0와 품질인수 Q는 부품의 값들과 아래의 식과 같은 관계가 있다.

그림 4.1-8
(a) 동조 회로; (b) 전달함수.

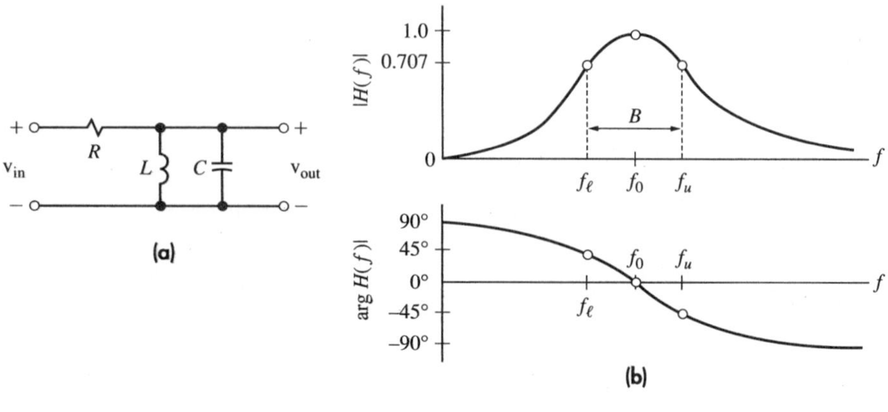

$$f_0 = \frac{1}{2\pi\sqrt{LC}} \quad Q = R\sqrt{\frac{C}{L}}$$

실제의 공진 회로는 보통 $10 < Q < 100$의 값을 가지므로, 3 dB 대역폭은 중심 주파수 값의 1에서 10퍼센트 정도가 된다.

$$B = f_u - f_\ell = \frac{f_0}{Q} \tag{17b}$$

전체 대역 통과 시스템은 전송 채널 및 동조 증폭기와 그 각각의 단을 연결하는 결합 장치로 구성된다. 그러므로 전체의 주파수 응답은 단순한 동조 회로의 응답보다는 좀 더 복잡한 양상을 띤다. 그럼에도 불구하고, 다양한 물리적인 효과들로 인해, 시스템의 대역폭과 반송파 주파수 f_c 사이에는 식 (17b)와 유사한, 다소 느슨하지만 의미 있는 연관성이 있다.

예를 들면, 무선 시스템 내의 안테나는 f_c에 비해 주파수 범위가 작지 않으면 상당한 왜곡을 발생한다. 뿐만 아니라, B가 f_c에 비해 아주 크거나 작은 경우라면, 웬만큼 왜곡이 없는 대역 통과 증폭기를 설계한다는 것은 여간 어려운 것이 아니다. 대략적인 어림셈으로서 **비율 대역폭**(fractional bandwidth) B/f_c는 아래의 식과 같은 범위를 갖도록 하여야 한다. 즉,

$$0.01 < \frac{B}{f_c} < 0.1 \tag{18}$$

그렇지 않으면, 신호의 왜곡이 실제적인 등화기가 처리할 수 있는 범위를 넘어가게 될 것이다.

식 (18)로부터 우리는

> 넓은 대역폭에는 높은 반송파 주파수가 필요하다.

는 사실을 알 수 있다. 이러한 통찰은 표 4.1-1에서 뒷받침되고 있는데, 이 표에서는 서로 다른 주파수 대역에서 각각 반송파 주파수를 선택하고 그에 대응하는 공칭(nominal) 대역

표 4.1-1 선택한 반송파 주파수와 공칭 대역폭.

Frequency Band	Carrier Frequency	Bandwidth
Longwave radio	100 kHz	2 kHz
Shortwave radio	5 MHz	10 kHz
VHF	100 MHz	2 MHz
Microwave	5 GHz	100 MHz
Millimeterwave	100 GHz	2 GHz
Optical	5×10^{14} Hz	10^{13} Hz

폭 $B \approx 0.02 f_c$를 보였다. 물론 더 넓은 대역폭을 얻을 수도 있지만, 훨씬 많은 비용을 치러야 한다. 식 (18)에서 좀 더 나아가 보면, 신호의 전송에 있어서 **대역 통과**라는 용어와 **협대역**이라는 용어는 사실상 같은 말이라는 것을 알 수 있다.

예제 4.1-3

대역 통과 펄스 전송

3.4 절에서 폭이 τ인 펄스를 전송하려면 우리는 $B \ge 1/2\tau$의 저역 통과 대역폭이 필요함을 알았다. 뿐만 아니라 예제 2.3-2에서는 주파수 이동이 펄스를 대역 통과 파형으로 변환하고 그 스펙트럼의 폭을 두 배로 늘인다는 것도 알았다. 이 두 가지 사실을 종합하면 대역 통과 펄스 전송에는

$$B \ge 1/\tau$$

의 대역폭이 필요하다는 결론을 얻을 수 있다. 식 (18)이 $0.1 f_c > B$라는 추가적인 조건을 부과하므로 반송파 주파수는

$$f_c > 10/\tau$$

을 만족하여야 한다. 이러한 관계식들은 오래 전부터 레이더 및 관련 업무에서 유용한 지침으로 사용되어 왔다. 예를 들자면, 만약 $\tau = 1\ \mu s$라면 대역 통과 전송에는 $B \ge 1$ MHz 그리고 $f_c > 10$ MHz가 필요하다는 것이다.

대역폭

이 시점에서는 대역 통과 신호의 대역폭에 대한 정량적이고 실제적인 설명을 하는 것이 좋을 것이다. 그 특별한 이유는 문헌에서 대역폭이 자주 언급되지만 여전히 구체적이지 않기 때문이다. 이런 일은 종종 특정 변조 형식에 B_T의 대역폭이 주어진다고 할 경우에 발생한다. 불행하게도 대역폭의 정의가 하나만 존재하는 것이 아니다. 우리가 이 문제를 따지기 전에, FM 방송 무선 기술자가 맞닥뜨릴 수 있는 문제를 제시해 보자. 여러분들도 알다시피, FCC는 FM 방송국에 88.1에서 107.9 MHz 사이의 특정한 반송파 주파수를 할당하는데, 전송 대역폭 B_T는 200 kHz이다. 그것이 바로 여러분들의 자동차에 있는 FM 라디오가 200 kHz 단위의 홀수 주파수 (예를 들어, 95.3, 95.5, . . . 등)만을 표시하는 이유이다. FM 방송국은 전파를 송출할 때 이 200 kHz의 대역폭 제한을 따라야 한다. 하지만, 이것이 200 kHz 대역폭 밖에서는 어떠한 에너지도 방출해서는 안 된다는 의미인지? 물론 그렇지는 않다. 왜냐하면 시간 제한된 것은 어떠한 것이라도 대역폭이 무제한이 되고, 세상에는 이상적인 대역 통과 필터라는 것은 없기 때문이다. 5장에서 살펴보게 되겠지만, FM 대역폭에 대한 수식은 단지 근사식일 뿐이다. 그렇지만, FCC는 방출된 에너지의 99%는 200 kHz 대역폭 사이에만 한정되어야 한다든지, 아니면 대역 외에서의 전력 레벨이 전송 최대 레벨에 대해 50 dB 이하가 되어야 한다든지 하는 말을 할 수는 있을 것이다. 대역폭에 관한 관련 미국 연방 법규(Code of Federal Regulations, CFR) 등을 포함하는 FCC의

웹사이트는 http://access.gpo.gov/nara/cfr/waisidx_07/47cfr2_07.html (47 CFR 2.202)에 있다. 아래와 같은 대역폭의 정의에 대해 생각해 보기로 하자.

1. 절대 대역폭. 이는 100%의 에너지가 어떤 주파수 $f_a \rightarrow f_b$ 범위에만 존재하는 경우이다. 만약 이상적인 필터와 무한 시간 신호가 있다면 절대 대역폭을 말할 수 있을 것이다.
2. 3 dB 대역폭. 이는 반전력 대역폭이라고도 불리며, 신호 전력이 3 dB ($\frac{1}{2}$)만큼 떨어지기 시작하는 주파수(들)를(을) 말한다. 이는 그림 4.1-8에 보였다.
3. 잡음 등가 대역폭. 이는 9.3절에서 설명할 것이다.
4. 널 간(null-to-null) 대역폭. 신호 스펙트럼의 첫 번째 영(zero) 통과점 주파수 쌍의 간격. 예를 들면, 그림 2.3-4의 삼각 펄스에서 널 간 대역폭은 $\frac{2}{\tau}$이다.
5. 점유 대역폭. 이것은 FCC의 정의인데, "하한 주파수의 이하, 상한 주파수의 이상에서 방출되는 전력이 각각 총 방출 전력의 0.5%가 되는 주파수 대역폭" (http://access.gpo.gov/nara/cfr/waisidx_07/47cfr2_07.html에서 47 CFR 2.202)이라고 기술하고 있다. 바꿔 말하면, 에너지의 99%가 신호의 대역폭 내에 존재한다.
6. 상대적 전력 스펙트럼 대역폭. 이는 대역폭 상하한 바깥에서의 전력 레벨이 그 최대 레벨에 대해 상대적인 특정 값으로 줄어드는 주파수 범위이다. 그 특정 값이라는 것은 보통 음(陰)의 데시벨로 표시된다. 예를 들어 최대 반송파 전력이 1000와트이고 −40 dB (즉, 1/10,000)의 상대적 전력 스펙트럼 대역폭을 갖는 방송용 FM 신호를 생각해 보자. 그럴 경우, $f_c \pm 100$ kHz의 바깥에서는 방송국의 방사 전력이 0.1 W를 넘지 않아야 한다.

뒤에서 나오는 이 책의 장과 절에서 변조 신호의 B_T를 계산할 때 특정 공식이 있을 수 있다. 하지만, 그 값은 여러 가정들을 바탕으로 하며, 다른 변조 방식들에 대해서 상대적인 것이라는 것을 명심하여야 한다.

4.2 양측파대 진폭 변조

양측파대 진폭 변조에는 두 가지의 종류가 있다. 표준적인 진폭 변조(AM)와 반송파 억압 양측파대 변조(DSB)가 각각 그것이다. 우리는 두 가지 모두를 살펴보고, 둘 사이의 이론적 차이는 사소하지만 실제 적용에 있어서는 그 영향이 지대하다는 것을 보게 될 것이다.

AM 신호와 스펙트럼

AM의 독특한 성질은 변조된 반송파의 포락선이 메시지와 같은 모양이라는 것이다. A_c를 변조하기 전의 반송파의 진폭이라 하면, $x(t)$로 변조하였을 때 AM 신호는

$$x_c(t) = A_c[1 + \mu x(t)] \cos \omega_c t \qquad (1)$$
$$= A_c \cos \omega_c t + A_c \mu x(t) \cos \omega_c t$$

가 된다. 여기서 μ는 **변조지수**(modulation index)라고 하는 양의 상수이다. 그러면 신호의

포락선은

$$A(t) = A_c[1 + \mu x(t)] \tag{2}$$

와 같다. $x_c(t)$의 위상은 시간적으로 변화하지 않으므로, 4.1절에서 $\phi(t) = 0$ 일 때 식 (5)와 (6)으로부터 얻을 수 있는 것처럼, 그 동위상 및 직교위상 성분은,

$$x_{ci}(t) = A(t) \qquad x_{cq}(t) = 0$$

가 된다. 사실은, 반송파와 메시지는 동기가 맞지 않는 독립적인 신호원으로부터 오는 신호라는 사실을 강조하기 위해서는 상수의 반송파 위상을 포함하였어야 한다. 하지만 상수 위상을 식 (2)에 포함하면 물리적인 이해에는 아무런 도움도 주지 않으면서 표기만 복잡해질 뿐이다.

그림 4.2-1에 두 개의 μ 값에 대해 전형적인 메시지와 그에 상응하는 AM 신호의 일부를 보였다. 변조지수 μ와 반송파 f_c가

$$f_c \gg W \text{ and } \mu \leq 1 \tag{3}$$

를 만족하면 포락선이 $x(t)$의 모양을 그대로 갖는다는 것을 명확하게 보여준다. 이러한 조건을 만족하면, 4.5절에서 설명할 회로와 같은 간단한 **포락선 검파기**를 이용하여, $x_c(t)$로부터 $x(t)$를 쉽게 추출해 낼 수 있다.

$f_c \gg W$라는 조건은 반송파가 $x(t)$의 시간 변화에 비해 빠르게 진동해야 한다는 것을 나타낸다. 그렇지 않으면 포락선을 나타내 보일 수가 없을 것이다. $\mu \leq 1$이라는 조건은 $A_c[1 + \mu x(t)]$가 음(negative)으로 되어서는 안 된다는 것을 나타낸다. 100퍼센트 변조 ($\mu = 1$)라면 포락선은 $A_{\min} = 0$과 $A_{\max} = 2A_c$ 사이에서 변화한다. **과변조**(overmodulation) ($\mu > 1$)는 그림 4.2-1c에 보인 것과 같이 **위상 반전**과 **포락선 왜곡**을 일으킨다.

주파수 영역에서 살펴보면, 식 (2)의 푸리에 변환은

$$X_c(f) = \frac{1}{2}A_c\,\delta(f - f_c) + \frac{\mu}{2}A_c X(f - f_c) \quad f > 0 \tag{4}$$

가 된다. 여기서는 $X_c(f)$의 양의 주파수 부분에 해당하는 반만을 나타냈었다. 음의 주파수에 해당하는 반쪽은, $x_c(t)$가 실수 대역 통과 신호이므로, 식 (4)의 헤르미트 상(像, image)이 된다. 그림 4.1-1의 $X(f)$에 대한 $X_c(f)$의 두 반쪽 성분을 그림 4.2-2에 보였다. AM 스펙트럼은 반송파 주파수의 임펄스들과 $\pm f_c$를 중심으로 **대칭적인 측파대들**로 구성되어 있다. **상측파대**(upper sideband)와 **하측파대**(lower sideband)가 존재하므로 **양측파대**(double sideband) 진폭 변조라는 이름을 붙인 것이다. 이 사실은 또한 AM의 **전송 대역폭이**

$$B_T = 2W \tag{5}$$

라는 사실은 설명해 준다. $x(t)$를 변조하지 않고 기저대역에서 전송할 때에 비해 AM은 두 배의 대역폭이 필요하다는 사실을 주목하자.

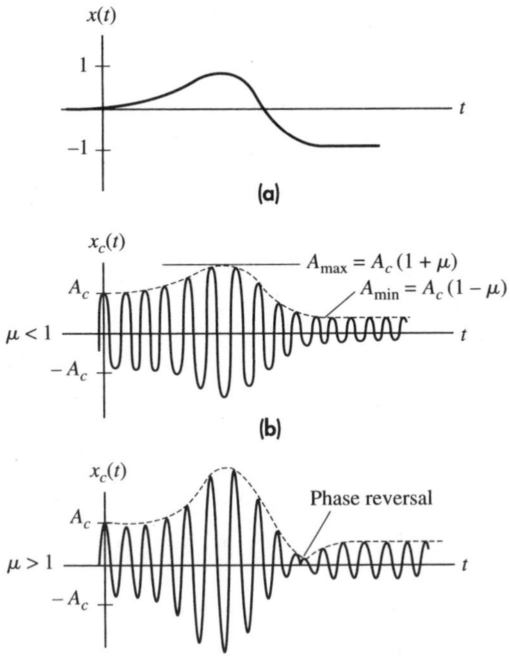

그림 4.2-1
AM 파형: (a) 메시지; (b) $\mu < 1$일 때의 AM; (c) $\mu > 1$일 때의 AM.

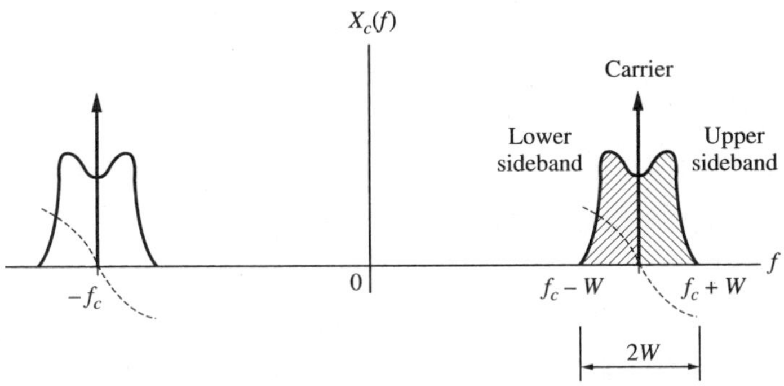

그림 4.2-2
AM 스펙트럼.

변조 시스템의 비교에 있어서 전송 대역폭은 중요한 고려 사항이다. 또 다른 고려 사항은 **평균 전송 전력**

$$S_T \triangleq \langle x_c^2(t) \rangle$$

이다. 식 (2)로부터 $x_c^2(t)$를 전개하면,

$$S_T = \tfrac{1}{2}A_c^2\langle 1 + 2\mu x(t) + \mu^2 x^2(t)\rangle + \tfrac{1}{2}A_c^2\langle [1 + \mu x(t)]^2 \cos 2\omega_c t\rangle$$

를 얻는데, 두 번째 항은 $f_c \gg W$라는 조건에서는 평균이 0이 된다. 그러므로, $\langle x(t)\rangle = 0$이고 $\langle x^2(t)\rangle = S_x$이면,

$$S_T = \tfrac{1}{2}A_c^2(1 + \mu^2 S_x) \tag{6}$$

이다. 메시지의 평균값이 0(또는 직류 성분이 0)이라는 가정은, 4.5절의 결론인 '보통의 AM은 상당한 저주파 성분을 함유하는 신호를 전송하기에는 실질적이지 않다'는 사실을 예견할 수 있게 한다.

식 (6)을 다음과 같은 형태로 나타냄으로써 해석을 이끌어 내도록 해보자. 즉,

$$S_T = P_c + 2P_{sb}$$

여기서

$$P_c = \tfrac{1}{2}A_c^2 \quad P_{sb} = \tfrac{1}{4}A_c^2\mu^2 S_x = \tfrac{1}{2}\mu^2 S_x P_c \tag{7}$$

이다. $\mu = 0$일 때 $S_T = P_c$이므로 P_c 항은 **변조되지 않은 반송파 전력**을 나타낸다. $\mu \neq 0$일 때, S_T는 반송파와 두 대칭 측파대 전력의 합이므로, P_{sb}는 **측파대 별 전력**을 나타낸다. 변조의 제한 조건 $|\mu x(t)| \leq 1$은, $\mu^2 S_x \leq 1$, 즉, $P_{sb} \leq \tfrac{1}{2}P_c$이고

$$P_c = S_T - 2P_{sb} \geq \tfrac{1}{2}S_T \qquad P_{sb} \leq \tfrac{1}{4}S_T \tag{8}$$

이라는 것이 필요하다. 결과적으로, 총 전송 전력의 적어도 50퍼센트(그리고 가끔은 2/3에 가깝게)는 $x(t)$와 무관하여 아무런 메시지 정보도 포함하지 않는 반송파 항에 몰려 있다는 것이다.

DSB 신호와 스펙트럼

진폭 변조에서 낭비되는 반송파 전력은 $\mu = 1$로 놓고 변조되지 않은 반송파 주파수 성분을 억압함으로써 막을 수 있다. 그렇게 함으로써 얻는 변조파는

$$x_c(t) = A_c x(t) \cos \omega_c t \tag{9}$$

와 같이 된다. 이를 **양측파대 억압-반송파 변조** 또는 줄여서 DSB라고 한다. (약어인 DSB-SC와 DSSC가 사용되기도 한다.) 식 (9)의 변환은 간단히

$$X_c(f) = \tfrac{1}{2}A_c X(f - f_c) \quad f > 0$$

이고 DSB 스펙트럼은 변조되지 않은 반송파 임펄스가 없는 AM 스펙트럼처럼 보인다. 전송 대역폭은 따라서 AM과 같이 $B_T = 2W$로 유지된다.

DSB와 AM이 주파수 영역에서 매우 비슷하게 보이긴 하지만, 시간 영역에서의 모습은 다른 이야기다. 그림 4.2-3의 예에서와 같이 포락선 및 위상은

$$A(t) = A_c|x(t)| \qquad \phi(t) = \begin{cases} 0 & x(t) > 0 \\ \pm 180° & x(t) < 0 \end{cases} \tag{10}$$

이다. 여기서 포락선은 $x(t)$가 아닌 $|x(t)|$의 모양을 가지며, $x(t)$가 0 점을 지날 때 변조파는 **위상 반전**을 겪는다. 메시지를 완전히 복원하기 위해서는 이러한 위상 반전이 일어나는 곳

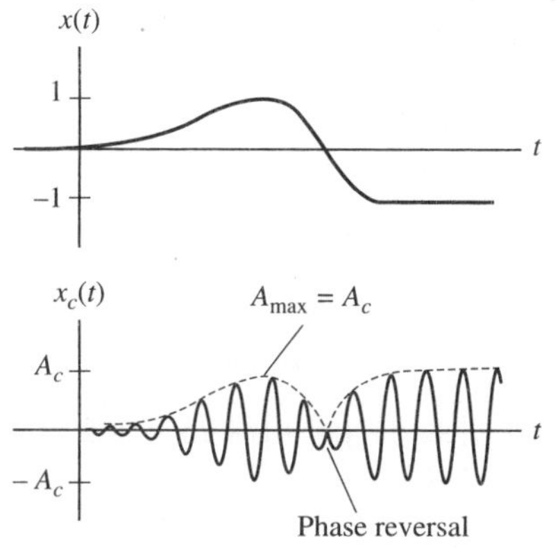

그림 4.2-3
DSB 파형.

을 알아야 하는데 포락선 검파로써는 할 수가 없다. 그러므로 반송파 억압 DSB는 단순한 "진폭"의 변조이상으로서, 4.5절에서 살펴보겠지만, 보다 정교한 복조 과정이 필요하다.

하지만, 반송파 억압은 확실히 모든 평균 전송 전력을, 정보를 포함하고 있는 측파대에 집중되게 한다. 그러므로

$$S_T = 2P_{sb} = \tfrac{1}{2}A_c^2 S_x \tag{11}$$

이고, 이 식은 $x(t)$가 직류 성분을 포함할 경우에도 성립한다. 식 (11)과 (8)로부터 DSB는 주어진 송신기에서 가용한 총 평균 전력을 보다 더 잘 활용하고 있음을 알 수 있다. 또 실제의 송신기는 **최대 포락선 전력** $A_{\max}^2$에 제한을 두고 있다. 최대 변조 조건에서 $P_{sb}/A_{\max}^2$의 비를 살펴봄으로써 이러한 최대 전력 제한에 대해 설명해 보도록 하자. DSB에 대해 식 (11)에서 $A_{\max} = A_c$라 하고 AM에 대해 식 (7)에서 $A_{\max} = 2A_c$라 하면,

$$P_{sb}/A_{\max}^2 = \begin{cases} S_x/4 & \text{DSB} \\ S_x/16 & \text{AM with } \mu = 1 \end{cases} \tag{12}$$

가 된다. 그러므로 $A_{\max}^2$가 고정되어 있고 다른 요소들은 모두 동일하다고 하면, DSB 송신기는 AM 송신기보다 네 배의 측파대 전력을 발생한다.

앞에서 살펴 본 내용은 전력 효율과 복조 방식 사이에는 이율배반적인 관계가 있음을 시사한다.

DSB는 전력이 절약되기는 하지만 복조 회로가 복잡해지고, AM은 간단한 포락선 검파가 가능하지만 많은 전력이 필요하다.

예제 4.2–1

정격이 $S_T \le 3$ kW이고 $A_{\max}^2 \le 8$ kW인 무선 송신기를 생각해 보자. 변조 신호는 $A_m = 1$, 즉, $S_x = A_m^2/2 = \frac{1}{2}$인 톤 신호라고 하자. 변조 방식이 DSB라면, 측파대 당 가능한 최대 전력은 식 (11)과 (12)로부터 정해지는 두 값 중 작은 것과 같다. 그러므로

$$P_{sb} = \tfrac{1}{2}S_T \leq 1.5\text{ kW} \quad P_{sb} = \tfrac{1}{8}A_{\max}^2 \leq 1.0\text{ kW}$$

이고 따라서 상한값은 $P_{sb} = 1.0$ kW이다.

변조 방식이 $\mu = 1$인 AM이라면, 식 (12)로부터 $P_{sb} = A_{\max}^2/32 \leq 0.25$ kW이어야 한다. 평균 전력 한도에 대해 따져보면, 식 (7)로부터 $P_{sb} = P_c/4$, 즉, $S_T = P_c + 2P_{sb} = 6P_{sb}$이고 $P_{sb} = S_T/6 \leq 0.5$ kW이다. 그러므로 다시 최대 전력 제한이 적용되고 최대 측파대 전력은 $P_{sb} = 0.25$ kW가 된다. 전송 거리는 P_{sb}에 비례하므로, 동일한 송신기를 가정할 경우 AM의 경로 거리는 DSB의 경로 거리에 비해 25퍼센트 밖에 되지 않는다.

응용 문제 4.2-1

변조 신호가 $x(t) = +1$과 $x(t) = -1$ 사이를 주기적으로 오가는 **구형파**라고 하자. 변조 방식이 $\mu = 0.5$일 경우의 AM, $\mu = 1$일 경우의 AM, 그리고 DSB일 때의 $x_c(t)$를 그리시오. 포락선은 점선으로 표시하시오.

응용 문제 4.2-2

어떤 음성 신호가 $|x(t)|_{\max} = 1$이고 $S_x = 1/5$이라고 하자. 이 때 DSB일 경우와 AM일 경우에 대해 $P_{sb} = 10$ W를 얻기 위해 필요한 S_T와 $A_{\max}^2$의 값을 계산하시오.

톤 변조와 페이저 해석

식 (9)에서 $x(t) = A_m \cos \omega_m t$라고 놓으면 톤 변조된 DSB 파형은

$$x_c(t) = A_c A_m \cos \omega_m t \cos \omega_c t \tag{13a}$$

$$= \frac{A_c A_m}{2} \cos(\omega_c - \omega_m)t + \frac{A_c A_m}{2} \cos(\omega_c + \omega_m)t$$

가 된다. 여기에는 두 코사인의 곱의 삼각함수 전개식을 사용하였다. 식 (2)에 똑같은 식을 적용하면 톤 변조된 AM 파는

$$x_c(t) = A_c \cos \omega_c t + \frac{A_c \mu A_m}{2} \cos(\omega_c - \omega_m)t + \frac{A_c \mu A_m}{2} \cos(\omega_c + \omega_m)t \tag{13b}$$

가 된다. 그림 4.2-4는 식 (13a)와 (13b)로부터 얻은 양의 주파수 선 스펙트럼을 보여준다.

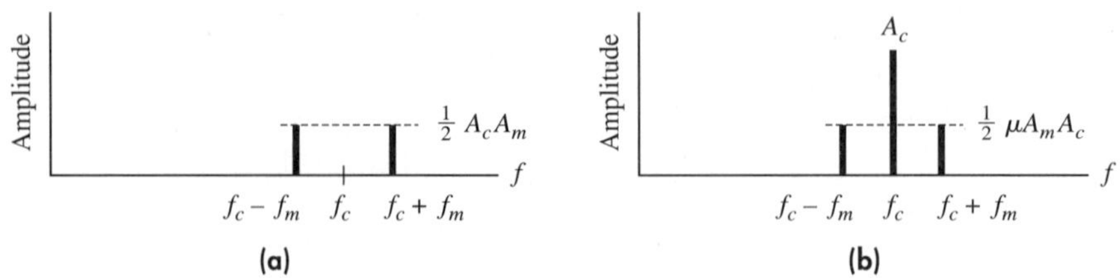

그림 4.2-4
톤 변조의 선 스펙트럼. (a) DSB; (b) AM.

그림 4.2-4로부터 톤 변조된 DSB나 AM은, 각각이 스펙트럼의 선을 나타내는 평범한 페이저들의 합으로 볼 수 있음을 알 수 있다. 이러한 관점은 포락선-위상 또는 직교위상-반송파 성분들을 구하는 데는 페이저 해석법을 이용하는 것이 좋을 것이라는 것을 일깨워 준다. 페이저 해석은 아래의 예제에서와 같이 전송 왜곡, 간섭 등의 효과를 살펴보는 데 특히 유용하다.

AM과 페이저 해석

예제 4.2-2

편의상 $\mu A_m = \frac{2}{3}$로 톤 변조된 AM의 경우를 상정해 보자. 페이저 도는 그림 4.2-5a에서 보인 것처럼 수평의 반송파 페이저의 선단에 측파대의 페이저를 더하여 구성한다. 반송파 주파수가 f_c이므로, $f_c \pm f_m$의 측파대 페이저들은 반송파 페이저에 대해 $\pm f_m$의 속도로 회전한다. 두 측파대 페이저의 합성은 반송파의 페이저와 같은 선상에 놓이는 것처럼 보이고, 따라서 페이저들의 합은 포락선 $A_c(1 + \frac{2}{3}\cos\omega_m t)$과 같다.

이번에는 전송 채널에서 하측파대가 완전히 없어져서 그림 4.2-5b와 같은 페이저 도를 얻었다고 해 보자. 그러면 포락선은

$$A(t) = [(A_c + \tfrac{1}{3}A_c\cos\omega_m t)^2 + (\tfrac{1}{3}A_c\sin\omega_m t)^2]^{1/2}$$
$$= A_c\sqrt{\tfrac{10}{9} + \tfrac{2}{3}\cos\omega_m t}$$

이고 이 식으로부터 포락선 왜곡을 구할 수 있다. 또한 전송 진폭 왜곡으로 시변 위상 $\phi(t)$가 발생하였음을 주목하자.

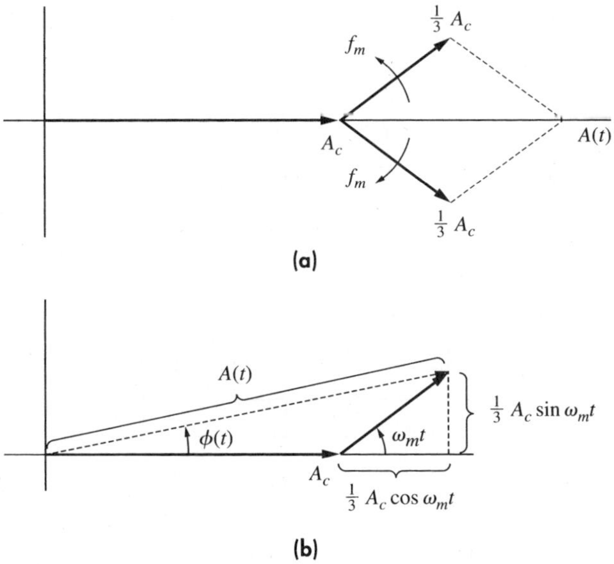

그림 4.2-5
예제 4.2-2의 페이저 도.

응용 문제 4.2-3

$A_m = 1$이고 톤 변조된 DSB의 페이저 도를 그리시오. 그리고 하측파대의 진폭이 반으로 잘렸을 경우 $A(t)$와 $\phi(t)$를 구하시오.

4.3 변조기와 송신기

AM이나 DSB 신호의 측파대들은 반송파나 메시지에는 들어 있지 않던 새로운 주파수 성분들을 포함하고 있다. 그러므로 변조기는 **시변**(time-varying)이거나 **비선형** 시스템이어야 한다. 그 이유는 LTI 시스템은 절대로 새로운 주파수 성분들을 만들어 내지 않기 때문이다. 이 절에서는 곱, 제곱, 또는 스위칭 장치들을 사용하는 변조기와 송신기의 동작 원리를 설명한다. 자세한 회로 설계법은 보충 문헌에 인용된 참고 자료들을 참조하기 바란다.

곱 변조기

그림 4.3-1a는 식 $x_c(t) = A_c \cos \omega_c t + \mu x(t) A_c \cos \omega_c t$를 바탕으로 한 AM에 대한 **곱 변조기**의 블록도이다. 그림 4.3-1b의 회로도는 아날로그 곱셈기와 연산증폭기를 이용한 덧셈기로 이 변조기를 구현한 것이다. 물론, DSB 곱 변조기는 $x_c(t) = x(t) A_c \cos \omega_c t$를 생성하기 위해 곱셈기만 있으면 된다. 양쪽 모두 가장 중요한 동작은 두 개의 아날로그 신호를 곱하기하는 것이다.

아날로그 식 곱셈은 여러 가지 다른 방법으로 전자적으로 수행할 수 있다. 흔한 집적회로 설계 방법 중의 하나는 그림 4.3-2에 보인 것과 같은 **가변 전이전도도 곱셈기**이다. 여기서는 입력 전압 v_1을 차동 증폭기에 입력하는데, 증폭기의 이득은 트랜지스터의 전이전도도에 의해 변하고, 전이전도도는 다시 총 이미터 전류에 의해 변하게 된다. 입력 v_2는 전압-전류 변환기를 통해 이미터 전류를 컨트롤하여, 차동 출력은 Kv_1v_2가 된다. 다른 회로에서는 **홀 효과** 소자를 사용하여 직접적으로 곱셈을 구현하거나, 간접적으로는 antilog

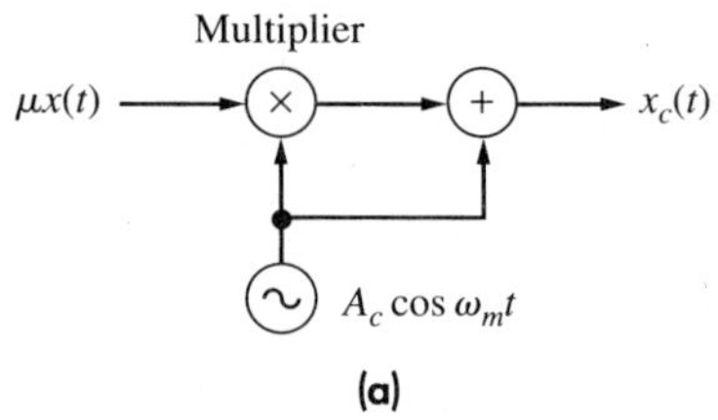

(a)

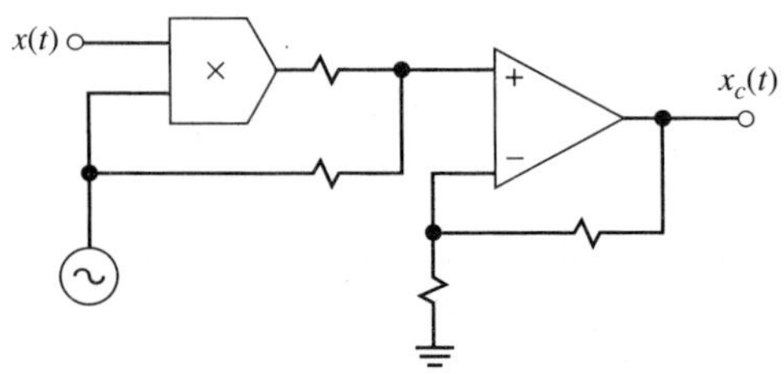

(b)

그림 4.3-1

(a) AM을 위한 곱 변조기; (b) 아날로그 곱셈기를 이용하는 회로도.

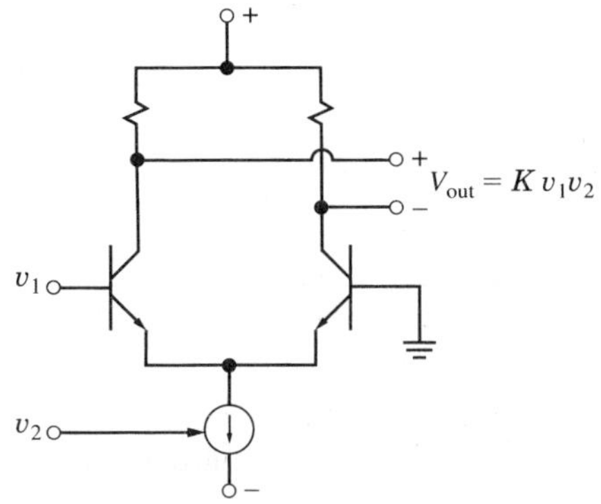

그림 4.3-2
가변 전이전도도 곱셈기의 회로도.

($\log v_1 + \log v_2$)가 되도록 **로그 증폭기**와 **역로그**(antilog) **증폭기**를 적절히 이용하여 구현하기도 한다. 하지만 대부분의 아날로그 곱셈기는 저 전력 레벨이나 비교적 낮은 주파수로 그 용도가 제한되어 있다.

제곱 변조기와 평형 변조기

더 높은 주파수에서의 신호 곱셈은 그림 4.3-3a에 보인 것과 같은 **제곱 변조기**로 구현할 수 있다. 그림 4.3-3b의 회로는 비선형 소자로서 전계 효과 트랜지스터를, 필터로서 병렬 RLC 회로를 이용하여 구현한다. 우리는 비선형 소자가 거의 제곱 특성 곡선을 가진한다고 가정한다. 즉,

$$v_{out} = a_1 v_{in} + a_2 v_{in}^2$$

이고, 그러므로, $v_{in}(t) = x(t) + \cos \omega_c t$이면

$$v_{out}(t) = a_1 x(t) + a_2 x^2(t) + a_2 \cos^2 \omega_c t + a_1\left[1 + \frac{2a_2}{a_1} x(t)\right] \cos \omega_c t \tag{1}$$

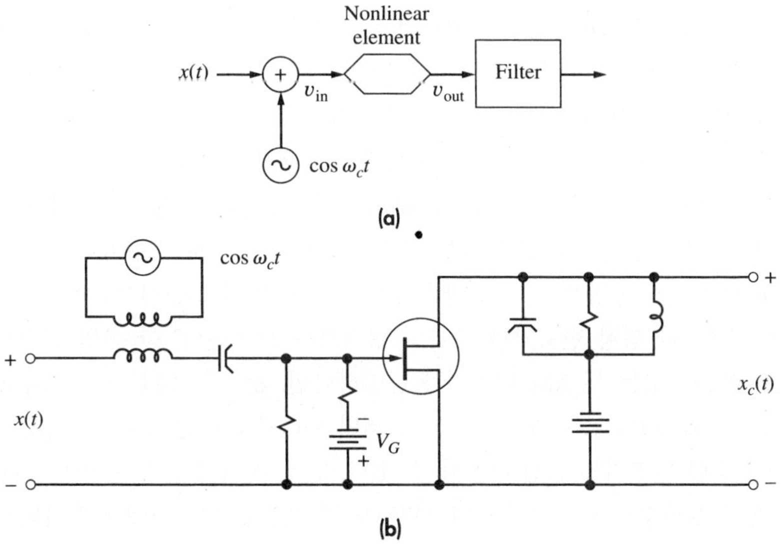

그림 4.3-3
(a) 제곱 변조기; (b) FET 회로 구현.

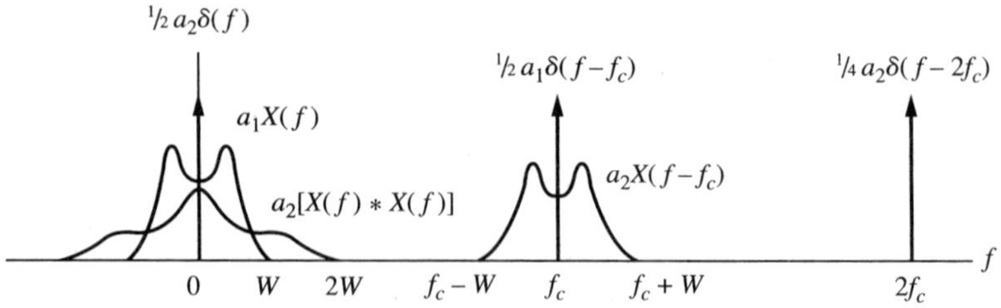

그림 4.3-4
식 (1)의 스펙트럼 성분.

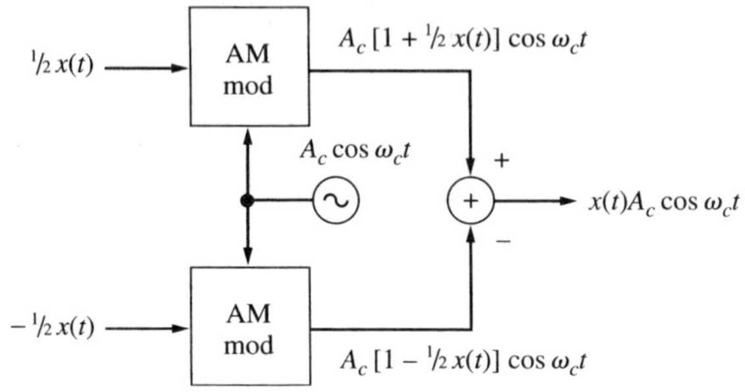

그림 4.3-5
평형 변조기.

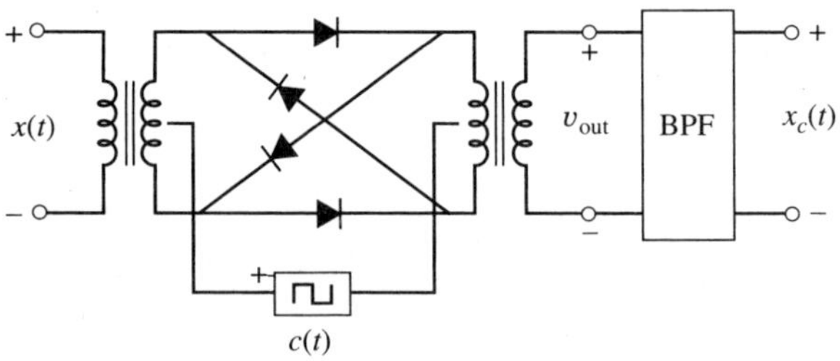

그림 4.3-6
링 변조기.

이다. 만약 나머지 다른 항들로부터 분리해낼 수 있다면, 마지막 항이 우리가 원하는, $A_c = a_1$이고 $\mu = 2a_2/a_1$인 AM 파가 된다.

분리의 가능성과 관련해서 그림 4.3-4에서는, 그림 4.1-1에서와 같이 $X(f)$를 취했을 경우에 대해 $V_{out}(f) = \mathscr{F}[v_{out}(t)]$의 스펙트럼을 보여준다. 식 (1)의 $x^2(t)$은 $X * X(f)$가 되어 $2W$로 대역이 늘어난다는 것에 주목하자. 그러므로 $f_c > 3W$가 되면 스펙트럼이 겹치지 않고, AM 신호 발생에 필요한 분리는 f_c에 중심을 둔 대역폭 $B_T = 2W$의 대역 통과 필터를 통해 수행할 수가 있다. 또, $a_1 = 0$(이는 완벽한 제곱 곡선 $v_{out} = a_2v_{in}^2$에 해당한다.)이면, 반송파 주파수 임펄스는 사라지고 DSB를 얻을 수 있다는 것에 주목하자.

불행하게도, 완벽한 제곱 특성을 갖는 장치는 거의 없으므로 고주파 DSB는 실제로는 두 개의 AM 변조기가 평형을 이루어 반송파가 서로 상쇄되도록 배치하여 얻을 수 있다. 그림 4.3-5는 그러한 **평형 변조기**를 블록도 형식으로 보여준다. 한 쪽의 입력의 부호가 반대인 것을 제외하고는 두 AM 변조기가 동일하다면, 출력은 $A_c[1 + \frac{1}{2}x(t)] \cos \omega_c t$와 $A_c[1 - \frac{1}{2}x(t)] \cos \omega_c t$이다. 전자에서 후자를 빼면 우리가 원하는 $x_c(t) = x(t)A_c \cos \omega_c t$가 된다. 따라서 평형 변조기는 곱셈기라 할 수 있다. 만약 메시지에 직류 항이 있다면, 변조된 파에 반송파 주파수로서 그것이 나타나더라도 그 성분은 변조기에서 소거되지 않는다.

DSB 신호를 발생하기 위해 흔히 사용되는 또 다른 변조기는 그림 4.3-6에 보인 것과 같은 **링 변조기**이다. f_c의 주파수를 갖는 구형파 반송파는 다이오드가 스위치-온, 오프되도록 한다. $c(t) > 0$일 때 위쪽과 아래쪽의 다이오드들은 스위치-온이 되고, 대각선 방향의 안쪽 두 개의 다이오드들은 오프가 된다. 이 경우, $v_{\text{out}} = x(t)$이다. 역으로, $c(t) < 0$일 때, 안쪽의 다이오드들은 스위치-온 되고 위쪽과 아래쪽 다이오드들은 오프되어서 $v_{\text{out}} = -x(t)$가 된다. 기능적으로는, 링 다이오드는 $x(t)$와 $c(t)$를 곱하는 것으로 볼 수 있다. 하지만, $c(t)$는 주기함수이므로 푸리에 급수 전개로 나타낼 수 있다. 그러므로

$$v_{\text{out}}(t) = \frac{4}{\pi}x(t)\cos\omega_c t - \frac{4}{3\pi}x(t)\cos 3\omega_c t + \frac{4}{5\pi}x(t)\cos 5\omega_c t - \cdots$$

가 된다. 여기서, $v_{\text{out}}(t)$를, f_c에 중심을 둔 $2W$의 대역폭을 갖는 대역 통과 필터를 통과시킴으로서 DSB 신호를 얻을 수 있음을 주목하자. 이 변조기는 종종 **이중 평형 변조기**라고도 불리는데 그 이유는 $x(t)$와 $c(t)$ 모두에 대해 평형을 이루고 있기 때문이다.

스위칭 회로를 이용한 평형 변조기는 **양극성 초퍼**(bipolar chopper)에 대한 예제 6.1-1에서 논의한다. 기타의 회로 구현에 대해서는 다른 문헌들을 참조하기 바란다.

예제 4.3–1

그림 4.3-5의 AM 변조기가 $v_{\text{out}} = a_1v_{\text{in}} + a_2v_{\text{in}}^2 + a_3v_{\text{in}}^3$과 같은 특성을 갖는 동일한 비선형 소자들로 구성되어 있다고 가정하자. $v_{\text{in}} = \pm x(t) + A_c\cos\omega_c t$라 하고, AM 신호가 2차 고조파 왜곡 성분을 갖지만, 최종 출력은 왜곡이 없는 DSB가 됨을 보이시오.

스위칭 변조기

필터링이 중요하다는 점에서 제곱 변조기는 주로 **낮은 레벨**, 즉, 전송 값보다 낮은 전력 레벨에서의 변조에서 사용된다. 전력을 S_T까지 끌어올리기 위해서는 대단히 선형성이 좋은 증폭이 필요하다. 하지만 그 정도의 선형성을 갖는 고주파 증폭기는 그 자체로도 문제가 없지 않아 S_T를 키우기 위해서는 종종 **고레벨** 변조 방식이 채택되기도 한다.

효율이 좋은 고레벨 변조기는 원치 않는 변조 성분이 크게 생겨나지 않아 필터로 제거할 필요가 없도록 한다. 이는 주로 **스위칭** 소자를 이용함으로 그렇게 할 수가 있는데, 자세한 내용은 6장에서 다루기로 한다. 하지만 전원 전압 변조형 C 급 증폭기의 기본적인 동작은 그림 4.3-7의 이상적인 등가 회로와 파형을 통해 쉽게 이해할 수 있다.

주로 트랜지스터로 대표되는 능동 소자가 반송파 주파수로 구동되는 스위치로서 작용하여 대략 $1/f_c$ 초마다 회로를 닫는다. **탱크** 회로로 불리는 RLC 부하는 f_c에서 공진하도록 맞춰져 있어서 스위치 동작은 탱크 회로가 정현파적으로 공명하게 한다. 그러므로 변조가 없을 경우 정상(定常, steady) 상태 부하 전압은 $v(t) = V\cos\omega_c t$이다. 전원 전압에 메시지를 더하면 (말하자면 트랜스포머 등을 통해) $v(t) = [V + Nx(t)]\cos\omega_c t$가 된다. 여기서 N은 트랜스포머의 권선비를 말한다. 만약 V와 N이 적절한 비를 갖도록 한다면 크게 문제가

그림 4.3-7
전원 전압 변조를 채용한 C 급 증폭기: (a) 등가 회로; (b) 출력 파형.

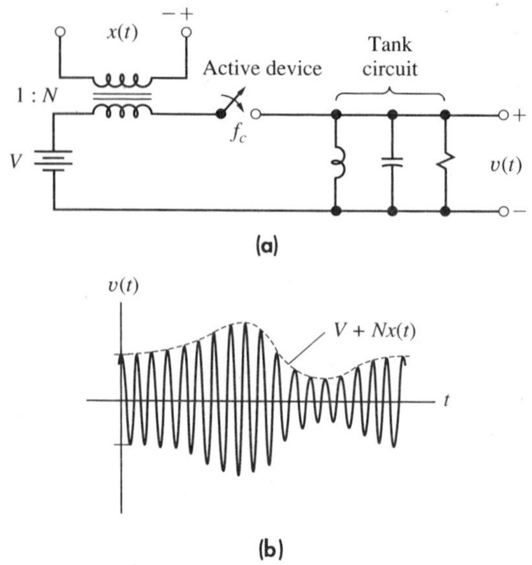

그림 4.3-8
고레벨 변조 AM 송신기.

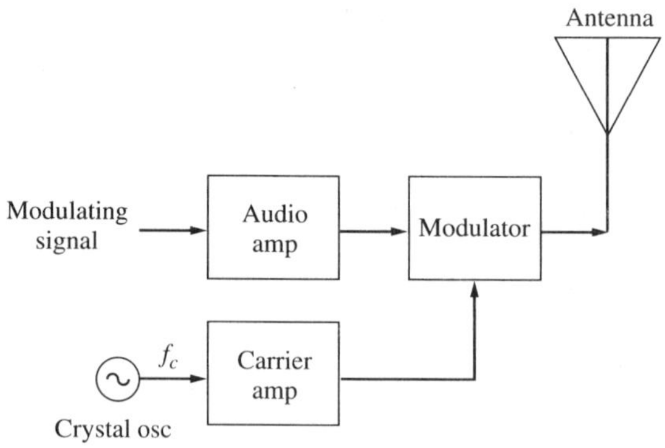

될 만한 성분들을 발생하지 않고도 우리가 원하는 변조를 얻을 수가 있다.

그림 4.3-8에 고레벨 변조를 위한 전체 AM 송신기를 도시하였다. 반송파는 주파수의 안정을 위해 수정 제어 발진기에서 생성된다. 고레벨 변조에는 강한 입력 신호가 필요하기 때문에 반송파와 메시지 모두 변조 전에 증폭된다. 변조된 신호는 곧바로 안테나로 보내진다.

4.4 측파대 억압 진폭 변조

지금까지의 진폭 변조 방식은 전송 전력과 대역폭의 양면 모두에서 비경제적이다. 반송파를 억압하게 되면 전송 전력이 줄어든다. 한쪽 측파대를 전부 또는 일부를 억압하면 전송 대역폭을 줄이게 되고 이는 이 번 절에서 다루게 될 단일 측파대 변조(single-sideband modulation, SSB) 또는 잔류 측파대 변조(vestigial-sideband modulation, VSB)로 이어진다.

SSB 신호와 스펙트럼

DSB의 위와 아래 쪽 측파대는 반송파 주파수를 중심으로 대칭성이라는 특유의 관계를 맺고 있어, 어느 쪽이든지 메시지의 모든 정보를 포함하고 있다. 그러므로, 반송파와 함께 어느 한쪽의 측파대를 제거하면 대역폭을 반으로 줄일 수가 있다.

그림 4.4-1a는 단일 측파대 변조의 개념적인 접근 방법을 보여준다. 여기서 평형 변조기로부터의 DSB는 한쪽 측파대를 제거하는 측파대 필터에 인가된다. 만약 필터가 하측파대를 제거하면, 출력 스펙트럼 $X_c(f)$는 그림 4.4-1b에 보인 것처럼 상측파대(upper sideband)만으로 구성된다. 우리는 이를 그림 4.4-1c에 보인 것과 같은 하측파대(lower sideband)만으로 구성된 LSSB와 구별하기 위해 USSB라고 한다. 결과로 나오는 신호는, DSB의 결과에서 바로 알 수 있듯이, 어느 쪽이든

$$B_T = W \quad S_T = P_{sb} = \tfrac{1}{4}A_c^2 S_x \tag{1}$$

가 된다.

주파수 영역에서는 SSB를 쉽게 그려 볼 수 있지만, 시간 영역에서는 톤 변조라는 특별한 경우를 제외하고는 그렇게 명확하지 않다. 이전의 그림 4.2-4a의 DSB 선 스펙트럼을 참조하면, 한쪽 측파대의 선을 제거하면 오직 다른 한 선만 남는다는 것을 알 수 있다. 그러므로

$$x_c(t) = \tfrac{1}{2}A_c A_m \cos(\omega_c \pm \omega_m)t \tag{2}$$

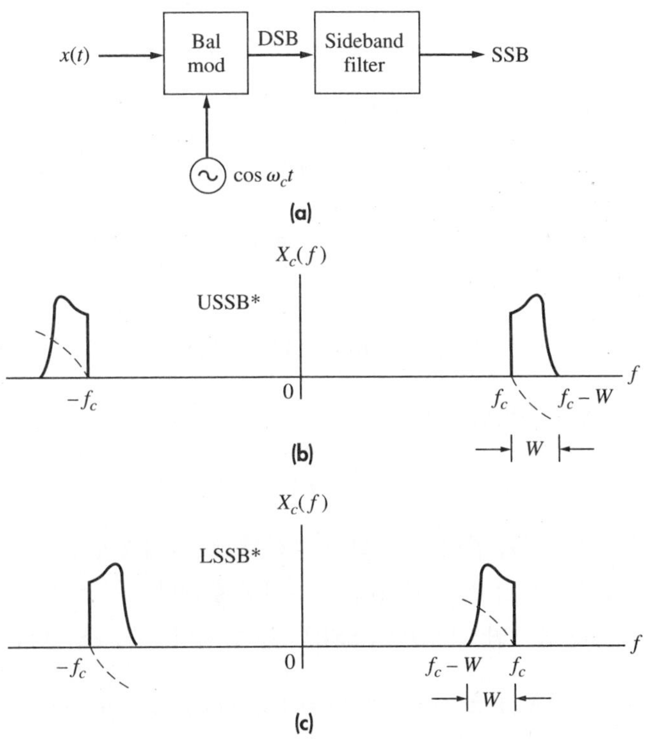

그림 4.4-1
단측대파 변조: (a) 변조기; (b) USSB 스펙트럼; (c) LSSB 스펙트럼.
*USSB는 USB, LSSB는 LSB라고도 한다.

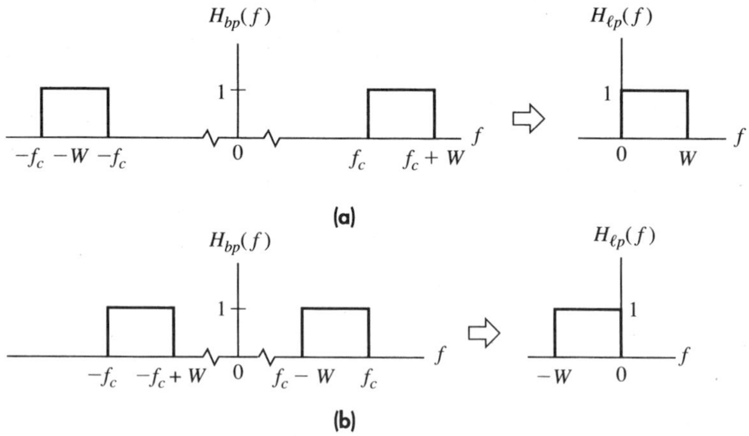

그림 4.4-2
이상적인 측파 대 필터들과 저역 통과 등가 필터들: (a) USSB; (b) LSSB.

가 되는데, 여기서 위쪽 부호는 USSB를 아래쪽 부호는 LSSB를 나타내며, 앞으로도 그렇게 표시하기로 한다. 톤 변조된 SSB 파의 주파수는 f_c로부터 $\pm f_m$ 만큼 벌어지게 되고, 포락선은 A_m에 비례하는 일정한 크기를 갖는다는 것을 주목하자. 명백히 SSB에서는 포락선 검파는 효과가 없다.

임의의 메시지 $x(t)$에 대한 SSB를 해석하기 위해서, 그림 4.4-1a의 측파대 필터는 입력이 대역 통과 DSB 신호인 $x_{bp}(t) = A_c x(t) \cos \omega_c t$이고 출력이 대역 통과 SSB 신호인 $y_{bp}(t) = x_c(t)$인 대역 통과 시스템이라는 사실을 이용할 것이다. 따라서 4.1절의 등가 저역 통과 기법를 적용하여 $x_c(t)$를 구하게 될 것이다. $x_{bp}(t)$는 직교위상 성분이 없으므로, 등가 저역 통과 입력은 간단히

$$x_{\ell p}(t) = \tfrac{1}{2} A_c x(t) \quad X_{\ell p}(f) = \tfrac{1}{2} A_c X(f)$$

가 된다. 그림 4.4-2a에 등가 저역 통과 함수인

$$H_{\ell p}(f) = H_{bp}(f + f_c) u(f + f_c) = u(f) - u(f - W)$$

와 함께 USSB의 대역 통과 필터의 전달함수를 보였다. 이에 상응하는 LSSB의 전달함수는 그림 4.4-2b와 같다. 여기서

$$H_{\ell p}(f) = u(f + W) - u(f)$$

이다. 두 개의 저역 통과 전달함수 모두

$$H_{\ell p}(f) = \tfrac{1}{2}(1 \pm \operatorname{sgn} f) \qquad |f| \le W \tag{3}$$

와 같이 나타낼 수 있다. 이와 같이 다소 낯선 수식이 그림 4.4-2의 양쪽 모두를 정말로 포함하고 있다는 것을 독자들 스스로 확인해 보는 것이 좋겠다.

$H_{\ell p}(f)$와 $X_{\ell p}(f)$를 곱하면 USSB나 LSSB의 등가 저역 통과 스펙트럼이 된다. 즉,

$$Y_{\ell p}(f) = \tfrac{1}{4} A_c (1 \pm \operatorname{sgn} f) X(f) = \tfrac{1}{4} A_c [X(f) \pm (\operatorname{sgn} f) X(f)]$$

이다. 여기서 $(-j \text{ sgn } f)X(f) = \mathscr{F}[\hat{x}(t)]$이고, $\hat{x}(t)$는 3.5절에서 정의한 바 있는 $x(t)$의 힐버트 변환이다. 그러므로 $\mathscr{F}^{-1}[(\text{sgn } f)X(f)] = j\hat{x}(t)$이고

$$y_{\ell p}(t) = \tfrac{1}{4}A_c[x(t) \pm j\hat{x}(t)]$$

이다. 마지막으로, 저역 통과에서 대역 통과로의 변환 $x_c(t) = y_{bp}(t) = 2\ \text{Re}[y_{\ell p}(t)e^{j\omega_c t}]$를 수행하면

$$x_c(t) = \tfrac{1}{2}A_c[x(t) \cos \omega_c t \mp \hat{x}(t) \sin \omega_c t] \tag{4}$$

를 얻는다. 이것이 우리가 원하던 결과인, 임의의 메시지 $x(t)$에 대한 SSB 파형이다.

좀 더 자세히 살펴보면 식 (4)는 직교위상-반송파 표현의 형식을 취하고 있는 것을 알 수 있다. 따라서, 동위상 및 직교위상 성분은

$$x_{ci}(t) = \tfrac{1}{2}A_c x(t) \qquad x_{cq}(t) = \pm\tfrac{1}{2}A_c\hat{x}(t)$$

이고, SSB 포락선은

$$A(t) = \tfrac{1}{2}A_c\sqrt{x^2(t) + \hat{x}^2(t)} \tag{5}$$

이다. 식 (4)와 (5)의 복잡성으로 인하여 SSB의 파형을 그리거나 최대 포락선 전력을 구하는 것은 어려운 작업이 된다. 그 대신, 톤 변조나 펄스 변조와 같이 단순화된 경우로부터 시간 영역의 성질들을 유추해 내지 않으면 안 된다.

펄스 변조된 SSB

예제 4.4-1

SSB 변조 신호에 갑작스런 변화가 있을 때마다 힐버트 변환 $\hat{x}(t)$는 날카로운 봉우리들을 갖게 된다. 이러한 봉우리들은 이른바 포락선 뿔(envelope horns)이라고 알려진 효과를 포락선 $A(t)$에 나타낸다. 이러한 효과를 연출하기 위해, 예제 3.5-2에서 구한 $\hat{x}(t)$를 이용할 수 있도록 구형파 펄스 $x(t) = u(t) - u(t - \tau)$를 예로 들어 보자. 그 결과로 얻어진 그림 4.4-3의 SSB 포락선은 계단파 모양의 불연속성을 갖는 점들인 $t = 0$과 $t = \tau$에서 무한한 높이의 봉우리들을 보여주고 있다. 송신기에서는 이러한 무한 높이의 뿔들에게 필요한 무한 포락선 전력을 감당할 수 없을 것이라는 것은 분명한 사실이다. 그리고 각 봉우리의 앞과 뒤에서 $A(t)$가 문드러지는 것도 눈여겨보도록 하자.

우리는 다음과 같이 결론을 내릴 수 있을 것이다.

SSB는 펄스의 전송, 디지털 데이터 또는 그와 유사한 곳에 적용하는 것은 적당하지 않으며, (음향 파형과 같은) 그보다 적합한 변조 신호라도, 과도한 뿔이나 문드러짐을 야기할 수 있는 갑작스런 변동을 순화하기 위해 변조 전에 저역 통과 필터를 거쳐야 한다.

그림 4.4-3
펄스 변조된 SSB의 포락선.

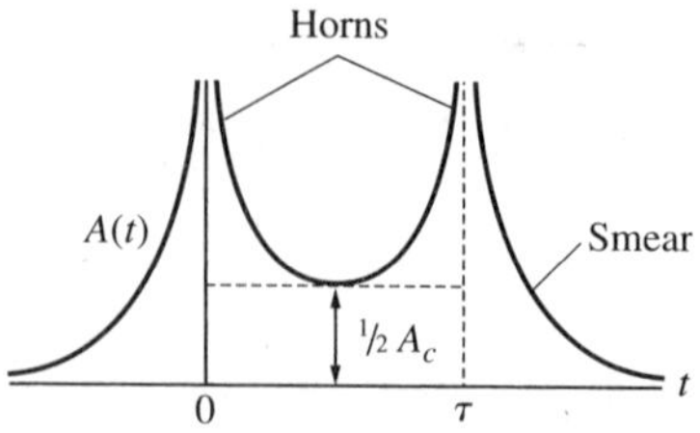

응용 문제 4.4-1 $x(t) = A_m \cos \omega_m t$이어서 $\hat{x}(t) = A_m \sin \omega_m t$이면 식 (4)와 (5)는 식 (2)와 일치함을 보이시오.

SSB의 생성

우리가 개념적으로 생각했던 SSB 생성 시스템 (그림 4.4-1a)에는 그림 4.4-2에 보인 것과 같은 이상적인 필터 함수들이 필요하다. 하지만 $f = f_c$에서 이상적인 차단 성질을 갖는 필터는 합성이 불가능하므로, 실제의 측파대 필터는 원하지 않는 측파대의 일부를 통과시키거나 원하는 측파대의 일부를 잘라내어야 한다. (전자의 경우는 잔류 측파대 변조에 해당한다.) 다행스럽게도 실제적으로 관심의 대상이 되는 변조 신호들은 저주파 성분이 적거나 거의 없어서 그 스펙트럼은 그림 4.4-4a에서 보인 것처럼 영(zero) 주파수에서 "구멍"이 나 있다. 예를 들자면, 음향 신호 (음성 및 음악)의 전형적인 스펙트럼이 그런 모습이다. 평형 변조기에 의해 주파수 이동되면 영 주파수의 구멍은 반송파 주파수 근처의 빈 공간으로 나타나는데, 이 공간을 실제의 측파대 필터의 천이 영역과 맞출 수 있다. 그림 4.4-4b는 이런 사실을 잘 보여준다.

어림잡아서, 천이 영역의 너비 2β는 공칭 차단 주파수의 1퍼센트보다 너무 작게는 할 수 없으므로, 이에 의해 $f_{co} < 200\beta$라는 한계가 생긴다. 2β는 스펙트럼 구멍의 너비에 의

그림 4.4-4
(a) 영 주파수 구멍을 갖는 메시지 스펙트럼; (b) 실제적인 측파대 필터.

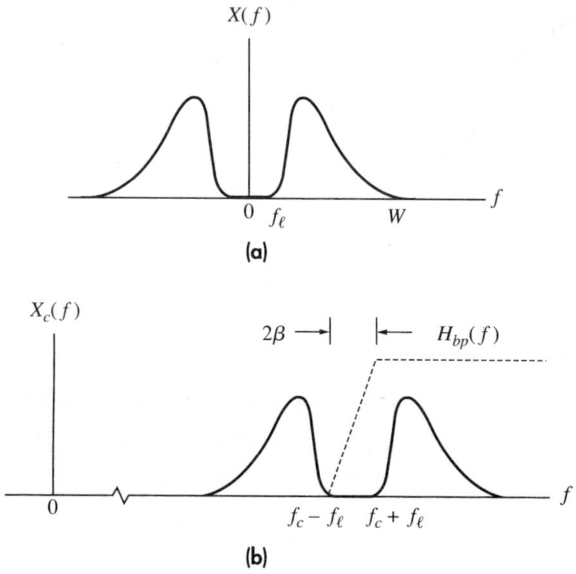

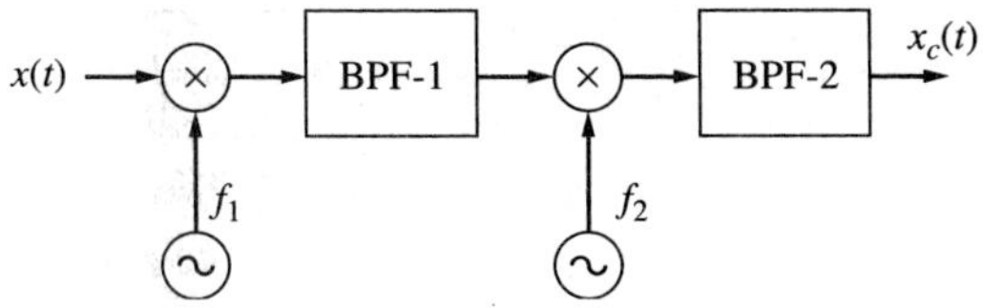

그림 4.4-5
두 단계 SSB 생성.

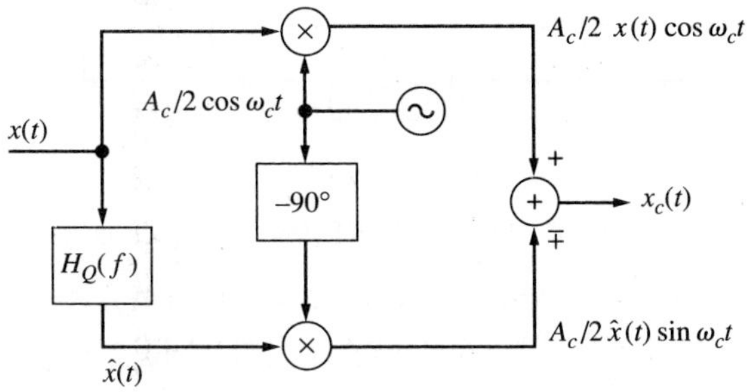

그림 4.4-6
SSB 신호 생성을 위한 위상 전위 기법.

해 한정되고 f_{co}는 f_c와 같아야 하므로, 주어진 메시지 스펙트럼에 대해 충분히 높은 반송파 주파수를 정하는 것이 불가능할 수도 있다. 이러한 경우 변조 과정은 그림 4.4-5의 시스템을 사용하여 두 (또는 그 이상의) 단계로 수행할 수 있다(문제 4.4-5 참조).

SSB 생성을 위한 또 다른 기법은 식 (4)를

$$x_c(t) = \frac{A_c}{2} x(t) \cos \omega_c t \mp \frac{A_c}{2} \hat{x}(t) \cos(\omega_c t - 90°) \tag{6}$$

의 형식으로 나타내는 것을 기초로 한다. 이 표현식은, SSB 신호는 두 반송파가 직교위상 관계에 있고 변조 신호가 각각 $x(t)$와 $\hat{x}(t)$인 두 개의 DSB 파형으로 구성되어 있다는 것을 나타낸다. 그림 4.4-6은 식 (6)을 구현하는 것을 보이고 있는데, 합산기의 부호에 따라 USSB 또는 LSSB를 만들어 낸다. **위상 전이 기법**이라고 알려져 있는 이 시스템은 측파대 필터의 필요성을 피할 수 있다. 그 대신 위상을 조절하여 DSB 측파대는 f_c의 한쪽에서는 상쇄되고 다른 쪽에서는 더하여져서 단측파대 출력을 발생하도록 한다.

그렇지만, 직교 위상 전이기 $H_Q(f)$는 그 자체가 근사로만 가능한 실현 불가능한 회로이다. 보통은 그림 4.4-6의 양쪽 모두의 브랜치에 동일한 위상 회로들을 추가함으로서 이루어진다. 근사에 의한 불완전성은 일반적으로 저주파 신호 왜곡을 일으키므로, 위상 전이 시스템은 그림 4.4-4a와 같은 모양의 메시지 스펙트럼에 대해 가장 잘 동작한다. SSB를 생성하는 세 번째 기법인 위버(Weaver)의 기법은 측파대 필터와 직교 위상 전이기가 모두 필요 없는데, 이는 예제 4.4-2에서 살펴보기로 한다.

위버의 SSB 변조기 — 예제 4.4-2

$x(t) = \cos 2\pi f_m t$이고 $f_m < W$인 그림 4.4-7의 변조기에 대해 생각해 보자. 그러면 $x_c(t) = v_1 \pm v_2$이고, v_1은 루프의 윗부분으로부터 온 신호이고 v_2는 아랫부분으로부터 온 신호

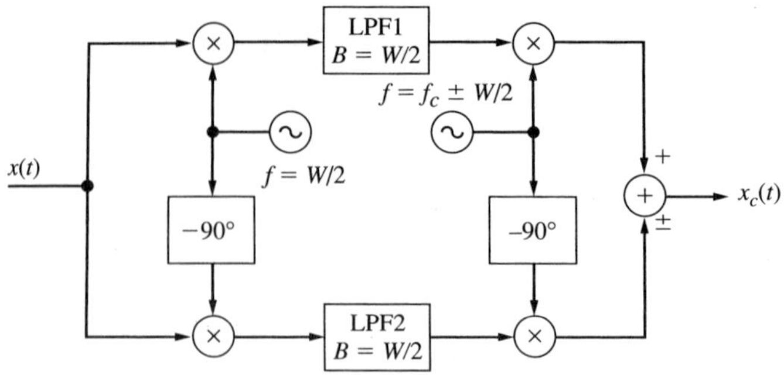

그림 4.4-7
위버(Weaver)의 SSB 변조기.

이다. 이 둘을 따로 떼서 생각해 보면, 위쪽 LPF의 입력은 $\cos 2\pi\ f_m\ t \cos 2\pi\ \frac{W}{2}t$이다. LPF1의 출력에 $\cos 2\pi\ (f_c \pm \frac{W}{2})t$를 곱하면 $v_1 = \frac{1}{4}[\cos 2\pi(f_c \pm \frac{W}{2} - \frac{W}{2} + f_m)t + \cos 2\pi(f_c \pm \frac{W}{2} + \frac{W}{2} - f_m)t]$가 된다. 아래쪽 LPF의 입력은 $\cos 2\pi f_m\ t \sin 2\pi\ \frac{W}{2}t$이고 $v_2 = \frac{1}{4}[\cos 2\pi(f_c \pm \frac{W}{2} - \frac{W}{2} + f_m)t - \cos 2\pi(f_c \pm \frac{W}{2} - \frac{W}{2} - f_m)t]$이다. 위쪽 부호를 택하면, $x_c(t) = 2 \times \frac{1}{4} \cos 2\pi(f_c + \frac{W}{2} - \frac{W}{2} + f_m)t = \frac{1}{2} \cos(\omega_c + \omega_m)t$이고 이는 USSB에 해당한다. 마찬가지로, 아래쪽 부호를 택하면 LSSB가 되고 $x_c(t) = \frac{1}{2} \cos(\omega_c - \omega_m)t$가 된다.

응용 문제 4.4-2

그림 4.4-6에서 $x(t) = \cos \omega_m t$라고 하고, 적당한 위치에서 선 스펙트럼들을 그려봄으로써 측파대가 상쇄되는 것을 확인해 보시오.

VSB 신호와 스펙트럼

상당한 저주파 성분을 가지는 매우 넓은 대역폭의 변조 신호를 생각해 보자. 주요한 예로서 텔레비전 영상, 팩시밀리, 그리고 고속의 데이터 신호 등을 들 수 있다. SSB를 사용함으로써 대역폭을 절약한다고 하지만 실제적인 SSB 시스템은 저주파 응답 특성이 좋지 않다. 반면에 DSB는 저주파 메시지에는 상당히 좋지만 전송 대역폭이 SSB의 두 배이다. 분명히 두 변조 방식 사이에 절충적인 방안이 있으면 좋을 것이다. 그 절충 방안이 VSB이다.

VSB는 DSB(또는 AM)의 한 측파대는 거의 완전히 통과하고 다른 한쪽 측파대는 흔적만 남기든지 아니면 약간만 **잔류**(vestige)시키든지 하도록 필터링함으로써 얻을 수 있다. VSB의 관건은 측파대 필터인데, 그의 대표적 전달함수는 그림 4.4-8a와 같다. 응답의 정확한 모양은 그다지 중요하지 않고, 그것이 반송파 주파수를 중심으로 기대칭(奇對稱)이고, f_c에서의 상대적 응답이 1/2이어야 한다. 따라서, 위쪽 측대파를 예로 들면 그림 4.4-8b에서 처럼

$$H(f) = u(f - f_c) - H_\beta(f - f_c) \quad f > 0 \tag{7a}$$

이고

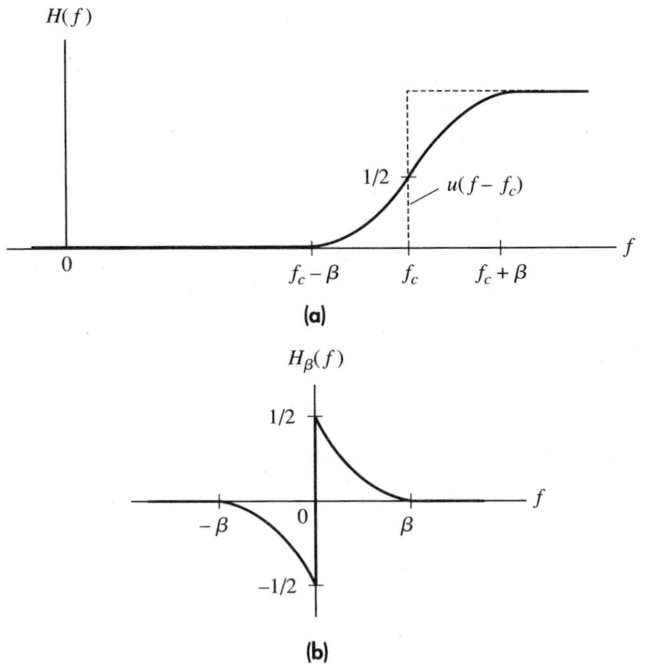

그림 4.4-8
VSB 필터 특성.

$$H_\beta(-f) = -H_\beta(f) \quad \text{and} \qquad H_\beta(f) = 0 \quad |f| > \beta \tag{7b}$$

이다.

그러므로 VSB 필터는 천이 너비 2β인 실질적인 측파대 필터이다. 잔류하는 측파대의 너비가 필터 천이 너비의 반이므로 전송 대역폭은

$$B_T = W + \beta \approx W \tag{8}$$

가 된다. 하지만 어떤 경우는 잔류 필터의 대칭성을 수신기에서 수행하는데, 이럴 경우 전송 대역폭은 $W + \beta$보다 약간 커야 한다.

대부분 만족하는 $\beta \ll W$인 경우, VSB 스펙트럼은 거의 SSB 스펙트럼처럼 보인다. 그 유사성은 시간 영역에서도 마찬가지인데, VSB 파형은 식 (1)를 수정하여 표시할 수 있다. 구체적으로는

$$x_c(t) = \tfrac{1}{2}A_c[x(t)\cos\omega_c t - x_q(t)\sin\omega_c t] \tag{9a}$$

인데, $x_q(t)$는

$$x_q(t) = \hat{x}(t) + x_\beta(t) \tag{9b}$$

및

$$x_\beta(t) = j2\int_{-\beta}^{\beta} H_\beta(f)X(f)e^{j\omega t}\,df \tag{9c}$$

에 의해 정의되는 직교위상 메시지 성분이다. 만약 $\beta \ll W$이면 VSB는 SSB와 근사하고 $x_\beta(t) \approx 0$이다. 역으로, 큰 β에 대해서는 VSB는 DSB에 근사하고 $\hat{x}(t) + x_\beta(t) \approx 0$이다. 전송 전력 S_T는 정확하게 구하기는 어렵지만, 잔류 너비 β에 따라

$$\tfrac{1}{4}A_c^2 S_x \le S_T \le \tfrac{1}{2}A_c^2 S_x \tag{10}$$

와 같이 한도가 정해진다.

마지막으로, AM 파가 잔류 측파대 필터에 인가된다고 가정해 보자. VSB 더하기 반송파 (VSB + C)라고 불리는 이 변조 방식은 텔레비전 영상 전송에 사용된다. 완전히 억압되지 않은 반송파로 인해 AM에서처럼 **포락선 검파**가 가능하고, 억압된 측파대로 인해 대역폭 절감 효과가 있다. 왜곡 없는 포락선 변조는 원래 대칭적인 측파대가 필요하지만, VSB + C는 (그렇지 않더라도) 상당히 유사한 결과를 보여준다.

VSB + C의 포락선을 분석하기 위해 식 (9)에 반송파 항과 변조 지수 μ를 추가하면 식은

$$x_c(t) = A_c\{[1 + \mu x(t)] \cos \omega_c t - \mu x_q(t) \sin \omega_c t\} \tag{11}$$

가 된다. 그러면 동위상 및 직교위상 성분은

$$x_{ci}(t) = A_c[1 + \mu x(t)] \qquad x_{cq}(t) = A_c \mu x_q(t)$$

가 되고 포락선은 $A(t) = [x_{ci}^2(t) + x_{cq}^2(t)]^{1/2}$, 즉,

$$A(t) = A_c[1 + \mu x(t)]\left\{1 + \left[\frac{\mu x_q(t)}{1 + \mu x(t)}\right]^2\right\}^{1/2} \tag{12}$$

가 된다. 따라서 μ가 너무 크지 않고 또 β가 너무 작지 않다면, 원하는 바와 같이 $|\mu x_q(t)| \ll 1$이고

$$A(t) \approx A_c[1 + \mu x(t)]$$

이다. 왜곡 없는 포락선 변조, 전력 효율, 그리고 대역 효율 등과 같이 상충하는 요구 사항들 사이에서 적절한 절충점을 제공하는 μ와 β 값을 구하기 위해서는 많이 사용되는 신호들을 이용한 실험적인 검토가 필요하다.

4.5 주파수 변환과 복조

선형 CW 변조는—AM, DSB, SSB 또는 VSB인지에 관계 없이—메시지 스펙트럼의 상향 이동을 일으킨다. 그러므로 **복조**라고 하는 것은 변조된 파로부터 메시지를 복원하기 위한 하향 주파수 이동을 시사한다. 이와 같은 동작을 하는 복조기는 **동기식 검파기**와 **포락선 검파기**라는 두 가지의 넓은 범주로 구분된다.

주파수 이동 혹은 **변환**은, 증폭이나 기타의 처리 과정을 위하여, 변조된 신호를 새로운

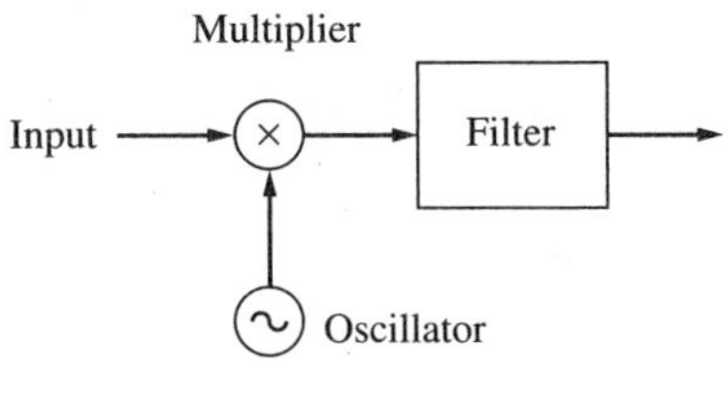

그림 4.5-1
주파수 변환기.

반송파 주파수로 (상향 또는 하향) 이동하기 위해서도 사용된다. 그러므로 (주파수) 이동은 선형 변조 시스템에서 기초적인 개념이고, 변조와 검파는 특별한 경우로서 이에 포함된다. 검파기를 살펴보기 전에 우선 주파수 변환의 일반적인 과정을 간단히 살펴보기로 하자.

주파수 변환

주파수 변환은 정현파를 곱하는 것으로 시작된다. 예를 들어, DSB 파 $x(t) \cos \omega_1 t$를 생각해 보자. $\cos \omega_2 t$를 곱하면,

$$x(t) \cos \omega_1 t \cos \omega_2 t = \tfrac{1}{2}x(t) \cos (\omega_1 + \omega_2)t + \tfrac{1}{2}x(t) \cos (\omega_1 - \omega_2)t \qquad (1)$$

를 얻는다. 그 결과는 합과 차 주파수인 $f_1 + f_2$와 $|f_1 - f_2|$로 구성되어 있고, 각각은 $x(t)$로 변조되어 있다. $|f_1 - f_2|$라고 쓴 것은 정확성을 기하기 위해서인데, $\cos (\omega_2 - \omega_1)t = \cos (\omega_1 - \omega_2)t$이기 때문이다. $f_2 \neq f_1$이면, 곱하기는 신호 스펙트럼을 두 개의 새로운 반송파 주파수로 이동시킨다. 적절히 필터링을 하면, 신호는 상향 변환 되기도 하고 하향 변환 되기도 한다. 이러한 동작을 수행하는 장치들을 **주파수 변환기** 또는 **혼합기**(mixer)라고 부른다. 그 동작 자체는 **'헤테로다인하다'** 또는 **'혼합하다'**라고 한다.

그림 4.5-1은 주파수 변환에 있어 필수적인 요소들을 도시한 것이다. 곱셈기의 구현은 4.3절에서 설명한 변조 회로와 같은 맥락을 따른다. 변환기는 송신기 및 수신기에서의 역할 뿐만 아니라 비트(맥놀이, beat) 주파수 발진기, 재생식(regenerative) 주파수 나눗셈기, 음성 변조기, 스펙트럼 분석기 등에도 이용되고 있다.

위성 중계기

예제 4.5-1

그림 4.5-2는 두 지구국 사이의 양방향 통신을 제공하는 위성 중계에 사용하는 **중계기**(transponder)를 간략하게 보인 것이다. 송신 측으로부터 수신 측으로의 정궤환에 의한 발

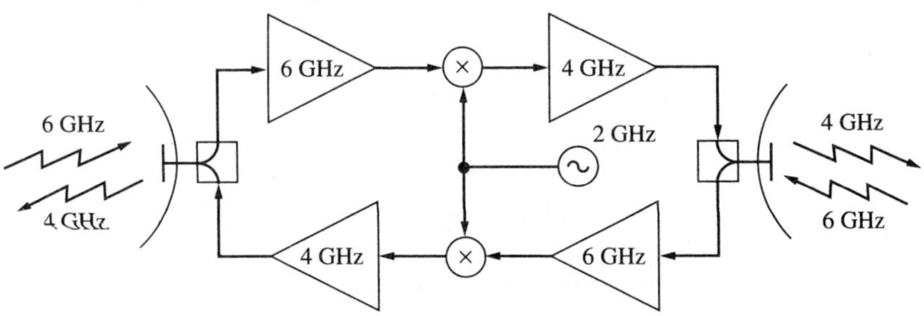

그림 4.5-2
주파수 변환 기능이 있는 위성 중계기.

진을 방지하기 위해 상향 링크와 하향 링크는 서로 다른 반송파 주파수 6 GHz와 4 GHz가 각각 사용된다. 주파수 변환기는 증폭된 상향 링크 신호의 스펙트럼을 하향 링크의 통과대역으로 이동시킨다.

응용 문제 4.5-1

그림 4.1-1에서와 같이 $X(f)$를 취하고, $f_2 < f_1$, $f_2 = f_1$, 그리고 $f_2 > f_1$일 경우에 대해 식 (1)의 스펙트럼을 그리시오.

동기식 검파

모든 형식의 선형 변조는 그림 4.5-3과 같은 곱 검파기로 검파할 수 있다. 들어오는 신호는 우선 수신기에서 생성한 정현파와 곱해진 다음 저역 통과 필터를 거치는데, 필터 대역폭은 메시지 대역폭 W와 같거나 다소 커야 한다. 국부 발진기(local oscillator, LO)는 그 위상과 주파수가 반송파와 정확히 동기되어 있다고 가정한다. 그와 같은 이유로 **동기식**(synchronous) 또는 **코히어런트**(coherent) **검파**라는 이름이 붙여졌다.

해석을 위해 입력 신호를 일반화된 꼴로

$$x_c(t) = [K_c + K_\mu x(t)] \cos \omega_c t - K_\mu x_q(t) \sin \omega_c t \tag{2}$$

와 같이 쓰는데, 이는 K_c, K_μ, 그리고 $x_q(t)$ 등을 적당히 선정하면 어떠한 형식의 선형 변조로도 표현할 수 있기 때문이다—예를 들어, 반송파 억압은 $K_c = 0$, 양측파대는 $x_q(t) = 0$과 같은 식이다. 그러므로 필터 입력은 곱

$$x_c(t) A_{\text{LO}} \cos \omega_c t$$
$$= \frac{A_{\text{LO}}}{2} \{[K_c + K_\mu x(t)] + [K_c + K_\mu x(t)] \cos 2\omega_c t - K_\mu x_q(t) \sin 2\omega_c t\}$$

이다. $f_c > W$이므로 두 배 주파수 항은 저역 통과 필터에 의해 걸러지고 처음 항인

$$y_D(t) = K_D[K_c + K_\mu x(t)] \tag{3}$$

만 남는다. 여기서 K_D는 검파 상수이다. 직류 성분 $K_D K_c$는, 만약 변조파에 반송파가 존재한다면 그 반송파에 해당하는 것이다. 이 성분은 차단 커패시터나 트랜스포머로 출력에서 제거할 수 있다. 이때는 $x(t)$에 있는 어떠한 직류 성분이라도 함께 제거된다. 이와 같이 사소한 것을 허용한다면 $x_c(t)$로부터 메시지를 온전히 복원해내었다고 말 할 수 있을 것이다.

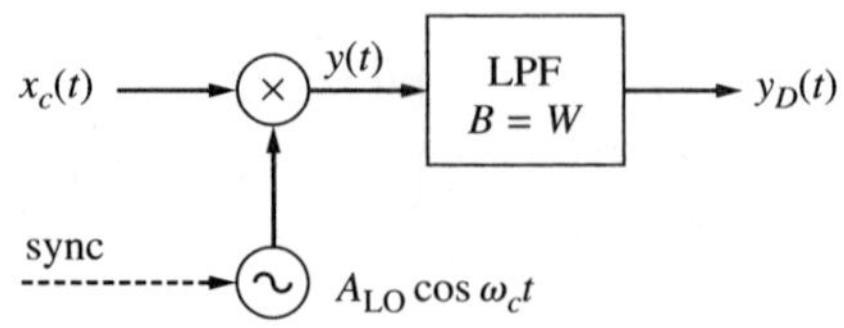

그림 4.5-3
동기식 곱 검파기.

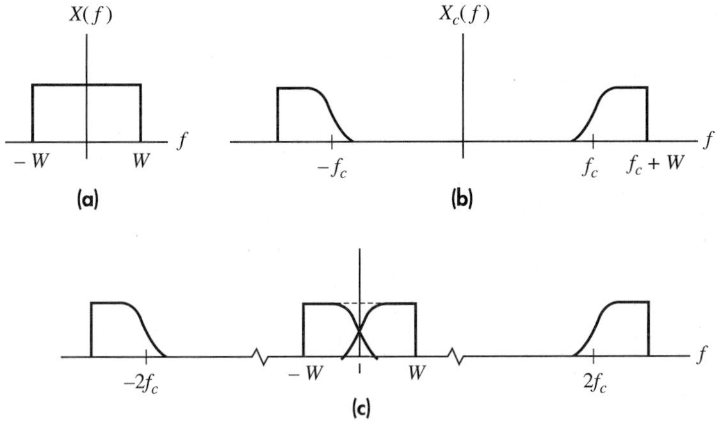

그림 4.5-4
VSB 스펙트럼. (a) 메시지; (b) 변조된 신호; (c) 저역 통과 필터를 거치기 전 주파수 이동된 신호.

위의 방식이 완벽하게 맞기는 하지만 VSB의 복조에서 발생하는 과정을 설명하기에는 부족하다. 이는, 메시지 스펙트럼이 W에서 상수 (그림 4.5-4a)이고 그래서 변조 스펙트럼이 그림 4.5-4b의 형태를 가지는 경우에 주파수 영역에서 가장 잘 살펴 볼 수 있다.

하향 이동된 스펙트럼의 필터 입력에서의 모습을 그림 4.5-4c에 보였다. 다시 말하지만 고주파 항들은 필터링에 의해 제거되었으며, 반면에 하향 변환된 측파대들은 영(零, zero) 주파수 근처에서 겹친다. 잔류 필터의 대칭성을 생각해 보면, 위쪽 측파대에서 제거되었던 부분은 상응하는 아래쪽 측파대의 잔류 부분에 의해 정확히 복원되었으며, 그에 따라 출력에서 $X(f)$가 재건되어 검파된 신호는 $x(t)$의 모양을 따르게 된다.

이론적으로는 곱 변조가 거의 힘들어 보이지 않지만 실제로는 꽤 까다롭다. 문제의 핵심은 **동기**를 잡는 것이다. 즉, 만약 반송파가 억압된 경우라면 입력되는 신호에 들어 있지도 않는 정현파에 발진기를 동기시키는 것이다. 문제를 간단히 하기 위해, 반송파 억압 시스템에서도 송신기 측에서 $x_c(t)$에 일부러 재삽입한 작은 반송파 성분을 가질 경우가 있다. 이 **파일럿 반송파**는 수신기 측에서 협대역 필터를 통하여 추출되고 증폭되어 국부 발진기(LO) 대신에 사용될 수 있다. 그림 4.5-5에 보인 시스템은 **호모다인**(homodyne) **검파**라고 불리는 것이다. (보통은, 증폭된 파일럿은 곧바로 사용되기 보다는 별도의 발진기를 동기시키는 데 더 많이 사용된다.)

동기에는 기타의 여러 가지 기술들이 사용될 수 있다. **위상 동기 루프**(phase-locked loop, 7.3절에서 다룰 예정)라든가, 송수신기에서 고도로 안정된 수정 제어 발진기를 사용한다든가 하는 것이 그런 것들이다. 그렇지만 동기식 검파기에서 항상 어느 정도의 오차는 존재할 것이다. 그러므로 여러 경우에 대해 위상과 주파수가 틀어짐에 따른 효과를 살펴보는 것이 중요하다. 우리는 톤 변조된 DSB와 SSB의 경우에 대해 이와 같은 것을 살펴볼 것이다.

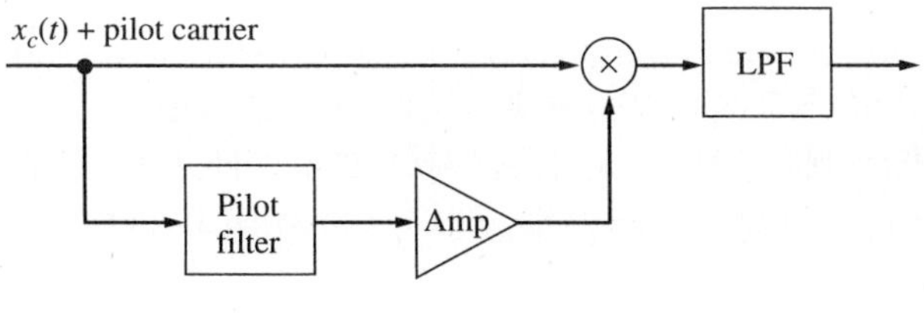

그림 4.5-5
호모다인 검파.

국부 발진기의 출력파를 $\cos(\omega_c t + \omega' t + \phi')$라 하자. ω'와 ϕ'는 반송파를 기준으로 천천히 변화하는 주파수와 위상의 오차이다. 톤 변조된 양측파대 변조에서 검파된 신호는

$$y_D(t) = K_D \cos \omega_m t \cos(\omega' t + \phi') \tag{4}$$

$$= \begin{cases} \dfrac{K_D}{2}[\cos(\omega_m + \omega')t + \cos(\omega_m - \omega')t] \\ K_D \cos \omega_m t \cos \phi' \end{cases}$$

과 같다. 마찬가지로, $x_c(t) = \cos(\omega_c \pm \omega_m)t$인 단측파대 변조에서는

$$y_D(t) = K_D \cos[\omega_m t \mp (\omega' t + \phi')] \tag{5}$$

$$= \begin{cases} K_D \cos(\omega_m \mp \omega')t & \phi' = 0 \\ K_D \cos(\omega_m t \mp \phi') & \omega' = 0 \end{cases}$$

이 된다. 앞의 모든 식은 간단한 삼각함수 전개를 통해 구할 수 있다.

분명히, W에 비해 작지 않은 주파수의 변화는 DSB와 SSB 두 경우 모두에서 검파된 톤에 상당한 변화를 일으킨다. 이 효과는 DSB에서 더 심하게 나타나는데, 이는 $f_m + f'$과 $f_m - f'$과 같이 톤이 쌍으로 생기기 때문이다. 만약 $f' \ll f_m$이면 이는 떨리는 소리처럼 들리거나 또는 두 개의 악기가 조율이 살짝 틀어진 채로 같은 음을 연주할 경우 생기는 비트 음처럼 들린다. SSB에서는 한 톤만 발생하지만 이것 역시 거슬리긴 마찬가지인데, 특히 음악을 전송할 경우는 더 그렇다. 예를 들어, 장삼화음 코드는 정수 4, 5, 6과 같은 관계를 갖는 주파수들의 세 음으로 이루어져 있다. 검파에서 발생한 주파수 오차는 각 음을 동일한 절대량만큼 이동하게 하여 조화를 이루던 관계를 깨뜨려 동아시아 취향의 음악으로 만들어 버린다. (이 효과는 녹음된 음악을 잘못된 속도로 재생하는 것과는 다르다. 그 경우는 주파수의 비는 유지 된다.) 음성 전송에 대하여, 주관적 청취자 시험에서 ±10 Hz 이하의 주파수 편차는 견딜만 하지만 그 이외는 모든 사람들이 마치 도널드 덕처럼 들린다고 하는 보고가 있었다.

위상의 오차에 대해서도 역시 DSB가 더 민감하다. 왜냐하면 $\phi' = \pm 90°$(국부 발진기와 반송파가 직교위상)이면 검파 신호는 완전히 사라지기 때문이다. ϕ'가 천천히 변할 때는 **페이딩** 효과처럼 나타난다. SSB에서 위상 변화는 **지연 왜곡**으로 나타나는데, 극단적인 경우는 $\phi' = \pm 90°$일 때인데 이때 복조 신호는 $\hat{x}(t)$가 된다. 그러나 앞에서 언급한 것처럼 사람의 귀는 웬만한 지연 왜곡은 견뎌낼 수 있으므로 위상 변화는 음성 신호 SSB 시스템에서는 그렇게 심각하지 않다.

요약하면,

위상 및 주파수 동기의 필요성은 SSB를 통해 음성을 전송할 경우에는 그렇게 심각하지 않다. 하지만 반송파가 억압된 데이터, 팩시밀리 및 영상 시스템에서는 세심한 동기가 필수적이다. 그래서 텔레비전 방송에서는 반송파 억압 VSB보다는 VSB + C를 채용하고 있다.

포락선 검파

지금까지 AM의 동기 검파에 대해서는 별로 언급이 없었는데, 이는 단지 그것이 거의 사용되지 않기 때문이다. 물론 동기 검파기가 AM에 대해서도 동작하는 것은 사실이지만, 10.2절에서 살펴볼 바와 같이 동기 검파는 미약 신호 수신에 가장 잘 맞는다. 하지만 대부분의 경우 포락선 검파기가 훨씬 간단하고 더 적당하다. AM의 포락선은 메시지와 같은 모양을 하고 있으므로, 복조는 반송파의 주파수와 위상에 무관하게 동기에 대한 걱정 없이 포락선을 추출해 냄으로써 수행할 수 있는 것이다.

포락선 검파는 반송파를 포함하는 신호만 복조할 수 있다.

일반적으로 말하자면, 이것은 포락선 검파기는 오로지 AM 신호만 복조할 수 있거나, 반송파 억압 시스템의 경우 (즉, DSB, SSB)는 그림 4.5-7에서처럼 반송파를 수신기 단에서 신호에 삽입할 경우에 복조할 수 있다는 것을 의미한다.

단순화한 포락선 검파기와 그 파형을 그림 4.5-6에 보였다. 다이오드는 구간별 선형이라고 가정하였다. 회로를 더 추가하지 않는다면 전압 v는 바로 입력 v_{in}을 반파 정류한 것이 될 것이다. 하지만 R_1C_1이 저역 통과 필터로 작용하여

$$W \ll \frac{1}{R_1C_1} \ll f_c \tag{6}$$

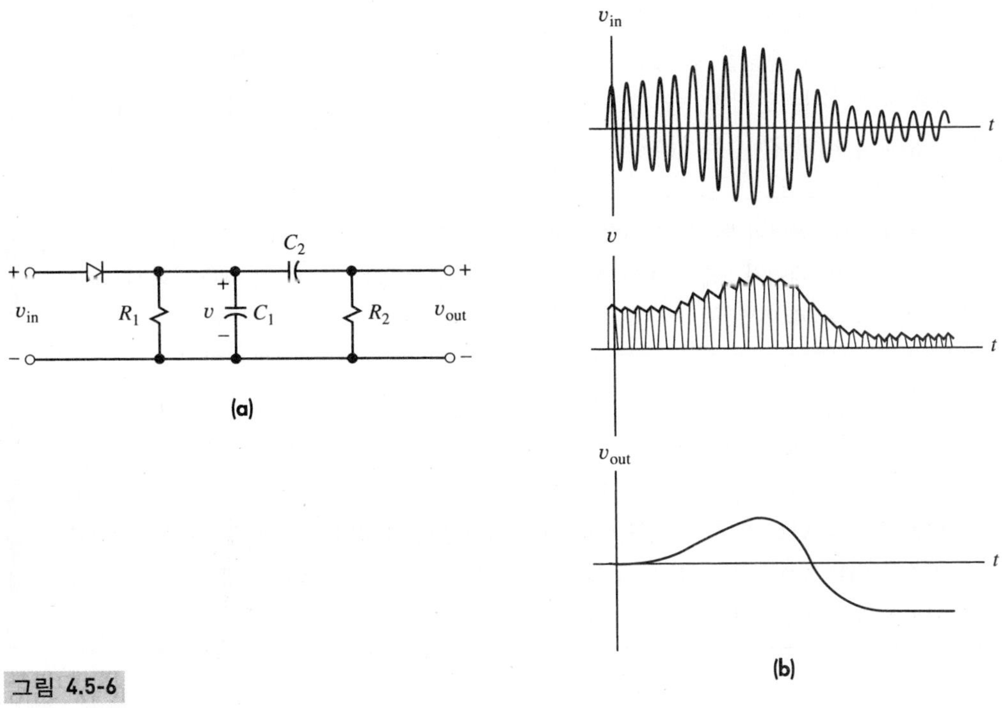

그림 4.5-6
포락선 검파: (a) 회로; (b) 파형.

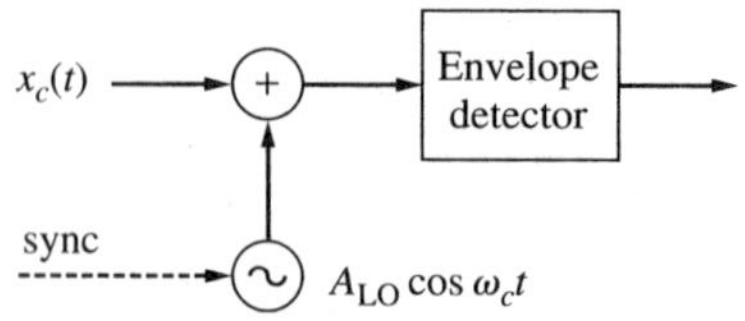

그림 4.5-7
반송파 억압 변조에 대한 포락선 재건.

이라는 조건을 만족하면 오로지 v_{in}의 정점의 변화에만 응답하게 될 것이다. 그러므로 앞에서 지적하였듯이 포락선을 뚜렷이 구별 짓기 위해서는 $f_c \gg W$라는 조건이 필요하다. 이러한 조건 아래에서는 C_1은 반송파 정점들 사이에서 아주 조금만 방전 할 뿐이므로, v는 v_{in}의 포락선을 근사하게 된다. 보다 정교하게 필터링을 하면 필요 시 파형을 좀 더 개선할 수 있다. 마지막으로 R_2C_2는 변조되지 않은 반송파 성분에 의한 바이어스를 제거하는 직류 차단기 역할을 한다. 직류 차단은 저주파 메시지 성분을 왜곡하므로, 보통의 포락선 검파기는 중요한 저주파 성분을 포함하고 있는 신호에는 부적당하다.

포락선의 변동을 제거하고 반송파의 진폭에 비례하는 직류 전압을 생성하기 위해서 전압 v를 필터링하기도 한다. 이 전압은 페이딩을 보상하는 **자동 크기 조절**(automatic volume control, AVC)을 위해 수신기의 앞단으로 다시 궤환 된다. 그림 4.5-6은 비선형 소자가 있음에도 불구하고 **선형 포락선 검파기**라고 한다. 출력이 입력 포락선에 선형적으로 비례하기 때문이다. 거듭제곱 특성을 갖는 다이오드도 사용될 수 있지만, 그럴 경우 v는 v_{in}^2, v_{in}^3 등등과 같은 항도 포함하게 되고, $\mu \ll 1$이 되지 않으면 상당한 이차 고조파 왜곡이 발생하게 될 것이다.

어떤 DSB나 SSB 복조기는 그림 4.5-7에 보인 **포락선 재건**(envelope reconstruction)법을 채용하고 있다. 수신기에서 국부적으로 생성한 큰 반송파를 들어오는 신호에 더하면 포락선 검파기로 복원할 수 있는 포락선을 재건(reconstruct)하게 된다. 이 기법은 신호의 곱셈을 피할 수는 있지만, 곱 복조기에서와 마찬가지로 국부 반송파를 동기시켜야 하는 동기 문제를 비켜 갈 수는 없다.

응용 문제 4.5-2

그림 4.5-7의 입력이 톤 변조된 SSB라고 하고, LO는 위상 오차 ϕ'를 갖지만 주파수 오차는 없다고 하자. 페이저 도를 사용하여 그 결과로 얻을 수 있는 포락선의 식을 구하시오. 그리고 $A_{LO} \gg A_c A_m$이면 $A(t) \approx A_{LO} + \frac{1}{2} A_c A_m \cos(\omega_m t \mp \phi')$임을 보이시오.

응용 문제 4.5-3

반송파 억압 신호의 포락선 검파

100퍼센트 변조된 AM 신호와 DSB 신호를 검파하도록, 그림 4.5-6a의 포락선 검파기의 역할을 하는 MATLAB 프로그램을 작성하시오. 그것이 왜 DSB 신호를 검파하는 데 적합하지 않은지를 보이시오. 단일 톤의 메시지를 사용하고, 메시지, 변조된 신호, 그리고 포락선 검파기의 출력을 그리시오.

4.6 질문 및 연습문제

질문

1. 세계의 어떤 지역에서는 라디오와 텔레비전에 세금을 부과한다. 어떤 특정 집주인이 법을 준수하고 있는지를, 집에 들어 가 보거나 구매를 추적하거나 하지 않고 어떻게 판단할 수 있겠는가?
2. AM 방송 사업자에게는 낮은 주파수 대역이 할당되는 반면에, 왜 TV와 휴대전화 사업자들에게는 VHF 및 UHF 대의 주파수가 할당되는가?
3. 발진기의 주파수는 단일 수정 발진자나 RLC BPF 회로에 의해 좌우된다. 각 유형의 장단점들을 열거하시오
4. 4.5절과 7.3절에서 이미 설명된 것 외에, 곱 검파기의 국부 발진기를 송신기의 반송파 주파수에 동기시키는 방법을 적어도 한 가지를 설명하시오.
5. 어떤 변조 방식(들)이 저주파 또는 직류 성분을 갖는 메시지를 전송하기에 적합한가?
6. 어떤 변조 방식이 가로챔(도청, interception)에 특히 취약한지 그리고 그 이유는?
7. 4.1 절 식 (18)에 나와 있는 것처럼 왜 $f_c < 100B$인지 설명하시오.
8. 송신기의 반송파 주파수가 왜 비교적 짧은 시간 동안에 걸쳐서도 변화하는지 적어도 한 가지의 이유를 설명하시오.
9. AM 신호를 검파하는 동안 곱 검파기의 LO에 500 Hz의 오차가 생겼다. 수신기의 출력은 어떻게 들릴 것인가? 만약 수신자가 DSB나 SSB 신호를 듣고 있다면 어떻겠는가?
10. 질문 9에서의 조건이 주어졌을 때, 기계적인 경우에 비유하여 설명하시오.
11. 왜 C 급 증폭기는 DSB나 SSB에 적용하기에 적절하지 않은가?
12. 어떤 조건 하에 C 급 증폭기를 AM에 사용할 수 있는가?
13. 그림 4.3-7에 왜 탱크 회로가 사용되었는가?
14. 실제의 곱셈 회로에는 어떤 어려움이 있는가?
15. 왜 포락선 검파에서는 실리콘 다이오드보다 게르마늄 다이오드를 선호하는가?
16. 왜 레이저 광원에 비해 일반 광원을 변조 및 복조하는 것이 어려운가?
17. 왜 포락선 검파에는 그림 3.1-2의 직렬 RC LPF 대신 그림 4.5-6의 병렬 RC LPF가 사용되는가?
18. 우리가 필터의 차수(order)를 올림으로써 얻는 두 가지의 이점이 무엇인가?

연습문제

4.1-1 $v_{bp}(t) = v_1(t) \cos \omega_c t + v_2 \cos (\omega_c t + \alpha)$일 때, 페이저 도를 이용하여 $v_i(t)$, $v_q(t)$, $A(t)$ 그리고 $\phi(t)$를 구하시오. 그리고 $|v_2(t)| \ll |v_1(t)|$라고 가정하고 $A(t)$와 $\phi(t)$를 단순화하시오.

4.1-2 아래의 식을 사용하여 문제 4.1-1을 반복하시오.

$$v_{bp}(t) = v_1(t) \cos (\omega_c - \omega_0)t + v_2(t) \cos (\omega_c + \omega_0)t$$

4.1-3 식 (7)의 $v_i(t)$와 $v_q(t)$가 각각 E_i와 E_q의 에너지와 $W < f_c$의 대역폭을 갖는 저역 통과 신호라고 하자. (a) 2.2 절의 식 (17)을 사용하여 아래의 식을 증명하시오.

$$\int_{-\infty}^{\infty} v_{bp}(t)dt = 0$$

(b) 이제 대역 통과 신호의 에너지가 $(E_i + E_q)/2$와 같다는 것을 보이시오.

4.1-4* $f_c = 1200$ Hz이고

$$V_{bp}(f) = \begin{cases} 1 & 900 \leq |f| < 1300 \\ 0 & \text{otherwise} \end{cases}$$

일 때, $v_{\ell p}(\mathrm{t})$, $v_i(t)$, 그리고 $v_q(t)$를 구하시오.

4.1-5 아래의 식을 사용하여 문제 4.1-4를 반복하시오.

$$V_{bp}(f) = \begin{cases} 1 & 1100 \leq |f| < 1200 \\ 1/2 & 1200 \leq |f| < 1350 \\ 0 & \text{otherwise} \end{cases}$$

4.1-6 $v_{bp}(t) = 2z(t) \cos [(\omega_c + \omega_0)t + \alpha]$라 하자. $v_i(t)$와 $v_q(t)$를 구한 다음

$$v_{\ell p}(t) = z(t) \exp j(\pm\omega_0 t + \alpha)$$

를 구하시오.

4.1-7 식 (17a)로부터 f_ℓ과 f_u의 식을 구하여 식 (17b)를 유도하시오.

4.1-8 식 (17a)에서 $f = (1 + \delta) f_0$이라고 하고 $|\delta| \ll 1$이라고 가정하자. $f > 0$과 $|f - f_0| \ll f_0$에서 유효한 간편한 근사식

$$H(f) \approx 1/[1 + j2Q(f - f_0)/f_0]$$

를 유도하시오.

4.1-9 $H_1(f)$가 식 (17a)에서 $f_0 = f_c - b$와 $Q = f_0/2b$와 함께 주어지고, $H_2(f)$는 식 (17a)에서 $f_0 = f_c + b$와 $Q = f_0/2b$와 함께 주어질 때, 중심이 $f = f_c$인 엇동조(stagger-tuned) 대역 통과 시스템은 $H(f) = 2H_1(f)H_2(f)$이다. 문제 4.1-8의 근사식을 사용하여 $f_c - 2b < f < f_c + 2b$에서 $|H(f)|$를 그리고, 그 결과를 $f_0 = f_c$이고 $B = 2b\sqrt{2}$인 단순 동조 회로의 결과와 비교하시오.

4.1-10* 문제 4.1-8의 동조 회로 근사에 해당하는, $f > 0$에서 $x_{bp}(t) = A \cos \omega_c t\, u(t)$이고 $H_{bp}(f) = 1/[1 + j2(f - f_c)/B]$인 시스템에서, 저역 통과 시간 영역 해석법을 사용하여 $y_{bp}(t)$를 구하고 스케치하시오.

4.1-11 이상적인 BPF에 해당하는 $H_{bp}(f) = \Pi[(f - f_c)/B]e^{-j\omega t_d}$에 대해 문제 4.1-10을 반복하시오. 힌트: 3.4절의 식 (9) 참조.

4.1-12‡ 문제 4.1-6의 대역 통과 신호가 $z(t) = 2u(t)$이고, 단위 이득, 영의 시간 지연, f_c 중심의 대역폭 B 등을 갖는 이상적인 BPF에 인가된다. 저역 통과 주파수 영역 해석법을 사용하여 $B \ll f_0$일 때 대역 통과 출력 신호의 근사식을 구하시오.

4.1-13‡ f_c 중심의 대역폭 B, 단위 이득, $f > 0$에서 포물선 형태의 위상 전이 $\theta(f) = (f - f_c)^2/b$ 등을 갖는 BPF를 생각해 보자. $|b| \gg (B/2)^2$이고 $x_{bp}(t) = z(t) \cos \omega_c t$일 때 출력 신호의 직교위상-반송파 근사식을 구하시오. 단, $z(t)$는 $W \leq \frac{B}{2}$에서 대역 제한된 저역 통과 스펙트럼을 갖는다.

4.1-14 문제의 소지가 있는 1080 kHz 신호가 수신기의 입력에 들어가는 것을 차단하는 노치(notch) 필터를 $C = 300$ pf 이용하여 설계하시오. 필요한 가정(假定)이 있으면 기술하시오.

4.1-15 아래의 신호를 직교위상-반송파 형태로 다시 쓰시오.

$$y(t) = 20 \cos 2\pi 10t \cos(2\pi 1000t) + \cos 2\pi 1010t$$

4.1-16 그림 4.1-8의 회로가 주어질 경우, $R = 1000\ \Omega$이고 $C = 300$ pF이면 대역폭은 얼마인가? L은 상관이 있는가, 없으면 왜 없는가?

4.1-17* 길이가 10 ms이고 주파수가 1 kHz인 단일 톤 메시지에 의한 AM 신호의 널 간 (null-to-null) 대역폭은 얼마인가?

4.1-18 21 dB의 상대 대역폭에 대해 문제 4.1-17을 반복하시오.

4.2-1 $x(t) = \cos 2\pi f_m t\, u(t)$이고 $f_m \ll f_c$라고 하자. $\mu < 1$인 AM, $\mu > 1$인 AM, 그리고 DSB로 변조되었을 때 $x_c(t)$를 그리고 포락선을 표시하시오. 위상 반전이 일어나는 곳이 있으면 그 위치를 나타내시오.

4.2-2 $x(t) = 0.5u(t) - 1.5u(t - T)$이고 $T \gg 1/f_c$인 경우에 대해 문제 4.2-1을 반복하시오.

4.2-3* $x(t) = \cos 200\pi t$일 때 $A_c = 10$이고 $\mu = 0.6$이라고 가정하고 AM 변조된 신호의 B_T와 S_T를 구하시오. DSB 전송에 대해 되풀이 하시오.

4.2-4 신호 $x(t) = \text{sinc}^2\, 40t$를 $\mu < 1$인 AM을 사용하여 전송하고자 한다. $x_c(t)$의 양 측 스펙트럼을 스케치하고 B_T를 구하시오.

4.2-5 100퍼센트 톤 변조되고 최대 포락선 전력이 32 kW인 AM의 전송 전력을 계산하시오.

4.2-6 4 kW의 최대 포락선 전력의 정격을 갖는 무선 송신기를 생각해 보자. 톤 변조되고 $S_T = 1$ kW인 AM에서 허용 가능한 최대의 μ 값을 구하시오.

4.2-7 원래 $S_X = 0.5$이고 100퍼센트 AM 변조된 50 MHz DSB 시스템을 생각해 보자. DSB 신호는 $S_T = 1000$ W이고 반송파 억압비는 -40 dB이나. 신호는 이득이 $g_T - 10$ dB인 지향성 안테나를 통하여 방사된다고 가정하면, 1.6 km 떨어진 거리에서 반송파 전력에 대한 정보 전력의 비는 어떻게 되겠는가?

4.2-8 음악을 송신하는 AM 방송국을 생각해 보자. $B_T = 10$ kHz의 바깥에서는 신호가 40 dB 떨어지지만 음성 신호는 3 dB 이상 감쇠되지 않도록 하는, 음성부에서 요구되는 LPF의 차수는 얼마인가?

4.2-9 다중 톤 변조 신호 $x(t) = 3K(\cos 8\pi t + 2 \cos 20\pi t)$가, $\mu = 1$이고 $f_c = 1000$인 AM 송신기에 입력된다. $x(t)$가 적절히 정규화되는 K를 구하고, 변조된 신호의 양의 주파수 선 스펙트럼을 그리고, $2P_{sb}/S_T$의 상한값을 계산하시오.

4.2-10 $x(t) = 2K(\cos 8\pi t + 1) \cos 20\pi t$에 대해 문제 4.2-9를 반복하시오.

4.2-11* DSB로 $x(t) = 4 \sin \frac{\pi}{2} t$를 전송한다. 어떤 범위의 반송파 주파수가 사용될 수 있는가?

4.2-12 문제 4.2-11의 신호가 $\mu = 1$인 AM으로 전송된다. 페이저 도를 그리시오. 위상 반전이 발생하지 않는 반송파의 최소 진폭은 얼마인가?

4.2-13 신호 $x(t) = \cos 2\pi 40t + \frac{1}{2} \cos 2\pi 90t$가 DSB로 전송된다. 양의 주파수 선 스펙트럼과 페이저 도를 스케치하시오.

4.3-1 신호 $x(t) = \frac{1}{2}\cos 2\pi 70t + \frac{1}{3}\cos 2\pi 120t$가 반송파 주파수 10 kHz로 그림 4.3-3a에 주어진 제곱 변조 시스템에 입력된다. $v_{out} = a_1 v_{in} + a_2 v_{in}^2$이라고 가정하자. (a) 시스템이 표준 AM 신호를 발생하도록 필터의 중심 주파수와 대역폭을 부여하시오. (b) $A_c = 10$ 이고 $\mu = \frac{1}{2}$이 되도록 a_1과 a_2의 값을 정하시오.

4.3-2* 비선형 소자를 갖는 변조 시스템이 신호 $x_c(t) = aK^2(v(t) + A \cos \omega_c t)^2 - b(v(t) - A \cos \omega_c t)^2$을 발생한다. 반송파의 주파수가 f_c이고 $v(t) = x(t)$일 때, K를 적당히 선택하면 필터링 없이 DSB 신호를 발생할 수 있음을 보이시오. 변조 시스템의 블록도를 그리시오.

4.3-3 문제 4.3-2의 변조 시스템이 필터링 없이 AM을 발생하도록 K와 $v(t)$를 구하시오. 변조 시스템의 블록도를 그리시오.

4.3-4 그림 4.3-3a와 비슷한 변조기가 $v_{out} = a_1 v_{in} + a_3 v_{in}^3$과 같은 형태의 비선형 소자를 포함하고 있다. 그림 4.1-1의 입력 신호에 대해 $V_{out}(f)$를 스케치하시오. 반송파 주파수가 f_c인 DSB 신호를 발생하기 위한 발진기와 BPF의 파라미터들을 구하시오.

4.3-5 문제 4.3-4의 비선형 소자와 주파수 2배기를 이용하여 블록도 형식으로 AM 변조기를 설계하시오. 모든 구성 블록들을 자세히 표기하고 이 시스템을 실현하는데 필요한, W에 대한 f_c의 조건을 구하시오.

4.3-6 그림 4.3-5에서 AM 변조기가 불평형이어서 비선형 소자 중 하나는 $v_{out} = a_1 v_{in} + a_2 v_{in}^2 + a_3 v_{in}^3$이고 다른 하나는 $v_{out} = b_1 v_{in} + b_2 v_{in}^2 + b_3 v_{in}^3$일 때 출력 신호를 구하시오.

4.3-7* 신호 $x(t) = 20 \operatorname{sinc}^2 400t$가 그림 4.3-6의 링 변조기에 입력된다. v_{out}의 스펙트럼을 그리고, 이 신호를 전송하는 데 이용될 수 있는 f_c 값의 범위를 구하시오.

4.4-1 $y_{\ell p}(t)$로부터 식 (4)를 유도하시오.

4.4-2 아래의 SSB 스펙트럼을 얻기 위해 식 (4)의 변환을 구하시오.

$$X_c(f) = \tfrac{1}{4}A_c\{[1 \pm \operatorname{sgn}(f - f_c)]X(f - f_c) + [1 \mp \operatorname{sgn}(f + f_c)]X(f + f_c)\}$$

4.4-3 문제 4.4-2의 $X_c(f)$에 대한 표현식이 그림 4.4-1b 및 4.4-1c와 합치함을 확인하시오.

4.4-4 삼각파를 근사하는 $x(t) = \cos \omega_m t + \frac{1}{9} \cos 3\omega_m t$에 대한 SSB 포락선을 구하시오. $A_c = 81$이라 하고 $A(t)$를 스케치하고 $x(t)$와 비교해 보시오.

4.4-5 그림 4.4-5의 시스템에서 첫 번째 BPF의 저역 차단 주파수가 f_1이고 두 번째 BPF의 저역 차단 주파수가 f_2이면, 이 시스템은 $f_c = f_1 + f_2$인 USSB를 발생한다. 그림 4.4-4a에서와 같이 $X(f)$를 취하고 적당한 점에서 스펙트럼을 그려서 이 시스템의 동작을 설명하시오.

4.4-6 문제 4.4-5에서 설명한 USSB를 발생하기 위해 그림 4.4-5의 시스템이 설계된다고 가정하자. $x(t)$는 대표적인 음성 신호이고, $200 < |f| < 3200$ Hz 바깥에서는 $X(f)$는 거의 성분을 갖지 않는다고 하자. BPF의 천이 영역이 $2\beta \ge 0.01f_{co}$를 만족해야 된다고 할 때, 적절한 위치에서 스펙트럼을 그려서 f_c의 최대 허용 값을 구하시오.

4.4-7* 신호 $x(t) = \cos 2\pi 100t + 3\cos 2\pi 200t + 2\cos 2\pi 400t$가 반송파 주파수가 10 kHz인 LSSB 진폭 변조 시스템에 입력된다. 전송되는 신호의 양측 스펙트럼을 그리시오. 전송 전력 S_T와 대역폭 B_T를 구하시오. 필터들이 비율 대역폭 범위를 벗어나지 않는지를 확인하시오.

4.4-8 문제 4.4-7의 LSSB 신호를 발생하는 시스템의 블록도를 그리고, 필터 차단 주파수와 발진기 등의 값을 명확히 밝히시오. 필터들이 비율 대역폭 범위를 벗어나지 않는지를 확인하시오.

4.4-9 메시지가 $x(t) = \cos 2\pi 1000t + \frac{1}{3}\cos 2\pi 1500t + \frac{1}{2}\cos 2\pi 1800t$이고 $A_c = 10$인 경우를 생각해 보자. 변조 방식이 100퍼센트 변조된 AM, DSB, LSSB, 그리고 USSB일 경우 양의 출력 스펙트럼을 스케치하시오.

4.4-10 곱 검파기가 USSB 신호를 검파하는데 어떻게 이용될 수 있는지 수학적으로 보이시오.

4.4-11 그림 4.4-6에서 위상 전이가 사실은 $90° + \delta$이라고 가정하자. 여기서 δ는 아주 작은 위상 오차를 나타낸다. 출력에서 $x_c(t)$와 $A(t)$의 근사식을 구하시오.

4.4-12 그림 4.4-6에서 $x(t) = \cos \omega_m t$이고, 직교위상 전이기가 $|H_Q(f_m)| = 1 - \epsilon$이고 $\arg H_Q(f_m) = -90° + \delta$일 때 출력에서 $x_c(t)$의 근사식을 구하시오. 단, ϵ과 δ는 작은 오차를 나타낸다. 답을 두 정현파의 합의 형태로 나타내시오.

4.4-13 톤 신호 $x(t) = A_m \cos 2\pi f_m t$가 VSB + C 변조기에 입력된다. 그로 인한 전송 신호는

$$x_c(t) = A_c \cos 2\pi f_c t + \tfrac{1}{2} a A_m A_c \cos[2\pi(f_c + f_m)t] + \tfrac{1}{2}(1 - a)A_m A_c \cos[2\pi(f_c - f_m)t]$$

이다. $a > \frac{1}{2}$이라고 가정하고 페이저 도를 그리시오. 직교위상 성분 $x_{cq}(t)$를 구하시오.

4.4-14* $f_m < \beta$이어서 VSB 필터는 $H(f_c \pm f_m) = 0.5 \pm a$라고 하였을 때 톤 변조된 VSB의 식을 구하시오. 구한 식으로부터 $a = 0$이면 $x_c(t)$가 DSB가 되고, $a = \pm 0.5$이면 SSB가 됨을 보이시오.

4.4-15 $f_m > \beta$일 때 톤 변조된 VSB 신호를 구하시오. 페이저 도를 그리고 $A(t)$를 구하시오.

4.5-1 중심이 66 MHz인 대역 통과 증폭기가 주어졌을 경우, 채널 11 (199.25 MHz)로 신호를 수신하고 채널 4 (67.25 MHz)로 송신하는 텔레비전 중계기를 설계하시오. 발진기는 한 개만 사용할 것.

4.5-2 수신 신호는 채널 44 (651.25 MHz)로 송신 신호는 채널 22 (519.25 MHz)로 할 경우에 대해 문제 4.5-1을 반복하시오.

4.5-3 그림 4.4-5의 시스템에서 첫 번째 BPF가 상측파대만 통과시키고, 두 번째 발진기의 주파수를 $f_2 = f_1 + W$로 하고, 두 번째 BPF를 $B = W$인 LPF로 대체하면 그 시스템은 스크램블러가 된다. $X(f)$가 그림 4.4-4a에서와 같다고 할 때 출력 스펙트럼을 스케치하고, $x(t)$가 음성 신호일 때 이 출력을 왜 알아들을 수가 없는지 설명하시오. 출력

은 어떻게 하면 복원할 수 있는가?

4.5-4 $x_c(t)$가 식 (2)에서와 같고, 동기식 검파기의 국부 발진기가 $2 \cos(\omega_c t + \phi)$를 발생할 때 이 동기식 검파기의 출력을 구하시오. 여기서 ϕ는 상수이다. 변조 파라미터들을 적절히 변경하여 AM, DSB, SSB, 그리고 VSB에 대해 각각 따로 답하시오.

4.5-5* 문제 4.4-13의 전송 신호가 포락선 검파를 이용하여 복조된다. $0 \le a \le 1$이라고 가정하면, 어떤 a 값들이 포락선 검파기의 출력에서의 왜곡을 최소화 및 최대화 하겠는가?

4.5-6 신호 $x(t) = 2 \cos 4\pi t$가 DSB로 전송된다. 복조에 포락선 검파가 사용될 경우 출력 신호를 스케치하시오.

4.5-7 7 MHz의 LSSB 신호를 50 MHz의 USSB 신호로 변환하는 시스템을 설계하시오. 설계한 시스템의 각 단계에서의 출력 스펙트럼을 스케치하여 그 시스템이 제대로 동작하는 것을 보이시오.

4.5-8 메시지가 ±1들로 구성되어 있는 DSB 신호를 생각해 보자. 국부 발진기는 사용하지 말고 $v_{\text{out}} = a_1 v_{\text{in}} + a_2 v_{\text{in}}^2$ 형태의 비선형 소자를 사용하여 복조기를 설계하시오. 답을 블록도 형태로 표현하고 각 블록의 신호 출력을 설명함으로써 타당성을 입증하시오.

4.5-9 국부 발진기와 곱셈기를 사용하지 말고 $v_{\text{out}} = a_1 v_{\text{in}} + a_2 v_{\text{in}}^2$ 형태의 비선형 소자를 사용하여 AM 복조기를 설계하시오. 답을 블록도 형태로 표현하고 각 블록의 신호 출력을 설명함으로써 타당성을 입증하시오. $|x(t)| \ll 1$이라고 가정해도 됨.

4.5-10 반송파를 켜고 끄기를 반복함으로써 0과 1들의 열을 전송하고자 한다. 즉, $m(t) = 0$이거나 1이고 $x_c(t) = m(t) \cos 2\pi f_c t$이다. 포락선 검파기나 곱 검파기를 이용하여 이 신호를 어떻게 검파할 수 있는지 보이시오.

4.5-11 문제 4.5-6의 DSB 파형을, 국부 발진기가 기본 주파수 f_c인 구형파를 발생하는 동기식 검파기를 이용하여 복조한다고 가정해 보자. 이 검파기는 신호를 바르게 복조할 수 있을 것인가? 만약 발진기로서 구형파 대신 다른 모양의 주기 파형을 사용할 경우에도 똑같이 말할 수 있을 것인가?

4.5-12 $\mu A_m = 1$이고 $f_m = W$로 톤 변조된 AM을 반파 정류한 파를 그리시오. 그 그림을 이용하여 그림 4.5-6의 포락선 검파기의 시정수 R_1C_1의 상한 및 하한 값을 구하시오. 이들 한계값들로부터 f_c/W의 현실적인 최소값을 구하시오.

제 5 장

각(角) 연속파 변조

개 요

이 장을 시작하기 전에 선형 CW 변조의 두 가지 성질을 다시 짚어 보는 것이 좋겠다. 즉, 변조된 스펙트럼은 기본적으로 메시지 스펙트럼이 이동된 것이며, 전송 대역폭은 메시지 대역폭의 두 배를 절대 넘지 않는다는 것이다. 세 번째 성질은, 10장에서 밝히겠지만, 수신지에서의 신호 대 잡음 비 (S/N)는 기저대역 전송보다 좋을 수는 없으며, 오로지 전송 전력을 키우는 것에 의해서만 개선이 가능하다는 것이다. **각** 또는 **지수형** 변조는 이 세 가지 모든 면에서 다르다.

선형 변조와 대비하여 각 변조는 비선형 과정이다. 따라서 변조된 스펙트럼과 메시지 스펙트럼이 단순한 방식으로 연관을 갖는 것이 아니라는 것은 놀라운 것이 아니다. 뿐만 아니라 전송 대역폭은 보통 메시지 대역폭의 두 배보다 훨씬 크다. 대역폭 관점에서 불리한 이런 점을 상쇄하는 것은 지수형 변조가 전송 전력의 증가 없이 신호 대 잡음 비의 증가를 제공한다는 것이다. 지수형 변조는 통신 시스템의 설계에서 우리가 전력과 대역폭을 맞바꿀 수 있도록 한다. 더욱이, 메시지 정보가 신호의 진폭에 들어 있는 선형 변조와는 달리 각 변조에서 메시지 정보는 신호가 시간 축을 지나가는 곳, 즉, 영 통과점들에 들어 있다.

우리는 두 가지 기본적인 형식인 **위상 변조**(phase modulation, PM)와 **주파수 변조**(frequency modulation, FM)를 정의하는 것으로 각 변조에 대한 논의를 시작한다. 우리는 신호와 스펙트럼을 살펴보고 전송 대역폭과 왜곡 문제에 대해 조사하며, 신호 생성과 검파를 위한 대표적인 하드웨어에 대해 설명할 것이다. 이 장의 마지막에서 다룰 간섭의 해석은 라디오 방송에서 차지하는 FM의 가치를 밝혀줄 것이며, 10장에서 다루게 될 잡음에 대한 발판을 마련해 줄 것이다.

학습목표

이 장을 공부하고 응용문제들을 푼 후에 다음의 사항들을 수행할 수 있어야 한다.

1. 지수형 변조 신호의 순시 위상 및 주파수를 구한다(5.1절).
2. 톤 변조된 FM 또는 PM에 대한 선 스펙트럼과 페이저 도를 구성한다(5.1절)
3. FM 또는 PM 전송에 필요한 대역폭을 추산한다(5.2절).
4. FM 또는 PM 신호에 대한 왜곡, 진폭 제한(limiting), 주파수 체배 등의 효과를 파악한다(5.2절).
5. 용도에 적합한 FM 발생기 및 검파기를 설계한다(5.3절).
6. 페이저 도를 사용하여 AM, FM, 그리고 PM에서 간섭을 해석한다(5.4절).

5.1 위상 및 주파수 변조

이 절에서는 PM 및 FM 신호를 정의하기 위해 순시 위상 및 주파수의 개념을 소개한다. 그런 다음, 지수형 변조에서는 일반적인 방식으로 주파수 해석을 하기 어려우므로 대신 협대역 변조나 톤 변조와 같이 특수한 경우에 대한 결과 스펙트럼을 가지고 논의한다.

PM 및 FM 신호

상수 포락선이지만 시변 위상을 갖는 CW 신호를 생각해 보자. 그러면

$$x_c(t) = A_c \cos [\omega_c t + \phi(t)] \tag{1}$$

이다. **총 순시 각**(total instantaneous angle)을

$$\theta_c(t) \triangleq \omega_c t + \phi(t)$$

와 같이 정의하면, $x_c(t)$를

$$x_c(t) = A_c \cos \theta_c(t) = A_c \operatorname{Re}\left[e^{j\theta_c(t)}\right]$$

와 같이 나타낼 수 있다. 그러므로, $\theta_c(t)$가 메시지 정보 $x(t)$를 포함하고 있다면, 이 과정을 **각**(角, angle) 변조 또는 **지수형**(exponential) 변조로 부를 수 있을 것이다. 우리는 후자의 이름을 사용할 것인데, 그 이유는 그 이름이 $x_c(t)$와 $x(t)$ 사이의 비선형 관계를 강조하고 있기 때문이다.

$\theta_c(t)$와 $x(t)$의 구체적 관계에 따라, **위상 변조**(PM)는

$$\phi(t) \triangleq \phi_\Delta x(t) \qquad \phi_\Delta \leq 180° \tag{2}$$

와 같이 정의되어

$$x_c(t) = A_c \cos\left[\omega_c t + \phi_\Delta x(t)\right] \tag{3}$$

가 된다. 이 식들은 순시 위상이 변조 신호에 의해 직접적으로 변화한다는 것을 말해 준다. 우리가 정규화 관례인 $|x(t)| \leq 1$라는 사실을 아직 고수하고 있기 때문에 상수 ϕ_Δ는 $x(t)$에 의해 발생하는 **최대 위상 전이**를 나타낸다. 상한인 $\phi_\Delta \leq 180°$ (또는 π 라디안)는 $\phi(t)$의 범위를 $\pm 180°$로 한정하여 위상의 모호성을 방지한다. 요컨대, 예를 들면 상대적인 시간 수열(series)에서 각도 $+270°$와 각도 $-90°$ 사이에는 물리적인 차이가 없다. ϕ_Δ에 대한 한정(限定)은 AM에서의 $\mu \leq 1$의 한정과 유사하고 ϕ_Δ는 그와 같은 이유로 **위상 변조 지수** 또는 **위상 편이**라고 불린다.

그림 5.1-1의 회전 페이저 도는 위상 변조를 이해하는 데 유용하며 주파수 변조를 정의하도록 이끌어 준다. 총 각도 $\theta_c(t)$는 일정한 회전을 하는 항 $\omega_c t$에 $\phi(t)$가 더해진 것으로 구성되어 있는데, 이는 점선에 대한 상대적인 각도의 전이를 의미한다. 결과적으로 각 순간 페이저의 1초 당 회전율, 즉, Hz는

$$f(t) \triangleq \frac{1}{2\pi}\dot{\theta}_c(t) = f_c + \frac{1}{2\pi}\dot{\phi}(t) \tag{4}$$

이다. 여기서 점으로 표시한 것은 시간에 대한 미분을 나타내는데, 즉 $\dot{\phi}(t) = d\phi(t)/dt$ 등등이다. $f(t)$를 $x_c(t)$의 **순시**(瞬時, instantaneous) **주파수**라고 부른다. $f(t)$의 단위가 Hz이

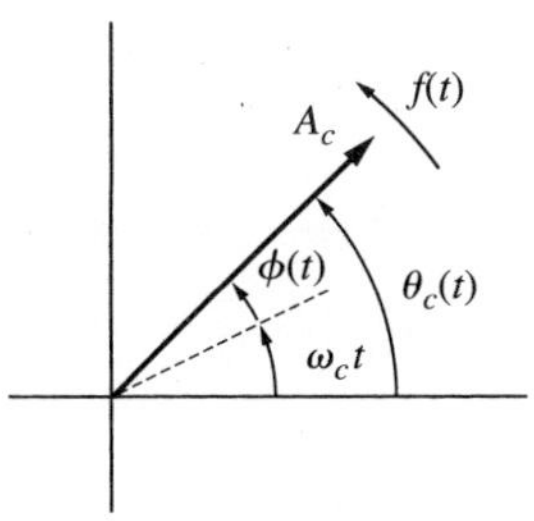

그림 5.1-1
지수형 변조의 회전 페이저 표현.

긴 하지만 스펙트럼의 주파수와 같이 보면 안 된다. 순시 주파수 $f(t)$는 지수형 변조 파형의 시간에 따른 성질인 반면, 스펙트럼의 주파수 f는 주파수 영역의 독립 변수이다.

주파수 변조 (FM)의 경우, 변조된 파의 순시 주파수는

$$f(t) \triangleq f_c + f_\Delta x(t) \qquad f_\Delta < f_c \tag{5}$$

와 같이 정의되어, $f(t)$는 변조 신호에 비례하여 변화한다. **주파수 편이**라고 불리는 비례 상수 f_Δ는 반송파 주파수 f_c에 대한 $f(t)$의 상대적인 최대 전이를 나타낸다. 상한인 $f_\Delta < f_c$는 단순히 $f(t) > 0$이라는 사실을 분명히 하기 위한 것이다. 그렇지만, $x_c(t)$의 대역통과 특성을 살리기 위해서는 보통 $f_\Delta \ll f_c$를 필요로 한다.

식 (4)와 (5)는 FM 파가 $\dot{\phi}(t) = 2\pi f_\Delta\, x(t)$를 갖고, 이를 적분하면 위상 변조

$$\phi(t) = 2\pi f_\Delta \int_{t_0}^{t} x(\lambda)\, d\lambda + \phi(t_0) \qquad t \geq t_0 \tag{6a}$$

가 된다는 것을 보여준다. $\phi(t_0) = 0$이 되도록 t_0를 취하면, 적분의 하한 값을 생략할 수 있어 간단히

$$\phi(t) = 2\pi f_\Delta \int^{t} x(\lambda)\, d\lambda \tag{6b}$$

와 같이 쓸 수 있다. 그러면 FM 파형은

$$x_c(t) = A_c \cos\left[\omega_c t + 2\pi f_\Delta \int^{t} x(\lambda)\, d\lambda\right] \tag{7}$$

와 같이 나타낼 수 있다. 하지만, 메시지는 직류 성분을 포함하고 있지 않고, 따라서 $t \to \infty$일 때 발산하지 않는다는 것을 가정하여야 한다. 물리적으로, $x(t)$에 있는 직류 성분은 $f_\Delta\langle x(t)\rangle$만큼의 고정된 반송파 주파수 편이를 발생할 것이다.

식 (3)과 (7)을 비교해 보면 PM과 FM 사이에 거의 차이가 없는 것을 알 수 있는데 본질적인 차이점은 FM에서는 메시지를 적분한다는 것이다. 더욱이, 용어의 차이에도 불구하고, 표 5.1-1에서 뒷받침하고 있는 것처럼, FM과 PM 모두 시변 위상과 주파수를 갖는다는 것이다. 이러한 관련성은 적분 및 미분 회로를 이용하면, 위상 변조는 주파수 변조를 발생할 수 있고 그 반대의 경우도 가능하다는 것을 분명하게 나타낸다. 사실상, 톤 변조의 경우에서는 시각적으로 FM과 PM 파를 구별하는 것은 거의 불가능하다.

다른 한편으로, 각 변조와 선형 변조는 현저한 차이점을 드러낸다. 그 중 하나는 다음과 같다.

> 각(角) 변조 파의 진폭은 일정하다.

표 5.1-1 PM과 FM의 비교.

	Instantaneous phase $\phi(t)$	Instantaneous frequency $f(t)$
PM	$\phi_\Delta x(t)$	$f_c + \frac{1}{2\pi}\phi_\Delta \dot{x}(t)$
FM	$2\pi f_\Delta \int^t x(\lambda)\,d\lambda$	$f_c + f_\Delta x(t)$

그러므로, 메시지 $x(t)$에 관계없이 평균 전송 전력은

$$S_T = \tfrac{1}{2} A_c^2 \tag{8}$$

과 같다. 다른 하나는, 선형 변조에서는 영 통과점들이 항상 주기적이었던 것에 비해 지수형 변조 파의 영 통과점들은 분명히 위의 위상 식들을 따르기는 하지만 주기적이지는 않다는 것이다. 사실 FM과 PM이 상수 포락선을 갖는다는 성질 때문에 다음과 같이 말할 수 있다.

반송파 주파수만 높다면, 메시지는 영 통과점에만 실린다.

마지막으로, 지수형 변조가 비선형 과정이므로,

변조된 파는 메시지의 파형을 닮지 않는다.

그림 5.1-2는 대표적인 AM, FM, PM 파들을 보임으로써 이러한 몇 가지 점들을 예시하고 있다. 머리 운동 삼아 각각의 변조 신호에 대해 이런 파형들을 맞춰보고 싶어 할 수도 있겠다. FM과 PM의 경우는 식 (3)과 (7)에 $x(t)$를 대입하기보다는 순시 주파수를 생각해 봄으로써 가장 쉽게 할 수 있다. 그림 5.1-2로부터 PM 또는 FM 신호에서 메시지 정보는 반송파의 영 통과점들에 실려 있고 AM 신호에서는 진폭에 실려 있다는 사실을 재차 확인하기 바란다.

PM과 FM이 닮은 점이 많음에도 불구하고, 주파수 변조가 더 우수한 잡음 저감 성질을 갖는다는 것으로 나타나, 우리의 대부분의 관심을 여기에 쏟을 것이다. FM 잡음 저감의 진가를 정량적으로 음미하기 위해서, $x_c(t)$로부터 단순히 순시 주파수 $f(t) = f_c + f_\Delta x(t)$를 추출해 내는 복조기를 생각해 보자. 그러면 복조기의 출력은 주파수 편이 f_Δ에 비례하며, 전송 전력 S_T의 증강 없이 키울 수 있다. 잡음 레벨이 그대로라면 신호의 출력이 커지는 것은 잡음이 줄어드는 것이나 마찬가지다. 하지만, 잡음 저감에는 큰 주파수 편이를 수용할 수 있는 늘어난 전송 대역폭이 필요하다.

뜻밖에도, 주파수 변조는 처음에는 **대역폭 저감**의 수단으로 착안되었는데, 그 경위는 다음과 같다. 만약 반송파의 진폭에 변조하는 대신에 주파수를 일정 범위 내, 말하자면

그림 5.1-2
AM, FM 및 PM 파형의 예.

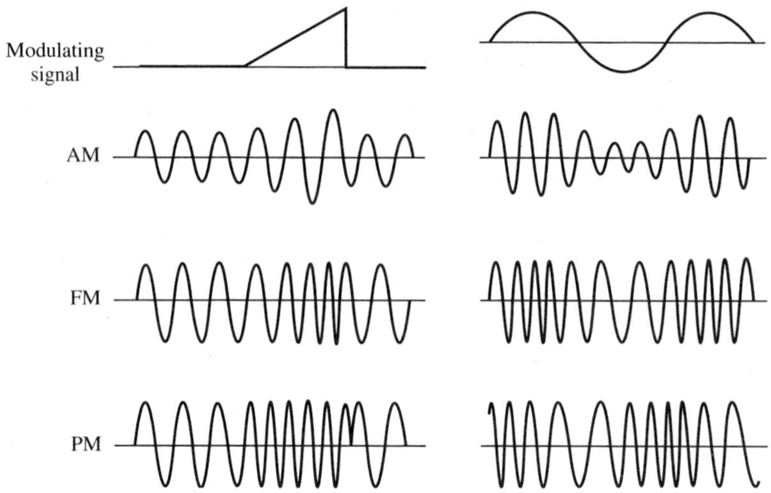

±50 Hz 범위 내에서 왔다 갔다 하게 하면서 주파수에 변조를 하게 되면, 전송 대역폭은 메시지 대역폭에 관계없이 100 Hz가 될 것이다. 우리가 곧 알게 되겠지만, 이 주장에는 심각한 오류가 있다. 왜냐하면 이는 **순시 주파수**와 **스펙트럼 주파수** 사이의 차이를 무시하고 있기 때문이다. 카슨(Carson, 1922)은 이 대역폭 저감 개념의 오류를 인지하고 그 점에 대한 분위기를 일신하였다. 안타깝게도, 그와 많은 다른 사람들은 또 지수형 변조 방식은 잡음 면에서는 선형 변조에 비해 이점이 없다고 느꼈다. 이러한 믿음을 불식하는 데는 많은 시간이 걸렸지만, 암스트롱(Armstrong, 1936) 덕분에 지수형 변조 방식의 진가가 마침내 빛을 보게 되었다. 우리가 이를 정량적으로 이해하기 전에 우선 주파수 분석 문제를 먼저 짚고 넘어가도록 하자.

응용 문제 5.1-1

FM의 정의를 AM으로부터 곧바로 유추하여 $x_c(t) = A_c \cos \omega_c(t)\, t$이고 $\omega_c(t) = \omega_c[1 + \mu x(t)]$라고 정의하였다고 하자. $x(t) = \cos \omega_m t$일 경우 $f(t)$를 구하여, 이 정의가 물리적으로 불가능하다는 것을 보이시오.

협대역 PM 및 FM

지수형 변조의 스펙트럼 해석은 식 (1)의 직교-반송파 형태로부터 시작한다. 즉,

$$x_c(t) = x_{ci}(t) \cos \omega_c t - x_{cq}(t) \sin \omega_c t \tag{9}$$

이고, 여기서

$$x_{ci}(t) = A_c \cos \phi(t) = A_c\left[1 - \frac{1}{2!}\phi^2(t) + \cdots\right] \tag{10}$$

$$x_{cq}(t) = A_c \sin \phi(t) = A_c\left[\phi(t) - \frac{1}{3!}\phi^3(t) + \cdots\right]$$

이다. 여기에 단순화를 위한 조건

$$|\phi(t)| \ll 1 \text{ rad} \tag{11a}$$

를 더하면

$$x_{ci}(t) \approx A_c \qquad x_{cq}(t) \approx A_c\phi(t) \tag{11b}$$

가 된다. 그러면 임의의 메시지 스펙트럼 $X(f)$의 식으로 변조 파의 스펙트럼 $X_c(f)$를 구하는 것이 간단해진다.

구체적으로, 식 (9)와 (11b)의 변환은

$$X_c(f) = \frac{1}{2}A_c\delta(f-f_c) + \frac{j}{2}A_c\Phi(f-f_c) \qquad f>0 \tag{12a}$$

가 되고, 여기서

$$\Phi(f) = \mathscr{F}[\phi(t)] = \begin{cases} \phi_\Delta X(f) & \text{PM} \\ -jf_\Delta X(f)/f & \text{FM} \end{cases} \tag{12b}$$

이다. FM에 대한 표현식은 적분 정리를 식 (6)의 $\phi(t)$에 적용함으로써 얻을 수 있다.

식 (12)를 바탕으로, $x(t)$가 메시지 대역폭 $W \ll f_c$를 가지면, $x_c(t)$는 대역폭이 $2W$인 대역통과 신호가 된다는 결론을 내릴 수가 있다. 하지만 이 결론은 식 (11)의 조건 하에서만 유효하다. 큰 값의 $|\phi(t)|$에 대해서는 식 (10)에서 $\phi^2(t)$, $\phi^3(t)$, . . . 등을 무시할 수 없고, $x_c(t)$의 대역폭을 늘일 것이다. 그러므로 식 (11), (12)는 **협대역** 위상 또는 주파수 변조 (NBPM 또는 NBFM)라는 특별한 경우를 설명하고 있는데, 이는 큰 모퉁이 성분을 갖는 AM 신호와 유사하다.

NBFM 스펙트럼 **예제 5.1-1**

식 (12)의 의미를 잘 보여주는 예는 $x(t) = \text{sinc } 2Wt$, 즉, $X(f) = (1/2W)\,\Pi(f/2W)$를 취하여 예시할 수 있다. 결과로 얻는 NBPM 및 NBFM 스펙트럼은 그림 5.1-3에 보였다. 두 스펙트럼 모두 반송파 주파수 임펄스와 대역폭 $2W$를 갖는다. 그렇지만, NBFM의 하측파대는 180° 위상이 어긋나 있고 (음의 부호로 표현됨), 반면 NBPM의 양쪽 측파대는 모두 위상이 90° 전이 (j로 표현됨) 되어 있다. 위상 전이를 제외하면 NBPM 스펙트럼은 같은 변조 신호로 변조한 AM 스펙트럼처럼 보인다.

응용 문제 5.1-2

2차 근사 $x_{ci}(t) \approx A_c[1 - \frac{1}{2}\phi^2(t)]$와 $x_{cq}(t) \approx A_c\phi(t)$를 사용하여, $x(t) = \text{sinc } 2Wt$일 때 PM 스펙트럼의 성분들을 구하고 스케치하시오.

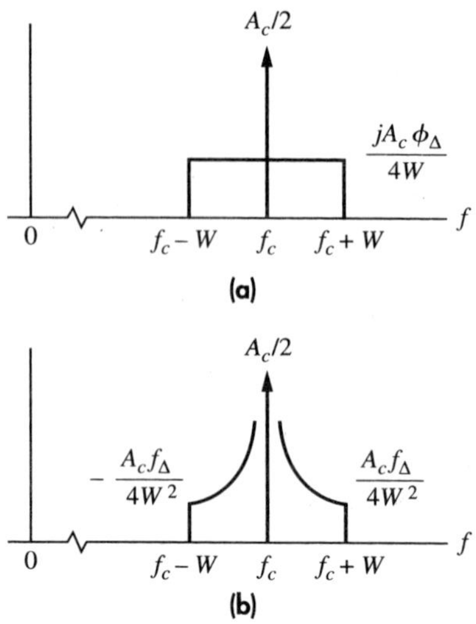

그림 5.1-3
$x(t) = 5 \text{ sinc } 2Wt$로 협대역 변조된 경우의 스펙트럼. (a) PM; (b) FM.

톤 변조

단일 톤으로 변조된 FM과 PM에 대한 검토는, 변조 톤들에 90°의 위상 차를 두는 간단하고도 편리한 방법으로 동시에 수행할 수 있다. 만약

$$x(t) = \begin{cases} A_m \sin \omega_m t & \text{PM} \\ A_m \cos \omega_m t & \text{FM} \end{cases}$$

이라고 하면, 식 (2)와 (6)은 모두

$$\phi(t) = \beta \sin \omega_m t \tag{13a}$$

가 된다. 여기서

$$\beta \triangleq \begin{cases} \phi_\Delta A_m & \text{PM} \\ (A_m/f_m) f_\Delta & \text{FM} \end{cases} \tag{13b}$$

이다. 파라미터 β는 톤 변조된 PM 또는 FM의 **변조 지수**가 된다. 이 파라미터는 **최대 위상 편이**와 같고 양쪽 경우 모두 톤의 진폭 A_m에 비례한다. 하지만 FM일 경우에서는 cos $\omega_m t$를 적분하면 $(\sin \omega_m t)/\omega_m$가 되므로, β는 톤 주파수 f_m에 반비례한다는 것에 주의하자.

협대역 톤 변조는 $\beta \ll 1$이 필요하고, 식 (9)는

$$\begin{aligned} x_c(t) &\approx A_c \cos \omega_c t - A_c \beta \sin \omega_m t \sin \omega_c t \\ &\approx A_c \cos \omega_c t - \frac{A_c \beta}{2} \cos (\omega_c - \omega_m) t + \frac{A_c \beta}{2} \cos (\omega_c + \omega_m) t \end{aligned} \tag{14}$$

와 같이 간단히 쓸 수 있다. 상응하는 선 스펙트럼과 페이저 도를 그림 5.1-4에 보였다. 하측파대 선의 위상 반전이 어떻게 반송파 페이저에 직각인 또는 직교하는 성분을 만들어내는지를 살펴보도록 하자. 이 직교 관계가 바로 진폭 변조가 아닌 위상 변조 또는 주파수 변조를 만들어내는 데 필요한 것이다.

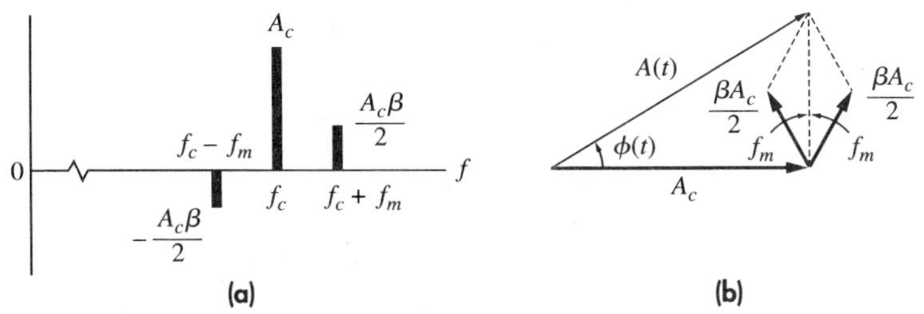

그림 5.1-4

톤 변조된 NBFM: (a) 선 스펙트럼; (b) 페이저 도.

이제 임의의 변조 지수 값을 가질 때의 선 스펙트럼의 분포를 알아보기 위해 협대역 근사를 더 이상 적용하지 않으면

$$
\begin{aligned}
x_c(t) &= A_c[\cos \phi(t) \cos \omega_c t - \sin \phi(t) \sin \omega_c t] \\
&= A_c[\cos(\beta \sin \omega_m t) \cos \omega_c t - \sin(\beta \sin \omega_m t) \sin \omega_c t]
\end{aligned}
\tag{15}
$$

와 같이 쓸 수 있다. 그 다음, $x_c(t)$가 반드시 주기적일 필요는 없지만 $\cos(\beta \sin \omega_m t)$와 $\sin(\beta \sin \omega_m t)$ 항은 주기적이고 그 각각은 $f_0 = f_m$인 삼각함수 푸리에 급수로 전개할 수 있다는 사실을 이용한다. 실제로, 응용 수학에서 잘 알려진 결과로

$$
\begin{aligned}
\cos(\beta \sin \omega_m t) &= J_0(\beta) + \sum_{n \text{ even}}^{\infty} 2\, J_n(\beta) \cos n\omega_m t \\
\sin(\beta \sin \omega_m t) &= \sum_{n \text{ odd}}^{\infty} 2\, J_n(\beta) \sin n\omega_m t
\end{aligned}
\tag{16}
$$

와 같은 것이 있다. 여기서 n은 양수이고

$$J_n(\beta) \triangleq \frac{1}{2\pi} \int_{-\pi}^{\pi} e^{j(\beta \sin \lambda - n\lambda)}\, d\lambda \tag{17}$$

이다. 계수 $J_n(\beta)$는 변수가 β인 n차 1종 **베셀**(Bessel) **함수**이다. 식 (17)을 이용하면 독자들이 식 (16)에 주어진 삼각함수 전개를 유도하는 데 어려움이 거의 없을 것이다.

식 (16)을 식 (15)에 대입하고 사인과 코사인의 곱의 항들을 전개하면, 최종적으로

$$
\begin{aligned}
x_c(t) &= A_c J_0(\beta) \cos \omega_c t \\
&\quad + \sum_{n \text{ odd}}^{\infty} A_c\, J_n(\beta)[\cos(\omega_c + n\omega_m)t - \cos(\omega_c - n\omega_m)t] \\
&\quad + \sum_{n \text{ even}}^{\infty} A_c\, J_n(\beta)[\cos(\omega_c + n\omega_m)t + \cos(\omega_c - n\omega_m)t]
\end{aligned}
\tag{18a}
$$

가 된다. 다른 한편으로는, $J_{-n}(\beta) = (-1)^n J_n(\beta)$라는 성질을 이용하면 좀 덜 쉽지만 좀 더 간결한 식

$$x_c(t) = A_c \sum_{n=-\infty}^{\infty} J_n(\beta) \cos(\omega_c + n\omega_m)t \tag{18b}$$

그림 5.1-5
단일 톤으로 변조된 FM의 선 스펙트럼.

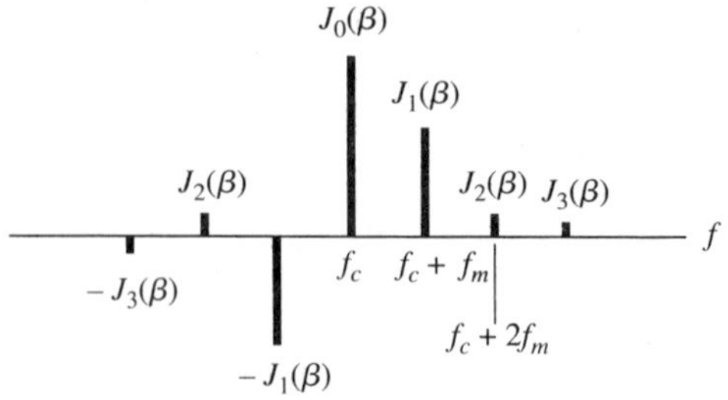

를 얻는다. 어떤 표현이든 식 (18)은 순시 주파수가 사인 곡선 모양으로 변하는 상수 진폭의 파(波, wave)를 수학적으로 표현한 것이다. 곧 설명할 페이저 해석법은 이 문제를 좀 더 쉽게 이해할 수 있게 하여 줄 것이다.

식 (18)을 살펴보면, 우리는 아래와 같은 사실을 알 수 있다.

> FM 스펙트럼은 반송파 주파수 선 외에 **무한한** 수의, 주파수 $f_c \pm nf_m$의 측파대 선들로 이루어져 있다. 모든 선들은 변조 주파수만큼 일정한 간격으로 벌어져 있고, 홀수 차 하측파대 선들은 변조되지 않은 반송파에 대해 상대적으로 위상이 반전되거나 역전되어 있다. 양의 주파수 선 스펙트럼에서는, 모든 외견상의 음의 주파수 ($f_c + nf_m < 0$)는 접혀서 양의 값 $|f_c + nf_m|$으로 돌려져야 한다.

그림 5.1-5에 대표적인 스펙트럼을 예시하였다. $\beta f_m \ll f_c$를 만족하면 음의 주파수 성분은 무시할 수 있다. 일반적으로 $f_c + nf_m$에서의 선의 상대적인 크기는 $J_n(\beta)$으로 주어지므로, 스펙트럼에 대해 더 논의하기 전에 우선 베셀 함수의 성질을 알아보아야 한다.

그림 5.1-6a는 변수 β에 대해 몇 개의 다양한 차수의 베셀 함수를 그린 것이다. 이 그림으로부터 몇 개의 중요한 성질이 나타난다.

1. 반송파 선 $J_0(\beta)$의 상대적인 크기는 변조 지수에 따라 변하고 따라서 변조 신호에 따라 다르다. 그러므로 선형 변조와는 대조적으로 FM 파의 반송파 주파수 성분은 메시지 정보의 일부를 '포함'하고 있다. 그렇지만 $\beta = 2.4, 5.5$ 등등일 경우 $J_0(\beta) = 0$이어서 반송파 선의 진폭이 0인 스펙트럼이 존재한다.
2. 무시할 수 없는 상대적 크기를 갖는 측파대 선의 수도 β에 좌우된다. $\beta \ll 1$이면 J_0, J_1만 어느 정도의 크기를 가지므로 스펙트럼은 그림 5.1-4a에서처럼 반송파와 두 측파대 선으로만 구성된다. 하지만 $\beta \gg 1$이면, 많은 측파대 선들이 나타나고 스펙트럼은 선형 변조와는 사뭇 달라진다.
3. β가 크다는 것은 늘어난 측파대를 수용할 수 있도록 대역폭이 커진다는 것을 의미하는데, 이는 주파수 편이가 커진다는 물리적인 해석과도 일치한다.

위의 내용 중 몇 가지는, β를 몇 개의 값으로 고정해 놓고 n/β의 함수로 $J_n(\beta)$를 나타낸 그림 5.1-6b로 더 잘 설명할 수 있다. f_c에 대한 상대적인 선들의 위치 nf_m을 구하기 위해서 수평축에 βf_m을 곱하면 이 곡선들은 측파대 선들의 포락선을 나타낸다. 특별히

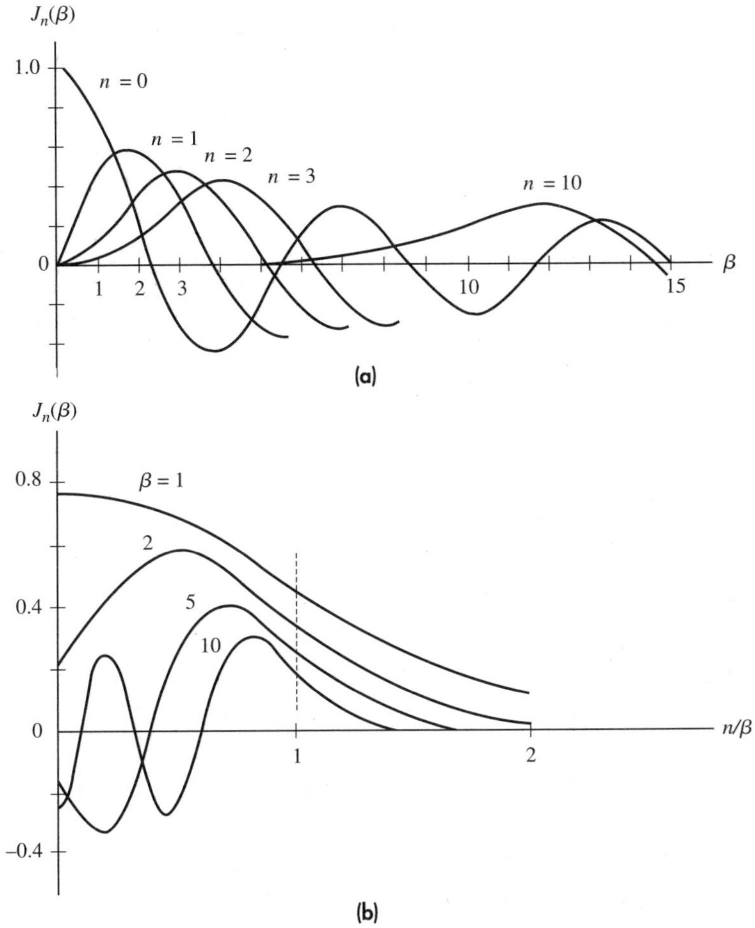

그림 5.1-6

베셀 함수 도: (a) 고정된 차수 n, 가변 인수 β; (b) 고정된 인수 β, 가변 차수 n.

$n/\beta > 1$에 대해 모든 $J_n(\beta)$는 단조 감소하고 $|n/\beta| \gg 1$이면 $|J_n(\beta)| \ll 1$임을 눈여겨보도록 하자. 표 5.1-2는 $J_n(\beta)$의 값들을 선정하여 소수 둘째 자리까지 반올림하여 정리한 것이다. 표에서 빈 칸은 $|J_n(\beta)| < 0.01$인 상태에 해당한다.

표 5.1-2의 데이터로부터 부호를 빼고 그린 선 스펙트럼을 그림 5.1-7에 보였다. 그림의 (a) 쪽은 f_m은 고정해 놓고 β를 증가시킨 것으로 FM과 PM에 적용된다. (b) 쪽은 FM에만 적용되며, $A_m f_\Delta$를 고정해 놓고 f_m을 감소시킴으로써 β가 증가하는 효과를 보여준다. 점선은 β가 커지면서 주요 측파대 선들이 $f_c \pm \beta f_m$의 범위 안으로 집중되는 것을 잘 나타내도록 도와준다.

식 (18)의 $x_c(t)$를 페이저 해석하기 위해 협대역 근사와 그림 5.1-4로 되돌아가 보도록 하자. 반송파와 측파대 선들 중 첫 번째 쌍으로부터 구한 포락선과 위상은

$$A(t) \approx \sqrt{A_c^2 + \left(2\frac{\beta}{2}A_c \sin \omega_m t\right)^2} \approx A_c\left[1 + \frac{\beta^2}{4} - \frac{\beta^2}{4}\cos 2\omega_m t\right]$$

$$\phi(t) \approx \arctan\left[\frac{2(\beta/2)A_c \sin \omega_m t}{A_c}\right] \approx \beta \sin \omega_m t$$

표 5.1-2 대표적인 $J_n(\beta)$의 값.

n	$J_n(0.1)$	$J_n(0.2)$	$J_n(0.5)$	$J_n(1.0)$	$J_n(2.0)$	$J_n(5.0)$	$J_n(10)$	n
0	1.00	0.99	0.94	0.77	0.22	−0.18	−0.25	0
1	0.05	0.10	0.24	0.44	0.58	−0.33	0.04	1
2			0.03	0.11	0.35	0.05	0.25	2
3				0.02	0.13	0.36	0.06	3
4					0.03	0.39	−0.22	4
5						0.26	−0.23	5
6						0.13	−0.01	6
7						0.05	0.22	7
8						0.02	0.32	8
9							0.29	9
10							0.21	10
11							0.12	11
12							0.06	12
13							0.03	13
14							0.01	14

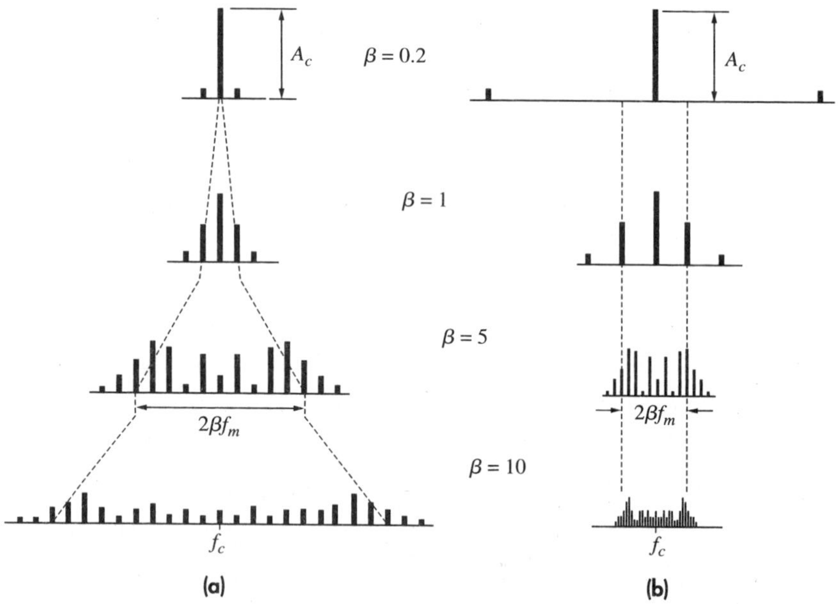

그림 5.1-7
단일 톤 변조되었을 경우의 선 스펙트럼: (a) f_m을 고정한 FM 또는 PM; (b) $A_m f_\Delta$를 고정한 FM.

이다. 그러므로 위상의 변화는 바라던 바와 거의 같지만, 톤의 두 배가 되는 주파수의 진폭 변화가 부가적으로 생긴다. 이를 없애기 위해, 측파대 선들 중에서 반송파에 대해 상대적으로 $\pm 2f_m$으로 회전하여 그 결과 합성 페이저가 반송파의 페이저와 동일 선 상에 존재하게 되는 2차 쌍을 더 포함시켜야 한다. 이 2차 쌍은 바라지 않던 진폭 변조를 거의 없애 주기는 하지만 $\phi(t)$를 왜곡시키기도 한다. 이 위상 왜곡은 다시 3차 쌍을 포함시키면 없어지지만 이는 다시 진폭 변조를 불러일으키는 등등의 동작을 끝까지 반복하는 것이다.

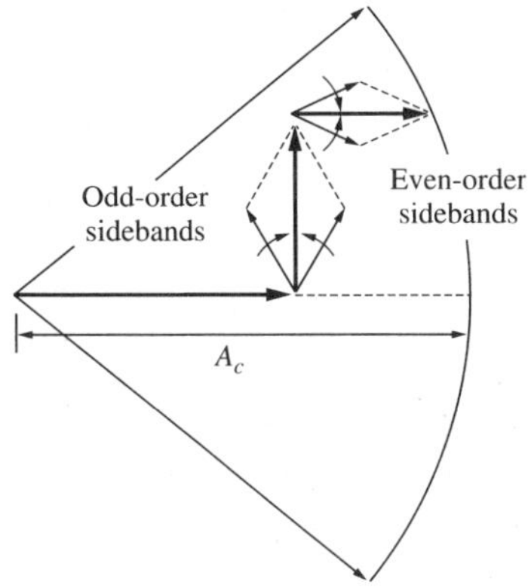

그림 5.1-8
임의의 β에 대한 FM 페이저 도.

모든 선 스펙트럼들이 포함되면 홀수 차 쌍들은 바라는 주파수 변조와 이에 더하여 바라지 않는 진폭 변조까지 일으키는, 반송파와 직교하는 합성 페이저를 만든다. 짝수 차 쌍들의 합성 페이저는 반송파와 일치하고, 진폭의 변화를 교정한다. 그러면 그 종합적인 효과는 그림 5.1-8에 보인 것과 같다. 합성 페이저의 끝머리는 원호를 따라 움직이는데 이는 진폭이 일정함을 나타낸다.

NBFM에서의 톤 변조

예제 5.1-2

협대역 FM 신호인 $x_c(t) = 100 \cos [2\pi 5000t + 0.05 \sin 2\pi\, 200t]$가 전송된다. 순시 주파수 $f(t)$를 구하기 위해 $\theta(t)$의 미분을 취하면

$$\begin{aligned} f(t) &= \frac{1}{2\pi}\dot{\theta}(t) \\ &= \frac{1}{2\pi}[2\pi\, 5000 + 0.05(2\pi\, 200)\cos 2\pi\, 200\, t] \\ &= 5000 + 10\cos 2\pi\, 200\, t \end{aligned}$$

가 된다. $f(t)$로부터 $f_c = 5000$ Hz, $f_\Delta = 10$, 그리고 $x(t) = \cos 2\pi\, 200t$임을 알 수 있다. β를 구하는 방법에는 두 가지가 있다. 톤 변조된 NBFM에서는 $\phi(t) = \beta \sin \omega_m t$라는 것을 알고 있다. $x_c(t) = A_c \cos [\omega_c t + \phi(t)]$이므로, $\beta = 0.05$임을 알 수 있다. 다른 방법으로는, 우리는

$$\beta = \frac{A_m}{f_m} f_\Delta$$

와 같이 계산할 수 있다. $f(t)$로부터 $A_m f_\Delta = 10$이고 $f_m = 200$이므로, 앞에서 구한 것과 똑같이 $\beta = 10/200 = 0.05$임을 구할 수 있다. 선 스펙트럼은 $A_c = 100$이고 옆돌출부(sidelobe)들은 $A_c\beta/2 = 2.5$인 그림 5.1-4a의 모습을 갖는다. 협대역 근사했을 경우 전송 전력에 사소한 왜곡이 나타난다. 옆돌출부들을 충분히 포함하여 진폭의 왜곡이 없을 경우 $S_T = \frac{1}{2}A_c^2 = \frac{1}{2}(100)^2 = 5000$인 것에 비해 선 스펙트럼으로부터는 $S_T = \frac{1}{2}(-2.5)^2 + \frac{1}{2}(100)^2 + \frac{1}{2}(2.5)^2 = 5006.25$를 얻는다.

응용 문제 5.1-3 $A_c = 100, A_m f_\Delta = 8$ kHz, 그리고 $f_m = 4$ kHz로 톤 변조된 FM을 생각해 보자. $f_c = 30$ kHz일 경우와 $f_c = 11$ kHz일 경우에 대해 선 스펙트럼을 그리시오.

다중 톤 및 주기 변조

식 (18)에 도달하기 위해 이용한 푸리에 급수는 다중 톤 변조된 FM의 경우에도 적용할 수 있다. 예를 들어, f_1과 f_2가 고조파의 관계가 아닌 경우 $x(t) = A_1 \cos \omega_1 t + A_2 \cos \omega_2 t$를 생각해 보자. 우선 변조 파는

$$x_c(t) = A_c[(\cos \alpha_1 \cos \alpha_2 - \sin \alpha_1 \sin \alpha_2) \cos \omega_c t \\ -(\sin \alpha_1 \cos \alpha_2 + \cos \alpha_1 \sin \alpha_2) \sin \omega_c t]$$

와 같이 쓸 수 있다. 여기서 $\alpha_1 = \beta_1 \sin \omega_1 t, \beta_1 = A_1 f_\Delta / f_1$ 등등과 같다. 그러면 $\cos \alpha_1$, $\sin \alpha_1$ 등과 같은 꼴의 항은 식 (16)과 같이 전개할 수 있고, 몇 단계의 단순한 계산 과정을 거치면

$$x_c(t) = A_c \sum_{n=-\infty}^{\infty} \sum_{m=-\infty}^{\infty} J_n(\beta_1) J_m(\beta_2) \cos(\omega_c + n\omega_1 + m\omega_2)t \tag{19}$$

와 같은 간결한 결과를 얻을 수 있다. 이 기법을 셋 또는 그 이상의 비고조파 톤들을 포함하는 데까지 확장할 수는 있으나, 그 과정이 어렵진 않지만 번거롭다.

주파수 영역에서 식 (19)를 해석할 때 선 스펙트럼은 네 가지의 종류로 구분할 수 있다: (1) 진폭 $A_c J_0(\beta_1) J_0(\beta_2)$의 반송파 선; (2) f_1에만 의한 $f_c \pm nf_1$에서의 측파대 선; (3) f_2톤에만 의한 $f_c \pm mf_2$에서의 측파대 선; 그리고 (4) 변조 톤들과 그 고조파들의 합과 차 주파수를 갖는 비트 주파수가 변조된 것처럼 보이는 $f_c \pm nf_1 \pm mf_2$에서의 측파대 선. (이 마지막 종류는 측파대 선의 단순한 중첩을 그 법칙으로 하는 선형 변조에서는 생기지 않을 것이다.) $f_1 \ll f_2$이고 $\beta_1 > \beta_2$일 경우에 대해 다양한 형태의 선 스펙트럼을 나타내는 이중 톤 FM 스펙트럼을 그림 5.1-9에 보였다. 이러한 조건 하에서는 $f_c \pm mf_2$에 있는 각 측파대 선들이 주파수 f_1인 톤으로 변조된 또 다른 FM 반송파처럼 보인다.

톤 주파수들이 고조파 관계를 가질 경우 — $x(t)$가 주기적인 파형임을 의미— $\phi(t)$는 주기적이고 또 $e^{j\phi(t)}$도 그러하다. 후자는 지수 푸리에 급수로 전개할 수 있으며 계수는

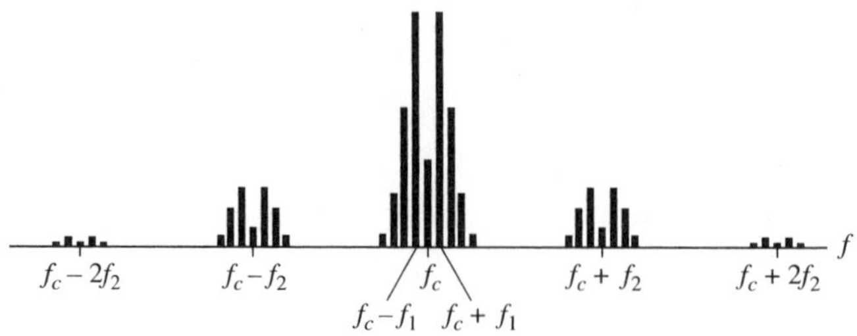

그림 5.1-9
$f_1 \ll f_2$이고 $\beta_1 > \beta_2$일 경우의 이중 톤 FM의 선 스펙트럼.

$$c_n = \frac{1}{T_0}\int_{T_0} \exp j[\phi(t) - n\omega_0 t]\, dt \tag{20a}$$

이다. 그러므로

$$x_c(t) = A_c \operatorname{Re}\left[\sum_{n=-\infty}^{\infty} c_n e^{j(\omega_c + n\omega_0)t}\right] \tag{20b}$$

이고 $A_c|c_n|$은 $f = f_c + nf_0$에 있는 선 스펙트럼의 크기와 같다.

펄스 열(列)로 변조된 FM

예제 5.1-3

$x(t)$가 주기 T_0, 펄스 폭 τ, 동작 비율(duty cycle)이 $d = \tau/T_0$인 단위 진폭을 갖는 구형파 펄스 열 변조 함수라고 하자. 직류 성분 $\langle x(t)\rangle = d$를 제거한 후, 그 결과로 얻는 FM 파의 순시 주파수는 그림 5.1-10a에 보인 것과 같다. 시간의 원점은 그림 5.1-10b에 그려진 $\phi(t)$가 $t = 0$에서 최대값 $\phi_\Delta = 2\pi f_\Delta \tau$를 갖도록 정한다. 그리고 $\phi(t) \geq 0$이 되도록 적분 상수를 취한다. 그러면

$$\phi(t) = \begin{cases} \phi_\Delta(1 + t/\tau) & -\tau < t < 0 \\ \phi_\Delta[1 - t/(T_0 - \tau)] & 0 < t < T_0 - \tau \end{cases}$$

이고, 이는 식 (20a)의 적분 범위를 정의한다.

c_n의 값을 구하는 것은 지수 적분과 삼각함수의 관계식 등을 수반하는 쉽지 않은 과제이다. 최종 결과는

$$c_n = \left[\frac{\sin \pi(\beta - n)d}{\pi(\beta - n)} + \frac{(1 - d)\sin \pi(\beta - n)d}{\pi(\beta - n)d + \pi n}\right] e^{j\pi(\beta + n)d}$$

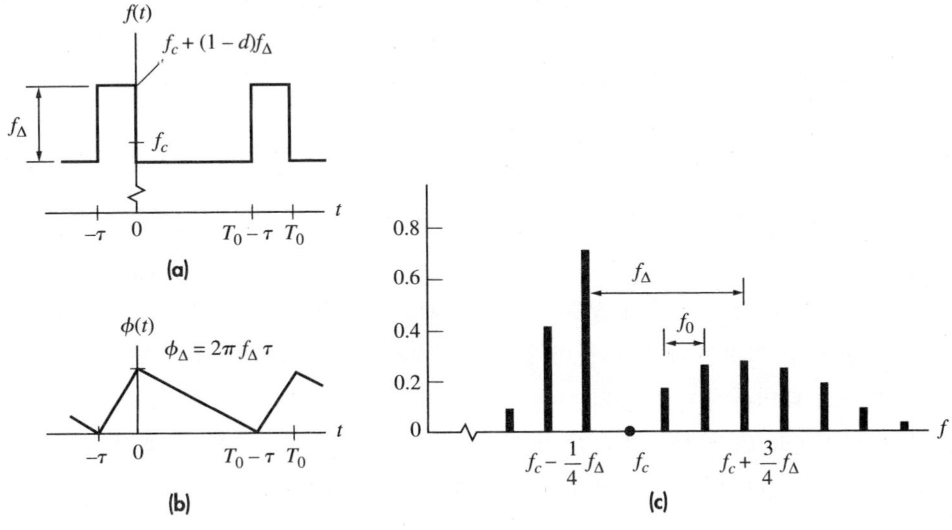

그림 5.1-10

펄스 열로 변조된 FM: (a) 순시 주파수; (b) 위상; (c) $d = \frac{1}{4}$일 때의 선 스펙트럼.

$$= \frac{\beta d}{(\beta - n)d + n} \text{sinc}\,(\beta - n)d\, e^{j\pi(\beta+n)d}$$

와 같이 쓸 수 있고, 그 과정에서

$$\beta = f_\Delta T_0 = f_\Delta / f_0$$

라고 놓았는데, 이는 단일 톤 변조에서의 변조 지수와 유사한 역할을 한다.

그림 5.1-10c는 $d = \frac{1}{4}$, $\beta = 4$, 그리고 $A_c = 1$일 경우에 대해 선 스펙트럼의 크기를 도시한다. 여기에서 대칭성이 없는 것과, 순시 주파수에 의해 나타난 두 값인 $f = f_c - \frac{1}{4} f_\Delta$와 $f = f_c + \frac{3}{4} f_\Delta$ 근처에서 봉우리가 솟아나는 것을 눈여겨보도록 하자. 스펙트럼이 다른 주파수도 포함하고 있다는 것은 스펙트럼 주파수와 순시 주파수의 차이를 드러낸다. 똑같은 설명을 단일 변조 펄스에 의한 FM의 연속적인 스펙트럼에도 적용할 수 있다. 이는 예제 2.5-1의 결과에서 보인 바와 같다.

5.2 전송 대역폭과 왜곡

지수형 변조 신호의 스펙트럼은 일반적으로 무한한 범위를 갖고 있다. 그러므로 메시지의 대역폭이 대역 제한되어 있든 아니든 순수한 FM의 생성과 전송에는 무한한 대역폭이 필요하다. 하지만 유한한 대역폭을 갖는 실질적인 FM 시스템들이 엄연히 존재하고 꽤 훌륭하게 동작한다. 그들의 성공은, 반송파로부터 충분히 멀리 떨어진 곳에서는 스펙트럼 성분들이 매우 작아서 버려도 상관없다는 사실에 입각하고 있다. 스펙트럼의 어떠한 부분이라도 없어지게 되면 복조된 신호에 왜곡이 생기는 것은 사실이지만, 의미있는 모든 스펙트럼 성분들을 포함하면 왜곡을 최소화할 수 있다.

이 절에서는 5.1절로부터 결과를 도출함으로써 필요 전송 대역폭의 추산식을 구해보도록 한다. 그런 다음 선형 및 비선형 시스템에 의해 발생하는 왜곡을 살펴볼 것이다. 도중에 다루게 될 논의의 대상으로는 **광대역** FM의 개념과 FM 하드웨어의 중요한 한 부분으로서 잘 알려진 **제한기** 등이 있다. 주로 FM에 초점을 맞추겠지만, 약간의 수정만 거치면 같은 해석법을 PM에도 적용할 수 있다.

전송 대역폭 추산

FM 전송 대역폭을 결정하는 것은 다음과 같은 의문으로 귀착된다. 즉, 변조된 신호 스펙트럼 중 어디까지가 유효한 것인가? 물론 유효의 기준은 절대적이 아니다. 왜냐하면 각 용도 별로 감내할 수 있는 왜곡의 정도가 다르기 때문이다. 하지만 톤 변조에 대한 연구를 바탕으로 한 어림 기준이 매우 잘 맞아 왔고 그에 따라서 유용한 관계식이 되었다. 그러므로 FM의 필요 대역폭에 대한 논의는 톤 변조 시의 유효 측파대 선들에서부터 시작한다.

그림 5.1-6은 $|n/\beta| > 1$일 때 $J_n(\beta)$가 급격히 떨어지고, 특히 $\beta \gg 1$일 때 더 그러하다는 것을 보여 주었다. 변조 지수 β가 크다고 가정하면 $|J_n(\beta)|$은 $|n| \le \beta = A_m f_\Delta / f_m$에 대

해서만 유효하다고 할 수 있다. 그러므로 모든 유효한 선들은 $f_c \pm \beta f_m = f_c \pm A_m f_\Delta$의 주파수 범위에 들어 있다고 할 수 있는데, 이는 직관적으로 생각하는 것과도 잘 맞아 떨어지는 결론이다. 다른 한편으로, 변조 지수가 작다고 가정해 보자. 그러면, $\beta \ll 1$일 때 $J_0(\beta) \gg J_{n \neq 0}(\beta)$이므로 모든 측파대 선들이 반송파에 비해 작다. 하지만 적어도 1차 측파대 쌍은 포함하여야 하는데, 그렇지 않으면 주파수 변조가 아예 존재하지 않기 때문이다. 그러므로 β가 작을 경우에는 $f_c \pm f_m$에 유효한 측파대 선들이 포함되어 있다.

위에서 살펴본 것들을 정량적인 발판 위에 놓고서, 상대적인 진폭 $|J_n(\beta)| > \epsilon$를 갖는 모든 측파대 선들은 유효하다고 정의한다. 여기서 ϵ은 적용하는 경우에 따라 0.01에서 0.1의 값을 갖는다. 그러면 $|J_M(\beta)| > \epsilon$이고 $|J_{M+1}(\beta)| < \epsilon$이면 M개의 유효한 측대파 쌍들이 있고, 총 $2M + 1$개의 유효한 선들이 존재하는 것이다. 그러므로 대역폭은

$$B = 2M(\beta)f_m \qquad M(\beta) \geq 1 \tag{1}$$

와 같이 쓸 수 있는데, 선들은 f_m 간격으로 떨어져 있고 M은 변조 지수 β에 따라 달라지기 때문이다. $M(\beta) \geq 1$이라는 조건이 식 (1)에 들어있는데, B는 $2f_m$보다 작을 수는 없다는 사실을 반영한다.

그림 5.2-1은 $\epsilon = 0.01$과 0.1의 경우에 대해 β의 연속 함수로서 M을 보였다. 실험적인 연구들에 의하면 앞의 경우는 지나치게 보수적으로 잡은 것이고, 뒤의 경우는 작지만 눈에 띄는 왜곡을 초래한다고 한다. 이들 두 한계값들 사이의 M 값은 대부분의 목적에 부합하므로 앞으로 그 값을 사용하기로 한다.

그러나 대역폭 B는 전송 대역폭 B_T가 아니다. 그것은 오히려 주어진 진폭과 주파수를 갖는 톤으로 변조할 때 필요한 최소한의 대역폭이다. B_T를 추산하기 위해서는 톤 파라미터가 $A_m \leq 1$, $f_m \leq W$이라는 제한이 있을 때 요구되는 최대의 대역폭을 계산하여야 한다. 이를 위해 그림 5.2-1의 점선은 근사식

$$M(\beta) \approx \beta + 2 \tag{2}$$

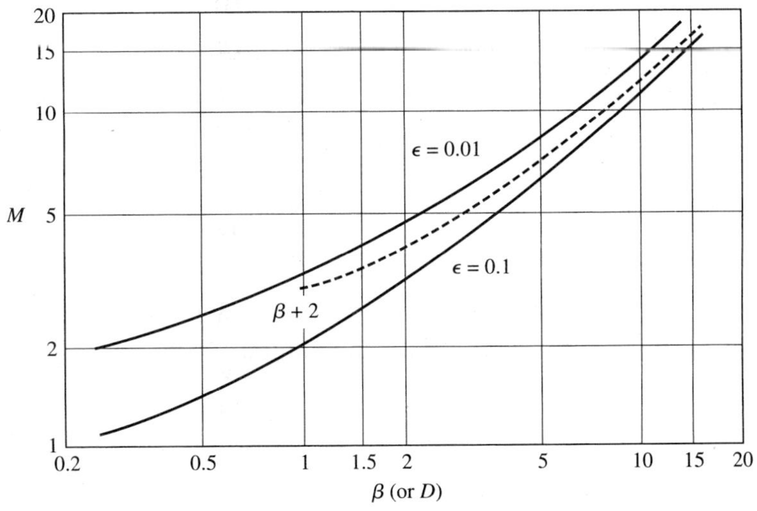

그림 5.2-1
β (또는 D)의 함수로 표시한 유효한 측파대 쌍들의 수.

를 그리고 있는데, $\beta \geq 2$일 경우 실선들 중간에 위치한다. 식 (2)를 식 (1)에 삽입하면

$$B \approx 2(\beta + 2)f_m = 2\left(\frac{A_m f_\Delta}{f_m} + 2\right)f_m = 2(A_m f_\Delta + 2f_m)$$

이 된다. f_Δ는 변조기의 성질이라는 사실을 염두에 둘 때, 그러면 어떤 톤이 최대 대역폭을 생성할 것인가? 그것은 분명히 $A_m = 1$과 $f_m = W$를 갖는 **최대 포락선 최대 주파수 톤**일 것이다. 그렇다면 최악의 톤 변조 대역폭은

$$B_T \approx 2(f_\Delta + 2W) \qquad \text{if } \beta > 2$$

이다. 상응하는 변조 지수 $\beta = f_\Delta/W$는 β의 최대값이라는 것이 아니고 최대 변조 주파수와 결합되었을 때 최대 대역폭을 생성하는 값이라는 사실을 주목하자. $A_m < 1$ 또는 $f_m < W$인 다른 모든 톤들은 β가 더 크더라도 더 작은 대역폭이 필요하다.

마지막으로, 메시지 대역폭 W를 가지며 정규화 관례인 $|x(t)| \leq 1$을 만족하고, 적당히 완만하지만 임의로 변하는 변조 신호를 생각해 보자. 작은 진폭과 주파수를 갖는 $x(t)$의 모든 성분들은 B_T보다 작은 대역폭이 필요하다는 가정 하에, 최악 톤 변조 해석으로부터 직접 B_T를 추산할 것이다. 분명히 이 절차는, 중첩은 지수형 변조에는 적용할 수 없다는 사실을 무시하고 있다. 하지만, 다중 톤 스펙트럼을 살펴보았을 때 그림 5.1-9에서 알 수 있었던 것처럼 비트 주파수의 측파대 쌍들은 주로 우세한 톤의 대역폭 안에만 들어 있다는 것을 알았다.

그러므로 톤 변조를 임의의 변조 신호로까지 확대하여, **편이비**

$$D \triangleq \frac{f_\Delta}{W} \tag{3}$$

를 정의하는데, 이는 최대 편이를 최대 변조 주파수로 나눈 것과 같고, 최악 톤 변조의 변조 지수와 유사하다. 그러면 $x(t)$에 필요한 최대 전송 대역폭은

$$B_T = 2\,M(D)W \tag{4}$$

와 같고 D는 말하자면 그림 5.2-1에서 $M(D)$를 찾기 위한 β와 같이 간주한다.

$M(D)$에 대한 적당한 곡선이나 표가 없어서, 자주 사용되는 B_T에 대한 몇 가지의 근사식이 존재한다. 편이비의 극한 값들에 대하여는

$$B_T = \begin{cases} 2DW = 2f_\Delta & D \gg 1 \\ 2W & D \ll 1 \end{cases}$$

가 있는데, 매우 크거나 매우 작은 β 값을 갖는 톤 변조에 대한 결과와 유사하다. 이 두 근사식은 하나로 합쳐져서 **카슨의 법칙**(Carson's rule)이라고 불리는

$$B_T \approx 2(f_\Delta + W) = 2(D + 1)W \qquad \begin{matrix} D \gg 1 \\ D \ll 1 \end{matrix} \tag{5}$$

와 같은 편리한 관계식이 된다. 이와 달리 대부분의 실제 FM 시스템들은 $2 < D < 10$의 값을 가져서 카슨의 법칙은 전송 대역폭을 실제보다 약간 작은 값으로 보여준다. 그래서 장비 설계에서 더 잘 맞는 근사식은

$$B_T \approx 2(f_\Delta + 2W) = 2(D + 2)W \qquad D > 2 \tag{6}$$

이고, 이는, 예를 들면, FM 증폭기의 3 dB 대역폭을 결정하는 데 이용된다. 카슨의 법칙은 협대역 근사를 사용하는 특정 용도에서는 B_T를 과대하게 추산한다는 데 주의하자. 예제 5.1-2에서 송신 신호의 대역폭은 400 Hz인 반면 식 (5)는 $B_T \approx 420$ Hz로 추산한다.

물리적으로 편이비는 최악 대역폭 조건 하에서 FM 파의 **최대 위상 편이**를 나타낸다. 그러므로 우리가 구한 FM 대역폭의 식은 D를 PM 파의 최대 위상 편이 ϕ_Δ로 대체하면 **위상** 변조에 적용할 수 있다. 따라서 임의의 $x(t)$에 대한 PM의 전송 대역폭은

$$B_T = 2M(\phi_\Delta)W \qquad M(\phi_\Delta) \geq 1 \tag{7a}$$

또는

$$B_T \approx 2(\phi_\Delta + 1)W \tag{7b}$$

와 같이 추산할 수 있는데, 이는 카슨의 법칙에 상응하는 근사식이다. 이 식들은 ϕ_Δ가 W와는 무관하다는 점에서 FM의 경우와 다르다.

독자들은 우리가 구한 여러 가지 근사식들과 그 식들의 유효 조건들을 다시 한번 생각해 보기 바란다. 우리도 대부분의 책들에서처럼 보통 식 (5)와 (7b)의 카슨의 법칙에서 주어지는 것과 같이 B_T를 취할 것이다. 하지만 변조 신호가 불연속점들을 가질 때, 예를 들면, 직각 펄스 열의 대역폭 추산에서는 실효성이 없어서 가장 기본적인 스펙트럼 해석법으로 돌아가야 한다.

상업적 FM의 대역폭 　예제 5.2-1

미국(한국도 마찬가지)의 상업적인 FM 방송국은 최대 주파수 편이가 75 kHz로 제한되어 있고, 변소 주파수들은 보통 30 Hz에서 15 kHz 사이에 퍼져있다. $W = 15$ kHz라고 하면, 편이비는 $D = 75\text{ kHz}/15\text{ kHz} = 5$이고, 식 (6)에 의하면 $B_T \approx 2(5 + 2) \times 15\text{ kHz} = 210$ kHz이다. 고품질의 FM 라디오는 적어도 200 kHz의 대역폭을 갖는다. 식 (5)의 카슨의 법칙은 대역폭을 과소 추산하여, $B_T \approx 180$ kHz가 된다.

만약 단일 톤이 $A_m = 1$이고 $f_m = 15$ kHz라면, $\beta = 5$, $M(\beta) \approx 7$이고 식 (1)은 $B = 210$ kHz임을 나타낸다. 낮은 주파수의 톤, 예를 들어 3 kHz의 경우에는, 보다 큰 변조 지수 ($\beta = 25$)와 더 많은 유효 측파대 쌍들 ($M = 27$)을, 하지만 $B = 2 \times 27 \times 3\text{ kHz} = 162$ kHz이므로, 더 작은 대역폭을 유발한다.

응용 문제 5.2-1 식 (5)와 (6)을 적용할 수 있으면 이들을 이용하여 $D = 0.3$, 3, 그리고 30일 경우에 대해 B_T/W를 계산하시오.

선형 왜곡

선형 회로에 의해 FM 및 PM 파에서 발생하는 왜곡의 해석은 엄청나게 뒤엉킨 문제를 푸는 것이다. 어느 정도냐 하면 몇 가지 접근법이 고안되긴 하였지만 하나 같이 쉽지 않다는 것이다. 팬터(Panter, 1965)는 이 주제에 세 장을 할애하고 있고 기준 안내서 역할을 하고 있다. 우리에게는 몇 쪽 정도만으로 한정되어 있으므로 '빙산의 일각' 정도만 살펴보기로 한다. 그럼에도 불구하고 FM 및 PM의 선형 왜곡에 대한 값진 통찰력을 얻을 수 있을 것이다.

그림 5.2-2는 각 변조된 대역통과 신호 $x_c(t)$가, 전달 함수가 $H(f)$인 선형 시스템에 인가되어 출력 $y_c(t)$를 발생하는 것을 보여준다. 상수 진폭을 갖는 $x_c(t)$의 성질에 의해 등가 저역 통과 입력을

$$x_{\ell p}(t) = \tfrac{1}{2} A_c e^{j\phi(t)} \tag{8}$$

와 같이 쓸 수 있다. 여기서 $\phi(t)$는 메시지 정보를 포함하고 있다. 등가 저역 통과 출력 스펙트럼을 $X_{\ell p}(f)$의 식으로 나타내면

$$Y_{\ell p}(f) = H(f + f_c)u(f + f_c)X_{\ell p}(f) \tag{9}$$

가 된다. 저역 통과에서 대역 통과로의 변환을 하면 최종적으로 출력은

$$y_c(t) = 2\,\mathrm{Re}\,[y_{\ell p}(t)e^{j\omega_c t}] \tag{10}$$

가 된다. 이 방법이 지면상(紙面上)에서는 간단해 보이지만, $X_{\ell p}(f) = \mathscr{F}[x_{\ell p}(t)]$와 $y_{\ell p}(t) = \mathscr{F}^{-1}[Y_{\ell p}(f)]$를 계산하는 것은 일반적으로 주요 골칫거리가 된다. 그럴 경우에는 컴퓨

그림 5.2-2
선형 시스템에 인가된 각 변조.

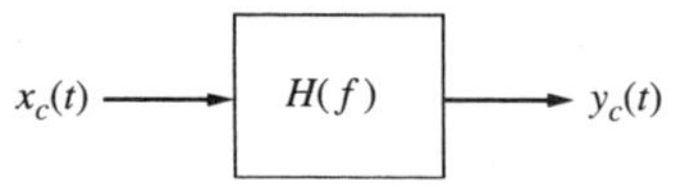

그림 5.2-3
그림 5.2-2의 시스템의 전달 함수.

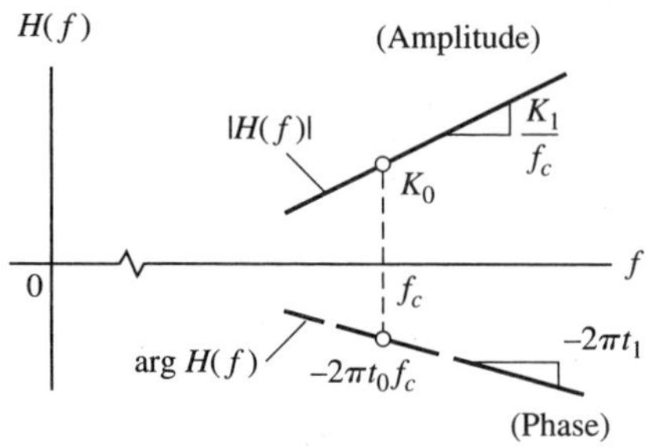

터를 활용하는 수치해석적 기술이 필요하다.

식 (8)−(10)이 닫힌 형태의 결과를 내는 몇 안 되는 경우 중의 하나가 그림 5.2-3에 도시한 전달 함수이다. 이득 $|H(f)|$는 f_c에서 K_0의 값을 갖고, 기울기 K_1/f_c로 선형적으로 증가(또는 감소)한다. 위상 전이 곡선은 예제 4.1-1에서 논의한 것처럼 반송파 지연 t_0와 군 지연 t_1에 상당한다. 저역 통과 등가 $H(f)$는

$$H(f+f_c)\,u(f+f_c) = \left(K_0 + \frac{K_1}{f_c}f\right)e^{-j2\pi(t_0 f_c + t_1 f)}$$

이고 식 (9)는

$$Y_{\ell p}(f) = K_0 e^{-j\omega_c t_0}[X_{\ell p}(f)e^{-j2\pi t_1 f}] + \frac{K_1}{j\omega_c}e^{-j\omega_c t_0}[(j2\pi f)X_{\ell p}(f)e^{-j2\pi t_1 f}]$$

가 된다. $\mathscr{F}^{-1}[Y_{\ell p}(f)]$에 대해 시간 지연 및 미분 정리를 적용하면

$$y_{\ell p}(t) = K_0 e^{-j\omega_c t_0}x_{\ell p}(t-t_1) + \frac{K_1}{j\omega_c}e^{-j\omega_c t_0}\dot{x}_{\ell p}(t-t_1)$$

임을 알 수 있고, 식

$$\dot{x}_{\ell p}(t-t_1) = \frac{d}{dt}\left[\frac{1}{2}A_c e^{j\phi(t-t_1)}\right] = \frac{j}{2}A_c\dot{\phi}(t-t_1)e^{j\phi(t-t_1)}$$

은 식 (8)로부터 구한 것이다.

이 식들을 식 (10)에 삽입하면 출력 신호

$$y_c(t) = A(t)\cos[\omega_c(t-t_0) + \phi(t-t_1)] \tag{11a}$$

을 얻는데, 이는 시변(時變) 진폭

$$A(t) = A_c\left[K_0 + \frac{K_1}{\omega_c}\dot{\phi}(t-t_1)\right] \tag{11b}$$

을 갖는다. FM 입력의 경우, $\dot{\phi}(t) = 2\pi f_\Delta\, x(t)$이므로

$$A(t) = A_c\left[K_0 + \frac{K_1 f_\Delta}{f_c}x(t-t_1)\right] \tag{12}$$

이 된다. 식 (12)는 $\mu = K_1 f_\Delta/K_0 f_c$인 AM 파의 포락선과 같은 형태를 갖고 있다. 따라서 우리는, 그림 5.2-3의 $|H(f)|$는 $H(f)$의 각도에 의해 발생하는 반송파 지연 t_0 및 군 지연 t_1과 함께 **FM-AM 변환**을 발생시킨다는 결론을 내릴 수 있다. 곧 알게 되겠지만, 사실 AM 변화는 수신기에서 제한기와 필터의 사용으로 최소화할 수 있다. (그런데, 예제 4.2-2를 다시 보면 AM 파의 진폭 왜곡은 AM-PM 변환을 발생시킨다는 것을 알 수 있다.)

FM-AM 변환은, $\phi(t)$가 시간 지연 말고는 별다른 나쁜 영향을 받지 않는 한 FM이나 PM 전송에서 해결하지 못할 큰 문제를 일으키지는 않는다. 그러므로 우리는 적당히 완만

한 이득 곡선 때문에 생기는 진폭 변조는 무시한다. 하지만 비선형 위상 전이 때문에 발생하는 지연 왜곡은 꽤 심각할 수 있으며, 메시지 정보를 유지하기 위해서는 반드시 등화(等化, equalize)되어야 한다.

위상 왜곡에 대한 단순화된 접근 방식으로는, $f_\Delta \gg W$인 FM 파의 순시 주파수가 $1/W$에 비해 매우 느리게 변화하여 $x_c(t)$는 주파수 $f(t) = f_c + f_\Delta x(t)$에서는 대체로 보통의 정현파처럼 보인다고 가정하는 **준 정지 근사화 방식**(quasi-static approximation)이 있다. 만약 반송파 주파수 정현파에 대한 시스템의 응답이

$$y_c(t) = A_c|H(f_c)| \cos [\omega_c t + \arg H(f_c)]$$

이고, $x_c(t)$가 천천히 변화하는 순시 주파수 $f(t)$를 갖는다면,

$$y_c(t) \approx A_c|H[f(t)]| \cos \{\omega_c t + \phi(t) + \arg H[f(t)]\} \tag{13}$$

이다. 이 근사식은 조건

$$|\ddot{\phi}(t)|_{\max} \left| \frac{1}{H(f)} \frac{d^2H(f)}{df^2} \right|_{\max} \ll 8\pi^2 \tag{14}$$

가 필요하다는 것을 보일 수 있는데, 여기서 $f_m \le W$인 톤으로 변조된 FM에 대해 $|\ddot{\phi}(t)| \le 4\pi^2 f_\Delta W$이다. 만약 $H(f)$가 3 dB 대역폭이 B인 단동조(single-tuned) 대역통과 필터를 나타낸다면, 식 (14)의 두 번째 항은 $8/B^2$와 같고, 이 조건은 전송 대역폭의 요구 조건인 $B \ge B_T$에 의해 만족되는 $4 f_\Delta W/B^2 \ll 1$이 된다.

이제 식 (14)가 만족되고 시스템이 $\arg H(f) = \alpha f^2$과 같은 비선형 위상 전이 특성을 갖는다고 가정해 보자. 여기서 α는 상수이다. $f(t) = f_c + \dot{\phi}(t)/2\pi$를 대입하면

$$\arg H[f(t)] = \alpha f_c^2 + \frac{\alpha f_c}{\pi} \dot{\phi}(t) + \frac{\alpha}{4\pi^2} \dot{\phi}^2(t)$$

를 얻는다. 그러므로, 식 (13)의 총 위상은 $\dot{\phi}(t)$와 $\dot{\phi}^2(t)$이 더해짐으로 인해 왜곡될 것이다.

응용 문제 5.2-2

$|H(f)| = 1$이고 $\arg H(f) = -2\pi t_1(f - f_c)$라고 하자. $\omega_m t_1 \ll \pi$이면 식 (11)과 (13)은 $\phi(t) = \beta \sin \omega_m t$일 때 같은 결과를 낳음을 보이시오.

비선형 왜곡과 제한기

FM 파의 진폭 왜곡은 FM-AM 변환을 일으킨다. 여기서 우리는 비선형 왜곡과 필터링의 적절한 이용을 통해, 발생한 AM을 제거할 수 있음을 보일 것이다.

해석을 위해, 그림 5.2-4의 입력 신호를

$$v_{\text{in}}(t) = A(t) \cos \theta_c(t)$$

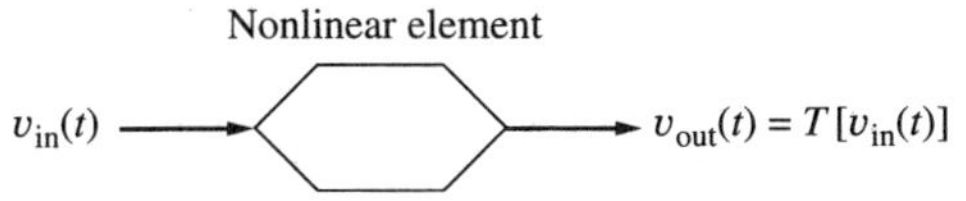

그림 5.2-4
포락선 변화(AM)을 절감하기 위한 비선형 시스템.

라고 하자. 여기서 $\theta_c(t) = \omega_c t + \phi(t)$이고 $A(t)$는 진폭이다. 비선형 소자는 **무기억성**(memoryless)—에너지 저장이 없음을 의미—이어서 입력과 출력은 순시적인 비선형 전달 특성인 $v_{out} = T[v_{in}]$의 관계가 있다고 가정한다. 또 편의를 위해 $T[0] = 0$이라고 가정한다.

$v_{in}(t)$는 시간적인 주기성을 갖진 않더라도, 주기가 2π인 θ_c의 주기 함수로 볼 수는 있을 것이다. (시간을 고정해 놓고 θ_c에 대해 v_{in}을 머리 속으로 한번 그려보도록 하라.) 마찬가지로 출력도 θ_c의 주기 함수이므로 삼각함수의 푸리에 급수

$$v_{out} = \sum_{n=1}^{\infty} |2a_n| \cos(n\theta_c + \arg a_n) \tag{15a}$$

로 전개할 수 있다. 여기서

$$a_n = \frac{1}{2\pi}\int_{2\pi} T[v_{in}]e^{-jn\theta_c}\,d\theta_c \tag{15b}$$

이다. 시간 변수 t는 여기서 겉으로 드러나 있지는 않지만, v_{out}은 θ_c의 시간 변화를 통해 t에 따라 변화한다. 더욱이, v_{in}의 진폭이 시간에 따라 변화하면 계수 a_n도 시간의 함수일 수 있다.

하지만 처음에는 왜곡이 없는 FM 입력을 먼저 생각해볼 것이므로, $A(t)$는 상수 A_c와 같고 모든 a_n도 상수다. 그러므로 식 (15a)를, t를 표시하여 항별로 써 보면

$$\begin{aligned} v_{out}(t) = {} & |2a_1| \cos[\omega_c t + \phi(t) + \arg a_1] \\ & + |2a_2| \cos[2\omega_c t + 2\phi(t) + \arg a_2] \\ & + \cdots \end{aligned} \tag{16}$$

을 얻는다. 이 식은, 비선형 왜곡은 반송파의 고조파 주파수에 추가적인 FM 파들을 발생시키고, 그 n번째 고조파는 상수 진폭 $|2a_n|$과, $n\phi(t)$ 더하기 상수 위상 천이 $\arg a_n$의 위상 변조를 갖는다.

만약 이런 파들이 주파수 영역에서 겹치지 않으면, 왜곡된 출력이 대역통과 필터를 통과하게 함으로써 왜곡 없는 입력을 복원할 수 있다. 그러므로, 우리는 FM이 무기억성 비선형 왜곡에 대해 상당한 면역성을 향유하고 있다고 말할 수 있다.

이제 원하지 않는 진폭의 변화 $A(t)$가 있는 FM으로 돌아가 보자. 그러한 변화는 그림 5.2-5a에 보인 것과 같은 전달 함수를 갖는 이상적인 **굳은 제한기**(hard limiter) 또는 **절단기**(clipper)로 고르게 할 수 있다. 그림 5.2-5b는 비교기 또는 고이득 연산 증폭기를 이용하여 0보다 크거나 작은 어떠한 입력이라도 양이나 음의 전원 전압으로 출력하도록 하는 절단기 회로를 보여준다.

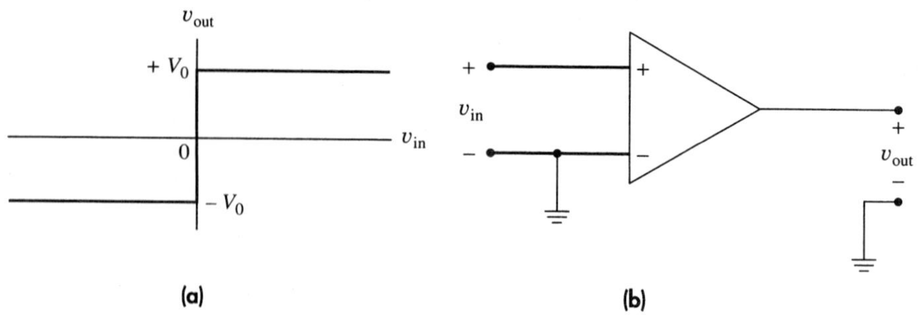

그림 5.2-5
굳은 제한기: (a) 전달 함수; (b) 연산 증폭기를 이용한 회로 구현.

$T[v_{in}] = V_0 \text{ sgn } v_{in}$이고

$$v_{out} = \begin{cases} +V_0 & v_{in} > 0 \\ -V_0 & v_{in} < 0 \end{cases}$$

이므로 절단기 출력은 온전한 정형파처럼 보인다. 그러므로 식 (15b)로부터 계수들은

$$a_n = \begin{cases} 2V_0/\pi n & n = 1, 5, 9, \ldots \\ -2V_0/\pi n & n = 3, 7, 11, \ldots \\ 0 & n = 2, 4, 6, \ldots \end{cases}$$

과 같이 구할 수 있는데, 진폭 $A(t) \geq 0$는 v_{in}의 부호에 영향을 미치지 않으므로, 계수들은 시간과는 무관하다. 따라서

$$v_{out}(t) = \frac{4V_0}{\pi}\cos[\omega_c t + \phi(t)] - \frac{4V_0}{3\pi}\cos[3\omega_c t + 3\phi(t)] + \cdots \tag{17}$$

이고, $v_{out}(t)$의 스펙트럼 성분들이 겹치지 않으면 대역통과 필터링을 하면 상수 진폭 FM 파를 얻는다. 공교롭게도 이 해석법은, 메시지 정보는 전적으로 FM 및 PM 파의 영 통과점에 들어 있다고 하는 이전의 주장을 뒷받침 해주고 있다.

그림 5.2-6은 결과들을 요약해 준다. a 부의 제한기 더하기 BPF는 FM 또는 PM 파로부터 원하지 않는 진폭 변화를 제거하므로 수신기에서 사용될 수 있다. b 부의 비선형 소자는 상수 진폭를 가진 파를 왜곡하지만 BPF는 오로지 n차 고조파 주파수의 왜곡되지 않은 항만 통과시킨다. 이 조합은 $n > 1$이면 주파수 체배기로 동작하고 특정 형태의 송신기에 사용된다.

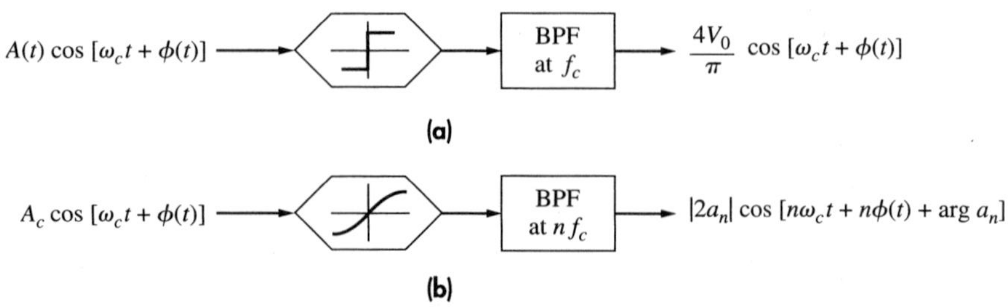

그림 5.2-6
비선형 처리 회로: (a) 진폭 제한기; (b) 주파수 체배기.

FM 제한기 **예제 5.2-1**

그림 5.2-7a의 FM 파형을 생각해 보자. 그림 5.2-7b는 가산성 잡음에 의해 손상된 버전이다. 그림 5.2-7b의 신호를 그림 5.2-5의 제한기에 입력하면, 그림 5.2-7c에 보인 구형파를 출력한다. 구형파에 글리치가 좀 있긴 하지만, 진폭 변화는 대부분 제거되었다. 다음에는 구형파 신호를 대역통과 필터에 입력하면, 그림 5.2-7d에 보인 것처럼 '깨끗해진' FM 신호를 얻는다. 필터는 구형파의 높은 주파수 성분들을 제거할 뿐만 아니라 글리치들까지도 '매끄럽게 없애' 준다. 그림 5.2-7d의 결과 신호에는, 그림 5.2-7a의 원 신호에 비해 몇 군데 약간의 왜곡이 있을지도 모르지만, 그림 5.2-7b의 잡음의 대부분은 제거되어 있다.

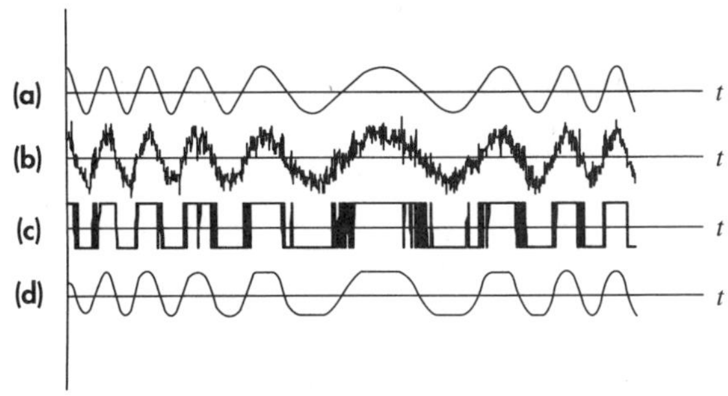

그림 5.2-7

굳은 제한기를 이용한 FM 신호 처리: (a) 잡음이 없는 FM 신호; (b) 잡음에 의해 손상된 FM 신호; (c) 제한기의 출력; (d) 대역통과 필터의 출력.

5.3 FM 및 PM의 생성과 검파

이 절에서는 지수형 변조의 생성과 검파에 사용되는 여러 가지 방식들에 걸쳐 작용하는 원리들을 살펴본다. 위상 동기 루프를 사용하는 다른 방식의 FM 및 PM 시스템은 7.3절에서 다루기로 한다. 특정 회로 설계에 대한 추가적인 방식이나 정보는 이 책의 말미에 인용한 무선 전자공학 관련 서적들에서 찾아 볼 수 있을 것이다.

각(角) 변조를 위한 장비를 검토할 때 명심해야 할 것은 순시 위상 또는 주파수는 메시지 파형에 따라 선형적으로 변화하여야 한다는 것이다. 그러므로 장치들은 선형적인 방식으로 위상 또는 주파수의 변화를 생성하거나 또는 그 변화에 민감하게 반응하여야 한다. 그러한 특성은 다양한 방식으로 근사화 할 수 있지만, 작동 범위가 넓을 경우에는 적절한 선형 관계를 얻는 것이 가끔 어려울 경우도 있다.

다른 한편으로, 각(角) 변조가 갖는 상수 진폭의 성질은 하드웨어 관점에서 보면 확실히 유리하다. 일례로 설계자는 포락선의 엄청난 봉우리들로 인해 발생하는 과도한 전력 소모라든가 고전압으로 인한 파손 등에 대해서는 염려할 필요가 없다. 또, 비교적 비선형 왜곡에 강한 면모는, 선형 변조에 대해서는 절망적으로 신호를 왜곡해 버리는 비선형 소자도 사용할 수 있도록 한다. 결과적으로 설계와 장비의 선택에서 훨씬 폭이 넓어지는 것이다. 적절한 예로서, 장거리 전화 통신에 이용되는 초고주파 중계기 링크에서는 주로 FM

을 채용하는데, 그 이유는 진폭 변조에 필요한 광대역 선형 증폭기가 초고주파에서는 아예 없거나 그 효율이 너무 낮기 때문이다.

직접 FM 방식과 VCO

개념적으로 직접 FM 방식은 간단하여서, 발진 주파수가 인가(印加)된 전압에 따라 변화하는 **전압 제어 발진기**(voltage controlled oscillator, VCO)만 있으면 된다. LC 병렬 공진 회로의 한 부분으로서 **가변 리액턴스** 소자를 사용하면 통상적으로 사용하는 동조 회로 발진기를 변조할 수 있다. 등가 커패시턴스가

$$C(t) = C_0 - Cx(t)$$

와 같은 형태로 시간에 따라 변화하고 $Cx(t)$가 "충분히 작고" "충분히 완만"하다면, 발진기는 $x_c(t) = A_c \cos \theta_c(t)$를 발생한다. 여기서

$$\dot{\theta}_c(t) = \frac{1}{\sqrt{LC(t)}} = \frac{1}{\sqrt{LC_0}}\left[1 - \frac{C}{C_0}x(t)\right]^{-1/2}$$

이다. $\omega_c = 1/\sqrt{LC_0}$라 하고 $|(C/C_0)x(t)| \ll 1$이라고 가정하면, 이항 급수 전개법에 의해 $\dot{\theta}_c(t) \approx \omega_c[1 + (C/2C_0)x(t)]$ 또는

$$\theta_c(t) \approx 2\pi f_c t + 2\pi \frac{C}{2C_0} f_c \int^t x(\lambda)d\lambda \tag{1}$$

가 되고, 이는 $f_\Delta = (C/2C_0)f_c$인 주파수 변조가 된다. $|x(t)| \leq 1$이므로 $C/C_0 < 0.013$이어서 도달 가능한 주파수 편이가

$$f_\Delta = \frac{C}{2C_0} f_c \leq 0.006 f_c \tag{2}$$

이내로 한정되면 근사식은 1퍼센트 이내에서 유효하다. 이렇게 한정짓는 것이 $Cx(t)$가 작다고 하는 의미를 정량화하는 것이며 설계에 어려움을 거의 부과하지 않는다. 마찬가지로, 통상적인 조건인 $W \ll f_c$는 $Cx(t)$가 "충분히 완만"하다는 것을 보장한다.

그림 5.3-1은 $Cx(t)$를 얻기 위해 바이어스된 버랙터(가변 용량 다이오드, varactor)를 이용하는 동조 회로 발진기를 보인다. 입력 트랜스포머, RF 초크 (RFC), 그리고 직류 차단 커패시터는 저주파, 고주파, 그리고 직류 전압을 분리하는 역할을 한다. 이런 형식의 회

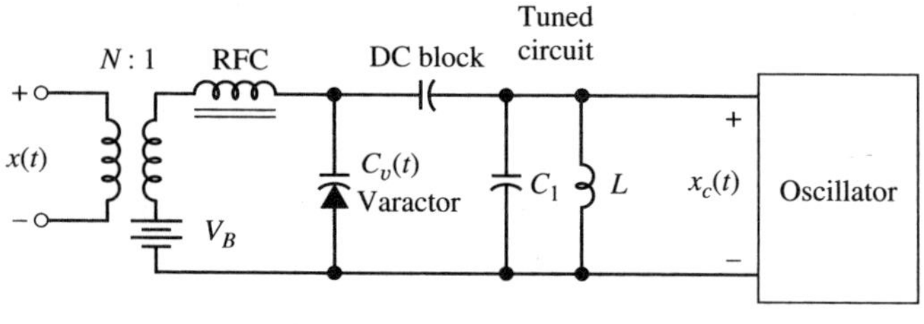

그림 5.3-1
가변 리액턴스로 버랙터 다이오드를 사용한 VCO 회로.

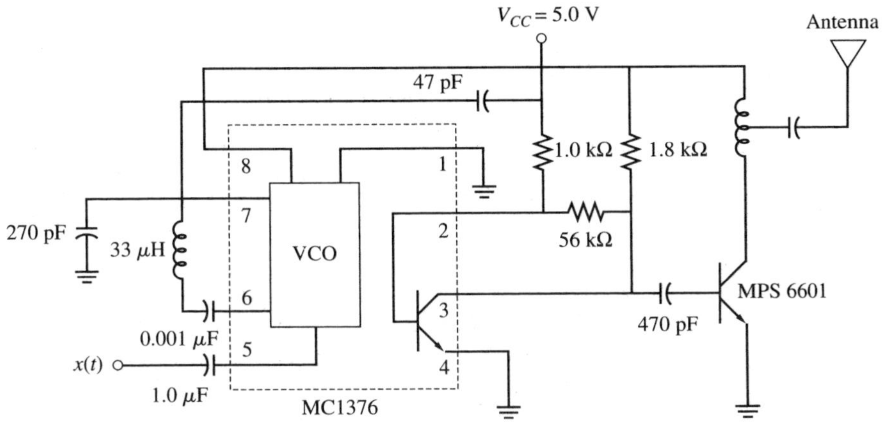

그림 5.3-2
모토롤라 MC1376을 사용하는 집적회로 VCO 직접 FM 발생기의 회로도.

로의 주요한 단점은 반송파 주파수가 표류(변동)하기 쉬워, 상당히 정교한 궤환 주파수 제어로 안정화되지 않으면 안 된다는 것이다. 이러한 이유로 이전의 많은 FM 송신기들은 간접 방식의 형태로 되어 있다.

선형 집적회로(集積回路, integrated circuit, IC) 전압 제어 발진기는 비교적 안정적이고 정확한 직접 방식 FM 출력 파형을 생성할 수 있다. 그렇지만, 집적회로 VCO는 그 기능을 수행하기 위해 몇 개의 추가적인 외부 부품이 필요하다. 낮은 출력 전력으로 인해 집적회로 VCO는 무선 전화기와 같은 용도에 가장 적합하다. 그림 5.3-2에 8 핀 집적회로 FM 변조기인 모토롤라 MC1376을 사용한 직접 FM 송신기의 회로도를 보였다. MC1376은 반송파 주파수가 1.4에서 14 MHz 사이에서 동작한다. VCO는 2와 4 볼트 사이에서 상당히 선형적으로 동작하고 약 150 kHz의 최대 주파수 편이를 발생시킬 수 있다. 보다 높은 출력 전력은 12 V 전원에 연결되는 추가 트랜지스터를 이용하면 얻을 수 있다.

위상 변조기와 간접 FM 방식

PM 파를 전송할 일이 거의 없긴 하지만, 그래도 위상 변조기에 관심을 두는 이유는 (1) 구현이 비교적 쉽고; (2) 수정 제어 발진기와 같이 안정된 주파수 원(源)으로부터 반송파를 공급 받을 수 있고; 그리고 (3) 위상 변조기로 입력되는 신호를 적분하면 주파수 변조된 출력을 발생하기 때문이다.

그림 5.3-3은 근사식 $x_c(t) \approx A_c \cos \omega_c t - A_c\, \phi_\Delta x(t) \sin \omega_c t$로부터 유도한 협대역 위상 변조기를 보여준다—5.1절의 식 (9)와 (11) 참조. 이 변조기가 겉보기에도 단순한 것은 $|\phi_\Delta x(t)| \ll 1$ 라디안이라는 근사 조건에 기인하며, 10° 보다 큰 위상 편이는 왜곡된 변조를 일으킨다.

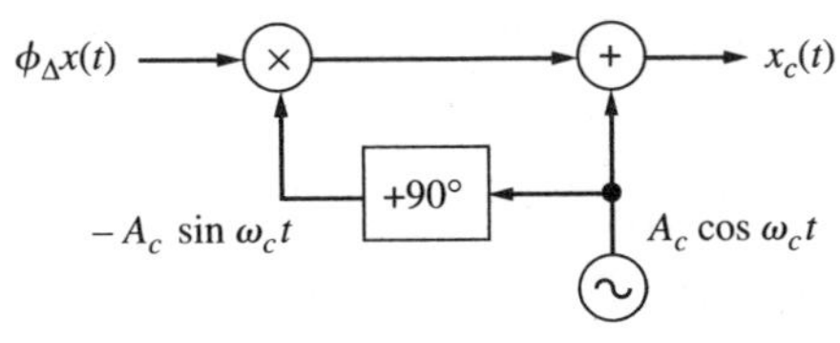

그림 5.3-3
협대역 위상 변조기.

그림 5.3-4

스위칭 회로 위상 변조기: (a) 개략도; (b) 파형.

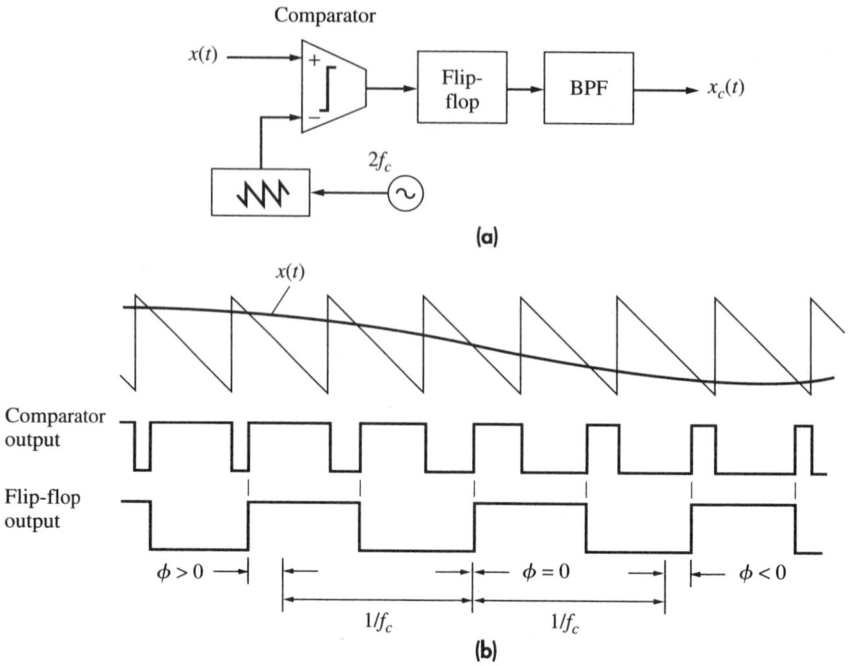

그림 5.3-5

간접 FM 송신기.

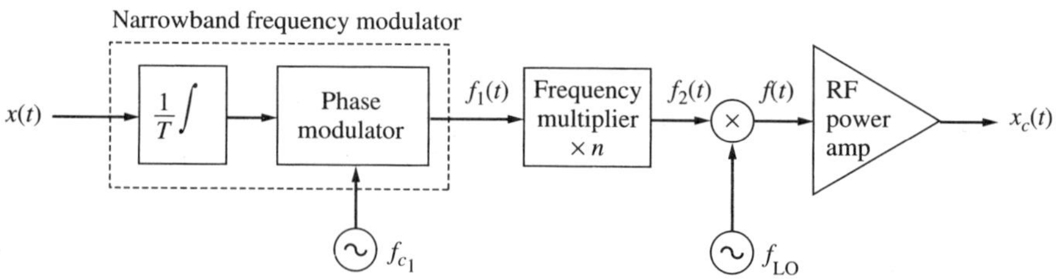

더 큰 위상 전이는 그림 5.3-4의 **스위칭 회로** 변조기를 이용하여 얻을 수 있다. 그림 5.3-4에 보인 대표적인 파형들은 그 동작을 설명하는 데 도움이 된다. 변조 신호와 반송파 주파수의 두 배의 톱니파가 비교기에 인가된다. $x(t)$가 톱니파보다 커질 때마다 비교기의 출력은 높은 레벨로 올라가고, 플립플롭은 비교기 펄스의 상승 에지에서 상태를 바꾼다. 따라서 플립플롭은 위상 변조된 구형파(굳은 제한기의 출력과 비슷함)를 발생하고, 대역 통과 필터를 거치면 $x_c(t)$가 된다.

이제 그림 5.3-5에 도시한 간접 FM 통신기를 생각해 보자. 적분기와 위상 변조기는 순시 주파수가

$$f_1(t) = f_{c_1} + \frac{\phi_\Delta}{2\pi T} x(t)$$

인 초기 NBFM 신호를 발생시키는 협대역 주파수 변조기를 구성한다. 여기서 T는 적분기의 비례 상수이다. 그러므로 초기 주파수 편이는 $\phi_\Delta/2\pi T$이고 이는 원하는 값인 f_Δ까지 **주파수 체배기**에 의해 늘어나야 한다.

주파수 체배기는 순시 주파수의 n의 곱을 발생시키므로

$$f_2(t) = nf_1(t) = nf_{c_1} + f_\Delta x(t) \tag{3}$$

이고, 여기서

$$f_\Delta = n\left(\frac{\phi_\Delta}{2\pi T}\right)$$

이다. 대표적인 주파수 체배기는 2 배기(倍器) 및 3 배기들이 사슬처럼 물려 있고, 각 단위는 그림 5.2-6b에 보인 것과 같이 구성된다. 이 체배는 미묘한 과정으로, 주파수 변화의 범위에 영향을 주는 것이지 **변화율**에 영향을 주는 것이 아니라는 사실에 유의하자. 예를 들어 톤 변조 신호를 주파수 체배하면 반송파 주파수와 변조 지수가 커지고 변조 주파수는 커지지 않아서, 측파대 선들의 크기는 변동하는 반면 선의 간격은 그대로 유지된다. (그림 5.1-7a의 $\beta = 5$와 $\beta = 10$의 스펙트럼을 비교해 볼 것.)

f_Δ를 얻기 위해 필요한 체배의 양은 보통 원하는 반송파 주파수보다 훨씬 높은 nf_{c_1}를 발생시킨다. 그러므로 그림 5.3-5는, 스펙트럼의 모양은 그대로 유지하면서 $f_c = |nf_{c_1} \pm f_{\text{LO}}|$까지 하향 이동시켜 최종 순시 주파수가 $f(t) = f_c + f_\Delta x(t)$가 되도록 하는 주파수 변환기를 포함하고 있다. (주파수 변환은 주파수를 적당한 값으로 유지하기 위해 사실상 체배기 사슬의 중간에서 실행된다.) 시스템의 최종적인 구성원은 전력 증폭기인데, 이전의 모든 동작들이 저전력 레벨에서 수행되어야 하기 때문이다. DSB 신호를 생성하는 데 사용되는 4.3절에서 논의하였던 링 변조기와의 유사성을 눈여겨보도록 하자.

간접 FM 방식

예제 5.3-1

암스트롱에 의해 처음으로 설계된 간접 FM 시스템은 그림 5.3-3의 형태의 협대역 위상 변조기를 채용하여 미소한 초기 주파수 편이를 생성하였다. 대표적인 숫자로 예를 들면, $\phi_\Delta/2\pi T \approx 15$ Hz이고 (이는 무시할만한 변조 왜곡을 보증함), $f_{c_1} = 200$ kHz (실제 수정 발진기 회로의 하한 근처)이라고 하자. $f_\Delta = 75$ kHz인 방송용 FM 출력이 되려면 $n \approx 75{,}000 \div 15 = 5000$배의 주파수 체배가 필요하다. 이는 네 개의 3배기와 여섯 개의 2배기를 연결하여 $n = 3^4 \times 2^6 = 5184$가 되도록 함으로써 달성할 수 있다. 하지만 f_c가 88−108 MHz의 FM 대역에 들어오기 위해서는 $nf_{c_1} \approx 5000 \times 200$ kHz $= 1000$ MHz와 $f_{\text{LO}} \approx 900$ MHz인 하향 변환기가 필요하다.

응용 문제 5.3-1

그림 5.3-3의 출력에서의 위상이

$$\phi(t) = \phi_\Delta x(t) - \tfrac{1}{3}\,\phi_\Delta^3 x^3(t) + \tfrac{1}{5}\,\phi_\Delta^5 x^5(t) + \cdots \tag{4}$$

과 같이 주어짐을 보이시오. 그러므로 ϕ_Δ가 상당히 작지 않은 한 $\phi(t)$는 **홀수 고조파 왜곡**을 포함한다.

삼각파 FM 방식

삼각파 FM 방식은, 통상의 VCO와 간접 FM 시스템이 갖는 본질적인 문제점을 극복하는, FM 변조에 대한 현대적이고 새롭기조차 한 방식이다. 이 방식은 최고 30 MHz까지의 반송파 주파수에서 왜곡이 없는 변조를 생성하고, 특히 계측 용도에 잘 맞는다.

우리는 삼각파 FM 방식을, $x_c(t) = A_c \cos \theta_c(t)$로부터 거꾸로 살펴 감으로써 정의하게 될 것이다. 여기서

$$\theta_c(t) = \omega_c t + \phi(t) - \phi(0)$$

이고, $\theta_c(0) = 0$가 되도록 초기 위상 전이 $-\phi(0)$를 포함하였다. 이 위상 전이는 순시 주파수인

$$f(t) = \frac{1}{2\pi}\dot{\theta}_c(t) = f_c + f_\Delta x(t)$$

에는 영향을 미치지 않는다. 단위 진폭의 삼각파 FM을 $\theta_c(t)$의 식으로 쓰면

$$x_\Lambda(t) = \frac{2}{\pi}\arcsin[\cos \theta_c(t)] \tag{5a}$$

가 되고, $\phi(t) = 0$일 때 삼각 파형을 정의한다. $\phi(t) \neq 0$일 때라도 식 (5a)는 그림 5.3-6a에 보인 것처럼 θ_c의 주기 삼각파 함수를 나타낸다. 그러므로

$$x_\Lambda = \begin{cases} 1 - \dfrac{2}{\pi}\theta_c & 0 < \theta_c < \pi \\ -3 + \dfrac{2}{\pi}\theta_c & \pi < \theta_c < 2\pi \end{cases} \tag{5b}$$

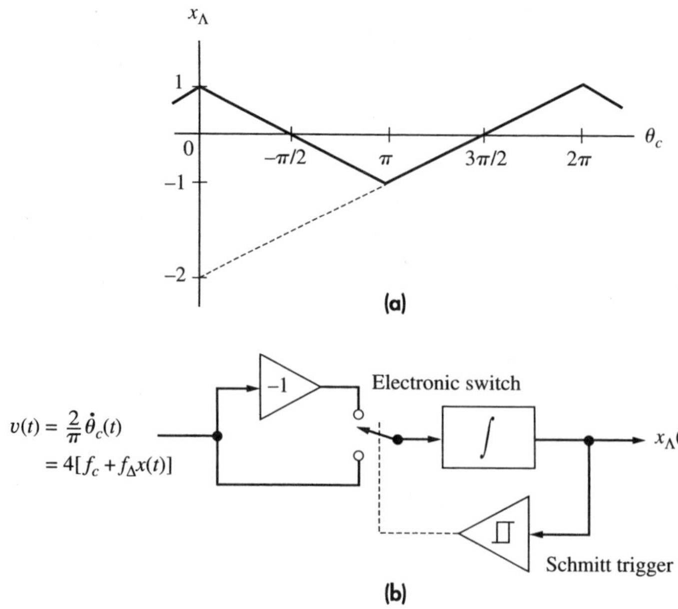

그림 5.3-6
삼각파 FM: (a) 파형; (b) 변조 시스템.

이고, $\theta_c > 2\pi$에 대해서도 마찬가지로 계속된다.

그림 5.3-6b는, 메시지 파형 $x(t)$로부터 쉽게 얻을 수 있는

$$v(t) = \frac{2}{\pi}\dot{\theta}_c(t) = 4[f_c + f_\Delta x(t)]$$

와 같은 전압으로부터 $x_\Lambda(t)$를 발생시키는 시스템의 블록도를 나타낸다. 시스템은 아날로그 인버터, 적분기, 전자 스위치를 제어하는 슈미트 트리거 등으로 구성되어 있다. 트리거는 $x_\Lambda(t)$가 $+1$쪽으로 증가할 때마다 위쪽 위치로 스위치를 닫고, -1쪽으로 감소할 때마다 아래쪽 위치로 스위치를 닫는다.

스위치는 위쪽 위치에 있고 $t = 0$일 때 $x_\Lambda(0) = +1$의 값을 가지고 시스템이 동작을 시작한다고 가정하자. 그러면 $0 < t < t_1$일 때

$$x_\Lambda(t) = 1 - \int_0^t v(\lambda)\,d\lambda = 1 - \frac{2}{\pi}[\theta_c(t) - \theta_c(0)]$$

$$= 1 - \frac{2}{\pi}\theta_c(t) \qquad 0 < t < t_1$$

이고 따라서 $x_\Lambda(t)$는 그림 5.3-6a의 아래 방향 경사를 따라, $\theta_c(t_1) = \pi$에 해당하는 $x_\Lambda(t_1) = -1$이 되는 시간 t_1까지 움직인다. 이번에는 트리거가 스위치를 아래쪽 위치로 옮기면

$$x_\Lambda(t) = -1 + \int_{t_1}^t v(\lambda)\,d\lambda = -1 + \frac{2}{\pi}[\theta_c(t) - \theta_c(t_1)]$$

$$= -3 + \frac{2}{\pi}\theta_c(t) \qquad t_1 < t < t_2$$

이고 $x_\Lambda(t)$는 그림 5.3-6a의 위쪽 방향 경사를 따라 움직인다. 위쪽 방향 경사로의 움직임은 $\theta_c(t_1) = 2\pi$이고 $x_\Lambda(t_1) = +1$이 되는 시간 t_2까지 계속된다. 그러면 스위치는 다시 위쪽 위치로 되돌아오고, 이러한 순환 동작은 $t > t_2$에도 주기적으로 계속된다.

정현파의 FM 파는, 식 (5a)의 역함수 역할을 하는 전달 함수가 $T[x_\Lambda(t)] = A_c \sin[(\pi/2)x_\Lambda(t)]$인 비선형 파형 성형기를 이용하여 $x_\Lambda(t)$로부터 얻을 수 있다. 아니면 $x_\Lambda(t)$가 굳은 제한기를 통과하게 하여 **구형파** FM을 생성할 수 있다. 실험실의 시험용 발생기는 세 가지의 모든 출력을 내게 할 수도 있을 것이다.

주파수 검파

주파수 검파기는 종종 **판별기**라고도 하는데 입력의 순시 주파수에 선형적으로 변화하는 출력 전압을 발생한다. 아마 이 문제를 생각해 온 설계자의 수만큼 많은 주파수 검파 회로 설계가 존재할 것이다. 그렇지만 거의 모든 회로가 다음의 네 가지 동작 범주 내에 들어갈 것이다.

1. FM-AM 변환
2. 위상 전이 판별

그림 5.3-7

(a) 제한기와 FM-AM 변환 기능을 갖는 주파수 검파기; (b) 파형.

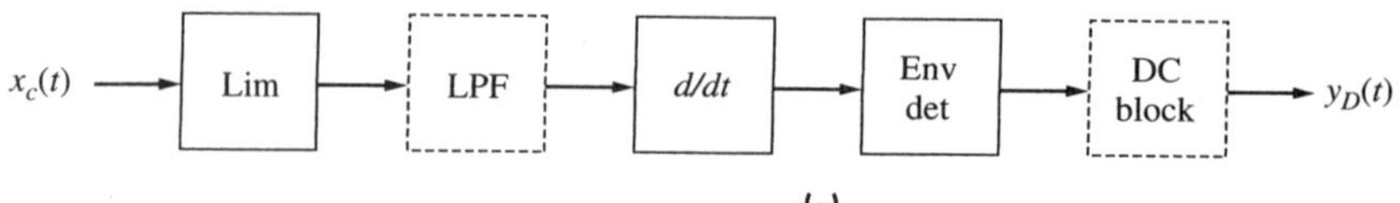

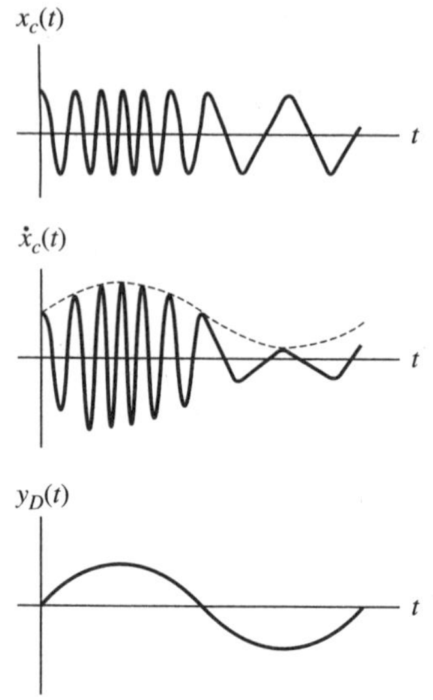

3. 영 통과 검파
4. 주파수 궤환

우리는 앞의 세 범주에 대한 시범적인 예들을 살펴보고, 주파수 궤환에 대한 것은 7.3절까지 연기하기로 한다. 아날로그 위상 검파는 여기서 논의하지 않는데, 이는 현실적으로 거의 필요가 없고, 필요가 있다고 해도 주파수 검파기의 출력을 적분하면 이를 얻을 수 있기 때문이다.

출력이 입력의 시간 미분인 장치나 회로는 **FM-AM 변환**을 만들어 낸다. 좀 더 구체적으로 살펴보기 위하여 $x_c(t) = A_c \cos \theta_c(t)$이고 $\dot{\theta}_c(t) = 2\pi[f_c + f_\Delta x(t)]$라고 해 보자. 그러면

$$\begin{aligned} \dot{x}_c(t) &= -A_c\dot{\theta}_c(t) \sin \theta_c(t) \\ &= 2\pi A_c[f_c + f_\Delta\, x(t)] \sin [\theta_c(t) \pm 180°] \end{aligned} \tag{6}$$

이다. 그러므로 $\dot{x}_c(t)$를 입력으로 하는 **포락선 검파기**는 $f(t) = f_c + f_\Delta\, x(t)$에 비례하는 출력을 낸다.

그림 5.3-7a는 식 (6)을 바탕으로 한 개념적인 주파수 검파기를 개략적으로 보인 것이다. 개략도는, 수신 신호가 포락선 검출기에 도달하기 전에 $x_c(t)$로부터 불필요한 진폭의 변화를 제거하기 위하여 제한기를 입력 쪽에 포함하고 있다. 개략도는 또한 출력 신호에서 상수의 반송파 주파수 오프셋을 제거하기 위한 직류 차단 기능도 포함하고 있다. 톤 변

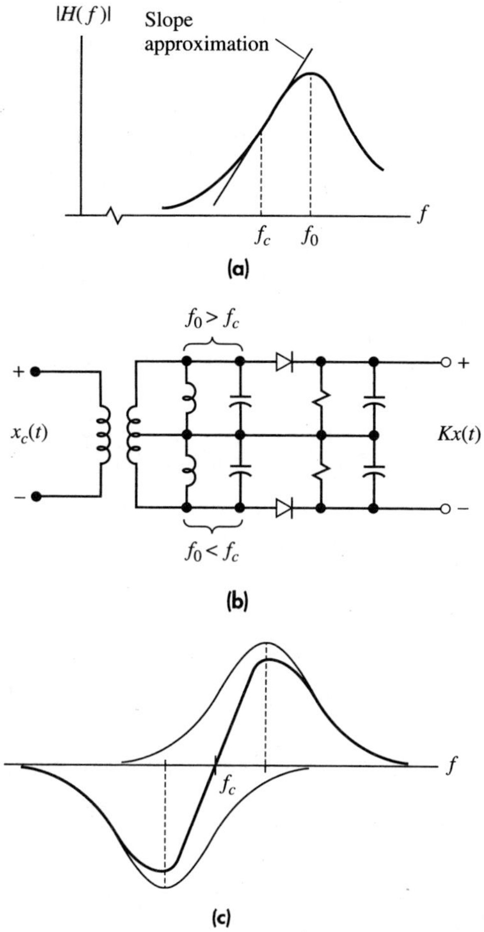

그림 5.3-8

(a) 한 개의 동조 회로로 이용한 기울기 검파; (b) 평형 판별기 회로; (c) 주파수-전압 특성.

조의 경우를 예로 들어서 전형적인 파형들의 모습을 그림 5.3-7b에 보였다. 제한기 뒤에 LPF를 두어 파형의 불연속을 제거하여 미분을 쉽게 하도록 하였다. 하지만, 기울기 검파에서는 필터링과 미분 동작이 같은 단에서 일어난다.

FM-AM 변환의 실제 하드웨어 구현은, 이상적인 미분은 $|H(f)| = 2\pi f$라는 사실을 바탕으로 한다. 그림 5.3-8a에 보인 것과 같은 일반적인 농조 회로의 선날 함수는 공진 주파수보다 약간 위나 아래의 좁은 주파수 범위에서 원하는 선형 진폭 응답을 근사한다. 그러므로, 예를 들어, 어긋나게 맞춰진 AM 수신기는 **기울기 검파**에 의해 FM을 대충 복조해 내게 된다.

선형성의 확대는 그림 5.3-8b의 **평형 판별기** 회로에 의해 이룰 수 있다. 평형 판별기는 두 개의 공진 회로로 구성되는데, 하나는 f_c보다 위로 다른 하나는 그보다 아래로 맞춰져 있고, 출력은 두 포락선의 차(差)와 같다. 그 결과 주파수 대 전압 특성은 잘 알려진 그림 5.3-8c의 S 곡선의 형태를 띈다. 직류 차단이 필요 없는데, 이는 반송파 주파수 오프셋이 서로 상쇄되어 없어지기 때문이고, 회로는 낮은 변조 주파수에서도 좋은 성능을 갖게 된다. 평형 구조는 초고주파 대역에도 쉽게 적용할 수 있는데, 동조 회로 대신에 공동(空洞,

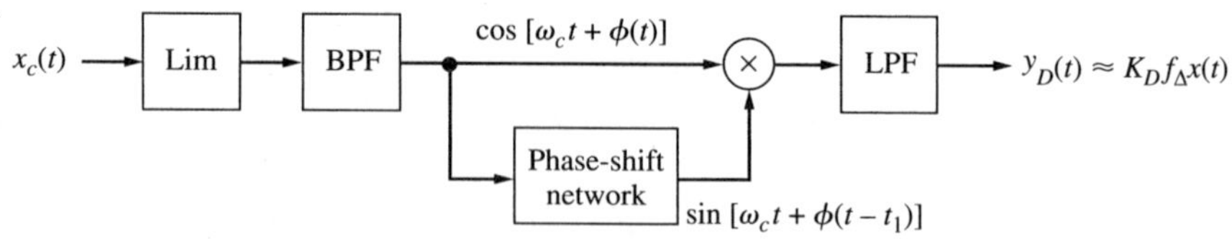

그림 5.3-9
위상 전이 판별기 또는 직교위상 검파기.

cavity) 공진기를, 포락선 검파기 대신 광석(crystal) 다이오드를 사용하게 된다.

위상 전이 판별기는 기울기 검파에서의 선형 진폭 응답이 아니라 선형 위상 응답을 갖는 회로를 갖는다. 바탕이 되는 원리는 시간 미분에 대한 근사식에서 비롯된다. 즉, t_1이 $v(t)$의 변화에 비해 작다면

$$\dot{v}(t) \approx \frac{1}{t_1}[v(t) - v(t - t_1)] \tag{7}$$

이라는 것이다. 여기에 FM 파는 $\dot{\phi}(t) = 2\pi f_\Delta x(t)$이므로

$$\phi(t) - \phi(t - t_1) \approx t_1\dot{\phi}(t) = 2\pi f_\Delta\, t_1\, x(t) \tag{8}$$

이다. $\phi(t - t_1)$ 항은 지연 선로를 이용하거나, 등가적으로 선형 위상 전이 회로망을 이용하여 얻을 수 있다.

그림 5.3-9는 $\omega_c t_0 = 90°$가 되도록 — 그래서 이름이 **직교위상**(quadrature) **검파기**라고 함 — 군 지연이 t_1이고 반송파 지연이 t_0인 회로망으로 구성된 위상 전이 판별기를 나타낸다. 5.2절의 식 (11)로부터, 위상 전이된 신호는 $\cos[\omega_c t - 90° + \phi(t - t_1)] = \sin[\omega_c t + \phi(t - t_1)]$에 비례한다. $\cos[\omega_c t + \phi(t)]$를 곱하고 저역 통과 필터를 거치게 하였을 때, t_1이 충분히 작아서 $|\phi(t) - \phi(t - t_1)] \ll \pi$라고 가정하면, 출력은

$$\sin[\phi(t) - \phi(t - t_1)] \approx \phi(t) - \phi(t - t_1)$$

에 비례한다. 따라서

$$y_D(t) \approx K_D f_\Delta x(t)$$

이고, 여기서 검파 상수 K_D는 t_1을 포함한다. 이러한 근사들에도 불구하고 직교위상 검파기는 평형 판별기보다 선형성이 우수하여 고급 수신기에서 종종 사용된다.

다른 위상 전이 회로의 구현 방법으로는 **포스터-실리**(Foster-Seely) **판별기**와 유명한 **비**(ratio) **검파기**가 있다. 후자는 특히 독창적이고 경제적인데, 제한과 복조의 동작을 하나의 단위로 결합하고 있다. 보다 자세한 사항은 토마시(Tomasi, 1998, 7장)를 참조할 것.

마지막으로, 그림 5.3-10은 단순화된 **영 통과 검파기**의 개략도와 파형을 보여 주고 있다. 군은 제한기로부터의 구형파 FM 신호가 단안정 펄스 발생기를 기동하면, 이는 FM 파의 각 상향 (또는 하향) 영 통과 시마다 고정된 진폭 A와 폭 τ를 갖는 짧은 펄스를 발생시킨다. 준 정지(停止, static)적인 관점을 견지하고 $W \ll 1/T \ll f_c$를 만족하는 T를 생각해 보면, 단안정 출력 $v(t)$는 거의 상수 주기 $1/f(t)$를 갖는 사각 펄스 열처럼 보인다. 그러므로

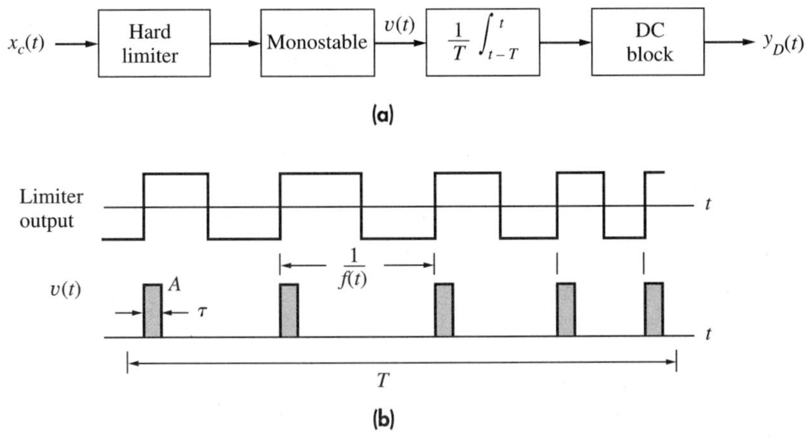

그림 5.3-10
영 통과 검파기: (a) 개략도; (b) 파형.

이 시간 간격에는 $n_T \approx Tf(t)$ 개의 펄스가 있고, 연속적으로 지난 T초 구간 동안 $v(t)$를 적분하면

$$\frac{1}{T}\int_{t-T}^{t} v(\lambda)\, d\lambda = \frac{1}{T} n_T A\tau \approx A\tau f(t)$$

이고 이는 직류 차단 뒤 $y_D(t) \approx K_D f_\Delta x(t)$가 된다.

상업적인 영 통과 검파기는 0.1퍼센트 이하의 좋은 선형성을 갖고 중심 주파수는 1 Hz로부터 10 MHz까지 동작할 수 있다. 굳은 제한기 뒤에 십진 계수기를 삽입하면 범위가 100 MHz까지 늘어날 수 있다.

오늘날 대부분의 FM 통신 장치들은 FM 검파에 선형 집적 회로를 이용한다. 이들의 신뢰성, 작은 크기, 설계의 용이성 등은 휴대용 양방향 FM 및 셀룰라 무선 통신 시스템의 성장에 불을 지펴 왔다. 위상 동기 루프와 FM 검파에 대해서는 7.3절에서 논의한다.

응용 문제 5.3-2

시간 지연 $t_0 \ll 1/f_c$인 지연 선로가 주어졌을 때, 식 (6)과 (7)을 근거로 한 주파수 검파기를 설계하시오.

5.4 간섭

간섭이란 정보를 포함하고 있는 신호가, 보통의 경우 인공적인 원인에서 비롯되는 다른 유사한 신호에 의해 오염되는 것을 말한다. 이는 무선 통신에서 수신 안테나가, 같은 주파수 대역 내에 있는 둘 또는 그 이상의 신호를 받아 들일 경우에 발생한다. 간섭은 또한 다중 경로 전파에 의하거나 전송 케이블 사이의 전자기적 결합에 의해서도 발생한다. 원인이 무엇이든 심한 간섭은 메시지 정보의 성공적인 복원을 가로막는다.

간섭에 대한 논의는, 간단하지만 시사하는 바가 많은 정현파의 간섭으로부터 시작한다. 정현파는 변조되지 않은 반송파를 나타낸다. 이렇게 단순화된 경우는 AM, FM 및 PM에서 간섭의 효과의 차이점들을 살펴보는 데 도움이 된다. 그 다음에는 **디엠퍼시스 필터**

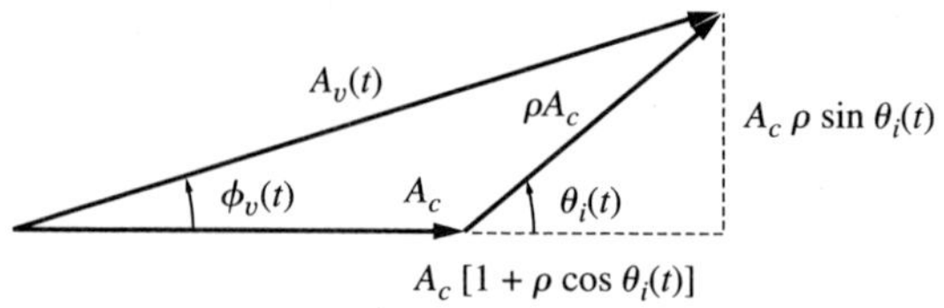

그림 5.4-1
간섭 반송파의 위상 도.

링이라는 기술이, 간섭에도 불구하고 어떻게 성능을 향상시키는 지를 살펴본다. 그리고 **FM 포획 효과**를 간단히 살펴봄으로써 결론을 맺는다.

간섭 정현파

어떤 반송파 주파수 f_c에 맞춰진 수신기를 생각해 보자. 총 수신 신호를

$$v(t) = A_c \cos \omega_c t + A_i \cos [(\omega_c + \omega_i)t + \phi_i]$$

이라고 하자. 첫 번째 항은 변조되지 않은 반송파로서 원하는 신호를 나타내고, 두 번째 항은 진폭이 A_i, 주파수가 $f_c + f_i$, 그리고 상대적인 위상 각이 ϕ_i인 간섭 반송파이다.

$v(t)$를 포락선-위상 형태인 $v(t) = A_v(t) \cos [\omega_c t + \phi_v(t)]$로 표시하기 위해,

$$\rho \triangleq A_i/A_c \qquad \theta_i(t) \triangleq \omega_i t + \phi_i \tag{1}$$

를 도입한다. 그러면, $A_i = \rho A_c$이고, 그림 5.4-1과 같이 페이저를 구성하면

$$A_v(t) = A_c\sqrt{1 + \rho^2 + 2\rho \cos \theta_i(t)}$$
$$\phi_v(t) = \arctan \frac{\rho \sin \theta_i(t)}{1 + \rho \cos \theta_i(t)} \tag{2}$$

와 같이 된다. 이 표현식들은 간섭 정현파가 **진폭**과 **위상 변조**를 모두 일으킨다는 것을 보여준다. 사실상, $\rho \ll 1$이라면

$$A_v(t) \approx A_c[1 + \rho \cos (\omega_i t + \phi_i)] \tag{3}$$
$$\phi_v(t) \approx \rho \sin (\omega_i t + \phi_i)$$

이고, 이는 AM 변조 지수가 $\mu = \rho$이고, FM 또는 PM 변조 지수가 $\beta = \rho$인 주파수 f_i에서의 **톤 변조**처럼 보인다. 다른 쪽 극단인 $\rho \gg 1$인 경우

$$A_v(t) \approx A_i[1 + \rho^{-1} \cos (\omega_i t + \phi_i)]$$
$$\phi_v(t) \approx \omega_i t + \phi_i$$

인데, 이는, 포락선은 아직 톤 변조를 갖지만, 위상은 전이된 반송파 주파수 $f_c + f_i$에 상수 ϕ_i를 더한 것과 같다.

다음은 $v(t)$가 검파 상수 K_D를 갖는 이상적인 포락선 복조기, 위상 복조기, 또는 주파수 복조기에 인가되었을 때 어떤 일이 벌어지는지를 살펴보자. 간섭이 약할 경우 ($\rho \ll 1$)

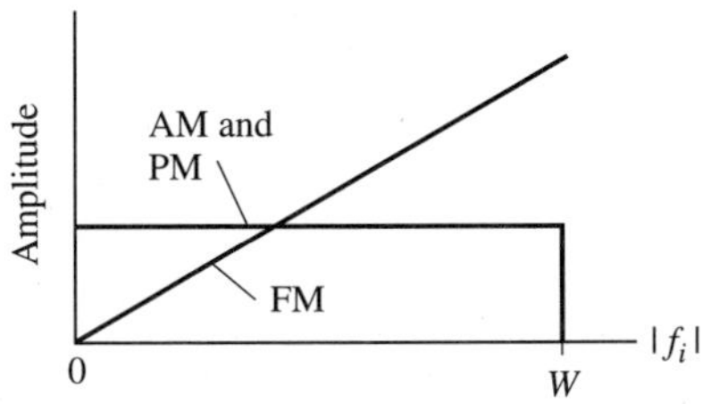

그림 5.4-2

주파수 $f_c + f_i$인 반송파 간섭의 복조 진폭.

를 택하고 식 (3)에서 $\phi_i = 0$인 경우의 근사식을 이용할 것이다. 그러므로 $|f_i| \le W$일 때 복조 출력은

$$y_D(t) \approx \begin{cases} K_D(1 + \rho \cos \omega_i t) & \text{AM} \\ K_D \rho \sin \omega_i t & \text{PM} \\ K_D \rho f_i \cos \omega_i t & \text{FM} \end{cases} \tag{4}$$

이다. 그렇지 않으면 복조기의 출력 단에 있는 저역 통과 필터가 $|f_i| > W$를 차단해 버릴 것이다. AM 결과식의 상수항은 복조기가 직류 차단 기능을 포함하고 있으면 제거될 수 있을 것이다. 씌어 있는 대로, $\phi_i = 0$이라고 가정하였으므로, 이 결과는 DSB와 SSB 시스템의 동기 검파에도 역시 적용할 수 있다. FM 결과식에 있는 곱하기 인수 f_i는 순시 주파수 편이 $\dot{\phi}_v(t)/2\pi$로부터 온 것이다.

식 (4)는 선형 변조 시스템이나 위상 변조 시스템에서 약한 간섭은, f_i와 관계없이 $\rho = A_i/A_c$에 비례하는 진폭을 갖는 불요(不要) 출력 톤을 발생시킨다는 것을 보여준다. 하지만 FM 시스템에서는 톤 진폭이 ρf_i에 비례한다. 결론적으로, FM은 같은 반송파 주파수를 갖는, 즉, $f_i \approx 0$인 동일 채널 간섭에는 덜 민감하고, 인접 채널 간섭 ($f_i \ne 0$)에는 더 취약하다. 그림 5.4-2는 이 차이를 복조된 간섭 신호의 진폭 대 $|f_i|$의 관계도 형태로 보여주고 있다. (세 개의 모든 검파 상수가 같은 수치를 갖는다고 할 때 교차점은 $|f_i| = 1$ Hz에 해당할 것이다.)

복조된 간섭에 대한 해석은, 임의의 ρ 값 그리고/또는 변조된 반송파를 가질 때에는 훨씬 어려워진다. 그림 5.4-2가 시사하는 바를 살펴본 후에 이 문제로 다시 돌아오기로 하자.

응용 문제 5.4-1

식 (2)에서 $A_i = A_c$이어서 $\rho = 1$이라고 하자. $\phi_i = 0$이라 하고 삼각함수의 관계식을 이용하여

$$A_v(t) = 2A_c|\cos(\omega_i t/2)| \qquad \phi_v(t) = \omega_i t/2$$

가 됨을 보이시오. 그리고 $f_i \ll \omega$이라고 가정하고 포락선, 위상, 주파수 검파에 대한 복조 출력 파형을 스케치하시오.

디엠퍼시스와 프리엠퍼시스 필터링

검파된 FM 간섭은 $|f_i|$의 값이 클 때 가장 심하다는 사실은 **디엠퍼시스 필터링**이라고 불

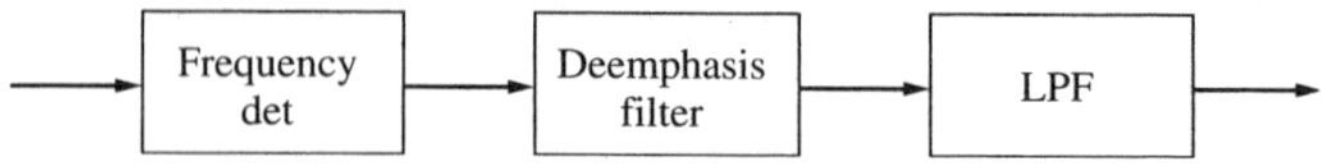

그림 5.4-3
전체 FM 복조기.

리는 선택적 검파후(檢波後)필터링으로 시스템의 성능을 향상하는 기법을 암시한다. 복조기 다음에, W 아래에서 진폭 비가 점차적으로 감소하기 시작하는 저역 통과 필터가 온다고 가정해 보자. 이는 메시지 대역의 고주파 부분을 억제하고 그래서 보다 심각한 간섭을 줄이게 된다. 그래도 W 이상에서 잔류할 수 있는 성분들을 제거하기 위해 예리한 차단 특성을 갖는 (이상적인) 저역 통과 필터는 여전히 필요하므로, 전체 복조기는 그림 5.4-3과 같이 주파수 검파기, 디엠퍼시스 필터, 그리고 저역 통과 필터 등으로 구성된다.

디엠퍼시스 필터링은 분명히 메시지 자신의 고주파 성분까지도 감쇠시키므로, 이를 바로 잡을 방안을 마련하지 않으면 출력 신호에 왜곡을 일으킨다. 하지만 변조 전에 송신기에서 변조 신호를 **전치 왜곡**(predistorting) 또는 미리 키우는 **프리엠퍼시스**(preemphasis)로 디엠퍼시스 왜곡을 보상하는 것은 쉬운 일이다. 프리엠퍼시스와 디엠퍼시스 필터 특성은

$$H_{\text{pe}}(f) = \frac{1}{H_{\text{de}}(f)} \qquad |f| \le W \tag{5}$$

와 같은 관계를 가져서 종합적으로는 왜곡이 없는 송신이 이루어져야 한다. 요컨대,

> 우리는 변조 전 (간섭이 없는 때)에 메시지를 프리엠퍼시스하여, 복조 후 메시지에 대해 상대적으로 간섭을 디엠퍼시스할 수 있다.

프리엠퍼시스/디엠퍼시스 필터링은 메시지 대역의 일정 부분에서 원치 않는 혼입(混入)이 심하게 발생할 때마다 유리하게 작용할 가능성이 많다. 예를 들면, 테이프 녹음을 위한 돌비(Dolby) 시스템은 고주파 신호의 함량에 따라 역 비례로 프리엠퍼시스/디엠퍼시스의 양을 동적으로 조절한다. 자세한 것은 스트레믈러(Stremler, 1990, 부록 F)를 참조하기 바란다. 하지만 위상 변조나 선형 변조의 경우는 복조된 간섭의 진폭이 주파수와 무관하기 때문에 디엠퍼시스로 얻을 수 있는 것이 거의 없다.

FM 디엠퍼시스 필터는 보통 간단한 일차 회로로

$$H_{\text{de}}(f) = \left[1 + j\left(\frac{f}{B_{\text{de}}}\right)\right]^{-1} \approx \begin{cases} 1 & |f| \ll B_{\text{de}} \\ \dfrac{B_{\text{de}}}{jf} & |f| \gg B_{\text{de}} \end{cases} \tag{6}$$

의 특성을 갖는다. 여기서 3 dB 대역폭 B_{de}는 메시지 대역폭보다 훨씬 작다. 필터링이 없을 경우 간섭 진폭이 $|f_i|$에 따라 선형적으로 증가하므로 디엠퍼시스한 간섭의 응답은 그림 5.4-4에 도시한 것처럼 $|H_{\text{de}}(f_i)| \times |f_i|$이다. PM처럼 이는 $|f_i| \gg B_{\text{de}}$에서는 상수가 된다는 점에 주목하자. 그러므로 FM은 인접 채널과 동일 채널 간섭 모두에 대해 PM보다 우수할 수 있다.

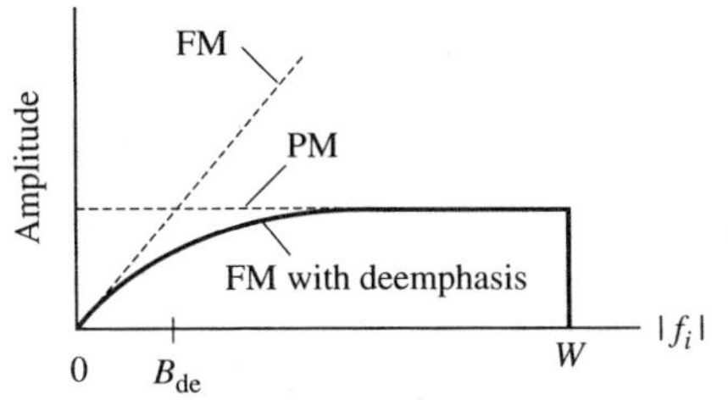

그림 5.4-4

FM 디엠퍼시스 필터링이 있을 때 복조된 간섭의 진폭.

송신 단에서, 상응하는 프리엠퍼시스 필터의 함수는

$$H_{pe}(f) = \left[1 + j\left(\frac{f}{B_{de}}\right)\right] \approx \begin{cases} 1 & |f| \ll B_{de} \\ \dfrac{jf}{\mathrm{B_{de}}} & |f| \gg B_{de} \end{cases} \tag{7}$$

가 되어야 하는데, 이는 낮은 쪽 메시지 주파수에 대해서는 거의 영향을 주지 않는다. 하지만 높은 쪽 주파수에서는 필터가 미분기로 동작하여, 출력 스펙트럼은 $|f| \gg B_{de}$에서 $fX(f)$에 비례한다. 그런데 신호를 미분하고 나서 주파수 변조를 하는 것은 위상 변조와 마찬가지다. 따라서 프리엠퍼시스한 FM은 사실상 FM과 PM이 결합된 것인데, 간섭에 대해 양쪽의 좋은 점을 조합한 것이다. 기대할 수 있는 바와 같이, 10장에서 좀 더 자세히 논의하겠지만, 이는 잡음을 저감하는 데도 똑같이 효과적임을 알게 될 것이다.

위에서 주어진 $H_{pe}(f)$를 보면, 최대 변조 주파수의 진폭이 W/B_{de} 배 증가한 것을 알 수 있는데, 이는 주파수 편이가 똑같은 비율로 늘어난다는 것을 의미한다. 일반적으로 편이가 늘어나면 더 넓은 전송 대역폭이 필요하게 되므로, 프리엠퍼시스-디엠퍼시스에 의한 성능 향상이 공짜가 아니다. 다행스럽게도, 관심의 대상이 되는 많은 신호들, 특히 음향 신호는 메시지 대역의 고주파 쪽에는 상대적으로 에너지가 적으므로, 고주파 성분들은 일반적으로 최대 편이를 발생시키지 않고, 전송 대역폭은 큰 진폭을 갖는 저주파 성분들에 의해 좌우된다. 고주파 프리엠퍼시스를 추가함으로써 모든 성분들이 같은 대역폭이 필요하도록 메시지 스펙트럼을 평탄하게 하는 것처럼 보인다. 이와 같은 조건 하에서는 전송 대역폭이 늘어날 필요가 없다.

디엠퍼시스와 프리엠퍼시스 **예제 5.4–1**

그림 5.4-5에 북미(北美)의 상업용 FM에서 사용되는 대표적인 디엠퍼시스와 프리엠퍼시스 회로망과 그 보드 선도를 보였다. 양쪽 회로 모두의 RC 시정수는 75 μs, 즉 $B_{de} = 1/2\pi\, RC \approx 2.1$ kHz이다. 프리엠퍼시스 필터는 상측 절곡(折曲, break) 주파수가 $f_u = (R + r)/2\pi\, RrC$에 있는데, 보통 음향 범위보다 훨씬 위, 이를테면 $f_u \geq 30$ kHz로 선택한다.

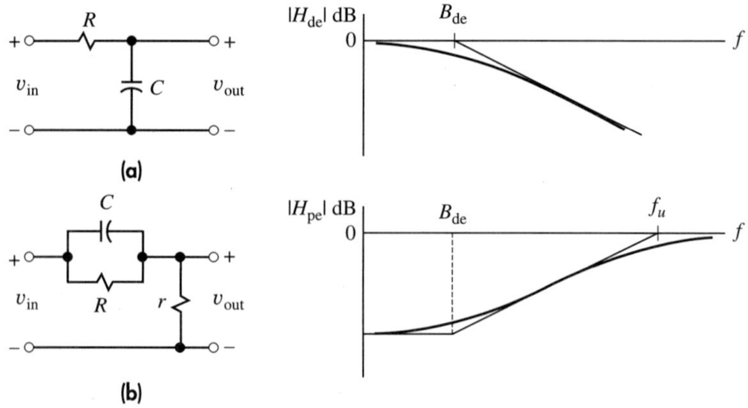

그림 5.4-5
(a) 디엠퍼시스 필터; (b) 프리엠퍼시스 필터.

응용 문제 5.4-2

음향 신호가 $f_m \leq 1$ kHz에서 진폭 $A_m \leq 1$을 갖는 저주파 톤들과 $f_m > 1$ kHz에서 진폭 $A_m \leq 1$ kHz/f_m을 갖는 고주파 톤들의 합으로 모델링된다고 하자. $B_{de} = 2$ kHz인 식 (7)의 $|H_{pe}(f)|$에 의해 진폭이 프리엠퍼시스된 $f_m = 15$ kHz의 단일 톤에 필요한 대역폭을 5.2절의 식 (1)과 (2)를 이용하여 계산하시오. $f_\Delta = 75$ kHz라고 가정하고 $B_T \approx 210$ kHz와 결과를 비교하시오.

FM 포획 효과

포획 효과는 수신기에서 두 개의 신호가 거의 같은 진폭을 가질 때 FM 시스템에서 발생하는 현상이다. 상대적으로 진폭에 약간의 변동이 있을 때, 둘 중에서 큰 쪽이 상황을 장악하여 복조 출력에서 다른 쪽 신호를 대체해 버리고 만다. 여러분들도 동일 채널 간섭이 존재하는 먼 거리의 FM 방송을 청취하고 있을 때 그 성가신 결과를 들어 보았을지도 모른다.

포획 효과를 적당한 수준으로 쉽게 해석하기 위해, 변조된 동일 채널 간섭 ($f_i = 0$)과 함께 존재하는 변조되지 않은 반송파를 생각해 보자. 그 결과로 나타나는 위상 $\phi_v(t)$는 $\theta_i(t) = \phi_i(t)$와 함께 식 (2)와 같이 주어진다. 여기서 $\phi_i(t)$는 간섭 신호의 위상 변조를 나타낸다. 그러면, 간단히 하기 위해 $K_D = 1$이라면, 복조된 신호는

$$y_D(t) = \dot{\phi}_v(t) = \frac{d}{dt}\left[\arctan \frac{\rho \sin \phi_i(t)}{1 + \rho \cos \phi_i(t)}\right] \tag{8a}$$

$$= \alpha(\rho, \phi_i)\, \dot{\phi}_i(t)$$

와 같이 되고, 여기서

$$\alpha(\rho, \phi_i) \triangleq \frac{\rho^2 + \rho \cos \phi_i}{1 + \rho^2 + 2\rho \cos \phi_i} \tag{8b}$$

이다. 식 (8a)에 있는 $\dot{\phi}_i(t)$의 존재는, $\alpha(\rho, \phi_i)$가 시간에 대해 상수임을 유지하는 범위에 한

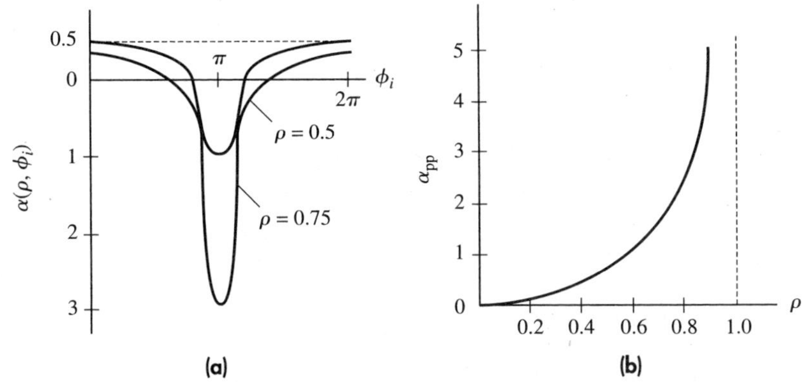

그림 5.4-6

포획 효과에 의한 간섭 레벨. (a) 상대적인 위상의 함수로 표시, (b) 진폭 비의 함수로 표시.

해 잠재적으로 **알아들을 수 있는**(intelligible) 간섭(또는 **혼신**(crosstalk))을 나타낸다. 요컨대, $\rho \gg 1$이면 $\alpha(\rho, \phi_i) \approx 1$이고 $y_D(t) \approx \dot{\phi}_i(t)$이다.

그런데 포획 효과는 $A_i \approx A_c$, 즉, $\rho \approx 1$일 때 발생하며, 식 (8b)는 바로 단순화되지 않는다. 대신,

$$\alpha(\rho, \phi_i) = \begin{cases} \rho/(1+\rho) & \phi_i = 0, \ \pm 2\pi, \ \ldots \\ \rho^2/(1+\rho^2) & \phi_i = \pm \pi/2, \ \pm 3\pi/2, \ \ldots \\ -\rho/(1-\rho) & \phi_i = \pm \pi, \ \pm 3\pi, \ \ldots \end{cases}$$

이라는 사실을 주목하고 그림 5.4-6a에 보인 것처럼 $\alpha(\rho, \phi_i)$ 대 ϕ_i의 그림을 참조하자. 아래쪽으로 뾰족한 못 모양 외에는 $\rho \to 1$이면 그림들이 $\alpha(\rho, \phi_i) = 0.5$로 근접하여 $y_D(t) = 0.5\,\dot{\phi}_i(t)$가 된다. $\rho < 1$일 경우, 복조된 간섭의 강도는 본질적으로 피크 대 피크 값인

$$\alpha_{pp} = \alpha(\rho, 0) - \alpha(\rho, \pi) = 2\rho/(1-\rho^2)$$

에 따르는데, 이는 그림 5.4-6b에서 ρ에 대해 도시하였다. 이 무릎 모양의 곡선은, 만약 전송 페이딩 때문에 ρ가 공칭값 0.7 근처에서 변하게 되면 $\rho < 0.7$일 때는 간섭이 거의 사라졌다가 $\rho > 0.7$일 때는 나타나서 출력을 '포획'하게 된다는 것을 나타낸다 (포획 비는 3 dB 정도).

팬터(Panter, 1965, 11 장)는 FM 간섭에 대해 자세한 해석을 보여주고 있는데, 두 반송파가 모두 변조되어 있을 경우의 파형도 포함하고 있다.

5.5 질문 및 연습문제

질문

1. 왜 밤중에 AM 방송을 수신하는 중 배경에 "휘파람" 소리가 그렇게 많이 들리는가?
2. 왜 FM 수신이 비슷한 AM 수신에 비해 수신 신호 전력이 더 높은가?
3. 전지의 수명 및 전력 효율 면에서 FM이 선형 변조 시스템보다 더 우수한 이유를 설명하시오.
4. 전력선 간섭의 원인이 될 만한 것들이 무엇인가?
5. 어떤 선형 변조 방식이 밤중 배경 "휘파람" 간섭을 덜 일으키겠는가? 그 이유는?
6. 어떤 거리에서 다중 경로가 AM, DSB, 또는 SSB 등의 통신에 간섭을 일으키겠는가?
7. 혼잡한 햄 무선 대역에서 왜 SSB와 DSB를 선호하고, AM이나 NBFM 신호는 합법적이면서도 잘 사용하지 않는가?
8. 어떤 선형 변조 검파 방식이 간섭에 대한 내성(耐性)이 좋은가?
9. 기울기 및 평형 판별기를 구현하는 데에 실제적인 주 문제점이 무엇인가?
10. 어떤 조건 하에서 DSB가 PSK와 같은 출력을 내겠는가?
11. 똑같은 송신 출력 전력에 대해 FM이 DSB나 SSB에 비해 수신기 측 신호 강도가 더 높은 이유를 몇 가지만 열거하시오.
12. 어째서 FM 신호를 증폭하는 데 C 급과 같은 비선형 증폭기를 사용할 수 있는가?
13. FM 송신기에서 C 급 증폭기를 사용한다면, 출력이 할당된 반송파 주파수에 한정되도록 하기 위해서는 그 밖에 무엇이 더 필요한가? 그 이유는?
14. 어떤 반송파 주파수 f_c에 있는 NBFM 음성 신호를 수신하는 단파 AM 수신기를 갖고 있다고 하자. 그런데, 반송파 주파수에 수신기를 맞추었을 때 신호의 강도는 가장 세지만, 음성 메시지는 f_c로부터 몇 kHz 벗어난 다른 주파수에 맞추었을 때 가장 잘 수신된다. 그 이유를 설명하시오.
15. 그림 5.3-7a의 FM 검파기에서 LPF의 목적은 무엇인가?

연습문제

5.1-1 $x(t) = A\Lambda(t/\tau)$일 때, PM과 FM에 대해 $\phi(t)$와 $f(t)$를 그리고 표시하시오. FM의 경우 $\phi(-\infty) = 0$이라고 할 것.

5.1-2 $x(t) = A\cos(\pi\, t/\tau)\Pi\,(t/2\tau)$에 대해 문제 5.1-1을 되풀이 하시오.

5.1-3 $t > 4$일 때 $x(t) = \dfrac{4At}{(t^2 - 16)}$에 대해 문제 5.1-1을 되풀이 하시오.

5.1-4* 주파수 소인(掃引, sweep) 발생기는 순시 주파수가 $t = 0$일 때 f_1에서 $t = T$일 때 f_2까지 선형적으로 증가하는 정현파를 발생한다. $0 \le t \le T$에서 $\theta_c(t)$를 쓰시오.

5.1-5 PM과 FM 외에, 지수형 변조의 다른 두 가지 가능한 형태는, $\phi(t) = K\, dx(t)/dt$인 위상 적분 변조와

$$f(t) = f_c + K\int^t x(\lambda)d\lambda$$

인 위상 가속 변조이다. 이들을 표 5.1-1에 더하고 $x(t) = \cos 2\pi f_m t$일 때 모든 형태에 대해 $\phi(t)$와 $f(t)$의 최대값들을 구하시오.

5.1-6 식 (16)을 사용하여 식 (15)로부터 식 (18a)를 구하시오.

5.1-7* 복소 주기 함수 $\exp(j\beta \sin \omega_m t)$의 지수함수 푸리에 급수를 구하여 식 (16)을 유도하시오.

5.1-8 톤 변조가 주파수 변조기와 위상 변조기에 동시에 인가되고 두 출력 스펙트럼은 동일하다. (a) 톤의 진폭이 커지거나 작아질 때; (b) 톤의 주파수가 증가하거나 감소할 때; (c) 톤의 진폭과 주파수가 같은 비율로 증가하거나 감소할 때 두 스펙트럼이 어떻게 변화하는지 설명하시오.

5.1-9 $f_m = 10$ kHz, $\beta = 2.0$, $A_c = 100$, 그리고 $f_c = 30$ kHz인 톤 변조된 FM 또는 PM 파를 생각해 보자. (a) $f(t)$의 표현식을 쓰시오. (b) 선 스펙트럼을 그리고 $S_T < A_c^2/2$라는 정리를 증명하시오.

5.1-10* $S_T > A_c^2/2$가 되는 경우인 $f_m = 20$ kHz이고 $f_c = 40$ kHz일 때 문제 5.1-9를 되풀이 하시오.

5.1-11 FM 신호의 정보 전력이 어떤 식으로 $\frac{1}{2}A_c^2 f_\Delta^2 S_x$에 비례하는지 수학적인 표현식을 구하고 이를 DSB 신호의 정보 전력과 비교하시오.

5.1-12 FM 반송파의 진폭이 메시지 진폭과 비선형 관계라는 것을 보이시오.

5.1-13 $\omega_m t = 0, \pi/4, \pi/2$일 때 $A_c = 10$이고 $\beta = 0.5$인 톤 변조된 FM의 페이저 도를 그리시오. 각 그림에서 A와 ϕ를 계산하고 이들을 이론값과 비교하시오.

5.1-14 $\beta = 1.0$에 대해 문제 5.1-13을 되풀이 하시오.

5.1-15 $\beta = 1.0$이고 $f_m = 100$ Hz인 톤 변조된 FM 신호가 중심 주파수 $f_c = 500$에서 대역폭이 $B = 250$ Hz인 이상적인 BPF에 인가되었다. 선 스펙트럼, 페이저 도, 그리고 출력 신호의 포락선을 그리시오.

5.1-16 $\beta = 5.0$에 대해 문제 5.1-15를 되풀이 하시오.

5.1-17 음악 신시사이서의 구현 방법 한 가지는 FM 톤 변조의 고조파 구성을 이용하는 것이다. 바이올린의 C_2 음은 활로 켰을 때 $f_0 = 405$ Hz와 f_0의 정수 배의 고조파들로 구성된다. FM 톤 변조와 주파수 변환기를 이용하여 f_0와 세 개의 고조파로 구성되는, 이 음을 합성하는 시스템을 구성하시오.

5.1-18 $0 < t < T_0/2$일 때 $x(t) = 1$, $-T_0/2 < t < 0$일 때 $x(t) = -1$로 정의되는 주기 정방형 파로 변조된 FM을 생각해 보자. (a) $\phi(0) = 0$이라고 하고 $-T_0/2 < t < T_0/2$에서 $\phi(t)$를 그리시오. 그리고 식 (20a)를 사용하여

$$c_n = \frac{1}{2}e^{j\pi\beta}\left[\text{sinc}\left(\frac{n+\beta}{2}\right)e^{j\pi n/2} + \text{sinc}\left(\frac{n-\beta}{2}\right)e^{-j\pi n/2}\right]$$

를 구하시오. 여기서 $\beta = f_\Delta T_0$이다. (b) β가 큰 정수일 때 발생하는 선 스펙트럼의 크

기를 그림으로 나타내시오.

5.2-1 어떤 메시지가 $W = 15$ kHz이다. $f_\Delta = 0.1, 0.5, 1, 5, 10, 50, 100$, 그리고 500 kHz일 때 FM 송신 대역폭을 계산하시오.

5.2-2 $W = 5$ kHz일 때 문제 5.2-1을 되풀이 하시오.

5.2-3 $W = 3$ kHz이고 $B_T = 30$ kHz인 FM 시스템의 최대 주파수 편이는 얼마인가?

5.2-4 $B_T = 10$ kHz일 때 문제 5.2-3을 되풀이 하시오.

5.2-5 어떤 FM 시스템이 $f_\Delta = 10$ kHz이다. 표 9.4-1과 그림 5.2-1을 이용하여 다음 경우의 대역폭을 계산하시오: (a) 간신히 알아들을 수 있는 음성 전송; (b) 전화 급 품질의 음성 전송; (c) 하이-파이 음향 전송.

5.2-6 $W = 5$ MHz인 동영상 신호를 $f_\Delta = 25$ MHz인 FM으로 전송하고자 한다. 비율 대역폭을 감안하여 그에 적절한 최소 반송파 주파수를 구하시오. 그 결과를 DSB 진폭 변조로 전송할 경우와 비교하시오.

5.2-7* 당신이 새로 산 무선 헤드폰이 적외선 FM 전송을 이용하고 30−15,000 Hz의 주파수 응답을 갖는다고 하자. $f_c = 5 \times 10^{14}$ Hz라고 가정하고, 비율 대역폭을 감안한 적절한 B_T와 f_Δ를 구하시오.

5.2-8 어떤 상업적 FM 라디오 방송국이 음악과 토크쇼/전화 참여 프로그램 형식 사이를 왔다 갔다 한다고 하자. 관례에 따라 방송되는 CD 음악은 15 kHz로 대역 제한된다. $D = 5$가 음악과 음성에 모두 사용된다고 가정하고, 음성 신호를 $W = 5$ kHz로 잡는다면 토크쇼 동안은 가용 대역폭 중 몇 퍼센트 정도를 사용하겠는가?

5.2-9 $f_\Delta = 30$ kHz인 FM 시스템이 $W = 10$ kHz 용으로 설계되었다. 변조 신호가 $f_m =$ 0.1, 1.0, 또는 5.0 kHz의 단위 진폭 톤일 경우, 대략 B_T의 몇 퍼센트 정도를 차지하겠는가? $\phi_\Delta = 3$ 라디안인 PM 시스템에 대해 계산을 되풀이 하시오.

5.2-10 문제 5.1-5에서 정의한 위상 적분 및 위상 가속 변조를 생각해 보자. 톤 변조 시 필요한 대역폭을 조사해 보고, 전송 대역폭을 추산해 보시오. 결과에 대해 논의해 보시오.

5.2-11* 단 동조 BPF의 전달 함수는 양의 주파수 통과대역에서 $H(f) \approx 1/[1 + j2Q(f - f_c)/f_c]$이다. 식 (10)을 이용하여 출력 신호의 식과, 입력이 NBPM 신호일 때 그 순시 위상을 구하시오.

5.2-12 FM 신호가 양의 주파수 통과대역에서 $H(f) = K_0 - K_3(f - f_c)^3$를 갖는 시스템에 의해 왜곡될 경우 식 (10)을 이용하여 출력 신호의 식과 그 진폭을 구하시오.

5.2-13 FM 신호가 양의 주파수 통과대역에서 $|H(f)| = 1$과 $\arg H(f) = \alpha_1(f - f_c) + \alpha_3(f - f_c)^3$을 갖는 시스템에 의해 왜곡될 경우 식 (13)을 이용하여 출력 신호의 식과 그 순시 주파수를 구하시오.

5.2-14 어떤 FM 신호가 문제 5.2-11의 BPF에 인가되었다. $\alpha = 2Qf_\Delta/f_c \ll 1$이라 하고 식 (13)을 이용하여 출력 신호의 근사식과 그 순시 주파수를 구하시오.

5.2-15 그림 5.2-6a의 시스템에 $D = f_\Delta/W$이고 원치 않는 진폭 변동이 있는 FM 신호가 입력된다고 하자. 제한기 출력에서의 스펙트럼을 그림으로 나타내고 성공적인 동작을 위해서는 $f_\Delta < (f_c - W)/2$가 되어야 함을 보이시오.

5.2-16 그림 5.2-6b의 시스템에 $D = f_\Delta/W$인 FM 신호가 입력되고, BPF의 중심 주파수는 주파수 삼배기(三倍器)에 해당하는 $3f_c$이다. 필터의 입력에서의 스펙트럼을 그림으로 나타내고, 성공적인 동작을 보장하는 f_Δ의 조건을 f_c와 W의 관계식으로 구하시오.

5.2-17* BPF의 중심 주파수가 주파수 사배기에 해당하는 $4f_c$일 경우에 대해 문제 5.2-16을 되풀이 하시오.

5.3-1 그림 5.3-1에서 등가적인 동조 용량은 $C(t) = C_1 + C_v(t)$이다. 여기서 $C_v(t) = C_2/\sqrt{V_B + x(t)/N}$이다. 만약 $NV_B \geq 300/4$라면 1퍼센트의 정확성으로 $C(t) \approx C_0 - C_x(t)$가 됨을 보이시오. 그럴 경우 주파수 편차에 대한 상응하는 제한 조건은 $f_\Delta < f_c/300$이 됨을 보이시오.

5.3-2 그림 5.3-2의 직접 FM 발생기가 원격 제어 장남감 자동차에 사용되었다. 최대 주파수 편이를 150 kHz라고 할 때 B_T가 비율 대역폭의 요구 조건을 만족하기 위한 W의 허용 범위를 구하시오.

5.3-3 $x_c(t) = A_c \cos \theta_c(t)$가 미적분 방정식 $\dot{x}_c(t) = -\dot{\theta}_c(t)\int\dot{\theta}_c(t)x_c(t)\,dt$의 해가 됨을 보이시오. 그 다음 이 관계식을 바탕으로 직접 FM 발생기의 블록도를 그리시오.

5.3-4 어떤 FM 검파기가 그림 5.3-3의 위상 변조기에 의해 생성된 송신 신호를 수신한다고 가정하자. 출력 메시지 신호의 왜곡에 대해 설명하시오. (힌트: 메시지 신호의 진폭 및 주파수와 변조 지수 사이의 관계식을 생각해 볼 것.)

5.3-5* 어떤 음향 메시지 신호가 주파수 변조를 이용하여 전송된다. 이 신호가 PM 검파기에 의해 수신될 경우 출력 메시지 신호의 왜곡에 대해 설명하시오. (힌트: 메시지 신호의 진폭 및 주파수와 변조 지수 사이의 관계식을 생각해 볼 것.)

5.3-6 간접 FM 방식을 이용한 무선 스테레오 스피커 시스템을 설계하시오. $W = 15$ kHz, $D = 5$, $f_{c_1} = 500$ kHz, $f_c = 915$ MHz, 그리고 $\phi_\Delta/2\pi\,T < 20$이라고 가정할 때, 곱셈기 단에서 필요한 삼배기의 수를 결정하고, 시스템을 설계하기 위해 필요한 f_{LO}의 값을 구하시오.

5.3-7 텔레비전 송신기의 음향 부분은 $W = 10$ kHz, $D = 2.5$, 그리고 $f_c = 4.5$ MHz인 간접 FM 시스템이다. $\phi_\Delta/2\pi\,T < 20$이고 $f_c = 200$ kHz를 갖는 이 시스템의 블록도를 고안하시오. 주파수 삼배기와 이배기로 구성되는 가능한 최단의 곱셈기 사슬을 이용하고, 어떠한 주파수도 100 MHz를 넘지 않도록 주파수 하향 변환기의 위치를 결정하시오.

5.3-8 $W = 4$ kHz인 신호가 $f_c = 1$ MHz이고 $f_\Delta = 12$ kHz인 간접 FM 방식을 이용하여 전송된다. $\phi_\Delta/2\pi\,T < 100$이고 $f_{c_1} = 10$ kHz이면, 원하는 출력 파라미터를 얻기 위해 몇 개의 이배기가 필요한가? 어떠한 주파수도 10 MHz를 넘지 않도록 하는 국부 발진기의 값과 위치를 나타내는 시스템의 블록도를 그리시오.

5.3-9 그림 5.3-5의 위상 변조기가 그림 5.3-3에서와 같이 구현되었다고 가정하자. $x(t) = A_m \cos \omega_m t$를 취하고, $\beta = (\phi_\Delta/2\pi\,T)(A_m/f_m)$이라고 하자. (a) $\beta \ll 1$이면

$$f_1(t) \approx f_c + \beta f_m[\cos \omega_m t + (\beta/2)^2 \cos 3\omega_m t]$$

임을 보이시오. (b) FM 방송에서처럼 $A_m \leq 1$이고 $30\text{ Hz} \leq f_m \leq 15\text{ kHz}$ 일 때 제 3 고조파 왜곡이 1퍼센트를 넘지 않도록 $\phi_\Delta/2\pi\,T$에 대한 조건을 구하시오.

5.3-10 그림 5.3-7a의 입력이 $f_\Delta \ll f_c$인 FM 신호이고, 미분기는 $f \approx f_0$에서 $H(f) = 1/[1 + j(2Q/f_0)(f - f_0)]$를 갖는 동조 회로로 구현한다고 하자. 준 정지 기법을 이용하여 $f_\Delta \ll b \ll f_0/2Q$이면 $f_0 = f_c + b$일 때 $y_D(t) \approx K_D f_\Delta x(t)$임을 보이시오.

5.3-11* 그림 5.3-7a의 입력이 $f_\Delta \ll f_c$인 FM 신호이고, 미분기는 $B = f_c$인 일차 저역 통과 필터로 구현한다고 가정하자. 준 정지 기법을 이용하여 $y_D(t) \approx -K_1 f_\Delta x(t) + K_2 f_\Delta^2 x^2(t)$임을 보이시오. $x(t) = \cos \omega_m t$를 취하고 제 2 고조파 왜곡이 1퍼센트를 넘지 않도록 f_Δ/f_c에 대한 조건을 구하시오.

5.3-12 그림 5.3-8b의 동조 회로는 $f \approx f_0$에서 $H(f) = 1/[1 + j(2Q/f_0)(f - f_0)]$의 전달 함수를 갖는다. 두 중심 주파수는 $f_0 = f_c \pm b$이고 $f_\Delta \le b \le f_c$이다. 준 정지 기법을 이용하여, 두 회로 모두 $(2Q/f_0)b = \alpha \ll 1$이면 $y_D(t) \approx K_1 x(t) - K_3 x^3(t)$임을 보이시오. 단, $K_3/K_1 \ll 1$.

5.3-13 $f_c = 7$ MHz, $W = 2.5$ kHz, 그리고 $f_\Delta = 1.25$ kHz인 NBFM 발생기가 주어졌다. 일련의 주파수 이배기와 삼배기, 필요하면 헤테로다인 단을 이용하여, $f_c = 220$ MHz이고 $f_\Delta = 15$ kHz인 WBFM 신호를 만드는 변환기를 설계하시오. 결과를 입증하시오.

5.3-14 $f_c = 8$ MHz, $W = 3$ kHz, 그리고 $f_\Delta = 0.3$ kHz인 NBFM 발생기가 주어졌을 때, 주파수 삼배기와 헤테로다인 단위들을 이용하여 $f_c = 869-894$ MHz이고 $B_T \cong 30$ kHz인 FM 시스템을 설계하시오.

5.4-1 입력 신호가 100퍼센트 변조된 AM 신호 더하기 $\rho = A_i/A_c \ll 1$인 간섭 신호 $A_i[1 + x_i(t)] \cos [(\omega_c + \omega_i)t + \phi_i]$일 때 진폭 검파기 출력의 근사식을 구하시오. 복조된 간섭 신호는 알아들을 수 있는가?

5.4-2 입력 신호가 100퍼센트 변조된 NBPM 신호 더하기 $\rho = A_i/A_c \ll 1$인 간섭 신호 $A_i \cos [(\omega_c + \omega_i)t + \phi_i(t)]$일 때 위상 검파기 출력의 근사식을 구하시오. 복조된 간섭 신호는 알아들을 수 있는가?

5.4-3 다중경로 전파(傳播)로 말미암아 $v(t) = x_c(t) + \alpha x_c(t - t_d)$이고 $\alpha^2 < 1$인 AM에 대하여 포락선 검파 대 동기 검파의 성능을 조사해 보시오. 특별한 경우인 $\omega_c t_d \approx \pi/2$와 $\omega_c t_d \approx \pi$에 대해 생각해 보시오.

5.4-4 당신이 지금 진폭 변조를 사용하는 무선 전화기로 통화를 하고 있는데, 누군가가 전동기를 이용하는 기구를 켜면 전화에 잡음을 유발한다. 그런데 새로운 FM 무선 전화기로 바꾸면 통화는 깨끗해진다. 설명하시오.

5.4-5* 제이차세계대전 때 이동 통신용 진폭 변조에서 고주파 부분의 음성 신호를 더 잘 들리게 하기 위해 프리엠퍼시스/디엠퍼시스를 처음으로 사용하였다. 음성 스펙트럼의 진폭이 3.5 kHz로 대역 제한되어 있고 500 Hz 이상에서 (로그-주파수 척도 상) 10배 주파수마다 6 dB씩 떨어진다고 가정할 때, 전송 전 메시지 신호는 평탄한 스펙트럼을 갖도록 프리엠퍼시스와 디엠퍼시스 필터의 보드 도를 그리시오. 전송 전력에 대한 그 영향을 DSB 대 $\mu = 1$인 AM에 대해 논하시오.

5.4-6 프리엠퍼시스 필터는 보청기 등의 응용에도 이용된다. 어떤 어린이가 고주파를 듣기가 더 어렵다고 하자. 프리엠퍼시스 필터는 귓속에서 발생하는 고주파 디엠퍼시스의 역함수를 근사하도록 설계할 수 있다. 시끄러운 교실에서는 선생님이 마이크에 대고

말을 하고 그 신호가 FM으로 그 어린이가 끼고 있는 보청기로 전달되게 하는 것이 도움이 될 때가 있다. 프리엠퍼시스 필터를 전송하기 전 마이크 쪽에 설치하는 것이 좋은가 아니면 어린이가 끼고 있는 수신기 쪽에 설치하는 것이 좋은가? 송신 전력, 전송 대역폭, 간섭에 대한 감수성 등의 측면에서 논하시오.

5.4-7 어떤 메시지 신호 $x(t)$는

$$G_x(f) \leq (B_{\text{de}}/f)^2 G_{\max} \qquad |f| > B_{\text{de}}$$

를 만족하는 에너지 또는 전력 스펙트럼을 갖는다. 여기서 $G_{\max}$는 $|f| < B_{\text{de}}$에서 $G_x(f)$의 최대값이다. FM 송신 이전에 식 (7)의 프리엠퍼시스 필터를 $x(t)$에 적용하면, 전송 대역폭은 늘어나는가?

5.4-8 $\phi_i(t) = \omega_i(t)$이라고 하면 식 (9)는 변조되지 않은 인접 채널 간섭에 대해서도 성립한다. $\rho = 0.4, 0.8$, 그리고 1.2일 때 결과 복조 파형을 스케치하시오.

5.4-9 간섭 정현파의 진폭과 원하는 정현파의 진폭이 대략 같다면, $\rho = A_i/A_c \approx 1$이고 식 (8b)는 모든 ϕ_i에 대해 $\alpha(\rho, \phi_i) = 1/2$로 단순화되어, 혼신을 일으킨다. 그러나 $\phi_i = \pm\pi$일 때 복조기 출력에 큰 첨봉(尖峰)이 생긴다. $\phi_i = \pi$이고 $\rho = \pm\,\epsilon$이면, $\epsilon \to 0$일 때 $\alpha(\rho, \pi) \to \pm\infty$임을 보이시오. 역으로 ρ가 1 보다 약간 작고 $\phi_i = \pi \pm \epsilon$이면, $\epsilon \to 0$일 때 $\alpha(\rho, \phi_i) \to -\infty$임을 보이시오.

5.4-10‡* 순시 위상 $\phi(t)$를 갖는 FM 신호가 변조되지 않은 인접 채널 간섭을 받을 때 복조된 신호의 표현식을 구하시오. 결과를 $\phi(t)$, $\rho = A_i/A_c$, 그리고 $\theta_i(t) = \omega_i t + \phi_i$의 식으로 쓰시오.

5.4-11* $f_c = 50$ MHz라면 얼마의 다중경로 거리(들)가(이) 수신 신호에 10 dB의 감쇠를 일으키겠는가? 모든 가정을 기술하시오.

5.4-12 $f_c = 850$ MHz일 때 문제 5.4-11을 되풀이 하시오.

5.4-13 10 m × 10 m × 3 m보다 크지 않은 실내 환경이 주어졌을 때, 다중경로 간섭이 3 dB를 넘지 않을 최소 및 최대 반송파 주파수는 얼마인가?

5.4-14 825 MHz에서 동작하는 휴대전화의 출력 전력이 S_T이다. 다중경로 손실로 인하여 받는 쪽에서 6 dB의 전력 손실을 입고 수신된다. 다른 손실은 없고, 송신기와 수신기의 위치는 고정되어 있다고 가정하자. (a) 두 경로의 상대적인 시간 차는 얼마인가? (b) 다중경로 손실을 줄이기 위해 주기적으로 두 번째 주파수인 850 MHz로 옮겨가는 주파수 다가화를 사용하기로 결정하였다. 송신 전력에 대한 850 MHz의 수신 신호의 상대적인 전력은 얼마인가? 개선되는 점이 있는가?

제 6 장

샘플링과 펄스 변조

개 요

실험 데이터나 수학적 함수들은 연속적인 곡선으로 되어 있지만 그래프로 구성할 때는 흔히 유한 개의 이산 점들이 사용된다. 만일 이러한 점들, 즉 샘플들이 충분히 조밀한 간격을 갖는다면, 이들로부터 구성되는 완만한 곡선은 중간 값들을 보강함으로써 원하는 정밀성을 갖는 형태로 변형될 수 있을 것이다. 따라서 연속적인 곡선은 샘플링 된 점들만으로도 적절히 표현될 수 있다고 말할 수 있다.

이와 유사한 방법으로서, 특정 조건들을 만족시키는 전기적인 신호는 적절한 순시 샘플 값들의 집합으로 표현될 수 있다. 따라서 샘플링을 이용하면 연속적인 신호 대신에 펄스 변조의 형태로서 메시지를 전송할 수 있다. 대개의 경우 펄스들은 펄스 주기에 비해 상당히 짧은 폭을 갖기 때문에 펄스 변조된 파형에 있어서의 대부분의 시간은 "오프(off)" 상태로 되는 특성을 갖는다.

이러한 펄스 변조의 특성은 연속파(CW) 변조에 비해 두 가지 잠재적인 이점을 제공한다. 첫째, 전송 전력이 연속적으로 생성되는 대신에 짧은 순간들에 집중된다. 이런 경우, 펄스 기반 전용의 레이저(lasers)나 고전력 마이크로파 관 등과 같은 장치들이 사용될 수 있으므로, 시스템 설계자가 장비를 선택할 수 있는 폭이 그만큼 넓어진다. 둘째, 펄스 신호가 존재하지 않는 시간 구간에 대해 다른 신호들의 샘플들을 채워 넣을 수 있다. 즉 시간 분할 다중화(TDM; time division multiplexing) 처리가 가능하다.

그러나, 펄스 변조는 메시지 대역폭과 비교하여 큰 전송 대역폭이 필요하다는 단점이 있다. 따라서 이 장에서 논의될 아날로그 펄스 변조 방식은 주로 TDM을 위한 메시지 처리에 사용되거나 또는 연속파 변조를 하기 전에 사용된다. 디지털 또는 부호화 펄스 변조는, 제12장에서 보게 되듯이, 증가된 대역폭을 보상하는 부가적인 장점도 지니고 있다. 15장에서 소개하는 펄스 변조는 ultra-wideband(UWB) 무선통신의 기초가 된다.

학습목표

이 장을 공부하고 응용문제들을 푼 후에 다음의 사항들을 수행할 수 있어야 한다.

1. 샘플링 신호의 스펙트럼을 그래프로 그린다(6.1절).
2. 에일리어싱 오류(aliasing error)의 최대값, 메시지 대역폭, LPF 특성 등이 주어졌을 때, 어떤 신호를 적절히 표현하기 위한 최소 샘플링 주파수를 정의한다(6.1절).
3. Nyquist율이 의미하는 바와 이것이 적용 가능한 경우를 이해한다(6.1절).
4. 이상적 샘플링(ideal sampling)과 실제적 샘플링(practical sampling)에 대한 의미를 설명한다(6.1절).
5. 이상적 LPF를 사용하여 한 신호의 샘플들로부터 그 신호를 복구한다(6.1절).
6. 펄스 진폭 변조(PAM), 펄스 폭 변조(PDM), 펄스 위치 변조(PPM)의 동작을 설명할 수 있으며, 또 그들 각각의 대역폭을 계산한다(6.2절 및 3절).

6.1 샘플링 이론과 실제

여기에 제시된 샘플링 이론은 신호의 샘플 추출 및 추출된 샘플 값으로부터의 원신호의 재구성을 위한 조건들을 설명한다. 또한 샘플링 이론의 실제 구현 예제 및 그와 연관된 몇 가지 응용 예제들을 고찰하기로 한다.

초퍼 샘플링(chopper sampling)

그림 6.1-1a의 스위칭 동작은 단순하지만 샘플링 이론을 이해하는데 매우 좋은 내용을 담고 있다 . 이 스위치는 $f_s = 1/T_s$ Hz의 속도로 두 접점 사이를 주기적으로 움직이는데, τ초 동안에는 입력 신호에 연결되고 각 주기의 나머지 시간 동안에는 접지 영점(grounded contact)에 연결된다. 그리고 출력 신호 $x_s(t)$는 그림 6.1-1b에서 보듯이 입력 신호 $x(t)$에 대한 짧은 구간들로 구성된다. 그림 6.1-1c는 그림 6.1-1a를 전자회로로 나타낸 것이다; 즉 다이오드에 순방향 바이어스가 걸리도록 클록 신호가 인가되어 출력이 0으로 고정되는 때를 제외하고는 출력 전압은 입력 전압과 동일해진다. 단일 종단(single-ended) 또는 **단극성 초핑**(unipolar chopping)으로 알려진 이러한 동작은 엄밀히 말해서 순시 샘플링은 아니지만, $x_s(t)$는 샘플링 파형으로, f_s는 샘플링 주파수라고 부른다.

이제 다음과 같은 질문들을 할 수 있다: 샘플링 된 조각들이 원래의 입력 신호를 정보 측면에서 충분히 전달할 수 있는가? 만일 그렇다면, 어떻게 $x(t)$가 $x_s(t)$로부터 복원될 수 있는가? 이 질문에 대한 답은 주파수 영역, 즉 샘플링 된 파형의 스펙트럼에서 찾을 수 있다.

스펙트럼을 구하기 위한 첫 번째 단계로서 다음과 같은 **스위칭 함수** $s(t)$를 도입한다.

$$x_s(t) = x(t)s(t) \tag{1}$$

그림 6.1-2a에 표시된 바와 같이 샘플링 동작은 어떤 신호에 스위칭 함수 $s(t)$를 곱하는 동작과 같다. 여기서 $s(t)$는 그림 6.1-2b과 같은 단순한 주기적 펄스 열(periodic pulse train)이다. $s(t)$가 주기 신호이므로 이 신호는 Fourier 급수로 나타낼 수 있다. 예제 2.1-1의 결과

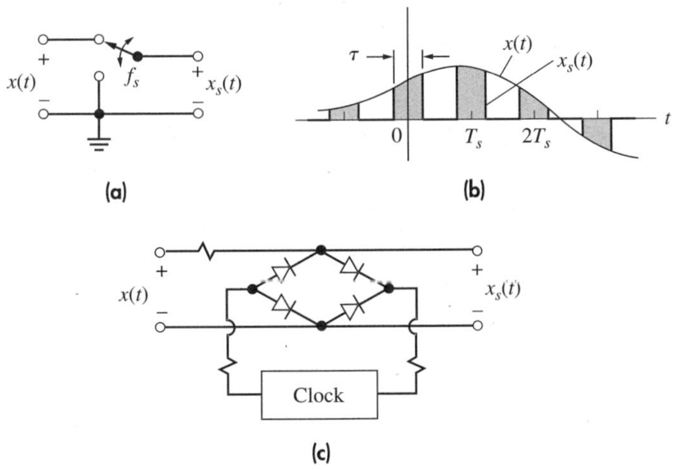

그림 6.1-1 스위칭 샘플러. (a) 기능 다이어그램; (b) 파형; (c) 다이오드 브리지를 이용한 회로 구현.

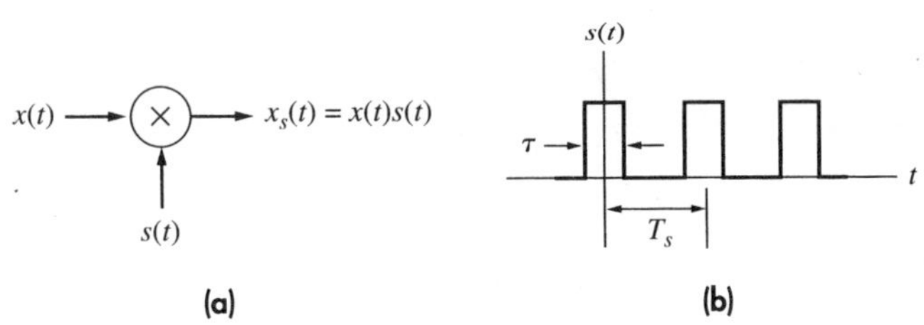

그림 6.1-2 곱셈으로 표현한 샘플링. (a) 기능 다이어그램; (b) 스위칭 함수.

를 이용하여 다음 식을 얻게 된다.

$$s(t) = \sum_{n=-\infty}^{\infty} f_s\tau \text{ sinc } nf_s\tau \, e^{j2\pi nf_s t} = c_0 + \sum_{n=1}^{\infty} 2c_n \cos n\omega_s t \tag{2}$$

여기서,

$$c_n = f_s\tau \text{ sinc } nf_s\tau \qquad \omega_s = 2\pi f_s$$

이다. 식 (1)과 (2)를 조합함으로써 다음과 같이 여러 항들로 나열 된 표현식을 얻는다.

$$x_s(t) = c_0\, x(t) + 2c_1 x(t) \cos \omega_s t + 2c_2\, x(t) \cos 2\omega_s t + \cdots \tag{3}$$

그러므로, 만일 입력 메시지 스펙트럼이 $X(f) = \mathscr{F}[x(t)]$이면, 출력 스펙트럼은

$$\begin{aligned} X_s(f) = {} & c_0\, X(f) + c_1[X(f - f_s) + X(f + f_s)] \\ & + c_2[X(f - 2f_s) + X(f + 2f_s)] \\ & + \cdots \end{aligned} \tag{4}$$

이다. 이는 변조 정리로부터 바로 얻어진다.

식 (4)가 다소 길고 복잡해 보이기는 하나, 만일 입력 신호가 대역 제한되었다고 가정하면, 샘플링 된 파형의 스펙트럼은 쉽게 나타낼 수 있다. 그림 6.1-3은 $X(f)$와 $f_s > 2W$,

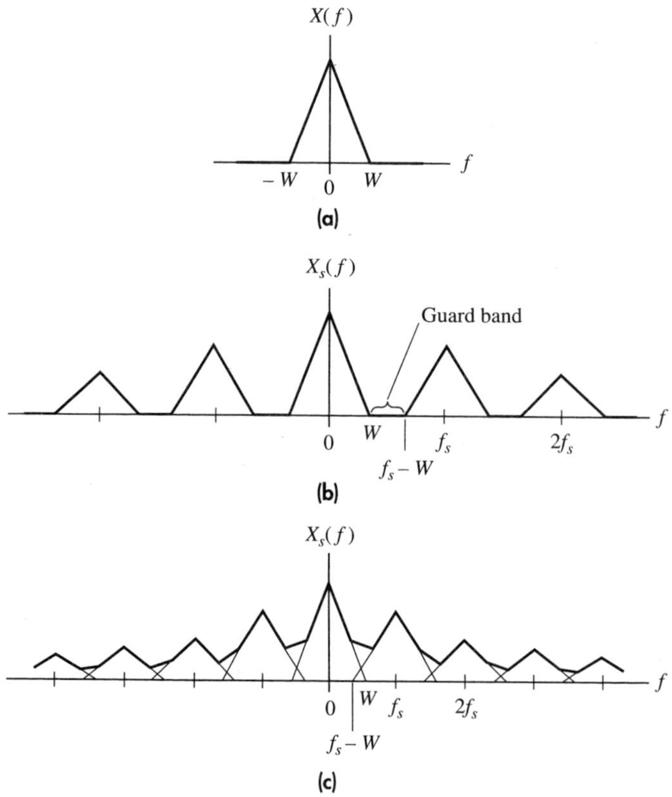

그림 6.1-3
스위칭 샘플링에 대한 스펙트럼. (a) 메시지; (b) $f_s > 2W$인 경우의 샘플링 된 메시지; (c) $f_s < 2W$인 경우의 과소 샘플링 된 메시지.

$f_s < 2W$인 두 경우에 각각 대응하는 $X_s(f)$를 이해하기 쉽게 나타내고 있다. 이 그림은 다소 놀라운 사실을 보여주고 있다: 즉, 샘플링 동작이 메시지 신호의 스펙트럼에는 전혀 영향을 주지 않으면서 주파수 영역에서 f_s 간격으로 동일한 메시지 신호의 스펙트럼을 주기적으로 반복되게 나타나게 한다는 사실이다. 또한 식 (4)의 첫째 항이 비록 **동작 비율**(duty cycle) $c_0 = f_s \tau = \tau / T_s$에 의해 감쇠되기는 하지만 정확하게 메시지 스펙트럼과 동일하다는 사실도 알 수 있다.

만일 샘플링 과정이 원래의 메시지 스펙트럼을 보존한다면, 샘플링 된 파형 $x_s(t)$로부터 원신호 $x(t)$을 복원 또는 재구성하는 것이 가능하다. 재구성 방법은 식 (1)과 (3)의 시간 영역의 관계식에서 보면 완전히 명확하지는 않다. 그러나 그림 6.1-3을 관찰해 보면, 만일 스펙트럼 측파대역이 서로 중첩되지 않는다면 **저역 통과 필터**(LPF)에 의해 $X(f)$가 $X_s(f)$로부터 분리될 수 있음을 알 수 있다. 그리고 만일 $X_s(f)$로부터 $X(f)$만 분리할 수 있다면, 이미 $x(t)$를 재구성한 것이 된다. 스펙트럼 대역들이 서로 겹치는 현상을 방지하기 위해서는 두 가지 선결 조건이 충족되어야 한다: 즉, 메시지의 대역폭이 대역 제한되어 있어야 하며, 샘플링 주파수는 $f_s - W \geq W$가 될 만큼 충분히 높아야 한다. 따라서 다음 조건을 필요로 하게 된다.

$$X(f) = 0 \quad |f| > W$$

과

$$f_s \geq 2W \quad \text{or} \quad T_s \leq \frac{1}{2W} \tag{5a}$$

만일 샘플링 된 신호가 정현파인 경우, 그것의 주파수 스펙트럼은 임펄스로 구성될 것이므로 식 (5a)의 등호는 성립하지 않으며, 따라서 다음 조건을 필요로 하게 된다.

$$f_s > 2W \quad \text{or} \quad T_s < \frac{1}{2W} \quad \text{(Sinusoidal signals)} \tag{5b}$$

최소 샘플링 주파수 $f_{s_{\min}} = 2W$, 또는 정현파 신호의 경우 $f_{s_{\min}} = 2W^+$를 **Nyquist 율**이라 한다. 정현파의 경우 식 5a의 등호가 성립되지 않는다는 점에 대해 조금 더 알아보면, 정현파에서는 샘플링 주파수가 $f_s = 2W$일 경우 영점교차가 발생하는 지점에서 샘플 되어 그 값이 0이 될 가능성이 있으므로 원 신호의 복원이 불가능하게 된다.

식 (5)가 충족되고 $x_s(t)$가 이상적 LPF에 의해 필터링 될 때, 출력 신호는 $x(t)$에 비례하게 되며, 샘플링 된 신호로부터 메시지 신호의 재구성이 가능하다. 저역 통과 필터의 대역폭 B는 정확한 크기는 중요하지 않고 다음 조건을 만족하기만하면 된다.

$$W < B < f_s - W \tag{6}$$

이러한 조건 하에서 필터는 $X(f)$만을 통과시키고 그림 6.1-3b에 보인 모든 고주파 성분들을 제거한다. $f_s > 2W$의 속도로 샘플링하면 실제적 LPF에서 발생되는 천이 영역(transition region)이 들어갈 수 있는 보호 대역이 만들어 진다. 한편으로 그림 6.1-3c을 살펴보면 부족한 속도로 샘플링하면 에일리어싱이라고 불리는 스펙트럼 중첩을 유발하게 되고 이것은 중대한 복원 오류를 초래한다.

이러한 분석으로부터 알 수 있는 사실은 대역 제한된 신호가 Nyquist율보다 높은 주파수로 샘플링 될 경우 샘플링 된 신호는 원래의 신호로 완벽하게 재구성될 수 있다는 것이다. 재구성은 저역 통과 필터링을 통해서 이루어진다. 이러한 결론을 처음 대할 경우에는 믿기 어렵고 스펙트럼 분석에 의구심이 생길 수 있지만, 이러한 결론들은 아주 정확한 것이다.

끝으로, 이상의 결과들이 동작 비율(duty cycle)에 나오는 샘플 펄스 지속기간과는 무관하다는 사실을 강조한다. 만일 τ가 아주 작아진다면 $x_s(t)$는 일련의 순시 샘플점에 근접하게 되는데, 이는 이상적 샘플링과 일치하는 것이다. 우선 $\tau = T_s/2$를 갖는 **양극성 초퍼**(bipolar chopper)에 대해 간단히 살펴본 후, 이상적 샘플링 이론을 탐구하기로 한다.

예제 6.1-1

양극성 초퍼

그림 6.1-4a는 한 양극성 초퍼를 위한 회로와 파형들을 묘사하고 있다. 등가 스위칭 함수는 $s(t) = (+1)$과 (-1) 사이를 교대로 반복하고 있는 구형파이다. $s(t)$의 급수 전개식으로부터 다음 식을 얻을 수 있다.

$$x_s(t) = \frac{4}{\pi} x(t) \cos \omega_s t - \frac{4}{3\pi} x(t) \cos 3\omega_s t + \frac{4}{5\pi} x(t) \cos 5\omega_s t - \cdots \qquad (7)$$

이것의 스펙트럼이 $f \geq 0$인 경우에 대해 그림 6.1-4b에 그려져 있다. 여기서 $X_s(f)$에는 DC 성분이 포함되어 있지 않으며, 다만 f_s에 대한 홀수 고조파(odd harmonics)들만이 포함되어 있다는 사실에 유의한다. 명백히 저역 통과 필터로써는 $x(t)$를 재구성할 수 없다. 대신에 양극성 초퍼의 실제적 응용에서는 대역 통과 필터링을 포함한다.

만일 어떤 홀수 고조파 성분 nf_s에 중심을 갖는 BPF에 $x_s(t)$를 인가하는 경우, 그 출력은

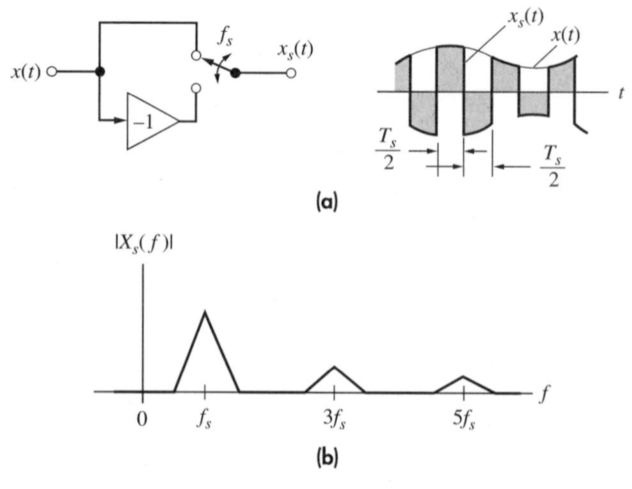

그림 6.1-4
양극성 초퍼. (a) 회로와 파형; (b) 스펙트럼.

양측파대 억압 반송파(DSB-SC)의 파형인 $x(t) \cos n\omega_s t$에 비례하게 될 것이다. 따라서 양극성 초퍼는 **평형 변조기**(balanced modulator) 역할을 하게 된다. 또한 입력이 DSB 또는 SSB 신호이고 출력이 저역 통과 필터링 될 경우, 이것은 **동기 검파기**(synchronous detector)로서 작용하게 된다. 이러한 특성들은 **초퍼 안정화 증폭기**(chopper-stabilized amplifier)에서 결합되어 사용하는데, 이는 고이득 AC 증폭기를 사용하여 DC 및 저주파 성분들의 증폭을 가능케 해준다. 이와 더불어, 문제 6.1-4는 FM 스테레오를 위한 기저대역 다중화 신호를 생성하기 위해 양극성 초퍼가 어떻게 수정될 수 있는가에 대한 단서를 제공하고 있다.

이상적 샘플링과 재구성

정의에 의하면 이상적 샘플링은 **순시 샘플링**(instantaneous sampling)이다. 그림 6.1-1a의 스위칭 장치는 $\tau \to 0$인 경우에 한해서만 순시 값들이 생성된다; 그러나, 이 때 $f_s\tau \to 0$이므로 $x_s(t)$도 0이 될 것이다. 결론적으로, 이러한 문제점은 $x_s(t)$에 $1/\tau$을 곱함으로써 해결할 수 있다. 그렇게 함으로써 $\tau \to 0$, $1/\tau \to \infty$가 되면 샘플링된 파형은 입력 신호의 순시 샘플 값과 동일한 면적을 갖는 일련의 **임펄스들**(impulses)이 된다. 우선 구형 펄스열은 다음 식과 같이 표현할 수 있다.

$$s(t) = \sum_{k=-\infty}^{\infty} \Pi\left(\frac{t - kT_s}{\tau}\right)$$

이것으로부터 **이상적 샘플링 함수**(ideal sampling function)는 다음과 같이 정의된다.

$$s_\delta(t) \triangleq \lim_{\tau \to 0} \frac{1}{\tau} s(t) = \sum_{k=-\infty}^{\infty} \delta(t - kT_s) \tag{8}$$

$x(t)\,\delta(t - kT_s) = x(kT_s)\,\delta(t - kT_s)$이므로, **이상적 샘플링 파형**(ideal sampled wave)에 대한 식은 다음과 같이 주어진다.

$$x_\delta(t) \triangleq x(t)s_\delta(t) \tag{9a}$$

$$= x(t) \sum_{k=-\infty}^{\infty} \delta(t - kT_s)$$

$$= \sum_{k=-\infty}^{\infty} x(kT_s)\,\delta(t - kT_s) \tag{9b}$$

이에 대응하는 스펙트럼 $X_\delta(f) = \mathscr{F}[x_\delta(t)]$를 얻기 위해, $\tau \to 0$이 됨에 따라 $(1/\tau)x_s(t) \to x_\delta(t)$이 되고, 마찬가지로, $(1/\tau)X_s(f) \to X_\delta(f)$가 된다. 또한 식 (4)에서 각 계수들은 $\tau = 0$일 때 $c_n/\tau = f_s \operatorname{sinc} n f_s \tau = f_s$와 같은 특성을 갖고 있으므로 다음과 같이 정리할 수 있다.

$$X_\delta(f) = f_s X(f) + f_s[X(f - f_s) + X(f + f_s)] + \cdots \tag{10}$$

$$= f_s \sum_{n=-\infty}^{\infty} X(f - nf_s)$$

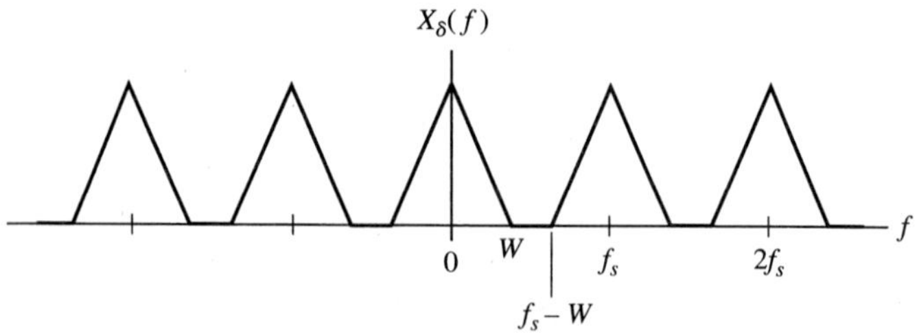

그림 6.1-5
이상적으로 샘플링 된 메시지의 스펙트럼.

이는 그림 6.1-5에 예시된 것과 같이 $f_s > 2W$인 경우에 그림 6.1-3a의 메시지 스펙트럼에 해당하는 것이다. $X_\delta(f)$가 주기 f_s을 갖는 주파수에서 주기성을 갖는다는 것을 알 수 있는데, 이는 샘플-데이터 시스템에 대한 연구에서 매우 주목할 부분이다.

부연 설명하면, $S_\delta(f) = \mathscr{F}[s_\delta(t)]$에 있어서 식 (9a)와 컨벌루션 공식 $X_\delta(f) = X(f) * S_\delta(f)$을 이용해서 식 (10)은

$$X_\delta(f) = X(f) * \left[\sum_{n=-\infty}^{\infty} f_s\, \delta(f - nf_s)\right]$$

와 같이 표현할 수 있다. 따라서, 다음의 결론 식을 얻는다.

$$S_\delta(f) = f_s \sum_{n=-\infty}^{\infty} \delta(f - nf_s) \tag{11}$$

그러므로 시간 영역에서의 단위-가중치 임펄스(unit-weight impulses)의 주기열(periodic string)은 주파수 영역에서 간격이 $f_s = 1/T_s$인 임펄스 주기열이 된다; 두 영역에서 모두 일종의 말뚝 울타리(막대기를 일렬로 세워서 만든 울타리)와 같은 형태의 함수이다.

본론으로 되돌아가, 그림 6.1-5를 다시 관찰하면, 만일 앞에서와 동일한 조건들(즉, $x(t)$가 W로 대역 제한되고, 이 때 샘플링 주파수 $f_s \geq 2W$)을 가정하면 확실히 적절한 대역폭을 갖는 필터를 이용하여 이상적으로 샘플링 된 파형으로부터 $x(t)$를 재구성할 수 있을 것이다. 보다 엄밀하게 말하면, 이득 K, 시간지연 t_d, 대역폭 B를 갖는 이상적 LPF의 전달함수는

$$H(f) = K\Pi\left(\frac{f}{2B}\right)e^{-j\omega t_d}$$

이고, B가 식 (6)을 만족할 때, $x_\delta(t)$을 필터링하면 다음과 같은 출력 스펙트럼을 얻는다.

$$Y(f) = H(f)X_\delta(f) = Kf_sX(f)e^{-j\omega t_d}$$

그러면 출력 시간 함수는

$$y(t) = \mathscr{F}^{-1}[Y(f)] = Kf_sx(t - t_d) \tag{12}$$

이며, 이는 Kf_s만큼 증폭되고, t_d만큼 시간 지연된 원래의 신호와 같다.

샘플링 과정에 대한 보다 확실한 이해를 위해 시간 영역에서의 재구성을 알아보자. LPF의 임펄스 응답은

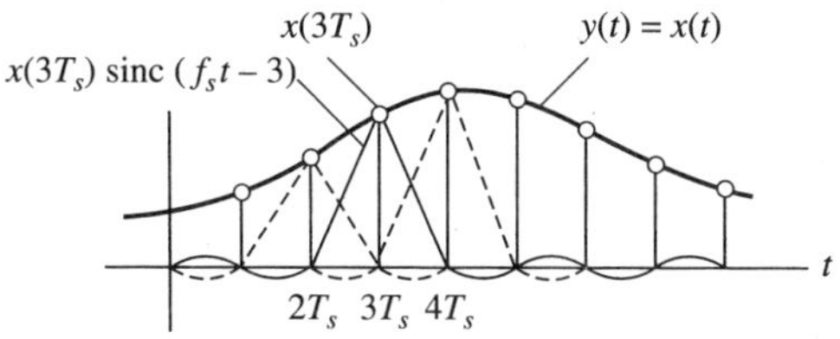

그림 6.1-6
이상적 재구성.

$$h(t) = 2BK \text{ sinc } 2B(t - t_d)$$

이고, 입력 $x_\delta(t)$가 가중된 임펄스 열이므로 출력 역시 가중된 임펄스 응답의 열로서 다음 식과 같게 된다.

$$y(t) = h(t) * x_\delta(t) = \sum_k x(kT_s)h(t - kT_s) \tag{13}$$

$$= 2BK \sum_{k=-\infty}^{\infty} x(kT_s) \text{ sinc } 2B(t - t_d - kT_s)$$

이제 식의 단순화를 위해 $B = f_s/2$, $K = 1/f_s$, $t_d = 0$인 경우를 가정하자. 그러면 $y(t)$는 다음과 같이 나타낼 수 있다.

$$y(t) = \sum_k x(kT_s) \text{ sinc } (f_st - k)$$

여기서 그림 6.1-6과 같이 재구성 과정을 그림으로 나타낼 수 있다. 어떤 하나의 샘플링 순간을 살펴보면 이 시점을 중심으로 삼고 있는 sinc 함수 하나만 제외하고는 다른 모든 sinc 함수들의 값이 0이 되기 때문에, 샘플링 순간(sampling instants) $t = kT_s$에서의 값은 $x(kT_s)$가 된다는 것을 알 수 있다. 한 샘플링 시간과 다음 샘플링 시간 사이의 값들은 모든 sinc 함수들의 앞부분과 뒷부분들을 모두 더함으로써 보간된다. 이런 이유로 해서 LPF는 흔히 **보간 필터**(interpolation filter)라 불리고, 그 임펄스 응답 함수는 **보간 함수**(interpolation function)로 불린다.

이상의 결과들을 요약하여 **균일 (주기) 샘플링**[uniform (periodic) sampling]에 대한 중요한 정리를 얻을 수 있다. 이 정리에는 많은 변형들이 있지만, 다음이 우리의 목적에 가장 적합한 형태이다.

> 만일 신호가 $|f| \geq W$인 영역에서 어떤 주파수 성분도 갖지 않는다면, 그 신호는 $T_s \leq 1/2W$의 일정한 시간 주기를 갖는 순시 샘플 값들에 의해 완벽히 기술될 수 있다. 만일 신호가 Nyquist율보다 크거나 같은 속도($f_s \geq 2W$)로 샘플링되고, 또 그 샘플 값들이 가중된 임펄스로 표현될 경우, 그 신호는 대역폭 B(여기서, $W \leq B \leq f_s - W$)를 갖는 이상적 LPF에 의해 샘플 값들로부터 완벽히 재구성될 수 있다.

이 정리를 표현하는 또 다른 방법은 $K = T_s$, $t_d = 0$으로 놓으면 식 (12) 및 (13)으로부터 얻어질 수 있다. 그러면 $y(t) = x(t)$이고,

$$x(t) = 2BT_s \sum_{k=-\infty}^{\infty} x(kT_s) \operatorname{sinc} 2B(t - kT_s) \tag{14}$$

이다. 여기서 $T_s \leq 1/2W$이고 B는 식 (6)을 만족한다. 따라서, 마치 주기신호가 Fourier 급수의 계수들에 의해 완전히 기술될 수 있듯이, 대역 제한된 신호는 실제 샘플링 여부와는 상관없이 순시 샘플 값들로 완벽히 기술될 수 있다.

응용문제 6.1-1

다음과 같은 일반적 형태의 샘플 펄스열을 고려하자.

$$s_p(t) = \sum_{k=-\infty}^{\infty} p(t - kT_s) \tag{15a}$$

이때 펄스 모양 $p(t)$는 $|t| > T_s/2$에서 0이지만, 그 외의 경우 임의의 값을 갖는다. 지수 형식의 Fourier 급수와 2.2절의 식 (21)을 이용하여 다음 식 (15b)가 성립함을 증명하시오.

$$S_p(f) = f_s \sum_{n=-\infty}^{\infty} P(nf_s)\, \delta(f - nf_s) \tag{15b}$$

여기서, $P(f) = \mathscr{F}[p(t)]$이다. 그리고 식 (11)을 얻기 위해 $p(t) = \delta(t)$이라 놓는다.

실제적 샘플링과 에일리어싱

실제적 샘플링은 세 가지 측면에서 이상적 샘플링과 다르다:

1. 샘플링된 파형은 이상적인 임펄스가 아니라 제한된 진폭과 폭(duration)을 갖는 펄스들로 구성된다.
2. 실제적 재구성 필터는 이상적 필터가 아니다.
3. 샘플링될 메시지들은 그 스펙트럼이 완벽하게 대역 제한적이지도 않고, 또 그렇게 될 수도 없는 시간 제한된 신호들이다.

앞의 두 가지 차이는 사소한 문제일 수 있지만, 마지막 세 번째는 **에일리어싱**으로 알려진 보다 심각한 문제를 초래한다.

펄스 모양 효과(pulse-shape effect)와 관련해서, 단극성 초퍼에 대한 고찰과 응용문제 6.1-1의 결과에서 알 수 있듯이, 샘플링이 $x(t)s_p(t)$와 같은 곱셈 연산에 의해 수행될 경우 거의 모든 형태의 펄스 $p(t)$가 사용될 수 있다. 또 다른 연산으로는 다음 절에서 설명될 **평탄 상단 샘플링**이 있다. 이 형태의 샘플링은 등화(equalization)가 필요 할 수도 있지만 펄스 모양이 크게 중요하지 않다는 결론을 바꿀 정도까지는 아니다.

실제적 재구성 필터와 관련하여, 그림 6.1-7에 보인 바와 같이 샘플링된 파형의 스펙트럼과 중첩되어 그려진 전형적인 필터 응답을 고려해 보자. 앞서 언급했듯이, 재구성은 샘플들간의 사이를 보간함으로써 이루어질 수 있다. 이상적 LPF의 경우 완벽한 보간을 보장하지만 실제 시스템에 있어서는 원 신호의 재구성을 위해 다음 식과 같은 조건을 갖는 **영차 유지**(zero-order hold; **ZOH**) 방법을 이용하거나

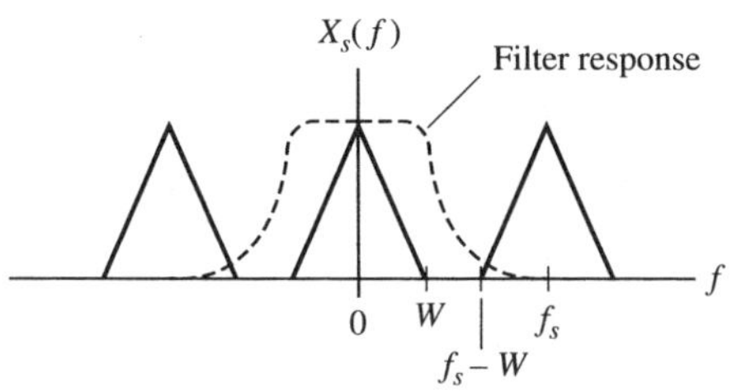

그림 6.1-7
실제적 재구성 필터.

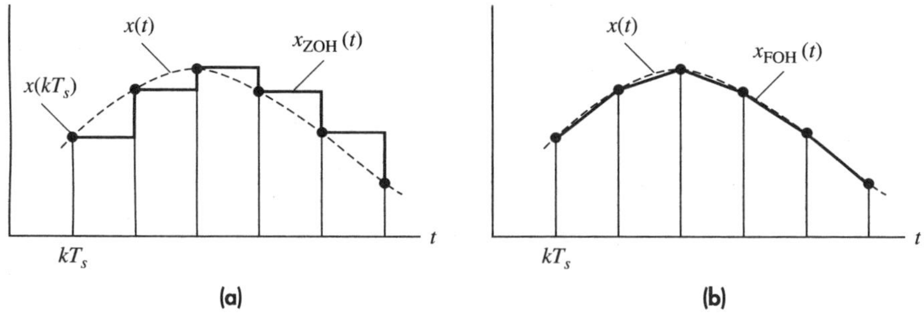

그림 6.1-8
(a) ZOH을 이용한 신호 재구성;
(b) FOH을 이용한 신호 재구성.

$$y(t) = \sum_k x(kT_s)\Pi\left(\frac{t - kT_s}{T_s}\right) \tag{16}$$

또는 다음 식과 같은 선형 보간법을 수행하는 **일차유지**(First-order hold; FOH) 방법이 사용된다.

$$y(t) = \sum_k x(kT_s)\Lambda\left(\frac{t - kT_s}{T_s}\right) \tag{17}$$

이들 두 경우의 재구성 과정이 그림 6.1-8에 나타나 있다. ZOH와 FOH는 저역 통과 필터로서 전달함수의 크기가 각각 $|H_{ZOH}(f)| = |T_s \operatorname{sinc}(fT_s)|$, $|H_{FOH}(f)| = |T_s\sqrt{1 + (2\pi f T_s)^2} \operatorname{sinc}^2(fT_s)|$을 갖는다. 보다 깊이 있는 이해를 위해서는 문제 6.1-11과 문제 6.1-12를 풀어보라.

만일 필터가 메시지 대역에서 적절히 평탄한 모양을 갖는다면, 그 출력은 $x(t)$와 메시지 대역 외부 즉, $|f| > f_s - W$에 존재하는 스퓨리어스 주파수 성분들로 구성된다.

오디오 시스템에서, 이러한 성분들은 고주파 히싱(hissing) 잡음으로 들린다. 그러나 이 성분들은 대부분 충분히 작은 크기로 감쇠되며, 또한 이들의 세기는 $x(t)$에 비례하기 때문에 $x(t) = 0$가 될 때 소멸된다. $x(t) \neq 0$일 때는 메시지가 이들의 존재를 거의 감추어 무시할 수 있을 정도의 크기로 완화시킨다. 정교한 필터 설계와 $f_s > 2W$를 취함으로써 얻게 되는 적절한 보호 대역은 실제적 재구성 필터링을 이상적 재구성 필터링과 거의 같게 만들어준다. ZOH와 FOH 재구성 예에서, 이들의 주파수 응답은 각각 $\operatorname{sinc}(fT_s)$와 $\operatorname{sinc}^2(fT_s)$을 가지므로 $x(t)$의 스펙트럼을 왜곡하게 될 것이다. 이러한 현상을 **간극 오차**(aperture error)라고 부르는데, 이는 샘플링 속도(sampling rate)를 증가시키거나 적절한 역필터(inverse filter)로 보상함으로써 최소화될 수 있다.

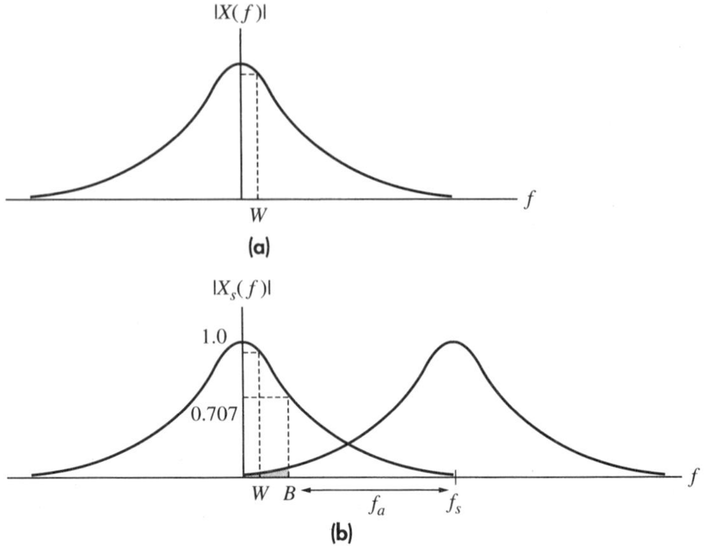

그림 6.1-9

메시지 스펙트럼. (a) RC 필터의 출력; (b) 샘플링 이후. 음영 처리된 부분은 통과 대역으로의 에일리어싱 침투 부분를 나타낸다.

실제 신호의 시간 제한적 특성과 관련하여, 만일 W보다 큰 주파수 성분들이 별로 없고 정보 전달에 있어서 그다지 중요하지 않다고 간주할 수 있다면, 그림 6.1-9a와 같은 메시지 스펙트럼은 대역 제한적 스펙트럼으로 생각해도 무방하다. 이러한 메시지가 샘플링될 때 그림 6.1-9b에 나타나듯이 스펙트럼 성분들의 반복 복사가 불가피하게 된다. 재구성에 있어서는 원래 정상적인 메시지 대역 외부에 있던 주파수들은 필터 출력에서 그보다 훨씬 더 낮은 주파수로 나타나게 될 것이다. 따라서, 예를 들면, 그림에서와 같이 $f_1 > W$는 $f_s - f_1 < W$가 된다.

이와 같은 주파수 성분의 하향 이동(downward frequency translation)을 기술적 용어로 **에일리어싱**이라 부른다. 에일리어싱 효과는 비이상적 재구성 필터로 인해 나타나는 스퓨리어스 주파수보다 더 심각한 문제를 일으킨다. 왜냐하면 후자의 경우 메시지 대역 외부에 위치하는 반면 에일리어싱된 성분들은 메시지 대역의 내부에 위치하기 때문이다. 에일리어싱은 샘플링 전에 가능한 한 많은 메시지를 필터링 하거나, 또는 필요할 경우 Nyquist율보다 더 높은 속도에서 샘플링함으로써 제거될 수 있다. RC 필터의 경우에서처럼 반에일리어싱 필터(antialiasing filter)의 차단 특성(cutoff characteristic)이 예리 하지 못할 경우 흔히 이와 같은 조치가 취해진다. 메시지 성분이 W의 대역폭을 갖지만 잡음 등의 다른 주파수 성분들이 첨가된 신호의 경우를 고려해 보자. 이 신호는 그림 6.1-9a에서와 같이 $W \ll B$를 만족하는 $B = 1/2\ \pi RC$의 대역폭을 갖는 단순 1차 RC LPF로 만들어진 반에일리어싱 필터를 사용하여 필터링된다. 그 다음에 샘플링되면 그림 6.1-9b와 같은 스펙트럼이 나타나게 된다. 음영으로 표시한 부분이 필터의 통과 대역 내로 유입된 에일리어싱 성분들을 나타낸다. f_s를 증가시키거나, 또는 보다 이상적인 필터 특성을 갖는 LPF를 사용할수록 음영 부분이 감소하게 된다. 1차 Butterworth LPF로 수행되는 재구성의 경우, 통과 대역에서의 최대 에일리어싱 오차는

$$Error\% = \left(\frac{1/0.707}{\sqrt{1+(f_a/B)^2}}\right) \times 100\% \tag{18}$$

이며, 여기서, $f_a = f_s - B$이며, 인수 0.707는 필터의 반전력 차단주파수(half-power frequency)인 B에서의 필터 이득이다. 자세한 것은 Ifeachor와 Jervis의 저서를 참조하시오 (1993년).

과다샘플링(oversampling)

예제 6.1-2

아날로그 신호의 디지털 신호 처리(DSP)를 위해 VLSI 기술을 사용하기 위해서는, 먼저 그 신호를 샘플링 해야 한다. 성능이 뛰어난 아날로그 필터는 디지털 필터에 비해서 제작단가가 비싸기 때문에 큰 값의 R과 C를 갖는 집적회로 칩을 제조하기가 어렵다. 그래서 실현가능한 범위내에서 RC LPF를 사용하고, 대신 Nyquist율보다 수배 빠른 주파수의 과다샘플링(oversampling)을 이용한다. 정보 대역폭, W 이상에서의 주파수 성분들을 억제시키기 위해 디지털 필터를 추가한다. 그리고 다운샘플링(down-sampling)이라 불리는 신호 처리 과정을 이용하여 유효한 샘플링 주파수를 Nyquist율까지 감소시킨다. 디지털 필터링과 다운샘플링은 VLSI 기술로 쉽게 수행될 수 있다.

칩에 부가할 수 있는 R과 C의 최대값을 각각 10 kΩ과 100 pF라 하자. 그리고 에일리어싱된 성분들이 희망 성분보다 최소 30 dB 낮게 유지되도록 하면서 전화 수준의 음성을 샘플링 한다고 하자. 대역폭 B가 다음 식과 같을 때

$$B = \frac{1}{2\pi RC} = \frac{1}{2\pi \times 10^4 \times 100^{-12}} = 159 \text{ kHz}$$

식 (18)을 이용하면

$$5\% = \left(\frac{1/0.707}{\sqrt{1+(f_a/159 \text{ kHz})^2}}\right) \times 100\%$$

이다.

이 식을 풀면 $f_a = 4.49$ MHz가 되고, 따라서 샘플링 주파수 $f_s = f_a + B = 4.65$ MHz가 된다. RC LPF에서 $f_a = 4.49$ MHz로 하면, 159 kHz에서의 에일리어싱 성분들은 레벨의 5% 이하가 될 것이다. 물론, 전화 대역폭인 3.2 kHz 이내의 주파수에서는 에일리어싱의 크기가 신호 레벨의 5%보다 훨씬 작아질 것이다.

샘플링 오실로스코프

예제 6.1-3

과소샘플링(undersampling)을 이용하여 고속의 주기 파형(high-speed periodic waveforms)

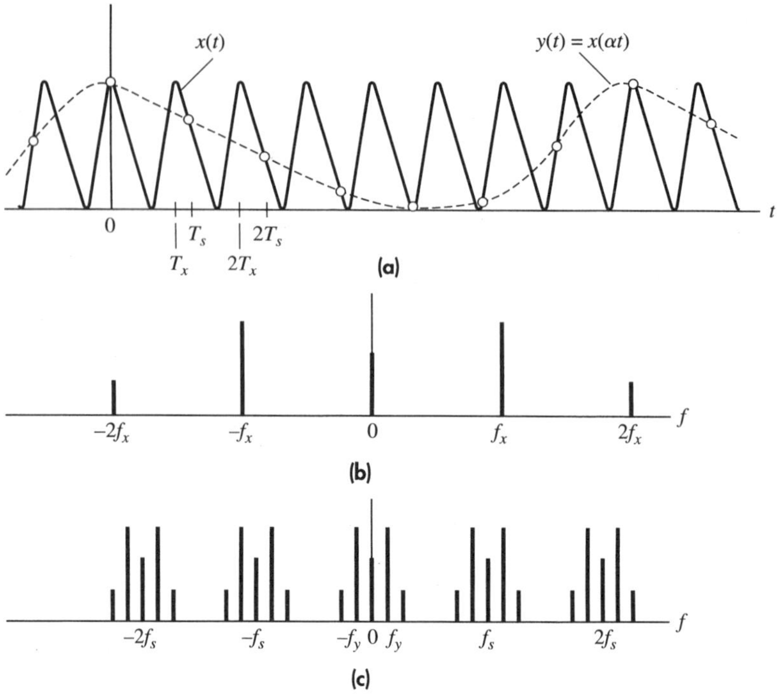

그림 6.1-10
(a) 주기적 파형과 과소샘플링; (b) $x(t)$의 스펙트럼; (c) $\alpha < 1$일 때, $y(t) = x(\alpha t)$의 스펙트럼.

을 디스플레이하기 위한 샘플링 오실로스코프에서 에일리어싱에 관한 실제적 응용을 찾아볼 수 있다. 만일 과소샘플링을 이용하지 않을 경우 전자회로의 구현 능력을 벗어나게 될 것이다. 그 원리를 설명하기 위해, 그림 6.1-10a에서 주기 $T_x = 1/f_x$을 갖는 주기적 파형 $x(t)$을 고려하자. 만일 T_x보다 약간 큰 샘플링 구간 T_s를 사용하고 그 샘플 점들을 보간한다고 가정하면, 점선으로 표시된 부분과 같은 늘어진 파형, $y(t) = x(\alpha t)$을 얻게 된다. 이에 대응하는 샘플링 주파수는 다음 식과 같다:

$$f_s = (1 - \alpha)f_x \qquad 0 < \alpha < 1$$

따라서 $f_s < f_x$가 되며, $x(t)$의 기본 주파수(fundamental frequency)조차 과소샘플링 될 것이다. 이제 주파수 영역에서 이 시스템의 실제 동작여부와 동작원리를 알아보자.

m번째의 고조파성분보다 높은 모든 주파수 성분들을 제거하기 위해 $x(t)$를 전치 필터(prefilter)링 했다고 가정하자. 그림 6.1-10b는 $m = 2$인 간단한 경우의 $x(t)$의 전형적인 양측 선 스펙트럼(two-sided line spectrum)을 보여준다. 샘플링은 모든 주파수 성분들을 nf_s만큼 위아래로 이동시키므로, 기본 주파수는 $\pm f_x$와 $f_x \pm nf_s = (1 + n)f_x \pm nf_y$에서는 물론, 다음과 같은 샘플링 신호의 스펙트럼에 나타나게 된다.

$$\pm f_y = \pm|f_x - f_s| = \pm \alpha f_x$$

DC 성분과 2차 고조파에 유사한 이동을 적용하면 그림 6.1-10c의 스펙트럼이 나타나는데, 이것은 원신호 스펙트럼을 압축한 것이 f_s의 모든 정수배 위치에 나타나고 있다. 따라서, 스펙트럼이 중첩되는 것을 방지하기 위한 다음과 같은 조건이 충족될 경우,

$$\alpha < \frac{1}{2m+1}$$

$B = f_s/2$의 대역폭을 갖는 저역 통과 필터를 이용하면 $x_s(t)$로부터 $y(t) = x(\alpha t)$을 재구성할 수 있다.

응용 문제 6.1-2

$0 \le t \le \frac{1}{10}$에서, $\cos 2\pi 10t$ 및 $\cos 2\pi 70t$에 대한 세밀한 그림을 통해 에일리어싱 효과를 설명해 보아라. 이 두 그림을 동일한 축 상에 놓고 $t = 0, \frac{1}{80}, \frac{2}{80}, \ldots, \frac{8}{80}$(이는 $f_s = 80$에 대응한다)에서의 샘플 값들을 구하시오. 또한 $10 < W < 40$의 대역 제한 조건을 갖는 어떤 다른 파형도 $\cos 2\pi 10t$의 샘플 값들로부터 보간될 수 없음을 확인하시오.

상향샘플링(upsampling)

예제 6.1-4

Nyquist율 이상으로 샘플링 할 수 없는 계측장비와 같은 시스템이나 적응 필터 알고리즘을 사용하는 응용 프로그램에서는 Nyquist율로 샘플링 된 것 보다 더 많은 샘플이 필요할 경우가 있다. 추가적으로 샘플링 주파수를 늘려서 샘플을 취하는 대신에 샘플링 된 신호 사이를 보간(interpolation)해서 추가적인 샘플을 얻을 수 있다. 이러한 과정을 **상향샘플링**(upsampling)이라 한다. 그림 6.1-11에서는 선형 보간법을 이용한 상향샘플링을 보여주고 있다. 그림 6.1-11a는 샘플된 원래 신호를 보여주고 있고, 6.1-11b는 각 샘플 신호 사이를 선형 보간법을 이용해서 2배 많은 샘플을 얻은 결과를 보여주고 있다. 결과적으로 원래 샘플링 주파수보다 2배 빠른 샘플링 주파수 $f_s' = 2f_s$로 샘플링한 것과 유사한 결과를 얻을 수 있다.

아래 그림의 설명은 다음과 같다. (a)는 Nyquist율로 샘플링한 샘플값이다. 이상적인 보간법을 이용하여 얻은 신호는 더 이상도 더 이하도 아닌 원래 샘플과 동일한 정보를 가지고 있다. (b)는 선형 보간법을 이용하여 얻은 새로운 샘플을 보여준다. 이것은 이상적은 보간법이 아니므로 새로운 샘플에는 오차가 발생한다. 그러나 고차 보간법이 적용된다면 보다 정확한 샘플값을 얻을 수 있다. 상향샘플링과 신호의 재구성의 사이의 유사전에 대해서 주의해서 살펴보아라. 상향샘플링에 대해서 더 자세한 정보는 Oppenheim, Schafer, Buck(1999)를 참고하라.

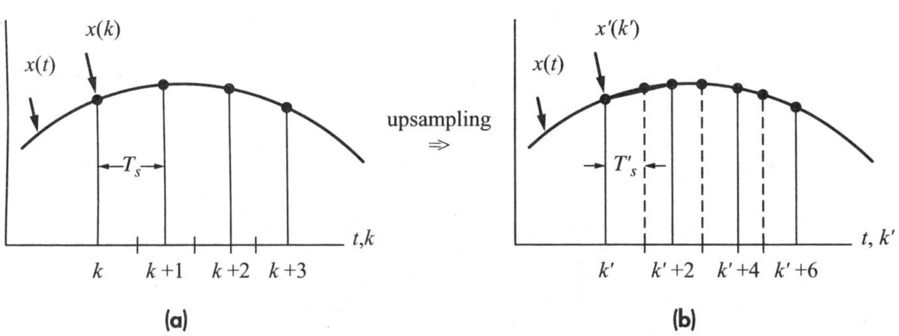

그림 6.1-11 선형 보간법을 이용한 상향샘플링: (a) 원 신호와 f_s로 샘플링된 신호; (b) $f_s' = 2f_s$로 상향샘플링 된 신호.

응용문제 6.1-3 이산 신호의 DFT를 이산 주파수 영역에서 샘플링한 후 영삽입(zero paddding)을 통한 이상적인 보간법과 이에 따른 무오류 상향샘플링을 얻을 수 있는 방법을 설명하시오.

6.2 펄스 진폭 변조

만일 어떤 메시지 파형이 주기적 샘플 값들에 의해 적절히 표현된다면, 그것은 샘플 값에 의해 펄스열의 진폭이 변조되는 아날로그 펄스 변조를 이용하여 전송될 수 있다. 이러한 처리과정을 **펄스 진폭 변조**(PAM; pulse-amplitude modulation)라 한다. 그림 6.2-1은 메시지 파형과 이에 대한 PAM 신호의 예이다.

그림 6.2-1에서 보듯이, 펄스의 진폭은 $x(t)$의 샘플 값과 직접적으로 비례하여 변한다. 이 그림에서는 명확성을 위해 펄스들은 구형파로 나타냈고 이들의 폭(duration)은 크게 과장하여 표시하였다. 또한 실제 변조된 파형들은 원래의 메시지에 비해 약간 지연될 것이다. 이것은 펄스들이 샘플링 순간보다 앞서 생성될 수는 없기 때문이다.

파형들로부터 명확히 알 수 있는 것은, PAM 신호가 상당한 크기의 DC 성분을 가지며, 펄스 모양을 유지하기 위한 대역폭이 메시지의 대역폭 보다 훨씬 크다는 사실이다. 그 결과, PAM 방식의 단일 채널 통신 시스템이나 이와 관련된 다른 아날로그 펄스 변조 방식을 좀처럼 찾아보기 어렵다. 그러나 아날로그 펄스 변조는 시간 분할 다중화(TDM), 데이터 원격측정(data telemetry), 계측 시스템에서 중요한 역할을 하기 때문에 주목해서 살펴볼 필요가 있다.

평탄 상단 샘플링(Flat-Top Sampling)과 PAM

비록 PAM 파형을 초퍼 회로로부터 얻을 수 있다고는 하나, 보다 일반적인 방법은 S/H(**샘플링 및 유지**)기법을 이용하는 것이다. 이러한 동작 방식은 그림 6.2-1에서 보듯이 곡면 상단 초퍼 펄스(curved-top chopper pulses) 대신에 평탄 상단 펄스를 생성한다. 따라서, 여기서는 **평탄 상단 샘플링**의 성질을 살피는 것으로부터 출발하기로 한다. 이것은 영차 유지(zero-oder hold; ZOH) 기술의 일종이다.

기본적인 S/H 회로는 두 개의 FET 스위치와 커패시터로 구성되는데, 그림 6.2-2a와 같이 연결된다. G1에서의 게이트 펄스는 잠깐 동안 샘플링 스위치를 연결하고 커패시터는

그림 6.2-1
S/H 기법으로 얻은 PAM 신호의 형태.

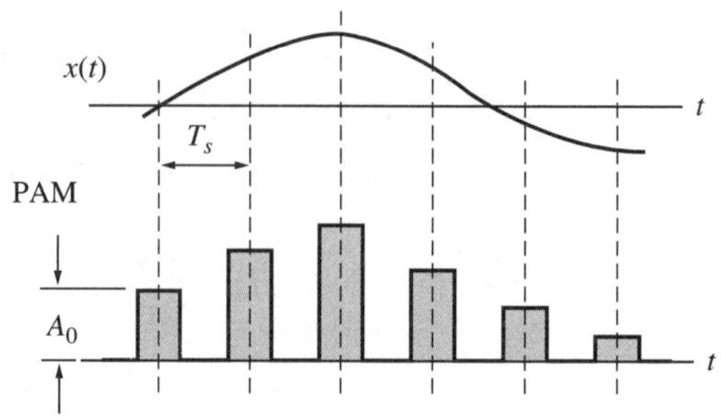

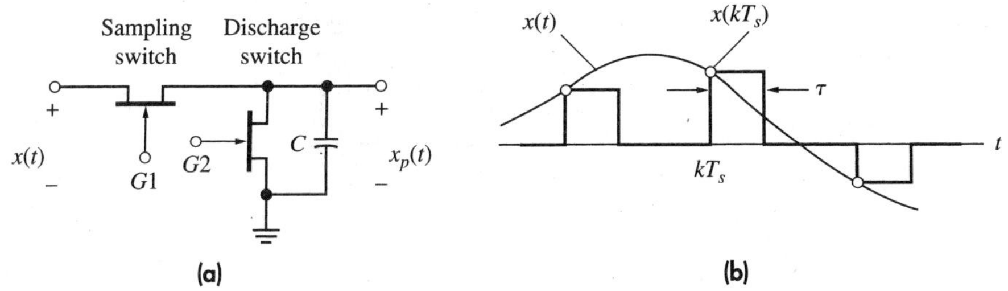

그림 6.2-2
평탄 상단 샘플링. (a) S/H 회로; (b) 파형.

G2에 인가된 펄스에 의해 방전될 때까지 샘플링된 전압을 유지한다. (상업용 집적회로 S/H 장치는 더욱 정밀하여 입/출력단에 격리용 연산 증폭기(op-amp)를 포함한다.) 샘플링 및 유지 회로를 주기적으로 개폐하면

$$x_p(t) = \sum_k x(kT_s)p(t - kT_s) \tag{1}$$

그림 6.2-2b에 보인 것과 같은 파형을 생성한다. 폭 τ의 각 출력 펄스가 순시 샘플 값 하나씩을 나타내고 있음에 주목해야 한다.

평탄 상단 샘플링를 분석하기 위해, $p(t - kT_s) = p(t) * \delta(t - kT_s)$의 관계식을 활용하여, 다음과 같은 식을 유도할 수 있다.

$$x_p(t) = p(t) * \left[\sum_k x(kT_s)\, \delta(t - kT_s) \right] = p(t) * x_\delta(t)$$

이 컨벌루션 식에 대한 Fourier 변환을 구하면

$$X_p(f) = P(f)\left[f_s \sum_n X(f - nf_s) \right] = P(f)X_\delta(f) \tag{2}$$

이다. 그림 6.2-3은 식 (2)에 대한 그래프적 해석이며, 이는 $X(f) = \Pi(f/2W)$의 경우에 해당한다. 평탄 상단 샘플링 동작이 이상적 샘플링 파형을 $P(f) = \mathscr{F}[p(t)]$의 전달함수를 갖

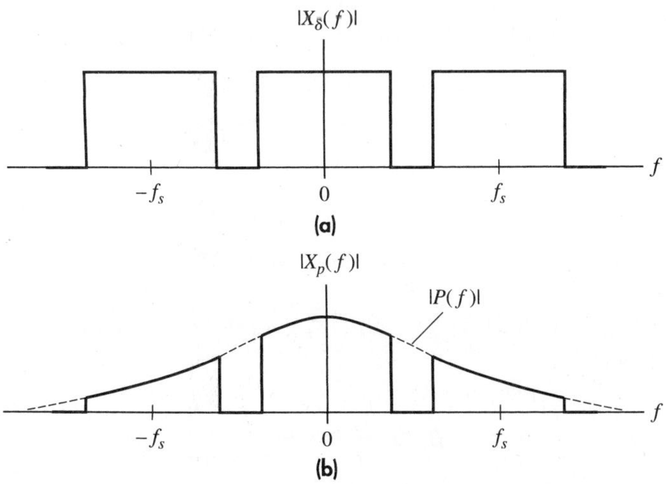

그림 6.2-3
(a) $X(f) = \Pi(f/2W)$인 이상적 샘플링에 있어서의 스펙트럼; (b) 평탄 상단 샘플링에서의 간극 효과.

는 시스템을 통과시키는 것과 동일하다는 사실을 알 수 있다.

전형적인 $P(f)$의 고주파 롤오프 특성(roll-off characteristic)은 일종의 **저역 통과 필터**로서 작용하여, 메시지 스펙트럼의 높은 고주파 성분을 감쇠시킨다. 이와 같은 고주파 성분의 손실을 **간극 효과**(aperture effect)라 한다. 펄스 폭 또는 간극(τ)이 클수록 이러한 효과도 커지게 된다. 간극 효과는 신호 재구성 시에 다음 식과 같은 **등화기**(equalizer)를 사용함으로써 정정될 수 있다.

$$H_{\text{eq}}(f) = Ke^{-j\omega t_d}/P(f) \tag{3}$$

그러나, $\tau/T_s \ll 1$인 경우에는 등화가 별로 필요하지 않을 것이다.

이제 다음 식 (4)에 의해 정의되는 **단극성 평탄 상단**(unipolar flat-top) PAM을 고려하자.

$$x_p(t) = \sum_k A_0[1 + \mu x(kT_s)]p(t - kT_s) \tag{4}$$

여기서, 상수 A_0는 변조되지 않은 펄스의 진폭에 해당하며, **변조지수** μ는 진폭의 변화량을 제어한다. 다음 식의 조건은 단극성 파형에서 어떤 펄스도 손실되지 않도록 보장한다.

$$1 + \mu x(t) > 0 \tag{5}$$

그 결과로 나타나는 고정 펄스율(constant pulse rate) f_s는 시간 분할 다중화(TDM)에서의 동기를 위해 특히 중요하다. 식 (1)과 (4)의 비교로부터, $A_0\ [1 + \mu x(t)]$의 입력 신호는 S/H 회로를 통하여 PAM 신호로 될 수 있음을 알 수 있다. 결과적으로, PAM 신호의 스펙트럼은 $X(f)$를 다음 식으로 대체한 그림 6.2-3b와 같은 모양이 된다.

$$\mathscr{F}\{A_0[1 + \mu x(t)]\} = A_0[\delta(f) + \mu X(f)]$$

이는 f_s의 모든 고조파와 $f = 0$인 주파수에서 스펙트럼 임펄스를 생성한다. 따라서 $x_p(t)$로부터의 $x(t)$의 재구성을 위해서는 저역 통과 필터링과 등화는 물론 DC 성분도 차단할 필요가 있다.

PAM이 AM CW 변조와 여러 가지 유사점들(변조지수, 스펙트럼 임펄스, DC 차단 등)을 갖는다는 사실은 자명하다(사실, 대역 통과 필터링을 통해 PAM으로부터 AM 파형을 얻을 수 있다). 그러나 PAM 스펙트럼은 DC로부터 f_s의 고조파 성분들로까지 확장되어 있어 필요한 전송 대역폭 B_T에 대한 추정치는 시간 영역의 파라미터 값들에 입각해서 결정된다. 이를 위해 펄스 주기에 비해 작은

$$\tau \ll T_s \le \frac{1}{2W}$$

을 갖는 펄스를 가정한다. 또한 적절한 펄스 해상도(pulse resolution)를 위해서는 다음과 같은 조건이 필요하다.

$$B_T \ge \frac{1}{2\tau} \gg W \tag{6}$$

따라서, PAM의 실제 응용은 펄스화된 파형이라는 장점이 큰 대역폭을 요구하는 단점을 압도하는 경우에 한하여 적용된다.

> **응용문제 6.2-1**
>
> $W \approx 3$ kHz를 갖는 음성 신호에 대한 PAM 파형을 전송하는 경우를 고려하자. 만일 $f_s = 8$ kHz이고 $\tau = 0.1\ T_s$라 할 때 B_T를 계산하시오.

6.3 펄스 시간 변조

메시지의 샘플 값들은 또한 펄스열의 펄스 폭이나 위치와 같은 시간 파라미터들을 통해서 변조될 수 있다. 이러한 처리과정이 바로 **펄스 폭 변조(PDM**; pulse duration modulation)와 **펄스 위치 변조(PPM**; pulse position modulation)이다. 이들은 그림 6.3-1에 예시된 바와 같다. PDM은 PWM(pulse width modulation)으로도 불린다. 펄스 폭 또는 펄스 위치가 $x(t)$의 샘플 값들에 비례하여 변한다는 것에 주목하라.

펄스 폭 변조와 펄스 위치 변조

다음의 두 가지 이유로 해서 상기 두 종류의 변조를 동일한 제목 아래 함께 다룬다. 첫째, 두 가지 변조 방식 모두 펄스의 시간 파라미터가 변조되고, 펄스들은 고정진폭을 갖는다. 둘째, PDM과 PPM 변조 방식 사이에는 밀접한 관계가 있다.

이를 입증하기 위한 예로서, 그림 6.3-2는 PDM 또는 PPM에 대한 샘플링과 변조 동작을 결합시킨 한 시스템의 블록도와 파형들이다. 이 시스템은 비교기와 주기 T_s를 갖는 톱니파 발생기를 사용하고 있다. 비교기의 출력값은 메시지 $x(t)$의 값이 톱니파보다 클 때(이런 경우 그 출력은 정(+)의 상수가 된다)를 제외하고는 0이 된다. 그러므로, 그림에서 보듯이 비교기는 펄스 폭의 뒤 모서리 변조(trailing edge modulation)를 갖는 PDM 신호를 생성한다. (톱니파를 삼각파로 대체하면 양 모서리에서의 변조를 가져오는 반면, 톱니파를 반전시키면 앞 모서리 변조를 가져온다.) 위치 변조는 PDM 신호를 단일안정 펄스 발생기(mono-stable pulse generator)에 인가하면 얻어지는데, 이는 입력 신호의 뒤 모서리에서

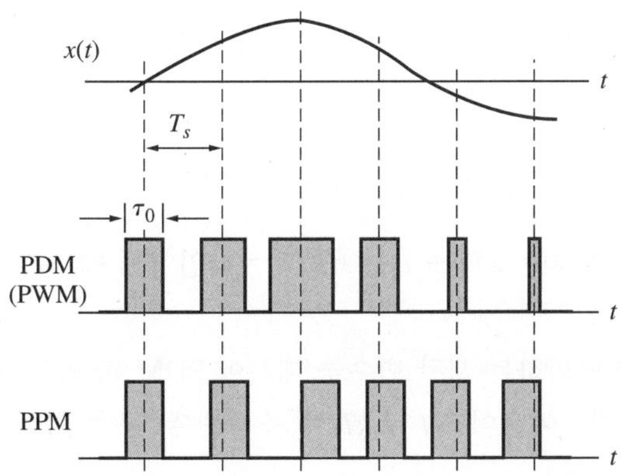

그림 6.3-1
여러 가지 형태의 펄스 시간 변조.

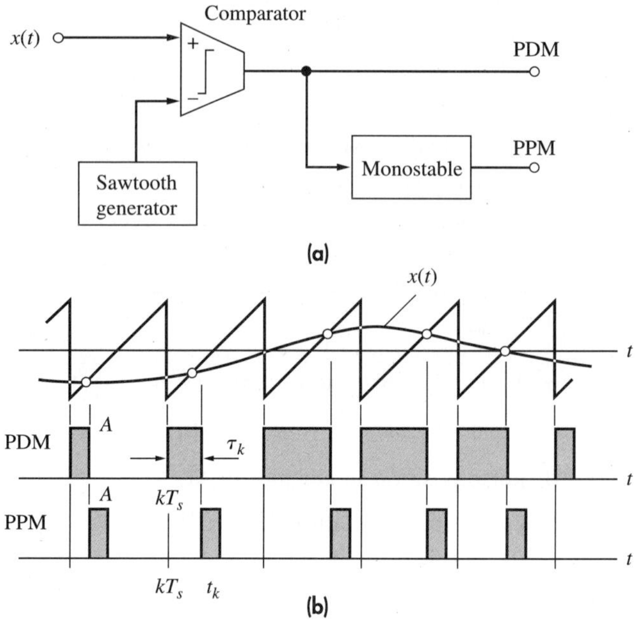

그림 6.3-2 PDM 및 PPM의 생성. (a) 블록도; (b) 파형.

동작을 시작하고 고정된 폭의 짧은 출력 펄스를 발생시킨다.

그림 6.3-2b를 면밀히 관찰해 보면 변조 폭 또는 위치가 표면적인 샘플링 시간 kT_s가 아니라 펄스 모서리의 시간 위치 t_k에서의 메시지 값에 의존한다는 것을 알 수 있다. 그래서 샘플값들은 균일하지 않은 간격으로 나타난다. 만일 필요하면 이 시스템의 입력부에 S/H 회로를 삽입하여 균일 간격의 샘플링을 얻을 수 있지만 실제로 $t_k - kT_s \ll T_s$를 만족하는 작은 폭의 변조를 사용하는 경우에는 균일 샘플링과 불균일 샘플링 사이에 차이가 거의 없다.

만일 거의 균일한 샘플링을 가정한다면, PDM 신호에서의 k번째 펄스의 폭은

$$\tau_k = \tau_0[1 + \mu x(kT_s)] \tag{1}$$

이며 여기서 변조되지 않은 폭 τ_0는 $x(kT_s) = 0$인 경우에 해당되고, 변조 지수 μ가 폭의 크기를 조절한다. $x(kT_s) \leq 0$일 때의 펄스 상실이나 "부(negative)"의 폭을 방지하기 위해, 앞서 6.2절의 식 (5)에서 μ에 대해 부과했던 조건이 여기에도 적용된다. PPM 펄스는 고정 폭과 진폭을 갖고, 따라서 PAM과 PDM과는 달리 펄스 상실과 같은 잠재적인 문제가 전혀 발생하지 않는다. PPM 신호에서의 k번째 펄스는 다음 식과 같은 시간에서 시작된다.

$$t_k = kT_s + t_d + t_0\,x(kT_s) \tag{2}$$

여기서, 변조되지 않은 위치는 $kT_s + t_d$는 $x(kT_s) = 0$인 경우에 해당되며 상수 t_0가 변조된 펄스의 위치를 조절한다.

식 (1)과 (2)에서의 변화하는 시간 변수들 대문에 PDM 파형 $x_p(t)$에 대한 식이 매우 복잡하게 된다. 그러나, 진폭이 A이고 $t = kT_s$에 중심을 둔 구형 펄스를 사용하고 τ_k가 펄스

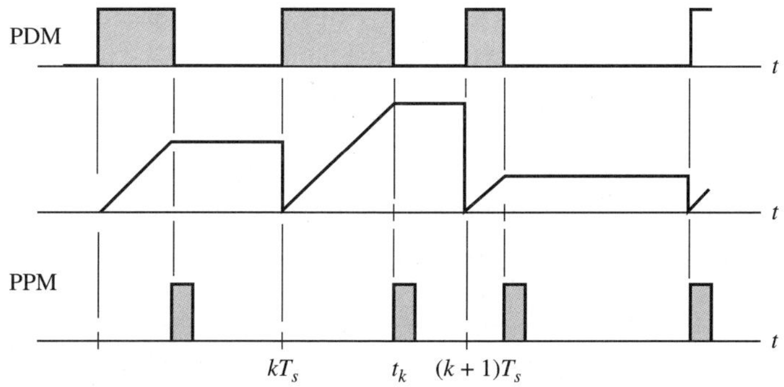

그림 6.3-3
PDM 또는 PPM의 PAM으로의 변환.

사이에서 천천히 변한다고 가정하면 PDM 파형에 대한 의미있는 근사식을 유도할 수 있다. 급수 전개식를 하면 아래의 식을 얻는다.

$$x_p(t) \approx Af_s\tau_0[1 + \mu x(t)] + \sum_{n=1}^{\infty} \frac{2A}{\pi n} \sin n\phi(t) \cos n\omega_s t \tag{3}$$

여기서, $\phi(t) = \pi f_s \tau_0[1 + \mu x(t)]$이다. 이에 상응하는 스펙트럼을 그려보지 않고도 식 (3)으로부터 PDM 신호가 메시지 $x(t)$, DC 성분, 그리고 f_s의 고조파 주파수에 위치한 **위상 변조** 파형들을 포함하고 있음을 알 수 있다. 위상 변조 파형들은 $\tau_0 \ll T_s$일 때 메시지 대역과 무시해도 좋을 만큼 겹쳐 있기 때문에 DC 차단기능을 갖는 저역 통과 필터링에 의해 $x(t)$를 복구할 수 있다.

또 다른 메시지 재구성 기법은 펄스 시간 변조를 펄스 **진폭** 변조로 변환하여 PDM과 PPM에 대해 작업하는 것이다. 먼저 그림 6.3-3의 중간에 있는 파형들은, 시간 kT_s에서 시작해서, t_k에서 멈추고 $(k+1)T_s$에서 다시 시작하는 등의 동작을 반복하는 **램프 발생기**(ramp generator)에 의해 만들어진다. 시작과 멈춤 명령 모두 PDM 펄스의 모서리로부터 추출될 수 있으나 PPM 파형의 경우에는 시작 명령을 위한 별도로 보조의 **동기** 신호가 있어야만 한다.

세부적인 방법과 무관하게 PDM이나 PPM을 복조하여 원래의 메시지 정보를 복원하기 위해서는 짧은 **상승시간**(risetime)을 갖는 수신 펄스들이 필요하다. 주어진 상승시간이 $t_r \ll T_s$ 조건을 만족하면 전송 대역폭은

$$B_T \geq \frac{1}{2t_r} \tag{4}$$

을 만족해야 하는데 이 값은 PAM의 전송 대역폭보다 훨씬 크다. 큰 대역폭의 댓가로 전송 중의 비선형 왜곡에 기인한 나쁜 영향으로부터 자유로운 고정 진폭 펄스의 장점을 얻게 된다. 왜냐하면 **비선형 왜곡**은 펄스의 폭이나 위치를 크게 변경시키지는 않기 때문이다.

이와 더불어, PM이나 FM과 같은 CW 변조와 마찬가지로 PDM과 PPM은 **광대역 잡음을 감소시키는 잠재력**(PDM보다는 PPM에 의해 더 완벽하게 실현될 수 있다)을 갖고 있다. 그 이유를 논하기 위해서는, 정보가 펄스 그 자체에 존재하는 것이 아니라 펄스 모서리의 시간 위치(time location)에 존재한다는 사실을 상기해야 한다. AM의 반송파 주파수 전력처

럼 펄스 시간 변조의 펄스 전력은 "낭비되는" 전력이고 따라서 펄스를 없애고 그 모서리만을 전송하는 것이 더욱 효율적이다. 물론 펄스를 그 모서리만 전송하는 것은 불가능하다. 단지 모서리의 위치를 알리는 아주 짧은 펄스들을 전송할 수는 있는데 이것은 사실상 PPM과 동일한 처리과정이다. PPM에서 요구되는 전력이 줄어든다는 것은 PDM에 대해 갖는 기본적인 장점이다. 이는 신호 대 잡음 비를 조사해보면 더욱 명백하게 드러난다. 이러한 이유로 PDM과 PWM이 FM과 유사하다면 PAM은 어느 정도 아날로그 AM과 유사하다.

응용문제 6.3-1 다음 절차들에 의해 식 (3)을 유도하시오. 첫째, 펄스 폭 τ가 일정하다고 가정하고, 6.1절의 식 (2)에 의해 주어지는 $s(t)$를 이용해서 $x_p(t) = As(t)$로 쓴다. 둘째, 준 고정 근사화(quasi-static approximation) $\tau \approx \tau_0[1 + \mu\, x(t)]$를 적용한다.

PPM 스펙트럼 분석

불균일 샘플링을 갖는 PPM 방식이 아날로그 펄스 변조 가운데 가장 효율적으로 메시지를 전송할 수 있기 때문에 이에 대한 스펙트럼 분석에 시간을 할애하기로 한다. 분석 방법 그 자체도 음미할 만한 충분한 가치가 있다.

k번째 펄스가 시간 t_k를 중심으로 위치한다고 하자. 만일 식 (2)에서의 일정한 시간지연 t_d를 무시한다면, 불균일 샘플링은 kT_s가 아닌 t_k에서의 샘플 값을 추출하므로

$$t_k = kT_s + t_0\, x(t_k) \tag{5}$$

이 성립한다. 정의에 의해, PPM 파형은 고정 진폭의 위치 변조 펄스를 합한 것으로서 다음과 같이 표현된다.

$$x_p(t) = \sum_k Ap(t - t_k) = Ap(t) * \left[\sum_k \delta(t - t_k) \right]$$

여기서, A는 펄스의 진폭이고 $p(t)$는 펄스의 모양이다. 이 시점에서 $p(t)$가 T_s에 비해 훨씬 짧은 지속시간을 갖기(또는 가져야 하기) 때문에 단순화가 가능하다. 그래서 임펄스를 펄스 모양으로 취할 수 있고 아래의 식이 성립한다.

$$x_p(t) \approx A \sum_k \delta(t - t_k) \tag{6}$$

필요할 경우, 식 (6)은 후에 임펄스가 아닌 파형을 반영하기 위해 원하는 펄스 $p(t)$와 컨벌루션이 행해질 수도 있다.

현재의 형태로 보면 식 (5)와 (6)은 더 이상의 조작이 어렵다. 그 이유는 위치 항 t_k때문인데, 이 값을 식으로 구할 수 없기 때문이다. 그런데 다행히 t_k를 완전히 소거할 수 있다. $t = \lambda$에서 1차 영점(zero) 값을 갖는 함수 $g(t)$를 고려해 보자. 그러면 $g(\lambda) = 0$이고, $t \neq \lambda$에서 $g(t) \neq 0$이며, $t = \lambda$에서 $\dot{g}(t) \neq 0$이다. 이 경우에 임펄스에 관한 분포 이론을 적용하면 다음 식을 얻는다.

$$\delta(t - \lambda) = |\dot{g}(t)|\,\delta[g(t)] \tag{7}$$

이 식의 오른쪽 항은 λ와는 무관하다. 따라서, 만일 $g(t_k) = 0$와 기타 다른 조건을 만족하지만 t_k를 포함하지는 않는 어떤 함수 $g(t)$를 구해낼 수만 있다면, 식 (7)을 이용하여 $\delta(t - t_k)$에서 t_k를 소거할 수 있다.

$t = kT_s + t_0x(t)$에서 0이 되는 함수 $g(t) = t - kT_s - t_0x(t)$을 생각하자. 이제 주어진 k 값에 대해 오직 하나의 PPM 펄스가 존재하는데, 이 펄스는 $t_k = kT_s + t_0x(t_k)$에 위치한다. 따라서 바라는 대로 $g(t_k) = t_k - kT_s - t_0x(t_k) = 0$이 된다. 식 (7)에 $\lambda = t_k$, $\dot{g}(t) = 1 - t_0\dot{x}(t)$ 등을 대입하면 다음 식을 얻게 된다.

$$\delta(t - t_k) = |1 - t_0\,\dot{x}(t)|\,\delta[t - kT_s - t_0\,x(t)]$$

그리고 식 (6)의 PPM 파형은 다음과 같이 된다.

$$x_p(t) = A[1 - t_0\,\dot{x}(t)]\sum_k \delta[t - t_0\,x(t) - kT_s]$$

만일 $t_0 \ll T_s$이라면, 우리가 다루는 대부분의 신호에 대해 $|t_0\,\dot{x}(t)| < 1$이기 때문에 위 식에서 절대값 연산이 없어진 것이다. 이제 **포아송**(Poisson)**의 합 공식**으로 알려진 다음 식을 통해 임펄스의 합을 지수 함수들의 합으로 변환시킨다.

$$\sum_{k=-\infty}^{\infty} \delta(t - kT_s) = f_s \sum_{n=-\infty}^{\infty} e^{jn\omega_s t} \tag{8}$$

그래서 최종적으로 다음 식을 얻는다.

$$x_p(t) = Af_s[1 - t_0\,\dot{x}(t)]\sum_{n=-\infty}^{\infty} e^{jn\omega_s[t - t_0\,x(t)]} \tag{9}$$

$$= Af_s[1 - t_0\,\dot{x}(t)]\left\{1 + \sum_{n=1}^{\infty} 2\cos\left[n\omega_s t - n\omega_s t_0\,x(t)\right]\right\}$$

식 (8)의 유도는 문제 6.3-6에서 다루어진다.

식 (9)에 따르면 불균일 샘플링을 갖는 PPM은 선형 및 지수형 반송파 변조를 조합한 것임을 알 수 있다. 왜냐하면, f_s의 각 고조파가 메시지 $x(t)$에 의해 위상 변조되고, 도함수 $\dot{x}(t)$에 의해 진폭 변조되기 때문이다. 따라서 그 스펙트럼은 f_s의 모든 정수 배 주변에 위치하는 AM 및 PM의 측파대와 DC 임펄스 그리고 $x(t)$의 스펙트럼들로 이루어진다. 말할 필요도 없이, 이러한 스펙트럼의 작도는 톤 변조에서조차 지루한 작업이다. 식 (9)의 첫째 항이 의미하는 바는 저역 통과 필터링과 적분(integrating)에 의해 메시지를 검파할 수 있다는 것이다. 그러나 적분 방법은 PPM의 상점의 하나인 잡음 감소 특성을 완전히 활용하지 못하므로 통상 PAM 또는 PDM으로 변환한 후에 저역 통과 필터링을 행하게 된다.

6.4 질문 및 연습문제

질문

1. 어떤 변조된 BP 신호를 캐리어 주파수보다 낮은 속도로 샘플링 할 수 있는 시스템에 대해서 설명하시오.
2. 높은 DC 성분을 포함하는 신호를 계측하는 장비들은 왜 증폭이나 연산처리를 하기 전에 앞서 신호를 먼저 변조하는가?
3. EKG 모니터의 전단부는 전기적으로 접지로부터 완전하게 차폐되어야 한다. 입력 탐침부와 접지 또는 입력 탐침부와 전력 공급회로 사이의 저항값은 1 MΩ 이상이 되어야 한다. 전단부로부터의 이 신호를 증폭하고 화면에 출력해야 한다. 이러한 과정을 수행할 수 있는 시스템에 대해서 설명하시오.
4. 과다샘플링이 필요한 이유에 대해서 최소한 2가지 이상 적으시오.
5. 왜 순수한 정현파를 샘플링할 때 필요한 Nyquist 주파수가 $f_s \geq 2W$가 아니고 $f_s > 2W$인가?
6. Nyquist율보다 약간 높은 주파수로 신호를 샘플링 하여 $N - 1$개의 값을 저장하였다. 이 값을 이용하여 Nyquist율보다 8배 높은 주파수로 샘플링 한 것처럼 이 신호를 표현하고 싶다. 우리가 이용할 수 있는 데이터는 오직 원래 샘플값뿐이다. 샘플링 율을 높이는 방법에 대해서 최소한 2가지 이상 설명하시오.
7. PAM, PWM, PPM 신호를 복조하는 시스템에 대해서 설명하시오.
8. 어떤 심전도(EKG) 신호의 주기는 20 bpm(beats per minute)에서 수 백 bpm까지 변화한다. 적절한 EKG 신호를 얻기 위해 필요한 최소 샘플링 주파수는 얼마인가?
9. 간극 오차를 극복하기 위한 대안을 설명하고 나열하시오.
10. 어떤 조건에서 최악의 간극 오차가 발생하는가? 왜 음악을 녹음할 때 최악의 경우가 발생하는가, 또는 그렇지 않는가?

연습문제

6.1-1 $\tau = T_s/2$, $f_s = 100$ Hz, $x(t) = 2 + 2\cos 2\pi 30t + \cos 2\pi 80t$일 때, 식 (3)의 초퍼 샘플 파형을 고려하자. $0 \leq f \leq 300$ Hz에 대해서, $x_s(t)$의 단방향 선 스펙트럼을 그리고 각 부분의 명칭을 써넣으시오. 그리고 $x_s(t)$가 $B = 75$ Hz를 갖는 이상적 LPF에 인가될 때 그 출력 파형을 구하시오.

6.1-2 위 문제 6.1-1에서 $x(t) = 2 + 2\cos 2\pi 30t + \cos 2\pi 140t$인 경우에 대해 반복하시오.

6.1-3 어떤 증폭기의 사용 가능한 주파수 범위가 f_ℓ에서 $f_\ell + B$까지 이다. 이때 $B \gg f_\ell$이다. 양극성 초퍼를 사용하여 이 증폭기가 유효 DC 성분과 대역폭 $W \ll B$의 대역폭을 갖는 신호들을 처리할 수 있는 시스템을 설계하시오.

6.1-4* FM 스테레오를 위한 기저대역 신호가 다음 식과 같다고 하자.

$$x_b(t) = [x_L(t) + x_R(t)] + [x_L(t) - x_R(t)]\cos\omega_s t + A\cos\omega_s t/2$$

여기서, $f_s = 38$ kHz이다. 그림 P6.1-4의 초퍼 시스템으로 이러한 기저대역 신호를 생성하려 한다. LPF는 $|f| \le 15$ kHz인 경우 K_1의 이득과 $23 \le |f| \le 53$ kHz에서는 K_2의 이득을 갖으며 나머지 $|f| \ge 99$ kHz인 경우에는 신호를 차단한다. 스케치를 통해서 $x_s(t) = x_L(t)s(t) + x_R(t)[1 - s(t)]$가 성립함을 보이시오. 여기서, $s(t)$는 $\tau = T_s/2$를 갖는 단극성 스위칭 함수이다. 그리고 필요한 이득 K_1과 K_2의 값을 구하시오.

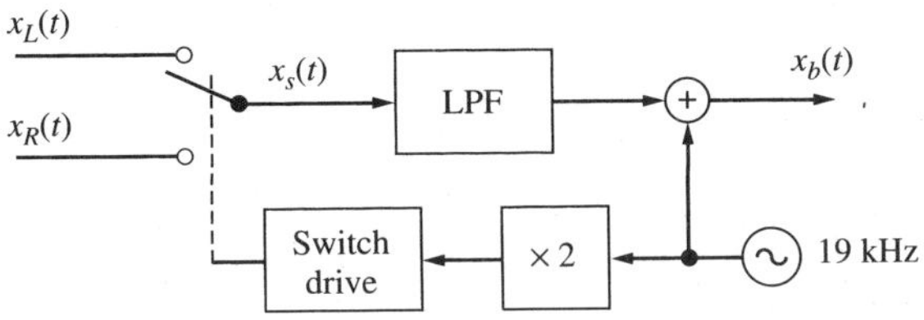

그림 P6.1-4

6.1-5 일반적인 스테레오 복호기 회로는 $v_L(t) = x_1(t) - Kx_2(t)$와 $v_R(t) = x_2(t) - Kx_1(t)$을 생성하기 위해 트랜지스터 스위치들을 이용한다. 여기서 K는 상수이며 $x_1(t) = x_b(t)s(t)$, $x_2(t) = x_b(t)[1 - s(t)]$이고, $x_b(t)$는 문제 6.1-4에서의 FM 스테레오 기저대역 신호다. 그리고 마지막으로 $s(t)$는 $\tau = T_s/2$를 갖는 단극성 스위칭 함수이다. 이때 (a) $v_L(t)$와 $v_R(t)$를 저역 통과 필터링하면 그 출력이 각각 원하는 좌측 및 우측 채널 신호가 될 수 있도록 상수 K의 값을 결정하시오. (b) $K = 0$인 보다 간단한 스위칭 회로의 단점은 무엇인가?

6.1-6 2.5절의 식 (14)를 이용하여 식 (11)을 유도하시오.

6.1-7 $x(t)$가 그림 P6.1-7과 같은 스펙트럼을 갖고 있고 $f_u = 25$ kHz, $W = 10$ kHz이다. $f_s = 60, 45, 25$ kHz인 경우의 $x_\delta(f)$를 그리시오. 각각의 경우에 대해 $x_\delta(t)$로부터 $x(t)$를 어떻게 재구성할 수 있는지 간략하게 설명하시오.

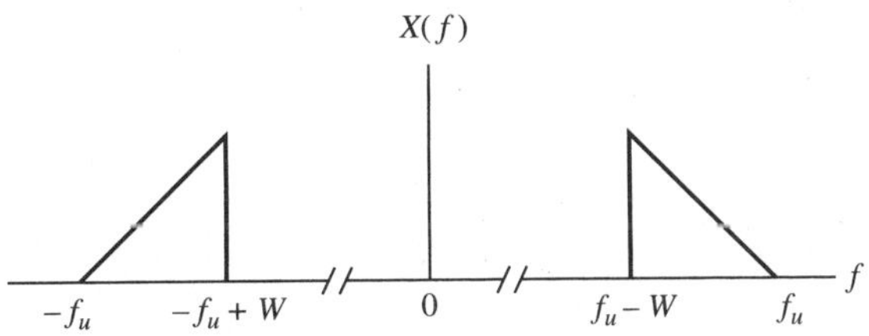

그림 P6.1-7

6.1-8 Nyquist율이 $f_s = 2f_u$인 위의 그림 P6.1-7의 대역 통과 신호 스펙트럼을 고려하자. 대역 통과 샘플링 정리에 따르면, 만일 $f_s = 2f_u/m$이고 정수 m이 $(f_u/W) - 1 < m \le f_u/W$를 만족한다면 대역 통과 필터링에 의해 $x_\delta(t)$로부터 $x(t)$를 재구성할 수 있다. (a) m의 값을 구하고, $0 < f_u/W \le 5$일 때 f_s/W에 대한 f_u/W의 관계를 그리시오. (b) $f_u = 2.5W$이고 $f_s = 2.5W$일 때의 $X_\delta(f)$를 그려서 이 대역 통과 샘플링 정리를 검증하시오. 또한 더 높은 크기의 샘플링 속도 $f_s = 4W$는 사용할 수 없음을 보이시오.

6.1-9 신호 $x(t) = \text{sinc}^2\, 5t$가 $t = 0, \pm 0.1, \pm 0.2, \ldots$ 에서 이상적으로 샘플링되고, $B = 5$, 이득은 1, 시간지연은 0인 이상적인 LPF에 의해 재구성된다고 하자. 그림 6.1-6에서와 같이 $|t| \le 0.2$에 대해서 재구성 처리과정을 그래프로 나타내시오.

6.1-10 $\tau = 2$인 구형 펄스가 이상적으로 샘플링되고, $B = f_s/2$인 갖는 이상적 LPF를 통해 재구성된다. 샘플 시간이 그 펄스의 중심에 위치한다고 가정할 때 $T_s = 0.8$ 및 $T_s = 0.4$에서의 각 출력 파형들을 그리시오.

6.1-11 이상적으로 샘플링된 어떤 파형이 $T = T_s$의 시간지연을 수반하는 ZOH 장치를 이용하여 재구성된다고 하자. (a) 재구성된 파형이 $x(t)$의 계단형 근사값이 됨을 증명하는 $y(t)$를 구하고 그림으로 나타내시오. (b) $W \ll f_s$인 경우에 있어, $X(f) = \Pi(f/2W)$에 대한 $|Y(f)|$를 그리시오. 결과의 중요성에 대해 언급하시오.

6.1-12‡ 그림 P6.1-12의 재구성 시스템은 **일차 유지**라고 불린다. ZOH라는 명칭이 붙은 각 블록은 시간지연 $T = T_s$인 영차 유지를 나타낸다. (a) $h(t)$을 구하고 $y(t)$을 그려 재구성 동작을 설명하시오. (b) $H(f) = T_s\,(1 + j2\pi f T_s)\,(\text{sinc}^2 fT_s)\exp(-j2\pi f T_s)$임을 보이시오. 그리고 $W < f_s/2$에서 $X(f) = \Pi(f/2W)$에 대한 $|Y(f)|$를 그리시오.

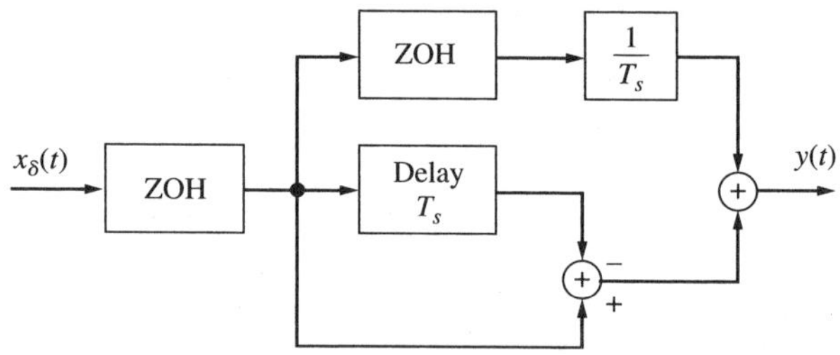

그림 P6.1-12

6.1-13‡ $T_s = 1/2W$ 및 $B = W$를 갖는 경우에 Parseval 정리와 식 (14)를 이용하여, 대역 제한된 신호의 에너지가 다음 식과 같이 샘플 값과 연관되어 있음을 증명하시오.

$$E = (1/2W)\sum_{k=-\infty}^{\infty} |x(k/2W)|^2$$

6.1-14 **주파수 영역 샘플링 정리**에 의하면, $x(t)$가 시간 제한된 신호(즉 $|t| \ge T$인 경우 $x(t) = 0$가 된다)이면, $X(f)$는 $f_0 \le 1/2T$의 샘플 값 $X(nf_0)$에 의해 완벽하게 결정된다. 주기 신호 $v(t) = x(t) * [\Sigma_k\, \delta(t - kT_0)]$에 대한 Fourier 급수를 전개하여 이 정리를 증명하시오. 여기서 $T_0 \ge 2T$이며, $x(t) = v(t)\Pi(t/2T)$라는 사실을 이용하시오.

6.1-15* 주기가 $T_x = 0.08\ \mu s$인 어떤 신호를 표시하는데 내부의 고주파 차단 주파수는 $B = 6$ MHz라 한다. 샘플링 오실로스코프를 이용하여 샘플링 주파수의 최대값 및 전치 샘플링 LPF의 대역폭을 결정하시오.

6.1-16 문제 6.1-15에서 샘플링 오실로스코프가 $T_x < 1/3B$일 때 유용한 출력 파형을 제공할 수 없는 이유를 설명하시오.

6.1-17* $W = 15$ kHz인 어떤 신호를 150 kHz로 샘플링 하였다. 이 신호를 (a) ZOH, (b) FOH에 의해 재구성하다면 최대 간극 오차 비율은 몇 %가 되는가?

6.1-18 W = 15 kHz인 신호를 150 kHz으로 샘플링 하고 1차 Butterworth 에일리어싱 방지 필터를 사용하였다. 이때 통과 대역에서의 최대 에일리어싱 오차율은 몇 %가 되는가?

6.1-19 식 (5)에서 정현파 신호에 대해서는 등호가 성립되지 않음을 증명하시오.

6.1-20* 다음 세 신호를 적절히 샘플링하기 위해 각각 어떤 값의 Nyguist율이 필요한가?
(a) sinc $(100t)$, (b) sinc^2 $(100t)$, (c) 10 $\cos^3$ $(2\pi 10^5 t)$.

6.1-21 에일리어싱된 성분들이 반 전력 주파수 159 kHz에서의 신호 레벨보다 최소한 40 dB 낮아지도록 하여 예제 6.1-2를 반복하시오.

6.1-22* σ = 4 μs인 가우스 파형을 샘플링 하기 위한 최소 샘플링 주파수는 얼마인가? 이 때 샘플 된 것이 신호의 98%의 파형을 포함하도록 한다.

힌트: 표 T.1과 T.6, 그림 8.4-2.

6.1-23 CD에 담긴 음악 신호의 대역폭은 $W \leq 20$ kHz이고 샘플링 주파수는 f_s = 44 kHz이다. (a) ZOH를 사용했을 때와 (b) FOH를 사용하여 원 신호를 복원할 때 간극 오차의 최대 비율은 얼마인가?

6.2-1 $\tau = T_s/2$, $f_s = 2.5W$, $p(t) = \Pi(t/\tau)$일 때, 평탄 상단 샘플링을 위한 $|X_p(f)|$를 그리고 $H_{\text{eq}}(f)$를 구하시오. 이때 등화가 반드시 필요한지 설명하시오.

6.2-2 문제 6.2-1에서 $p(t) = (\cos \pi t/\tau)\Pi(t/\tau)$인 경우에 대해 반복하시오.

6.2-3‡ 어떤 샘플링 장치들은 $x(t)$로부터 샘플링 구간에 걸쳐 평균값(average value)을 얻어 내며, 따라서 식 (1)의 $x(kT_s)$는 다음 식으로 대체된다.

$$\bar{x}(kT_s) \triangleq \frac{1}{\tau}\int_{kT_s-\tau}^{kT_s} x(\lambda)\,d\lambda$$

(a) 입력이 $x(t)$이고 출력이 $\bar{x}(t)$인 평균화 필터(averaging filter)와 순시 평탄 상단 샘플링를 사용하여 위의 과정에 대한 주파수 영역 모델을 설계하시오. 그리고 그 평균화 필터의 임펄스 응답을 구하고, $X_p(f)$에 대한 식을 구하시오. (b) $p(t)$가 직각 펄스가 될 때 필요한 등화기를 구하시오.

6.2-4 식 (4)와 같은 PAM 신호를 고려하자. (a) 그 신호의 스펙트럼이 다음 식과 같음을 증명하시오.

$$X_p(f) = A_0 f_s P(f)\left\{\sum_n \left[\delta(f - nf_s) + \mu X(f - nf_s)\right]\right\}$$

(b) $p(t) = \Pi(t/\tau)$에서 $\tau = T_s/2$이고, $\mu x(t) = \cos 2\pi f_m/t$에서 $f_m < f_s/2$인 경우, $|X_p(f)|$를 그리시오.

6.2-5 식 (4)의 PAM 신호가 변압기 결합 채널(transformer-coupled channel)을 통해 전송되고, $x_p(t)$의 DC 성분을 제거하기 위해 $p(t) = \Pi[(t - \tau/2)/\tau] - \Pi[(t + \tau/2)/\tau]$와 같은 형태의 펄스를 사용한다고 가정하자. (a) 문제 6.2-4a의 식을 이용하여 $\tau = T_s/4$, $X(f) = \Pi(f/2W)$, $f_s > 2W$인 경우의 $|X_p(f)|$를 그리시오. (b) $x(t)$의 성분이 $|f| < f_\ell < W$의 주파수 범위에서 무시할 수 있을 정도로 작다고 가정할 때 이에 적합한 등화기를 구하시오. 또한 왜 이와 같은 가정이 필요한가?

6.2-6 곱 검파기(product detector)를 사용하여 어떻게 PAM 신호를 복조하는지 설명하시오. LO 및 LPF를 위한 주파수 파라미터를 반드시 기술하시오.

6.3-1* $t_r \le 0.25\tau_{\min}$을 원할 때, $f_s = 8$ kHz, $|\mu x(t)| \le 0.8$, $\tau_0 = T_s/5$인 음성 PDM 신호에 필요한 전송 대역폭을 계산하시오.

6.3-2 $f_s = 8$ kHz, $|\mu x(t)| \le 0.8$인 경우, 음성 PDM 신호가 $B_T = 500$ kHz인 어떤 채널을 통해 전송된다고 하자. $\tau_{\max} \le T_s/3$와 $\tau_{\min} \ge 3t_r$이 되도록 하는 τ_0의 범위를 구하시오.

6.3-3 펄스 변조된 어떤 파형이 신호 $x(t) = \cos 2\pi t/T_m$을 $t = kT_s$에서 균일 샘플링함으로써 생성된다고 하자. 단, $T_s = T_m/3$이다. 다음 각각의 변조방식에 대해 $x_p(t)$를 스케치하시오. (a) $\mu = 0.8$, $\tau_0 = 0.4T_S$, $t = kT_s$에서 고정된 선행구간을 갖는 PDM.; (b) $t_d = 0.5T_s$, $t_0 = \tau = 0.2T_s$인 PPM.

6.3-4 위 문제 6.3-3을 $T_s = T_m/6$인 경우에 대해 반복하시오.

6.3-5 식 (9)를 이용하여 PPM 발생기를 사용하여 $f_c = mf_s$인 협대역 위상 변조를 수행하는 시스템을 설계하시오.

6.3-6 **Poisson의 합 공식**은 일반적으로 다음의 합이 서로 같다는 것을 알려준다. 즉,

$$\sum_{n=-\infty}^{\infty} e^{\pm j2\pi n\lambda/L} = L \sum_{m=-\infty}^{\infty} \delta(\lambda - mL)$$

여기서, λ는 독립변수이며, L은 상수이다. (a) $\mathscr{F}^{-1}[S_\delta(f)]$의 역 푸리에 변환을 취해서 식 (8)에서 주어진 바와 같은 시간영역에서의 식을 유도하시오. (b) $\mathscr{F}[s_\delta(t)]$을 취함으로써 주파수 영역 식을 유도하시오.

6.3-7‡ $g(t)$가 $a \le t \le b$ 구간에서 단조(monotonically) 증가 또는 감소하며, 이 범위에 속하는 $t = \lambda$에서 0을 지나는 어떤 연속 함수라고 하자. 다음 식에서 $v = g(t)$와 같이 변수를 변경함으로써 식 (7)의 정당성을 증명하시오.

$$\int_a^b \delta[g(t)]\, dt$$

제 7 장

아날로그 통신 시스템

개 요

선형 또는 각(角) CW 변조를 채용하는 통신 시스템은 여러 가지 면에서 다를 수 있다—변조의 형식, 반송파 주파수, 전송 매체 등등. 하지만 모두 시변(時變)하는 포락선 및/또는 위상을 갖는 정현파 대역통과 신호가 메시지의 정보를 전달한다는 공통적인 성질을 갖는다. 따라서 발진기, 혼합기, 대역통과 필터 등과 같은 일반적인 하드웨어 품목들이 모든 CW 변조 시스템의 주요한 구성 블록이 된다. 뿐만 아니라 많은 시스템들이 선형과 각 변조 기술을 모두 채용하고 있다.

이 장은 그러므로 4장에서 6장을 걸쳐 얻은 개념과 결과를 이용하여 CW 변조 시스템과 하드웨어들을 보다 넓은 관점에서 바라볼 것이다. 구체적인 주제들로는 CW 수신기, 주파수 및 시간 다중화, 위상 동기 루프, 그리고 텔레비전 시스템 등이 있다.

학습목표

이 장을 공부하고 응용문제들을 푼 후에 다음의 사항들을 수행할 수 있어야 한다.

1. 기술된 규격을 만족하는 슈퍼헤테로다인 수신기를 블록도 형태로 설계한다(7.1절).
2. 어떤 주파수에서 슈퍼헤테로다인이 불요 입력에 영향을 받기 쉬운지를 예측한다(7.1절).
3. 규격이 주어지면 FDM이나 TDM 시스템의 블록도를 그리고 각종 대역폭을 계산한다(7.2절).
4. 파일럿 필터링, 주파수 합성, FM 검파 등에 이용되는 위상 동기 루프를 파악한다(7.3절).
5. 간단한 위상 동기 루프 시스템을 해석하고 잠금 동작에 필요한 조건을 결정한다(7.3절).
6. 다음과 같은 TV 용어를 설명한다: 주사 래스터(scanning raster), 필드(field), 재귀(再歸, retrace), 휘도(輝度, luminance), 색차(色差, chrominance), 그리고 색 호환성(color compatibility) (7.4절)
7. 수직 해상도, 유효 주사선 시간, 종횡비가 주어질 때 화상 전송에 필요한 대역폭을 계산한다(7.4절).
8. NTSC 대 HDTV 시스템의 중대한 성능 차이를 설명한다(7.4절).

7.1 CW 변조에 대한 수신기

CW 수신기에서 정말로 꼭 필요한 것은 약간의 동조(同調) 체제, 복조, 그리고 증폭 등이다. 충분히 강한 수신 신호의 경우에는 증폭이 필요 없을 수조차도 있다—역사적인 광석 라디오를 보라. 하지만 대부분의 수신기들은 보다 정교한 **슈퍼헤테로다인**의 원리에 입각하여 동작하는데, 이를 가장 먼저 다루게 될 것이다. 그런 다음 다른 형태의 수신기와 그와 관련된 주사 스펙트럼 분석기를 생각해 보기로 한다.

슈퍼헤테로다인 수신기

통상적인 방송 수신기는 복조뿐만 아니라 다른 세 가지의 동작을 함께 수행하여야 한다: (1) 원하는 신호를 선택하기 위한 반송파 주파수 **동조**, (2) 신호와 함께 수신되는 다른 것들을 걸러내는 **필터링**, 그리고 (3) 전송 손실을 보상하기 위한 **증폭**. 그리고 적어도 증폭의 일부는 복조 전에 수행되어야 하는데, 이는 신호를 복조 회로가 필요로 하는 수준까지 끌어올리기 위한 것이다. 예를 들면, 복조기가 다이오드 포락선 검파를 기초로 한 것이라면, 입력 전압은 다이오드의 순방향 전압 강하를 넘어야 한다. 이론적으로는, 앞서 이야기한

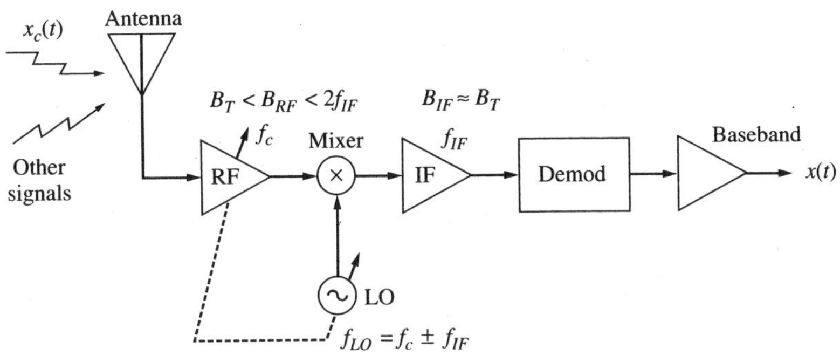

그림 7.1-1
슈퍼헤테로다인 수신기.

모든 요구 사항들은 고이득 가변 동조 대역통과 증폭기로 만족시킬 수 있다. 실제적으로는 아주 적은 통과대역 (즉, 반송파 중심 주파수에 비해 상대적으로 낮은 비율의 대역폭)과 안정성 문제 때문에 그런 증폭기는 가격이 비싸고 제조하기도 어렵다. 좀 더 구체적으로 말하자면, 아날로그 부품으로는 인접 채널 신호를 제거하는 고선택도(高選擇度)(즉, 높은 Q)이면서도 동조를 가변적(즉, 중심 주파수를 가변할 수 있는)으로 할 수 있는 필터를 구현하는 것은 어렵고도 비경제적이다. 암스트롱은 이러한 문제들을 돌아가기 위해 슈퍼헤테로다인 또는 "슈퍼헷(superhet)" 수신기를 고안하였다.

슈퍼헷 원리는 그림 7.1-1에 보인 것처럼 복조 전에 증폭과 필터링이라는 별개의 두 가지 기능부가 필요하다. 들어오는 신호 $x_c(t)$는 원하는 반송파 주파수 f_c에 맞춰진 **무선 주파수**(radio frequency, **RF**) 부에서 먼저 선택되고 증폭된다. 증폭기는 $x_c(t)$와 함께 인접 채널 신호의 일부를 통과시키는 상대적으로 넓은 대역 B_{RF}를 갖는다. 그 다음은 혼합기와 국부 발진기로 구성된 주파수 변환기가 RF 출력을 주파수가 $f_{IF} < f_c$인 **중간 주파수**(intermediate frequency, IF)까지 아래로 주파수를 이동시킨다. 조절 가능한 LO 주파수는

$$f_{LO} = f_c + f_{IF} \qquad \text{or} \qquad f_{LO} = f_c - f_{IF} \tag{1}$$

이 되어야 하고, 따라서

$$|f_c - f_{LO}| = f_{IF} \tag{2}$$

가 되도록 RF 동조와 연동된다. 대역폭 $B_{IF} \approx B_T$를 갖는 IF 부는 이제 인접 채널 신호를 제거한다. 이 부는 고정된 대역통과 증폭기로 **IF 길**(strip, 路)이라고 불리며 대부분의 이

표 7.1-1 AM 및 FM 무선 파라미터.

	AM	FM
Carrier frequency	540–1700 kHz	88.1–107.9 MHz
Carrier spacing	10 kHz	200 kHz
Intermediate frequency	455 kHz	10.7 MHz
IF bandwidth	6–10 kHz	200–250 kHz
Audio bandwidth	3–5 kHz	15 kHz

그림 7.1-2

슈퍼헤테로다인 수신기에서의 스펙트럼. (a) 안테나에서, (b) IF 부에서.

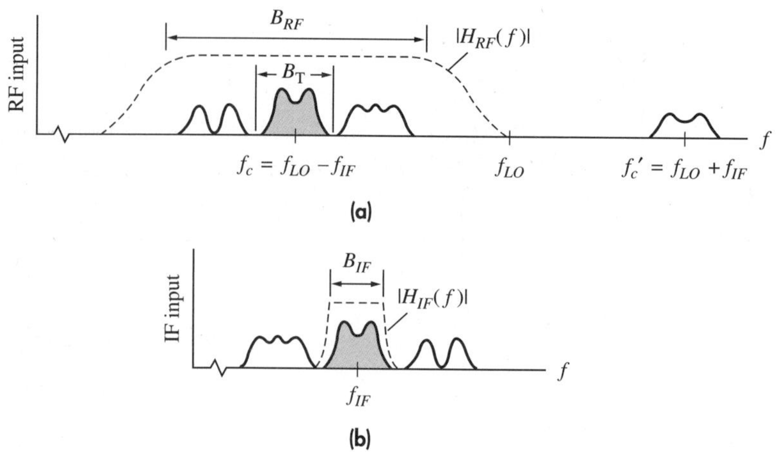

득을 제공한다. 끝으로, IF 출력은 메시지 복원과 기저대역 증폭을 위해 복조기로 넘어간다. 북미의 상업 방송용 AM 및 FM 수신기의 파라미터들을 표 7.1-1에 보였다. 다른 국가들은 일반적으로 같은 AM 대역을 사용하지만 FM은 다소 다른 대역을 사용하기도 한다.

그림 7.1-2의 스펙트럼 그림은 슈퍼헷 수신기의 동작을 보다 명확하게 보여준다. 여기서 (SSB나 VSB와 구별되는) 대칭적인 측파대를 갖는 변조 신호를 가정하였다. 그리고 또 $f_{LO} > f_c$인 **상측 변환**도 가정하였다(나중에 더 자세히 다룸). 그러므로 $f_{LO} = f_c + f_{IF}$라고 하면

$$f_c = f_{LO} - f_{IF}$$

이다. 그림 7.1-2a의 RF 입력 스펙트럼은 우리가 원하는 신호 더하기 양측의 인접 채널 신호와 **이미지 주파수**(image frequency)

$$f_c' = f_c + 2f_{IF} = f_{LO} + f_{IF} \tag{3}$$

에 있는 다른 신호를 포함하고 있다. 두 개의 수용 가능한 주파수 f_c와 f_c'은 식 (2)[†]의 절대값 연산자에 의한 것임을 유념하자.

RF 부의 주 임무는 적어도 $f_c \pm B_T/2$는 통과시키고 반면에 이미지 주파수 신호는 걸러내는 것이다. f_c'가 혼합기에 도달하기 위해서는 하향 변환되어

$$f_c' - f_{LO} = (f_{LO} + f_{IF}) - f_{LO} = f_{IF}$$

가 되어야 하며 이미지 주파수 신호는 동일 채널 간섭과 비슷한 효과를 발생하게 될 것이다. 따라서 우리는 점선으로 표시한 것과 같은 RF 응답 $|H_{RF}(f)|$와

$$B_T < B_{RF} < 2f_{IF} \tag{4}$$

[†] 혼합기 단에서도 아래 식이 적용됨에 유의할 것.

$$\cos\alpha \cos\beta = \cos\beta \cos\alpha = \tfrac{1}{2}[\cos(\alpha + \beta) + \cos(\alpha - \beta)] = \tfrac{1}{2}[\cos(\beta + \alpha) + \cos(\beta - \alpha)]$$

가 필요하다. 그림 7.1-2에 표시한 것처럼, 차단 효과를 피하기 위해 f_{LO}는 가변-동조 초단-BPF의 바깥에 있어야 한다. 또 IF가 높을수록, 이미지 주파수는 더 높아져서 초단에 협대역 BPF를 둘 필요가 줄어든다는 것을 알 수 있다. 또 한 가지 지적해야 할 것은 인접 채널 신호를 제거하기 위해 고선택도 IF-BPF가 필요하지만 이미지를 제거하는 데는 도움이 되지 않는다는 것이다. 걸러지고 하향 변환된 IF 입력 쪽의 스펙트럼을 그림 7.1-2b에 보였다. 표시된 IF 응답, 즉, $B_{IF} \approx B_T$인 $|H_{IF}(f)|$가 인접 채널 제거의 임무를 완수한다.

슈퍼헤테로다인 구조는 몇 가지의 실질적인 이점을 갖는다. 우선 동조가 전적으로 초단에서 이루어져 복조기를 포함하는 나머지 회로는 f_c를 변화시키기 위한 조정이 필요하지 않다. 두 번째는, f_c와 f_{IF}로 분리함으로써, 증폭된 출력이 수신기 입력으로 기생적으로 피드백 됨으로 인하여 발생하는 잠재적인 불안정성을 제거할 수 있다는 것이다. 세 번째는 대부분의 이득과 주파수 선택성이 고정된 주파수인 IF 길에 집중되어 있다는 것이다. f_{IF}는 내부적인 설계 파라미터이므로 구현의 용이성을 위해 적절한 비율 대역폭 B_{IF}/f_{IF}를 갖도록 선정할 수 있다. 모두 종합하여, 이러한 이점들로 인하여 극도로 높은 이득—IF 길에서만 75 dB 이상—을 갖는 슈퍼헷 수신기를 제작할 수가 있다. 또 고도의 Q 값을 갖는 기계식, 세라믹, 수정(水晶), SAW 등의 대역통과 필터를 채용할 수 있어 인접 채널 간섭을 엄청나게 줄일 수 있다.

뿐만 아니라, 수신기가 광범위한 반송파 주파수를 감당해야 할 경우, $f_{LO} = f_c + f_{IF}$ (상측 변환)를 선택하면 보다 작고 쉬운 LO **동조 비**(tuning ratio)를 얻을 수 있다. 예를 들면, AM 방송용 라디오는 $540 < f_c < 1700$ kHz이고 $f_{IF} = 455$ kHz인데, 그러면 $995 < f_{LO} < 2155$ kHz가 되고 따라서 LO 동조 비는 2:1이 된다. 다른 한편으로, $f_{LO} = f_c - f_{IF}$(하측 변환)로 잡으면, 동일한 IF 및 입력 주파수 범위에 대해 $85 < f_{LO} < 1245$ kHz가 되어 LO 동조 비는 ~ 13:1이 된다. 또한, SSB 슈퍼헷에서 $f_{LO} > f_c$로 잡으면 하향 변환된 신호에서는 **측파대 역전**(sideband reversal)이 일어나 RF에서 USSB이던 것이 IF에서는 LSSB가 된다. 그 반대도 마찬가지이다.

슈퍼헷 구조의 주요한 단점은 f_c 이외의 주파수에 의한 불요 응답이 생길 수 있다는 것이다. 이미지 주파수 응답이 가장 명백한 문제이다. 그림 7.1-1의 라디오는 이미지 제거(image rejection)를 위해 가변 동조 BPF를 채용하고 있다. 오늘날의 집적 전자 기술로는 높은 Q의 가변 동조 BPF는 경제성이 떨어질 수 있어 다른 이미지 제거 방안을 강구해야만 한다. f_{IF}를 올리는 것은 f_c와 f_c' 사이의 간격을 넓히므로 RF 증폭기의 BPF에 대한 요구 조건을 완화한다. 실제로 f_{IF}를 충분히 높게 잡는다면 이미지 제거에 보다 더 경제적인 LPF를 사용할 수 있을 것이다.

불행하게도 불요 응답에 있어서 이미지만이 슈퍼헷이 직면한 유일한 문제가 아니다. LO 신호에 조금이라도 왜곡이 생기면 이는 불요 입력과 혼합되어 IF 길까지 통과한다. 이것이 바로 LO가 “깨끗한” 정현파라야 하는 이유이다. 비정현파 모양인 디지털 신호에는 고조파들이 실려 있으므로, 만약 수신기에 디지털 회로가 포함되어 있으면 이러한 신호들이 혼합기 단으로 새어 나가지 않도록 주의를 기울여야 한다. 또 다른 문제들은 신호의 관통(feed-through)과 비선형으로부터 발생한다. 예를 들면, $\frac{1}{2} f_{IF}$ 주파수 부근의 강한 신호가 IF 입력에 도달하면, IF 증폭기의 처음 단이 비선형적이면 이차 고조파가 발생한다. 이 이차 고조파는 대략 f_{IF}이고 뒷 단들에서 증폭되어 검파기 입력에 간섭으로 나타난다.

슈퍼헤테로다인 수신기는 입력 신호 레벨에 따라 수신기의 이득이 자동으로 조절되도록 하는 **자동 이득 조절**(automatic gain control, **AGC**)을 보통 포함하고 있다. AGC는 수신기의 음향 신호를 정류(整流)하고 과도할 정도로 저역 통과 필터링하여, 그 평균값을 계산함으로써 이루어진다. 그 다음 이 직류 값은 IF 또는 RF 단으로 궤환되어 그 단의 이득을 키우거나 줄이게 된다. AM 라디오에서 AGC는 보통 **자동 크기 조절**(automatic volume control, **AVC**)이라고 불리고 복조기로부터의 신호를 IF로 궤환하도록 구현되는 반면, FM 수신기는 종종 **자동 주파수 조절**(automatic frequency control, **AFC**)을 가지며, 작은 주파수 변동을 바로잡기 위해 LO로 궤환한다.

예제 7.1-1 **슈퍼헷과 불요 신호 응답**

$f_{IF} = 500$ kHz이고 $3.5 < f_{LO} < 4.0$ MHz인 어떤 슈퍼헷 수신기가 3에서 3.5 MHz의 신호를 수신하기 위해 동조 다이얼이 설정되어 있다. 동조 다이얼을 돌려 3.0 MHz 신호를 수신하도록 맞추었다. 수신기는 광대역 RF 증폭기를 가지고 있는데, LO가 꽤 큰 삼차 고조파를 출력한다는 것을 발견하였다. 어떤 신호가 들린다면, 가능한 반송파 주파수는 어떤 것들인가? $f_{LO} = 3.5$ MHz이면, $f_c = f_{LO} - f_{IF} = 3.5 - 0.5 = 3.0$ MHz이고, 이미지 주파수는 $f_c' = f_c + 2f_{IF} = 4.0$ MHz이다. 하지만 발진기의 삼차 고조파는 10.5 MHz이고 따라서 $f_c'' = 3f_{LO} - f_{IF} = 10.5 - 0.5 = 10.0$ MHz. 그러면 그에 상응하는 이미지 주파수는 $f_c''' = f_c'' + 2f_{IF} = 10 + 1 = 11$ MHz이다. 그러므로 이 수신기로는, 다이얼은 방송국이 3.0 MHz로 송신하고 있다고 나타내고 있어도 실제로는 4, 10, 또는 11 MHz일 수도 있다.

응용 문제 7.1-1

$10 \le f_{LO} \le 10.5$ MHz와 함께 $f_{IF} = 7.0$ MHz이고 국부 발진기가 삼차 고조파를 출력한다고 할 때, 예제 7.1-1의 수신기의 불요 주파수들을 구하시오. 수신기의 입력 앞에 $B = 4$ MHz인 일차 버터워스 LPF가 올 경우, 최소 불요 입력 제거비는 dB로 얼마이겠는가?

직접 변환 수신기

직접 변환 수신기(direct conversion receivers, **DC**)는, RF 증폭기 그 다음은 곱셈 검파기와 적당한 메시지 증폭단이 따르는 **RF 동조**(tuned-RF, TRF) 수신기의 한 종류이다. 이들은 종종 **호모다인** 또는 **제로**(zero) **IF** 수신기라고 불리기도 한다. 한 DC 수신기를 그림 7.1-3에 보였다. 혼합기 다음에 오는 LPF에 의해 인접 채널 간섭 제거가 이루어진다. DC 수신기는 슈퍼헷 수신기에 영향을 미쳤던 것과 같은 이미지 문제를 겪지 않고, 발전된 회로 기술, 특히 더 높은 이득과 보다 안정된 RF 증폭기 덕분에 좋은 성능을 낼 수 있다. DC의 단순성 때문에 초소형 무선 센서 용도 등에 적합하다.

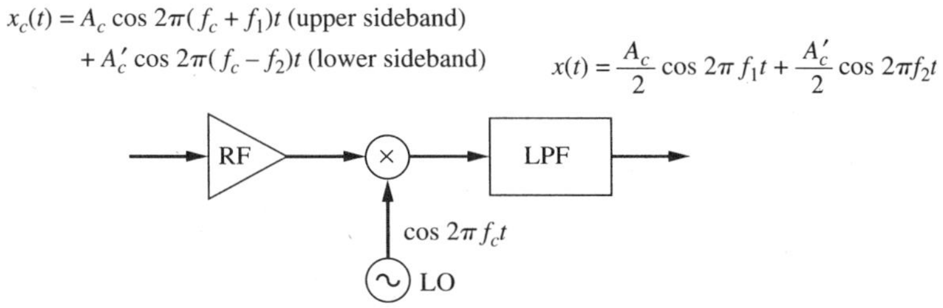

그림 7.1-3
직접 변환 수신기.

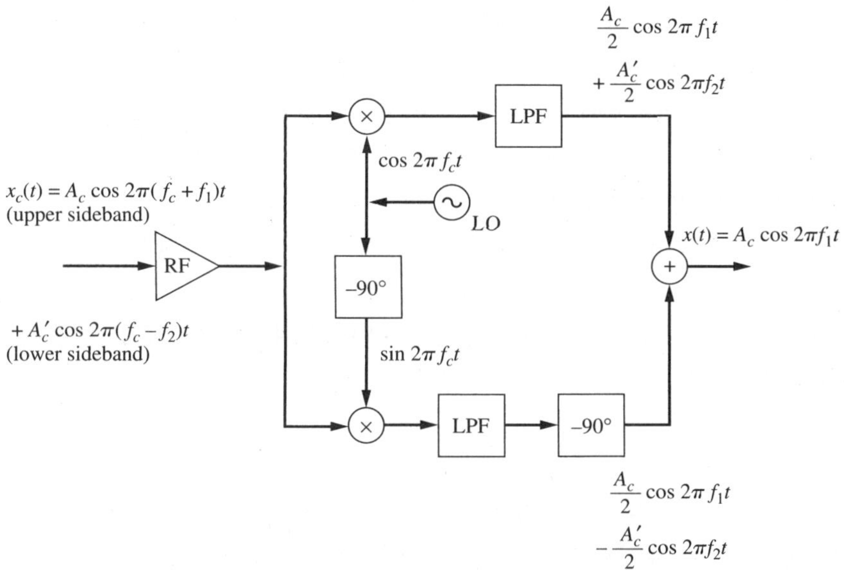

그림 7.1-4
반대 쪽 측파대를 제거하는 직접 변환 수신기.

DC의 주요한 단점은 반대 쪽 측파대에 존재하는 이미지 신호를 제거하지 않아서 잡음과 간섭에 더 민감하다는 것이다. 그림 7.1-3은 두 개의 단일 톤 SSB 신호에 의한 출력을 예시하고 있는데, 하나는 위쪽 측파대, 즉, $f_c + f_1$에서, 간섭 신호는 아래쪽 측파대, 즉, $f_c - f_2$에서 송신하고 있다. f_1과 f_2 모두 수신기의 출력에 나타난다. 그런데 캠벨(Campbell, 1993)에 의해 처음 개발된 그림 7.1-4에 보인 시스템은 다른 쪽 측파대를 제거한다. 그림 7.1-4의 주요 지점들을 꼼꼼히 살펴보면 수신기의 출력은 오로지 위쪽 측파대 $f_c + f_1$ 신호만 포함하고 있다. 마지막의 덧셈기를 뺄셈기로 바꾸면 LSSB 신호를 수신하게 된다.

특수 목적 수신기

특수한 목적에 사용되는 다른 수신기 형태에는 헤테로다인, TRF, 그리고 이중 변환 등의 구조가 있다. **헤테로다인 수신기**는 RF 부가 없는 슈퍼헷인데, 이미지 주파수 문제를 일으킬 가능성이 있다. 그러한 수신기는 초고주파 대에서 다이오드 혼합기로써 만들 수 있는데, 그 앞 단에는 이미지를 제거하기 위해 주파수가 고정된 초고주파 필터가 온다. DC TRF 수신기뿐만 아니라 가변 동조 RF 증폭기와 포락선 검파기를 이용하는 TRF도 있다. 고전적인 광석 라디오가 가장 간단한 TRF이다.

그림 7.1-5
이중 변환 수신기.

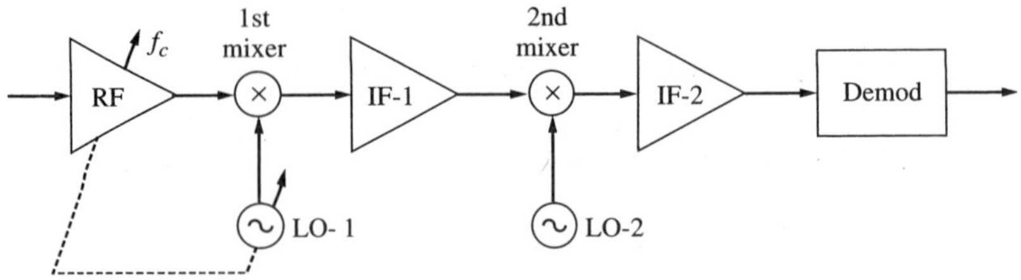

그림 7.1-5의 **이중 변환 수신기**는 슈퍼헷 원리에서 한 단계 더 나아가 두 개의 주파수 변환기와 두 개의 IF 부를 갖는다. 두 번째 IF는 항상 고정 동조인데 반해, 첫 번째 IF와 두 번째 LO는 고정할 수도 있고 가변할 수도 있다. 어떻게 하더라도 이중 변환은 보다 큰 값의 f_{IF-1}을 허용하여 RF 부에서 이미지 제거 성능을 개선하고, 보다 작은 값의 f_{IF-2}는 두 번째 IF에서 인접 채널 제거 성능을 개선한다. SSB와 단파 AM 용 고성능 수신기는 보통 이러한 설계 방식을 개선한 것이다.

동기식 검파를 하는 이중 변환 SSB 수신기는 세 개의 안정된 발진기 더하기 주파수 제어 및 동기 회로가 필요하다는 것에 유념하자. 다행스럽게도 IC 기술 덕분에 이러한 용도로 **주파수 합성기**를 사용할 수 있게 되었다. 7.3절에서 위상 동기 루프를 이용한 주파수 합성기에 대해 논의할 것이다.

수신기의 규격

이번에는 무선 신호를 성공적으로 검파할 수 있는 수신기의 능력을 결정짓는 몇 가지의 파라미터에 대해 생각해 보기로 하자. 수신기 **감도**(感度, sensitivity)는 IF 부의 출력에서 정해진 신호 대 잡음 비(S/N)를 내는 데 필요한 최소의 입력 전압을 말한다. 양질의 단파 라디오는 보통 40 dB의 SNR을 위해 1 μV의 감도를 갖는다. **동작 범위**(動作 範圍, dynamic range, DR)는

$$DR = \frac{P_{max}}{P_{min}} = \frac{V_{max}^2}{V_{min}^2} \tag{5a}$$

또는 dB로는

$$DR_{dB} = 10\log_{10}\left(\frac{P_{max}}{P_{min}}\right) = 20\log\left(\frac{V_{max}}{V_{min}}\right) \tag{5b}$$

이다. DR은 보통 데시벨로 표시된다. DR은 수신기가 얼마나 넓은 신호 전력의 범위에서 그 선형성을 유지할 수 있는가를 나타내는 척도이다. 우리가 미약한 AM 방송 신호를 듣고 있는데 어떤 강력한 방송국이 현저히 다른 주파수이지만 수신기의 RF 증폭기의 통과대역 내에 있는 주파수로 방송을 시작한다고 가정하자. 이 강력한 방송국은 RF 증폭기에 과부하를 걸어 미약 신호를 일소해 버린다. 과부하는 또 혼변조(混變調, cross modulation)와 그 밖의 다른 형태의 왜곡을 초래한다. 그림 1.4-2에 보인 것과 같은 소프트웨어 라디오의 경우, 아날로그-디지털 변환기(analog-to-digital converter, ADC)의 동작 범위는

$$DR_{dB} = 20\log_{10} 2^{\nu} \tag{5c}$$

이다. 여기서 ν는 ADC의 비트 수이다. **선택도**(選擇度, selectivity)는 인접 채널 신호들에 대해 신호를 가려내는 수신기의 성능을 규정한다. 이는 IF 길의 BPF의 함수이거나 직접 변환기 수신기의 경우에는 LPF의 대역폭의 함수이다. **잡음 지수**(雜音 指數, noise figure)는 수신기가 입력 신호의 S/N을 얼마나 더 떨어뜨리는 지를 나타내며

$$NF = \frac{(S/N)_{input}}{(S/N)_{output}} \tag{6}$$

이다. 일반적으로 잡음 지수는 5−10 dB이다. 끝으로 **이미지 제거비**(IR)는

$$IR = 10\log|H_{RF}(f_c)/H_{RF}(f_c')|^2 \text{ dB} \tag{7}$$

이다. 통상적인 이미지 제거비는 50 dB이다. 이 식은 다른 형태의 불요 입력에 대해서도 적용할 수 있다.

> **응용 문제 7.1-2**
>
> 슈퍼헷의 RF 부가 $f_o = f_c$이고 $Q = 50$인, 4.1절의 식 (17)이 설명하는 것과 같은 일반적인 동조 회로라고 하자. $IR = 60$ dB를 얻기 위해서는 $f_c' = f_c + 2f_{IF}$일 때 $f_c'/f_c = 20$이어야 한다는 것을 보이시오. 이 요구 조건은 $f_{IF-1} \approx 9.5 f_c$인 이중 변환 수신기로 쉽게 만족시킬 수 있다.

주사 스펙트럼 분석기

슈퍼헷의 LO를 VCO로 대체하면, 검파전단(檢波前段)부는 중심 주파수가 $f_0 = f_{LO} \pm f_{IF}$이고 대역폭이 $B = B_{IF}$인 전압-동조 대역통과 증폭기처럼 동작한다. 이 성질이 그림 7.1-6a에 보인 주사(走査) 스펙트럼 분석기—선택한 어떤 주파수 범위에서 입력 신호의 스펙트럼 크

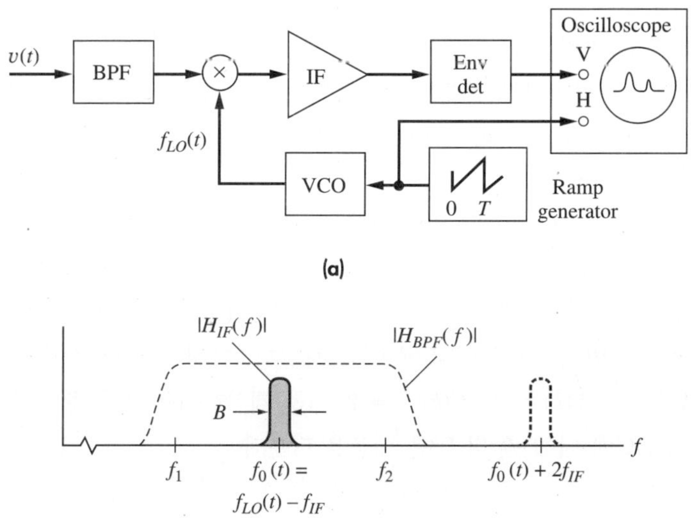

그림 7.1-6
주사 스펙트럼 부석기: (a) 블록도; (b) 진폭 응답.

기를 보여주는 유용한 실험실 계측기—의 핵심이다.

VCO는, 순시 주파수 $f_{LO}(t)$를 f_1에서 f_2까지 T초 동안에 연속적으로 발생할 수 있는 주기 톱니파 발생기에 의해 구동된다. IF 부는 좁은 대역폭 B를 갖는데 이는 보통 가변할 수 있으며, IF 출력은 포락선 검파기로 간다. 따라서 임의의 순간 t에서의 시스템의 진폭 응답은 그림 7.1-6b와 같이 보이는데, $f_0(t) = f_{LO}(t) - f_{IF}$이다. 입력 쪽의 고정 BPF (또는 LPF)는 $f_1 \leq f \leq f_2$를 통과시키는 데 반해 $f_0(t) + 2f_{IF}$의 이미지는 제거한다.

$f_0(t)$가 입력 신호 $v(t)$의 주파수 성분들을 반복적으로 지나면서 주사(走査, scan)하므로, 포락선 검파기 및 톱니파 발생기를 오실로스코프의 수직 및 수평 편향 부에 연계함으로써 그 스펙트럼을 표시한다. 일시적인 신호는 화면에 정지된 것으로 보이게 나타나지 않는 것이 분명하므로, $v(t)$는 관측하는 시간 동안에는 **주기성이 있거나 준 주기적인 신호 또는 정상(定常, stationary) 랜덤 신호**이어야만 한다. 따라서 화면은 진폭 선 스펙트럼 또는 전력 스펙트럼 밀도를 나타낸다. (후자(後者)를 위해서는 제곱 포락선 검파기가 이용될 것이다.)

이 시스템의 미묘한 작동 상의 원리는 $v(t)$가 둘 또는 그 이상의 정현파로 구성되어 있는 경우를 상정해 봄으로써 잘 이해할 수 있다. 한 개의 선 스펙트럼을 다른 하나로부터 분해해 내기 위해서는 IF 대역폭이 선들 사이의 간격보다 작아야만 하다. 그러므로 B를 **주파수 해상도**라고 부르며, 분해 가능한 선의 최대 수는 $(f_2 - f_1)/B$와 같다. 한 개의 선에 의해 생성되는 IF 출력은

$$\tau = BT/(f_2 - f_1) = B/\dot{f}_0$$

와 같은 지속 시간을 갖는 **대역통과 펄스**의 형태를 갖는다. 여기서 $\dot{f}_0 = (f_2 - f_1)/T$는 초당 헤르쯔의 단위를 갖는 **주파수 소인율**(掃引率, sweep rate)을 나타낸다.

그렇지만, 빠른 소인율은 IF 펄스 응답을 초과할 수도 있다. 대역통과 펄스에 대한 지침으로서 $B \geq 1/\tau = \dot{f}_0/B$ 또는

$$\dot{f}_0 = \frac{f_2 - f_1}{T} \leq B^2 \tag{8}$$

이라는 조건이 필요하다. 이 중요한 관계식은 정밀한 해상도 (작은 B)를 위해서는 낮은 소인율과 그에 따른 긴 관측 시간이 필요하다는 것을 말해 준다. 또 식 (8)은 사용자가 가변할 수 있는 네 개의 파라미터가 관계한다는 것을 주목하자. 어떤 주사 스펙트럼 분석기는 식 (8)을 위반하지 않도록 하는 하드웨어를 내장하고 있다; 그렇지 않은 것들은 단순히 경고등(警告燈)만 가지고 있다.

주사 스펙트럼 분석기만이 신호의 스펙트럼 성분들을 측정할 수 있는 유일한 수단이 아니다. 2.6절을 상기해 보면, 들어오는 신호를 아날로그-디지털 변환기(ADC)로 디지털화(샘플한 뒤 양자화)하고 그 다음 그것의 DFT 또는 FFT를 계산하면, 우리는 신호의 스펙트럼을 구할 수가 있다. 그림 7.1-7에 이를 보였다. 마지막 단이 스펙트럼의 크기, 즉 $V(k)V^*(k) = |V(k)|^2 \Rightarrow Y(k) = \sqrt{|V(k)|^2} \Rightarrow Y(f)$를 계산한다는 것을 주목하자.

12.1절에서 ADC에 대해 좀 더 많은 내용을 다룬다.

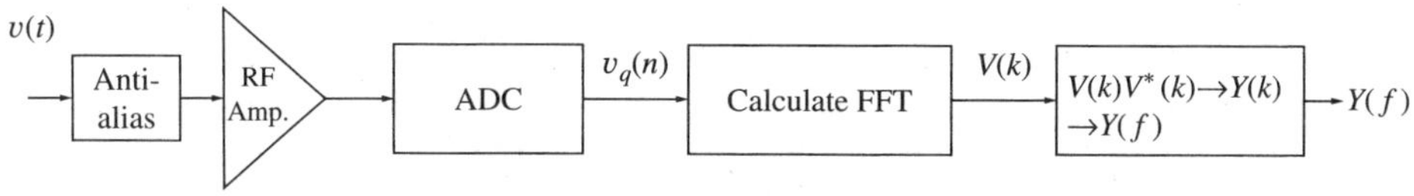

그림 7.1-7
DFT/FFT 스펙트럼 분석기.

응용 문제 7.1-3

예제 2.6-1의 MATLAB 코드를 다시 작성하여 스펙트럼 분석기에서처럼 신호의 전력 스펙트럼이 보이도록 하시오.

7.2 다중화 시스템

동일한 두 지점 사이에서 **다원 접속**을 위해서든 아니면 **채널의 다각화**(즉, 메시지의 중복(重複))를 위해서든 여러 개의 통신 채널이 필요할 때, 하나의 전송 설비 상에서 모든 메시지를 전송한다면—**다중화**라고 불리는 과정임—상당한 절약을 실현할 수 있다. 다중화의 적용 범위는 음성 전화망에서 무선 휴대 전화, 무선 망, FM 스테레오, 원격 우주 탐사 등에까지 이른다. 세 가지의 기본적인 다중화 기법은 주파수 분할 다중화(frequency division multiplexing, FDM), 시간 분할 다중화(time division multiplexing, TDM), 그리고 15 장에서 다루는 부호 분할 다중화(code division multiplexing, CDM) 등이다. 이러한 기법들의 한 가지 목적은 다수의 사용자들이 한 개의 채널을 공유하게 하는 이른바 주파수 분할 다원 접속(frequency division multiple access, FDMA), 시간 분할 다원 접속(time division multiple access, TDMA), 그리고 부호 분할 다원 접속(code division multiple access, CDMA)을 가능하게 하는 것이다. FDM의 변형으로서 직교-반송파 다중화와 직교 주파수 분할 다중화(orthogonal frequency division multiplexing, OFDM)가 있다. OFDM은 14 장에서 다룬다. 네 번째 다중화 방식인 **공간 다중화**(spatial multiplexing)가 무선 시스템에서 존재하는데, 이는 송신기와 수신기 안테나의 공간적 또는 지향적인 성질과 편파(偏波, polarization) 성질 등을 바탕으로 신호를 분리하는 것이다. 예를 들면, 수평 편파를 갖는 안테나를 통해 전송된 신호는 오직 수평 편파를 갖는 안테나에 의해서만 받아들여지는 것이다. 수직 편파, 우선(右旋) 및 좌선 원 편파 등을 이용하여 보낸 신호들에 대해서도 마찬가지다. 지향성을 갖는 안테나들로는 목적하는 곳의 위치가 다르다면 동시에 동일 주파수 등으로 서로 다른 신호들을 전송할 수가 있다.

다중화는 두 가지 목적을 위해 사용된다: 첫째, 다중화는 여러 사용자들이 한 채널 자원을 공유할 수 있게 한다. 둘째, 주파수, 부호, 시간, 또는 공간 다각화를 이용한 적절한 중복 전송에 의해 메시지가 목적지에 도달하도록 하는 데에 대한 신뢰도를 제고할 수 있다.

주파수 분할 다중화(FDM)

FDM의 원리는 그림 7.2-1a에 예시하였는데, 몇 개의 입력 메시지(세 개를 보였음)가 메시지 대역폭을 제한하는 LPF들을 통과한 다음 각각 **부반송파**(subcarriers) f_{c1}, f_{c2} 등등을 변조한다. 부반송파 변조로는, 종종 실제로 그렇게 하는 바와 같이, SSB를 보였지만, 아무 CW 변조 방식이나 또는 그것들이 혼합된 방식을 사용해도 무방하다. 그 다음, 변조된 신호는 그림 7.2-1b에 보인 것과 같은 스펙트럼을 갖는 **기저대역** 신호를 형성하기 위해 합쳐진다. ("기저대역"이라고 명명한 것은 최종 반송파 변조가 아직 이루어지지 않았다는 것을 나타낸다.) 기저대역 시간 함수 $x_b(t)$의 모습은 독자들의 상상력을 위해 남겨두기로 한다.

부반송파들이 적절하게 선택되었다고 가정하면, 이 다중화 작업은 각각의 변조된 형태의 메시지들에게 주파수 영역에서 각각의 자리를 할당하므로, **주파수 분할 다중화**라는 이름이 붙게 되었다. 그 다음, 기저대역 신호는 곧바로 전송되거나 아니면 주파수 f_c를 갖는 전송 반송파를 변조하는 데 사용된다. 여기서 우리는 최종 반송파의 변조 방식에는 특별히 관심을 기울이지 않는데, 이는 기저대역 스펙트럼이 모든 걸 설명해 주고 있기 때문이다.

FDM의 메시지 복원 또는 복조는 그림 7.2-2에 보인 것처럼 세 단계에 걸쳐 이루어진다. 첫째, 반송파 복조기가 기저대역 신호 $x_b(t)$를 재생해 낸다. 그 다음 변조된 부반송파들을 병

그림 7.2-1

대표적인 FDM 송신기: (a) 입력 스펙트럼과 블록도; (b) 기저대역 FDM 스펙트럼.

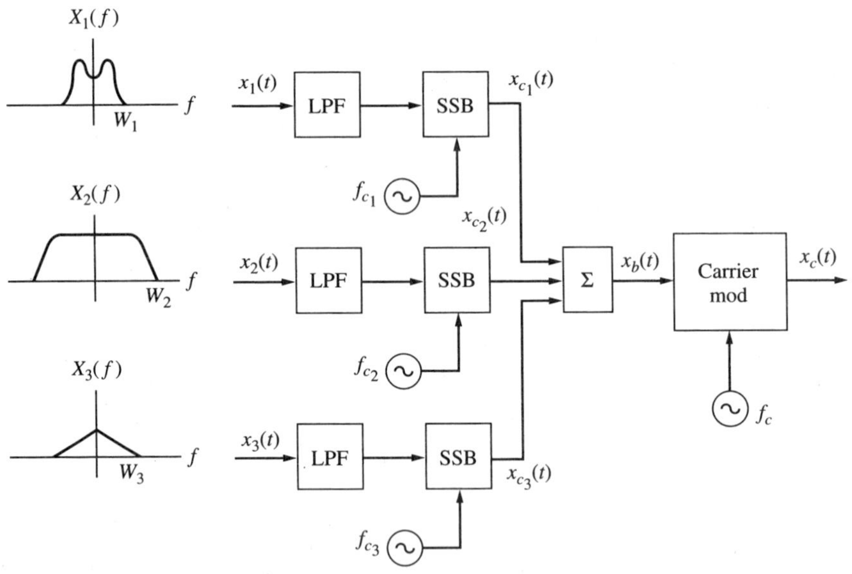

(a)

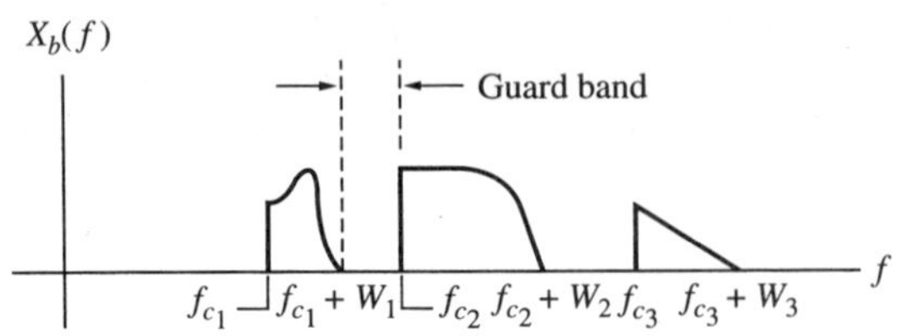

(b)

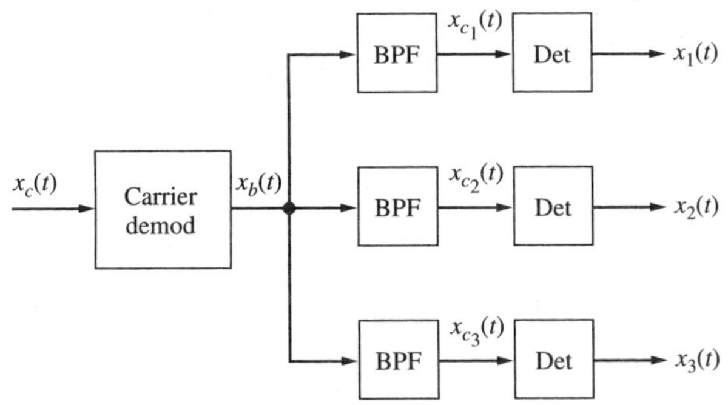

그림 7.2-2
대표적인 FDM 수신기.

렬로 배치된 대역통과 필터 군(群)으로 분리해 내고, 그 다음 메시지들이 각각 검파된다.

FDM의 주요한 실질적 문제점은 **혼신**(混信, crosstalk)인데, 이는 한 메시지가 다른 메시지와 원치 않게 섞이는 것을 말한다. 알아들을 수 있는 혼신(교차 변조, cross-modulation)은 한 메시지 신호가 딴 부반송파에 변조된 것처럼 나타나게 되는데, 시스템의 비선형성 때문에 주로 발생한다. 따라서 통상적인 해결책은 FDM 시스템의 증폭기 비선형성을 최소화하기 위해 부 궤환을 이용하는 것이다. (FDM의 혼신 문제가 부 궤한 증폭기를 개발하게 된 주 동기였다는 것이 역사적인 사실이다.)

알아들을 수 없는 혼신은 비선형 효과에 기인할 수도 있고 아니면 필터 군에서 스펙트럼을 불완전하게 분리했기 때문일 수도 있다. 후자의 경우를 줄이기 위해, 변조된 메시지의 스펙트럼을, 필터의 전이 영역이 들어갈 수 있는 **보호 대역**(guard band)만큼 띄어 놓는다. 예로, 그림 7.2-1b에 표시된 보호 대역은 폭이 $f_{c2} - (f_{c1} + W_1)$이다. 총 **기저대역 대역폭**은 그러므로 변조된 메시지 대역폭들 더하기 보호 대역들의 합이다. 하지만 그림 7.2-2에 나타낸 방식이 FDM의 유일한 예가 아니다. 상업적인 AM 또는 FM 방송 대역들이야말로 FDMA의 일상적인 예라고 할 수 있는데, 몇 개의 방송국들이 같은 대역 내에서 약간씩 다른 주파수로 동시에 전송할 수 있다.

지금까지의 FDM에 대한 논의는, 여러 사용자에게 각각 반송파 주파수가 할당되는 경우들에 적용된다. 하지만, 어떤 주어진 사용자의 메시지를 조각내어 각 조각들을 낮은 전송율로 전송되는 각각 다른 반송파 주파수들로 나누어 보내는 것이 유리할 수도 있다. 메시지를 다수의 반송파를 통하여 전송하는 시스템을 **다중 반송파**(multicarrier, MC) 변조라고 부른다; 그러므로 주파수 다각화 효과를 갖는다. 주파수 선택적 채널 페이딩의 경우, 적절한 중복 전송 기법과 결합하면 주파수 다각화는 전송의 신뢰성을 제고한다. 주파수 다각화를 채용하는 시스템의 몇 가지 예로는 예제 7.2-4에서 GSM 전화 시스템, 14.5절에서 직교 주파수 분할 다중화, 그리고 15.2절에서 주파수 도약 대역 확산 등을 들어 설명할 것이다.

FDMA 위성 시스템

예제 7.2–1

인텔샛(Intelsat) 국제 통신망은 장거리 통신에 세 번째 차원을 추가하였다. 한 특정 위성은 여러 다른 나라에 흩어져 있는 몇 개의 지구국을 연결하므로, 이를 이용한 국제 전화를

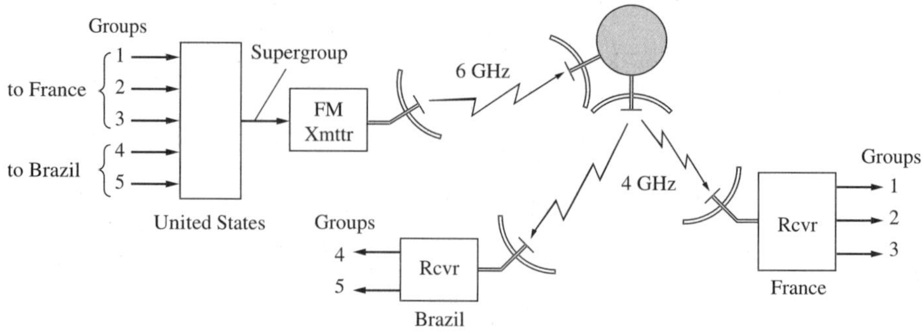

그림 7.2-3
단순화된 FDMA 위성 시스템.

위해 다양한 접속 방식이 강구되어 왔다. **주파수 분할 다원 접속**으로 알려진 한 방안은 지구국 쌍들 간에 고정된 수의 음성 채널을 할당한다. 이 채널들은 표준 FDM 하드웨어 별로 무리가 나누어지며, FM 반송파 변조를 사용하는 위성을 통하여 중계된다.

예를 들어, 대서양 상공의 한 위성이 미국, 브라질, 프랑스의 지구국을 담당한다고 가정해 보자. 나아가 36 채널(세 무리)이 미국-프랑스 통신로에, 24 채널(두 무리)이 미국-브라질 간 통신로에 할당되었다고 하자. 그림 7.2-3은 미국에 있는 송신기와 브라질과 프랑스에 있는 수신기의 배치를 보여 준다. 양방향 통화를 위해 필요한 프랑스와 브라질의 송신기와 미국의 수신기는 보이지 않았다. 약간 다른 반송파 주파수를 사용하는 송신기들과 수신기들이 브라질-프랑스 간 통신로를 제공할 수 있을 것이다.

이 FDMA 방식은 모든 지구국으로부터 온 FM 신호들로 구성된 **복합 FDM 신호**를 만든다. 위성 장비는 중계기 군(群)으로 이루어져 있다. 각 중계기는, 지상국 쌍들에 어떻게 할당하는가에 따라 336에서 900개의 음성 채널을 수용하는 36 MHz의 대역폭을 갖는다. 보다 자세한 내용과 다른 위성 접속 방안에 대해서는 다른 문헌들을 찾아보기 바란다.

응용 문제 7.2-1

FDM 기저대역 증폭기가, f_1과 f_2를 두 개의 부반송파 주파수라고 할 때 $(v_2 \cos \omega_2 t)^2 v_1 \cos \omega_1 t$에 비례하는 기저대역 성분을 발생시키는 삼차 비선형을 갖는다고 가정하자. $v_1 = 1 + x_1(t)$이고 $v_2 = 1 + x_2(t)$인 AM 부반송파 변조는 부반송파 f_1에 알아들을 수 있는 혼신과 알아들을 수 없는 혼신 모두를 초래한다는 것을 보이시오. $v_1 = x_1(t)$이고 $v_2 = x_2(t)$인 DSB의 경우와 비교하시오.

예제 7.2-2

FM 스테레오 다중화

그림 7.2-4a는 FM 스테레오 방송을 위한 기저대역 신호를 발생하는 FDM 시스템을 도시한 것이다. 왼쪽 스피커와 오른쪽 스피커의 신호는 $x_L(t) + x_R(t)$와 $x_L(t) - x_R(t)$를 생성하기 위해 먼저 매트릭스화하고 프리엠퍼시스를 한다. 더해진 신호는 모노 수신기로 들을 수 있다; 매트릭스화는 모노 수신자가 제대로 균형잡힌 프로그램을 청취하도록, 그리하여 스테레오 핑퐁 효과를 갖는 프로그램에서 (한 쪽 음향이 안 들리는) 음향의 빈틈에 노출되지 않도록 하기 위해 필요한 것이다. 그래서 $x_L(t) + x_R(t)$ 신호는 기저대역에 바로 삽입되

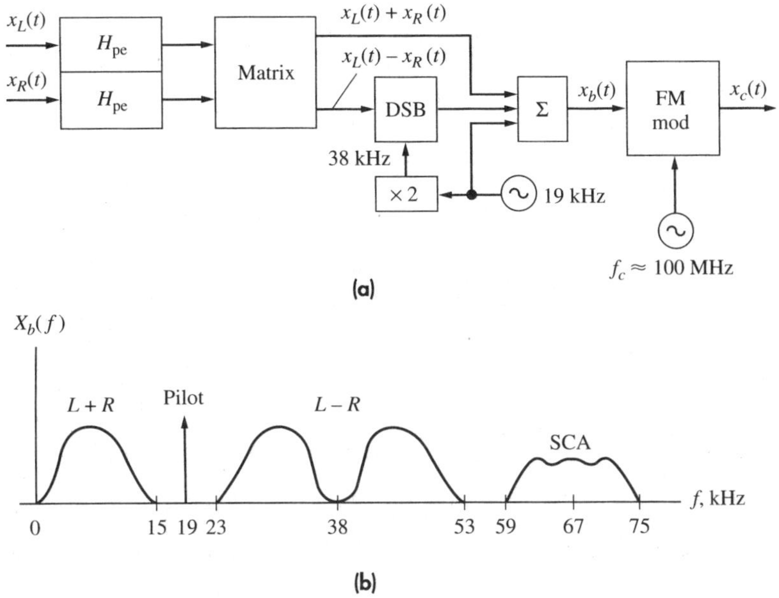

그림 7.2-4

FM 스테레오 다중화: (a) 송신기; (b) 기저대역 스펙트럼.

고, 반면에 $x_L(t) - x_R(t)$은 38 kHz 부반송파를 DSB 변조하게 된다. 복호 하드웨어를 간단히 하고 저주파에서의 충실도를 유지하기 위해 양측파대 변조를 채용하고, 19 kHz의 파일럿 톤이 수신기에서의 동기를 위해 더해진다.

결과로 나타나는 기저대역 스펙트럼을 그림 7.2-4b에 보였다. 또 SCA라고 표시한 또 다른 스펙트럼 성분도 보였는데, 이는 부가 통신 허가(subsidiary communication authorization)를 뜻한다. SCA 신호는 NBFM 부반송파 변조를 사용하며, 광고 없는 프로그램 물—가게나 사무실에서 들리는 소위 배경 음악—을 위해 돈을 지불하는 개인 가입자들을 위한 FM 방송국들이 송신한다.

SCA 없이 스테레오 방송을 하는 경우, 파일럿 반송파는 최대 주파수 편이의 10퍼센트가 할당되고 $L + R$과 $L - R$ 성분 사이의 "시소(seesaw)" (교번(交番), interleaving) 관계에 의해 각각이 거의 90퍼센트 가까이의 편이가 이루어진다. 높은 주파수에서는 편이비가 작아지므로, 기저대역 스펙트럼이 53 kHz까지나 (또는 SCA 있을 때는 75 kHz까지) 퍼져 있다는 사실이, 필요한 전송 대역폭에 대한 요구를 그다지 증가시키지는 않는다. 고 충실도 (하이파이) 스테레오 수신기는 대체로 $B_{IF} \approx 250$ kHz 정도이다.

스테레오 **역다중화** 또는 **복호** 시스템을 그림 7.2-5에 보였다. 파일럿 톤이 동기 검파뿐만 아니라 스테레오 표시기를 작동하게 하는 데 어떻게 이용되는지 눈여겨보도록 하자. 집적회로 복호기는 기능적 동작을 수행하기 위해 스위칭 회로나 위상 동기 루프를 채용한다.

역사적 견지에서 첨언을 하자면, 네 개의 개별 채널(quadraphonic) ("CD-4") 디스크 녹음은, 스테레오 녹음에 사용되는 두 개의 채널에 네 개의 독립된 신호를 다중화하기 위해 FM 스테레오 방식을 논리적으로 연장하는 방안을 택하였다. 네 개의 신호를 (왼쪽 앞,

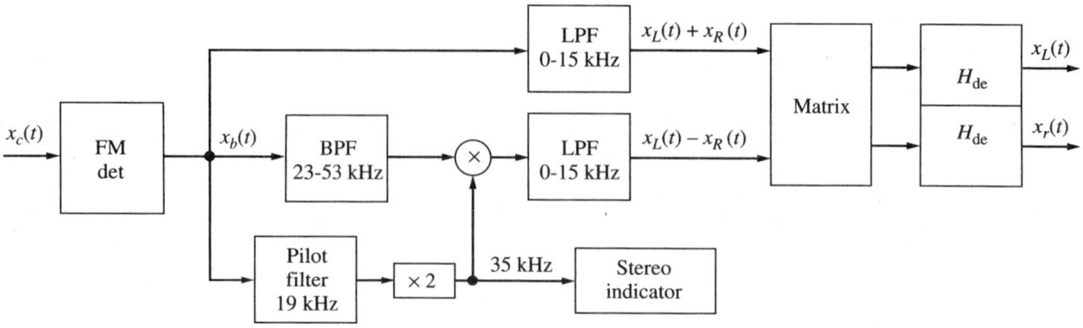

그림 7.2-5 FM 스테레오 다중 수신기.

왼쪽 뒤 등등을) L_F, L_R, R_F, 그리고 R_R이라고 표시하자. 매트릭스화된 신호 $L_F + L_R$은, 30 kHz 부반송파의 주파수 변조를 통하여 다중화된 $L_F - L_R$과 함께 한 채널에 직접 녹음되었다. 매트릭스화된 신호 $R_F + R_R$과 $R_F - R_R$은 같은 방법으로 다른 채널에 다중화되었다. 결과로 생기는 기저대역 스펙트럼은 45 kHz까지 올라가므로, 개별적인 네 채널 신호들은 스테레오 FM으로 온전히 전송될 수 있었다. 완전 네 채널 개별 FM 신호 형식에 대한 제안이 실제로 이루어졌었지만 비용, 복잡도, 그리고 전송 시의 낮은 신호 대 잡음비 등의 이유 때문에 방송에 채택된 적은 없다. 다른 종류의 (소위 "매트릭스화 된") 네 채널 시스템들도 오직 두 개의 독립된 채널만 가지므로 FM 스테레오와 호환이 된다.

직교 반송파 다중화

직교 위상 진폭 변조(quadrature amplitude modulation, QAM)라고도 알려진 직교 반송파 다중화는 두 개의 DSB 신호가 동일한 주파수 대역을 사용할 수 있도록 반송파 위상 전이와 동기식 검파를 이용한다. 그림 7.2-6은 다중화와 역다중화의 구조를 보여준다. 전송된 신호는

$$x_c(t) = A_c[x_1(t) \cos \omega_c t \pm x_2(t) \sin \omega_c t] \qquad (1)$$

와 같은 형태를 갖는다. 이 다중화 방식은 두 DSB 신호가 **직교한다**(orthogonal)는 사실 때문에 기능을 발휘한다. 변조된 스펙트럼이 서로 겹치기 때문에 이 기법은 **주파수 영역**이라기보다는 **위상 영역**이라고 특징짓는 것이 좀 더 타당할 것이다. 다음 응용문제에서는 같은

그림 7.2-6
직교 반송파 다중화.

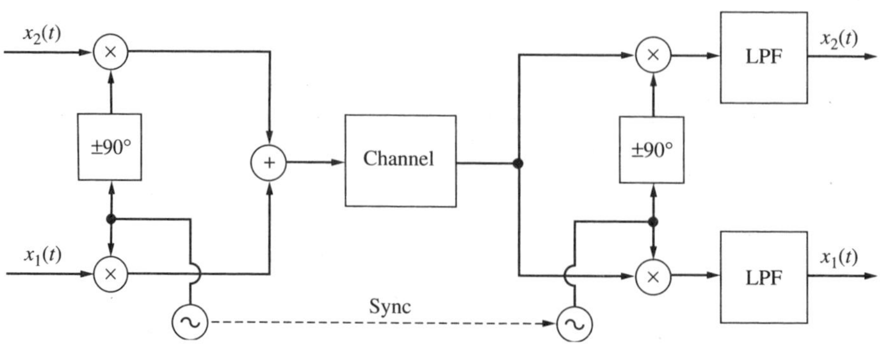

반송파 주파수를 사용하여 간섭 없이 신호 $x_1(t)$와 $x_2(t)$를 어떻게 동시에 보낼 수 있는지를 예시할 것이다.

이전의 DSB와 SSB의 동기 검파에 대한 논의로부터, 예를 들어 SSB 부(副)반송파 변조를 이용한 FDM 시스템보다 QAM이 좀 더 치밀한 동기가 필요하다는 사실을 쉽게 수긍할 수 있을 것이다. 따라서 QAM은 특별한 목적, 특히 텔레비전의 색(色, color) 부반송파 전송이나 디지털 데이터 전송 등에 한정되어 이용된다.

응용 문제 7.2-2

그림 7.2-6의 QAM 방식이 $x_1(t)$ 또는 $x_2(t)$가 간섭 없이 동일 채널 상으로 전송될 수 있게 함을 보이시오.

시간 분할 다중화

샘플된 파형은 대부분의 시간 동안 오프 상태이고, 샘플 간의 시간을 다른 용도로 남겨둔다. 특히, 여러 다른 신호의 샘플 값들이 하나의 단일 파형에 엮이어 들어갈 수 있다. 이것이 여기서 논의하는 **시간 분할 다중화**(time division multiplexing, TDM)의 원리이다.

그림 7.2-7의 단순화된 시스템은 시간 분할 다중화의 기본적인 특징을 보여준다. 여러 입력 신호들은 입력 저역 통과 필터 군(群)에 의해 사전 여과(濾過, filter)되고 차례로 샘플된다. 송신기의 회전 샘플 스위치 또는 교환자(交換子, commutator)는 각 입력으로부터 일 회전 당 한 샘플을 추출한다. 따라서 그 출력은 시간상 주기적으로 엮어진 각각의 샘플들로 이루어진 PAM 파형을 하고 있다. 이와 유사한, 역 교환자 또는 분배기라고 불리는 수신기 쪽의 회전 스위치는 각각의 메시지를 재건하기 위해 샘플들을 분리하고 이들을 또다른 LPF 군으로 분배한다.

모든 입력들이 같은 메시지 대역폭 W를 갖고 있다면 교환자는 $f_s \geq 2W$의 속도로 회

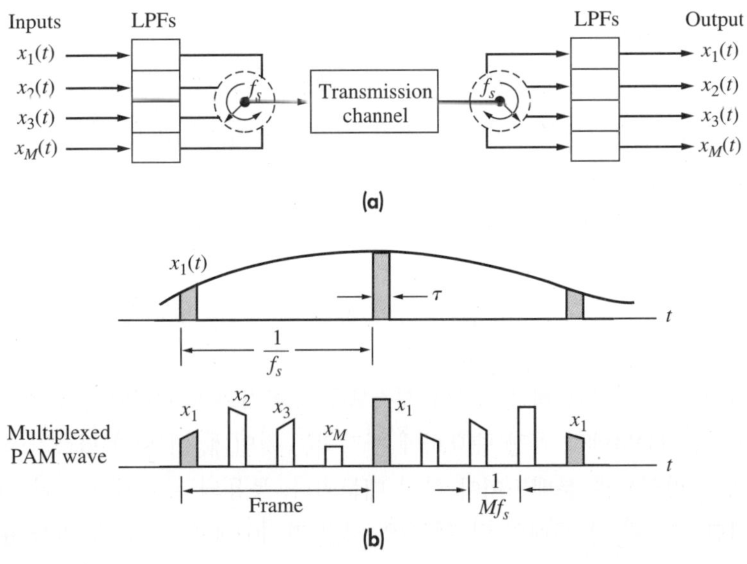

그림 7.2-7
TDM 시스템: (a) 블록도; (b) 파형.

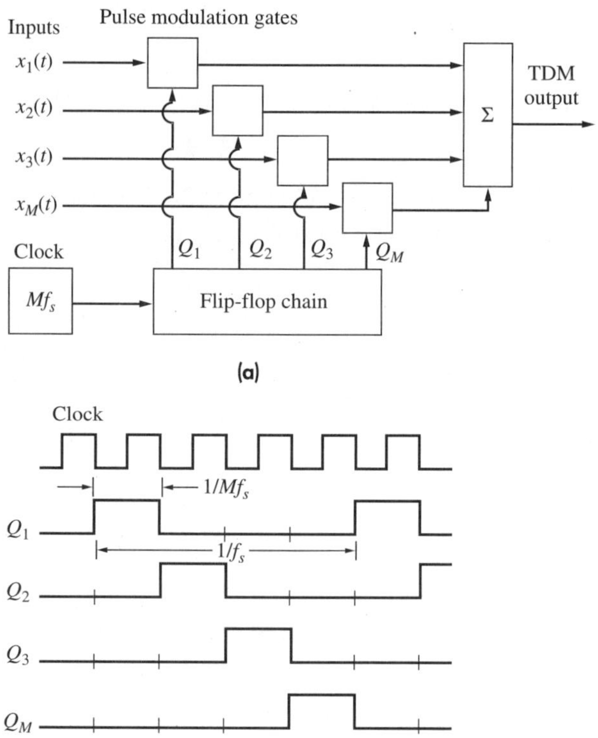

(a)

(b)

그림 7.2-8

(a) TDM 용 전자 교환자; (b) 타이밍 도.

전하여야 하고 따라서 어떠한 입력으로부터라도 앞뒤의 샘플들은 $T_s = 1/f_s \leq 1/2W$ 간격을 갖는다. 각 입력으로부터 온 한 샘플씩을 포함하는 시간 간격 T_s는 프레임(frame)이라고 불린다. 만약 M개의 입력 채널이 있다면, 프레임 내에서 펄스에서 펄스까지의 간격은 $T_s/M = 1/Mf_s$이다. 그러므로 초 당 펄스의 총 개수는

$$r = Mf_s \geq 2MW \tag{2}$$

가 될 것이고, 이는 TDM 신호의 펄스율 또는 신호율(signaling rate)을 나타낸다.

원리적인 예의 시스템은 다중화된 PAM을 발생하기 위해 기계적인 스위칭을 보여주고 있지만, 거의 모든 실제 TDM 시스템은 전자 스위칭을 채택하고 있다. 뿐만 아니라 다른 형태의 펄스 변조가 PAM 대신 이용될 수 있다. 그러므로 보다 일반화된 교환자는 그림 7.2-8에 보인 것과 같은 구조를 가질 수도 있는데, 펄스 변조 게이트들은 각각의 입력들을 처리하여 TDM 출력을 형성한다. 게이트 제어 신호들은 주파수 Mf_s의 디지털 클럭에 의해 구동되는 플립플롭 사슬 (단절(斷切)-환형 존슨 계수기)로부터 온다. 역교환자도 유사한 구조를 갖는다.

펄스 변조의 형태와 무관하게, TDM 시스템은 교환자와 역교환자 간의 정교한 **동기**가 필요하다. 동기는 TDM에서 가장 중요하게 생각되는 것인데, 이는 각 펄스가 적절한 시각에 올바른 출력 라인으로 분배되어야 하기 때문이다. 통용되는 원시적 동기 기법은 그림 7.2-9에 예시한 것처럼 각 프레임 당 한 개의 시간 자리(slot)를, 구분을 위한 **표지**(marker)

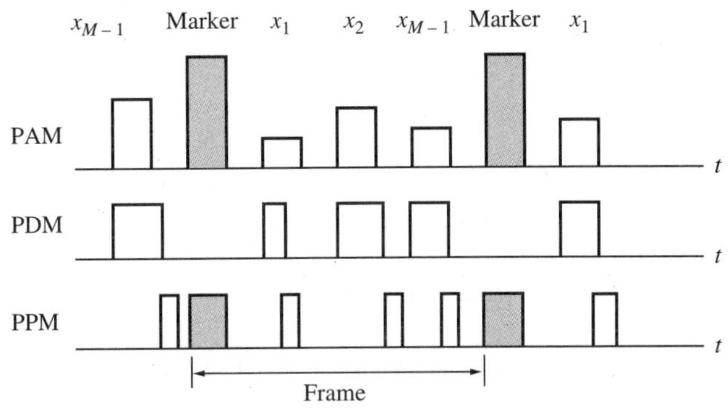

그림 7.2-9
TDM 동기 표지.

또는 비(非)펄스로 전용하는 것이다. 이 표지들이 수신기에서 프레임 주파수 f_s를 결정짓지만, 신호 채널의 수는 $M - 1$로 줄어든다. 기타의 동기 기법들로는 보조 파일럿 톤이나 TDM 신호 자체의 통계적 성질을 이용하는 것들이 있다.

TDM의 무선 주파수 전송은 통과대역 파형을 얻기 위한 CW 변조라는 추가적인 단계가 필요하다. 예를 들면, 폭 또는 위치 변조된 펄스들로 구성된 TDM 신호는 100퍼센트 변조를 갖는 AM 송신기에 인가되고, 그 결과 상수 진폭의 RF 펄스 열을 생성한다. 이런 복합적인 과정은 PDM/AM이나 PPM/AM으로 명명할 수 있고, 필요한 송신 대역폭은 기저대역 TDM 신호의 두 배가 될 것이다. 상대적으로 간단한 이 기법은 모형 비행기의 무선 조정과 같은 저속 다(多)채널 용도에 적합하다.

보다 정교한 TDM 시스템은 대역폭의 절약을 위해 PAM/SSB를 이용하거나, 광대역 잡음 저감을 위해 PAM/FM을 이용하기도 있다. 그림 7.2-10a의 전체 송신기의 개략도는 이제

$$B_b = \tfrac{1}{2}r = \tfrac{1}{2}Mf_s \tag{3}$$

의 대역폭을 갖는 저역 통과 기저 대역 필터를 포함하고 있다. CW 변조 전의 기저대역 필터링은 그림 7.2-10b에 보인 것처럼 해당 샘플 시점에서 각 샘플 값을 지나는 성질을 갖는

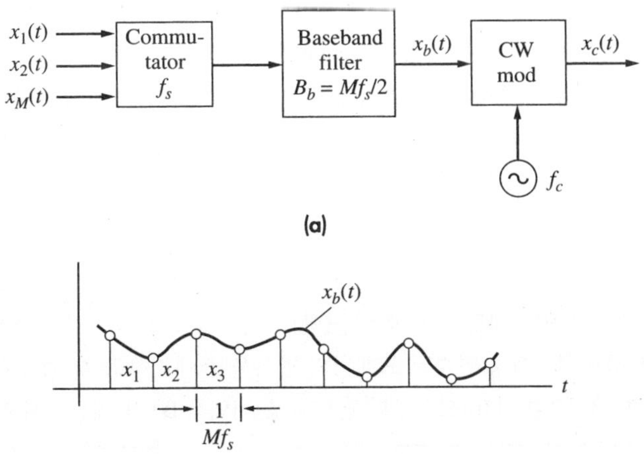

그림 7.2-10
(a) 기적대역 필터링이 있는 TDM 송신기; (b) 기저대역 파형.

완곡한 변조 파형 $x_b(t)$를 만들어낸다. 엮어 짜여진 샘플들의 간격이 $1/Mf_s$이므로, $B = f_s/2$인 LPF가 $T_s = 1/f_s$인 주기 샘플들 $x(kT_s)$로부터 파형 $x(t)$를 재건해 내는 것과 같은 방식으로 기저대역 필터는 $x_b(t)$를 만들어 낸다.

만약 기저대역 필터링을 채용하고 샘플링 주파수가 각각의 입력에 대해 나이퀴스트율 $f_{s_{\min}} = 2W$에 가깝다면, PAM/SSB의 전송 대역폭은

$$B_T = \tfrac{1}{2}M \times 2W = MW$$

이 된다. 이런 조건 하에서, TDM은 SSB 부반송파 변조를 갖는 주파수 분할 다중화의 이론적 **최소 대역폭**에 근접한다.

지금까지 모든 입력 신호들이 동일한 대역폭을 갖는다고 가정해 왔지만, 이 제한은 필수적인 것이 아닐 뿐만 아니라 주요한 아날로그 데이터 원격 측정의 경우에는 비현실적이기도 하다. 원격 측정 시스템의 목적은 서로 다른 원격 지점에 있는 서로 다른 신호원들로부터의 물리적인 측정 데이터를 결합하고 전송하는 것이다. 어떤 특정한 측정에 필요한 샘플링 주파수는 관련된 물리적 처리 과정에 따라 달라서 1 헤르츠의 수 분의 일에서 수 킬로 헤르츠까지에 이른다. 대표적인 원격 측정 시스템은 다양한 샘플율을 갖는, 100 또는 그 이상의 데이터 채널을 다룰 수 있도록 설계된 **주(主)다중화기** 및 **부(副)다중화기**를 갖는다.

예제 7.2-3

TDM 원격 측정

예를 위해, 최소 샘플링율이 3000, 700, 600, 300 그리고 200 Hz인 다섯 개의 데이터 채널이 필요하다고 가정해 보자. 만약 모든 채널에 $f_s = 3000$ Hz인 5 채널 다중화기를 사용하였다면 TDM 신호율은 $r = 5 \times 3000 = 15$ kHz—동기용 표지는 포함하지 않음—이었을 것이다. 보다 효율적인 방법은 그림 7.2-11에 보인 것과 같이 연결된, $f_s = 750$ Hz인 8 채널 주 다중화기와 $f_s = 375$ Hz인 2 채널 부 다중화기를 사용하는 것이다.

두 최저 속도 신호인 $x_4(t)$와 $x_5(t)$는 주 다중화기의 한 채널에 삽입될 수 있도록 부 다중화기에 의해 결합되어 $2 \times 375 = 750$ Hz의 펄스율을 만든다. 따라서 $x_4(t)$와 $x_5(t)$의 샘플들은 프레임마다 교대로 나타난다. 반면에 최고 속도 신호 $x_1(t)$는 주 다중화기의 네 개의 입력에 인가된다. 따라서 그 샘플들은 각 프레임 내에서 동(同)간격의 네 자리에 나타나고, 등가적인 샘플율은 $4 \times 750 = 3000$ Hz가 된다. 한 개의 표지를 포함하여 총 출력 신호율은 $r = 8 \times 750 = 6$ kHz이다. 기저대역 필터링은 음성 전화 채널에 꼭 맞는 대역폭 $B_b = 3$ kHz를 갖는 완만한 신호를 만들어 낸다!

응용 문제 7.2-3

그림 7.2-11의 출력이 50퍼센트의 동작 비율(動作比, duty cycle)을 갖는 필터링되지 않은 PAM 신호라고 하자. 두 개의 연속된 프레임의 파형을 스케치하고 각 펄스에 그 신호원를 표시하시오. 그 다음 6.2절 식 (6)으로부터 필요 전송 대역폭 BT를 계산하시오.

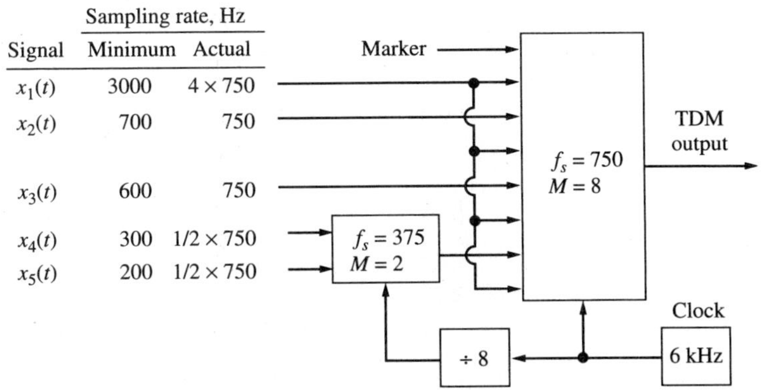

그림 7.2-11
주 다중화기와 부 다중화기를 갖는 TDM 원격 측정 시스템.

혼신과 보호 구간

TDM 시스템이 기저대역 필터링을 포함할 경우, 필터 설계는, 프레임 내의 한 샘플 값이 다음 샘플 값에 영향을 주는 채널 간 혼신을 피하기 위해, 최대한의 주의를 기울여 수행하여야 한다. 디지털 신호도 **심볼 간 간섭**이라 불리는 비슷한 문제를 갖는데, 이는 11.3절에서 기저대역 파형의 정형(整形)을 다룰 때까지 미루기로 한다.

기저대역 필터링을 하지 않는 TDM 신호도, 전송 채널에 의해 펄스의 꼬리나 그 흔적이 프레임의 다음 시간 자리와 겹치는 경우 혼신이 생긴다. 펄스 간 겹침은, 펄스들 사이에 FDM 시스템에서의 채널 간 보호 대역과 유사한 **보호 구간**(guard times)을 설치함으로써 통제할 수 있다. 실제 TDM 시스템들은 보호 구간과 보호 대역을 모두 갖는데, 전자는 혼신을 억제하기 위해서이고 후자는 비 이상적인 필터를 사용할 경우 메시지의 복원을 수월하게 하기 위해서이다.

혼신을 정량적으로 추산하기 위해, 3 dB 대역폭이 B인 일차 기저대역 필터처럼 전송 채널이 동작한다고 가정하자. 그러면 직각 펄스에 대한 응답은 그림 7.2-12에 보인 것과 같이 지수적으로 감쇠할 것이다. 보호 구간 T_g는 최소 펄스 간격을 나타내므로 펄스의 꼬리는 다음 펄스가 도착할 시각까지 $A_{ct} = Ae^{-2\pi BT_g}$보다 크지 않은 값으로 감쇠한다. 그에 따라 **혼신 저감 인수**(crosstalk reduction factor)를

$$k_{ct} \triangleq 10 \log (A_{ct}/A)^2 \approx -54.5\, BT_g \quad \text{dB} \tag{4}$$

와 같이 정의한다. 혼신을 -30 dB 이하로 유지하기 위해서는 $T_g > 1/2B$가 필요하다.

보호 구간은 펄스 폭 또는 위치 변조를 갖는 TDM에서 특히 중요한데, 그 이유는 펄스의 모서리가 프레임의 자리 내에서 옮겨 다니기 때문이다. 그림 7.2-13의 PPM의 경우를

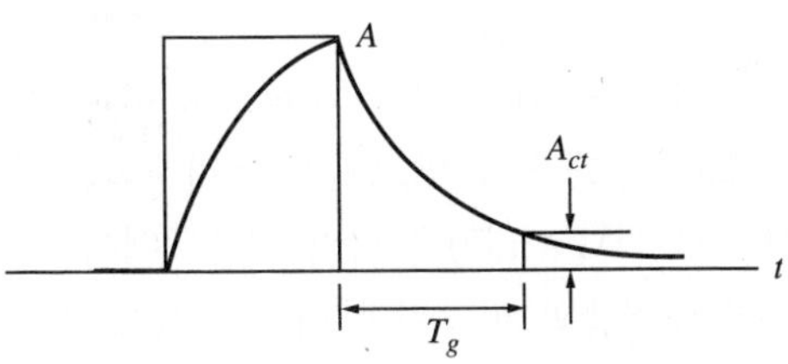

그림 7.2-12
TDM에서의 혼신.

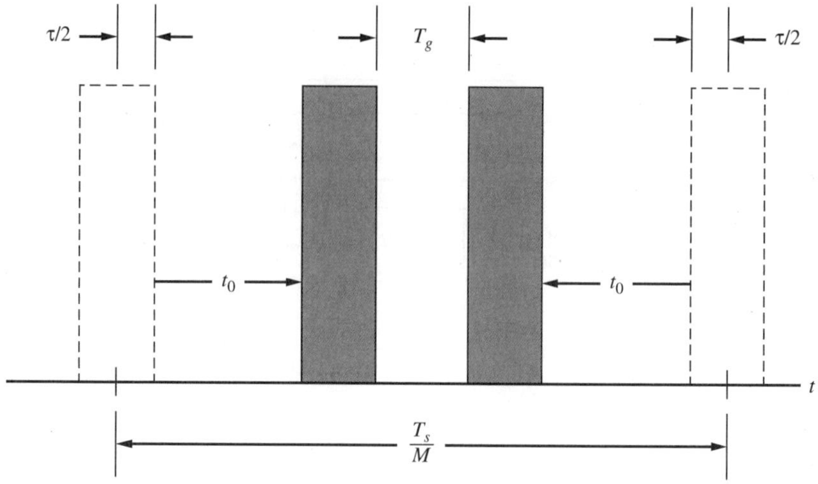

그림 7.2-13
보호 구간을 갖는 TDM/PPM.

생각해 보자: 여기서 한 펄스가 순방향으로 t_0만큼, 그 다음 펄스는 같은 양만큼 역방향으로 위치 변조되어 있다. 보호 구간 T_g에 대한 허용 범위는 $T_g + 2t_0 + 2(\tau/2) \le T_s/M$, 즉,

$$t_0 \le \frac{1}{2}\left(\frac{T_s}{M} - \tau - T_g\right) \tag{5}$$

가 필요하다. PDM의 경우에도 비슷한 변조 허용 범위가 적용된다.

응용 문제 7.2-4

아홉 개의 음성 채널에 한 개의 표지를 더하여 $B = 400$ kHz인 채널상에서 PPM을 통하여 전송하고자 한다. $k_{ct} \approx -60$ dB가 되기 위한 T_g를 계산하시오. 그 다음 $f_s = 8$ kHz이고 $\tau = \epsilon(T_s/M)$일 때 t_0의 최대 허용 값을 구하시오.

TDM과 FDM의 비교

시간 분할과 주파수 분할 다중화는 다른 방법으로 같은 목적을 이룬다. 확실히 이들 둘은 쌍대(雙對, dual) 기술로 분류될 수 있다. 개별 TDM 채널들은 별개의 시간 자리에 할당되지만 주파수 영역에서는 서로 뒤섞인다; 역으로 개별 FDM 채널들은 별개의 주파수 자리에 할당되지만 시간 영역에서는 함께 묶여 있다. 그러면 서로에 대해 각각은 어떤 장점이 있을까?

많은 TDM의 장점들은 기술(技術)에서 비롯된다. TDM은, 디지털 스위치가 지극히 경제성이 있는 고밀도 VLSI 회로로 쉽게 구현된다. 지금까지 설명했던 전통적인 FDM은 모든 메시지 채널마다 아날로그 부반송파, 대역통과 필터, 그리고 복조기 등이 필요했던 것을 상기해 보자. 이들은 VLSI로 구현하기가 상대적으로 비싸다. 하지만, 이 모든 것들은, 칩에 쉽게 얹을 수 있는 TDM 교환자 및 역교환자 스위칭 회로로 대체된다. 그러나 14장에서 설명하겠지만 FDM의 OFDM 판(版)은 디지털 하드웨어로 쉽게 구현할 수 있다.

둘째, TDM은 불완전한 대역통과 필터링과 비선형 상호 변조 등과 같은 FDM에서의 통상적인 혼신의 원인들에 대해 민감하지 않다. 그렇지만, TDM의 혼신에 대한 내성(耐性)은 온전히 전송 대역폭과 지연 왜곡이 없다는 것에 의한 것이다.

셋째, 예제 7.2-3에서와 같은 부 다중화기의 이용은 TDM 시스템이 대역폭 또는 펄스율이 한 자릿수 이상 차이나는 다른 신호들을 수용할 수 있도록 한다. 이러한 유연성은, 12.5절에서 보게 되겠지만, 디지털 신호들을 다중화할 경우 특별한 진가를 발휘한다.

마지막으로, TDM은 전송 매체가 페이딩에 놓이게 될 경우 도움이 될 수도 있고 그렇지 않을 수도 있다. 급속한 광대역 페이딩은 주어진 TDM 채널에서 가끔씩 펄스를 망가뜨리겠지만, 반면 FDM은 모든 채널이 영향을 받을 것이다. 저속의 협대역 페이딩은 모든 TDM 채널들을 휩쓸어 버리겠지만, 반면에 FDM에서는 오직 한 채널만 지워질 것이다. 지워지는 그 한 채널에 머무는 시간을 최소화하기 위해서, GSM 시스템에서 사용하는 주파수의 도약 개념이나 기타의 다른 다중 반송파 변조 방식을 채택할 수 있다.

대체로, 대부분의 다원 접속 시스템들은 FDMA 그리고/또는 TDMA의 혼성(混成)이다. 15장에서 설명할 GSM, 위성 중계, 그리고 CDMA 전화 시스템 등은 그러한 혼성 시스템의 예이다.

이동통신 특별 그룹(Group Special Mobile, GSM) **예제 7.2-4**

GSM은 각 나라별로 다양하게 존재하던 아날로그 무선 휴대 전화 시스템을 대체하기 위해 유럽에서 처음으로 개발된 FDMA와 TDMA를 이용하는 2 세대(2G) 디지털 이동 전화 표준이다. 비록 2.5G에 의해 그 자리를 빼앗기고 있지만 생각해 볼만 한 몇 가지의 재미있는 설계상의 특징을 가지고 있다. 유럽에서는 휴대장치(휴대 전화)에서 기지국(탑)까지는 스펙트럼의 890-915 MHz 대역을 이용하고, 기지국 안테나 탑에서 휴대장치까지는 935에서 960 MHz를 이용한다. 그림 7.2-14에 보인 것처럼, 각 25 MHz 대역은 125개까지의 반송파 주파수 또는 채널로 나뉘어져 있는데, 각 채널은 200 kHz의 대역폭과 8 사용자/채널을 갖고 있으므로 1,000 명의 사용자를 수용할 수 있다. 그림 7.2-14를 좀 더 살펴보면, 각 사용자는 4.615 ms마다 (216.7 kHz) 데이터 군집(群集, burst)을 전송하는데, 각 군집은 156.25비트를 수용하는 576.92 μs의 길이를 갖는다. 이는 각 57비트씩인 두 세트의 사용자 데이터를 포함하고, 26비트는 경로의 특성을 측정하기 위해 할당된다. 남는 몇 개의 비트들은 제어 등의 용도로 사용된다. 그림 7.2-7의 시스템처럼, 각 프레임은 여러 사용자로부터 오는 TDM된 데이터들로 이루어진다. 다시, 각 GSM 프레임은 각각 57비트씩인 두 개의 데이터 군집을 포함한다는 것에 주목하자; 이는 음성 외의 데이터도 수용한다. 주파수 선택적 협대역 페이딩에 대처하기 위한 주파수 다각화를 제공하기 위해, GSM은 또 준(準) 랜덤 주파수 도약을 채용하여 각 반송파 주파수를 초당 217회의 속도로 변화시킨다. 15.2절에서 대역 확산 시스템의 주파수 도약에 대해 자세히 논한다.

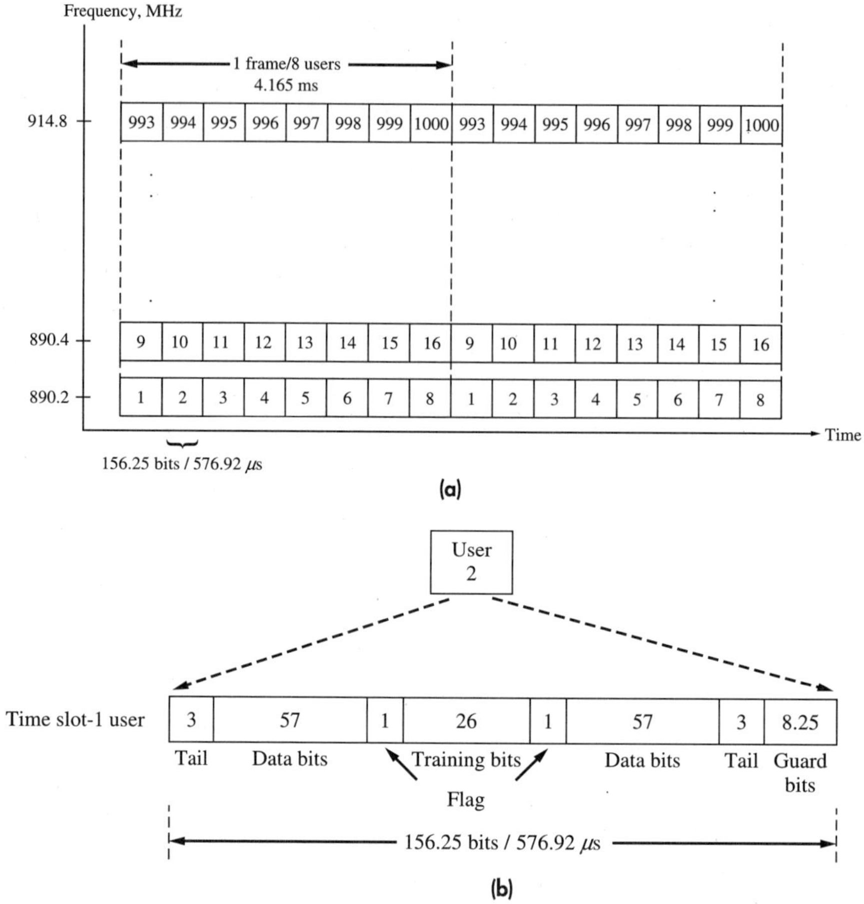

그림 7.2-14

GSM 신호를 위한 FDMA/TDMA 구조: (a) 8 TDM 사용자/채널을 갖는 FDMA; (b) 프레임 구조.

7.3 위상 동기 루프

위상 동기 루프(phase-locked loop, PLL)는 의심할 여지 없이 CW 변조 시스템을 위해 사용할 수 있는 가장 강력한 구성 요소이다. PLL은 변조기, 복조기, 주파수 합성기, 다중화기 및 다양한 신호 처리기 등에서 발견할 수 있다. PLL의 동작 및 잠김 조건을 살펴본 후에 이러한 용도들 중의 몇 가지를 살펴볼 것이다. 이 기초적인 학습이 PLL에 대해 유익한 실무적인 지식을 얻는 데 도움이 되긴 하겠지만, 비선형 동작이나 과도 현상 등에 대한 자세한 해석으로는 들어가지 않을 것이다. 이러한 높은 수준의 주제에 대해서는 블랭차드(Blanchard, 1976), 가드너(Gardner, 1979), 메이어와 어셰이드(Meyr and Asheid, 1990) 및 린지(Lindsey, 1972) 등에서 다루고 있다.

PLL 동작과 잠김

PLL의 기본적인 목적은 VCO 출력의 순시 각(角, 즉, 위상과 주파수)을 CW 변조의 한 형태를 갖는 외부의 대역통과 신호의 순시 각도에 **잠그거나 동기화**(lock or synchronize)하는 것이다. 이 목적을 위해 PLL은 위상 비교(phase comparison)를 수행해야만 한다. 그러므로

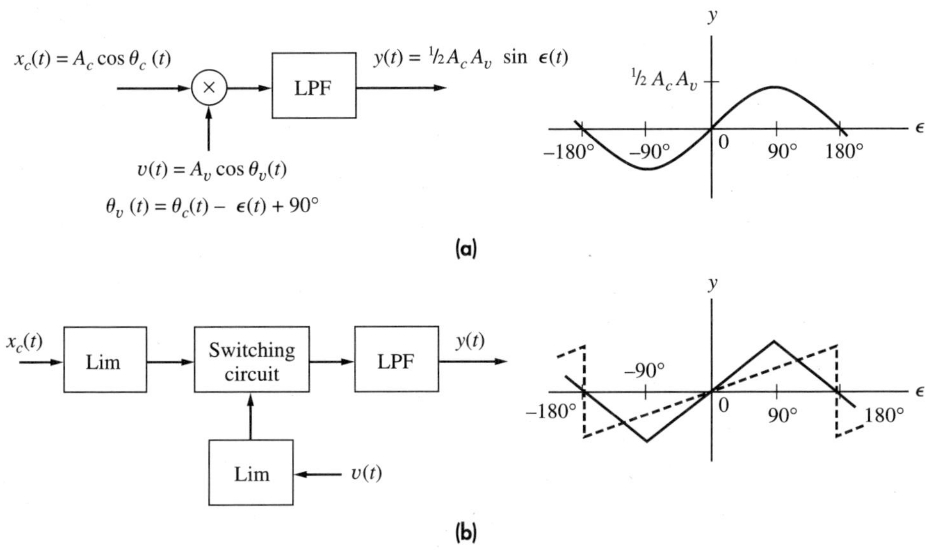

그림 7.3-1

위상 비교기: (a) 아날로그; (b) 디지털.

위상 비교기를 간단히 살펴보는 것으로 시작하기로 하자.

그림 7.3-1a의 시스템은 **아날로그 위상 비교기**이다. 이는 두 대역통과 신호 $x_c(t) = A_c \cos \theta_c(t)$와 $v(t) = A_v \cos \theta_v(t)$ 사이의 순시 각의 차에 비례하는 출력 $y(t)$를 만들어 낸다. 구체적으로, 만약

$$\theta_v(t) = \theta_c(t) - \epsilon(t) + 90° \tag{1}$$

이고 또 LPF가 단순히 곱 $x_c(t)v(t)$로부터 차 주파수 항만 뽑아낸다면,

$$\begin{aligned} y(t) &= \tfrac{1}{2} A_c A_v \cos [\theta_c(t) - \theta_v(t)] \\ &= \tfrac{1}{2} A_c A_v \cos [\epsilon(t) - 90°] = \tfrac{1}{2} A_c A_v \sin \epsilon(t) \end{aligned}$$

가 된다. 우리는 $\epsilon(t)$를 각 오차로 해석하고, y 대 ϵ의 그림은 $\epsilon(t) = 0$일 때 $y(t) = 0$임을 강조한다. 식 (1)에서 90° 전이를 빠트렸다면 $\epsilon(t) = \pm 90°$일 때 $y(t) = 0$을 얻었을 것이다. 그러므로 위상 비교기로부터 0이 출력되는 것은 직교 위상 관계를 의미한다.

또 $\epsilon(t) \neq 0$일 때 $y(t)$는 $A_c A_v$에 의해 좌우되므로 입력 신호가 그 크기에 변동이 있거나 진폭 변조를 가지면 문제를 일으킬 수 있다. 이러한 문제들은 그림 7.3-1b의 **디지털 위상 비교기**로 제거할 수 있는데, 여기서는 굳은 제한기가 입력 정현파를 스위칭 회로에 인가되는 구형파로 변환한다. 그 결과 y 대 ϵ의 그림은 스위칭 회로의 세부적인 상황에 따라 삼각형 또는 톱니 모양을 한다. 하지만, 세 개의 모든 위상 비교 곡선은 $|\epsilon(t)| \ll 90°$—PLL에서 목표로 하는 동작 조건—일 때 근본적으로 동일하다(이득은 제외).

이제부터는 그림 7.3-2의 아날로그 PLL 구조를 가지고 설명을 해 나갈 것이다. 편의상 외부 입력 신호는 일정한 진폭 $A_c = 2$를 가져서 $x_c(t) = 2 \cos \theta_c(t)$라고 가정한다. 여기서 여느 때와 마찬가지로

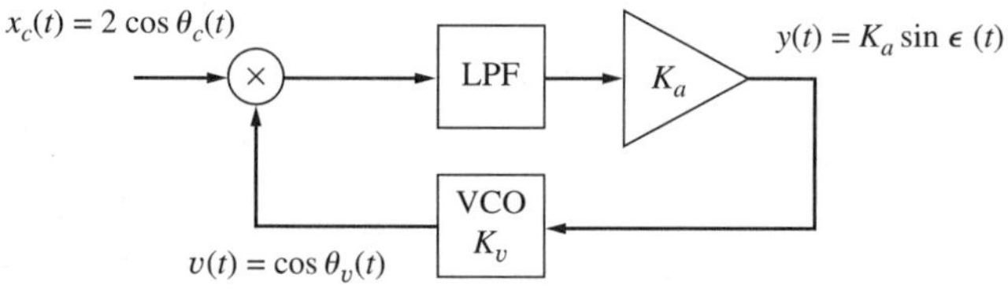

그림 7.3-2
위상 동기 루프.

$$\theta_c(t) = \omega_c t + \phi(t) \qquad \omega_c = 2\pi f_c \tag{2}$$

이다. 또 단위 진폭 VCO 출력 $v(t) = \cos\theta_v(t)$와 이득이 K_a인 루프 증폭기를 가정한다. 따라서

$$y(t) = K_a \sin\epsilon(t) \tag{3}$$

이고 이는 VCO의 제어 전압으로 궤환된다.

VCO의 $y(t) = 0$일 때의 무동조 주파수(free-running frequency)가 반드시 f_c인 것은 아니므로 그것을 $f_v = f_c - \Delta f$라고 쓸 것이다. 여기서 Δf는 주파수 오차를 의미한다. 제어 전압을 인가하면 순시 각은

$$\theta_v(t) = 2\pi(f_c - \Delta f)t + \phi_v(t) + 90° \tag{4a}$$

가 되는데, 여기서 K_v가 주파수 편이 상수와 같을 때

$$\phi_v(t) = 2\pi K_v \int^t y(\lambda)\, d\lambda \tag{4b}$$

이다. 그러면 각 오차는

$$\begin{aligned}\epsilon(t) &= \theta_c(t) - \theta_v(t) + 90° \\ &= 2\pi\Delta f t + \phi(t) - \phi_v(t)\end{aligned}$$

이고, t에 대해 미분하면

$$\dot{\epsilon}(t) = 2\pi\Delta f + \dot{\phi}(t) - 2\pi K_v y(t)$$

가 된다. 이 식을 식 (3)과 결합하면 비선형 미분 방정식

$$\dot{\epsilon}(t) + 2\pi K \sin\epsilon(t) = 2\pi\Delta f + \dot{\phi}(t) \tag{5}$$

를 얻는데, 여기서 우리는 루프 이득

$$K \triangleq K_v K_a$$

를 도입하였다. 이 이득은 단위가 헤르츠 (초$^{-1}$)이고 대단히 중요한 파라미터가 된다.

식 (5)가 PLL의 기계적 동작을 좌우하지만, 임의의 $\phi(t)$에 대한 닫힌 형태의 해는 존재하지 않는다. PLL 작동 원리와 잠김 조건에 대한 감을 잡기 위해, $t = 0$에서 시작하는 상

수 입력 위상 $\phi(t) = \phi_0$의 경우를 생각해 보자. 그러면 $\dot{\phi}(t) = 0$이고 식 (5)를

$$\frac{1}{2\pi K}\dot{\epsilon}(t) + \sin\epsilon(t) = \frac{\Delta f}{K} \qquad t \geq 0 \tag{6}$$

와 같이 다시 쓸 수 있다. 상수 위상에 대한 잠김은 루프가 $\dot{\epsilon}(t) = 0$이고 $\epsilon(t) = \epsilon_{ss}$인 정상(定常) 상태에 도달했음을 의미한다. 따라서 잠김 상태에서는 $\sin\epsilon_{ss} = \Delta f/K$이고, 그에 따라

$$\epsilon_{ss} = \arcsin\frac{\Delta f}{K} \tag{7a}$$

$$y_{ss} = K_a \sin\epsilon_{ss} = \frac{\Delta f}{K_v} \tag{7b}$$

$$v_{ss}(t) = \cos(\omega_c t + \phi_0 - \epsilon_{ss} + 90°) \tag{7c}$$

가 된다. 0이 아닌 y_{ss} 값은 VCO의 주파수 오차를 상쇄하고, $v_{ss}(t)$는 입력 신호 $x_c(t)$의 주파수에 잠기게 된다. 만약 $|\Delta f/K| \ll 1$이면 위상 오차 ϵ_{ss}는 무시할 수 있다는 것을 주목하자.

그러나, $|\Delta f/K| > 1$일 때 식 (6)은 정상 상태의 해를 갖지 않고, 식 (7a)의 ϵ_{ss}는 정의되지 않는다. 그러므로 잠김은

$$K \geq |\Delta f| \tag{8}$$

와 같은 조건이 필요하다. 바꿔 말하자면, PLL은 VCO의 무동조 주파수 f_v의 $\pm K$ 헤르츠의 범위 내의 모든 상수 입력 주파수에 잠기게 된다.

PLL의 동작에 관한 부가적인 정보는, $\epsilon_{ss} \approx 0$이 되는 충분한 루프 이득이 필요할 경우, 식 (6)으로부터 얻을 수 있다. 이때, 어떤 순간 $t_0 > 0$ 후에, $\epsilon(t)$는 근사 $\sin\epsilon(t) \approx \epsilon(t)$를 만족시킬 만큼 충분히 작아지고,

$$\frac{1}{2\pi K}\dot{\epsilon}(t) + \epsilon(t) = 0 \qquad t \geq t_0 \tag{9a}$$

이다. 이 선형 방정식의 해는 잘 알려진

$$\epsilon(t) = \epsilon(t_0)e^{-2\pi K(t-t_0)} \qquad t \geq t_0 \tag{9b}$$

인데, 이는 시정수의 다섯 배에 해당하는 시간이 흘렀을 때 실질적으로 사라지는, 즉, $t > t_0 + 5/(2\pi K)$일 때 $\epsilon(t) \approx 0$인 일시적 오차(a transient error)를 나타낸다. 그러므로, 입력 $x_c(t)$가 $1/(2\pi K)$에 비해 변화가 느린 시변 위상 $\phi(t)$를 갖고 그 순시 주파수 $f_c + \dot{\phi}(t)/2\pi$가 $f_v \pm K$의 범위를 넘지 않으면, 우리는 PLL은 잠김 상태를 유지하고, 무시할 수 있을 정도의 오차를 가지고—위상 비교기의 LPF가 $\phi(t)$의 변동을 VCO로 통과시킨다면—$\phi(t)$를 따라간다고 추론할 수 있다.

응용 문제 7.3-1 $\dot{\epsilon}$ 대 ϵ의 위상평면도(phase-plane plot)는 식 (6)을

$$\dot{\epsilon} = 2\pi(\Delta f - K \sin \epsilon)$$

의 형태로 다시 씀으로써 정의할 수 있다. (a) $K = 2\,\Delta f$에 대해 $\dot{\epsilon}$ 대 ϵ를 도시하고 임의의 초기값 $\epsilon(0)$는 $\epsilon_{ss} = 30° \pm m\,360°$로 수렴함을 보이시오. 단, m은 정수. 힌트: $\dot{\epsilon}(t) > 0$일 때 $\epsilon(t)$는 증가하고 $\dot{\epsilon}(t) < 0$일 때 감소한다. (b) $K < \Delta f$ 일 때 위상평면도를 그려서, 모든 $\epsilon(t)$에 대해 $|\dot{\epsilon}(t)| > 0$이고, 따라서 ϵ_{ss}는 존재하지 않는다는 것을 보이시오.

동기 검파와 주파수 합성기

PLL의 잠금 기능은 동기 검파를 위한 파일럿 반송파를 갖는 시스템에 이상적으로 잘 어울린다. 파일럿이 섞여 있는 변조 파형으로부터 파일럿을 걸러내려고 하는 것보다는 그림 7.3-3과 같이 보강된 PLL 회로를 이용하여 파일럿과 동기된 정현파를 생성하는 것이 나을 것이다. 단순화하기 위해 위상 비교기, 저역 통과 필터, 그리고 증폭기 등을 위상 판별기 하나로 뭉뚱그렸고, 시종(始終)에 걸쳐 단위 진폭의 정현파를 가정하였다.

초기 동조 전압을 조정하면, 직교 위상 판별기에 의해 감지되고 잠김 표시기에 표시되는 조건인, VCO의 주파수가 f_c에 가까워지고 $\epsilon_{ss} \approx 0$이 된다. 거기서부터 PLL은 파일럿의 어떠한 위상이나 주파수 변동도 자동으로 따라가게 되고, 위상 전이된 VCO 출력은 동기 검파기에 필요한 LO 신호를 제공한다. 그러므로 전체 장치는 실질적으로 잡음이 없는 협대역 파일럿 필터처럼 동작한다.

우연하게도, 그림 7.3-3과 같은 장치는 알지 못하는 어떤 주파수를 갖는 신호를 검색하는 데 이용될 수 있다. VCO 제어 전압을 끊고 잠김 표시기가 신호를 찾았다는 표시를 할 때까지 VCO 주파수를 소인(掃引, sweep)하도록 램프 신호 발생기를 연결한다. 몇몇 무선 주사기(走査器, scanner)는 이 과정을 자동화한 것을 채용하고 있다.

전송된 파일럿이 없는 DSB를 동기 검파하기 위해 코스타스(Costas)는 그림 7.3-4에서와 같은 PLL을 발명하였다. 대역폭 $2W$를 갖는 변조된 DSB 파형 $x(t)\cos\omega_c t$는 출력이 $x(t)\sin\epsilon_{ss}$와 $x(t)\cos\epsilon_{ss}$에 비례하는 위상 판별기 쌍에 인가된다. 곱하기와 $T \gg 1/W$ 구간 적분을 하면 VCO 제어 전압

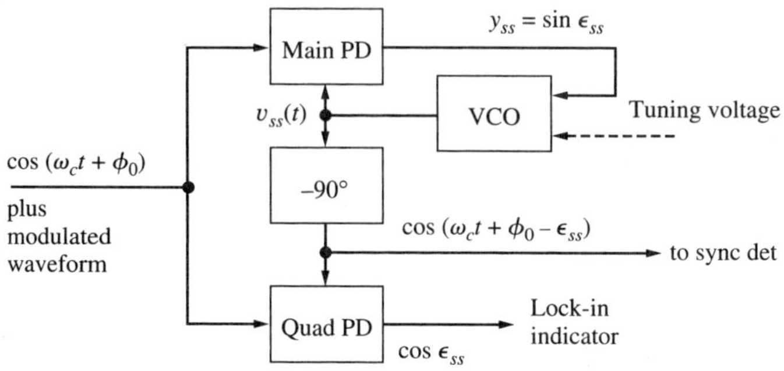

그림 7.3-3
두 개의 위상 판별기(phase discriminator, PD)를 갖는 PLL 파일럿 필터.

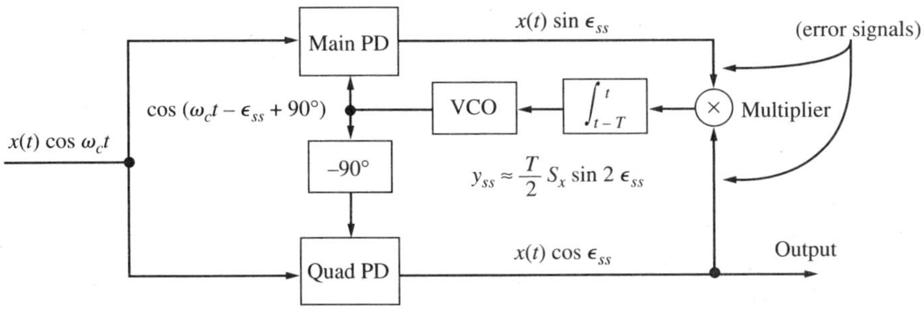

그림 7.3-4
동기 검파를 위한 코스타스 PLL 시스템.

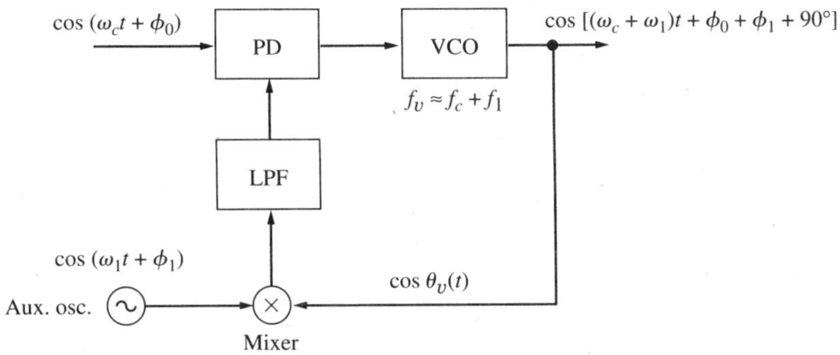

그림 7.3-5
주파수 오프셋 루프.

$$y_{ss} \approx T\langle x^2(t)\rangle \sin \epsilon_{ss} \cos \epsilon_{ss} = \frac{T}{2} S_x \sin 2\epsilon_{ss}$$

를 발생시킨다. $\Delta f \approx 0$이면 PLL은 $\epsilon_{ss} \approx 0$으로 잠기고 직교 판별기의 출력은 복조 메시지 $x(t)$에 비례하게 된다. 물론 한참 시간 동안 $x(t) = 0$이면 루프는 잠김이 해제된다.

그림 7.3-5의 **주파수 오프셋 루프**는 입력 주파수 (그리고 위상)를 보조 발진기의 주파수만큼 이동시킨다. 목표 출력 주파수는 이제 $f_c + f_1$이므로 VCO의 무동조 주파수는

$$f_v = (f_c + f_1) - \Delta f \approx f_c + f_1$$

이 되어야 한다. 발진기와 VCO 출력은 위상 판별기에 인가될 차(差) 주파수 신호 $\cos[\theta_v(t) - (\omega_1 t + \phi_1)]$를 얻기 위해 혼합되고 필터링된다. $\epsilon ss \approx 0$으로 잠긴 상태에서 판별기 입력에서의 순시 각은 90° 차이가 날 것이다. 따라서 $\theta_v(t) - (\omega_1 t + \phi_1) = \omega_c t + \phi_0 + 90°$이고 VCO는 $\cos[(\omega_c + \omega_1)t + \phi_0 + \phi_1 + 90°]$를 발생시킨다.

같은 식으로 순시 각에 대해 식을 세우면, 그림 7.3-6은 **주파수 체배**를 수행하는 것을 확인할 수 있을 것이다. 5.2절에서 논의한 주파수 체배기와 같이, 이 장치는 입력의 순시 각

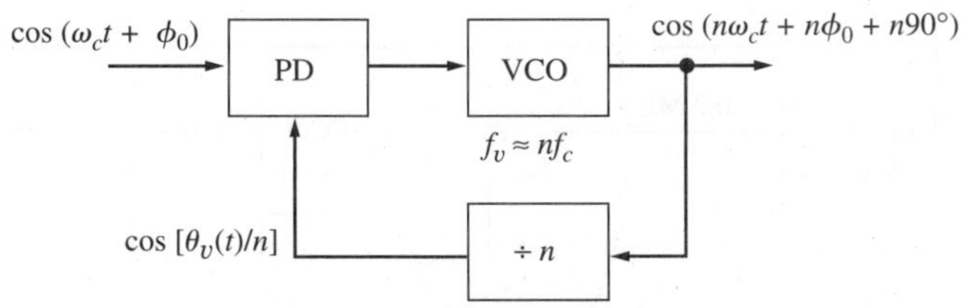

그림 7.3-6
PLL 주파수 체배기.

을 인수 n만큼 곱한다. 그렇지만, 이는 디지털 계수기로 쉽게 구현되는 주파수 분할기(frequency divider) 덕분에 가능한 것이다. 시중에서 구할 수 있는 나누기 n 계수기를 사용하면 1에서 10 또는 훨씬 이상까지의 정수 중에서 하나를 선택할 수 있다. 그러한 계수기를 PLL에 삽입하면 가변(adjustable) 주파수 체배기를 얻을 수 있다.

주파수 합성기는 한 개의 수정(水晶) 제어 주(主)발진기의 출력으로부터 시작한다; 다양한 다른 주파수들은 그로부터 주파수 분할, 체배 및 이동 등의 조합에 의해 합성된다. 그러므로, 그로 말미암는 모든 주파수들은 주 발진기에 의해 안정화되고 또 그에 동기된다. 실험실의 범용 합성기는 추가적인 정밀 회로를 포함하여 매우 복잡한 구조를 지니고 있어, 주파수 합성의 원리는 예를 통해 설명한다.

예제 7.3-1 주파수 합성기를 이용한 가변 국부 발진기

어떤 이중 변환 SSB 수신기가 100 kHz (동기 검파용)와 1.6 MHz (이차 혼합기용)의 고정된 LO 주파수와 0.01 MHz씩의 단계로 9.90-9.99 MHz의 범위를 감당하는 가변 LO (RF 동조용)가 필요하다고 가정하자. 그림 7.3-7의 맞춤형 합성기는 10 MHz 발진기의 출력을 나누어 내리고, 곱해 올리고, 또는 그와 함께 혼합하여 필요한 모든 주파수들을 제공한다. 그림에서 나눗셈기가 있는 각각의 PLL 대신 주파수 체배 블록으로 대체함으로써 간단히 시스템을 확인해 볼 수 있을 것이다.

여기서 모든 출력 주파수들이 주 발진기의 주파수보다 작다는 것을 눈여겨 보자. 이는 어떤 절대적인 주파수 변동도 합성 동작에 의해 줄어들기만 하고 커지지는 않을 것이라는 것을 확실하게 보여준다. 하지만 변동의 비는 변하지 않는다.

응용 문제 7.3-2 주 발진기 주파수 f_c로부터 출력 주파수로서 nf_c/m을 합성하는 PLL 시스템의 블록도를 그리시오. 잠긴 동작을 위한 조건을 루프 이득 K와 VCO의 무동조 주파수 f_v의 식으로 기술하시오.

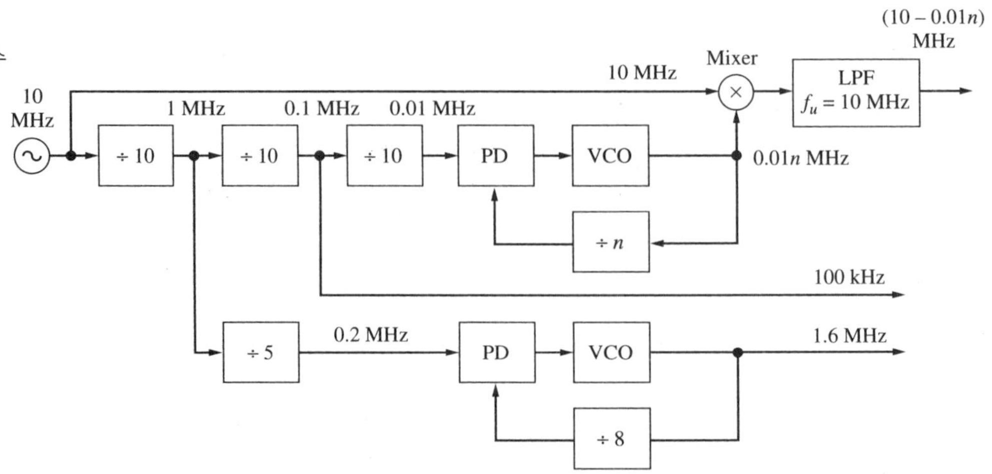

그림 7.3-7 고정 및 가변 출력을 갖는 주파수 합성기.

선형화된 PLL 모델과 FM 검파

어떤 PLL이 입력 주파수 f_c에 잠기도록 동조되어 있어 $\Delta f = 0$이라고 가정하자. 나아가 PLL이 충분한 이득을 가지고 있어서 입력 위상 $\phi(t)$를 작은 오차 $\epsilon(t)$ 내에서 따라갈 수 있으므로 $\sin \epsilon(t) \approx \epsilon(t) = \phi(t) - \phi_v(t)$라고 하자. 이러한 가정들이 그림 7.3-8a의 선형화된 PLL 모델의 근간을 이룬다. 그림에서 LPF는 그의 임펄스 응답 $h(t)$로 표현되었다.

여기서는 위상 변화에 초점을 맞출 것이므로, 우리는 $\phi(t)$를, 출력 신호 $y(t)$를 생성하기 위해 궤환 "신호"

$$\phi_v(t) = 2\pi K_v \int^t y(\lambda)\, d\lambda$$

와 비교되는 입력 "신호"라고 간주한다. 그러한 관점을 강조하기 위해 선형화된 모델을 그림 7.3-8b의 **부궤환 시스템**으로 다시 그렸다. VCO가 $2\pi K_v$의 이득을 갖는 적분기가 되었고, 위상 비교는 뺄셈이 된 것에 주목하자.

푸리에 변환은 결국 그림 7.3-8c의 **주파수 영역 모델**로 귀착되는데, 여기서 $\Phi(f) = \mathscr{F}[\phi(t)]$, $H(f) = \mathscr{F}[h(t)]$ 등등이다. 일상적인 계산 과정을 거치면

$$Y(f) = \frac{K_a H(f)}{1 + K_a H(f)(K_v/jf)} \Phi(f) = \frac{1}{K_v} \frac{jfKH(f)}{jf + KH(f)} \Phi(f) \tag{10}$$

가 되고, 이는 주파수 영역에서 입력 위상과 출력 전압 간의 관계를 표현한다.

이제 $x_c(t)$가 $\dot{\phi}(t) = 2\pi f_\Delta\, x(t)$인 FM 파이고, 따라서

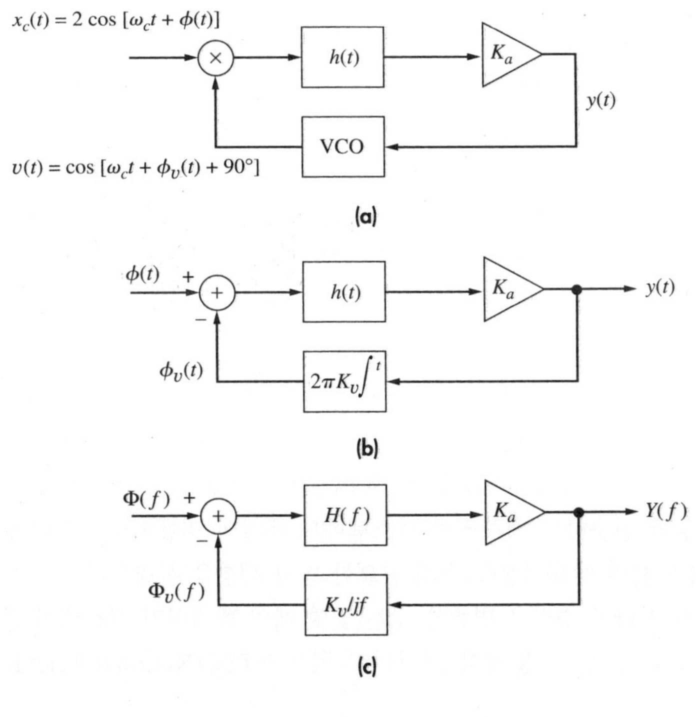

그림 7.3-8
선형화된 PLL 모델: (a) 시간 영역; (b) 위상; (c) 주파수 영역.

$$\Phi(f) = 2\pi f_\Delta X(f)/(j2\pi f) = (f_\Delta/jf)X(f)$$

라고 하자. 식 (10)의 $\Phi(f)$에 대입하면

$$Y(f) = \frac{f_\Delta}{K_v} H_L(f)X(f) \tag{11a}$$

이고, 여기서

$$H_L(f) = \frac{H(f)}{H(f) + j(f/K)} \tag{11b}$$

인데, 이를 우리는 등가 **루프 전달 함수**라고 그 의미를 해석한다. 만약 $X(f)$가 메시지 대역폭 W를 가지고 또

$$H(f) = 1 \qquad |f| \le W \tag{12a}$$

이라면, $H_L(f)$는 3 dB 대역폭이 K인 일차 저역 통과 필터의 형태를 갖는다. 즉,

$$H_L(f) = \frac{1}{1 + j(f/K)} \qquad |f| \le W \tag{12b}$$

이다. 그러므로, $K \ge W$이면 $Y(f) \approx (f_\Delta/K_v)X(f)$이므로

$$y(t) \approx \frac{f_\Delta}{K_v} x(t) \tag{13}$$

이다. 이런 조건 하에서 PLL은 $x_c(t)$로부터 메시지 $x(t)$를 복원하고 그에 의해 FM 검파기로서 동작한다.

$H(f) = 1$인 일차 PLL의 단점은 루프 이득 K가 $H_L(f)$의 대역폭과 잠김 주파수 범위를 모두 결정짓는다는 것이다. 순시 입력 주파수 $f(t) = f_c + f_\Delta x(t)$를 좇아가기 위해서는 $K \ge f_\Delta$이어야만 한다. 그러면 넓은 $H_L(f)$의 대역폭은 복조 출력에 지나친 간섭과 잡음을 초래할 수 있다. 이런 이유와 다른 고려 사항들 때문에 실제 PLL FM 검파기에서 $H_L(f)$는 보통 좀 더 정교한 이차 함수이다.

7.4 텔레비전 시스템

텔레비전으로 전송되는 메시지는 움직임이 있는 이차원 영상(像)이므로 시간뿐만 아니라 두 공간 변수에 대한 함수이다. 이 절에서는 전기 신호를 통한 아날로그 영상 전송의 이론과 실제를 소개한다. 처음에 논의되는 단색 (흑백) 동영상 신호와 대역폭에 대한 요구 사항은 정지 화상만 전송하는 팩시밀리 시스템에도 똑같이 적용된다. 그 다음 블록도 형태의 TV 송신기와 컬러 텔레비전을 위해 필요한 변경 사항을 설명한다.

나라마다 각기 다른 수많은 변종을 갖는 몇몇 개의 텔레비전 시스템이 존재한다. 우리는 북미, 남미, 한국, 일본 등에서 채택되고 있는 NTSC(National Television Systems

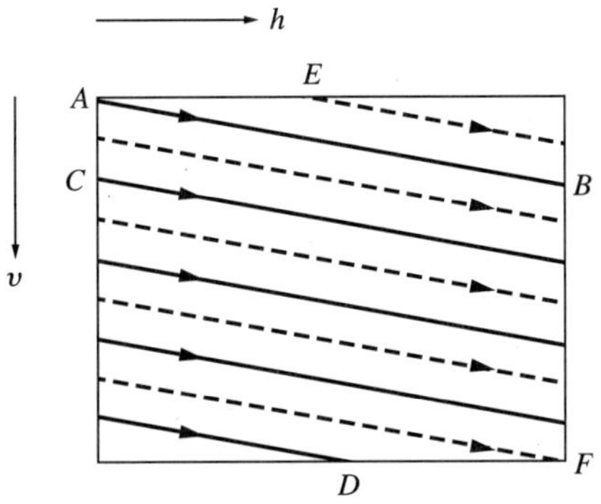

그림 7.4-1

두 개의 필드를 갖는 비월 주사 래스터 (선 간격이 지나치게 과장된 상태임).

Committee) 방식과 그의 디지털 대체 방식인 HDTV(high-definition television system)에 집중할 것이다. HDTV에 대한 보다 자세한 내용은 휘테이커(Whitaker, 1999), ATSC(1995)를 참조하기 바란다.

동영상 신호, 해상도, 그리고 대역폭

가장 간단한 경우로부터 시작하기 위해 움직임이 없는 흑백 밝기 패턴 $I(h, v)$를 생각해 보자. 여기서 h와 v는 수평 및 수직 좌표이다. $I(h, v)$를 신호 $x(t)$로 변환—또는 그 역—하는 것은 그림 7.4-1에 보인 것처럼 주사(走查) 래스터와 같은 불연속적인 맵핑 과정이 필요하다. 밝기에 비례하는 전압 또는 전류를 발생하는 주사 장치는 점 A에서 시작하고, 일정하지만 같지는 않은 속도로 수평과 수직 방향으로, 경로 AB를 따라 움직인다. 그러므로, s_h와 s_v가 수평 및 수직 주사 속도라면, $h = s_h t$ 등과 같으므로, 주사기의 출력은 **동영상 신호**

$$x(t) = I(s_h t, s_v t) \tag{1}$$

가 된다. 점 B에 도달하자마자 주사 점은 재빨리 C로 되돌아가고 (수평 회귀), 마찬가지 방식으로 점 D까지 진행되는데, 여기가 팩시밀리 주사가 끝나는 곳이다.

하지만 표준 TV에서는 영상의 움직임을 수용하지 않으면 안 되므로 주사점은 수직으로 E까지 되돌아가서 **섞어짜는**(interleaved) 패턴을 따라 F에서 끝난다. 그리고 이 과정은 되풀이되어 A에서 다시 시작된다. 두 세트의 선들은 일차 필드와 이차 필드로 불린다; 이들은 함께 한 개의 완전한 그림 또는 **프레임**을 구성한다. 프레임 율은 연속적인 동작이라는 착각을 일으킬 정도로만 충분한 속도 (초 당 25에서 30 프레임)이고, 그와 함께 필드 율 (프레임 율의 두 배)은 깜박거림이 사람의 눈에 느껴지지 않도록 한다. 그리하여 비월(飛越) 주사(interlaced scanning)로 인하여 눈에 보이는 깜박임이 없는 가능한 최저의 그림 반복률을 얻을 수 있다. 비(非) 비월 주사 (또는 순차 주사)는 컴퓨터 그래픽, 팩스, 그리고 최신 디지털 TV 시스템 등에 사용된다.

주사 후 동영상 신호에 두 가지 변화를 준다: 회귀 시간 동안 귀선(歸線)이 수신 화상관에서 보이지 않도록 **소거**(消去) **펄스**를 삽입한다; 수신기의 수평 및 수직 소인(掃引) 회로를 동기 시키기 위해 소거 펄스 위에 **동기 펄스**를 추가한다. 그림 7.4-2 는 NTSC 표준에

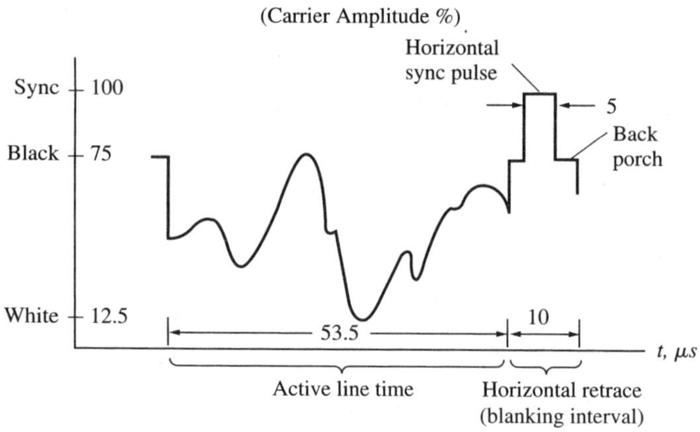

그림 7.4-2
한 개의 완전한 수평 주사선(소거 구간)의 동영상 파형(NTSC 표준).

표 7.4-1 텔레비전 시스템 파라미터들.

	NTSC	CCIR	HDTV/USA
Aspect ratio, horizontal/vertical	4/3	4/3	16/9
Total of lines per frame	525	625	1125
Field frequency, Hz	60	50	60
Line frequency, kHz	15.75	15.625	33.75
Line time, μs	63.5	64	29.63
Video bandwidth, MHz	4.2	5.0	24.9
Optimal viewing distance	7H	7H	3H
Sound	Mono/Stereo output	Mono/Stereo output	6 channel Dolby Digital Surround
Horizontal retrace time, μs	10		3.7
Vertical retrace, lines/field	21		45

맞는 진폭과 시간 폭을 갖는, 한 개의 완전한 주사선의 파형을 보여주고 있다. 다른 파라미터들에 대해서는 유럽의 CCIR(International Radio Consultative Committee) 시스템과 고 해상도(HDTV) 시스템에 해당하는 몇 개의 값들과 함께 표 7.4-1에 보였다.

움직임이 없는 영상 신호의 스펙트럼을 구하는 것은 그림 7.4-3을 이용하면 비교적 쉬운데, 그림에서는 회귀 주사 대신 영상을 주기적으로 양방향으로 반복하여, 등가적으로 주사 경로는 끊어지지 않는다(비 비월 주사 또는 순차 주사). 이제 두 개의 변수에 대해 주기성을 갖는 어떠한 함수라도 일차원 푸리에 급수의 단순한 연장으로서 이차원 푸리에 급수로 전개할 수 있다. H와 V가 수평 및 수직 주기(회귀 구간 포함)를 나타내는 지금과 같은 경우에 대해, 영상의 밝기는

$$I(h, v) = \sum_{m=-\infty}^{\infty} \sum_{n=-\infty}^{\infty} c_{mn} \exp\left[j2\pi\left(\frac{mh}{H} + \frac{nv}{V}\right)\right] \tag{2}$$

이고 여기서

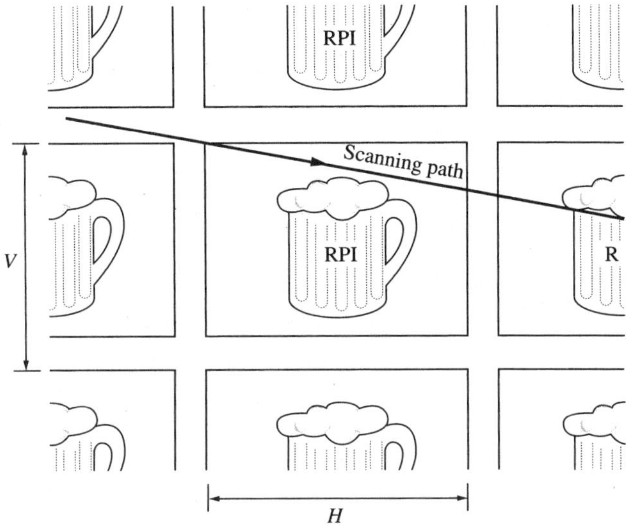

그림 7.4-3
끊어지지 않는 주사 경로를 갖는 주기적으로 반복된 영상.

$$c_{mn} = \frac{1}{HV} \int_0^H \int_0^V I(h, v) \exp\left[-j2\pi\left(\frac{mh}{H} + \frac{nv}{V}\right)\right] dh\, dv \tag{3}$$

가 된다. 그러므로

$$f_h = \frac{s_h}{H} \qquad f_v = \frac{s_v}{V}$$

라고 놓고 식 (1)과 (2)를 이용하면

$$x(t) = \sum_{m=-\infty}^{\infty} \sum_{n=-\infty}^{\infty} c_{mn} e^{j2\pi(mf_h + nf_v)t} \tag{4}$$

를 얻는다. 이 식은 선 주파수 f_h와 필드 주파수 f_v의 모든 고조파 및 그들의 합과 차들을 포함하는 이중 주기 신호를 나타낸다. $f_h \gg f_v$이고 $|c_{mn}|$은 곱 mn이 증가함에 따라 일반적으로 줄어들기 때문에 진폭 스펙트럼은 그림 7.4-4에 보인 형태를 갖는데, 선 스펙트럼들은 f_h의 고조파들 근처에서 무리를 이루고 무리들 사이에는 큰 공백이 있다.

식 (4)와 그림 7.4-4는 팩시밀리와 같은 정지 화상에 대해서는 정확한 표현이다. 영상이 움직일 경우, 선 스펙트럼들은 f_h의 고조파들 주변에 연속적인 덩어리로 뭉쳐진다. 그

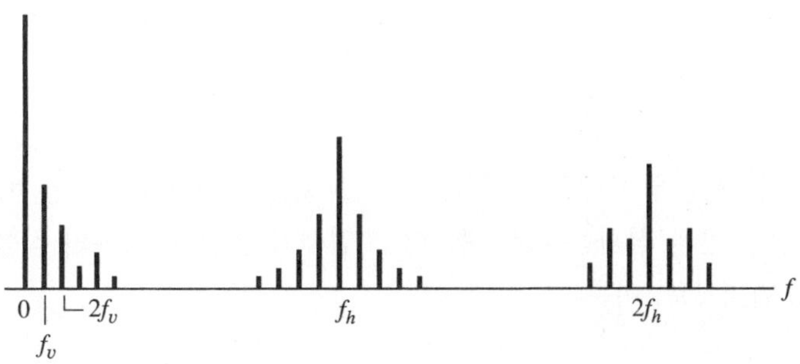

그림 7.4-4
정지 영상에 대한 동영상 스펙트럼.

렇더라도, 스펙트럼은 다른 모든 곳에서는 거의 공백 상태를 유지하는데, 이 성질은 이후의 컬러 TV 개발에 유익하게 이용된다. 그림 7.4-4의 공백에도 불구하고 동영상 스펙트럼은 이론적으로 무한하게 뻗쳐 있다—FM의 선 스펙트럼과 유사하다. 그러므로 동영상 신호에 필요한 대역폭을 구하기 위해서는 추가로 고려해야 할 것들이 있다.

완벽한 영상의 재현을 가로막는 두 가지의 기본적인 사실이 있다: (1) 주사 래스터에는 오직 유한한 수의 주사선이 있다는 것이고, 이는 수직 방향의 영상의 선명도 즉 **해상도**에 한계가 있다는 것이다; 그리고 (2) 동영상 신호는 유한한 대역폭으로 전송된다는 것인데, 이는 수평 해상도를 제한한다. 정량적으로, 해상도는 각 방향으로 구별되는, 말하자면 n_h와 n_v라는 수로 표시하는, 영상을 형성하는 개별 주사선의 최대 개수로 측정한다. 다른 말로 하면, 뚜렷한 가장 자세한 영상으로 n_h개의 열과 n_v개의 행을 갖는 체커 판 무늬를 생각할 수 있다. 우리는 보통 단위 거리 당 선의 수로 표현하는 수평 및 수직 해상도가 같기를 바라므로, $n_h/H = n_v/V$이고

$$\frac{n_h}{n_v} = \frac{H}{V} \tag{5}$$

인데, 이를 **화상비**(畫像比, aspect ratio)라고 부른다.

분명히 수직 해상도는 래스터의 총 주사선 수 N과 관련이 있다; 정말로, (TV에서는 아니지만 팩시밀리에서처럼) 모든 주사선이 영상을 형성하는데 참여하고 래스터가 영상의 행들과 완벽하게 정렬이 된다면, n_v는 N와 같다. 실험적 연구를 통하여 불완전한 정렬은 **커 인수**(Kerr factor)라고 불리는, 약 70퍼센트 정도의 인수만큼 유효 해상도를 저감한다는 것이 밝혀졌다. 그러므로

$$n_v = 0.7(N - N_{vr}) \tag{6}$$

이고, 여기서 N_{vr}은 수직 회귀 동안 손실된 래스터 주사선의 개수를 나타낸다.

수평 해상도는 동영상 신호에 배정된 기저대역의 대역폭 B에 의해 결정된다. 동영상 신호가 주파수 $f_{\max} = B$인 정현파라면, 결과적으로 나타나는 그림은 수평 방향으로 반 주기 만큼씩 떨어져서 어둡고 밝은 점들이 번갈아 연이어 나타나게 될 것이다. 그러면

$$n_h = 2B(T_{\text{line}} - T_{hr}) \tag{7}$$

이 된다. 여기서 T_{line}은 한 선의 총 시간이고 T_{hr}은 수평 회귀 시간이다. B에 대해 식 (7)을 풀고 식 (5)와 (6)을 이용하면

$$B = \frac{(H/V)n_v}{2(T_{\text{line}} - T_{hr})} = 0.35(H/V)\,\frac{N - N_{vr}}{T_{\text{line}} - T_{hr}} \tag{8}$$

이 된다. 식 (8)의 양 변에 프레임 시간 $T_{\text{frame}} = N/T_{\text{line}}$을 곱하고 원하는 해상도를 명시적으로 보이게 되면, 앞의 식과는 다른, 좀 더 쓰임새가 있는 대역폭의 식을 얻는다. $N = n_v/0.7(1 - N_{vr}/N)$이므로, 이는

$$BT_{\text{frame}} = \frac{0.714 n_p}{\left(1 - \dfrac{N_{vr}}{N}\right)\left(1 - \dfrac{T_{hr}}{T_{\text{line}}}\right)} \tag{9a}$$

와 같은 결과를 낳는다. 여기서

$$n_p = \frac{H}{V} n_v^2 = n_h n_v \tag{9b}$$

이다. 파라미터 n_p는 화소 즉 픽셀(pixel)의 개수를 나타낸다. 식 (9)는 필요한 대역폭 (또는 프레임 시간)은 픽셀의 수 또는 수직 해상도의 제곱에 비례한다는 사실을 이끌어낸다.

동영상 대역폭 **예제 7.4-1**

NTSC 시스템은 $N = 525$이고 $N_{vr} = 2 \times 21 = 42$이므로 483개의 유효 주사선을 갖는다. 주사선 시간은 $T_{\text{line}} = 1/f_h = 63.5\ \mu s$이고 $T_{hr} = 10\ \mu s$이므로 유효 주사선 시간은 53.5 μs이다. 그러므로 식 (8)과 $H/V = 4/3$을 이용하면, 동영상 대역폭으로

$$B = 0.35 \times \frac{4}{3} \times \frac{483}{53.5 \times 10^{-6}} \approx 4.2 \text{ MHz}$$

를 얻는다. 이는 꽤 반듯한 직각 모서리를 갖는 5 μs의 동기 펄스들을 재생하기에 충분히 큰 대역폭이다.

응용 문제 7.4-1

팩시밀리 시스템은 수직 회귀가 필요 없고 수평 회귀 시간은 무시할 수 있을 정도로 작다. 37 × 59 cm의 신문 한 쪽을 3.2 kHz의 대역폭을 갖는 음성 전화 채널을 이용하여 40 줄/cm의 해상도로 팩스 전송할 때 필요한 대역폭을 계산하시오.

흑백 송신기와 수신기

포락선 검파라는 바람직한 단순성과 더불어, 넓은 대역폭과 상당한 저주파 성분을 갖는 영상 신호로 말미암아 미국에서의 TV 방송에는 (4.4절에서 설명한 바와 같은) VSB + C를 선택하게 되었다. 하지만, 정밀한 잔류 측파대 모양 만들기는 전력 레벨이 낮은 수신기에서 수행하는 것이 더 쉽기 때문에 실제의 변조 신호 스펙트럼은 그림 7.4-5a에 보인 것과 같다. 상 측파대의 반 전력 주파수는 영상 반송파 f_{cv}보다 약 4.2 MHz 높은 반면 하 측파대는 대략 1 MHz의 대역폭을 갖는다. 그림 7.4-5b는 수신기에서 주파수 성형하는 것을 보여준다.

모노 음향 신호는 별도의 반송파 $f_{ca} = f_{cv} + f_a$에 주파수 변조되는데, $f_a = 4.5$ MHz이고 주파수 편이는 $f_\Delta = 25$ kHz이다. 그러므로 10 kHz의 음향 대역폭을 가정하면, $D = 2.5$이고 변조된 음향은 약 80 kHz를 차지한다. TV 채널은 6 MHz씩 떨어져 있어서 250 kHz의

그림 7.4-5

(a) 송신 TV 스펙트럼; (b) 수신기에서의 VSB 성형.

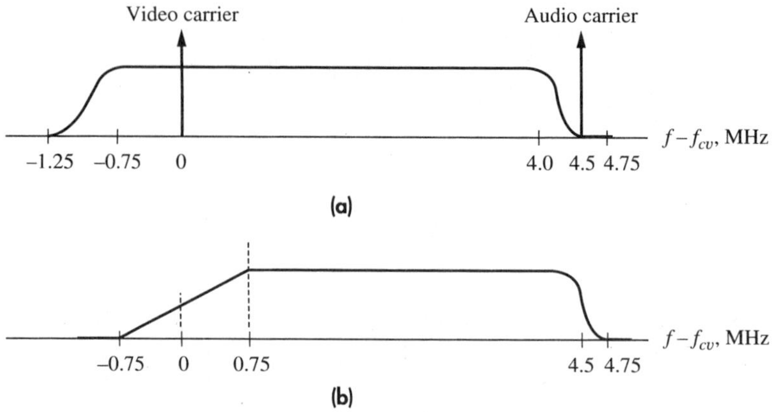

그림 7.4-6

흑백 TV 송신기.

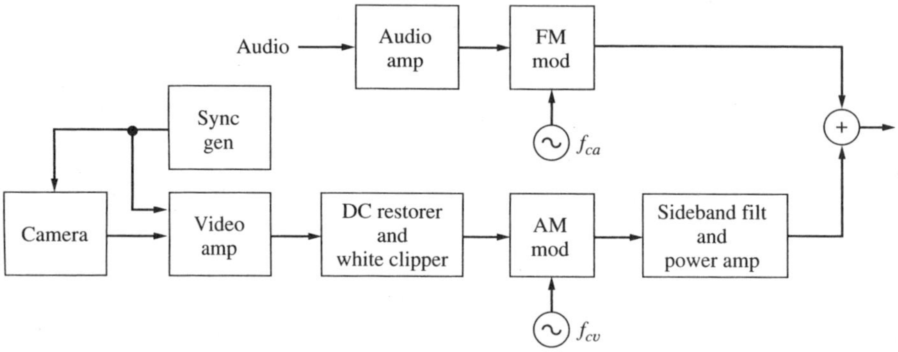

보호 대역을 갖는다. 반송파 주파수는 VHF 대역에서 54−72, 76−88, 그리고 174−216 MHz, UHF 대역에서는 470−806 MHz 범위에서 할당된다.

TV 송신기의 필수적인 부분들을 그림 7.4-6에 블록도로 나타내었다. 동기 발생기는 주사 래스터를 제어하고 영상 신호에 소거 및 동기 펄스를 더한다. 직류 복원기와 백색 절단기는 함께 동작하여 증폭된 영상 신호 레벨이 균형이 잡히도록 한다. 영상 변조기는 $\mu = 0.875$인 고 수준의 AM 방식이고 전력 증폭기 다음에 오는 필터는 하측파대의 저주파 부분을 제거한다.

필터 기반 또는 "평형 브리지" 이중화기 회로망은 음향과 영상 송신기의 출력을 결합하여 동일한 안테나를 통하여 간섭 없이 방사되도록 한다. 송신 음향 전력은 영상 반송파 전력의 10에서 20퍼센트 정도이다.

그림 7.4-7에 표시된 것처럼, TV 수신기는 슈퍼헤테다인 방식이다. 주 IF 증폭기는 41-46 MHz 범위의 f_{IF}를 가지며 그림 7.4-5b와 같은 잔류 대역 형태로 성형을 한다. 변조된 음향 신호도 역시 이 증폭기를 통과하지만 이득은 훨씬 작다는 것에 주목하자. 그러므로 4.4절의 식 (11)로부터 포락선 검파기의 입력에서의 총 신호는

$$y(t) = A_{cv}[1 + \mu x(t)] \cos \omega_{cv} t - A_{cv} \mu x_q(t) \sin \omega_{cv} t + A_{ca} \cos[(\omega_{cv} + \omega_a)t + \phi(t)] \quad (10)$$

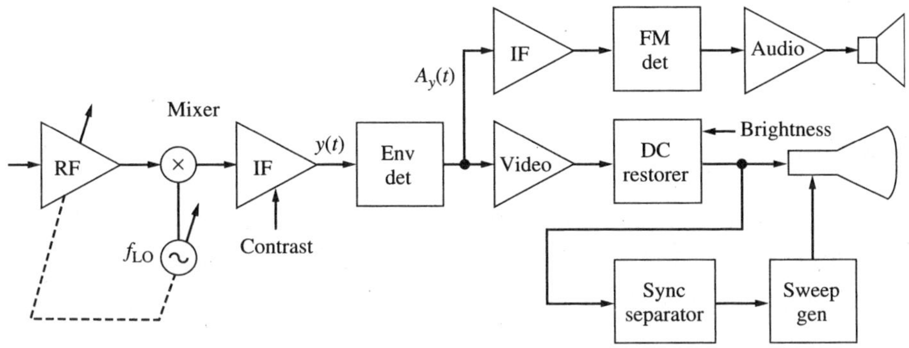

그림 7.4-7
흑백 TV 수신기.

가 된다. 여기서 $x(t)$는 영상 신호, $\phi(t)$는 FM 음향, 그리고 $\omega_a = 2\pi f_a$이다. $|\mu\, x_q(t)| \ll 1$이고 $A_{ca} \ll A_{cv}$이므로, 이에 의한 포락선은 대략

$$A_y(t) = A_{cv}[1 + \mu x(t)] + A_{ca}\cos[\omega_a t + \phi(t)] \tag{11}$$

이고 이는 포락선 검파기의 출력 신호가 된다.

영상 증폭기는, $A_y(t)$로부터 음향 성분을 제거하는 저역 통과 필터뿐만 아니라, 전자적으로 소거 펄스의 레벨을 고정하여 올바른 직류 성분을 복원하도록 하는 직류 복원기도 가지고 있다. 증폭되고 직류가 복원된 영상 신호는 수상관(受像管)과, 소인 발생기에 동기를 제공하는 동기 펄스 분리기에 인가된다. "밝기" 조정은 직류 레벨을 수동으로 조절할 수 있도록 하고 대비 조정은 IF 그리고/또는 영상 증폭기의 이득을 조절한다.

식 (11)은 포락선 검파기 출력이, 변조된 음향도 포함하고 있음을 보여준다. 이 성분은 걸러내져 4.5 MHz에 맞춰진 다른 IF 증폭기에 의해 증폭된다. FM 검파 및 증폭에 의해 음향 신호가 출력된다.

송신된 음향 및 영상 복합 신호는 주파수 분할 다중화의 형태를 갖지만, 음향 신호를 별도로 주파수 변환할 필요는 없다. 이는 포락선 검파 과정에서 영상 반송파가 음향에 대하여 국부 발진기처럼 작용하기 때문인데, 이것이 음향과 영상이 항상 한꺼번에 동조되어 들어오는 유익한 특징을 지닌, 이른바 **반송파 간(間) 음향 시스템**이라고 불리는 구조이다. 그 성공적인 동작은 포락선 검파기 입력에서 영상 성분이 음향에 비해 커야 된다는 사실에 달려 있는데, 이는 송신기의 (변조된 영상 신호가 너무 작아지는 것을 막는) 백색 절단기와 수신기의 IF 응답에 의해 음향이 상대적으로 감쇠되는 것에 의해 만족된다.

여기서 보인 송신기 및 수신기의 블록도에 나타나 있지 않은 몇 개의 추가적인 기능들은 수직 회기 시간과 관계가 있다. NTSC 시스템은 수직 회귀에 필드 당 21 선, 즉, 1/60 초마다 1.3 ms를 할당하고 있다. 처음 9 선은 제어 펄스를 싣고 있지만 나머지 12 선은 회귀 시간 동안 다른 용도로 이용될 수 있다. 이 선들의 가능한 용도들로는 송신 품질을 점검하기 위한 수직 시구간(時區間) 시험 신호(VITS, vertical interval test signal), 수신기 수리 그리고/또는 자동 조정을 위한 수직 시구간 기준(VIR, vertical interval reference), 그리고 청각 장애자들을 위한 특수 수신기에 자막용 문자를 발생하기 위한 디지털 신호 등이 있다.

응용 문제 7.4-2 페이저 도를 이용하여 식 (10)으로부터 식 (11)을 유도하시오.

컬러 텔레비전

가산성(加算性) 삼원색인 빨강, 초록, 그리고 파랑을 혼합하면 어떠한 색깔도 합성해 낼 수 있다. 따라서 컬러 TV로의 원시적인 접근 방법으로서 세 가지의 영상 신호, 즉, $x_R(t)$, $x_G(t)$, 그리고 $x_B(t)$—각 원색마다 하나씩—를 직접 전송할 수 있다. 하지만, 필요한 대역폭의 증가는 차치하고 이 방식은 기존의 흑백 시스템과 호환되지 않을 것이다. 흑백용 채널에 맞는 완전 호환 컬러 TV 신호는 1954년에 NTSC에 의해 개발되었는데, 사람의 색지각에 대한 특정한 특성에 착안하여 RCA(Radio Corporation of America)에서 개발한 것에 대부분 그 바탕을 둔 것이다. 여기서는 이 시스템의 두드러진 특징만 약술한다.

우선, 삼원색 신호는, $x_R(t)$, $x_G(t)$, 그리고 $x_B(t)$의 선형 독립 조합들로 이루어진 서로 다른 신호들 중 어떠한 세 신호를 고르더라도 그들의 특유한 조합으로 표현할 수 있다. 뿐만 아니라 계수들을 적절히 선택하면, 선형 조합들 중의 하나는 흑백 TV의 밝기, 즉, **휘도**(輝度, luminance) 신호와 같도록 할 수가 있다. 특히, 만약

$$x_Y(t) = 0.30x_R(t) + 0.59x_G(t) + 0.11x_B(t) \tag{12a}$$

이면 $x_Y(t)$는 앞에서 $x(t)$로 표시했던 통상적인 영상 신호와 실질적으로 동일한 것으로 판명된다. **색차**(色差, chrominance) 신호라고 불리는 나머지 두 신호들은

$$x_I(t) = 0.60x_R(t) - 0.28x_G(t) - 0.32x_B(t) \tag{12b}$$

$$x_Q(t) = 0.21x_R(t) - 0.52x_G(t) + 0.31x_B(t) \tag{12c}$$

와 같이 취한다. 따라서 색상 신호는 $0 \leq x_R(t) \leq 1$ 등등이 되도록 정규화되어 색차 신호는 양극성이지만 휘도 신호는 음수가 되지 않는다.

색차 신호를 좀 더 잘 이해하기 위해, 크기 $|x_C(t)|$는 색의 강도(强度) 즉 채도(saturation)를 나타내고 각(角) arg $x_C(t)$는 색조(hue)를 나타내는 **색상 벡터**

$$x_C(t) = x_I(t) + jx_Q(t) \tag{13}$$

를 도입한다. 그림 7.4-8은 IQ 평면에서 포화 삼원색의 벡터 위치를 보여주고 있다. 예를 들어, 부분적으로 포화된 (파스텔) 파랑-녹색은 $x_R = 0$이고 $x_B = x_G = 0.5$이어서 $x_C = -0.300 - j0.105$, $|x_C| = 0.318$, $\arg x_C = -160°$일 수 있다. IQ 평면의 원점은 색이 없는 것을 표시하므로, 휘도 신호는 이 평면에 수직인 벡터로 볼 수 있다.

$x_Y(t)$는 흑백 신호의 역할을 하므로 4.2 MHz의 전(全) 기저대역 대역폭을 할당하여 충분한 수평 해상도를 제공하도록 해야 한다. 그러므로 색차 신호를 위한 공간은 없는 것처럼 보인다. 그러나, $x_Y(t)$의 스펙트럼은 주사선 주파수 f_h의 고조파들 사이에 주기적인 공백이 있다는 것—그리고 이것은 색차 신호에 똑같이 적용된다는 것—을 상기하자. 뿐만

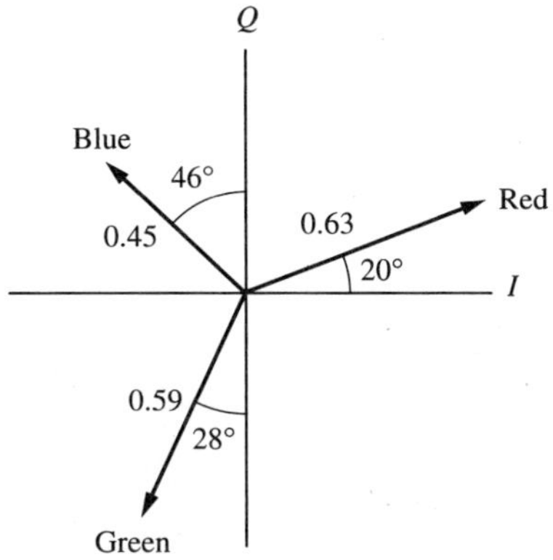

그림 7.4-8
IQ 평면 상의 포화 삼원색 벡터.

아니라 주관적인 시험에 의하면 사람의 눈은 휘도 해상력에 비해 색차 해상력에 대해서는 덜 민감하여 $x_I(t)$와 $x_Q(t)$는 각각 1.5 MHz, 0.5 MHz만 해도 컬러 그림의 화질에서 그다지 심각한 열화(劣化)를 느끼지 못한다는 것이다. 이러한 사실들을 종합하면, 색차 신호를 휘도 신호의 기저대역 스펙트럼에 섞어 짜 넣는(interlaced) 방식으로 다중화할 수 있다.

색차 신호들은, 주파수가 정확히 f_h의 227번째와 228번째 고조파의 중간에 떨어지는 색 부반송파(副搬送波) 위에 다중화 된다. 즉,

$$f_{cc} = \frac{455}{2} f_h \approx 3.58 \text{ MHz} \tag{14}$$

이다. 그러므로, 그림 7.4-3의 확장으로서, 휘도 및 색차 주파수 성분들은 그림 7.4-9a에서

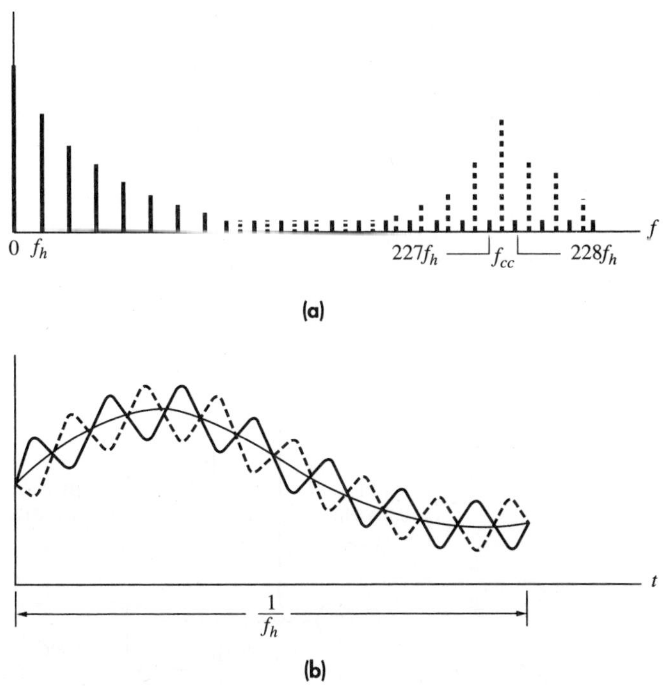

그림 7.4-9
(a) 휘도 선 스펙트럼 사이에 짜여 들어간 색차 선 스펙트럼 (점선); (b) 휘도 신호 상 색차 신호의 주사선 간 위상 반전.

보인 것처럼 짜 넣어지고, f_{cc}와 기저대역 채널의 위쪽 끝단 사이에는 0.6 MHz의 공간이 있다. 부반송파 변조에 대해서는 주파수 짜넣기와 호환성을 살펴본 후 곧바로 설명할 것이다.

색 신호가 흑백 수상관(受像管)에 인가되면 어떻게 될까? 놀랍게도 시청자가 보기에는 아무런 일도 일어나지 않는다. 색 부반송파와 그의 측파대가 휘도 신호 위에 정현파적인 변동들을 만들어내는 것이 사실이다. 하지만 이 정현파들은 정확히 주사선 주파수 반(半)의 홀수 배이므로 그림 7.4-9b에 예시한 것처럼 주사선 주사선마다 그리고 필드 필드마다 위상이 반대가 된다. 이는 작은 면적들에서 깜박거림을 발생시키지만 시간 및 공간상에서 정확한 휘도 값을 중심으로 균분(均分)되고 시청자들은 거의 전혀 느끼지 못하게 된다. 그러므로 NTSC 컬러 시스템은 흑백 TV와 역(逆) 호환이 되는 것이다.

이 균분 효과에 의해, 주파수 짜넣기는 색 신호가 개조되지 않은 흑백 수신기와 호환이 되도록 한다. 이는 컬러 수신기의 제조를 간단하게 하는데, 위의 설명을 거꾸로 하면, 휘도 신호는 색차 신호와 가시적인 간섭을 유발하지 않기 때문이다. 약간의 간섭 문제가 있긴 한데, 이는 음향과 색 부반송파 간의 차 주파수 $f_a - f_{cc}$에 기인한다. 이 문제는 주사선 주파수를 $f_h = f_a/286 = 15.73426$ kHz로 약간 수정하여 $f_a - f_{cc} = 4500 - 3579.545 = 920.455$ kHz $= (107/2)f_h$가 되도록 하여 해결하는데, 이는 "눈에 안 보이는" 주파수이다. (이렇게 수정한 결과, 필드율은 60 Hz가 아니고 사실은 59.94 Hz이다!)

직교 반송파 다중화를 변형하면 두 색차 신호 모두를 색 부반송파에 실을 수 있다. 그림 7.4-10은 컬러 송신기에서 기저대역 신호 $x_b(t)$를 생성하기 위해 휘도와 색차 신호가 어떻게 결합되는 지를 보여준다. 여기서 컬러 화상관의 밝기 왜곡을 보상하기 위해 카메라의 출력 쪽에 붙는 비선형 **감마 교정**(nonlinear gamma correction) 기능은 보이지 않았다.

감마 교정된 컬러 신호들은 먼저 식 (12)에서와 같은 $x_Y(t)$, $x_I(t)$, $x_Q(t)$ 등을 얻기 위한

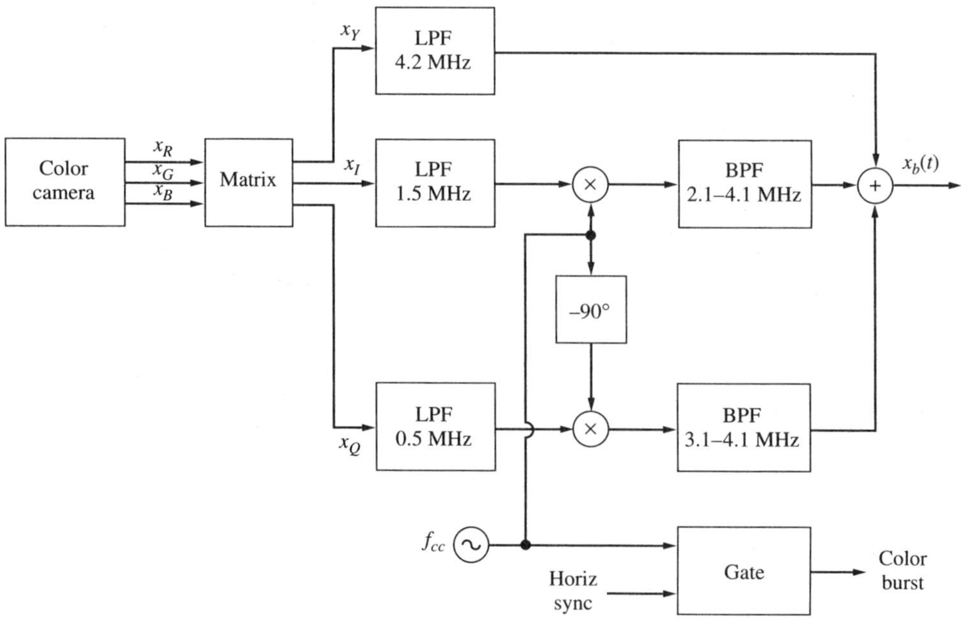

그림 7.4-10
색 부반송파 변조 시스템.

매트릭스 과정을 거친다. 그 다음, 색차 신호들은 (서로 다른 대역폭을 갖는) 저역 통과 필터를 거쳐 부반송파 변조기들에 인가된다. 뒤이어 오는 대역통과 필터링은 Q 채널에 대해서는 통상적인 DSB 변조를, I 채널에 대해서는 변형된 VSB를 만든다—예를 들면, 0.5 MHz 이하의 $x_I(t)$의 기저대역 주파수들은 DSB, $0.5 < |f| < 1.5$ MHz에 대해서는 LSSB. 후자의 경우 변조된 색차 신호가 기저대역 스펙트럼 내에서 최대한 높은 쪽으로 유지되도록 하여, 화면의 번쩍거림이 작은 부분들로 한정되도록 하면서도 $x_I(t)$가 그래도 적절한 해상도를 갖도록 충분한 대역폭을 확보할 수 있게 한다. $x_I(t)$, $x_Q(t)$에 포함되어 있는 상당한 저주파 성분들 때문에 측파대 전체를 제거할 수는 없다.

$x_Y(t)$를 포함하는 전체 기저대역 신호는

$$x_b(t) = x_Y(t) + x_Q(t)\sin\omega_{cc}t + x_I(t)\cos\omega_{cc}t + \hat{x}_{IH}(t)\sin\omega_{cc}t \tag{15}$$

가 되는데, $\hat{x}_{IH}(t)$는 $x_I(t)$의 고주파 부분의 힐버트 변환이고 이는 비대칭적인 측파대를 의미한다. 이 기저대역 신호는 그림 7.4-6의 흑백 영상 신호를 대체한다. 뿐만 아니라 컬러 버스트라고 알려진 8 사이클의 색 부반송파의 일부가 수신기에서의 동기를 목적으로 소거 펄스의 끝자락 즉 "뒤껼(back porch)"에 얹힌다.

역다중화는 그림 7.4-11에서 배치한 것처럼 컬러 TV 수신기의 포락선 검파기 뒤에서 행해진다. 여기서 휘도 신호는 기저대역에 있으므로, 증폭이나 화면 깜박임의 주원인인 3.58 MHz의 트랩 또는 제거 필터 외에 다른 처리 과정이 필요 없다. 주파수 짜엮기(interleaving) 덕분에 색차 측파대를 제거할 필요는 없다. 색차 신호들은 대역통과 증폭기를 통과한 다음 한 쌍의 동기 검파기에 인가되는데, 이 검파기들의 국부 발진기는 수신된 컬러 버스트와의 위상 비교를 통해 동기되는 PLL의 VCO이다. 색차 증폭기의 이득과 VCO의 위상을 조절하기 위해 "컬러 레벨" (즉, 채도)과 "틴트" (즉, 색조)라고 표시된 수동 조작 부분이

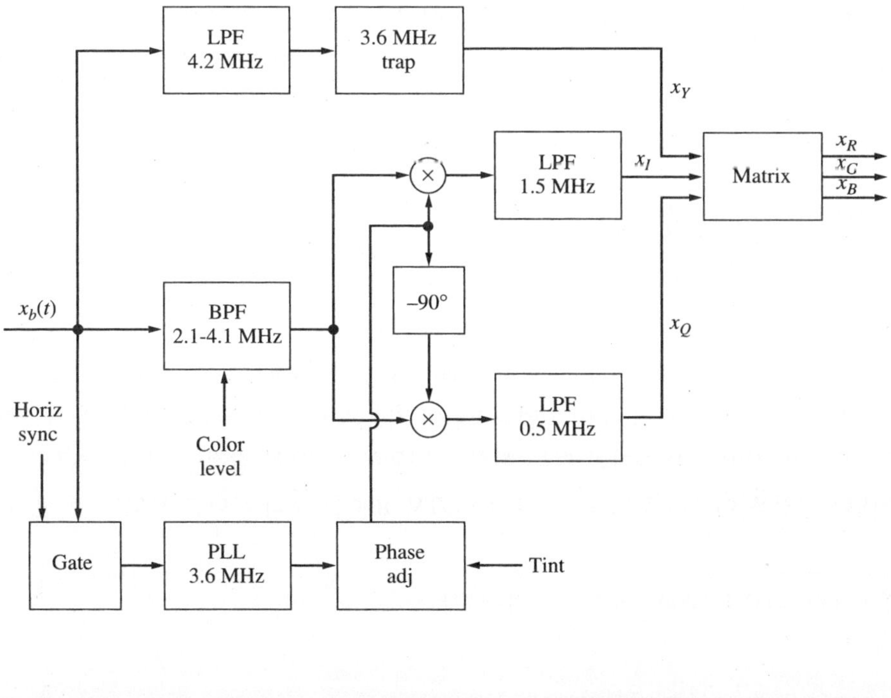

그림 7.4-11
컬러 복조 시스템.

마련되어 있다. 이들의 화면에 대한 효과는 컬러 벡터와 그림 7.4-8에 대한 설명에서 쉽게 이해할 수 있다.

동기가 잘 맞아 있다고 가정하면, 식 (15)로부터 검파는 되었지만 필터는 통과하지 않은 I 및 Q 채널 신호들은

$$\begin{aligned} v_I(t) &= x_I(t) + 2x_{YH}(t)\cos\omega_{cc}t + x_I(t)\cos 2\omega_{cc}t \\ &\quad + [x_Q(t) + \hat{x}_{IH}(t)]\sin 2\omega_{cc}t \end{aligned} \tag{16a}$$

$$\begin{aligned} v_Q(t) &= x_Q(t) + \hat{x}_{IH}(t) + 2x_{YH}(t)\sin\omega_{cc}t + x_I(t)\sin 2\omega_{cc}t \\ &\quad - [x_Q(t) + \hat{x}_{IH}(t)]\cos 2\omega_{cc}t \end{aligned} \tag{16b}$$

에 비례한다. 여기서 $x_{YH}(t)$는 2.1에서 4.1 MHz 범위의 휘도 주파수 성분을 나타낸다. 분명히, 저역 통과 필터링은 두 배 주파수 항들을 제거할 것이고, $x_{YH}(t)$를 포함하는 항들은 "안 보이는" 주파수들이다. 뿐만 아니라 식 (16b)의 $\hat{x}_{IH}(t)$는 0.5 MHz보다 낮은 성분은 포함하지 않으므로 이는 Q 채널의 LPF에 의해 제거된다. (여기서의 불완전한 필터링은 직교 색 혼신이라고 불리는 성가신 효과를 초래한다.) 그러므로 안보이는 주파수 항들을 무시하면, $x_I(t)$와 $x_Q(t)$가 복원된 것이고 이들은 다시 $x_Y(t)$와 함께 매트릭스화 되어 화상관을 위한 컬러 신호들을 만들어낸다. 구체적으로, 식 (12)의 역을 구하면

$$\begin{aligned} x_R(t) &= x_Y(t) + 0.95x_I(t) + 0.62x_Q(t) \\ x_G(t) &= x_Y(t) - 0.28x_I(t) - 0.64x_Q(t) \\ x_B(t) &= x_Y(t) - 1.10x_I(t) + 1.70x_Q(t) \end{aligned} \tag{17}$$

가 된다.

만약 수신 신호가 흑백 신호라면, 세 색 신호들은 크기가 같을 것이고 재생된 화면은 원래의 흑백 전송을 정확하게 표현할 것이다. 이것을 흑백 신호와의 역 호환이라고 부른다.

여기서 설명한 NTSC 컬러 시스템은 확실히 보통을 뛰어 넘는 공학적 성취로서 높은 평가를 받고 있다! 이는 기존의 6 MHz 채널 할당의 제한에서 벗어나지 않고 흑백 시스템과의 직접 또는 역 호환성을 유지하면서 색 재현 문제를 해결한 것이다.

고해상도 텔레비전(HDTV)†

보다 나은 화질과 음질에 대한 소비자의 요구와 맞물린 디지털 기술의 엄청난 발전은 여기에 컴퓨터의 친화성이 더하여져서 텔레비전 제조자들이 미국 컬러 TV의 새로운 표준인 고해상도 텔레비전(high-definition television, HDTV)을 개발하도록 동기를 부여하였다. 디지털 표준은 특수 효과, 편집 등등의 멀티미디어 기능과 향상된 컴퓨터 연동성을 제공한다. HDTV 표준은 적어도 18가지의 다른 형식을 지원하고 TV의 질적인 면에서 NTSC에 비해 중대한 진전을 이루어냈다. 표 7.4-1에 HDTV 표준들 중의 하나를 보였다. 우선 NTSC

† 조아오 핀토(João O. P. Pinto)가 이 절의 초안을 작성하였다.

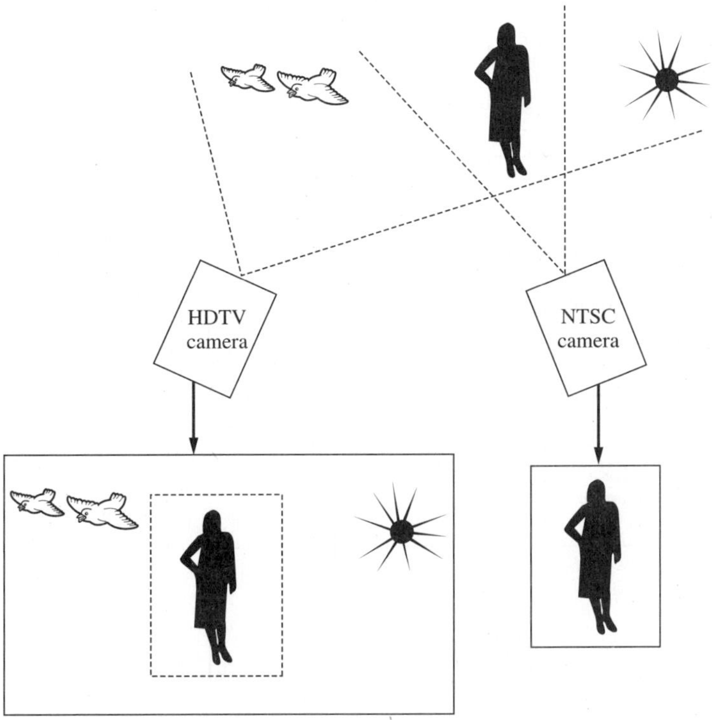

그림 7.4-12

기존의 NTSC 시스템과 HDTV의 장면 표현 능력.

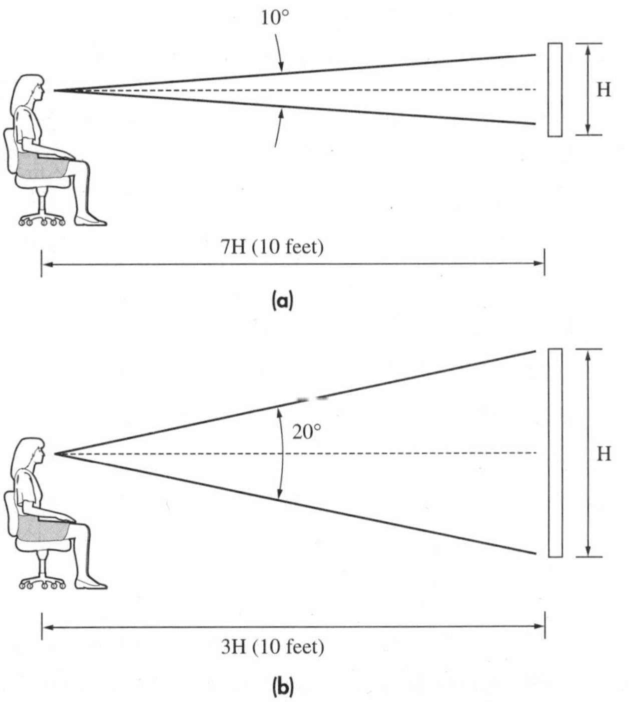

그림 7.4-13

거리의 함수로 나타낸 시각(視角): (a) 기존의 NTSC; (b) HDTV.

시스템에 대해 수직 및 수평 주사선의 수가 두 배가 되었고, 따라서 화상 해상도는 네 배나 높아졌다. 두 번째, 화면비를 4/3에서 16/9로 변경하였다. 세 번째, 그림 7.4-12과 7.4-13이

그림 7.4-14
HDTV 송신기 블록도.

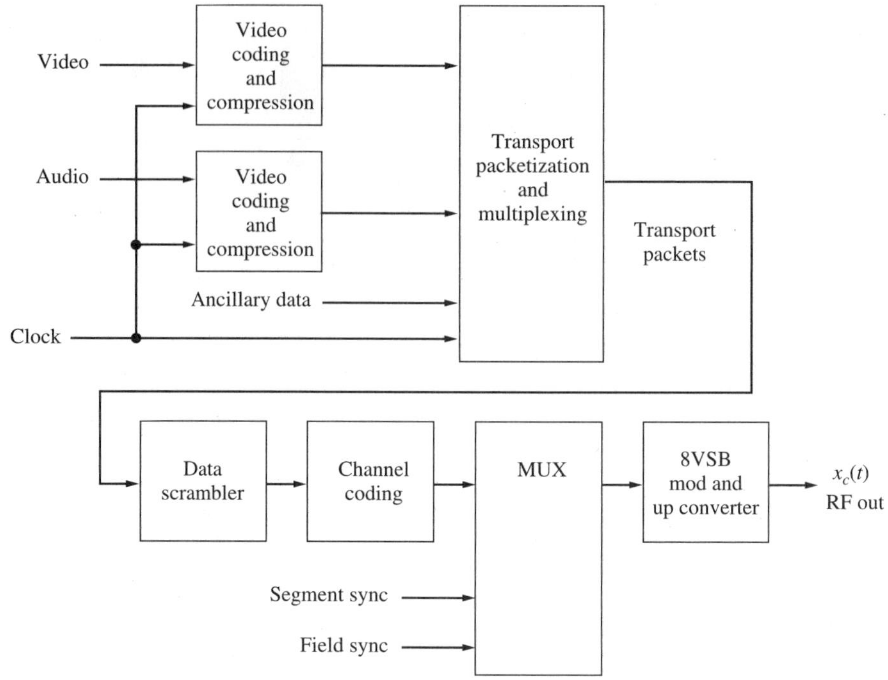

가리키듯이 HDTV는 **장면 포착**(scene capture)과 **시각**(視角, viewing angle) 특성을 개선하였다. 예를 들면, NTSC 시스템에서 H를 TV 화면 높이라고 하고 3 미터(7H) 떨어진 거리에서 시청한다고 하면 시각은 약 10도 정도이다. 반면에 HDTV에서는 똑같은 3 미터 시청 거리(3H)에서 시각은 약 20도 정도가 된다.

HDTV는 또 두 채널의 모노 음향이나 스테레오 음향 대신 *AC-3* **서라운드 음향** 시스템을 채택하였다. 이 시스템은 6 채널을 갖는다: 오른쪽, 오른쪽 서라운드, 왼쪽, 왼쪽 서라운드, 중앙, 그리고 **저주파 효과**(low-frequency effect, *LFE*) 등이다. LFE 채널은 120 Hz의 대역폭만을 가지므로 실질적으로는 5.1채널을 제공한다.

HDTV는 NTSC-TV보다 12 dB 작은 방사 전력을 갖는 신호 대 잡음 비를 가져도 된다. 그러므로 동일한 송신 전력이라면, NTSC 방송에서는 겨우 시청이 가능했던 곳에서 HDTV는 성능이 크게 개선된다.

HDTV 방송 신호를 기존의 NTSC TV 수신기와 호환성을 갖도록 하지 않았음에도 불구하고, FCC는 2009년 2월까지 디지털 신호(DTV)—HDTV는 그 중의 한 종류—만 송출하도록 할 예정이다. 그러므로 TV 방송을 수신하기 위해서는 기존의 TV 세트를 교체하거나 일종의 DTV-아날로그 변환기를 달아야 한다.

HDTV 신호를 부호화하고 송신하는 시스템을 그림 7.4-14에 보였다. 송신기는 몇 단계로 나누어져 있다. 먼저 24.9 MHz 영상 신호와 그에 상응하는 음향 신호는 **압축**되어 할당된 6 MHz 채널 대역폭에 맞춰진다. 압축된 음향 및 영상 데이터는 다중화기를 이용하여 제어 데이터, 자막 등을 포함하는 **보조 데이터**와 합쳐진다. 그 다음 다중화기는 데이터를 패킷 형태로 변환한다. 패킷화된 데이터는 바람직하지 않은 특정 주파수 성분들을 제

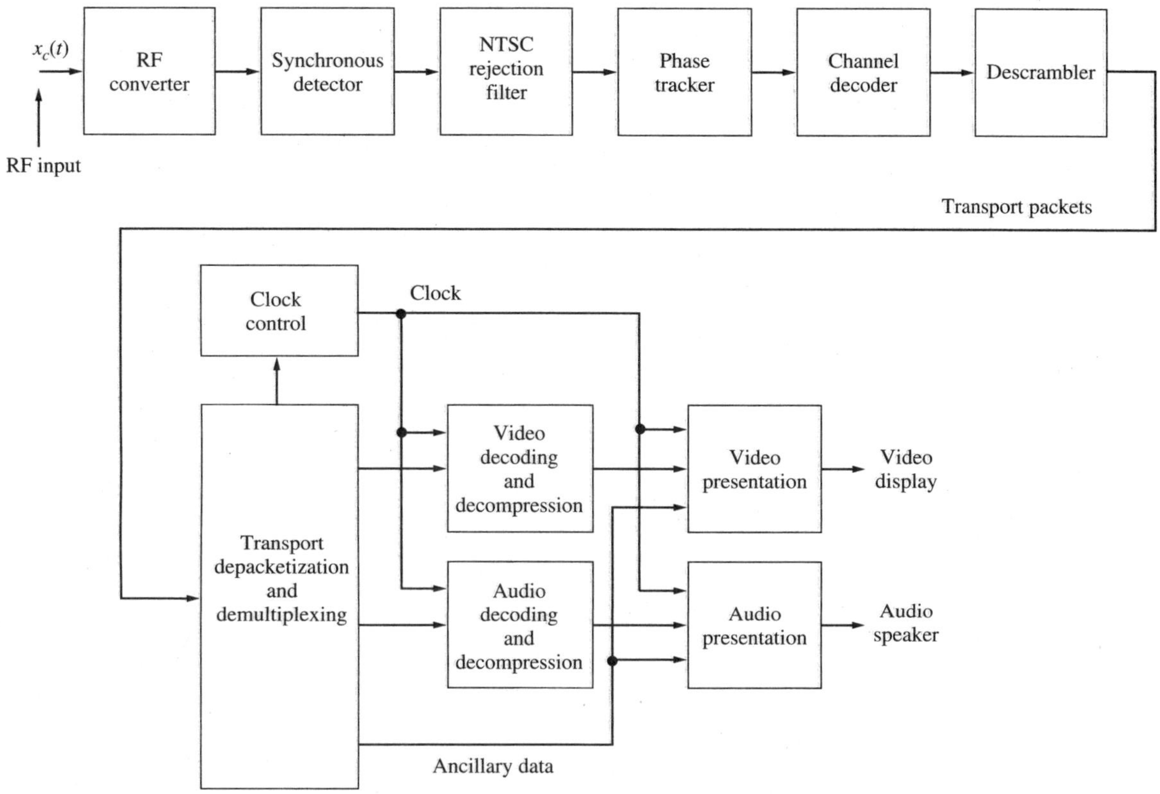

그림 7.4-15 HDTV 수신기 블록도.

거하기 위해 뒤섞여진(scrambled) 뒤 채널 부호화된다. 채널 부호화 중 데이터는 리드-솔로몬 부호화를 이용하여 수신기에서 오류를 정정할 수 있도록 점검(check) 심볼 또는 짝(parity) 심볼로 부호화된다. 심볼들은 군집 형태의 오류에 의한 효과를 최소화하기 위해 엮어 짜이는데(interleaved), 군집 오류는 채널의 잡음에 의해 연속된 심볼들에게 손상을 입힌다. 마지막으로 심볼들은 트렐리스 부호화 변조(trellis-code modulation, TCM)를 거친다. 14장에서 다룰 TCM은 부호화와 변조를 결합하여 오류 확률의 증가 없이 심볼 전송률을 올릴 수 있도록 한다. 부호화된 데이터는 동기 신호들과 결합되어 8-VSB 변조된다. 8-VSB 변조는 8 레벨의 기저대역 부호가 주어진 반송파 주파수에 VSB 변조되는 기술이다.

그림 7.4-15에 보인 HDTV 수신기는 위의 과정을 역으로 수행한다. 방송사와 시청자들이 NTSC-TV에서 HDTV로 이행하는 동안 두 신호를 모두 동시에 전송하는 것이 허용될 것이다. 일어날 수 있는 간섭을 극복하기 위해 HDTV 수신기는 NTSC 신호를 제거하기 위해 NTSC 제거 필터를 사용한다. 그림에 보이진 않았지만, 채널 등화/고스트(ghost) 제거 단은 고스트 제거와 채널 등화를 수행한다. 위상 추적기는 시스템의 PLL에 의해 야기되는 위상 잡음의 효과를 최소화한다.

최적으로 디지털화된 경우, 24.9 MHz 복합 영상 신호는 1 Gbps의 비트율을 갖는 반면 6 MHz의 텔레비전 채널은 ~ 20 Mbps 정도만 수용할 수 있다. 그러므로 50:1 이상의 압축비가 필요하다. 주사 과정으로 얻는 가공하지 않은 영상 신호는 상당한 시간적 공간적 중복성을 포함하고 있다. 이러한 것들이 압축 과정에서 유익하게 이용된다. 각 프레임을 전송하는 동안, 장면에서 움직이거나 변하는 부분만 실제로 전송된다. 구체적인 압축 과정은 MPEG-2(Motion Picture Expert Group-2)인데, 이산 코사인 변환(discrete cosine transform, DCT)를 이용한다. DCT에 대한 좀 더 자세한 것은 곤잘레즈와 우즈(Gonzalez and Woods, 1992)를 참조하기 바란다. MPEG-2 신호는 멀티미디어 용으로 컴퓨터와 쉽게 연동된다.

7.5 질문 및 연습문제

질문

1. FM 방송 라디오는 왜 10.0 MHz 대신 10.7 MHz의 중간 주파수를 갖는가?
2. 당신은 이웃이 듣고 있는 FM 방송국이 무엇인지를 그 집에 들어가 보지 않고 어떻게 알 수 있겠는가?
3. 송신기에서 파일럿 반송파를 보내거나 수신기에서 위상 동기 루프를 사용하거나 하지 않고 수신기의 국부 발진기의 동기를 맞추는 여러 가지 방법들을 설명하시오.
4. AM 라디오가 상대적으로 낮은 IF를 갖는 이유들을 몇 가지 설명하시오.
5. 디지털 TV가 표준 TV 보다 작은 비교(comparative) 대역폭을 갖는 이유를 설명하시오.
6. 복잡한 시험 장비 없이 FM 검파기를 구현할 경우 왜 PLL이 판별기보다 더 쉬운가?
7. 코사인 파형이 스펙트럼 분석기에 표시될 때, 그것이 임펄스 모양이 아니고 싱크(sinc) 모양을 한다. 이유는?
8. 당신의 이웃이 어떤 방송국을 선국하더라도 당신의 메시지가 들리도록 메시지를 이웃의 라디오나 TV로 전송하는 방법을 설명하시오.
9. 우리가 가변 주파수 발진기를 가질 수 있는 다양한 방법들을 열거하고, 각 방법들의 장점과 단점을 설명하시오.
10. AM 이나 DSB 신호를 수신하고 있는 동안 반송파 주파수 변동 효과를 어떻게 경감할 수 있겠는가?
11. 어째서 통상적인 슈퍼헷은 $f_{LO} > f_c$를 갖는가?
12. 이중 변환 슈퍼헷에 관련된 숨어 있는 문제점들은 무엇인가?
13. 수신기 이미지 주파수들의 부정적인 영향을 적어도 두 가지 이상 열거하고 설명하시오.
14. 슈퍼헷의 이미지 주파수들에 대한 응답을 최소화하기 위해 어떤 규격을 정하고 설계를 해야 하는가?
15. 슈퍼헷에 비해 DC 수신기의 단점들은 무엇인가?
16. DSB/SSB 신호에 대한 AGC는 AM 신호에 대한 것과 왜 다른가?
17. 소프트웨어 무선 시스템의 어떤 두 가지 요소가 DR(동작 범위)에 영향을 미치는가?
18. 수신기 시스템(아날로그 또는 디지털)에서 DR을 증대하기 위한 방안들을 열거하시오.
19. 어떤 형태의 필터 설계/부품들이 좋은 선택도를 제공하는가?
20. AM 방송 수신기들 (또는 이 문제가 적용되는 다른 대부분의 수신기들)은 왜 동조 RF 대신 슈퍼헷으로 되어 있는가?
21. 어떤 슈퍼헷 라디오 수신자가 간섭을 받고 있는데 다이얼을 어디에 맞추는가에 관계 없이 계속 간섭이 발생하고 있다. 조사를 해보니 간섭원은 자신에게 할당된 주파수에서 송신을 하고 있고 다른 라디오 수신자들은 간섭 문제가 없었다. 문제의 원인이 될만한 것이 무엇이겠는가?
22. 텔레비전 수신은 다중경로에 의한 고스트 영상의 영향을 받을 수 있다. 다중경로 성분을

제거하거나 경감할 수 있는 방법 한 가지를 설명하시오.

23. 송신 안테나에서 송신하고 있는 채널 근처의 채널을 수신하면 왜 TV 수신에 왜곡이 발생하는가?

24. 새로이 등장한 FFT 스펙트럼 분석기에 대해 주사 스펙트럼 분석기의 장점을 적어도 한 가지 이상 설명하시오.

25. 스펙트럼 분석기를 이용하여 회로망의 주파수 응답을 재빨리 확인할 수 있는 시스템의 블록도를 그리고 설명하시오.

26. 기존의 TV에 대해 HDTV의 이점의 하나는 송신기와 수신기 간의 거리가 멀어짐에 따라 HDTV는 단순히 해상도가 떨어지므로 점진적으로 화질이 열화된다는 것이다. 반대로 아날로그 TV에서는 화면이 눈이 내리는 것처럼 된다. 이것은 왜 그런가?

27. 두 사용자가 각각 정확히 같은 시각, 같은 주파수, 만약 대역 확산을 이용하고 있다면 같은 부호를 사용하여 송신할 때 한 채널을 공유할 수 있는 두 개의 방안을 설명하시오.

28. FM 신호를 검파할 때 PLL은 어떤 실질적인 구현 문제를 해결하는가?

29. 인근에서 99.1 및 99.3 MHz로 동작하는 두 방송국을 생각해 보자. 99.1 MHz짜리는 $S_T = 1$ kW이다. 99.1 MHz를 듣고 있는 수신자는 −30 dB 인접 채널 제거비의 IF 길을 갖는 수신기를 가지고 있다. 99.1 MHz 방송국에 상당한 간섭을 주기 위해서 99.3 MHz 방송국은 얼마의 전력이 필요한가?

30. TDM 용량의 상한(上限)에 영향을 주는 요소는 무엇인가? 이는 어떻게 경감할 수 있는가?

31. 몇 가지의 실제적인 필터 구현에 대해 열거하고 간단히 설명하시오.

연습문제

7.1-1* 어떤 상용 AM 슈퍼헷이 이미지 주파수가 항상 방송 대역 위쪽으로 떨어지도록 만들어졌다고 하자. f_{IF}의 최소값, 그에 상응하는 f_{LO}, 그리고 B_{RF}의 한계값 등을 구하시오.

7.1-2 어떤 상용 FM 슈퍼헷이 이미지 주파수가 항상 방송 대역 아래쪽으로 떨어지도록 만들어졌다고 하자. f_{IF}의 최소값, 그에 상응하는 f_{LO}, 그리고 B_{RF}의 한계값 등을 구하시오.

7.1-3* 어떤 상용 AM 슈퍼헷이 $f_{IF} = 455$ kHz이고 $f_{LO} = 1/2\pi\sqrt{LC}$라고 하자. 여기서 $L = 1\ \mu$H이고 C는 동조를 위한 가변 커패시터이다. $f_{LO} = f_c + f_{IF}$일 때와 $f_{LO} = f_c - f_{IF}$일 때 C의 범위를 구하시오.

7.1-4 상업용 AM 슈퍼헷의 RF 단이, $L = 1\ \mu$H이고 동조용 가변 C를 갖는 그림 4.1-8과 같다고 하자. C의 범위와 상응하는 R의 한계값을 구하시오.

7.1-5 이웃이 FM 라디오를 어떤 방송국에 맞추든지 상관없이 그 사람이 당신의 방송을 듣는 시스템을 설계 하시오.

7.1-6 $W = 4$ kHz이고 $f_c = 3.57-3.63$ MHz인 USSB 변조 신호를 위한 슈퍼헷을 생각해 보자. $f_{LO} = f_c + f_{IF}$라고 하고, 모든 대역통과 단들이 $B/f_0 \approx 0.02$가 되도록 수신기 파라미터를 선택하시오. 그런 다음 $|H_{RF}(f)|$를 스케치하여 RF 단을 고정 동조로 할 수 있음을 보이시오. 또 측파대 역전을 설명하는 $|H_{IF}(f)|$를 스케치하시오.

7.1-7 $W = 6$ kHz이고 $f_c = 7.14-7.26$ MHz인 LSSB 변조 신호에 대해 문제 7.1-6을 되풀

이 하시오.

7.1-8 $x_c(t) \cos 2\pi f_{LO}t$의 스펙트럼을 스케치하여, $f_{LO} = f_c + f_{IF}$일 때 SSB 슈퍼헷에서의 측파대 역전 효과를 보이시오.

7.1-9 FM 슈퍼헷에서의 자동 주파수 조절을 위하여, LO를 $\dot{\theta}(t) = 2\pi[f_c - f_{IF} + Kv(t) + \epsilon(t)]$인 $A_{LO} \cos \theta(t)$를 발생시키는 VCO로 대체한다. 여기서 $\epsilon(t)$는 느리고 무작위적인 주파수의 변동을 나타낸다. 제어 전압 $v(t)$는 복조된 신호를 $B \ll W$인 LPF에 인가함으로써 얻는다. 복조 신호는 $y_D(t) = K_D\dot{\phi}_{IF}(t)/2\pi$이고, $\phi_{IF}(t)$는 IF 출력에서의 순시 위상이다. $x(t)$와 $\epsilon(t)$의 식으로 $y_D(t)$를 구하여 이 AFC 시스템을 해석하시오.

7.1-10* $f_{LO} = f_c + f_{IF}$이고 50–54 MHz 범위의 신호를 수신하는 슈퍼헷을 생각해 보자. 혼합기 이전에는 필터링을 거의 하지 않는다고 가정하면, 만약 f_{IF}가 (a) 455 kHz, (b) 7 MHz 일 때 어떤 범위의 신호를 수신하겠는가?

7.1-11 f_{IF} =100 MHz이고 측파대 역전이 나타나지 않는, 50–54 MHz 범위의 USSB 신호를 수신하는 수신기를 설계하시오. 혼합기 이전에는 필터링을 거의 하지 않는다고 가정한다. f_{LO}, 곱 검파기의 발진기 주파수, IF 대역통과 필터의 중심 주파수, 그리고 수신되는 모든 이미지 주파수를 구체적으로 밝히시오.

7.1-12 $f_{LO} = f_c + f_{IF}$, f_{IF} = 455 kHz, 그리고 f_c = 2 MHz인 슈퍼헷을 생각해 보자. RF 증폭기 앞에는 f_0 = 2 MHz이고 B = 0.5 MHz인 일차 RLC 대역통과 필터가 온다. IF-BPF는 거의 이상적이고 혼합기는 단위 이득을 갖는다고 가정한다. dB로 나타내는 최소 불요(不要) 주파수 입력 제거비는 얼마인가?

7.1-13* 문제 7.1-12의 수신기가, 전압 레벨이 기본 주파수 성분의 반이 되는 제 2 고조파를 갖는 LO를 가지고 있다고 가정하자. (a) 어떤 입력 주파수들이 수신되고, 올바른 입력에 비해 dB로 나타냈을 때 어떤 전력 레벨에서 수신되는가? (b) 이러한 간섭 입력을 최소화하는 모든 방안을 논하시오.

7.1-14 $f_{LO} = f_c + f_{IF}$이고 f_{IF} = 455 kHz이며 7.0에서 8.0 MHz까지의 범위에 있는 신호를 수신하는 슈퍼헷을 생각해 보자. 수신기의 RF 증폭기는 2 MHz의 통과대역을 갖고, 그의 IF-BPF는 거의 이상적이고 3 kHz의 대역폭을 갖는다. 50.0에서 51.0 MHz까지의 신호를 수신 가능하게 하는 고정 LO 주파수를 갖는 주파수 변환기를 설계하시오. 변환기의 RF 증폭기는 상대적으로 광대역이라고 가정한다. (a) 입력되는 주파수가 f_c = 50 MHz이라면, 이 수신기는 다른 어떤 불요 주파수에 반응하겠는가? (b) 이러한 불요 응답을 최소화 하는 방안을 설명하시오.

7.1-15 다른 휴대전화로부터의 신호에 의한 이미지가 문제가 되지 않아 전단에 가변 BPF가 필요 없는 825–850 MHz 휴대전화 수신기의 f_{IF}의 최소값은 얼마인가?

7.1-16 문제 7.1-15를 1850–1990 MHz 휴대전화 수신기에 대해 되풀이 하시오.

7.1-17 50–54 MHz 대의 신호를 수신하고, $f_{LO} > f_c$이고, B = 4 MHz인 고정 주파수 RLC-BPF를 포함하는 RF 증폭기를 갖는, (a) f_{IF} = 20 MHz, (b) f_{IF} = 100 MHz인 단일 변환 슈퍼헷 수신기의 이미지 제거 성능은 얼마인가?

7.1-18 850 MHz의 아날로그 셀룰러 신호나 1900 MHz의 디지털 개인 통신 시스템 (PCS) 신호를 수신하는 이중 모드 휴대 전화 시스템의 수신기를 설계하시오. f_{LO}, f_{IF}, 그리고 이미지 주파수들을 구체적으로 밝히시오.

7.1-19 IR = 60 dB이고, W = 10 kHz이고 f_c = 4 MHz인 DSB 변조 신호를 위한 이중 변환 수신기의 적절한 파라미터를 구하시오.

7.1-20 f_c = 300 MHz를 위해 설계된 이중 변환 수신기가 f_{IF-1} = 30 MHz와 f_{IF-2} = 3 MHz를 가지고, 각 LO 주파수는 가능한 두 가지의 값 중 높은 쪽에 맞춰져 있다. RF와 첫 번째 IF 단에서의 불충분한 필터링은 세 이미지 주파수로부터의 간섭을 초래한다. 그것들은 얼마인가?

7.1-21 각 LO 주파수를 가능한 두 값들 중 낮은 쪽에 맞춘 경우에 대해 문제 7.1-20을 되풀이 하시오.

7.1-22* 그림 1.4-2의 소프트웨어 무선 시스템에서, "전단(front end)"이 1 마이크로볼트에서 1 피코볼트까지에 걸친 레벨을 다루기 위해서는 몇 비트가 필요하겠는가?

7.1-23 12 비트 소프트웨어 무선 시스템의 동작 범위(DR)는 얼마인가?

7.1-24 최고 주파수가 100 MHz인 FFT 스펙트럼 분석기에서 100 Hz의 분해능을 얻기 위해 필요한 샘플링률과 FFT 구간(bin)의 수는 얼마인가?

7.1-25 주사 스펙트럼 분석기가 50 ms 주기를 갖는 신호의 열 번째 고조파까지 스펙트럼을 표시하기 위한 설정을 밝히시오.

7.1-26 주사 스펙트럼 분석기가, f_c = 100 kHz, f_m = 1 kHz, 그리고 β = 5인 톤 변조된 FM 신호의 스펙트럼을 표시하기 위한 설정을 밝히시오.

7.1-27‡ 에너지 신호 $v(t)$의 크기 스펙트럼은, $v(t)$에 주파수 소인(掃引)파 $\cos(\omega_c t - \alpha t^2)$을 곱하고 그 곱을 $h_{bp}(t) = \cos(\omega_c t + \alpha t^2)$인 대역통과 필터에 인가함으로써 표시할 수 있다. 등가 저역 통과 시간 영역 해석법을 이용하여, $h_{\ell p}(t) = \frac{1}{2}e^{j\alpha t^2}$이고 대역통과 출력의 포락선은 $f = \alpha t/\pi$인 $|V(f)|$에 비례함을 보이시오.

7.2-1 각각 W = 3 kHz를 갖는 네 개의 신호를 채널 간 1 kHz의 간격을 유지하면서 다중화하려고 한다. 부반송파 변조는 USSB이고, 변조되지 않는 가장 낮은 채널은 예외이며, 반송파 변조는 AM이다. 기저대역과 송신 신호의 스펙트럼을 스케치하고 전송 대역폭을 계산하시오.

7.2-2 부반송파를 AM 변조할 경우에 대해 문제 7.2-1을 되풀이 하시오.

7.2-3 f_i가 FDM 신호에 포함되어 있는 임의의 반송파라고 하자. 주파수 이동을 나타내는 그림을 그려서, 만약 부반송파 변조가 DSB이고 검파기가 LPF를 포함한다면 그림 7.2-2의 BPF들이 필요 없음을 보이시오. 그 다음 SSB 부반송파 변조에 대해서는 일반적으로 BPF들이 필요함을 보이시오.

7.2-4* 대역폭이 W인 열 개의 신호를 SSB 변조와 채널 간 B_g의 보호 대역을 갖도록 다중화하려고 한다. 수신기의 BPF들은 $|H(f)| = \exp\{-[1.2(f - f_0)/W]^2\}$를 갖는다. 여기서 f_0는 각 부반송파 신호들의 중심 주파수와 같다. 인접 채널에 대한 응답이 $|H(f)| \le 0.1$을 만족하도록 B_g를 구하시오. 그 다음 그로 말미암는 FDM 신호의 전송 대역폭을 계산하시오.

7.2-5 W = 3 kHz이고 혼신이 30 dB 이하가 되도록, 25 MHz 채널에 최대 사용자를 수용할 수 있는 FDMA 시스템을 설계하시오. 이차 버터워스 저역 통과 필터들을 사용한다고 가정하시오.

7.2-6 한 무리(group) 신호 내의 음성 채널들이 $B_g = 1$ kHz를 가지고 수신기에서는 $|H(f)| = \{1 + [2(f - f_0)/B]^{2n}\}^{-1/2}$를 갖는 BPF들을 이용하여 분리된다고 하자. 기저대역의 음성 신호는 $200 < |f| < 3200$ Hz 바깥에서는 무시할 수 있는 주파수 성분들만 갖는다는 사실에 입각하여, 무리의 스펙트럼 내에서 세 개의 인접 채널을 자세히 그리시오. 그 그림을 이용하여, 원하는 통과대역 바깥에서는 $|H(f)| \le 0.1$이 되도록 B, f_0, 그리고 n의 값들을 구하시오.

7.2-7 어떤 FDM 원격 측정 시스템들은 다중화 하고자 하는 신호들이 서로 다른 대역폭을 가질 때 비례 대역폭 FM 부반송파 변조를 채택한다. 모든 부반송파 신호들은 동일한 편이비를 가지만 i 번째 부반송파 주파수와 메시지 대역폭은 $f_i = W_i/\alpha$의 관계를 갖는다. α는 상수이다. (a) 부반송파 신호 대역폭 B_i는 f_i에 비례함을 보이고, 채널 간 보호 대역 B_g를 두기 위하여 f_i의 식으로 f_{i+1}을 표현하시오. (b) $f_1 = 2$ kHz, $B_1 = 800$ Hz, 그리고 $B_g = 400$ Hz일 때 그 다음 세 부반송파의 주파수들을 계산하시오.

7.2-8 그림 7.2-6의 직교 반송파 시스템에서 수신기의 국부 발진기가 ϕ'의 위상 오차를 가질 때 시스템의 출력 신호를 구하시오.

7.2-9 4 채널 다중화 FM을 위하여 제안된 어떤 시스템에서는 그림 7.2-4의 기저대역 신호가 다음과 같이 변형된다: 변조되지 않은 신호는 (단일 채널 음성과의 호환을 위해) $x_0(t) = L_F + L_R + R_F + R_R$이고, 38 kHz 부반송파는 $x_1(t)$, $x_2(t)$의 변조 신호로 직교 반송파 다중화 되고, SCA 신호는 $x_3(t) = L_F - L_R + R_F - R_R$에 의해 DSB 변조되는 76 kHz 부반송파로 대체된다. 두 채널 스테레오 방송과의 호환을 위해 $x_1(t)$의 성분은 무엇이 되어야 하겠는가? 이제 $x_2(t)$의 구성 성분을 결정하기 위해 $x_0(t) \pm x_1(t) \pm x_3(t)$를 생각해 보자. 상응하는 송신기와 4 채널 수신기의 블록도를 그리시오.

7.2-10‡ 그림 7.2-6의 전송 채널이 전달 함수 $H_C(f)$에 의해 표현되는 선형 왜곡를 유발한다고 하자. 이로 인한 아래 쪽 출력에서의 스펙트럼을 구하고, 혼신이 없을 조건은 $|f| \le W$에서 $H_C(f - f_c) = H_C(f + f_c)$임을 보이시오. 이 조건이 유효하면, $x_1(t)$를 복원하기 위해 무엇을 해야 하는가?

7.2-11* 스물 네 개의 음성 채널을, 프레임 동기를 위한 표지 펄스를 포함하는 다중화된 PAM을 통해 전송하려고 한다. 샘플링 주파수는 8 kHz이고 TDM 신호는 50퍼센트의 동작 비율(duty cycle)을 갖는다. 신호율, 펄스 시간(duration), 최소 전송 대역폭을 계산하시오.

7.2-12* 6 kHz의 샘플링 주파수와 30퍼센트의 동작 비율을 가질 경우에 대해 문제 7.2-11을 되풀이 하시오.

7.2-13 각각 $W = 4$ kHz를 갖는 스무 개의 신호를, 재건 필터링을 위한 보호 대역 2 kHz를 허용하는 샘플링률로 샘플한다. 다중화된 샘플들은 CW 반송파에 실려 전송된다. 변조 방식이 (a) 25퍼센트의 동작 비율을 갖는 PPM/AM; (b) 기저대역 필터링을 갖는 PAM/SSB일 때 필요한 전송 대역폭을 계산하시오.

7.2-14* 각각 $W = 2$ kHz인 열 개의 신호를, 재건 필터링을 위한 보호 대역 1 kHz를 허용하는 샘플링률로 샘플한다. 다중화된 샘플들은 CW 반송파에 실려 전송된다. 변조 방식이 (a) 20퍼센트의 동작 비율을 갖는 PPM/AM; (b) 기저대역 필터링과 $f_\Delta = 75$ kHz를 갖는 PAM/FM일 때 필요한 전송 대역폭을 계산하시오.

7.2-15 $f_s = 8$ kHz인 여섯 채널 주 다중화기가 주어졌을 경우, 다음과 같은 대역폭을 갖는 여섯 개의 입력 신호를 수용하는 그림 7.2-11 (표지를 표함)과 비슷한 원격 측정 시스템을 설계하시오: 8.0, 3.5, 2.0, 1.8, 1.5, 그리고 1.2 kHz. 각 입력 신호의 연속된 샘플들은 시간상 등간격이 되도록 하시오. 이로 말미암은 기저대역 대역폭을 계산하고 FDM-SSB 시스템을 위한 최소 전송 대역폭과 비교하시오.

7.2-16 다음과 같은 대역폭을 갖는 일곱 개의 입력 신호에 대해 문제 7.2-15를 되풀이 하시오: 12.0, 4.0, 1.0, 0.9, 0.8, 0.5, 그리고 3 kHz.

7.2-17 다음과 같은 대역폭을 갖는 여덟 개의 입력 신호에 대해 문제 7.2-15를 되풀이 하시오: 12.0, 3.5, 2.0, 0.5, 0.4, 0.3, 0.2, 그리고 0.1 kHz.

7.2-18 25개의 음성 신호를 $f_s = 8$ kHz이고 $t_0 = \tau = 0.2(T_s/M)$인 PPM-TDM을 통하여 전송할 때, 혼신이 -40 dB를 넘지 않도록 할 때 필요한 대역폭을 계산하시오.

7.2-19* 채널이 $B = 500$ kHz이고 혼신이 -30 dB 이하로 유지되어야 할 때, $f_s = 8$ kHz이고 $t_0 = \tau = 0.25(T_s/M)$인 PPM-TDM을 통하여 전송할 수 있는 음성 신호의 최대 수를 구하시오.

7.2-20 혼신은, 전송 시스템이 보통 트렌스포머 결합 또는 직류 차단 커패시터 때문에 발생하는 불충분한 **저주파 응답**을 가질 때도 발생한다. 계단파 응답이 $g(t) = \exp(-2\pi f_{\ell t})$ $u(t)$인 고역 통과 필터의 펄스 응답을 그려서 이 효과를 보이시오. 극한의 경우인 $f_\ell \tau \ll 1$과 $f_\ell \tau \gg 1$에 대해 생각해 보시오.

7.3-1 디지털 위상 비교의 구현 방법의 하나로서, 그림 7.3-1b의 스위칭 회로가, $x_c(t)$의 양의 방향 영 통과 후 출력이 $s(t) = +A$가 되고 $v(t)$의 양의 방향 영 통과 후 출력이 $s(t) = -A$가 되는 셋-리셋 플립 플롭을 갖는다. (a) $x_c(t) = \cos \omega_c t$이고 $v(t) = \cos (\omega_c t - \phi_v)$라 하고 $\phi_v = 45, 135, 180, 225$, 그리고 $315°$일 때 $s(t)$의 한 주기를 스케치하시오. (b) 이제 $y(t) = \langle s(t) \rangle$라고 가정하고 y 대 $\epsilon = \phi_v - 180°$를 도시하시오. 이 구현 방법은 $y = 0$에 대해 입력들 간에 $\pm 180°$ 위상 차가 필요하다는 것에 주목하시오.

7.3-2 $v(t)$에 의해 제어되어 그 출력이 $v(t) > 0$일 때 $s(t) = A \operatorname{sgn} x_c(t)$이고 $v(t) < 0$일 때 $s(t) = 0$이 되는 스위치를 갖는 디지털 위상 비교기에 대해 문제 7.3-1의 (a)를 되풀이 하시오. 이제 $y(t) = \langle s(t) \rangle$라고 가정하고 y 대 $\epsilon = \phi_v - 90°$를 도시하시오.

7.3-3 $t < 0$에서 $\epsilon_{ss} \ll 1$인 정상(定常) 상태에 있는 PLL을 생각해 보자. $t = 0$에서 입력 주파수가 계단파 변화를 하여 $t > 0$에서 $\phi(t) = 2\pi f_1 t$가 된다. $K \gg |\Delta f + f_1|$이라고 가정하고, 식 (5)를 풀어서 $\epsilon(t)$를 구하고 스케치하시오.

7.3-4 그림 7.3-4의 코스타스 PLL이 SSB나 VSB의 동기 검파에 이용될 수 없는 이유를 설명하시오.

7.3-5* 정상 상태로 잠겨 있는 PLL을 생각해 보자. 외부 입력이 $x_c(t) = A_c \cos (\omega_c t + \phi_0)$이면, 위상 비교기로의 궤환 신호는 $\cos (\omega_c t + \phi_0 + 90° - \epsilon_{ss})$에 비례하여야 한다. 이 성질을 이용하여 $\epsilon_{ss} \neq 0$일 때 그림 7.3-5의 VCO 출력을 구하시오.

7.3-6 문제 7.3-5에서 기술한 성질을 이용하여 $\epsilon_{ss} \neq 0$일 때 그림 7.3-6의 VCO 출력을 구하시오.

7.3-7 그림 7.2-5의 FM 스테레오 수신기를 개조하여 부반송파 검파를 위해 $f_v \approx 38$ kHz인

PLL이 포함되도록 하시오. 또 직류 스테레오 표시기를 포함시키시오.

7.3-8* 100 kHz 주 발진기와 $n = 1$에서 10인 두 개의 가변 나누기-n 계수기가 주어졌을 때, 1 kHz 단위로 1 kHz에서 99 kHz까지 모든 주파수를 합성할 수 있는 시스템을 설계하시오. 각 VCO의 공칭(公稱) 무동조 주파수를 밝히시오.

7.3-9 표 7.1-1을 참조하여, FM 라디오용으로 $f_{LO} = f_c + f_{IF}$를 발생하는 주파수 합성기를 설계하시오. 120 MHz의 주 발진기와 $n = 1$에서 1000인 가변 나누기-n 계수기를 사용할 수 있다고 가정하시오.

7.3-10 표 7.1-1을 참조하여, FM 라디오용으로 $f_{LO} = f_c + f_{IF}$를 발생하는 주파수 합성기를 설계하시오. 2105 kHz의 주 발진기와 $n = 1$에서 1000인 가변 나누기-n 계수기를 사용할 수 있다고 가정하시오.

7.3-11 그림 7.3-8의 선형화된 PLL은 이상적인 적분기를 더하여

$$z(t) = \int^{t} y(\lambda)\, d\lambda$$

가 되면 위상 복조기가 된다. 입력이 PM 신호일 때 $Z(f)/X(f)$를 구하시오. 식 (11)과 비교하시오.

7.3-12* 그림 7.3-8c의 PLL 모델을 생각해 보자. 여기서 $E(f) = \Phi(f) - \Phi_v(f)$이다. (a) $E(f)/\Phi(f)$를 구하고 그로부터 식 (10)을 유도하시오. (b) 입력이 FM 신호이면, $H_\epsilon(f) = 1/[H(f) + j(f/K)]$인 $E(f) = (f_\Delta/K)H_\epsilon(f)X(f)$임을 보이시오.

7.3-13* FM 검파기가 $H(f) = 1$인 선형화된 일차 PLL이라고 가정하자. $A_m \leq 1$이고 $0 \leq f_m \leq W$인 $x(t) = A_m \cos 2\pi f_m t$에 의해 입력 신호가 변조된다고 하자. (a) 문제 7.3-12b의 관계식을 이용하여 $\epsilon(t)$의 정상 상태 진폭을 구하시오. (b) 선형 동작은 $|\epsilon(t)| \leq 0.5$ rad의 조건이 필요하여 $\sin \epsilon \approx \epsilon$가 되므로, 최소 루프 이득은 $K = 2f_\Delta$임을 보이시오.

7.3-14‡ FM 검파기가 루프 이득 K와 $H(f) = 1 + K/j2f$를 갖는 이차 PLL이라고 가정하자. $A_m \leq 1$이고 $0 \leq f_m \leq W$인 $x(t) = A_m \cos 2\pi f_m t$에 의해 입력 신호가 변조된다고 하자. (a) 문제 7.3-12b의 관계식을 이용하여 $\epsilon(t)$의 정상 상태 진폭은 $K/\sqrt{2} \leq W$이고, $f_\Delta > W$이면 $f_m = K/\sqrt{2}$일 때 최대가 됨을 보이시오. 선형 동작은 $|\epsilon(t)| \leq 0.5$ rad의 조건이 필요하여 $\sin \epsilon \approx \epsilon$가 되므로, 최소 루프 이득은 $K \approx 2\sqrt{f_\Delta W}$ 임을 보이시오.

7.3-15‡ 문제 7.3-14의 이차 PLL을 생각해 보자. (a) $H_L(f)$는 $f \approx 0.556K$에서 $|H_L|$이 최대이고 3 dB 대역폭이 $B \approx 1.14K$인 이차 LPF가 됨을 보이시오. (b) 문제 7.3-13과 7.3-14의 루프 이득 조건을 이용하여 $f_\Delta/W = 2, 5$, 그리고 10일 때 일차 및 이차 PLL FM 검파기의 최소 3 dB 대역폭을 비교하시오.

7.4-1 다음 문장들을 설명하시오: (a) TV 프레임의 주사선의 수는 홀수이어야 한다. (b) 주사 경로를 결정하는 파형은 정현파나 삼각파가 아니라 톱니파이어야 한다.

7.4-2 경사와 회귀 시간이 매우 작은 주사 래스터를 생각해 보자. 영상이 (a) 넓이가 $H/4$인 흑백의 수직 막대가 번갈아 나타날 때; (b) 높이가 $V/4$인 흑백의 수평 막대가 번갈아 나타날 때, 식 (4)를 이용하지 말고 영상 신호와 그의 스펙트럼을 스케치하시오.

7.4-3 중앙에 위치한 폭 αH, 높이 βV의 백색 사각형 ($I = 1.0$)을 제외하고는 전체가 검정색인 영상을 생각해 보자. (a) $|c_{mn}| = \alpha\beta\ |\text{sinc}\ \alpha m\ \text{sinc}\ \beta n|$임을 보이시오. (b) $\alpha = 1/2$,

$\beta = 1/4$, 그리고 $f_v = f_n/100$일 때 결과 선 스펙트럼을 스케치하시오.

7.4-4* 정사각형 형상, 230 개의 유효 주사선 수, 그리고 100 μs의 유효 주사선 시간을 갖는 저 해상도 TV 시스템에 필요한 화소의 수와 영상 대역폭을 계산하시오.

7.4-5 $N_{vr} \ll N$이고 $T_{hr} = 0.2T_{\text{line}}$일 때 표 7.4-1의 HDTV 시스템에 필요한 화소의 수와 영상 대역폭을 계산하시오.

7.4-6* $N_{vr} = 48$이고 $T_{hr} = 10\ \mu$s일 때 표 7.4-1의 CCIR 시스템에 필요한 화소의 수와 영상 대역폭을 계산하시오.

7.4-7 TV 카메라의 주사 과정이 출력으로

$$\tilde{x}(t) = \int_{t-\tau}^{t} x(\lambda)\, d\lambda$$

을 낼 때 수평 간극 효과(aperture effect)가 발생한다. 식에서 $x(t)$는 원하는 신호이고 $\tau \ll T_{\text{line}}$이다. (a) 결과 화상을 설명하시오. (b) 화질을 개선할 수 있는 등화기를 구하시오.

7.4-8 (a) 색차 신호 증폭기의 이득이 너무 크거나 작을 때; (b) 색 부반송파의 위상 조정이 ±90 또는 180°의 오차가 있을 때 컬러 TV 화면에 어떤 일이 발생하는지 설명하시오.

7.4-9 식 (15)에서 식 (16)으로 이르는 과정을 자세히 밝히시오.

7.4-10 (송신기와 수신기에서) x_Q 채널의 모든 필터가 x_I 채널과 동일할 경우 식 (15)와 (16)에 해당하는 식을 구하시오. 결과를 논하시오.

제 8 장

확률과 랜덤 변수

개 요

8.1 확률과 표본 공간
확률과 사건 | 표본 공간과 확률 이론 | 조건 확률과 통계적 독립성

8.2 랜덤 변수와 확률 함수
이산형 RV와 누적 분포 함수(CDF) | 연속형 RV와 확률 밀도 함수(PDF)
RV의 변환 | 결합 PDF와 조건 PDF

8.3 통계적 평균
평균, 모멘트, 기대값 | 표준 편차와 Chebyshev 부등식
다변수 기대값 | 특성 함수

8.4 확률 모델
이항 분포 | Poisson 분포 | Gauss 분포 | Rayleigh 분포 | 이변수 Gauss 분포 |
중심 극한 정리

8.5 질문 및 연습문제

제 2장부터 7장까지는 전적으로 결정적 신호(deterministic signals)를 다루었는데, 그것은 명시적인 시간함수 $v(t)$를 서술할 때 그 신호의 동작이 모든 순간에 알려져 있거나 또는 결정되어 있다고 생각하기 때문이다. 제9장에서는 그 정확한 동작이 미리 확정될 수 없는 랜덤 신호들을 다룰 것이다. 랜덤 신호들은 통신에서 원하지 않는 잡음으로 뿐만 아니라 원하는 정보를 전달하는 파형으로도 나타난다. 랜덤 신호의 시간적 변화에 대한 구체적인 지식이 없기 때문에, 확률과 통계적 특성을 토대로 랜덤 신호를 서술한다. 이 장에서는 랜덤 신호의 통계적 특성 기술을 위한 토대를 설명한다.

이 장의 주제는 확률, 랜덤 변수, 통계적 평균, 그리고 주요 확률 모델들이다. 특히 이 책의 후반에서 사용될 개념들에 초점을 맞추어 수학적인 엄밀성보다는 직관적 추론에 의존하여 서술할 것이다.

이전에 확률과 통계에 대해서 공부를 했었다면, 이 장을 대략만 훑어보고 곧바로 제9장으로 넘어갈 수도 있다(단, 기호의 표기나 주안점 차이에 유의). 이 분야를 더 깊게 공부하기를 원하면 이 주제에 관한 텍스트에서 풍부한 자료들을 찾을 수 있을 것이다.

학습목표

이 장을 공부하고 응용문제들을 푼 후에 다음의 사항들을 수행할 수 있어야 한다.

1. 상호 배타적 사건, 결합적 사건, 조건부의 사건 및 통계적 독립 사건들의 발생 빈도와 그 관계들을 이용하여 사건의 확률을 계산한다(8.1절).
2. 이산형 및 연속형 랜덤 변수의 확률 함수의 성질을 정의하고 설명한다(8.2절).
3. 빈도 함수, CDF, 또는 PDF가 주어졌을 때, 수치로 나타낼 수 있는 사건들의 확률을 구하는 식을 세운다(8.2절).
4. 빈도 함수 또는 PDF가 주어졌을 때, 랜덤 변수의 평균, 제곱 평균 및 분산을 구한다(8.3절).
5. 기대값 연산을 정의하고 능숙하게 다룬다(8.3절).
6. 이항(binomial), Poisson, Gauss 및 Rayleigh 확률 모델들의 응용에 대해 기술한다(8.4절).
7. Gauss 분포를 갖는 랜덤 변수의 확률을 Q 함수로 나타낸다(8.4절).

8.1 확률과 표본 공간

확률 이론은 랜덤 현상에 대한 연구를 위한 수학적 틀을 확립한다. 확률 이론은 본래 랜덤 과정 자체의 성격을 다룬다기보다 오히려 실험을 통해서 알 수 있는 겉으로 드러난 랜덤 과정의 성질을 다루는 것이다. 이에 따라 실험에서 얻어진 결과와 결합된 형태의 사건에 대한 확률 개념을 먼저 살펴본다. 그 다음에 표본 공간(sample space) 개념을 도입하여 확률 이론을 전개하고 다양한 형태의 사건에 대한 확률을 구한다.

확률과 사건

확률적 요소를 가진 어떤 실험을 생각해보자. 매번 실험할 때마다 그 결과가 예측할 수 없이 달라진다. 동전을 던지는 일이 한 예로서, 동전을 던지면 앞면이 나올 수도 있고 뒷면이 나올 수도 있기 때문이다. 그런데 동전을 한 번 던졌을 때의 결과는 예측할 수 없지만, 많은 수의 실험 결과에 대해서는 의미 있는 결론을 도출할 수 있을 것이다.

이를 위해, 어떤 확률적 실험을 시행하였을 때 관찰될 수 있는 어떤 것인 어느 특정한 **사건**(event) A를 생각하자. 이 실험을 N번 반복해서 시행하고 이러한 사건 A가 나타난 횟수 N_A를 기록한다. 그러면 두 수의 비율 N_A/N은 그러한 일련의 시행에서 사건 A의 **상대적 발생 빈도**(relative frequency of occurrence)와 같게 된다.

만일 아주 큰 수의 N에 대해 비율 N_A/N이 어떤 확실한 극한값에 도달하고, 또한 모든 일련의 시행에서 모두 동일한 극한값을 얻는다면, 그 실험은 **경험적 다수 법칙**(empirical law of large numbers)을 따른다. 이러한 조건하에 아래와 같이 위의 극한값을 A의 **확률**(probability)로 정한다.

$$P(A) = N_A/N \qquad N \to \infty \tag{1}$$

확률을 함수형태인 $P(A)$로 표기한 것은 확률 값이 고려중인 사건에 따라 달라진다는 것을 강조한다. 어쨌든, 임의의 사건 A에 있어서 당연히 $0 \le N_A \le N$가 성립하므로, 모든 확률은 다음과 같이 0과 1 사이의 수이다.

$$0 \le P(A) \le 1$$

확률을 발생 빈도라고 생각하는 것은 다음과 같은 뜻에서 직관이나 일상의 경험에서 얻는 결과와 일치한다. 우리는 한 번의 어떤 확률적 실험에서의 특정한 결과는 예측할 수 없지만, $N \gg 1$인 일련의 실험에서 A가 나온 횟수는 $N_A \approx NP(A)$와 같을 것이라고 기대한다. 따라서 **확률은 다수 시행**(a large number of trials)의 전제하에서만 그 의미를 갖게 된다.

이것으로 보면, 식 (1)의 정확한 확률 값을 측정하려면 무수히 많은 수의 시행이 필요함을 알 수 있다. 다행히도, 많은 실험들이 고유의 대칭성을 갖고 있으므로, 실제로 실험을 실행하지 않고도 논리적인 추리에 의해 확률을 추론할 수 있다. 예를 들면, 보통 동전이라면 여러 번의 동전 던지기에서 절반은 앞면이 나오며, 그래서 앞면이 나올 확률은 1/2이라고 확신한다. 직관과 논리적 추론으로부터 얻은 확률을 **사전 확률**(a priori probability)이라고 하고, 실험을 시행한 후에 얻은 확률을 **사후 확률**(a posteriori probability)이라고 한다.

한편 보통 동전을 세 차례 던졌을 때 앞면이 두 번 나올 확률을 구한다고 해보자. 아니면 세 차례의 시험에서 앞년이 두 번 나왔있는데, 첫 두 번에서의 시험 결과가 같은 확률을 구하려 할 수도 있다. 비록 이러한 문제들이 상대적인 빈도를 이용하여 해결될 수 있다고 해도, 정식 확률 이론은 보다 만족할만한 수학적인 접근법을 제공한다. 이는 다음 절에서 논의된다.

표본 공간과 확률 이론

어떤 실험을 하면 통상 여러 가지 결과가 나오는데, 발생한 결과에 관련된 사건의 특성을 기술하는 방식은 여러 가지가 있다. 확률적 실험에 대한 체계적인 모델을 구축하기 위해, 나온 결과들의 집합을 **표본 공간**(sample space) S로 표시하고, S는 다시 나온 특정 결과에 상응하는 **표본점**(sample points) $s_1, s_2, \ldots$ 등으로 분할된다고 하자. 이를 집합으로 표기하면

$$S = \{s_1, s_2, \ldots\}$$

이다. S를 분할하는 방법이 유일하지는 않지만, 표본점들은 다음 조건을 만족해야 한다:

1. 집합 $\{s_1, s_2, \ldots\}$은 **전체 포괄적**(exhaustive)이어야 하며, 그래서 S는 실험에서 나올 수 있는 모든 결과들의 집합으로 구성된다.
2. 실험 결과들 $s_1, s_2, \ldots$ 등은 **상호 배타적**(mutually exclusive)이어야 하며, 그래서 주어진 하나의 시행에서 이들 중 하나 단 하나의 결과만 발생한다.

이 조건의 결과로서, 관심의 대상인 사건은 0개, 1개, 또는 1개 이상의 표본점들을 갖는 S의 부분 집합(subsets)으로 기술될 수 있다.

예로서, 하나의 동전을 세 차례 던져서 나오는 일련의 앞면(H)과 뒷면(T)으로 구성된 수열을 관찰해보자. 그러면 표본 공간은 $2 \times 2 \times 2 = 8$개의 서로 다른 수열을 갖는다. 즉,

$$S = \{HHH, HTH, HHT, THH, THT, TTH, HTT, TTT\}$$

이다. 여기서 배열하는 순서는 중요하지 않다. 중요한 것은 8가지 표본점 수열이 전체 포괄적이며 상호 배타적이라는 것이다. 그래서 사건 A = "두 개의 앞면"은 다음과 같은 부분 집합으로 나타낼 수 있다.

$$A = \{HTH, HHT, THH\}$$

마찬가지로, 사건 B = "두 번째가 나머지 두 개와 다름," 그리고 C = "첫 두 번이 동일"은

$$B = \{HTH, THT\} \qquad C = \{HHH, HHT, TTH, TTT\}$$

이다. 그림 8.1-1은 표본 공간과 사건 A, B, C 사이의 관계를 **벤-다이어그램**(Venn diagram) 형태로 묘사한 것으로서, 곡선들은 각 사건에 해당하는 표본점들을 둘러싸고 있다. 이 다이어그램은, 사건 B와 C가 상호 배타적으로서 공통된 표본점을 하나도 갖고 있지 않는 반면, 사건 A는 사건 B와 하나의 표본점을 공통으로 가지며 사건 C와는 다른 하나의 표본점을 공통으로 갖고 있음을 보여준다.

다른 사건들도 사건 부분 집합들을 다음과 같이 특정한 형태로 조합하여 기술될 수 있다.

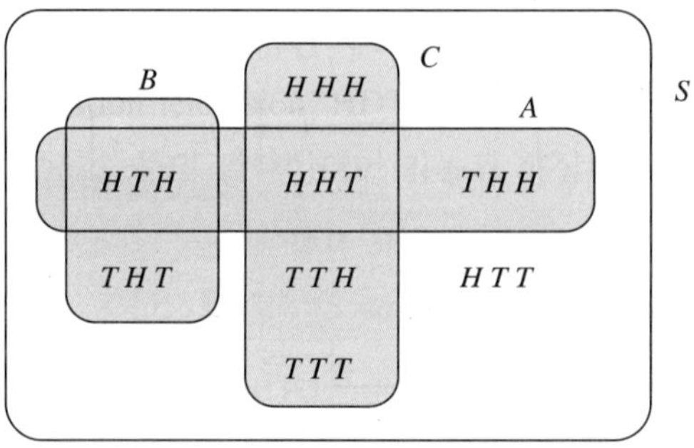

그림 8.1-1
표본 공간과 세 사건에 대한 벤-다이어그램.

- **합집합**(union event) $A + B$ (또한 $A \cup B$로 표기됨)는 A나 B 또는 둘 다 나타남을 말하고, 따라서 그 합집합은 A 또는 B에 들어있는 모든 s_i로 구성된다.
- **교집합**(intersection event) AB (또한 $A \cap B$로 표기됨)는 A와 B가 함께 나타남을 말한다. 따라서 그 교집합은 A와 B 양쪽에 모두 들어있는 s_i로만 구성된다.

예를 들어, 그림 8.1-1에서 다음을 알 수 있다:

$$A + B = \{HTH, HHT, THH, THT\}, \ AB = \{HTH\}$$

그러나 B와 C는 상호 배타적이고 공통된 표본점을 갖지 않으므로,

$$BC = \varnothing$$

이다. 여기서 $\varnothing$는 **공집합**(empty set)을 의미한다.

확률 이론은 주어진 실험에 대한 표본 공간 S의 각 점 s_i에 어떤 확률 $P(s_i)$가 할당된다는 가정에서 출발한다. 이 이론은 다음과 같은 **세 가지 기본 공리**(fundamental axioms)를 만족하도록 확률을 선택해야 된다는 것을 요구할 뿐 확률 자체에 대해 말하는 것은 아니다.

$$P(A) \geq 0 \text{ for any event } A \text{ in } S \tag{2a}$$

$$P(S) = 1 \tag{2b}$$

$$P(A_1 + A_2) = P(A_1) + P(A_2) \text{ if } A_1A_2 = \varnothing \tag{2c}$$

이 세 개의 공리들은 확률 이론의 기본 틀을 형성하는데, 이들이 확률적 사건의 발생 빈도에 대해 전혀 언급하고 있지는 않다. 그렇지만, 공리 (2a)는 식 (1)의 주장과 명백히 부합된다. 또한, 어떤 시행에서든 S에 들어있는 것 중에 어느 하나는 반드시 일어나야 하므로, 공리 (2b)도 (1)의 주장과 부합된다. 공리 (2c)를 해석하려면 다음에 주목하자. 만일 N회 시행에서 A_1이 N_1회 나타나고 A_2가 N_2회 나타난다면, 사건 "A_1 또는 A_2"는 $(N_1 + N_2)$회 나타나게 된다. 왜냐하면 $A_1 A_2 = \varnothing$이라는 조건은 이 두 사건이 상호 배타적임을 의미하기 때문이다. 따라서 N이 증가하게 됨에 따라, $P(A_1 + A_2) = (N_1 + N_2)/N = (N_1/N) + (N_2/N) = P(A_1) + P(A_2)$가 된다

이제 어떻게든 어떤 실험에서 얻을 수 있는 표본점들의 확률을 모두 알게 되었다고 가정하자. 그러면 관심 대상인 임의의 사건에 대한 확률을 파악하기 위해 위 세 가지 공리를 이용할 수 있다. 이러한 목적을 위해 다음에 이 공리들로부터 얻을 수 있는 몇 가지 중요한 관계식들을 소개할 것이다. 생략된 유도 과정은 기초 집합 이론을 이용하는 연습문제이다. 관계식 자체는 확률을 상대적인 발생 빈도로 보는 우리의 해석과 그 궤를 같이하고 있다.

공리 (2c)는 **셋 또는 그 이상의 상호 배타적인 사건들**에 대해서도 쉽게 일반화된다. 왜냐하면, 만일 다음 조건이 성립된다면,

$$A_1A_2 = A_1A_3 = A_2A_3 = A_1A_2A_3 \ldots . = \varnothing$$

그러면, 다음 결과가 성립되기 때문이다.

$$P(A_1 + A_2 + A_3 + \ldots) = P(A_1) + P(A_2) + P(A_3) + \ldots \tag{3}$$

더욱이, 만일 M개의 상호 배타적인 사건들이 다음 식과 같은 전체 포괄적 특성(exhaustive property)을 갖는다면,

$$A_1 + A_2 + \ldots + A_M = S$$

그러면 공리 (2b)와 (2c)를 번갈아 적용하면

$$P(A_1 + A_2 + \cdots + A_M) = \sum_{i=1}^{M} P(A_i) = 1 \tag{4}$$

을 얻는다. 식 (4)는 표본점 확률 $P(s_i)$에도 적용됨에 주목하자.

식 (4)는 M개의 사건들이 모두 **같은 확률**을 가질 때 특별한 중요성을 갖는다. 이 경우 확률들의 합계는 $M \times P(A_i) = 1$로 간소화되고 그래서,

$$P(A_i) = 1/M \qquad i = 1, 2, \ldots, M \tag{5}$$

이 결과는 실험에서 얻어진 여러 결과들을 동일 확률의 상호 배타적인 사건의 형태로 환산하여 표시할 수 있다면, 그 결과에 대한 확률을 계산할 수 있게 해준다. 동일 가능성의 가설은 동전 던지기나 다른 확률적 게임에서처럼 실험 데이터에 근거하거나 대칭성의 고려에 근거할 것이다.

때로는 어떤 사건의 발생보다는 미발생(nonoccurrence)에 더 관심이 많을 것이다. "A가 아닌" 사건을 A의 **여사건**(complement)이라 하며, 기호로는 A^C(또는 $\overline{A}$)로 표기한다. $A + A^C = S$이고 $AA^C = \varnothing$이므로, 공리 (2c)에 의해 A^C의 확률은

$$P(A^C) = 1 - P(A) \tag{6}$$

가 된다. 마지막으로, 상호 배타적인 관계에 있지 않고, 따라서 공리 (2c)를 적용할 수 없는 사건 A와 B를 고려하자. 그러면 합집합 $A + B$의 확률은 다음과 같이 주어진다.

$$P(A + B) = P(A) + P(B) - P(AB) \tag{7a}$$

여기서, $P(AB)$는 교집합(intersection) 또는 결합 사건(joint event) AB의 확률이다. $P(AB)$를 **결합 확률**(joint probability)이라 하고 이를 다음 식으로 해석한다.

$$P(AB) = N_{AB}/N \qquad N \to \infty$$

여기서, N_{AB}는 N번의 시행에서 사건 A와 B가 함께 일어난 횟수를 나타낸다. 식 (7)은 $AB = \varnothing$일 때 공리 (2c)의 형태로 되돌아가게 된다. 이때 A와 B는 함께 일어날 수 없기 때문에 $P(AB) = 0$이 됨에 유의하자.

식 (7a)는 다음과 같이 일반화 될 수 있다.

$$P(A + B + C) = P(A) + P(B) + P(C) - P(AB) - P(AC) - P(BC) + P(ABC) \tag{7b}$$

동전 던지기 확률 실험

예제 8.1-1

확률 관계식에 대한 응용으로서, 보통의 동전 하나를 3회 던지는 실험에서 나올 수 있는 어떤 사건의 확률을 계산해 보자. 각각의 동전 던지기에서 H와 T가 나올 가능성이 모두 같으므로, 그림 8.1-1에 표시된 8개의 표본점 수열도 모두 동일한 가능성을 가져야 한다. 따라서 식 (5)에서 $M = 8$로 놓으면 다음과 같은 결과를 얻을 수 있다.

$$P(s_i) = 1/8 \qquad i = 1, 2, \ldots, 8$$

그림에서 A는 3개의 표본점을, B는 2개의 표본점을, C는 4개의 표본점을 포함하고 있다. 따라서 식 (3)을 이용하여 사건 A, B, C의 확률을 다음과 같이 얻을 수 있다.

$$P(A) = \tfrac{1}{8} + \tfrac{1}{8} + \tfrac{1}{8} = \tfrac{3}{8} \qquad P(B) = \tfrac{2}{8} \qquad P(C) = \tfrac{4}{8}$$

마찬가지로, 결합 사건 AB와 AC는 각각 하나의 표본점을 포함하므로,

$$P(AB) = P(AC) = \tfrac{1}{8}$$

이다. 반면, B와 C는 상호 배타적이기 때문에 $P(BC) = 0$이다.

여사건 A^C의 확률은 식 (6)으로부터

$$P(A^C) = 1 - \tfrac{3}{8} = \tfrac{5}{8}$$

로 구해진다. 합집합 $A + B$의 확률은 식 (7)에 의해 다음과 같이 얻어진다.

$$P(A + B) = \tfrac{3}{8} + \tfrac{2}{8} - \tfrac{1}{8} = \tfrac{4}{8}$$

$P(A^C)$와 $P(A + B)$에 대한 결과는 부분 집합 A^C가 5개의 표본점을 갖고 있고 $A + B$는 4개의 표본점을 갖고 있다는 사실과 각각 일치한다.

응용문제 8.1-1

어떤 회전판의 표면이 3부분으로 동일하게 나뉘어 각각 녹색(G), 적색(R), 황색(Y)으로 칠해져 있다. 두 번 바퀴를 돌려 그 결과로 나타나는 색깔의 수열을 GR, RG 등으로 표시하자. 사건 A = "둘 다 황색이 아닌 사건"이라 하고, 사건 B = "동일한 색깔이 나오는 사건"이라 하자. 벤-다이어그램을 그리고, $P(A)$, $P(B)$, $P(AB)$, $P(A + B)$를 계산하시오.

조건 확률과 통계적 독립성

때때로 어떤 사건 B는 어떤 식으로든 어떤 다른 사건 $A(P(A) \neq 0)$에 의존하는 경우가 있

다. 따라서 사건 A가 일어났음을 알 때는 B의 확률은 거기에 따라 조정되어야만 한다. 상호 배타적인 사건들은 종속성의 극단적인 예이다. 왜냐하면 만일 사건 A가 일어났다는 것을 알고 있다면, 사건 B가 동일한 시행에서 일어나지 않았음을 확신할 수 있기 때문이다. 여기서 사건의 종속성을 설명하고, 또한 통계적 독립성을 정의하기 위해 조건 확률을 도입한다.

사건 B의 사건 A에 대한 종속성은 **조건 확률**(conditional probability)로 측정한다. 즉

$$P(B|A) \triangleq P(AB)/P(A) \tag{8}$$

$B|A$라는 표기는 사건 A가 주어졌을 때의 사건 B를 나타내며, $P(B|A)$는 사건 A가 일어났다는 사실에 의해 조건 지워진 사건 B의 확률을 나타낸다. 만일 두 사건이 상호 배타적이면, $P(AB) = 0$이며, 식 (8)은 예상대로 $P(B|A) = 0$이 된다. $P(AB) \neq 0$인 경우, $P(AB) = N_{AB}/N$, $P(A) = N_A/N$, $N \to \infty$일 때를 대입함으로써 식 (8)은 상대적인 빈도의 형태로 해석된다. 따라서,

$$P(B|A) = \frac{N_{AB}/N}{N_A/N} = \frac{N_{AB}}{N_A}$$

이다. 이 식을 보면, $P(B|A)$는 사건 B와 함께 일어나든 아니든 사건 A가 일어난 횟수 N_A와 사건 A와 B가 함께 일어난 횟수 N_{AB}의 상대적인 빈도와 같다는 것을 알 수 있다.

식 (8)에서 A와 B를 서로 바꾸면, $P(A|B) = P(AB)/P(B)$가 되고, 따라서 결합 확률에 대한 두 개의 관계식을 얻게 된다. 즉,

$$P(AB) = P(A|B)P(B) = P(B|A)P(A) \tag{9}$$

이고, 여기에서 $P(AB)$를 제거하면 아래의 **Bayes 정리**를 얻을 수 있다.

$$P(B|A) = \frac{P(B)P(A|B)}{P(A)} \tag{10}$$

이 식을 이용하여 조건을 부여하는 사건을 서로 교환할 수 있으므로, 이 정리는 통계적 결정 이론에서 중요한 역할을 한다. 또 하나의 유용한 관계식은 다음의 **총 확률**(total probability)이다.

$$P(B) = \sum_{i=1}^{M} P(B|A_i)P(A_i) \tag{11}$$

여기서, 조건부여 사건 $A_1, A_2, A_3, \ldots, A_M$은 상호 배타적이며 전체 포괄적이어야 한다.

식 (10)과 식(11)을 결합하면

$$P(A|B) = \frac{P(B|A)P(A)}{\sum_{i=1}^{M} P(B|A_i)P(A_i)} \tag{12}$$

이다.

사건 A와 B가 아래 식과 같이 서로에게 의존하지 않을 때 사건 A, B는 서로 **통계적으로 독립**(statistically independent)이라고 부른다.

$$P(B|A) = P(B) \qquad P(A|B) = P(A) \tag{13}$$

식 (13)을 식 (9)에 대입하면

$$P(AB) = P(A)P(B)$$

이다. 따라서 통계적으로 독립인 두 사건의 결합 확률은 각 사건들의 확률의 곱과 같게 된다. 더욱이, 만일 3개 또는 그 이상의 사건들이 모두 서로 독립적이면,

$$P(ABC \ldots) = P(A)P(B)P(C) \ldots \tag{14}$$

으로서 독립적인 사건들의 결합 확률은 각각의 확률들의 곱으로 구해진다.

어림짐작으로도, 물리적인 독립성은 통계적 독립성의 충분조건이다. 따라서 사건들이 물리적 연관성이 전혀 없는 경우 식 (13)을 적용할 수 있을 것이다. 예를 들어, 연속적인 동전 던지기는 물리적으로 독립적이며, TTH와 같은 수열은 결합 사건으로 간주될 수도 있다. 각각의 시행에서의 동일한 가능성이라는 논리를 염두에 둘 때, $P(H) = P(T) = (\frac{1}{2})$, $P(TTH) = P(T)P(T)P(H) = (\frac{1}{2})^3 = \frac{1}{8}$를 얻는다(이는 예제 8.1-1의 세 차례의 동전 던지기에서 나온 임의의 수열에 대한 확률이 모두 $P(s_i) = \frac{1}{8}$이라는 사실과 일치한다).

조건 확률

예제 8.1-2

예제 8.1-1에서 확률은 $P(A) = \frac{3}{8}$, $P(B) = \frac{2}{8}$, $P(AB) = \frac{1}{8}$로 계산했었다. 이제 이러한 값들을 이용하여 사건 A와 B의 종속성을 조사하기로 한다.

$P(A)P(B) = \frac{6}{64} \neq P(AB)$이므로, 사건 A와 B가 통계적으로 독립이 아니라는 결론을 얻게 된다. 두 사건의 종속성은 아래와 같이 조건 확률에 반영되어 있다.

$$P(B|A) = \frac{P(AB)}{P(A)} = \frac{1/8}{3/8} = \frac{1}{3} \qquad P(A|B) = \frac{P(AB)}{P(B)} = \frac{1/8}{2/8} = \frac{1}{2}$$

따라서 $P(B|A) \neq P(B)$, $P(A|B) \neq P(A)$이다.

그림 8.1-1을 살펴보면, 왜 $P(B|A) > P(B)$가 되는가를 알 수 있다. 사건 A는 동일한 가능성을 가진 3가지 수열 중에 하나이며, 이 중에 하나의 수열이 B에 해당 된다. 그러므로 사건 B는 사건 A가 일어나는 N_A의 시행에서 $N_{AB}/N_A = \frac{1}{3}$의 확률로 일어난다. 이와 대조적으로 자체 시행 횟수 N에 대해 $P(B)= N_B/N = \frac{2}{8}$이 된다. $P(A|B)$의 값에 있어서도 유사한 추론이 가능하다.

예제 8.1-3

통계적 독립

많은 저항이 들어있는 어떤 상자에서 임으로 추출한 저항의 값 R은 5가지 종류로서, 모두 40−60 Ω의 사이에 있다. 표 8.1-1은 이들 저항 값과 확률을 표시한 것이다.

표 8.1-1 저항 값과 추출될 확률.

R:	40	45	50	55	60
$P_R(R)$:	0.1	0.2	0.4	0.2	0.1

사건 A를 "$R \le 50\ \Omega$"이라 하면, 사건 A가 일어날 확률은 다음과 같이 계산된다.

$$P(A) = P(R = 40 \text{ or } R = 45 \text{ or } R = 50) = P_R(40) + P_R(45) + P_R(50) = 0.7$$

마찬가지로, 사건 B = "$45\ \Omega \le R \le 55\ \Omega$"이라고 하면 이 확률은

$$P(B) = P_R(45) + P_R(50) + P_R(55) = 0.8$$

이다. $P(AB)$가 다음과 같이 곱인 $P(A)P(B)$와 다르므로, 사건 A와 B는 독립적인 사건이 아니다. 즉,

$$P(AB) = P_R(45) + P_R(50) = 0.6$$

그리고, 식 (7)과 (9)를 이용하면,

$$P(A + B) = 0.7 + 0.8 - 0.6 = 0.9 \quad P(B|A) = \frac{0.6}{0.7} = 0.857 \quad P(A|B) = \frac{0.6}{0.8} = 0.75$$

이다. 계산된 $P(A + B)$의 값은 표 8.1-1로부터 쉽게 확인될 수 있다.

응용문제 8.1-2

그림 8.1-1을 참조하여 다음과 같이 D를 정의 하자.

$$D = \{THT, TTH, HTT, TTT\}$$

이것은 "2회 또는 3회의 T"가 나오는 사건을 표현하고 있다. $P(B|D) = P(B)$, $P(D|B) = P(D)$, $P(B)P(D) = P(BD)$임을 보임으로써, 사건 B와 D가 통계적으로 독립임을 확인하시오.

예제 8.1-4

잡음이 있는 채널에서의 오류 확률

0을 송신할 확률이 0.4인 어떤 잡음이 있는 채널을 고려하자. 1을 보냈을 때 0으로 틀리게 수신할 확률이 0.2이고, 0을 보냈을 때 1로 수신할 확률은 0.25라 한다. 송신한 0과 1을 각각 X_0 및 X_1으로 표시하고, 수신한 0과 1을 각각 Y_0 및 Y_1으로 나타낸다. 그러면 다음과 같

은 확률들을 얻는다.

$$P(X_0) = 0.4 \Rightarrow P(X_1) = 1 - P(X_0) = 0.6$$

$$P(Y_0|X_1) = 0.2 \Rightarrow P(Y_1|X_1) = 1 - P(Y_0|X_1) = 0.8$$

그리고

$$P(Y_1|X_0) = 0.25 \Rightarrow P(Y_0|X_0) = 1 - P(Y_1|X_0) = 0.75$$

그래서 식 (11)을 이용하면 Y_0의 확률은 $P(Y_0) = P(Y_0|X_0)P(X_0) + P(Y_0|X_1)\mathrm{P}(X_1) = 0.75 \times 0.4 + 0.2 \times 0.6 = 0.42$이 된다. 심볼 0과 1을 보냈을 때의 오류 확률은 각각 $P(e|X_0) = \mathrm{P}_{e0} = P(Y_1|X_0)$ 및 $P(e, X_1) = P_{e1} = P(Y_0|X_1)$이 되므로 전체 오류 확률은 다음과 같이 얻어진다.

$$\begin{aligned} P(e) &= P(Y_0|X_1)P(X_1) + P(Y_1|X_0)P(X_0) \\ &= 0.2 \times 0.6 + 0.25 \times 0.4 = 0.22 \end{aligned}$$

8.2 랜덤 변수와 확률 함수

동전 던지기나 기타 확률적 게임들은 확률 계산을 위한 자연스럽고 흥미로운 문제들이다. 그러나 통신 공학자들은 랜덤 프로세스에 보다 더 큰 관심을 갖고 있는데, **수치적인** 결과(즉 어떤 잡음 전압의 순시 값, 이러한 어떤 디지털 메시지에서의 오류의 수 등과 같이)를 가져다주기 때문이다. 여기서는 적절한 **랜덤 변수**(random variable), 또는 간단히 RV를 정의함으로써 이러한 문제를 다루기로 한다.

명칭에도 불구하고, RV는 무작위거나 변수 그 어느 것도 아니다. 대신에, 그것은 어떤 확률적인 실험의 결과로부터 수치를 만들어내는 **함수**이다.

> **랜덤 변수**, RV는 표본 공간 S에 있는 모든 점에 실수 $X(s)$를 할당하는 관계 또는 법칙으로서 X로 표현된다.

만일 X가 단일 실수 값이고 다음 식을 만족한다면, 어떤 형태이든 RV로서의 역할을 할 수 있다.

$$P(X = -\infty) = P(X = \infty) = 0$$

본질적인 특성은 X가 S에 있는 결과들을 $-\infty < x < \infty$범위의 실수로 매핑한다는 점이다(보다 진전된 형태에서는 실수 대신 **복소수**를 다룬다).

변수로서는 이산형 RV와 연속형 RV로 **구분**하고, 수치로 표현되는 확률적 사건에 대한 분석을 위해 **확률 함수**(probability functions)를 도입하기로 한다.

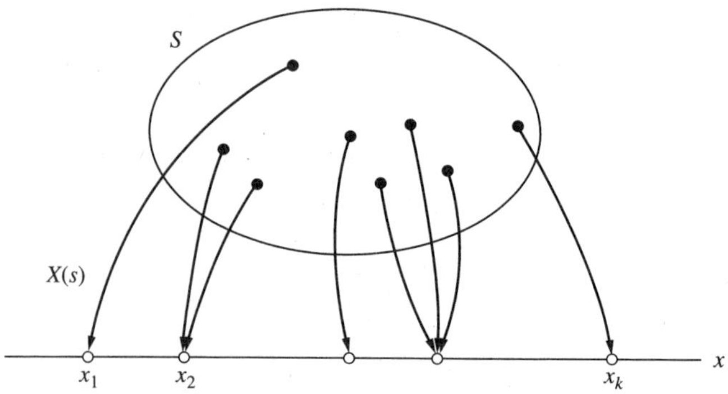

그림 8.2-1
이산형 RV $X(s)$에 의해 실선 위의 수에 매핑된 표본점들.

이산형 RV와 누적 분포 함수(CDF)

만일 S가 셀 수 있는 표본점들로 이루어진다면 X는 셀 수 있는 서로 다른 값들을 갖는 **이산형 RV**가 될 것이다. 그림 8.2-1은 이에 대응하는 매핑 과정을 보여주며, $X(s)$의 값들을 오름차순으로 나타내는 표기법, 즉 $x_1 < x_2 < \ldots$ 를 소개하고 있다. 각각의 매핑결과는 하나의 수를 출력하지만 둘 또는 그 이상의 결과들이 동일한 수에 매핑될 수도 있다.

비록 모든 RV에 하나의 매핑이 있지만, 우리는 대개 그 결과인 수치에만 관심이 있다. 따라서 이러한 더 직접적인 관점을 수용하여 X 자체를 실험 결과를 표현하는 일반적인 기호로 취급하기로 한다. 이러한 관점을 사용해서 $X = a$ 또는 $X \leq a$와 같이 **수치적 값을 갖는 사건들**을 다룰 수 있게 된다. 여기서, a는 실선 위의 어떤 점이다. 더욱이, 만일 상수 a를 독립변수 x로 대체하면, 수치로 나타낼 수 있는 사건들의 확률을 계산할 때 도움이 되는 **확률 함수**를 얻게 된다.

확률 함수 $P(X \leq x)$는 **누적 분포 함수**(CDF; cumulative distribution function)로 알려져 있으며, 다음과 같은 기호로 나타낸다.

$$F_X(x) \triangleq P(X \leq x) \tag{1}$$

여기서, 표기법을 주의 있게 살펴보자. 아래 첨자 X는 RV로서 그 특성이 함수 $F_X(x)$를 결정하는 반면, 인수 x는 RV가 아니고 사건 $X \leq x$을 정의한다. CDF는 확률을 나타내므로, 다음과 같이 그 크기가 제한되어 있다.

$$0 \leq F_X(x) \leq 1 \tag{2a}$$

여기서 그 극한값은

$$F_X(-\infty) = 0 \qquad F_X(\infty) = 1 \tag{2b}$$

이다. 하한은 $P(X = -\infty) = 0$라고 하는 조건을 반영하는 것이며, 반대로 상한은 X가 언제나 실선 위의 어떤 점에 놓여 있음을 말해 준다. 여사건인 $X \leq x$와 $X > x$는 전체 수직선을 망라한다. 따라서,

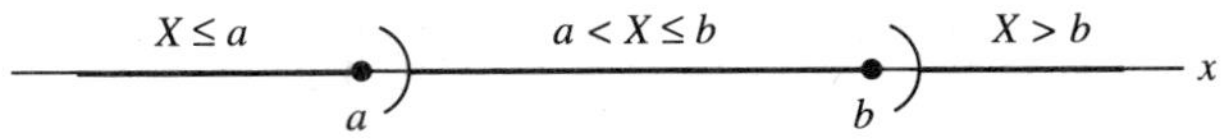

그림 8.2-2
실선 위의 수치 값을 갖는 사건들.

$$P(X > x) = 1 - F_X(x) \tag{3}$$

이다. 앞으로 진행하면서 CDF의 다른 특성들을 알 수 있을 것이다.

$F_X(x)$를 알고 있으며, 사건 $a < X \leq b$의 확률을 구한다고 가정하자. 그림 8.2-2는 이 사건이 사건 $X \leq a$ 및 사건 $X > b$와 어떤 관계에 있는가를 보여준다. 또한 이 그림은 수치로 나타낼 수 있는 사건에 있어서 **열린** 부등식과 **닫힌** 부등식의 차이를 명확하게 보여준다. $b > a$일 때 여기서의 세 사건들은 상호 배타적이다. 따라서 다음과 같이 쓸 수 있다.

$$P(X \leq a) + P(a < X \leq b) + P(X > b) = P(X \leq \infty) = 1$$

이고, $P(X \leq a) = F_X(a)$, $P(X > b) = 1 - F_X(b)$을 대입하면,

$$P(a < X \leq b) = F_X(b) - F_X(a) \qquad b > a \tag{4}$$

이다. 이 식은 그 자체로도 중요한 관계식이지만, 또한 $F_X(x)$가 $b > a$인 모든 경우에 있어서 **비감소 특성**(nondecreasing property), 즉 $F_X(a) \leq F_X(b)$임을 보여준다. 더욱이, 만일 $\epsilon > 0$이면, $\epsilon \to 0$일 때, $F_X(x + \epsilon) \to F_X(x)$가 된다는 의미에서 $F_X(x)$는 <u>**우측으로부터 연속**</u>적이다.

이제 이산형 RV는, 서로 다른 값 $x_1, x_2, \ldots$ 만을 갖는다는 사실을 고려해 보자. 이러한 제약이 의미하는 것은 가능한 결과들 $X = x_i$가 상호 배타적 사건들의 집합을 형성함을 의미한다. 이에 상응되는 확률들의 집합은 **빈도 함수**(frequency function)이라 부르며 다음과 같이 표시할 수 있다.

$$P_X(x_i) \triangleq P(X = x_i) \qquad i = 1, 2, \ldots \tag{5}$$

이산적 결과인 x_i들이 상호 배타적 사건들이기 때문에 사건 $X \leq x_k$의 확률은 다음의 합과 갇다.

$$P(X \leq x_k) = P_X(x_1) + P_X(x_2) + \cdots + P_X(x_k)$$

따라서, CDF는 빈도 함수 $P_X(x_i)$로부터 다음 식을 통해 얻어진다.

$$F_X(x_k) = \sum_{i=1}^{k} P_X(x_i) \tag{6}$$

이 식은 $F_X(x)$가 $x = x_i$가 되는 각 점에서 위쪽으로 높이 $P_X(x_i)$를 갖는 계단과 같음을 의미한다. 이 계단은 $x < x_1$인 경우 $F_X(x) = 0$에서 출발하고, 마지막 계단에서는 $F_X(x) = 1$에 이르게 된다. $x_k < x < x_k + 1$가 되는 계단 사이에서는 CDF가 $F_X(x_k)$의 일정한 값으로 유지된다.

예제 8.2-1

잡음이 있는 채널에서의 숫자 오류

어떤 잡음이 많은 채널을 통해 세 자릿수 메시지를 전송하는 실험을 생각해보자. 이 채널은 각 자리마다 $P(E) = \frac{2}{5} = 0.4$의 **오류 확률**(error probability)을 갖고 있고, 각 자리의 오류는 통계적으로 독립적이라고 하자. 즉 정확한 자릿수를 수신할 확률은 $P(C) = 1 - \frac{2}{5} = \frac{3}{5} = 0.6$이다. X를 어떤 수신된 메시지에서의 오류의 수라고 하자. 그리고 이에 해당하는 빈도 함수와 CDF를 구하기로 하자.

이 실험의 표본 공간은 그림 8.1-1의 동전의 앞뒤면 수열처럼 8개의 서로 다른 오류 패턴으로 이루어지게 된다. 그러나 지금은 그 표본점들이 동일한 가능성을 갖지는 않는다. 왜냐하면 오류가 하나도 나지 않는 패턴은 $P(CCC) = P(C)P(C)P(C) = (\frac{3}{5})^3 = 0.216$의 확률을 갖는 반면, 전체가 오류가 나는 패턴은 $P(EEE) = (\frac{2}{5})^3 = 0.064$의 확률을 갖기 때문이다. 마찬가지로, 오류를 하나 갖는 세 가지 패턴 각각은 $(\frac{2}{5}) \times (\frac{3}{5})^2$의 확률을 갖고, 2개의 오류를 갖는 패턴 각각은 $(\frac{2}{5})^2 \times (\frac{3}{5})$의 확률을 갖게 된다. 더욱이, 비록 S에는 8개의 점이 있지만, RV X는 오직 4개의 가능한 값, 즉 $x_i = 0, 1, 2, 3$과 같은 수의 오류를 가질 뿐이다.

그림 8.2-3a은 표본 공간 X에 의한 매핑, 그리고 $P_X(x_i)$의 결과치를 보여준다. 그러면

그림 8.2-3

(a) 예제 8.2-1을 위한 매핑; (b) 예제 8.2-1의 이산형 RV에 대한 빈도 함수와 CDF.

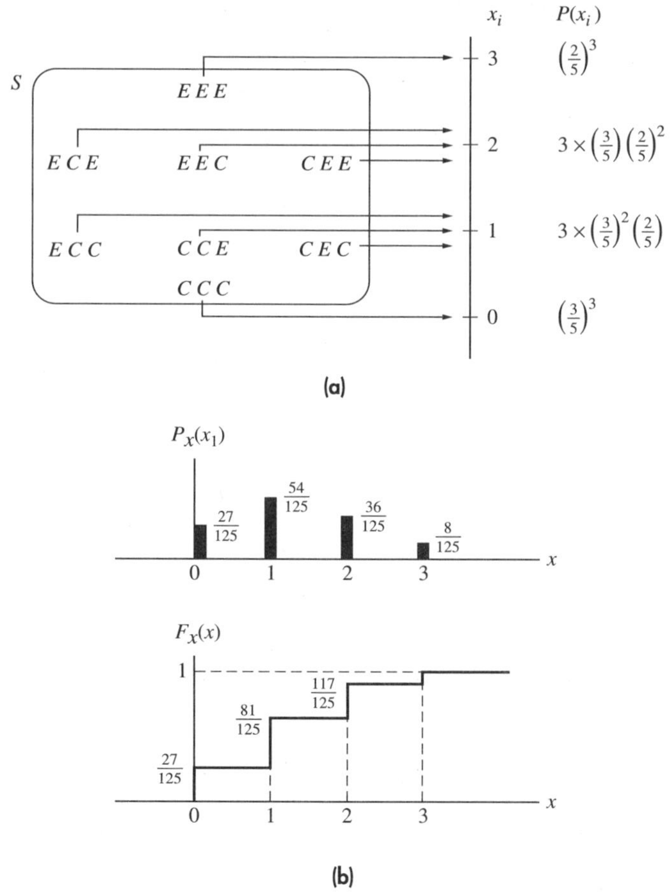

$F_X(x_i)$는 다음 식을 통해 계산할 수 있다.

$$F_X(0) = P_X(0) \qquad F_X(1) = P_X(0) + P_X(1)$$

빈도 함수와 CDF가 그림 8.2-3b에 그려져 있다. CDF 그림을 살펴보면 2개 미만의 오류가 생길 확률은 $F_X(2 - \epsilon) = F_X(1) = \frac{81}{125} = 0.648$이며, 하나 보다 많은 오류가 생길 확률은 $1 - F_X(1) = \frac{44}{125} = 0.352$가 됨을 알 수 있다.

응용문제 8.2-1

응용문제 8.1-1의 실험에서 어떤 랜덤 변수가 다음과 같은 규칙에 따라 정의된다고 하자: 즉, 각 색깔에 $G = 2, R = -1, Y = 0$와 같이 가중치가 부여되고, X는 2회의 바퀴 돌리기 시행에서 관찰된 가중치의 **평균**이라고 하자. 예를 들어, 시행결과 RY는 $X(RY) = (-1 + 0)/2 = -0.5$로 매핑된다. $P_X(x_i)$와 $F_X(x_i)$를 구하고 그림으로 나타내시오. 그리고 $P(-1.0 < X \le 1.0)$를 계산하시오.

연속형 RV와 확률 밀도 함수(PDF)

연속형 RV는 이산형 RV가 셀 수 있는 갯수의 서로 다른 값들을 갖는데 비해, 주어진 범위 내의 임의의 실수 값을 취할 수 있다. 예를 들어, 어떤 포인터를 돌려 그 각도 θ를 측정하는 경우, 만일 그림 8.2-4와 같이 변수를 $X(\theta) = \tan^2\theta$로 정의 한다면, 변수의 값은 $0 \le x < \infty$에 있는 모든 값들이 될 것이다. 또 $X(\theta) = \cos\theta$라면 $-1.0 \le x \le 1.0$의 값을 가질 것이다.

연속형 RV는 셀 수 없이 많은 가능한 값들을 가지므로, 어떤 특정한 수 a에 대해서 $P(X = a) = 0$가 되고 따라서 $X = a$가 될 확률은 극히 적을 수밖에 없다. 따라서 빈도 함수는 연속형 RV에 있어서는 별 의미를 갖지 않는다. 그러나 $X \le a$, $a < X \le b$와 같은 사건들은 0이 아닌 확률을 가질 수 있으며, 따라서 누적 밀도 함수 $F_X(x)$는 유용한 정보를 제공한다. 실제로, 앞서 식 (1)~(4)에 기술된 특성들은 연속형 RV의 CDF에 대해서도 적용된다.

그러나, 연속형 RV에 대해 보다 널리 사용되는 기술방법은 **확률 밀도 함수**(probability density function: PDF)로서, CDF의 미분이 가능할 때 다음과 같이 정의된다.

$$p_X(x) \triangleq dF_X(x)/dx \tag{7}$$

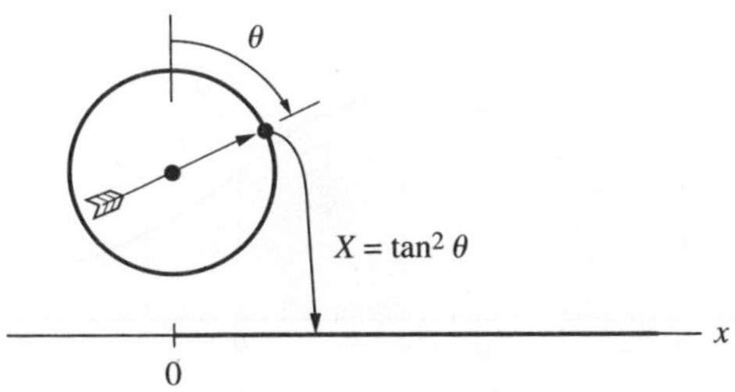

그림 8.2-4
연속형 RV에 의한 매핑.

$F_X(-\infty) = 0$임을 알고 있으므로, $F_X(x)$을 미분하더라도 CDF에 관한 정보를 잃지는 않으며 다음 관계를 얻는다.

$$P(X \leq x) = F_X(x) = \int_{-\infty}^{x} p_X(\lambda)\, d\lambda \tag{8}$$

여기서 적분에서는 의미를 명확히 하기 위해서 임시 적분변수 λ를 사용하여 표시하였다. PDF에 관한 다른 중요한 특성들은 아래와 같은 것들이 있다.

$$p_X(x) \geq 0, \qquad \int_{-\infty}^{\infty} p_X(x)\, dx = 1 \tag{9}$$

이고

$$P(a < X \leq b) = F_X(b) - F_X(a) = \int_{a}^{b} p_X(x)\, dx \tag{10}$$

따라서,

> PDF는 그 총면적이 1이 되는 음이 아닌 함수로서, 구간 $a < x \leq b$ 범위에서의 PDF의 면적은 X가 그 구간에서 관찰될 확률과 같다.

식 (10)의 특수한 경우로서, $a = x - dx$이고 $b = x$라 하자. 그러면 그 적분은 미소면적 $p_X(x)\, dx$로 환원되고 다음 관계를 알 수 있다.

$$p_X(x)\, dx = P(x - dx < X < x) \tag{11}$$

이 관계식은 PDF에 대한 또 다른 해석으로서, 확률 밀도로서의 성격을 강조한 것이다. 그림 8.2-5는 연속형 RV에 대한 전형적인 PDF로서 식 (10), (11)의 확률에 대응되는 면적을 보여준다.

간혹 연속형 및 이산형 값을 모두 갖는 혼합형 RV를 만나게 된다. 이와 같은 경우 PDF에서 임펄스(impulse)를 사용하는데, 이는 주기적 및 비주기적 성분을 모두 포함하고 있는 어떤 신호의 스펙트럼과 유사하다. 구체적으로 말하자면, 0이 아닌 확률 $P_X(x_0) = P(X =$

그림 8.2-5
전형적인 PDF와 면적으로의 확률 해석.

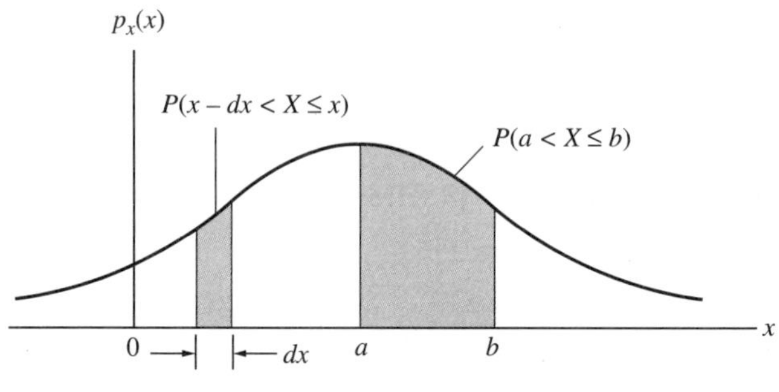

$x_0) \neq 0$을 갖는 어떤 이산형 값 x_0이 있을 때, PDF는 임펄스 항 $P_X(x_0)\delta(x - x_0)$을 포함하고 있으며, CDF $F_X(x)$는 $x = x_0$에서 그 확률에 해당하는 만큼의 점프(jump)를 갖는다. 이러한 방법으로 반복하면, 이산형 RV의 빈도 함수는 임펄스만으로 구성되는 PDF로 변환될 수 있다.

그러나, PDF가 임펄스를 포함하고 있을 때 열린 부등식이나 닫힌 부등식으로 표현된 사건들을 다룰 때 특별한 주의가 필요하다. 왜냐하면, 만일 $p_X(x)$가 x_0에서 임펄스를 갖는다면, $X \geq x_0$가 될 확률은 $P(X \geq x_0) = P(X > x_0) + P(X = x_0)$로 계산되어야 한다. 이와는 대조적으로, 연속형 값만을 갖는 RV에 있어서는 $P(X = x_0) = 0$이기 때문에 $P(X \geq x_0)$와 $P(X > x_0)$ 사이에 아무런 차이가 없게 된다.

균등 PDF

예제 8.2-2

연속형 RV의 개념들을 자세히 알아보기 위해, 지난 그림 8.2-4에 소개한 포인터의 각도에 대한 랜덤 변수를 $X = \theta$(라디안 값)이라 하자. 포인터의 각도가 동일한 확률로, 0과 2π사이에 분포되어 있을 것이므로 구간 $0 < x \leq 2\pi$에서 $p_X(x)$은 어떤 상수 값 C가 되고, 이 구간의 외부에서는 $p_X(x) = 0$이 된다. 이때 변수 X는 **균등한 PDF**를 갖는다고 한다.

PDF의 단위 면적 특성에 의해 다음이 만족 된다.

$$\int_{-\infty}^{\infty} p_X(x)\,dx = \int_0^{2\pi} C\,dx = 1 \Rightarrow C = \frac{1}{2\pi}$$

따라서, PDF는 다음과 같이 표시된다.

$$p_X(x) = \frac{1}{2\pi}[u(x) - u(x - 2\pi)] = \begin{cases} \frac{1}{2\pi} & 0 < x \leq 2\pi \\ 0 & \text{otherwise} \end{cases}$$

이 PDF는 그림 8.2-6a에 도시 하였다. 식 (8)에 따라 $p_X(x)$를 적분하면, 그림 8.2-6b에 보인 CDF를 얻게 된다. 여기서,

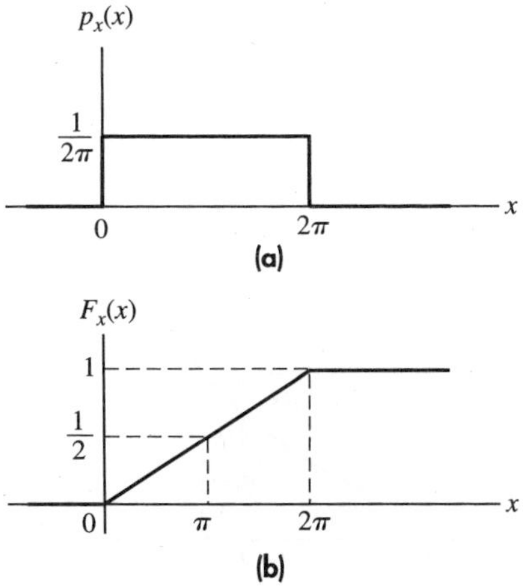

그림 8.2-6
균등하게 분포되어 있는 랜덤 변수의 PDF와 CDF.

$$F_X(x) = x/2\pi \qquad 0 < x \le 2\pi$$

따라서, 예를 들면, $P(X \le \pi) = F_X(\pi) = \frac{1}{2}$이 된다. 이 두 개의 함수는 함께 구간 $0 < x \le 2\pi$에서 **균등하게 분포**하는 연속형 RV를 정의한다.

한편, 다음과 같이 새로운 RV Z를 정의해 보자.

$$Z = \begin{cases} \pi & X \le \pi \\ X & X > \pi \end{cases}$$

그러면, $P(Z < \pi) = 0$, $P(Z = \pi) = P(X \le \pi) = \frac{1}{2}$이고, $z > \pi$인 경우 $P(Z \le z) = P(X \le z)$가 된다. 그러므로 z를 독립변수로 사용하면, Z의 PDF는

$$p_Z(z) = \frac{1}{2}\,\delta(z - \pi) + \frac{1}{2\pi}\,[u(z - \pi) - u(z - 2\pi)]$$

이다. 여기서, 임펄스는 이산형 값 $Z = \pi$가 되는 경우를 반영한 것이다.

응용문제 8.2-2 예제 8.2-2의 PDF를 이용하여 다음과 같은 사건들의 확률을 계산하시오. (a) $\pi < X \le 3\pi/2$, (b) $X > 3\pi/2$, (c) $\pi < Z \le 3\pi/2$, (d) $\pi \le Z \le 3\pi/2$.

RV의 변환

앞의 예제에서는 어떤 RV(Z)를 다른 RV(X)와 관련하여 정의하였다. 여기서는, 새로운 RV가 이미 알려져 있는 PDF를 갖는 어떤 연속형 RV의 연속 함수일 때, 새로운 RV의 PDF에 관한 일반식을 유도한다.

랜덤 변수 X의 $p_X(x)$를 이미 알고 있을 때, 다음과 같은 변환에 의해 X로부터 얻어진 랜덤 변수 Z의 $p_Z(z)$를 구한다고 하자.

$$Z = g(X)$$

우선 변환 함수 $g(X)$가 단조 증가 함수라 가정하자. 그러면 미소 구간 $z - dz < Z \le z$에서 Z를 관찰할 확률은, 그림 8.2-7에 예시된 것과 같이, 이에 대응하는 구간 $x - dx < X \le x$

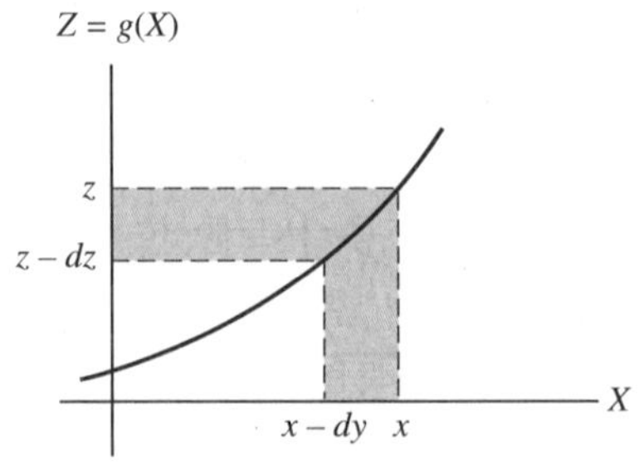

그림 8.2-7 RV의 변환.

에서 X가 일어날 확률과 같게 된다. 그러면, 식 (10)의 적분은 $p_Z(z)dz = p_X(x)dx$가 되고, 이로부터 $p_Z(z) = p_X(x)dx/dz$가 성립한다. 그런데 만일 $g(X)$가 단조 감소 함수이면, X가 감소할 때 Z가 증가하기 때문에 $p_Z(z) = p_X(x)(-dx/dz)$가 성립 된다. 따라서 다음과 같은 식으로 위 두 가지 경우를 모두 표현할 수 있다.

$$p_Z(z) = p_X(x)\left|\frac{dx}{dz}\right|$$

마지막으로, x가 $z = g(x)$로 변환되므로, 변수 x에 역변환 값 $x = g^{-1}(z)$를 대입하여 다음과 같이 z의 PDF를 얻게 된다.

$$p_Z(z) = p_X[g^{-1}(z)]\left|\frac{dg^{-1}(z)}{dz}\right| \tag{12}$$

이 식은 어떠한 형태의 **단조 함수**에 대해서도 모두 성립한다.

간단하지만 중요한 단조 함수로서는 아래의 **선형 변환**(linear transformation)이 있다.

$$Z = \alpha X + \beta \tag{13a}$$

여기서, α와 β는 상수이다. $z = g(x) = \alpha x + \beta$, $x = g^{-1}(z) = (z - \beta)/\alpha$, $dg^{-1}(z)/dz = 1/\alpha$이므로 이 경우 식 (12)의 PDF는 다음 식과 같이 얻어진다.

$$p_Z(z) = \frac{1}{|\alpha|}\, p_X\left(\frac{z-\beta}{\alpha}\right) \tag{13b}$$

그러므로, $p_Z(z)$은 $p_X(x)$와 동일한 형태를 갖는데, X의 PDF를 β 만큼 평행 이동하고, 또한 α의 크기에 따라 신장되거나 압축된 형태를 갖게 된다.

만일 $g(X)$가 단조 증감 함수가 아니라면, 둘 또는 그 이상의 X 값들이 동일한 Z 값을 생성할 수 있다. 이 경우 $g(x)$를 구간 별로 단조 함수인 여러 개의 단조 함수 $g_1(x), g_2(x), \ldots,$의 집합으로 나누어 처리하면 된다. 이 X 구간들이 상호 배타적이기 때문에, 식 (12)는 다음과 같이 여러 함수의 합으로 일반화될 수 있다.

$$p_Z(z) = p_X[g_1^{-1}(z)]\left|\frac{dg_1^{-1}(z)}{dz}\right| + p_X[g_2^{-1}(z)]\left|\frac{dg_2^{-1}(z)}{dz}\right| + \cdots \tag{14}$$

다음의 예제에서 이러한 방법을 예시한다.

RV 변환 — 예제 8.2-3

X가 예제 8.2-2에서의 균등하게 분포되어 있는 각도일 때, 변환 $Z = \cos X$를 고려하자. 그림 8.2-8a의 X에 대한 Z의 그래프를 보면, X가 0에서 2π로 나아감에 따라 Z는 -1에서 1 사이의 영역을 두 차례 움직인다는 것을 알 수 있다. 따라서 변환은 단조 함수가 아니다.

$p_Z(z)$를 계산하기 위해, 먼저 $g(x)$를 다음과 같은 두 개의 단조 함수로 나눈다:

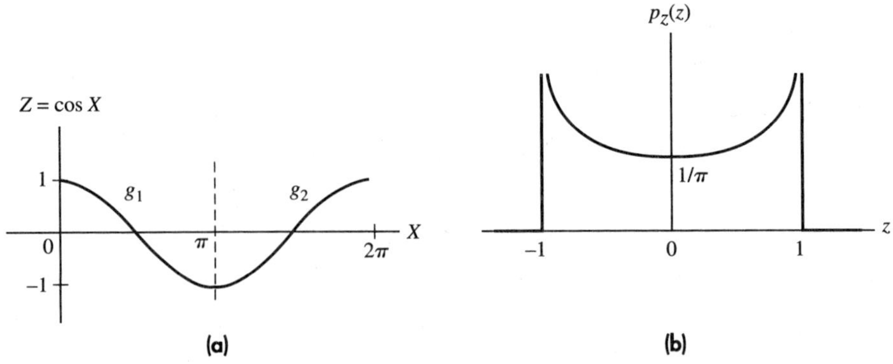

그림 8.2-8
단조 함수가 아닐 때의 $g(x)$의 RV 변환.

$$g_1(x) = \cos x \qquad 0 < x \le \pi$$

$$g_2(x) = \cos x \qquad \pi < x \le 2\pi$$

이것은 구간을 제외하고는 식 자체는 동일한 형태이다. 구간 $0 < x \le \pi$에서는 $x = g_1^{-1}(z) = \cos^{-1} z$, $p_X(x) = \frac{1}{2\pi}$이 되고, 따라서 $dg_1^{-1}(z)/dz = -(1 - z^2)^{-1/2}$이 된다. 따라서, 구간 $-1 \le z \le 1$에 대해서 $p_X[g_1^{-1}(z)] = \frac{1}{2\pi}$가 된다. 구간 $\pi < x \le 2\pi$에 대해서도 $p_X(x)$는 여전히 $\frac{1}{2\pi}$이고 $g_2(x) = g_1(x)$이므로 같은 결과를 얻는다. 따라서, 식 (14)로부터 다음을 얻는다.

$$p_Z(z) = 2 \times \frac{1}{2\pi}\left|-(1 - z)^{-1/2}\right| = \frac{1}{\pi\sqrt{1 - z^2}} \qquad -1 \le z \le 1$$

그림 8.2-8b에서 알 수 있듯이 이 PDF는 $z = \pm 1$에서 피크값을 갖는다. 이것은 X가 2π라디안에 걸쳐 균등하게 분포되어 있을 때, $\cos X$의 값은 다른 값보다는 ± 1 근처의 값을 가장 많이 갖기 때문이다.

응용문제 8.2-3 $Z = \sqrt{X}$이고, $p_X(x)$가 구간 $0 < x \le 4$에서 균등한 크기를 가질 때, $p_Z(z)$를 구하시오.

결합 PDF와 조건 PDF

RV에 대한 개요를 마치면서, 두 개의 연속형 변수가 같이 나오는 경우에 대해 간단하게 언급하기로 한다. 이 상황에 맞는 하나의 고전적인 예로써 다트 던지기 게임을 들 수 있는데, 두 변수 X와 Y는 표적의 중심에서 벗어난 다트의 위치 좌표이다.

두 변수 X와 Y의 **결합 PDF**(joint probability density function)는 $p_{XY}(x, y)$으로 표시되는데 여기에서 ","는 "그리고(and)"의 의미를 갖는다. 이 함수는 x-y 좌표평면 위에 놓인 어떤 입체의 표면을 표시하고 다음 식을 만족 한다.

$$p_{XY}(x, y)\, dx\, dy = P(x - dx < X \le x, y - dy < Y \le y)$$

이는 식 (11)의 2차원 버전이다. 말하자면, 미소 체적 $p_{XY}(x, y)dx\,dy$는 두 사건 $x - dx < X \leq x$ 및 $y - dy < Y \leq y$의 결합 사건을 관찰할 확률과 같다는 것이다. 그러므로, 사건 $a < X \leq b$와 $c < Y \leq d$의 확률은

$$P(a < X \leq b, c < Y \leq d) = \int_c^d \int_a^b p_{XY}(x, y)\, dx\, dy \tag{15}$$

으로 구해진다. 식 (15)는 주어진 x와 y구간의 x-y 평면과 표면 $p_{XY}(x, y)$ 사이에 들어있는 입체의 체적에 해당된다.

만일 X와 Y가 우연히 **통계적으로 독립적** 관계에 있다면, 이들의 결합 PDF는 다음과 같은 곱으로 축약된다.

$$p_{XY}(x, y) = p_X(x)p_Y(y) \tag{16}$$

그렇지 않은 경우에, Y의 X에 대한 종속성은 다음과 같은 **조건 PDF**(conditional PDF)에 의해 표현된다.

$$p_Y(y|x) = \frac{p_{XY}(x, y)}{p_X(x)} \tag{17}$$

이는 $X = x$라는 조건이 주어졌을 때의 Y의 PDF를 말하는 것이다.

두 변수의 결합 PDF로부터 한 변수 X만의 PDF를 얻을 수 있는데, 이는 오직 X에만 관심이 있을 때 Y의 값은 무관하므로, $P(X \leq x) = P(X \leq x, -\infty < Y < \infty)$가 성립됨을 이용한 것이다. 이에 따르면 다음 식을 얻게 된다.

$$p_X(x) = \int_{-\infty}^{\infty} p_{XY}(x, y)\, dy \tag{18}$$

이것이 결합 PDF로부터 식 (18)의 적분을 통해 얻어지므로, $p_X(x)$를 **주변 PDF**(marginal PDF)라 부른다.

예제 8.2-4

두 잡음 전압의 결합 PDF가 다음과 같이 알려져 있다:

$$p_{XY}(x, y) = \frac{1}{2\pi} e^{-(y^2 - xy + x^2/2)} \qquad -\infty < x < \infty, -\infty < y < \infty$$

식 (18)로부터 X의 주변 PDF를 구하면

$$p_X(x) = \int_{-\infty}^{\infty} \frac{1}{2\pi} e^{-(y^2 - xy + x^2/2)}\, dy = \frac{1}{\pi} e^{-x^2/4} \int_0^{\infty} e^{-\lambda^2}\, d\lambda = \frac{1}{2\sqrt{\pi}} e^{-x^2/4}$$

이다. 적분 과정에서 $\lambda = y - x/2$의 변수 치환을 사용했다. 동일한 방법으로 Y의 주변 PDF는 다음과 같이 얻어진다.

$$p_Y(y) = \int_{-\infty}^{\infty} \frac{1}{2\pi} e^{-(y^2 - xy + x^2/2)}\, dx = \frac{1}{\sqrt{2\pi}} e^{-y^2/2}$$

여기에서, $p_X(x)p_Y(y) \neq p_{XY}(x, y)$이므로, X와 Y는 독립적이 아님을 알 수 있다. 그런데 식 (17)을 이용하면 다음의 조건 PDF를 얻을 수 있다.

$$p_Y(y|x) = \frac{1}{\sqrt{\pi}} e^{-\left(y^2 - xy + \frac{x^2}{4}\right)} \quad p_X(x|y) = \frac{1}{\sqrt{2\pi}} e^{-\left(\frac{y^2}{2} - xy + \frac{x^2}{2}\right)}$$

8.3 통계적 평균

문제에 따라서는, 확률 함수가 RV에 대해 실제 필요한 것 이상의 정보를 제공한다. 사실, 어떤 RV에 대해 완벽하게 기술하는 것은 내용을 잘 알려주기보다 오히려 번잡스럽고 혼란을 줄 수도 있다. 따라서 몇 가지의 특성을 나타내는 수치에 의해 RV를 설명하는 것이 보다 편리할 때가 많다. 이러한 수치로는 여기에 제시된 여러 가지 **통계적 평균값**들이 사용된다.

평균, 모멘트(moment), 기대값

랜덤 변수 X의 **평균**은 상수 m_X로서, 이것은 X 값의 확률을 가중치로 사용한 X 값들의 가중합(weighted sum) 이다. 시행 횟수 $N \gg 1$이라는 조건에서 관찰되는 값들의 합계가 대략 Nm_X가 될 것으로 예상된다는 의미에서, 이 통계적 평균은 일상적인 실험적 평균에 해당된다. 이러한 이유로 m_X를 X의 기대값(expected values)이라 부르며, m_X를 생성하는 **기대값 연산**이라는 것을 나타내기 위해 이것을 $E[X]$ 또는 $\bar{X}$로 표기한다.

통계적 평균 또는 기대값에 대한 식을 수립하기 위해, 어떤 이산형 RV를 독립적으로 N번 관찰해보자. 만일 사건 $X = x_i$가 N_i번 나타난다면, 관측치의 합계는

$$N_1 x_1 + N_2 x_2 + \cdots = \sum_i N_i x_i \tag{1a}$$

이다. 이것을 N으로 나누면 N이 무한히 커질 때($N \to \infty$), 상대도수 N_i/N는 $P(X = x_i) = P_X(x_i)$가 된다. 따라서 통계적 평균값은

$$m_X = \sum_i x_i P_X(x_i) \tag{1b}$$

이다. 이것은 이산형 RV의 평균을 그 빈도 함수 $P_X(x_i)$의 항으로 표시한 것이다.

연속형 RV의 평균을 위해서는, $P_X(x_i)$을 $P(x - dx < X < x) = p_X(x)\, dx$로 대치하고, 합계 식을 적분식으로 전환하면

$$m_X = \int_{-\infty}^{\infty} x\, p_X(x)\, dx \tag{2}$$

을 얻는다. 이러한 평균은 사실상 이산형 RV의 평균인 (1b)식 까지도 포함 하는데, 식 (1b)의 이산 PDF를 다음 식과 같은 임펄스 함수로 표기함으로써 얻어지는 특별한 경우로 간주한다.

$$p_X(x) = \sum_i P_X(x_i)\delta(x - x_i)$$

그러므로 PDF에 임펄스를 허용하면, 식 (2)는 모든 경우의 RV(연속형, 이산형, 또는 혼합형 모두)에 대한 평균을 구할 때 사용할 수 있다. 따라서, 지금부터는 통계적 평균은 PDF를 적분하는 형태로 표기할 것이다. 전적으로 이산형인 RV의 평균식은 PDF 대신 빈도 함수를 대입하거나, 또는 보다 직접적으로는 적분식을 이와 유사한 합계식으로 대치함으로써 쉽게 얻을 수 있다.

어떤 함수 $g(X)$가 변수 X를 다른 변수 Z로 변환시킬 때, 그 기대값은 사건 $X = x$가 $Z = g(x)$로 변환된다는 사실에 착안하여 다음과 같이 구한다.

$$E[g(X)] = \int_{-\infty}^{\infty} g(x)p_X(x)\,dx \tag{3}$$

만일 $g(X) = X^n$이면, 이것의 평균 $E[X^n]$은 X의 ***n*차 모멘트**(nth moment)로 알려져 있다. 물론 1차 모멘트는 바로 평균값 $E[X] = m_X$ 자신이다. 2차 모멘트 $E[X^2]$는 **제곱 평균**(mean-square value)이라고 불리는데, 이는 평균의 제곱(mean squared) $m_X^2 = \overline{X}^2$과는 다른 것이다. 식 (3)에 $g(X) = X^2$을 대입하면,

$$\overline{X^2} = \int_{-\infty}^{\infty} x^2\, p_X(x)\,dx$$

이고, 이산 RV에 있어서는

$$\overline{X^2} = \sum_i x_i^2\, P_X(x_i)$$

이다. 제곱 평균은 불규칙 신호와 잡음을 다룰 때 특히 중요하다.

시간적 평균(time averaging)과 마찬가지로, 식 (3)의 기대값 연산은 일종의 선형 연산(linear operation)이다. 따라서 만일 α와 β가 상수이고, $g(X) = \alpha X + \beta$이면,

$$E[\alpha X + \beta] = \alpha \bar{X} + \beta \tag{4}$$

이다. 단순해 보이는 이 결과를 이용하면 일견 명백한 것 같지 않아 보이는 다음의 관계식을 쉽게 얻을 수 있다.

$$E[\bar{X}X] = \bar{X}E[X] = \bar{X}^2$$

왜냐하면 $\overline{X}$는 적분을 의미하는 $E[\overline{X}X]$식의 내부에서는 단순한 상수에 불과하기 때문이다.

표준 편차와 Chebyshev 부등식

변수 X의 **표준 편차**(standard deviation)는 σ_X로 표시되고 변수 값이 평균인 m_X 주위에 흩어져 있는 정도(spread)의 척도이다. 표준 편차의 제곱은 **분산**(variance) 또는 **2차 중심 모멘트**(second central moment)라 부르며 다음 식과 같이 정의된다.

$$\sigma_X^2 \triangleq E[(X - m_X)^2] \tag{5}$$

그런데 $(X - m_X)^2$를 전개하고 식 (4)의 선형 특성을 이용하면, 표준 편차를 보다 간편한 식으로 표시 할 수 있다. 즉,

$$E[(X - m_X)^2] = E[X^2 - 2m_X X + m_X^2] = \overline{X^2} - 2m_X \bar{X} + m_X^2 = \overline{X^2} - m_X^2$$

이고,

$$\sigma_X = \sqrt{\overline{X^2} - m_X^2} \tag{6}$$

이다. 그러므로, 표준 편차는 제곱의 평균값과 평균의 제곱값의 차에 제곱근를 취한 것과 같다.

σ_X에 대한 해석을 위해, k을 어떤 양수라 하고, $|X - m_X| \geq k\sigma_X$라는 사건을 고려하자. **Chebyshev 부등식**은 $p_X(x)$의 형태와 상관없이 다음 부등식이 성립함을 말해 준다.

$$P(|X - m_X| \geq k\sigma_X) \leq 1/k^2 \tag{7a}$$

따라서, 어떤 RV가 평균으로부터 표준 편차의 $\pm k$배 만큼 떨어진 바깥쪽에 들어 있을 확률은 $1/k^2$ 보다 크지 않게 된다. 같은 논리로 다음 부등식도 성립한다.

$$P(|X - m_X| < k\sigma_X) > 1 - 1/k^2 \tag{7b}$$

예를 들어, $k = 2$인 경우, 관찰 횟수 가운데 $\frac{3}{4}$ 이상의 경우에서 사건 X가 구간 $m_X \pm 2\sigma_X$의 내부에 있을 것으로 기대하게 된다. 따라서 작은 표준 편차는 관찰 가능한 값들이 작은 차이를 가짐을 의미하며, 그 역도 성립한다.

식 (7a)에 대한 증명을 위해서 $Z = X - m_X$ 및 $a = k\sigma_X > 0$라고 놓자. ϵ이 아주 작은 양수라 하고, 다음 사실을 확인 한다.

$$E[Z^2] = \int_{-\infty}^{\infty} z^2 p_Z(z)\, dz \geq \int_{-\infty}^{-a} z^2 p_Z(z)\, dz + \int_{a-\epsilon}^{\infty} z^2 p_Z(z)\, dz$$

그런데, 구간 $a \leq |z| < \infty$인 경우에 있어서는 $z^2 \geq a^2$이므로 다음 식을 얻는다.

$$E[Z^2] \geq a^2\left[\int_{-\infty}^{-a} p_Z(z)\, dz + \int_{a-\epsilon}^{\infty} p_Z(z)\, dz\right]$$

여기서, 대괄호 내부의 첫 번째 적분은 $P(Z \leq -a)$를 나타내는 반면, 두 번째 적분은 $P(Z$

$\geq a$)를 나타낸다. 따라서,

$$P(|Z| \geq a) = P(Z \leq -a) + P(Z \geq a) \leq E[Z^2]/a^2$$

이 성립하고 여기에 $Z = X - m_X$, $E[Z^2] = \sigma_X^2$, $a = k\sigma_X$를 대입하면 식 (7a)의 부등식을 얻는다.

통계적 평균 **예제 8.3-1**

통계적 평균의 계산 과정을 살펴보기 위해 다음과 같은 경우를 생각해 보자. 즉,

$$p_X(x) = \frac{a}{2}e^{-a|x|} \qquad -\infty < x < \infty$$

여기서, a는 양의 상수이다. 이 PDF는 **Laplace 분포**를 갖는 연속형 RV를 기술한 것이다.

주어진 $p_X(x)$의 우대칭성(even symmetry)에 따라, 식 (2)와 (3)에서 다음의 결과를 얻는다.

$$m_X = \int_{-\infty}^{\infty} x\frac{a}{2}e^{-a|x|}\,dx = 0 \qquad E[X^2] = 2\int_0^{\infty} x^2\frac{a}{2}e^{-ax}\,dx = \frac{2}{a^2}$$

따라서, 식 (6)으로부터, 표준 편차는 $\sigma_X = \sqrt{E[X^2] - m_X^2} = \sqrt{2}/a$가 된다.

Laplace 변수의 관측치가 평균으로부터 $\pm\, 2\sigma_X$ 이내의 범위에 들어 있을 확률은 다음과 같이 0.94로 계산된다.

$$P(|X - 0| < 2\sqrt{2}/a) = \int_{-2\sqrt{2}/a}^{2\sqrt{2}/a} \frac{a}{2}e^{-a|x|}\,dx = 0.94$$

이는 Chebyshev 부등식으로부터 얻은 0.75의 하한값보다 큰 값이다.

응용문제 8.3-1

예제 8.2-2와 같이 X가 $0 < X \leq 2\pi$ 범위에서 균등하게 분포되어 있다고 하자. m_X, $\overline{X^2}$, σ_X를 계산하시오. $|X - m_X| < 2\sigma_X$의 확률을 구하시오.

다변수 기대값

다변수 기대값(multivariate expectation)은 둘 또는 그 이상의 RV가 연관되며, 이값은 결합 PDF에 대해 다중 적분(multiple integration)을 이용하여 계산된다. 구체적으로 살펴보면, X와 Y의 함수 $g(X, Y)$의 기대값은 다음 식과 같이 구해진다.

$$E[g(X, Y)] \triangleq \iint_{-\infty}^{\infty} g(x, y)p_{XY}(x, y)\,dx\,dy \tag{8}$$

여기에서는 다중 적분이 개별적인 여러 개의 적분으로 분할되는 경우만 다룰 것이다.

첫째, X와 Y가 독립이며 따라서 $p_{XY}(x, y) = p_X(x)p_Y(y)$가 성립된다고 하자. 더불어 $g(X, Y)$를 $g_X(X)g_Y(Y)$의 곱으로 나타낼 수 있다고 가정한다. 그러면 식 (8)은 다음과 같이 된다.

$$E[g(X, Y)] = \iint_{-\infty}^{\infty} g_X(x)g_Y(y)p_X(x)p_Y(y)\,dx\,dy \tag{9}$$

$$= \int_{-\infty}^{\infty} g_X(x)p_X(x)\,dx \int_{-\infty}^{\infty} g_Y(y)p_Y(y)\,dy$$

$$= E[g_X(X)]E[g_Y(Y)]$$

예를 들어 만일 $g(X, Y) = XY$라고 하면 $g_X(X) = X$, $g_Y(Y) = Y$이므로, $E[XY] = E[X]E[Y]$이다. 또는

$$\overline{XY} = \overline{X}\,\overline{Y} = m_X m_Y \tag{10}$$

이다. 그러므로, 독립적인 RV들을 곱한 것의 평균은 각각의 평균을 곱한 것과 같다.

다음으로, $g(X, Y) = X + Y$의 합을 고려하자. 여기서 X와 Y는 반드시 독립적일 필요는 없다. 이제 식 (8)을 조금 계산해 보면 $E[X + Y] = E[X] + E[Y]$ 또는 다음 식을 유도할 수 있다.

$$\overline{X + Y} = \overline{X} + \overline{Y} = m_X + m_Y \tag{11}$$

그러므로, 합의 평균은 통계적 독립 여부에 관계없이 평균들의 합과 같음을 알 수 있다.

마지막으로, $Z = X + Y$라 하면, $m_Z = m_X + m_Y$임을 바로 알 수 있다. 그런데 분산 σ_Z^2는 어떤가? 이 답을 알기 위해서 우선 다음과 같이 제곱 평균값을 계산한다.

$$\overline{Z^2} = E[X^2 + 2XY + Y^2] = \overline{X^2} + 2\overline{XY} + \overline{Y^2}$$

그러면,

$$\sigma_Z^2 = \overline{Z^2} - (m_X + m_Y)^2 = (\overline{X^2} - m_X^2) + (\overline{Y^2} - m_Y^2) + 2(\overline{XY} - m_x m_Y)$$

이다. 식 (10)이 성립하면, 위 식의 마지막 항은 소거됨을 알 수 있다. 따라서 독립적인 RV들의 합의 분산은 아래와 같이 각각의 분산의 합과 같다.

$$\sigma_Z^2 = \sigma_X^2 + \sigma_Y^2 \tag{12}$$

식 (9)~(12)는 셋 또는 그 이상의 RV의 경우에도 바로 일반화 된다. 그러나 RV들이 독립적이지 않으면 오직 식 (11)의 평균값의 경우만 성립함에 유의하자.

표본 평균과 빈도

예제 8.3-2

평균이 m_X이고, 분산이 σ_X^2인 어떤 RV X가 있다. 이의 N 차례의 독립적인 관찰에서 얻어진 표본 값들을 $X_1, X_2, \ldots, X_N$이라고 하자. 각각의 표본 값은 RV이므로 다음과 같은 샘플 값의 합 Z도 랜덤 변수이다.

$$Z = X_1 + X_2 + \ldots + X_N$$

또한 아래의 **표본 평균**(sample mean)

$$\mu = Z/N$$

도 랜덤 변수임을 알 수 있다. 이제 표본 평균 μ의 통계적 특성들을 알아보고, 그 특성을 이용하여 확률의 의미를 조명해 보자.

식 (11)과 (12)로부터 $\overline{Z} = \overline{X}_1 + \overline{X}_2 + \cdots + \overline{X}_N = Nm_X$, $\sigma_Z^2 = N\sigma_X^2$가 성립 된다. 따라서 $\overline{\mu} = \overline{Z}/N = m_X$이고, μ의 분산은 다음과 같다.

$$\sigma_\mu^2 = E[(\mu - \overline{\mu})^2] = \frac{1}{N^2}E[(Z - \overline{Z})^2] = \frac{1}{N^2}\sigma_Z^2 = \frac{1}{N}\sigma_X^2$$

이 식으로부터 $\sigma_\mu = \sigma_X/\sqrt{N}$이므로 표본 평균의 편차(spread)는 N이 증가함에 따라 감소하고, N이 무한대에 접근함에 따라($N \to \infty$), μ는 m_X에 접근하게 된다. 더욱이, Chebyshev의 부등식으로부터 μ가 어떤 작은 양수 ϵ 이상으로 m_X와 차이가 나게 될 확률은 $\sigma_X^2/N\epsilon^2$ 이하로 제한되어 있다.

$$P(|\mu - m_X| \geq \epsilon) \leq \sigma_X^2/N\epsilon^2$$

비록 얼핏 보기에 명백하지는 않지만 이러한 결과는 확률을 상대도수라고 해석하는 것에 대해 더욱 정당성을 부여해준다.

이 점을 보다 명확하게 하기 위해, A를 확률적 실험에서의 어떤 사건이라 하고, 이산 변수 X를 다음과 같이 정의하자. A가 주어진 실험에서 발생하면 $X = 1$로 놓고 A가 발생하지 않으면 $X = 0$으로 놓자. 만일 N회의 독립적인 실험에서 A가 N_A번 나온다면, $Z = N_A$이고 $\mu = N_A/N$이 된다. 따라서 X를 이렇게 정의하면 표본 평균 μ는 A의 상대적 발생 빈도(frequency of occurrence)와 같게 된다. 더욱이, $P(A) = P(X = 1) = P_X(1)$이고, $P(A^c) = P_X(0)$이므로, X의 통계적 평균은

$$m_X = 0 \times P_X(0) + 1 \times P_X(1) = P(A)$$
$$E[X^2] = 0^2 \times P_X(0) + 1^2 \times P_X(1) = P(A)$$
$$\sigma_X^2 = P(A) - P^2(A)$$

이고, 따라서 다음 식이 성립한다.

$$P(|\mu - m_X| \geq \epsilon) = P\left[\left|\frac{N_A}{N} - P(A)\right| \geq \epsilon\right] \leq \frac{P(A) - P^2(A)}{N\epsilon^2}$$

따라서, N이 무한대로 커짐에 따라, N_A/N과 $P(A)$ 사이에 의미 있는 정도의 차이가 있을 확률이 무시할 정도로 작다는 의미에서, N_A/N이 $P(A)$에 접근한다는 결론에 도달하게 된다.

응용문제 8.3-2 8.2절의 식 (18)에서 정의한 주변 PDF $p_X(x)$와 $p_Y(y)$를 이용하여 식 (11)을 증명하시오.

특성 함수(Characteristic Functions)

두 변수의 합 $Z = X + Y$에 대한 평균과 분산을 구해 봤는데, 이제 X와 Y가 독립적일 때, Z의 PDF 및 이 함수의 $p_X(x)$와 $p_Y(y)$에 대한 관계를 알아보기로 하자. 가장 좋은 방법은 특수한 형태의 기대값을 이용하는 간접적인 방법이므로, 여기서 이러한 방법을 조사해보자.

어떤 RV X의 **특성 함수**는 일종의 기대값으로서 보조변수 ν의 함수 형태로 표시되는데, 다음과 같이 정의된다.

$$\Phi_X(\nu) \triangleq E[e^{j\nu X}] = \int_{-\infty}^{\infty} e^{j\nu x} p_X(x)\, dx \tag{13}$$

이 식을 자세히 살펴보면 적분식에, 복소지수 $e^{j\nu X}$가 들어있기 때문에 특성 함수가 Fourier 적분과 유사하다는 점을 알 수 있다. 명확한 설명을 위해 $\nu = 2\pi t$, $x = f$라 놓으면 특성 함수는 다음과 같이 $p_X(f)$의 역 푸리에 변환이 된다.

$$\Phi_X(2\pi t) = \int_{-\infty}^{\infty} p_X(f) e^{j2\pi ft}\, df = \mathscr{F}^{-1}[p_X(f)] \tag{14a}$$

따라서, Fourier 적분 정리에 의해,

$$p_X(f) = \mathscr{F}[\Phi_X(2\pi t)] = \int_{-\infty}^{\infty} \Phi_X(2\pi t) e^{-j2\pi ft}\, dt \tag{14b}$$

이다. 그러므로 RV의 특성 함수와 PDF는 Fourier 변환 쌍(Fourier transform pair), $\Phi_X(2\pi t) \leftrightarrow p_X(f)$을 형성한다.

이제 독립적인 RV의 합의 PDF를 구하기 위해, $Z = X + Y$라 놓고 식 (13)과 (9)를 이용하면 다음과 같이 합의 특성 함수는 각각의 특성 함수의 곱이 됨을 알 수 있다.

$$\Phi_Z(\nu) = E[e^{j\nu(X+Y)}] = E[e^{j\nu X} e^{j\nu Y}] = E[e^{j\nu X}]E[e^{j\nu Y}] = \Phi_X(\nu)\Phi_Y(\nu)$$

그러면, 컨벌루션 정리로부터 다음을 얻는다.

$$p_Z(f) = \mathscr{F}[\Phi_X(2\pi t)\Phi_Y(2\pi t) = p_X(f) * p_Y(f)$$

변수들을 적절히 치환하여 다음의 최종 결과를 얻는다.

$$p_Z(z) = \int_{-\infty}^{\infty} p_X(z-\lambda)p_Y(\lambda)\, d\lambda = \int_{-\infty}^{\infty} p_X(\lambda)p_Y(z-\lambda)\, d\lambda \tag{15}$$

따라서, X와 Y가 독립적일 때, $X + Y$의 PDF는 $p_X(x)$와 $p_Y(y)$의 컨벌루션과 같다. 8.4절의 후반부에서 중심 극한 정리(central limit theorem)를 이용하여 정규 분포를 이루는 독립적인 RV의 합을 어떻게 구하는지 논의할 것이다.

특성 함수를 다른 곳에 응용하는 문제는 연습문제에서 다루어질 것이다.

식 (14a)를 이용하여 균등 PDF $p_X(x) = a^{-1}\Pi(x/a)$에 대한 특성 함수 $\Phi_X(v)$를 구하시오.	**응용문제 8.3-3**

8.4 확률 모델

여러 가지 확률적인 현상을 모델링 하기 위해서 많은 확률 함수들이 고안되고 연구되어 있다. 여기서, 2개의 이산 함수(이항 및 Poisson 분포)와 2개의 연속 함수(Gauss 및 Rayleigh 함수)의 특성들을 논의하기로 한다. 이 모델들은 균등 분포 및 Laplace 분포와 함께 이후 다루게 될 대부분의 문제들을 해결할 수 있다. 나중에 참고하기 위해서 여기에서의 결과를 요약한 것과 몇 가지 다른 형태의 확률 함수를 말미의 표 T.5에 정리하였다.

이항 분포(Binomial Distribution)

이항 분포 모델은 반복 시행으로 얻어진, 정수 값의 이산형 RV를 기술하는데 사용 된다. 구체적으로는,

> 이항 RV(binomial random variable) I는 독립적으로 시행된 n 차례의 어떤 확률적 실험에서 확률이 α인 어떤 사건이 일어나는 횟수에 해당한다.

따라서 이 모델은 앞면이 나올 확률이 $P(H) = \alpha$인 동전 실험에서, 앞면이 나오는 횟수 I에 대한 확률 모델에 적용 할 수 있다. 그러나 우리에게 보다 중요한 것은, 이 모델이 또한 디지털 전송에도 적용된다는 것이다. 여기서 I는 숫자당 오류 확률(per-digit error probability)이 α인 n개의 숫자로 구성된 메시지에 들어 있는 오류 갯수를 나타낸다.

이항 빈도 함수 $P_I(i) = P(I = i)$의 식을 정립하기 위해, 사건 A가 i번 일어나는 어떤 연속적인 n개의 독립시행에서의 수열을 고려하자. 만일 $P(A) = \alpha$이면 $P(A^C) = 1 - \alpha$이며, A^C가 $n - i$번 나온 것이므로 수열의 확률(sequence probability)은 $\alpha^i(1-\alpha)^{n-i}$이 된다. A가 i번 발생하는 이러한 경우의 수는 순열 $\binom{n}{i}$로 표시되는 이항 계수(binomial coefficient)와 같으므로, 다음의 확률 식을 얻게 된다.

$$P_I(i) = \binom{n}{i}\alpha^i (1-\alpha)^{n-i} \qquad i = 0, 1 \ldots, n \tag{1}$$

이에 대응하는 CDF는

$$F_I(k) = \sum_{i=0}^{k} P_I(i) \qquad k = 0, 1 \ldots, n$$

이다. 이 함수는 $n = 3$, $\alpha = 2/5$인 경우에 대해 그림 8.2-3에서 이미 살펴본 바 있다.

식 (1)의 **이항 계수**는 $(a + b)^n$의 전개식에서의 $(i + 1)$번째 항의 계수와 같으며, 일반적으로는 계승(factorial) 표현법을 사용하여 다음과 같이 정의된다.

$$\binom{n}{i} \triangleq \frac{n!}{i!(n-i)!} \tag{2}$$

여기서, $i = 0$ 또는 $i = n$일 때 발생하는 $0! = 1$로 해석한다. 이항 계수는 다음과 같은 대칭성

$$\binom{n}{i} = \binom{n}{n-i}$$

따라서 다음의 관계들이 성립함을 알 수 있다.

$$\binom{n}{0} = \binom{n}{n} = 1 \quad \binom{n}{1} = \binom{n}{n-1} = n \quad \binom{n}{2} = \binom{n}{n-2} = \frac{n(n-1)}{2}$$

다른 값들은 파스칼 삼각형(Pascal's triangle), 표, 또는 계승 계산이 가능한 계산기나 컴퓨터를 이용하여 구할 수 있다.

이항 RV의 통계적인 평균은 식 (1)을 적절한 이산형 기대값의 정의식에 대입함으로써 얻어진다. 대입하고 나서 다소 복잡한 연산을 수행하면 다음과 같이 단순한 형태의 평균과 분산에 관한 수식을 얻을 수 있다.

$$m = n\alpha \qquad \sigma^2 = n\alpha(1-\alpha) = m(1-\alpha) \tag{3}$$

여기서는 편의상 아래첨자 I를 생략했다. 상대적 편차(relative spread) σ/m은 $1/\sqrt{n}$에 비례하여 감소하는데, 이는 n이 아주 커지면 I의 값들이 평균인 m 주위에 밀집한다는 것을 의미한다.

예제 8.4-1 잡음이 있는 이진 채널에서의 통계적 오류

잡음이 많은 어떤 채널을 통해 10,000개의 숫자가 전송된다고 하자. 숫자당 오류 확률이 $\alpha = 0.01$이라면, 식 (3)에 의해 다음 값들을 얻을 수 있다.

$$m = 10{,}000 \times 0.01 = 100 \qquad \sigma^2 = 100(1 - 0.01) = 99$$

따라서, 가능한 범위를 $m \pm 2\sigma$로 보면 대략 80 − 120개의 오류가 나올 것으로 예상할 수 있다.

Poisson 분포(Poisson Distribution)

Poisson 모델은 반복 시행에서 얻어지는 또 하나의 정수형 RV를 기술하는데 사용된다: 즉,

> Poisson RV(Poisson random variable)는 어떤 사건이 아주 작은 구간 ΔT에서 1회 발생할 확률이 $\mu\Delta T$일 때 주어진 어떤 시간구간에서 실제로 일어나는 사건의 횟수에 해당한다.

이에 대응하는 Poisson 빈도 함수는

$$P_I(i) = e^{-\mu T}\frac{(\mu T)^i}{i!} \tag{4}$$

이고, 이로부터 다음의 평균과 분산을 얻을 수 있다.

$$m = \mu T \qquad \sigma^2 = m$$

이 식들은 방사성 붕괴나 전자장치에 발생하는 산탄 잡음(shot noise)과 같은 랜덤 현상을 기술하는 데 사용되며, 사건의 시간 분포와 관련된다. (예, 방사성 원자의 붕괴나 음극에서 방출되는 전자)

또한 Poisson 모델은 n이 아주 크고, α는 아주 작아서, 곱 $n\alpha$가 유한한 크기일 경우에 이항 분포 모델을 근사화 하는데 사용한다. n이 크면 식 (1)의 이항 분포 확률은 계산하기가 까다롭다. 그런데, 식 (4)에서 $\mu T = m$으로 놓으면 이항 분포 확률의 편리한 근사치를 얻을 수 있다.

$$P_I(i) \approx e^{-m}\frac{m^i}{i!} \tag{5}$$

여기에서 식에는 n이나 α가 별도로 나타나지 않는다. 그 이유는 n과 α는 평균값인 $m = n\alpha$에 흡수되어 있기 때문이다.

응용문제 8.4-1

숫자별 오류 확률이 $\alpha = 5 \times 10^{-5}$인 어떤 잡음 채널을 통해 10,000개의 숫자가 전송될 때, 식 (5)를 이용하여 오류 갯수(I)가 두 개 이내일 확률을 추정하시오.

Gauss 분포

Gauss 모델은 공학, 물리학, 통계학에 있어서 여러 다양한 응용 문제에서 자주 만나게 되는 정규 분포를 갖는 연속형 RV의 기술에 사용된다. 관심 대상인 변수가 무수한 작은 변동 성

그림 8.4-1
Gauss PDF.

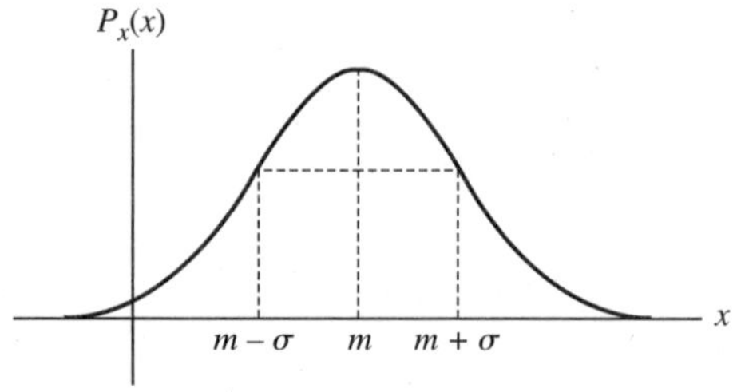

분의 합일 때 Gauss 모델을 적용할 수 있다. 예를 들면, 랜덤 **측정 오차**(random measurement errors)때문에 대개 실험치들은 참 값(true value) 근방에서 Gauss 분포를 이루게 된다. 마찬가지로, 열에 의해 여기된 전자의 랜덤 운동은 **열 잡음**(thermal noise)으로 알려져 있는 Gauss 잡음을 발생시킨다.

Gauss 랜덤 변수는 평균 m과 분산 σ^2이 주어졌을 때 다음 식과 같은 PDF를 갖는 연속형 RV이다.

$$p_X(x) = \frac{1}{\sqrt{2\pi\sigma^2}} e^{-(x-m)^2/2\sigma^2} \qquad -\infty < x < \infty \tag{6}$$

이 함수는 그림 8.4-1에 보인 것과 같은 종 모양의 곡선을 정의한다. 첨점 위치인 $x = m$을 중심으로 우 대칭성(even symmetry)이 있으므로 다음이 성립한다.

$$P(X \leq m) = P(X > m) = \tfrac{1}{2}$$

따라서, X에 대한 관측치가 평균값 m 보다 크거나 작을 확률이 같이 반반씩이다.

이제 어떤 Gauss 변수의 평균 m과 분산 σ^2를 알고 있으며, 사건 $X > m + k\sigma$의 확률을 구한다고 가정하자. 여기에서 문제의 적분을 닫힌 형식(closed form)으로 구할 수 없기 때문에, 수치해석 방법으로 다음과 같은 **Q-함수**(Q-function)로 알려진 정규화된 적분(normalized integral) 값을 계산하고 이를 표로 만들어 사용한다.

$$Q(k) \triangleq \frac{1}{\sqrt{2\pi}} \int_k^{\infty} e^{-\lambda^2/2}\, d\lambda \tag{7}$$

변수 $\lambda = (x - m)/\sigma$의 선형 변환을 수행하면 다음 식이 성립함을 알 수 있다.

$$P(X > m + k\sigma) = Q(k)$$

따라서, 그림 8.4-2에 예시되어 있는 바와 같이, $Q(k)$를 **Gauss 함수의 오른쪽 꼬리 면적**이라고 부른다. 또한 그림에서 $P(m < X \leq m + k\sigma) = \frac{1}{2} - Q(k)$이라는 사실을 알 수 있는데, 이는 대칭성과 단위 면적을 갖는 $p_X(x)$의 특성에 의한 것이다.

그림 8.4-2와 PDF의 대칭성을 이용하면 어떠한 형태의 Gauss 확률도 $Q(k)$의 식으로 계산할 수 있다. 특히 다음 결과들을 어렵지 않게 얻을 수 있다.

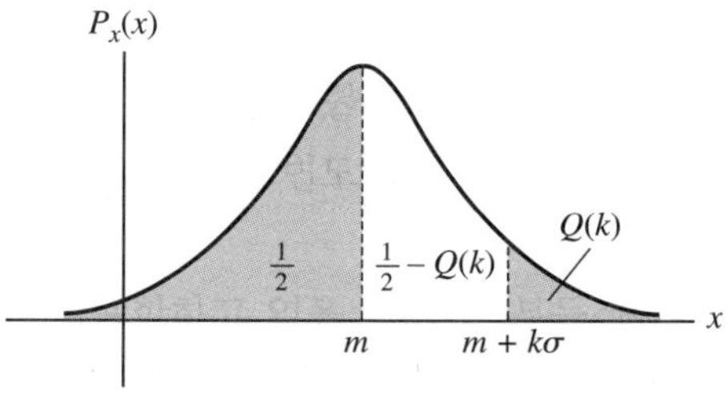

그림 8.4-2
$Q(k)$에 대한 면적으로의 해석.

$$P(X > m + k\sigma) = P(X \leq m - k\sigma) = Q(k) \tag{8a}$$

$$P(m < X \leq m + k\sigma) = P(m - k\sigma < X \leq m) = \tfrac{1}{2} - Q(k) \tag{8b}$$

$$P(|X - m| > k\sigma) = 2Q(k) \tag{8c}$$

$$P(|X - m| \leq k\sigma) = 1 - 2Q(k) \tag{8d}$$

표 8.4-1은 식 (8d)의 값과 Chebyshev 부등식에 나오는 하위 경계값 $1 - 1/k^2$를 몇 가지 비교한 것이다. 표에서 보면 경계값이 너무 작게 나왔고, 관측된 값의 발생 범위(likely range)는 $m \pm 2\sigma$보다 약간 작다. $P(|X - m| \leq \sigma) \approx 0.68$이므로, 대개 Gauss RV의 발생 범위를 $m \pm \sigma$라고 본다.

표 8.4-1

k	$1 - 2Q(k)$	$1 - 1/k^2$
0.5	0.38	
1.0	0.68	0.00
1.5	0.87	0.56
2.0	0.95	0.75
2.5	0.99	0.84

k의 값이 보다 큰 경우, Gauss 그래프의 꼬리 면적은 수치 적분을 하기에는 지나치게 작고, 다음과 같은 해석적 근사치를 이용하여 계산한다.

$$Q(k) \approx \frac{1}{\sqrt{2\pi k^2}} e^{-k^2/2} \qquad k > 3 \tag{9}$$

이 근사치는 부분 적분법에 의해 식 (7)로부터 유도된 것이다.

이 책 뒷부분에 있는 표 T.6은 $0 \leq k \leq 7$ 범위의 $Q(k)$ 값을 나타낸 하나의 그림을 보여준다. 또한 $Q(k)$와 여러 문헌에 나오는 다른 형태의 Gauss 확률 함수 사이의 관계도 보여주고 있다.

예제 8.4-2 **Gauss 변수일 때의 사건**

X가 분산이 $\sigma^2 = 4$인 Gauss 변수일 때, $|X - m| \leq 3$이 될 확률을 구하고자 한다. 표준 편차는 $\sigma = 2$이고 따라서 $k = 3/\sigma = 1.5$일 때 $k\sigma = 3$이므로, 이를 식 (8d)에 대입하고 표 8.4-1을 이용하면

$$P(|X - m| \leq 3) = P(|X - m| \leq 1.5\sigma) = 1 - 2Q(1.5) = 0.87$$

이 된다.

응용문제 8.4-2 X가 $m = 5, \sigma = 8$를 갖는 Gauss 변수일 때 X의 PDF를 그리고, 문제의 면적 부분에 경계를 표시하여, $P(9 < X \leq 25) = Q(0.5) - Q(2.5) \approx 0.3$임을 보이시오.

Rayleigh 분포

Rayleigh 모델은 두 개의 Gauss RV로부터 아래와 같이 얻어진 연속형 RV의 기술에 사용된다. 즉,

> 만일 X와 Y가 영(zero) 평균 및 동일한 분산 σ^2을 가진 독립적인 Gauss RV라면, $R = \sqrt{X^2 + Y^2}$에 의해 정의되는 RV는 **Rayleigh 분포**를 갖는다.

따라서, 그림 8.4-3에서 보듯이, Rayleigh 모델은 임의의 직교좌표로부터 극좌표로의 **좌표 변환**(rectangular-to-polar conversion)시에 적용되는데, 이때 직각좌표성분 X 및 Y는 영의 평균을 갖는 동일한 분포의 가우스 변수로서 서로 독립적이다.

이에 대응되는 Rayleigh PDF를 유도하기 위해, 그림 8.4-3으로부터 임의의 각도 Φ를 정의하고 다음과 같은 결합 PDF 간의 관계를 먼저 살펴보자.

$$p_{R\Phi}(r,\varphi)|dr\,d\varphi| = p_{XY}(x, y)|dx\,dy|$$

여기서,

$$r^2 = x^2 + y^2 \qquad \varphi = \arctan(y/x) \qquad dx\,dy = r\,dr\,d\varphi$$

그림 8.4-3
직각좌표로부터 극좌표로의 변환.

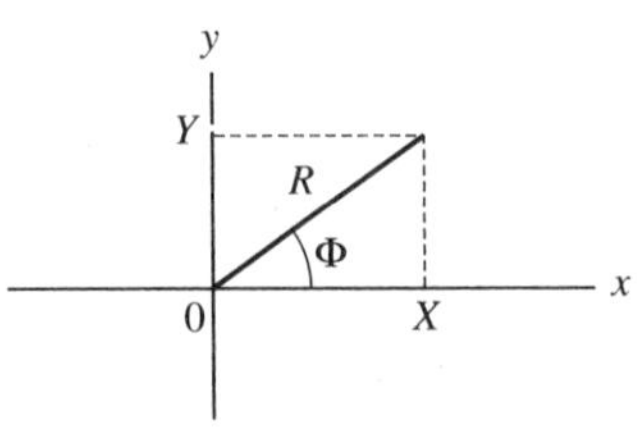

이다. X와 Y는 평균 $m = 0$, 분산 σ^2를 갖는 독립적 Gauss 변수이므로,

$$p_{XY}(x, y) = p_X(x)p_Y(y) = \frac{1}{2\pi\sigma^2} e^{-(x^2+y^2)/2\sigma^2}$$

이다. 그러므로, $r \geq 0$라는 사실을 반영하여 $u(r)$을 포함시켜 다음 식을 얻게 된다.

$$p_{R\Phi}(r, \varphi) = \frac{r}{2\pi\sigma^2} e^{-r^2/2\sigma^2} u(r) \tag{10}$$

여기서 각도 φ는 명시적으로 나타나 있지는 않지만, 그 범위는 명백히 2π 라디안까지로 한정된다.

이제 φ와 관련하여 식 (10)을 적분함으로써, R에 대한 PDF를 얻게 된다. $0 < \varphi \leq 2\pi$ 또는 $-\pi < \varphi \leq \pi$ 가운데 어느 것을 사용하든 다음과 같은 **Rayleigh PDF**가 유도된다.

$$p_R(r) = \frac{r}{\sigma^2} e^{-r^2/2\sigma^2} u(r) \tag{11}$$

이것을 그림으로 나타내면 그림 8.4-4와 같다. 변수 R의 평균과 R의 2차 모멘트는 다음과 같이 계산된다.

$$\bar{R} = \sqrt{\frac{\pi}{2}}\,\sigma \qquad \overline{R^2} = 2\sigma^2 \tag{12}$$

확률을 계산할 때에는 다음의 Rayleigh CDF를 사용하는 것이 더 간편하다.

$$F_R(r) = P(R \leq r) = (1 - e^{-r^2/2\sigma^2})u(r) \tag{13}$$

이것은 $p_R(\lambda)$을 $0 \leq \lambda \leq r$ 범위에서 적분하여 유도된 것이다.

식 (10)으로 다시 돌아가서, 다음 식을 통해 랜덤 위상 Φ에 대한 주변 PDF를 얻을 수 있다.

$$p_\Phi(\varphi) = \int_0^\infty p_{R\Phi}(r, \varphi)\,dr = \frac{1}{2\pi}$$

따라서 Φ는 2π 라디안 범위에서 균등하게 분포되어 있음을 확인할 수 있다. 또한 $p_{R\Phi}(r, \varphi) = p_R(r)p_\Phi(\varphi)$임을 알 수 있는데, 이는 극좌표 R과 Φ는 통계적으로 독립임을 의미한다. 이러한 결과들은 제 10장에서 다룰 대역 통과 잡음(band-pass noise)을 표시할 때 사용될 것이다.

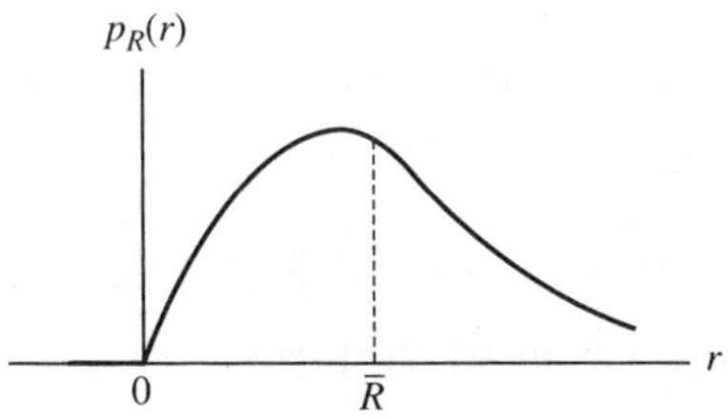

그림 8.4-4
Rayleigh PDF.

예제 8.4-3 **Rayleigh 사건**

과녁의 중심에 반경이 3 cm인 표적(bull's eye)이 있는 다트(dart) 놀이를 생각하자. 다트 화살이 맞은 점의 x, y 좌표가 $\sigma = 4$의 편차를 갖는 Gauss 분포를 갖는다면, 이 경우 표적을 맞출 확률은 식 (13)에 의해 다음과 같이 25%로 계산된다.

$$P(R \leq 3) = 1 - e^{-9/32} \approx 25\%$$

응용문제 8.4-3 식 (11)로부터 식 (13)을 유도하시오.

이변수 Gauss 분포

마지막으로, 동일한 분포가 아니며 독립적이지도 않은 두 개의 Gauss 변수의 결합 PDF에 대해 살펴보자. 준비 작업으로서, 먼저 어떤 두 RV 사이에서의 독립성에 대한 일반적인 척도에 대해 소개하기로 한다.

X와 Y의 각자 평균과 분산이 각각 m_X, m_Y, σ_X^2, σ_Y^2이고 임의로 분포되어 있다고 하자. 이들 사이의 종속성 정도는 다음과 같은 **상관 계수**(correlation coefficient)에 의해 표현된다.

$$\rho \triangleq \frac{1}{\sigma_X \sigma_Y} \; E[(X - m_X)(Y - m_Y)] \tag{14}$$

여기서, 기대값 $E[X - m_X][Y - m_Y]$는 X와 Y의 **공분산**(covariance)으로 불린다. 하나의 극단적인 예로서, X와 Y가 통계적으로 독립이라면, $E[(X - m_X)(Y - m_Y)] = E(X - m_X)E(Y - m_Y) = 0$이 되고, 따라서 공분산은 0, 상관계수도 $\rho = 0$이 된다. 한편 또 다른 극단적인 예를 들면, 만일 $Y = \pm\alpha X$라는 의미에서 Y가 전적으로 X에 의존한다면, $\alpha_Y^2 = (\alpha\sigma_X)^2$, 공분산은 $\pm\alpha\sigma_X^2$이 되며, 따라서 $\rho = \pm 1$이 된다. 따라서, 상관계수는 $-1 \leq \rho \leq 1$의 범위에 있게 되고, $|\rho|$의 크기는 상호의존성의 정도를 나타낸다.

X와 Y가 상호 의존적인 Gauss 변수일 때, 이들의 결합 PDF는 다음과 같은 **이변수 Gauss 모델**(bivariate gaussian model)로 표시된다.

$$p_{XY}(x, y) = \frac{1}{2\pi\sigma_X\sigma_Y\sqrt{1 - \rho^2}} e^{-f(x,y)/(1-\rho^2)} \tag{15a}$$

이때 함수 $f(x,y)$는

$$f(x, y) = \frac{(x - m_X)^2}{2\sigma_X^2} + \frac{(y - m_Y)^2}{2\sigma_Y^2} - \frac{(x - m_X)(y - m_Y)\rho}{\sigma_X\sigma_Y} \tag{15b}$$

이다. 엄청 복잡해 보이는 이 식은 x-y 평면 위에 놓여있는 종 모양의 표면 식에 해당되는데, 이 함수의 정점은 $x = m_X$, $y = m_Y$에 위치한다.

만일 $\rho = 0$이면, 식 (15b)의 마지막 항은 사라지고, $p_{XY}(x,y) = p_X(x)p_Y(y)$가 된다. 따라서 다음과 같은 결론을 얻을 수 있다:

- 상관관계가 없는($\rho = 0$) Gauss 변수는 통계적으로 독립적이다.

보다 심층적인 연구를 통해 다음과 같은 부가적인 결론도 유도할 수 있다.

- 어떤 상관계수 ρ을 갖는 이변수 Gauss PDF로부터 유도된 주변 PDF 및 조건 PDF는 모두 Gauss 함수이다.
- 임의의 선형 결합으로 생성된 변수 $Z = \alpha X + \beta Y$도 Gauss RV가 된다.

이 세 가지 특성들은 이변수 Gauss 모델의 독특한 성질로서 다른 분포 형태에서도 반드시 성립하는 것은 아니다.

지금까지의 얻어진 모든 결과는 셋 또는 그 이상의 Gauss 변수들을 결합하는 경우에도 확대 적용될 수 있다. 그러한 경우 간략한 형태의 PDF 식을 위해서 행렬 표기법이 많이 사용된다.

중심 극한 정리

N개의 독립적인 랜덤 변수 X_1 , X_2 , . . . X_N을 고려하자. 변수 X_i의 평균, 분산 및 PDF는 각각 m_{X_i}, $\sigma_{X_i}^2$, $p_{X_i}(x_i)$로 표시한다. 이들 변수의 합을 Z로 정의하자. 즉,

$$Z = \sum_{i=1}^{N} X_i \tag{16}$$

> **중심 극한 정리**란 $N \to \infty$로 증가할 때, 이들의 합 Z는 Gauss PDF를 갖는다는 것이다. 더욱이 만일 X가 N개의 독립적인 확률 변수들의 합을 나타내고, 또한 각 성분이 그 합에 극히 작은 양의 영향을 끼칠 뿐이라면, N이 커짐에 따라 X의 PDF는 개별 성분들의 분포와는 무관하게 Gauss PDF에 접근하게 된다.

8.3절의 식 (11), (12)에 따르면 독립적인 변수들을 합하면 그 평균과 분산은 다음과 같이 각각의 합으로 구해짐을 알 수 있다.

$$m_Z = \sum_{i=1}^{N} m_{X_i} \tag{17}$$

$$\sigma_Z^2 = \sum_{i=1}^{N} \sigma_{X_i}^2 \tag{18}$$

다음과 같은 새로운 식으로 중심 극한 정리를 증명해보자. 8.3절의 식 (15)의 컨벌루션 적분을 반복 적용하면

$$p_Z(x) = p_{X_1}(x_1) * p_{X_2}(x_2) * \dots * p_{X_N}(x_N) \tag{19}$$

그림 8.4-5

10 Ω 저항의 PDF, 저항 2개의 합의 PDF, 저항 4개의 합의 PDF.

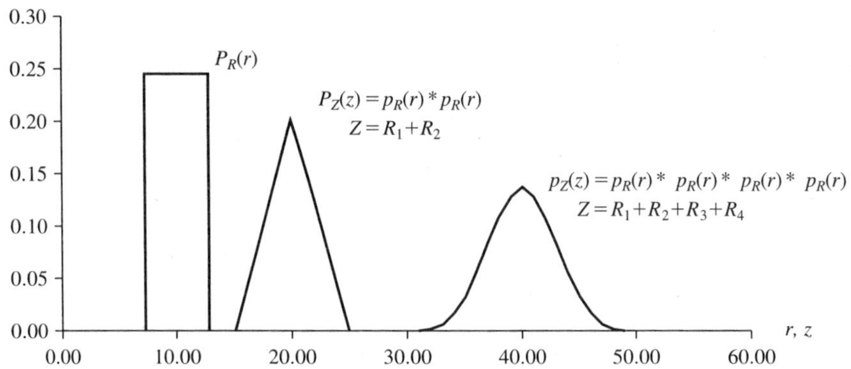

를 얻는데 여기서 *는 컨벌루션 연산을 의미한다. 그래서 식 (16)의 합에 관한 식과 식 (19)의 컨벌루션을 고려하여 Z의 PDF는 가우스 PDF로 근사화됨을 보일 수 있다. 다음 예제에서 이를 살펴보자.

예제 8.4-4

중심 극한 정리

저항이 가득 담겨있는 어떤 상자를 고려하자. 저항의 크기는 평균 10 Ω을 중심으로 그림 8.4-5의 첫 그림에 보인 바와 같이 10 ± 20%의 범위에서 균등하게 분포되어 있다. 상자에서 저항을 임의로 두 개 선택해서 합한 것을 $Z = R_1 + R_2$라 하면 식 (19)에 의해 $p_Z(z) = p_{R_1}(r_1) * p_{R_2}(r_2)$가 된다. 여기서 각 저항이 동일한 PDF를 가지므로 합의 PDF는 $p_Z(z) = p_R(r) * p_R(r)$로서 그림 8.4-5의 두 번째 그림과 같다. 같은 방법으로 임의로 선택한 4개의 저항의 합 $Z = R_1 + R_2 + R_3 + R_4$의 PDF $p_Z(z) = p_R(r) * p_R(r) * p_R(r) * p_R(r)$는 그림 8.4-5의 우측 그림과 같은 PDF를 갖는데, 저항의 개수가 증가하면 PDF의 형태가 점점 가우스 형태로 변해감을 알 수 있다.

8.5 질문 및 연습문제

질문

1. 어떤 시스템들은 대체 기능을 이용하는데 예로써 장치 A가 고장 나면 장치 B가 그 기능을 대신 한다. 두 장치가 서로 독립이 아닐 경우 그 시스템의 고장 확률은 어떻게 되는가?
2. 여러 학교들의 "공학 기초" 학과목 평균 점수들의 PDF는 어떻게 될 것인지 답하시오. 또 그 이유를 기술 하시오.
3. 평균(mean), 중간 값(median), 모드(mode)가 모두 같은 분포는?
4. 어떤 통계가 편중(biased)되어 있다고 하면 그것은 어떤 의미인가?
5. 전화를 이용한 대통령 선거에 관한 여론 조사 결과가 불편중(unbiased) 이거나 편중(biased)일 수 있는데 왜 그런지 설명하시오. 필요한 가정을 임의로 설정하고 설명하시오.
6. 평균과 표준 편차가 데이터에 대해 알려 주는 사실은 무엇인가?
7. 랜덤 변수의 예를 몇 가지 드시오.
8. 독립적이고 무상관인 랜덤 변수를 정의하고 예를 들어 설명하시오.
9. "번개는 같은 곳에 두 번 떨어지지 않는다", "대포의 포탄은 같은 곳에 두 번 떨어지지 않는다"에서 이러한 말의 진실성을 어떻게 설명할 수 있는가?

연습문제

8.1-1* 어떤 실험의 결과로부터 나온 정수 I는 $1 \le I \le 12$ 사이에 동일한 확률로 분포되어 있다. I가 홀수가 되는 경우를 사건 A, I가 3으로 나누어 떨어지는 경우를 사건 B, I가 4로 나누어 떨어지는 경우를 사건 C라 하자. 벤-다이어그램을 그리고, 사건 A, B, C, AB, AC, BC, $A^C B$의 확률을 구하시오.

8.1-2 어떤 실험의 결과로부터 나온 정수 I는 $1 \le I \le 4$ 사이에 동일한 확률로 분포되어 있다. 2회의 실험에서, 정수 I_1과 I_2가 나왔다고 하자. $I_1 = I_2$가 되는 경우를 사건 A, $I_1 > I_2$가 되는 경우를 사건 B, $I_1 + I_2 \ge 6$이 되는 경우를 사건 C라 하자. 벤-다이어그램을 그리고, 사건 A, B, C, AB, AC, BC, $A^C B$의 확률을 구하시오.

8.1-3 어떤 이진 데이터 시스템은 0.45 및 0.55의 확률로 각각 **0**과 **1**을 전송한다. 전송 오류로 인하여, **0**을 전송했을 때 **1**로 수신되는 확률은 0.05이고 반대로 **1**을 전송하였는데 **0**으로 수신되는 확률은 0.02이다. (a) 수신된 것이 **1**이라는 전제 하에 실제 **1**을 송신했을 확률을 구하시오. (b) 전체적인 오류 확률을 구하시오. 힌트: 8.1절의 식 (10)과 (11)을 결합하여 얻어진 다음 수식을 이용한다.

$$P(A_i|B) = \frac{P(B|A_i)P(A_i)}{P(B)} = \frac{P(B|A_i)P(A_i)}{\sum_{i=1}^{M} P(B|A_i)P(A_i)}$$

8.1-4 판매한 차량의 보증 기간 내에 고칠 수 있는 고장이 발생할 확률이 0.1이고, 판매한 차량의 보증 기간 내에 고칠 수 없는 고장이 발생할 확률이 0.05이다. 판매한 첫 두 대의 차량에 대해서 보증 기간 내에 다음의 상황이 발생할 확률을 구하시오. (a) 고장

이 전혀 없을 확률 (b) 고칠 수 없는 고장이 발생할 확률.

8.1-5 A와 B가 상호 배타적인 사건이라면, N번 시행에서 사건 A가 일어나는 횟수는 $N_A = N_{AB} + N_{AB^c}$로 표시할 수 있다. 여기서, N_{AB^c}는 사건 B가 일어나지 않은 상태에서 사건 A가 일어나는 횟수를 나타낸다. 이 표기법을 사용하여 $P(AB^C) = P(A) - P(AB)$임을 보이시오.

8.1-6 위 문제 8.1-5에서의 표기법을 사용하여 8.1절의 식 (7)이 성립함을 증명하시오.

8.1-7 C는 사건 A 또는 B가 일어나지만 둘 다 일어나지는 않는 사건을 나타낸다고 하자. 문제 8.1-5에서의 표기법을 사용하여 $P(C)$를 $P(A)$, $P(B)$, $P(AB)$의 식으로 나타내시오.

8.1-8 어떤 시스템에서는 잡음 채널에 $P(0) = \frac{1}{3}$, $P(1) = \frac{2}{3}$의 확률로 이진 심볼을 전송한다. 잡음 때문에 1이 0으로 바뀔 확률이 0.3이고, 0이 1로 바뀔 확률이 0.1이라고 한다. 다음 확률을 계산하시오. (a) 오류 없이 0을 수신할 확률, (b) 오류 없이 1을 수신할 확률, (c) 전체적인 시스템 오류 확률.

8.1-9 어떤 찌그러진 동전은 앞면이 나올 확률이 $P(H) = (1 + \epsilon)/2$, $0 < |\epsilon| < 1$인데 무게가 한쪽으로 치우치게 만들어져 있다. 이 동전을 2회 던졌을 때 동일한 면이 나올 확률이 $\frac{1}{2}$보다 크다는 것을 증명하시오.

8.1-10 두 부품 C_A와 C_B가 모두 고장나면 동작 불능이 되는 어떤 컴퓨터가 있다. C_A가 고장날 확률은 0.01이고, C_B가 고장날 확률은 0.005이다. 그러나 부품 C_A가 고장이 나면 부품 C_B가 고장날 확률은 4배로 증가한다. 이 컴퓨터가 동작 불능이 될 확률을 계산하시오. 또한 만일 C_B가 고장난 경우 C_A가 고장일 확률을 구하시오.

8.1-11* 뉴욕과 LA 간의 어떤 통신링크는 송신기, 수신기 및 두 개의 위성 중계기로 구성되어 있다. 이들 장치가 고장일 확률은 각각 $P(T) = 0.1$, $P(R) = 0.2$, $P(S_1) = P(S_2) = 0.4$이다. 만일 한 위성 중계기가 고장 나면 다른 하나가 신호를 중계한다. 그래서, 송신기 또는 수신기가 고장이거나 또는 두 위성 중계기 모두가 고장이면 전체 링크가 고장인 셈이다. 뉴욕에서 LA 간에 통신이 두절될 확률은 얼마인가?

8.1-12 뉴욕과 워싱턴 DC간의 안정된 통신을 보장하기 위해 전화 회사는 세 개의 서로 다른 링크를 갖고 있다. 첫째 링크는 위성을 이용하고 고장 확률이 0.4이다. 둘째 링크는 세 개의 직렬 중계기로 구성되어 있는데, 각각의 중계기의 고장 확률은 0.2이다. 세 번째 링크는 두 개의 직렬 중계기로 구성되어 있고, 각각의 중계기의 고장 확률은 0.1이다. 뉴욕과 워싱턴 간에 통신이 두절될 확률은 얼마인가?

8.1-13 어떤 통신 링크는 두 개의 서로 다른 경로(path)에 메시지를 보낼 수 있는 송신 장치 T로 구성되어 있다. 경로 1은 두 개의 중계기 R_1, R_2를 갖는 광섬유 케이블로 되어있고, 경로 2는 위성 중계기(repeater)로 구성되어 있다. 이들의 동작 확률은 $P(T) = 0.9$, $P(R_1) = P(R_2) = 0.5$, $P(S) = 0.4$이다. 이 링크에서 수신 장치에 메시지를 제대로 전달할 수 있을 확률은 얼마인가?

8.1-14 어떤 온전한 동전을 두 번 던질 때, 그 결과에 대한 부분적인 정보가 주어진다. (a) 8.1절의 식 (8)을 이용하여, 첫 번째 시행에서 앞면이 나왔을 때, 두 번째 시행에서도 앞면이 나올 확률을 구하시오. (b) 8.1절의 식 (8)을 이용하여, 최소 한 번의 시행에서 앞면이 나왔다고 할 때, 두 번 모두 앞면이 나올 확률을 구하시오. (c) 8.1절의 식 (10)을 이용하여, 두 번 모두 동일한 면이 나왔다고 할 때, 최소한 한 번은 앞면일 확률을 구

하시오.

8.1-15 앞의 문제 8.1-14를 찌그러진 어떤 동전의 앞 면이 나올 확률이 $P(H) = \frac{1}{4}$인 경우에 대해 푸시오.

8.1-16 8.1절의 식 (9)로부터 다음과 같은 **연쇄 법칙**(chain rule)을 유도하시오.

$$P(XYZ) = P(X)P(Y|X)P(Z|XY)$$

8.1-17* 어느 상자 속에 앞면이 나올 확률이 $P(H) = \frac{1}{2}$인 10개의 보통 동전과 앞면이 나올 확률이 $P(H) = \frac{1}{4}$인 찌그러진 동전 20개가 들어 있다. 이 상자에서 무작위로 동전 하나를 꺼내 2번 던진다고 하자. (a) 8.1절의 식 (11)을 이용하여, "모두 뒷면"이 될 확률을 구하시오. (b) 조건을 동전이 보통이냐 아니냐의 여부라고 하자. 만일 "모두 뒷면"이 나왔다면, 꺼낸 것이 찌그러진 동전일 확률은 얼마인가?

8.1-18 위 문제 8.1-17에서 꺼낸 동전을 3번 던지는 경우에 대해 푸시오.

8.1-19 최초에 빨간색 공깃돌이 5개, 흰 공깃돌이 3개, 녹색 공깃돌이 2개 들어 있는 어떤 자루에서 2개의 공깃돌을 무작위로 비복원(첫 번째 선택한 공깃돌은 제외하고 두 번째를 선택) 추출한다고 하자. (a) 8.1장의 식 (11)을 이용하여, 추출된 공깃돌이 모두 동일한 색일 확률을 구하시오. (b) 최초로 뽑은 공깃돌의 색을 조건으로 한다. 만일 추출된 공깃돌이 모두 동일한 색이라면 이것들이 흰색일 확률은 얼마인가?

8.1-20 위 문제 8.1-19에서 3개의 공깃돌을 뽑는 경우에 대해 푸시오.

8.2-1* $X = \frac{1}{2}N^2$이라 하자. 여기서, N은 정수로서, $-1 \le N \le 3$범위에서 동일한 확률로 분포되어 있다. X의 CDF를 그리고, 이를 이용하여 $X \le 0$, $2 < X \le 3$, $X < 2$, $X \ge 2$의 확률을 구하시오.

8.2-2 위 문제 8.2-1에서 $X = 4 \cos \pi N/3$인 경우에 대해 푸시오.

8.2-3 $p_X(x) = xe^{-x}u(x)$라 하자. $F_X(x)$을 구하고, 그것을 이용하여 $P(X \le 1)$, $P(1 < X \le 2)$, $P(X > 2)$를 구하시오.

8.2-4 $p_X(x) = \frac{1}{2}e^{-|x|}$라 하자. $F_X(x)$을 구하고, 그것을 이용하여 $P(X \le 0)$, $P(0 < X \le 1)$, $P(X > 1)$을 구하시오.

8.2-5* 어떤 RV가 다음과 같은 CDF를 갖는다고 가정하자.

$$F_X(x) = \begin{cases} 0 & x \le 0 \\ Kx^2 & 0 < x \le 10 \\ 100K & x > 10 \end{cases}$$

K의 값을 구하고, 이에 대응하는 PDF를 구하고, 또한 $P(X \le 5)$와 $P(5 < X \le 7)$를 구하시오.

8.2-6 위 문제 8.2-5에서 CDF가 다음과 같을 경우에 대해 푸시오.

$$F_X(x) = \begin{cases} 0 & x \le 0 \\ K \sin \pi x/40 & 0 < x \le 10 \\ K \sin \pi/4 & x > 10 \end{cases}$$

8.2-7 X의 CDF는 $F_X(x) = (\pi + 2\tan^{-1} x)/2\pi$가 주어졌을 때, 새로운 변수 Z를 $X \le 0$일 때 $Z = 0$이고, $X > 0$일 때 $Z = X$로 정의한다. RV Z의 CDF와 PDF를 구하시오.

8.2-8‡ 위 문제 8.2-7에서 Z를 $X \le 0$인 경우 $Z = -1$이고, $X > 0$일 때 $Z = X$로 정의할 때에 대해 푸시오.

8.2-9* $p_X(x) = 2e^{-2x}u(x)$라 하자. 변환식 $Z = 2X - 5$에 의해 정의되는 RV Z의 PDF를 구하시오. 그리고 같은 그림에서 두개의 PDF를 모두 그리시오.

8.2-10 위 문제 8.2-9에서 $Z = -2X + 1$인 경우에 대해 푸시오.

8.2-11 X가 $-1 \le X \le 3$범위에서 균등한 PDF를 갖는다고 하자. 변환식 $Z = \sqrt{X+1}$에 의해 정의되는 Z의 PDF를 구하고 이의 그림을 그리시오.

8.2-12 위 문제 8.2-11에서 $Z = |X|$인 경우에 대해 푸시오.

8.2-13‡ 위 문제 8.2-11에서 $Z = \sqrt{|X|}$인 경우에 대해 푸시오.

8.2-14 **제곱 변환**(square-law transformation) $Z = X^2$를 고려하자. 다음 식을 증명하시오.

$$p_Z(z) = \frac{1}{2\sqrt{z}}\,[p_X(\sqrt{z}) + p_X(-\sqrt{z})]u(z)$$

8.2-15 평균이 0이고 표준 편차가 σ_X인 어떤 가우스 변수의 PDF를 $p_X(x)$라 하자. 변환식 $Y = e^{-2X}u(X)$에 의해 얻어진 변수 Y의 PDF를 구하시오.

8.2-16* $p_{XY}(x,y) = ye^{-y(x+1)}u(x)u(y)$일 때, $p_Y(y)$를 구하시오. 그리고 X와 Y가 통계적으로 독립임을 증명하고, $p_X(x|y)$을 구하시오.

8.2-17 위 문제 8.2-16을 $p_{XY}(x,y) = [(x+y)^2/40]\Pi(x/2)\Pi(y/6)$인 경우에 대해 푸시오.

8.2-18 $\int_{-\infty}^{\infty} p_X(x|y)dx = 1$임을 증명하시오. 왜 이것이 성립되어야 하는지 이유를 설명하시오.

8.2-19 $p_Y(y|x)$을 $p_X(x|y)$와 $p_Y(y)$에 대한 식으로 나타내시오.

8.3-1* $a > 0$인 경우 $p_X(\mathrm{x}) = ae^{-ax}u(x)$일 때, X의 평균, 2차 모멘트, 표준 편차를 구하시오.

8.3-2 $a > 0$인 경우 $p_X(x) = a^2xe^{-ax}u(x)$일 때, X의 평균, 2차 모멘트, 표준 편차를 구하시오.

8.3-3 $p_X(x)$가 다음과 같을 때, X의 평균, 2차 모멘트, 표준 편차를 구하시오.

$$p_X(x) = \frac{\sqrt{2}}{\pi[1 + (x-a)^4]}$$

8.3-4 어떤 이산 RV가 2 종류의 값, a와 b를 갖는다. 이 변수의 평균, 2차 모멘트, 표준 편차를 $p = P(X = a)$의 함수로 구하시오.

8.3-5* 어떤 이산 RV가 동일한 확률로 $0, a, 2a, \ldots, (K-1)a$의 값을 갖는다. 이 변수의 평균, 2차 모멘트, 표준 편차를 구하시오.

8.3-6 $Y = a \cos X$의 평균, 2차 모멘트, 표준 편차를 구하시오. 여기서, a는 상수이며, X는

$\theta \le x \le \theta + 2\pi$ 범위에서 균등 PDF를 갖는다.

8.3-7 위 문제 8.3-6을 X가 $\theta \le x \le \theta + \pi$ 범위에서 균등한 PDF를 갖는 경우에 대해 푸시오.

8.3-8 $Y = \alpha X + \beta$라 하자. $\sigma_Y = |\alpha|\sigma_X$임을 증명하시오.

8.3-9* $Y = X + \beta$이라 하자. $E[Y^2]$을 최소화하는 β의 값은 얼마인가?

8.3-10‡ X를 음수가 아닌 연속형 RV라 하고, a는 어떤 양의 상수라 하자. $E[X]$의 의미를 고려하여 **Markov 부등식** $P(X \ge a) \le m_X/a$를 유도하시오.

8.3-11 $E[(X \le Y)^2]$를 이용하여, X와 Y가 통계적으로 독립이 아닐 때 $E[XY]$의 상한과 하한을 구하시오.

8.3-12 X와 Y의 **공분산**은 $C_{XY} = E[(X - m_X)(Y - m_Y)]$로 정의된다. 이 결합 기대값을 전개하고, 다음 두 가지 경우에 대해 그것을 단순화 시키시오: (a) X와 Y가 통계적으로 독립일 때; (b) $Y = \alpha X + \beta$ 관계가 성립 할 때.

8.3-13 변수 X는 원하는 신호이고, N은 평균이 0인 잡음 신호이다. 수신 신호는 $Y = X + N$으로 신호에 잡음이 첨가된 것이다. X와 N은 독립적이고 통계 수치 m_X, σ_X^2 및 m_N, σ_N^2이 주어져 있다. $X = aY$로 놓을 때 평균 제곱 오차 $\varepsilon^2 = E[(X - aY)^2]$을 최소로 하는 추정값 a를 구하시오.

8.3-14 **선형 추정**(linear estimation)에서는, $\tilde{Y} = \alpha X + \beta$의 형태로 X로부터 Y을 추정한다. 평균제곱 오차 $\epsilon^2 = E[(Y - \tilde{Y})^2]$를 최소화하기 위한 α와 β의 식을 구하시오.

8.3-15 다음 주어진 식을 통해 X의 n차 모멘트를 그 특성 함수로부터 구할 수 있음을 증명하시오.

$$E[X^n] = j^{-n} \left. \frac{d^n \Phi_X(\nu)}{d\nu^n} \right|_{\nu = 0}$$

8.3-16* $a > 0$인 경우 $p_X(x) = ae^{-ax}u(x)$가 성립할 때, X의 특성 함수를 구하시오. 그리고, 위 문제 8.3-15에서의 관계를 이용하여 최초 세 개의 모멘트를 구하시오.

8.3-17 변수 X의 PDF가 주어져 있고, $Y = g(X)$라 하자. 그러면 다음 식이 성립한다.

$$\Phi_Y(\nu) = E[e^{j\nu g(X)}] = \int_{-\infty}^{\infty} e^{j\nu g(x)} p_X(x)\, dx$$

만일 이 적분을 다음의 형태로 고쳐 쓸 수 있다면,

$$\Phi_Y(\nu) = \int_{-\infty}^{\infty} e^{j\nu\lambda} h(\lambda)\, d\lambda$$

$p_Y(y) = h(y)$가 된다. 이 방법을 이용하여 $p_X(x) = 2axe^{-ax^2}u(x)$일 때 $Y = X^2$의 PDF를 구하시오.

8.3-18‡ 위 문제 8.3-17에서의 방법을 이용하여, X가 $|X| \le \pi/2$ 범위에서 균등 PDF를 가질 때, $Y = \sin X$의 PDF를 구하시오.

8.3-19 부품들의 고장 시간은 PDF가 $p_X(x) = ae^{-ax}u(x)$인 **지수형** 변수로 모델링 될 수 있는

데, 여기서 평균 고장 시간(MTF, mean time to failure)은 $m_X = 6$개월이다. (a) 고장 시간의 PDF를 구하고 σ_X^2을 계산하시오. (b) 12개월 후에 고장이 발생할 확률을 구하시오.

8.4-1* 10개의 온전한 동전을 던진다. 나올 수 있는 앞면의 개수의 범위는? 앞면이 3개 미만으로 나올 확률은 얼마인가?

8.4-2 위 문제 8.4-1에서 모든 동전이 앞면이 나올 확률이 $P(H) = 3/5$인 찌그러진 동전이라고 할 경우에 대해 푸시오.

8.4-3 **일차원적 무작정 걷기**(one-dimensional random walk)는 다음과 같이 기술될 수 있다. 좁은 복도에서 술 취한 사람이 동일한 보폭 1의 길이로 걷는다고 하자. 그는 $\alpha = \frac{3}{4}$의 확률로 앞으로 나아가거나 또는 $1 - \alpha = \frac{1}{4}$의 확률로 뒤로 물러선다. X는 그가 100보를 움직인 후에 출발점으로부터 벗어난 거리라고 하자. X의 평균과 표준 편차를 구하시오.

8.4-4 어떤 잡음이 발생하는 전송 채널에서 숫자 당 오류 확률은 $\alpha = 0.01$이다. 10개의 수신된 숫자에서 2개 이상의 오류가 발생할 확률을 계산하시오. Poisson 근사치를 이용하여 이를 다시 계산하시오.

8.4-5* 어느 방사성 원료는 초당 0.5개의 평균속도로 입자를 방출한다. Poisson 모델을 이용하려 다음과 같은 각각의 경우에 대해 확률을 구하시오: (a) 2초에 정확히 하나의 입자가 방출되는 경우; (b) 2초에 두개 이상의 입자가 방출되는 경우.

8.4-6‡ 8.4장의 식 (5)의 Poisson 변수의 경우 $E[I] = m$, $E[I^2] = m^2 + m$임을 보이시오. 기대값 계산에 필요한 합들은 e^m에 대한 급수 전개식을 두 번 미분함으로써 구할 수 있다.

8.4-7 어떤 잡음 전압 X에 대한 관찰 결과, $m = 100$, $\sigma = 2$인 Gauss 분포를 갖는 것으로 판명되었다. $\overline{X^2}$와 X가 $m \pm \sigma$ 범위의 외부에 떨어질 확률을 구하시오.

8.4-8 어떤 Gauss 변수는 $\overline{X} = 2$, $\overline{X^2} = 13$을 갖는다. $X > 5$ 그리고 $2 < X \leq 5$의 확률을 구하시오.

8.4-9* 어떤 Gauss 변수는 $E[X] = 10$, $E[X^2] = 500$을 갖는다. $P(X > 20)$, $P(10 < X \leq 20)$, $P(0 < X \leq 20)$, $P(X > 0)$의 값을 구하시오.

8.4-10 어느 이항 CDF는 $n \gg 1$일 때, 동일한 평균과 분산을 갖는 Gauss CDF로 근사화 될 수 있다. 온전한 형태의 동전 하나를 100회 던진다고 가정하자. Gauss 근사치를 이용하여 다음과 같은 경우에 대한 확률을 구하시오. (a) 앞면이 70회 이상 나올 확률; (b) 앞면이 40~60회 사이로 나올 확률.

8.4-11 X가 평균 m과 분산 σ^2을 갖는 Gauss 변수라 하자. $a < m < b$라는 조건에서 $P(a < X \leq b)$에 대한 식을 Q-함수로 나타내시오.

8.4-12 어떤 가정용 방범 시스템은 움직임 검출기를 사용하는데, 주어진 문턱값 이상의 움직임이 검출되면 경보를 발생시킨다. 집안에는 항상 어떤 랜덤 움직임이 있지만 이러한 신호보다는 침입자에 의한 출력 신호가 더 크기 때문에 경보를 발생시킨다. 집안의 랜덤 움직임은 $\sigma = 1.5\ \mathrm{V}^2$인 Rayleigh PDF를 갖는다. 그리고 침입자의 움직임에 의한 출력 전압 v_{intruder}는 평균과 표준 편차가 각각 7.5 및 2.0 V인 가우스 변수이다. 만일 문턱값이 너무 낮으면, 집안의 랜덤 움직임에 의한 신호가 오경보(false alarm)를 유

발 시킨다. 오경보의 확률이 $P(FA) \leq 0.005$가 되도록 문턱값을 결정하시오. 그리고 이 문턱값에 따른 침입자를 검출할 확률을 구하시오.

8.4-13* 문제 8.4-12의 방범 장치를 고려하자. 침입자의 검출 확률을 0.99보다 크게 하려면 문턱값은 얼마가 되어야 하는가? 또 그때의 오경보 확률은 얼마가 될 것인가?

8.4-14 데이터 1을 5볼트로, 0을 0볼트로 변환한 디지털 신호를 채널에 전송하면 평균이 0이고 표준 편차가 $\sigma = 2$볼트인 가우스 잡음이 부가된다. 데이터의 발생 확률은 각각 $P(1) = \frac{3}{4}$, $P(0) = \frac{1}{4}$이라고 한다. 검출기에서는 수신된 신호의 크기가 3볼트를 넘으면 논리 값 1로, 그렇지 않으면 논리 값 0으로 판단한다. (a) 이 시스템의 오판 확률 P_e를 구하시오. (b) 오판 확률 P_e를 줄일 방법을 제안하시오.

8.4-15 문제 8.4-14에서 잡음이 ± 4볼트 사이에 균등하게 분포되어 있다고 할 때 문제를 반복하시오.

8.4-16* 문제 8.4-14에서 잡음의 PDF가 $p_N(n) = \frac{1}{2}\, e^{-|n|}$일 때 반복하시오.

8.4-17 어떤 과정의 강사는 최종 점수가 가우스 분포가 되도록 점수를 부여한다. 학점 A와 F에는 5%씩 배정하고, B와 D에 20%씩 배정하며 C에는 나머지 50%를 배정한다. 만일 성적 통계가 $m_X = 60$이고 $\sigma = 15$라면 학점 A−F를 결정하는 경계값들은 얼마인가?

8.4-18 어떤 전문직 면허 시험에서는 평균 점수에서 표준 편차의 1.5배 만큼 작은 점수를 합격 점수로 정한다. 주어진 시험에서의 평균이 60이고 표준 편차가 20일 때 몇 퍼센트가 합격하겠는가? 여기서 점수 분포는 가우스로 가정한다.

8.4-19 어떤 잡음 전압 X는 $E[X] = 0$, $E[X^2] = 9$를 갖는 Gauss 변수로 알려져 있다. 다음 각각의 시간 동안 $|X| < c$인 상수 c를 구하시오: (a) 90% 시간 동안; (b) 99% 시간 동안.

8.4-20 $e^{-\lambda^2/2}d\lambda = -(1/\lambda)d(e^{-\lambda^2/2})$을 이용하여 8.4장의 식 (9)에서의 근사치가 $Q(k)$에서의 상한임을 증명하시오. 그리고 $k \gg 1$인 경우에도 이 근사치가 성립함을 증명하시오.

8.4-21 X가 평균 m과 분산 σ^2을 갖는 Gauss 변수라 하자. (a) 홀수 n에 대해 $E[(X-m)^n] = 0$임을 증명하시오. (b) 짝수 n에 대해 부분 적분을 사용하여 다음 식과 같은 점화 관계식(recursion relation)을 구하시오.

$$E[(X-m)^n] = (n-1)\sigma^2 E[(X-m)^{n-2}]$$

그리고, $n = 2, 4, 6, \ldots$ 에 대해 다음 식이 성립함을 증명하시오.

$$E[(X-m)^n] = 1 \cdot 3 \cdot 5 \cdots (n-1)\sigma^n$$

8.4-22 X가 평균 m과 분산 σ^2을 갖는 어떤 Gauss 변수라 하자. 그 특성 함수는 $\Phi_X(v) = e^{-\sigma^2 v^2/2} e^{jmv}$임을 증명하시오.

8.4-23 $Z = X + Y$라 하자. 여기서, X와 Y는 다른 평균과 분산을 갖는 독립적인 Gauss 변수들이다. 위 문제 8.4-22에서의 특성 함수를 이용하여, Z가 Gauss PDF를 갖는다는 것을 증명하시오. 그리고 그 결과를 다음의 경우에 확대하여 적용하시오.

$$Z = \frac{1}{n}\sum_{i=1}^{n} X_i$$

여기서, X_i은 서로 독립인 Gauss RV들이다.

8.4-24 만일 변환 $X = \ln Y$가 Gauss 변수가 된다면, RV Y는 **로그 정규 분포**를 갖는다고 한다. 위 문제 8.4-22에서의 Gauss 특성 함수를 이용하여, m_X및 σ_X^2과 관련된 $E[Y]$와 $E[Y^2]$의 값을 구하시오. Y의 PDF 또는 특성 함수를 이용하지 마시오.

8.4-25 $Z = X^2$이라 하자. 여기서 X는 영의 평균과 분산 σ^2을 갖는 Gauss 변수이다. (a) 8.3절의 식 (3)과 (13)을 이용하여 다음 식이 성립함을 보여라.

$$\Phi_Z(\nu) = (1 - j2\sigma^2\nu)^{-1/2}$$

(b) 위 문제 8.3-17에서의 방법을 응용하여 Z의 첫 3개의 모멘트를 구하시오. 이 결과로부터 X에 관한 어떤 통계적 특성들을 파악할 수 있는가?

8.4-26 어느 커다란 상자에서 무작위 추출된 어떤 저항기의 저항값 R은 제곱 평균이 $\overline{R^2} = 32$인 Rayleigh 변수로 알려져 있다. PDF $p_R(r)$에 대한 수식을 적고, 사건 $R > 6$, $4.5 < R \leq 5.5$의 확률을 구하시오.

8.4-27 어느 정류기의 출력에서 잡음 전압 X는 제곱 평균이 $\overline{X^2} = 18$인 **Rayleigh 변수**로 알려져 있다. PDF $p_X(x)$에 대한 수식을 적고, 확률 $P(X < 3)$, $P(X > 4)$, $P(3 < X \leq 4)$를 구하시오.

8.4-28 어떤 라디오 채널에 **Rayleigh 페이딩**(fading) 문제가 발생하여, 수신된 신호 전력은 변수로서 $Z = X^2$이고 X는 Rayleigh 변수라고 한다. 8.2절의 식 (12)를 이용하여 Z의 PDF가 다음과 같음을 보이시오.

$$p_Z(z) = \frac{1}{m} e^{-z/m} u(z)$$

여기서, $m = E[Z]$이다. $k = 1$ 및 $k = 0.1$인 경우에 대해 확률 $P(Z \leq km)$의 값을 구하시오.

8.4-29‡ R_1과 R_2는 $\mathrm{E}[R_1^2] = E[R_2^2] = 2\sigma^2$을 갖는 독립적인 Rayleigh RV라 하자. (a) 위 문제 8.4-18로부터 나온 특성 함수를 이용하여 $\mathrm{A} = R_1^2$의 PDF를 구하시오. (b) 이제 8.3절의 식 (15)를 이용하여 $\mathrm{W} = R_1^2 + R_2^2$의 PDF를 구하시오.

8.4-30 8.4절의 식 (15)에서 이변수 Gauss PDF가 $m_X = m_Y = 0$, $\sigma_X = \sigma_Y = \sigma$을 갖는다고 하자. $p_Y(y)$와 $p_X(x|y)$가 Gauss 함수임을 보이시오.

8.4-31 X와 Y가 $m_X = 6$, $m_Y = -2$, $\sigma_X = \sigma_Y = 4$, $E[XY] = -22$인 Gauss 변수일 때, $Z = X + 3Y$의 PDF를 구하시오.

8.4-32 $X = Y^2$이기 때문에 X와 Y는 독립적이지 않다고 하자. 그럼에도 불구하고, 만일 X의 PDF가 우대칭 함수라면, 이들 사이에 상관 관계가 없음(uncorrelated)을 증명하시오.

제 9 장

불규칙 신호와 잡음

개 요

통신 수신단의 관점에서 보면 모든 의미 있는 신호들은 예측 불가능하거나 또는 불규칙하다. 그렇지 않으면, 미리 동작을 완벽하게 알 수 있는 신호를 전송한다는 것은 아무런 의미도 없을 것이다. 더욱이, 모든 통신 시스템은 원하지 않는 전기적 잡음에 의하여 어느 정도 손상을 받게 된다. 따라서 이와 같은 불규칙 신호와 잡음에 대한 연구는 통신 시스템의 성능을 평가하는 데 필수적인 요소이다.

9.1절과 9.2절에서는 전기적 랜덤 프로세스, 특히 불규칙 신호와 잡음에 대한 수학적 모델을 구성하기 위하여 신호 해석과 확률의 개념을 통합적으로 설명한다. 이 모델은 9.3절부터 9.5절에 걸쳐 활용될 것이므로 내용이 약간 이론적이고 추상적일지라도 단념해서는 안된다. 구체적으로, 9.3절에서는 잡음 자체에 대하여 설명하고, 9.4절과 9.5절에서는 잡음 환경에서의 신호 전송을 다룬다. 본 장에서 다루는 대부분의 내용은 다음 장에서 보다 깊이 있게 다루어지고 확장된다.

학습목표

이 장을 공부하고 응용문제들을 푼 후에 다음의 사항들을 수행할 수 있어야 한다.

1. 랜덤 프로세스의 평균과 자기 상관 함수에 대한 정의, 그리고 정적 프로세스 또는 Gauss 프로세스의 성질을 설명한다(9.1절).
2. 에르고딕 프로세스로부터 정의된 불규칙 신호의 시간 평균과 통계적 평균의 관계를 설명한다(9.1절).
3. 정적 불규칙 신호의 자기 상관 함수가 주어질 때, 제곱 평균값, 분산, 전력 스펙트럼을 계산한다(9.2절).
4. 중첩, 변조, 또는 필터링에 의하여 만들어진 불규칙 신호의 전력 스펙트럼을 구한다(9.2절).
5. 잡음 온도가 주어질 때, 백색 잡음의 자기 상관 관계와 스펙트럼 밀도를 구한다(9.3절).
6. 필터의 잡음 대역폭을 계산하고, 백색 잡음 입력에 대한 출력 신호의 전력 스펙트럼과 총 전력을 구한다(9.3절).
7. 신호 대 잡음 비가 의미를 가지기 위한 조건을 설명한다(9.4절).
8. 잡음이 있는 아날로그 기저 대역 전송 시스템의 성능을 분석한다(9.4절).
9. 백색 잡음에서의 펄스 검파를 위한 최적 필터를 설계한다(9.5절).
10. 잡음이 있는 펄스 전송 시스템의 성능을 분석한다(9.5절).

9.1 랜덤 프로세스

불규칙 신호는 시간의 진행에 따라 발생하는 전기적 **랜덤 프로세스**가 구체적으로 나타난 결과이며, 이런 프로세스를 **확률 프로세스**라 하기도 한다. 시간 개념이 포함될 경우, 특히 통계적 특성이 시간에 따라 변하면 랜덤 프로세스의 완전한 설명은 매우 복잡해진다. 그러나, 통신 시스템에서 만나는 많은 랜덤 프로세스는 **정적 성질** 또는 **에르고딕 성질**을 가지며, 이 성질에 의하여 통계적 성질, 시간 평균, 주파수 해석 사이의 관계는 보다 간단해지고 직관적 의미를 가지게 된다.

본 절에서는 랜덤 프로세스의 개념과 표현을 소개하고, 정적 성질과 에르고딕 성질이 의미하는 조건을 간단히 설명한다.

통계적 평균과 상관 함수

앞에서 배웠듯이, 랜덤 변수(RV)는 확률적 실험의 출력을 실수 $X(s)$로 매핑(mapping)한다. 이제, 시간 변화를 포함하여 다음과 같이 정리한다.

> **랜덤 프로세스**는 실험의 결과값을 시간에 대한 실수 함수로 매핑한다. 모든 시간 함수의 집합을 **앙상블**(ensemble)이라 하고, 각 요소를 **표본 함수**라 한다.

앞으로 앙상블을 $v(t, s)$로 표기하고, 여기서 t는 시간을 나타내고 s는 통계적 요소 즉 표본 함수를 나타낸다. 그리고 다루고 있는 프로세스가 전기적 프로세스이면 표본 함수를 **불규칙 신호**라 한다.

예로, 많은 수의 동일한 저항에서 열 전자 운동에 의해 발생하는 전압 파형들로 이루어진 집합을 생각해 보자. 여기서 진행할 실험은 하나의 저항을 임의로 선택하여 저항 양 단에 걸쳐 파형을 측정하는 것이다. 그림 9.1-1은 이와 같은 실험에서 앙상블 $v(t, s)$로부터 나온 몇 개의 불규칙 신호를 보여준다. 특정 결과 값(또는, 특정 저항의 선택)은 시간 t_1에서 $v_i(t_1) = v(t_1, s_i)$를 가지는 표본 함수 $v_i(t) = v(t, s_i)$에 해당한다. 만일 실험의 결과 값을 미리 알고 있으면, 이론적으로 표본 함수의 모든 움직임을 알게 되고 불규칙 성질은 사라진다.

그러나, 랜덤 프로세스에서의 기본 전제는 우리가 어느 표본 함수를 관찰하고 있는지 모른다는 것이다. 따라서 시간 t_1에서, 가능한 앙상블 $v(t_1, s)$ 값 중에서 어떠한 것이 우리가 찾는 표본 함수인지 알 수 없다. 다시 말하면, 그림 9.1-1에서 보여지듯이 $v(t_1, s)$는 $t = t_1$에서 앙상블에 걸쳐 자른 "수직 절편"에 의하여 정의되는 **랜덤 변수** V_1를 구성한다. 동일하게 t_2에서의 수직 절편은 또 다른 랜덤 변수 V_2를 정의한다. 이와 같은 관점에서 보면 **랜덤 프로세스는 랜덤 변수들의 집합**으로 요약된다.

단일 랜덤 변수를 X로 표기하였듯이, 이제 s를 생략하고 랜덤 프로세스를 $v(t)$로 표기하기로 하자. 앞으로 문맥을 통하여 규칙적 신호가 아니라 불규칙 프로세스를 다루고 있

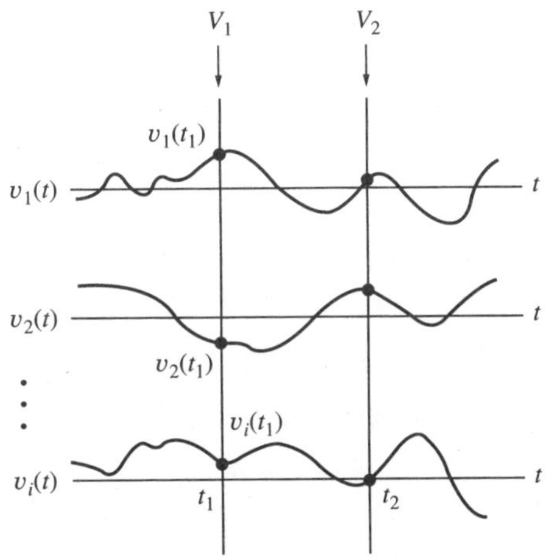

그림 9.1-1
통계적 $v(t, s)$의 파형들.

다는 것을 분명히 알게 될 것이므로 너무 형식적인 표기 방법은 필요하지 않을 것이다(몇몇 저자들은 랜덤 프로세스를 볼드체 또는 $V(t)$로 표기하고, 랜덤 변수는 V_{t_i}로 표기한다). 앞으로 사용하게 될 간결한 형태인 $v(t)$는 근간이 되는 실험 자체에 대하여 잘 알지 못하고 또한 관심 대상이 아니다. 관심이 있는 것은 단지 $v(t)$의 통계적 성질뿐이다.

주어진 랜덤 프로세스 $v(t)$에 대하여 임의의 시간 t에서의 **평균값**은

$$\overline{v(t)} \triangleq E[v(t)] \tag{1}$$

로 정의된다. 여기서 $E[v(t)]$은 시간 t를 임의의 값으로 고정하고 모든 표본 함수에 걸쳐 평균을 구한 **통계적 평균**을 의미한다. 만일 시간을 $t = t_1$으로 정하면 $E[v(t_1)] = \overline{V}_1$가 되고, 이 값은 $\overline{V}_2$와 다를 수 있을 것이다.

랜덤 변수 V_1과 V_2 사이의 관계를 살펴보기 위하여 **자기 상관 함수**를

$$R_v(t_1, t_2) \triangleq E[v(t_1)v(t_2)] \tag{2}$$

로 정의하며, 여기서 3장에서의 표현과 일치하도록 소문자 아래 첨자를 사용하였다. 이 함수는 V_1과 V_2 사이의 상관도 또는 의존 관계를 측정한다. 만일 두 랜덤 변수가 통계적으로 독립이면 $R_v(t_1, t_2) = \overline{V}_1\overline{V}_2$이다. 그러나, 만일 $t_2 = t_1$이면 $V_2 = V_1$이고 $R_v(t_1, t_2) = \overline{V_1^2}$이다. 더 일반화시켜 $t_2 = t_1 = t$로 하면

$$R_v(t, t) = E[v^2(t)] = \overline{v^2(t)}$$

가 되며, 이는 시간의 함수로 주어지는 $v(t)$의 제곱 평균값이다.

만일 다루고 있는 프로세스가

$$v(t) = g(X, t)$$

형태로 일반적인 랜덤 변수 X를 포함할 경우, 식 (1)과 (2)는 더욱 명확하게 표시될 수 있다. 이 경우, 특정 시간 t_i에서 RV 변환 $V_i = g(X, t_i)$가 주어진다. 결과적으로, X의 PDF를 알면

$$\overline{v(t)} = E[g(X, t)] = \int_{-\infty}^{\infty} g(x, t)p_X(x)\,dx \tag{3a}$$

$$R_v(t_1, t_2) = E[g(X, t_1)g(X, t_2)] = \int_{-\infty}^{\infty} g(x, t_1)g(x, t_2)p_X(x)\,dx \tag{3b}$$

에 따라 통계적 평균과 자기 상관 함수를 계산할 수 있다. 또한, 식 (3a)와 (3b)는 두 개 또는 그 이상의 RV로 정의된 랜덤 프로세스의 경우로 일반화된다. 예로, 만일 $v(t) = g(X, Y, t)$이면 식 (3b)는 $R_v(t_1, t_2) = E[g(X, Y, t_1)g(X, Y, t_2)]$가 된다.

경우에 따라 두 랜덤 프로세스, 예로 $v(t)$와 $w(t)$의 결합 통계에 대하여 알아볼 필요가 있다. 이들의 상관도는 식 (2)의 확장된 형태로서

$$R_{vw}(t_1, t_2) \triangleq E[v(t_1)w(t_2)] \tag{4}$$

로 정의되는 **교차 상관 함수**로 측정된다. 이와 비슷하게 $v(t)$와 $w(t)$ 사이의 공분산은

$$C_{vw}(t_1, t_2) \triangleq E[\{V(t_1) - E[V(t_1)]\}\{W(t_2) - E[W(t_2)]\}] \tag{5}$$

으로 정의된다. 만일 모든 t_1와 t_2에 대하여

$$R_{vw}(t_1, t_2) = \overline{v(t_1)} \times \overline{w(t_2)} \tag{6}$$

가 성립하면 두 프로세스는 **상관 관계가 없다**고 말할 수 있다. 여기서 공분산 $C_{vw}(t_1, t_2)$를 살펴 보면, 식 (5)는

$$C_{vw}(t_1, t_2) = R_{vw}(t_1, t_2) - \overline{v(t_1)} \times \overline{w(t_2)}$$

으로 전개되며 위 식에서

$$R_{vw}(t_1, t_2) = \overline{v(t_1)} \times \overline{w(t_2)}$$

을 만족하면

$$C_{vw}(t_1, t_2) = 0$$

하는 식을 결국 얻게 된다. 따라서 어떤 프로세스간의 공분산 값이 0이 되면, 그들 프로세스는 상관 관계가 없는 것이다. 물리적으로 보면 서로 독립적인 랜덤 프로세스들은 보통 통계적으로 독립이며, 따라서 상관 관계가 없다. 한편, 교차 Gauss 프로세스만은 예외이지만 역으로 상관 관계가 없는 프로세스들이 반드시 독립적이라고 말할 수는 없다. 마지막으로 두 프로세스가

$$R_{vw}(t_1, t_2) = 0 \text{ for all } t_1 \text{ and } t_2 \tag{7}$$

을 만족하면 두 프로세스는 **직교한다**고 말한다.

통계적 평균 — 예제 9.1-1

랜덤 변수 X와 Y에 대하여

$$v(t) = t + X \qquad w(t) = tY$$

로 정의된 두 랜덤 프로세스 $v(t)$와 $w(t)$를 살펴보자. X와 Y의 PDF가 주어지지 않았지만 평균 연산자를 이용하여 통계적 평균을 표시할 수 있다.

시간은 불규칙한 양이 아니라는 것을 염두에 두고, 식 (3a)와 (3b)를 이용하여 $v(t)$의 평균과 자기 상관 관계를 구하면

$$\overline{v(t)} = E[t + X] = t + E[X] = t + \overline{X}$$
$$R_v(t_1, t_2) = E[(t_1 + X)(t_2 + X)]$$
$$= E[t_1t_2 + (t_1 + t_2)X + X^2] = t_1t_2 + (t_1 + t_2)\overline{X} + \overline{X^2}$$

이다. 마찬가지로 $w(t)$에 대하여

$$\overline{w(t)} = E[tY] = t\overline{Y} \qquad R_w(t_1, t_2) = E[t_1Yt_2Y] = t_1t_2\overline{Y^2}$$

이다. $v(t)$와 $w(t)$의 교차 상관 관계를 구하면

$$R_{vw}(t_1,\ t_2) = E[(t_1 + X)t_2Y] = E[t_1t_2Y + t_2XY] = t_1t_2\overline{Y} + t_2\overline{XY}$$

을 얻는다. 만일, X와 Y가 서로 독립이면 $\overline{XY} = \overline{X} \times \overline{Y}$이고

$$R_{vw}(t_1, t_2) = t_1t_2\overline{Y} + t_2\overline{X}\ \overline{Y} = (t_1 + \overline{X})(t_2\overline{Y}) = \overline{v(t_1)} \times \overline{w(t_2)}$$

이며, 따라서 두 프로세스는 상관 관계가 없다.

예제 9.1-2

불규칙 위상을 가지는 정현파

고정된 진폭 A와 주파수 v_0를 갖는 여러 개의 발진기(oscillator)가 있다. 이 발진기들은 사용자가 직접 동작시켜 파형을 보기 전 까지 위상각을 알 수 없는 특징이 있다. 모든 발진기는 동일한 진폭과 주파수를 갖지만 각각의 발진기는 동기화되지 않은 위상을 갖고 있다. 이 실험은 이러한 발진기 중에서 임의로 하나의 발진기를 선택하는 실험이다. 위상각 φ_i를 가지는 특정 발진기는 정현파 표본 함수 $v_i(t) = A \cos(\omega_0 t + \varphi_i)$를 발생시키며, 정현파 앙상블은

$$v(t) = A \cos(\omega_0 t + \Phi)$$

로 정의되는 랜덤 프로세스를 구성하며, 여기서 Φ는 2π 라디안에 걸쳐 균일 PDF를 가지는 불규칙 위상이다. 이제, 이와 같은 불규칙 위상을 갖는 정현파의 평균값과 자기 상관 함수를 구해보자.

$v(t)$는 Φ의 변환으로 정의되므로 $g(\Phi, t) = A \cos(\omega_0 t + \Phi)$와 $0 < \varphi \le 2\pi$ 구간에서 $p_\Phi(\varphi) = 1/2\pi$를 가지고 식 (3a)와 (3b)를 적용할 수 있다. 예비 단계로서 n을 영이 아닌 정수라 하고 $\cos(\alpha + n\Phi)$의 기대값을 생각해 보자. φ에 대한 적분에 대하여 α는 상수이므로

$$E[\cos(\alpha + n\Phi)] = \int_{-\infty}^{\infty} \cos(\alpha + n\Phi)\, p_\Phi(\varphi)\, d\varphi = \int_0^{2\pi} \cos(\alpha + n\Phi)\, \frac{1}{2\pi}\, d\varphi$$
$$= [\sin(\alpha + 2\pi n) - \sin\alpha]/2\pi n = 0 \qquad n \neq 0$$

이다. 그러나, $n = 0$일 경우 $\cos\alpha$는 랜덤 변수 Φ를 포함하지 않으므로 $E[\cos\alpha] = \cos\alpha$

이다.

이제, $\alpha = \omega_0 t$로 놓고 $g(\Phi, t)$를 식 (3a)에 대입하여 $v(t)$의 평균값을 구하면

$$\overline{v(t)} = E[g(\Phi, t)] = AE[\cos(\omega_0 t + \Phi)] = 0$$

이며, 이로부터 모든 시간에 대하여 평균값이 영인 것을 알 수 있다. 다음, 자기 상관 함수는 $\alpha_1 = \omega_0 t_1$, $\alpha_2 = \omega_0 t_2$로 놓고 식 (3b)를 이용하여 구한다. 삼각 함수 성질을 이용하면

$$\begin{aligned} R_v(t_1, t_2) &= E[A\cos(\alpha_1 + \Phi) \times A\cos(\alpha_2 + \Phi)] \\ &= (A^2/2)\, E[\cos(\alpha_1 - \alpha_2) + \cos(\alpha_1 + \alpha_2 + 2\Phi)] \\ &= (A^2/2)\{E[\cos(\alpha_1 - \alpha_2)] + E[\cos(\alpha_1 + \alpha_2 + 2\Phi)]\} \\ &= (A^2/2)\,\{\cos(\alpha_1 - \alpha_2) + 0\} \end{aligned}$$

이 되고, 따라서

$$R_v(t_1, t_2) = (A^2/2)\cos\omega_0(t_1 - t_2)$$

이다. 마지막으로 $t_2 = t_1 = t$라 놓으면

$$\overline{v^2(t)} = R_v(t, t) = A^2/2$$

이 되어 평균 제곱값은 시간에 대하여 변하지 않는 상수값이 된다.

응용문제 9.1-1

X는 $\overline{X} = 0$와 $\overline{X^2} = 5$인 RV이고 $v(t) = X + 3t$라 하자. $\overline{v(t)} = 3t$이고 $R_v(t_1, t_2) = 5 + 9t_1t_2$임을 증명하시오.

에르고딕과 정적 프로세스

예제 9.1-2의 불규칙 위상을 가지는 정현파 문제는 **통계적 평균**이 특정 표본 함수의 시간 평균과 같을 수 있나는 성질을 보여준다. 엄밀히게 말하면, $g[v_i(t)]$를 $v_i(t)$의 임의의 함수라 할 때 이것의 시간 평균은

$$< g[v_i(t)] > = \lim_{T\to\infty} \frac{1}{T}\int_{-T/2}^{T/2} g[v_i(t)]\, dt$$

로 주어진다. 예로, $v_i(t) = a\cos(\omega_0 t + \varphi_i)$일 때 시간 평균 과정에 의하여 $\langle v_i(t)\rangle = 0 = E[v(t)]$와 $\langle v_i^2(t)\rangle = \frac{1}{2}a^2 = E[v^2(t)]$가 된다.

통계적 평균을 구하기 위하여서는 하나의 표본 함수가 아니라 모든 표본 함수가 필요하다. 이러한 이유로 통계적 평균 대신 하나의 표본 함수의 시간 평균을 사용하는 것이 유효하다면 이것은 매우 실질적인 장점이 된다. 따라서, 다음과 같이 정리한다.

> 랜덤 프로세스의 모든 표본 함수의 시간 평균이 통계적 평균과 동일하면 랜덤 프로세스는 **에르고딕**(ergodic)이다.

이는 통계적 평균을 구하거나 또는 적어도 예측하기 위하여 하나의 표본 함수의 시간 평균만 구하면 된다는 것을 의미한다.

에르고딕의 정의에 의하면, 에르고딕 프로세스는 모든 $v_i(t)$와 모든 함수 $g[v_i(t)]$에 대하여 $\langle g[v_i(t)]\rangle = E\{g[v(t)]\}$ 성질을 가져야 한다. 그러나, 시간 평균인 $\langle g[v_i(t)]\rangle$ 값은 시간함수가 될 수 없기 때문에 다음의 결론을 얻는다.

> 에르고딕 프로세스의 통계적 평균은 시간에 독립적이다. 즉, 상수값을 갖는다.

불규칙 위상을 가지는 정현파는 에르고딕이며, 반면에 예제 9.1-1의 프로세스는 $E[v(t)]$가 시간에 따라 변하므로 에르고딕이 아니다.

불규칙 신호가 에르고딕 신호원으로부터 만들어질 경우, 평균값과 제곱 평균값은 상수가 된다. 따라서, m_V와 σ_V^2를 각각 $v(t)$의 평균과 분산이라 할 때

$$E[v(t)] = \bar{v} = m_V \qquad E[v^2(t)] = \overline{v^2} = \sigma_V^2 + m_V^2 \tag{8}$$

로 표현한다. 그러면, 모든 표본 함수에 대하여 $\langle v_i(t)\rangle = E[v(t)]$와 $\langle v_i^2(t)\rangle = E[v^2(t)]$가 성립하므로 다음과 같이 통계적 평균을 보다 익숙한 용어로 설명할 수 있다.

1. 평균값 m_V은 DC 성분 $\langle v_i(t)\rangle$와 같다.
2. 평균을 제곱한 m_V^2은 DC 전력 $\langle v_i(t)\rangle^2$와 같다.
3. 제곱 평균값 $\overline{v^2}$은 총 평균 전력 $\langle v_i^2(t)\rangle$와 같다.
4. 분산 σ_V^2은 AC 전력과 같고, 시간에 따라 변하는 성분의 전력을 의미한다.
5. 표준 편차 σ_V는 시간에 따라 변하는 성분의 RMS 값과 같다.

이와 같은 관계들은 전기전자 엔지니어가 랜덤 프로세스를 보다 편하게 이해할 수 있도록 도와준다.

안타깝게도 주어진 프로세스가 에르고딕인지를 검증하는 과정은 모든 $g[v(t)]$에 대하여 $\langle g[v_i(t)]\rangle = E\{g[v(t)]\}$임을 증명하여야 하므로 매우 어려운 일이다. 대신, 다음과 같이 보다 유용하고 완화된 조건을 사용한다.

> 평균 $E[v(t)]$가 시간에 독립적(정적)이고 자기 상관 함수 $R_V(t_1, t_2)$가 단지 시간 차이 $t_1 - t_2$만의 함수이면, 랜덤 프로세스를 **광의의 정적**(wide-sense stationary, WSS)이라 한다.

광의의 정적과는 다르게, 협의의 정적은 다음과 같이 정의한다.

> 랜덤 프로세스의 통계적 성질이 시간 원점의 변화와 관계 없이 같으면 그 랜덤 프로세스는 **협의의 정적**(strictly stationary)이라 한다.

광의의 정적 조건을 수학적 형태로 표시하면

$$E[v(t)] = m_V \qquad \text{그리고 } R_v(t_1, t_2) = R_v(t_1 - t_2) \tag{9}$$

이다. 모든 에르고딕 프로세스는 식 (9)를 만족하며, 이러한 의미로 광의의 정적이라고 할 수 있다. 그러나, 에르고딕 프로세스는 임의의 표본 함수가 모든 앙상블을 대표하여야 하므로, 정적 성질이 에르고딕 성질을 보장하지는 못한다. 더욱이, 에르고딕 프로세스는 모든 종류의 통계적 평균이 시간에 독립적인 성질을 가지는 **협의의 정적**이다. 앞으로 특별한 언급이 없으면 정적이라는 용어는 식 (9)와 같은 **광의의 정적**을 의미한다.

정적 프로세스가 반드시 에르고딕은 아니지만, 정적 프로세스의 자기 상관 함수는 결정적(deterministic) 신호의 자기 상관 함수와 직접적인 유사성을 가진다. 이것을 강조하기 위하여 $\tau = t_1 - t_2$라 하고 $t_1 = t$ 또는 $t_2 = t$라 하면 $R_v(t_1 - t_2)$는

$$R_v(\tau) = E[v(t)v(t - \tau)] = E[v(t + \tau)v(t)] \tag{10}$$

로 표시된다. 그러면, 식 (10)로부터

$$R_v(-\tau) = R_v(\tau) \tag{11a}$$

$$R_v(0) = \overline{v^2} = \sigma_V^2 + m_V^2 \tag{11b}$$

$$|R_v(\tau)| \le R_v(0) \tag{11c}$$

와 같은 성질이 유도되고, 정적 프로세스의 자기 상관 함수 $R_v(\tau)$는 최대값을 가지는 $\tau = 0$을 중심으로 우대칭이며, 최대값은 평균 제곱값과 같다.

$\tau \ne 0$에서 $R_v(\tau)$는 $v(t)$와 $v(t \pm \tau)$의 통계적 유사도를 측정한다. 한편으로, 만일 $\tau \to \infty$으로 커지면 $v(t)$와 $v(t \pm \tau)$가 독립적이 되므로

$$R_v(\pm\infty) = \bar{v}^2 = m_V^2 \tag{12}$$

이다. 이에 반하여, 표본 함수가 주기 T_0를 가지는 주기 함수이면

$$R_v(\tau \pm nT_0) = R_v(\tau) \qquad n = 1, 2, \ldots \tag{13}$$

이고, $R_v(\tau)$는 $|\tau| \to \infty$에 따라 단일 극한값을 가지지 않는다.

불규칙 위상을 가지는 정현파 문제를 다시 살펴보면, 이 프로세스는 $E[v(t)] = 0$와 $R_v(t_1, t_2) = (A^2/2) \cos \omega_0(t_1 - t_2) = R_v(t_1 - t_2)$가 되어 식 (9)의 정적 조건이 만족된다. 따라서, $R_v(\tau) = (A^2/2) \cos \omega_0\tau$로 표시되고 이는 식 (11a)~(11c)의 성질을 설명하여 준다. 또한, 각 표본 함수 $v_i(t) = A \cos (\omega_0 t + \varphi_i)$는 주기 $T_0 = 2\pi/\omega_0$를 가지고 $R_v(\tau)$도 동일한 주기를 가지며, 이는 식 (13)의 성질과 일치한다.

마지막으로, 랜덤 프로세스 $v(t)$의 **평균 전력**을 $\langle v^2(t)\rangle$의 통계적 평균으로 정의하며 다음과 같은 식을 얻는다.

$$P \triangleq E[<v^2(t)>] = <E[v^2(t)]> \tag{14}$$

$E[v^2(t)]$가 시간에 독립적일 경우, 에르고딕 프로세스는 $E[v^2(t)] = \langle v_i^2(t)\rangle$와 $\langle E[v^2(t)]\rangle = E[v^2(t)]$을 만족하므로 이 정의는 에르고딕 프로세스의 평균 전력이 $\langle v_i^2(t)\rangle = \overline{v^2}$이라는 앞에서 관찰한 사실과 일치한다. 만일 프로세스가 에르고딕일 필요는 없지만 정적이면, $E[v^2(t)] = R_v(0)$이고 식 (14)는

$$P = R_v(0) \tag{15}$$

로 정리된다. 실제로 관심이 있는 모든 정적 프로세스는 $R_v(0) > 0$이므로, 대부분의 표본 함수들은 유한 에너지 신호가 아니라 전력 신호이다.

예제 9.1–3

불규칙 디지털 파형

불규칙 디지털 파형은 그림 9.1-2a의 표본 함수와 같은 구형파 펄스 열의 앙상블로부터 만들어진다. 모든 펄스는 고정된 폭 D를 갖지만 앙상블은 다음의 두 개의 랜덤 변수를 포함한다.

1. 지연 시간 T_d는 $0 < T_d \leq D$ 영역에서 균일 분포를 가지는 연속 RV이고, 이는 앙상블이 비동기 파형으로 구성된 것을 나타낸다.
2. k번째 펄스의 진폭 a_k는 평균 $E[a_k] = 0$과 분산 σ^2를 가지는 이산 RV이고, 서로 다른 펄스 구간의 진폭은 통계적으로 독립이며 $j \neq k$에 대하여 $E[a_j a_k] = E[a_j]E[a_k] = 0$이다.

여기서, 불규칙 진폭을 위하여 소문자 심볼 a_k를 사용하고, 첨자 k는 진폭값이 아니라 열의 위치를 나타낸다. 이 프로세스의 정적 성질을 살펴보고 자기 상관 함수를 구하여보자.

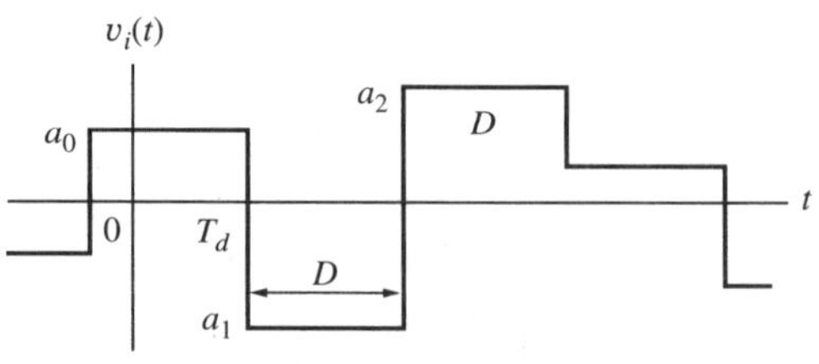

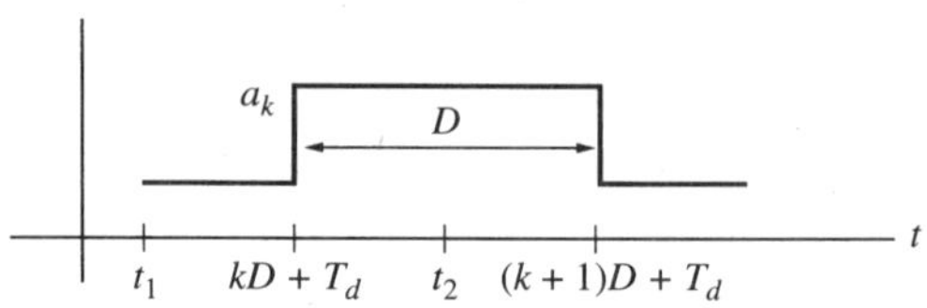

그림 9.1-2

불규칙 디지털 파형. (a) 표본 함수; (b) k번째 펄스 구간.

그림 9.1-2(b)에 있듯이, $kD + T_d < t < (k+1)D + T_d$로 정의되는 k번째 펄스 구간을 살펴보자. t_i가 이 구간에 포함되면 $v(t_i) = a_k$이고, 이와 같이 정의되는 모든 구간이 동일한 통계적 특성을 가지므로

$$E[v(t)] = E[a_k] = 0 \qquad E[v^2(t)] = E[a_k^2] = \sigma^2$$

라 결론 내릴 수 있다. 이 값들이 시간에 독립적이므로 이 파형이 정적 프로세스임을 시사한다. 광의의 정적임을 확인 하기 위하여 $R_v(t_1, t_2)$를 구해 봐야 한다. 그러나, 펄스 진폭의 확률 함수를 알지 못하므로, t_1와 t_2가 동일 또는 다른 펄스 구간에 있을 경우에 대한 통계적 평균 $E[v(t_1)v(t_2)]$을 해석하여 이 문제에 접근할 수 있다.

$|t_2 - t_1| > D$이면 분명 t_1과 t_2는 다른 펄스 구간에 존재한다. 이 경우 $j \neq k$에 대하여 $v(t_1) = a_j$이며 $v(t_2) = a_k$이고 따라서

$$E[v(t_1)v(t_2)] = E[a_j a_k] = 0 \qquad |t_2 - t_1| > D$$

식을 만족한다. 그러나 만일 $|t_2 - t_1| < D$이면, 두 가지 경우를 생각 할 수 있는데, t_1과 t_2가 인접한 구간에 존재하고 $E[v(t_1)v(t_2)] = 0$이거나, 아니면 t_1과 t_2가 동일한 구간에 존재하고 $E[v(t_1)v(t_2)] = E[a_k^2] = \sigma^2$인 경우이다.

그러므로, A를 "t_1과 t_2가 인접한 구간에 존재"하는 사건이라 하고

$$\begin{aligned} E[v(t_1)v(t_2)] &= E[a_j a_k]P(A) + E[a_k^2][1 - P(A)] \\ &= \sigma^2[1 - P(A)] \qquad |t_2 - t_1| < D \end{aligned}$$

로 표시한다.

그림 9.1-2b로부터 확률 $P(A)$는 t_1과 t_2뿐만 아니라 불규칙 지연 시간 T_d를 포함한다. 그림에서와 같이 $t_1 < t_2$에 대하여, 만일 $t_1 < kD + T_d < t_2$이면 t_1과 t_2가 인접한 구간에 존재하고

$$P(t_1 - kD < T_d < t_2 - kD) = \int_{t_1 - kD}^{t_2 - kD} \frac{1}{D}\, dt_d = \frac{t_2 - t_1}{D}$$

이다. $t_2 < t_1$인 또 다른 경우를 포함하면 t_1과 t_2가 인접한 구간에 존재할 확률은

$$P(A) = \frac{|t_2 - t_1|}{D}$$

이고, 따라서

$$E[v(t_1)v(t_2)] = \sigma^2[1 - |t_2 - t_1|/D] \qquad |t_2 - t_1| < D$$

이다. 이 결과와 앞에서 언급한 $|t_2 - t_1| > D$일 때의 결과를 합하면

$$\begin{aligned} R_v(t_1,t_2) &= \sigma^2\left(1 - \frac{|t_2 - t_1|}{D}\right) \qquad & |t_2 - t_1| < D \\ &= 0 & |t_2 - t_1| > D \end{aligned}$$

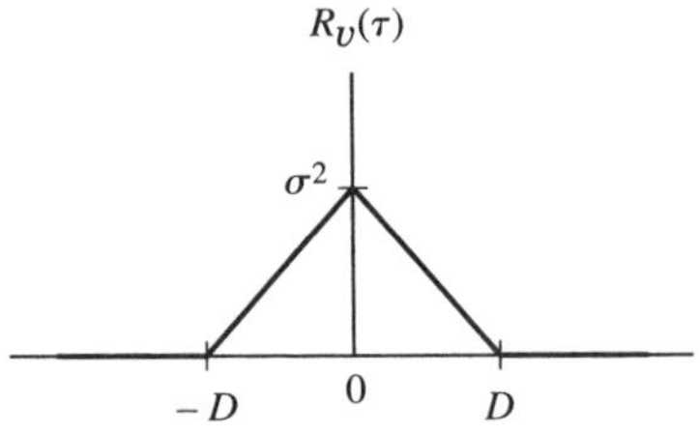

그림 9.1-3
불규칙 디지털 파형의 자기 상관 함수.

을 얻는다. $R_v(t_1, t_2)$가 단지 시간 차이 $t_1 - t_2$만의 식으로 표시 되므로 불규칙 디지털 파형은 광의의 정적 프로세스이다.

따라서, $\tau = t_1 - t_2$라 하고 자기 상관 함수를 간결한 형태로 표시하면

$$R_v(\tau) = \sigma^2 \Lambda\left(\frac{\tau}{D}\right)$$

이 되고 여기서$\Lambda(\frac{\tau}{D})$는 삼각 파형을 나타낸다. 그림 9.1-3에 있는 $R_v(\tau)$ 모양은 $m_V = 0$과 $\overline{v^2} = \sigma_V^2 + m_V^2 = \sigma^2$를 가지고 식 (11a)~(11c)에 나열된 자기 상관 함수의 성질을 추가로 설명하므로 매우 주의 깊게 살펴볼 필요가 있다.

이 프로세스의 평균 전력은 식 (15)에 의하여

$$P = R_v(0) = \sigma^2$$

가 된다. 그러나, 이 프로세스는 에르고딕이 아니고, 특정 표본 함수의 평균 전력은 P와 다를 수 있다. 예로, 만일 $v_i(t)$가 모든 k에 대하여 $a_k = a_0$이면 $\langle v_i^2(t)\rangle = \langle a_0^2\rangle = a_0^2 \neq P$이다. 단, $v_i(t)$의 동작을 미리 알 수 없으므로 P를 $\langle v_i^2(t)\rangle$에 대한 "최적"의 예측값으로 사용할 수 있다.

응용문제 9.1-2

$v(t)$가 정적 프로세스이고 $z(t_1, t_2) = v(t_1) \pm v(t_2)$라 하자. $E[z^2(t_1, t_2)] \geq 0$이라는 사실로부터 식 (11c)를 증명하시오.

Gauss 프로세스

랜덤 변수 $V_i = v(t_i)$의 모든 주변 PDF, 결합 PDF, 조건 PDF가 Gauss 함수이면 랜덤 프로세스를 **Gauss 프로세스**라 한다. 그러나, 주어진 프로세스가 Gauss인지 판정하기 위하여 모든 PDF를 구하는 대신에 대부분의 경우 중심 극한(central-limit) 방법을 사용한다. Gauss 모델은 매우 많은 불규칙한 전기적 현상에 적용되거나 적어도 근사적으로 적용되므로, Gauss 프로세스는 통신 시스템을 공부하는 데 있어서 매우 중요한 역할을 한다.

$v(t)$를 Gauss 프로세스로 판정 또는 가정하면 이로부터 몇 가지 중요하고 편리한 성질을 도출할 수 있다. 특히, 보다 진전된 조사를 통해서 다음 성질들을 얻을 수 있다.

1. Gauss 프로세스에 대한 성질은 $E[v(t)]$와 $R_v(t_1, t_2)$에 의해 완벽히 설명될 수 있다.
2. 만일 $R_v(t_1, t_2) = E[v(t_1)]E[v(t_2)]$이면, $v(t_1)$와 $v(t_2)$는 상관 관계가 없으며 또한 통계적으로 독립이다.
3. 만일 $v(t)$가 광의의 정적 조건을 만족하면, 이 프로세스는 또한 협의의 정적이고 에르고딕 프로세스이다.
4. $v(t)$에 대한 모든 선형 연산은 또 다른 Gauss 프로세스를 생성한다.

이 성질들은 불규칙 신호의 분석을 매우 간결히 하며 이러한 이유로 앞으로 자주 사용할 것이다. 그러나, 이 성질들은 일반적으로 Gauss 프로세스에 대하여서만 성립하는 것임을 항상 명심하여야 한다.

응용문제 9.1-3

$v(t)$가 $E[v(t)] = 0$과 $R_v(t_1, t_2) = 9e^{-5|t_1 - t_2|}$인 Gauss 프로세스일 때, $R_w(t_1, t_2)$를 관찰하여 $w(t) = 2\,v(t) - 8$의 성질을 구하시오.

예제 9.1-4

Poisson 랜덤 프로세스 — 알로하(Aloha)†

7장에서 채널 접속은 사용자에게 할당된 특정한 주파수 또는 시간 슬롯을 배정하여 실시했다. 여기서 **알로하**란 무작위 채널 접속을 위해 변형시킨 형태의 시간 분할 다중화 알고리즘을 말한다. 예로, 다수의 사용자가 독립적으로 길이 T의 데이터 패킷을 임의의 순간에 내보내는 하나의 채널을 생각해 보자. 현재 채널을 이용 중인 다른 사용자들과는 상관없이 또 한명의 사용자는 임의로 패킷 하나를 전송할 것이다. 만약 수신단으로부터의 긍정적 응답이 없다면, 송신자는, 같은 채널을 사용하는 다른 사용자들의 패킷과의 충돌로 인해 전송하고자 한 패킷을 잃어버린 것으로 간주한다. 송신자는 수신단측으로부터 ACK(긍정 응답) 신호를 받을 때까지 패킷을 계속해서 재전송한다. 패킷들이 어떤 부분까지든 충돌하면 패킷을 잃는 것으로 가정한다. 따라서, 충돌까지의 시간은 최대 $2T$까지 길어질 수 있다. 임의의 시점에 도착하는 패킷 수는 Poisson 프로세스로 모델링할 수 있다. 채널의 모든 사용자에 의한 패킷 전송율을 μ라 하고, 구간 $2T$ 동안 i개의 패킷을 전송한다고 하자. 그러면 구간 $2T$ 동안 i개의 패킷이 충돌할 확률은

$$P_I(i) = e^{-\mu 2T}\frac{(\mu 2T)^i}{i!} \tag{16}$$

와 같다. 따라서 아무런 충돌이 일어나지 않을 확률($i = 0$)은

$$P(\text{no collisions during interval } 2T) = e^{-2\mu T} \tag{17}$$

이다. 시간당 패킷의 개수를 μ라 하면 하나의 패킷이 수신단으로 성공적으로 전송 될 확률은

† The Aloha system originated at the university of Hawaii by Abrahamson (1970).

$$P(\text{packet successfully received}) = ue^{-2\mu T} \tag{18}$$

이 된다. 개개의 사용자들이 동기를 맞추어 특정한 시점에 패킷을 전송하도록 하면, 알로하의 성능을 개선시킬 수 있다. 이러한 방법을 **슬롯 알로하**(slotted Aloha)라 부른다. 패킷 전송을 동기화 시킴으로써, 패킷 간 충돌은 패킷 하나의 전체 구간에서 발생하거나 또는 아예 발생하지 않는다. 따라서 충돌구간은 $2T$에서 T로 줄어들고, 따라서 슬롯 알로하는 그렇지 않은 알로하보다 더 두 배의 성능을 제공한다. 알로하에 대해 더 알고 싶으면 Abrahamson (1970)을 참조하길 바란다.

9.2 불규칙 신호

본 절에서는 에르고딕 또는 적어도 정적 신호원으로부터 만들어진 불규칙 신호를 집중적으로 다룬다. Wiener-Kinchine 정리를 적용하여 전력 스펙트럼을 구하고, 상관 관계와 스펙트럼 분석을 통하여 불규칙 신호에 대한 필터링과 여러 연산을 배운다.

전력 스펙트럼

불규칙 신호 $v(t)$가 정적일 때, 전력 스펙트럼 $G_v(f)$는 평균 전력 P가 여러 주파수 범위에 어떻게 분포되어 있는가를 알려준다고 할 수 있다. **Wiener-Kinchine 정리**에 의하면 $G_v(f)$는 자기 상관 함수 $R_v(\tau)$의 Fourier 변환

$$G_v(f) = \mathscr{F}_\tau[R_v(\tau)] \triangleq \int_{-\infty}^{\infty} R_v(\tau)e^{-j2\pi f\tau}\,d\tau \tag{1a}$$

으로 연결된다. 역으로,

$$R_v(\tau) = \mathscr{F}_\tau^{-1}[G_v(f)] \triangleq \int_{-\infty}^{\infty} G_v(f)e^{j2\pi f\tau}\,df \tag{1b}$$

이다. 따라서 결정적 전력 신호에서와 마찬가지로, 자기 상관 함수와 스펙트럼 밀도는 하나의 Fourier 변환 쌍을 이룬다. $G_v(f)$은

$$\int_{-\infty}^{\infty} G_v(f)\,df = R_v(0) = \overline{v^2} = P \tag{2}$$

$$G_v(f) \geq 0 \qquad G_v(-f) = G_v(f) \tag{3}$$

와 같은 성질을 가진다. $v(t)$가 실수이므로 $R_v(\tau)$는 실수이고 우함수라는 성질을 보인다. 이러한 성질 때문에 $G_v(f)$는 식 (3)에서 볼 수 있듯이 우대칭 성질을 갖는다.

랜덤 프로세스의 전력 스펙트럼은 신호원의 성질에 따라 연속, 임펄스, 또는 이들의 혼합 형태가 될 수 있다. 예로서, 예제 9.1-2의 불규칙 위상을 가지는 정현파에 대하여

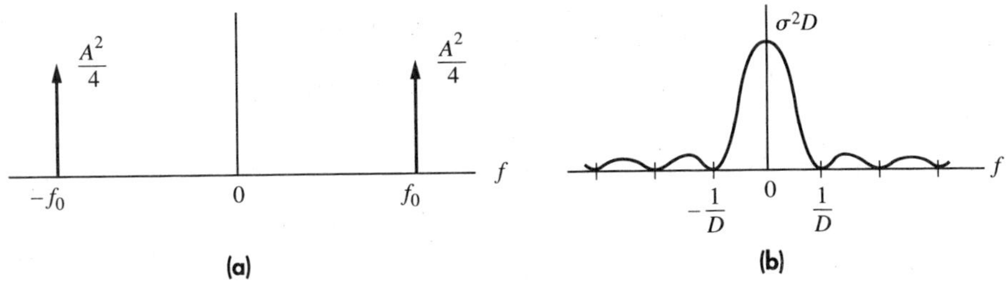

그림 9.2-1

전력 스펙트럼. (a) 불규칙 위상을 가지는 정현파; (b) 불규칙 디지털 파형.

$$R_v(\tau) = \frac{A^2}{2} \cos 2\pi f_0 \tau \leftrightarrow G_v(f) = \frac{A^2}{4} \delta(f - f_0) + \frac{A^2}{4} \delta(f + f_0) \tag{4}$$

이다. 그림 9.2-1a에서 이와 같은 펄스 형태의 스펙트럼을 확인할 수 있으며, 결정적 정현파의 스펙트럼과 동일한 모양을 가진다. 이는 위상만 서로 다른 정현파 표본 함수들로 구성한 에르고딕 프로세스로부터 불규칙 위상을 가지는 정현파가 발생하기 때문이다. 반면에, 예제 9.1-3의 불규칙 디지털 파형은

$$R_v(\tau) = \sigma^2 \Lambda(\tfrac{\tau}{D}) \leftrightarrow G_v(f) = \sigma^2 D \operatorname{sinc}^2 fD \tag{5}$$

을 가지며, 그림 9.2-1b에서 이와 같은 연속 전력 스펙트럼을 확인할 수 있다.

불규칙 신호의 자기 상관 관계는 결정적 신호의 자기 상관 관계와 동일한 수학적 성질을 보인다. 이러한 성질 때문에 불규칙 신호에 대한 Wiener-Kinchine 정리의 검증은 앞에서 다루었던 결정적 신호에 대한 증명으로 대신할 수 있다. 그러나, 물리적 추론에 기반을 둔 다른 방식의 유도 과정은 추가적인 안목과 전력 스펙트럼에 대한 다른 형태의 유용한 정의를 제공해 준다.

유한 구간을 가지거나 또는 시간 제한된 불규칙 신호

$$v_T(t) \triangleq \begin{cases} v(t) & |t| < T/2 \\ 0 & |t| > T/2 \end{cases}$$

를 살펴보자. 시간 제한된 표본 함수는 유한 에너지를 가지므로 Fourier 변환

$$V_T(f, s) = \int_{-\infty}^{\infty} v_T(t) e^{-j\omega t}\, dt = \int_{-T/2}^{T/2} v(t) e^{-j\omega t}\, dt \tag{6}$$

을 얻을 수 있다. 그러면, $|V_T(f, s_i)|^2$은 시간 제한된 표본 함수 $v_T(t, s_i)$의 에너지 스펙트럼 밀도이다. 더욱이, Rayleigh 에너지 정리에 따라

$$\int_{-T/2}^{T/2} v^2(t)\, dt = \int_{-\infty}^{\infty} v_T^2(t)\, dt = \int_{-\infty}^{\infty} |V_T(f, s)|^2\, df$$

형태로 표시하면 $v(t)$의 평균 전력은

$$P = \lim_{T\to\infty} \int_{-T/2}^{T/2} E[v^2(t)]\, dt$$

$$= \lim_{T\to\infty} E\left[\frac{1}{T}\int_{-\infty}^{\infty} |V_T(f, s)|^2\, df\right] = \int_{-\infty}^{\infty} \lim_{T\to\infty} \frac{1}{T}\ E\left[|V_T(f, s)|^2\right] df$$

이 된다. 따라서, 이제 $v(t)$의 전력 스펙트럼을

$$G_v(f) \triangleq \lim_{T\to\infty} \frac{1}{T}\ E\left[|V_T(f, s)|^2\right] \tag{7}$$

로 정의할 수 있고, 이 정의는 식 (2)와 (3)의 성질과 일치한다.

개념적으로 식 (7)은 다음의 과정을 의미한다: (1) 시간 제한된 표본 함수의 에너지 스펙트럼 밀도 계산, (2) 통계적 평균 계산, (3) 전력 계산을 위하여 T로 나누기, (4) 극한 $T \to \infty$ 적용. 식 (7)은 실험적으로 **스펙트럼 예측**을 위한 기초를 제공한다. 만일 매우 긴 시간 T 동안 표본 함수 $v(t, s_i)$를 관찰한다면

$$\tilde{G}_v(f) = \frac{1}{T}|V_T(f,s_i)|^2$$

로부터 $G_v(f)$를 예측을 할 수 있다. 스펙트럼 추정 $\tilde{G}_v(f)$를 **피리오도그램**(periodogram)이라 하며, 이는 지진파 또는 이와 비슷한 실험 데이터로부터 주기성을 찾는 과정에서 유래하였기 때문에 붙여진 이름이다.

이제, Wiener-Kinchine 정리의 유도를 완성하기 위해 식 (7)의 $G_v(f)$와 $\mathscr{F}_T[R_v(\tau)]$의 동일성을 증명한다. 먼저, 식 (6)을 $E[|V_T(f, s)|^2] = E[V_T(f, s)V_T^*(f, s)]$에 대입하고 적분과 기대값 연산의 순서를 바꾸면

$$E\left[|V_T(f, s)|^2\right] = \iint_{-T/2}^{T/2} E[v(t)v(\lambda)]e^{-j\omega(t-\lambda)}\, dt\, d\lambda$$

을 얻고, 여기서

$$E[v(t)v(\lambda)] = R_v(t, \lambda) = R_v(t - \lambda)$$

이다. 다음, $\tau = t - \lambda$와 $\mu = t$로 놓고 그림 9.2-2에 있는 $\tau\mu$ 평면에서 이중 적분을 한다. $\tau < 0$와 $\tau > 0$의 두 경우에 대하여 μ에 대한 적분을 구하면

$$E\left[|V_T(f, s)|^2\right] = \int_{-T}^{0} R_v(\tau)e^{-j\omega\tau}\left(\int_{-T/2}^{\tau+T/2} d\mu\right)d\tau + \int_{0}^{T} R_v(\tau)e^{-j\omega\tau}\left(\int_{\tau-T/2}^{T/2} d\mu\right)d\tau$$

$$= \int_{-T}^{0} R_v(\tau)e^{-j\omega\tau}(T + \tau)d\tau + \int_{0}^{T} R_v(\tau)e^{-j\omega\tau}(T - \tau)d\tau$$

이 된다. 마지막으로 $\tau < 0$에 대하여 $\tau = -|\tau|$이므로

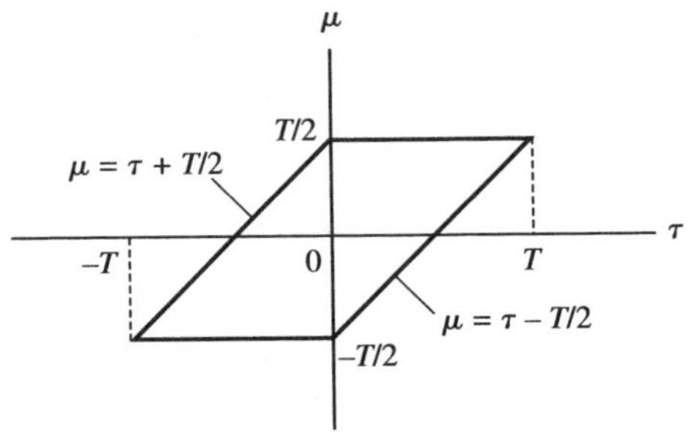

그림 9.2-2
$\tau\mu$ 평면에서의 적분 구간.

$$E\big[|V_T(f,s)|^2\big] = T\int_{-T}^{T}\left(1-\frac{|\tau|}{T}\right)R_v(\tau)e^{-j\omega\tau}\,d\tau \tag{8}$$

을 얻는다. 결과적으로

$$\lim_{T\to\infty}\frac{1}{T}\,E\big[|V_T(f,s)|^2\big] = \int_{-\infty}^{\infty}R_v(\tau)e^{-j\omega\tau}\,d\tau$$

이고, $G_v(f) = \mathscr{F}[R_v(\tau)]$가 검증된다.

불규칙 전신 파형

예제 9.2-1

그림 9.2-3a는 불규칙 전신 파형(random telegraph wave)의 한 표본 함수를 보여준다. 이 신호는 균일 빈도를 가지는 두 값 A와 0 사이에서 독립적이고 불규칙한 천이가 발생한다. 단위 시간당 천이 횟수는 Poisson 분포에 의하여 결정되고 μ가 평균 천이율이다.

자기 상관 함수가 그림 9.2-3(b)에 있듯이

$$R_v(\tau) = \frac{A^2}{4}(e^{-2\mu|\tau|}+1)$$

로 주어질 때 전력 스펙트럼을 구하여보자. $R_v(\tau)$로부터

$$P = \overline{v^2} = R_v(0) = \frac{A^2}{2} \qquad m_V^2 = R_v(\pm\infty) = \frac{A^2}{4}$$

임을 알 수 있고, 따라서 RMS 값은 $\sigma_V = \sqrt{\overline{v^2}-m_V^2} = A/2$이다.

$R_v(\tau)$의 Fourier 변환을 구하면 전력 스펙트럼

$$G_v(f) = \frac{A^2}{4\mu\big[1+(\pi f/\mu)^2\big]} + \frac{A^2}{4}\,\delta(f)$$

을 얻으며, 이 식은 DC 전력 $m_V^2 = \frac{A^2}{4}$를 나타내는 원점에서의 임펄스를 포함한다. 이와 같은 혼합 형태의 스펙트럼을 그림 9.2-3(c)에 나타낸다. 비록 μ가 평균 천이율과 같지만, AC 전력(σ_V^2로 측정됨)의 약 20%는 고주파 대역 $|f| > \mu$에 놓여있다.

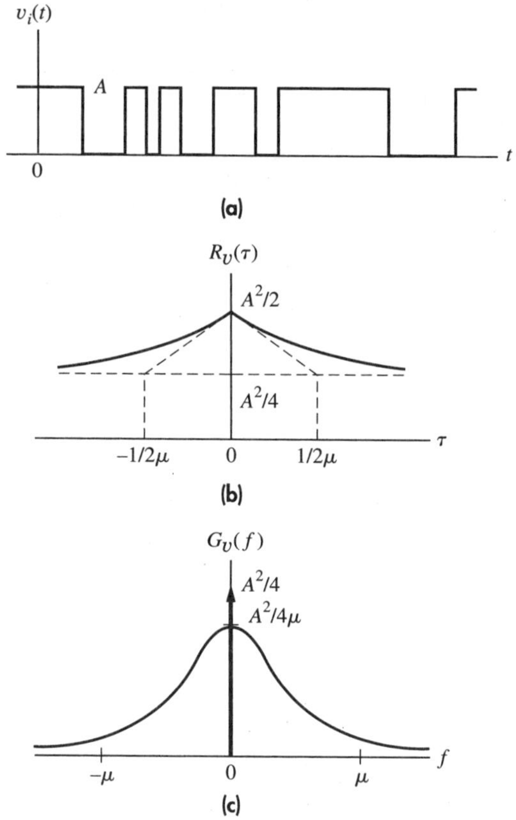

그림 9.2-3

불규칙 전신 파형. (a) 표본 함수; (b) 자기 상관 함수; (c) 전력 스펙트럼.

응용문제 9.2-1

$m_V \neq 0$일 때 일반적으로 $G_v(f)$가 임펄스를 포함한다. 이를 검증하기 위하여, $z(t) = v(t) - m_V$라 놓고 $R_z(\tau)$로부터 $G_v(f) = G_z(f) + m_V^2\delta(f)$를 증명하시오.

중첩과 변조

특정 불규칙 신호는 여러 다른 불규칙 신호들의 조합으로 볼 수 있다. 특히, $v(t)$와 $w(t)$를 결합 정적으로 가정하면, 이들의 교차 상관 관계는 다음

$$R_{vw}(t_1, t_2) = R_{vw}(t_1 - t_2)$$

을 만족한다.

$$z(t) = v(t) \pm w(t) \tag{9}$$

라 하자. 그러면,

$$R_z(\tau) = R_v(\tau) + R_w(\tau) \pm [R_{vw}(\tau) + R_{wv}(\tau)]$$

와

$$G_z(f) = G_v(f) + G_w(f) \pm [G_{vw}(f) + G_{wv}(f)]$$

이고, 여기서

$$G_{vw}(f) \triangleq \mathscr{F}_\tau[R_{vw}(\tau)] \tag{10}$$

로 정의되는 **교차 스펙트럼 밀도**를 사용한다. $v(t)$와 $w(t)$가 서로 상관 관계가 없고 $m_V m_W = 0$이면 교차 스펙트럼 밀도는 사라지므로

$$R_{vw}(\tau) = R_{wv}(\tau) = 0 \tag{11a}$$

이고, 이 조건이 주어지면

$$R_z(\tau) = R_v(\tau) + R_w(\tau) \tag{11b}$$

$$G_z(f) = G_v(f) + G_w(f) \tag{11c}$$

와

$$\overline{z^2} = \overline{v^2} + \overline{w^2} \tag{11d}$$

을 만족한다. 따라서, 자기 상관 함수, 전력 스펙트럼, 평균 전력간에 **중첩성**을 얻을 수 있다.

식 (11a)가 성립할 때 불규칙 신호들을 **비동기적**(incoherent/noncoherent)이라 한다. 독립적인 신호원으로부터 발생한 신호들은 보통 비동기적이며 이들의 평균 전력의 중첩성은 하나의 일반적인 물리적 현상이다. 예로서, 두 사람이 완전 동조가 되지 않은 상태로 동시에 연주할 경우, 전체 음의 전력은 각 음의 전력의 합과 같다.

이제,

$$z(t) = v(t) \cos(\omega_c t + \Phi) \tag{12}$$

와 같이 신호의 곱으로 정의되는 **변조** 동작을 살펴보자. 여기서, $v(t)$는 정적 불규칙 신호이고 Φ는 $v(t)$에 독립적인 불규칙 위상으로서 2π 라디안 구간에 균일하게 분포한다. 만일 Φ를 포함하지 않으면 $z(t)$는 비정적(nonstationary) 신호가 될 것이다; $v(t)$와 $\cos \omega_c t$가 서로 독립적인 신호원으로부터 나온 경우, 단지 Φ를 포함시킴으로써 시간 원점을 임의로 가질 수 있게 된다.

변조는 시간에 따라 변하는 과정이므로 v와 Φ에 대한 결합 기대값으로부터 $R_z(t_1, t_2) = E[z(t_1)z(t_2)]$을 구하고 이로부터 $R_z(\tau)$를 구하여야 한다. 삼각 함수 성질을 이용하면

$$\begin{aligned} R_z(t_1, t_2) &= \tfrac{1}{2}E[v(t_1)v(t_2)]\{\cos \omega_c(t_1 - t_2) + E[\cos(\omega_c t_1 - \omega_c t_2 + 2\Phi)]\} \\ &= \tfrac{1}{2}R_v(t_1, t_2) \cos \omega_c(t_1 - t_2) \end{aligned}$$

을 얻는다. 따라서, $\tau = t_1 - t_2$로 놓으면

$$R_z(\tau) = \tfrac{1}{2}R_v(\tau)\cos 2\pi f_c\tau \tag{13a}$$

이며, 여기에 Fourier 변환을 적용하면

$$G_z(f) = \tfrac{1}{4}\ [G_v(f - f_c) + G_v(f + f_c)] \tag{13b}$$

가 된다. 당연히, 변조를 통하여 $v(t)$의 전력 스펙트럼은 f_c 만큼 위와 아래로 이동한다.

변조는 곱하기 과정

$$z(t) = v(t)w(t) \tag{14}$$

의 특별한 경우이다. 만일 $v(t)$와 $w(t)$가 서로 독립적이고 결합 정적이면

$$R_z(\tau) = R_v(\tau)R_w(\tau) \tag{15a}$$

이고, 컨벌루션 정리로부터 다음 식을 얻는다.

$$G_z(f) = G_v(f)*G_w(f) \tag{15b}$$

응용문제 9.2-2 $w(t)$를 적절히 선택하여 식 (15b)로부터 식 (13b)를 유도하시오.

필터 통과 불규칙 신호

그림 9.2-4는 불규칙 신호 $x(t)$가 전달 함수 $H(f)$와 임펄스 응답 $h(t)$를 가지는 필터(또는 임의의 LTI 시스템)에 입력되는 것을 나타낸다. 이에 대한 출력 신호는

$$y(t) = \int_{-\infty}^{\infty} h(\lambda)x(t-\lambda)d\lambda \tag{16}$$

과 같이 **컨벌루션**으로 표현한다. 컨벌루션은 선형 연산이므로 가우스 신호가 입력되면 가우스 신호가 출력되고 이것의 성질은 m_Y와 $R_y(\tau)$로부터 완전히 정의할 수 있다. 이와 같은 출력의 통계적 특성은 $H(f)$ 또는 $h(t)$로부터 구할 수 있는데, 이 결과는 가우스 신호가 아닌 경우에도 매우 유용하게 사용된다.

$h(t)$를 실수라고 가정하면 $x(t)$와 $y(t)$는 모두 실수가 된다. 또한, $x(t)$는 정적 전력 신호이고 시스템은 안정적이라 가정한다. 그러면 $y(t)$는 정적 전력 신호가 되고 출력과 입력 사이의 교차 상관 관계는 임펄스 응답과의 컨벌루션, 즉

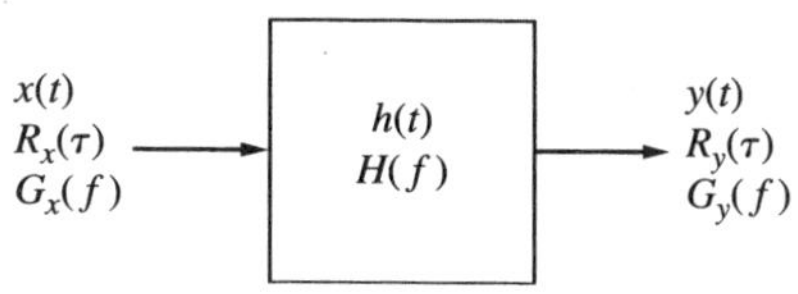

그림 9.2-4
필터에 입력되는 불규칙 신호.

$$R_{yx}(\tau) = h(\tau)*R_x(\tau) \tag{17a}$$

가 된다. 이에 대한 증명은 $R_{yx}(t_1, t_2) = E[y(t_1)x(t_2)]$로부터 시작한다. 식 (16)의 $y(t_1)$을 대입하고 연산의 순서를 바꾸면

$$R_{yx}(t_1, t_2) = \int_{-\infty}^{\infty} h(\lambda)E[x(t_1 - \lambda)x(t_2)]d\lambda$$

을 얻는다. $x(t)$가 정적이므로

$$E[x(t_1 - \lambda)x(t_2)] = R_x(t_1 - \lambda, t_2) = R_x(t_1 - \lambda - t_2)$$

이고, 마지막으로 $t_2 = t_1 - \tau$로 놓으면

$$R_{yx}(t_1, t_1 - \tau) = R_{yx}(\tau) = \int_{-\infty}^{\infty} h(\lambda)R_x(\tau - \lambda)\, d\lambda$$

가 되어 $R_{yx}(\tau) = h(\tau)*R_x(\tau)$가 된다. 동일한 방법으로 출력 자기 상관 함수는

$$R_y(\tau) = h(-\tau)*R_{yx}(\tau) = h(-\tau)*h(\tau)*R_x(\tau) \tag{17b}$$

이고, 이로부터 $y(t)$는 적어도 광의의 정적임을 알 수 있다.

식 (17b)로부터 전력 스펙트럼은

$$G_y(f) = |H(f)|^2 G_x(f) \tag{18}$$

의 관계를 보이며, 결론적으로

$$R_y(\tau) = \mathscr{F}_\tau^{-1}[|H(f)|^2\, G_x(f)] \tag{19a}$$

$$\overline{y^2} = R_y(0) = \int_{-\infty}^{\infty} |H(f)|^2\, G_x(f)\, df \tag{19b}$$

이다. 더욱이, 출력의 평균값은

$$m_Y = \left[\int_{-\infty}^{\infty} h(\lambda)d\lambda\right]m_X = H(0)m_X \tag{20}$$

이고, 여기서 $H(0)$는 시스템의 DC 이득을 가리킨다.

식 (18)의 전력 스펙트럼 관계식은, 실제 필터링 여부와 관계없이 불규칙 신호의 선형 연산을 공부하는데 매우 도움이 된다. $y(t) = dx(t)/dt$일 때, 주어진 $G_x(f)$에 대해 $G_y(f)$를 구하는 문제를 살펴보자. 개념적으로, $H(f) = j2\pi f$인 이상적인 미분기에 $x(t)$를 적용하여 $y(t)$를 구할 수 있다. 따라서, 식 (18)로부터

$$y(t) = dx(t)/dt \tag{21a}$$

이면

$$G_y(f) = (2\pi f)^2 G_x(f) \tag{21b}$$

이다. 역으로

$$y(t) = \int_{-\infty}^{t} x(\lambda)d\lambda \qquad m_X = 0 \tag{22a}$$

이면

$$G_y(f) = (2\pi f)^{-2} G_x(f) \tag{22b}$$

이다. 이와 같은 관계식들은 Fourier 변환의 미분 및 적분 성질과 동일한 성질들이다.

예제 9.2-2

단위 이득 그리고 $f_c = \mu/\pi$에 중심을 둔 좁은 대역폭 B를 갖는 이상적 대역 통과 필터가 있다. 이러한 필터에 예제 9.2-1의 불규칙 전신 파형을 입력시켜 보자. 그 결과 그림 9.2-5에 있는 출력 전력 스펙트럼 $G_y(f) = |H(f)|^2 G_x(f)$이 얻어진다.

$G_x(\pm f_c) = A^2/8\mu$이고 $B \ll f_c$라 하면

$$G_y(f) \approx \begin{cases} \dfrac{A^2}{8\mu} & \dfrac{-B}{2} < |f - f_c| < \dfrac{B}{2} \\ 0 & \text{otherwise} \end{cases}$$

이고, 출력 전력은 $G_y(f)$의 면적, 즉

$$\overline{y^2} \approx 2B \times \left(\frac{A^2}{8\mu}\right) = \frac{A^2 B}{4\mu} \ll \frac{A^2}{4\pi}$$

이 되며, $\overline{x^2} = A^2/2$이다. 더욱이 $H(0) = 0$이므로 비록 $m_X = A/2$이지만 식 (20)에 의하여 $m_Y = 0$이다. $R_y(\tau)$ 계산을 위한 추가 노력 없이 이와 같은 결과를 구한 것에 주목해야 한다.

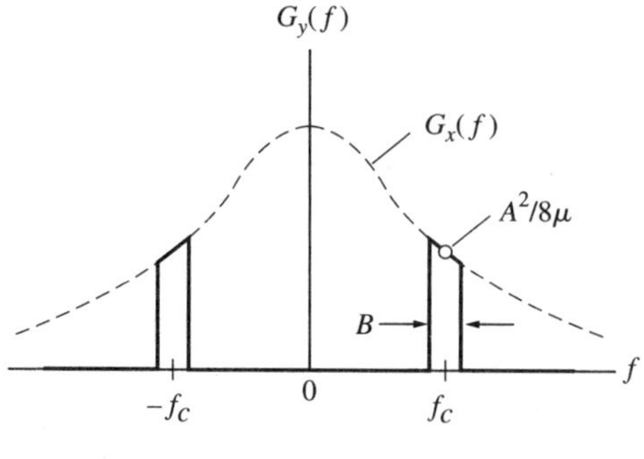

그림 9.2-5
예제 9.2-2의 필터 통과 전력 스펙트럼.

불규칙 신호의 Hilbert 변환 **예제 9.2-3**

앞에서 배웠듯이 Hilbert 변환 $\hat{x}(t)$은

$$h_Q(t) = \frac{1}{\pi t} \qquad H_Q(f) = -j\,\mathrm{sgn}\,f$$

을 가지는 직교 위상 전위 필터의 출력으로 정의된다.

$|H_Q(f)|^2 = 1$이므로 $x(t)$가 불규칙 신호이고, $y(t) = \hat{x}(t)$라 하면

$$G_{\hat{x}}(f) = G_x(f) \qquad R_{\hat{x}}(\tau) = \mathscr{F}_\tau^{-1}[G_{\hat{x}}(f)] = R_x(\tau)$$

이다. 즉, Hilbert 변환에 의하여 m_X또는 $\overline{x^2}$의 값이 변하지는 않는다.

그러나 $\hat{R}_x(\tau)$를 $R_x(\tau)$의 Hilbert 변환이라 할 때, 식 (17a)에 의하여

$$R_{\hat{x}x}(\tau) = h_Q(\tau)*R_x(\tau) = \hat{R}_x(\tau)$$

가 된다. 또한,

$$R_{x\hat{x}}(\tau) = -\hat{R}_x(\tau)$$

가 되는 것도 쉽게 증명할 수 있다. 이상의 결과들을 다음 장에서 응용할 것이다.

응용문제 9.2-3

9.2절 식 (5)로 설명되는 불규칙 디지털 파형이 $H(f) = [1 + j(f/B)]^{-1}$이고 $B \ll 1/D$인 1차 LPF에 입력된다. $G_y(f)$와 $R_y(\tau)$의 근사적 표현을 구하시오.

9.3 잡음

불필요한 전기 신호는 다양한 신호원으로부터 발생하며, 일반적으로 인간에 의한 간섭 또는 자연적으로 발생하는 잡음으로 구분된다. 인간에 의한 간섭은 통신 시스템, 점화 또는 정류기 스파크, AC 험(hum) 등에 의하여 발생한다. 자연적 잡음을 발생하는 현상에는 대기 교란, 우주 방사, 불규칙한 전자 운동 등이 있다. 적절한 공학적 과정을 통하여 다양한 종류의 불필요한 잡음의 영향을 줄이거나 또는 실질적으로 제거할 수 있다. 그러나, 시스템 성능에 근본적 한계를 주는 피할 수 없는 불규칙 신호는 여전히 존재한다.

전기적 잡음을 발생시키는 피할 수 없는 원인 중에 하나가 전선, 저항 등의 전달 매체에 있는 전자의 **열 동작**이다. 따라서, 먼저 **열 잡음**에 대하여 간단히 설명하고, 이로부터 백색 잡음이라는 편리한 추상적 개념을 유도한다. 이는 통신에서 유용하게 사용하는 모델이다. 그 다음으로, 필터 통과 백색 잡음과 입출력 관계를 살펴본다. 잡음을 분석하는 그 밖의 관점은 이후의 새로운 장과 부록에서 다룬다. 특히, 대역 통과 잡음의 특별한 성질은 10.1절에서 다룬다.

열 잡음과 가용 전력

열 잡음을 통신의 관점에서 정리하면 다음과 같다.

> 열 잡음은 도체에 있는 전하를 띈 입자(일반적으로 전자)의 불규칙 운동에 의하여 발생하는 잡음이다.

동역학 이론에 의하면 절대 온도 $\mathcal{T}$에서 입자의 평균 에너지는 $k\mathcal{T}$에 비례하고, 여기서 k는 Boltzmann 상수를 지칭한다. 따라서 열 잡음 값은 $k\mathcal{T}$값을 내재한 것이라 할 수 있다. 실제로, 잡음 전력을 온도와 연관지어 측정할 수 있다. 역사적으로 Johnson(1928)과 Nyquist(1928)가 금속 저항의 잡음에 대하여 최초로 연구하였고, 따라서 Johnson 잡음 또는 저항 잡음이라 명명하였다. 현재 잡음에 대한 이론적 및 실험적 연구가 방대하게 진행되고 있다.

온도 $\mathcal{T}$에서 금속 저항 R은 불규칙한 전자 운동에 의하여 개방 단자에 잡음 전압 $v(t)$을 가진다. 중심 극한 정리에 따라 $v(t)$는 평균 영과 분산

$$\overline{v^2} = \sigma_V^2 = \frac{2(\pi k\mathcal{T})^2}{3h} R \qquad \mathrm{V}^2 \tag{1}$$

인 Gauss 분포를 가지며, 여기서 $\mathcal{T}$는 켈빈(K) 단위로 측정되고

$$k = \text{Boltzmann constant} = 1.38 \times 10^{-23}\ \text{J/K}$$

$$h = \text{Planck constant} = 6.62 \times 10^{-34}\ \text{J-s}$$

이다. 식 (1)에 있는 Planck 상수로부터 이 결과는 양자 이론에 의한 것임을 알 수 있다. 또한, 이 이론에 의하면 열 잡음의 평균 제곱 스펙트럼 밀도는

$$G_v(f) = \frac{2Rh|f|}{e^{h|f|/k\mathcal{T}} - 1} \qquad \mathrm{V}^2/\mathrm{Hz} \tag{2a}$$

이고 $f \geq 0$에 대한 그림이 그림 9.3-1에 나타나 있다. "낮은" 주파수에서 이 식은

$$G_v(f) \approx 2Rk\mathcal{T}\left(1 - \frac{h|f|}{2k\mathcal{T}}\right) \qquad |f| \ll \frac{k\mathcal{T}}{h} \tag{2b}$$

로 간단히 된다. 식 (2a)와 식 (2b)에서 영점 에너지에 해당하는 항은 모두 생략하였는데,

그림 9.3-1
열 잡음의 스펙트럼 밀도, V²/Hz.

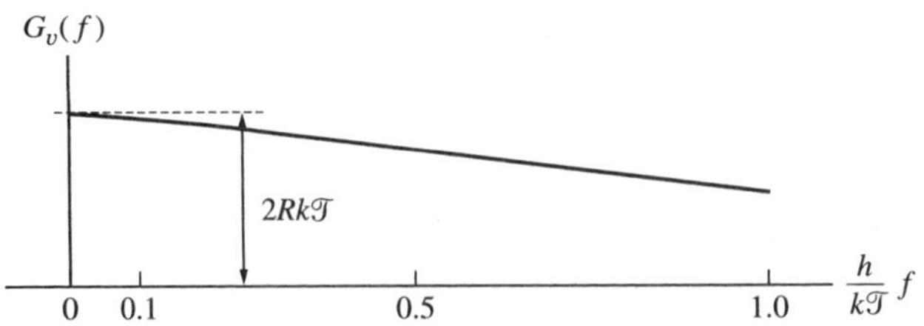

영점 에너지는 온도에 무관하고 부하에 전달되는 열 잡음에 아무 영향을 미치지 않는다.

다행히, 통신 엔지니어들은 식 (2a)와 (2b)를 거의 사용하지 않는다. 그 이유를 설명하기 위하여 먼저 상온 또는 **표준 온도**를

$$\mathcal{T}_0 \triangleq 290 \text{ K } (63°\text{F}) \tag{3a}$$

라 하며, 이 값은 약간 이상하지만

$$k\mathcal{T}_0 \approx 4 \times 10^{-21} \quad \text{W-s} \tag{3b}$$

이므로 계산을 간단히 해 준다. 주어진 저항이 온도 $\mathcal{T}_0$에 있으면 $G_v(f)$는 $|f| < 0.1k\mathcal{T}_0/h \approx 10^{12}$ Hz 구간에서 근본적으로 상수이다. 그러나, 이와 같은 상한값은 일반적인 전기 소자들이 동작하지 않는 영역보다 훨씬 상위 영역인 전자기 스펙트럼의 적외선 영역에 해당한다. 또한, 이 결론은 극저온($\mathcal{T} \approx 0.001\mathcal{T}_0$)에서도 성립한다.

그러므로, 대부분의 경우에 있어서 $h|f|/k\mathcal{T} \ll 1$ 가정과 식 (2b)로부터 열 잡음의 평균 제곱 전압 스펙트럼 밀도는 상수값

$$G_v(f) = 2Rk\mathcal{T} \quad \text{V}^2/\text{Hz} \tag{4}$$

을 가진다. 식 (4)의 한 가지 문제점은 $G_v(f)$를 모든 f에 대하여 적분하면 $\overline{v^2} = \infty$이라는 잘못된 결과를 얻는 것이다. 그러나, $v(t)$는 항상 다른 회로에 의하여 필터링 되므로 $\overline{v^2}$를 직접 다루는 경우는 거의 없으며, 이 문제는 잠시 후에 다룬다. 한편, 식 (4)는 그림 9.3-2a에 있듯이 저항의 Thévenin 등가 모델을 구성하는 데 사용한다. 여기서 저항은 동일한 크기의 잡음 없는 저항으로 치환되고 잡음은 제곱 평균 전압 발생기로 표시한다. 동일한 방법으로, 그림 9.3-2b는 $G_i(f) = G_v(f)/R^2 = 2k\mathcal{T}/R$인 제곱 평균 전류 발생기를 가지는 Norton 등가이다. 두 발생기는 모두 그들의 특별한 본질을 나타내기 위하여 음영으로 표시한다.

평균 제곱 전압 또는 전류 대신에, 열 잡음을 **가용 전력**으로 설명하면 표기 방법이 간단해지고 계산을 빠르게 할 수 있다. 앞에서 배웠듯이, 가용 전력은 영이 아닌 고정 신호원 저항을 가지는 신호원으로부터 부하에 전달할 수 있는 최대 전력이다. 최대 전력 전달에 대한 잘 알려진 이론에 의하면, 부하 임피던스가 신호원 임피던스의 켤레 복소수일 때에만 최대 전력을 전달할 수 있다. 이와 같은 부하를 신호원에 **정합**되었다고 하며, 통신 시스템에서 일반적으로 희망하는 조건이다.

그림 9.3-3a의 정현파 신호원의 임피던스가 $Z_s = R_s + jX_s$이고 개방 회로 전압이 v_s라

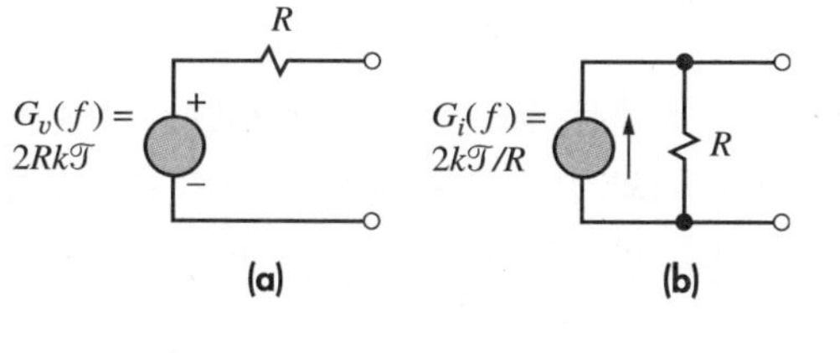

그림 9.3-2
열 저항 잡음. (a) Thévenin 등가; (b) Norton 등가.

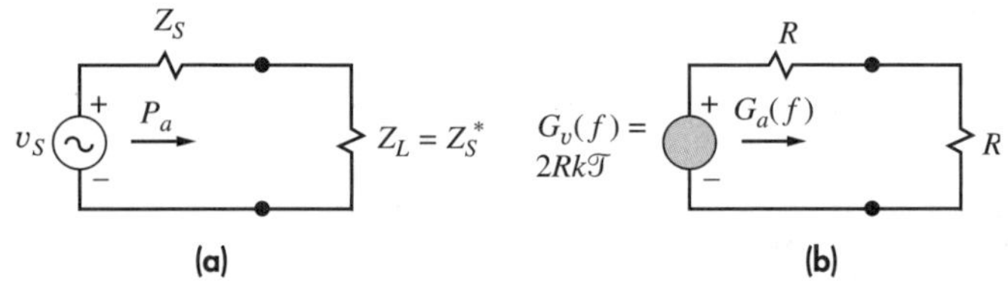

그림 9.3-3
가용 전력. (a) 정합된 부하를 가지는 AC 전원; (b) 정합된 부하를 가지는 열 저항.

하자. 만일 부하 임피던스가 정합되면 $Z_L = Z_s^* = R_s - jX_s$이고 단자 전압은 $v_s/2$이며, 가용 전력은

$$P_a = \frac{<[v_s(t)/2]^2>}{R_s} = \frac{<v_s^2(t)>}{4R_s}$$

이다. Thévenin에 따라, 이 개념을 그림 9.3-3b와 같이 잡음원으로 동작하는 열 저항으로 확장할 수 있다. 두 경우를 비교하면, 부하 저항에서의 가용 스펙트럼 밀도는

$$G_a(f) = \frac{G_v(f)}{4R} = \frac{1}{2}k\mathcal{T} \quad \text{W/Hz} \tag{5}$$

이다. 따라서, 열 저항은 R 값에 관계없이 정합된 부하에 최대 전력 밀도 $k\mathcal{T}/2$ W/Hz를 전달한다.

응용문제 9.3-1

식 (1)로부터 $\mathcal{T} = 29$ K일 때, 1 kΩ 저항 단자의 RMS 잡음 전압을 구하시오. 다음, 식 (2b)을 이용하여 $|f| < 1$ GHz 주파수 대역에서 발생하는 제곱 평균 전압의 퍼센트 비율을 구하시오.

백색 잡음과 필터 통과 잡음

열 저항 이외에 많은 종류의 잡음원이 Gauss 분포를 가지고 넓은 주파수 대역에서 평탄한 스펙트럼 밀도를 가진다. 이와 같은 스펙트럼은 모든 주파수에서 동일한 크기의 성분을 가지며, 따라서 백색광과 동일하게 **백색 잡음**(white noise)이라 한다. 백색 잡음은 통신에서 매우 유용한 모델(또한 경우에 따라 정확한 모델)이며, Gauss 프로세스 가정에 의해 앞 절에서 다룬 많은 성질들을 가지게 된다 — 그러나, 이 책의 범위를 넘는 특별한 응용 분야에서는 잡음에 대한 더 진전된 모델이 필요할 수 있다.

일반적으로 백색 잡음의 스펙트럼 밀도는

$$G(f) = \frac{N_0}{2} \tag{6a}$$

로 표시하며, N_0는 표준 표기법에서 밀도 상수를 나타낸다. 식에서 1/2이라는 불필요한 항을 포함하는데, 이는 그림 9.3-4와 같이 전력의 반은 양의 주파수에 해당하고 나머지 반은 음의 주파수에 해당하는 것을 가리킨다. 즉, N_0는 단방향 스펙트럼 밀도를 나타낸다. 식

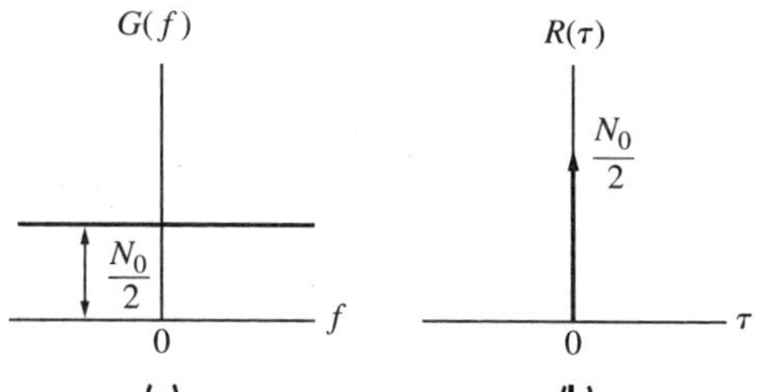

그림 9.3-4
백색 잡음. (a) 전력 스펙트럼; (b) 자기 상관 함수.

(6a)는 그림 9.3-1에서 유도한 것임에 유의하자. 여기서는 주파수 전구간에 걸쳐 잡음 전력을 상수라고 가정한 것이다. 그러나 실제로는 그림 9.3-1에서 확인할 수 있듯이 주파수가 증가할수록 잡음 전력이 서서히 감소하는 것을 확인할 수 있다. 그러나 일반적인 RF 대역을 훨씬 상회하는 1000 GHz의 높은 주파수 범위에 이르기까지 $N_0/2$의 10% 범위 이내에 머무르는 정도로 감소한다. $G(f)$의 Fourier 변환에 의한 백색 잡음의 자기 상관 함수는 쉽게 구해지며 그림 9.3-4b와 같이

$$R(\tau) = \frac{N_0}{2}\delta(\tau) \tag{6b}$$

이다.

따라서, $\tau \neq 0$에서 $R(\tau) = 0$이기 때문에, Gauss 백색 잡음의 서로 다른 두 샘플은 **상관 관계가 없고 통계적으로 독립**이다. 이 사실은 평탄한 전력 스펙트럼과 연관지어 흥미 있는 결과를 볼 수 있다. 즉, 백색 잡음을 오실로스코프로 보면 연속적인 스위프(sweep)는 항상 서로 다르다; 그러나, 모든 시간 변화율(주파수 성분)이 같은 크기로 포함되어 있으므로 스위프 속도에 관계없이 파형은 항상 일정하게 보인다. 마찬가지로, 백색 잡음을 스피커로 들어보면 마치 폭포 소리와 같이 항상 일정한 소리가 난다.

식 (6a)와 (6b)의 N_0 값은 두 가지 요인에 의하여 결정된다; 잡음의 종류와 스펙트럼 밀도의 종류. 만일 잡음원이 **열 저항**이면 제곱 평균 전압과 제곱 평균 전류 밀도는

$$N_{0v} = 4Rk\mathcal{T} \qquad N_{0i} = \frac{4k\mathcal{T}}{R} \tag{7}$$

이고, 추가로 사용된 첨자 v와 i는 스펙트럼 밀도의 종류를 나타낸다. 또한, 정의에 의해 모든 열 잡음원은 가용 단방향 잡음 스펙트럼 밀도 $2G_a(f) = k\mathcal{T}$를 가진다. 그 밖의 백색 잡음원은 가용 전력이 물리적 온도와 관련이 없다는 의미에서 **비열**(nonthermal) 잡음이다. 그럼에도 불구하고 거의 모든 백색 열 잡음과 백색 비열 잡음에 대하여 **잡음 온도** $\mathcal{T}_N$을 사용하며

$$\mathcal{T}_N \triangleq \frac{2G_a(f)}{k} = \frac{N_0}{k} \tag{8a}$$

로 정의된다. 그러면, 주어진 잡음원의 잡음 온도에 대하여

$$N_0 = k\mathcal{T}_N \tag{8b}$$

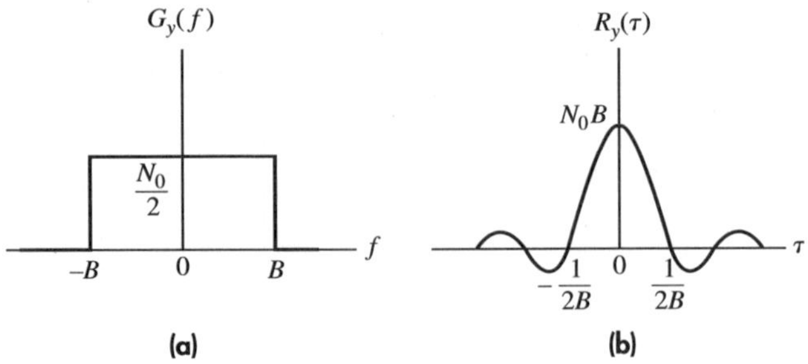

그림 9.3-5

이상적 LPF를 통과한 백색 잡음. (a) 전력 스펙트럼; (b) 자기 상관 관계.

이다. 단, $\mathcal{T}_N$가 반드시 물리적 온도는 아니라는 점을 주목하여야 한다. 예로, 어떤 잡음 발생기는 $\mathcal{T}_N \approx 10\mathcal{T}_0 \approx 3000$ K(5000°F)를 가지지만, 소자는 분명 이와 같이 뜨겁지 않다.

스펙트럼 밀도 $G_x(f) = N_0/2$을 가지는 Gauss 백색 잡음 $x(t)$가 있다. 이제 이 신호를 전달 함수 $H(f)$인 LTI 필터에 입력시켜 그 경우를 살펴보자. 출력 $y(t)$는

$$G_y(f) = \frac{N_0}{2}|H(f)|^2 \tag{9a}$$

$$R_y(\tau) = \frac{N_0}{2}\mathscr{F}_\tau^{-1}\left[|H(f)|^2\right] \tag{9b}$$

$$\overline{y^2} = \frac{N_0}{2}\int_{-\infty}^{\infty}|H(f)|^2\,df \tag{9c}$$

로 설명되는 Gauss 잡음이 될 것이다. 식 (9a)를 보면 필터 통과 백색 잡음의 스펙트럼 밀도가 $|H(f)|^2$ 모양을 가지는 것을 볼 수 있다. 바로 이 점을 주목할 필요가 있다. 따라서, 백색 잡음의 필터링에 의하여 필터의 통과 대역에서 주파수 성분을 가지는 유색(colored) 잡음이 발생한다고 말한다.

유색잡음은 반도체 장치에서 유발될 수 있으며, 플리커 잡음과 팝콘 잡음 또는 연접 잡음을 포함한다. 이러한 잡음원은 반도체 장치의 저항성분으로부터 생긴 내부 열 백색 잡음에 더해진다. 백색 잡음이 평탄한 주파수 스펙트럼을 가지는 것과는 대조적으로 플리커 잡음은 $1/f$ 스펙트럼을 가지며, 연접 잡음은 $1/f^2$ 스펙트럼을 가진다. 유색 잡음에 관한 더 자세한 내용은 부록 A, 특히 그림 A-5에서 얻을 수 있다.

필터 통과 잡음의 예로, $H(f)$를 단위 이득과 대역폭 B를 가지는 이상적 저역 통과 필터라 하자. 그러면 그림 9.3-5와 같이

$$G_y(f) = \frac{N_0}{2}\Pi\left(\frac{f}{2B}\right) \qquad R_y(\tau) = N_0B\,\mathrm{sinc}\,2B\tau \tag{10a}$$

이다. 스펙트럼 모양 변화뿐만 아니라, 저역 통과에 의해 출력 잡음이 약 $1/2B$의 시간 구간에 걸쳐 상관 관계를 가지는 사실을 확인 할 수 있다. 또한,

$$\overline{y^2} = N_0B \tag{10b}$$

가 되어 출력 전압은 필터의 대역폭에 직접적으로 비례한다.

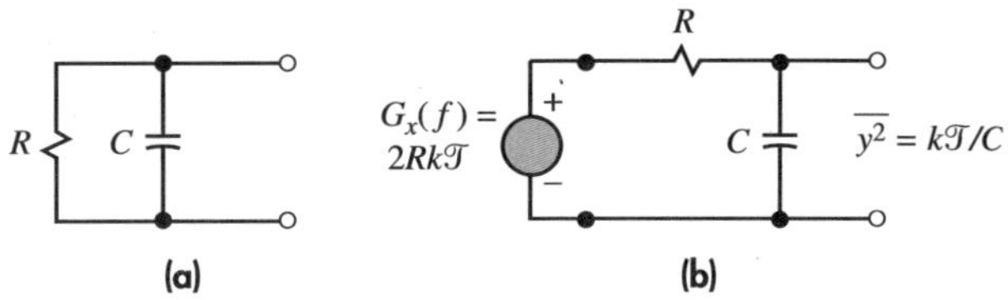

그림 9.3-6

(a) 잡음 저항을 가지는 RC 회로망; (b) 잡음 등가 모델.

예제 9.3-1

RC 회로망의 열 잡음

지금까지 배운 내용을 종합하기 위해, 그림 9.3-6a와 같이 온도 $\mathcal{T}$에 따른 저항을 가지는 RC 회로망을 다루어보자. 이 열 저항을 Thévenin 모델로 치환하면 그림 9.3-6b가 되고, $G_x(f) = 2Rk\mathcal{T}$ V^2/Hz인 백색 잡음 평균 제곱 전압원은 잡음 없는 RC LPF에 인가된다. $|H(f)|^2 = [1 + (f/B)^2]^{-1}$이므로 출력 스펙트럼 밀도는

$$G_y(f) = |H(f)|^2 G_x(f) = \frac{2Rk\mathcal{T}}{1 + (f/B)^2} \qquad B = \frac{1}{2\pi RC} \tag{11a}$$

이다. 역변환을 통하여

$$R_y(\tau) = 2Rk\mathcal{T}\pi Be^{-2\pi B|\tau|} = \frac{k\mathcal{T}}{C}e^{-|\tau|/RC} \tag{11b}$$

을 얻고, 이미 예상되었듯이 필터 통과 잡음이 상당한 상관 관계를 가지는 구간이 대략적으로 회로망의 시정수 RC와 일치하는 것을 알 수 있다.

또한, $x(t)$가 평균 영인 Gauss 신호이므로 $y(t)$는 DC 성분이 없는 Gauss 불규칙 신호이고,

$$\overline{y^2} = R_y(0) = \frac{k\mathcal{T}}{C} \tag{12}$$

이다. 한 가지 놀라운 것은, 비록 잡음원이 열 저항이지만 $\overline{y^2}$는 R과는 관계없고 단지 C에만 관련된다는 것이다. 이와 같은 역설은 앞으로 설명할 것이며, 여기서는 수치 계산만으로 결론을 맺고자 한다.

저항이 상온 $\mathcal{T}_0$에 있고 $C = 0.1\ \mu$F이라 하면

$$\overline{y^2} = 4 \times 10^{-21}/10^{-7} = 4 \times 10^{-14} \quad V^2$$

이고, 출력의 RMS 전압은 $\sigma_Y = 2 \times 10^{-7} = 0.2\ \mu$V이다. 이렇게 매우 작은 값이 열 잡음의 특징이며, 이러한 이유로 일반적인 경우에 열 잡음은 눈에 띄지 않는다. 그러나, 장거리 통신 시스템에서는 수신된 신호가 이러한 열 잡음과 비슷한 정도의 크기 또는 더 작은 크기를 가질 수 있다.

잡음 등가 대역폭

필터 통과 백색 잡음은 일반적으로 유한 전력을 가진다. 이 성질을 강조하기 위하여 **평균 잡음 전력** N을 지정하고 식 (9c)를

$$N = \frac{N_0}{2}\int_{-\infty}^{\infty} |H(f)|^2\, df = N_0\int_{0}^{\infty} |H(f)|^2\, df$$

형태로 표현한다. 이 적분은 필터의 전달 함수만 관련되므로, **잡음 등가 대역폭** B_N (또는 간단히 **잡음 대역폭**)을

$$B_N \triangleq \frac{1}{g}\int_{0}^{\infty} |H(f)|^2\, df \tag{13}$$

로 정의하여 잡음 전력에 대한 논의를 간단히 할 수 있다. 여기서

$$g = |H(f)|^2_{\max}$$

은 중심 주파수 전력비를 나타낸다(필터가 의미 있는 중심 주파수를 가진다고 가정할 때). 따라서 필터 통과 잡음 전력은

$$N = gN_0B_N \tag{14}$$

이고, N_0가 밀도를 나타내므로 이 표현은 더욱 의미를 가지게 된다.

식 (14)에 의해 두 부분으로 필터의 효과를 나눌 수 있다: 상대적 주파수 선택도 B_N 그리고 전력 이득(또는 감쇠) g. 따라서, 주어진 필터와 동일한 이득을 가지며 B_N은 동일한 양의 백색 잡음 전력을 통과시키는 이상적 사각형 필터의 대역폭과 같다. 그림 9.3-7a과 그림 9.3-7b는 각각 대역 통과 필터 및 저역 통과 필터에 대한 그림을 보여준다.

식 (13)과 식 (14)를 예제 9.3-1의 RC LPF에 적용하여 보자. 필터의 중심 주파수는 $f = 0$이므로 $g = |H(0)|^2 = 1$이고

$$B_N = \int_{0}^{\infty} \frac{df}{1 + (f/B)^2} = \frac{\pi}{2}B = \frac{1}{4RC} \tag{15}$$

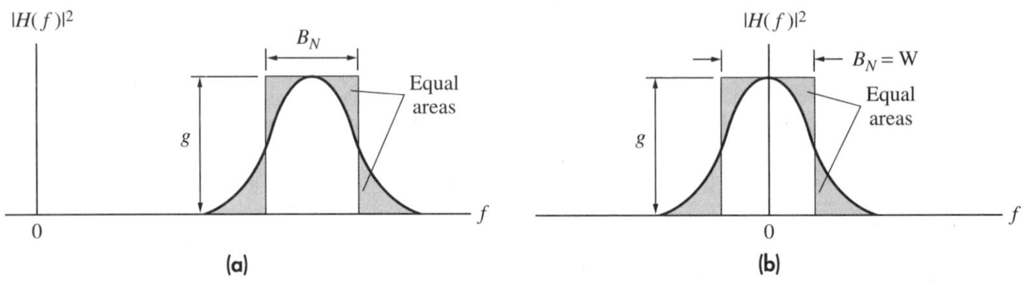

그림 9.3-7

잡음 등가 대역폭. (a) 대역 통과 필터; (b) 저역 통과 필터.

이다. 만일 $\overline{y^2} = N = N_0B_N = (4Rk\mathcal{T}) \times (1/4RC)$로 표시하면 식 (12)에서 $\overline{y^2}$이 R에 무관한 이유가 명확해진다. 즉, R이 증가하면 잡음 밀도 N_0는 당연히 증가하지만 잡음 대역폭 B_N은 감소한다. 이 두 효과가 정확하게 상쇄되어 $\overline{y^2} = k\mathcal{T}/C$가 된다.

정의에 따르면, 이상적 필터의 경우 잡음 대역폭은 필터의 실제 대역폭과 같다. 현실적인 필터에 대해서는 B_N이 3 dB 대역폭보다 약간 크다. 그러나, 필터의 선택도가 증가하면 (차단 특성이 좋아지면) 잡음 대역폭은 3 dB 대역폭에 근접하게 된다. 대부분의 응용에서 두 대역폭을 동일하게 취급하여도 큰 무리는 없다.

정리하면, 만일 $y(t)$가 평균 영을 가지는 필터 통과 백색 잡음이라 하면

$$\overline{y^2} = \sigma_Y^2 = N = gN_0B_N \qquad \sigma_Y = \sqrt{N} = \sqrt{gN_0B_N} \tag{16}$$

이다. 이것은 주어진 백색 잡음원에 대하여 평균 전력 측정기(또는 평균 제곱 전압 측정기)가 항상 $\overline{y^2} = N = N_0B_N$을 가리킬 것을 의미하며, 여기서 B_N은 측정기 자체의 잡음 대역폭이다. 또한, 만일 측정기의 주파수 응답 구간에서 잡음이 백색임을 확인하면, 잡음원의 전력 밀도는 $N_0 = N/B_N$이다.

응용문제 9.3-2

9.3절 식 (4)에 정의된 n차 Butterworth LPF를 살펴보자. 잡음 대역폭 B_N과 3 dB 대역폭 B가

$$B_N = \frac{\pi B}{2n \sin(\pi/2n)} \tag{17}$$

의 관계를 보이는 것을 증명하시오. 그 결과 $n \to \infty$에 따라 $B_N \to B$이다.

백색 잡음을 이용한 시스템 측정

백색 잡음은 모든 주파수를 동일한 크기로 가지고 있으므로 시스템을 측정하고 실험적으로 설계하는 데 편리하게 사용된다. 따라서 조정된 전력 밀도를 가지는 백색 잡음원은 실험실의 표준 기기가 되었다. 백색 잡음원을 이용하여 측정할 수 있는 몇 가지 항목을 살펴보자.

잡음 등가 대역폭 증폭기의 이득이 주어질 때, 증폭기의 잡음 등가 대역폭을 구하려 한다. 이를 위해 백색 잡음을 입력시키고, 증폭기의 통과 대역에서 평탄한 주파수 응답을 가지는 계측기를 이용하여 평균 출력 전압을 측정한다. 그러면, 구하고자 하는 증폭기의 잡음 대역폭은 식 (14)에 의하여 $B_N = N/gN_0$이다.

진폭 응답 주어진 시스템의 진폭 응답(또는 진폭 비)을 구하기 위해, 시스템에 백색 잡음을 입력시켜 출력의 전력 스펙트럼이 $|H(f)|^2$에 비례하도록 한다. 다음, $|H(f)|^2$의 변화에 비하여 작고 일정한 대역폭을 가지는 가변 대역 통과 필터를 이용하여 출력을 주사(scanning)한다. 그림 9.3-8a에 이 실험을 위한 구성도가 있다. 만일 주사 필터의 중심 주파수가 f_c이면 출력의 rms 잡음 전압은 $|H(f_c)|$에 비례하고, f_c를 변경하면서 점으로 연결된 $|H(f)|$의 그림을 구할 수 있다.

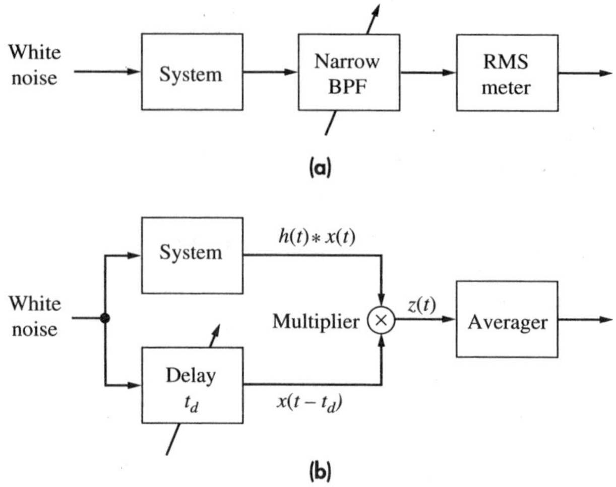

그림 9.3-8
백색 잡음을 이용한 시스템 측정. (a) 진폭 응답; (b) 임펄스 응답.

임펄스 응답 주어진 시스템의 임펄스 응답 $h(t)$를 구하는 방법이 그림 9.3-8b에 나타나 있다. 필요한 장치는 백색 잡음원, 가변 시간 지연기, 곱셈기, 평균기 등이다. 입력 잡음을 $x(t)$라 하면, 시스템 출력은 $h(t) * x(t)$이고, 지연된 신호는 $x(t - t_d)$이며, 따라서 곱셈기 출력은

$$z(t) = x(t - t_d)[h(t)*x(t)] = x(t - t_d)\int_{-\infty}^{\infty} h(\lambda)x(t - \lambda)d\lambda$$

이다. 이제, 충분히 긴 시간에 대하여 $z(t)$의 평균을 취하여 $\langle z(t)\rangle$를 구한다. 만일 잡음원이 에르고딕이고 시스템이 선형 시불변이면, 출력의 평균은 근사적으로 통계적 평균

$$E[z(t)] = \int_{-\infty}^{\infty} h(\lambda)E[x(t - t_d)x(t - \lambda)]d\lambda = \int_{-\infty}^{\infty} h(\lambda)R_x(\lambda - t_d)d\lambda$$

이 된다. 그러나, $x(t)$가 백색 잡음이므로 식 (6b)에 의하여 $R_x(\lambda - t_d) = (N_0/2)\delta(\lambda - t_d)$이고, 따라서

$$\langle z(t)\rangle \approx \frac{N_0}{2}\int_{-\infty}^{\infty} h(\lambda)\delta(\lambda - t_d)d\lambda = \frac{N_0}{2}\ h(t_d)$$

이 되어 지연 시간 t_d를 변화시키면서 $h(t)$를 구할 수 있다.

그림 9.3-8에 있는 측정 기술들은 산업 공정 또는 제어 시스템에 대하여 특별한 의미를 가진다. 일반적인 정현파 또는 펄스 입력들은 이러한 시스템을 선형 동작 구간의 범위를 초과해서 구동시킬 수 있고, 경우에 따라 시스템을 손상시킬 수도 있다. 따라서, 작은 크기의 백색 잡음은 테스트용 입력 신호의 훌륭한 대안이 된다.

9.4 잡음이 있는 기저 대역 신호 전송

이제, 잡음이 전기 통신에 미치는 영향을 연구할 준비가 되었다. 먼저, 가산 잡음이 있는 기저 대역 신호 전송 시스템을 공부하고, 아날로그 통신에서 시스템의 성능을 측정하기 위한 신호 대 잡음 비를 소개한다. 9.5절에서는 펄스 전송에 대하여 배운다.

본 절과 9.5절에서 걸쳐 다루는 내용은 반송파 변조를 포함하지 않는 선형 시스템으로 국한된다. 이와 같은 기본적인 신호 전송을 **기저 대역 통신**이라 한다. 기저 대역 시스템에 대하여 얻은 결과들은 다음 장에서 잡음이 있는 반송파 변조 시스템을 다룰 때 비교를 위한 벤치 마크 역할을 한다.

가산 잡음과 신호 대 잡음 비

전송되는 신호를 오염시키는 잡음은 보통 가산적인 영향을 주는데 **가산**이라 함은 다음과 같은 의미를 말한다.

> 신호원과 최종단 사이의 여러 지점에서 정보를 전달하는 신호에 종종 더하여진다.

해석을 위하여, 그림 9.4-1에 보인 가산 잡음 모델과 같이 잡음들은 통합된 하나의 잡음원으로 표시되며 수신기 입력에서 신호 $x_R(t)$에 더해진다.

이 모델은 전송 시스템에서 가장 취약한 지점이 신호의 레벨이 가장 작은 곳인 수신기의 입력 부분이라는 것을 강조하고 있다. 더욱이, 다른 지점에서의 잡음원들은 부록에 설명된 기법에 따라 수신기의 입력 지점에서의 잡음원으로 돌려 해석할 수 있다.

수신기는 선형 연산을 수행하므로 합해진 입력신호는 최종단에서 신호에 잡음이 합해진 출력을 만든다. 따라서 출력 파형은

$$y_D(t) = x_D(t) + n_D(t) \tag{1}$$

의 형태가 되는데, 여기서 $x_D(t)$와 $n_D(t)$는 각각 최종단의 신호 파형과 잡음 파형을 나타낸다. 그러면, 총 출력 전력은 $y_D^2(t) = x_D^2(t) + 2x_D(t)n_D(t) + n_D^2(t)$을 평균하면 얻어진다.

이 평균을 계산하기 위하여, 신호를 에르고딕 프로세스의 표본 함수라 간주하고 가산 잡음에 대하여 두 가지 적절한 가정을 한다.

1. 잡음은 평균이 영이고 전력 스펙트럼 밀도가 $G_n(f)$인 에르고딕 잡음원으로부터 발생한다.

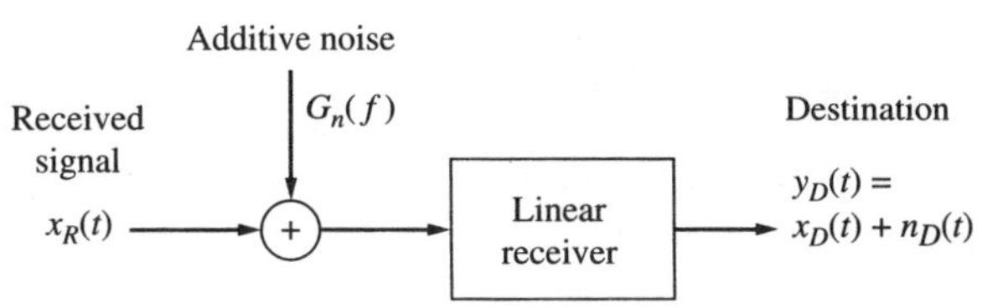

그림 9.4-1
가산 잡음이 있는 수신 신호 모델.

2. 잡음은 물리적으로 신호와 독립적이고, 따라서 신호와 상관 관계가 없다.

이상의 조건이 주어지면 $x_D(t)$와 $n_D(t)$가 비동기적이므로 교차 곱 $x_D(t)n_D(t)$의 통계적 평균은 영이 된다. 따라서 $y_D^2(t)$의 통계적 평균은

$$\overline{y_D^2} = \overline{x_D^2} + \overline{n_D^2} \tag{2}$$

이 되고, 이어서 최종단에서의 신호 전력과 잡음 전력이 중첩됨을 알 수 있다.

원하는 신호 전력과 원하지 않는 잡음 전력의 구분을 강조하기 위하여

$$S_D \triangleq \overline{x_D^2} \qquad N_D \triangleq \overline{n_D^2} \tag{3a}$$

로 표시하고, 이에 따라

$$\overline{y_D^2} = S_D + N_D \tag{3b}$$

이다. **신호 대 잡음 비**(signal-to-noise ratio) SNR는 신호 전력과 잡음 전력의 비율로 정의되고

$$(S/N)_D \triangleq S_D/N_D = \overline{x_D^2}/\overline{n_D^2} \tag{4}$$

으로 표시되며 보통 데시벨로 나타낸다.

신호 대 잡음 비는 신호가 가산 잡음에 묻혀 오염된 정도를 간편하게 나타내는 중요한 지표이다. 그러나, 신호 대 잡음 비는 식 (2)가 만족되어야만 의미를 가진다. 그렇지 않으면 $\overline{y_D^2}$는 신호와 잡음의 교차 곱에 관한 항을 추가적으로 가질 수 있다.

S_D를 단독으로 측정하기 위하서 잡음을 차단시킬 수는 없으므로, 신호와 잡음 전력의 중첩성은 실험 과정에서 도움이 되는 조건이다. 즉, 신호를 차단하여 얻은 단독 전력 N_D와 신호를 인가하여 얻은 전력 $\overline{y_D^2} = S_D + N_D$를 각각 측정한다. 이 값이 측정되면 $\overline{y_D^2}/N_D = (S_D + N_D)/N_D = (S/N)_D + 1$로부터 $(S/N)_D$를 계산할 수 있다.

해석 작업에서는 $G_n(f) = N_0/2$인 백색 잡음을 주로 사용한다. 만일 수신기의 이득이 g_R이고 잡음 대역폭이 B_N이면, 최종단 잡음 전력은

$$N_D = g_R N_0 B_N \tag{5}$$

이 된다. 잡음이 Gauss 분포를 가지면 이 경우를 **가산성 백색 Gauss 잡음**(additive white Gauss noise; AWGN)이라 하고, 흔히 이 모델이 사용된다.

백색 잡음이 있는 모든 경우에 대하여, 잡음 밀도는 수신기 입력에 인가된 잡음 온도 $\mathcal{T}_N$의 식으로 표현될 수 있고, 따라서

$$N_0 = k\mathcal{T}_N = k\mathcal{T}_0(\mathcal{T}_N/\mathcal{T}_0) \approx 4 \times 10^{-21}(\mathcal{T}_N/\mathcal{T}_0) \quad \text{W/Hz} \tag{6}$$

이며, 여기서 계산을 간단히 하기 위하여 표준 온도 $\mathcal{T}_N$를 사용하였다. 통상적인 $\mathcal{T}_0$ 값의 범위는 잘 설계된 저잡음 시스템의 $0.2\mathcal{T}_0$ (60 K)부터 "잡음이 심한" 시스템의 $10\mathcal{T}_0$ 또는 그 이상의 범위를 갖는다.

아날로그 신호 전송

그림 9.4-2는 간단한 아날로그 기저 대역 전송 시스템을 보여준다. 정보원으로부터 아날로그 메시지 파형 $x(t)$가 생성되고, 이것이 최종단에서 재생되도록 하려한다. 모든 표본 함수 $x(t)$는 $|f| > W$의 주파수 범위에서의 성분이 거의 없도록 **메시지 대역폭** W인 에르고딕 프로세스로 모델링 된다. 채널은 메시지 대역에서 왜곡이 없다고 가정하면 $x_D(t) = Kx(t - t_d)$의 단순지연으로 표시되며, K와 t_d는 시스템의 각각 총 이득과 지연을 나타낸다. 이제, 최종단에서 시스템의 신호 대 잡음 비로 측정되는 가산 백색 잡음의 영향을 집중적으로 살펴보자.

신호원에서 발생하는 평균 신호 전력은 $S_x \triangleq \overline{x^2}$로 표시된다. 채널에 등화기가 필요하지 않으므로 송신기와 수신기는 단순히 전송 손실 L을 보상하기 위하여 메시지 대역에서 전력 이득이 g_T 및 g_R인 단순한 증폭기로 동작한다. 따라서, 전송된 신호 전력, 수신된 신호 전력, 그리고 최종단 신호 전력의 관계는

$$S_T = g_T\overline{x^2} = g_T S_x \quad S_R = \overline{x_R^2} = S_T/L \quad S_D = \overline{x_D^2} = g_R S_R \tag{7}$$

이다. 이 세 변수들은 그림 9.4-2의 각 해당하는 지점에 표시되어 있다.

그림 9.4-2에는 수신기의 한 부분으로서 **저역 통과 필터**가 있다. 이 필터는 최종단에서 잡음을 감소시키면서 메시지를 통과시키는 중요한 동작을 담당한다. 분명히 이 필터는 메시지 대역 밖에 있는 잡음 주파수 성분을 모두 제거하여야 하며, 따라서 대역폭 $B = W$인 이상적 저역 통과 필터가 되어야 한다. 이에 따라 최종단 잡음 전력은 $B_N = B = W$인 식 (5)로부터 $N_D = g_R N_0 W$가 된다.

수신기 이득 g_R은 신호와 잡음을 동일하게 증폭시킨다. 그러므로 S_D를 N_D로 나누는 과정에서 g_R는 소거되고

$$(S/N)_D = S_R/N_0 W \tag{8}$$

이다. 결국, 최종단 신호 대 잡음 비는 세 가지의 기본적인 시스템 변수 즉 수신기 입력에서의 신호 전력 S_R와 잡음 밀도 N_0, 그리고 메시지 대역폭 W를 이용하여 표현된다. 여기서 분모 N_0W는 g_R에 의하여 증폭되기 전의 **메시지 대역에서의 잡음 전력**으로 해석할 수 있다. 결과적으로 광대역 신호는 협대역 신호에 비하여 잡음에 의하여 더 많이 왜곡된다.

$(S/N)_D$를 데시벨 단위로 계산하기 위하여 신호 전력을 밀리와트(또는 dBm)로 표시하고 잡음 전력을 잡음 온도 $\mathcal{T}_N$의 식으로 표시한다. 그 결과

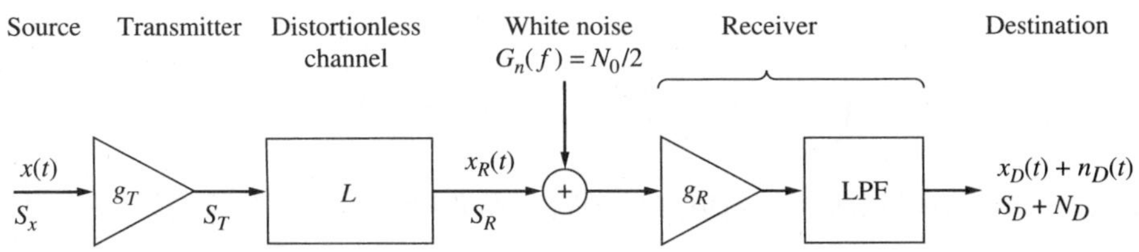

그림 9.4-2
잡음이 있는 아날로그 기저 대역 전송 시스템.

표 9.4-1 주요 아날로그 신호가 요구하는 일반적인 전송 조건.

Signal Type	Frequency Range	Signal-to-Noise Ratio, dB
Barely intelligible voice	500 Hz to 2 kHz	5–10
Telephone-quality voice	200 Hz to 3.2 KHz	25–35
AM broadcast quality audio	100 Hz to 5 kHz	40–50
FM broadcast quality audio	50 Hz to 15 kHz	50–60
High-fidelity audio	20 Hz to 20 kHz	55–65
Video	60 Hz to 4.2 MHz	45–55

$$\left(\frac{S}{N}\right)_{D_{\mathrm{dB}}} = 10\log_{10}\frac{S_R}{k\mathcal{T}_N W} \approx S_{R_{\mathrm{dBm}}} + 174 - 10\log_{10}\left(\frac{\mathcal{T}_N}{\mathcal{T}_0}W\right) \tag{9}$$

이고, 여기서 상수항 174 dB는 식 (6)을 밀리와트로 변환한 결과로부터 나온다.

표 9.4-1은 다양한 형태의 아날로그 통신 시스템에서 필요한 주파수 영역과 $(S/N)_D$의 일반적인 dB 값을 보여준다. 주파수 범위의 상한값은 메시지 대역폭 W와 같다. 많은 전송 시스템이 저주파수 응답 성능을 저하시키는 변환기 또는 결합 캐패시터를 가지고 있으므로 하한값도 매우 중요한 설계 항목이다.

최종단 신호 대 잡음 비는 수신기 이득과는 관련이 없는데, 수신기 이득은 단지 출력에서 원하는 신호 레벨을 제공하는 역할을 한다. 그러나, 잡음이 더해지기 전에 포함되는 모든 이득 또는 손실은 $(S/N)_D$에 영향을 준다. 특히, 식 (8)에 $S_R = S_T/L$을 대입하면

$$(S/N)_D = S_T/LN_0W \tag{10}$$

이 되어 $(S/N)_D$는 전송된 신호 전력 S_T에 비례하고 전송 손실 L에 반비례한다. 이는 당연한 결과이지만 그래도 매우 중요한 결론이다.

식 (10)의 모든 변수들이 고정되었는데 $(S/N)_D$이 너무 작다고 판명되면, 시스템의 성능을 향상시키기 위하여 중계기(repeaters)를 사용하는 것을 고려하여야 한다. 예로서, 전송 경로가 여러 개의 동일한 구역으로 나누어지고 각 구역의 손실을 L_1이라 하자. 만일 잡음 밀도 N_0를 가지는 중계기가 첫 구역의 종단에 삽입되면, 출력 신호 대 잡음 비는 식 (10)으로부터

$$(S/N)_1 = S_T/L_1N_0W$$

이 된다. 중계기의 증폭 이득은 보통 구역 손실과 동일하도록 설계된다. 부록에 주어진 해석에 의하면, 만일 시스템이 m개의 동일한 중계 구역(수신기를 포함하여)을 가지면 전체 신호 대 잡음 비는

$$\left(\frac{S}{N}\right)_D \approx \frac{1}{m}\left(\frac{S}{N}\right)_1 = \frac{L}{mL_1}\left(\frac{S_T}{LN_0W}\right) \tag{11}$$

이 된다. 직접 전송 방식과 비교하면, 이 결과는 L/mL_1만큼의 잠재적인 성능 향상 가능성

을 보여준다.

이상의 모든 결과들은 왜곡 없는 채널, 가산 백색 잡음, 그리고 이상적 필터링을 기반으로 구하여졌다는 것을 강조할 필요가 있다. 따라서 식 (8)~(11)은 아날로그 통신에서 얻을 수 있는 $(S/N)_D$의 상한값을 나타낸다. 만일, 실제 시스템의 저역 통과 필터의 잡음 대역폭이 메시지 대역폭보다 훨씬 크다면 신호 대 잡음 비는 W/B_N만큼 감소할 것이다. 시스템의 비선형성은 신호와 잡음의 곱 성분을 발생시켜 $(S/N)_D$를 더욱 감소시킨다. 그러나, 비선형 컴팬딩(companding)을 통하여 실제 성능을 향상시킬 수 있다.

예제 9.4-1

$L = 140 \text{ dB} = 10^{14}$, $\mathcal{T}_N = 5\mathcal{T}_0$인 케이블 시스템을 살펴보자. $W = 20 \text{ kHz}$이고 $(S/N)_D \geq 60 \text{ dB}$인 고성능 오디오 신호 전송을 원할 경우, 수신기에서 필요한 신호 전력은 식 (9)로부터

$$S_{R_{\text{dBm}}} + 174 - 10 \log_{10}(5 \times 20 \times 10^3) \geq 60 \text{ dB}$$

이다. 따라서, $S_R \geq -64 \text{ dBm} \approx 4 \times 10^{-7} \text{ mW}$이고, 전송된 전력은 $S_T = LS_R \geq 4 \times 10^7 \text{ mW} = 40{,}000 \text{ W}$가 되어야 한다.

당연히 40 kW를 신호 전송 케이블에 입력하려 하지는 않을 것이다. 대신, $L_1 = 70 \text{ dB} = 10^7$이 되도록 중간 지점에 중계기를 설치할 것이다(dB 단위의 케이블 손실은 길이에 직접적으로 비례한다). 그러면, 식 (11)에서의 향상 정도는

$$\frac{L}{mL_1} = \frac{10^{14}}{2 \times 10^7} = 5 \times 10^6$$

이고, 그 결과 필요한 전송 전력은 $S_T \geq (4 \times 10^7 \text{ mW})/(5 \times 10^6) = 8 \text{ mW}$로 감소하고, 이 값은 현실적으로 가능한 값이다. 아마도, 안전한 동작을 위한 여유를 두기 위하여 S_T를 10−20 mW 범위에서 선택할 것이다.

응용문제 9.4-1

$W = 4.2 \text{ MHz}$이고 $(S/N)_D \geq 50 \text{ dB}$인 비디오 전송에 대하여 예제 9.4-1을 다시 푸시오.

9.5 잡음이 있는 기저 대역 펄스 전송

본 절에서는 잡음이 있는 기저 대역 펄스 전송을 다루며, 두 가지 측면에서 아날로그 신호 전송과 차이점이 있다. 첫째, 파형을 재생하는 것이 아니라 펄스의 진폭 또는 도착 시간을 측정하거나, 또는 펄스의 존재 여부를 판정하는 것에 관심이 있다. 둘째, 펄스의 진폭 또는 도착 시간은 알 수 없지만 펄스의 모양은 미리 알 수 있다. 따라서, 9.4절에서 사용하였던 신호 대 잡음 비 개념은 본 절에서는 거의 의미를 가지지 못한다.

잡음에서의 펄스 측정

그림 9.5-1a의 수신기에 표시된 것처럼, 가산 잡음에 의하여 손상된 단일 펄스 $p(t)$의 주요 파라미터를 측정하는 문제를 먼저 살펴보자. 펄스는 수신 진폭 A, 폭 τ, 에너지 $E_p = A^2\tau$를 가지는 어느 정도의 구형파 모양이고, 잡음은 전력 스펙트럼 밀도 $G(f) = N_0/2$와 영의 평균을 가지는 백색 잡음이라 하자. 단위 이득과 대역폭 $B \approx B_N \geq 1/2\tau$인 적절한 저역 통과 필터에 의하여 펄스는 통과하고 잉여 잡음은 제거된다. 따라서 그림 9.5-1b에 그려진 출력 신호 $y(t) = p(t) + n(t)$는 상승 시간 $t_r \approx 1/2B_N$인 사다리꼴 펄스 모양에 잡음에 의한 변화가 첨가된 형태가 된다.

만일 펄스 **진폭**을 측정하려면 출력 펄스의 중심 근처의 특정 순간 t_a에서 진폭을 측정하여야 한다. 그러면, 한 번의 측정에 의하여 불규칙한 값인

$$y(t_a) = A + n(t_a) = A + \epsilon_A$$

가 얻어지고, 여기서 $\epsilon_A = n(t_a)$는 **진폭 오차**를 나타낸다. 따라서, 오차의 분산은

$$\sigma_A^2 = \overline{n^2} = N_0 B_N \tag{1}$$

이고, 정확한 측정을 위하여 이 값은 A^2에 비하여 작아야 한다. $A^2 = E_p/\tau$이고 $B_N \geq 1/2\tau$이므로 오차의 분산에 대한 하한값을

$$\sigma_A^2 \geq \frac{N_0}{2\tau} = \frac{N_0 A^2}{2E_p} \tag{2}$$

로 표시할 수 있다. 대역폭이 약 $1/2\tau$ 보다 작은 모든 필터는 잡음뿐만 아니라 출력 펄스의 진폭도 감소시킨다. 하한값에 도달하려면 다음에 배우게 될 정합 필터(matched filters)가 필요하다.

펄스 **도착 시간** 또는 펄스 **폭**은 일반적으로 $y(t)$가 $A/2$와 같은 특정 레벨을 지나는 순간 t_b를 검출하여 측정한다. 그림 9.5-2에 확대되어 보여지듯이, 잡음 요동 $n(t_b)$에 의하여 **시**

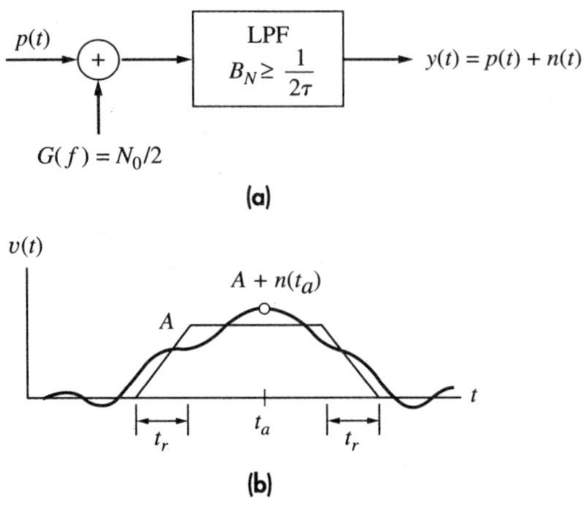

그림 9.5-1
잡음에서의 펄스 측정. (a) 모델; (b) 파형.

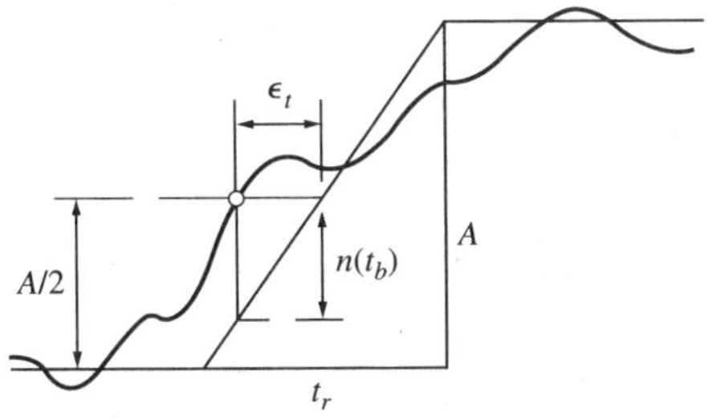

그림 9.5-2
잡음에 의한 시간 위치 오차.

간 위치 오차 ϵ_t가 발생한다. 두 개의 닮은 삼각형으로부터 $\epsilon_t/n(t_b) = t_r/A$이고, 이로부터 $\epsilon_t = (t_r/A)n(t_b)$와

$$\sigma_t^2 = (t_r/A)^2\overline{n^2} = (t_r/A)^2 N_0 B_N$$

가 된다. 여기에 $t_r \approx 1/2B_N$과 $A^2 = E_p/\tau$를 대입하면

$$\sigma_t^2 \approx \frac{N_0}{4B_N A^2} = \frac{N_0 \tau}{4B_N E_p} \tag{3}$$

을 얻고, $t_r \to 0$이 되도록 $B_N \to \infty$로 하면 σ_t를 임의로 작게 할 수 있음을 보여준다. 그러나, 수신된 펄스는 **전송 대역폭** B_T에 의하여 결정되는 영이 아닌 상승 시간을 실제로 가지므로

$$\sigma_t^2 \geq \frac{N_0}{4B_T A^2} = \frac{N_0 \tau}{4B_T E_p} \tag{4}$$

가 되고, 하한값은 필터 대역폭이 $B_N \approx B_T$일 때 도달할 수 있다. 이는 $B_N \approx 1/2\tau$일 때 σ_A의 하한값을 얻는 것과 대비되는 결과이다.

응용문제 9.5-1

10 μs 펄스가 $B_T = 800$ kHz, $N_0 = E_p/50$인 채널을 통하여 전송된다. 다음의 경우에 대하여 σ_A/A와 σ_t/τ을 구하시오: (a) $B_T = 1/2\tau$; (b) $B_N = B_T$.

펄스 검파와 정합 필터

펄스의 모양을 알면, 대부분의 알려진 스펙트럼 밀도 $G_n(f)$를 가지는 가산 잡음에 숨겨져 있는 펄스를 검출하기 위한 최적 수신 필터를 설계할 수 있다. 이와 같은 최적 필터를 **정합 필터**라 하고, 디지털 통신과 레이더 시스템 등에서 많이 응용되고 있다.

그림 9.5-3a가 펄스 검파를 위하여 사용할 모델이다. 수신된 펄스는 알려진 모양 $p(t)$이지만 진폭 A_p와 도착 시간 t_0은 알 수 없고, 따라서 수신된 신호는

$$x_R(t) = A_p p(t - t_0) \tag{5a}$$

로 표시된다. $x_R(t)$의 Fourier 변환은

$$X_R(f) = A_p P(f) e^{-j\omega t_0} \tag{5b}$$

이고, 여기서 $P(f) = F_T[p(t)]$이다. 총 수신 펄스 에너지는

$$E_p = \int_{-\infty}^{\infty} |X_R(f)|^2 \, df = A_p^2 \int_{-\infty}^{\infty} |P(f)|^2 \, df \tag{5c}$$

이다. 가산 잡음에 대항하여 펄스를 검출하기 위하여, 수신 필터는 펄스 에너지를 압축하여 특정 순간, 예로 $t = t_0 + t_d$에서 최대 포락선 A를 가지는 출력 펄스를 만들어야 하고, 또한 필터는 출력 잡음의 RMS를 최소화시켜야 한다. 따라서, 출력 펄스의 모양은 그림 9.5-3b와 같은 형태가 될 것이다. $p(t)$와 $G_n(f)$가 주어질 때, 이와 같은 목표를 달성하기 위한 필터의 전달 함수 $H(f)$를 찾도록 한다.

먼저, 최대 펄스 진폭을

$$A = \mathscr{F}^{-1}[H(f)X_R(f)]\Big|_{t=t_0+t_d} = A_p \int_{-\infty}^{\infty} H(f)P(f)e^{+j\omega t_d} \, df \tag{6}$$

와 같이 $H(f)$와 $P(f)$의 식으로 표시한다. 다음, 평균이 영인 잡음을 가정하면 잡음의 출력 분산은

$$\sigma^2 = \int_{-\infty}^{\infty} |H(f)|^2 G_n(f) \, df$$

이다. 이제, 잡음 RMS 값 σ에 대한 최대 출력 진폭의 비, 또는 동등하게

$$\left(\frac{A}{\sigma}\right)^2 = A_p^2 \frac{\left|\int_{-\infty}^{\infty} H(f)P(f)e^{j\omega t_d} \, df\right|^2}{\int_{-\infty}^{\infty} |H(f)|^2 G_n(f) \, df} \tag{7}$$

를 최대로 하여야 하며, 여기서 마음대로 정할 수 있는 것은 $H(f)$뿐이다. 일반적으로 최적화 과정을 위하여 변분법(variational calculus)이 필요하지만, 이 문제(그리고 그 밖의 몇몇 문제들)는 Schwarz 부등식을 이용하여 쉽게 풀 수 있다.

이를 위하여 3.6절 식 (17)의 부등식을

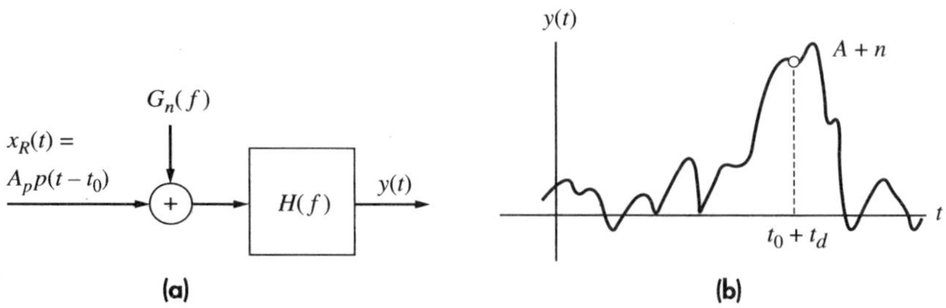

그림 9.5-3
잡음에서의 펄스 검출. (a) 모델; (b) 필터 출력.

$$\frac{\left|\int_{-\infty}^{\infty} V(f)W^*(f)df\right|^2}{\int_{-\infty}^{\infty} |V(f)|^2 df} \le \int_{-\infty}^{\infty} |W(f)|^2 df$$

형태로 다시 쓰며, 여기서 $V(f)$와 $W(f)$는 f에 대한 임의의 함수이다. 이 부등식의 좌변은

$$V(f) = H(f)\sqrt{G_n(f)}$$

$$W^*(f) = \frac{A_p H(f)P(f)e^{j\omega t_d}}{V(f)} = \frac{A_p P(f)e^{j\omega t_d}}{\sqrt{G_n(f)}}$$

로 하면 식 (7)과 일치하고, 부등식의 등호는 $V(f)$가 $W(f)$에 비례할 때 성립한다. 따라서 만일 $V(f) = KW(f)$이면 최대값

$$\left(\frac{A}{\sigma}\right)^2_{\max} = A_p^2 \int_{-\infty}^{\infty} \frac{|P(f)|^2}{G_n(f)}\, df \tag{8}$$

이 얻어지고, 이에 해당하는 최적 필터는 임의의 이득 상수 K에 대하여

$$H_{\text{opt}}(f) = K\frac{P^*(f)e^{-j\omega t_d}}{G_n(f)} \tag{9}$$

가 되어야 한다. $|H_{\text{opt}}(f)|$는 $|P(f)|$에 비례하고 $G_n(f)$에 반비례하는 것을 볼 수 있다. 따라서 최적 필터는 펄스 스펙트럼이 큰 주파수 영역을 강조하고 잡음 스펙트럼이 큰 주파수 영역을 약화시키는데, 이는 매우 현명한 동작이다. 또한 식 (10)의 유도 과정에서 알 수 있는 바와 같이 신호 대 잡음 비가 신호 에너지와 잡음 에너지의 함수이지만 신호의 파형 모양과는 무관하다는 사실이다.

특별히 매우 중요한 경우로서 $G_n(f) = N_0/2$인 백색 잡음에 대하여 식 (8)은

$$\left(\frac{A}{\sigma}\right)^2_{\max} = \frac{2A_p^2}{N_0}\int_{-\infty}^{\infty} |P(f)|^2\, df = \frac{2E_p}{N_0} \tag{10}$$

으로 간단히 되고, 이 식은 펄스 검출 문제에서 에너지 E_p의 중요성을 보여준다. 이 경우, 최적 필터의 임펄스 응답은

$$h_{\text{opt}}(t) = \mathscr{F}^{-1}\left[\frac{2K}{N_0}\; P^*(f)e^{-j\omega t_d}\right] = \frac{2K}{N_0}p(t_d - t) \tag{11}$$

이 된다. 정합 필터라는 이름은 $h_{opt}(t)$의 모양이 시간에 대하여 뒤집히고 t_d 만큼 이동한 펄스 $p(t)$의 모양과 동일하다는 사실로부터 나온 것이다. t_d 값은 펄스 도착과 최대 출력 사이의 시간 지연이고, 이는 설계 단계에서 결정된다.

경우에 따라 $h_{opt}(t)$가 $t < 0$에서 선행값을 가지므로 정합 필터가 물리적으로 실현 불가

능할 수 있다. 그러나, 선행값을 무시할 수 있도록 t_d를 충분히 크게 하면 매우 적당한 근사적 결과를 얻을 수 있다.

응용문제 9.5-2

$p(t) = u(t) - u(t - \tau)$인 구형파 펄스를 살펴보자. $K = N_0/2$일 때 식 (11)로부터 $h_{opt}(t)$를 구하고, 정합 필터가 실현 가능하기 위한 t_d의 조건을 구하시오. 다음, 컨벌루션 연산 $h_{opt}(t) * x_R(t)$를 통하여 출력 펄스의 최대값 A를 구하시오.

예제 9.5-1

RC LPF에 대한 신호 대 잡음 비

잡음이 있을 때, 단위 진폭을 갖는 정현파 신호가 RC LPF에 의해 필터링한다. 출력 SNR은 시정수 $\tau = RC$의 식으로 표시하고 출력 SNR을 최대로 만드는 τ를 구하려 한다.

정현파 신호 $x(t) = \cos 2\pi f_0 t$가 그림 3.1-2의 RC 회로망에 입력된다. 3.1절의 식 (18)과 3.6절의 식 (21)로부터 출력 신호의 전력은 $S = G_s(f_0) = \dfrac{A^2/2}{1 + (2\pi f_0 RC)^2}$이 된다. 9.3절의 식 (15) 및 (16) 으로부터, 잡음 전력은 $N = \dfrac{N_0}{4RC}$가 된다. 그래서

$$N = \frac{N_0}{4RC}. \text{ 따라서 } (S/N) = \left.\frac{2A^2RC}{N_0[1 + (2\pi f_0 RC)^2]}\right|_{\tau=RC} \tag{12}$$

$$= \frac{2A^2\tau}{N_0[1 + (2\pi f_0 \tau)^2]}$$

위의 출력 (S/N)을 최대로 만드는 $\tau = RC$ 값을 구하려면, 출력 (S/N)을 τ로 미분하여 그것을 0으로 놓는다. 그러면

$$(S/N)_{max} \text{ when } \tau = 1/(2\pi f_0) \tag{13}$$

을 얻는다. 식 (13)을 (12)에 대입해서

$$(S/N) = \frac{A^2}{2\pi f_0 N_0} \tag{14}$$

를 얻는다. 대조적으로, 만일 RC-LPF 대신 정합 필터를 사용했다면 식 (10)으로부터 $(S/N) = A^2/N_0$를 얻었을 것이다.

응용문제 9.5-3

수신 신호를 $y(t) = x(t) + n(t)$라 하자. 신호 성분 $x(t)$는 단위 진폭의 주파수가 1인 정현파인데 $\sigma = 1$인 AWGN 잡음 $n(t)$에 의해 오염되어 있다. (a) $y(t)$으로부터 $x(t)$를 추정하기 위한 정합 필터를 구현하는 컴퓨터 프로그램을 작성하시오. (b) 문제 (a)를 반복하되, 3.1절의 식 (8b)에 필요한 필터로서는 단일 단의 Butterworth 필터를 사용하시오.

9.6 질문 및 연습문제

질문

1. 랜덤 변수와 랜덤 프로세스에 대한 실제 예제를 몇 가지 예시하시오.

2. 전문 용어인 자기 상관 함수 및 교차 상관함수를 일반 용어로 설명하시오.

3. 무상관 프로세스가 어떤 조건이 있으면 독립적이 될 지 알아 보시오.

4. 전력선에서 발생하는 잡음의 원인을 설명하시오.

5. 수용할 만한 크기의 SNR 하에서 아주 미약한 신호를 수신할 때 일련의 센세 어레이를 어떻게 배치할 것인지 설명하시오.

6. 인공위성의 송신 출력은 변함이 없는데, 안테나 크기가 20피트에서 12인치의 접시 크기로 줄어든 위성 TV의 수신이 가능하려면 어떤 기술이 필요할지 생각해 보시오.

7. 잡음의 근원이 채널인지 아니면 수신기 내부의 회로인지 어떻게 알 수 있는지 설명하시오.

8. 안테나-전송 선로-수신기 형태의 시스템에서 SNR을 가장 좋게 얻으려면 왜 안테나에 최대한 가까운 위치에 프리 앰프를 배치해야 하는지 설명하시오.

9. 수신부의 후단 부분(예로서 IF 또는 AF단)에서 신호를 진폭하면 수신 품질이 꼭 좋아지지는 않는 이유를 설명할 수 있는 실제 예를 드시오.

10. 수신기의 입력에서의 증폭기는 SNR을 개선할 수 있는지? 왜 그런지, 왜 그렇지 않은지?

11. 알로하 시스템과 유사한 예를 드시오.

12. 계측 장치들을 계측기의 센서 증폭기가 $1/f$ 잡음의 영향을 받을 때 성능이 떨어진다. 이를 완화할 수 있는 방안을 서술하시오.

13. 열 잡음의 크기가 가우스 분포인 이유를 기술하시오.

연습문제

9.1-1* 랜덤 변수 X가 $0 \le x \le 2$ 구간에서 균일한 분포를 가진다. 랜덤 프로세스 $v(t) = 6e^{Xt}$에 대하여 $\overline{v(t)}$, $R_v(t_1, t_2)$, $\overline{v^2(t)}$를 구하시오.

9.1-2 $v(t) = 6 \cos Xt$에 대하여 문제 9.1-1을 푸시오.

9.1-3 X와 Y는 서로 독립적인 랜덤 변수이다. X가 $-1 \le x \le 1$ 구간에서 균일한 분포를 가지고, $\overline{Y} = 2$, $\overline{Y^2} = 6$일 때, 랜덤 프로세스 $v(t) = (Y + 3Xt)t$에 대하여 $\overline{v(t)}$, $R_v(t_1, t_2)$, $\overline{v^2(t)}$를 구하시오.

9.1-4 $v(t) = Ye^{Xt}$에 대하여 문제 9.1-3을 푸시오.

9.1-5 $v(t) = Y \cos Xt$에 대하여 문제 9.1-3을 푸시오.

9.1-6‡ $v(t) = A \cos(2\pi Ft + \Phi)$이고 A는 상수, F와 Φ는 랜덤 변수라 하자. Φ가 2π 라디안에 걸쳐 균일한 분포를 가지고, F가 임의의 PDF $p_F(f)$를 가질 때,

$$R_v(t_1, t_2) = \frac{A^2}{2} \int_{-\infty}^{\infty} \cos 2\pi\lambda(t_1 - t_2) p_F(\lambda)\, d\lambda$$

을 증명하시오. 또한, $\overline{v(t)}$와 $\overline{v^2(t)}$를 구하시오.

9.1-7* X와 Y는 서로 독립적인 랜덤 변수이고 모두 평균 영과 분산 σ^2를 가진다. 두 랜덤 프로세스

$$v(t) = X\cos\omega_0 t + Y\sin\omega_0 t$$
$$w(t) = Y\cos\omega_0 t - X\sin\omega_0 t$$

의 교차 상관 함수를 구하시오.

9.1-8 문제 9.1-7에 정의된 프로세스 $v(t)$를 살펴보자. (a) $\overline{v^2(t)}$와 $R_v(t_1, t_2)$을 구하여 이 프로세스가 광의의 정적임을 검증하시오. (b) $E[v^2(t)]$와 $\langle v_i^2(t)\rangle$로부터 프로세스가 에르고딕이 아님을 증명하시오.

9.1-9 $v(t) = A\cos(\omega_0 t + \Phi)$이고 A와 Φ는 독립적인 랜덤 변수이고, Φ는 2π 라디안에 걸쳐 균일하게 분포한다. (a) $\overline{v(t)}$와 $R_v(t_1, t_2)$을 구하여 이 프로세스가 광의의 정적임을 검증하시오. (b) $E[v^2(t)]$와 $\langle v_i^2(t)\rangle$로부터 프로세스가 에르고딕이 아님을 증명하시오.

9.1-10* $z(t) = v(t) - v(t + T)$이고, $v(t)$는 정적 비주기 프로세스이며 T는 상수이다. $z(t)$의 평균과 분산을 $R_v(\tau)$의 식으로 구하시오.

9.1-11 $z(t) = v(t) + v(t - T)$에 대하여 문제 9.1-10을 푸시오.

9.1-12 서로 독립적인 랜덤 신호 문제 $v(t)$와 $w(t)$는 무상관임을 보이시오.

9.2-1* 특정 불규칙 신호가 $R_v(\tau) = 16e^{-(8\tau)^2} + 9$을 가진다. 전력 스펙트럼을 구하고, 신호의 dc 값, 평균 전력, rms 값을 구하시오.

9.2-2 $R_v(\tau) = 32\,\mathrm{sinc}^2\, 8\tau + 4\cos 8\tau$에 대하여 문제 9.2-1을 푸시오.

9.2-3 문제 9.1-6에서 정의된 신호를 살펴보자. $G_v(f) = (A^2/4)[p_F(f) + p_F(-f)]$을 증명하고, 상수 f_0에 대하여 $F = f_0$일 때 이 결과를 간단히 정리하시오.

9.2-4 스펙트럼 예측값 $\tilde{G}_v(f) = |V_T(f, s)|^2/T$를 살펴보자. 9.2절 식 (8)을 이용하여 $E[\tilde{G}_v(f)] = (T\,\mathrm{sinc}^2\, fT) * G_v(f)$을 증명하시오. $T \to \infty$가 되면 어떻게 되는가?

9.2-5‡ $v(t)$를 불규칙 위상을 가지는 정현파라 하자. 9.2절 식 (7)이 9.2절 식 (4)의 $G_v(f)$로 되는 것을 증명하시오.

9.2-6 $v(t)$와 $w(t)$가 서로 독립적인 정적 신호이고 $m_V m_W \neq 0$일 때, 9.2절 식 (11b)~(11d)를 수정하시오. 이 결과로부터 $R_z(\pm\infty) = (m_V \pm m_W)^2$와 $\overline{z^2} > 0$을 증명하시오.

9.2-7 $v(t)$와 $w(t)$가 결합 정적이고 $R_{vw}(t_1, t_2) = R_{vw}(t_1 - t_2)$이다.

$$R_{wv}(\tau) = R_{vw}(-\tau)$$

을 증명하시오. 여기에 해당하는 교차 스펙트럼 밀도 사이의 관계는 무엇인가?

9.2-8 $z(t) = v(t) - v(t + T)$이고, $v(t)$는 정적 불규칙 신호이며 T는 상수이다. $R_z(t_1, t_2)$로부터 시작하여 $R_z(\tau)$와 $G_z(f)$를 $R_v(\tau)$와 $G_v(f)$의 식으로 구하시오.

9.2-9 $z(t) = v(t) + v(t - T)$에 대하여 문제 9.2-8을 푸시오.

9.2-10 $z(t) = A\cos(2\pi f_1 t + \Phi_1)\cos(2\pi f_2 t + \Phi_2)$이고 A, f_1, f_2는 상수이고 Φ_1, Φ_2는 독립적인 랜덤 변수이며 모두 2π 라디안 구간에서 균일한 분포를 가진다. $G_z(f)$를 구하

고, $f_1 = f_2$인 경우에 대하여 $G_z(f)$를 간단히 하시오.

9.2-11 $R_y(\tau) = h(-\tau) * R_{yx}(\tau)$를 검증하시오.

9.2-12* $y(t) = dx(t)/dt$라 하자. $G_y(f)$와 $G_{yx}(f)$의 역변환을 통하여 $R_y(\tau)$와 $R_{yx}(\tau)$를 $R_x(\tau)$의 식으로 구하시오.

9.2-13 $y(t) = x(t) - \alpha x(t - T)$이고 α와 T는 상수이다. $G_y(f)$와 $R_y(\tau)$의 표현식을 구하시오.

9.2-14* 다음 신호들의 평균전력은 얼마인가? (a) $G_s(f) = 6e^{-3|f|}$, (b) $G_x(f) = 4e^{-f^2/100}$.

9.2-15 문제 9.2-7의 관계를 이용하여

$$R_{x\hat{x}}(\tau) = -\hat{R}_x(\tau)$$

을 증명하시오.

9.2-16‡ 불규칙 신호 $x(t)$의 이동 평균은

$$y(t) = \frac{1}{T}\int_{t-T/2}^{t+T/2} x(\lambda)\,d\lambda$$

의 적분으로 정의된다. $y(t) = h(t)*x(t)$가 되도록 $H(f)$를 구하고

$$R_y(\tau) = \frac{1}{T}\int_{-T}^{T}\left(1 - \frac{|\lambda|}{T}\right)R_x(\tau - \lambda)d\lambda$$

을 증명하시오.

9.3-1 9.3절 식 (2a)에 급수 근사 과정을 적용하여 9.3절 식 (2b)를 유도하시오.

9.3-2 9.3절 식 (17b)를 이용하여 9.3절 식 (9b)가

$$R_y(\tau) = \frac{N_0}{2}\int_{-\infty}^{\infty} h(t)h(t + \tau)dt$$

와 같이 다른 형태로 표현될 수 있음을 증명하시오.

9.3-3* 백색 잡음이 6.1절 식 (17)의 영차 유지 필터링 될 때 $G_y(f)$, $R_y(\tau)$, $\overline{y^2}$를 구하시오.

9.3-4 $H(f) = Ke^{-(\alpha f)^2}$인 Gauss 필터에 대하여 문제 9.3-3을 푸시오.

9.3-5 $f_0 - B/2 \le |f| \le f_0 + B/2$ 구간에서 이득 K와 지연 t_0을 가지는 이상적 BPF에 대하여 문제 9.3-3을 푸시오.

9.3-6 $|f| \ge f_0$ 구간에서 이득 K와 지연 t_0을 가지는 이상적 HPF에 대하여 문제 9.3-3을 푸시오.

9.3-7* 그림 P9.3-7은 백색 잡음 전압원이 잡음 없는 RL 회로망에 연결된 것을 보여준다. R에 걸린 전압을 $y(t)$라 할 때 $G_y(f)$, $R_y(\tau)$, $\overline{y^2}$를 구하시오.

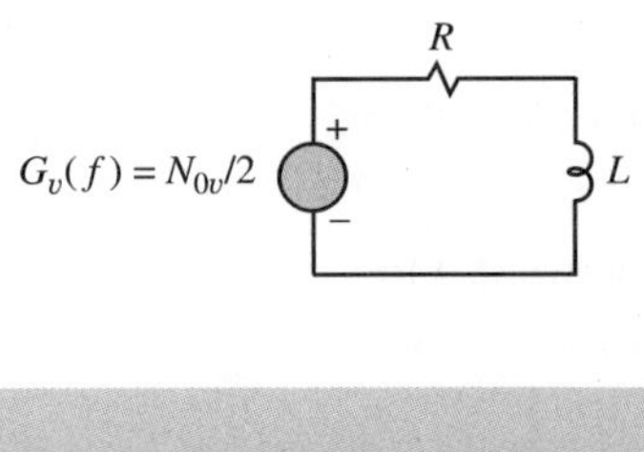

그림 P9.3-7

9.3-8‡ L에 걸린 전압을 $y(t)$라 할 때 문제 9.3-7을 푸시오.

9.3-9 그림 P9.3-7에서 전류 $i(t)$의 스펙트럼 밀도는 $G_i(f) = N_{0v}/(2|R + j\omega L|^2)$이다. 신호원이 저항의 열 잡음을 나타내면, 통계 역학의 **균등 분할**(equipartition) **이론**에 의하여 $\frac{1}{2}L\overline{i^2} = \frac{1}{2}k\mathcal{T}$이 되어야 한다. 그 결과, 9.3절 식 (7)의 결정과 같은 $N_{0v} = 4Rk\mathcal{T}$를 증명하시오.

9.3-10* 상온에서 10 kΩ 저항에 의한 열 잡음이 $B = 2.5$ MHz와 단위 이득을 가지는 이상적 LPF에 입력된다. 다음, 필터 통과 잡음은 전파(full-wave) 정류기에 입력되어 출력 $z(t) = |y(t)|$가 된다. $z(t)$의 평균과 rms 값을 구하시오.

9.3-11‡ $y(t) < 0$일 때 $z(t) = 0$가 되는 반파 정류기에 대하여 문제 9.3-10을 푸시오.

9.3-12 상온에서 10 kΩ 저항에 의한 열 잡음이 $B = 2.5$ MHz와 단위 이득을 가지는 이상적 LPF에 입력된다. 다음, 필터 통과 잡음 전압은 지연기(delay line)에 입력되어 출력 $z(t) = y(t - T)$가 된다. $T = 1\ \mu$s일 때, 8.4절 식 (14)과 (15)를 이용하여 두 랜덤 변수 $Y = y(t)$와 $Z = z(t)$의 결합 PDF를 구하시오.

9.3-13‡ $T = 0.1\ \mu$s일 때 문제 9.3-12를 푸시오.

9.3-14 9.3절에서 보면 $Z_L = Z_s^*$일 때 최대 전력이 부하에 전달된다. 임피던스가 $Z_L = 50 + j75$인 안테나와 $Z_c = 300$이고 $f_c = 21$ MHz인 송신기가 있다. 송신기로부터 안테나에게 최대 전력을 전달하는 방법을 기술하시오.

9.3-15* 문제 9.3-4의 Gauss LPF의 B_N을 구하시오. B_N을 3 dB 대역폭 B와 비교하시오.

9.3-16 특정 통신 시스템에서 발생하는 **임펄스 잡음**은

$$x(t) = \sum_{k=-\infty}^{\infty} A_k \delta(t - T_k)$$

와 같은 불규칙 신호로 모델링되고, A_k와 T_k는 독립적인 랜덤 변수 집합이다. 임펄스 가중치 A_k는 독립적이고 평균 영과 분산 σ^2를 가진다. 지연 시간 T_k는 시간 T동안 임펄스 발생 수의 기대값이 μT가 되도록 Poisson 프로세스에 의하여 결정된다. 9.2절 식 (7)을 이용하여 임펄스 잡음은 $G_x(f) = \mu\sigma^2$로 주어지는 상수 스펙트럼 밀도를 가지는 것을 증명하시오.

9.4-1* $\mathcal{T}_N = \mathcal{T}_0$, $W = 4$ MHz, $S_R = 0.02\ \mu$W인 기저 대역 시스템에서 $(S/N)_D$를 dB 단위로 구하시오.

9.4-2 $\mathcal{T}_N = 5\mathcal{T}_0$, $W = 2$ MHz, $S_R = 0.004\ \mu$W인 기저 대역 시스템에서 $(S/N)_D$를 dB 단위로 구하시오.

9.4-3 $W = 5$ kHz인 기저 대역 아날로그 전송 시스템은 $S_T = 100$ mW일 때 $(S/N)_D = 46$ dB를 가진다. 수신기 대역폭이 적절하게 변경될 경우, 다음 목적을 위한 S_T는 얼마인가: (a) 고품질 오디오를 위한 시스템으로 개선; (b) 전화 음질을 위한 시스템으로 하향 조정.

9.4-4 $W = 10$ kHz인 AWGN 기저 대역 전송 시스템을 살펴보자. 수신 필터가 다음과 같을 때 $(S/N)_D$를 9.4절 식 (8)과 같은 형태로 표현하시오: (a) $B = 15$ kHz인 1차 LPF; (b) $B = 12$ kHz인 2차 Butterworth LPF.

9.4-5 어떤 기저 대역 시스템에서 $(S/N)_D = 30$ dB, W = 3 kHz, $S_T = 100$ W이다. 만일 시스템이 달라져서 $(S/N)_D = 10$ dB, $W = 100$Hz으로 바뀌었다면 이에 해당하는 S_T의 새로운 값은?

9.4-6 어떤 기저 대역 시스템은 반송파 주파수 f_c에서 무선 링크에 음성 메시지를 전송하는데, S_T의 $(S/N)_D$와 W가 주어져 있다. 수신기와 채널의 잡음 지수(noise figure)는 변치 않을 때, $(S/N)_D$를 증가시킬 수 있는 수단을 모두 기술하시오.

9.4-7* 가산 백색 잡음과 $|H_C(f)|^2 = 1/\{L[1 + (f/W)^2]\}$인 왜곡 채널을 가지는 기저 대역 전송 시스템이 있다. 채널 왜곡은 수신 필터 $|H_R(f)|^2 = [K/|H_C(f)|]^2\,\Pi(f/2W)$에 의하여 등화된다. $(S/N)_D$을 9.4절 식 (10)과 같은 형태로 표현하시오.

9.4-8 $|H_C(f)|^2 = 1/\{L[1 + (2f/W)^4]\}$에 대하여 문제 9.4-5를 푸시오.

9.4-9 $W = 5$ kHz인 기저 대역 신호가 손실 $\alpha = 3$ dB/km인 케이블을 따라 40 km 전송되었다. 수신기는 $\mathcal{T}_N = 10\mathcal{T}_0$을 가진다. (a) $(S/N)_D = 60$ dB가 되기 위한 S_T를 구하시오. (b) 중간 지점에 중계기가 있다고 가정하고 문제를 다시 푸시오.

9.4-10 $L = 240$ dB인 케이블 전송 시스템에 $m = 6$개의 동일 길이 중계기 구역이 있고 $(S/N)_D = 30$ dB이다. 다음에 대하여 $(S/N)_D$ 값을 다시 구하시오. (a) m이 12로 증가할 때; (b) m이 4로 감소할 때.

9.4-11* 400 km 중계 시스템을 위한 케이블이 $\alpha = 0.5$ dB/km을 가진다. $S_T/N_0W = 80$ dB일 때, $(S/N)_D \geq 30$ dB를 위한 동일 길이 중계기 구역의 최소 수를 구하시오.

9.4-12 케이블의 모든 변수가 고정일 때, $(S/N)_D$를 최대로 하기 위한 동일 길이 중계기 구역의 수가 $m = 0.23\ L_{\text{dB}}$임을 증명하시오.

9.4-13 어떤 케이블 시스템에서 $\alpha = 2$ dB/km, $l = 3000$ km, $(S/N)_D = 30$ dB, $\mathcal{T}_N = 5\mathcal{T}_0$, W = 3 kHz이다. $S_T \leq 100$ W를 얻으려면 최소한 몇 개의 중계기가 필요한가?

9.4-14‡ 발진기의 개방 회로 신호 전압 출력이 $A \cos 2\pi f_0 t$이다. 발진기는 잡음 없는 신호원 저항 R과 온도 $\mathcal{T}_N$에서 내부적으로 발생하는 열 잡음을 가진다. 신호 대 잡음 비를 증가시키기 위하여 출력단자에 캐패시터 C를 연결하였다. S/N을 C의 식으로 표시하고, S/N을 최대로 하는 C값을 구하시오.

9.5-1* 기저 대역 펄스 전송 시스템이 $B_N = 1/\tau$, $\mathcal{T}_N = \mathcal{T}_0$, $E_p = 10^{-20}$ J을 가진다. $(\sigma_A/A)^2$를 구하시오.

9.5-2 $B_N \leq B_T$일 때 $\sigma_t/t_r = \sigma_A/A = \sqrt{N_0 B_N \tau / E_p}$를 증명하시오.

9.5-3 어떤 기저 대역 펄스 전송 시스템에서 $\tau = 5\ \mu$s, $B_T = 1$ MHz, $N_0 = 10^{-12}$ W/Hz이다. $\sigma_A \leq A/100$이기 위한 E_p의 최소값을 구하고, 그 때의 σ_t/τ 값을 구하시오.

9.5-4 어떤 기저 대역 펄스 전송 시스템에서 $\tau = 50\ \mu$s, $B_T = 1$ MHz, $N_0 = 10^{-12}$ W/Hz이다. $\sigma_t \leq \tau/100$이기 위한 E_p의 최소값을 구하고, 그 때의 σ_A/A값을 구하시오.

9.5-5* 어떤 기저 대역 펄스 전송 시스템에서 $\tau = 1$ ms, $B_T = 1$ MHz, $N_0 = 10^{-12}$ W/Hz이다. $\sigma_A \leq A/100$와 $\sigma_t \leq \tau/1000$이기 위한 E_p의 최소값과 그 때의 B_N값을 구하시오.

9.5-6 폭 τ인 구형파 펄스가 백색 잡음에 의하여 왜곡되었다. 수신 필터가 정합 필터가 아니라 3 dB 대역폭 B $\gg 1/\tau$인 1차 LPF이다. $(A/\sigma)^2$를 E_p/N_0의 식으로 표현하시오.

9.5-7 임의의 B에 대하여 문제 9.5-6을 푸시오.

9.5-8* 수신된 펄스의 모양이 $p(t) = \Lambda(t/\tau)$이다. 백색 잡음을 가정하고, 정합 필터의 특성을 구하시오. 다음, 이 필터가 구현 가능하기 위한 t_d의 조건을 구하시오.

9.5-9 수신된 펄스의 모양이 $p(t) = e^{-bt}u(t)$이다. 백색 잡음을 가정하고, 정합 필터의 특성을 구하시오. 다음, 이 필터가 근사적으로 구현 가능하기 위한 t_d의 조건을 구하시오.

제 10 장

아날로그 변조 시스템에서의 잡음

개 요

본 장에서는 잡음 환경에서의 시스템 성능을 고찰하여 아날로그 변조에 대한 공부를 마무리한다. 주로 CW 변조 시스템에 초점을 맞추면서 아날로그 펄스 변조도 살펴본다.

먼저, CW 변조 시스템에서 나타나는 대역 통과 잡음의 성질을 알아본다. 정적 Gauss 프로세스로부터 발생한 대역 통과 백색 잡음을 가정하고, 이를 통하여 선형 또는 지수형 변조 시스템의 가산 잡음 효과를 분석하기 위한 수학적 표현 방법을 유도한다. 이와 같은 연구를 통하여 최종적으로 여러 가지 방식의 CW 변조 방식을 비교하여 본다. 그리고, 위상 동기 루프와 아날로그 펄스 변조에서의 가산 잡음 효과를 살펴본다.

CW와 펄스 변조를 망라한 더 다양한 비교는 정보 이론을 토대로 얻어진 절대적인 기준을 기반으로 하여 16장에서 다룬다.

학습목표

이 장을 공부하고 응용문제들을 푼 후에 다음의 사항들을 수행할 수 있어야 한다.

1. CW 복조기 입력에서의 잡음 전력 스펙트럼을 설명한다(10.1절).
2. 대역 통과 잡음의 직교 위상 표현과 포락선-위상 표현을 구하고, 각 성분과 전력 스펙트럼과의 관계를 구한다(10.1절).
3. CW 변조 시스템에 잡음이 더해 질 때, 검파 전단과 검파 후단에서의 신호와 잡음의 합을 표현한다(10.2와 10.3절).
4. 대역 통과 잡음이 있는 CW 복조기 출력의 잡음 전력 스펙트럼과 잡음 전력을 계산한다(10.2와 10.3절).
5. 문턱 효과, 디엠퍼시스에 의한 성능 향상, 광대역 잡음 감소의 의미와 중요성을 설명한다(10.3절).
6. 주어진 변수로 구성되는 CW 변조에 대해 $(S/N)_D$와 필요할 경우 문턱값을 계산한다(10.2와 10.3절).
7. 원하는 시스템 성능과 제약 조건이 주어질 때, 이를 위한 CW 변조 방식을 결정한다(10.4절).
8. 가산 잡음이 위상 동기 루프의 성능에 미치는 영향을 설명한다(10.5절).
9. 원하는 $(S/N)_D$이 주어질 때, PAM, PDM, PPM 시스템의 변수를 결정한다(10.6절).
10. PDM과 PPM에서의 거짓 펄스 문턱 효과의 의미와 중요성을 설명한다(10.6절).

10.1 대역 통과 잡음

잡음이 특정 아날로그 변조 방식에 어떠한 영향을 미치는지를 개별적으로 다루어야 하지만, 모든 CW 변조 시스템은 일반적으로 모두 대역 통과 잡음의 영향을 받는다. 본 절에서는 잡음이 가산 백색 Gauss 잡음(AWGN) 프로세스로부터 발생한다는 가정하에 시스템 모델을 세우고 대역 통과 잡음에 대하여 설명한다. 특히, 대역 통과 잡음의 직교 위상 성분과 포락선 및 위상의 통계적 성질을 설명하고, 상관 함수에 대한 고찰을 통하여 이 성질들을 검증한다.

시스템 모델

그림 10.1-1은 이 장에서 분석하려고 하는 아날로그 CW 통신 시스템의 일반적인 모델을 보여준다. 메시지 $x(t)$는 에르고딕 프로세스로부터 발생한 저역 통과 신호로서 대역폭이 W이고, 그 크기는

$$|x(t)| \le 1 \qquad S_x = \overline{x^2} = \langle x^2(t) \rangle \le 1$$

가 되도록 정규화 된다. 메시지 신호의 모든 평균값들은 앙상블에 대한 통계로 구하여진다.

채널은 전송 손실 L을 가지지만 거의 왜곡이 없고 무시할 만한 시간 지연을 가진다. (복조가 비선형 동작이므로 왜곡이 있는 채널에서는 검파기 앞단에 대역 통과 소자에 의한 등화 과정이 필요하다. 단, 기저 대역 등화가 가능한 동기 검파는 예외이다) 심볼 부호의 변경을 최소로 하기 위하여, 채널 출력에서의 변조된 신호를 반송파 진폭 A_c를 가지는 $x_c(t)$로 표시한다. 따라서, **수신된 신호 전력**은

$$S_R = \frac{S_T}{L} = \overline{x_c^2} \tag{1}$$

이다. 이 신호에 상응하는 전송 신호는 $\sqrt{L}\,x_c(t)$이고, 앞에서 사용하였던 S_T의 표현식은 A_c를 $\sqrt{L}A_c$로 치환하여 계속 사용된다.

수신기의 검파 전단부 전체는 전송 대역폭이 B_T일 때 단위 이득을 가지고 전달 함수가 $H_R(f)$인 **대역 통과 필터**로 모델링된다. 모든 전단 검파 주파수의 천이는 신호와 잡음 모두에게 동일한 영향을 미치므로 무시할 수 있고, 전단 검파 이득에 대해서도 마찬가지이다. 따라서, 일반적인 수퍼헤테로다인 수신기의 경우, $H_R(f)$는 $f_{IF} = f_c$인 IF 증폭기의 주파수 응답이다.

이상의 조건과 수신기 입력에서의 가산 잡음을 가정하면, 검파기에서의 신호와 잡음의 전체적인 합은

$$v(t) = x_c(t) + n(t) \tag{2}$$

이고, $n(t)$는 **검파 전단 잡음**을 나타낸다. 결국, $v(t)$를

$$v(t) = A_v(t)\cos[\omega_c t + \phi_v(t)] = v_i(t)\cos\omega_c t - v_q(t)\sin\omega_c t$$

와 같이 포락선-위상 또는 직교 위상 반송파 형태로 다시 표현할 수 있고, 이를 통하여 복조된 신호와 잡음의 합 $y(t)$를 쉽게 분석할 수 있게 된다. 마지막으로, 복조된 신호는 전달

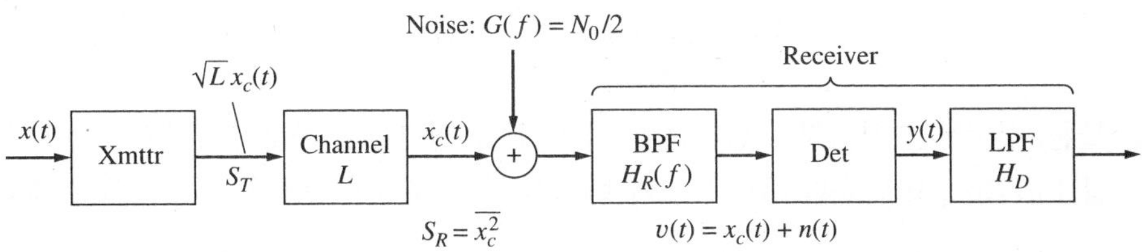

그림 10.1-1 잡음 있는 CW 통신 시스템 모델.

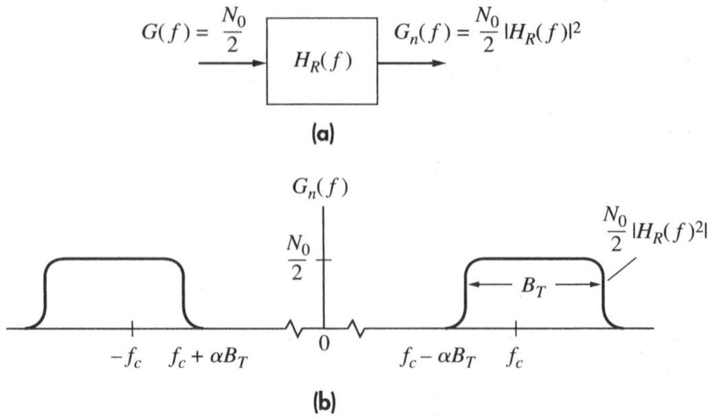

그림 10.1-2
대역 통과 백색 잡음. (a) 블록도; (b) 전력 스펙트럼.

함수가 $H_D(f)$인 **저역 통과 필터**로 입력되어 최종단에서 $y_D(t)$가 출력된다. 이 검파 후단 필터는 디엠퍼시스 또는 그 밖의 다른 처리 과정을 포함할 수 있다.

신호와 잡음이 통계적으로 독립이라고 가정하면 식 (2)와 같이 신호와 잡음이 더해져서 수신되기 때문에

$$\overline{v^2} = \overline{x_c^2} + \overline{n^2} = S_R + N_R \tag{3}$$

으로 표현될 수 있다. 여기서 $N_R = \overline{n^2}$은 **검파 전단 잡음 전력**을 의미한다. 신호 대 잡음비를 다루기 전에 신호 성분은 제외하고 잡음 성분인 N_R 자체만 살펴보기로 하자.

시스템에서 N_R과 관련 있는 부분만 분리해서 그림 10.1-2a에 나타내었다. 여기서, 채널 잡음과 수신기의 검파 전단부에서 발생하는 모든 잡음을 하나로 합하여 등가 **백색 잡음**으로 다룬다. 따라서, 그림 10.1-2b에서 보여주는 것과 같이 필터 통과 후 $n(t)$의 스펙트럼 밀도는

$$G_n(f) = \frac{N_0}{2}|H_R(f)|^2$$

가 된다. 밀도 변수 N_0는 수신기의 입력에 인가되는 모든 잡음을 포함한다. 따라서,

백색 잡음이 대역 통과 필터를 통과하면 대역 통과 잡음이 발생한다.

그림 10.1-2b는 검파 전단 필터가 거의 사각형 모양의 주파수 응답을 갖고 있음을 반영한 그림으로서 잡음의 대역폭은 B_T이고,

$$N_R = \int_{-\infty}^{\infty} G_n(f)df = N_0 B_T \tag{4}$$

이다. 물론, 선택도가 떨어지는 필터는 더 많은 잡음 전력을 통과시킬 것이다.

그림 10.1-2b에서 반송파 주파수 f_c가 반드시 통과 대역의 중심에 있을 필요는 없으며,

하위 차단 주파수를 $f_c - \alpha B_T$로 표시하여 대칭 측파대($\alpha = \frac{1}{2}$)의 경우와 억압 측파대 ($\alpha = 0$ 또는 1)의 경우를 모두 포함하여 표시하였다. 당연히 B_T 값은 메시지 대역폭 W의 크기와 어떤 변조 방식을 사용하느냐에 따라 결정된다.

식 (3)와 (4)로 부터 **검파 전단부 신호 대 잡음 비**를

$$\left(\frac{S}{N}\right)_R \triangleq \frac{S_R}{N_R} = \frac{S_R}{N_0 B_T} \tag{5}$$

로 정의하며, 이는 9.4절의 기저 대역 전송에서 정의한 최종단 신호 대 잡음 비 S_R/N_0W와 비슷한 형태이다. 그러나, $(S/N)_R$과 S_R/N_0W을 혼동하여서는 안 되며, 이를 확실히 구별하기 위하여 시스템 변수

$$\gamma \triangleq \frac{S_R}{N_0 W} \tag{6}$$

를 도입하여

$$\left(\frac{S}{N}\right)_R = \frac{W}{B_T}\gamma \tag{7}$$

이 되도록 하며, $B_T \geq W$이므로 $(S/N)_R \leq \gamma$이다. γ는 수신기에서 동일한 S_R과 N_0을 가지는 아날로그 기저 대역 전송의 최종단에서 얻을 수 있는 S/N의 상한값이라는 것을 명심하여야 한다. 같은 의미에서 실제 구현되는 시스템에서의 여러 형태의 손실 때문에 신호 대 잡음 비가 필연적으로 다소 나빠질 수 밖에 없으므로 식 (5)와 (7)은 실질적인 $(S/N)_R$의 상한값이 된다.

직교 위상 성분

$n(t)$를 AWGN 프로세스의 표본 함수라고 가정하자. 그러면 $G_n(f)$에 DC 성분이 없으므로

$$\bar{n} = 0 \qquad \overline{n^2} = \sigma_N^2 = N_R$$

이다. 또한, 그림 10.1-2b의 $G_n(f)$ 모양에 의하여 잡음은 동위상 성분 $n_i(t)$와 직교 성분 $n_q(t)$를 가지는 일반적인 대역 통과 형태

$$n(t) = n_i(t)\cos\omega_c t - n_q(t)\sin\omega_c t \tag{8}$$

로 표시된다. 이 성분들은 결합 정적(jointly stationary)이고 $n(t)$와 동일하게 Gauss 신호이며, 다음과 같은 성질을 가진다:

$$\overline{n_i} = \overline{n_q} = 0 \qquad \overline{n_i(t)n_q(t)} = 0 \tag{9a}$$

와

$$\overline{n_i^2} = \overline{n_q^2} = \overline{n^2} = N_R \tag{9b}$$

그림 10.1-3

대역 통과 잡음의 직교 위상 성분의 저역 통과 전력 스펙트럼. (a) 일반적인 경우; (b) 대칭 측파대 경우; (c) 억압 측파대 경우.

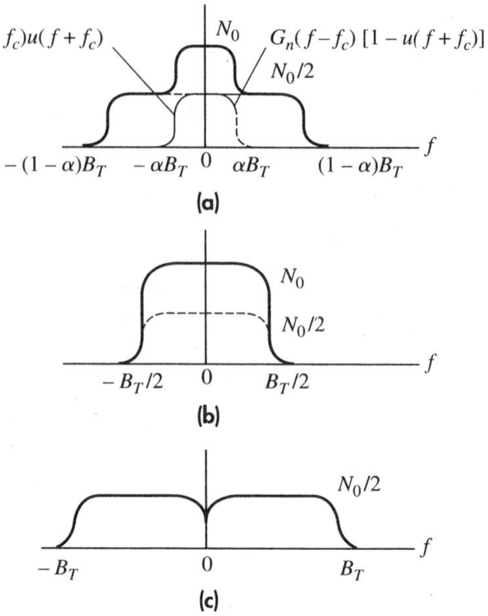

식 (9a)는 랜덤 변수 $n_i(t)$와 $n_q(t)$가 모든 순간 t에서 독립적인 것을 의미하고, 따라서 이들의 결합 확률 밀도 함수는 두 개의 동일한 Gauss PDF의 곱으로 표현된다.

직교 위상 성분들의 **전력 스펙트럼 밀도**는 모두 동일한 값의 저역 통과 함수이고 $G_n(f)$와의 관계는

$$G_{n_i}(f) = G_{n_q}(f) = G_n(f+f_c)u(f+f_c) + G_n(f-f_c)[1 - u(f-f_c)] \tag{10}$$

이다. 여기서, $G_n(f + f_c)u(f + f_c)$항은 $G_n(f)$의 양의 주파수 부분이 아래쪽으로 천이된 것을 나타내고, $G_n(f - f_c)[1 - u(f - f_c)]$는 음의 주파수 부분이 위쪽으로 천이된 것을 나타낸다. 이 항들은 그림 10.1-3a와 같이 $|f| \le \alpha B_T$에서 겹쳐져서 서로 더해진다. 그림 10.1-3b의 대칭 측파대 경우($\alpha = 1/2$)에 이들이 완전히 겹쳐 있고, 그림 10.1-3c의 억압 측파대 경우($\alpha = 0$ 또는 1)에는 겹치는 부분이 없음을 보여준다. 그림 10.1-3b와 같이 $G_n(f)$가 $\pm\ f_c$을 중심으로 국부 대칭을 갖고 있으면 직교 위상 성분은 서로 무상관 관계에 있는 프로세스이다.

응용문제 10.1-1

$|H_R(f)|$가 $f > 0$에서 그림 10.1-4와 같은 VSB 모양을 가질 경우 $G_n(f)$와 $G_{n_i}(f)$를 그리시오. (이 경우는 아날로그 TV의 실제 사례와 유사하다)

포락선과 위상

식 (8)과 다른 형태로서, 대역 통과 잡음을 포락선(envelope) $A_n(t)$와 위상 $\phi_n(t)$를 가지는

$$n(t) = A_n(t)\cos[\omega_c t + \phi_n(t)] \tag{11}$$

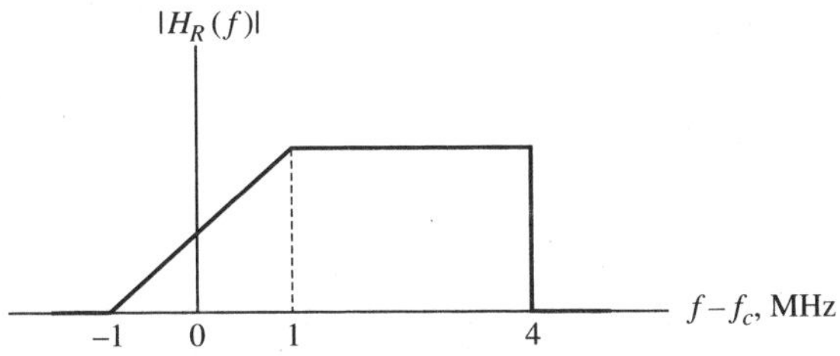

그림 10.1-4
VSB 형태의 대역 통과 필터.

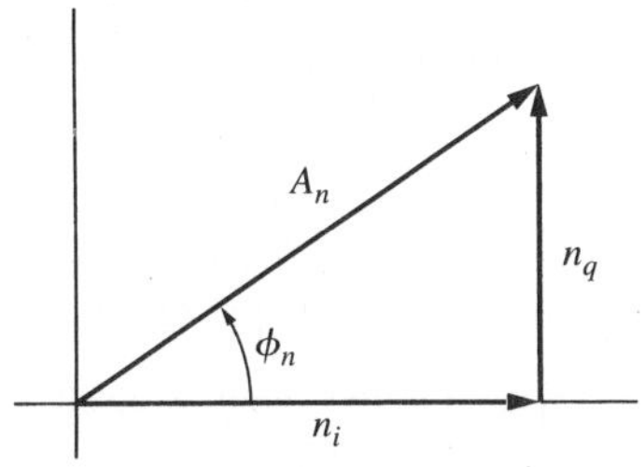

그림 10.1-5
대역 통과 잡음 성분의 페이저.

의 형태로 표현하고자 한다. 그림 10.1-5에 있는 표준 페이저(phasor)는 이 두 성분의 관계를 보여준다. 분명히 어떤 시점에서든지

$$A_n^2 = n_i^2 + n_q^2 \qquad \phi_n = \tan^{-1}\frac{n_q}{n_i} \tag{12a}$$

이 성립하고, 역으로

$$n_i = A_n \cos \phi_n \qquad n_q = A_n \sin \phi_n \tag{12b}$$

을 얻는다. 이와 같은 비선형 관계 때문에 $G_{n_i}(f)$와 $G_{n_q}(f)$를 알고 있어도 A_n 및 ϕ_n의 스펙트럼을 분석하는 일은 매우 어렵다. 그러나 직교 위상 성분이 저역 통과 스펙트럼이라는 성질로부터 $A_n(t)$와 $\phi_n(t)$의 시간에 대한 변화는 f_c에 비하여 느릴 것이라는 것을 알 수 있고, 이는 $n(t)$의 대역 통과 성질과 일치하는 것이다.

더욱이, 식 (12a)는 Rayleigh 분포를 유도하였을 때처럼 서로 독립적인 Gauss 변수의 좌표를 지각형에서 극형(polar form)으로 변환하는 식이다. 따라서 포락선의 PDF는

$$p_{A_n}(A_n) = \frac{A_n}{N_R} e^{-A_n^2/2N_R} u(A_n) \tag{13}$$

으로 주어지는 Rayleigh 함수이고, 평균과 2차 모멘트는

$$\overline{A_n} = \sqrt{\pi N_R/2} \qquad \overline{A_n^2} = 2N_R$$

이다. 그러면, A_n이 특정 양의 값 a 보다 클 확률은

$$P(A_n > a) = e^{-a^2/2N_R} \tag{14}$$

이고, 이들 결과는 8.4절 식 (11)−(13)으로부터 얻을 수 있다.

위상 ϕ_n는 2π 라디안 영역에서 균일한 PDF를 가지고, A_n에 독립적이다. 따라서,

$$\overline{n^2} = \overline{A_n^2 \cos^2(\omega_c t + \phi_n)} = \overline{A_n^2} \times \tfrac{1}{2} = N_R$$

이고, 이 식은 $\overline{A_n^2} = 2N_R$에 2가 포함되는 이유를 설명하여 준다.

응용문제 10.1-2 $N_R = 1\ \mu W$인 대역 통과 잡음이 1-ohm 저항에 인가된다. 포락선 전압의 평균과 rms 값을 구하시오. 또한, $P(A_n > 2\ \overline{A_n})$을 구하시오.

상관 함수

중요한 내용을 먼저 다루기 위하여 대역 통과 잡음의 직교 위상 성분에 관한 성질을 별도의 증명 과정 없이 소개하였다. 이제, 다양한 상관 함수에 대한 고찰을 토대로 그 결과들의 유도 과정을 살펴본다. 앞 장들에서 소개한 개념들과 여러 관계식들을 통합하여 대역 통과 잡음에 대해 더 자세히 알아볼 것이다.

먼저, 가상의 **저역 통과** 등가 잡음 파형을

$$n_{\ell p}(t) \triangleq \tfrac{1}{2}[n(t) + j\hat{n}(t)]e^{-j\omega_c t}$$

로 정의한다. 여기서 $\hat{n}(t)$는 대역 통과 잡음 $n(t)$의 Hilbert 변환이다. $n_{\ell p}(t)$의 저역 통과 특성은 Fourier 변환을 이용하여 바로 확인할 수 있다. 그러나 $n(t)$의 직교 위상 성분은

$$\tfrac{1}{2}[n_i(t) + jn_q(t)] = n_{\ell p}(t)$$

을 만족하여야 한다. 따라서 두 식에 나오는 $n_{\ell p}(t)$의 실수와 허수 부분들을 각각 같다고 하면

$$n_i(t) = n(t) \cos \omega_c t + \hat{n}(t) \sin \omega_c t \tag{15a}$$

$$n_q(t) = \hat{n}(t) \cos \omega_c t - n(t) \sin \omega_c t \tag{15b}$$

을 얻고, 이 식은 직교 위상 성분과 $n(t)$ 사이의 관계를 명확하게 보여준다.

이 표현식은 다음과 같은 매우 중요한 사실을 포함하고 있다:

1. $n_i(t)$와 $n_q(t)$가 전적으로 $n(t)$에만 의해 얻어진다는 물리적으로 당연한 사실을 보여준다 $\hat{n}(t)$는 $n(t)$에 대한 선형 연산임을 기억하라.
2. $n(t)$가 Gauss 변수이면 $\hat{n}(t)$도 Gauss 변수이며, 식 (15a)와 (15b)에 의하여 직교 위상 성분은 모든 순간에서 Gauss 변수의 선형 조합이므로 이들도 역시 Gauss 변수이다.
3. 식 (15a)와 (15b)는 상관 관계 분석을 위한 출발점을 제공한다.
4. 식 (15a)와 (15b)는 대역 통과 잡음의 분석에서 Hilbert 변환의 중요성을 보여준다.

불규칙 신호의 Hilbert 변환은 이미 예제 9.2-3에서 다루었다. 그 결과를 지금 다루고

있는 문제에 적용하면

$$G_{\hat{n}}(f) = G_n(f) \qquad R_{\hat{n}}(\tau) = R_n(\tau) \tag{16a}$$

와

$$R_{\hat{n}n}(\tau) = \hat{R}_n(\tau) \qquad R_{n\hat{n}}(\tau) = -\hat{R}_n(\tau) \tag{16b}$$

을 얻는다. 여기서 $\hat{R}_n(\tau)$는 $R_n(\tau)$의 Hilbert 변환으로서 $h_Q(\tau) = 1/\pi\tau$이므로 $\hat{R}_n(\tau) = h_Q(\tau)*R_n(\tau)$로 정의된다.

지금까지 여기에 소개한 기초 지식을 토대로 이제 동위상 성분 $n_i(t)$의 자기 상관 함수를 구해보자. 기본적인 정의식인

$$R_{n_i}(t, t-\tau) = E[n_i(t)n_i(t-\tau)]$$

에 식 (15a)를 대입하고 약간의 계산과정을 통하여

$$R_{n_i}(t, t-\tau) = \tfrac{1}{2}\Big\{\big[R_n(\tau) + R_{\hat{n}}(\tau)\big]\cos\omega_c t + \big[R_{\hat{n}n}(\tau) - R_{n\hat{n}}(\tau)\big]\sin\omega_c t$$
$$+ \big[R_n(\tau) - R_{\hat{n}}(\tau)\big]\cos\omega_c(2t-\tau) + \big[R_{\hat{n}n}(\tau) + R_{n\hat{n}}(\tau)\big]\sin\omega_c(2t-\tau)\Big\}$$

을 얻는다. 이 복잡한 식을 정리하기 위하여 식 (16)을 이용하면

$$R_{n_i}(t, t-\tau) = R_n(\tau)\cos\omega_c\tau + \hat{R}_n(\tau)\sin\omega_c\tau$$

로 t와 무관하게 간략한 형태로 정리된다. 마찬가지 방법을 $n_q(t)$의 자기 상관 함수에도 적용하면

$$R_{n_i}(\tau) = R_{n_q}(\tau) = R_n(\tau)\cos\omega_c\tau + \hat{R}_n(\tau)\sin\omega_c\tau \tag{17}$$

을 얻게되어 직교 위상 성분은 정적이고 동일한 자기 상관 함수와 스펙트럼 밀도 함수를 갖는다는 것을 알 수 있다.

식 (17)의 Fourier 변환으로부터 전력 스펙트럼 밀도를 구하려 할 때 아래 사실을 이용하면,

$$\mathscr{F}_\tau[R_n(\tau)\cos\omega_c\tau] = \tfrac{1}{2}[G_n(f-f_c) + G_n(f+f_c)]$$

컨벌루션과 변조 정리로부터

$$\mathscr{F}_\tau[\hat{R}_n(\tau)] = \mathscr{F}_\tau[h_Q(\tau)]\mathscr{F}_\tau[R_n(\tau)] = (-j\,\mathrm{sgn} f)G_n(f)$$

과

$$\mathscr{F}_\tau[\hat{R}_n(\tau)\sin\omega_c t] = \mathscr{F}_\tau[\hat{R}_n(\tau)\cos(\omega_c\tau - \pi/2)]$$
$$= -\tfrac{j}{2}[-j\,\mathrm{sgn}(f-f_c)G_n(f-f_c)] + \tfrac{j}{2}[-j\,\mathrm{sgn}(f+f_c)G_n(f+f_c)]$$

을 얻을 수 있다.

$$G_{n_i}(f) = G_{n_q}(f) = \tfrac{1}{2}[1 + \mathrm{sgn}\,(f + f_c)]G_n(f + f_c) + \tfrac{1}{2}[1 - \mathrm{sgn}\,(f - f_c)]G_n(f - f_c)$$

로서 식 (10)과 같게 정리될 수 있는데, 첫 항은 $f < -f_c$에서 사라지고 둘째 항은 $f > f_c$에서 사라진다.

마지막으로, 동일한 방법으로 직교 위상 성분의 교차 상관 관계를 구하면

$$R_{n_i n_q}(\tau) = R_n(\tau) \sin \omega_c\tau - \hat{R}_n(\tau) \cos \omega_c\tau \tag{18}$$

과

$$\mathscr{F}_\tau\left[R_{n_i n_q}(\tau)\right] = j\{G_n(f + f_c)u(f + f_c) - G_n(f - f_c)[1 - u(f - f_c)]\} \tag{19}$$

가 된다. 만일 $G_n(f)$가 $f = \pm f_c$를 중심으로 국부 대칭성을 갖고 있으면 식 (19)의 우변은 모든 f에 대하여 영이 된다. 이는 모든 τ에 대하여 $R_{n_i n_q}(\tau) = 0$를 의미하는데 그래서 직교 위상 성분 사이에는 상관 관계가 없음을 알려준다. 9장에서 다루었듯이 상관 관계가 없다고 해서 프로세스가 반드시 독립적일 필요는 없다. 그러나 9.1에서 언급한 것과 같이 프로세스가 결합 Gauss이면 직교 위상 성분 역시 독립적 프로세스이다.

10.2 잡음이 있는 선형 CW 변조

이제 그림 10.2-1에 있는 문제를 다루는데 필요한 기초 지식을 모두 소개하였다. 선형 변조된 신호 $x_c(t)$는 수신기 입력에서 AWGN에 의하여 오염된다. 검파 전단 필터에 의해서 $v(t) = x_c(t) + n(t)$가 출력되고 $\overline{x_c^2} = S_R$이고 $\overline{n^2} = N_R$이므로

$$\left(\frac{S}{N}\right)_R = \frac{S_R}{N_R} = \frac{S_R}{N_0 B_T} = \frac{W}{B_T}\gamma$$

이다. 대역 통과된 잡음은

$$n(t) = n_i(t) \cos \omega_c t - n_q(t) \sin \omega_c t$$

와 같이 직교 위상 성분으로 표시되고, 이 때 $\overline{n_i^2} = \overline{n_q^2} = N_R = N_0 B_T$이다. 복조 과정은 다음과 같은 이상적인 수학 모델 중의 하나로 표현될 것이다:

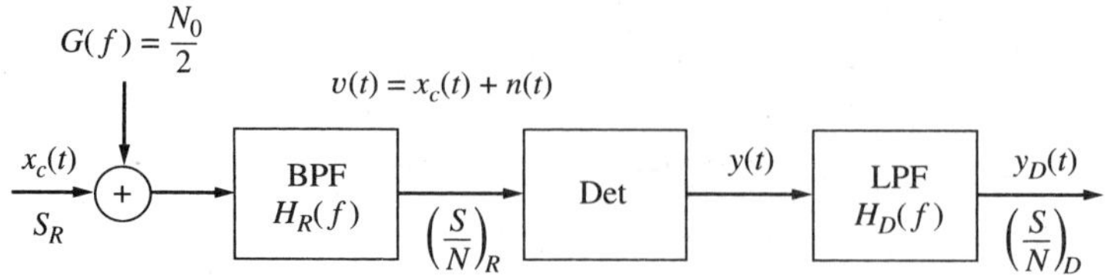

그림 10.2-1
잡음이 있는 CW 변조의 수신기 모델.

$$y(t) = \begin{cases} v_i(t) & \text{동기 검파기} \\ A_v(t) - \overline{A_v} & \text{포락선 검파기} \end{cases}$$

이 모델은 완벽한 동기 등의 여러 조건을 전제로 한 것이다. $\overline{A_v} = \langle A_v(t) \rangle$항은 포락선 검파기에서 사용되는 DC 차단을 반영한 것이다. 이 모델에 검파 상수를 포함시킬 수 있겠으나 일반화하는 데 별 도움이 되진 않는다.

이제, 다음의 질문을 다루어보자: $x_c(t)$와 검파기의 종류가 주어질 때, 최종단에서의 최종 신호와 잡음의 합 $y_D(t)$는 어떤 형태인가? 만일 출력에서 신호와 잡음이 더해진 형태로 나타나면 최종단 신호 대 잡음 비 $(S/N)_D$은 얼마인가?

동기 검파

이상적 동기 검파기는 단순하게 $v(t)$의 동위상(in-phase) 성분을 추출한다. 만일 DSB 방식으로 변조되면 $x_c(t) = A_c\, x(t) \cos \omega_c t$이고

$$v(t) = [A_c\, x(t) + n_i(t)] \cos \omega_c t - n_q(t) \sin \omega_c t \tag{1}$$

과 $y(t) = v_i(t) = A_c\, x(t) + n_i(t)$이다. 따라서, 검파 후단 필터가 근사적으로 대역폭 W인 이상적 LPF이면

$$y_D(t) = A_c x(t) + n_i(t) \tag{2}$$

이다. 분명히 출력에서의 신호와 잡음은 더해진 형태로 나타나고 직교 잡음 성분 $n_q(t)$는 검파기에 의하여 제거됨을 알 수 있다.

더욱이, 검파 전 필터의 응답이 f_c를 중심으로 대역폭 $B_T = 2W$인 사각형과 유사한 형태이면 출력 잡음 전력은 그림 10.1-3b과 같은 형태일 것이다. 따라서

$$G_{n_i}(f) \approx N_0 \Pi(f/2W) \tag{3}$$

이 되는데, 이것은 마치 저역 통과된 백색 잡음처럼 보인다. 이상의 조건으로 판단해 보면 동기 검파기 내부의 LPF 뒤에는 어떠한 검파 후단 필터도 필요하지 않다는 것을 알 수 있다.

다음으로 신호와 잡음 항의 제곱 평균값을 계산해서 식 (2)로부터 검파 후단 S/N를 구하여 보자. $N_D = \overline{n_i^2}$와 $S_D = A_c^2 \overline{x^2} = A_c^2 S_x$이고, 또한 $S_R = \overline{x_c^2} = A_c^2 S_x/2$이므로

$$\left(\frac{S}{N}\right)_D = \frac{S_D}{N_D} = \frac{2S_R}{N_0 B_T} = 2\left(\frac{S}{N}\right)_R \tag{4a}$$

을 얻고, 또는 $B_T = 2W$이므로

$$\left(\frac{S}{N}\right)_D = \frac{S_R}{N_0 W} = \gamma \qquad \text{DSB} \tag{4b}$$

이다. 따라서 이상적 동기 검파기를 사용하는 DSB는 잡음에 관한 한 아날로그 기저 대역

전송과 동일한 성능을 가진다.

검파 전단 잡음 전력 $N_R = N_0 B_T = 2N_0 W$을 보면 위와 다른 결과를 예상했을 수 있다. 그러나, 신호의 측파대는 기저 대역으로 천이될 때 동기적(coherent)으로 더해지지만, 잡음의 측파대는 비동기적(incoherent)으로 더해진다. 이와 같은 DSB 동기 검파의 측파대 동기 성질 때문에 검파 전단 필터를 통과한 양측파대 잡음 전력의 효과가 정확하게 상쇄된다.

이상과 같은 분석은 AM 신호 $x_c(t) = A_c[1 + x(t)] \cos \omega_c t$에도 쉽게 적용되며, 여기서 설명을 간단히 하기 위하여 $\mu = 1$로 하였다. 만일 동기 검파기가 이상적인 DC 차단기를 포함하면 $y_D(t)$는 식 (2)가 되고 $S_D = A_c^2 S_x$와 $N_D = \overline{n_i^2}$이다. 그러나, $S_R = A_c^2(1 + S_x)/2$에서 변조되지 않은 반송파 전력을 고려하면 $S_D = 2S_x S_R/(1 + S_x)$이고

$$\left(\frac{S}{N}\right)_D = \frac{2S_x}{1 + S_x}\left(\frac{S}{N}\right)_R = \frac{S_x}{1 + S_x}\gamma \qquad \text{AM} \tag{5}$$

이 된다. $S_x \leq 1$이므로 이 값은 $(S/N)_D \leq \gamma/2$의 상한값을 가진다.

전부하(full-load) 톤 변조를 하면 $S_x = 1/2$ 및 $(S/N)_D = \gamma/3$가 되고, 이는 동일한 변수를 가지는 DSB와 비교하면 5 dB 작은 값을 갖는다. 그러나 대체로 $S_x \approx 0.1$정도의 값을 가지고 있고 이 경우 AM은 DSB보다 10 dB 정도 성능이 떨어진다. 일반적으로 AM 방송국은 이러한 문제를 극복하기 위하여 변조 신호의 음량 압축 및 최대값 제한과 같은 특별한 기술을 이용하여 대부분의 시간에서 전변조(full modulation)가 되도록 하고 있다. 이러한 기술들은 실제로 $x(t)$를 왜곡시킨다.

SSB 변조(또는 작은 잔류를 포함하는 VSB)에서 $x_c(t) = (A_c/2)[x(t) \cos \omega_c t \pm \hat{x}(t) \sin \omega_c t]$이고 $B_T = W$와 $S_R = A_c^2 S_x/4$이다. 동기 검파에 의하여 신호와 잡음 모두에 들어 있는 직교 성분은 제거되고,

$$y_D(t) = \tfrac{1}{2}A_c x(t) + n_i(t) \tag{6}$$

만 남으며, $S_D = A_c^2 S_x/4 = S_R$이다. f_c는 이상적 검파 전단 필터의 끝 부분에 위치하므로 $G_{n_i}(f)$은 그림 10.1-3c의 모양을 가진다. 따라서

$$G_{n_i}(f) \approx \frac{N_0}{2}\Pi(f/2W) \tag{7}$$

이고, $N_D = \overline{n_i^2} = N_0 W$이다. 결국

$$\left(\frac{S}{N}\right)_D = \left(\frac{S}{N}\right)_R = \gamma \qquad \text{SSB} \tag{8}$$

이 되고, SSB는 아날로그 기저 대역 또는 DSB 전송과 동일한 잡음 성능을 가진다.

마지막으로, 반송파를 함께 보내는 VSB의 경우를 생각해보자. 만일 잔류 대역이 W에 비하여 매우 작으면 검파 전단과 검파 후단에서의 잡음은 근본적으로 SSB의 경우와 동일한 크기를 가질 것이다. 그러나 신호는 하나의 측파대에 모든 정보를 갖고 있는 AM 신호와 근본적으로 동일한 크기가 된다. 따라서, $B_T \approx W$와 $\mu \approx 1$을 가정하면

$$\left(\frac{S}{N}\right)_D \approx \frac{S_x}{1+S_x}\left(\frac{S}{N}\right)_R \approx \frac{S_x}{1+S_x}\gamma \qquad \text{VSB + C} \tag{9}$$

이 된다.

식 (2)~(9)의 결과를 정리하면, 잡음이 있는 선형 변조에 대한 동기 검파의 일반적인 성질은 다음과 같다.

1. 검파기 입력에서 메시지 신호와 잡음 신호가 더해진 형태로 입력되면 출력에서도 메시지 신호와 잡음 신호가 더해진 형태로 나타난다.
2. 검파 전단의 잡음 스펙트럼이 전송 대역에서 상당히 평탄하면, 최종단에서의 잡음 스펙트럼은 메시지 대역에 걸쳐 거의 상수 값을 유지한다.
3. $(S/N)_D$의 관점에서 보면, 억압 측파대 변조는 양측파대 변조에 비하여 유리한 면이 없다. 왜냐하면, 양측파대의 동기 성질이 단측파대의 검파 전 잡음 전력의 감소를 보상하기 때문이다.
4. 비억압 반송파 시스템의 전력 낭비를 제외하면, 평균 전송 전력과 고정 잡음 밀도를 기준으로 볼 때 모든 방식의 선형 변조는 기저 대역 전송과 동일한 성능을 가진다.

이상의 내용은 고정된 평균 전력을 가지는 거의 이상적인 시스템을 가정한 결과이다.

최대 포락선 전력을 기준으로 비교하면, 충분히 평탄한 변조 신호에 대하여 SSB의 검파 후단 S/N은 DSB보다 3 dB 높고 AM보다 9 dB 높다. 그러나, 메시지 신호가 뚜렷한 불연속을 가져 포락선에 돌기 모양이 발생할 경우에는 SSB는 DSB보다 성능이 떨어진다.

응용문제 10.2-1

USSB 신호를 위한 검파 전단 필터가 실제로 $f_c - W/4 \le |f| \le f_c + W$를 통과시킨다고 하자. 그림 10.1-3a를 이용하여 검파 후단 잡음의 잡음 전력 스펙트럼을 그리시오. 그리고, $(S/N)_D$가 식 (8)에서 예측된 값보다 약 1 dB 작다는 것을 증명하시오.

포락선 검파와 문턱 효과

AM은 포락선 검파기에 의하여 정상적으로 복조되므로, 잡음 환경에서 포락선 검파가 동기 검파와 어떤 차이점을 가지는지 살펴보아야 한다. 검파기 입력은

$$v(t) = A_c[1 + x(t)] \cos \omega_c t + [n_i(t) \cos \omega_c t - n_q(t) \sin \omega_c t] \tag{10}$$

이고, 계속 $\mu = 1$을 사용한다. 그림 10.2-2의 페이저에 의하여 최종적인 포락선과 위상은

$$A_v(t) = \sqrt{\{A_c[1 + x(t)] + n_i(t)\}^2 + [n_q(t)]^2} \tag{11}$$

$$\phi_v(t) = \tan^{-1} \frac{n_q(t)}{A_c[1 + x(t)] + n_i(t)}$$

이다. 이 식의 의미를 잘 이해하기 위해서는 약간 간략화할 필요가 있으며, 이를 위하여

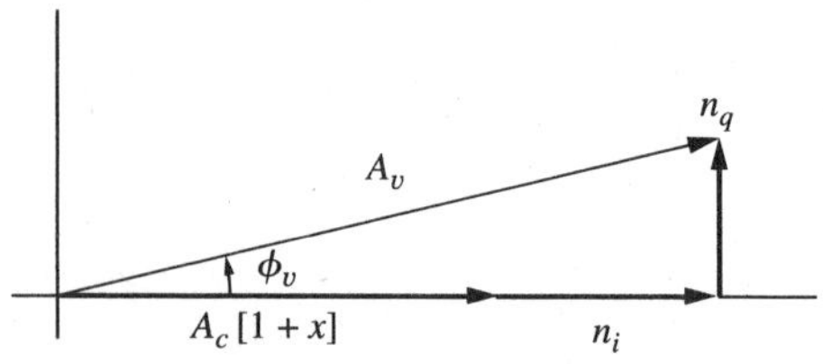

그림 10.2-2
$(S/N)_R \gg 1$인 경우 AM과 잡음의 합에 대한 페이저.

신호가 잡음에 비하여 매우 크거나 또는 매우 작은 경우를 가정하자.

신호가 우세할 때, 즉 $A_c^2 \gg \overline{n^2}$일 때, $A_c[1 + x(t)]$는 적어도 대부분의 시간에서 $n_i(t)$와 $n_q(t)$에 비하여 클 것이다. 이 경우 포락선은 근사적으로

$$A_v(t) \approx A_c[1 + x(t)] + n_i(t) \tag{12}$$

가 되고, 이는 간섭 신호 변조와 비슷하게 잡음에 의한 포락선 변조를 보여준다. 이상적 포락선 검파기는 포락선에서 DC 성분을 제외한 것을 출력시키므로

$$y_D(t) = A_v(t) - \overline{A_v} = A_c x(t) + n_i(t)$$

가 되고, 이는 동기 검파기의 결과와 동일하다. 그러면, 검파 후단 S/N는 앞에서 주어진 식 (5)가 된다. 마찬가지로, 식 (9)는 VSB + C의 포락선 검파에도 적용된다.

그러나, 이 결과는 $A_c^2 \gg \overline{n^2}$일 때만 성립한다는 것을 명심하여야 한다. $A_c^2/\overline{n^2}$는 S_R/N_0B_T에 비례하므로 이 조건은 $(S/N)_R \gg 1$과 동일한 조건이다(동기 검파에는 이와 같은 조건이 없다). 따라서, 검파 전단 신호 대 잡음 비가 크다는 조건이 주어지면 잡음 환경에서 포락선 복조는 동기 복조와 동일한 성능을 가진다.

극단적인 반대의 경우, 즉 $(S/N)_R \ll 1$이 되면 상황은 매우 달라진다. $A_c^2 \ll \overline{n^2}$이면 심한 간섭 신호와 비슷한 형태로 잡음이 우세하며, $n(t)$가 $x_c(t)$를 변조하는 것이 아니라 $x_c(t)$가 $n(t)$를 변조하는 것으로 생각할 수 있다. 이 경우의 해석을 쉽게 하기 위하여 $n(t)$를 포락선–위상의 형태 $n(t) = A_n(t)\cos[\omega_c t + \phi_n(t)]$로 표시하여 그림 10.2-3의 페이저를 얻는다. $n(t)$이 우세하다고 가정하였으므로 이 그림에서 잡음 페이저가 기준이 된다. 그러면, 수평 성분이 근사적으로 포락선이 되며

$$A_v(t) \approx A_n(t) + A_c[1 + x(t)]\cos\phi_n(t) \tag{13}$$

이고, 이로부터

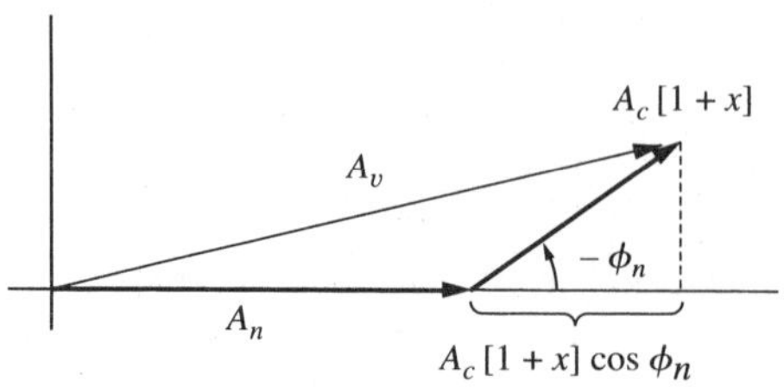

그림 10.2-3
$(S/N)_R \ll 1$인 AM과 잡음의 합에 대한 페이저.

$$y(t) = A_n(t) + A_c x(t) \cos \phi_n(t) - \overline{A_n} \tag{14}$$

이고, $\overline{A_n} = \sqrt{\pi N_R/2}$ 이다.

예상대로 출력의 주성분은 분명 잡음 포락선 $A_n(t)$이다. 더욱이 식 (14)에는 메시지 신호 $x(t)$에 정확히 비례하는 항이 없다. 비록 입력에서 신호와 잡음이 더해졌지만 검파된 메시지 항은 $\cos \phi_n(t)$ 형태의 불규칙 잡음과 곱해진다. 결국 메시지는 완전히 훼손되고 정보는 사라진다. 이와 같은 상황에서는 출력 신호 대 잡음 비는 의미가 없지는 않다고 하더라도 정의하기가 어려워진다.

검파 전단의 신호 대 잡음 비가 작을 때, 메시지 신호가 훼손되거나 사라지는 것을 **문턱 효과**라 하며, 이 이름은 다음과 같은 이유로 붙여졌다.

> 특정 값 $(S/N)_R$이 존재하여, 입력 신호 대 잡음 비가 이 값보다 크면 정보의 훼손이 거의 없지만, 이 값보다 작으면 시스템의 성능이 급격히 저하된다.

동기 검파에서 출력 신호와 잡음은 항상 합의 형태로 나타난다. 물론 $(S/N)_R \ll 1$이면 메시지가 잡음에 묻혀버리지만 그래도 $x(t)$의 본질은 보존된다.

실제로, **문턱값** 정의를 위한 특별한 규정이 없으면 문턱값은 유일하지 않다. 일반적으로, 대부분의 시간에서 $A_c \gg A_n$이면 문턱 효과는 미미한 수준이다. 구체적으로 말하자면, 99%의 확률로 $A_c \geq A_n$이기 위한 $(S/N)_R$ 값을 문턱값으로 정의한다. 그러면

$$\left(\frac{S}{N}\right)_{R\text{th}} = 4 \ln 10 \approx 10 \tag{15a}$$

또는 $(S/N)_R = \gamma/2$이므로

$$\gamma_{\text{th}} = 8 \ln 10 \approx 20 \tag{15b}$$

이 된다. 만일 $(S/N)_R < (S/N)_{R\text{th}}$ (또는 $\gamma < \gamma_{\text{th}}$)이면 메시지 훼손이 예상되고 결과적으로 정보가 손실된다.

$(S/N)_{R\text{th}}$ 값을 살펴보고 $(S/N)_D < (S/N)_R$을 상기하면 다음의 중요한 결론을 얻는다.

> AM 방송에서 문턱 효과는 일반적으로 심각한 제약이 아니다.

오디오를 전송할 때 적절한 수준의 청취 품질을 제공하려면 30 dB 또는 그 이상의 검파 후단 신호 대 잡음 비가 요구되므로 $(S/N)_R$은 문턱값보다 상당히 크다. 다른 말로 하면, 잡음이 곱하여져 신호가 훼손되기 훨씬 전에 이미 가산 잡음이 신호를 덮어 버린다. 반면에, 가산 잡음에 묻혀있는 디지털 신호를 복원하는 복잡한 기술들이 존재하고, 따라서 디지털 데이터를 전송할 때 AM을 사용하려면 문턱 효과를 피하기 위하여 동기 검파가 필요할 것이다.

마지막으로, 포락선 검파기가 어떻게 동기 방식으로 동작할 수 있고 왜 큰 $(S/N)_R$을 요구하는지 살펴보자. 입력 잡음을 무시할 수 있다고 가정하면, 포락선 검파기의 다이오드는 반송파의 특정 극성의 최대에서 잠시 닫히는 스위치 동작을 하고, 그 결과 스위치 동작은 반송파와 완전히 동기화 된다. 그러나, 잡음이 우세하면 잡음의 최대에 의하여 스위치 동작이 제어되어 동기를 잃게 된다. 동기 검파에서는 국부 발진 반송파가 잡음보다 항상 크게 되어 이 현상이 발생하지 않는다.

응용문제 10.2-2 10.1절 식 (14)를 이용하여 식 (15a)의 문턱값을 유도하시오. 특히, $S_x = 1$일 경우 $P(A_c \geq A_n) = 0.99$을 위하여 $(S/N)_R = 4 \ln 10 \approx 10$이 필요한 것을 보이시오.

10.3 잡음이 있는 각(Angle) CW 변조

본 절은 아날로그 PM과 FM 시스템에서의 잡음에 대하여 다룬다. 복조 과정은

$$y(t) = \begin{cases} \phi_v(t) & \text{위상 검파기} \\ \frac{1}{2\pi}\dot{\phi}_v(t) & \text{주파수 검파기} \end{cases}$$

으로 표현될 것이다. 5장에서 배웠듯이, 각 변조는 고유한 비선형 성질 때문에 분석이 어렵고 잡음이 포함될 경우 문제는 더욱 어려워진다. 따라서 PM과 FM의 검파 후단 잡음 특성과 신호 대 잡음 비를 구하기 위하여 큰 신호 조건 $(S/N)_R \gg 1$인 상황을 가정한다. 이 방법을 통하여 매우 유용한 **광대역 잡음 감소** 성질을 정량화하게 되고, 이 성질은 검파 후단 FM 디엠퍼시스 필터링에 의하여 더욱 향상된다.

중요한 것은 광대역 잡음 감소는 **문턱 효과**를 가지며, 이는 AM과는 달리 중요한 성능의 한계를 가져올 수 있다. 문턱 근처에서의 동작을 정량적으로 다루고, 문턱 확장을 위한 기술의 하나인 FM 귀환 수신기를 간단히 살펴본다.

검파 후단 잡음

각 변조 수신기의 검파 전반부는 앞에서 다루었던 그림 10.2-1의 구조를 가진다. 수신된 신호는

$$x_c(t) = A_c \cos[\omega_c t + \phi(t)]$$

이고, 이 때 PM 파형에서 $\phi(t) = \phi_\Delta x(t)$, FM 파형에서 $\dot{\phi}(t) = 2\pi f_\Delta x(t)$이다. 각각의 경우에서 반송파 진폭은 상수이다. 따라서

$$S_R = \tfrac{1}{2}A_c^2 \qquad \left(\frac{S}{N}\right)_R = \frac{A_c^2}{2N_0B_T} \tag{1}$$

이며 $(S/N)_R$을 보통 **반송파 대 잡음 비**(carrier-to-noise ratio, CNR)라 한다. 검파 전 BPF는

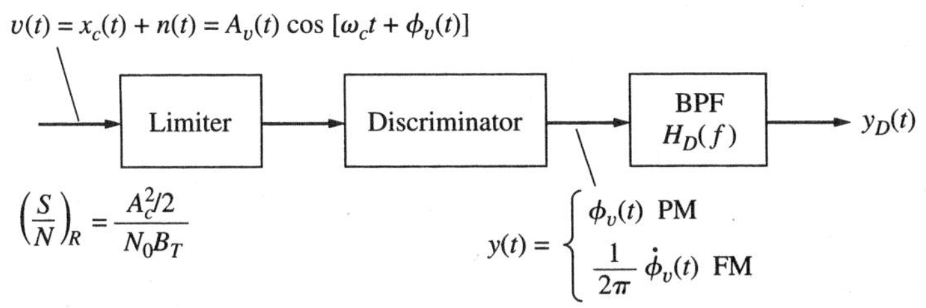

그림 10.3-1
지수형 변조와 잡음의 합에 대한 검파 모델.

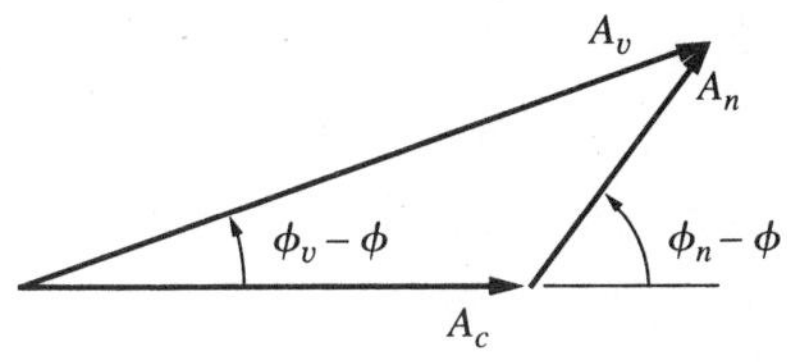

그림 10.3-2
지수형 변조와 잡음의 합에 대한 페이저.

f_c를 중심으로 대역폭 B_T에서 거의 이상적 응답을 가진다고 가정한다.

그림 10.3-1은 수신기의 나머지 부분에 대한 모델을 보여주며, 검파기 입력은 $v(t) = x_c(t) + n(t) = A_v(t) \cos [\omega_c t + \phi_v(t)]$이다. 제한기(limiter)는 $A_v(t)$로 표시된 진폭의 변화를 제거한다. $\phi_v(t)$에 포함된 신호와 잡음을 구하기 위하여 $n(t)$를 포락선-위상 형태로 표시하여

$$v(t) = A_c \cos [\omega_c t + \phi(t)] + A_n(t) \cos [\omega_c t + \phi_n(t)] \tag{2}$$

를 얻는다. 그러면, 그림 10.3-2의 페이저에 의하여

$$\phi_v(t) = \phi(t) + \tan^{-1} \frac{A_n(t) \sin [\phi_n(t) - \phi(t)]}{A_c + A_n(t) \cos [\phi_n(t) - \phi(t)]} \tag{3}$$

이 된다. $\phi_v(t)$의 첫 항은 신호 위상의 단독 항이고, 두 번째 항은 잡음과 신호를 모두 포함한다. 분명, 이와 같은 표현은 아직 이해하기 어렵고 어느 정도 간단히 하지 않으면 계속 진행하기 어렵다.

신호가 크다는 조건 $(S/N)_R \gg 1$을 이용하면 논리적 단순화가 가능한데, 이에 따라 대부분의 시간에서 $A_c \gg A_n(t)$이므로 탄젠트 역함수에 대한 소변수(small argument) 근사식을 이용할 수 있다. 반면, 식 (3)에서 $\phi(t)$를 무시하고 $\phi_n(t) - \phi(t)$를 $\phi_n(t)$ 단독으로 치환하여 간소화 시킬 수 있는지는 명백하지는 않다. 그렇지만 다음과 같이 이 간소화도 정당한 것을 알 수 있다. ϕ_n는 2π 라디안 영역에서 균일한 분포를 가지므로 통계적 평균의 관점에서 보면 $\phi_n - \phi$와 ϕ_n는 단지 평균값 차이 밖에 없기 때문이다. 이상의 두 가지 간소화 과정을 통하여 식 (3)은

$$\phi_v(t) \approx \phi(t) + \psi(t) \tag{4}$$

가 되고,

$$\psi(t) \triangleq \frac{A_n \sin \phi_n(t)}{A_c} = \frac{1}{\sqrt{2S_R}} n_q(t) \tag{5}$$

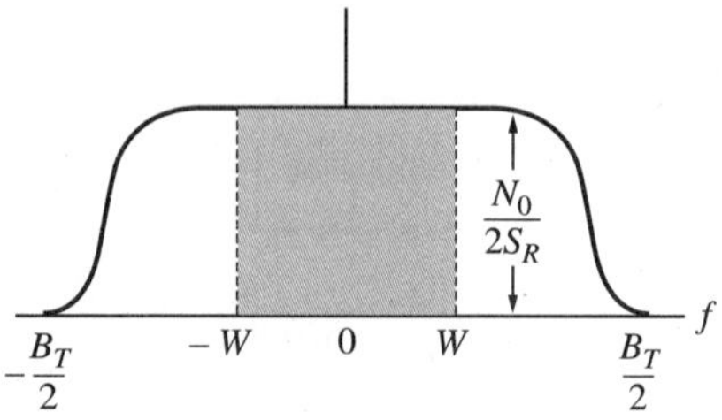

그림 10.3-3
PM의 검파 후단 잡음 스펙트럼.

이며, 여기서 $n_q = A_n \sin \phi_n$와 $S_R = A_c^2/2$를 대입하였다.

식 (4)는 신호가 충분히 크다는 전제하에 신호 위상 $\phi(t)$와 환산된 잡음 위상 $\psi(t)$이 가산성임을 보여준다. 식 (5)로부터 $\psi(t)$는 $n(t)$의 직교 성분에 따라 달라지는데 신호 전력이 증가함에 따라 감소한다는 사실을 알 수 있다.

이제, $\phi(t) = 0$으로 놓고 위상 검파기 출력에서의 잡음 $\psi(t)$를 살펴보자. PM 검파 후단의 전력 밀도 스펙트럼은 그림 10.1-3b의 $G_{n_q}(f)$와 같은 모양을 갖지만, $\overline{\psi^2} = \overline{n_q^2}/2S_R$이므로 $1/2S_R$이 곱해져 있다. 그러면,

$$G_\psi(f) \approx \frac{N_0}{2S_R}\Pi\left(\frac{f}{B_T}\right) \tag{6}$$

이고, 이는 그림 10.3-3에 있듯이 $|f| \leq B_T/2$의 모든 구간에서 거의 평탄하다.

NBPM의 특별한 경우를 제외하면, $B_T/2$는 메시지 대역폭 W보다 크므로 수신기는 대역 밖에 있는 잡음을 제거하기 위하여 전달 함수가 $H_D(f)$인 검파 후단 필터를 사용해야 한다. 만일 $H_D(f)$가 근사적으로 단위 이득과 대역폭 W인 이상적 저역 통과 필터 응답을 가지면 최종단에서의 잡음 전력은

$$N_D = \int_{-W}^{W} G_\psi(f)\,df = \frac{N_0 W}{S_R} \qquad \text{PM} \tag{7}$$

이 되고, 그림 10.3-3의 음영 영역이 N_D를 나타낸다.

다음으로, 주파수 검파기에서 입력이 $\phi_v(t) = \psi(t)$일 때 출력은 아래와 같은 순간 주파수 잡음이다.

$$\xi(t) \triangleq \frac{1}{2\pi}\dot{\psi}(t) = \frac{1}{2\pi\sqrt{2S_R}}\dot{n}_q(t) \tag{8}$$

따라서, 9.2절 식 (21)로부터 FM 검파 후단 잡음 전력 스펙트럼은

$$G_\xi(f) = (2\pi f)^2 \frac{1}{8\pi^2 S_R} G_{n_q}(f) = \frac{N_0 f^2}{2S_R}\Pi\left(\frac{f}{B_T}\right) \tag{9}$$

이 된다. 그림 10.3-4에 있는 이 포물선 함수는 PM과 동일하게 $W < B_T/2$ 밖에서 성분을 가지지만 f^2에 비례하여 증가한다.

만일, 검파 후단 필터가 그림 10.3-4의 음영 영역을 통과시키는 이상적 LPF이면 최종

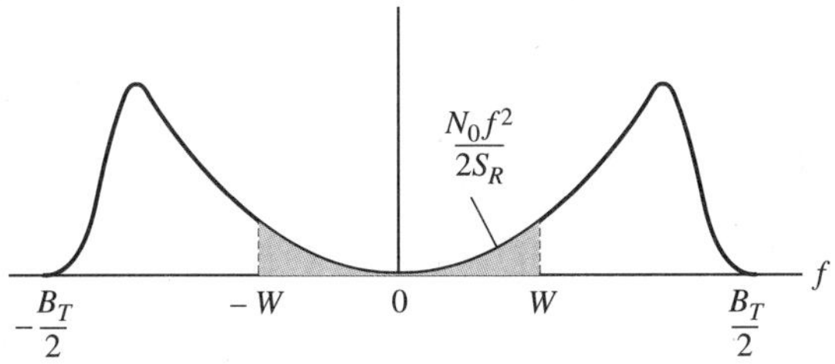

그림 10.3-4
FM의 검파 후단 잡음 스펙트럼.

단 잡음 전력은

$$N_D = \int_{-W}^{W} G_\xi(f)df = \frac{N_0 W^3}{3S_R} \qquad \text{FM} \tag{10}$$

이 된다. 그러나, $|H_{de}(f)| = [1 + (f/B_{de})^2]^{-1/2}$일 때 $|H_D(f)| = |H_{de}(f)|\Pi(f/2W)$와 같은 디엠퍼시스 필터를 동시에 사용하면

$$N_D = \int_{-W}^{W} |H_{de}(f)|^2 G_\xi(f)df = \frac{N_0 B_{de}^3}{S_R}\left[\left(\frac{W}{B_{de}}\right) - \tan^{-1}\left(\frac{W}{B_{de}}\right)\right] \tag{11a}$$

가 된다. $W/B_{de} \gg 1$인 일반적인 경우에 $\tan^{-1}(W/B_{de}) \approx \pi/2 \ll W/B_{de}$이므로 식 (11a)는

$$N_D \approx N_0 B_{de}^2 W/S_R \qquad \text{Deemphasized FM} \tag{11b}$$

로 간단히 된다.

지금까지의 결과를 정리하고 논의하여 보자.

1. PM과 FM의 검파 후단 잡음 스펙트럼 밀도는 대역 밖에도 성분을 가지고 있으므로 검파 후단 필터링이 필요하다.
2. PM 잡음 스펙트럼은 평탄하며, 이 성질은 대역 밖의 성분을 제외하면 선형 변조와 동일하다.
3. FM 잡음 스펙트럼은 포물선 모양으로 증가하며, 기저 대역 신호의 고주파 성분이 저주파 성분에 비하여 더 많이 잡음에 의하여 손상된다. 메시지가 송신기에서 프리엠퍼시스 되었다면 디엠퍼시스 필터가 이 현상을 보상한다.
4. PM과 FM의 최종단 잡음 전력 N_D는 S_R의 증가에 따라 감소하고, 이를 잡음 **소거 현상**(noise quieting)이라 한다. FM 라디오에서 방송국 사이에 주파수를 동조하고 소리를 크게 하면 잡음 소거 현상을 체험할 수 있다.

응용문제 10.3-1

$|f| > W$를 차단하기 위한 LPF가 없을 때, 디엠퍼시스된 잡음 스펙트럼 $|H_{de}(f)|^2 G_\xi(f)$을 구하시오. 다음, $B_T \gg W \gg B_{de}$를 가정하고 총 면적 N_D를 구하고, 이 결과를 식 (11.b)와 비교하시오.

최종단 S/N

이제 PM, FM, 그리고 디엠퍼시스된 FM의 신호 대 잡음 비를 구할 수 있다. 큰 신호 조건 $(S/N)_R \gg 1$를 계속 사용하기로 한다. 따라서 앞에서 구한 N_D에 관한 결과 역시 계속 유효하다. 식 (3)에서 $\phi_n(t) - \phi(t)$를 $\phi_n(t)$로 치환하였는데 신호 위상 $\phi(t)$가 존재하더라도 이 결과들이 무효가 되는 것은 아니다. 만일 위상 잡음에 $\phi(t)$가 포함되면, 훨씬 더 복잡한 해석을 통하여 검파 후단 잡음 스펙트럼이 메시지 대역 밖에 추가적인 성분이 존재하게 되고 이 성분은 $H_D(f)$에 의하여 제거된다는 것을 알게 된다.

$\phi(t) = \phi_\Delta x(t)$인 PM 시스템에서 복조된 신호와 잡음의 합은

$$y(t) = \phi_v(t) = \phi_\Delta x(t) + \psi(t)$$

이다. 검파 후단 필터는 신호 항인 $\phi_\Delta x(t)$를 통과시키므로 $S_D = \phi_\Delta^2 \overline{x^2} = \phi_\Delta^2 S_x$이고, 출력 잡음 전력 N_D는 식 (7)로 주어진다. 따라서

$$\left(\frac{S}{N}\right)_D = \frac{\phi_\Delta^2 S_x}{(N_0 W/S_R)} = \phi_\Delta^2 S_x \frac{S_R}{N_0 W} = \phi_\Delta^2 S_x \gamma \qquad \text{PM} \tag{12}$$

이다. 수신 전력 S_R, 대역폭 W, 잡음 밀도 N_0인 아날로그 기저 대역 전송(또는 억압 반송파 선형 변조)의 출력 S/N이 γ이므로, PM은 기저 대역에 비하여 정확히 $\phi_\Delta^2 S_x$ 만큼의 향상을 가진다. 그러나, 의미있는 구간인 $\phi_\Delta \leq \pi$에서 살펴보면 PM의 향상 정도는 $\phi_\Delta^2 S_x|_{\max} = \pi^2$ 보다 크지 않으며 그 값은 최대 약 10 dB 정도이다. 실제로, 만일 $\phi_\Delta^2 S_x < 1$이면 PM의 성능은 기저 대역보다 나빠지는데도 불구하고 전송 대역폭은 여전히 $B_T \geq 2W$이다.

$\dot{\phi}(t) = 2\pi f_\Delta x(t)$인 FM 시스템에서 복조된 신호와 잡음의 합은

$$y(t) = \frac{1}{2\pi}\dot{\phi}_v(t) = f_\Delta x(t) + \xi(t)$$

이다. 검파 후단 필터는 신호 항인 $f_\Delta x(t)$를 통과시키므로 $S_D = f_\Delta^2 S_x$이고, N_D는 식 (10)으로 주어진다. 따라서

$$\left(\frac{S}{N}\right)_D = \frac{f_\Delta^2 S_x}{(N_0 W^3/3S_R)} = 3\left(\frac{f_\Delta}{W}\right)^2 S_x \frac{S_R}{N_0 W}$$

이고, 여기서 **편이비**(deviation ratio) $D = f_\Delta/W$을 별도로 정의한다. 따라서 $(S/N)_D$는

$$\left(\frac{S}{N}\right)_D = 3D^2 S_x \gamma \qquad \text{FM} \tag{13}$$

으로 표시하고, 신호 전력 S_R을 증가시키지 않고 D를 증가시켜 $(S/N)_D$를 임의로 크게 할 수 있음을 보여준다. 단, 이 결론에는 추가적인 제약 조건이 필요하고 곧 재검토될 것이다.

한편, 필요한 전송 대역폭 B_T은 편이비에 따라 증가한다는 것을 상기하자. 결국 식 (13)은 아래의 관점에서 **광대역 잡음 감소**(wideband noise reduction)를 표시한다.

$(S/N)_D$를 고정시킨 상태에서 송신기 전력의 감소를 대역폭 증가로서 서로 맞교환한다.

이 성질을 강조하기 위하여 $D \gg 1$과 $B_T = 2f_\Delta \gg W$인 광대역 FM의 경우를 살펴보자. 이 때, $D = B_T/2W$이고 식 (13)은

$$\left(\frac{S}{N}\right)_D = \frac{3}{4}\left(\frac{B_T}{W}\right)^2 S_x\gamma \qquad \text{WBFM} \qquad (14)$$

가 되며, 이는 $(S/N)_D$가 대역폭비 B_T/W의 제곱에 따라 증가하는 것을 보여준다. 더 작은 편이비를 가지면, $3D^2S_x = 1$ 또는 $D = 1/\sqrt{3S_x} \geq 0.6$에서 기저 대역 전송과 동일한 성능을 가지는 채산점이 발생한다. 이와 같은 이유로 NBFM과 WBFM을 나누는 경계를 보통 $D \approx 0.6$로 정한다.

마지막으로 수신기가 디엠퍼시스 필터링을 포함하고 $B_{de} \ll W$이면, 출력 잡음은 식 (11b)에 따라 더욱 감소한다. 즉,

$$\left(\frac{S}{N}\right)_D \approx \left(\frac{f_\Delta}{B_{de}}\right)^2 S_x\gamma \qquad \text{Deemphasized FM} \qquad (15)$$

이고, 약 $(W/B_{de})^2/3$ 정도의 디엠퍼시스에 의한 향상을 얻는다. 그러나, 이와 같은 향상은 송신기에서 프리엠퍼시스 필터링을 요구하고, 또한 숨겨진 문제점을 가질 수 있다. 즉, 오디오 신호가 그렇듯이 메시지의 진폭 스펙트럼이 적어도 $1/f$ 만큼 빠르게 감소하지 않으면, 프리엠퍼시스는 편이비와 필요한 전송 대역폭의 증가를 초래한다. 현대에는 강도 높게 처리된 FM 오디오는 $1/f$ 정도의 롤-오프(roll-off)에 미치지 못하는 경우가 많아서, 전송 중의 주파수 편이를 허용하는 범위 내로 제한하기 위한 많은 노력을 하고 있다. 이러한 결과로 실제로 청취자들이 들을 때 다소 왜곡된 소리가 들리기도 한다.

예제 10.3-1

광대역 잡음 감소를 통하여 얼마의 이득을 얻을 수 있는지는 FM 방송의 변수 $f_\Delta = 75$ kHz, $W = 15$ kHz, $D = 5$를 가지고 잘 설명된다. 대표적으로 $S_x = 1/2$로 하면 식 (13)에 의하여

$$(S/N)_D = (3 \times 5^2 \times 1/2)\gamma \approx 38\gamma$$

이고, 또는 아날로그 기저 대역 전송보다 약 16dB 나은 것이다. $B_{de} = 2.1$ kHz인 디엠퍼시스 필터링은 $(S/N)_D$를 약 640γ로 향상시킨다. 따라서, 다른 요인들을 고정시키면, 디엠퍼시스를 가지는 1 W FM 시스템으로 640 W 기저 대역 시스템을 대체할 수 있다. $D = 5$인 FM의 대역폭은 $B_T \approx 14W$이다. 이와 같이 필요한 전송 전력이 감소하는데 그 대가로 필요한 대역폭이 증가한다.

그러나, 실제 몇 가지 요인들에 의하여 감소된 전송 전력 S_T의 대가로 얻어진 대역폭을

충분히 구현하지는 못한다. 그리고 실제로 FM 방송의 목표는 S_T의 최소화가 아니라 $(S/N)_D$의 극대화이다. 그러나 다른 응용 분야는 S_T의 최소화 또는 모든 가용한 전송 전력으로부터 가능한 최대로 많은 것을 더 얻어낼 것을 요구한다. 그래서 이런 분야에서는 큰 신호 조건 $(S/N)_R \gg 1$은 심각한 제약이되고, FM 문턱 효과가 매우 중요한 문제로 대두된다.

응용문제 10.3-2 예제 10.3-1의 1-W FM 시스템을 PM 시스템으로 대체하고 $(S/N)_D$ 값이 변하지 않기 위하여 필요한 최소 전송 전력을 구하시오.

FM 문턱 효과

작은 신호 조건 $(S/N)_R \ll 1$은 그림 10.3-2에서 신호와 잡음의 페이저가 서로 바뀐 형태로 표시할 수 있다. 그러면, 대부분의 시간에서 $A_n(t) \gg A_c$이므로 검파기 입력에서의 페이저는

$$\phi_v(t) \approx \phi_n(t) + \frac{A_c \sin [\phi(t) - \phi_n(t)]}{A_n(t)} \tag{16}$$

이다. 이렇게 되면, 잡음이 우세하고 $\phi(t)$에 포함된 메시지는 영영 복원되지 못할 정도로

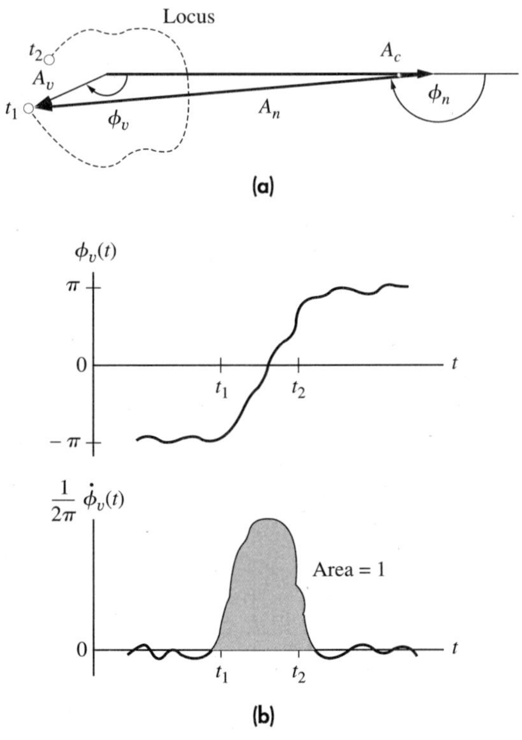

그림 10.3-5
문턱 근처의 FM. (a) 페이저; (b) 순간 위상과 주파수.

훼손된다.

실제로, $(S/N)_R \approx 1$과 $\overline{A_n} \approx A_c$일 때 이미 심각하게 성능이 저하되기 시작한다. 페이저의 길이가 거의 같으면, $\rho = A_i/A_c \approx 1$일 때의 동일 채널 간섭과 비슷한 현상이 발생한다. 이 경우, 작은 잡음의 변화가 복조된 FM 신호에 큰 **스파이크**(spike)를 발생시킬 수 있다. 그림 10.3-5(a)의 페이저는 $\phi(t) = 0$와 $\phi_n(t_1) \approx -\pi$이며 그 결과 $\phi_v(t_1) \approx -\pi$로 되는 경우에 대하여 이 현상을 보여준다. 만일 $A_n(t)$와 $\phi_n(t)$의 변화가 t_1부터 t_2까지의 점선 궤적을 따라가면 $\phi_v(t_2) \approx +\pi$가 된다. 결과적으로 그림 10.3-5(b)의 파형 $\phi_v(t)$는 높이 2π의 계단 모양을 가지게 되고, 출력 $y(t) = \dot{\phi}_v(t)/2\pi$는 단위 면적의 스파이크를 가진다. 이와 같은 스파이크를 FM 라디오에서 들으면 신호를 가려버리는 찰칵 또는 딸깍 소리로 들린다.

이와 같은 정성적 그림으로부터, 출력 스파이크가 상당한 저주파 성분을 발생시켜서 출력 잡음 스펙트럼은 더 이상 포물선이 아니고 DC 성분을 채우게 될 것이라 추론할 수 있다. 이 결론은 Rice가 잘 정리한 "클릭(click)" 접근법에 따른 해석을 통하여 검증되었다(1948). 그러나, 반송파가 변조될 때 스파이크의 특성이 변하는 **변조 억압 효과**(modulation-suppression effect)로 인하여 이 해석은 매우 복잡하다(이 책의 범위를 벗어남). 따라서 특정 형태의 변조 신호에 대해서만 정량적 결과를 구한다. 톤 변조의 경우, 총 출력 잡음은

$$N_D = \frac{N_0 W^3}{3S_R}\left[1 + \frac{12D}{\pi}\gamma e^{-(W/B_T)\gamma}\right] \tag{17}$$

이 되고, 둘째 항이 스파이크에 의한 것이다. 이에 대한 자세한 내용은 Rice(1948)와 Stumpers(1948)를 참조하기 바란다.

그림 10.3-6은 톤 변조와 식 (17)에 주어진 N_D를 사용하여, 두 가지의 편이비 D에 대하여 γ 대 $(S/N)_D$의 그림을 데시벨 단위로 그린 것이다. 이 곡선들이 갑자기 떨어지는 것이 FM 문턱 효과이며, 식 (17)의 지수 항에 의하여 발생한다. $D = 2$일 때와 $D = 5$일 때의 곡선을 비교하여 살펴보면 더 많이 편향된 신호에 대해서 문턱값이 더 높은 것을 알 수

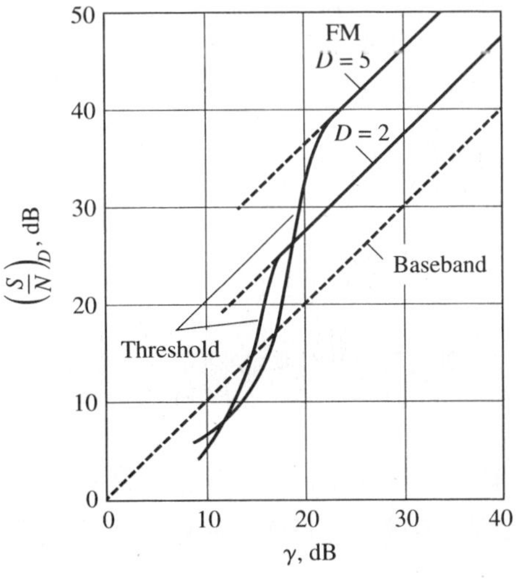

그림 10.3-6
FM 잡음 성능(디엠퍼시스가 없는 경우).

있다. 문턱값 이하에서는 잡음은 효과적으로 FM 신호를 "포획"하거나 신호에 겹쳐서 덮어 버린다.

> 시스템이 곡선의 "무릎" 근처에서 동작할 때, 수신 신호 전력의 작은 변화가 출력 신호에 큰 변화를 일으킨다 즉, 한 순간에 신호가 있다가 다음 순간에 사라진다.

문턱값 아래에서는 마치 강한 동일 채널 간섭과 같이 잡음이 출력을 포획(capture)한다.

실험에 의하면, $(S/N)_R \geq 10$ 또는 그 부근의 값을 가지면 대부분의 경우에 잡음 훼손을 무시할 수 있다. 따라서, 문턱값을

$$(S/N)_{R\text{th}} = 10 \tag{18}$$

로 정의한다. 동일하게, $(S/N)_R = (W/B_T)\gamma$이므로

$$\gamma_{\text{th}} = 10\frac{B_T}{W} = 20M(D) \tag{19a}$$

$$\approx 20(D+2) \qquad D > 2 \tag{19b}$$

이고, 여기서 FM 대역폭 식 $B_T = 2M(D)W \approx 2(D+2)W$를 사용하였다. 또한, D를 ϕ_Δ로 치환하면 식 (18)과 (19)는 PM에도 적용된다.

그림 10.3-6은 문턱값 이상에서 FM 성능이 매우 좋은 것을 정확하게 보여준다 기저대역 전송은 기껏해야 $(S/N)_D = \gamma$을 가진다. 또한, 이 곡선은 디엠퍼시스 필터링에 의한 추가적인 성능의 향상을 포함하지 않은 것이다. 그러나 γ를 고정시키고(예로 20 dB), 편이비만 증가시켜 $(S/N)_D$를 임의로 크게 하려고 하면 어떻게 될지 살펴보자. $D = 2$ ($B_T \approx 7W$)이면 문턱값 바로 위에 위치하고 $(S/N)_D \approx 28$ dB이다. 그리고 $D = 5$ ($B_T \approx 14W$)이면 문턱값 아래에 위치하고, 곱셈 잡음에 의한 훼손 때문에 의하여 출력 신호는 쓸모 없게 된다. 그러므로 대역폭을 신호 대 잡음 비로 무한정 교환할 수 없고 시스템의 성능은 편이비의 증가에 따라 실제로 저하될 수도 있다.

마찬가지로 대역폭을 신호 전력의 감소로 교환하는 것도 한계가 있다. 예로서 최소의 전송 전력으로 신호 대 잡음 비 30 dB를 원하고 전송 대역폭은 $B_T = 14W$까지 가능하다고 가정하여 보자. 문턱 효과가 아니라면, $D = 5$와 $\gamma = 14$ dB인 FM을 사용하여 기저 대역에 비하여 16 dB의 전력 감소를 얻는다. 그러나, $D = 5$에 대한 문턱값은 $\gamma_{\text{th}} \approx 22$ dB이고, 이 때 $(S/N)_D \approx 37$ dB이다. 따라서,

> 원하는 신호 대 잡음 비가 아니라 문턱값에 의해 설계가 강요될 수 있다.

이에 따라 잠재적인 전력 감소는 완전히는 구현되지 못할 수 있다.

이상의 고찰에 의하면, 문턱값에서의 $(S/N)_D$는 매우 유용하게 사용된다. 따라서, 디엠

퍼시스를 제외하고, 식 (19)를 식 (13)에 대입하여

$$\left(\frac{S}{N}\right)_{D\text{th}} = 3D^2 S_x \gamma_{\text{th}} \tag{20a}$$

$$\approx 60D^2(D+2)S_x \qquad D > 2 \tag{20b}$$

를 얻는데 이는 D의 함수로 표시한 $(S/N)_D$의 최소값이다. 특정 $(S/N)_D$ 값이 주어지고 대역폭 제한이 없을 경우, 식 (20)을 풀어 가장 **효율적인 성능**을 주는 편이비 D를 신호 전력의 식으로 표시할 수 있다. 물론, 문턱값에 대하여 여유 없이 동작시키는 것은 바람직하지 않으므로 신호 페이딩(fading)의 발생 가능성에 대비하여 여유 있게 설계해야 한다.

최소 전력과 문턱값 **예제 10.3-2**

$S_x = \frac{1}{2}$, $W = 10$ Hz, $N_0 = 10^{-8}$ W/Hz이고 B_T에 대한 제한이 없을 때, $(S/N)_D \approx 50$ dB를 가지는 최소 전력 FM 시스템을 설계하려 한다. 잠시 문턱 효과를 무시하면, 식 (13)을 이용하여 $10^5 = 1.5D^2\gamma$을 얻고, $D = 15$일 때 $\gamma \approx 296$이다. 그러나, 위의 값들을 가지고 문턱 효과를 고려하고 $D > 2$이라 가정하면, 식 (20)에 의하여 $10^5 \approx 60D^2(D+2)/2$이고, 반복적인 계산을 통하여 $D \approx 15$를 얻고, 따라서 $B_T \approx 2(D+2)W = 340$ kHz이다. 그러면, 식 (19a)에 의하여 $S_R/N_0W \geq \gamma_{\text{th}} = 10 \times 34 = 340$이고, 이는 $S_R \geq 340\ N_0W = 34$ mW를 필요로 한다.

응용문제 10.3-3

$B_T = 5W$, $f_\Delta = 10B_{\text{de}}$, $S_x = \frac{1}{2}$를 가지는 디엠퍼시스가 있는 FM 시스템에 대하여, 유용한 $(S/N)_D$의 최소 값을 구하시오.

FM 귀환에 의한 문턱 확장

문턱 제한이 최소 전력 아날로그 FM 시스템을 설계하는 데 제약 요인이 되므로, **문턱 확장**(threshold extension) 기술에 대하여 많은 관심이 있어 왔다. 오래 전에 Chaffee(1939)는 수신기에서 주파수 추종 또는 주파수 압축 귀환 루프를 이용하여 문턱값을 확장하는 방법을 제안하였고, 이를 FM 귀환(FMFB) 수신기라 한다.

그림 10.3-7에 있는 FMFB 수신기의 특징은 수퍼헤테로다인 구조 내부에 위상 동기 루프가 존재한다는 것이다. 구체적으로, 수퍼헤테로다인의 LO가 자유 이동 주파수가 $f_c - f_{IF}$인 VCO로 치환되고, VCO의 제어 전압으로 복조된 출력 $y_D(t)$를 이용한다. 만일, 루프의 이득 K가 충분히 큰 값을 가지고 $(S/N)_D$ 또한 충분히 크다면, VCO는 $x_c(t)$의 순간 위상을 추적한다. 이 추적 동작에 의하여 신호가 IF 길로 하향 천이될 뿐만 아니라 주파수 편이가 f_Δ에서 $f_\Delta/(1+K)$로 감소한다. 따라서, $f_\Delta/(1+K)W < 1$가 되도록 K를 정하면, IF 입력은 협대역 FM이 되고 IF 대역폭은 $B_{IF} \approx 2W$ 보다 클 필요가 없게 된다.

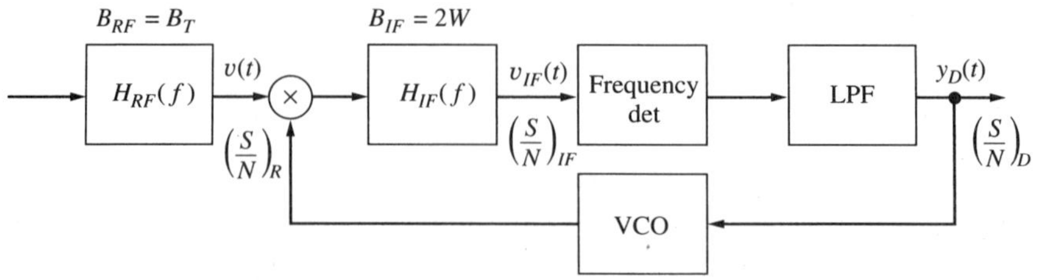

그림 10.3-7
문턱 확장을 위한 FMFB 수신기.

마찬가지로, VCO 추적에 의하여 잡음 주파수 편이도 동일한 정도로 감소하므로, $(S/N)_R \ll 1$일 때 $(S/N)_D$는 일반 수신기의 값과 동일하다. 그러나, IF가 더 큰 검파 전단의 신호 대 잡음 비, 즉 $(S/N)_{IF} = S_R/N_0B_{IF} \approx (B_T/2W)(S/N)_R$를 가지는 것에 주목하자. 이제 문턱 효과는 $(S/N)_{IF}$ 값에 의해 결정되므로 문턱값은 더 작은 값으로 확장된다. 실험을 통하여 FMFB 수신기가 5∼7dB의 문턱 확장을 제공하는 것을 확인할 수 있고, 이는 최소 전력 설계에서 매우 의미 있는 값이다. PLL 복조기를 가지는 일반적인 수신기도 수 dB 정도의 문턱 확장을 제공하며 구현이 간단한 장점을 가진다.

10.4 CW 변조 시스템 비교

이제, 여러 방식의 아날로그 CW 변조에 대한 성능을 비교할 시점에 왔다. 비교할 항목은 표 10.4-1에 정리되어 있다. 여기에는 정규화된 전송 대역폭 $b = B_T/W$, γ로 정규화된 최종단 신호 대 잡음비 $(S/N)_D$, 필요할 경우 문턱값, DC 성분(또는 저주파수 성분), 동작 복잡도 등의 요소가 정리되어 있다. 또한, 이 표는 비교할 값을 제시하기 위하여 기저 대역 전송도 포함하고 있다. 앞에서와 같이 $\gamma = S_R/N_0W$를 사용하였고, S_R은 수신된 신호 전력, W는 메시지 대역폭, $N_0 = k\mathcal{T}_N$는 수신기 입력에 인가된 잡음 밀도이다. 또한, $x(t)$를 메시지라 할 때 $S_x = \overline{x^2} = \langle x^2(t)\rangle$을 사용하였다. 거의 이상적 시스템을 가정하였기 때문에 $(S/N)_D$ 값은 상한값이다.

여러 방식의 선형 변조 중에서 억압 반송파 방식은 일반적인 AM 보다 적어도 두 가지 관점에서 우수하다: 신호 대 잡음비가 높고 **문턱 효과**가 없다. **대역폭 보존**이 중요할 경우에는 단측파대와 잔류 측파대가 특히 관심을 끈다. 그러나, 아무 것도 그냥 얻을 수는 없고, 효율적인 선형 변조의 대가로 특히 수신기에서 동작의 복잡도가 증가한다. 구현 방법에 관계없이 동기 검파는 포락선 검파에 비하여 복잡한 회로를 필요로 한다. **점대점 통신**(하나의 송신기와 하나의 수신기)에서 가격은 논의할 대상이 된다. 그러나, **방송**(하나의 송신기와 다수의 수신기)에서는 경제적인 이유에 의하여 가장 간단한 수신기를 선택하는 것이 유리하기 때문에 포락선 검파를 사용한다. 그러나 집적회로 기술의 발달로 인해서 복잡한 회로의 수신기 제작 비용이 많이 줄어들었다. 또한 SDR(software defined radio) 기술은 다양한 변조 시스템의 선택을 가능하게 하고 있다.

구현의 관점에서 보면 AM이 가장 간단한 선형 변조이고, 특수한 측파대 필터와 동기가 필요한 억압 반송파 VSB가 가장 복잡한 변조이다. DSB와 SSB 중에서(적절한 응용 분야에 사용될 때), 동기가 별로 중요하지 않은 SSB의 구현이 더 간단하다. 또한, 향상된 필터 기술에 의하여 측파대 필터가 많이 제공되고 있다. 같은 이유로 VSB + C는 포락선 검파면 충분하므로 추가적인 필터가 필요함에도 불구하고 중간 정도의 복잡도를 가진다.

기저 대역 또는 선형 변조와 비교하면, 각 변조 특히 디엠퍼시스를 하는 FM은 중간 정도의 구현 복잡도를 가지고 상당히 향상된 $(S/N)_D$를 제공할 수 있다. 그림 10.4-1이 그림 10.3-6과 비슷한 형태로 이 사실을 보여준다(다시 $S_x = 1/2$를 사용함). 단, 대표적인 12 dB 디엠퍼시스 향상이 FM 곡선에 포함되었고, 문턱값 이하의 성능은 생략되었다. 모든 곡선에 대역폭비 b를 표시하였다.

동일한 b 값에 대하여, 분명 FM은 PM에 비하여 훨씬 우수한 잡음 성능을 가진다. 그리고 시스템이 문턱값보다 상위에 있으면 b를 증가시켜 성능을 임의로 향상시킬 수 있다. 반면에, PM에서는 $\phi_\Delta \leq \pi$이므로 $b \leq 10$으로 제한된다. FM은 성능 향상의 대가로 더 많은 전송 대역폭이 필요하다. 그러므로, 광대역 각 변조 방식은 매우 깨끗한 출력 신호가 요구되면서 대역폭 보존은 크게 중요하지 않는 경우에 가장 적합하다. 마이크로파 주파수대에서는 잡음 감소와 상수 진폭 성질이 모두 장점이 된다. 전력 보존 관점에서 보면, 적당한 b 값을 가지는 FM은 문턱 제약에도 불구하고 선형 변조에 비하여 전력을 절약할 수 있게 해준다.

상당한 저주파 성분을 가지는 변조 신호의 전송에 대하여 DSB와 VSB의 우수성을 이미 설명하였다. 팩스와 비디오의 경우, 전자적 DC 성분 복원에 의하여 포락선 검파 VSB의 적용이 가능하고 또한 바람직하다(이와 같은 방법으로 AM을 사용할 수 있지만 대역폭

표 10.4-1 CW 변조 시스템 비교.

Type	$b = B_T/W$	$(S/N)_D \div \gamma$	γ_{th}	DC	Complexity	Comments
Baseband	1	1	. . .	No[1]	Minor	No modulation
AM	2	$\frac{\mu^2 S_x}{1+\mu^2 S_x}$	20	No	Minor	Envelope detection $\mu \leq 1$
DSB	2	1	. . .	Yes	Major	Synchronous detection
SSB	1	1	. . .	No	Moderate	Synchronous detection
VSB	1+	1	. . .	Yes	Major	Synchronous detection
VSB + C	1+	$\frac{\mu^2 S_x}{1+\mu^2 S_x}$	20	Yes[2]	Moderate	Envelope detection $\mu < 1$
PM[3]	$2M(\phi_\Delta)$	$\phi_\Delta^2 S_x$	$10b$	Yes	Moderate	Phase detection, constant amplitude $\phi_\Delta \leq \pi$
FM[3,4]	$2M(D)$	$3D^2 S_x$	$10b$	Yes	Moderate	Frequency detection, constant amplitude

1. 직접 결합이 아닌 경우.
2. 전자적 dc 성분 복원을 할 경우.
3. $b \geq 2$.
4. 디엠퍼시스 포함되지 않았음.

그림 10.4-1

FM의 12-dB 디엠퍼시스 향상을 포함한 CW 변조 시스템의 성능.

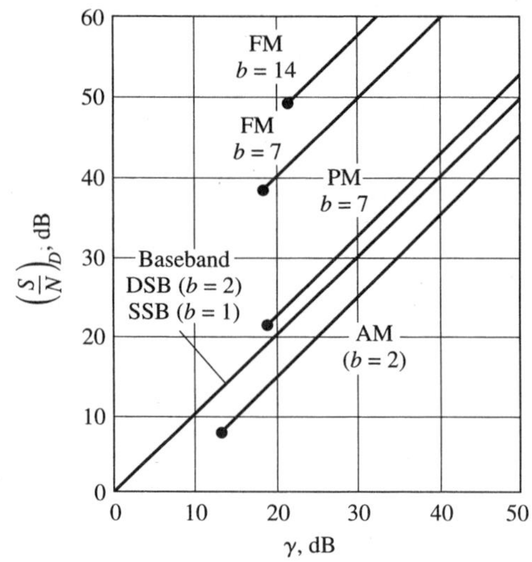

이 문제가 된다. 억압 반송파 단측파대는 이런 방법의 사용이 사실상 불가능하다). 또한, 앞에서 언급하였듯이 평형 판별기는 매우 우수한 저주파 응답 특성을 가진다. 따라서, FM은 복잡한 동기화 없이 DSB 또는 VSB와 동일한 저주파 성능을 가질 수 있다. 같은 이유로 보편적으로 고성능 자기 테이프 녹음기는 입력을 주파수 변조된 파형으로 저장하는 FM 모드를 장착하고 있다.

시간에 따라 변하는 전송 특성, 주파수 선택적 페이딩, 다중 경로 전파 등에 대한 상대적인 성능은 표에 나와 있지 않다. 불안정한 전송 매체는 곱셈 효과를 가지며, 이는 특히 포락선 검파에 치명적이다(심야에 멀리 떨어져 있는 AM 방송국을 청취하는 사람은 왜곡된 소리를 경험한 적이 있을 것이다). 동일하게, 불안정한 전송은 광대역 변조를 불가능하게 한다.

간단히 정리하는 것은 불가능하다. 모든 통신 문제점을 해결하는 만능의 해결책은 없다. 따라서, 통신 엔지니어는 열린 마음을 가지고 주어진 모든 정보를 철저히 검토하여 각각의 새로운 과제에 접근하여야 한다.

10.5 위상 동기 루프의 잡음 성능

7장에서는 PLL(phase-lock loop)의 입력에 잡음이 없다고 가정하였다. 그러나, 이는 일반적인 경우가 아니며, 가산 잡음이 PLL 성능에 미치는 효과를 살펴보아야 한다.

그림 10.5-1에 보인 바와 같이 잡음원을 추가하여 그림 7.3-8b와 7.3-8c의 선형화된 모델을 확장하여 보자. 두 번째 합산기의 출력이 위상 오차 $e(t)$이다. 시스템이 선형이므로 신호와 잡음 입력을 분리하여 다룰 수 있고, 잡음 입력만 있을 때 VCO 출력 위상의 전력 스펙트럼 밀도(PSD)는

$$G_{\phi_v}(f) = |H_L(f)|^2 G_n(f) \tag{1}$$

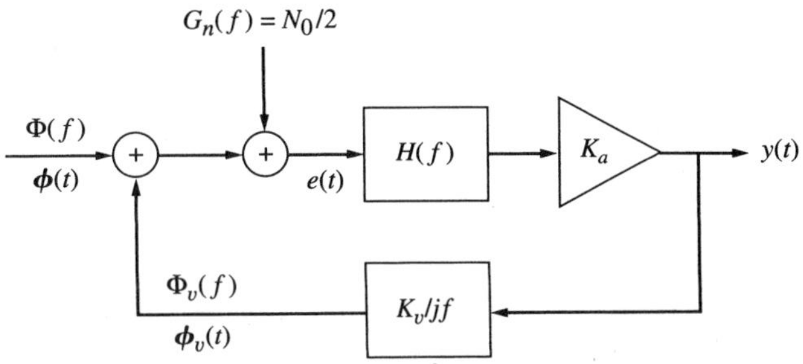

그림 10.5-1

가산 잡음이 있는 선형화된 PLL 모델.

이고, 여기서 $G_n(f)$는 잡음의 PSD이고 $H_L(f)$은 앞의 7.3절에서 유도하였던 PLL 폐루프 전달 함수이다. 만일 잡음원이 백색이면 $G_n(f) = N_0/2$이고 VCO 출력 분산(또는 잡음)은

$$\sigma_{\phi_v}^2 = N_0 \int_0^\infty |H_L(f)|^2 \, df \tag{2}$$

가 된다. 입력 $\phi(t) = 0$을 가정하였으므로 위상 오차 잡음은 $\sigma_e^2 = \sigma_{\phi_v}^2$이 된다. 잡음 등가 대역폭이

$$B_N = \frac{1}{g} \int_0^\infty |H_L(f)|^2 \, df \tag{3}$$

으로 주어지고 $g = 1$을 가정하면 위상 오차 잡음은

$$\sigma_e^2 = N_0 B_N \tag{4}$$

가 된다. 이 위상 잡음이 VCO 출력에 포함된 변화량 또는 지터를 나타내고, 이를 **위상 지터**라 한다.

식 (3)과 (4)를 자세히 살펴보면 위상 지터는 루프 대역폭이 좁아짐에 따라 감소하는 것을 볼 수 있다. 그러므로, 루프 대역폭과 위상 지터는 적절한 교환 균형이 필요한 또 하나의 항목이 된다. 루프 대역폭을 감소시키면 위상 지터는 감소하지만 입력 신호의 위상 변화를 추적하는 시스템의 능력에 악영향을 준다.

만일 입력 신호가 진폭 A_c인 정현파라 하면, 루프의 신호 대 잡음비는

$$\gamma = \frac{A_c^2}{\sigma_e^2} \tag{5}$$

로 표시할 수 있다.

식 (4)와 (5)는 높은 신호 대 잡음비를 가지는 선형 PLL 모델을 가정한 결과이다. 만일 그렇지 않으면, 1차 PLL의 위상 지터에 대한 더 좋은 근사식은 Vitterbi(1966)에 의하여

$$\sigma_e^2 = \int_{-\pi}^{\pi} \phi^2 \frac{\exp(\gamma \cos \phi)}{2\pi J_0(\gamma)} \, d\phi \tag{6}$$

으로 주어지며, $J_0(\gamma)$는 제 1종 영차 수정 Bessel 함수이다.

10.6 잡음이 있는 아날로그 펄스 변조

마지막으로, 잡음이 있는 아날로그 펄스 변조를 간단히 살펴보자. 설명을 간단히 하기 위하여 펄스 변조된 신호는 기저 대역에서 전송되고 그 결과 CW 변조나 대역 통과 잡음은 없다고 가정한다. 대신, 검파 전단 잡음은 **저역 통과** 스펙트럼을 가질 것이다.

신호 대 잡음비

수신기에서 어떤 종류의 회로가 사용되었던지 상관없이 아날로그 펄스 변조 신호의 복조 과정은 샘플 값으로부터 메시지를 복원하는 과정으로 간략하게 요약된다. 일반화된 복조기는 펄스 변조된 파형을 가중치 있는 임펄스 열로 변환하는 펄스 변환기로 구성되고, 그 결과를 이상적 LPF에 통과시켜 메시지 신호를 복원한다. 그림 10.6-1은 가산 잡음이 포함되어 있는 복조 모델을 보여 준다.

수신된 펄스 신호인 $x_p(t)$와 저역 통과 잡음 $n(t)$가 더해진 신호는 입력부에 있는 잡음 제한 필터를 통과하게 되고 그 값은 $v(t) = x_p(t) + n(t)$이다. 변환기는 $v(t)$에 있는 각 펄스의 진폭, 펄스 간격, 또는 위치를 측정하여

$$y_\delta(t) = \sum_k [\mu_p x(kT_s) + \epsilon_k]\delta(t - kT_s) \tag{1}$$

을 생성하고, 여기서 μ_p는 $x(kT_s)$와 $x_p(t)$의 관계를 결정하는 변조 상수이고 ϵ_k는 잡음에 의한 측정 오차이다. 편의상, 복원 필터는 대역폭 $B = f_s/2$, 이득 $K = T_s = 1/2B$, 시간 지연은 없다고 가정한다. 따라서, 임펄스 열 입력 $y_\delta(t)$은 복원 필터를 거치면서 최종 출력

$$y_D(t) = \sum_k [\mu_p x(kT_s) + \epsilon_k] \operatorname{sinc}(f_s t - k) = \mu_p x(t) + n_D(t) \tag{2a}$$

이 되고, 최종단에서의 잡음 $n_D(t)$는

$$n_D(t) = \sum_k \epsilon_k \operatorname{sinc}(f_s t - k) \tag{2b}$$

로 표시된다.

오차 ϵ_k는 간격 T_s를 가지는 저역 통과 잡음 $n(t)$의 샘플 값에 비례하고, 또한 잡음 제한 필터가 $B_N > 1/T_s$이므로 ϵ_k 값들은 근본적으로 서로 상관 관계가 없고 영의 평균을 가진다. 그러므로, 최종단 잡음 전력을 $N_D = \overline{n_D^2} = \overline{\epsilon_k^2} = \sigma^2$로 쓸 수 있고 신호 전력은 $S_D =$

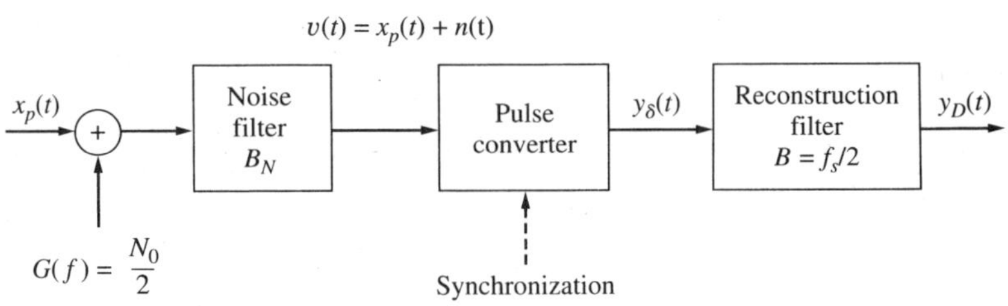

그림 10.6-1
잡음 있는 아날로그 펄스 변조 신호의 복조 모델.

$\mu_p^2\overline{x^2} = \mu_p^2 S_x$이다. 따라서,

$$\left(\frac{S}{N}\right)_D = \frac{S_D}{N_D} = \frac{\mu_p^2}{\sigma^2} S_x \tag{3}$$

이고, 이 식은 최종단 신호 대 잡음비를 오차 분산 σ^2의 식으로 표시한 것이며, 오차는 잡음 있는 샘플로부터 신호를 복원하는 과정에서 발생한 것이다. 다음 과제는 특정 아날로그 펄스 변조 방식에 대하여 μ_p^2와 σ^2를 구하는 것이다.

PAM 신호는 변조된 펄스 진폭 $A_0[1 + \mu x(kT_s)]$ 내부에 메시지 샘플을 포함하므로 변조 상수는 $\mu_p = A_0\mu \le A_0$이다. 9.5절에 의하면 진폭 오차 분산은 $\sigma^2 = \sigma_A^2 = N_0 B_N$이다. 따라서, 최대 변조($\mu = 1$)와 최소 잡음 대역폭($B_N \approx 1/2\tau$)을 가지는 최적의 조건에서

$$\left(\frac{S}{N}\right)_D = \frac{2A_0^2\tau}{N_0} S_x$$

이고, τ는 펄스 폭이다.

$\mu = 1$이고 $x(t)$에 DC 성분이 없을 때, 변조된 펄스 당 평균 에너지는 $A_0^2\overline{[1 + x(kT_s)]^2}\tau = A_0^2(1 + S_x)\tau$이다. 이 평균 에너지에 펄스율 f_s를 곱하면 수신된 신호 전력 $S_R = f_s A_0^2(1 + S_x)\tau$을 얻는다. 따라서, 최종적으로

$$\left(\frac{S}{N}\right)_D = \frac{S_x}{1 + S_x}\frac{2S_R}{N_0 f_s} = \frac{S_x}{1 + S_x}\left(\frac{2W}{f_s}\right)\gamma \qquad \text{PAM} \tag{4}$$

를 얻는다. 이에 따라 $(S/N)_D \le \gamma/2$임을 알 수 있고, AM CW 변조와 유사하게 PAM 성능은 무변조 기저 대역 전송에 비하여 적어도 3 dB 저하된다. 실제로 최대 성능은 거의 달성될 수도 없고 요구되지도 않는다. PAM의 장점은 다중화하기 쉽다는 것에 있지 잡음 성능에 있지 않기 때문이다.

그러나, PPM와 PDM은 광대역 잡음 감소 덕분에 약간의 성능 향상을 얻을 수 있다. 만일 $B_N \approx B_T$이라면 시간 위치 오차 분산은 $\sigma^2 = \sigma_t^2 = N_0/(4B_T A^2)$이다. 펄스 진폭 A가 상수이므로 수신뒤 전력은 $S_R = f_s A^2 \tau_0$으로 표현되고, 여기서 τ_0는 PDM의 평균 펄스 폭 또는 PPM의 고정된 펄스 폭이다. 그러면 식 (3)은

$$\left(\frac{S}{N}\right)_D = \frac{4\mu_p^2 B_T A^2}{N_0} S_x = 4\mu_p^2 B_T \frac{S_R}{N_0 f_s \tau_0} S_x \tag{5}$$

$$= 4\mu_p^2\, B_T\left(\frac{W}{f_s\tau_0}\right) S_x\gamma \qquad \text{PDM or PPM}$$

가 된다. 이 식을 살펴보면 전송 대역폭 B_T가 증가함에 따라서 $(S/N)_D$도 증가하는 것을 알 수 있다. 여기에 숨겨진 물리적 의미는 $t_r \approx 1/2B_T$인 그림 9.5-2로부터 쉽게 설명된다.

PPM의 변조 상수는 최대 펄스 변위이므로 $\mu_p = t_0$이다. 변수 t_0와 τ_0는

$$t_0 \le \frac{T_s}{2} \qquad \tau_0 = \tau \ge 2t_r \approx \frac{1}{B_T}$$

에 의하여 제한되고 $f_s = 1/T_s \ge 2W$이다. 모든 값을 잡음 감소의 관점에서 최적화하면

$$\left(\frac{S}{N}\right)_D \le \frac{1}{8}\left(\frac{B_T}{W}\right)^2 S_x\gamma \qquad \text{PPM} \tag{6}$$

와 같은 상한값을 얻는다. 따라서, PPM의 성능은 대역폭 비 B_T/W의 제곱에 비례해서 증가한다. 동일한 최적화 과정을 $\mu_p = \mu\ \tau_0 \le \tau_0$인 PDM에 적용하면 상대적으로 덜 중요한 결과인

$$\left(\frac{S}{N}\right)_D \le \frac{1}{2}\frac{B_T}{W} S_x\gamma \qquad \text{PDM} \tag{7}$$

을 얻는다. 상한값에 근접하려면 PDM 파형은 $\tau_0 \approx T_s/2$이 되도록 50% 동작 비율(duty cycle)을 가져야 한다.

실제 구현된 PPM와 PDM 시스템의 성능은 여기서 계산된 최대값보다 10 dB 또는 그 이상 떨어진다. 결과적으로 잡음 감소는 광대역 FM의 경우에 미치지 못한다. 그러나, 평균 전력 S_R는 CW 변조에서와 같이 연속적으로 전달되는 것이 아니라 짧은 간격의 고전력 펄스로부터 나오는 것을 기억하여야 한다. 전력을 공급하는 관점에서 보면 특정 환경에서는 연속적인 동작보다 펄스에 따라서 동작하는 것이 더 유리할 수 있다.

응용문제 10.6-1

단일 채널 PDM 시스템에서 $\mu\tau_0 \le 1/4W$가 되어야 하는 이유를 설명하시오. 그리고, $\mu_p = \mu\tau_0$을 이용하여 식 (5)로부터 식 (7)을 유도하시오.

거짓 펄스 문턱 효과

PDM 또는 PPM 시스템에서 B_T를 매우 크게 하여 $(S/N)_D$를 증가시키려 한다고 가정하자. B_T의 증가에 따라 $\overline{n^2}$가 증가하므로, $v(t) = x_p(t) + n(t)$에서는 잡음의 변화가 결국 지배적인 값이되고 잡음이 신호 펄스로 잘못 인식된다. 만일 이와 같은 **거짓 펄스**(false pulse)가 자주 발생하면 복원된 파형은 $x(t)$와 아무 관련이 없게 되고 메시지는 완전히 사라진다. 따라서, 펄스-시간 변조는 광대역 FM에서의 문턱 효과와 유사하게 거짓 펄스 문턱 효과를 가진다. 동기화된 PAM에서는 이 현상이 나타나지 않는데, 진폭을 측정할 시간을 항상 알고 있기 때문이다.

문턱값을 결정하기 위하여 $P(n \ge A) \le 0.01$이면 거짓 펄스가 거의 나타나지 않는다고 하자. $\sigma_N^2 = \overline{n^2} = N_0 B_T$인 Gauss 잡음에 해당하는 문턱 조건은 근사적으로 $A \ge 2\sigma_N$이며, 따라서 펄스는 잡음 rms 값의 적어도 2배 이상으로 잡음을 들어올릴 만큼 충분한 크기를 가져야 한다(이는 펄스 레이더 시스템의 접선 감도(tangential sensitivity)와 동일한 조건이

다). $A^2 = S_R/\tau_0 f_s$이므로 $S_R/\tau_0 f_s \geq 4\, N_0 B_T$ 또는

$$\gamma_{\text{th}} = \left(\frac{S_R}{N_0 W}\right)_{\min} = 4\tau_0 f_s \frac{B_T}{W} \geq 8 \tag{8}$$

이다. 이 문턱값은 FM의 경우 보다 상당히 낮으며, 따라서 PPM은 FM이 문턱값보다 아래에 있는 환경에서 장점을 가질 수 있다.

10.7 질문 및 연습문제

질문

1. 동기 검파에 비해서 포락선 검파가 가지는 장점은 무엇인가?

2. 약한 AM 신호를 수신하기 위해서 어떤 형태의 수신기를 선택할 것인가? 그 이유는 무엇인가?

3. S_T를 증가시키거나 메시지 신호의 진폭 또는 변조 지수의 허용 한계를 벗어나지 않는 범위에서 AM 시스템의 $(S/N)_D$를 증가시키는 방법에 대해서 기술하시오.

4. 최초의 우주 비행사들이 온-오프 변조(on-off keying) 방식을 이용한 모르스 부호 통신을 사용했던 이유는 무엇인가?

5. FM에서 $(S/N)_D$를 향상시킬 수 있는 한계점은 얼마인가?

6. FM 방송을 수신할 때 청취 범위를 벗어날 경우 갑자기 신호가 끊어져서 사라져 버리는 이유를 설명하시오.

7. FM 문턱 효과와 75 nW/MHz로 제한된 FCC의 최대 전력 방사 규제 이와에 지역 FM 방송 사업자 인허가는 어떤 의미를 가지나?

8. PM 시스템의 최종단에서의 SNR을 증가시키는데 한계가 존재하는 이유는 무엇인가?

9. FM 시스템이 AM 시스템에 비해서 잡음이 더 적은 이유는 무엇인가?

10. 신호 수신의 관점에서 보면 AM 시스템과 비교해서 FM 시스템에 더 뚜렷한 문턱값이 존재하는 이유는 무엇인가?

11. FM에서 $(S/N)_D$의 증가를 제한하는 요인은 무엇인가?

12. 동일한 정보를 채널에 전송할 때 증가된 $(S/N)_D$을 얻는 방법들을 간략하게 설명하시오.

13. AM이 다른 변조 방식에 대해서 갖는 장점은 무엇인가?

14. DSB의 대역폭이 SSB의 대역폭의 2배가 되어도($B_{T_{DSB}} = 2B_{T_{SSB}}$) 동일한 $(S/N)_D$를 유지하는 이유는 무엇인가?

15. 최대 S/N을 갖지만 대역폭은 제한되어 있는 상황에서 어떤 변조 방식을 선택하는 것이 좋은가?

16. DC 성분 또는 저주파수 성분이 많은 메시지 신호를 전송하기 위해서는 어떤 변조 방식을 선택하는 것이 좋은가?

17. PLL이 "고정"되지 않아서 AM이나 DSB 검파를 위한 기준 신호를 제공할 수 없게 되는 요인을 최소 2가지 이상 열거하여라.

연습문제

10.1-1 $N_0 = 10$인 백색 잡음이 그림 P10.1-1에 있는 $|H_R(f)|^2$를 가지는 BPF에 입력된다. $f_c = f_1$로 하여 $G_{n_i}(f)$를 그리고, 그로부터 $\overline{n_i^2} = \overline{n^2}$를 증명하시오.

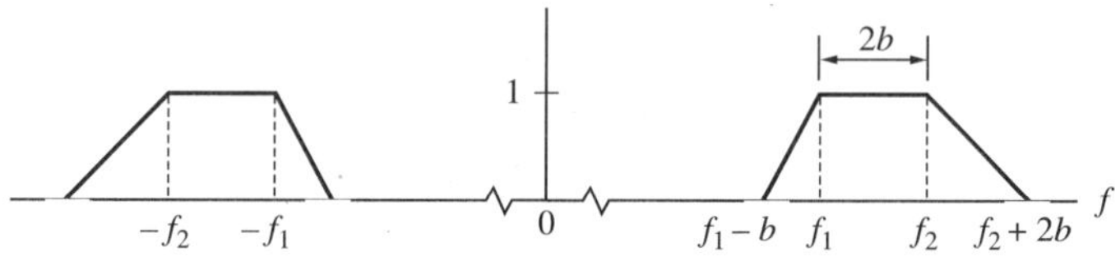

그림 P10.1-1

10.1-2 $f_c = f_2$로 하여 문제 10.1-1을 푸시오.

10.1-3* 백색 잡음이 전달 함수

$$H(f) = \left[1 + j\frac{4}{3}\left(\frac{f}{f_c} - \frac{f_c}{f}\right)\right]^{-1}$$

인 동조 회로에 인가된다. $f/f_c = 0, \pm 0.5, \pm 1, \pm 1.5, \pm 2$에서 $G_n(f) \div N_0$를 구하고, $G_{n_i}(f)$를 그리시오.

10.1-4 그림 10.1-2에 있는 BPF의 저역 통과 등가 함수 $H_{\ell p}(f) \triangleq H_R(f + f_c)u(f + f_c)$가 우대칭 성질 $|H_{\ell p}(-f)| = |H_{\ell p}(f)|$을 가지면 BPF는 $\pm f_c$를 중심으로 **국부 대칭**이 된다. (a) $G_{\ell p}(f) \triangleq (N_0/2)|H_{\ell p}(f)|^2$라 하고,

$$G_n(f) = G_{\ell p}(f - f_c) + G_{\ell p}(f + f_c) = \begin{cases} G_{\ell p}(f - f_c) & f > 0 \\ G_{\ell p}(f + f_c) & f < 0 \end{cases}$$

임을 증명하시오. (b) 이 결과를 이용하여 $G_{n_i}(f) = 2G_{\ell p}(f)$을 증명하시오.

10.1-5 $Q = f_c/B_T \gg 1$인 어떤 동조 회로는 근사적으로 문제 10.1-4의 국부 대칭 성질을 만족하고, $f > 0$에 대하여 $H_R(f) \approx 1/[1 + j2(f - f_c)/B_T]$이다. (a) $G_{\ell p}(f)$를 구하시오. (b) $\overline{n_i^2}$를 계산하여 $\overline{n^2}$를 구하시오.

10.1-6 $n(t)$가 중심 주파수 f_c인 대역 통과 잡음일 때, $y(t) = 2n(t)\cos(\omega_c t + \theta)$라 하자. $y(t)$는 저역 통과 성분과 대역 통과 성분으로 구성되어 있음을 증명하시오. 각 성분의 평균값과 분산을 $n(t)$ 특성의 식으로 구하시오.

10.1-7* $\sigma_N = 2$인 대역 통과 Gauss 잡음이 DC 차단기를 가지는 이상적 포락선 검파기에 입력된다. 출력 $y(t)$의 PDF를 구하고 σ_Y를 계산하시오.

10.1-8 분산 σ_N^2인 대역 통과 Gauss 잡음이 이상적인 제곱 소자에 입력되어 출력 $y(t) = A_n^2(t)$를 생성한다. $\overline{y}$, $\overline{y^2}$, $y(t)$의 PDF를 구하시오.

10.1-9 $v_{\ell p}(t) = \frac{1}{2}[v(t) + j\hat{v}(t)]e^{-j\omega_c t}$이라 하자. $v(t)$의 Fourier 변환이 존재한다고 가정하고, $V_{\ell p}(f) = \mathscr{F}[v_{\ell p}(t)] = V(f + f_c)u(f + f_c)$를 증명하시오. 다음, $V(f)$가 $f_c = f_1 + b$인 그림 P10.1-1이라 할 때, $V_{\ell p}(f)$를 그리시오.

10.1-10* 그림 10.1-2의 $H_R(f)$이 단위 이득을 가지는 이상적 BPF이고, f_c가 중심 주파수가 되도록 $\alpha = \frac{1}{2}$라 하자. $G_n(f)$와 $(-j \operatorname{sgn} f)G_n(f)$의 Fourier 역변환을 통하여 $R_n(\tau)$와 $R_n(\tau)$을 구하시오. 그리고 식 (17)로부터 $R_{n_i}(\tau)$를 구하고 이것이 $G_{n_i}(f)$의 역변환과 같음을 검증하시오.

10.1-11 f_c가 하위 차단 주파수가 되도록 $\alpha = 0$로 하여 문제 10.1-10를 푸시오.

10.1-12 $G_n(f)$이 문제 10.1-4에 정의된 것과 같이 $\pm f_c$를 중심으로 국부 대칭이라 가정하자. $G_{n_i}(f)$와 $G_n(f)$의 역변환을 구하여 $R_n(\tau) = R_{n_i}(\tau) \cos \omega_c \tau$을 증명하시오. 다음에, 식 (17)로부터 $\hat{R}_n(\tau) = R_{n_i}(\tau) \sin \omega_c \tau$를 증명하시오.

10.1-13 $E[n_q(t)n_q(t-\tau)]$로부터 시작하여 식 (17)을 유도하시오.

10.1-14 $E[n_q(t)n_q(t-\tau)]$로부터 시작하여 식 (18)을 유도하시오.

10.1-15 $G_n(f)$가 $\pm f_c$를 중심으로 국부 대칭이라 하자. 다음을 이용하여 모든 τ에 대하여 $R_{n_i n_q}(\tau) = 0$를 증명하시오. (a) 문제 10.1-12의 상관 관계; (b) 문제 10.1-4의 스펙트럼 관계.

10.1-16* 그림 10.1-2의 $H_R(f)$이 단위 이득을 가지는 이상적 BPF이고, f_c가 하위 차단 주파수가 되도록 $\alpha = 0$이라 하자. 식 (19)를 이용하여 $R_{n_i n_q}(\tau)$를 구하시오.

10.1-17 하위 차단 주파수가 $f_c - B_T/4$이 되도록 $\alpha = 1/4$로 하여 문제 10.1-16을 푸시오.

10.1-18 대역 통과된 Gauss 잡음이 입력될 경우에 동기 검파된 출력에 대한 수식은 어떻게 되는가?

10.2-1* DSB 신호와 잡음의 합이 동기 검파로 복조된다. $S_R = 20$ nW, $W = 5$ MHz, $\mathcal{T}_N = 10\mathcal{T}_0$일 때, $(S/N)_D$를 dB 단위로 구하시오.

10.2-2 AM 신호와 잡음의 합이 동기 검파로 복조된다. $S_x = 0.4$, $S_R = 20$ nW, $W = 5$ MHz, $\mu = 1$, $\mathcal{T}_N = 10\mathcal{T}_0$일 때, $(S/N)_D$를 dB 단위로 구하시오.

10.2-3 DSB 신호와 잡음의 합이 위상 오차 ϕ'를 가지는 곱 검파기로 복조된다. 국부 발진기 신호를 $2\cos(\omega_c t + \phi')$라 할 때, $(S/N)_D = \gamma \cos^2 \phi'$을 증명하시오.

10.2-4 S_p가 DSB 또는 AM 신호의 최대 포락선 전력일 때, $\gamma_p = S_p/N_0W$을 이용하여 식 (4b)와 (5)를 다시 구하시오.

10.2-5* $x_c(t)$는 직교 위상 다중화되고, 여기서 $x_1(t)$와 $x_2(t)$는 서로 독립적인 신호이고 $\overline{x_1^2} = \overline{x_2^2}$라 하자. AWGN를 가지는 이상적 수신기와 두 개의 동기 검파기를 가정하자. 각 채널의 출력 신호와 잡음의 합을 구하고, $(S/N)_D$를 γ의 식으로 표현하시오.

10.2-6 DSB 수신기에서는 검파 전단 필터링이 중요하지 않지만, SSB 수신기는 대역폭 $B_T = W$인 거의 구형파 모양의 BPF를 가져야 하는 이유를 설명하시오.

10.2-7 $|H_R(f)|^2$이 $f_2 = f_c$와 $2b = W$인 그림 P10.1-1의 모양일 때, 식 (8)을 LSSB에 대하여 구하시오.

10.2-8 어떤 수신기는 $f > 0$에서 전력 스펙트럼 밀도가 $G(f) = N_0 f_c/2|f|$인 가산 "$1/f$" 잡음을 가진다. 이 경우에 USSB와 DSB 변조에 대하여 $(S/N)_D$를 γ와 W/f_c의 식으로 표현하시오. $W/f_c = 1/5$와 $1/50$일 때 이 결과를 비교하시오.

10.2-9‡ 복조된 신호가 **곱 잡음** 또는 이와 관련되는 현상을 포함할 때, 검파 후단 S/N은 명확하게 정의될 수 없다. 이 경우, 성능을 측정하는 다른 방법이 정규화된 **평균 제곱 오차** $\epsilon^2 \triangleq E\{[x(t) - Ky_D(t)]^2\}/S_x$이고, 여기서 K는 곱 현상이 없을 때 $Ky_D(t) = x(t)$이 되도록 정한다. AWGN를 가지는 USSB 신호가 국부 발진기 신호 $2\cos[\omega_c t + \phi(t)]$인 곱 검파기로 복조될 때, $y_D(t)$를 구하고 $\epsilon^2 = 2[1 - \overline{\cos \phi}] + 1/\gamma$를 증명하시오. 여기서, $\phi(t)$는 천천히 변하는 불규칙 위상이다. 힌트: $\overline{\hat{x}^2} = \overline{x^2}$이고, $\hat{R}_x(\tau)$가 기함수이므로 $\overline{x\hat{x}} = -\hat{R}_x(0) = 0$이다.

10.2-10 AM 수신기에 대하여, 동기 검파에서는 검파 전단 필터링이 중요하지 않지만, 포락선 검파는 대역폭 $B_T = 2W$인 거의 구형파 모양의 BPF를 가져야 하는 이유를 설명하시오.

10.2-11* 포락선 검파를 하는 AM 시스템이 문턱값에서 동작하고 있다. 전부하 톤 변조에 대하여 $(S/N)_D = 40$ dB까지 얻기 위하여 송신기에서 필요한 전력 이득을 dB 단위로 구하시오.

10.2-12 포락선 검파를 하는 AM 시스템이 $W = 8$ kHz인 전부하 톤 변조를 할 때 $(S/N)_D = 30$ dB를 가진다. 다른 변수들은 고정시키고 대역폭만 적절히 증가시킬 경우에 최대 유용한 W의 값은 얼마인가?

10.2-13‡ 포락선 검파를 하고 문턱값 아래에서 동작하고 있는 AM 시스템을 살펴보자. $y_D(t) = y(t)$, $\overline{x^2} = 1$, $\overline{x} = 0$이라 가정하고 문제 10.2-9에 정의된 ϵ^2를 구하시오. 답을 γ의 식으로 표현하시오.

10.2-14 $S_T = 100$ W, $S_x = 0.9$, 그리고 $(S/N)_D = 30$ dB로 주어진 DSB 시스템이 있다. $\mu = 0.9$인 동등한 AM 시스템에서 S_T 값은 얼마인가?

10.2-15 식 (2)와 식 (12)를 증명하시오.

10.2-16 동기 검파 수신기가 $(S/N)_D = 4$ dB로 거의 알아볼 수 없는 신호를 수신하고 있다. 송신기에서는 $S_T = 100$ W, $\mu = 0.9$ 그리고 $S_x = 0.5$로 전송하였다. 포락선 검파를 위한 최소 S_T 값은 얼마인가?

10.2-17 $S_T = 100$ W인 DSB 송신기가 매우 미약한 신호를 전송하여 $(S/N)_D = 4$ dB의 낮은 크기이다. $\mu = 0.9$이고 $S_x = 0.5$인 AM 송신기에 필요한 전력은 얼마인가?

10.3-1* 지수형 변조된 신호와 잡음의 합에서 $S_R = 10$ nW, $W = 500$ kHz, $\mathcal{T}_N = 10\mathcal{T}_0$이다. PM 검파, FM 검파, 그리고 $B_{de} = 5$ kHz인 디엠퍼시스 FM 검파에 대하여 N_D를 각각 구하시오.

10.3-2 n차 Butterworth LPF가 FM 수신기의 검파 후단 필터로 사용된다고 가정하자. N_D의 상한값을 구하고, $n \gg 1$에 대하여 결과를 간단히 하시오.

10.3-3 FM 수신기의 검파 전 BPF가 문제 10.1-5의 $H_R(f)$일 때, $G_\xi(f)$를 구하시오. 다음, N_D를 구하고 $B_T \gg W$에 대하여 결과를 간단히 하시오.

10.3-4 FM 신호와 잡음의 합에서 $S_R = 1$ nW, $W = 500$ kHz, $S_x = 0.1$, $f_\Delta = 2$ MHz, $\mathcal{T}_N = 10\mathcal{T}_0$이다. FM 검파와 $B_{de} = 5$ kHz인 디엠퍼시스 FM 검파에 대하여 $(S/N)_D$를 dB 단위로 각각 구하시오.

10.3-5 디엠퍼시스 필터링이 적용된 PM에 대하여 $(S/N)_D$의 식을 구하시오. $B_{de} \gg W$에 대하여 결과를 간단히 하시오.

10.3-6* 신호 $x(t) = \cos 2\pi 200t$가 프리엠퍼시스 없는 FM을 통하여 전송된다. $f_\Delta = 1$ kHz, $S_R = 500N_0$, 검파 후단 필터가 통과 대역 $100 \le |f| \le 300$ Hz인 이상적 BPF일 때, $(S/N)_D$를 구하시오.

10.3-7 $|H_{de}(f)|^2 = e^{-(f/B_{de})^2}$인 Gauss 디엠퍼시스 필터를 가지는 FM에 대하여 $(S/N)_D$의 식을 구하시오. $B_{de} = W/7$일 때, 디엠퍼시스에 의한 향상 정도를 구하시오.

10.3-8 특정 PM 시스템이 $(S/N)_D = 30$ dB을 가진다. 변조 방식이 $B_{de} = W/10$인 프리엠퍼

시스 FM으로 변경될 경우, 새로운 $(S/N)_D$값을 구하시오. 단, B_T와 다른 모든 변수들은 변하지 않는다.

10.3-9 디엠퍼시스 필터링이 포함되도록 식 (20)을 수정하고, 예제 10.3-2을 다시 계산하시오.

10.3-10* PM에 대하여 식 (20)과 같은 식을 구하고, 문턱값에서의 $(S/N)_D$의 상한값을 구하시오.

10.3-11 그림 10.3-7에 있는 FMFB 수신기를 살펴보자. $v(t)$를 편이비 D인 잡음 없는 FM 신호라 하고, VCO 출력을 $2\cos[(\omega_c - \omega_{IF})t + K\phi_D(t)]$라 하자. 여기서 $\dot{\phi}_\Delta(t) = 2\pi y_D(t)$이다. IF 신호의 편이비가 $D_{IF} = D/(1 + K)$임을 증명하시오.

10.3-12 75 nW/MHz 이하로 송출하는 조건으로 방송을 허가 받았다고 가정하자. 가청 범위 내에서 일반적인 DSB로 전송된 신호가 $(S/N)_R = 30$ dB, $W = 3$ kHz 그리고 $S_R = 1\ \mu$W로 측정되었다. 특별한 허가를 받지않고 $W = 3$ kHz인 메시지 신호를 송출하기 위한 FM 시스템을 설계하여라.

10.3-13 $S_T \le 3$ W, $f_\Delta = 12$ kHz, $W = 3$ kHz, $S_x = 0.5$, $f = 850$ MHz이고 중계기와의 거리는 1.6 km인 FM 이동 전화에서 최대로 허용될 수 있는 N_0의 값은 얼마인가?

10.4-1* 아날로그 통신 시스템이 $\overline{x^2} = 1/2$, $W = 10$ kHz, $N_0 = 10^{-15}$ W/Hz, 전송 손실 $L = 100$ dB를 가진다. 다음의 변조 방식에 대하여 $(S/N)_D = 40$ dB를 얻기 위한 S_T를 구하시오: (a) SSB; (b) $\mu = 1$과 $\mu = 0.5$인 AM; (c) $\phi_\Delta = \pi$인 PM; (d) $D = 1, 5, 10$인 FM. FM에서 디엠퍼시스는 생략하지만 문턱 제한은 고려하여야 한다.

10.4-2 $\overline{x^2} = 1$, $W = 20$ kHz로 하여 문제 10.4-1을 푸시오.

10.4-3 아날로그 통신 시스템이 $\overline{x^2} = 1/2$, $W = 10$ kHz, $S_T = 10$ W, $N_0 = 10^{-13}$ W/Hz을 가진다. 다음의 방식으로 변조할 때, 손실율 $\alpha = 1$ dB/km인 전송 케이블에 대하여 $(S/N)_D = 40$ dB에 해당하는 경로 길이를 구하시오: (a) SSB; (b) $\mu = 1$인 AM; (c) $D = 2$와 8인 FM.

10.4-4 송신기와 수신기에서의 안테나 이득이 26 dB일 때, $f_c = 300$ MHz인 가시선 전자파 전송에 대하여 문제 10.4-3을 푸시오.

10.4-5* $\overline{x^2} = 1/2$인 신호가 $\mu = 1$과 $(S/N)_D = 13$ dB인 AM을 통하여 전송된다. 만일 변조 방식이 FM(디엠퍼시스 없음)으로 변경되고, 다른 변수들은 고정되고 대역폭만 적절히 증가될 때, 사용할 수 있는 최대 편이비와 그에 따른 $(S/N)_D$ 값을 구하시오.

10.4-6‡ 주파수 분할 다중화 시스템이 USSB 부반송파 변조와 프리엠퍼시스 없는 FM 반송파 변조를 한다. 각각 대역폭 W_0을 가지는 K개의 독립적인 입력 신호가 있고, 부반송파 주파수는 $f_k = (k - 1)W_0$, $k = 1, 2, \ldots, K$이다. FM 변조기에서의 기저 대역 신호는 $x_b(t) = \Sigma\alpha_k x_k(t)$이며, 여기서 α_k는 상수이고 $x_k(t)$는 $\overline{x_k^2} = 1$을 가지는 k번째 부반송파 신호이다. 수신기에서는 판별기 다음에 BPF와 동기 검파기 군이 존재한다. SSB의 검파 전단 S/N과 검파 후단 S/N이 동일하다는 성질을 이용하여, k번째 채널의 출력은 $(S/N)_k = f_\Delta^2\alpha_k^2/N_k$를 가지고 $N_k = (3k^2 - 3k + 1)N_0W_0^3/3S_R$임을 증명하시오.

10.4-7‡ 문제 10.4-6에 설명된 시스템에서, $\overline{x_b^2} = 1$이고 모든 채널이 동일한 출력 S/N을 가지

도록 α_k가 선택되었다. 이 조건에서 α_k와 $(S/N)_k$의 식을 구하시오.

10.4-8‡ FM 스테레오 다중화 시스템에서, 행렬화 이후에 프리엠퍼시스 필터링이 실시되고 행렬화 이전에 디엠퍼시스 필터링이 실시되는 경우를 살펴보자. 프리엠퍼시스 이전의 신호를 $x_1(t) = x_L(t) + x_R(t)$와 $x_2(t) = x_L(t) - x_R(t)$라 하고, 행렬화 이전의 디엠퍼시스된 출력 신호를 $y_1(t) = f_\Delta x_1(t) + n_1(t)$와 $y_2(t) = f_\Delta x_2(t) + n_2(t)$라 하면, 최종 출력은 $y_1(t) \pm y_2(t)$가 된다. (a) $n_2(t)$의 전력 스펙트럼 밀도가 $f_0 = 38$ kHz에 대하여 $|H_{de}(f)|^2(N_0/S_R)(f^2 + f_0^2)\Pi(f/2W)$임을 증명하고, $W = 15$ kHz와 $B_{de} = 2.1$ kHz일 때 $\overline{n_2^2} \gg \overline{n_1^2}$를 증명하시오. (b) 파일럿이 작을 때 $\overline{x_b^2} \approx 1$이 되도록 $\overline{x_L x_R} = 0$와 $\overline{x_L^2} = \overline{x_R^2} \approx 1/3$라 하고, 스테레오 전송 각 채널의 $(S/N)_D$이 모노 전송의 $(S/N)_D$보다 약 20 dB 작은 것을 증명하시오.

10.4-9* $(S/N)_D = 30$ dB이고 $S_T = 100$ W인 음성 DSB 신호가 주어졌다. $W = 100$ Hz이고 $(S/N)_D = 15$ dB인 백업용 이진 온-오프 변조(on-ff keying) 시스템의 출력 전력은 얼마가 필요한가?

10.4-10 최초의 전화 시스템(AMPS)는 $f_\Delta = 12$ kHz이고 $S_T \le 3$W인 FM 방식을 사용하였다. $(S/N)_D \ge 30$ dB, $W = 3$kHz 그리고 $S_x = 1$이라고 가정하면 동등한 규격의 DSB 시스템의 S_T 값은 얼마인가?

10.4-11 $\mu = 0.90$인 AM 방식에 대해서 10.4-10을 반복하시오.

10.4-12 DC 성분이나 저주파수 성분이 있을 때에는 AM이나 SSB 방식이 적합하지 않는 이유를 설명하시오.

10.6-1* 단일 채널 PPM 신호와 잡음의 합이 $S_x = 0.4$, $S_R = 10$ nW, $W = 500$ kHz, $f_s = 1.2$ MHz, $t_0 = \tau_0 = 0.1\,T_s$, $B_T = 10$ MHz, $\mathcal{T}_N = 10\mathcal{T}_0$을 가진다. $(S/N)_D$ 값을 dB 단위로 구하시오.

10.6-2 단일 채널 PDM 신호와 잡음의 합이 $S_x = 0.1$, $W = 100$ Hz, $f_s = 250$ Hz, $\mu = 0.2$, $\tau_0 = T_s/50$, $B_T = 3$ kHz, $\mathcal{T}_N = 50\mathcal{T}_0$을 가진다. $(S/N)_D \ge 40$ dB가 되도록 S_R 값을 구하시오.

10.6-3 $B_T = 20\,W$인 PPM 기저 대역 전송에 대한 $(S/N)_D$의 상한값을 구하고, $t_0 = 0.3\,T_s$, $\tau = 0.2\,T_s$, $f_s = 2.5\,W$일 때의 실제값과 비교하시오.

10.6-4 식 (5)에서 A^2을 다중화된 파형의 평균 전력의 식으로 표시하면, 이 식은 TDM 시스템의 각 출력에 대하여도 성립한다. 이 방법을 사용하여 9개의 음성 신호와 하나의 표시 신호(marker)를 가지고 $S_x = 1$, $W = 3.2$ kHz, $f_s = 8$ kHz, $\tau = T_s/50$, $B_T = 400$ kHz, 표시 신호의 폭 3τ인 PPM-TDM 시스템의 각 채널에 대한 $(S/N)_D$를 구하시오. 9개의 신호가 전송되므로 답을 $\gamma/9$의 식으로 표현하시오.

10.6-5 보호 시간 $T_g = \tau \ge 1/B_T$을 가지고 동기 표시(synchronization marker)가 없고 그 결과 $S_R = Mf_sA^2\tau$인 M-채널 TDM-PPM 시스템을 살펴보자. 식 (5)로부터 $(S/N)_D < (1/8)(B_T/MW)^2 S_x\,(\gamma/M)$을 증명하시오.

제 11 장

기저 대역 디지털 전송

개 요

11장에서는 디지털 통신 시스템에 대한 공부를 시작한다. 먼저, 아날로그 시스템에 비하여 디지털 시스템이 갖는 장점을 살펴본다. 다음으로, 반송파 변조가 있는 경우와 없는 경우에 대하여 디지털 통신의 일반적인 개념과 문제점을 강조하고, 아날로그 전송과 디지털 전송의 차이점을 살펴보기 위하여 기저 대역 전송을 중점적으로 다룬다. 디지털 신호와 시스템에 대한 개요를 살펴본 후, 가산성 잡음과 전송 대역폭에 의한 제한조건을 분석한다. 또한, 재생 중계기, 등화, 그리고 동기 등과 같은 실제적인 설계 고려사항도 살펴본다.

아날로그 시스템에 비하여 디지털 시스템에서 얻는 이득이 무엇인가 라는 것은 우리가 가져야 하는 매우 자명한 질문이다. 요컨대, 디지털 시스템은 매우 많은 하드웨어를 요구하지만, 아날로그 시스템은 상대적으로 적은 수의 소자로 구현될 수 있다. 예를 들어, 간단한 아날로그 저역 통과 필터(LPF)는 저항과 커패시터로 구현된다. 등가적인 디지털 저역 통과 필터 구현은 아날로그-디지털 변환기(ADC), 디지털 신호 처리기(DSP), 디지털-아날로그 변환기(DAC), 그리고 에일리어싱 제거를 위한 저역 통과 필터를 필요로 한다. 그렇지만, 분명한 하드웨어 복잡도의 증가에도 불구하고 디지털 시스템은 다음과 같은 장점을 갖는다.

1. **안정성:** 디지털 시스템은 본질적으로 시불변이다. 주요 시스템 변수는 프로그램을 수정할 경우에만 변경되도록 알고리즘에 내재되어 있으며, 이에 따라 보다 정확하게 신호를 재생할 수 있다. 아날로그 하드웨어에서는 신호와 변수들이 소자의 수명, 외부 온도, 기타 환경적인 요인에 따라 변하기 쉽다.
2. **유연성:** 일단 디지털 하드웨어가 구성되면, 매우 유연하게 시스템을 변경할 수 있다. 이는 보다 효율적인 (a) 신호의 충실도 증가, (b) 데이터의 정확성을 위한 오류 검출 및 정정, (c) 비밀 유지와 보안을 위한 암호화, (d) 잉여 데이터 제거를 위한 압축 알고리즘, (e) 음성, 정지영상, 비디오, 문자 등과 같은 다양한 신호의 다중화 등을 가능하게 하는 다양한 신호 처리 알고리즘 처리를 가능하게 한다. 더욱이, 알고리즘은 원격으로 수월하게 변경이 가능하다.
3. **신뢰성 있는 신호재생:** 채널을 통하여 전달되는 아날로그 메시지는 왜곡과 잡음에 의하여 감쇠된다. 신호를 다시 크게 하기 위하여 증폭기(중계기)를 사용할 수 있지만, 이들은 신호 뿐만 아니라 잡음도 증폭시켜, 왜곡을 증가시키게 된다. 즉, 왜곡이 누적되게 된다. 복사한 것을 다시 복사하는 것이 이 현상의 한 예이다. 앞으로 배우게 되겠지만, 장거리 디지털 채널에서 재생 중계기를 사용하거나, 또는 디지털 오디오 녹음을 복사할 경우, 디지털 통신을 통하여 매우 신뢰도 높은 신호 재생을 할 수 있다.

그러나, 디지털 하드웨어와 적절한 아날로그-디지털 변환 및 디지털-아날로그 변환 과정을 통하여 아날로그 통신 시스템의 상당 부분을 구현할 수 있으며, 그 결과 아날로그 시스템에서도 디지털 시스템의 대부분의 장점을 확보할 수 있다는 것을 명심하여야 한다.

학습목표

이 장을 공부하고 응용문제들을 푼 후에 다음의 사항들을 수행할 수 있어야 한다.

1. 아날로그 통신에 비하여 디지털 통신이 갖는 장점을 설명한다.
2. 디지털 PAM 파형의 형태를 규명하고 진폭 열의 평균 및 분산을 계산한다(11.1절).
3. 상관 관계가 없는 메시지 심볼을 가지는 디지털 파형의 전력 스펙트럼을 계산하고 그 모양을 그린다(11.1절).
4. 잡음의 확률 밀도 함수가 주어졌을 때, 디지털 재생기에서의 조건부 확률 밀도 함수를 도시하고, 오류 확률 식을 공식화한다(11.2절).
5. 무왜곡 채널과 백색 잡음에 대하여 최적 M진 시스템의 등가 비트 오류 확률을 계산한다

(11.2절).
6. Nyquist 펄스 정형화에 따른 M진 시스템의 전송 대역폭, 신호율, 그리고 비트율을 설명한다 (11.3절).
7. 주어진 규격을 만족시키기 위한 디지털 기저 대역 시스템의 적절한 변수를 결정한다(11.2, 3절).
8. 데이터 혼합화와 동기화가 필요한 상황과 구현되는 방법을 이해한다(11.4절).
9. n-비트 귀환 쉬프트 레지스터에서 생성되는 최장 길이 수열의 성질을 규명한다(11.4절).
10. 주어진 귀환 연결과 초기 상태를 가지는 n-비트 쉬프트 레지스터에서 생성되는 출력 수열을 구한다(11.4절).

11.1 디지털 신호와 시스템

기본적으로, 디지털 메시지는 이산 정보원에 의하여 생성된 **심볼의 순차적 수열**에 불과하다. 정보원은 $M \geq 2$개의 서로 다른 심볼을 가지는 **알파벳**으로부터 하나를 선택하여 특정 평균 **전송률** r로 출력 심볼을 생성한다. 예로, 일반적인 컴퓨터 단말기는 $M \approx 90$개에 가까운 심볼에 대한 알파벳을 가지며, 이는 문자판 키 개수에, shift 키를 고려하여 2배 한 결과이다. 최대한 빠른 속도로 단말기를 동작시키면 대략 초당 $r \approx 5$의 심볼 속도로 디지털 메시지를 생성하는 정보원이 될 것이다. 컴퓨터 자체는 전기적으로 LOW와 HIGH 상태로 표시되는 단지 $M = 2$개의 내부 심볼을 가지고 동작한다. 보통 이와 같은 두 심볼을 **이진수** 0과 1로 나타내며, 이를 간단히 **비트**라 한다. 컴퓨터의 데이터 전송률은 $r = 10^8$를 초과하기도 한다.

디지털 통신 시스템의 임무는 정보원으로부터 최종단으로 디지털 메시지를 전달하는 것이다. 그러나, 한정된 전송 대역폭은 **심볼 전송률**의 상한 값을 결정하며, 잡음은 출력 메시지에 **오류를 발생시킨다**. 따라서, 디지털 통신에서의 신호 전송률과 오류 확률은, 아날로그 통신에서의 대역폭과 신호 대 잡음 비와 유사한 역할을 하게 된다. 신호 전송률과 오류 확률의 해석을 위한 준비로서 먼저, 디지털 신호의 표현 방법과 성질을 알아본다.

디지털 PAM 신호

기저 대역에서의 디지털 메시지는 보통 **진폭 변조된 펄스 시퀀스**의 형태로 표현한다. 이와 같은 신호는 다음과 같이 표현되며

$$x(t) = \sum_k a_k p(t - kD) \tag{1}$$

여기서 변조되는 진폭 a_k는 메시지 수열의 k번째 심볼을 나타내며, 따라서 진폭은 M개의 이산 값을 가지는 집합에 소속된다. 특별한 언급이 없으면 지수 k는 $-\infty$부터 $+\infty$까지의 범위를 가진다. 식 (1)은 디지털 PAM 신호를 정의하며, 디지털 전송에서 드물게 사용되는 펄스 폭 변조 또는 펄스 위치 변조와 구별된다.

변조되지 않은 펄스 $p(t)$는 다음 조건을 만족하는 구형파 또는 다른 형태가 될 수 있다.

$$p(t) = \begin{cases} 1 & t = 0 \\ 0 & t = \pm D, \pm 2D, \ldots \end{cases} \tag{2}$$

이 조건은 $t = KD$, K $= 0, \pm 1, \pm 2, \ldots$, 에서 $x(t)$를 주기적으로 표본화하여 메시지를 복원할 수 있도록 하는데, 그 이유는

$$x(KD) = \sum_k a_k p(KD - kD) = a_K$$

이기 때문이다. $|t| \geq D/2$일 때 $p(t) = 0$인 임의의 시간 제한된 펄스처럼, 구형파 펄스 $p(t) = \Pi(t/\tau)$는 $\tau \leq D$면 식 (2)를 만족한다.

D가 반드시 펄스폭 일 필요는 없으며, 오히려 펄스와 펄스간의 간격 또는 하나의 심볼에 할당된 시간이다. 따라서, 신호 전송률(signaling rate)은

$$r \triangleq 1/D \tag{3a}$$

이고, 초당 심볼수 또는 **baud** 단위로 측정된다. 특별하지만, 중요한 경우인 이진 신호($M = 2$)에서, 비트 폭은 $D = T_b$로 나타내며 비트율은†

$$r_b = 1/T_b \tag{3b}$$

으로, 초당 비트 수로 측정되고 약자로 bps(bits per second) 또는 b/s라 쓴다. T_b와 r_b 표기는 이진 신호에만 적용되는 결과를 나타낼 때 사용될 것이다.

그림 11.1-1은 이진 메시지 10110100에 대한 여러 PAM **포맷** 또는 선 부호(line code)를 보여주며, 명확하게 하기 위하여 구형파를 사용하였다. (a)의 간단한 **온-오프 파형**은 각각의 0을 "오프" 펄스($a_k = 0$)로 표시하고, 각각의 1을 진폭 $a_k = A$와 폭 $T_b/2$이고 그 뒤 영점으로 복귀하는 "온" 펄스로 표시한다. 따라서 이를 **영점 복귀**(return-to-zero, RZ) 포맷이라 한다. **영점 비복귀**(nonreturn-to-zero, NRZ) 포맷은 점선으로 나타낸 것 같이 전체 비트 폭 T_b 동안 "온" 펄스를 가진다. 컴퓨터 내부의 파형은 보통 이 형식을 가진다. NRZ 포맷은 각 펄스에 더 많은 에너지를 할당하지만 인접 펄스 사이에 간격이 없으므로 수신기에서 동기가 필요하다.

온-오프 신호의 단극형(unipolar) 성질은 아무 정보도 전달하지 않으면서 전력을 낭비하는 직류(DC) 성분을 발생시킨다. (b)의 **극형**(polar) 신호는 RZ와 NRZ 모두에서 반대 극성 펄스를 가지며, 따라서 메시지가 동일한 비율의 1과 0을 포함하고 있으면 직류 성분은 0 이 된다. 이 성질은 (c)의 **양극형**(bipolar) 신호에도 적용되며, 여기서 연속되는 1은 극성이 교차되는 펄스로 표시된다. **의사 3진**(pseudo-trinary) 또는 **교호 부호 반전**(alternate mark inversion, AMI)이라고도 알려진 양극형 포맷은 전화 교환망의 독특한 문제점인 전송 부호 반전(sign inversion)에 의해 발생할 수 있는 모호성을 제거하여 준다.

† 비트 전송률에 대한 더 일반적인 표기법인 R은 자기 상관 함수와, 또한 16장에서 정의되는 정보 전송률과 혼동될 위험이 있다.

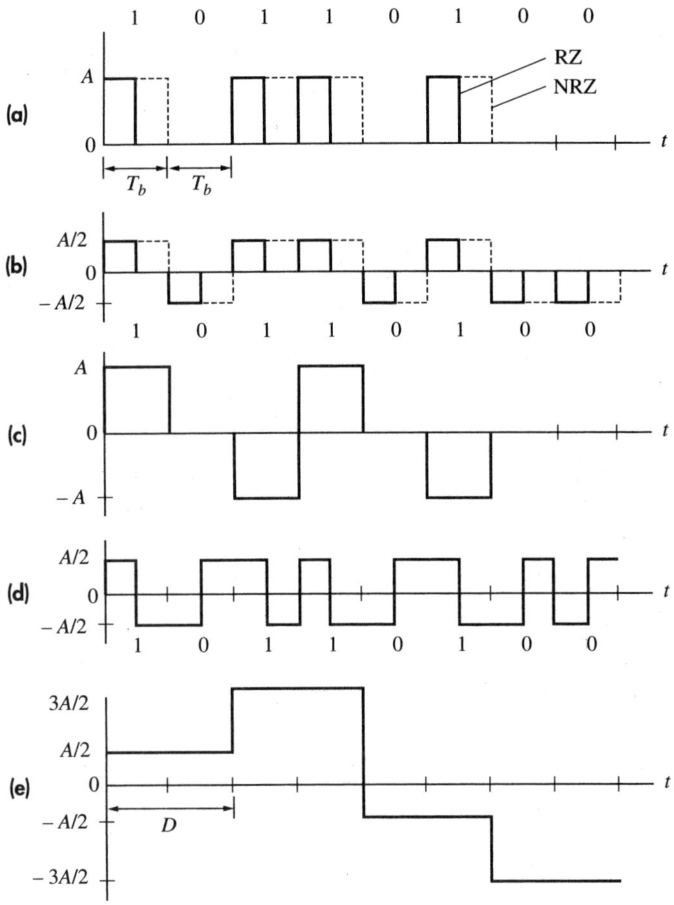

그림 11.1-1

구형파를 가지는 이진 PAM 포맷. (a) 단극형 RZ와 NRZ; (b) 극형 RZ와 NRZ; (c) 양극형 NRZ; (d) 분할 위상 Manchester; (e) 극형 4진 NRZ.

(d)의 **분할 위상 Manchester** 포맷은, 처음 1/2 구간은 양의 펄스로 뒤에 따르는 나머지 1/2 구간은 음의 펄스로 1을 표시하고, 반대 방식으로 0을 표시한다. 이 포맷을 **쌍이진**(twinned binary) 형식이라고도 한다. 이는 메시지 시퀀스에 관계없이 항상 0 의 직류 성분을 보장한다. 그러나, 수신기에서 절대 극성의 감지가 필요하다.

마지막으로, 그림 11.1-1e는 2 비트를 하나의 블록으로 분류하여, 4가지의 가능한 비트 조합 00, 01, 10, 11을 표시하는 4개의 진폭을 사용하는 **4진**(quaternary)신호를 보여준다. 따라서, $D = 2T_b$이고 $r = r_b/2$가 된다. 다른 할당 규칙 또는 부호를 사용하여 a_k를 분류된 메시지 비트에 할당 할 수 있다. 이와 같은 두 가지 부호를 표 11.1-1에 정리하였다. Gray

표 11.1-1

a_k	Natural Code	Gray Code
$3A/2$	11	10
$A/2$	10	11
$-A/2$	01	01
$-3A/2$	00	00

부호는 레벨이 변할 때 오직 1 비트만 변화하므로 잡음에 의한 오류에 대하여 이점을 가진다.

4진 부호화는 n개의 메시지 비트 블록을 다음 식과 같은 M-레벨 파형으로

$$M = 2^n \tag{4a}$$

나타내는 ***M*진** 부호화로 일반화된다. 각각의 펄스는 $n = \log_2 M$비트에 해당하므로 M진 신호 전송률은 다음 식과 같이 감소한다.

$$r = \frac{r_b}{\log_2 M} \tag{4b}$$

그러나, 진폭 레벨 사이를 동일 간격으로 유지하기 위하여 더 많은 전송 신호 전력이 필요하다.

전송율 한계

이제, 그림 11.1-2a에 있는 선형 기저 대역 전송 시스템을 살펴보자. 편의상, 송신 증폭기가 전송 손실을 보상하여 준다고 가정하고, 모든 간섭과 가산성 잡음을 하나로 합하여 다룬다. 대역 밖의 잡음 성분을 제거하기 위한 저역 통과 필터링 후, 신호와 잡음의 합은 다음과 같은 파형을 가지며

$$y(t) = \sum_k a_k \tilde{p}(t - t_d - kD) + n(t)$$

여기서 t_d는 전송 지연이고 $\tilde{p}(t)$는 전송 왜곡을 포함한 펄스 형태를 나타낸다. 그림 11.1-2b는 $x(t)$가 구형파 단극형 NRZ 신호일 때 $y(t)$의 가능한 모양을 보여준다.

$y(t)$로부터 디지털 메시지를 복원하는 것이 **재생기**가 하는 일이다. 보조적인 동기 신호가 최적의 표본화 시간

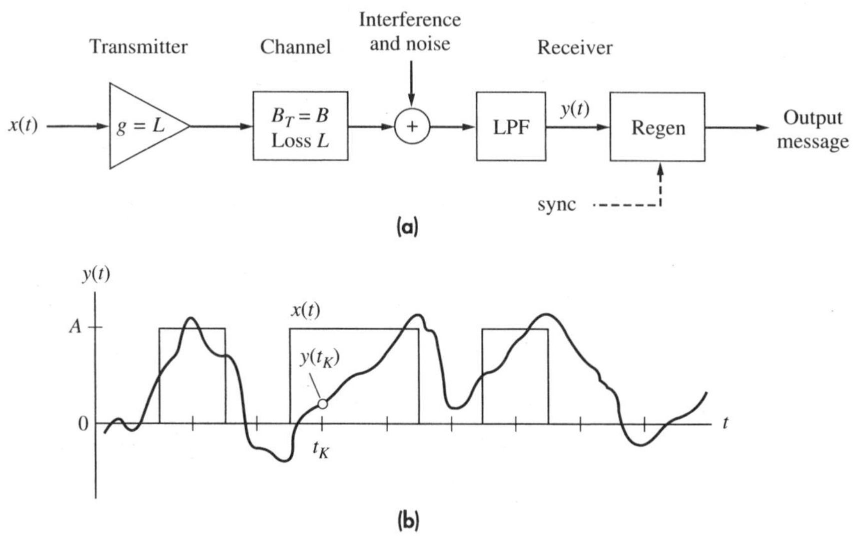

그림 11.1-2
(a) 기저 대역 전송 시스템; (b) 신호와 잡음이 더해진 파형.

$$t_K = KD + t_d$$

을 식별하여 재생 과정을 도울 수 있다. 만일 $\tilde{p}(0) = 1$이면

$$y(t_K) = a_K + \sum_{k \neq K} a_k \tilde{p}(KD - kD) + n(t_K) \tag{5}$$

이고 첫번째 항이 원하는 메시지 정보이다. 식 (5)의 마지막 항은 t_K에서의 잡음이고, 중간 항은 다른 신호 펄스에 의한 여파 또는 누화를 나타내는데, 이 현상을 **심볼 간 간섭**(intersymbol interference, ISI)이라 한다. 보다 구체적으로는, 채널 대역폭이 신호 대역폭보다 상대적으로 작을 때 ISI가 발생한다. 다르게 표현하자면, 채널의 임펄스 응답 함수의 폭이 신호 파형의 폭 보다 상대적으로 길 때 ISI가 발생한다. 잡음 및 ISI의 영향으로 재생된 메시지에 오류가 발생할 수 있다. 예를 들어, 그림 11.1-2b에 표시된 표본화 시간 t_K에서 실제로 $a_K = A$이지만 $y(t_K)$는 0에 더 가깝다.

만일 $n(t)$가 백색 잡음원에서 발생하면, 이것의 제곱 평균 값은 저역 통과 필터 대역폭의 감소에 따라 감소하는 것을 알고 있다. 또한 저역 통과 필터링에 의하여 펄스가 퍼지고 이로 인하여 ISI가 증가하는 것도 알고 있다. 결론적으로, 디지털 전송의 근본적인 한계는 ISI, 대역폭, 그리고 신호 전송률 간의 상호 관계로 정의된다.

이 문제는 전신을 사용하던 초창기에 대두되었고, Harry Nyquist(1924, 1928a)가 처음으로 다음과 같이 이 관계를 정리하였다.

> 대역폭이 B인 이상적인 저역 통과 채널이 주어질 때, 심볼 간 간섭 없이 $r \leq 2B$ baud 속도로 독립적인 심볼을 전송할 수 있다. 독립적인 심볼을 $r > 2B$ 속도로 전송하는 것은 불가능하다.

만일, $p(t)$의 폭을 $\tau \leq D = 1/r$로 하면, $r \leq 2B$의 조건은 3.4절의 펄스 해상도 규칙 $B \geq 1/2\,\tau_{\min}$과 일치한다.

Nyquist가 정리한 내용 중 두 번째 항목은 $r = 2(B + \epsilon) > 2B$라고 가정하면 쉽게 증명된다. 메시지 열이 101010 . . . . 과 같이 두 심볼이 계속적으로 반복되는 모양이라 가정하자. 그 결과 파형 $x(t)$는 $2D = 2/r$를 주기로 갖는 신호이고, 기본 주파수 $f_0 = B + \epsilon$와 고조파를 포함하고 있다. B 보다 큰 주파수는 채널을 통과할 수 없으므로, 출력 신호는 의미없는 직류 성분을 제외하고 모두 0 이 될 것이다.

최대 전송률 $r = 2B$로 전송하려면 특별한 펄스 모양인 sinc 펄스

$$p(t) = \text{sinc}\, rt = \text{sinc}\, t/D \tag{6a}$$

가 필요하며, 이는 대역 제한된 스펙트럼

$$P(f) = \mathscr{F}[p(t)] = \frac{1}{r}\Pi\left(\frac{f}{r}\right) \tag{6b}$$

를 가진다. $|f| > r/2$에서 $P(f) = 0$이므로, 이 펄스는 $B \geq r/2$인 이상적인 저역 통과 주

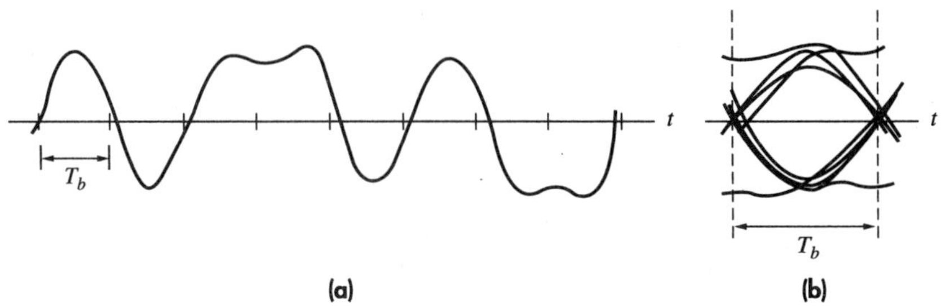

그림 11.1-3
(a) 왜곡된 극형 이진 신호;
(b) 아이 패턴.

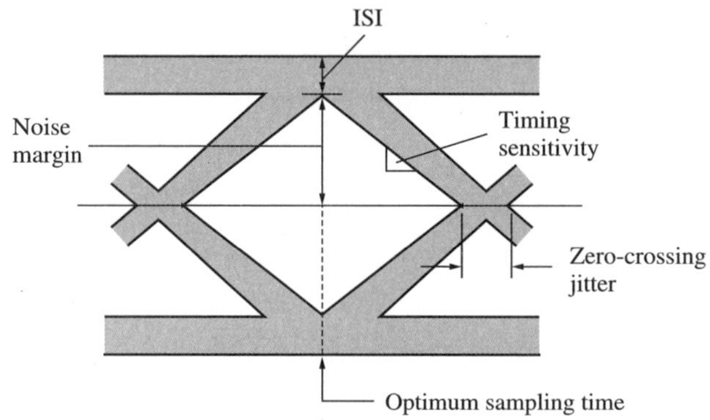

그림 11.1-4
일반화된 이진 아이 패턴.

파수 응답에 의하여 왜곡되지 않으며, $r = 2B$를 얻을 수 있다. $p(t)$가 시간 제한적이지는 않지만 $t = \pm D, \sim \pm 2D, \ldots$ 에서 주기적으로 영점을 통과하므로 식 (2)를 만족한다(이 성질에 대한 설명은 그림 6.1-6을 참조하기 바람). Nyquist는 또한 $D > 1/2B$ 간격을 가지고 주기적으로 영점을 통과하는, 따라서 $r < 2B$인, 또 다른 대역 제한된 펄스도 유도하였으며 이 내용은 11.2절에서 잡음과 오류에 대하여 학습한 후 11.3절에서 다시 다루도록 한다.

한편, 어떤 실제 채널이 이상적인 주파수 응답에 근접하기 위하여서는 등화가 필요함을 주지하여야 한다. 우리가 채널 특성을 정확히 알 수 없으므로 이와 같은 등화기는 보통 현장에서 실험적으로 조정된다. 이에 대한 실험적인 결과를 보여주는 것을 소위 **아이 패턴**(eye pattern)이라고 하며, 이는 디지털 전송의 한계를 더욱 명확히 보여준다.

그림 11.1-3a와 같이 왜곡되었지만 잡음이 없는 극형 이진 신호를 살펴보자. 이 신호가 적절한 동기와 스위프 시간(sweep time)을 가지는 장기 잔상 오실로스코프에 표시되면, 그림 11.1-3b와 같은 연속적인 심볼 구간의 중첩을 얻게 된다. 이렇게 표시된 형태에 의하여 "아이 패턴"이란 이름이 만들어졌다. 왜곡된 M진 신호는 수직으로 쌓여진 $M - 1$개의 "눈(eye)"으로 나타날 것이다.

그림 11.1-4는 주요 특성들을 나타내는 항목과 함께 일반화된 이진 아이 패턴을 보여준다. 최적의 표본화 시간은 눈이 최대로 개방된 시점에 해당한다. 이 시점에서 ISI에 의하여 눈이 약간 감기게 되며, 따라서 **잡음 여유**(noise margin)가 줄어들게 된다. 일반적인 방법인 영점 통과를 기준으로 동기화를 하면, 영점 통과 왜곡으로 인하여 **지터**(jitter)가 발생하고 최적이 아닌 표본화 시간을 얻게 된다. 영점 통과 근처에서의 아이 패턴 경사도는

시간 오류에 대한 민감도를 나타낸다. 결국, 임의의 비선형 전송 왜곡은 비대칭 또는 "가늘게 뜬" 눈 모양으로 나타나게 된다.

> $p(t) = \text{sinc}^2\, at$일 때, r과 B의 관계를 구하시오. **응용문제 11.1-1**

디지털 PAM의 전력 스펙트럼

펄스 스펙트럼 $P(f) = \mathscr{F}[p(t)]$는 디지털 PAM 신호 $x(t)$의 전력 스펙트럼에 대한 정보를 어느 정도 제공하여 준다. 예를 들어 $p(t) = \text{sinc}\, rt$라 하면, 식 (6b)의 $P(f)$에 의하여 $|f| > r/2$에서 $G_x(f) = 0$이 됨을 알 수 있다. 그러나, $G_x(f)$를 보다 상세하게 안다면 디지털 전송에 관한 추가적인 유용한 정보를 얻을 수 있다.

9장에서 $p(t) = \Pi(t/D)$인 간단한 불규칙 디지털 파형을 다루었다. 다음과 같은 조건에서

$$E[a_k a_i] = \begin{cases} \sigma_a^2 & i = k \\ 0 & i \neq k \end{cases}$$

$G_x(f) = \sigma_a^2 D\, \text{sinc}^2\, fD$인 것을 구하였다. 이제, $P(f) = D\, \text{sinc}\, fD$를 대입하면 다음 식을 얻게 된다.

$$G_x(f) = \frac{\sigma_a^2}{D}|P(f)|^2 \tag{7}$$

계수 a_k의 평균이 0이고 상관 관계가 없을 때, 위 식은 펄스 스펙트럼 $P(f)$를 가지는 임의의 디지털 PAM 신호에 대하여 성립한다.

그러나, 단극형 신호 포맷은 $\overline{a_k} \neq 0$이며, 일반적으로 메시지 정보원이 상관 관계가 없는 심볼을 생성할 것이라고 확신할 수는 없다. 그러므로, 더 현실적인 접근 방법은 정보원을 이산 정적 랜덤 프로세스(discrete stationary random process)로 모델링하는 것이다. a_k'의 통계적 평균은 다음과 같은 자기 상관 함수로 주어지며

$$R_a(n) = E[a_k a_{k-n}] \tag{8}$$

이는 정적 랜덤 신호 $v(t)$에 대한 $R_v(\tau) = E[v(t)v(t-\tau)]$와 같은 개념이다. 식 (8)의 정수 n과 k는 디지털 수열의 이산 시간 성질을 반영한 것이다. 만약, 디지털 PAM 신호 $x(t)$의 펄스 스펙트럼이 $P(f)$, 진폭 자기 상관이 $R_a(n)$이라 하면, 전력 스펙트럼은 다음과 같이 된다.

$$G_x(f) = \frac{1}{D}|P(f)|^2 \sum_{n=-\infty}^{\infty} R_a(n) e^{-j2\pi nfD} \tag{9}$$

식 (9)의 복잡한 모양에도 불구하고, $R_a(0) = \sigma_a^2$이고 $n \neq 0$일 때 $R_a(n) = 0$이면 이 식은 식 (7)로 쉽게 간략화 된다. $\overline{a_k} = m_a \neq 0$이고 메시지 심볼의 상관 관계가 없는 경우,

$$R_a(n) = \begin{cases} \sigma_a^2 + m_a^2 & n = 0 \\ m_a^2 & n \neq 0 \end{cases} \tag{10}$$

이고

$$\sum_{n=-\infty}^{\infty} R_a(n) e^{-j2\pi nfD} = \sigma_a^2 + m_a^2 \sum_{n=-\infty}^{\infty} e^{-j2\pi nfD}$$

이 된다. 그러면 Poisson의 합 공식에 의하여 다음과 같이 쓸 수 있으며

$$\sum_{n=-\infty}^{\infty} e^{-j2\pi nfD} = \frac{1}{D} \sum_{n=-\infty}^{\infty} \delta\left(f - \frac{n}{D}\right)$$

따라서

$$G_x(f) = \sigma_a^2 r |P(f)|^2 + (m_a r)^2 \sum_{n=-\infty}^{\infty} |P(nr)|^2 \delta(f - nr) \tag{11}$$

이 된다. 여기서 $r = 1/D$를 대입하였고 임펄스 곱의 표본화 성질을 이용하였다.

식 (11)의 중요한 결과는, 모든 $f = nr$에서 $P(f) = 0$아니거나 $m_a = 0$이 아니면 $x(t)$의 전력 스펙트럼은 신호 전송률 r의 고조파에서 임펄스를 가진다는 것이다. 따라서, 이러한 고조파 중 하나의 고조파에 중심을 둔 협대역 BPF(또는 PLL 필터)에 $x(t)$를 입력시켜 동기 신호를 얻을 수 있다. 또한, $G_x(f)$를 f의 전 구간에 대하여 적분하여 총 평균 전력 $\overline{x^2}$도 구할 수 있다. 따라서,

$$\overline{x^2} = \sigma_a^2 r E_p + (m_a r)^2 \sum_{n=-\infty}^{\infty} |P(nr)|^2 \tag{12}$$

이고, 여기서 E_p는 $p(t)$의 에너지이다. 식 (12)에 대하여 또한 이후 내용에서, 그렇지 않다는 특별한 언급이 없는 한은 식 (10)에 주어진 조건을 가정하기로 한다.

9.2절 식 (7)의 전력 스펙트럼 정의로부터 시작하여 식 (9)를 유도하여 보자. 보다 명확히 다음과 같이 나타낼 수 있으며,

$$G_x(f) \triangleq \lim_{T\to\infty} \frac{1}{T} E[|X_T(f)|^2]$$

여기서 $X_T(f)$는 $|t| < T/2$에서 시간 제한된 표본 함수 $x_T(t) = x(t)$의 푸리에(Fourier) 변환이다. 다음으로, $T = (2K + 1)D$라 하면, 극한 $T \to \infty$은 $K \to \infty$에 해당한다. 그러면, $K \gg 1$에 대하여 다음과 같이 된다.

$$x_T(t) = \sum_{k=-K}^{K} a_k p(t - kD)$$

$$X_T(f) = \sum_{k=-K}^{K} a_k P(f) e^{-j\omega kD}$$

과

$$|X_T(f)|^2 = |P(f)|^2\left(\sum_{k=-K}^{K} a_k e^{-j\omega kD}\right)\left(\sum_{i=-K}^{K} a_i e^{+j\omega iD}\right)$$

더하는 합의 연산과 평균을 취하는 기대값 연산의 순서를 바꾸면 다음과 같이 되며

$$E[|X_T(f)|^2] = |P(f)|^2 \rho_K(f)$$

여기서

$$\rho_K(f) = \sum_{k=-K}^{K}\sum_{i=-K}^{K} E[a_k a_i] e^{-j\omega(k-i)D}$$

이고 $E[a_k a_i] = R_a(k - i)$이다.

$\rho_K(f)$의 이중 합 연산은 다음과 같이 하나의 합 연산으로 다시 쓸 수 있다

$$\rho_K(f) = (2K + 1)\sum_{n=-2K}^{2K}\left(1 - \frac{|n|}{2K + 1}\right)R_a(n)e^{-j\omega nD}$$

위의 결과들을 $G_x(f)$의 정의에 대입하면 최종적으로 식 (9)와 같이

$$G_x(f) = \lim_{K\to\infty}\frac{1}{(2K + 1)D}|P(f)|^2\rho_K(f)$$
$$= \frac{1}{D}|P(f)|^2\sum_{n=-\infty}^{\infty} R_a(n)e^{-j\omega nD}$$

이 된다.

단극형 RZ 신호의 전력 스펙트럼

예제 11.1–1

그림 11.1-1a에서 $p(t) = \Pi(2r_b t)$이고 그 결과

$$P(f) = \frac{1}{2r_b}\,\mathrm{sinc}\,\frac{f}{2r_b}$$

인 단극형 이진 RZ 신호를 고려하자. 만일 정보원 비트들이 발생 빈도가 같고 통계적으로 서로 독립이면, $\overline{a_k} = A/2$, $\overline{a_k^2} = A^2/2$이 되며, 식 (10)에서

$$m_a^2 = \sigma_a^2 = \frac{A^2}{4}$$

이다. 식 (11)을 이용하면 전력 스펙트럼은 다음과 같이 되며

$$G_x(f) = \frac{A^2}{16r_b}\,\mathrm{sinc}^2\,\frac{f}{2r_b} + \frac{A^2}{16}\sum_{n=-\infty}^{\infty}\left(\mathrm{sinc}^2\,\frac{n}{2}\right)\delta(f - nr_b)$$

$f \geq 0$에 대하여 이를 그림 11.1-5에 나타내었다. $n = \pm 2, \pm 4, \ldots$일 때 $P(nr_b) = 0$이므로 짝수 고조파에서 임펄스가 존재하지 않음을 주목하라.

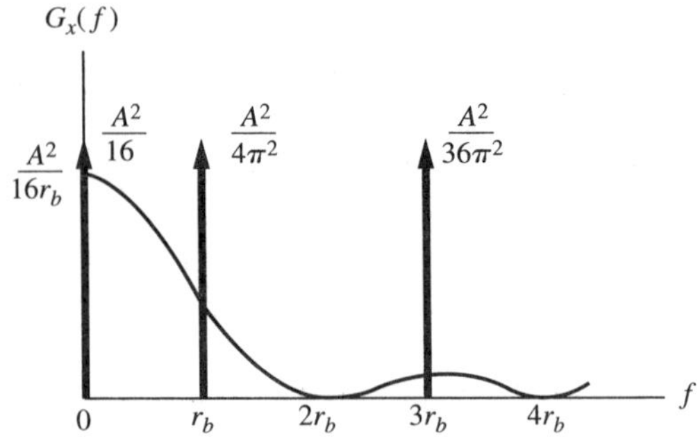

그림 11.1-5
단극형 이진 RZ 신호의 전력 스펙트럼.

기본적으로 식 (12)로부터 $\overline{x^2}$을 구할 수 있다. 그러나, 1과 0이 발생 빈도가 같으면 $\overline{x^2} = A^2/4$인 것을 파형으로부터 쉽게 구할 수 있다.

응용문제 11.1-2

NRZ 파형에 해당하는 $p(t) = \Pi(r_b t)$에 대하여, 예제 11.1-1의 결과를 수정하시오. 특히, $G_x(f)$의 임펄스가 $f = 0$에만 유일하게 존재함을 증명하시오.

사전 부호화에 의한 스펙트럼 정형화

사전 부호화(precoding)는 전송되는 진폭 시퀀스 a_k의 통계적 특성이 원래 메시지 시퀀스의 통계적 특성과 다른 성질을 가지도록 하는 과정을 의미한다. 일반적으로, 사전 부호화의 목적은 $P(f)$와 구별되도록 $R_a(n)$을 통하여 전력 스펙트럼의 모양을 정형화하는 것이다. 통계적 스펙트럼 정형화의 가능성을 보여주기 위하여, $R_a(-n) = R_a(n)$ 성질을 이용하여 식 (9)를 다음과 같이 다시 나타낼 수 있다

$$G_x(f) = r|P(f)|^2\left[R_a(0) + 2\sum_{n=1}^{\infty} R_a(n)\cos(2\pi nf/r)\right] \tag{13}$$

이제, 음성 전화 채널과 같이 저주파수 응답이 좋지 않은 채널을 통하여 $x(t)$가 전송된다고 가정하자. 적절한 사전 부호화를 통하여, 펄스 스펙트럼 $P(f)$에 관계없이 $f = 0$에서 식 (13)의 괄호 항을 0으로 만들 수 있으며, 그 결과 $G_x(f)$의 모든 직류 성분을 제거할 수 있다. 실제로, 그림 11.1-1c의 양극형 신호 포맷은 직류 성분을 제거하는 사전 부호화 기법의 하나이다.

양극형 신호는 $a_k = +A, 0, -A$ 등 3개의 진폭 값을 가진다. 만일 메시지에서 1과 0이 균일하게 발생한다면, 진폭 확률은 $P(a_k = 0) = 1/2$과 $P(a_k = +A) = P(a_k = -A) = 1/4$이 되며, 그 결과 진폭의 통계적 특성은 메시지의 통계적 특성과 다르게 된다. 또한, 메시지 비트들이 서로 상관이 없다고 가정하면, 진폭 상관 관계는 다음과 같이 된다.

$$R_a(n) = \begin{cases} A^2/2 & n = 0 \\ -A^2/4 & n = 1 \\ 0 & n \geq 2 \end{cases} \tag{14a}$$

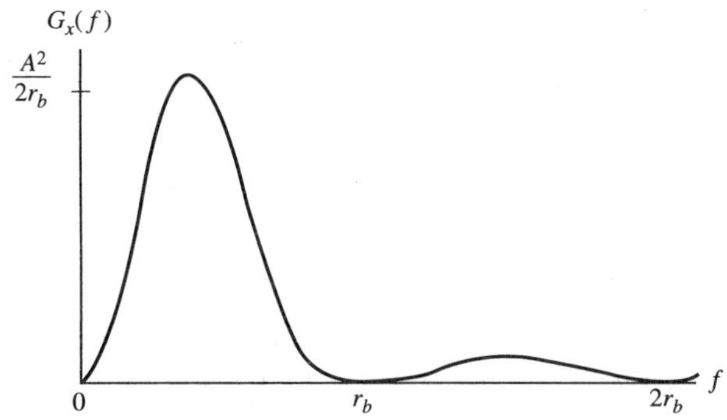

그림 11.1-6
랜덤 데이터 양극형 신호의 전력 스펙트럼.

따라서

$$G_x(f) = r_b|P(f)|^2 \frac{A^2}{2}(1 - \cos 2\pi f/r_b) \tag{14b}$$

$$= r_b|P(f)|^2 A^2 \sin^2 \pi f/r_b$$

이 되며, $p(t) = \Pi(r_b t)$일 때 이를 그림 11.1-6에 나타내었다.

직류 성분을 제거하기 위한 또 다른 두 가지 사전 부호화 기법으로는 분할-위상 Manchester 포맷(그림 11.1-1d)과 HDBn으로 표시되는 **고밀도 양극형**(high density bipolar) **부호 계열**들이 있다. HDBn은 정보원이 n개의 연속적인 0을 생성할 때마다 특정 펄스 시퀀스로 대치하여 긴 신호 "공백"을 제거하는 양극형 부호이다.

응용문제 11.1-3

$p(t) = \text{sinc}\, r_b t$인 양극형 신호의 $G_x(f)$를 도시하시오. 그 다음, 이 그림을 이용하여 $\overline{x^2} = A^2/2$를 증명하시오.

11.2 잡음과 오류

본 절에서는 이진 신호로부터 시작하여 M진 신호로 일반화하는 과정에 걸쳐, 기저 대역 디지털 전송에서의 잡음, 오류, 그리고 오류 확률을 살펴본다.

왜곡이 없는 채널을 계속 가정하고, 그 결과 수신된 신호는 ISI를 포함하지 않는다. 또한, 신호에 독립적이고 평균이 0인 가산성 백색 잡음을 가정한다(이러한 제한조건의 일부는 다음 절에서 철회될 것이다).

이진 오류 확률

그림 11.2-1은 기저 대역 이진 수신기의 동작을 보여준다. 수신된 신호와 잡음의 합은 ISI 유발하지 않으면서 잉여 잡음을 제거하도록 설계된 전달함수를 갖는 저역 통과 필터에 입력된다. 최적 시간에서 동작하는 표본화 및 유지(S/H) 장치는 $y(t)$로부터 샘플값

$$y(t_k) = a_k + n(t_k)$$

그림 11.2-1
기저 대역 이진 수신기.

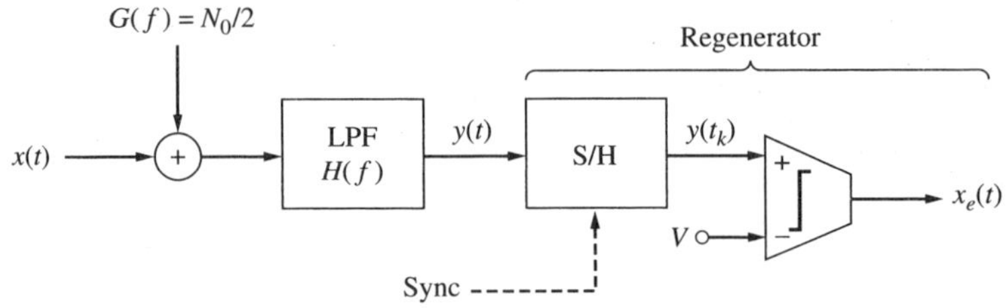

그림 11.2-2
단극형 신호의 재생. (a) 신호와 잡음의 합; (b) S/H 출력; (c) 비교기 출력.

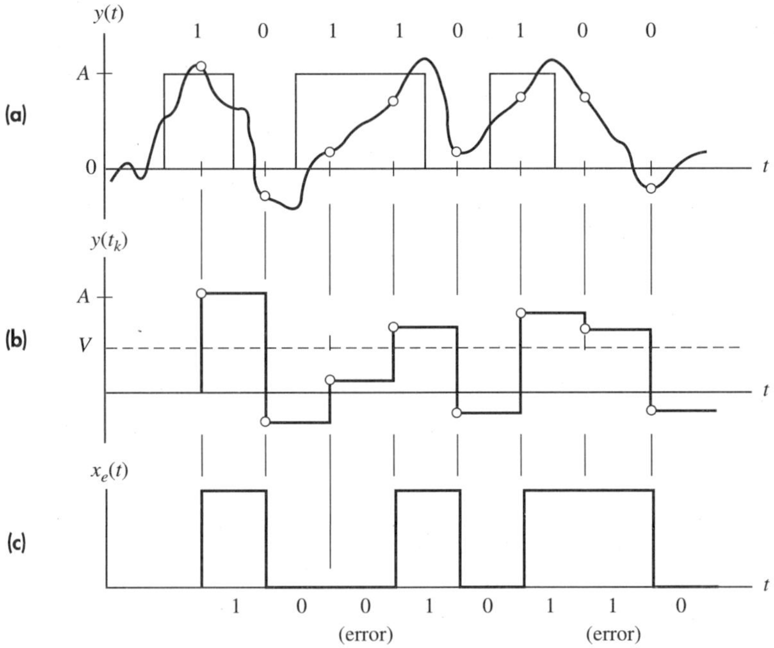

을 추출한다. 일련의 $y(t_k)$ 값들을 고정된 문턱값 V와 비교하면 재생 과정이 완료된다. 만일 $y(t_k) > V$이면, 비교기는 HIGH로 되어 1을 나타내고, $y(t_k) < V$이면 비교기는 LOW로 되어 0을 나타낸다. 따라서 재생기는, 잡음 섞인 아날로그 파형 $y(t)$를 가끔 **오류**를 포함하는 잡음 없는 디지털 신호 $x_e(t)$로 변환하는, **아날로그-디지털 변환기**로 동작한다.

먼저 $a_k = A$가 메시지 비트 1을 나타내고 $a_k = 0$이 메시지 비트 0을 나타내는 **단극형** 신호 $x(t)$에 대하여 해석한다. 이 경우, 직관적으로 문턱값은 $0 < V < A$ 사이의 어떤 중간값으로 설정 되어야 할 것이다. 재생 과정은 그림 11.2-2의 파형을 통하여 설명된다. $a_k = 0$이지만 양의 잡음 변동에 의하여 $y(t_k) > V$가 되거나, 또는 $a_k = A$이지만 음의 잡음 변동에 의하여 $y(t_k) < V$가 될 때 오류가 발생한다.

오류 확률을 공식화하기 위하여, **확률 변수** Y가 임의의 표본화 시간에서의 $y(t_k)$를 나타내고, n이 $n(t_k)$를 나타낸다고 하자. Y의 확률 밀도 함수는 분명 잡음의 확률 밀도 함수와 관계되지만, 신호 펄스의 존재 유무에도 관계된다. 따라서, **조건부 확률**을 다루어야 한다. 특별히, $a_k = 0$이고 $Y = n$인 가설 또는 **가정**을 H_0로 나타내면, 조건 PDF는 다음과 같이 되며

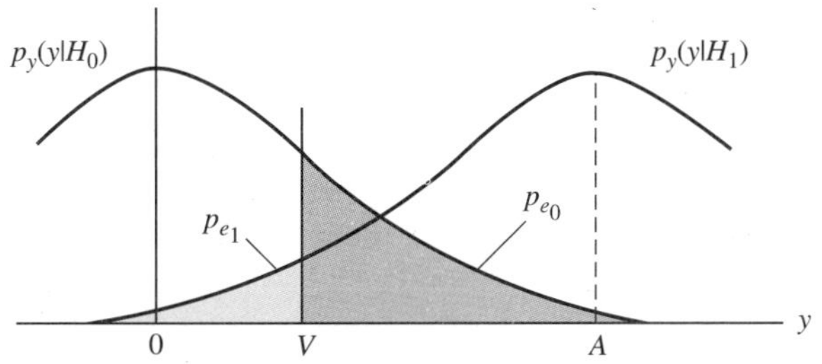

그림 11.2-3

판정 문턱값과 오류 확률을 함께 표시한 조건부 PDF.

$$p_Y(y|H_0) = p_N(y) \tag{1a}$$

여기서 $p_N(n)$은 잡음만의 PDF이다. 마찬가지로, $a_k = A$이고 $Y = A + n$인 가설을 H_1으로 나타내면, $n = y - A$인 $p_N(n)$의 선형 변환에 의하여

$$p_Y(y|H_1) = p_N(y - A) \tag{1b}$$

을 얻게 된다.

그림 11.2-3은 $p_Y(y|H_0)$와 $p_Y(y|H_1)$의 전형적인 모양을 제안되는 문턱값 V와 함께 보여준다. 비교기는 다음과 같은 **판정 규칙**을 수행한다:

> $Y < V$이면, 가설 $H_0(a_k = 0)$을 선택.
> $Y > V$이면, 가설 $H_1(a_k = A)$을 선택.

(발생 확률이 거의 0에 가까운 $Y = V$의 경계선의 경우는 무시한다.) 그러면, 각각의 재생 오류 확률은 다음과 같이 되며

$$P_{e0} \triangleq P(Y > V|H_0) = \int_V^\infty p_Y(y|H_0)\,dy \tag{2a}$$

$$P_{e1} \triangleq P(Y < V|H_1) = \int_{-\infty}^V p_Y(y|H_1)\,dy \tag{2b}$$

이것은 그림 11.2-3에 표시된 음영 면적과 동일하다. 면적을 이용한 해석은 다른 모든 요인들이 고정될 때 문턱값의 중요성을 효과적으로 보여준다. 분명, 문턱값을 감소시키면 P_{e1}은 감소하지만, 동시에 P_{e0}가 증가하게 된다. 문턱값을 증가시키면 반대 현상이 발생한다.

그러나 디지털 전송에서 오류는 그 유형에 관계없이 그냥 오류일 뿐이다. 따라서, 다음과 같은 **평균 오류 확률**이 최소가 되도록 문턱값을 정하여야 한다.

$$P_e = P_0 P_{e0} + P_1 P_{e1} \tag{3a}$$

여기서

$$P_0 = P(H_0) \qquad P_1 = P(H_1) \tag{3b}$$

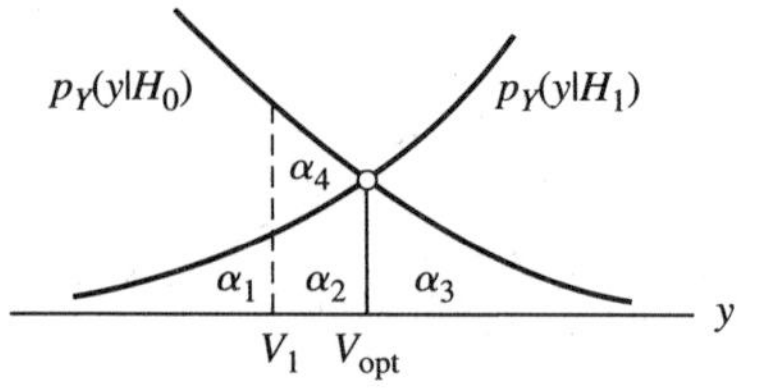

그림 11.2-4
문턱값을 위한 조건부 PDF의 교차.

이며, 이는 정보원 디지트의 확률을 나타낸다. 그러므로, 최적 문턱값 V_{opt}은 $dP_e/dV = 0$을 만족하여야 하고, 식 (2)에 있는 적분을 미분하는 것에 대한 Leibniz 법칙을 적용하면 다음과 같은 일반화된 관계식을 얻게 된다.

$$P_0 p_Y(V_{\text{opt}}|H_0) = P_1 p_Y(V_{\text{opt}}|H_1) \tag{4}$$

그러나, 긴 메시지 비트 열에서 보통 1과 0의 발생 빈도가 같을 것이므로

$$P_0 = P_1 = \tfrac{1}{2} \qquad\qquad P_e = \tfrac{1}{2}(P_{e0} + P_{e1}) \tag{5a}$$

그리고

$$P_Y(V_{\text{opt}}|H_0) = p_Y(V_{\text{opt}}|H_1) \tag{5b}$$

가 된다. 앞으로 특별한 언급이 없으면 발생 빈도가 같다는 조건을 사용할 것이다.

식 (5b)를 보다 자세히 살펴보면, V_{opt}는 조건부 PDF 곡선이 교차하는 점에 해당하는 것을 알 수 있다. 이에 대한 검증은 α_1부터 α_4까지 4개의 관련된 면적을 표시한 그림 11.2-4를 이용하여 수행할 수 있다. 최적 문턱값 일 때 $P_{e1} = \alpha_1 + \alpha_2$, $P_{e0} = \alpha_3$, $P_{e_{\min}} = \frac{1}{2}(\alpha_1 + \alpha_2 + \alpha_3)$이 된다. $V < V_{\text{opt}}$와 같이 최적 문턱값이 아닐 때, $P_{e1} = \alpha_1$, $P_{e0} = \alpha_2 + \alpha_3 + \alpha_4$가 되고, 따라서 $P_e = \frac{1}{2}(\alpha_1 + \alpha_2 + \alpha_3 + \alpha_4) = P_{e_{\min}} + \frac{1}{2}\alpha_4 > P_{e_{\min}}$이 된다.

다음으로, 평균이 0 이고 분산이 σ^2인 가우시안 잡음을 가정하면

$$p_N(n) = \frac{1}{\sqrt{2\pi\sigma^2}} e^{-n^2/2\sigma^2}$$

이 된다. 이 Gaussian 함수를 식 (1)과 (2)에 대입하면 다음 식들을 얻게 되며

$$P_{e0} = \int_V^{\infty} p_N(y)\,dy = Q\left(\frac{V}{\sigma}\right) \tag{6a}$$

$$P_{e1} = \int_{-\infty}^{V} p_N(y - A)\,dy = Q\left(\frac{A - V}{\sigma}\right) \tag{6b}$$

여기서 Q는 앞의 그림 8.4-2에서 정의하였던 Gaussian 분포 함수의 종단 면적을 나타낸다. $p_N(n)$이 우대칭(even symmetry)이므로, $P_0 = P_1 = \frac{1}{2}$일 때 조건부 PDF $p_Y(y|H_0)$와 $p_Y(y|H_1)$는 중간점에서 교차하고 $V_{\text{opt}} = A/2$이다. 더욱이 식 (6)에서 $V = V_{\text{opt}}$이면 $P_{e0} = P_{e1} = Q(A/2\sigma)$이고, 그 결과 최적 문턱값은 평균 오류 확률을 최소화시킬 뿐만 아니라 디지트 오류 확률들을 동일하게 한다. 따라서, $P_e = \frac{1}{2}(P_{e0} + P_{e1}) = P_{e0} = P_{e1}$이고

$$P_e = Q\left(\frac{A}{2\sigma}\right) \tag{7}$$

이며, 이것이 정보원 디지트의 발생 빈도가 균일할 때 가우시안 잡음에서 이진 신호의 최소 평균 오류 확률이다.

식 (7)에 따라, 부록에 있는 표 T.6의 Q 함수 그래프는 이제 P_e 대 $A/2\sigma$의 그래프로 설명될 수 있다. 이 그래프에서 $A/2\sigma$ (신호 대 잡음 비의 제곱근에 비례)가 증가하면 P_e가 급격하게 감소하는 것을 알 수 있다. 예를 들어, $A/2\sigma = 2.0$에서 $P_e \approx 2 \times 10^{-2}$이지만 $A/2\sigma = 6.0$에서는 $P_e \approx 10^{-9}$이 된다.

비록 단극형 신호에 대하여 식 (7)을 유도하였지만, 만약 $a_k = \pm A/2$이고 그 레벨 간격이 변하지 않는다면, 극형 신호에 대해서도 식 (7)이 성립된다. 수신기에서의 유일한 차이점은 문턱값이 두 레벨의 중간점인 $V_{\text{opt}} = 0$으로 되는 것이다. 그러나, 주어진 극형 신호의 레벨 간격을 얻기 위하여 송신기는 더 적은 신호 전력을 필요로 한다.

극형 신호의 장점을 보여주기 위하여, A를 평균 수신 신호 전력 S_R의 식으로 나타내어 보자. 동일한 디지트 확률과 간격 폭이 T_b인 구형파 펄스를 가정하면, 극형 신호에 대한 $S_R = A^2/4$인 반면 단극형 신호에 대한 $S_R = A^2/2$이 된다. (이 관계는 그림 11.1-1의 NRZ 파형으로부터 확인된다) 따라서,

$$A = \begin{cases} \sqrt{2S_R} & \text{단극형} \\ \sqrt{4S_R} & \text{극형} \end{cases} \tag{8}$$

이고, $\sqrt{2}$ 배의 계수는 P_e 값에 있어서 상당한 차이를 가져올 수 있다.

잡음의 평균이 0 이므로 분산 σ^2는 필터 출력에서의 잡음 전력 N_R과 같다. 그러므로, $A/2\sigma$를 신호 대 잡음 전력비 $(S/N)_R = S_R/N_R$의 식으로 다음과 같이 표시할 수 있다.

$$\left(\frac{A}{2\sigma}\right)^2 = \frac{A^2}{4N_R} = \begin{cases} \frac{1}{2}(S/N)_R & \text{단극형} \\ (S/N)_R & \text{극형} \end{cases} \tag{9}$$

그러나, 식 (9)는 신호 전송률 r_b의 효과를 나타내지 못한다. 폭 $T_b = 1/r_b$인 펄스를 통과시키기 위하여 잡음 제한 필터는 $B_N \geq r_b/2$를 가져야 하고, 따라서

$$N_R = N_0 B_N \geq N_0 r_b/2 \tag{10}$$

이 된다. 그러므로 고속 신호 전송은 주어진 오류 확률 P_e를 유지하기 위하여 더 많은 신호 전력을 필요로 한다.

신호 대 잡음 전력 비에 대한 비트 오류율 — 예제 11.2-1

컴퓨터가 $r_b = 10^6$ bps = 1 Mbps의 속도로 단극형 펄스를 생성하여 $N_0 = 4 \times 10^{-20}$ W/Hz인 잡음이 있는 시스템을 통하여 전송한다고 가정하자. $P_e \leq 1/3600r_b \approx 3 \times 10^{-10}$, 즉, 오류율이 시간당 한 비트 보다 크지 않다고 규정된다. 그러면, 부록의 표 T.6에

의하여 $A/2\sigma \geq 6.2$가 필요하고, 식 (9)와 (10)으로부터 이에 필요한 요구되는 신호 전력은

$$S_R = 2\left(\frac{A}{2\sigma}\right)^2 N_R \geq 1.5 \times 10^{-12} = 1.5 \quad \text{pW}$$

이 된다. 분명, 가산성 잡음만이 고려되는 경우에는 적당한 신호 전력만으로도 거의 오류 없는 전송이 가능하다. 이 경우 하드웨어의 결함이나 그 밖의 다른 현상들이 시스템 성능에 대한 제한 요소가 될 수 있다.

응용문제 11.2-1 발생 빈도가 같은 디지트와 $(S/N)_R = 50$을 가지는 단극형 시스템을 살펴보자. 문턱값이 최적인 아닌 $V = 0.4A$일 때 P_{e_0}, P_{e_1}, P_e를 구하시오. P_e를 식 (7)의 최소값과 비교하시오.

재생 중계기

아날로그와 디지털 통신에 관계없이 장거리 전송에는 중계기가 필요하다. 그러나 아날로그 메시지 중계기와는 달리, 디지털 중계기는 재생 기능을 가질 수 있다. 만약 중계기 당 오류 확률이 상당히 작고 전달(hop) 횟수 m이 크면, 재생의 장점은 다소 크게 나타난다. 극형 이진 전송에 대하여 이 현상을 설명하여 보자.

아날로그 중계기를 사용하고 9.4절의 식 (11)을 적용하면, 최종 신호 대 잡음 비는 $(S/N)_R = (1/m)(S/N)_1$이고

$$P_e = Q\left[\sqrt{\frac{1}{m}\left(\frac{S}{N}\right)_1}\right] \tag{11}$$

이며, 여기서 $(S/N)_1$은 한 번 전달(one hop)된 후의 신호 대 잡음 비이다. 그러므로, 이를 일정한 상태로 유지하기 위해서는 중계기 당 전송 전력을 m에 따라 선형으로 증가시켜야 하며, 예를 들어 미국 대륙을 가로지르는데 100개 또는 그 이상의 중계기가 필요하므로 이는 결코 무시하지 못할 값이다. 식 (11)의 $1/m$항은 중계기를 지날 때마다 잡음이 계속적으로 누적되기 때문에 생기는 결과이다.

이와는 다르게, 재생 중계기는 완전한 수신기와 송신기가 서로 연결된 하나의 패키지로 구성된다. 수신단은 입력 신호를 메시지 디지트로 변환시키는데 이 과정에서 약간의 오류가 발생한다; 그 다음, 디지트는 송신단으로 전달되고 송신단은 다음 중계기로 전송하기 위한 새로운 신호를 발생시킨다. 그러므로, 재생된 신호는 단지 약간의 오류는 포함하고 있으나 랜덤 잡음의 영향으로부터 완전히 벗어나게 된다.

성능 분석을 위하여, 동일한 중계기를 가정하고 α를 각 중계기에서의 오류 확률, 즉

$$\alpha = Q\left[\sqrt{\left(\frac{S}{N}\right)_1}\right]$$

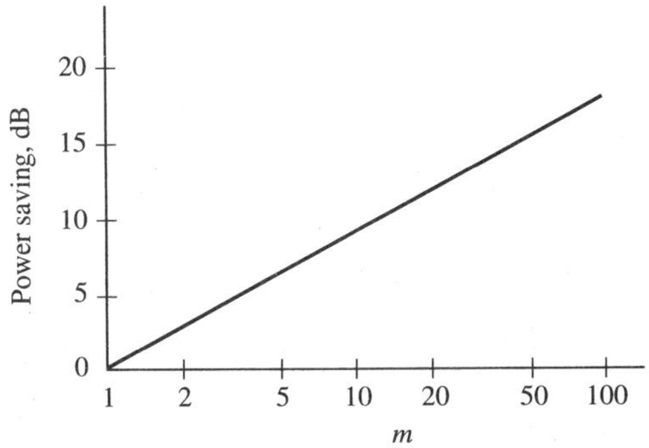

그림 11.2-5
$P_e = 10^{-5}$일 때 m개의 재생 중계기에 의한 전력 절약.

이라 하자. 주어진 디지트가 중계기에서 중계기로 전달될 때, 변환 오류가 누적될 수 있다. 만일 잘못된 변환이 짝수 번 발생하면 이들은 서로 상쇄되고 최종단에 올바른 디지트가 전달된다(이는 이진 디지트일 때만 성립한다). m번의 연속적인 변환에서 i번의 오류가 발생할 확률은 이항 빈도 함수에 의하여 다음과 같이 주어진다.

$$P_I(i) = \binom{m}{i}\alpha^i(1-\alpha)^{m-i}$$

i가 홀수일 때만 최종단에서 오류가 발생하므로

$$P_e = \sum_{i \text{ odd}} P_I(i) = \binom{m}{1}\alpha(1-\alpha)^{m-1} + \binom{m}{3}\alpha^3(1-\alpha)^{m-3} + \cdots \approx m\alpha$$

이고, 여기서 $\alpha \ll 1$이고 m이 너무 크지 않을 때 근사값이 성립한다. 그러므로

$$P_e \approx mQ\left[\sqrt{\left(\frac{S}{N}\right)_1}\right] \tag{12}$$

이고, 따라서 P_e는 m에 따라 선형적으로 증가하고, 일반적으로 식 (11)보다 훨씬 작은 전력의 증가로 오류를 줄일 수 있다.

그림 11.2-5는 오류 확률을 $P_e = 10^{-5}$로 고정시킬 때, 재생 동작에 의하여 절약되는 전력을 m에 대한 함수로 나타낸 것이다. 예로, 재생 동작이 없는 중계기 10개를 가지는 기저 대역 시스템은 재생 시스템에 비하여 약 8.5 dB 더 많은 전송 전력(각 중계기 당)을 필요로 한다.

정합 필터

최종단이든 또는 재생 중계기의 한 부분이든 관계없이 모든 기저 대역 디지털 수신기는 ISI를 유발하지 않으면서 잉여 잡음을 제거하도록 설계된 저역 통과 필터를 가져야 한다. 그렇다면 이 목적을 위한 최적 필터는 어떻게 설계할 것인가? 백색 잡음 환경에서 시간 제한된 펄스를 사용할 경우, **정합 필터**(matched filter)가 이에 대한 해답이 된다. 여기서는 이 경우를 살펴보고, 백색 잡음 환경에서 이진 신호에 대하여 정합 필터에 의한 최소 오류

확률을 구할 것이다.

수신된 신호가 $t = kD$을 중심으로 폭 τ를 가지는 단일 시간 제한 펄스라 하면,

$$x(t) = a_k p(t - kD)$$

이고, 여기서 $p(0) = 1$, $|t| > \tau/2$에서 $p(t) = 0$, 그리고 $\tau \leq D$이다. $t_k = kD + t_d$에서 출력비 $(a_k/\sigma)^2$를 최대로 하면 오류 확률은 최소가 될 것이다. 9.5절에 배웠듯이, 이 값을 최대로 하려면 $p(t_d - t)$에 비례하는 임펄스 응답을 가지는 정합 필터가 필요하다. 따라서, 다음과 같은 임펄스 응답을 얻게 되며

$$h(t) = \frac{1}{\tau_{\text{eq}}} p(t_d - t) \tag{13a}$$

여기서

$$\tau_{\text{eq}} = \int_{-\infty}^{\infty} p^2(t)dt \qquad t_d = \tau/2 \tag{13b}$$

이다. 지연 시간 $t_d = \tau/2$은 인과적(causal) 임펄스 응답을 위한 최소값이고, 비례 상수 $1/\tau_{\text{eq}}$는 최대 출력 진폭이 a_k와 같도록 선택되었다. $a_k^2\tau_{\text{eq}}$가 펄스 $x(t)$의 에너지이므로 이로부터 변수 τ_{eq}의 의미를 이해할 수 있다.

잡음이 없으면, 출력 펄스는 $y(t) = h(t) * x(t)$이고 원하던 대로 최대값 $y(t_k) = a_k$을 가진다. 이 최대값은 $x(t)$의 최대값 보다 $\tau/2$초 후에 발생한다. 따라서 정합 필터링은 불가피하게 지연을 가져온다. 그러나, $t_k \pm \tau$ 밖에서 $y(t) = 0$이므로 인접한 펄스의 표본화 시점

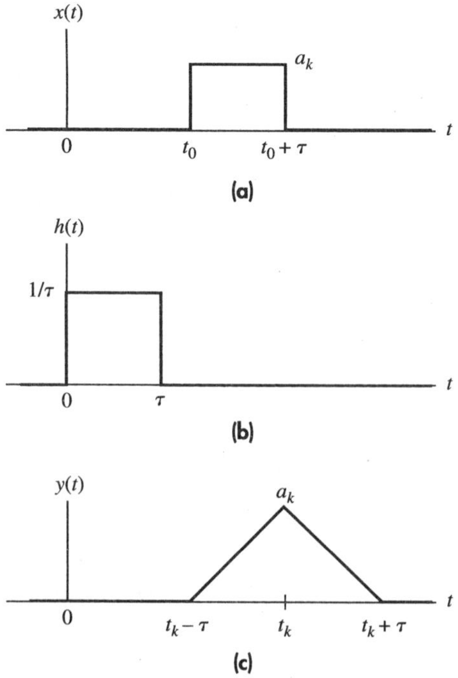

그림 11.2-6

구형파 펄스에 대한 정합 필터링. (a) 수신된 펄스; (b) 임펄스 응답; (c) 출력 펄스.

에서 ISI를 발생시키지는 않는다. 그림 11.2-6은 구형파 모양의 $p(t)$를 이용하여 이상의 내용을 설명하고 있으며, 여기서 $\tau_{eq} = \tau$이고 $y(t)$는 삼각형 모양이다.

$x(t)$에 백색 잡음이 더해질 경우, 정합 필터의 출력 잡음 전력은 다음과 같이 된다.

$$N_R = \sigma^2 = \frac{N_0}{2}\int_{-\infty}^{\infty} |H(f)|^2\, df$$

$$= \frac{N_0}{2}\int_{-\infty}^{\infty} |h(t)|^2\, dt = \frac{N_0}{2\tau_{eq}} \tag{14}$$

이진 신호에 대하여 $\tau_{eq} \leq T_b = 1/r_b$이므로, 이 결과는 식 (10)의 하한값과 일치한다. 잡음이 백색 가우시안이고 수신기가 시간 제한된 펄스 모양에 정합된 최적 필터를 가질 때, 이 결과를 이용하여 $(A/2\sigma)^2$의 최대값과 그에 대한 최소 이진 오류 확률을 구하여보자.

전송률 r_b, 평균 수신 전력 S_R, 잡음 밀도 N_0인 이진 전송 시스템을 살펴보자. 이 시스템의 특성은

$$E_b \triangleq S_R/r_b \tag{15a}$$

$$\gamma_b \triangleq S_R/N_0 r_b = E_b/N_0 \tag{15b}$$

로 정의된 두 개의 새로운 변수 E_b와 γ_b의 식으로 나타낼 수 있다. E_b는 **비트 당 평균 에너지**이고, γ_b는 비트 에너지 대 잡음 밀도의 비를 나타낸다. 만일 신호가 진폭 시퀀스 a_k를 가지고 시간 제한된 펄스 $p(t)$로 구성되면,

$$E_b = \overline{a_k^2}\int_{-\infty}^{\infty} p^2(t)\, dt = \overline{a_k^2}\,\tau_{eq}$$

이고, 여기서 단극형 신호에 대하여 $\overline{a_k^2} = A^2/2$이고, 극형 신호에 대하여 $\overline{a_k^2} = A^2/4$이다. 따라서, 정합 필터의 출력 잡음 전력이 $\sigma^2 = N_0/2\tau_{eq}$이므로

$$(A/2\sigma)^2 = \begin{cases} E_b/N_0 = \gamma_b & \text{단극형} \\ 2E_b/N_0 = 2\gamma_b & \text{극형} \end{cases}$$

이고, 식 (7)은

$$P_e = \begin{cases} Q(\sqrt{\gamma_b}) & \text{단극형} \\ Q(\sqrt{2\gamma_b}) & \text{극형} \end{cases} \tag{16}$$

이 된다. 이는 정합 필터만으로 도달할 수 있는 최소 오류 확률이다.

마지막으로, 식 (13)에 설명된 정합 필터의 구현에 주의를 기울여야 한다. 임의의 $p(t)$에 대한 임펄스 응답은 수동 회로 소자로 근사화될 수 있지만, $t > \tau$에서 $h(t) \approx 0$이 되도록 하기 위한 많은 노력이 필요하다. 그렇지 않으면 정합 필터가 심각한 ISI를 유발 할 수도 있다. 구형파 펄스 모양의 경우, **적분-덤프**(integrate-and-dump) 필터라 불리는, 그림 11.2-7a와 같은 능동 회로를 사용할 수 있다. 연산 증폭 적분기가 펄스의 끝점에서 $y(t_k) =$

그림 11.2-7
적분–덤프 필터. (a) 연산 증폭기 회로; (b) 극형 *M*진 파형.

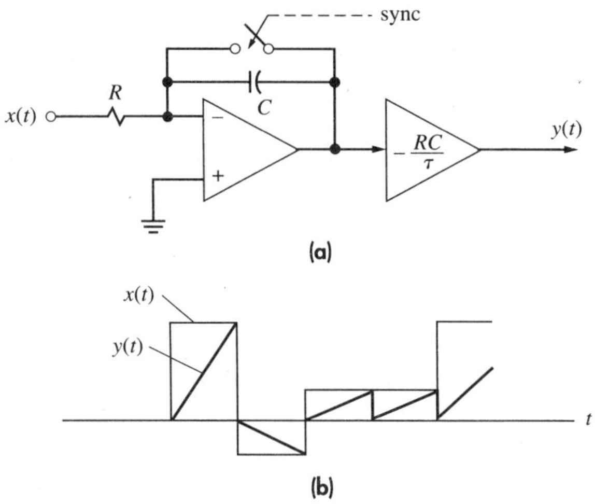

a_k가 되도록 각 입력 펄스를 적분하고, 그 후에 덤프 스위치가 적분기를 0으로 초기화시키며, 그에 따라 이어서 나오는 표본화 시점에서 ISI가 발생하지 않도록 한다. 적분-덤프 필터는 아마도 정합 필터를 구현하는 최상의 실질적인 방법이다. 그림 11.2-7b은 극형 *M*진 파형에 대한 이것의 동작을 보여준다.

응용문제 11.2-2

$x(t)$가 그림 11.1-1a의 단극형 RZ 신호라 하자. (a) 정합 필터 및 적분-덤프 필터의 출력 파형을 그리시오. (b) $\sigma^2 = N_0 r_b$이고 그에 따라 $N_R > N_0 r_b/2$이지만, 정합 필터의 의하여 $(A/2\sigma)^2 = \gamma_b$가 되는 것을 검증하시오.

상관 검출기

상관 검출기는 이진 신호 검출을 위한 정합 필터와 같은 역할을 수행하는 것으로 그림 11.2-8에 나타내었다. 여기서, 그림 11.2-1의 LPF 또는 정합필터가, 수신 신호를 잡음이 없는 신호 파형 중 하나와 상관시키는 적분기와 곱셈기로 교체된 것으로 이를 **상관 검출기**라 한다. 정합필터와 상관필터는 입력 신호의 적분과 복제라는 유사한 수학적 기능을

그림 11.2-8
이진 대척 신호에 대한 상관 검출기.

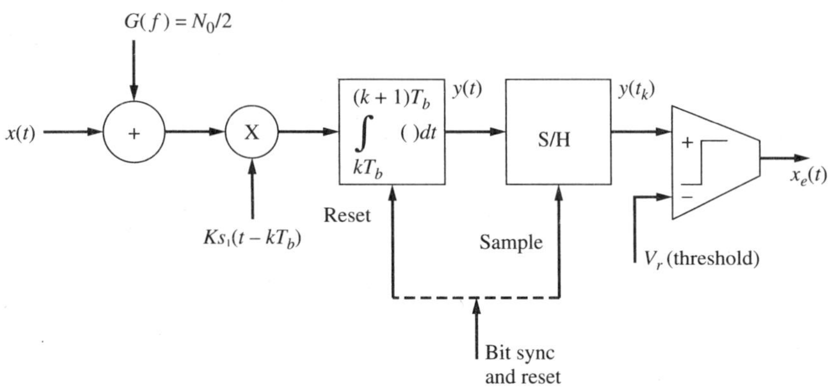

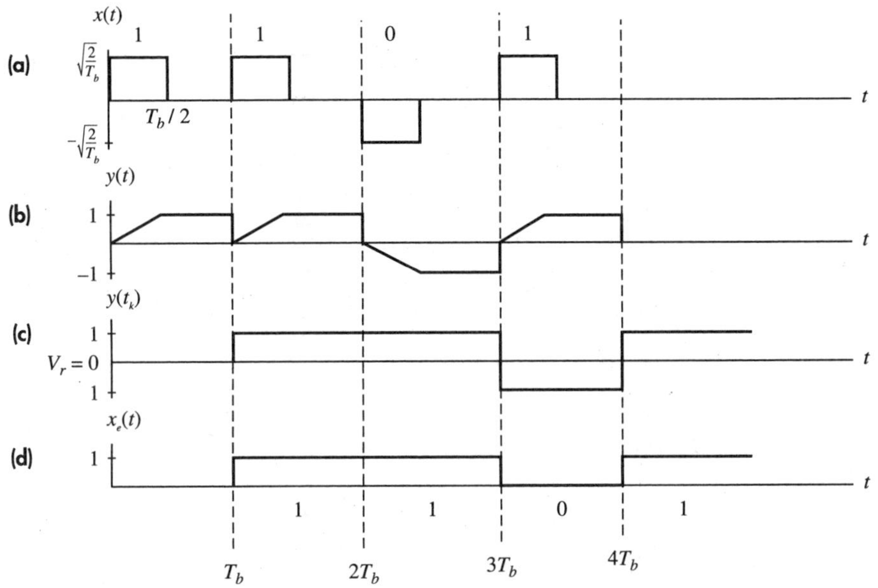

그림 11.2-9

극형 입력 메시지 1101에 대한 상관 검출기 파형: (a) 입력 메시지; (b) 적분기 출력; (c) S/H 출력; (d) 비교기 출력.

수행함을 주목하자. 이 특별한 기능 수행은 **대칭** 신호 검출에 매우 적합하다. 만약 $x_1(t) = -x_0(t)$이면 신호 $x_1(t)$와 $x_0(t)$는 대칭 관계이므로, $x_1(t)$와 $x_0(t)$가 입력되면 그림 11.2-9b와 c에 나타난 것 같이 적분기에서는 각각 반대 극성(예를 들어 ± 1)을 갖는 신호가 출력될 것이다. 반면에, 입력 신호 $x_1(t)$와 $x_0(t)$가 직교한다면, 적분기에서는 신호가 출력되거나 또는 신호가 출력되지 않을 것이다(예를 들어 1 또는 0). 입력 $x(t)$가 그림 11.2-9a의 대칭 극형 신호이고 $Ks_1(t - kT_b) = \sqrt{\dfrac{2}{T_b}}\,[u(t) - u(t - kT_b)]$이면 상관 검출기의 여러 단계에서 그림 11.2-9b와 *c*같은 출력을 얻는다.

정합필터와 상관 검출기가 변조된 이진 신호를 검출하는데 어떻게 사용되는지가 14절에서도 다루어진다.

*M*진 오류 확률

이진 신호는 두 개의 진폭 레벨만 가지므로 주어진 *S/N*에서 잡음에 가장 강하다 두 레벨보다 적으면 정보를 전달할 수 없다. 다중 레벨 *M*진 신호는 더 많은 신호 전력이 필요하지만, 등가적인 이진 신호의 비트 전송률 보다 신호 전송률이 작으므로 더 작은 전송 대역폭을 필요로 한다. 결과적으로 *M*진 신호는 가용 대역폭이 제한되고 신호 대 잡음 비가 상대적으로 큰 음성 채널을 통한 디지털 전송과 같은 응용 분야에 적합하다.

이제, 평균이 0인 가우시안 잡음에 대하여 *M*진 오류 확률을 구하여 보자. 가장 일반적인 경우인 짝수 개의 균일 간격 레벨

$$a_k = \pm A/2,\ \pm 3A/2,\ \ldots\ \pm(M-1)A/2 \tag{17}$$

을 가지는 극형 신호를 다룬다.

그림 11.2-10

가우시안 잡음이 더해진 4진 극형 신호의 조건부 PDF.

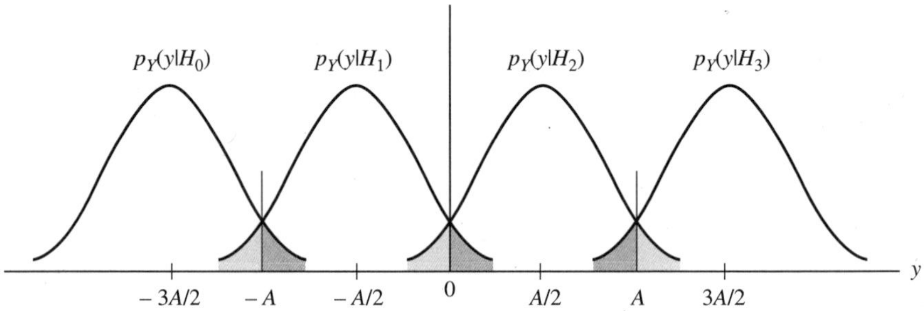

또한, 발생 빈도가 균일한 M진 심볼을 가정하면,

$$P_e = \frac{1}{M}(P_{e_0} + P_{e_1} + \cdots + P_{e_{M-1}}) \tag{18}$$

이 되며, 이는 식 (5a)의 M진 형태이다.

그림 11.2-10은 4진($M = 4$) 극형 신호에 가우시안 잡음이 더해진 것에 대한 조건부 PDF를 보여준다. 재생을 위한 판정 규칙은 그림에서 $y = -A, 0, +A$ 표시된 3개의 문턱값과 관계된다. 이들이 P_e를 최소로 하는 최적의 문턱값이지만, 모든 심볼이 동일한 오류 확률을 가지게 하지는 않는다. 두 개의 양 끝 레벨 $a_k = \pm 3A/2$에 대하여

$$P_{e_0} = P_{e_3} = Q\left(\frac{A}{2\sigma}\right)$$

이며, 반면에

$$P_{e_1} = P_{e_2} = 2Q\left(\frac{A}{2\sigma}\right)$$

이 되는데, 이는 안 쪽 레벨 $a_k = \pm A/2$에서는 양의 잡음과 음의 잡음에 의한 이탈이 모두 오류를 발생시키기 때문이다. 그 결과, 평균 오류 확률은

$$P_e = \frac{1}{4} \times 6Q\left(\frac{A}{2\sigma}\right) = \frac{3}{2}Q\left(\frac{A}{2\sigma}\right)$$

이 되고, 동일한 레벨 간격을 가지는 이진 신호에 비하여 50% 증가한다. 앞의 해석은 $M - 1$개의 판정 문턱값을 가지는 임의의 짝수 M의 경우로 쉽게 일반화된다.

$$y = 0,\ \pm A,\ \pm 2A, \ldots, \pm\frac{M-2}{2}A \tag{19}$$

그러면, $P_{e_0} = P_{e_{M-1}} = Q(A/2\sigma)$이고, 반면에 $M - 2$개의 안 쪽 레벨은 두 배의 오류 확률을 가지며, 따라서 평균 오류 확률은

$$P_e = \frac{1}{M}\left[2 \times Q\left(\frac{A}{2\sigma}\right) + (M-2) \times 2Q\left(\frac{A}{2\sigma}\right)\right] \tag{20}$$

$$= \frac{2M-2}{M} Q\left(\frac{A}{2\sigma}\right) = 2\left(1 - \frac{1}{M}\right) Q\left(\frac{A}{2\sigma}\right)$$

이 된다. $M = 2$일 때 식 (20)은 식 (7)로 간단히 되고, $M \gg 2$일 때 $P_e \approx 2Q(A/2\sigma)$이다.

다음, 시간 제한된 펄스 $p(t)$를 가정하고 그에 따라 M진 디지트 당 평균 에너지가 $E_M = \overline{a_k^2}\tau_{eq}$일 때, $A/2\sigma$를 신호 전력 및 잡음 밀도와 관련시켜 보자. 여기서, 앞에서와 동일하게

$$\tau_{eq} = \int_{-\infty}^{\infty} p^2(t)\, dt$$

이다. 만일 M개의 진폭 레벨이 발생 빈도가 균일하고 식 (17)로 주어지면

$$\overline{a_k^2} = 2 \times \frac{1}{M} \sum_{i=1}^{M/2} (2i-1)^2 \left(\frac{A}{2}\right)^2 = \frac{M^2-1}{12} A^2 \tag{21}$$

이 된다. 따라서, $S_R = rE_M$이므로

$$\left(\frac{A}{2\sigma}\right)^2 = \frac{3}{M^2-1} \frac{E_M}{\tau_{eq}\sigma^2} \tag{22}$$

$$= \frac{3}{M^2-1} \frac{1}{r\tau_{eq}} \frac{S_R}{N_R} \le \frac{6}{M^2-1} \frac{S_R}{N_0 r}$$

이고, 여기서 상한값은 정합 필터를 통하여 얻어지는 $N_R = N_0/2\tau_{eq}$에 해당한다. 식 (20)과 (22)를 이용하여 가우시안 백색 잡음을 가지는 극형 M진 시스템의 최종 오류 확률 식을 만들 수 있다.

종종, 이진 메시지를 전송하기 위하여 M진 신호를 사용하고, M 값은 주어진 채널에 가장 적합하도록 시스템 엔지니어가 선택한다. 따라서, M를 선택하기 위한 설계적 측면, 특히 오류 확률에 미치는 영향을 살펴보아야 한다. 불행히도 식 (20)과 (22)는 다음과 같은 두 가지 이유로 인하여 충분한 정보를 주지 못한다: 첫째, M진 신호율은 비트율 r_b와 다르고; 둘째, M진 오류 확률은 비드 오류 확률과 다르다.

메시지 비트가 길이 $\log_2 M$인 블록으로 부호화되면 신호 전송률 차이는 쉽게 설명된다. 이 경우 r_b와 r의 관계는 11.1절 식 (4)로부터

$$r_b = r \log_2 M \tag{23}$$

이다. M진 심볼 오류 확률 P_e와 그에 따른 비트 당 오류 확률의 관계를 구하기 위하여 Gray 부호와 매우 큰 신호 대 잡음 비를 가정한다. 이러한 조건이 주어지면 잡음에 의한 이탈은 M진 파형에서 한 진폭 레벨 이상으로는 거의 발생하지 않고, 이는 $\log_2 M$ 비트를 가지는 블록에서 단 하나의 비트에 오류가 발생하는 것에 해당한다. 그러므로

$$P_{be} \approx P_e/\log_2 M \tag{24}$$

이고, 여기서 P_{be}는 등가 비트 오류 확률을 나타내며, **비트 오류율**(bit error rate, BER)이라고도 한다.

식 (23)와 (24)를 앞의 M진 표현 식과 결합하면 최종적으로

$$P_{be} \approx 2\frac{M-1}{M\log_2 M}Q\left(\frac{A}{2\sigma}\right) \tag{25a}$$

을 얻고, 여기서

$$\left(\frac{A}{2\sigma}\right)^2 \leq \frac{6}{M^2-1}\frac{S_R}{N_0 r} = \frac{6\log_2 M}{M^2-1}\gamma_b \tag{25b}$$

이다. 정합 필터에 의한 상한값이 $\gamma_b = S_R/N_0 r_b = S_R/(N_0 r \log_2 M)$의 식으로 표현되었음을 주목하여야 한다. 이는 M진 신호를 메시지 비트 당 에너지의 함수로 다루도록 하여준다.

예제 11.2-2 **이진 신호와 M진 신호의 비교**

주어진 채널이 고정 신호 전송률 r = 3000 baud = 3 kbaud와 고정 신호 대 잡음 비 $(S/N)_R$ = 400 ≈ 26 dB를 가진다고 가정하자(이 수치들은 음성 전화 채널의 일반적인 값들이다). NRZ 구형파 펄스의 정합 필터링을 가정하면 $r\tau_{\text{eq}} = 1$이고 식 (22)와 (25b)로부터

$$\left(\frac{A}{2\sigma}\right)^2 = \frac{3}{M^2-1}(S/N)_R = \frac{6\log_2 M}{M^2-1}\gamma_b$$

이 된다.

$(S/N)_R$ = 400일 때 이진 신호는 매우 작은 오류 확률을 가지지만, 대신 상당히 느린 비트율 $r_b = r$ = 3 kbps로 전송된다. M진 신호는 식 (23)에 따라 비트 전송률은 증가하지만, 신호 전력을 고정시키고 M을 증가시키면 진폭 레벨 사이의 간격이 감소하므로 오류 확률도 증가한다. 표 11.2-1은 이 채널에 대한 비트율과 오류 확률 사이의 상호 관계(tradeoff)를 보여준다.

또 다른 상호 관계를 표 11.2-2에 나타내었는데, 여기서 비트율과 오류 확률은 모두 고정되어 있다. M를 증가시키면 신호 전송률 r이 감소하고, 이는 필요한 전송 대역폭이 줄어드는 것을 의미한다. 그러나, 오류 확률을 유지하기 위해서는 비트 당 에너지를 증가시

표 11.2-1 r = 3 kilobaud와 $(S/N)_R$ = 400을 가지는 M진 신호 전송.

M	r_b (kbps)	$A/2\sigma$	P_{be}
2	3	20.0	3×10^{-89}
4	6	8.9	1×10^{-19}
8	9	4.4	4×10^{-6}
16	12	2.2	7×10^{-3}
32	15	1.1	6×10^{-2}

표 11.2-2 r_b = 9 kbps와 P_{be} = 4 × 10^{-6}을 가지는 M진 신호 전송.

M	r (kbaud)	γ_b
2	9.00	10
4	4.50	24
8	3.00	67
16	2.25	200
32	1.80	620

켜야 한다. M = 2에서 M = 32로 되면 r은 1/5로 감소하지만 γ_b는 60배 이상 증가하는 것을 볼 수 있다. 이와 같은 상호 관계는 16장에서 정보 이론의 더 넓은 관점에서 다시 다루어 질 것이다.

응용문제 11.2-3

진폭 확률 $P(a_k = 0) = 1/2$, $P(a_k = +A) = P(a_k = -A) = 1/4$을 가지는 그림 11.1-1c의 3-레벨 양극형 이진 신호 포맷을 고려하자. 판정 문턱값이 $y = \pm A/2$일 때, 그림 11.2-10과 같은 그림을 그리고, P_e를 A와 σ의 식으로 구하시오. 다음, S_R를 계산하고 P_e를 식 (16)과 같은 형태로 나타내시오.

11.3 대역 제한된 디지털 PAM 시스템

이 절에서는 전송 채널의 대역폭이 제한될 때 기저 대역 디지털 시스템을 설계하는 과정을 다룬다. 이는 가용한 전송 대역폭이 필요한 신호 전송률에 비하여 크지 않고, 그 결과 구형파 신호 펄스가 심하게 왜곡되는 경우를 의미한다. 대신에, ISI를 피하기 위하여 특별히 정형화된 대역 제한된 펄스를 사용하여야 한다.

따라서, 대역 제한된 펄스 정형화를 위한 Nyquist 기법을 먼저 다룬다. 다음으로, 오류 확률을 최소로 하기 위한 최적 단말 필터를 다룬다. 잡음은 평균 0인 가우시안 분포를 갖는다고 계속 가정하지만, 임의의 잡음 전력 스펙트럼을 가질 수 있다. 또한, 선형 전송 왜곡이 허용되며, 이는 디지털 시스템의 등화 문제를 야기 시킨다. 마지막으로 대역 제한된 채널에서 신호 전송률을 증가시키는 상관 부호화 기술을 간단히 소개한다.

Nyquist 펄스 정형화

$M \geq 2$와 심볼 간격 $D = 1/r$인 M진 신호의 일반적인 항목을 이용하여 Nyquist 펄스 정형화를 설명한다. 수신기에서의 잠재적인 ISI 문제를 집중적으로 다루기 위하여 $p(t)$를 수신 필터의 출력에서의 펄스 모양이라 하자. 또한, 송신기 이득이 전송 손실을 보상한다고 가정하면 잡음이 없는 필터 출력 파형은

$$y(t) = \sum_k a_k p(t - t_d - kD)$$

이다. 앞에서와 동일하게 $p(t)$는 다음과 같은 성질을 가져야 하며

$$p(t) = \begin{cases} 1 & t = 0 \\ 0 & t = \pm D, \pm 2D, \dots \end{cases} \tag{1a}$$

이에 의하여 ISI가 제거된다. 이제, 다음과 같이 스펙트럼이 대역 제한되는 추가 조건을 부가한다.

$$P(f) = 0 \qquad |f| \geq B \tag{1b}$$

여기서

$$B = \frac{r}{2} + \beta \qquad 0 \leq \beta \leq \frac{r}{2}$$

이다. 이 스펙트럼 조건은 다음과 같은 신호 전송률을 가능하게 하며

$$r = 2(B - \beta) \qquad B \leq r \leq 2B \tag{2}$$

여기서 B는 요구되는 최소 전송 대역폭으로 해석될 수 있고, 따라서 $B_T \geq B$이다.

Nyquist의 잔류 대칭 이론(vestigial-symmetry theorem)에 의하면, 만약 $p(t)$가

$$p(t) = p_\beta(t) \operatorname{sinc} rt \tag{3a}$$

이고

$$\mathscr{F}[p_\beta(t)] = P_\beta(f) = 0 \qquad |f| > \beta \tag{3b}$$

$$p_\beta(0) = \int_{-\infty}^{\infty} P_\beta(f)\, df = 1$$

이면 식 (1)이 만족된다. 분명, $p(t)$는 식 (1a)의 시간 영역 특성을 가진다. 또한,

$$P(f) = P_\beta(f) * [(1/r)\Pi(f/r)]$$

이고 대역 제한된 두 스펙트럼의 컨벌루션에 의하여 두 대역폭의 합, 즉 $B = \beta + r/2$의 대역폭을 가지는 새로운 대역 제한된 스펙트럼이 만들어지므로, $p(f)$는 식 (1b)의 주파수 영역 특성도 만족한다. 일반적으로 $p_\beta(t)$를 우함수로 택하며 그 결과 $P_\beta(f)$가 실수이고 우함수가 된다; 그러면 $P(f)$는 마치 잔류 측파대 필터의 대칭과 같이 $f = \pm r/2$를 중심으로 잔류 대칭이 된다.

무수히 많은 함수가 Nyquist 조건을 만족하며, 11.1절 식 (6)과 같이 $p_\beta(t) = 1$이고 따라서 $\beta = 0$와 $p(t) = \operatorname{sinc} rt$인 경우도 여기에 포함된다. 이러한 펄스 형태를 사용하면 최대 전송률 $r = 2B$로 대역 제한한 신호 전송이 가능한 것을 알고 있다. 그러나, $|t| \to \infty$에 따라 펄스 모양이 $1/|t|$ 보다 빨리 감소하지 않으므로 동기화가 매우 어려운 문제가 된다. 결과적으로 작은 시간 오차 ϵ에 의하여 샘플값은

$$y(t_K) = a_K \operatorname{sinc} r\epsilon + \sum_{k \neq K} a_k \operatorname{sinc}(KD - kD + r\epsilon)$$

이 되고, 둘째 항의 ISI가 매우 커질 수 있다.

신호 전송률을 낮추고 **코사인 롤오프**(cosine rolloff) **스펙트럼**을 가지는 펄스를 사용하면 동기 문제는 완화된다. 특히, 만일

$$P_\beta(f) = \frac{\pi}{4\beta} \cos \frac{\pi f}{2\beta} \Pi\left(\frac{f}{2\beta}\right) \tag{4a}$$

이면

$$P(f) = \begin{cases} \dfrac{1}{r} & |f| < \dfrac{r}{2} - \beta \\ \dfrac{1}{r} \cos^2 \dfrac{\pi}{4\beta}\left(|f| - \dfrac{r}{2} + \beta\right) & \dfrac{r}{2} - \beta < |f| < \dfrac{r}{2} + \beta \\ 0 & |f| > \dfrac{r}{2} + \beta \end{cases} \tag{4b}$$

이고, 이것에 해당하는 펄스 모양은 다음과 같다.

$$p(t) = \frac{\cos 2\pi\beta t}{1 - (4\beta t)^2} \operatorname{sinc} rt \tag{5}$$

$\beta = 0$와 다른 두 가지 β 값에 대한 $P(f)$와 $p(t)$의 그림을 그림 11.3-1에 나타내었다. $\beta > 0$이면 스펙트럼은 완만한 롤오프를 가지고, $p(t)$의 앞뒤 진동은 sinc rt 보다 빨리 감소한다.

식 (4)와 (5)를 보다 상세히 살펴보면, 100% 롤오프에 해당하는 $\beta = r/2$인 특별한 경우에 $p(t)$는 두 가지 유용한 성질을 가지는 것을 알 수 있다. 이 경우 스펙트럼은 **올림 코사인**(raised cosine) 형태로 간단히 되어

$$P(f) = \frac{1}{r} \cos^2 \frac{\pi f}{2r} = \frac{1}{2r}\left[1 + \cos\left(\frac{\pi f}{r}\right)\right] \qquad |f| \le r \tag{6a}$$

이고

$$p(t) = \frac{\operatorname{sinc} 2rt}{1 - (2rt)^2} \tag{6b}$$

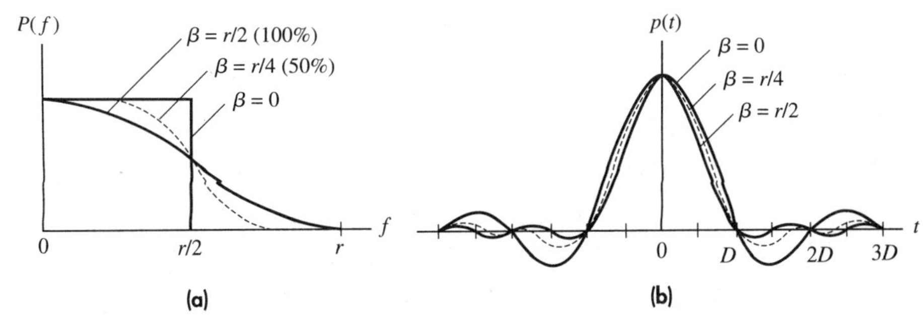

그림 11.3-1
β에 따른 Nyquist 펄스 정형화. (a) 스펙트럼; (b) 파형.

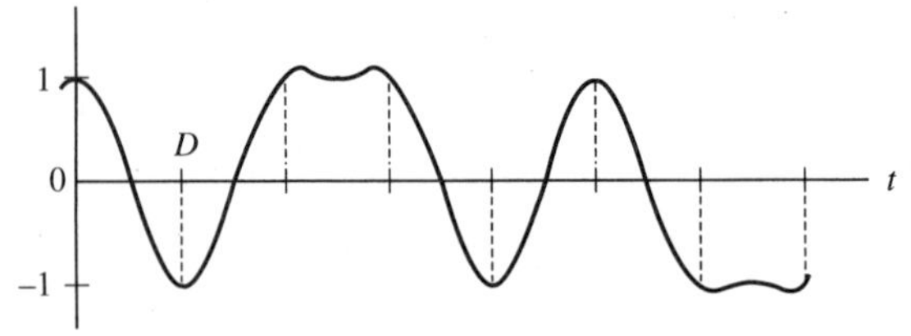

그림 11.3-2
$\beta = r/2$인 Nyquist 펄스를 사용한 10110100에 대한 기저 대역 파형.

이 된다. 이 펄스의 1/2 진폭의 간격은 심볼 간격 D와 정확히 같고, 즉 $p(\pm 0.5D) = 1/2$이고, $t = \pm 1.5D, \pm 2.5D, \ldots$에서 추가적으로 영점을 통과한다. 따라서, 이와 같은 펄스 형태로부터 만들어진 극형 신호는, 진폭의 극성이 바뀔 때마다 두 펄스 중심 사이의 중간 지점에서 정확하게 영점을 통과하게 된다. 그림 11.3-2는 이진 메시지 10110100 일 때 이 성질을 보여준다. 이와 같은 영점 통과 성질에 의하여 수신기는 시간을 맞추기 위한 동기 신호를 쉽게 검출할 수 있다. 그러나, $r = 2B$가 아니라 $r = B$이므로 신호 속도가 50% 감소하는 약점을 가진다. Nyquist는 식 (6a)와 (6b)에 의해 정의되는 펄스 모양이 앞에서 말한 모든 성질을 만족하는 유일한 것임을 증명하였다.

응용문제 11.3-1

$P_\beta(f) = (2/r)\Lambda(2f/r)$에 의하여 만들어진 Nyquist 펄스의 $P(f)$를 그리고 $p(t)$를 구하시오. 이 결과를 식 (6)과 비교하시오.

최적 단말 필터

구형파 펄스를 더 이상 사용하지 않으므로, 일반적인 정합 필터도 함께 버려야 하고 오류 확률을 최소로 하는 최적 수신 필터의 설계를 다시 고려하여야 한다. 다음과 같은 조건이 주어지면, 이 문제는 상대적으로 간단해 진다.

1. 신호 포맷은 극형이고, 진폭 a_k는 상관 관계가 없으며 발생 빈도가 균일하다.
2. 전송 채널은 선형이지만 왜곡이 없을 필요는 없다. (즉, 평탄 스펙트럼)
3. 필터 통과 출력 펄스 $p(t)$는 Nyquist 정형화된다.
4. 잡음은 가산형이고 평균이 0인 Gaussian 분포를 가지지만, 백색이 아닌 전력 스펙트럼을 가질 수도 있다.

가능한 채널 왜곡과 백색이 아닌 잡음을 허용하기 위하여, 최적화는 송신기와 수신기 모두에서 필터를 고려하여야 한다. 다행히, 정보원 파형 $x(t)$는 어느 정도 임의의 펄스 모양 $p_x(t)$를 가져도 된다.

그림 11.3-3은 송신 필터 함수 $H_T(f)$, 채널 함수 $H_C(f)$, 수신 필터 함수 $H_R(f)$를 포함하는 시스템 구성도를 보여준다. 입력 신호는 다음과 같은 형태를 가지며

$$x(t) = \sum_k a_k p_x(t - kD) \tag{7a}$$

이 신호의 전력 스펙트럼은

$$G_x(f) = \sigma_a^2 r |P_x(f)|^2 \tag{7b}$$

이며, 여기서 $P_x(f) = \mathscr{F}[p_x(t)]$이고

$$\sigma_a^2 = \overline{a_k^2} = \frac{M^2 - 1}{12} A^2 \tag{7c}$$

이다. 이 관계식들은 앞에서 언급한 a_k의 조건과 함께 11.1절 식 (12)와 11.2절 식 (21)로부터 유도된다. 따라서, 전송 신호의 전력은

$$S_T = \int_{-\infty}^{\infty} |H_T(f)|^2 G_x(f)\, df = \frac{M^2 - 1}{12} A^2 r \int_{-\infty}^{\infty} |H_T(f) P_x(f)|^2\, df \tag{8}$$

이 되고, 이 결과는 앞으로 곧 사용될 것이다.

입력 펄스 $p_x(t)$는 수신 필터의 출력에서 Nyquist 정형화된 펄스 $p(t - t_d)$가 되어야 하며, 이 때 t_d는 임의의 전송 시간 지연을 나타낸다. 그러므로 그림 11.3-3의 전달 함수들은

$$P_x(f) H_T(f) H_C(f) H_R(f) = P(f) e^{-j\omega t_d} \tag{9}$$

을 만족하여야 하며, 그 결과 송수신 양측의 단말 필터가 $p(t)$의 정형화에 영향을 준다. 수신 필터만이 출력 잡음 전력을 조절하게 되며

$$N_R = \sigma^2 = \int_{-\infty}^{\infty} |H_R(f)|^2 G_n(f)\, df \tag{10}$$

여기서 $G_n(f)$는 수신기 입력에서의 잡음 전력 스펙트럼이다.

식 (7)~(10)이 설계에 필요한 정보들이다. 특히, $A/2\sigma$가 증가함에 따라 오류 확률은 감소하므로 다음 두 조건에 따라$(A/2\sigma)^2$를 최대로 하는 단말 필터를 구한다: (1) 전송 전력은 특정 값 S_T로 고정되어야 하고, (2) 필터 전달 함수는 식 (9)를 만족하여야 한다.

식 (9)를 다음과 같이 나타내어 잠시 $H_T(f)$를 제거한다.

$$|H_T(f)| = \frac{|P(f)|}{|P_x(f) H_C(f) H_R(f)|} \tag{11}$$

다음, 식 (8)과 (10)을 이용하여$(A/2\sigma)^2$를 다음과 같이 나타낸다.

$$\left(\frac{A}{2\sigma}\right)^2 = \frac{3S_T}{(M^2 - 1)r} \frac{1}{I_{HR}} \tag{12a}$$

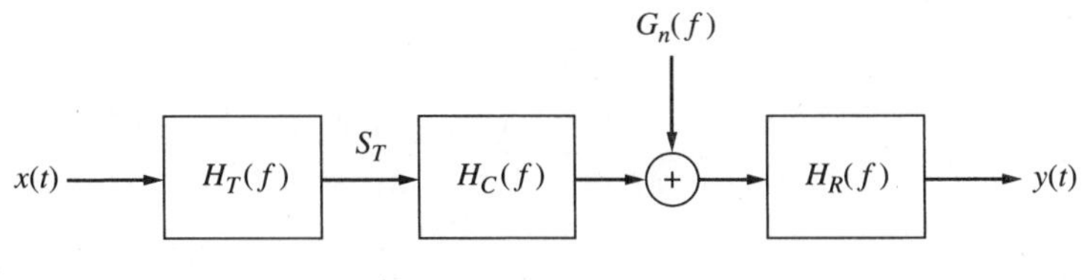

그림 11.3-3
송신기–채널–수신기 시스템.

여기서

$$I_{HR} = \int_{-\infty}^{\infty} |H_R(f)|^2 G_n(f)\, df \int_{-\infty}^{\infty} \frac{|P(f)|^2}{|H_C(f)H_R(f)|^2}\, df \tag{12b}$$

이다. 따라서, $(A/2\sigma)^2$의 최대화는 결국 적분 곱 I_{HR}의 최소화가 되고, 여기서 $H_R(f)$이 제어 가능한 유일한 함수이다.

이제, 식 (12b)가 3.6절 식 (17)에 언급된 Schwarz 부등식의 우변의 형태인 것을 알 수 있다. 따라서, I_{HR}의 최소값은 두 피적분 인자가 서로 비례할 때 발생한다. 결과적으로 최적 수신 필터는

$$|H_R(f)|^2 = \frac{g|P(f)|}{\sqrt{G_n(f)}\,|H_C(f)|} \tag{13a}$$

가 되며, 여기서 g는 임의의 이득 상수이다. 그러면, 식 (11)에 의하여 최적 송신 필터의 특성은

$$|H_T(f)|^2 = \frac{|P(f)|\sqrt{G_n(f)}}{g|P_x(f)|^2|H_C(f)|} \tag{13b}$$

이 된다. 이 식들이 단말 필터의 최적 진폭 비를 정의한다. 수신 필터는 $G_n(f)$가 큰 주파수 성분을 약화(deemphasizes) 시키고, 송신 필터가 이에 해당하는 프리엠퍼시스를 제공한다. 위상 천이는 식 (9)를 만족시키는 조건에서 임의로 정해진다.

식 (13)을 식 (12)에 대입시키면 최종 결과인

$$\left(\frac{A}{2\sigma}\right)^2_{\max} = \frac{3S_T}{(M^2-1)r}\left[\int_{-\infty}^{\infty} \frac{|P(f)|\sqrt{G_n(f)}}{|H_C(f)|}\, df\right]^{-2} \tag{14}$$

을 얻고, 이로부터 11.2절 식 (20)을 이용하여 오류 확률을 계산할 수 있다. 식 (14)에 대한 검증으로서, $G_n(f) = N_0/2$인 백색 잡음과 전송 손실 L인 무왜곡 채널, 즉 $|H_C(f)|^2 = 1/L$인 경우를 살펴보면 다음과 같이 된다.

$$\left(\frac{A}{2\sigma}\right)^2_{\max} = \frac{6S_T/L}{(M^2-1)rN_0}\left[\int_{-\infty}^{\infty} |P(f)|\, df\right]^{-2}$$

그러나, $S_T/L = S_R$이고 Nyquist 정형화된 펄스는

$$\int_{-\infty}^{\infty} |P(f)|\, df = 1$$

이므로 다음 식을 얻게 되며

$$\left(\frac{A}{2\sigma}\right)^2_{\max} = \frac{6}{M^2-1}\frac{S_R}{N_0 r} = \frac{6\log_2 M}{M^2-1}\gamma_b$$

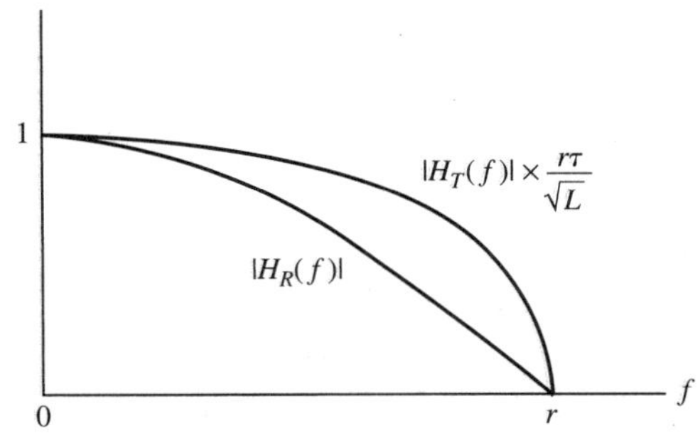

그림 11.3-4
예제 11.3-1의 최적 필터의 진폭 비.

이로부터 최적 단말 필터가 정합 필터와 동일한 상한값을 가지는 것을 확인할 수 있다—11.2절 식 (22)와 (25) 참조.

최적 단말 필터

예제 11.3-1

백색 잡음, 전송 손실 L, 그리고 $B_T \geq r$일 때 $|f| \leq B_T$에서 무왜곡 채널 응답을 가지는 시스템을 살펴보자. 이와 같은 전송 대역폭에 의하여 식 (6)의 펄스 형태 $p(t)$를 사용할 수 있고, 그에 따라 동기가 간단해 진다. 또한, 시스템이 간단하므로 $\tau \leq 1/r$인 구형파 입력 펄스 $p_x(t) = \Pi(t/\tau)$를 사용할 수 있고, 그에 따라 $P_x(f) = \tau \operatorname{sinc} f\tau$이다. 식 (13)의 이득 상수 g를 $|H_R(0)| = 1$이 되도록 하면 그림 11.3-4에 나타낸 것 같은 다음 식을 얻게 된다.

$$|H_R(f)| = \cos\frac{\pi f}{2r} \qquad |H_T(f)| = \sqrt{L}\,\frac{\cos(\pi f/2r)}{r\tau \operatorname{sinc} f\tau} \qquad |f| \leq r$$

$|H_R(f)|$에 비하여 $|H_T(f)|$에서 고주파수 성분이 약간 상승한 것을 볼 수 있다. 만일 입력 펄스의 폭이 $\tau \ll 1/r$과 같이 작으면, 이와 같은 상승은 무시되어 $|H_T(f)| \approx |H_R(f)|$이 되며, 그 결과 하나의 회로 설계로 두 필터를 제공하게 된다.

응용문제 11.3-2

식 (12)로부터 식 (13)과 (14)로 진행되는 과정을 상세히 구하시오.

등화

사용되는 특정 펄스 모양에 관계없이, 채널 왜곡, 불완전한 필터 설계와 채널 특성에 대한 충분하지 않은 정보 등에 의하여 출력 신호에 잉여 ISI가 불가피하게 남게 된다. 따라서, 일반적으로 수신 필터와 재생기 사이에 조정 가능한 등화 필터를 삽입한다. 이와 같은 "마무리(mop-up)" 또는 채널 정정 등화기는 일반적으로 아날로그 신호의 선형 왜곡과 관련된 3.2절에서 다루어진 가로형 필터 구조를 갖는다. 그러나, 디지털 신호의 마무리 등화는 여기서 주목할 가치가 있는 다른 설계 전략을 가진다.

그림 11.3-5는 $2N + 1$개 탭과 총 지연 시간 $2ND$를 가지는 가로형 등화기를 보여준다.

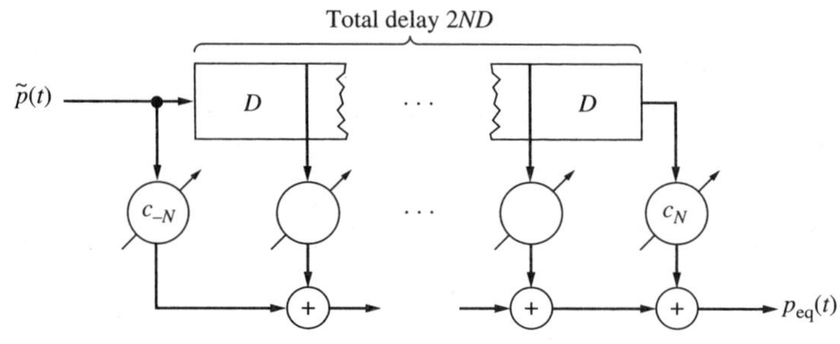

그림 11.3-5
2N + 1탭을 가지는 가로형 등화기.

등화기 입력에서의 왜곡된 펄스 형태 $\widetilde{p}(t)$는 $t = 0$에서 최대값을 가지고 양쪽 사이드에서 ISI를 가진다고 가정한다. 등화된 출력 펄스는

$$p_{eq}(t) = \sum_{n=-N}^{N} c_n \widetilde{p}(t - nD - ND)$$

가 되고, $t_k = kD + ND$에서 샘플링하면

$$p_{eq}(t_k) = \sum_{n=-N}^{N} c_n \widetilde{p}(kD - nD) = \sum_{n=-N}^{N} c_n \widetilde{p}_{k-n} \tag{15}$$

가 되며, 이 과정에서 간단한 표기법 $\widetilde{p}_{k-n} = \widetilde{p}[(k - n)D]$을 사용하였다. 따라서, 식 (15)는 이산 컨벌루션의 형태를 가진다.

이상적으로, 등화기가 모든 ISI를 제거하여 다음과 같이 되기를 원한다.

$$p_{eq}(t_k) = \begin{cases} 1 & k = 0 \\ 0 & k \neq 0 \end{cases}$$

그러나, $2N + 1$개의 탭 이득이 임의로 조절할 수 있는 유일한 변수이므로 일반적으로 이 결과는 얻을 수 없다. 대신,

$$p_{eq}(t_k) = \begin{cases} 1 & k = 0 \\ 0 & k = \pm 1, \pm 2, \ldots, \pm N \end{cases} \tag{16}$$

이 되도록 탭 이득을 정하도록 하고, 그에 따라 $p_{eq}(t)$의 최대값 양쪽에 N개씩의 영 값을 가지도록 한다. 이에 해당하는 탭 이득은 다음 행렬 연산으로 결합된 식 (15)와 (16)으로부터 구하여진다.

$$\begin{bmatrix} \widetilde{p}_0 & \cdots & \widetilde{p}_{-2N} \\ \vdots & & \vdots \\ \widetilde{p}_{N-1} & \cdots & \widetilde{p}_{-N-1} \\ \widetilde{p}_N & \cdots & \widetilde{p}_{-N} \\ \widetilde{p}_{N+1} & \cdots & \widetilde{p}_{-N+1} \\ \vdots & & \vdots \\ \widetilde{p}_{2N} & \cdots & \widetilde{p}_0 \end{bmatrix} \begin{bmatrix} c_{-N} \\ \vdots \\ c_{-1} \\ c_0 \\ c_1 \\ \vdots \\ c_N \end{bmatrix} = \begin{bmatrix} 0 \\ \vdots \\ 0 \\ 1 \\ 0 \\ \vdots \\ 0 \end{bmatrix} \tag{17}$$

식 (17)은 **영점 강제 등화기**(zero-forcing equalizer)를 나타낸다. 이와 같은 등화 전략은 최대 심볼 간 간섭을 최소화하는 관점에서 최적이며, 이는 간단하다는 추가 장점을 가진다.

3-탭 영점 강제 등화기

예제 11.3-2

그림 11.3-6a에 도시된 왜곡된 펄스를 위한 3-탭 영점 강제 등화기를 설계하려 한다. $N = 1$로 하고 $\tilde{p}_k$값을 식 (17)에 대입하면 다음 식을 얻는다.

$$\begin{bmatrix} 1.0 & 0.1 & 0.0 \\ -0.2 & 1.0 & 0.1 \\ 0.1 & -0.2 & 1.0 \end{bmatrix} \begin{bmatrix} c_{-1} \\ c_0 \\ c_1 \end{bmatrix} = \begin{bmatrix} 0 \\ 1 \\ 0 \end{bmatrix}$$

따라서,

$$c_{-1} = -0.096 \qquad c_0 = 0.96 \qquad c_1 = 0.2$$

이고, 이에 해당하는 $p_{\text{eq}}(t)$의 샘플값이 보간된 곡선과 함께 그림 11.3-6b에 도시되어 있다. 예상대로, 최대값 양쪽에 하나씩의 영점이 존재한다. 그러나, 영점 강제는 등화되지 않은 펄스에서 영점이었던 위치 바깥쪽에 약간의 ISI를 발생시킨다.

3.2절에서 살펴보았듯이, 만일 $H_C(f)$가 채널 응답이면 역 관계를 이용하여 등화 필터

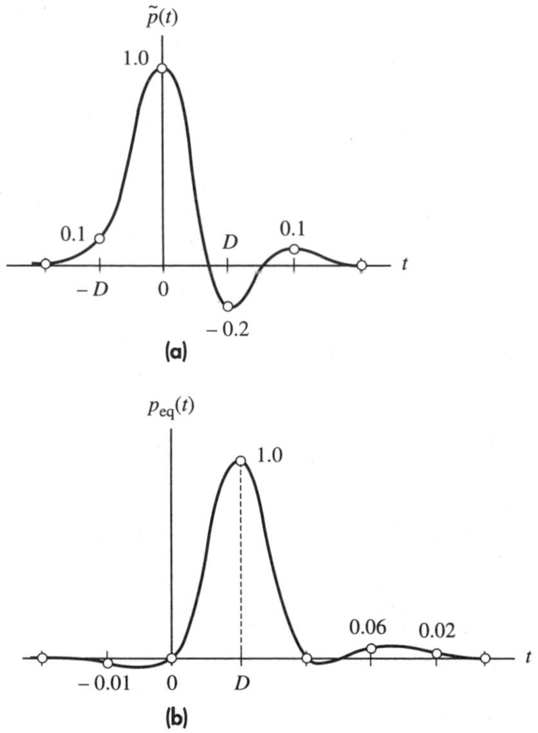

그림 11.3-6
(a) 왜곡된 펄스; (b) 등화된 펄스.

를 다음과 같이 설계할 수 있다.

$$H_{eq}(f) = \frac{Ke^{-j\omega t_d}}{H_C(f)} \tag{18}$$

그러나 채널에 잡음이 있었을 경우, 출력의 푸리에 변환은 $\widetilde{P}'(f) = \widetilde{P}(f) + N(f)$가 될 것이며, 이 때, $N(f)$는 잡음의 스펙트럼을 나타낸다. 만일 $\widetilde{P}'(f)$가 등화기의 입력이었다면, 등화기의 출력은 이상적인 펄스와 변형된 잡음과의 합이 될 것이며, 따라서 다음식과 같이 나타낼 수 있다.

$$P_{eq}(f) = \frac{\widetilde{P}(f)}{H_C(f)} + \frac{N(f)}{H_C(f)} = P(f) + \frac{N(f)}{H_C(f)} \tag{19}$$

이 때 $P_{\mathrm{eq}}(f)$는 등화기 출력의 푸리에 변환이다. 식 (19)를 살펴보면, $N(f_i) \neq 0$이고 $H_c(f_i) \cong 0$인 주파수 f_i가 존재할 수 있으며, 이는 거의 0으로 나누는 조건이 되어, 역 필터가 잡음을 악화시킬 수 있게 된다.

최소 평균 제곱 오차(MMSE) 등화는 그림 11.3-5의 가로형 필터 탭 이득을 설정할 때 잡음을 고려하여 잡음의 영향을 줄이게 된다. $H_c(f)$의 정확한 역수를 구하거나, 또는 $k = 0$일 때는 $p_{\mathrm{eq}}(t_k) = 1$, $k \neq 0$일 때는 $p_{\mathrm{eq}}(t_k) = 0$이 되도록 탭의 계수를 조정하는 대신에, 실제 등화기의 출력과 요구되는 출력의 MMSE ϵ^2을 얻기 위하여 계수를 조정한다. 여기서 MMSE를 유도하고 탭 계수를 미리 설정하는 기법은 Gibson(1993)과 Schwartz(2005) 가 사용했던 것과 동일하다. $p(t_k)$를 훈련 또는 기준 시퀀스로부터 얻어진 원하는 등화기 출력이라 하자. 앞에서 언급 하였듯이, $p_{\mathrm{eq}}(t_k)$는 실제 등화기 출력이다. 다음식이 최소가 되는 필터 탭 이득 c_n을 선택한다.

$$\begin{aligned}\varepsilon^2 &= \sum_{k=-K}^{K} \varepsilon_k^2 = \sum_{k=-K}^{K} [p(t_k) - p_{eq}(t_k)]^2 \\ &= \sum_{k=-K}^{K} \left[p(t_k) - \sum_{n=-N}^{N} c_n \widetilde{p}_{k-n} \right]^2\end{aligned} \tag{20}$$

여기서 c_m은 우리가 구하려는 특정 계수 이다. MMSE을 구하기 위해 식 (20)을 c_m에 대하여 편미분하고 이를 0 으로 놓으면 다음 식과 같이 된다.

$$\frac{\partial \varepsilon^2}{\partial c_m} = 0 = -2 \sum_{k=-K}^{K} \left[p(t_k) - \sum_{n=-N}^{N} c_n \widetilde{p}_{k-n} \right] \widetilde{p}_{k-m} \tag{21}$$

c_m이 $\widetilde{p}_{k-m}$의 계수이므로 c_m에 대하여 미분하는 것이다. 식 (21)을 정리하면

$$\sum_{k=-K}^{K} \sum_{n=-N}^{N} c_n \widetilde{p}_{k-n} \widetilde{p}_{k-m} = \sum_{k=-K}^{K} p(t_k) \widetilde{p}_{k-m}$$

이 되고, 따라서

$$\sum_{n=-N}^{N} c_n \sum_{k=-K}^{K} \tilde{p}_{k-n}\tilde{p}_{k-m} = \sum_{k=-K}^{K} p(t_k)\tilde{p}_{k-m} \tag{22}$$

이 된다. 식 (22)를 구현하기 위해, $p(t_k)$를 구하기 위한 식 (17)의 출력 [0,0 . . 1,0,0. . .0]을 이용할 것이다. 등화되지 않은 신호 표본인 $\tilde{p}_{k-m}$은 필터의 출력을 측정해서 얻을 수 있다. 연습문제 11.3-20과 11.3-21에서 살펴 보게 되겠지만, 식 (17)을 이용하여 식 (22)의 $p(t_k)$를 구하는 것은 앞에서 살펴보았던 **영점 교차 알고리즘을 구현하는 것과는 다르다.** $2N + 1$ 개의 식과 $2N + 1$개의 변수를 가지고 $2N + 1$개의 탭 계수를 계산할 수 있다. 또한, 식 (22)의 항들을 설정할 때 $2N + 1$개의 식들은 각각 고정값 m에 해당하게 된다. 예를 들어, 예제 11.3-2의 3-탭 등화기 필터를 구현한다고 하면; 식 (22)는 다음과 같이 전개 된다 (Gibson, 1993):

$$m = -1$$

$$c_{-1}\sum_k \tilde{p}_{k+1}^2 + c_0\sum_k \tilde{p}_k\tilde{p}_{k+1} + c_1\sum_k \tilde{p}_{k-1}\tilde{p}_{k+1} = \sum_k p(t_k)\tilde{p}_{k+1}$$

$$m = 0$$

$$c_{-1}\sum_k \tilde{p}_{k+1}\tilde{p}_k + c_0\sum_k \tilde{p}_k^2 + c_1\sum_k \tilde{p}_{k-1}\tilde{p}_k = \sum_k p(t_k)\tilde{p}_k$$

$$m = 1$$

$$c_{-1}\sum_k \tilde{p}_{k+1}\tilde{p}_{k-1} + c_0\sum_k \tilde{p}_k\tilde{p}_{k-1} + c_1\sum_k \tilde{p}_{k-1}^2 = \sum_k p(t_k)\tilde{p}_{k-1}$$

계수 c_i는 주어진 $\tilde{p}_k$, $\tilde{p}_{k\pm1}$, $p(t_k)$ 값을 이용하여 위의 식을 계산함으로서 얻어진다. 문헌들에서 언급되는 MMSE에 대한 또 다른 접근 방법으로는 신호의 자기상관 및 상호상관의 통계들을 이용하는 것이 있다.

신호가 전송되는 동안, 채널 특성이 변할 수도 있으며, 따라서 계수들을 업데이트하여 **적응 등화기**를 구현하기 위한, 이러한 변화를 따라가는 필터를 구현하는 것이 필요하게 된다. 이것은 전화 교환 링크나 천천히 변하는 조건을 가지는 몇몇 다른 경로 채널에 운용될 수 있다. 기준 신호 $p(t_k)$는 여전히 전송 시에 사용되고 있는 데이터를 통해 얻을 수 있다. 또 다른 방법으로는 업데이트 된 $p(t_k)$ 추정치를 재생기 출력과 현재 등화기 출력과의 차이를 통해 얻을 수 있고, 이 정보를 이용하여 탭 계수를 업데이트하게 된다. 성공적인 실행을 위해서, 본래의 등화기 출력은 정확하며 시스템은 증분만 업데이트 한다고 가정한다. 이러한 계수 조절 방법을 **결정-유도** 등화라 하며 그림 11.3-7에 나타내었다.

k번째 메시지가 수신되었을 때, 탭 계수들은 다음과 같이 업데이트 된다:

$$c_n^{k+1} = c_n^k + \Delta\varepsilon_k\tilde{p}_n \tag{23a}$$

그리고

$$\varepsilon_k = \hat{m}(t_k) - p_{eq}(t_k) \tag{23a}$$

그림 11.3-7
결정-유도 적응 등화기.

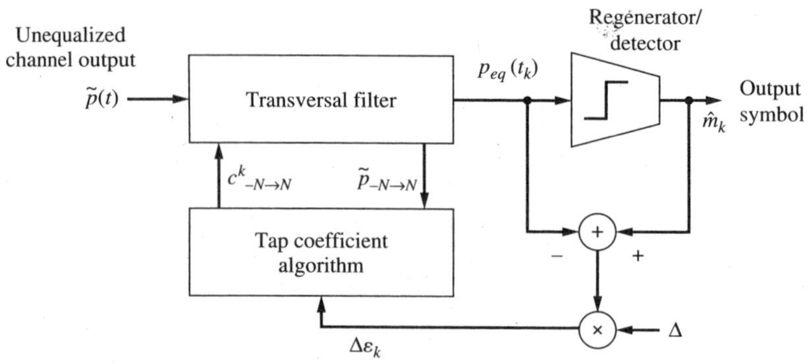

그림 11.3-8
결정 귀환 등화기.

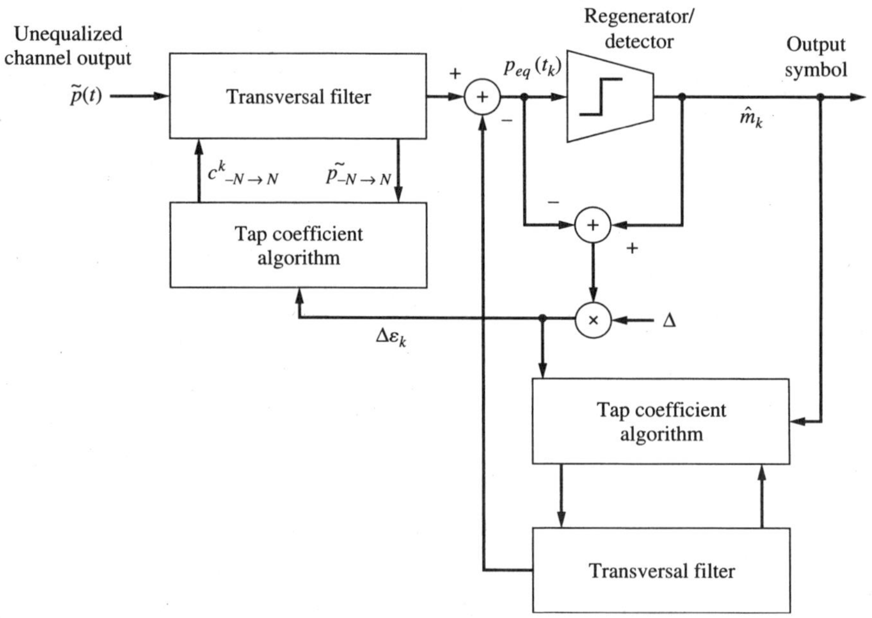

여기서 c_n^{k+1}은 n번째 탭의 계수의 $(k+1)$ 추정치, $\tilde{p}_n$은 가로형 필터의 n번째 지연 요소의 출력, Δ는 스텝-사이즈 상수, 그리고 $\hat{m}_k$는 재생기 출력에서 k번째 메시지 심볼이다. 상수 Δ는 실험적으로 통해 결정된다. 식 (23)을 이용하여 계수들을 업데이트 할 때 알려진 메시지 심볼 m_k를 사용할 때가 있을 것이다.

더 고도화된 결정-유도 등화기는 그림 11.3-8에 나타낸 것과 같은 **결정 귀환 등화기**(DFE)이다. 출력 심볼을 취하여 그것을 분리된 가로형 필터에 통과시키는데, 여기서 그 출력과 다음에 등화된 필터 출력과의 차를 구하게 되고, 따라서 다음 신호로부터 이전 신호의 왜곡 성분을 제거하게 된다. 그러므로 이것은 비선형 필터이다. 이 귀환 필터의 가중치는 결정 유도 가로형 필터의 피드 포워드 필터와 유사한 방법으로 설정된다. Lucky, Salz, & Weldon (1968), Sklar (2001), 그리고 Proakis & Saleihi (2005)을 통해 등화방법에 대한 더 많은 정보를 얻을 수 있다.

상관 부호화

상관 부호화(correlative coding)는 **부분 응답 신호화**(partial-response signaling)라고도 하며, $p(t) = \text{sinc } rt$와 관련된 문제들을 피하면서 $r = 2B$ 속도로 대역 제한된 전송을 하기 위한 전략이다.

이 전략은 **상관 필터링**과 디지털 사전 부호화라는 두 가지의 핵심 동작을 포함한다. 상관 필터링은 의도적으로 제어된 심볼간 간섭을 유발시켜, 그 결과 증가된 진폭 레벨 수와 상관된 진폭 열을 갖는 펄스 열을 발생 시킨다. 상관된 심볼들은 독립적이지 않으므로 Nyquist 신호율 한계가 더 이상 적용되지 않고, 따라서 더 높은 신호 전송률이 가능하다. 파형 생성 전의 메시지 시퀀스에 대한 **디지털 사전 부호화**는 상관 필터링된 펄스 열로부터 메시지를 복원하는 것을 용이하게 하여 준다.

그림 11.3-9a는 상관 부호화를 가지는 전송 시스템의 일반적인 모델을 보여주며, 여기서 잡음은 생략되었다. 디지털 사전 부호기는 메시지 심볼 시퀀스 m_k를 입력 받아 부호화된 시퀀스 m_k'를 만들고 이를 임펄스 발생기에 입력한다. (실제로 임펄스는 폭 $\tau \ll D$인 짧은 구형파 펄스로 대치된다.) 그 결과 입력 신호는 임펄스 열이 되고,

$$x(t) = \sum_k a_k \delta(t - kD)$$

가중치 a_k는 m_k'를 나타낸다. 단말 필터들과 채널의 전체 전달 함수는 $\text{H}(f)$이며, 다음과 같은 출력 파형이 생성된다.

$$y(t) = \sum_k a_k h(t - kD) \tag{24}$$

여기서 $h(t) = \mathscr{F}^{-1}[H(f)]$이다.

그림 11.3-9a에서 상관 필터가 별도의 블록으로 나타나 있지는 않지만, 전달 함수 $H(f)$

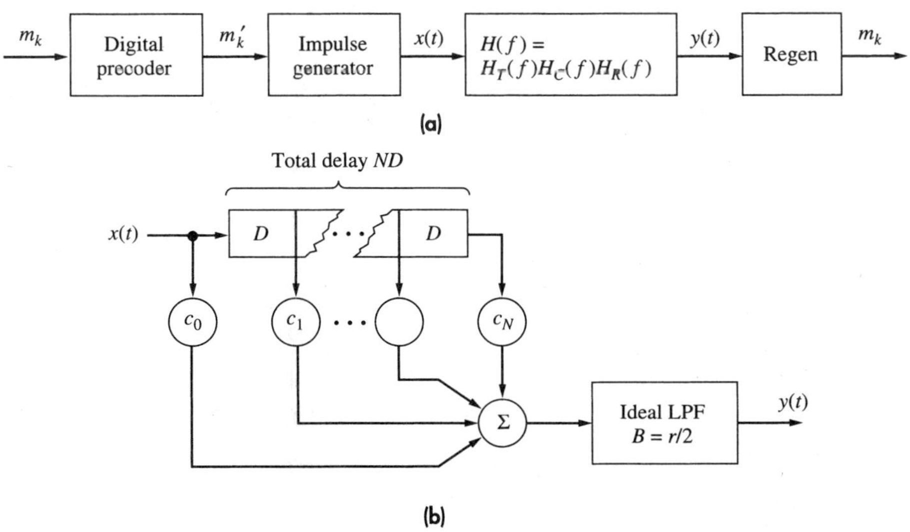

그림 11.3-9
(a) 상관부호화를 갖는 전송 시스템; (b) 등가 상관 필터.

는 가로형 필터와 이상적인 LPF로 구성된 그림 11.3-9b의 전달 함수와 등가이어야 한다. 가로형 필터의 총 지연은 ND이고 $N + 1$개의 탭 이득을 가진다. LPF의 임펄스 응답은 sinc rt이고 $r = 1/D$이므로 연속 연결에 의하여 전체 임펄스 응답은

$$h(t) = \sum_{n=0}^{N} c_n \operatorname{sinc}(rt - n) \tag{25}$$

가 된다. 따라서, 식 (24)는 다음과 같이 되며

$$y(t) = \sum_k a_k \left[\sum_{n=0}^{N} c_n \operatorname{sinc}(rt - n - k) \right] \tag{26a}$$

$$= \sum_k a'_k \operatorname{sinc}(rt - k)$$

여기서

$$a'_k \triangleq c_0 a_k + c_1 a_{k-1} + \cdots + c_N a_{k-N} = \sum_{n=0}^{N} c_n a_{k-n} \tag{26b}$$

이다. 그 결과, 메시지 재생은 표본 값 $y(t_k) = a'_k$를 기준으로 이루어져야 한다.

식 (26)은 상관 필터링에 의하여 진폭 시퀀스 a_k가 변형된 시퀀스 a'_k로 변경된 것을 보여준다. 각 a'_k가 과거 N개의 a_k 값에 관련되므로, 이 시퀀스는 심볼 N개의 **상관 거리**를 갖는다고 말한다. 더욱이, a_k 시퀀스가 M레벨을 가질 경우 a'_k시퀀스는 $M' > M$ 레벨을 갖는다.

이와 같은 상관 필터링의 특성에 의하여 $r = 2B$에서 실제 대역 제한된 전송이 유도되는 것을 보여주기 위하여, 중요한 특별한 경우를 살펴보자.

쌍이진 신호화(duobinary signaling)는 $M = 2$, $N = 1$, $c_0 = c_1 = 1$을 가지는 가장 간단한 형태의 상관 부호화이다. 등가 상관 필터는 그림 11.3-10에 도시되어 있으며, 임펄스 응답

$$h(t) = \operatorname{sinc} r_b t + \operatorname{sinc}(r_b t - 1) \tag{27a}$$

과 전달 함수

$$H(f) = \frac{2}{r_b} \cos \frac{\pi f}{r_b} e^{-j\pi f / r_b} \qquad |f| \le r_b/2 \tag{27b}$$

의 크기도 함께 도시되어 있다. $H(f)$의 완만한 롤오프는 Nyquist 정형화된 펄스의 스펙트럼과 유사하고 매우 근사적으로 구하여 질 수 있다. 그러나 Nyquist 펄스 정형화와는 다르게, 쌍이진 신호는 $B = r_b/2$이상으로의 대역폭 증가 없이 이와 같은 롤오프를 얻는다. 신호 전송률에서 장점을 가지는 대가로, 쌍이진 파형은 의도된 ISI와 $M' = 3$레벨을 가지며, 이는 $t = 0$와 $t = T_b$두 곳에서 $h(t) = 1$인 임펄스 응답의 특성에 따른 것이다.

ISI 영향을 나타내기 위하여, 진폭 시퀀스 a_k가 사전 부호화된 이진 메시지 시퀀스

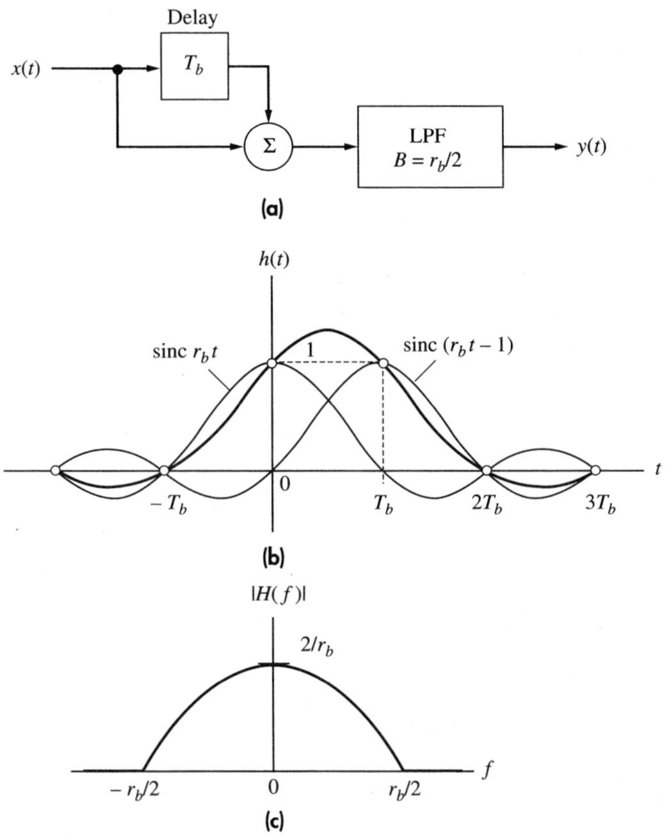

그림 11.3-10
쌍이진 신호. (a) 등가 상관 필터; (b) 임펄스 응답; (c) 진폭 비.

m'_k와 다음과 같이 관계된다고 하면,

$$a_k = (m'_k - 1/2)A = \begin{cases} +A/2 & m'_k = 1 \\ -A/2 & m'_k = 0 \end{cases} \tag{28}$$

이는 레벨 간격이 A인 극형 이진 포맷과 동일하게 된다. 그러면 식 (26)은 다음과 같은 출력 레벨로 된다.

$$y(t_k) = a'_k = a_k + a_{k-1} = (m'_k + m'_{k-1} - 1)A \tag{29a}$$

$$= \begin{cases} +A & m'_k = m'_{k-1} = 1 \\ \;\;0 & m'_k \neq m'_{k-1} \\ -A & m'_k = m'_{k-1} = 0 \end{cases} \tag{29b}$$

원칙적으로, 만일 m'_{k-1}가 이미 복원되었다면 식 (29b)를 이용하여 $y(t_k)$로부터 m'_k를 복원할 수 있다. 그러나, 잡음에 의하여 m'_{k-1} 값에 오류가 발생할 경우, 다음 잡음에 의해 오류가 발생되기 전까지, 그 이후의 모든 메시지 비트에 오류가 발생하며, 이와 같은 현상을 **오류 전파**(error propagation)라 한다.

그림 11.3-11a에 보여진 쌍이진 신호를 위한 디지털 사전 부호기는 오류 전파를 방지하며 $y(t_k)$로부터 입력 메시지 시퀀스 m_k를 복원 가능하게 한다. 사전 부호기는 배타적-OR

그림 11.3-11
(a) 쌍이진 신호화를 위한 디지털 사전 부호기; (b) 진리표.

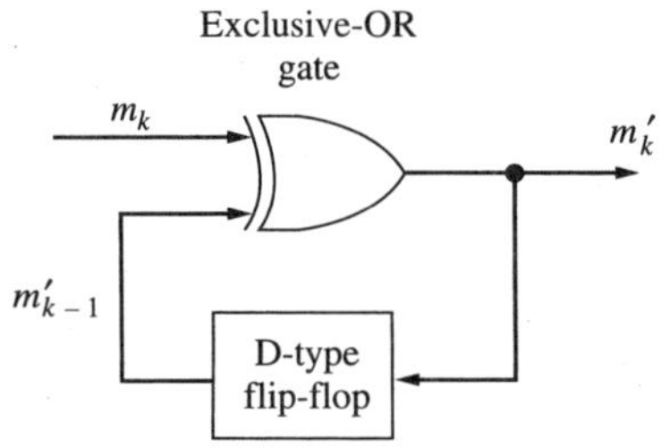

(a)

m_k	m'_{k-1}	m'_k	$m'_k + m'_{k-1}$
0	0	0	0
0	1	1	2
1	0	1	1
1	1	0	1

(b)

게이트와 D형 플립플롭을 통한 귀환으로 구성된다. 그림 11.3-11b은 식 (29a)에 있는 대수합 $m'_k + m'_{k-1}$과 함께 부호화 진리표를 보여준다. 이를 대입하면

$$y(t_k) = \begin{cases} \pm A & m_k = 0 \\ 0 & m_k = 1 \end{cases} \tag{30}$$

이 되며, 사전 부호화 덕분에 m_{k-1}를 포함하지 않는다. $y(t)$에 가산성 가우시안 백색 잡음이 포함되면 메시지 재생을 위한 적절한 판정 규칙은 다음과 같다.

$|y| > A/2$이면 $m_k = 0$ 선택
$|y| < A/2$이면 $m_k = 1$ 선택

이 규칙은 정류기와 $A/2$로 설정된 단일 판정 문턱값을 이용하여 쉽게 구현된다. 최적 단말 필터 설계에 의한 최소 오류 확률은

$$P_e = \frac{3}{2} Q\left(\frac{\pi}{4}\sqrt{2\gamma_b}\right) \tag{31}$$

이며, 이것은 극형 이진 시스템의 오류 확률보다 약간 크다.

전송 채널의 직류 응답이 좋지 않을 경우, (예를들어 전화선 또는 무선링크) **변형된 쌍이진 신호**를 사용할 수 있다. 상관 필터는 $N = 2$, $c_0 = 1$, $c_1 = 0$, $c_2 = -1$를 가지고, 그 결과

그림 11.3-12
변형된 쌍이진 신호를 위한 상관 필터. (a) 상관필터의 진폭 비; (b) 블록도.

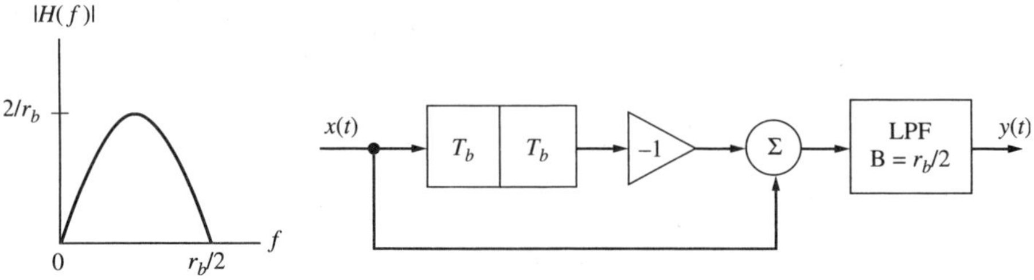

(a) (b)

$$H(f) = \frac{2j}{r_b} \sin \frac{2\pi f}{r_b} e^{-j2\pi f/r_b} \qquad |f| \leq r_b/2 \tag{32}$$

가 된다. 그림 11.3-12 는 $|H(f)|$와 그에 따른 상관 필터의 블록도를 보여준다. 사전 부호기는 m'_{k-2}의 귀환을 위한 직렬로 연결된 두 개의 플립플롭을 가지는 그림 11.3-11의 형태가 된다. 만일 식 (28)에 따라 펄스가 발생하면

$$y(t_k) = a_k - a_{k-2} = (m'_k - m'_{k-2})A \tag{33}$$

$$= \begin{cases} 0 & m_k = 0 \\ \pm A & m_k = 1 \end{cases}$$

이 되고, 이는 식 (29) 및 (30)과 비교될 수 있다.

사전부호화를 가지는 쌍이진 시스템

예제 11.3-3

그림 11.3-11의 사전 부호화를 사용하고 이진 메시지 m_k = 000010011000을 가지는 쌍이진 시스템을 살펴보자. 초기 조건을 위하여 m'_{k-1}와 a_{k-1}의 초기값을 각각 0과 $-A$로 설정한다. 메시지 입력 m_k; 사전 부호화된 출력 m'_k; $A = 2$일 때 상관 필터의 입력 a_k; 마지막으로 상관 필터 출력 $y(t_k)$가 표 11.3-1에 정리되어 있다. 식 (30)의 규칙을 적용하면, $y(t_k) \to \hat{m}_k$로부터 원 메시지를 복원하게 된다. 이제, 그림 11.3-12와 같이 두 개의 플립플롭을 가지는 사전 부호화를 포함하는 변형된 쌍이진 시스템을 살펴보자.

표 11.3-1 사전 부호화를 가지는 쌍이진 신호의 예.

m_k	0	0	0	0	1	0	0	1	1	0	0	0
m'_{k-1}	0	0	0	0	0	1	1	1	0	1	1	1
m'_k	0	0	0	0	1	1	1	0	1	1	1	1
a_k	−1	−1	−1	−1	1	1	1	−1	1	1	1	1
a_{k-1}	−1	−1	−1	−1	−1	1	1	1	−1	1	1	1
$y(t_k)$	−2	−2	−2	−2	0	2	2	0	0	2	2	2
$\hat{m}_k$	0	0	0	0	1	0	0	1	1	0	0	0

표 11.3-2 사전 부호화를 가지는 변형된 쌍이진 신호의 예.

m_k	0	0	0	0	1	0	0	1	1	0	0	0
m'_{k-2}	0	0	0	0	0	0	1	0	1	1	0	1
m'_k	0	0	0	0	1	0	1	1	0	1	0	1
a_k	−1	−1	−1	−1	1	−1	1	1	−1	1	−1	1
a_{k-2}	−1	−1	−1	−1	−1	−1	1	−1	1	1	1	1
$y(t_k)$	−2	−2	−2	−2	0	−2	2	0	0	2	−2	2
$\hat{m}_k$	0	0	0	0	1	0	0	1	1	0	0	0

여기서 m'_{k-2}와 a_{k-2}의 초기값을 각각 0과 $-A$로 설정한다. 이에 대한 결과가 표 11.3-2에 주어져 있다.

응용문제 11.3-3 변형된 쌍이진 신호에 대하여 그림 11.3-11b와 같은 진리표를 만들고, 이를 이용하여 식 (27)를 구하시오.

11.4 동기 기술

동기는 근본적으로 모든 클록(clock)이 함께 동작하도록 하는 기법이다. 디지털 통신 시스템에서 클록은 송신기와 수신기에 있으며, 송수신기 사이의 전송 시간 지연이 허용되어야 한다. 심볼 동기 이외에, 대부분의 시스템에는 메시지 또는 메시지 시퀀스 내의 다양한 분할의 시작점을 알려주기 위한 프레임 동기 또한 필요하다. 추가적으로, 동기 반송파 변조를 하는 디지털 전송에서는 반송파 동기가 필수적이며, 이 주제는 14장에서 다룬다.

여기서는 기저 대역 이진 시스템에서의 심볼 및 프레임 동기를 다룬다. 보조 동기 신호를 사용하지 않고 수신된 신호 자체로부터 동기를 검출하는 것에 초점을 맞춘다. 개략적인 내용을 보여주기 위하여, 그림 11.4-1은 클록과 재생기에 대한 **비트 동기화기**의 위치를 보여주고 있다. **프레임 동기화기**의 위치로 알 수 있듯이, 프레이밍 정보는 보통 재생된 메시지와 클록으로부터 나온다. 앞으로 메시지 혼합화를 위한 쉬프트 레지스터 동작과 프레이밍을 위한 의사 잡음(pseudonoise, PN) 시퀀스와 관련된 내용과 함께 대표적인 동기 기술들을 살펴본다.

본 장에서는 주로 설명과 예시를 통하여 동기 기술을 살펴본다. 가산성 잡음이 있는 경우의 디지털 동기에 대한 상세한 내용은 Mengali와 D' Andrea(1997)에 주어진다.

비트 동기

$y(t)$가 단극형 RZ 형식이고 그 결과 전력 스펙트럼 $G_y(f)$가 그림 11.1-5와 같이 $\delta(f \pm r_b)$를 포함할 경우, 비트 동기 생성은 매우 평이한 문제가 된다. $f = r_b$에 동조된 PLL 또는 협대역 BPF로부터 $\cos(2\pi r_b t + \phi)$에 비례하는 정현파를 추출하고, 위상 조절을 통하여 클록을 위한 동기 신호를 얻는다. 그림 11.4-2a와 같이 $y(t)$를 제곱 소자로 먼저 처리하면 동일한 방법이 **극형** 형식에 대하여서도 동작한다. 그 결과, 그림 11.4-2b에 보여진 단극형 파형 $y^2(t)$는 $f = r_b$에서 원하는 정현파 성분을 가지게 된다. 그 밖의 다양한 비선형 극

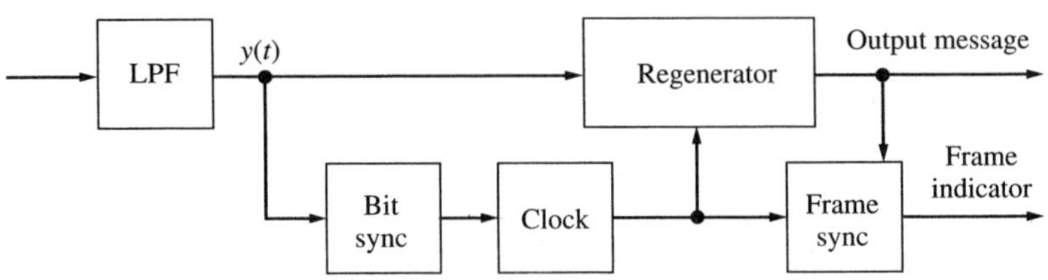

그림 11.4-1 이진 수신기에서의 동기.

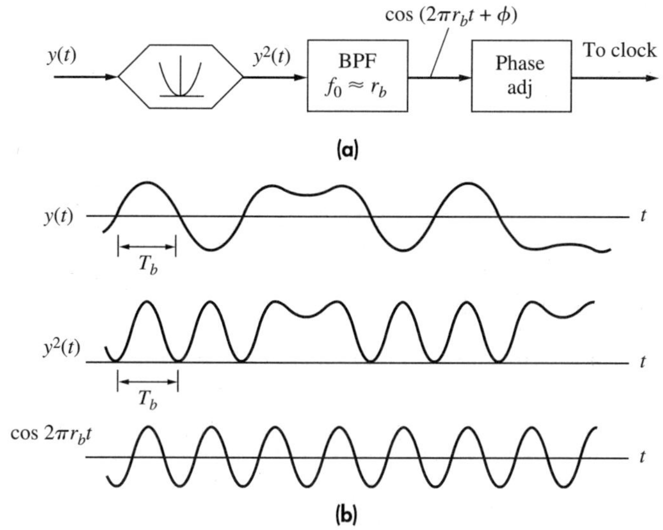

그림 11.4-2 극형-단극형 변환을 통한 비트 동기. (a) 블록도; (b) 파형.

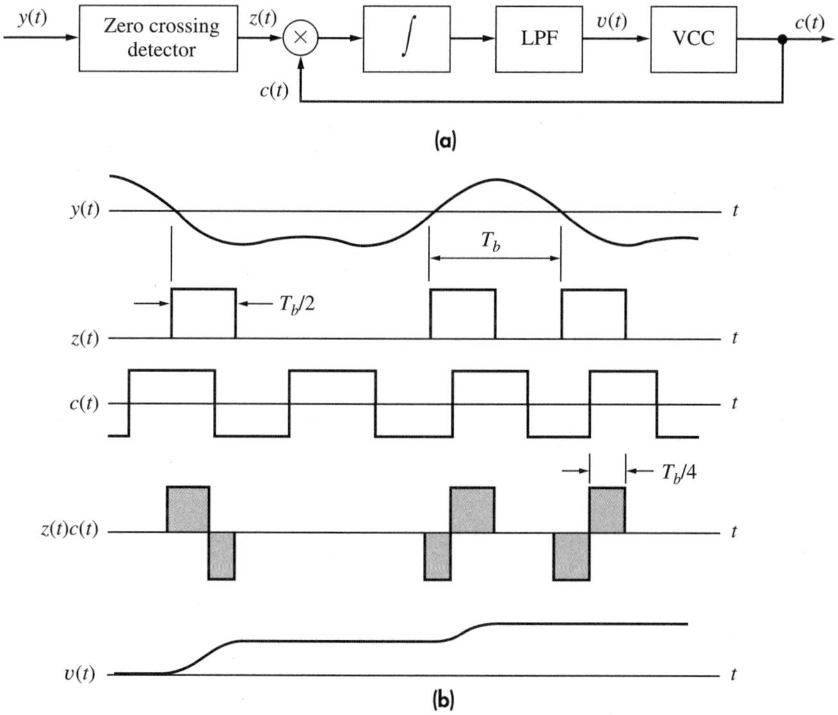

그림 11.4-3 전압 제어 클록을 가지는 폐회로 비트 동기. (a) 블록도; (b) 파형.

형-단극형 변환 동작을 $y(t)$에 적용하면, 개방 회로 비트 동기화기에서 이와 유사한 결과를 얻을 수 있다.

그러나, 귀환 루프에 클록을 가지는 폐회로 구조가 더 안정적인 동기를 제공한다. 그림 11.4-3은 대표적인 폐회로 비트 동기화기의 블록도와 동작 설명을 위한 파형을 보여준다. 여기서, 영점 통과 검파기는 $y(t)$의 영점 통과 위치에서 시작하는 반 비트 폭 $T_b/2$을 가지는 구형파를 발생한다. 다음, 전압 제어 클록(voltage-controlled clock, VCC)으로부터 귀환

되는 구형파 클록 신호 $c(t)$가 펄스 파형 $z(t)$와 곱하여진다. 제어 전압 $v(t)$는 $z(t)c(t)$를 적분한 후 저역 통과 필터링하여 얻어진다. $c(t)$와 $z(t)$의 모서리가 동기화 되고 $T_b/4$만큼 편이를 가질 때 루프는 안정 상태 조건에 이르게 되며, 따라서 곱 신호의 면적이 0이 되고 $v(t)$는 상수로 남게 된다. 보통 이 시스템의 실제 구현은 아날로그 곱셈기와 적분기 대신에 디지털 소자로 구현된다.

앞에서 설명한 두 가지 방법은 $y(t)$의 영점 통과 시점이 T_b의 정수배 간격을 가질 때 가장 잘 동작한다. 그렇지 않으면 동기는 시간 지터에 의하여 나쁜 영향을 받게 된다. 만일 메시지가 연속적인 1 또는 0의 긴 열을 가져 $y(t)$에 영점 통과가 나타나지 않으면 또 다른 문제가 발생하고, 동기가 맞지 않게 된다. 곧 다루게 될 메시지 혼합화기가 이 문제를 해결하는 데 도움을 주기 위해 사용된다.

영점 통과와 무관하게 동기를 얻기 위한 또 다른 방법은 적절히 필터링된 디지털 신호가 최적 표본화 시점에서 최대값을 가지고 양측이 상당히 대칭이라는 성질을 이용하는 것이다. 만일 t_k가 동기화 되고 $\delta < T_b/2$이면

$$|y(t_k - \delta)| \approx |y(t_k + \delta)| < |y(t_k)|$$

이다. 그러나, 동기 신호가 늦으면 $|y(t_k - \delta)| > |y(t_k + \delta)|$가 되어 그림 11.4-4a과 같이 되고, 반면 동기 신호가 빠르면 $|y(t_k - \delta)| < |y(t_k + \delta)|$가 된다. 그림 11.4-4b의 **선-후 동기화기**(early-late synchronizer)는 이 성질을 이용하여 귀환 루프에 있는 VCC를 위한 제어 전압을 만든다. 늦은 동기 신호에 의하여 $v(t) = |y(t_k - \delta)| - |y(t_k + \delta)| > 0$이 되고, 이에 따라 클록의 속도가 증가하며, 빠른 동기 신호에 대하여서는 반대 동작을 한다.

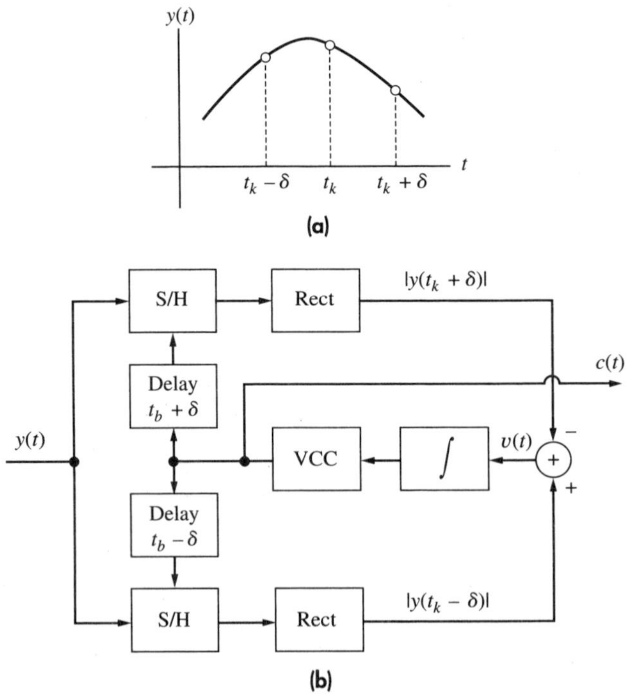

그림 11.4-4
선/후 비트 동기. (a) 파형; (b) 블록도.

혼합화기와 PN 수열 생성기

혼합화는 송신기에서 메시지에 적용되며, 비트 열을 불규칙하게 만들어 수신기의 동기를 손상시키는 긴 동일 비트 열을 제거하는 부호화 동작이다. 또한, 혼합화는 전력 스펙트럼에서 원하지 않는 이산 주파수 성분(직류 포함)을 만들 수 있는 대부분의 주기적인 비트 패턴을 제거한다. 당연히, 혼합화된 시퀀스는 수신기에서 역혼합화 되어 전체 비트 시퀀스가 변하지 않게 하여야 한다.

간단하지만 효과적인 혼합화기와 역혼합화기가 그림 11.4-5와 같은 일반적인 형태를 가지는 탭 **쉬프트 레지스터**로부터 만들어지며, 이는 탭-지연-선(tapped delay line)의 디지털 형태이다. 이진 입력 시퀀스 b_k로부터 연속적인 비트들이 레지스터에 입력되고, 매 클록마다 한 단에서 다음 단으로 이동한다. 탭 이득을 통과한 레지스터내의 비트들은 모듈로-2 덧셈기로 더해지고 따라서 출력 b'_k은 다음과 같이 된다.

$$b'_k = \alpha_1 b_{k-1} \oplus \alpha_2 b_{k-2} \oplus \cdots \oplus \alpha_n b_{k-n} \tag{1}$$

탭 이득 자신도 이진 디지트이고, 결국 $\alpha_1 = 1$은 단순히 직접 연결하는 것을 의미하고 $\alpha_1 = 0$은 연결하지 않는 것을 의미한다. 기호 $\oplus$는 **모듈로-2 덧셈**을 나타내고 다음과 같은 성질을 갖는 것으로 정의된다.

$$b_1 \oplus b_2 = \begin{cases} 0 & b_1 = b_2 \\ 1 & b_1 \neq b_2 \end{cases} \tag{2a}$$

과

$$b_1 \oplus b_2 \oplus b_3 = (b_1 \oplus b_2) \oplus b_3 = b_1 \oplus (b_2 \oplus b_3) \tag{2b}$$

여기서 b_1 , b_2 , b_3는 임의의 이진 디지트 이다. 모듈로-2 덧셈은 배타적-OR 게이트로 구현되고, $1 \oplus 1 = 0$를 제외하면 일반적인 덧셈의 규칙을 따른다.

그림 11.4-6은 탭 이득 $\alpha_1 = \alpha_2 = 0$, $\alpha_3 = \alpha_4 = 1$인 4단 쉬프트 레지스터를 각각 가지는 혼합화기와 역혼합화기의 예를 보여준다. (간단히 하기 위하여, 여기서 그리고 앞으로도 클록 선은 생략한다). 혼합화기 입력에서의 이진 메시지 시퀀스 m_k는 레지스터 출력 m''_k와 모듈로-2 더하여서 혼합화된 메시지 m'_k을 생성하며, 이는 다시 레지스터 입력으로 귀환된다. 따라서, $m'_k = m'_{k-3} \oplus m'_{k-4}$이고

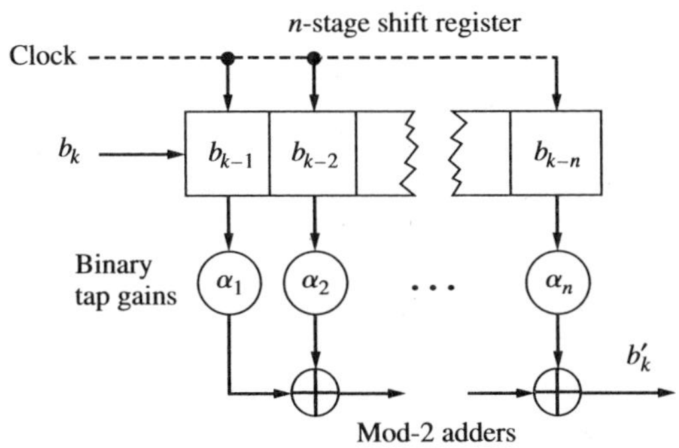

그림 11.4-5
탭 쉬프트 레지스터.

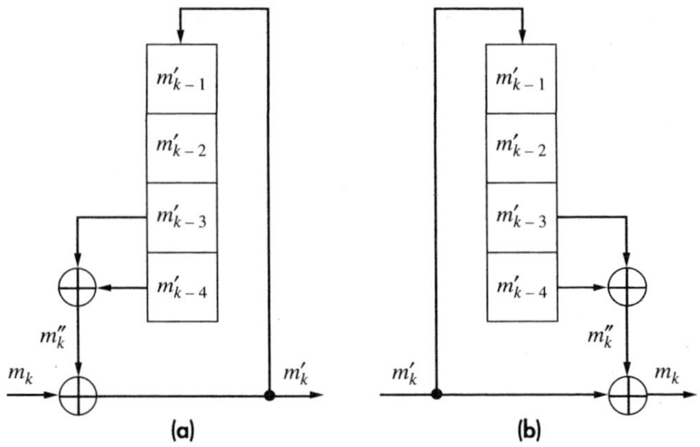

그림 11.4-6
(a) 이진 혼합화기; (b) 역혼합화기.

$$m'_k = m_k \oplus m''_k \tag{3a}$$

이다. 역혼합화기는 기본적으로 혼합화기의 역 구조이고, 또한

$$\begin{aligned} m'_k \oplus m''_k &= (m_k \oplus m''_k) \oplus m''_k \\ &= m_k \oplus (m''_k \oplus m''_k) = m_k \oplus 0 = m_k \end{aligned} \tag{3b}$$

이므로 원래의 메시지 시퀀스를 재생하게 된다. 혼합화기와 역혼합화기가 동일한 레지스터를 가질 경우, 식 (3a)와 (3b)은 임의의 쉬프트 레지스터 구조에 대하여 성립한다.

물론 정확한 혼합화 동작은 쉬프트 레지스터 구조에 따라 결정된다. 표 11.4-1은 레지스터의 초기 상태가 모두 0일 경우, 예제로 주어진 혼합화기에 의하여 발생하는 혼합화를 보여준다. m_k에 있는 9개의 연속 0 열이 m'_k에서는 제거되는 것을 주목하라. 그렇지만 m'_k에서도 긴 동일 비트 열을 발생시키는 특정 메시지 시퀀스가 존재할 수 있다. m'_k에서 한 개의 오류 비트는 다수의 출력 비트 오류를 유발하기 때문에, 역혼합화기에서 더 심각한 문제는 오류 전파이다. 역혼합화기의 레지스터가 정확한 비트들로 모두 채워지면 오류 전파는 멈추게 된다.

표 11.4-1 그림 11.4-6의 혼합화기/역혼합화기에 대한 레지스터 내용, 입력 및 출력.

Registers Contents	m'_{k-1}	0	1	0	1	0	1	1	1	1	0	0	0	1	0
	m'_{k-2}	0	0	1	0	1	0	1	1	1	1	0	0	0	1
	m'_{k-3}	0	0	0	1	0	1	0	1	1	1	1	0	0	0
	m'_{k-4}	0	0	0	0	1	0	1	0	1	1	1	1	0	0
Register Output	m''_k	0	0	0	1	1	1	1	1	0	0	0	1	0	0
Input Sequence	m_k	1	0	1	1	0	0	0	0	0	0	0	0	0	1
Output Sequence	m'_k														

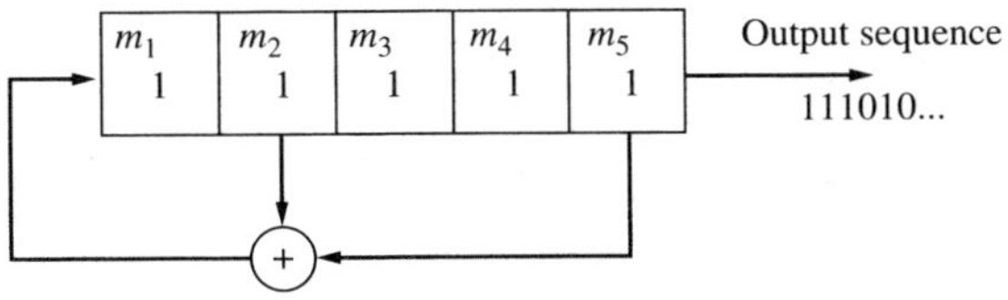

그림 11.4-7

[5, 2] 구조를 가지는 쉬프트 레지스터 시퀀스 발생기.

다음에 다루게 될 프레임 동기를 위한 사전 단계로, 쉬프트 레지스터 시퀀스 생성에 대하여 살펴보자. 쉬프트 레지스터가 영이 아닌 초기 상태를 가지고, 출력이 다시 입력으로 귀환될 경우, 이 장치는 주기 시퀀스 생성기로 동작한다. 그림 11.4-7은 5단 쉬프트 레지스터를 사용하는 **시퀀스 발생기**의 예를 보여주며, 여기서 두 번째와 다섯 번째 셀이 모듈로-2로 더하여지고 그 결과가 첫번째 단으로 귀환되어

$$m_1 = m_2 \oplus m_5 \tag{4}$$

가 되며, 출력 시퀀스는 m_5가 된다. 표현을 간단히 하기 위하여 이 경우를 [5, 2] 구성이라고도 한다. 만일 레지스터의 초기 상태가 11111이면 31-비트 수열 1111100110100100001010111011000이 생성되고, 그 이후로 이것이 주기적으로 반복된다. 일반적으로

$$N = 2^n - 1 \tag{5}$$

이다.

귀환 탭이 적절히 연결되면 n-비트 레지스터는 식 (5)에 따라 **최장**(maximum-length, ML) 시퀀스를 생성할 수 있다. (실제로 그림 11.4-7은 $n = 5$이고 $N = 31$인 ML 시퀀스 생성기이다). ML 시퀀스는 다음과 같은 성질을 가진다.

1. **균형.** 생성된 1의 개수는 생성된 0의 개수보다 하나 많다.
2. **런(run).** 런은 단일 형태의 디지트로만 구성된 시퀀스를 말한다. ML 시퀀스에서, 길이가 1인 런의 개수는 총 런의 개수의 1/2개, 길이가 2인 런은 총 런의 개수의 1/4개, 길이가 3인 런은 총 런의 개수의 1/8개 등등 이다.
3. **자기 상관.** 자기 상관 함수는 하나의 자기 상관 최대값을 갖는다는 점에서 불규칙 잡음의 상관 특성과 유사한 성질을 가진다.
4. 하나의 ML 시퀀스와 그것을 임의로 이전 시킨 시퀀스와의 모듈로-2 합은 원래 시퀀스의 다른 이전된 형태가 된다.
5. 0의 상태를 제외하고 2^n개의 모든 가능한 상태가 시퀀스 생성 과정에서 나타난다.

최장 시퀀스를 **의사 잡음**(PN) 시퀀스 라고도 한다. 의사 잡음이란 용어는 PN 시퀀스의 상관 특성으로부터 유래한다. 이를 설명하기 위하여, PN 시퀀스 s_k을 사용하여 다음과 같은 이진 극형 NRZ 신호를 만든다.

$$s(t) = \sum_k (2s_k - 1)p(t - kT_c) \tag{6}$$

이 때 $p(t)$는 구형파 펄스이고 k번째 펄스의 진폭은 다음과 같다.

$$c(t) = 2s_k - 1 = \begin{cases} +1 & s_k = 1 \\ -1 & s_k = 0 \end{cases} \tag{7}$$

신호 $s(t)$는 결정적이고 주기 NT_c를 가지는 주기 신호이며, 다음과 같은 주기적 자기 상관 함수를 갖는다.

$$R_c(\tau) = [(N+1)\Lambda(\tau/T_c) - 1]/N \qquad |\tau| \le NT_c/2 \tag{8}$$

이는 그림 11.4-8에 도시되어 있다. 만일 N이 매우 크고 T_c가 매우 작으면

$$R_s(\tau) \approx T_c\delta(\tau) - 1/N \qquad |\tau| \le NT_c/2 \tag{9}$$

가 되어 PN 신호는 본질적으로 작은 직류 성분을 가지는 백색 잡음처럼 동작한다. 이와 같은 잡음과 유사한 상관 특성에 의하여 측정기, 레이더 탐지, 대역 확산 통신 (15장에서 설명), 그리고 디지털 프레이밍 등에 실질적으로 응용된다. PN 발생기를 데이터 열에 적용할 경우, PN 시퀀스의 뚜렷한 직류 성분을 제거하고 신호의 정보 손실을 최소화하기 위하여 혼합화 시퀀스에서 극형 s_k 대신에 함수 $c(t)$를 사용한다.

예제 11.4–1

[3, 1] 쉬프트 레지스터의 자기상관

3-비트, 111 값을 가지는 [3, 1] 쉬프트 레지스터 구성은 $N = 7$인 주기 ML 시퀀스 1110100을 생성한다. 이에 해당하는 $c(t)$ 시퀀스의 자기 상관 함수를 계산하기 위하여 Dixon (1994)이 사용한 간단한 방법은, 원래 시퀀스 s_k과 $N - 1$만큼 이전된 수열 ($\tau = 0$

표 11.4-2

τ	Original/shifted	$v(\tau)$ (matches–mismatches)	$R_{[3,1]}(\tau) = v(\tau)/N$
0	1110100 1110100	7.00	1.00
1	1110100 0111010	−1.00	−0.14
2	1110100 0011101	−1.00	−0.14
3	1110100 1001110	−1.00	−0.14
4	1110100 0100111	−1.00	−0.14
5	1110100 1010011	−1.00	−0.14
6	1110100 1101001	−1.00	−0.14
0	1110100 1110100	7.00	1.00

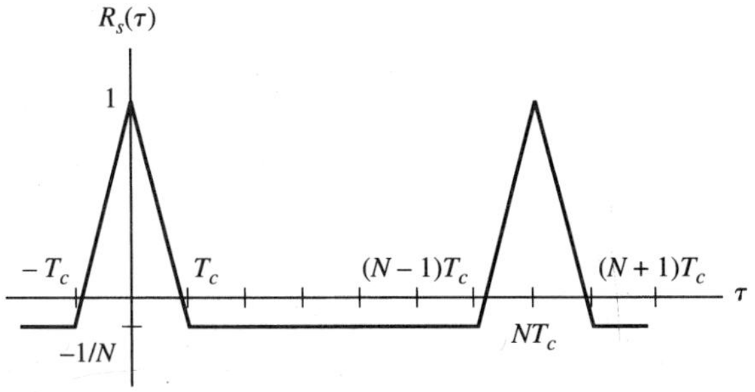

그림 11.4-8
7-비트 PN 시퀀스의 자기 상관.

부터 $6T_c$)을 각각 비교하는 것이다. 각 비트 쌍에 대하여 비트가 일치하는 쌍과 일치하지 않는 쌍의 개수 차이를 $v(\tau)$라 하면, 자기 상관 함수는 $R_{[3,1]}(\tau) = v(\tau)/N$이 되며, 이 결과를 표 11.4-2에 나타내었다. 그림으로 그리면, 자기 상관 함수는 $N = 7$과 $T_c = 1$인 그림 11.4-8의 모양이 된다. 이로부터 [3, 1] 쉬프트 레지스터 구성이 ML 시퀀스를 생성하는 것을 알 수 있다.

응용문제 11.4-1

초기값 11111을 갖는 5단, [5, 4, 3, 2] 레지스터에 의한 출력 시퀀스가 11111001001100001 01101010001110이고 주기 31인 것을 보이시오.

프레임 동기

디지털 수신기는 언제 신호가 존재하는지를 알 필요가 있다. 그렇지 않으면, 잡음만 입력되면 불규칙한 출력 비트가 생성되고 이를 메시지로 잘못 판정할 수 있다. 그러므로, 메시지의 시작점을 구분하는 것이 프레임 동기의 한 측면이다. 또 다른 측면은, 메시지 내부의 분할 또는 프레임을 구분하는 것이다. 프레임 동기를 용이하게 하기 위하여, 이진 전송은 일반적으로 그림 11.4-9에 표시된 것처럼 특별한 N-비트 **동기 단어**를 포함한다. 처음의 **접두 신호**(prefix)는 동기 단어가 몇 번 반복되어 구성되고, 이는 전송의 시작을 알려주고 비트 동기를 획득하기 위한 시간 여유를 준다. 접두 신호 다음에, 메시지 자체의 시작을 표시하는 다른 부호워드가 따른다. 프레임은 비트 열에 주기적으로 삽입되는 동기 단어로 구분된다.

그림 11.4-10에 있는 기본적인 프레임 동기화기는 동기 단어 $s_1\, s_2 \ldots s_N$가 재생된 시퀀스 m_k에 나타날 때마다 이를 검출하도록 설계되어 있다. 극형 형식을 가지는 출력 비트가

$$a_k = 2m_k - 1 = \pm 1$$

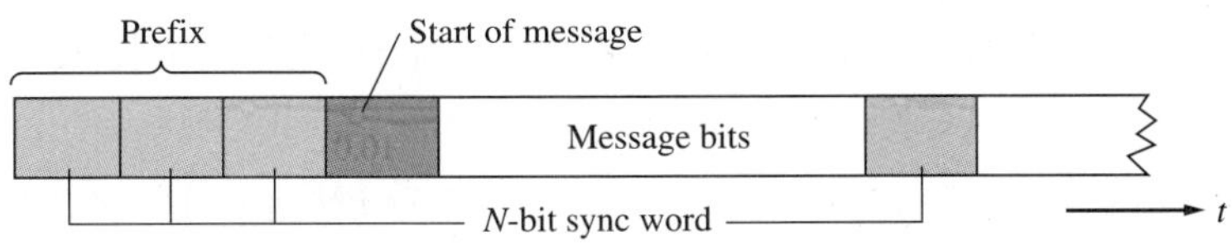

그림 11.4-9
N-비트 동기 단어를 갖는 전송 프레임.

그림 11.4-10
프레임 동기화기.

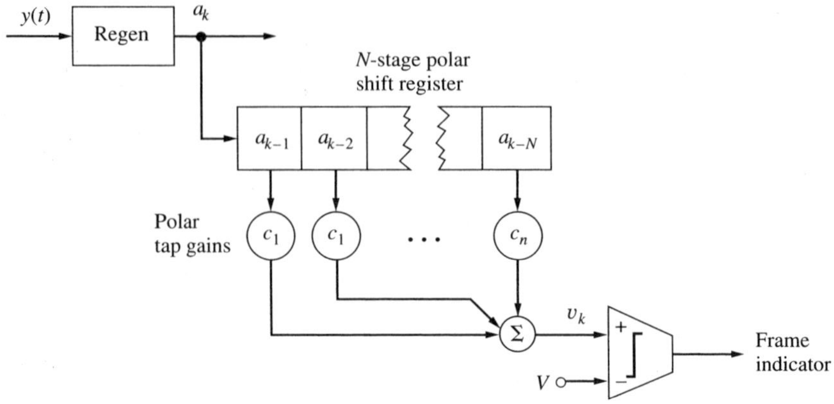

다음과 같은 극형 탭 이득을 가지는 N단 극형 쉬프트 레지스터에 입력된다.

$$c_i = 2s_{N+1-i} - 1 \tag{10}$$

이 식은 단순히 이득이 극형으로 표시된 동기 단어 비트의 역순과 같다는 것을 나타낸다. 즉, $c_1 = 2s_N - 1$이고 $c_N = 2s_1 - 1$이다. 탭 이득 출력은 대수적으로 더하여져

$$v_k = \sum_{i=1}^{N} c_i a_{k-i} \tag{11}$$

이 된다. 이 전압을 문턱 전압 V와 비교하여 $v_k > V$이면 프레임 동기 표시기가 HIGH로 된다.

만일 레지스터 단어가 동기 단어와 같아지면 $a_{k-i} = c_i$이고, 따라서 $c_i a_{k-i} = c_i^2 = 1$이고 $v_k = N$이 된다. 만일 레지스터 단어가 동기 단어와 한 비트 차이가 나면 $v_k = N - 2$이 된다(왜 그런가?). 문턱 전압 V를 $N - 2$보다 약간 낮게 설정하면, 오류 없는 동기 단어와 1 비트 오류만 있는 동기 단어를 검출할 수 있다. 두 개 이상의 오류가 있는 동기 단어는 검출되지 않지만, 이 경우는 적절한 P_e값에서 거의 발생하지 않아야 한다. N또는 $N - 1$개의 연속적인 메시지 비트가 동기 단어 비트와 일치하면 거짓(False) 프레임표시가 발생한다. 비트 열에서 1과 0의 발생 빈도가 같다고 가정하면, 이 사건이 발생할 확률은 다음과 같다.

$$P_{ff} = \left(\frac{1}{2}\right)^N + \left(\frac{1}{2}\right)^{N-1} = 3 \times 2^{-N} \tag{12}$$

식 (10)와 (11)를 더 자세히 살펴보면, 프레임 동기화기는 레지스터를 통과하는 비트 열과 탭 이득으로 표시된 동기 단어 사이의 상호 상관 관계를 계산하는 것을 알 수 있다. 그러므로, PN 시퀀스의 상관 특성에 의하여 PN 시퀀스는 동기 단어를 위한 이상적인 선택이 된다. 특별히, 접두 신호가 PN 시퀀스의 여러 주기로 구성된다고 가정하자. 접두 신호가 프레임 동기 레지스터를 통과함에 따라 v_k 값이 그림 11.4-8의 $R_s(\tau)$ 모양을 따라가며, 초기 비트 s_1이 마지막 레지스터에 올 때마다 최대값 $v_k = N$을 가진다. 또 다른 장점은 N 값이 크더라도 송신기에서 PN 시퀀스를 생성하기 쉽다는 것이다. 예를 들어, 식 (12)에서 $P_{ff} < 10^{-4}$가 되려면 $N > 14.8$이어야 하고 이는 단지 4-단 PN 발생기로 구현될 수 있다.

11.5 질문 및 연습문제

질문

1. 비대칭 사각 펄스를 채널에 직접 전송하지 않는 이유는 무엇인가?
2. 이진 펄스들의 직류 성분이 0이 되도록 설계하는 이유는 무엇인가?
3. 주어진 신호의 아이 패턴은 오류 확률을 구하는데 어떤 도움을 주는가?
4. 잡음 면역이 무엇인가? 예를 들어보시오.
5. 사전 부호화의 장점은 무엇인가?
6. 재생하는 것이 단순하게 증폭기를 추가하는 것보다 효율적인 이유는 무엇인가?
7. 자기 상관 함수가 비교적 높은 값이 나오도록 신호가 부호화 되어야 하는 이유는 무엇인가?
8. 심볼간 간섭 (ISI)에 영향을 주는 채널 요인들은 무엇인가?
9. 잡음이 섞인 신호를 검출하는데 상관 검출기가 최적인 이유는 무엇인지 정성적으로 설명하시오.
10. 그림 11.2-7의 축전기 방전 스위치의 목적은 무엇인가? 이 스위치를 대신할 수 있는 것은 무엇인가?
11. 왜 기저대역 신호 복조가 필요한가?
12. 11.2절에서 언급되었듯이, 진폭 간격이 같더라도 단극형 신호화 보다 극형 신호화의 P_e가 더 좋은 이유는 무엇인가?
13. 디지털 신호 전송에서 대역 제한된 채널의 영향은 무엇인가?
14. 일반적인 저역 통과 필터 보다 정합 필터가 디지털 신호 처리에 더 적합한 이유는 무엇인가?
15. M진 PAM과 이진 PAM의 장/단점은 무엇인가?
16. Nyquist 펄스 정형화를 사용하는 이유는 무엇인가?
17. 채널 등화가 필요한 이유는 무엇인가?
18. 영점 교차 등화와 MMSE 등화의 근본적인 차이는 무엇인가?
19. MMSE 등화에 대한 식 (17)이 영점 교차 등화와 같지 않은 이유는 무엇인가?
20. 쌍이진 부호화과정을 설명하시오.
21. 쉬프트 레지스터 이외에 신호를 혼합화하는 방법에 대해 설명하시오.

연습문제

11.1-1 신호가 단극형 형식이고 펄스 모양이 $p(t) = \cos^2(\pi t/2T_b)\Pi(t/2T_b)$일 때, 데이터 열 1011100010을 가지는 이진 PAM에 대하여 $x(t)$를 그리고, 그것에 해당하는 아이 패턴을 구하시오(전송 왜곡은 없다고 가정).

11.1-2 $p(t) = \cos(\pi t/2T_b)\Pi(t/T_b)$를 사용하여 문제 11.1-1을 푸시오.

11.1-3 극형 형식과 $p(t) = \cos(\pi t/2T_b)\Pi(t/2T_b)$를 사용하여 문제 11.1-1을 푸시오.

11.1-4 양극형 형식과 $p(t) = \Lambda(t/T_b)$를 사용하여 문제 11.1-1을 푸시오.

11.1-5 양극형 형식을 사용하여 문제 11.1-1을 푸시오.

11.1-6 표 11.1-1을 8진 신호($M = 8$)에 대한 것으로 수정하시오.

11.1-7* 컴퓨터가 16 비트로 구성된 이진 단어를 초당 20,000 단어의 속도로 발생시킨다. (a) 출력을 이진 PAM 신호로 전송하기 위하여 필요한 대역폭을 구하시오. (b) 출력을 대역폭 $B = 60$ kHz인 채널을 통하여 M진 신호로 전송할 수 있도록 하는 M를 구하시오.

11.1-8 디지털 테이프 판독기가 초당 3000 심볼을 읽을 수 있고, 128개의 서로 다른 심볼이 존재한다. (a) 출력을 이진 PAM 신호로 전송하기 위하여 필요한 대역폭을 구하시오. (b) 출력을 대역폭 $B = 3$ kHz인 전화망을 통하여 M진 신호로 전송할 수 있도록 하는 M를 구하시오.

11.1-9 이진 데이터를 $A = 1$과 $p(t) = u(t + T_b) - u(t)$인 단극형 신호로 전송한다. 전송 시스템의 계단 응답은 $g(t) = K_0(1 - e^{-bt})u(t)$이고 $b = 2/T_b$이다. (a) $\tilde{p}(0) = 1$이 되도록 $\tilde{p}(t)$를 그리고 K_0를 구하시오. (b) 데이터 열 10110에 대한 $y(t)$를 그리고, 최적 샘플링 시점에서의 $y(t)$와 ISI를 구하시오.

11.1-10 $A/2 = 1$인 극형 신호와 $b = 1/T_b$인 전송 시스템에 대하여 문제 11.1-9을 푸시오.

11.1-11* Gaussian 펄스 모양 $p(t) = \exp[-\pi(bt)^2]$를 가지는 디지털 전송을 살펴보자. 이 펄스는 시간 제한적이지도 않고 대역 제한적이지도 않으며, 주기적인 영점 통과 성질도 가지지 않는다. ISI를 제한하기 위하여 $k \neq 0$에 대하여 $p(kD) \leq 0.01$이라 하고, 대역폭 B는 $|f| > B$에서 $P(f) \leq 0.01P(0)$가 되는 값이라 하자. 이에 대하여 r과 B의 관계를 구하시오.

11.1-12* 통계적으로 독립이고, 서로 상관이 없으며, 평균값이 0이고 1 Mbps의 속도로 전송되는 메시지 비트를 갖는 극형 RZ 신호를 고려하자. 출력 전력 레벨이 최대 레벨 아래로 -40 dB가 되도록 하는 W의 값을 구하시오.

11.1-13 단극형 신호에 대하여 문제 11.1-12를 반복하시오. 문제 11.1-12와 11.1-13의 결과로 부터 무엇을 확인할 수 있는가?

11.1-14 독립이고 발생확률이 같은 메시지 비트를 가정하고, 극형 RZ 형식과 구형파 펄스를 가지는 이진 PAM 신호의 전력 스펙트럼을 구하고 그림을 그리시오. 다음, 시간 영역과 주파수 영역에서 계산한 $\overline{x^2}$ 값이 동일함을 보이시오.

11.1-15 폭 $2\tau = T_b$인 예제 2.5-2의 올림 코사인 신호를 펄스 모양으로 갖는 단극형 이진 PAM 신호를 살펴보자. (a) 데이터 열 10110100에 대한 $x(t)$를 그리시오. 다음, 독립이고 발생확률이 같은 메시지 비트를 가정하고, 전력 스펙트럼을 구하고 그림을 그리시오. (b) $2\tau = 2T_b$에 대하여 (a)를 반복하시오.

11.1-16 메시지 비트가 독립이지만 동일하지 않은 발생 확률 α와 $1 - \alpha$을 가질 경우, $p(t) = \text{sinc}\, r_b t$를 사용하는 극형 이진 PAM 신호의 전력 스펙트럼을 구하고 그림을 그리시오. 이 그림을 이용하여 $\overline{x^2}$이 α와 독립임을 보이시오.

11.1-17 독립이고 발생확률이 같은 메시지 비트를 가정하고, 그림 11.1-1c에 있는 분할 위상 Manchester 형식을 가지는 이진 신호의 전력 스펙트럼을 구하고 그림을 그리시오.

이 결과를 그림 11.1-6과 비교하시오.

11.1-18 식 (14a)에서 $n = 0, n = 1, n \geq 2$에 대하여 가능한 시퀀스 $a_{k-n}a_k$와 이들의 확률을 표로 만들어 식 (14a)의 양극형 사전 부호화의 상관 특성을 검증하시오. 여기서 독립이고 발생확률이 같은 메시지 비트를 가정한다.

11.1-19‡ $g(n)$를 이산 변수 n의 함수라 하자. 합 연산을 전개하고 재정렬하여

$$\sum_{k=-K}^{K} \sum_{i=-K}^{K} g(k-i) = (2K+1) \sum_{n=-2K}^{2K} \left(1 - \frac{|n|}{2K+1}\right) g(n)$$

을 증명하시오. 다음, 이 결과를 이용하여 $E[|X_T(f)|^2]$로부터 $G_x(f)$를 유도할 때 사용하였던 합 $\rho_K(f)$를 구하는 과정을 구하시오.

11.1-20‡ 서로 다른 펄스 $p_1(t)$와 $p_0(t)$를 사용하여 1과 0을 표시하는 이진 신호를 살펴보자. 분석을 위하여 다음과 같이 나타낼 수 있으며,

$$x(t) = \sum_k [a_k p_1(t - kT_b) + b_k p_0(t - kT_b)]$$

여기서 a_k는 k번째 비트이고 $b_k = 1 - a_k$이다. (a) 독립이고 발생확률이 같은 비트를 가정하고, $\overline{a_k} = \overline{b_k} = \overline{a_k^2} = \overline{b_k^2} = 1/2$, $\overline{a_k b_k} = 0$, $i \neq k$에 대하여 $\overline{a_k a_i} = \overline{b_k b_i} = \overline{a_k b_i} = 1/4$임을 증명하시오. (b) 이제 $T = (2K+1)T_b \gg T_b$로 시간 제한된 신호 $x_T(t)$를 만들고,

$$E[|X_T(f)|^2] = \frac{2K+1}{4}|P_1(f) - P_0(f)|^2 + \frac{1}{4}|P_1(f) + P_0(f)|^2 \sum_{k=-K}^{K} \sum_{i=-K}^{K} e^{-j\omega(k-i)T_b}$$

$P_1(f) = \mathscr{F}[p_1(t)]$와 $P_0(f) = \mathscr{F}[p_0(t)]$라 할 때 다음을 증명하시오.

$$G_x(f) = \frac{r_b}{4}|P_1(f) - P_0(f)| + \frac{r_b^2}{4} \sum_{n=-\infty}^{\infty} |P_1(nr_b) - P_0(nr_b)|^2 \delta(f - nr_b)$$

(c) 마지막으로, 문제 11.1-19의 관계식과 Poisson의 합 공식을 이용하여 다음을 구하시오.

11.2-1* AWGN을 가지는 단극형 이진 시스템에서 $P_e = 0.001$이 되도록 하는 $(S/N)_R$을 구하시오. 동일한 $(S/N)_R$에 대하여 극형 시스템의 오류 확률은 얼마인가?

11.2-2 이진 시스템이 $N_0 = 10^{-8}/r_b$인 AWGN를 가진다. $P_e \leq 10^{-6}$이 되도록 하는 극형 및 단극형 신호의 S_R을 구하시오.

11.2-3 특정 교환 회로는 임펄스 잡음을 발생시키고, 이 잡음은 평균 전력 σ^2와 지수형 PDF

$$p_n(n) = \frac{1}{\sqrt{2\sigma^2}} e^{-\sqrt{2}|n|/\sigma}$$

을 가지는 필터링 된 백색 잡음으로 모델링된다. (a) 임펄스 잡음에 의하여 손상된 극형 이진 신호의 P_e를 A와 σ의 식으로 나타내시오. (b) $P_e \leq 0.001$인 경우를 분석하여 임펄스 잡음의 영향을 가우시안 잡음의 영향과 비교하시오.

11.2-4* $y(t_k) = a_k + \epsilon_k + n(t_k)$로 표시되는 ISI와 AWGN를 가지는 극형 이진 시스템을 살펴보자. 여기서, ISI ϵ_k는 균일한 발생 빈도로 $+\alpha$와 $-\alpha$이다. (a) P_e를 A, α, σ의 식으로 나타내시오. (b) $A = 8\sigma$, $\alpha = 0.1A$일 때 P_e를 구하시오. 이 결과를 ISI가 없을 때의 오류 확률과 비교하시오.

11.2-5 $\epsilon_k = +\alpha, 0, -\alpha$인 확률이 각각 0.25, 0.5, 0.25인 경우에 대하여 문제 11.2-4를 푸시오.

11.2-6 식 (4)를 이용하여 $P_0 \neq P_1$인 경우 AWGN를 가지는 극형 이진 시스템의 최적 문턱값 표현식을 구하시오.

11.2-7 다음과 같은 Leibniz 법칙을 이용하여 식 (4)를 유도하시오.

$$\frac{d}{dz}\int_{a(z)}^{b(z)} g(z, \lambda)\, d\lambda = g[z, b(z)]\frac{db(z)}{dz} - g[z, a(z)]\frac{da(z)}{dz} + \int_{a(z)}^{b(z)} \frac{\partial}{\partial z}[g(z, \lambda)]\, d\lambda$$

여기서 z은 독립 변수이고 $a(z)$, $b(z)$, $g(z, \lambda)$는 임의의 함수이다.

11.2-8* 극형 이진 시스템이 20개의 중계기를 가지고 있고, 각 중계기에 대하여 $(S/N)_1 = 20$ dB이다. 재생 중계기와 비재생 중계기에 대하여 P_e를 각각 구하시오.

11.2-9 50개의 중계기를 가지는 극형 이진 시스템이 $P_e = 10^{-4}$를 가지려 한다. 재생 중계기와 비재생 중계기에 대하여 $(S/N)_1$를 dB 단위로 각각 구하시오.

11.2-10 $P_{be} = 10^{-9}$에 대하여 문제 11.2-9를 반복하시오.

11.2-11 그림 11.1-1(d)의 분할 위상 Manchester 형식에서

$$p(t) = \begin{cases} 1 & -T_b/2 < t < 0 \\ -1 & 0 < t < T_b/2 \end{cases}$$

인 경우를 살펴보자. 정합 필터의 임펄스 응답을 그리시오. 다음, 중첩 원리를 이용하여 펄스 응답 $a_k\, p(t - t_0) * h(t)$를 그리고 그림 11.2-6(c)와 비교하시오.

11.2-12 $p(t) = u(t) - u(t - T_b/2)$인 단극형 RZ 이진 시스템을 살펴보자. 수신기가 정합 필터 대신에 임펄스 응답 $h(t) = K_0\, e^{-bt}u(t)$, $K_0 = b/(1-e^{-bT_b/2})$인 1차 LPF를 가진다. (a) $Ap(t) * h(t)$를 구하고 그림을 그린 후, 연속되는 임의의 표본화 시점에서 ISI가 $0.1A$를 넘지 않기 위한 b의 조건을 구하시오. (b) $(A/2\sigma)^2 = (4br_b/K_0^2)\gamma_b \leq 0.812\gamma_b$을 증명하시오. 여기서, 상한값은 ISI 조건으로부터 나온다.

11.2-13 이진 데이터 전송 시스템이 $r_b = 500$ kbps와 $P_{be} \leq 10^{-4}$를 가지려 한다. 잡음은 $N_0 = 10^{-17}$ W/Hz인 백색 가우스 잡음이다. 다음의 경우에 대하여 S_R의 최소값을 구하시오: (a) $M = 2$; (b) Gray 부호화를 사용하는 $M = 8$.

그림 P11.2-17

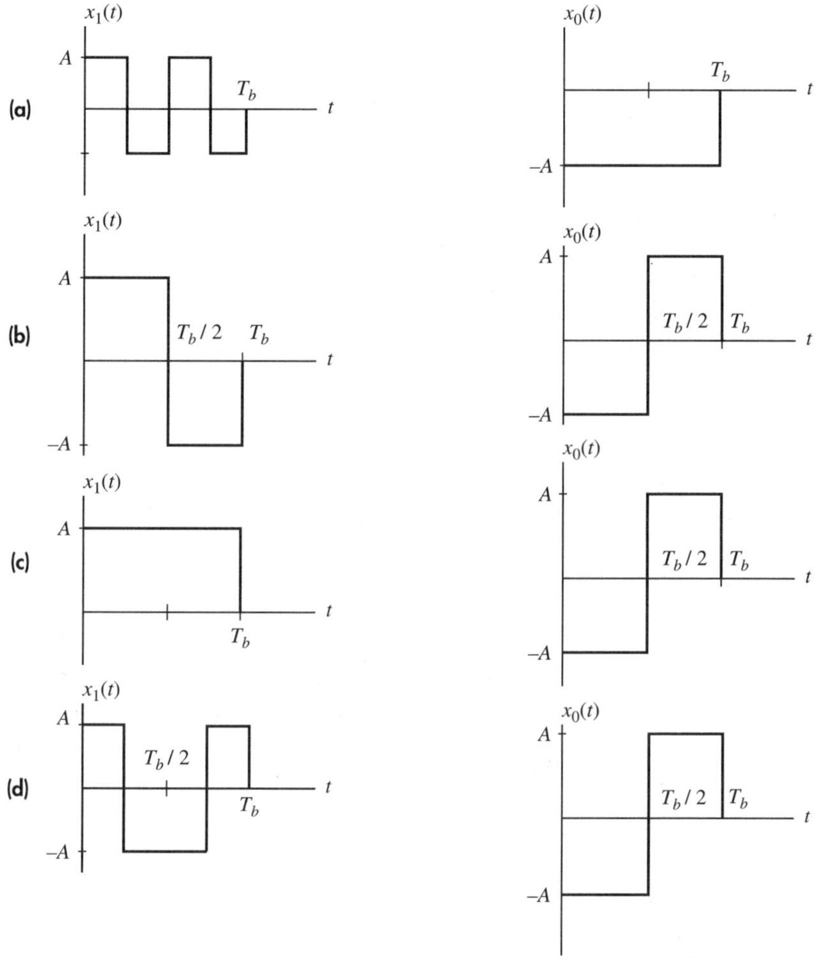

11.2-14* 문제 11.2-13 시스템의 전송 대역폭이 B = 80 kHz라 하자. Gray 부호를 가정하고, 가능한 M의 최소값과 그에 해당하는 S_R의 최소값을 구하시오.

11.2-15 이진 데이터 전송 시스템이 AWGN와 $\gamma_b = 100$, 그리고 Gray 부호를 가진다. $P_{be} \le 10^{-5}$가 되기 위한 M의 최대값은 얼마인가?

11.2-16 식 (21)에 언급된 결과를 유도하시오.

11.2-17 그림 P11.2-17에서 "1" $\leftrightarrow x_1(t)$와 "0" $\leftrightarrow x_0(t)$로 주어진 파형이 정합필터, 또는 상관 검출기를 이용하여 검출된다. 어느 파형이 직교하는지, 대척관계(부호가 반대)인지, 아니면 둘다 아닌지 판별하시오.

11.2-18 그림 11.2-8의 상관 수신기 시스템과 그림 11.2-9a의 입력 파형으로, r_b = 1 Mbps, 0의 확률이 $P_0 = 0.1$인 이진 메시지에 대해 살펴보자. 만약 입력 신호가 $\pm\sqrt{\dfrac{A}{T_b}}$ 와 $N_0 = 10^{-4}$의 값을 가진다면, $P_{be} < 10^{-8}$을 만족하는 A의 최소값과 V_T의 값은 무엇인가?

11.2-19* $N_0 = 10^{-5}$와 평균이 0 인 백색 가우스 잡음 채널에서 r_b = 100 kbps 속도로 +5 V

펄스를 전송하는 단극형 NRZ 이진 시스템을 살펴보자. 이 메시지의 $P_0 = 0.5$ 이다. 만약 수신기가 최적화되었다면 (a) V_T, (b) P_{be}와 (c) E_b는 각각 얼마인가?

11.2-20 극형 NRZ 시스템과, $P_0 = P_1$, $N_0 = 10^{-8}$, $P_{be} \leq 10^{-6}$, ± 10 볼트 펄스 진폭을 갖는 최적 수신기에 대해 최대 비트 전송률은 얼마인가?

11.2-21 $P_{be} \leq 10^{-9}$에 대하여 문제 11.2-20을 반복하시오.

11.2-22 그림 11.2-8의 시스템을 기반으로 직교 이진 신호를 검출하기 위한 수신기 블록도를 설명하시오.

11.2-23 이진 데이터가 표 11.1-1의 Gray 부호를 사용하여 $M = 4$레벨로 변환된다. 그림 11.2-8을 이용하여 P_{be}를 $k = A/2\sigma$의 식으로 표현하시오. $k > 1$을 가정하여 결과식을 간단히 하시오.

11.2-24 표 11.1-1의 자연 부호를 이용하여 문제 11.2-23을 푸시오.

11.3-1 $P_b(f) = (1/2\beta)\Pi(f/2\beta)$와 $\beta = r/4$일 경우, 식 (3a)를 이용하여 $p(t)$와 $P(f)$를 구하고 그림을 그리시오.

11.3-2 $P_b(f) = (1/2\beta)\Pi(f/2\beta)$와 $\beta = r/3$일 경우, 식 (3a)를 이용하여 $p(t)$와 $P(f)$를 구하고 그림을 그리시오.

11.3-3* $B = 3$ kHz라 가정하자. 코사인 롤오프 스펙트럼을 가지는 펄스를 사용할 경우, 다음의 롤오프에 대한 최대 baud 전송률은 얼마인가: (a) 100%, (b) 50%, (c) 25%?

11.3-4 이진 메시지 10110100이 주어질 때, 50% 롤오프 올림 코사인 펄스를 사용하는 기저 대역 파형을 그리시오. 이 결과를 그림 11.3-2와 비교하시오.

11.3-5 코사인 롤오프 스펙트럼을 가지는 펄스를 사용하여 이진 데이터를 56 kbps로 전송하려 한다. 다음의 롤오프에 대하여 B는 각각 얼마인가: (a) 100%, (b) 50%, (c) 25%?

11.3-6 $\beta = r/2$인 식 (5)로부터 식 (6b)를 구하시오. 다음, $p(\pm D/2) = 1/2$를 증명하시오.

11.3-7 식 (4a)로부터 식 (4b)와 (5)를 상세히 유도하시오.

11.3-8 Nyquist 신호 정리의 보다 일반적인 형태는, 만약 $P(f) = \mathscr{F}[p(t)]$이고

$$\sum_{n=-\infty}^{\infty} P(f - nr) = 1/r \qquad -\infty < f < \infty$$

이면, $p(t)$는 $D = 1/r$인 식 (1a)의 성질을 가짐을 나타낸다. (a) 이 정리를,

$$p(t)\sum_{k=-\infty}^{\infty} \delta(t - kD) = \sum_{k=-\infty}^{\infty} p(kD)\delta(t - kD)$$

의 양변을 푸리에 변환하고 Poisson 합 공식을 이용하여 증명하시오. (b) 그림을 그려서 식 (4b)의 $P(f)$가 앞의 조건을 만족하는 것을 증명하시오.

11.3-9 $|f| \geq B$에서 $P(f) = 0$인 임의의 대역 제한된 펄스 스펙트럼을 살펴보자. 다음 경우에 대하여, 간단한 그림을 그려서 문제 11.3-5에 언급된 Nyquist 신호 정리를 만족하기 위한 $P(f)$의 추가 조건을 구하시오: (a) $r/2 < B < r$; (b) $B = r/2$; (c) $B < r/2$.

11.3-10 이진 데이터 시스템이 $r_b = 600$ kbps와 $P_{be} \leq 10^{-5}$를 가지도록 설계하려 한다. 파

형은 M = 2^n, Gray 부호화, Nyquist 펄스 정형화를 가진다. 잡음은 N_0 = 1 pW/Hz인 백색 가우스 잡음이다. 전송 채널의 손실은 L = 50 dB이고 할당된 대역폭 B = 200 kHz에서 왜곡이 없다. 전송 전력을 최소화하는 M을 구하고, 그에 따른 r, β, S_T 값을 구하시오.

11.3-11 B = 120 kHz일 때 문제 11.3-10을 푸시오.

11.3-12 B = 80 kHz일 때 문제 11.3-10을 푸시오.

11.3-13 $M = 2$, $r = 20{,}000$, $p_x(t) = \Pi(2rt)$, $|H_C(f)| = 0.01$, $G_n(f) = 10^{-10}(1 + 3 \times 10^{-4}|f|)^2$, 식 (6b)의 $p(t)$를 가지는 데이터 전송 시스템을 살펴보자. (a) 최적 단말 필터의 진폭비를 구하고 그림을 그리시오. (b) Gaussian 잡음을 가정하고, $P_e = 10^{-6}$을 얻기 위한 S_T를 구하시오.

11.3-14 $M = 4$, $r = 100$, $p_x(t) = \Pi(10rt)$, $G_n(f) = 10^{-10}$, $|H_C(f)|^2 = 10^{-6}/(1 + 32 \times 10^{-4} f^2)$, $p(t) = \text{sinc}\, rt$를 가지는 데이터 전송 시스템을 살펴보자. (a) 최적 단말 필터의 진폭비를 구하고 그림으로 그리시오. (b) Gaussian 잡음을 가정하고, $P_e = 10^{-6}$을 얻기 위한 S_T를 구하시오.

11.3-15‡ $G_n(f) = N_0/2$와 시간 제한된 입력 펄스 모양 $p_x(t)$를 가지는 그림 11.3-3 형태의 극형 시스템을 살펴보자. $H_T(f) = K$와 $H_R(f) = [P_x(f)H_C(f)]^* e^{-j\omega t_d}$라 하고, 따라서 수신 필터는 수신된 펄스 모양에 정합되었다. 이 구조는 ISI가 없도록 출력 펄스 $p(t - t_d)$를 정형화하지 않으므로, $p_x(t)$의 폭이 $1/r$에 비하여 매우 작을 때만 사용 가능하다. (a) $p(0) = 1$이 되도록 하는 K의 표현식을 구하시오. 다음, S_T와 σ^2의 표현식을 구하고 이를 이용하여 $(A/2\sigma)^2$이

$$I_{\text{HR}} = \frac{N_0 \int_{-\infty}^{\infty} |P_x(f)|^2\, df}{2 \int_{-\infty}^{\infty} |P_x(f) H_C(f)|^2\, df}$$

를 가지는 식 (12a)로 주어지는 것을 증명하시오. (b) 이 결과가 최대값 $(A/2\sigma)^2 = 6S_R/(M^2 - 1)N_0 r$와 등가임을 증명하시오.

11.3-16‡ 백색 잡음과 손실 L인 무왜곡 채널을 가정하고, Nyquist 펄스 정형화를 위한 최적 단말 필터를 가지는 시스템을 설계하였다. 그러나, 실제로 채널에 선형 왜곡이 발생하는 것으로 판명되어 $H_{\text{eq}}(f) = [\sqrt{L} H_C(f)]^{-1}$인 등화기를 출력단에 추가하였다. 채널 왜곡에 따라 단말 필터가 수정되지 않았으므로 시스템은 최적 성능을 가지지 못한다. (a) S_T와 σ^2의 표현식을 구하여

$$\left(\frac{A}{2\sigma}\right)^2 = \frac{6S_T/L}{K(M^2 - 1)N_0 r} \qquad \text{where} \qquad K = \frac{1}{L}\int_{-\infty}^{\infty} \frac{|P(f)|}{|H_C(f)|^2}\, df$$

을 증명하시오. (b) $P(f)$가 식 (6a)로 주어지고 $H_C(f) = \{\sqrt{L}[1 + j2(f/r)]\}^{-1}$일 때 K를 dB 단위로 구하시오.

11.3-17 $\tilde{p}_{-1} = 0.4$, $\tilde{p}_0 = 1.0$, $\tilde{p}_1 = 0.2$, $|k| > 1$에서 $\tilde{p}_k = 0$일 경우, 3-탭 영점 강제 등화기의 탭 이득을 구하시오. 다음, $p_{\text{eq}}(t_k)$를 구하고 그림으로 그리시오.

11.3-18 $|k| > 1$에서 $\widetilde{p}_k = 0$이고 $\widetilde{p}_{-1} = \epsilon$, $\widetilde{p}_0 = 1$, $\widetilde{p}_1 = \delta$일 때, 3-탭 영점 강제 등화기의 탭 이득 표현식을 구하시오.

11.3-19‡ 그림 11.3-6a의 $\widetilde{p}(t)$를 위한 5-탭 영점 강제 등화기의 탭 이득을 구하시오. (반복적인 대입을 통하여 연립 방정식을 풀 수 있다). 다음, 그에 따른 $p_{eq}(t_k)$ 값을 구하고 그림 11.3-6b와 비교하시오.

11.3-20* MMSE 등화기에 대하여 문제 11.3-17를 푸시오. 두 등화기 구현에 대한 평균 제곱 오차를 계산하고 결과를 비교하시오.

11.3-21 MMSE 등화기를 이용하여 예제 11.3-2를 푸시오. 두 등화기 구현에 대한 평균 제곱 오차를 계산하고 결과를 비교하시오.

11.3-22 임의의 형태의 이진 신호가 전송되는 $H_c(f)$의 응답을 갖는 잡음 섞인 채널에 대해, 몇가지 실제적인 테스트 상황을 이용하여, $H_{eq}(f) = 1/H_c(f)$인 간단한 등화가 어떻게 의도하지 않은 결과를 유발하는지 보이시오. 컴퓨터 시뮬레이션을 고려해도 된다.

11.3-23 $N = 2$, $c_0 = 1$, $c_1 = 2$, $c_2 = 1$인 이진 상관 부호화를 살펴보자. (a) $h(t)$와 $|H(f)|$를 구하고 그림을 그리시오. (b) 식 (26b)와 (28)을 이용하여 식 (29b)와 같은 $y(t_k)$식을 구하시오.

11.3-24 $N = 4$, $c_0 = 1$, $c_1 = 0$, $c_2 = -2$, $c_3 = 0$, $c_4 = 1$에 대하여 문제 11.3-23을 푸시오.

11.3-25‡ 식 (27b)에 주어진 $H(f)$, $p_x(t) = \delta(t)$, $H_C(f) = 1/\sqrt{L}$, 그리고 Gaussian 잡음을 가지는 쌍이진 시스템을 살펴보자. $(A/2\sigma)^2$의 표현식을 구하고, Schwarz 부등식을 적용하여 최적 필터가 $|H_T(f)|^2 = gL|H(f)|$와 $|H_R(f)|^2 = |H(f)|/g$를 가짐을 증명하시오. 다음, 식 (31)를 유도하시오.

11.3-26 입력 데이터 시퀀스 101011101과 $A = 2$을 가지는 쌍이진 시스템을 살펴보자. (a) 부호기의 출력을 구하고, 수신기가 올바른 출력을 가지게 되는 것을 검증하시오. (b) 부호기 출력의 직류 값을 구하시오. (c) 세 번째 비트가 0일 경우 수신기의 출력은 무엇인가?

11.3-27 사전 부호화기에 대하여 문제 11.3-26을 푸시오.

11.3-28 변형된 쌍이진 신호와 사전 부호화에 대하여 문제 11.3-26을 푸시오.

11.4-1* $m''_k = m'_{k-1} \oplus m'_{k-4} \oplus m'_{k-2}$와 초기값 0을 가지는 5-단 쉬프트 레지스터 혼합화기/역혼합화기가 주어질 때, 입력 수열 $m_k = 0111111011110111$에 대한 혼합화기 출력과 이에 해당하는 역혼합화기 출력을 구하시오. 혼합화되지 않은 비트 열과 혼합화된 비트 열에 대한 직류 레벨 값은 각각 얼마인가?

11.4-2 레지스터가 모두 1로 초기화되고 [5, 4, 3, 2] 구성을 가지는 5-단 쉬프트 레지스터 시퀀스 발생기를 가정하자. 출력 시퀀스와 그것의 길이를 구하고, 그에 따른 자기 상관 함수를 그리시오. 출력은 ML 시퀀스인가?

11.4-3 [4, 2] 구성을 가지는 쉬프트 레지스터를 이용하여 문제 11.4-2를 푸시오.

11.4-4 시퀀스를 발생시키는 모든 3-비트 쉬프트 레지스터 구성을 구하시오.

11.4-5 4비트 쉬프트 레지스터에 대하여 문제 11.4-4를 푸시오.

제 **12** 장

아날로그 메시지의 디지털화 기술과 컴퓨터 네트워크

개 요

11장에서 디지털 전송의 기본 개념을 공부하였지만, 아날로그 통신 시스템에 대해 다시 한번 다루고자 한다. 그러나 이제부터 부호화된 펄스 변조를 이용한 아날로그 메시지의 디지털 전송을 고려하고자 한다. 부호화된 펄스 변조 시스템은 표본화, 양자화, 그리고 아날로그 파형을 디지털 신호로 변환하는 부호화를 사용한다.

아날로그 정보의 디지털로 부호화는 전송 왜곡, 간섭, 그리고 잡음에 대하여 강인한 신호를 생성하게 된다. 디지털 부호화는 또한 장거리 아날로그 통신에 대하여 재생 중계기를 사용하는 것을 가능하게 한다. 그러나, 디지털 부호화에 필수적인 양자화 과정은 파형을 복원하는데 기본적인 제약으로 작용하는 양자화 잡음을 초래한다. 원 신호는 충실히 재생하기 위해서는 양자화 잡음을 충분히 작게 유지하여야 하며, 이에 따라 부호화된 펄스 변조 시스템은 일반적으로 대등한 아날로그 전송 시스템의 대역폭에 비하여 훨씬 더 넓은 대역폭을 요구한다.

우선, **펄스 부호 변조**(PCM)와 관련하여 이상에서 언급한 특성들을 알아본다. 다음에는, **델타 변조**(DM)와 그리고 예측 부호화를 포함하는 다른 기법들을 기술한다. 디지털 시스템이 아날로그 시스템에 대해 갖는 장점을 보다 잘 이해하기 위하여 우리에게 익숙한 오디오 **콤팩트 디스크**(CD)를 사용한 디지털 오디오 녹음에 대하여 살펴본다. 마지막으로 아날로그와 디지털 정보를 결합하여 **다중화된 디지털** 신호 형태로 전송하는 것을 가능하게 하여 주는 유용한 기법인, 디지털 다중화에 대한 간단한 논의로 이 장을 마친다.

학습목표

이 장을 공부하고 응용문제들을 푼 후에 다음의 사항들을 수행할 수 있어야 한다.

1. PCM 시스템의 파라미터들 사이의 정의와 관계를 설명하고, 양자화 잡음과 불규칙 잡음의 차이를 구분한다(12.1절).
2. 문턱값 이상에서 PCM 전송이 이루어지기 위한 조건을 구하고 $(S/N)_D$의 값을 계산한다(12.1과 12.2절).
3. PCM(압신을 고려한 경우와 그렇지 않은 경우), 델타 변조, 차분 PCM에 대한 차별되는 특징과 상대적인 장점을 나타내고 비교한다(12.2과 12.3절).
4. 콤팩트 디스크 디지털 오디오 시스템의 동작원리를 설명하고, 오류제어는 어떻게 이루어지는지, 아날로그 시스템에 비하여 우수한 장점을 설명한다(12.4절).
5. 북미와 CCITT 를 포함하는 표준 다중화 계층구조에서 아날로그와 디지털 신호를 수용하는 디지털 다중화 시스템을 도식화 한다(12.5절).
6. 동기식 광 네트워크(SONET) 하드웨어 다중화 기법의 개념을 설명한다(12.5절).
7. 패킷 스위칭, 프레임 릴레이, 그리고 비동기 전송 모드(ATM) 데이터 스위칭 기법의 개념을 설명한다(12.5절).

12.1 펄스 부호 변조

이 절에서는 펄스 부호 변조(PCM)의 기능 동작 원리를 기술한다.

PCM은 입력단에 **아날로그-디지털 변환기**(ADC)와 출력단에 **디지털-아날로그** 변환기(DAC)를 가지는 디지털 전송 시스템이다.

디지털 오류 확률이 충분히 작을 때, PCM 성능은 아날로그 통신 시스템과 같이 주로ADC에 의해 유발되는 양자화 잡음에 의해 결정된다. 랜덤 잡음과 디지털 오류의 영향은 잠시 다음 절로 미루고, 여기서는 양자화 잡음을 가지는 아날로그 메시지 복원을 다룬다.

생성과 복원

PCM 생성 시스템의 기능 블록도를 그림 12.1-1a에 나타내었다. 아날로그 입력 신호 $x(t)$를 저역 통과 필터를 통과시키고 표본화하여 $x(kT_s)$를 얻는다. **양자화기**는 표본값을 q개의 **양자화 레벨** 중에서 가장 가까운 이산값으로 근사화 한다. 양자화된 표본값들 $x_q(kT_s)$은 이산 시간 값을 갖고 (표본화에 의해) 이산 크기 값을 갖는다(양자화에 의해).

이산 신호 $x(kT_s)$와 $x_q(kT_s)$의 관계를 보여주기 위하여 아날로그 메시지가 $|x(t)| \leq 1$ V와 같은 정규화된 전압 파형이라 하자. 균일 양자화는 그림 12.1-1b에 나타낸 것처럼 피크-투-피크(peak-to-peak) 2 V 범위를 크기가 $2/q$ V를 가진 q개의 동일한 간격으로 세분한다. q가 짝수인 경우, 일반적으로 $\pm 1/q, \pm 3/q, \ldots, \pm(q-1)/q$에서 양자화 레벨이 취해진다. $4/q < x(kT_s) < 6/q$의 범위에 존재하는 임의의 표본값은 $x_q(kT_s) = 5/q$로 양자화된 값에 해당하게 된다. 따라서 정규화된 양자화 레벨 스텝 크기는 $\Delta \triangleq 2/q$로 정의될 수 있다.

다음으로, **부호기**는 양자화된 표본값을 **디지털 부호워드**(digital code words)로 변환시킨다. 부호기는 M진 디지트로 동작하고, 각 샘플에 대해 ν개의 디지트로 구성된 부호워드를 병렬로 출력한다. 부호워드당 ν디지트를 가진 M진 부호워드는 M^ν개의 레벨이 존재하

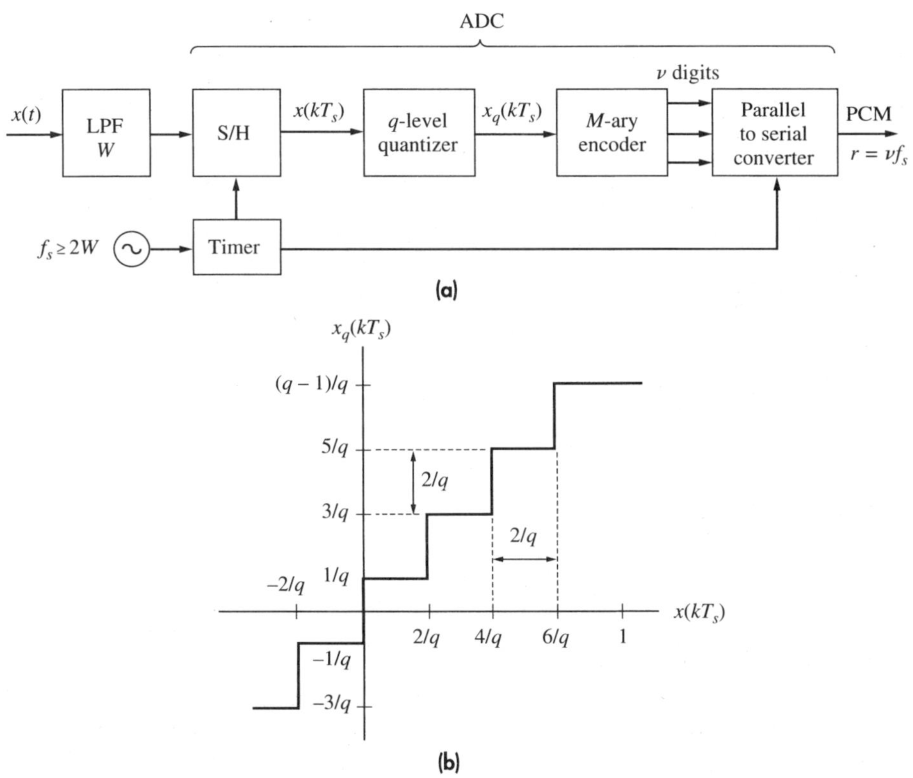

그림 12.1-1
(a) PCM 생성 시스템; (b) 양자화 특성.

기 때문에 q개의 양자화 레벨을 중첩없이 부호화하려면 $M^{\nu} \geq q$를 만족해야 한다. 변수 M, ν, q는 다음 등식을 만족하도록 선택되어야 한다.

$$q = M^{\nu} \qquad \nu = \log_M q \tag{1}$$

따라서, 이진 PCM의 양자화 레벨의 수는 2의 승수, 즉 $q = 2^{\nu}$와 같아야 한다.

마지막으로, 연속되는 부호워드들을 직렬로 읽어 내어서 M진 디지털 신호인 PCM 파형을 얻는다. 따라서, ADC의 동작을 하는 PCM 생성기는 표본화율 $f_s = 1/T_s$로 아날로그-디지털 변환을 수행한다. 타이밍 회로는 표본화와 병렬-직렬로의 변환을 조정한다.

각 부호화된 표본은 ν-디지트 출력 워드로 표현되고, 신호율은 $f_s \geq 2W$에 대하여 $r = \nu f_s$가 된다. 그러므로 PCM 기저대역 전송에 요구되는 대역폭은 다음과 같다.

$$B_T \geq \tfrac{1}{2} r = \tfrac{1}{2} \nu f_s \geq \nu W \tag{2}$$

메시지 파형의 정확한 복원을 위한 섬세한 양자화를 위해서는 $q \gg 1$이어야 하는데, 이는 메시지 대역폭 W의 $\nu = \log_M q$배 만큼의 전송 대역폭을 증가시키게 된다.

이제 그림 12.1-2a의 복원 시스템을 갖는 PCM 수신기를 고려해보자. 수신 신호는 잡음에 의해 손상될 수 있지만, $(S/N)_R$이 충분히 크다면 거의 오류가 없는 원 신호를 재생할 수 있다. 직렬-병렬 변환, M진 복호, 그리고 표본화-및-유지의 DAC 동작은 그림 12.1-2b에 나타낸 아날로그 파형 $x_q(t)$를 생성한다. 이 파형은 $x(t)$를 계단 근사화한 것인데, 표본값이 양자화된 것을 제외하고는 평탄 상단 표본화와 유사하다. 저역 통과 필터링은 평활화 된 출력신호 $y_D(t)$를 생성하며, 이 출력신호는 양자화된 표본값과 정확한 표본값 $x(kT_s)$와의 차이만큼 메시지 신호 $x(t)$와 차이를 갖는다.

그러므로 랜덤 잡음이 영향을 미치지 않는다 해도 PCM에서는 완벽한 메시지 복원이 불가능하다.

> 전송단에서의 ADC 동작은 복원 신호에서 양자화 잡음으로 수신기에서 나타나는 지속적인 오류를 유발한다.

PCM 하드웨어 구현의 예제를 다룬 후 이러한 양자화 잡음에 대하여 살펴볼 것이다.

예제 12.1–1 **이진 PCM 시스템**

$q = 8$즉, 부호워드당 $\nu = \log_2 8 = 3$비트로 구성되는 이진 PCM 시스템을 가정하자. 그림 12.1-3a에는 8개의 양자화 레벨과 두 가지 형태의 이진 부호를 나열하였다. 오프셋 이진 부호화라고도 불리는, 자연 부호는 가장 작은 레벨에 부호워드 000을 부여하고 수의 크기대로 가장 큰 레벨에 111을 부여한다. 부호/크기 부호(sign/magnitude codes)에서는 x_q의 대수 부호(sign)에 최상위 비트 b_2를 사용하고 나머지 비트 $b_1 b_0$는 크기를 나타낸다. 다

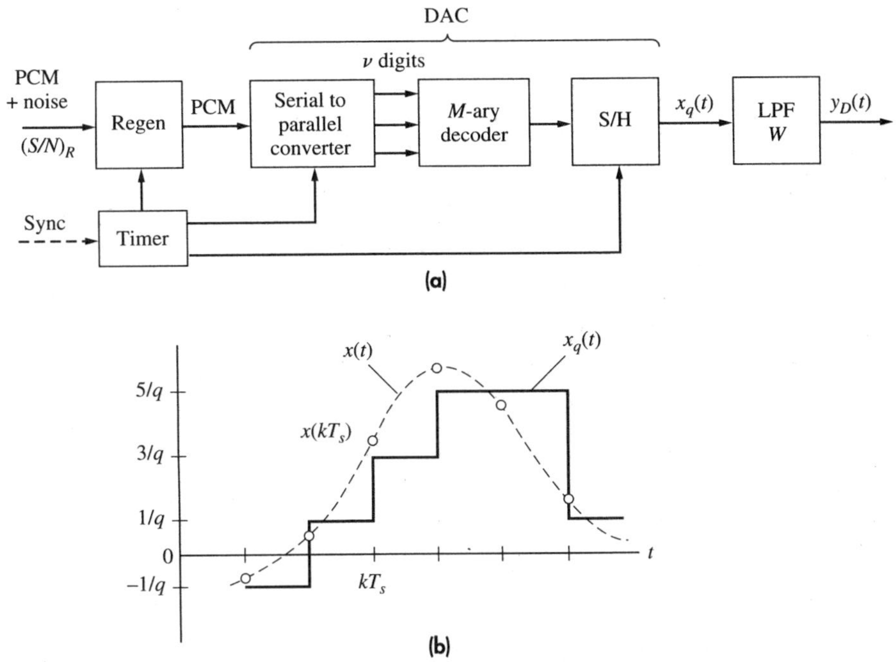

그림 12.1-2

(a) PCM 수신기; (b) 복원된 파형.

른 부호화 알고리즘들도 가능하고, 오류 방지를 위한 부가 비트를 포함시킬 수도 있다(13장의 주제).

부호/크기 부호(sign/magnitude codes)를 위한 직접 변환 ADC 회로를 그림 12.1- 3b에 나타내었다. 이 회로는 부호(sign) 비트를 위한 하나의 비교기와 크기 비트를 생성하기 위한 조합 논리를 포함하는 3개의 병렬 비교기로 구성된다. 직접 변환 ADC는 동작 속도가 고속인 이점이 있으며 **플래쉬 부호기**라고 불리나 총 $q/2$개의 비교기가 필요하다. 이중경사, 카운터-비교, 연속-근사 부호기들의 구성에서 볼 수 있듯이 낮은 속도에서는 하나의 비교기와 하나의 귀환 루프로 구성할 수 있다.

그림 12.1-3c는 3-비트 부호/크기 부호(sign/magnitude codes)를 대상으로 한 **가중-저항 복호기** 회로를 보여준다. 부호 비트에 의해 극성 선택 스위치가 동작하고, 크기비트는 기준 전압에 대한 저항들의 연결을 세어한나. 전체 회로는 출력 진입이 $(-1)^{b_2}(4b_1 + 2b_0 + 1)/8$인 반전 연산 증폭 가산기로 동작한다.

아날로그 파형의 직접 디지털 합성

예제 12.1–2

PLL 주파수 합성기에 대한 하나의 대안으로 그림 12.1-4의 **직접 디지털 합성**(direct digital synthesis, DDS)이 있다. 여기서 파형은 컴퓨터 메모리에 저장되어 있는 표본들을 이용하여 양자화 된다. 메모리의 내용을 반복해서 DAC(digital-to-analog converter)로 보내 등가의 아날로그 신호로 변환시킨다. 출력 표본의 속도는 파형의 주파수를 결정한다.

그림 12.1-3

(a) $q = 8$에 대한 이진 PCM 코드; (b) 부호/크기 코드(sign/magnitude code)를 위한 직접 변환 ADC 회로; (c) 가중–저항 복호기 회로.

x: 1, 3/4, 1/2, 1/4, 0, −1/4, −1/2, −3/4, −1

x_q	Natural code b_2	b_1	b_0	Sign/magnitude code b_2	b_1	b_0
7/8	1	1	1	0	1	1
5/8	1	1	0	0	1	0
3/8	1	0	1	0	0	1
1/8	1	0	0	0	0	0
−1/8	0	1	1	1	0	0
−3/8	0	1	0	1	0	1
−5/8	0	0	1	1	1	0
−7/8	0	0	0	1	1	1

(a)

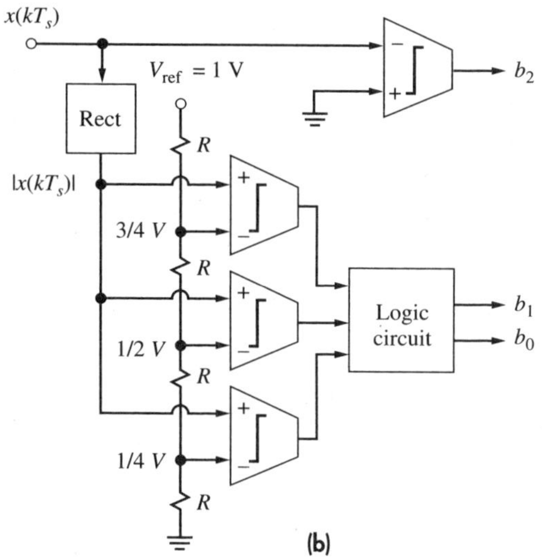

(b)

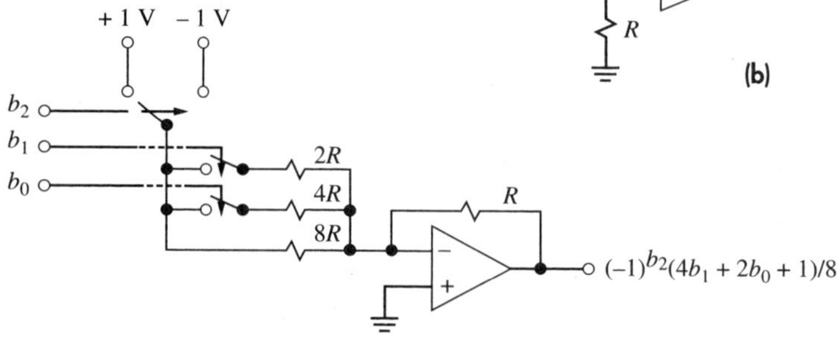

(c)

그림 12.1-4

직접 디지털 합성(DDS)에 의한 파형 발생.

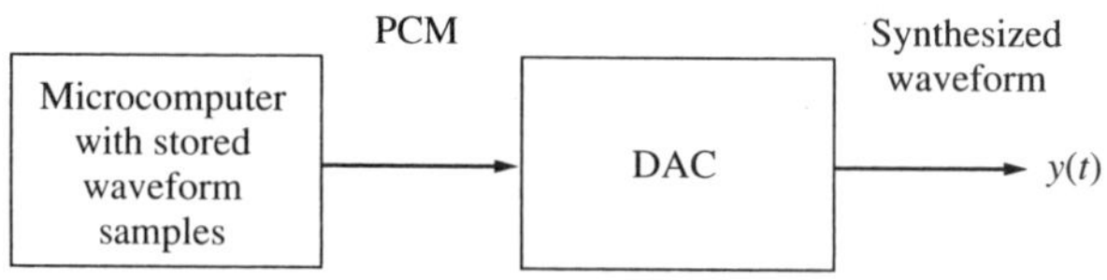

응용문제 12.1-1

전송률 $r_b = 36{,}000$ bits/sec을 갖는 이진 채널은 PCM 음성 전송에 적합하다. $W \approx 3.2$ kHz로 가정하고, v, q, 그리고 f_s의 적절한 값을 구하시오.

양자화 잡음

PCM 복원은 대부분 그림 12.1-2와 같은 계단의 형태의 필터링을 채택하나, 그림 12.1-5의 임펄스 복원 모델이 양자화 잡음 해석에 보다 편리함을 알 수 있을 것이다. 여기서, 표본 및 유지 회로를 대신한 펄스 변환기는 가중된 임펄스 열을 생성한다.

$$y_\delta(t) = \sum_k [x(kT_s) + \epsilon_k]\, \delta(t - kT_s) \tag{3a}$$

그림 12.1-5

임펄스 복원 모델.

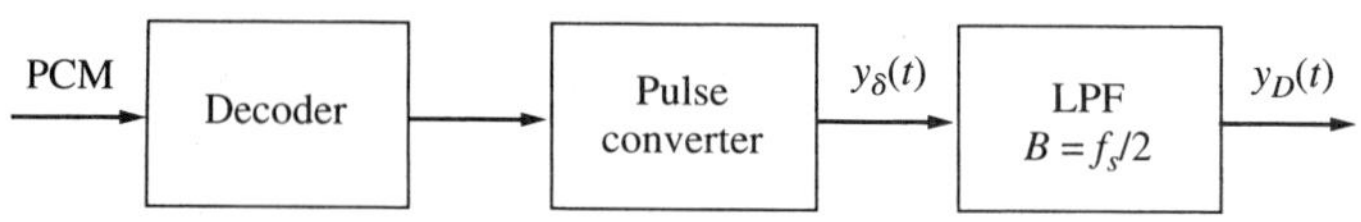

여기서 ϵ_k는 **양자화 오류**, 즉,

$$\epsilon_k = x_q(kT_s) - x(kT_s) \tag{3b}$$

을 나타낸다. $B = f_s/2$의 저역 통과 필터에 의해 최종 출력

$$y_D(t) = x(t) + \sum_k \epsilon_k \operatorname{sinc}(f_s t - k) \tag{4}$$

을 생성한다. 이러한 표현식은 잡음이 섞인 표본을 가지는 아날로그 펄스 변조의 복원과 같은 형태이다; 10.6절 식 (2) 참조. 또한 레벨 수 q가 충분히 커서 신호 근사화가 적절한 경우에는, ϵ_k는 충분히 $x(t)$와 상관이 없으며 독립이 될 것이다. 따라서, $\overline{\epsilon_k^2}$를 평균 제곱 **양자화 잡음**으로 표현한다.

등 간격 레벨을 가지는 반올림 양자화에서는 $|\epsilon_k| \leq 1/q$이 보장된다. 특별히 다른 근거가 없는 경우에는 양자화 오류는 평균이 0이고 확률 밀도 함수가 $-1/q \leq \epsilon_k \leq 1/q$ 구간에서 균일하게 분포한다고 가정한다. 그러므로, 양자화 잡음 전력은

$$\sigma_q^2 = \overline{\epsilon_k^2} = \frac{1}{(2/q)}\int_{-1/q}^{1/q} \epsilon^2 \, d\epsilon = \frac{1}{3q^2} \tag{5}$$

이며, 이식을 통하여 양자화 레벨의 수가 증가할 때 양자화 잡음이 감소한다는 것을 직관적으로 알 수 있다.

이제 최종 신호 전력($S_D = \overline{x^2} = S_x \leq 1$)과 양자화 잡음 전력($\sigma_q^2$)의 식으로 PCM의 성능을 구한다. 최종 신호 대 잡음 비는

$$\left(\frac{S}{N}\right)_D = \frac{S_x}{\sigma_q^2} = 3q^2 S_x \tag{6}$$

이 된다. $q = 2^\nu$로 설정하고 $(S/N)_D$를 데시벨로 표현함으로써 이진 PCM에 대한 보다 유용한 관계식을 얻게 된다. 따라서,

$$\left(\frac{S}{N}\right)_D = 10\log_{10}(3 \times 2^{2\nu} S_x) \leq 4.8 + 6.0\nu \text{ dB} \tag{7}$$

이고, 여기서 상한 값은 $S_x = 1$일 때이다. 음성 전화 PCM 시스템은 대체적으로 $\nu = 8$이므로, $(S/N)_D \leq 52.8$ dB가 된다.

그러나, 음성과 음악을 위시한 많은 아날로그 신호들은 rms 값에 대한 **최대값의 비**, 즉 $|x(t)|_{max}/\sigma_x$로서 정의되는 큰 값의 크레스트 인수로 특징지어진다. 신호의 정규화는 $|x(t)|_{max} \leq 1$가 되게 하고, 따라서 크레스트 인수가 크다는 것은 $S_x = \sigma_x^2 \ll 1$을 의미한다. 결과적으로, 실제 신호 대 잡음 비는 이론적인 상한선보다 매우 작게 된다. 예를 들면, 일부 디지털 오디오 녹음 시스템에서는 $\nu = 14$로 선택하여 식 (7)에 의한 $(S/N)_D \leq 88.8$ dB에 만족되는 $(S/N)_D \approx 60$ dB의 높은 충실도의 음질을 얻도록 하였다. 양자화 비트수 ν를 증가시키는 대신 대역폭을 절약하기 위한 방안으로, **비균일** 양자화와 같은 개념의 **압신방식**을 사용함으로써 PCM 성능을 개선할 수 있다.

예제 12.1-3 **큰 변동폭을 가진 신호의 신호 대 잡음 비**

산모 신호의 크기는 1 볼트이고, 태아 신호의 크기가 100 μV인 모태 심전계 시스템(ECG)을 고려하자. 이런 신호 레벨에 기반하여, 태아의 신호가 $S_x = 5 \times 10^{-9}$이라 가정한다. 양극성 1 볼트 12 비트 ADC를 사용하면, 식 (7)을 이용하여 $(S/N)_D = 4.8 + 6 \times 12 + 10 \log (5 \times 10^{-9}) = -6.2$ dB를 얻는다. 다른 한편으로, 16 비트 ADC를 사용하면 $(S/N)_D = 4.8 + 6 \times 16 + 10 \log (5 \times 10^{-9}) = 17.8$ dB를 얻는다. 또한, 전압 레벨에 대하여 이 두 가지 경우를 비교하면, 12 비트 ADC의 사용시 피크-투-피크 양자화 잡음의 크기는 $2/2^{12} = 488$ μV로서 이것은 입력 신호 레벨인 100 μV를 초과한다. 그러나, 16 비트 ADC의 사용시 31 μV의 피크-투-피크 양자화 잡음만을 얻게 된다.

응용문제 12.1-2

$f_s = 10$ MHz를 갖는 비디오 신호의 이진 PCM 전송을 고려하자. (a) $S_x = 1$일 때 $(S/N)_D \geq 50$ dB를 얻는데 필요한 신호 전송률을 계산하시오. (b) $S_x = 0.1$일 때 (a)를 반복하시오.

비균일 양자화와 압신

큰 크레스트 인수 값으로 정규화된 신호 $x(t)$는 그림 12.1-6의 전형적인 확률 밀도 함수 $p_x(x)$로 나타낼 수 있다. 우 대칭이고 $x = 0$에서 임펄스가 없으므로 $\overline{x} = 0$이 되며, 따라서 $\sigma_x^2 = \overline{x^2} = S_x$이 되어 다음식을 얻는다.

$$S_x = \int_{-1}^{1} x^2 p_X(x)\, dx = 2\int_{0}^{1} x^2 p_X(x)\, dx \tag{8}$$

확률 밀도 함수가 $x = 0$에서 최대값을 가지기 때문에 위 적분은 $S_x \ll 1$가 된다.

또한 $p_x(x)$의 모양을 살펴보면 대부분의 시간에서 $|x(t)| \ll 1$임을 알 수 있다. 따라서, 점선으로 나타낸 것처럼 비균일 양자화를 사용하는 것은 매우 유용한 방법이다. 양자화 레벨들 $\pm x_1, \ldots, \pm x_{q/2}$는 $x = 0$ 근처에서 촘촘한 간격으로 분포하나, $|x(t)|$의 큰 값에서는 넓은 간격을 두고 드물게 발생한다. 이에 대한 양자화 잡음은 다음과 같이 계산된다.

그림 12.1-6
비균일 양자화 대역을 갖는 큰 크레스트 인자 메시지 확률 밀도 함수.

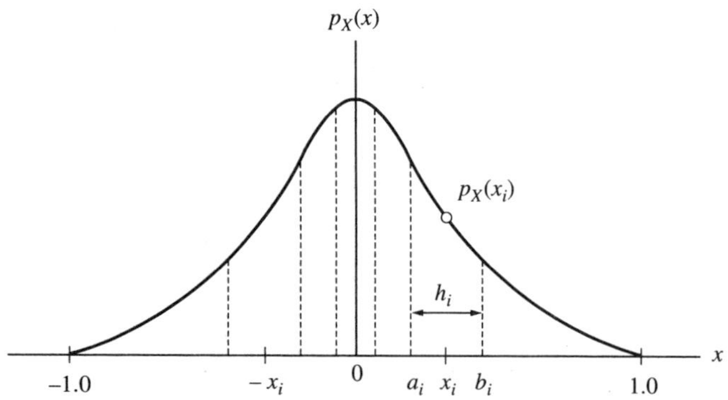

양자화 레벨 x_i의 범위 $a_i < x < b_i$ 구간에서 표본값 $x = x(kT_s)$를 고려하자. 양자화 오류 $\epsilon_i = x_i - x$는 다음과 같은 평균 제곱 값을 갖는다.

$$\overline{\epsilon_i^2} = \int_{a_i}^{b_i} (x_i - x)^2 p_X(x)\, dx \tag{9a}$$

모든 q 레벨에 대해 $\overline{\epsilon_i^2}$을 더하면 양자화 잡음은 다음과 같이 된다.

$$\sigma_q^2 = 2 \sum_{i=1}^{q/2} \overline{\epsilon_i^2} \tag{9b}$$

여기서 우 대칭(even symmetry) 특성의 이점을 이용하였다. 보통 $q \gg 1$인 경우 스텝 높이 $h_i = b_i - a_i$가 충분히 작으므로 각 적분 구간에서 $p_X(x) \approx p_X(x_i)$가 되며, x_i는 스텝의 대략 중간값이 될 것이다. 이러한 조건하에 식 (9a)는 다음과 같이 간략화 되고

$$\overline{\epsilon_i^2} \approx p_X(x_i) \int_{x_i - h_i/2}^{x_i + h_i/2} (x_i - x)^2\, dx = p_X(x_i)\frac{h_i^3}{12}$$

따라서

$$\sigma_q^2 \approx \frac{1}{6} \sum_{i=1}^{q/2} p_X(x_i) h_i^3 \tag{10}$$

이 된다. 이러한 표현을 살펴보면, 만일 신호가 $p_X(x) = 1/2$인 균일 PDF를 가지고, 스텝 높이가 $h_i = 2/q$로 동일하다면, $\sigma_q^2 = (1/6)(q/2)(1/2)(2/q)^3 = 1/3q^2$이 되고 이것은 앞에서의 식 (5)의 결과와 일치함을 알 수 있다.

이론적으로, 양자화 잡음을 최소화하도록 x_i, a_i, b_i 값을 결정하여 PCM의 성능을 최적화할 수 있다. 이러한 최적화 과정은 신호의 PDF 정보를 알아야 한다는 점에서 어렵다. 또한, 비선형 양자화를 요하는 주문형 하드웨어는 표준 균일 양자화기보다 훨씬 비싸다. 따라서 실제로 사용되는 방법은 **비선형 신호 압축** 후에 균일 양자화를 사용하는 것이며,

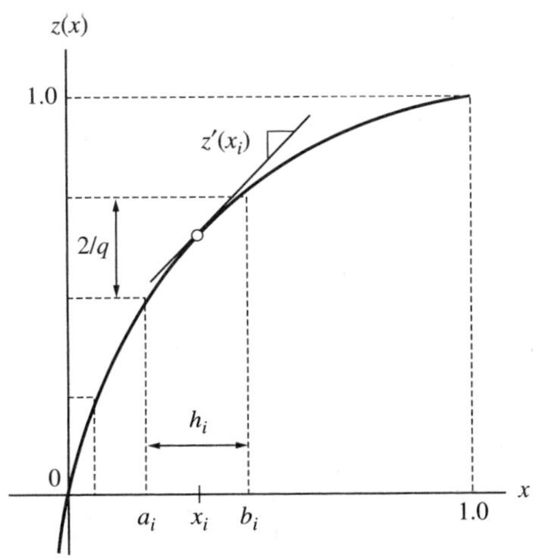

그림 12.1-7
압축기 특성 곡선.

이 때 압축 특성은 대표적인 신호들에 대한 실험적 연구 결과로부터 얻는다.

$0 \le x \le 1$에 대한 압축기 곡선 $z(x)$의 예를 그림 12.1-7에 나타내었다; $-1 \le x \le 0$에서 $z(x) = -z(|x|)$가 되도록 전체 곡선이 원점에 대하여 대칭이 되어야 한다. 그림에 나타난 것과 같이 $z(x)$의 균일 양자화는 x의 비균일 양자화에 해당한다. 압축기에 의해 생긴 비선형 왜곡은 3.2절에서 논의한 압신 방법과 마찬가지로 상호 보완 성격의 확장기로 복원된 후 정정된다. 그러므로, 압축 및 신장된 PCM의 검파후 신호 대 잡음 비는 식 (10)에서 주어진 σ_q^2으로 표현할 때 $(S/N)_D = S_x/\sigma_q^2$이 된다.

다음 작업은 σ_q^2을 압축기 곡선 형태로 표현하는 것이다. 이러한 목적으로,

$$z'(x) \triangleq \frac{dz(x)}{dx}$$

라 하면 $z'(x_i)$는 $x = x_i$에서 $z(x)$의 기울기와 같다. $q \gg 1$과 $h_i \ll 1$의 조건을 만족하면 $z(x_i) \approx (2/q)/h_i$로 근사화 되고, 따라서

$$h_i^2 \approx \left[\frac{2/q}{z'(x_i)}\right]^2 = \frac{4}{q^2[z'(x_i)]^2}$$

이 된다. 그러면 식 (10)은 다음 식이 된다.

$$\sigma_q^2 \approx \frac{4}{6q^2}\sum_{i=1}^{q/2}\frac{p_X(x_i)}{[z'(x_i)]^2}h_i \approx \frac{2}{3q^2}\int_0^1 \frac{p_X(x)}{[z'(x)]^2}dx$$

여기서 $h_i \to dx$를 적용하여 합 연산을 적분 연산으로 변형하였다. 그러므로 최종 결과는

$$\left(\frac{S}{N}\right)_D = \frac{S_x}{\sigma_q^2} \approx \frac{3q^2 S_x}{K_z} \tag{11a}$$

이며, 여기서

$$K_z \triangleq 2\int_0^1 \frac{p_X(x)}{[z'(x)]^2}dx \tag{11b}$$

로 압축의 영향이 고려된 결과이다. 만약에 $K_z < 1$이면, $(S/N)_D > 3q^2S_x$이고 압신방식은 양자화 잡음을 줄임으로써 PCM 성능의 향상을 가져다준다.

예제 12.1-4 **음성 PCM을 위한 μ-법칙 압신**

음성 전화 PCM에 널리 사용되는 μ-법칙 압신 방식의 압축기 특성은 다음과 같다.

$$z(x) = x_{\max}\frac{\ln(1 + \mu|x|/x_{\max})}{\ln(1+\mu)}\,\mathrm{sgn}\,(x/x_{\max}) \qquad |x|/x_{\max} \le 1 \tag{12}$$

여기서 $x_{\max}$는 과부하 없이 양자화할 수 있는 최대 입력 레벨이고, 미국에서 μ의 표준

값은 255이다. 함수 $z(x)$가 n 비트 균일 양자화기에 입력되어 x_q'가 생성된다 . 원래 음성 신호를 추정하기 위해, 양자화된 신호를 식 (12)의 역인 확장기에 적용한다,

$$z^{-1}(x_q') = \frac{x_{\max}}{\mu}\left[(1+\mu)^{|x_q'|/x_{\max}} - 1\right]\operatorname{sgn}(x_q'/x_{\max}) \rightarrow \hat{x} \tag{13}$$

$|x| \le 1$ 조건의 정규화된 입력을 가정하면, 식 (12)로부터 다음 식을 얻는다.

$$z'(x) = \frac{\mu}{\ln(1+\mu)}\frac{1}{1+\mu|x|} \tag{14}$$

변수 μ는 큰 수이므로 $|x| \ll 1$인 경우에 $z'(x) \gg 1$이 된다. 반면, $|x| \approx 1$인 경우에 $z'(x) \ll 1$이 된다. 식 (11b)에 $z'(x)$를 대입하고 적분하면 다음 식을 얻는다.

$$K_z = \frac{\ln^2(1+\mu)}{\mu^2}(1 + 2\mu\overline{|x|} + \mu^2 S_x) \tag{15}$$

이제 μ-법칙 압신방식의 효능을 시험하기 위해 $\overline{|x|}$와 S_x의 값이 필요하다.

실험적 연구를 통하여 음성 신호의 PDF가 다음과 같은 라플라스 분포로 모델링 될수 있다고 알려져 있다.

$$p_X(x) = \frac{\alpha}{2}e^{-\alpha|x|} \tag{16a}$$

여기서

$$S_x = \sigma_x^2 = \frac{2}{\alpha^2} \qquad \overline{|x|} = \frac{1}{\alpha} = \sqrt{\frac{S_x}{2}} \tag{16b}$$

이다. 이 분포는 $|x(t)|_{\max} \le 1$로 정규화 될 수 없으나, 만약 $S_x < 0.1$이면 $|x(t)| > 1$일 확률은 1퍼센트 이하가 될 것이다. 다른 음성 PDF 모델들도 $\overline{|x|}$와 S_x간의 거의 동일한 관계를 갖게 되는데 이는 K_z 계산에 중요한 인자가 된다.

μ를 표준값인 255라 하고, 식 (15)에서 $\overline{|x|} = \sqrt{S_x/2}$라 하면

$$K_z = 4.73 \times 10^{-4}(1 + 361\sqrt{S_x} + 65{,}025 S_x)$$

을 얻는다. 수치 연산을 통하여 $S_x < 0.03$인 경우에 $K_z < 1$임을 알 수 있다. 그러나, 더 중요한 사실은 S_x의 광 범위에 걸쳐 S_x/K_z가 거의 상수로 유지된다는 것이다. 결과적으로, 개개의 화자 사이에서 S_x의 넓은 변화량에도 불구하고, 음성 PCM을 위한 μ-법칙 압신 방식은 기본적으로 고정된 $(S/N)_D$값을 제공한다. 그림 12.1-8은 $q = 2^8$일 때 압신 방식을 적용한 경우와 적용하지 않은 경우에 대하여 dB 단위의 S_x에 대한 dB 단위의 $(S/N)_D$을 도시하여 이러한 특징을 보여주고 있다. $S_x < -20$ dB인 경우에 압신으로 인한 성능 개선을 주목하라.

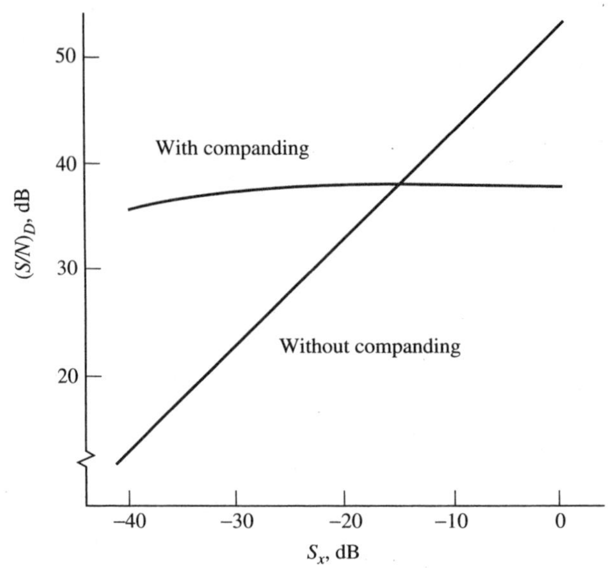

그림 12.1-8

μ–법칙 압신방식이 적용 또는 미적용된 PCM의 성능.

응용문제 12.1-3 양자화 오류는 압신에 의해 감소될 것이다. 출력이 ±8.75 V 이상으로 변화하는 곳에서 $\nu = 3$인 비트 양자화기와 함께 사용되는 $\mu = 255$인 압신기를 고려하자. 입력이 0.6 V인 경우, 압신 방식을 사용한 경우와 그렇지 않은 경우의 ϵ_k는 무엇인가?

12.2 잡음 섞인 PCM

본 절에서는 PCM 전송에서 불규칙 잡음의 영향을 살펴본다. 그 결과 디지털 오류는 복호 잡음을 발생 시킨다. 오류 문턱 레벨을 정의한 후에 PCM과 아날로그 변조 방법을 비교한다.

복호 잡음

PCM 신호에 부가된 불규칙 잡음이 수신기에서 부호워드의 잘못된 디지트들로 나타나는 재생 오류를 유발한다. 그렇게 되면 복호기는 특정 표본의 원래의 레벨과 다른 양자화 레벨로 판단한다.

그러므로,

> 복원된 메시지 파형은 양자화 잡음뿐만 아니라 복호 잡음으로 인하여 왜곡된다.

균일 양자화를 사용한 이진 PCM으로 제한하고 비트 오류 확률 P_e가 상대적으로 작다고 가정하면 복호 잡음을 해석하는 것은 그렇게 어렵지 않다. ν-디지트 부호워드에서 비트 오류의 수는 이항분포를 따르는 랜덤 변수이다. 그러나, $P_e \ll 1$일 때, 주어진 부호워드에서 하나의 오류가 생길 확률은 νP_e로 근사화될 수 있고, 두 개 이상의 오류가 생길 확률은 그 사건을 무시할 만큼 충분히 작다. 물론, 각 비트 위치에 따라 복호의미가 다르기 때문에 단일 오류는 부호워드의 비트 위치에 따라 영향을 받는다.

부호워드의 m번째 비트가, 스텝 크기 $2/q$에 2^m배 한 만큼의 간격을 가진 양자화 레벨 사이를 구분짓는 $b_{\nu-1}b_{\nu-2}\cdots b_1b_0$의 형태의 자연적인 이진 부호워드를 고려하자. (그림 12.1-3에서 실례를 든 부호/크기 부호(sign/magnitude codes)에서 크기 비트에 대해서는 이러한 패턴이 적용되지만, 부호(sign) 비트에 대해서는 더 복잡한 해석을 의미하는 다양한 레벨이 존재한다.) 따라서 m번째 비트 오류는 복호된 레벨을 $\epsilon_m = \pm(2/q)2^m$ 만큼 이동시키고, ν개의 비트 위치에 대한 ϵ_m^2의 평균은 비트 오류 위치가 불규칙한 경우에 대한 평균 제곱 복호 오류와 같다. 그러므로,

$$\overline{\epsilon_m^2} = \frac{1}{\nu}\sum_{m=0}^{\nu-1}\left(\frac{2}{q}2^m\right)^2 = \frac{4}{\nu q^2}\sum_{m=0}^{\nu-1}4^m \tag{1}$$

$$= \frac{4}{\nu q^2}\frac{4^\nu - 1}{3} = \frac{4}{3\nu}\frac{q^2-1}{q^2} \approx \frac{4}{3\nu}$$

이 되며, 여기서 기하학적 수열을 합하는 공식을 사용하고 $4^\nu = 2^{2\nu} = q^2 \gg 1$을 대입하였다. 그러므로, 부호워드의 오류가 νP_e의 확률로 발생하기 때문에 **복호 잡음 전력**은

$$\sigma_d^2 = \nu P_e\overline{\epsilon_m^2} \approx \tfrac{4}{3}P_e \tag{2}$$

이 된다.

전체적인 최종 잡음 전력은 기본적으로 독립된 과정에서 발생하는 복호 잡음 σ_d^2과 양자화 잡음 $\sigma_q^2 = 1/3q^2$으로 이루어진다. 그러므로,

$$N_D = \sigma_q^2 + \sigma_d^2 = \frac{1 + 4q^2P_e}{3q^2}$$

이고

$$\left(\frac{S}{N}\right)_D = \frac{3q^2}{1 + 4q^2P_e}S_x \tag{3}$$

이므로, 복호 잡음은 $4q^2P_e$의 상대적인 값에 영향을 받는다. 또한, 식 (3)에서 다음과 같은 두 가지 극단적인 조건을 볼 수 있다.

$$\left(\frac{S}{N}\right)_D \approx \begin{cases} 3q^2S_x & P_e \ll 1/4q^2 \\ \dfrac{3}{4P_e}S_x & P_e \gg 1/4q^2 \end{cases} \tag{4}$$

P_e가 작을 때는 양자화 잡음의 영향이 우세하지만, P_e가 $1/4q^2$에 비하여 클 때는 복호 잡음의 영향이 우세하고 $(S/N)_D$가 감소한다.

디지털 재생기의 입력단에서 수신된 신호 대 잡음 비 $(S/N)_R$가 P_e의 값을 결정한다는 것을 기억하자. 특히, 가우시안 백색 잡음 환경에서 극형 이진 신호에 대한 $P_e = Q[\sqrt{(S/N)_R}]$이라는 것을 알고 있다. 이 경우 $S_x = 1/2$이고 두 가지의 q 값에 대하여, $(S/N)_R$에 대한 $(S/N)_D$를 그림 12.2-1에 나타내었다. $(S/N)_R$이 감소함에 따라 $(S/N)_D$가 급격히 떨어지게 되는 것을 **문턱 효과**라 하는데 이는 증가하는 오류에 의해 발생한다. $P_e \gg 1/4q^2$인 경우에 오

그림 12.2-1

여러 양자화 레벨에 대한 PCM의 잡음 성능.

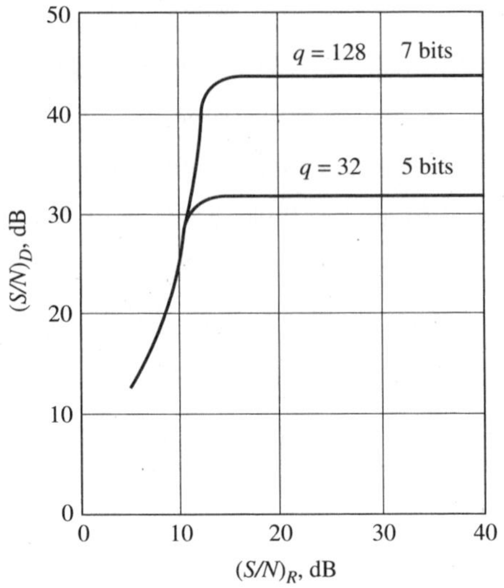

류 문턱값 이하에서 오류가 매우 자주 발생하여 복원된 파형이 원 신호와 유사점이 거의 없게 되며, 메시지를 인식하지 못하게 된다.

오류 문턱

PCM에서 오류 문턱 레벨은 대체적으로 복호화 잡음이 $(S/N)_D$를 1 dB 감소시키는 지점에서 정의된다. 공교롭게도, 이 정의는 오류 문턱에 대한 해석적인 연구를 하는 것에 별로 도움을 주지 못한다. 보다 좋은 대안으로서, 만약 $P_e \leq 10^{-5}$이면 복호화 오류를 무시할 수 있게 된다. 11.2절의 식 (20)을 이용해 극성 M진 신호에 대하여 $(S/N)_R$에 대한 조건을 다음과 같이 얻을 수 있다.

$$P_e = 2\left(1 - \frac{1}{M}\right)Q\left[\sqrt{\frac{3}{M^2 - 1}\left(\frac{S}{N}\right)_R}\,\right] \leq 10^{-5}$$

$(S/N)_R$의 최소값에 대하여 풀면 다음과 같은 문턱 레벨 값을 얻게 된다.

$$\left(\frac{S}{N}\right)_{R_{\text{th}}} \approx 6(M^2 - 1) \tag{5}$$

만약 $(S/N)_R < 6(M^2 - 1)$이면, PCM의 출력은 복호화 잡음에 의해 크게 손상될 것이다.

다소 미묘하기는 하지만 식 (5)의 중요한 함축적인 의미는 디지털 신호 전송률과 전송 대역폭과의 관계를 내포하고 있다는 것이다. 아날로그 전송 파라미터 $\gamma = S_R/N_0W = (B_T/W)(S/N)_R$를 이용하여 그 관계를 유도할 수 있다. PCM 전송 대역폭은 $B_T \geq r/2 \geq \nu W$이므로

$$\begin{aligned}\gamma_{\text{th}} &= (B_T/W)(S/N)_{R_{\text{th}}} \\ &\approx 6\frac{B_T}{W}(M^2 - 1) \geq 6\nu(M^2 - 1)\end{aligned} \tag{6}$$

이 된다. v와 M이 주어지면 문턱값 이상에서 PCM 동작에 요구되는 γ의 최소값을 이 식을 통하여 구할 수 있다. 또한 PCM과 다른 전송 기법의 비교를 용이하게 한다.

PCM과 아날로그 기저대역 전송에 대한 문턱

예제 12.2-1

예제 12.1-4에서 $M = 2$, $v = 8$이고 μ-법칙 압신방식을 사용한 음성 PCM 시스템은 $(S/N)_D \approx 37$ dB라는 것을 보였다. 식 (6)을 통해 이에 해당하는 문턱레벨 $\gamma_{th} \geq 144 \approx 22$ dB 을 얻을 수 있다. 따라서, PCM 시스템은 $(S/N)_D = \gamma$인 직접 아날로그 기저대역 전송보다 잠재적으로 15 dB의 이득을 가지고 있다. $B_T > vW$이고 $\gamma > \gamma_{th}$를 만족해야 하므로 실제로는 이득을 모두 실현하지는 못한다.

응용문제 12.2-1

오류 문턱에 대한 1-dB 정의는 $10 \log_{10} (1 + 4q^2P_e) = 1$과 등가이다. $q = 2^8$일 때 이 정의로부터 P_e를 계산하시오. 극형 이진 신호에 대하여 이에 해당하는 $(S/N)_R$ 값을 구하고, 그 결과를 식 (5)와 비교하시오.

PCM 대 아날로그 변조

PCM 문턱 효과는 문턱 레벨 이상에서 광대역 잡음 제거의 성질을 갖는 FM 및 PPM과 같은 아날로그 변조 방법을 상기시킨다. 최초 비교 항목으로, PCM 역시 문턱 레벨 $(S/N)_D = 3q^2S_x$ 이상에서 동작할 때 광대역 잡음을 제거한다는 것을 보이자. 이러한 목적을 위해, 표본화 주파수가 Nyquist율에 근접하고, $B_T \approx vW$라고 가정하자. 그러면 $q = M^v \approx M^b$이 되며, 여기서 $b = B_T/W$는 대역폭 비율이다. 그러므로,

$$\left(\frac{S}{N}\right)_D \approx 3M^{2b}S_x \tag{7}$$

이 되며, 이것은 신호 대 잡음 비에 대하여 대역폭의 지수항 만큼의 잡음 감소를 보여주고 있다. 감소되는 잡음이 양자화 잡음이면, 문턱값 이상에서 불규칙 잡음은 PCM에 어떠한 영향도 미치지 않는다. 식 (7)에서 지수 인자로 인하여 $(S/N)_D$는 광대역 아날로그 변조보다 더 급격하게 변하는데 여기서 $(S/N)_D$는 b 혹은 b^2에 비례하여 증가한다.

문턱값의 한계를 포함해서 더 상세히 비교 하자면, 그림 12.2-2는 γ의 함수로서 몇 가지 종류의 변조 성능을 보여준다. 모든 곡선은 $S_x = 1/2$로 계산되고, 굵은 점은 문턱점을 나타낸다. PCM 곡선들은 $M = 2$, $v = b$에 대하여 식 (6)과 식 (7)을 바탕으로 그려졌다.

명백히, 전력 효율 면에서 $\gamma \approx \gamma_{th}$ 이상으로 전력이 증가하더라도 $(S/N)_D$을 개선시키지 못하기 때문에 PCM은 문턱점 바로 위에서만 동작하여야 한다. 문턱 근처에서 동일값 b와 $(S/N)_D$를 가진 FM 또는 PPM에 비해 PCM은 몇몇 이득을 제공한다. 인자가 2인 3-dB의 전력 이득이라 하더라도 일부 응용 분야에서는 성공과 실패의 차이를 결정이득수도 있다. 그러나 그러한 이득은 더 복잡하고 값비싼 하드웨어를 지불하여야 얻어진다. 사실상,

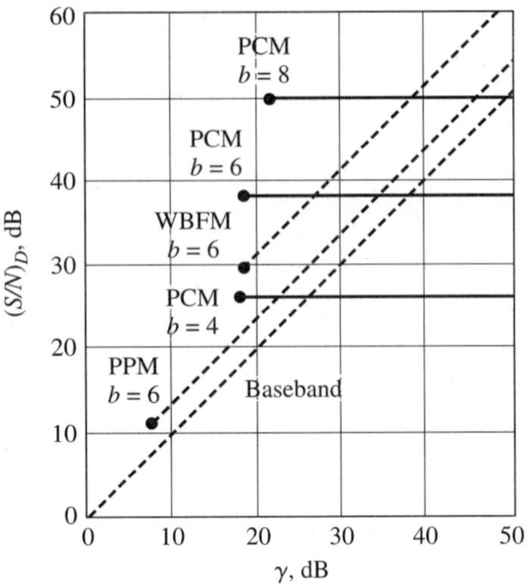

그림 12.2-2
PCM과 아날로그 변조의 성능 비교.

1950년대 후반 (PCM이 고안된 후 20여년 동안) 고속 디지털 전자 소자가 개발되기 전까지 PCM을 비현실적이라고 여겨졌다.

두 가지의 다른 이점은 그림 12.2-2에 나타나 있지 않다.

> 전송 링크가 다수의 중계국을 필요로 할 때 PCM은 재생 중계기의 이점을 가능하게 한다.

> PCM은 아날로그 메시지를 디지털 신호처럼 전송하는 것을 가능하게 한다.

디지털 다중화는 통신 채널을 유동적이고 효율적으로 이용하기 위해 PCM과 디지털 데이터 신호의 결합을 가능하게 한다. 모두를 고려하면, 이런 두 가지 이점이 장거리 전화를 위한 새로운 시스템 설계시 PCM이 탁월하다는 것을 보여준다.

공교롭게도, PCM이 모든 응용분야에 적합한 것은 아니다. 예를 들어, 라디오 방송에서는 비교적 큰 $(S/N)_D \approx 60$ dB 정도의 신호 대 잡음 비를 요구한다. 그림 12.2-2를 통해 이것은 $b > 8$인 이진 PCM, 또는 더 작은 대역폭 비 $b = 6$과 송수신기에서 아주 간단한 하드웨어가 요구되는 FM을 사용할 수 있음을 알 수 있다. 마찬가지로, 대부분의 단일 채널 시스템에서는 대역폭과 하드웨어에 대한 문제로 인하여 PCM을 사용하지 못하는 경우도 있다.

응용문제 12.2-2

식 (6)과 식 (7)을 이용하여, 문턱점에서 동작하는 PCM 시스템에서

$$\left(\frac{S}{N}\right)_{D_{th}} = 3\left(1 + \frac{\gamma_{\text{th}}}{6b}\right)^b S_x \tag{8}$$

이 성립함을 보이시오. 이 식을 10.3절, 식 (20)에서 $D = b/2 \gg 1$로 놓은 WBFM에 대한 식과 비교하시오.

12.3 델타 변조와 예측 부호화

물리적 과정으로부터 유도되는 아날로그 파형의 표본 값들은 종종 표본간의 평균 변화가 적다는 점에서 **예측성**을 나타낸다. 그러므로, 과거 값들에 기반하여 다음 표본값을 적절히 예측할 수 있다. 물론, 예측된 값들은 다소의 오류를 갖지만, 그 오류의 범위는 신호의 피크-투-피크(peak-to-peak) 범위보다 훨씬 작다. 예측 부호화된 변조 기법은 **예측 오류**를 전송하여 이러한 특성을 이용한다. 신호를 복원하기 위하여 최종 단에서는 동일한 예측 회로로 입력 오류와 예측된 값을 결합한다.

예측 기법들은 특히 오디오와 비디오 신호에 적합하고, 음성과 영상을 효율적으로 전송하기 위한 예측 방법 개발에 특히 많은 노력을 기울여왔다. **델타 변조**(delta modulation, DM)는 PCM 보다 증가된 신호 전송률을 위하여 간단한 하드웨어로 예측하는 방법이다. **차분 펄스 부호 변조**(DPCM)는 신호 전송률은 감소하지만 더 정교한 하드웨어를 필요로 한다. 이 절에서는, 예측을 사용한 **음성 합성**과 관련된 흥미로운 주제로 DM과 DPCM 을 살펴본다.

델타 변조

아날로그 메시지 신호 $x(t)$가 저역 통과 필터를 통과하여 매 T_s초마다 표본화 된다고 하자. 여기서는 $t = kT_s$의 **표본화 시간**을 나타내는 정수형 독립 변수 k을 가지고 이산 시간 표기를 사용하는 것이 편리할 것이다. 따라서 $x(kT_s)$를 줄여서 $x(k)$ 등으로 표기한다.

표본화 주파수가 Nyquist 율보다 클 때, $x(k)$는 선행 표본값 $x(k-1)$과 거의 같다고 기대할 수 있다. 따라서, 양자화된 표본값 $x_q(k-1)$이 주어지면 그 다음 값에 대하여 다음식과 같이 적절하게 예측할 수 있으며

$$\tilde{x}_q(k) = x_q(k-1) \tag{1}$$

여기서 $\tilde{x}_q(k)$는 $x_q(k)$의 **예측**을 나타낸다. 그러면 시간 지연 T_s를 갖는 지연 라인은 예측 회로 역할을 수행한다. 실제값과 예측값의 차이는 다음과 같이 표현되며

$$x_q(k) = \tilde{x}_q(k) + \epsilon_q(k) \tag{2}$$

여기서 $\epsilon_q(k)$는 **예측 오류**이다.

만일 예측 오류 $\epsilon_q(k)$를 전송하면, 그림 12.3-1의 시스템을 이용하여 현재의 출력을 지연시켜 입력에 더하여 $x_q(k)$를 생성하게 된다. 이 시스템은 **누산기** 역할을 하는 식 (1)과 식 (2)를 구현하게 된다. $x_q(k) = \epsilon_q(k) + x_q(k-1)$을 $x_q(k-1) = \epsilon_q(k-1) + x_q(k-2)$

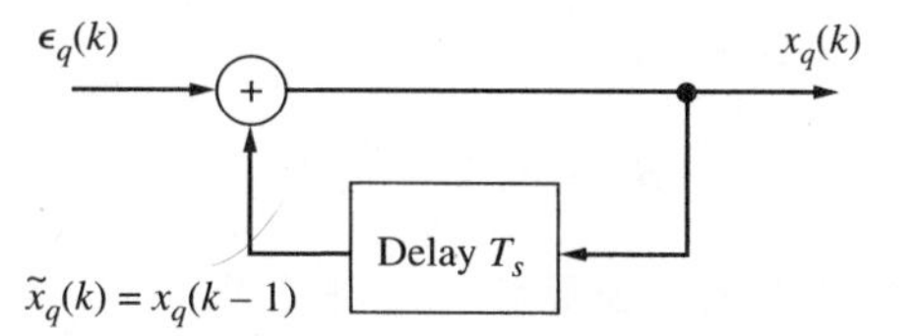

그림 12.3-1
델타 변조를 위한 누산기.

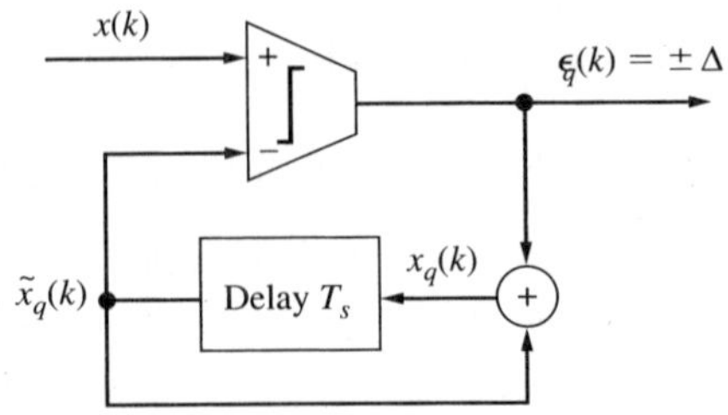

그림 12.3-2
델타 변조(DM) 전송기.

등등으로 표기함으로써 누산 효과를 발생시키며; 따라서,

$$\begin{aligned} x_q(k) &= \epsilon_q(k) + \epsilon_q(k-1) + x_q(k-2) \\ &= \epsilon_q(k) + \epsilon_q(k-1) + \epsilon_q(k-2) + \cdots \end{aligned}$$

이 된다. 적분기는 $\epsilon_q(k)$가 간단한 구형파 펄스 형태일 때 누산기와 동일한 역할을 수행한다.

전송단에서, 그림 12.3-2에서 나타낸 간단한 델타 변조 시스템에 의해 예측 오류가 생성된다. 비교기는 예측된 값 $\tilde{x}_q(k)$와 양자화 되지 않은 표본 $x(k)$의 차이에 따라 출력값이 $\pm\Delta$인 이진 양자화기로서의 역할을 수행한다. 그러므로, 결과적인 DM 신호는 다음과 같으며

$$\epsilon_q(k) = [\text{sgn}\,\epsilon(k)]\Delta \tag{3a}$$

여기서

$$\epsilon(k) = x(k) - \tilde{x}_q(k) \tag{3b}$$

는 양자화 되지 않은 오류를 나타낸다. 귀환 루프의 누산기 (또는 적분기)는 귀환 신호가 지연된 출력에서 발생하는 것을 제외하면 그림 12.3-1과 유사하게 $\epsilon_q(k)$로부터 $\tilde{x}_q(k)$를 생성한다.

이러한 DM 전송기는 비교기 외에는 아날로그-디지털 변환기가 필요 없음을 알 수 있다. 또한, 그림 12.3-1과 같은 누산기는 수신기에서 아날로그-디지털 변환을 수행하여 $\epsilon_q(k)$로부터 $x_q(k)$를 복원한다. 그러므로,

DM 시스템은 PCM 시스템에 비해 매우 간단한 하드웨어로 아날로그 신호를 디지털로 전송한다.

델타 변조는 이름 그대로 각 입력 표본 $x(k)$를 높이가 $+\Delta$ 또는 $-\Delta$의 하나의 펄스로 부호화하는 것을 의미한다. 그러나 또한 $\epsilon_q(k)$를 신호율이 $r_b = f_s$인 또는 표본당 한 비트인 이진 파형으로 볼 수도 있다. 이러한 이유로 DM은 때때로 "1 비트 PCM"으로 불린다. 이에 해당하는 전송 대역폭의 요구치는

$$B_T \ge r_b/2 = f_s/2 \tag{4}$$

이다. DM은 표본값이 아니라 예측 오류를 전송하기 때문에 표본 당 한 비트 동작이 가능

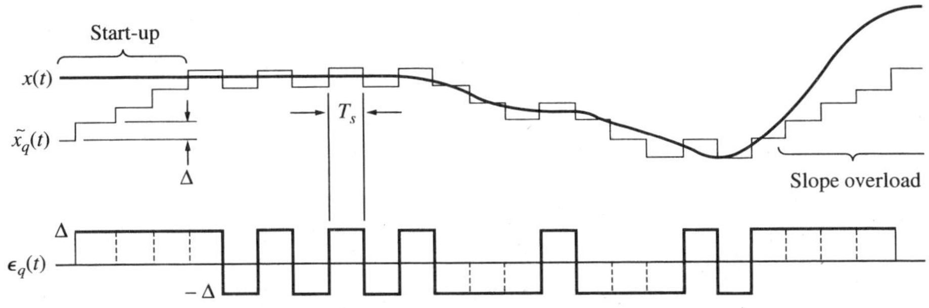

그림 12.3-3
델타 변조 파형.

하다. 그럼에도 불구하고, DM이 잘 동작하려면 곧이어 보겠지만 오히려 높은 표본화 속도가 요구된다.

그림 12.3-3에는 연속 시간 파형 $x(t)$, $\tilde{x}_q(t)$와 DM과 관련된 $\epsilon_q(t)$를 예시하였다. 수신기에서 계단 파형 $x_q(t)$는 $\tilde{x}_q(t)$와 T_s초의 시간 천이만큼 차이가 난다.

송신기는 $\tilde{x}_q(0) < x(0)$이므로 $\epsilon_q(0) = +\Delta$인 임의의 초기 예측으로 시작한다. 그러면 $\epsilon_q(0)$는 누산기를 통하여 귀환되어 갱신된 예측 $\tilde{x}_q(T_s) = x_q(0) + \epsilon_q(0)$를 형성한다. 매 표본화 순간마다 계속해서 갱신하면, $\tilde{x}_q(kT_s) > x(kT_s)$이고 $\epsilon_q(kT_s) = -\Delta$로개시 구간이 끝날 때 까지 $\tilde{x}_q(t)$는 Δ 만큼의 스텝이 증가한다. 만일 $x(t)$가 일정하게 유지된다면, $\tilde{x}_q(t)$는 평균을 중심으로 $\pm\Delta$ 만큼의 증감을 반복한다. $x(t)$가 시간에 따라 변할 때, 신호의 변화율이 DM의 추적 범위를 초과하지 않는 한 $\tilde{x}_q(t)$는 계단식으로 따라간다. DM에서 $\tilde{x}_q(t)$와 $x(t)$의 차이는, PCM에서 양자화 잡음과 유사하게 **입상 잡음**(granular noise)이라 불린다. 만약 스텝 Δ와 T_s가 충분히 작다면, 수신기에서 복원되고 평활화된 파형은 $x(t)$에 거의 비슷해 진다.

$x(t)$가 매우 급격히 증가하거나 감소하면 $\tilde{x}_q(t)$가 DM의 근본적인 한계인 **경사 과부하**로 알려진 원 신호를 따라가지 못하는 현상이 발생한다. 매 $T_s = 1/f_s$ 초마다 $\tilde{x}_q(t)$가 $\pm\Delta$ 만큼 변하기 때문에, DM의 최대 기울기는 $\pm f_s\Delta$가 되며 기울기 추적을 위한 충분 조건은 다음과 같이 된다

$$f_s\Delta \geq |\dot{x}(t)|_{\max} \tag{5}$$

여기서 $\dot{x}(t) = dx/dt$이다. 예를 들어, 변조할 톤 $x(t) = A_m \cos 2\pi f_m t$을 고려하면, $\dot{x}(t) = -2\pi f_m A_m \sin 2\pi f_m t$이고 $|\dot{x}(t)|_{\max} = 2\pi f_m A_m \leq 2\pi W$가 된다. 여기서 상한값은 메시지 조건 $A_m \leq 1$, $f_m \leq W$을 만족한다. $-1 \leq x(t) \leq 1$의 피크-투-피크(peak-to-peak) 신호 범위에 비하여 $\tilde{x}_q(t)$의 스텝을 작게 하기 위해서는 $\Delta \ll 2$로 하여야 하기 때문에, 따라서 식 (5)는 $f_s \geq 2\pi W/\Delta \gg 2W$의 높은 표본화 주파수가 요구된다.

DM 성능 품질은 입상 잡음, 경사 과부하 잡음, 그리고 재생 오류에 의해 결정된다. 그러나, 차후에 가정할 정상적인 동작 하에서는 입상 잡음만이 중요한 영향을 미친다. 심지어, 입상 잡음의 해석은 개략적인 결과를 위한 근사화나 정확한 결과를 산출하기 위한 컴퓨터 시뮬레이션으로 많이 다루어지는 어려운 문제이다.

누산기의 입력으로 $\epsilon_q(t - T_s) = \epsilon_q(k - 1)$ 갖는 그림 12.3-4a로 모델링된 수신기를 사

그림 12.3-4

(a) 델타 변조 수신기; (b) 입상 (granular) 잡음 파형.

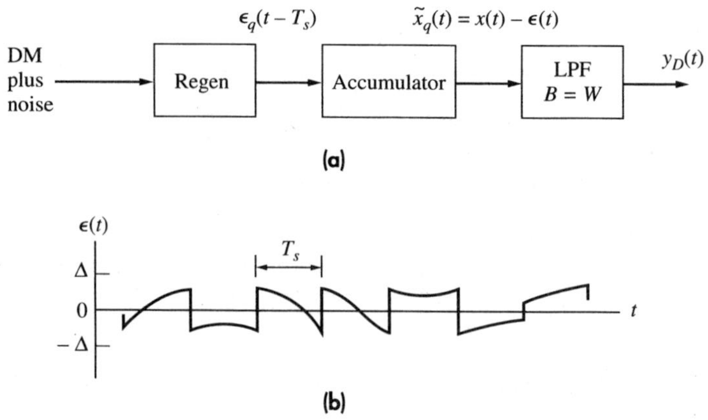

용하여 DM의 성능을 추정할 것이다. 식 (1)과 (3b)를 통하여 $x_q(k-1) = \tilde{x}_q(k) = x(k) - \epsilon(k)$ 또는

$$\tilde{x}_q(t) = x(t) - \epsilon(t) \tag{6}$$

인 누산기 출력을 얻는데, 여기서 $\epsilon(t)$는 그림 12.3-4b에 나타낸 입상 잡음 파형이다. $\epsilon(t)$의 모양과 $|\epsilon(t)| \le \Delta$의 사실로부터

$$\overline{\epsilon^2} = \Delta^2/3$$

인 균일 진폭 분포를 갖게 된다. 또한, 실험적 연구를 통해 $\epsilon(t)$의 전력 스펙트럼이 $|f| \le 1/T_s = f_s$에 걸쳐서 평탄하다는 것이 확인된다. 그러므로,

$$G_\epsilon(f) \approx \overline{\epsilon^2}/2f_s \qquad |f| \le f_s$$

이고 저역 통과 필터를 통과시키면 다음식이 되는데

$$N_g = \int_{-W}^{W} G_\epsilon(f)\, df = \frac{W}{f_s}\overline{\epsilon^2} = \frac{W}{f_s}\frac{\Delta^2}{3} \tag{7}$$

이것은 $x_q(t)$의 입상 잡음 성분의 평균 전력이 된다.

필터링 된 출력에 입상 잡음만이 첨가되었을 경우, 신호 대 잡음 비는 다음과 같다.

$$\left(\frac{S}{N}\right)_D = \frac{S_x}{N_g} = \frac{3f_s}{\Delta^2 W} S_x \tag{8}$$

이 결과는 $f_s = 2W$와 $\Delta = 1/q$일 때의 PCM의 신호 대 잡음 비 표현인 $(S/N)_D = 3q^2S_x$와 거의 동일하다. 그러나 f_s와 Δ는 식 (5)를 만족해야 한다. 그러므로, 경사-추적 조건에 대한 더 일반적인 관계가 필요하다.

$x(t)$의 전력 스펙트럼을 $G_x(f)$라 하면, 미분 함수 $\dot{x}(t)$의 전력 스펙트럼은 $(2\pi f)^2 G_x(f)$가 된다는 9.2절의 식 (21)을 이용하자. 평균 제곱 신호 경사는 다음과 같이 표현되는데

$$\overline{|\dot{x}(t)|^2} = \int_{-\infty}^{\infty} (2\pi f)^2 G_x(f)\, df = (2\pi\sigma\, W_{\text{rms}})^2 \tag{9}$$

여기서 $\sigma = \sqrt{S_x}$는 신호의 RMS 값이고 W_{RMS}는 다음과 같이 정의되는 **RMS 대역폭**이다.

$$W_{\text{RMS}} \triangleq \frac{1}{\sigma}\left[\int_{-\infty}^{\infty} f^2 G_x(f)\, df\right]^{1/2} \tag{10}$$

이제 RMS 신호 경사에 대한 최대 DM 경사 비율을 다음과 같이 **경사 부하 요소**로 나타낸다.

$$s \triangleq \frac{f_s \Delta}{2\pi\sigma\, W_{\text{RMS}}} \tag{11}$$

적절히 큰 s 값에 대해서는 경사 과부하를 무시할 수 있다. 그러므로, 식 (11)에서 s에 관하여 Δ를 정리하면 식 (8)에 이 요소를 삽입하여 명시할 수 있다. 따라서,

$$\begin{aligned}\left(\frac{S}{N}\right)_D &= \frac{3}{4\pi^2}\frac{f_s^3}{s^2 W_{\text{RMS}}^2 W} \\ &= \frac{6}{\pi^2}\left(\frac{W}{W_{\text{RMS}}}\right)^2 \frac{b^3}{s^2}\end{aligned} \tag{12}$$

여기서

$$b \triangleq f_s/2W \tag{13}$$

이다. B_T가 최소값 $f_s/2$를 가질 때 파라미터 b는 일반적인 대역폭 비율 B_T/W와 같아진다. 광대역 잡음 감소는 b^2 보다는 오히려 b^3으로 혹은 지수적으로 진행되기 때문에 DM의 성능이 PCM과 PPM의 중간이라는 것을 식 (12)를 통해 확인할 수 있다. DM은 PCM과 동일한 신호 대 잡음 비를 얻기 위하여 PCM보다 더 넓은 전송 대역폭이 필요하므로, DM의 적용은 대역폭을 고려하기에 앞서 구현이 용이한 경우로 한정된다.

Abate(1967)의 컴퓨터 시뮬레이션에 의하면 식 (12)는 $\ln 2b \le s < 8$에 대하여 성립된다. 만일 $s < \ln 2b$이면, **경사 과부하 잡음**의 영향이 매우 커서 $(S/N)_D$가 매우 급격히 떨어진다. 그림 12.3-5는 s에 따라 $(S/N)_D$이 어떻게 변하는지 보여준다. 특정 대역폭 비율에 대해, 최적의 경사 부하 지수를 실험적으로 다음과 같이 결정함으로써 DM의 성능을 극대화 하게 된다.

$$s_{\text{opt}} \approx \ln 2b \tag{14}$$

$(S/N)_D$의 최대값은 식 (12)에 $s = s_{\text{opt}}$를 적용하면 구해진다.

그림 12.3-5
경사 과부하 지수에 따른 델타 변조 성능.

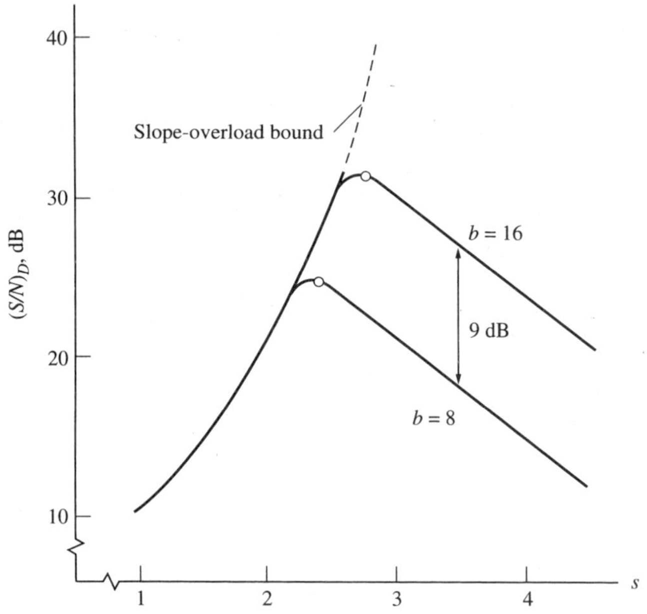

예제 12.3-1

DM 음성 전송

대표적인 음성 신호가 $W \approx 4$ kHz가 되도록 전처리 필터링 되었을 때, RMS 대역폭은 $W_{\text{RMS}} \approx 1.3$ kHz가 될 것이다. 이 값과 $s = s_{\text{opt}} = \ln 2b$를 식 (12)에 대입하여 DM의 신호 대 잡음 비의 최대값 $(S/N)_D \approx 5.8b^3/(\ln 2b)^2$을 구할 수 있다. 만일 $b = 16$이면, $(S/N)_D \approx 33$ dB가 되며, 이것은 $v = 7$과 μ-법칙 압신방식을 사용한 이진 PCM에 비유될만한 하다. PCM 신호가 $r_b = v f_s \geq 56$ kbps 및 $B_T \geq 28$ kHz를 가지는 반면, DM 신호는 $r_b = f_s = 2bW = 128$ kbps 및 $B_T \geq 64$ kHz를 필요로 한다.

응용문제 12.3-1

균일 전력 스펙트럼 $G_x(f) = (S_x/2W)\Pi(f/2W)$를 가지는 신호를 고려하자. $W_{\text{RMS}} = W/\sqrt{3}$임을 보이시오. $b = 16$일 때 S_x에 대한 식으로 Δ의 최적 값을 계산하시오.

델타-시그마 변조

앞 절의 DM 기법은 입력의 미분을 취하는 것이다. 데이터에 잡음이 섞인 경우에는 잡음이 복조 신호에 누적 오류를 야기할 수 있다. 만약, 신호가 중요한 DC 성분을 가지고 있는 경우에는 더 어려워진다. DM의 대안으로는 **델타-시그마 변조기**(DSM)가 있는데, 시그마-델타 변조로 불리기도 한다.

우선 그림 12.3-6a에 보인 일반적인 델타 변조기 송/수신기 시스템의 등가 버전을 고려한다. 이제, 저주파를 사전 강조(preemphasizing)하는 효과가 있는 입력단에 적분기 (또는 누산기)를 추가하자. 이것은 또한 귀환경로에 있는 신호를 적분할 수 있으며 따라서 귀환

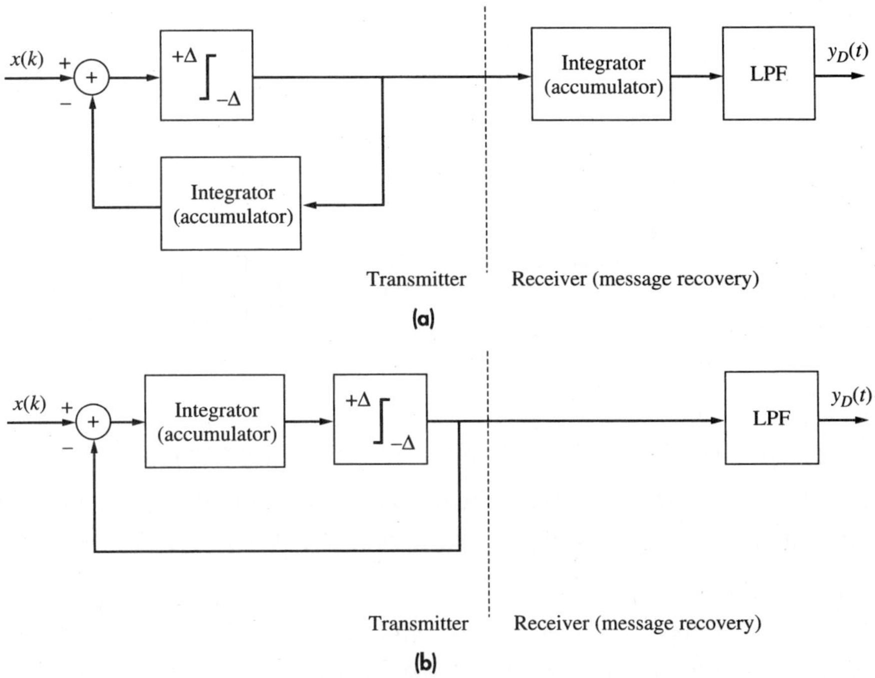

그림 12.3-6

(a) 델타 변조 시스템; (b) 델타-시그마 변조 시스템.

적분기를 제거할 수 있게 된다. 부가된 적분기를 보상하기 위하여, 수신기에 미분기를 추가한다. 그러나, DM 수신기에는 미분기의 역과정인 적분기가 이미 존재하므로, 수신기에서 미분기와 적분기 모두를 제거할 수 있게 되고, 따라서 그림 12.3-6b의 시스템처럼 수신기 설계를 간단히 할 수 있게 된다.

적응 델타 변조

적응 델타 변조(adaptive delta modulation, ADM)는 입상 잡음의 증가없이 경사 과부하의 영향을 감소시키는 가변 스텝 사이즈를 가능하게 하기 위해 설계된 부가의 하드웨어로 구현된다. 그림 12.3-3을 다시 살펴보면, $x_q(t)$가 $x(t)$를 추적할 때 극성은 교대로 변하는 경향이 있는 반면, 경사 과부하는, 동일한 극성을 가지는 펄스의 시퀀스로서 $\epsilon_q(t)$에 나타난다. 이 시퀀스 정보를 신호의 특징에 따라서 스텝 사이즈를 적응적으로 변경하는데 사용할 수 있다.

그림 12.3-7에는 ADM 전송기의 동작을 나타내었는데 여기서 귀환루프 내의 스텝 사이즈가 다음 식과 같이 가변 이득 g(k)에 의해 조정된다.

$$\tilde{x}_q(k) = \tilde{x}_q(k-1) + g(k-1)\epsilon_q(k-1)$$

스텝 사이즈 제어기는 조절 알고리즘을 수행한다.

$$g(k) = \begin{cases} g(k-1) \times K & \epsilon_q(k) = \epsilon_q(k-1) \\ g(k-1)/K & \epsilon_q(k) \neq \epsilon_q(k-1) \end{cases}$$

여기서 K는 $1 < K < 2$ 범위의 상수이다. 따라서, 효율적인 스텝 사이즈는 $\epsilon_q(k) = \epsilon_q(k-1)$

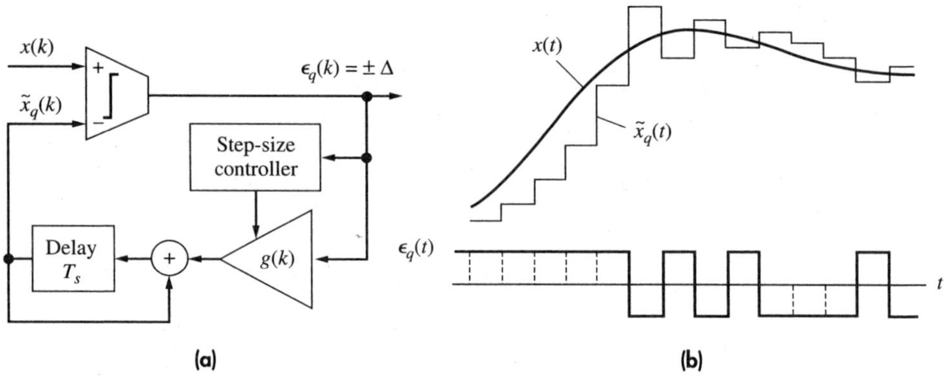

그림 12.3-7
(a) 적응 델타 송신기; (b) 파형.

의 경우처럼, 경사 과부하 조건동안 K의 거듭 제곱으로 증가하지만 $\epsilon_q(k) \neq \epsilon_q(k-1)$일 때는 감소한다. **연속 가변 경사 델타 변조**(continuously variable slope delta modulation, CVSDM)라고 불리는 다른 적응 기법은 이산값 대신에 연속적인 범위의 스텝 사이즈 조정을 제공한다.

ADM의 신호 대 잡음 비는 일반적인 DM 보다 보통 8~14 dB 정도 더 좋다. 또한, 가변 스텝 사이즈는 PCM에서 μ-법칙 압신 효과와 유사하게 S_x의 변화값의 동적 범위를 더 넓게 한다. 전체적인 결과로, ADM 음성 송신은 $b = 6$~8의 대역폭 비율 또는 $B_T = 24$~32 kHz로 이루어진다.

차분 PCM

차분 펄스 부호 변조(differential PCM, DPCM)는 다중 레벨 양자화 및 부호화와 예측이 결합된 형태이다. 그림 12.3-8a에 나타낸 송신기는 $\pm\Delta, \pm 3\Delta, \ldots, \pm(q-1)\Delta$에서 양자화 레벨을 가지는 q 레벨 양자화기를 포함한다. 양자화 되지 않은 오류 $x(k) - \tilde{x}_q(k)$를 양자화기에 적용하여 예측 오류 $\epsilon_q(k)$을 생성하고, 이를 이진 PCM 처럼 $v = \log_2 q$ 비트의 이진 워드로 부호화 한다. 그러므로 DPCM 전송은

$$r_b = \nu f_s \qquad B_T \geq \nu f_s/2$$

이 요구된다. 그러나 $\tilde{x}_q(k)$가 샘플간에 $\pm(q-1)\Delta$ 만큼 변하기 때문에 경사 추적 조건은 다음과 같이 된다.

$$f_s(q-1)\Delta \geq |\dot{x}(t)|_{\max}$$

만일 $q \gg 1$이고 $W_{\mathrm{RMS}} \ll W$이면, 표본화 주파수는 거의 Nyquist율과 같을 정도로 낮아질 수 있다.

예측 오류의 다중 레벨 양자화는 수신기에서 메시지를 복원하는데 당연히 더 나은 정보를 제공하게 된다. 이러한 잠재적인 이점을 충분히 살리기 위해, DPCM 예측 회로는 대게 그림 12.3-8b에 나타낸 것과 같은 가로형 필터 형태를 가지며, 여기서

$$\tilde{x}_q(k) = \sum_{i=1}^{n} c_i x_q(k-i)$$

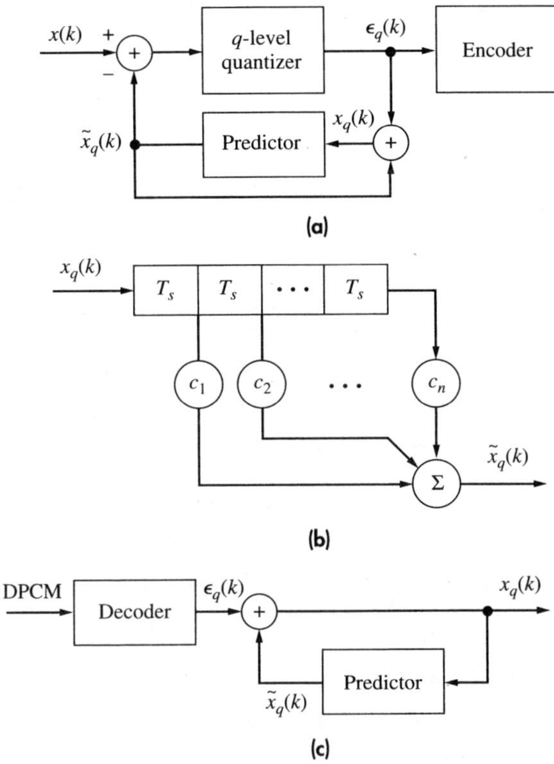

그림 12.3-8
차분 PCM. (a) 송신기; (b) 예측 회로; (c) 수신기.

이므로, 예측기는 이전의 n개의 샘플까지 사용하게 된다. 탭 이득 c_i는 오류 $x(k) - \tilde{x}_q(k)$의 평균 제곱 값이 최소가 되도록 결정한다. 그림 12.3-8c의 수신기에는 동일한 예측 필터가 복호기 다음 단에 연결되어 있다.

$q \gg 1$이고 경사 과부하가 없다고 가정하면 DPCM은 기본적으로 아래 식과 같은 **예측 이득** G_p에 의해 개선된 PCM 형태로 동작한다.

$$\left(\frac{S}{N}\right)_D = G_p\, 3q^2 S_x \tag{15}$$

최적 예측기의 이득은 다음과 같다.

$$G_p = \left[1 - \sum_{i=1}^{n} c_i\, \rho_i\right]^{-1} \tag{16a}$$

여기서 $\rho_i = R_x(iT_s)/S_x$는 정규화된 신호 상관이고 탭 이득은 식 (16b)와 같은 행렬 관계를 만족한다.

$$\begin{bmatrix} \rho_0 & \rho_1 & \cdots & \rho_{n-1} \\ \rho_1 & \rho_0 & \cdots & \rho_{n-2} \\ \vdots & & & \vdots \\ \rho_{n-1} & \rho_{n-2} & \cdots & \rho_0 \end{bmatrix} \begin{bmatrix} c_1 \\ c_2 \\ \vdots \\ c_n \end{bmatrix} = \begin{bmatrix} \rho_1 \\ \rho_2 \\ \vdots \\ \rho_n \end{bmatrix} \tag{16b}$$

Jayant와 Noll(1984)은 식 (15)와 (16)을 유도하고, 음성신호에 대하여 G_p가 대략 5~10 dB가 된다는 실험적 데이터를 제시하였다. TV 비디오 신호는 높은 상관특성으로 약 12 dB 정도의 예측 이득을 갖는다.

델타 변조와는 반대로, DPCM는 성능 품질을 개선하고, 신호 전송률 및 전송 대역폭을 줄이기 위해 PCM보다 더 복잡한 하드웨어가 사용된다. 적응 차분 펄스 부호 변조(adaptive differential PCM, ADPCM)는 양자화기나 예측기 또는 두 개를 같이 사용함으로써 더 좋은 신호 특성 향상을 가져온다.

응용문제 12.3-2 DPCM 예측기에서 $G_p = 6$ dB 를 가정하자. 다른 모든 요소가 같다고 하면, DPCM 워드가 이진 PCM보다 1비트가 더 작게 필요함을 보이시오. 힌트: 12.1절 식 (7) 참조.

LPC 음성 합성

선형 예측 부호화(linear predictive coding, LPC)는 아날로그 신호의 새로운 디지털 표현 기법이다. 이 방법은 주어진 파형을 합성하기 위해 가로형 필터 (또는 이와 등가의 디지털 회로) 와 더불어 몇몇 부가적인 보조 요소를 사용한다. 실제 신호 대신에 파형 합성기의 인자들이 전송을 목적으로 부호화 된다. 파형 합성기가 아날로그 프로세스와 똑같이 동작한다면 큰 효율을 가져온다. 음성 처리에 대해 이미 많은 기술이 있지만, 특히 선형 예측 부호화가 음성 합성 및 전송에 매우 적합하다.

그림 12.3-9를 보면, 음성 합성기는 두 개의 입력 생성기, 가변 이득 증폭기와, 가로형 필터를 포함한 귀환 루프로 구성되어 있다. 발성관의 음향적 특징을 모델링 하기 위해서 증폭기 이득과 필터 탭 이득을 조정한다. 무성음("쉿" 소리 같은)은 백색 잡음 생성기에 연결되어 발생한다. 유성음은 적절한 피치 주파수로 설정된 임펄스 열 생성기에 연결되어 발생한다.

필터가 약 10차의 탭 이득을 가지고 모든 인자 값이 매 10~25 ms 마다 갱신되면, 합성된 음성은 로봇이 말하는 것처럼 다소 인공적인 소리일 지라도, 꽤 명료하게 들리게 된다. 말하는 인형과 메시지 녹음 시스템은 디지털 메모리에 저장된 인자 값을 가져와서 합성하는 방법으로 음성을 생성한다. 이런 방식으로 음성을 생성하는 시스템을 **보코더**라 한다.

그림 12.3-9
음성 합성기.

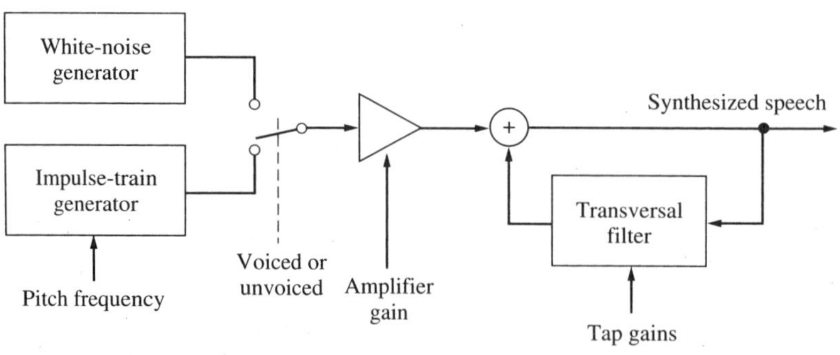

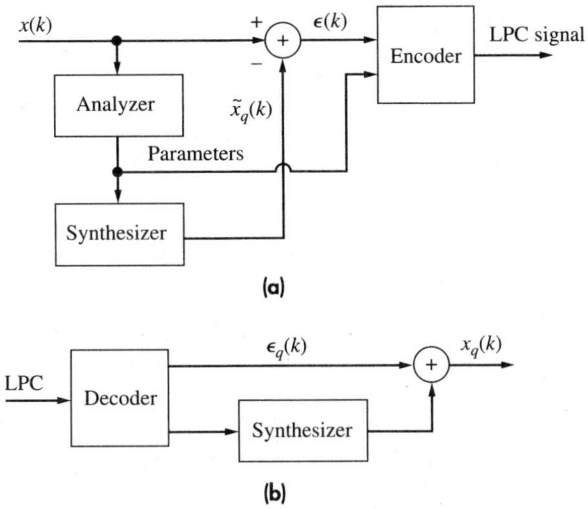

그림 12.3-10
LPC 전송 시스템. (a) 송신기; (b) 수신기.

보코더의 대안으로는 주어진 음성 신호를 모사하기 위한 PCM 같은 알고리즘을 사용하는 **파형 부호기**가 있다.

이제 그림 12.3-10a의 LPC 전송기를 살펴보자. 입력 음성 표본 값을 합성기에서 사용되는 인자를 결정하기 위해 분석하고, 합성기의 출력을 입력과 비교한다. 비교 결과 발생한 오류는 인자 값과 함께 부호화 되어 전송되는 디지털 신호를 구성한다. 그림 12.3-10b의 수신기는 인자 값과 양자화 오류를 이용하여 음성 파형을 복원한다.

완전한 LPC 부호워드는 유/무성음 전환용으로 1비트, 피치 주파수용으로 6비트, 증폭기 이득용으로 5비트, 각 탭 이득용으로 6비트, 오류용으로 약간의 비트 등 총 80비트로 구성된다. 매 10~25 ms마다 인자 값들을 갱신하는 것은 초당 40-100 Hz의 표본화와 등가이므로, LPC는 3000~8000 bps 정도의 비교적 낮은 비트율을 요구한다. 표 12.3-1에는 LPC와 다른 음성 부호화 방법을 비교하였다. LPC에 의해 현저한 비트율 감소가 가능해짐으로써 음성통신을 위한 음성 합성 품질의 성능 개선을 위한 노력에 활기가 불어넣어지고 있다. 실제로 표 12.3-1에 나타낸 것 처럼 LPC를 이용함으로써 56 kbps에서 3 kbps 까지 음성 압축이 가능하게 되었다. 음성 신호에 적용할 수 있는 일반적인 디지털 처리를 소개하고 있는 Rabiner와 Schafer(1978)의 문헌을 참조하기 바란다.

표 12.3-1 음성 부호화 방법들의 비교.

Encoding method	Sampling rate, kHz	Bits per sample	Bit rate, kbps
DM	64–128	1	64–128
PCM	8	7–8	56–64
ADM	48–64	1	48–64
DPCM	8	4–6	32–48
ADPCM	8	3–4	24–32
LPC	0.04–0.1	≈ 80	3–8

12.4 디지털 오디오 녹음

대부분 통신의 기본구조는 음악을 포함하는 신호의 전송을 다루므로, 충실도의 유지와 동적 범위 등이 관심사가 된다. 디지털 오디오 녹음에 대한 연구는 아날로그 시스템에 비해 디지털 시스템의 이점에 대한 좋은 실례와, 신호 품질 유지에 이용할 수 있는 몇몇 방법을 제공한다.

자기 테이프 같은 아날로그 오디오 저장 매체는 여러 가지의 질적인 제한이 있다. 매체 자체는 계속 사용하게 되면 마모되고 시간이 흐름에 따라 퇴화된다: 테이프가 늘어나서 음의 변형과 떨림이 나타난다. 실제 연주하는 오케스트라의 동적범위는 100에서 120 dB인데 반하여, 매체의 동적범위는 대체적으로 70 dB로 제한된다. 따라서 음악을 녹음하고 넓은 진폭 영역을 수용하기 위해, 부드러운 음악이 손실되지 않고 큰소리의 음악은 증폭기를 포화시키지 않도록 녹음 레벨이 조절되어야 한다.

최근 오디오 신호를 디지털로 녹음하는 **콤팩트 디스크**(compact dick, CD) 기술 개발로 음악 녹음 기술에 있어 상당한 진전이 이루어지고 있다. CD는 대략 지름이 120 mm인 플라스틱 디스크로 구성되어 있다. 이것은 대략 20,000 트랙을 갖는데, 각 트랙은 0.5 μm의 폭을 가지고 1.6 μm씩 떨어져 있다. 각 트랙은 플라스틱에 파여져 있는 미세한 일련의 **피트**를 가진다. 피트 사이의 공간을 **랜드**라고 한다. 그림 12.4-1에서는 레이저 다이오드와 포토다이오드 시스템을 이용하여 피트의 유무를 감지하고 이를 이진 전기 신호로 변환한다. 레이저 빛은 피트에서 반사되고 빔 스플리터를 거쳐 포토다이오드로 전송된다. 레이저빔은 특정한 깊이에 초점이 맞춰져 있기 때문에 지문, 먼지, 긁힌 자국 그리고 표면의 흠집 등은 초점을 흐트러트리고 시스템에 의해 대체로 인식되지 않는다. 자기 매체와 달리 표면과 기계적 접촉이 없으므로, 표면은 마모되지 않는다. 그림 12.4-2는 프로그램된 트랙의 등가 전기 신호를 보여준다. 피트에서 랜드로 변화 시 이진수 1이 발생하며, 이진수 0은 이와 반대의 경우이다. CD의 총 트랙 길이는 5300 m이고 주사 속도가 1.2 m/s이

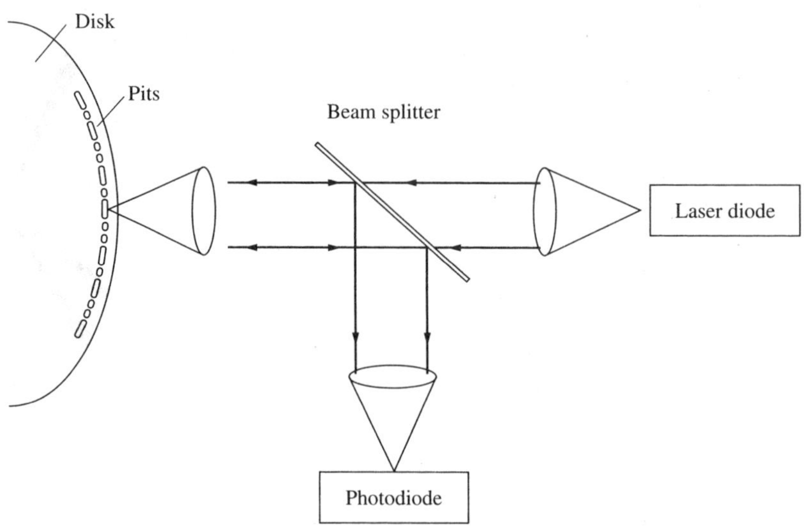

그림 12.4-1
콤팩트 디스크(CD)의 광 판독 시스템.

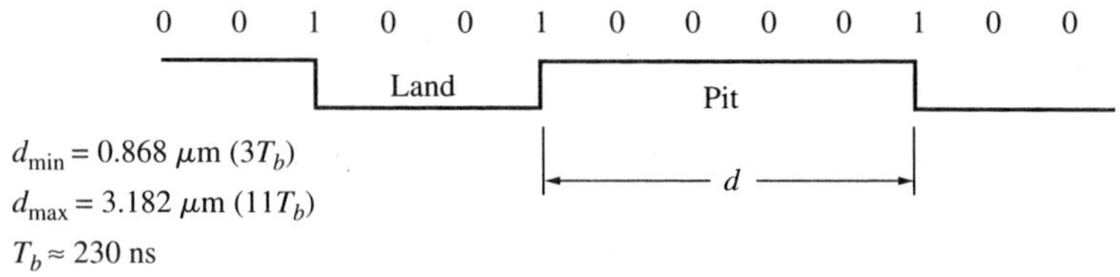

그림 12.4-2 프로그램된 피트에 해당하는 CD NRZI 신호.

므로, 전체 재생 시간은 74분이 된다.

CD 녹음

그림 12.4-3에는 CD에 좌, 우 채널의 오디오 정보를 녹음하기 위한 시스템을 나타내었다. 20 kHz의 대역폭을 가지는 고 충실도 음악에서는, Nyquist 기준을 만족시키고 에일리어싱을 최소화하는 보호 대역을 제공하기 위해 신호는 44.1 kHz로 표본화 된다. 시스템에는 프리엠퍼시스(preemphasis)와 연동할 수 있는 아날로그 안티에얼리어싱 저역 통과 필터가 있다. 만약 프리엠퍼시스가 포함되면, 재생 시 디엠퍼시스를 동작시키기 위한 제어 워드도 기록된다. PCM에 앞서서 작은 양의 디더(dither) 또는 랜덤 잡음이 임의의 입상 잡음을 방지하기 위해 더해진다. 그 다음, 신호를 16비트 균일 양자화 하는 PCM을 사용해서 디지털화 한다. 아날로그-디지털 변환기(ADC)의 동적범위는 $20\log(2^\nu)$로 정의되고, 따라서 16비트 시스템은 $20\log(2^{16})$ = 96 dB의 동적범위를 갖는다. 44.1 kHz의 표본화율과 16비트 양자화를 사용한 PCM은 705.6 kbps의 출력 비트율을 갖는다.

두 PCM 출력은 1.4112 Mbps의 유효 비트율로 교차 인터리브 리드–솔로몬 오류 제어 부호(Cross Interleave Reed-Solomon Error Control Code: CIRC) 단으로 보내진다. CIRC의 목적은 재생 과정동안 오류를 정정할 수 있는 검사 심볼 또는 패리티를 가진 데이터를 부호화하는 것이다. 리드-솔로몬 부호를 이런 목적으로 사용한다. 부호화는 다음과 같다: (a) 각각의 16비트 PCM 신호를 두 개의 8비트 심볼로 나눈다. (b) 각 채널의 12개 심볼(즉, 24개의 8비트 심볼)을 혼합화하여 첫 번째 CIRC 부호기에 인가한다. (c) 부호기는 28개의 심볼 시퀀스를 생성하기 위해 4개의 8비트 패리티 심볼을 24개의 심볼 시퀀스에 삽입한다. Q 워드라 불리는 이러한 부가 심볼은 오류 정정을 가능하게 한다. (d) 그 다음, 심볼 시퀀스는 특정한 인터리빙 시스템에 의해 분산된다. 인터리빙된 심볼은, 잡음 및 매체의 결함

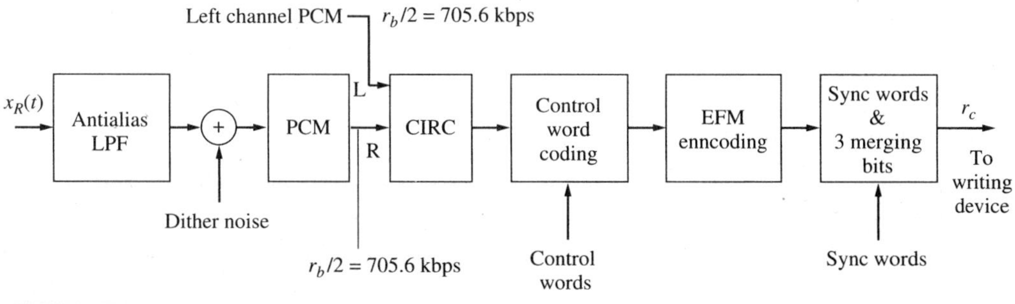

그림 12.4-3 CD 오디오 녹음 시스템.

에 의한 연속 심볼의 손상 즉, **연집** 형태 오류의 영향을 최소화한다. 또한 인터리빙은 리드-솔로몬 부호의 오류 정정 성능을 개선시킨다. (e) 인터리빙된 워드는 또 다른 부호화 과정을 겪는데, 여기서 *P* 워드라 불리는 4개의 8비트 패리티 심볼을 28개의 심볼 시퀀스에 추가하게 된다. 결과적으로, CIRC 모듈은 24 심볼 시퀀스를 32 심볼 시퀀스로 변환시킨다.

제어 워드 모듈은 CIRC로 부터 8 비트 심볼을 각 32 심볼 데이터 블록에 추가한다. 이 추가 워드는 트랙 분리, 디스크 플래그의 끝, 트랙의 개수 등등의 정보를 제공하는데 사용된다.

EFM(eight-to-fourteen module) 모듈은 제어 워드 모듈에서 각 8비트 심볼을 취하여 이를 14비트 심볼로 변환한다. 이러한 추가 비트를 더하는 것은 신호 대역폭과 직류 성분을 감소시키고, 추가적인 동기 정보를 더하여 녹음과 재생 과정의 개선과 랜드/피트에 대한 제조상의 허용도를 개선시키는 데 목적이 있다. 8비트 부호는 256개의 가능한 비트 조합이 있음을 생각하면, 14비트 부호로는 16,384개의 조합을 표현할 수 있다. 따라서 EFM 부호화는 제어 워드 모듈의 데이터를 표현하기 위해 가능한 16,384개의 조합에서 256개를 선택하는 것이다. 신호의 직류 성분을 더 줄이기 위해 EFM 단은 결합(merging) 비트들이라 불리는 세 개의 추가 비트들을 각 14비트 워드에 더한다. 즉, 각 이진수 1은 최소 2개에서 최대 10개의 '0'들로 분리되며, 신호는 3에서 11개 클록 주기 사이에서 변화하는 길이를 갖는다. 그리고 나서 그림 12.4-2에 나타낸 것 같이 비트 스트림은 영점 비복귀 반전(nonreturn-to-zero inverse, NRZI) 형태로 변환된다. 따라서 추가적인 9 비트를 입력되는 8 비트 심볼에 더하게 된다.

이후, 데이터는 각각 33개의 17비트 심볼 (즉, 561비트)로 이루어진 프레임이라 불리는 블록으로 구성된다. 각 프레임의 시작을 나타내고, 플레이어의 모터 주파수를 명시하기 위해, 추가적인 24비트 동기 워드와 세 개의 결합 비트가 추가되어, 최종 프레임의 길이는 588비트가 된다. 그 후 데이터 출력 r_c가 CD에 기록된다. 그러므로, CIRC 입력에서 1.4112Mbps로 시작된 데이터율은, 출력에서 다음과 같은 데이터율이 된다:

$$r_c = 1.4112 \text{ Mbps } \times \left(\frac{32}{24}\right)_{\text{CIRC}} \times \left(\frac{33}{32}\right)_{\substack{\text{control}\\\text{word}\\\text{coding}}} \times \left(\frac{17}{8}\right)_{\text{EFM}}$$

$$\times \left(\frac{588}{561}\right)_{\substack{\text{sync word}\\\text{\& 3 merging}\\\text{bits}}} = 4.3218 \text{ Mbps} = 1/T_b$$

이진수 1이 두 개부터 열 개까지의 0으로 구분되면, 4.3218 Mbps의 비트율과 1.2 m/s의 주사 속도를 갖는 것은 CD에서 랜드/비트 사이즈가 0.833 μm($3T_b$)에서 3.054 μm($11T_b$)까지 변한다는 것을 의미한다.

응용문제 12.4-1 CD에서, 각 프레임에서의 음악 정보 비트 수와 프레임 율을 구하시오.

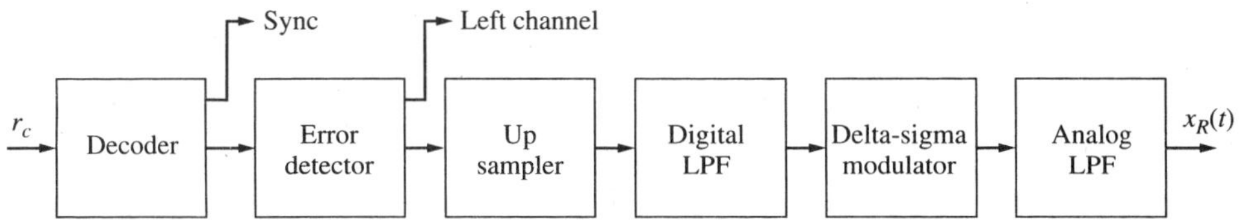

그림 12.4-4
CD 오디오 재생.

CD 재생

CD 재생 과정이 그림 12.4-4에 나타나 있다. 복호기는 EFM 신호를 복호하고, 결합 비트를 제거하고, 동기 및 제어 워드 정보를 추출한다. 그 후 신호는 오류 검출기로 입력 된다.

CD 기술은 오류 제어보다 상위의 작업을 수행한다. CD는 두 가지 형태의 오류를 포함한다. CD 소재의 공기 방울이나 피트의 부정확성에 의해 발생하는 **산발 오류**와, 긁힘이나 지문 등에 의해 발생하는 **연집 오류**가 있다. 오류가 발생하면, 재생 시에 "딸칵"하는 소리로 나타난다. 오류 제어는 다음의 순서에 따라 정정 또는 은닉의 형태로수행된다. 먼저, 발생한 오류를 정정하기 위하여 검사 디지트를 사용한다. 만약, 특정 비트가 틀리면 그 비트를 반대 상태로 변환만 하면 된다. 반면에, 비트가 모호하게 수신되고 부호에 충분한 잉여 비트가 존재한다면 정확한 데이터 값을 결정하기 위해 잉여 비트를 사용할 수 있다. 그러지 않으면, 인접 표본값들을 가지고 보간법을 사용하여 부정확한 값을 **은닉**한다. 만약 그것이 만족스럽지 않다면, 남은 방법은 신뢰할 수 없는 데이터 값을 소리 나지 않게 하는 것이다. 소리 나지 않게 하는 시간이 수 ms를 넘지 않는 한, 듣는 사람은 그것을 느끼지 못한다.

여기서는, 신호를 복원하기 위해 16비트 DAC를 사용할 것이다. 그러나 16비트 DAC는 상대적으로 비용이 비싸며, 더 경제적이고 현명한 대안이 있다. $N-1$개의 0인 워드를 PCM 표본 사이에 삽입하는 방법으로, 오류 검출기로 부터의 데이터를 **상향 표본화**하여 표본화율을 $f'_s = Nf_s$으로 효과적으로 증가시킨다. 디지털 LPF는 원래의 표본들 사이를 보간한다. 보통, 256의 N 값을 사용하여, 표본화율을 44.1 kHz로부터 11.3 MHz 까지 증가시킨다. 표본화율의 커다란 증가는 연속하는 표본들 간의 진폭 차이를 상대적으로 작게 하여 1 비트 DAC로 델타-시그마 변조를 사용할 수 있게 한다. 20 kHz의 대역폭을 갖는 Butterworth 아날로그 LPF가 복원 과정을 마무리한다. 오디오 녹음에 대한 더 많은 정보는 Baert, Theunissen, Bergult, Arts (1998)와 http://en.wikipedia.org/wiki/Compact_Disc를 참조하라.

12.5 디지털 다중화

아날로그 신호 다중화를 주파수 분할 다중화와 시간 분할 다중화라는 표제 아래 앞에서 논의하였다. 이 같은 기법들은 디지털 신호를 나타내는 파형에 적용되지만, 디지털 신호의 고유한 특성인 심볼 시퀀스의 이점을 이용하여 보다 나은 효율성과 유연성을 얻을 수 있다.

따라서 디지털 다중화는 두 개 또는 그 이상의 디지털 신호로 구성되는 **인터리빙 심볼**의 원리에 기초한다.

이것은 시간 분할 다중화와 유사하지만, 주기적인 표본화와 파형 보존의 엄격한 제한을 받지 않는다.

그러나 이미 디지털 혁명은 전화, TV, 인터넷과 같은 다양한 통신 서비스 간의 구분을 없애고 있다. 대신에 음성, 비디오, 그래픽, 또는 문자 정보는 부호화되거나 디지털화 되고 다른 데이터와 함께 다중화된 데이터로 구성되어 가능한 채널로 전송된다. 데이터가 음성 인지 또는 그림으로부터 나온 데이터인지는 더 이상 중요하지 않다; 그것은 단지 데이터일 뿐이다.

이 절에서는 우선 디지털 다중화의 일반적인 개념과 문제점에 대해 다룬다. 다중화될 신호는 디지털 데이터 소스나 디지털로 부호화된 아날로그 신호원으로부터 나온다. 전화 시스템 계층, 디지털 가입자 회선(DSLs) 및 동기식 광 네트워크(SONET)을 포함하는 특별한 경우들을 살펴볼 것이다. 또한 패킷 교환, 프레임 릴레이, 비동기 전송 방식(ATM)과 같은 데이터 다중화 기법들도 간단히 살펴볼 것이다.

다중화기와 계층

이진 다중화기(MUX)는 디지털 통신 시스템을 통한 전송을 위해 서로 다른 신호원의 입력 비트들을 하나의 신호로 합친다. 다시 말해, MUX는 여러 쌍의 입출력단 간의 시스템 용량을 나눈다. 다중화된 신호는 비트 단위로 인터리빙된 신호원 디지트 또는 비트의 다발(워드 또는 문자)로 구성된다.

최종단에서 성공적인 역다중화를 위해서는 일정한 비트율을 가지며 잘 설계된 다중화된 신호를 필요로 한다. 이 목적을 위하여 MUX는 일반적으로 다음과 같은 네 개의 기능 동작을 수행한다:

1. 모든 입력으로부터 최소 한 비트를 포함하는 최소의 시 구간으로 프레임을 만든다.
2. 각 입력에 프레임 내의 몇 개의 고유 비트 슬롯을 할당한다.
3. 프레임 구분과 동기를 위한 제어 비트를 삽입한다.
4. 입력 비트율의 어느 정도의 변화를 허용하도록 만든다.

비트율 변화는 실제로 가장 성가신 설계 문제가 되며, 다중화기를 크게 3개의 범주로 분류하게 한다.

동기 다중화기는 주 클록이 모든 신호원을 제어할 때 사용되어 비트율의 변화가 없다. 동기 다중화 시스템은 가장 높은 처리 효율을 가지지만, 주 클록 신호 분배를 위한 정교한 설계가 필요하다.

비동기 다중화기는 시작/정지 모드에서 동작하는 디지털 데이터 신호원에 대하여 사용되

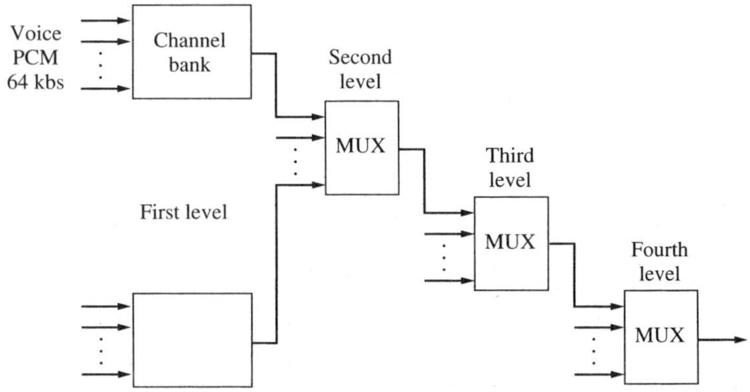

그림 12.5-1
디지털 통신 시스템을 위한 다중화 계층.

어, 연집된 문자들 간에 가변적인 구간을 가지는 연집 문자 군을 생성한다. 버퍼링과 문자 인터리빙은 이러한 신호원들을, 컴퓨터 통신망과 관련하여 나중에 다루게 될 동기 다중화된 비트 스트림으로 합치는 것을 가능케 한다.

준 동기 다중화기는 입력 비트율이 명목적으로 같은 값을 가지지만 특정 범위 안에서 변하는 경우에 사용된다. 비트율의 증가에 따른 계층구조로 배열된 이런 다중화기는 서로 연결된 디지털 통신 시스템의 빌딩 블록을 구성한다.

약간의 차이를 갖는 두 개의 다중화 패턴이 디지털 통신을 위해 채택되었다: 북미와 일본의 AT&T 계층구조와 유럽의 CCITT[†] 계층구조이다(CCITT는 국제통신 연합의 국제 전신 전화 자문 위원회를 나타낸다). 두 개의 계층구조는 64 kbps 음성 PCM에 기초하며, 그림 12.5-1에 보인바와 같이 똑같은 구조 배치를 갖는다. 세 번째 레벨은 단지 다중화를 위한 목적인 반면 다른 세 개의 레벨은 다중화뿐만 아니라 일대일 통신을 위해 설계되었다. 표 12.5-1에는 AT&T와 CCITT 계층구조의 변수들을 나타내었다.

모든 경우에서 주어진 레벨에서의 출력 비트율이 입력 비트율의 합을 초과함을 주목하라. 이 초과분은 안정된 출력율을 만드는데 필요한 제어 비트와 추가적인 **채움 비트**(stuff bits)를 포함한다. 결과적으로, PCM 대역폭 확장이 이루어졌을 때, 이를 음성전송 전용으로 사용한다면 디지털 통신망은 매우 낮은 대역폭 효율을 보인다. 예를 들어 24 × 4 × 7 ×

표 12.5-1 다중화 계층.

	AT&T (N. America)		CCITT (Europe)	
	Number of inputs	Output rate, Mbps	Number of inputs	Output rate, Mbps
First Level (T-1)	24	1.544	(E-1) 30	2.048
Second Level (T-2)	4	6.312	(E-2) 4	8.448
Third Level (T-3)	7	44.736	(E-3) 4	34.368
Fourth Level (T-4)	6	274.176	(E-4) 4	139.264

[†] CCITT는 전신만을 담당하던 CCIT가 대체된 것으로 1993년 공식적으로는 ITU-T로 명명되었다.

그림 12.5-2

AT&T 계층 구조의 예.

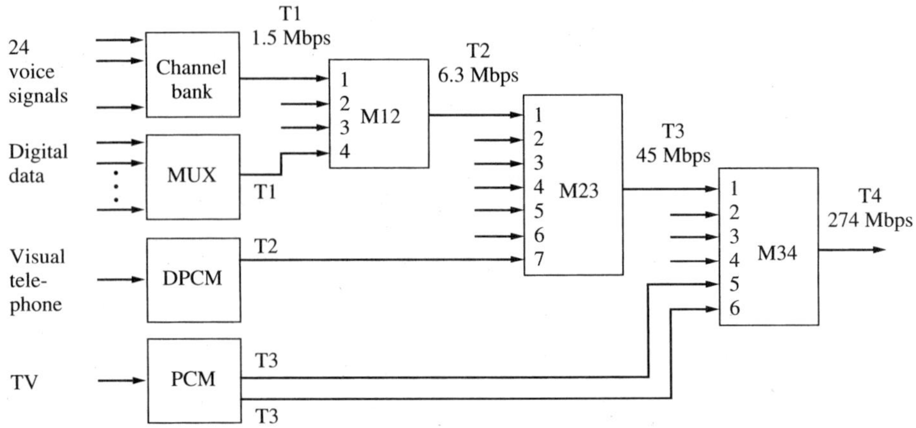

7 = 4032의 음성 PCM 신호를 전송하기 위해서 AT&T 다중화 기법의 4번째 레벨은 $B_T \geq r_b/2 \approx 137$ MHz를 필요로 하므로 대역폭 효율은 (4032 × 4 kHz)/137 MHz ≈ 12%가 된다. 예전의 AT&T FDM 계층은 대략 85%의 대역폭 효율을 가졌다. 따라서 디지털 다중화는 아날로그 대역폭 효율을 희생하여 디지털 전송의 이점을 얻게 된다.

앞서 살펴본 바와 같이 디지털 전송의 이점은 디지털 집적 회로에 의한 하드웨어 비용 감소와 재생 중계기에 의한 전력 비용의 감소를 포함한다. 그림 12.5-1의 임의의 레벨에서의 입력 비트 스트림은 디지털 데이터와 디지털방식으로 부호화된 아날로그 신호를 임의로 혼합할 수 있기 때문에, 디지털 다중화에 의해 용이해진 유연성이 이제부터 진가를 발휘하게 된다.

한 예로써, 그림 12.5-2는 4번째 레벨인 T4 라인상에서의 전송을 위한 음성, 디지털 데이터, 화상 전화, 그리고 칼라 TV 신호를 갖는 AT&T 계층 구조의 예를 보여주고있다. 각 24개의 64 kbps로 부호화된 음성 신호는 **디지털 신호 레벨 0** (DS0) 으로 불려진다. 첫 번째 레벨 T1 신호는 PCM 음성과 다중화된 디지털 데이터를 포함한다. T1 라인은 종종 디지털 신호 레벨 1(DS1) 이라 불리며, T2 라인은 DS2, 등등으로 명칭된다. 두 번째 레벨인 T2 신호에서는 $f_s \approx 2$ MHz와 워드당 $v = 2$ 비트를 갖는 이진 DPCM으로 부호화된 화상 전화 신호와 함께 T1 신호가 다중화 된다. 컬러 TV의 PCM 부호화는 90 Mbps 비트 율 ($f_s \approx 10$ MHz와 $v = 9$)이 필요하므로, 세 번째 레벨인 T3 라인 두 개가 이 신호에 할당된다. M12, M23, 그리고 M34로 분류된 더 상위 레벨의 다중화기는 준 동기 부류에 속한다. 채널 뱅크라 불리는 첫 번째 레벨인 동기 다중화기를 살펴보자.

예제 12.5-1

T1 음성 PCM 채널 뱅크

음성 PCM의 동기 다중화에서는 신호가 아날로그 형태로 채널 뱅크에 전달되어야 한다. 그림 12.5-3a에 나타낸 것 같이 로컬 클록의 제어 하에 있는 순차적 표본화가 아날로그 TDM PAM 신호(그림 7.2-7과 7.2-8 참조)를 생성한다. 이 신호는 부호기에 의해서 인터리빙된 워드를 갖는 TDM PCM 으로 변환된다. 마지막으로 프로세서는 프레임화(framing)

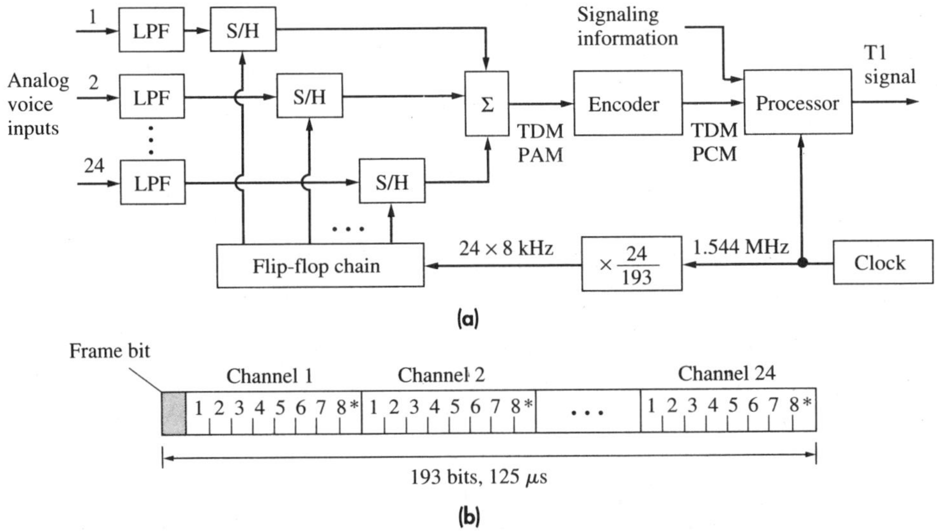

그림 12.5-3
(a) T1 채널 뱅크; (b) 프레임 구조.

정보 및 신호화 정보를 추가하여 T1 신호를 출력한다.

T1 프레임 구조는 그림 12.5-3b와 같다. 각 프레임은 24개의 입력 채널로부터의 한 개의 8 비트 워드와 프레임화를 위한 1 비트를 더해서 전체 193비트로 구성된다. 8 kHz 표본화 주파수는 125 μs의 프레임 지속시간에 해당하므로, T1의 비트율은 r_b = 193 bits ÷ 125 μs = 1.544 Mbps이 된다. 신호화 정보 (다이얼 펄스, 통화 중 신호 등등)는 비트 제거(bit robbing)라고 알려진 방법으로 통합된다. 매 여섯 번째 프레임마다 각 채널 워드의 최하위 비트는 신호화 비트로 교체된다 그림에서 별표로 표시된 비트의 위치이다. 비트 제거는 유효 음성 PCM 워드 길이를 $\nu = 7\frac{5}{6}$로 감소시키며, 재생 음질에는 별 영향을 미치지 않는다. 여전히 매 6 × 125 μs 마다 24개의 신호화 비트 또는 등가로 32 kbps의 신호율로 전송하게 한다.

T1 신호는 80 km까지 떨어진 지역의 서비스를 위해 M12 다중화기에서 결합되거나 단거리 전송 링크(short - haul link)로 직접 전송될 수 있다. T1 전송 라인은 매 2 km마다 재생 중계기가 있는 연선 케이블(twisted-pair cable)이다. 양극형 신호 형태에서는 절대 극성 및 직류 전송의 문제가 제거된다.

응용문제 12.5-1

CCIT 계층에서 첫 번째 레벨의 다중화기가 30개의 입력 신호 및 r_b = 2.048 Mbps의 출력 비트율을 가지는, 비트 제거가 없는 동기 음성 PCM 채널 뱅크라고 가정하자. 프레임당 프레임화 및 신호화 비트의 합을 구하시오.

디지털 가입자 회선

보통의 기존 전화 또는 POT는 더 이상 단지 아날로그 음성 신호만을 위해 사용되지는 않는다. 그것은 컴퓨터, 팩스, 비디오, 그리고 다른 디지털 데이터를 위한 채널이 되어 왔다. 표

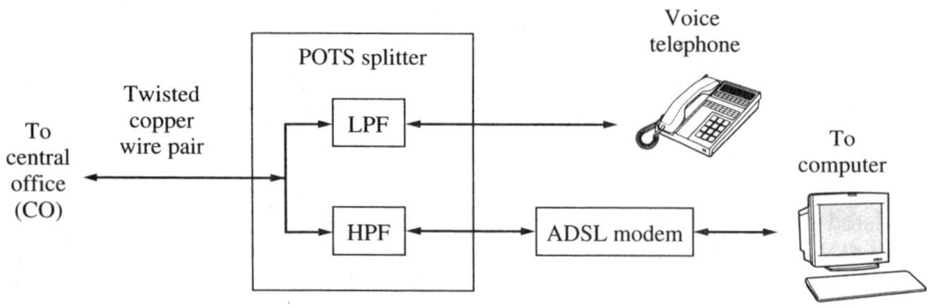

그림 12.5-4
ADSL 전화 꼬인 전선 쌍 인터페이스.

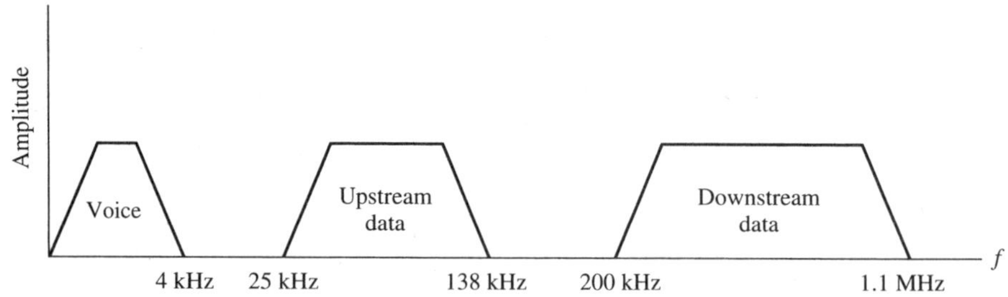

그림 12.5-5
ADSL 신호의 스펙트럼.

준 음성 전용 전화선에서 전화 사용자와 중앙국 사이의 최종 연결은 중앙국 에 있는 POT 라인 카드에 연결되는 연선으로 이루어진다. POT 카드는 전화 통신망의 나머지 부분에 연결된 DS0 신호와 음성 라인을 연결한다. 연선은 30 MHz까지의 신호 전송이 가능한 반면, POT 카드는 음성 신호를 위해 고안되었기 때문에 대역폭이 3.2 kHz 에 제한된다. 모뎀 (변/복조기)을 통한 컴퓨터 접속의 경우, 데이터 전송속도는 30 kbps나, 어떤 경우에는 56 kbps까지에 제한된다. 이것은 비디오, 대화형 비디오, 그리고 다른 고속 서비스에는 적합하지 않다. 대신에 증가된 데이터 전송속도를 처리할 수 있는 **디지털 가입자 회선** (DSL)을 살펴보도록 하자. *DSL*이란 표현은 다소 잘못된 명칭이다. 왜냐하면 DSL은 기본적으로 CO(central office) 인터페이스를 정의한 표준이며, 기존의 연선 케이블 배열에 영향을 줄 수도 있고 아닐 수도 있기 때문이다.

여러 개의 DSL 표준이 있는데, 그 중에 몇 가지는 다음과 같다:

1. **비대칭 디지털 가입자 회선**(Asymmetric Digital Subscriber Line, **ADSL**). 이것은 다음과 같은 세 개의 서비스를 제공하기 위해 기존의 연선 케이블로 구성된 FDM 시스템이다: (a) POTs, (b) 가입자로부터 중앙국(CO)으로의 (상향 스트림) 640 kbps 디지털 데이터, (c) 중앙국으로부터 가입자로의 (하향 스트림) 6.144 Mbps 디지털 데이터. 그림 12.5-4와 12.5-5에는 ADSL 시스템과 그에 대한 스펙트럼을 나타내었다.
2. **고속 디지털 가입자 회선**(High Bit Rate Digital Subscriber Line, **HDSL**). 디지털 데이터를 1.544에서 2.048 Mbps까지 송수신 하기 위해 하나에서 세 개까지의 연선으로 구성된다.
3. **대칭 디지털 가입자 회선**(Symmetric Digital Subscriber Line, **SDSL**). HDSL의 단일 연선 버전으로, 양방향으로 0.192에서 2.23 Mbps까지의 디지털 데이터를 전송한다.

4. **초고속 디지털 가입자 회선**(Very High Bit Rate Digital Subscriber Line, **VSDL**). 양방향으로 26 또는 52 Mbps의 속도를 갖는 단일 연선.
5. **종합정보 통신망(ISDN)**. 단일 또는 이중의 연선 케이블로, 최소 128 kbps의 데이터 전송 속도가 가능하며 음성, 비디오 및 다른 데이터 정보원을 통합할 수 있다. 최근 미국에서는 훨씬 고속의 ADSL 서비스가 사실상 ISDN을 대신하고 있다.

DSL에 대한 더 많은 정보는 Dutta-Roy(2000)를 참조 바란다.

동기식 광 네트워크(SONET)

동기식 광 네트워크(SONET)는 다중 광대역 신호 및 상대적으로 저속의 신호까지도 광섬유(fiber optic) 채널로 다중화할 수 있는 광섬유 표준이다. 이 표준은 BellCore (Bell Communications Research)에서 의해 개발되었고 ANSI(American National Standards Institute)에 의해 표준화되었다. 유럽에서는 이를 **동기 디지털 계층**(Synchronous Digital Hierarchy: SDH)이라 부른다. SONET에 대한 자세한 설명은 www.tek.com/Measurements/App_Notes/SONET/에서 얻을 수 있다. 앞으로 SONET의 동작에 대해 간단히 설명할 것이다.

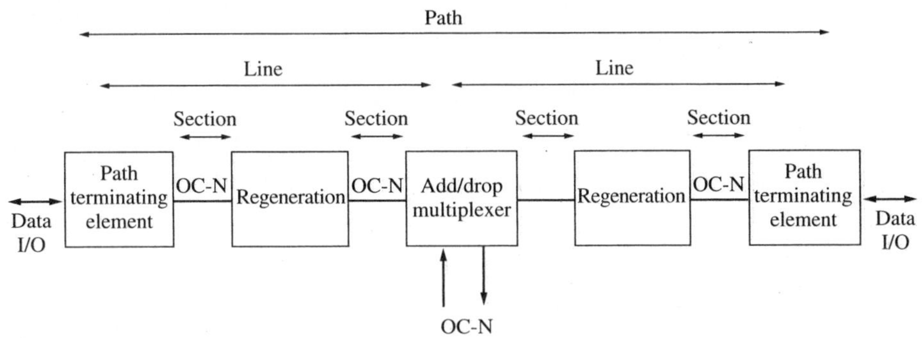

그림 12.5-6
SONET 시스템.

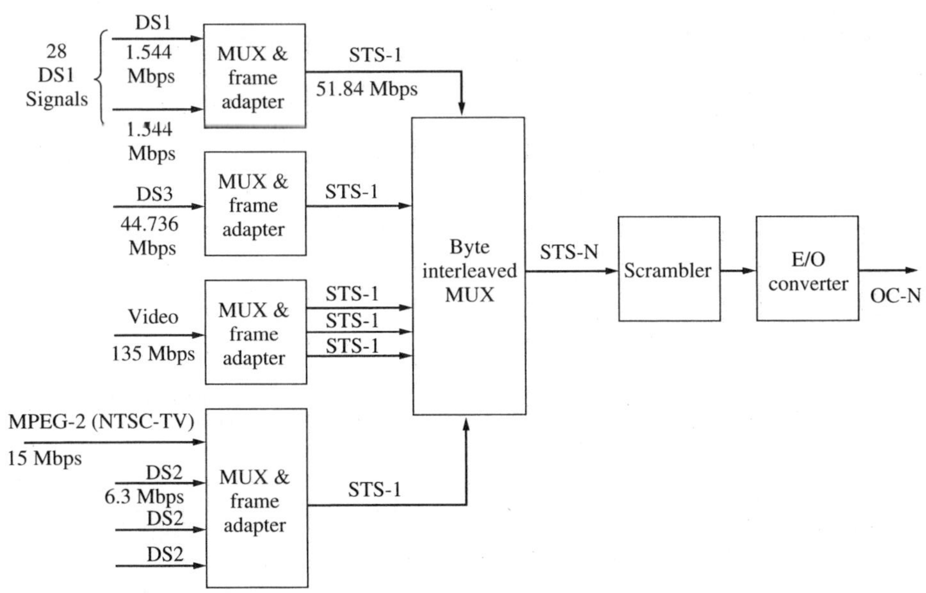

그림 12.5-7
경로 종단 구성요소(PTE).

그림 12.5-6은 SONET 시스템의 블록도를 나타내고 있으며, **상세한 경로 종단 구성요소**(path-terminating element: PTE)와 이와 관련된 다중화는 그림 12.5-7에 나타나 있다. SONET 통신은 다음과 같이 동작한다. **경로**(path)라고 일컬어질 통신 링크는 왼쪽 끝의 PTE와 오른쪽 끝의 PTE 간에 설정된다. 왼쪽 끝 PTE는 단일 광 신호를 발생시키기 위해 다양한 입력 전기 신호를 다중화하며, 오른쪽 PTE는 이의 역과정을 수행한다. 먼저, PTE는 출력에서 51,840 Mbps의 **동기전송신호**(STS-1)를 생성하기 위해 입력데이터를 다중화하고 형식화 한다. 또한, 최종 목적지에서 STS 신호를 역 다중화 한다. 그 입력은 HDTV 같은 단일 광대역 신호 또는 **가상 종속**(VT)으로 매핑되는 다중 저속 신호일 수 있으며, 여기서 VT는 STS-1 신호로 매핑된다. STS-1 출력은 각 프레임이 90 bytes × 8 bits/byte × 9 rows/frame × 8000 frame/sec인 프레임 구조를 갖는 전기 신호이고, 51.840 Mbps의 STS-1 신호 전송률을 생성한다. SONET의 경우 바이트를 종종 옥테트(octets)라고 부른다.

이 후 STS-1 신호는 바이트 단위로 다중화 되어 하나의 STS-N 신호를 생성한다. STS-N 신호는 혼합화된 후, 특정 파장에서 등가의 **광 반송파 레벨-N**(Optical Carrier level-N: OC-N) 신호로 변환되는 전기-광 변환기로 입력된다. 이 신호는 광섬유 채널을 지나 최종 목적지로 이동한다. 이 채널을 통해 추가적인 광파장 다중화가 가능하다. 광 채널은 경로 손실을 보상하기 위해 재생기를 포함할 수 있다. 이 채널은 또한 추가적인 STS 신호가 채널로부터 분기되거나 결합될 수 있는 **분기 결합 다중화기**(add/drop multiplexers, ADM)를 포함할 수 있다. 예를 들어, ADM에 신호가 도착했을 때, 데이터 섹션이 STS 데이터의 나머지 부분으로서 같은 PTE에서 처리되어야 하는지 또는 다른 PTE로 전송되어야 하는지를 결정하기 위해 헤더 정보가 검사된다. ADM의 입/출력 라인은 OC-N 이나, 몇몇 ADM은 전기적 입/출력도 가질 수 있다. **섹션**(section)은 PTE와 재생기 사이, 또는 재생기와 ADM 사이의 링크를 정의한다. **라인**(line)은 PTE와 ADM 사이의 링크를 정의한다.

그림 12.5-8에는 프레임 구조를 나타내었다. 처음 세 개 열의 데이터는 **전송 오버헤드**(transport overhead, TOH)이다. TOH에서 처음 세 개의 행은 **섹션 오버헤드**(section overhead, SOH)이고, 다음 여섯 개의 행은 **라인 오버헤드**(line overhead, LOH)이다. 4번

그림 12.5-8

STS-1 SONET 프레임, 9행 90 바이트/행.

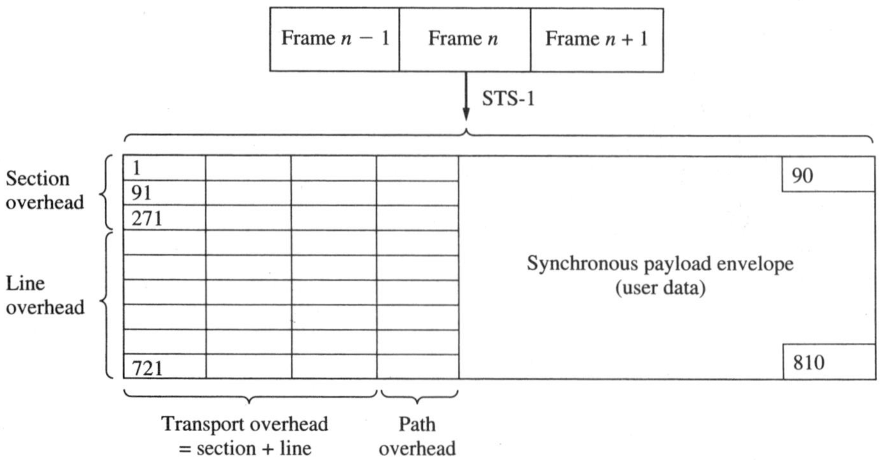

째 열의 데이터는 **경로 오버헤드**(POH)이다. 나머지 86열 × 9행은 사용자 데이터를 위한 것이다. 사용자 데이터와 경로 오버헤드는 SPE(**synchronous payload envelope**)를 구성한다. 각 부가정보 섹션은 특정 레벨에서의 번지 지정 및 다중화 기능을 정의한다. 또한 SOH, LOH, 그리고 POH는 프레임화, 부호화, 동기, 성능 감시, 그리고 상태와 관계된 정보를 포함한다. 보다 자세한 정보는 www.tek.com/Measurements/App_Notes/SONET/를 참조 바란다.

데이터 다중화기

컴퓨터 통신을 위한 다중화기는 두 개의 중요한 관점에서 범용 통신 서비스와 다르다. 한편으로, 복잡한 면은 각 컴퓨터가 각기 고유의 독립 클록을 가지며, 비동기 시작/정지 모드에서 동작한다는 것이다. 그에 반해 단순한 면은 컴퓨터에서는 양방향 음성 통신에서 요구되는 거의 즉각적인 응답이 필요하지 않다는 것이다. 따라서 버퍼링이 필수적이며, 이와 관련된 시간 지연이 허용된다.

그림 14.1-a의 전화 T1 라인과 같은 종래의 통신 링크는 신호원과 최종 목적지 사이를 연결하기 위해 전용 라인이 할당되는 **회선 교환** 방식을 사용한다. 이는 그림 7.2-7 또는 12.5-2에 보인 TDM 기법에서 회선이 항상 사용 가능하거나, 또는 다른 사용자와 회선이 공유되는 경우이다. 따라서, 회선 교환 방식은 전송 데이터가 연집 유형이거나 간헐적일 때는 별로 효율적이지 못하다.

반면에, **메시지 교환**, 또는 **통계적 시간 분할 다중화**는 특정 메시지를 보내고자 할 때만 채널을 사용한다. 메시지가 전송된 후, 같은 신호원 또는 다른 신호원으로부터의 다른 메시지를 위하여 채널이 포기된다. 메시지 교환 방식은, 특정 메시지가 하나의 노드에 도달했을 때 다음 노드로의 연결이 가능해질 때까지 메시지를 저장하여야 하기 때문에 **저장-순방향 교환** 방식 이라고도 불린다. 저장-순방향 교환 방식은 기본적으로 회선 교환 방식보다 더 효율적이지만, 양방향 음성 통신에 적합하지 않은 심각한 시간 지연을 수반한다. 그러나 인터넷과 같은 응용분야에 있어서 사용자들은 일반적으로 짧은 소요시간 지체를 용납하므로 이러한 지연이 문제 되지 않는다. 그러나 라우터 기술 (데이터의 경로를 결정하는 장치)의 발전으로 저장 순방향 교환 방식의 지연 시간을 크게 줄이게 되어, 저장-순방향 교환 방식이 전화 시스템에서 회선교환 방식을 대체하고 있다.

첫 번째로 살펴볼 메시지 교환 시스템은 그림 1.4-1b의 **패킷 교환** 방식이다. 여기서 메시지의 길이는 **패킷**이라 불리는 짧은 데이터 블록으로 제한된다. 패킷은 **가상회선**이라 불리는 전용선을 사용하여 전송될 수 있으며, 가상회선은 모든 패킷이 전송된 후에는 연결이 끊어진다. 메시지 전송 구간 동안에만 가상 회선이 사용된다는 것을 제외하면 가상회선과 회선교환 방식은 동일할 수 있다. 패킷에는 전송될 위치가 명시된 라우터 정보를 가지고 있는 헤더가 있다. 패킷은 또한 오류 제어를 목적으로 하는 여분의 비트들도 포함한다. 패킷 교환 방식은, 임의의 시간에 네트워크가 각각의 최종 목적지로 가려고 하는 많은 패킷들을 포함하기 때문에 몇몇 문제들을 유발한다. 패킷 교환방식에서는, 같은 신호원으로부터 발생한 여러 개의 패킷이 이용 가능성에 따라 서로 다른 경로를 택하여 이동할 수 있고, 순서가 뒤죽박죽되어 도착하기도 하고, 또는 없어지기도 한다. 만약 너무 많은 패킷이 교환기로 들어와서 이용 가능한 회선과 버퍼 공간이 부족하게 되면, 회선 연결의 문제가 발생한다. 교환기로 들어오는 입력 속도가 출력 속도 보다 크면 초과된 패킷은 버퍼에 저장된다. 그러나 버퍼의 공간이 이러한 초과 패킷을 다 수용하지 못할 경우 일부 패킷들이 폐기될 수 있다. 이런 현상이 비교적 자주 발생하면, 교환기가 폭주 상태에 있게 된다.

패킷 교환 방식은 64 kbps의 데이터 전송 속도까지 동작할 수 있다. 패킷의 상당 부분이 오류제어 정보에 할당되기 때문에 전송 속도가 제한된다. **프레임 릴레이** 교환 방식은 패킷 교환 방식과 유사하지만, 프레임이라 불리는 가변 길이 패킷을 사용한다. 프레임 릴레이 교환 방식에서는 오류 비트의 많은 부분이 제거되기 때문에 2 Mbps까지의 상당히 빠른 데이터 전송 속도를 얻을 수 있다. **비동기 전송 방식**(ATM), 또는 셀 릴레이는 프레임 릴레이보다도 더 낮은 오버헤드를 가지며, **셀**이라 불리는 구속장 패킷을 사용한다. 수십에서 수백 Mbps 까지의 전송 속도를 갖는 초 광대역 교환 기법은 요구에 따라 각각 동적으로 설정되는 전송 속도를 갖는 다중 가상 채널을 가능케 한다. ATM은 매우 다양한 서비스를 (음성, 비디오, 사업 정보 등) 제공하기 위해 BISDN, SONET과 함께 사용된다.

예제 12.5-2 **메시지 스위칭 대 패킷 스위칭**

24개의 채널로 이루어지고, 각 채널은 64 kbps의 데이터 전송율을 가지지만 음성의 간헐적인 특성 때문에 전체 시간의 10%만 사용하는 음성 TDM 시스템을 고려하자. 8백만 비트로 구성된 한 장의 종이를 팩스로 전송하고자 한다. 만일 전체 시간의 90%를 사용할 수 있는 모든 채널을 이용하여 메시지 스위칭으로 전송한다면, 대기 시간은 $1/(24 \times 64\text{ kbps} \times 0.9) = 0.72\ \mu\text{s/bit} \times 8{,}000{,}000\text{ bit} = 5.8$초가 된다. 반면에 회선교환을 사용하고 단지 TDM의 한 채널만 사용한다면 대기 시간은 $1/(64\text{ kbps}) = 16.6\mu\text{s/bit} \times 8{,}000{,}000\text{ bit} = 125$초 가 된다. 따라서 저장-순방향 교환과 관련된 간헐적 지연이 용인된다면 이는 비교적 빠른 데이터전송의 효율적인 방법이 된다.

12.6 질문 및 연습문제

질문

1. ±10 V의 범위를 갖는 신호를 입력 범위가 ±1 V인 ADC로 어떻게 적절하게 처리할 수 있는가?

2. ADC로 적절하게 디지털화 될 수 있도록 아날로그 신호의 동적범위를 줄일 수 있는 방법을 설명하시오.

3. 경우에 따라 왜 비균일 양자화를 쓰는 것인가?

4. 압신(companding)의 유용성은 무엇인가? 실제적인 예를 드시오.

5. 어떻게 경사 과부하를 최소로 하는가?

6. 어떤 면에서 델타 변조가 더 이상 경제적이지 않은가?

7. DM을 음악에 사용하는 것이 왜 상대적으로 어렵거나 비효율적인가?

8. 메시지의 어떤 특징이 비트 수를 줄여 전송하는 것을 가능하게 하는가?

9. 원천부호화에서 어떤 방법을 써서 필요한 비트 수를 줄일 수 있는가?

10. CD 재생기 출력단의 DAC 과정을 설명하시오.

11. DSL이 모뎀과 다른 점은 무엇인가?

12. 어떤 사람들은 FM 방송을 들을 때보다 자동차 CD 재생기를 이용할 때 왜 볼륨을 계속해서 바꾸는가?

연습문제

12.1-1* $W = 15$ kHz인 아날로그 파형이 $q \geq 200$ 레벨로 양자화 되고 $M = 2^n$을 갖는 M진 PCM 신호를 통해 전송된다. v와 f_s의 최대 허용 값을 구하고, 가용 전송 대역폭이 $B_T = 50$ kHz일 때 이에 해당하는 n의 값을 구하시오

12.1-2 $B_T = 200$ kHz로 하여 문제 12.1-1을 구하시오.

12.1-3 하이퍼 양자화는 연속적인 N개의 양자화 된 표본 값이, q^N개의 가능한 값을 갖는 단일 펄스에 의해 표현되는 과정이다. 하이퍼 양자화를 사용하는 PCM이 어떻게 $B_T < W$이 되도록 대역폭 압축이 가능한지 설명하시오.

12.1-4 PCM 양자화 오류 ϵ_k가 신호의 최대 범위의 $\pm P\%$를 넘지 않는다고 가정하자. 이에 해당하는 v에 대한 조건을 M과 P에 대한 식으로 나타내시오.

12.1-5* 대역폭이 $W = 3$ kHz이고 $S_x = 1/4$인 음성 신호가 M진 PCM으로 전송된다. $B_T = 16$ kHz일 때 $(S/N)_D \geq 40$ dB 되도록 하는 M, v, f_s의 값을 구하시오.

12.1-6 $B_T = 40$ kHz이고 $(S/N)_D \geq 60$ dB 일 때 문제 12.1-5를 구하시오.

12.1-7 $S_x = 0.3$인 오디오 신호가 PCM 시스템으로 전송된다. 시스템의 변수는 표 9.4-1에 정리된 오디오 전송의 방송 음질 표준을 만족해야 한다. (a) $M = 2$일 때 요구되는 v와 B_T의 값은 얼마인가? (b) 유효 전송 대역폭 $B_T = 4W$일 때 M의 최소값은 얼마인가?

그림 P12.1-16

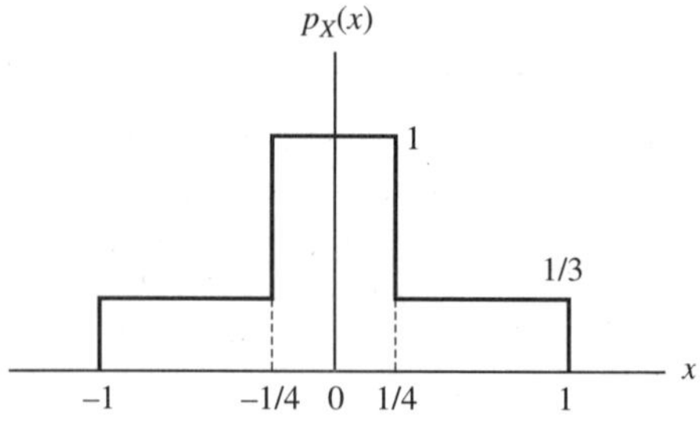

12.1-8 높은 충실도를 갖는 오디오 전송 표준에 대하여 문제 12.1-7을 구하시오.

12.1-9 $(S/N)_D \geq 50$ dB가 되도록 5μV에서 250 mV로 변하는 신호를 양자화 하기 위한 ADC에 필요한 비트 수는 얼마인가?

12.1-10* $v = 12$비트 ADC와 양극형 ± 10의 정현파 입력을 갖는 PCM 시스템에 대한 q, Δ, $(S/N)_D$의 값은 얼마인가?

12.1-11 $v = 16$ 비트로 하여 문제 12.1-10을 구하시오.

12.1-12 $v = 24$ 비트로 하여 문제 12.1-10을 구하시오.

12.1-13 동적 범위가 120 dB 인 음악을 부호화하기 위한 ADC에 필요한 비트 수는 얼마인가?

12.1-14* $S_x/\sigma_q^2 = 35$ dB 이고 $f_s = 8$ kHz라고 가정할 때 10분 동안의 표본화 되고 양자화 된 음성을 저장하기 위한 최소 메모리 크기는 얼마인가?

12.1-15 균등 양자화기에서 $v = 12$비트이고 $0+$에서 -10 V 사이의 입력을 갖을 때 (a) 입력이 $+0.02$ V일 때와 (b) $+0.2$ V일 때 ϵ_k의 값은 각각 얼마인가?

12.1-16‡ 그림 P12.1-16의 신호 PDF를 고려하자. 식 (9)을 이용하여 $q = 2^v$ 레벨과 $v \geq 3$을 갖는 균일 양자화에서 $\sigma_q^2 = 1/3q^2$이 됨을 증명하시오. 이때 S_x를 계산하고, q에 관한 식으로 $(S/N)_D$을 나타내시오.

12.1-17‡ 상당히 평활하며 연속이고, $P[|x(t)| > 1] \ll 1$인 조건을 만족하는 PDF를 가지는 신호를 고려하자. 식 (9)로 부터 $q \gg 1$인 균일 양자화에서 $\sigma_q^2 \approx 1/3q^2$가 됨을 보이시오.

12.1-18 $x(t)$가 $P[|x(t)| > 1] \leq 0.01$이며, 평균이 0이고 분산이 σ_x^2인 Gaussian PDF를 갖는다고 하자. $q \gg 1$인 균일 양자화를 가정하고, 문제 12.1-17의 결과를 이용하여 식 (7)과 같은 형태로 $(S/N)_D$를 구하시오.

12.1-19 $x(t)$가 $P[|x(t)| > 1] \leq 0.01$이며, σ_x^2의 분산을 갖고 식 (13)과 같이 주어진 Laplace PDF를 갖는다고 하자. $q \gg 1$인 균일 양자화를 가정하고, 문제 12.1-17의 결과를 이용하여 식 (7)과 같은 형태로 $(S/N)_D$를 구하시오.

12.1-20* 출력이 ± 8.75 V에서 변화하는 $v = 3$ 비트 양자화기와 함께 사용되는 $z(x) = x_{\max}\sqrt{|x/x_{\max}|}\ |x|/x_{\max} \leq 1$인 제곱근 압신기를 고려하자. 입력이 0.6 V일 때, 압신방식을 사용한 경우와 그렇지 않은 경우의 ε_k는 무엇인가?

12.1-21 문제 12.1-20의 제곱근 압신기와 1 μV부터 10 mV까지의 신호를 처리하는 계측 시스템을 고려하자. 10 μV 이하의 입력에 대해 ε_k가 0.5 μV를 초과하지 않는 것이 중요하다. 제곱근 압신방식을 사용한 경우와 그렇지 않은 경우에 이 목표를 달성하기

위해서는 양자화기에 요구되는 비트 수는 얼마인가?

12.1-22 $|x| \le 1$일 때 $z(x) = (\text{sgn}\ x)\sqrt{|x|}$인 압축기 특성을 고려하자. (a) 상보적인 확장기 특성 $x(z)$를 구하고 그림을 그리시오. (b) $x(t)$의 PDF가 그림 P12.1-16과 같을 때 K_z를 구하시오.

12.1-23 예제 12.1-4의 μ-법칙 압축기를 고려하자. (a) 상보적인 확장기 특성 $x(z)$를 유도하시오. (b) 식 (15)에 주어진 것 처럼 K_z를 자세하게 유도하시오.

12.1-24 $\mu = 255$인 로그 압신기가 양자화기 앞에 위치할 때 문제 12.1-16을 반복하시오.

12.1-25 Laplace 분포를 갖는 음성 신호가 $|x| \le 1$일 때 $z(x) = (\text{sgn}\ x)(1 - e^{-3|x|})$인 압축기에 가해진다. (a) α에 관한 식으로 K_z를 표현하시오. 이때 $\alpha \gg 1$이면 $K_z \approx 1/9$가 되는 것을 보이고, 이 압축기를 가지는 이진 음성 PCM 에 대하여 v와 S_x에 관한 식으로 $(S/N)_D$를 dB 단위로 표현하시오. (b) $q = 2^8$이고 $\alpha = 4, 8, 16$일 때 S_x, K_z, $(S/N)_D$를 구하시오. 이 결과들을 이용하여 그림 12.1-8과 같은 그림을 그리시오. 이 압축기가 더 높은 $(S/N)_D$을 가지나, 표준 μ-법칙 압축기보다는 작은 동적 범위를 갖는 것을 그림을 통하여 설명하시오.

12.1-26‡ 유럽에서 사용되는 A-법칙 압신 시스템에서는

$$z(x) = \begin{cases} Ax/(1 + \ln A) & 0 \le x \le 1/A \\ (1 + \ln Ax)/(1 + \ln A) & 1/A < x \le 1 \end{cases}$$

이고, $-1 \le x \le 0$일 때 $z(x) = -z(x)$인 압축기가 사용된다. (a) $p_X(x)$가 우대칭이고, $|x| \le 1$ 밖에서의 면적이 무시될 정도로 작다고 가정할 때 다음식이 성립함을 보이시오.

$$K_z = (1 + \ln A)^2\left[S_x + 2\int_0^{1/A}\left(\frac{1}{A^2} - x^2\right)p_X(x)\,dx\right]$$

(b) 신호 $x(t)$가 Laplace 분포를 가질 때 A와 α에 관한 식으로 K_z를 나타내고, $\alpha \gg A$일 때 $K_z \approx (1 + \ln A)^2/A^2$임을 보이시오. (c) $A = 100$, $q = 2^8$이라 하자. $\alpha = 4, 16, 64$일 때와 $\alpha \gg 100$일 때 S_x, K_z, $(S/N)_D$를 구하시오. 이 결과들을 이용하여, 그림 12.1-8과 같은 그림을 그리시오. A-법칙 압신방식이 더 낮은 $(S/N)_D$을 가지나, 표준 μ-법직 압신방식보다 더 큰 농적범위를 갖는 것을 그림을 통하여 설녕하시오.

12.1-27 다음의 경우에 대하여 음악 시스템의 동적 범위는 어떻게 되는가? (a) $v = 8$ 비트 (b) $v = 12$ 비트.

12.2-1* $S_x = 1/2$이고 $W = 6$ kHz인 신호가 $N_0 = 0.01\ \mu$W/Hz이고 $B_T = 15$ kHz인 채널을 통하여 M진 PCM으로 전송된다. M의 최소값과 $(S/N)_D \ge 36$ dB가 되도록 하는 v의 최소값을 구하시오. PCM 신호가 전송 대역폭 전부를 점유한다고 가정했을 때 문턱값 이상에서 동작하기 위한 S_R의 최소값을 구하시오.

12.2-2 $B_T = 20$ kHz라 하고 문제 12.2-1을 계산하시오.

12.2-3 $B_T = 75$ kHz라 하고 문제 12.2-1을 계산하시오..

12.2-4* $M = 2$, $v = 8$, μ-법칙 압신방식을 갖는, 그래서 $(S/N)_D = 37$ dB인, 음성 PCM 시스템을 고려하자. 이 PCM 신호가 20개의 동일한 섹션을 갖는 재생 중계기를 통해

전송된다. 문턱값 이상에서 동작하기 위한 첫 번째 중계기 입력에서 γ의 최소값을 구하시오. 이 때 20 섹션 이후에 $(S/N)_D = 37$ dB가 되는 아날로그 중계기 시스템의 첫 번째 중계기 입력에서 γ 값을 계산하여 PCM 장점을 dB 단위로 구하시오.

12.2-5 100 섹션에 대하여 문제 12.2-4를 계산하시오.

12.2-6 식 (3)으로부터 $P_\epsilon \approx 1/15q^2$일 때 복호 잡음이 $(S/N)_D$을 1 dB씩 감소시킴을 보이시오. $v = 4, 8, 12$일 때 가우시안 잡음 환경에서 이진 PCM에 대한 문턱값 γ를 구하시오. $S_x = 1$이라 하고 dB 단위의 γ_{th}에 따른 dB 단위의 $(S/N)_D$을 그리시오.

12.2-7‡ 부호/크기 (sign/magnitude) 부호워드를 갖는 이진 PCM을 고려하자. 그림 12.1-1b에서 부호 (sign) 비트 오류는 $\pm 2(2i - 1)/q$만큼 복조 레벨을 바꾸게 된다. 여기서 $i = 1, 2, \ldots, q/2$이다. $q \gg 1$일 때, $\overline{\epsilon_m^2} = (5q^2 - 8)/3vq^2$, 따라서 $\overline{\epsilon_m^2} \approx 5/3v$임을 보이시오.

12.2-8 고정값 γ과 $b = B_T/W$를 갖는 PCM 시스템을 가정하자. 문턱을 고려하여, q의 최대값을 표현하시오.

12.2-9 $q = 256$이고 $v = b$인 PCM 시스템에서 $b = B_T/W$에 대한 dB 단위의 γ_{th}를 그리시오.

12.2-10 $D = 5$, $S_x = 0.5$이고 $\gamma = 25$ dB를 갖는 FM방송을 고려하자. (a) 이에 견줄만한 $M = 2$인 PCM 시스템에 대하여 B_T의 최소값과, 대응되는 v 값은 무엇인가? (b) PCM 시스템에서 γ_{TH}를 그리고, FM 시스템에서 필요로하는 γ_{TH}와 비교하시오. 이 때, $B_T \cong 200$ kHz, $W = 15$ kHz인 FM방송을 가정한다.

12.2-11* $f_\Delta = 12$ kHz, $W = 3$ kHz, $S_x = 0.5$이고 문턱값 위에서는 거의 동작하지 않는 FM을 사용하는 무선 아날로그 전화 시스템을 고려하자. 이에 견줄만한 $M = 2$인 PCM 시스템에 대하여 v와 B_T는 무엇인가?

12.3-1 $f_s = 40$ kHz이고 $W = 8$ kHz인 정규화된 정현파를 입력으로 하는 DM 시스템에서 경사 과부하를 최소화하는 Δ는 무엇인가?

12.3-2* $\Delta = 0.117$ V를 가지고 Nyquist 비율의 10배로 표본화되는 경사 과부하를 방지하는 DM 시스템에서 1 kHz 정현파 입력의 최대 포락선은 얼마인가?

12.3-3 신호 $x(t) = 8\cos 2\pi Wt$가 $T_s = 1/24W$인 델타 변조기에 입력된다. $0 \le k \le 30$일 때 표본점 $x(kT_s)$를 그리시오. $\tilde{x}_q(0) = 0$라 하고, $\Delta = 1$과 3에 대해 $\tilde{x}_q(t)$을 각각 그리시오.

12.3-4 예제 12.3-1의 결과를 이용하여 $b = 4, 8, 16$을 갖는 DM 음성 전송에서 b에 대한 dB 단위의 $(S/N)_D$를 그리시오. $v = b$, $S_x = 1/30$이라 놓고, 이진 PCM 전송과 비교하시오.

12.3-5 예제 12.3-1의 결과를 이용하여 $S_x = 1/9$ 일 때 $b = 4, 8, 16$을 갖는 DM 음성 전송에 대하여 f_z와 Δ의 최적 값을 표로 만드시오.

12.3-6 DM을 통해 전송되는 신호가 $f = f_0 < W$일 때 스펙트럼 상에서 최대치 $|\dot{x}(t)|_{\max} = 2\pi f_0$를 갖는다고 가정하자. 이때 식 (12)와 같은 형태로 $(S/N)_D$의 상한선을 구하시오.

12.3-7* 저역 통과 필터를 통과한 음성 신호의 전력 스펙트럼은 $G_x(f) = [K/(f^2 + f_0^2)]\Pi(f/2W)$와 같이 근사화 될 수 있다. K를 S_x의 식으로 나타내고, RMS 대역폭에 대한 식을 구하시오. $W = 4$ kHz이고 $f_0 = 0.8$ kHz일 때 W_{RMS}를 구하시오.

12.3-8 Abate(1967)는 DM에서 경사 과부하 잡음의 근사식을 다음과 같이 제시하였다.

$$N_{so} = \frac{8\pi^2}{27}\left(\frac{W_{\text{RMS}}}{W}\right)^2 (3s + 1)e^{-3s}S_x$$

식 (7)의 Δ^2/f_s를 s와 b의 식으로 나타내고, $s = \ln 2b$일 때 총 양자화 잡음 $N_g + N_{so}$이 최소화 됨을 보이시오.

12.3-9 DPCM에서 한 개 탭을 갖는 가로형 필터와 두 개 탭을 갖는 가로형 필터에서 입력으로 $\rho_1 = 0.8$과 $\rho_2 = 0.6$을 갖는 음성 신호가 들어왔을 때 dB 단위로 탭 이득을 구하고 예측 이득을 계산하시오.

12.3-10* $r_1 = 0.95$, $\rho_2 = 0.90$를 갖는 TV 이미지 신호에 대하여 문제 12.3-9를 푸시오.

12.3-11 두 개의 탭을 갖는 가로형 예측 필터를 가진 DPCM 시스템을 고려하자. $x_q(kT_s) \approx x(kT_s)$이 되도록 $q \gg 1$이라 가정하고, 다음의 예측 방식을 구현하기 위한 탭 이득을 구하시오.

$$\tilde{x}_q(kT_s) \approx x[(k-1)T_s] + T_s \frac{dx(t)}{dt}\bigg|_{i=(k-1)T_s}$$

12.3-12 $q \gg 1$이여서 $x_q(kT_s) \approx x(kT_s)$과 $\epsilon_q(kT_s) \approx x(kT_s) - \tilde{x}_q(kT_s)$을 만족하는, 단일 탭 가로형 예측 필터를 가진 DPCM 시스템을 고려하자. S_x와 신호의 자기상관 $R_x(\tau) = E[x(t)x(t-\tau)]$의 식으로 평균 제곱 예측 오류 $\overline{\epsilon^2} = E[\epsilon_q^2(k)]$의 표현식을 구하시오. 이 때 $\overline{\epsilon^2}$을 최소화하는 탭 이득을 구하시오.

12.3-13 문제 12.3-12에서 설명된 방법을 이용하여 두 개의 탭을 갖는 가로형 예측 필터의 탭 이득을 구하시오. 그 결과를 식 (16b)과 같은 행렬식으로 나타내시오.

12.4-1* 얼마나 많은 비트를 CD에 저장할 수 있는가?

12.4-2 페이지 당 두 개의 열을 갖고, 열 당 57개의 줄을 갖으며, 라인 당 45개의 문자를 갖고, 각각의 문자가 7비트라면 981페이지로 구성된 성경을 저장하는데 CD의 몇 퍼센트를 차지하게 되는가?

12.4-3 $f_s = 44.1$ kHz, $v = 16$ 비트 이고 두 개의 기록 채널을 가지고 있는 2 Gbyte의 하드 드라이브에 몇 분의 음악이 기록될 수 있는가?

12.5-1* $W = 15$ kHz인 여러 개의 고 충실도 오디오 채널이 $v = 12$인 이진 PCM을 통해서 전송된다. AT&T 다중화 계층구조의 첫 번째 레벨에서 얼마나 많은 PCM 신호가 수용될 수 있는지 구하시오. 또한 이에 해당하는 대역폭 효율을 구하시오.

12.5-2 CCITT 계층의 첫 번째 레벨에 대하여 문제 12.5-1을 구하시오.

12.5-3 STS-1 SONET에 의해 전달될 수 있는 음성 전화 신호 수를 구하시오.

12.5-4* 인치당 600 도트의 해상도를 가지며, 도트당 1비트인 8 × 10 인치의 이미지를 ADSL 채널을 통하여 전송하려면 얼마의 시간이 소요되는가?

12.5-5 56 kbps 모뎀에 대하여 문제 12.5-4를 반복하시오.

제 13 장

채널 부호화

개 요

디지털 정보 전송의 주된 목표는 오류를 최소화하는 것이다. 디지털 통신에서 전송 오류는 신호 대 잡음 비의 영향을 받는다. 특정 시스템이 고정된 *S/N*비 값을 갖고 오류율이 허용치 이상으로 높으면, 신뢰도 향상을 위한 다른 방법이 모색되어야 한다. 오류 제어 부호화가 종종 최상의 해법을 제공한다.

오류 제어 부호화는 전송 메시지에 부가 디지트를 체계적으로 덧붙이는 것을 말한다. 이러한 부가적인 검사 디지트는 그자체가 정보를 포함하지는 않지만, 복원된 메시지 디지트에서 오류를 검파하거나 정정하는 것을 가능케 한다. 16장에서 논의될 정보 이론은 거의 오류가 없는 정보 전송이 가능함을 약속한다. 실제로는, 신뢰도, 효율성 그리고 장비의 복잡도의 상반된 검토 사항들 사이에서 타협점을 찾아야 한다. 따라서 수많은 오류 제어 부호가 다양한 응용에 적합하도록 고안되어 오고 있다.

13장은 **오류 검출**(error detection)과 **오류 정정**(error correction) 사이의 개념 차이와 이러한 방법이 사용된 시스템에 주안점을 둔 오류 제어 부호화의 소개로 시작한다. 이어지는 절에서는 두 개의 주요 부호 구현 기법인 **블록 부호**(block codes)와 **컨벌루션 부호**(convolutional codes)에 대하여 설명한다.

학습목표

이 장을 공부하고 응용문제들을 푼 후에 다음의 사항들을 수행할 수 있어야 한다.

1. 패리티 검사가 오류 검출과 정정에 어떻게 사용되는지 설명하고, 부호의 오류 제어 특성과 최소 거리와의 관계를 이해한다(13.1절).
2. 인터리빙 부호워드가 오류 정정과 검출 방법을 보다 효과적으로 만드는데 어떻게 사용되는지 설명한다(13.1절).
3. 주어진 블록 부호에 대해 순방향 오류 정정(FEC) 시스템의 오류확률과 메시지 비트 전송률을 계산한다(13.1절).
4. 주어진 블록 부호에 대해 자동 재전송 요구 (ARQ) 시스템의 성능을 분석한다(13.1절).
5. 선형 블록 부호와 순회 부호의 체계적인 구조를 설명한다(13.2절).
6. 행렬 또는 다항식 연산을 사용하여 주어진 부호의 부호화와 복호화 연산을 수행한다(13.1절).
7. 컨벌루션 부호의 연산을 설명한다(13.3절).

13.1 오류 검출과 정정

오류 정정 없이 오류 검출만을 위한 부호화는 오류 정정 부호화보다 간단하다. 신호원과 최종단 사이에 양방향 채널이 존재한다면 수신부는 오류가 검출된 정보의 재전송을 요구할 수 있다.

자동 재전송 요구(automatic repeat request, ARQ)라 불리는 이러한 오류 제어 방법은 특히 컴퓨터 네트워크 같은 데이터 통신 시스템에 적합하다. 그러나, 재전송이 불가능하거나 실현성이 없는 경우에는, 오류 제어는 오류 정정 부호를 사용한 **순방향 오류 정정**(forward error correction, FEC) 형태로 구현되어야 한다. 여기서는 간단하면서도 이해하기 쉽게 부호화 기법들을 소개한 후, 위의 두 가지 방법 모두에 대해 살펴볼 것이다.

반복과 패리티 검사 부호

시끄러운 방에서 상대편과 대화를 하고자 할 때, 상대방을 이해시키기 위해 반복하여 이야기해야 할 때가 있다. 잡음 채널을 통한 이진 통신에서 무차별 적으로 그냥 쭉 보내는 방식 (brute-force approach) 역시 반복 전송을 사용하므로, 각 메시지 비트는 n개의 동일한 비트로 구성되는 부호워드로 표현된다. 수신된 부호워드에 전송오류가 발생하면, 1이 0으로, 또는 그 반대로 변화되어 반복 유형이 변경된다.

만약 전송 오류가 $P_e = \alpha$의 확률로 불규칙하고 독립적으로 발생한다면 n 비트 부호워드에서 i번 오류가 발생할 확률은 다음과 같은 이항 빈도 함수로 주어진다.

$$P(i, n) = \binom{n}{i} \alpha^i (1 - \alpha)^{n-i} \tag{1a}$$

$$\approx \binom{n}{i} \alpha^i \qquad \alpha \ll 1$$

여기서,

$$\binom{n}{i} = \frac{n!}{i!(n-i)!} = \frac{n(n-1)\cdots(n-i+1)}{i!} \tag{1b}$$

이다. 앞으로 $\alpha \ll 1$이라고 가정하는데 이것이 반드시 신뢰성 있는 통신을 나타내는 것은 아니다. 왜냐하면 $\alpha = 0.1$은 이 가정을 만족하지만 디지털 통신에서는 일반적으로 허용되지않는 오류 확률이기 때문이다. α가 충분히 작아서 $P(i + 1, n) \ll P(i, n)$일 때, 반복 부호는 신뢰도를 향상시키며, 결과적으로 워드당 다수의 오류가 발생하는 경우가 워드당 소수의 오류가 발생하는 경우보다 현격히 감소하게 된다.

예를 들어, 000과 111의 부호워드를 갖는 삼중 반복 부호를 고려하자. 001 또는 101과 같은 일체의 다르게 수신된 부호워드들에는 오류가 존재함을 명확히 알 수 있다. 복호화 기법에 의해 이러한 부호는 오류가 있는 워드를 **검출** 또는 **정정**할 수 있다. 오류 정정 없는 오류 검출에 대하여, 000 또는 111 이외의 임의의 다른 워드들은 오류가 검출된 경우라고 할 수 있다. 따라서 워드 내의 단일 또는 이중 오류는 검출되지만, 삼중 오류는 다음과 같은 확률을 갖는 검출되지 않는 **워드 오류**(word error)가 된다.

$$P_{we} = P(3, 3) = \alpha^3$$

오류 정정을 위하여, 3비트 중 최소한 2개의 비트가 정확하다는 가정에 기반한 다수결 규칙 복호화를 사용한다. 따라서 001과 101은 각각 000과 111로 복호된다. 이 규칙은 단일 오류가 포함된 워드를 정정하지만 이중 또는 삼중 오류의 경우에는

$$P_{we} = P(2, 3) + P(3, 3) = 3\alpha^2 - 2\alpha^3$$

의 확률로 복호화 오류를 유발한다. $P_e = \alpha$가 부호화하지 않았을 경우의 오류 확률이므로, $\alpha \leq 0.01$라고 하면 삼중 반복 부호의 복호화 기법으로 신뢰도가 크게 개선됨을 알 수 있다. 그러나 이러한 신뢰도의 개선은 메시지 비트 전송 속도를 1/3로 줄이는 대가를 통하

여 얻어진다.

더 효율적인 부호는 **패리티**(parity) 개념에 기반한다. 이진 워드의 패리티는, 워드내 1의 개수가 짝수이면 짝수 패리티, 1의 개수가 홀수이면 홀수 패리티라고 한다. **오류 검출 패리티 검사 부호**(error-detecting parity-check code)에서의 부호워드는 $n-1$개의 메시지 비트와 모든 부호워드가 동일한 패리티를 갖도록 선택된 한 개의 검사 비트로 이루어진다. $n=3$이고 짝수 패리티인 경우, 유효한 부호워드는 000, 011, 101 그리고 110이고, 각 워드의 마지막 비트는 패리티 검사용이다. 예를 들어, 수신된 워드가 001 같이 홀수 패리티를 가지면, 전송 오류 (또는 세 개의 오류 또는 일반적으로 홀수 개의 오류)가 존재함을 바로 알 수 있다. 워드 내에서 오류가 어디에 위치하는지는 모르기 때문에 오류 정정은 불가능하다. 또한, 짝수개의 오류는 유효한 패리티로 유지되기 때문에 검출되지 않는다.

$\alpha \ll 1$인 조건에서는, 워드 당 이중 오류가 사중 또는 그 이상의 다중 오류보다 훨씬 더 자주 발생한다. 따라서 n 비트 패리티 검사 부호워드에서 오류가 검출되지 않을 확률은 다음과 같다.

$$P_{we} \approx P(2, n) \approx \frac{n(n-1)}{2}\alpha^2 \tag{2}$$

비교하면, $n-1$개의 메시지 비트를 포함하는 **부호화하지 않은** 워드 전송은 다음과 같은 오류 확률을 갖는다.

$$P_{uwe} = 1 - P(0, n-1) \approx (n-1)\alpha$$

따라서, $n = 10$이고 $\alpha = 10^{-3}$이면, $P_{uwe} \approx 10^{-2}$이 된다. 반면에 부호화를 한 경우는 $P_{we} \approx 5 \times 10^{-5}$이 되며, 전송률 감소도 9/10에 불과하다. 이러한 이유로, 컴퓨터 시스템에서는 오류 검출을 위하여 주로 패리티 검사가 사용된다.

오류 정정을 위한 패리티 검사의 예로서, 그림 13.1-1에는 행과 열이 $2\sqrt{k}$개의 패리티 비트로 검사되는 정방 배열에 k개의 메시지 비트를 배치하여 부호워드를 형성하는 오류 정정 기법을 예시하였다. 하나의 메시지 비트에서의 전송 오류는 행과 열의 교차점에서 오류를 가지게 되어 행과 열 패리티를 틀리게 하므로, 단일 오류를 정정할 수 있다. 이러한 부호는 이중 오류도 검출할 수 있다.

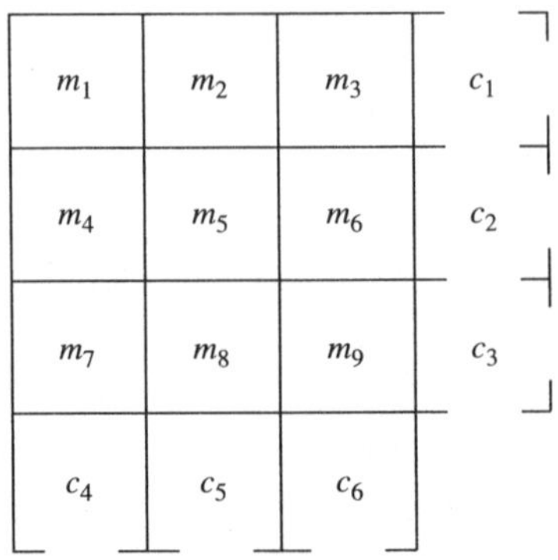

그림 13.1-1
패리티 검사에 의한 오류 정정을 위한 정방 배열.

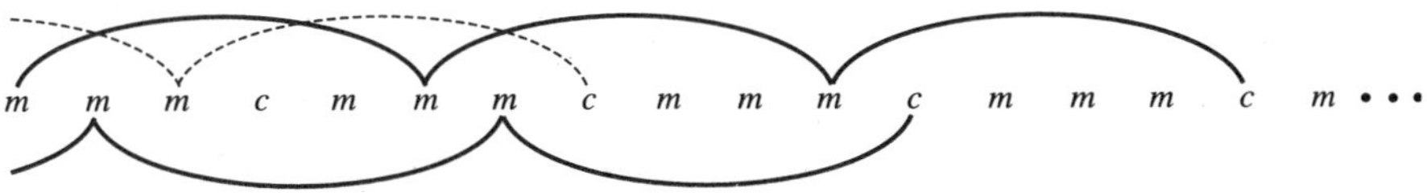

그림 13.1-2
연집 오류에 대한 오류 제어를 위하여 인터리빙된 검사 비트.

인터리빙

이전의 설명에서는 부호워드의 전송오류가 불규칙하고 독립적으로 발생한다고 가정하였다. 이러한 가정은 백색 잡음 또는 필터를 통과한 백색 잡음에 의해 발생한 오류에 대하여 성립한다. 그러나 섬광 또는 스위칭 과도과정에서 발생하는 **임펄스 잡음**은 여러 개의 연속된 비트에 걸쳐 퍼지는 연집 형태의 오류를 유발한다. 무선 전송 시스템이 급격한 페이딩을 겪거나, 또는 주어진 데이터 심볼이 현재와 과거 심볼의 함수가 되는 기억(memory) 채널인 환경에서도 연집 오류가 발생한다. 이런 다중 오류는 기존의 부호 성능을 크게 저하시키므로, 특별한 기법으로 이런 오류에 대처해야 한다. 패리티 검사 같은 기존의 오류 제어 방법은 고립되게 또는 독립적으로 발생하는 오류에 대하여 설계되었다.

하나의 해결책은 그림 13.1-2에 나타낸 것과 같은 **인터리빙** 시스템을 사용하여 전송되는 부호워드를 확산시키는 것이다. 여기서 메시지 비트들은 하나의 패리티 워드의 원본 메시지와 패리티 비트 시퀀스를 연결한 곡선을 따라 분산된다. 이러한 검사 비트들을 가지고 단일 오류 발생여부를 검사할 수 있게 된다. 단일 오류만을 정정할 수 있는 시스템을 살펴보자. 연집 오류는 여러 개의 연속하는 비트들이 오류가 되게 발생한다. 만약 이것이 원본 비트 시퀀스에서 발생한다면, 시스템은 어찌할 수 없게 되어 오류를 정정 할 수 없게 된다. 그러나 인터리빙된 전송에서 이와 동일한 연집 오류가 발생하였다 하자. 이 경우, 서로 다른 메시지 워드로부터 추출된 연속하는 비트들에서 오류가 발생하게 된다. 비트 시퀀스가 수신되었을 때, 인터리빙된 비트 시퀀스는 원래의 형태로 재정리되고, 그런 다음 FEC 방법으로 오류가 난 비트들을 정정할 수 있다. 그러므로, 단일 오류 정정 시스템으로 여러 개의 오류들을 정정할 수 있게 된다.

이제까지 메시지 스트림에서 비트를 분산시키는 인터리빙을 설명하였지만, 이 개념을 비트 또는 워드를 다른 주파수에 걸쳐 인터리빙 하는 것으로 확장시킬 수 있다. 이것은 예제 7.2-4 GSM의 설명에서 다루어졌다.

부호 벡터와 Hamming 거리

특정 부호에 대한 단편적인 설명을 계속하기 보다는 부호 **벡터**(code vector)를 이용한 더 일반적인 접근법을 소개하고자 한다. 임의의 n 비트 부호워드는, 부호워드에서의 비트와 같은 성분 또는 좌표를 가지는 벡터로 n 차원 공간상에서 가시화될 수 있다. 따라서, 부호워드 101을 $X = (1\ 0\ 1)$과 같은 행 벡터로 표시한다. 그림 13.1-3은 3차원 공간상에서 벡터의 끝점에 해당하는 곳을 작고 둥근 점으로 표시하여 모든 가능한 3 비트 부호워드를 나타내고 있다. (a) 부분에서의 검은 점은 삼중 반복 부호를 나타내고 (b) 부분에서의 검은 점은 패리티 검사 부호를 나타낸다.

그림 13.1-3

3비트 부호워드를 나타내는 벡터: (a) 삼중 반복 부호; (b) 패러티 검사 부호.

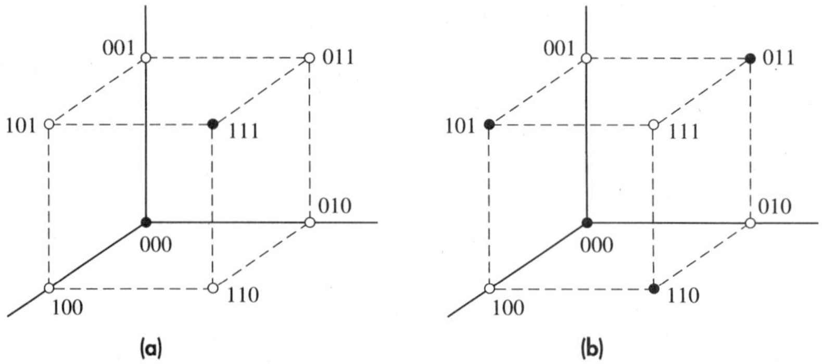

삼중 반복 부호 벡터는 패리티 검사 부호 벡터 보다 더 큰 이격 거리를 갖는다는 것을 주목하라. **Hamming 거리**(Hamming distance)로 측정되는 이러한 이격 거리는 부호의 오류 제어 능력에 직접적인 영향을 미친다. 두 벡터 X, Y 간의 Hamming 거리 $d(X, Y)$는 두 벡터에서 서로 다른 성분들의 개수로 정의된다. 예를 들어, $X = (1\ 0\ 1)$이고 $Y = (1\ 1\ 0)$이라면 두 번째와 세 번째 성분이 다르므로 $d(X, Y) = 2$가 된다.

특정 부호의 **최소 거리**(minimum distance) d_{min}는 유효 부호 벡터 간 최소 Hamming 거리가 된다. 결과적으로, 부호워드의 전송 오류 개수가 d_{min} 보다 작을 때 오류 검출이 항상 가능하며, 따라서 오류가 있는 워드는 유효 벡터가 아니게 된다. 역으로 오류의 개수가 d_{min}과 같거나 크다면, 오류가 있는 워드는 또 다른 유효 벡터에 해당하게 되고, 오류는 명백하게 검출되지 않는다.

이러한 논리를 확장하면, 다양한 오류 제어 능력 정도에 대한 다음과 같은 거리 요구사항이 구해진다.

Detect up to ℓ errors per word	$d_{min} \geq \ell + 1$	(3a)
Correct up to t errors per word	$d_{min} \geq 2t + 1$	(3b)
Correct up to t errors and detect $\ell > t$ errors per word	$d_{min} \geq t + \ell + 1$	(3c)

한 예를 들면, 그림 13.1-3에서 삼중 반복 부호는 $d_{min} = 3$임을 알 수 있다. 따라서 이러한 부호를 이용하여 이전에 설명한 대로 워드 당 $\ell \leq 3 - 1 = 2$개의 오류를 검출할 수 있으며, 워드 당 $t \leq (3 - 1)/2 = 1$개의 오류를 정정할 수 있다. $d_{min} = 7$인 더 강력한 부호는 삼중 오류 정정이 가능하며, 또는 이중 오류 정정 및 사중 오류 검출이 가능하다.

부호의 성능은 분명히 오류 제어 목적으로 각 부호워드에 더해지는 비트 수에 좌우된다. 특별히 $k > n$ 메시지 비트와, 메시지 비트를 검사하는 $n - k$패리티 비트로 구성되는 부호워드를 가정하자. 이러한 구조는 (n, k) **블록 부호**(block codes)로 알려져 있다. (n, k) 블록 부호의 최소 거리는 다음과 같은 상한 값에 제한되며

$$d_{min} \leq n - k + 1 \tag{4}$$

부호의 효율성은 다음과 같은 **부호율**(code rate)로 측정 된다.

$$R_c \triangleq k/n \tag{5}$$

유감스럽게도, 식 (4)의 상한 값은 $k = 1$이고 매우 비효율적인 부호율 $R_c = 1/n$를 갖는 반복 부호에 의해서만 얻어진다. 강력하고 꽤 효율적인 부호를 찾기 위한 상당한 노력이 경주 되어 왔는데, 이 주제는 다음 절에서 다루게 된다.

부호 벡터의 기하학적 해석은 **Euclidean 거리**(Euclidean distance)라고 불리는 또 다른 부호 거리 척도를 제공한다. n 차원 공간에서 두 개의 부호 벡터 $\boldsymbol{X}, \boldsymbol{Y}$ 사이의 Euclidean 거리는 다음과 같이 정의된다.

$$d_{Euclidean} \sqrt{(x_n - y_n)^2 + (x_{n-1} - y_{n-1})^2 + \ldots. (x_0 - y_0)^2} \tag{6}$$

오류를 극복하기 위한 Euclidean 거리와 부호의 장점은 부호화와 변조가 함께 다루어질 14.6절에서 더 논의될 것이다.

순방향 오류 정정(FEC) 시스템

이제, 그림 13.1-4에 나타낸 순방향 오류 정정 시스템을 살펴보도록 하자. 정보원으로부터 r_b의 비트율로 메시지 비트가 생성된다. 부호기는 k개의 메시지 비트를 블록으로 취하여 $R_c = k/n < 1$의 부호화율을 갖는 (n, k) 블록 부호를 생성한다. 따라서 채널에서의 비트율은 r_b 보다 커야 한다. 즉,

$$r = (n/k)r_b = r_b/R_c \tag{7}$$

이 된다. 부호의 최소 거리는 $d_{\min} = 2t + 1 \leq n - k + 1$이고, 복호기는 정확히 오류 정정 모드로 동작하게 된다.

가산성 백색 잡음이 $\alpha \ll 1$의 확률로 랜덤 오류를 발생시킬 때 이러한 순방향 오류 정정 시스템의 성능을 살펴보자. 물론 성능 값은 수신기에서의 신호 에너지와 잡음 밀도에 좌우된다. 만약 E_b가 메시지 비트 당 평균 에너지를 나타낸다면, 부호 비트 당 평균 에너지는 R_cE_b가 되고 비트 에너지 대 잡음 밀도의 비는 다음과 같이 된다.

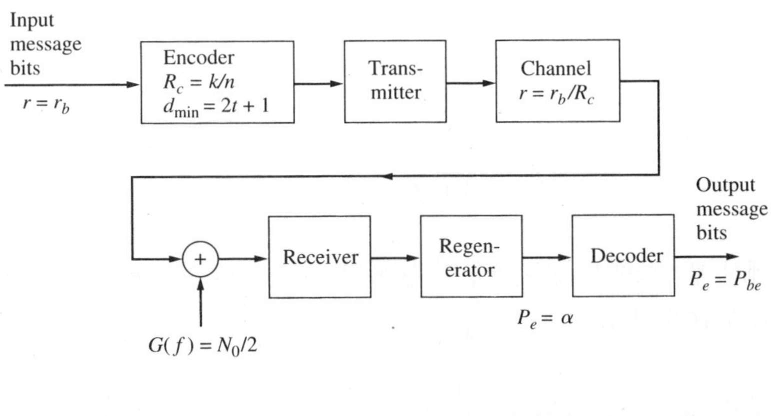

그림 13.1-4
순방향 오류 정정(FEC) 시스템.

$$\gamma_c \triangleq R_c E_b/N_0 = R_c \gamma_b \tag{8}$$

여기서 $\gamma_b = E_b/N_0$이다. 워드 오류 확률인 P_{we}와 구분하기 위해, P_{be}로 나타내는 출력 메시지 비트 오류 확률을 성능 지표로 삼을 것이다.

이러한 부호는 항상 워드당 t개의 오류까지 정정하고 t개의 오류보다 많은 몇몇 패턴도 특정 부호 벡터에 따라서 정정이 가능하다. 따라서, 복호화 워드 오류 확률은 다음과 같은 상한값에 제한된다.

$$P_{we} \leq \sum_{i=t+1}^{n} P(i, n)$$

개략적이지만 합리적인 성능 추정을 위하여, 다음과 같이 근사화된 식을 이용하는데

$$P_{we} \approx P(t+1, n) \approx \binom{n}{t+1} \alpha^{t+1} \tag{9}$$

이것은 정정되지 않은 워드가 대체로 $t + 1$개의 비트 오류를 가짐을 의미한다. 평균적으로, 정정되지 않는 워드당 $(k/n)(t + 1)$개의 메시지 비트 오류가 있을 것이며, 나머지 오류는 검사 비트에 있을 것이다. $N \gg 1$인 워드에서 Nk 비트가 전송될 때, 출력에서 예상되는 오류 메시지 비트의 총 개수는 $(k/n)(t + 1)NP_{we}$이다. 따라서

$$P_{be} = \frac{t+1}{n} P_{we} \approx \binom{n-1}{t} \alpha^{t+1} \tag{10}$$

이고 여기서, $(t + 1)/n$을 이항계수와 조합하기 위해 식 (1b)를 사용하였다.

만약, 잡음이 Gaussian 분포를 가지며, 전송 시스템이 최적화되어 있다면 (즉, 극형 신호화 및 정합필터링), 전송 오류확률은 다음과 같다.

$$\alpha = Q\left(\sqrt{2\gamma_c}\right) = Q\left(\sqrt{2R_c\gamma_b}\right) \tag{11}$$

$$\approx (4\pi R_c \gamma_b)^{-1/2} e^{-R_c\gamma_b} \qquad R_c\gamma_b \geq 5$$

여기서 사용한 Gaussian 말단 부분 근사화(Gaussian tail approximation)는 8.4절의 식 (9)를 따르며, $\alpha \ll 1$라는 가정과도 일관된다. 따라서 FEC시스템에서 출력 오류 확률의 최종 결과는 다음과 같이 된다.

$$P_{be} = \binom{n-1}{t} \left[Q\left(\sqrt{2R_c\gamma_b}\right)\right]^{t+1} \tag{12}$$

$$\approx \binom{n-1}{t} (4\pi R_c \gamma_b)^{-(t+1)/2} e^{-(t+1)R_c\gamma_b}$$

동일 채널에서 부호화하지 않은 전송시, 신호 전송률이 r_b/R_c에서 r_b로 감소하므로 오류 확률은 다음과 같이 된다.

$$P_{ube} = Q\left(\sqrt{2\gamma_b}\right) \approx (4\pi\gamma_b)^{-1/2}e^{-\gamma_b} \tag{13}$$

식 (12)와 (13)을 비교하면, 부호 파라미터 $t = (d_{\min} - 1)/2$와 $R_c = k/n$의 중요성을 알 수 있다. t와 R_c가 P_{ube} 보다 현저하게 작은 P_{be} 값을 생성하므로 FEC 시스템 복잡도의 증가가 정당화 된다. 본질적으로 $(t + 1)R_c > 1$의 조건이 필요함을 지수 근사화를 통해 알 수 있다. 따라서, 낮은 부호율에도 불구하고 더 강력한 부호들이 계속 이어지겠지만, 단일 또는 이중 오류만을 정정하는 부호는 비교적 높은 부호율을 가져야 한다. 다음 예제에서 채널 파라미터 γ_b에 따른 성능 비교를 설명한다.

FEC의 오류 확률

예제 13.1-1

$d_{\min} = 3$ 이어서, $t = 1$, $R_c = 11/15$인 (15, 11) 블록 부호를 가정하자. 이러한 부호를 사용하는 FEC 시스템의 $\alpha = Q[\sqrt{(22/15)\gamma_b}]$이고 $P_{be} = 14\,\alpha^2$이나 반면, 동일 채널에서 부호화하지 않은 전송의 경우 P_{ube}는 $Q(\sqrt{2\gamma_b})$이다. 그림 13.1-5에는 dB 단위의 γ_b에 대하여 이러한 3개의 확률을 도시하였다. 만약 $\gamma_b > 8$ dB이면, 부호화하지 않는 전송에 비하여 부호화 한 경우가 오류 확률을 적어도 1/10 이하로 감소시킴을 알 수 있다. 예를 들어 $\gamma_b = 10$ dB에서, 더 높은 채널 비트 전송률은 전송 오류 확률을 $\alpha \approx 6 \times 10^{-5}$까지 증가시키지만, 부호화하지 않은 전송에서는 $P_{ube} \approx 4 \times 10^{-6}$인 반면 FEC 시스템의 경우는 $P_{be} \approx 10^{-7}$이 된다.

그러나, 만약 $\gamma_b < 8$ dB이면, 부호화가 신뢰도를 크게 개선시키지는 않으며, 도리어 $\gamma_b < 4$ dB에서는 신뢰도를 더 악화시킨다. 또한, 부호화하지 않는 시스템에서는 단순히 대략 1.5 dB 정도의 신호 대 잡음 비의 증가를 통해 FEC 시스템 보다 더 나은 신뢰도를

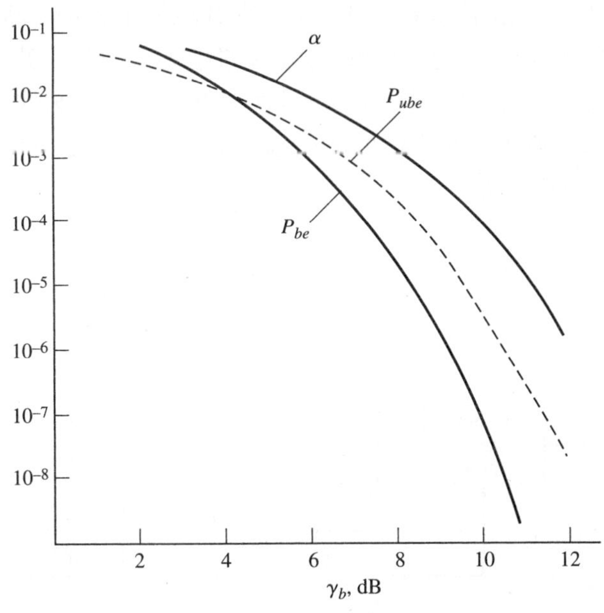

그림 13.1-5
예제 13.1-1의 오류 확률 곡선.

얻을 수 있다. 따라서 이러한 특정 부호는 신호 전력을 많이 절약하지는 않지만, γ_b가 8−10 dB 근방에서 고정된 값을 가질 때는 효과적일 수 있다.

응용문제 13.1-1 예제 13.1-1의 시스템이 $\gamma_b \approx 8$ dB에서 동작하여 $\alpha = 0.001$이라 가정하자. $i = 0, 1, 2, 3$에 대해서 $P(i, n)$을 계산하시오. 그 결과가 식 (9)의 근사식을 만족하는가?

ARQ 시스템

오류 제어를 위한 자동 재전송 요구는 순방향 오류 정정보다는 오히려 오류 검출과 재전송에 기초한다. 그러므로, ARQ 시스템은 3가지 중요한 면에서 FEC 시스템과 차이가 있다. 첫째로, 오류 검출을 위해 고안된 (n, k) 블록 부호는 일반적으로 오류 정정을 위해 고안된 부호보다 적은 검사 비트를 필요로 하며, 보다 높은 k/n 비율을 나타낸다. 둘째로, ARQ 시스템은 오류가 검출된 부호워드의 재전송을 구현하기 위해 재전송 요구 전송 경로 및 부가적인 하드웨어를 필요로 한다. 셋째로, 순방향 전송 비트율은 반복 워드 전송을 위한 여유를 두어야 한다. 이런 차이점들의 전체적인 영향은 그림 13.1-6에서 나타낸 ARQ 시스템의 동작을 설명한 후에 더 분명해 진다.

부호기에 의해 구성된 각 부호워드는 임시로 저장되어 복호기가 오류을 찾는 최종단으로 전송된다. 복호기는 오류가 검출되지 않으면 **긍정 응답**(ACK)을 내주고, 오류가 검출되면 **부정 응답**(NAK)을 내준다. 부정 응답 시 입력 제어기는 입력 버퍼에 저장된 부호워드에서 해당하는 워드를 재전송하게 한다. 전송 오류 발생에 따라 특정 워드가 한 번만 전송되거나 또는 두 번 이상 전송될 수도 있다. 출력 제어기와 버퍼의 기능은 복호기가 받아들인 부호워드로부터 출력 비트 스트림을 조합하는 것이다.

순방향 전송과 비교하면, 긍정/부정 신호의 반환 전송은 저속 비트율로 동작하므로, 반환 경로에서의 오류 확률을 무시할 수 있을 정도로 작다고 가정할 수 있다. 이러한 조건하에서 오류가 검출된 모든 부호워드는 필요한 만큼 여러 번 재전송 되며, 따라서 검출되지 않은 오류를 가진 워드에만 출력 오류가 나타난다. $d_{\min} = \ell + 1$인 (n, k) 블록 부호의 경우, 해당 출력 오류 확률은 다음과 같으며

$$P_{we} = \sum_{i=\ell+1}^{n} P(i, n) \approx P(\ell + 1, n) \approx \binom{n}{\ell + 1} \alpha^{\ell+1} \tag{14}$$

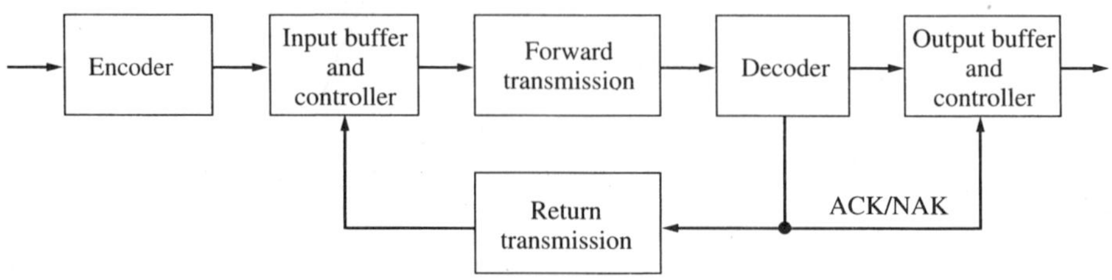

그림 13.1-6
ARQ 시스템.

$$P_{be} = \frac{\ell + 1}{n} P_{we} \approx \binom{n-1}{\ell} \alpha^{\ell+1} \tag{15}$$

이것은 식 (9), (10)에서 t를 ℓ로 바꾼 FEC 오류 확률식과 동일하다. 복호기는 오류가 없거나 검출되지 않는 오류를 가지는 워드를 받아들이기 때문에 **워드 재전송 확률**(word retransmission probability)은 다음과 같이 된다.

$$p = 1 - [P(0, n) + P_{we}]$$

그러나, 성능이 좋은 오류 검출 부호에서는 $P_{we} \ll P(0, n)$이 되어야 한다. 그러므로,

$$p \approx 1 - P(0, n) = 1 - (1 - \alpha)^n \approx n\alpha \tag{16}$$

이 되고, 여기서 $n\alpha \ll 1$에 기초한 $(1 - \alpha)^n \approx 1 - n\alpha$의 근사화를 이용하였다.

재전송 과정에 대하여, 그림 13.1-7의 타이밍 도에 도시된 대로 3개의 기본 ARQ 기법들이 있다. 오류가 검출되어 재전송 되어야 하는 수신 워드에 * 표시가 되어 있다. (a) 부분의 **정지 대기**(stop-and-wait) 방식에서는 송신기가 매번 워드를 전송한 후에 정지하여 수신기로부터 응답을 기다린다. 입력 버퍼에 단 하나의 워드만 저장하면 되지만, 각 방향의 전송 시간 지연 t_d는 워드 전송 사이에 $D \geq 2t_d$의 **유휴시간**(idle time)을 발생시킨다. (b) 부분과 같이 부호워드가 연속적으로 전송되는 **go-back-*N*** 방식에 의해 유휴시간을 없

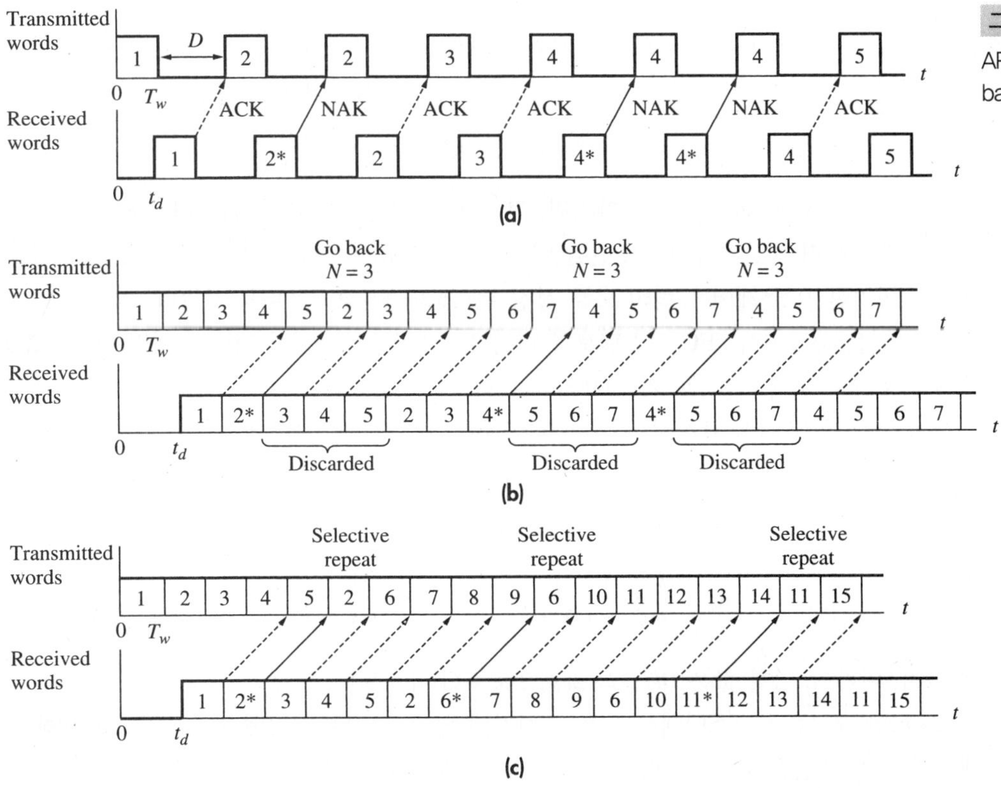

그림 13.1-7

ARQ 기법. (a) 정지 대기; (b) go-back-*N*; (c) 선택적 반복 방식.

앨 수 있다. 수신기가 NAK 신호를 보내오면, 송신기는 버퍼에서 N 워드 만큼 뒤로 돌아가서 그 부분부터 재전송을 시작하게 된다. 수신기는 사이에 끼인 $N - 1$개의 워드를, 맞든 틀리든, 올바른 시퀀스를 보존하기 위해 무시해 버린다. (c) 부분의 **선택적-반복** (selective-repeat) 방식에서는 출력 제어기와 버퍼에 워드 선택 기능을 구현하여서 오류가 검출된 워드만 재전송하게 된다.

의심할 여지없이, 선택적-반복 ARQ 시스템이 가장 높은 처리 효율을 나타낸다. 이에 대한 정량적인 기초를 살펴보면, 주어진 워드의 전체 전송 수는 사건 발생 확률 $P(m = 1) = 1 - p$, $P(m = 2) = p(1 - p)$ 등에 의해 표현되는 이산 확률 변수 m이 됨을 알 수 있다. $1 + 2p + 3p^2 + \cdots = (1 - p)^{-2}$이므로, 받아들여진 워드 당 전송된 워드의 평균 개수는 다음과 같다.

$$\bar{m} = 1(1 - p) + 2p(1 - p) + 3p^2(1 - p) + \cdots \tag{17}$$

$$= (1 - p)(1 + 2p + 3p^2 + \cdots) = \frac{1}{1 - p}$$

평균적으로, 이 시스템은 매 k 메시지 비트마다 $n\bar{m}$ 비트를 전송하여야 하고, 따라서 처리 효율은 다음과 같이 되는데

$$R_c' = \frac{k}{n\bar{m}} = \frac{k}{n}(1 - p) \tag{18}$$

여기서 식 (16)에 의해 $p \approx n\alpha$이다.

FEC 시스템에서 $r = r_b/R_c$의 관계처럼, 순방향 전송 비트율 r과 메시지 비트율 r_b가 다음과 같이 관계된다는 사실을 반영하기 위하여 여기서 심볼 R_c'를 사용한다.

$$r = r_b/R_c'$$

따라서, 잡음이 Gaussian 분포를 가지면, 전송 오류 확률 α는 $R_c = k/n$ 대신 R_c'을 사용하여 식 (11)로부터 계산된다. 또한, 만일 $p \ll 1$이라면 $R_c' \approx k/n$이 된다. 그러나, 오류 검출 부호는 동일한 오류 제어 능력의 오류 정정 부호보다 더 큰 k/n 비를 갖는다. 이러한 조건하에서, 같은 채널에서 FEC 시스템보다 더 좋은 성능을 나타내기 위해 선택적 반복 ARQ 에서는 보다 정교한 하드웨어가 필요하게 된다.

식 (17)의 $\bar{m}$에 관한 표현식이 정지-대기 ARQ 시스템에 적용된다. 그러나, 왕복지연시간이 $D \geq 2t_d$이고 T_w가 $T_w = n/r \leq k/r_b$로 주어지는 워드 지속 시간 일 때, 유휴 시간은 효율성을 $T_w/(T_w + D)$의 인자 만큼 감소시킨다. 따라서

$$R_c' = \frac{k}{n}\frac{1 - p}{1 + (D/T_w)} \leq \frac{k}{n}\frac{1 - p}{1 + (2t_d r_b/k)} \tag{19}$$

이 되며, 여기서, 상한 값은 $D/T_w \geq 2t_d r_b/k$로부터 유도된다.

go-back-N ARQ 시스템에서는 유휴 시간이 없지만, 오류가 검출된 각 워드에 대해 N개의 워드가 재전송되어야 한다. 결과적으로 다음과 같이 되며

$$\bar{m} = 1 + \frac{Np}{1-p} \tag{20}$$

이고

$$R'_c = \frac{k}{n}\frac{1-p}{1-p+Np} \le \frac{k}{n}\frac{1-p}{1-p+(2t_d r_b/k)p} \tag{21}$$

여기서 상한 값은 $N \ge 2t_d/T_w$란 사실을 반영한다.

선택적 반복 ARQ와는 달리, 정지-대기와 go-back-N 방법의 처리 효율은 왕복지연시간에 좌우된다. 식 (19)와 (21)은 두 방법 모두, 만일 지연과 비트율이 $2t_d r_b \ll k$의 조건을 만족하면, 적절한 효율을 갖는다는 것을 나타낸다. 그러나, 정지-대기 ARQ는 $2t_d r_b \ge k$일 때 매우 낮은 효율을 갖는 반면, go-back-N 방법은 재전송 확률 p가 충분히 작기만 하면 여전히 처리 효율이 만족된다.

마지막으로, **혼합**(hybrid) ARQ 시스템의 개념 정도만이라도 설명한다. 이러한 시스템은 ARQ 구조안에 FEC의 하부 시스템을 구성하여, 두 가지 오류 제어 방법의 장점들을 결합한 시스템이다. 예를 들면, 혼합 ARQ 시스템에서는 $d_{\min} = t + \ell + 1$인 블록 부호를 사용할 수 있으므로, 복호기가 워드 당 t개의 오류까지 정정할 수 있으며, $\ell > t$개의 오류를 가진 워드를 정정 할 수는 없으나 검출할 수는 있다. 오류 정정은 재전송하여야 하는 워드 수를 크게 감소시키므로, ARQ의 높은 신뢰도를 희생하지 않고도 처리율을 증가시킬 수 있다.

ARQ 시스템의 오류 확률

예제 13.1-2

선택적 반복 ARQ 시스템이 $k = 9$, $n = 10$, $\ell = 1$인 간단한 패리티 검사 부호를 사용한다고 가정하자. 전송 채널이 Gaussian 잡음(Gaussian noise)의 영향을 받을 때, $P_{be} \approx 10^{-5}$을 얻는데 필요한 γ_b 값을 알고자 한다. 식 (15)에 의해 요구되는 전송 오류 확률 $\alpha = (10^{-5}/9)^{1/2} \approx 1.1 \times 10^{-3}$가 되며, 이에 해당하는 워드 재전송 확률은 식 (16)에서 $p \approx 10\alpha \ll 1$이 된다. 따라서, 처리 효율은 식 (18)로부터 $R'_c \approx k/n = 0.9$가 된다. $\alpha = Q(\sqrt{2R'_c\gamma_b})$이므로, 부록의 표 T.6에 있는 Q의 그래프로부터 최종 결과인 $\gamma_b \approx 3.1^2/1.8 = 5.3$ 또는 7.3 dB를 얻게 된다. 비교하여 보면, 그림 13.1-5로부터 부호화하지 않는 전송의 경우에는 $\gamma_b = 7.3$ dB일 때 $P_{ube} \approx 6 \times 10^{-4}$임을 알 수 있고, $P_{ube} = 10^{-5}$을 얻기 위해서는 $\gamma_b \approx 9.6$ dB가 필요함을 알 수 있다. 따라서 ARQ 시스템에서 대략 2.3 dB의 전력 절약을 이룰 수 있다.

응용문제 13.1-2

예제 13.1-2의 시스템에서 $r_b = 50$ kbps이고, 지연시간 $t_d = 0.2$ ms이라 가정하자. R'_c를 계산하여, 채널이 $r \le 100$ kbps로 제한될 때 go-back-N 기법은 적합하나 정지-대기 기법은 적합하지 않음을 보이시오.

13.2 선형 블록 부호

본 절에서는 블록 부호의 구조, 특징 및 구현에 관하여 기술한다. 주어진 메시지 비트들로 구성되는 블록에 대한 검사 비트를 생성하는 부호화 과정의 행렬 표현으로부터 시작한다. 그리고 나서, 행렬 표현을 사용하여 오류 검출과 정정을 위한 복호화 방법을 살펴본다. 순회 블록 부호의 주요 종류를 간략히 소개하면서 본 절을 마무리한다.

블록 부호의 행렬 표현

(n, k) 블록 부호는 n 비트 벡터로 구성되며, 각 벡터는 $k < n$인 메시지 비트의 고유한 블록에 해당된다. 2^k개의 다른 k 비트 메시지 블록들과 2^n개의 가능한 n 비트 벡터들이 존재하므로, 블록 부호화의 기본 방법은 최소거리가 가능한 최대화 되도록 2^k의 부호 벡터를 선택하는 것이다. 그러나 부호는 또한 부호화 및 복호화 처리가 용이한 구조를 가져야 한다. 따라서 앞으로 **체계적인 선형**(systematic linear) 블록 부호 계열에 주안점을 둔다.

임의의 부호 벡터를 다음과 같이 표현하여 보자.

$$X = (x_1\, x_2 \quad \cdots \quad x_n)$$

여기서 성분 $x_1, x_2, \ldots,$ 는 물론 이진 디지트 이다. k 정보 비트가 n 비트 부호워드의 부분집합일 때 그 부호를 체계적이라 한다. 만약, 부호가 성분이 모두 0인 벡터를 포함하고, 임의의 두 개의 부호 벡터 합으로 부호 내의 다른 벡터가 생성 되면, 그 부호를 선형이라 한다. 두 벡터 두 벡터 X, Z의 합은 다음과 같이 정의한다.

$$X + Z \triangleq (x_1 \oplus z_1 \;\; x_2 \oplus z_2 \quad \cdots \quad x_n \oplus z_n) \tag{1}$$

여기서 각 성분들은 11.4절의 식 (2)에 주어진 모듈로-2 덧셈 규칙에 따라 결합된다.

선형성의 결과로써, 다음과 같은 설명으로 부호의 최소 거리를 구할 수 있다. 벡터 X의 0이 아닌 성분의 개수를 벡터 가중치(weight)라 불리는 $w(X)$로 표시하자. 만약, $x_1 \neq z_1$이면 $x_1 \oplus z_1 = 1$이므로, 임의의 두 부호 벡터 X와 Z의 Hamming 거리는 다음과 같이 된다.

$$d(X, Z) = w(X + Z)$$

따라서, X와 Z 사이의 거리는 다른 부호 벡터 $X + Z$의 가중치와 같다. 그러나 만약, $Z = (0\ 0 \cdots 0)$이면 $X + Z = X$이므로, 따라서 다음과 같이 된다.

$$d_{\min} = [w(X)]_{\min} \qquad X \neq (0 \quad 0 \quad \cdots \quad 0) \tag{2}$$

즉, 선형 블록 부호의 최소 거리는 가장 작은 0이 아닌 벡터 가중치와 같다.

체계적 블록 부호는, 처음 k개의 성분이 (또는 마지막 k개의 성분) 메시지 비트와 동일하여 나머지 $n - k$개의 성분이 검사 비트가 되는, 벡터들로 구성된다. 부호 벡터는 다음과 같은 형태를 취하며

$$X = (m_1 \quad m_2 \quad \cdots \quad m_k \quad c_1 \quad c_2 \quad \cdots \quad c_q) \tag{3a}$$

여기서,

$$q = n - k \tag{3b}$$

이다. 정보 비트가 패리티 비트와 분리되어 있으므로, 부호워드 X가 체계적임을 다시 한 번 주목하라. 편의상, 부호 벡터를 다음과 같이 분할 표기로도 나타내는데

$$X = (M \quad | \quad C)$$

여기서 M은 k 비트의 메시지 벡터이고 C는 q 비트의 검사 벡터이다. 분할 표기는 그 자체가 블록 부호의 행렬 표현을 적합하게 한다.

메시지 벡터 M이 주어지면 이에 대응되는 벡터 X는, 체계적 선형 (n, k) 블록 부호에 대하여 다음과 같은 행렬 곱으로 구해 질 수 있다.

$$X = MG \tag{4}$$

행렬 G는 일반적인 구조를 가지는 $k \times n$의 **생성 행렬**(generator matrix)이다.

$$G \triangleq [I_k \quad | \quad P] \tag{5a}$$

여기서, I_k는 $k \times k$의 단위 행렬이고 P는 다음과 같이 표현되는 $k \times q$의 이진 디지트 부행렬이다.

$$P = \begin{bmatrix} p_{11} & p_{12} & \cdots & p_{1q} \\ p_{21} & p_{22} & \cdots & p_{2q} \\ \vdots & \vdots & & \vdots \\ p_{k1} & p_{k2} & \cdots & p_{kq} \end{bmatrix} \tag{5b}$$

G의 단위 행렬은 단순히 X의 처음 k개 성분에 대한 메시지 벡터를 재생성 하며, 부 행렬 P는 다음과 같은 식을 통해 검사 벡터를 생성한다.

$$C = MP \tag{6a}$$

이러한 이진 행렬 곱은 일반적인 덧셈 대신에 모듈로-2 덧셈 규칙을 따른다. 그러므로, C의 j번째 성분은 P의 j번째 열을 이용하여 계산되며, $j = 1, 2, \ldots, q$에 대하여

$$c_j = m_1 p_{1j} \oplus m_2 p_{2j} \oplus \cdots \oplus m_k p_{kj} \tag{6b}$$

이 된다. 이러한 모든 행렬 연산은, 각각의 성분들이 0 또는 1이기 때문에, 보이는 것 보다는 어렵지 않다.

블록 부호의 행렬 표현은 간결한 해석 도구를 제공하며, 또한, 부호기 및 복호기의 하드웨어 구현을 가능하게 한다. 그러나 $d_{\min}$과 R_c 같은 특정한 부호 파라미터를 구하기 위해 어떻게 부 행렬 P의 성분들을 선정하는가는 알려주지 않는다. 결과적으로, 좋은 부호

는 수학적 분석을 바탕으로 한 많은 생각과 노력을 통하여 발견된다. 사실 Hamming(1950)은 그 기본 이론이 수학적으로 공식화되기 수 년 전에 첫 번째로 널리 알려진 블록 부호를 고안하였다.

예제 13.2-1

Hamming 부호

Hamming 부호는 $q \geq 3$의 검사 비트를 갖는 (n, k)선형 블록 부호이며,

$$n = 2^q - 1 \qquad k = n - q \tag{7a}$$

이다. **부호화율**은

$$R_c = \frac{k}{n} = 1 - \frac{q}{2^q - 1} \tag{7b}$$

이고, 따라서 만약 $q \gg 1$이라면 $R_c \approx 1$이 된다. q에 관계없이 최소거리는

$$d_{\min} = 3 \tag{7c}$$

으로 고정되므로, 따라서 Hamming 부호는 단일 오류 정정 또는 이중 오류 검출을 위해 사용될 수 있다.

> 체계적인 Hamming 부호를 구성하기 위해서는, 부 행렬 P의 k 행을 두 개 이상의 1을 가지는, 임의의 순서로 배열되는, 모든 q 비트 워드로 구성하면 된다.

예를 들어, $q = 3$이라, $n = 2^3 - 1 = 7$이고 $k = 7 - 3 = 4$인 체계적인 Hamming 부호를 고려하자. 앞서 언급한 규칙에 따르면, 적절한 생성 행렬은 다음과 같이 된다.

$$G = \left[\begin{array}{cccc|ccc} 1 & 0 & 0 & 0 & 1 & 0 & 1 \\ 0 & 1 & 0 & 0 & 1 & 1 & 1 \\ 0 & 0 & 1 & 0 & 1 & 1 & 0 \\ 0 & 0 & 0 & 1 & 0 & 1 & 1 \end{array}\right]$$

마지막 3개의 열은 부 행렬 P를 구성하는데, 부 행렬의 행에는 두 개 이상의 1을 갖는 모든 3 비트 워드들이 포함된다. P부 행렬을 구성한다. 메시지 비트 블록 $M = (m_1\ m_2\ m_3\ m_4)$이 주어지면, 다음 식들로부터 검사 비트들이 결정된다.

$$c_1 = m_1 \oplus m_2 \oplus m_3 \oplus 0$$

$$c_2 = 0 \oplus m_2 \oplus m_3 \oplus m_4$$

$$c_3 = m_1 \oplus m_2 \oplus 0 \oplus m_4$$

P의 성분들을 식 (6)에 대입하면 이러한 검사 비트 식이 얻어진다.

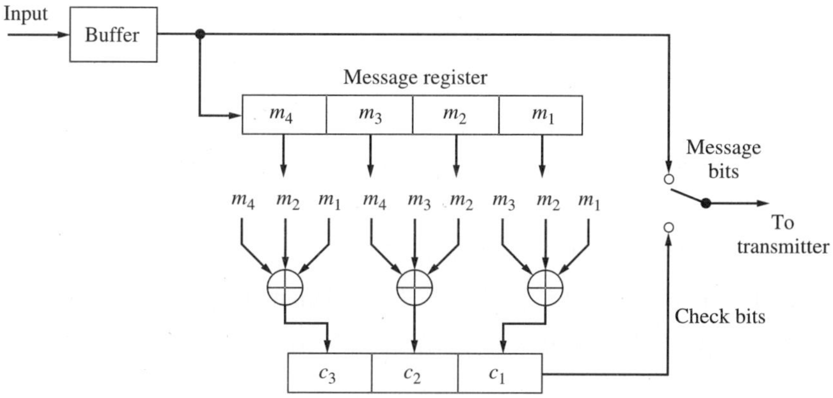

그림 13.2-1
(7, 4) Hamming 부호에 대한 부호기.

표 13.2-1 (7, 4) Hamming 부호에 대한 부호워드.

M				***C***			***w(X)***	***M***				***C***			***w(X)***
0	0	0	0	0	0	0	0	1	0	0	0	1	0	1	3
0	0	0	1	0	1	1	3	1	0	0	1	1	1	0	4
0	0	1	0	1	1	0	3	1	0	1	0	0	1	1	4
0	0	1	1	1	0	1	4	1	0	1	1	0	0	0	3
0	1	0	0	1	1	1	4	1	1	0	0	0	1	0	3
0	1	0	1	1	0	0	3	1	1	0	1	0	0	1	4
0	1	1	0	0	0	1	3	1	1	1	0	1	0	0	4
0	1	1	1	0	1	0	4	1	1	1	1	1	1	1	7

그림 13.2-1에는 이러한 (7, 4) Hamming 부호에 대한 검사 비트 계산을 수행하는 부호기를 나타내었다. 송신기로 들어가는 각 블록의 메시지 비트들은 또한 메시지 레지스터에도 입력된다. 메시지 레지스터의 셀들은 배타적-OR 게이트로 연결되어 검사 비트를 출력한다. 검사 비트는 또 다른 레지스터에 저장되었다가, 메시지 비트 다음에 송신기로 전송된다. 검사 비트들이 출력되는 동안 입력 버퍼는 다음 메시지 비트 블록을 저장한다. 이러한 과정을 다음 메시지 비트 블록에 대해 반복한다.

표 13.2-1에는 앞의 결과에 해당하는 $2^4 = 16$개의 부호워드와 그들의 가중치를 정리하였다. 0이 아닌 최소 가중치는 3이며, $d_{\min} = 3$인 것을 확인할 수 있다. 따라서 검사 비트는 $d_{\min}$ 규정이 만족되도록 부호워드를 분산시킨다.

응용문제 13.2-1

다음과 같은 부 행렬에 의해 생성되는 체계적 (6, 3) 블록 부호를 고려하자.

$$P = \begin{bmatrix} 1 & 1 & 0 \\ 0 & 1 & 1 \\ 1 & 0 & 1 \end{bmatrix}$$

검사 비트 식을 쓰고 $d_{\min} = 3$임을 보이기 위해 부호워드와 그것의 가중치를 표로 만드시오.

신드롬 복호

특정 부호 벡터 X가 전송되었을 때 수신된 벡터를 Y라 하자. 전송 오류는 $Y \neq X$인 결과를 유발한다. 복호기는 저장된 부호 정보를 사용하여 Y의 오류를 검출하거나 정정한다.

오류 검출을 수행하는 직접적인 방법은 부호 내의 모든 벡터를 Y와 비교하는 것이다. 이 방법은 수신기에서 모든 2^k개의 부호 벡터 저장 및 2^k번의 비교 연산을 필요로 한다. 그러나 효율적인 부호는 일반적으로 큰 k 값을 가지는데 이는 다소 크고 비용이 많이 드는 복호기 하드웨어가 필요함을 의미한다. 예들 들면, Hamming 부호로 $R_c \geq 0.8$를 얻기 위해서는 $q \geq 5$가 필요하다. 그러면 $n \geq 31$, $k \geq 26$이 되어 수신기는 총 $n \times 2^k > 10^9$ 비트를 저장해야 한다.

큰 k 값을 가지는 부호의 더 현실적인 복호화 방법은 부호의 P부 행렬로부터 유도된 패리티 검사 정보와 관련된다. 임의의 체계적 선형 (n, k) 블록 부호와 관련된, **패리티 검사 행렬**이라 불리는 $q \times n$ 행렬 H이다. 이 행렬은 다음과 같이 정의되는데

$$H^T \triangleq \left[\frac{P}{I_q}\right] \tag{8}$$

여기서 H^T는 H의 전치 행렬을 나타내며 I_q는 $q \times q$ 단위 행렬이다. 오류 검출과 비교하여, 패리티 검사 행렬은 X가 부호 벡터의 집합에 속할 때 다음과 같은 중요한 성질을 갖는다.

$$XH^T = (0 \quad 0 \quad \cdots \quad 0) \tag{9}$$

그러나, Y가 부호 벡터가 아니라면 YH^T의 곱은 최소한 하나의 0이 아닌 성분을 포함한다.

그러므로, H^T와 수신된 벡터 Y가 주어졌을 때, **오류 검출**은 **신드롬**이라 불리는 다음과 같은 q비트 벡터에 기반하게 된다.

$$S = YH^T \tag{10}$$

만약 S의 모든 성분이 0이면, Y가 전송된 벡터 X와 같아서 전송 오류가 없는 상태이거나, 또는 Y가 다른 벡터와 같게 되어 전송 오류가 검출되지 않는 상태가 된다. 반면에 S에 0이 아닌 성분이 존재할 때는 오류가 있음을 나타낸다. 따라서, 오류 검출을 위한 복호기는 단순히 신드롬 계산기의 형태를 취하게 된다. 식 (10)과 (6)을 비교하여 보면 필요한 하드웨어가 본질적으로 부호기 회로와 동일하다는 것을 알 수 있다.

오류 정정에는 더 많은 회로소자를 필요로 하는데, 그러나 그것 역시 신드롬에 기반하게 된다. Y에서 전송오류의 위치를 표시하는 0이 아닌 성분을 갖는 n 비트 **오류 벡터** E를 도입하여 복호화 방법을 전개한다. 예를 들면, 만약 $X = (1\ 0\ 1\ 1\ 0)$이고 $Y = (1\ 0\ 0\ 1\ 1)$이면, $E = (0\ 0\ 1\ 0\ 1)$이 된다. 일반적으로,

$$Y = X + E \tag{11a}$$

이고, 같은 비트 위치에서 오류가 두 번 발생하면 원래의 오류가 없어지게 되므로, 역으로

$$X = Y + E \tag{11b}$$

가 된다. $S = YH^T$에 $Y = X + E$를 대입하고, 식 (9)를 이용하면

$$S = (X + E)H^T = XH^T + EH^T = EH^T \tag{12}$$

를 얻게 되는데, 이것은 신드롬이 전송된 특정 벡터가 아니라, 전적으로 오류 패턴에 좌우됨을 보여준다.

그러나, 오류가 없는 경우를 포함하여 2^n개의 가능한 n 비트 오류 벡터에 의해 2^q개의 서로 다른 신드롬만이 생성된다. 따라서, 주어진 신드롬만으로는 E를 유일하게 결정하지는 못한다. 즉, 하나 이상의 오류를 가지는 $2^q - 1$개의 패턴만을 정정할 수 있고, 나머지 패턴에 해당하는 오류는 정정할 수 없게 된다. 그러므로, 발생할 가능성이 가장 높은 $2^q - 1$개의 오류 패턴 (달리 말하면 단일 오류가 이중 오류보다 일어날 확률이 높으므로, 가장 적은 개수의 오류가 있는 패턴)을 정정하기 위한 복호기를 설계해야 한다. **최대 가능성 복호기**(maximum likelihood decoding)라 알려진 이러한 방법은 워드 오류 확률을 최소화한다는 관점에서 최적이 된다. 최대 가능성 복호는 수신된 벡터로부터 최소의 Hamming 거리를 갖는 부호 벡터를 선택하는 것과 일치한다.

최대 가능성 복호화를 수행하기 위해, 발생 확률이 가장 높은 $2^q - 1$개의 오류 벡터에 의해 생성되는 신드롬을 먼저 계산해야 한다. 이후 그림 13.2-2에 나타낸 **표 검색 복호기**(table-lookup decoder)가 다음과 같이 동작한다. 복호기는 수신 벡터 Y로부터 S를 계산하고 표에 저장된 가정된 오류 벡터 $\hat{E}$를 검색한다. 배타적-OR 게이트에 의해 생성된 $Y + \hat{E}$의 합이 최종적으로 복호된 워드를 구성한다. 만약 오류가 없거나 또는 오류가 정정될 수 없다면, $S = (0\ 0\ \cdots\ 0)$이 되어 $Y + \hat{E} = Y$가 된다. $Y + \hat{E}$의 마지막 q개의 성분에 있는 검사 비트가 만약 더 이상 필요 없다면 무시될 수 있다.

또한, 각 $2^q - 1$개의 0이 아닌 신드롬이 특정 오류 패턴을 나타내어야 하므로, 신드롬과 오류 패턴의 관계는 오류-정정 부호 설계에 도움을 준다. 이제, n 비트 워드에 대해서 $\binom{n}{1} = n$개의 단일 오류패턴이 있으며, $\binom{n}{2}$개의 이중 오류 패턴 등이 있다. 따라서, 만약 부호가 워드당 t개 까지의 오류를 정정한다면, q와 n은 다음 조건을 만족하여야 한다.

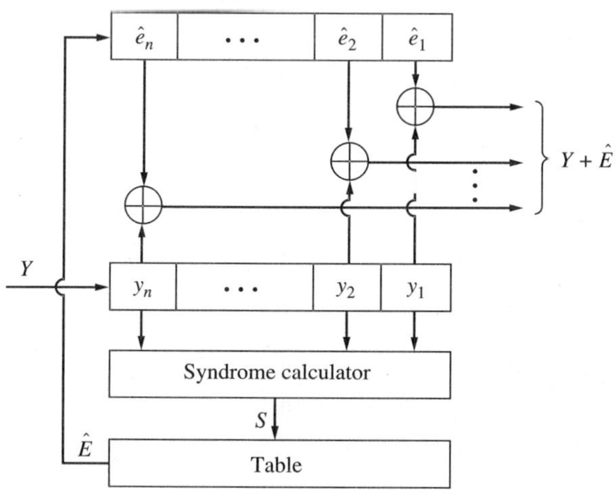

그림 13.2-2
표 검색 (table-lookup) 복호기.

$$2^q - 1 \geq n + \binom{n}{2} + \cdots + \binom{n}{t} \tag{13}$$

단일 오류 정정 부호의 특별한 경우에 식 (13)은 $2^q - 1 \geq n$이 된다. 또한, E가 부호워드의 j번째 비트에 있는 단일 오류를 나타낸다면, 식 (12)로부터 S는 H^T의 j번째 행과 동일하게 됨을 알 수 있다. 그러므로, 각 단일 오류 패턴과 오류가 없는 패턴에 대한 별개의 신드롬을 얻기 위해, H^T의 행(또는 H의 열)은 모두 달라야 하고, 각각은 최소한 0이 아닌 성분을 하나 이상 포함하여야 한다. q와 n이 $2^q - 1 = n$을 만족하는 동시에, Hamming 부호의 발생 행렬은 H에 대한 이러한 요구조건을 만족하도록 설계된다.

예제 13.2-2

오류 정정을 위한 표 검색 복호화

표 검색 복호화를 단일 오류 정정에 사용되는 (7, 4) Hamming 부호에 적용해 보자. 예제 13.2-1에서 주어진 P부 행렬 및 식 (8)로부터 다음과 같은 3 × 7 패리티 검사 행렬을 얻는다.

$$H = [P^T \mid I_q] = \left[\begin{array}{cccc|ccc} 1 & 1 & 1 & 0 & 1 & 0 & 0 \\ 0 & 1 & 1 & 1 & 0 & 1 & 0 \\ 1 & 1 & 0 & 1 & 0 & 0 & 1 \end{array}\right]$$

$2^3 - 1 = 7$개의 정정이 가능한 단일 오류 패턴이 있고, 표 13.2-2에 나열된 해당 신드롬은 H의 열로부터 직접 얻어진다. 이러한 표를 수용하기 위해 복호기는 단지 $(q + n) \times 2^q = 80$ 비트만 저장하면 된다.

그러나 $E = (1\ 0\ 0\ 0\ 0\ 1\ 0)$과 같이 수신된 워드가 두 개의 오류를 가지는 경우가 발생한다고 가정하자. 복호기는 $S = YH^T = EH^T = (1\ 1\ 1)$를 계산하여 주며, 신드롬 표에 따라 가정된 단일 오류 패턴은 $\hat{E} = (0\ 1\ 0\ 0\ 0\ 0\ 0)$임을 알 수 있다. 따라서 복호된 출력 워드 $Y + \hat{E}$는, 두 개의 전송 오류에 복호기에서 오류 정정시 발생한 하나의 오류가 더해져 모두 세 개의 오류를 포함하게 된다.

만약 워드당 다중 전송 오류가 거의 발생하지 않는다면, 복호기에 의해 가끔 발생하는

표 13.2-2 (7, 4) Hamming 부호에 대한 신드롬.

S			$\hat{E}$						
0	0	0	0	0	0	0	0	0	0
1	0	1	1	0	0	0	0	0	0
1	1	1	0	1	0	0	0	0	0
1	1	0	0	0	1	0	0	0	0
0	1	1	0	0	0	1	0	0	0
1	0	0	0	0	0	0	1	0	0
0	1	0	0	0	0	0	0	1	0
0	0	1	0	0	0	0	0	0	1

여분의 오류에 대해서는 걱정할 필요가 없다. 만약 다중 오류가 자주 발생한다면 더 강력한 성능의 부호가 필요할 것이다. 예를 들어, 확장된 Hamming 부호는 단일 오류 정정과 함께 이중 오류 검출을 기능하게 하는 추가적인 검사 비트를 포함한다.

응용문제 13.2-2

식 (8)과 (10)을 이용하여 S의 j번째 비트가 다음과 같이 주어짐을 보이시오.

$$s_j = y_1 p_{1j} \oplus y_2 p_{2j} \oplus \cdots \oplus y_k p_{kj} \oplus y_{k+j}$$

그리고 (7, 4) Hamming 부호를 위한 신드롬 연산 회로를 그리고, 그림 13.2-1과 비교하시오.

순회 부호

순방향 오류 정정 시스템에서 부호는 워드당 $t \geq 1$개의 오류를 정정할 수 있어야 한다. 또한, 이러한 부호는 적절히 효율적인 부호율 $R_c = k/n$을 가져야 한다. 이 두 개의 파라미터는 다음과 같은 부등식 관계를 갖는데,

$$1 - R_c \geq \frac{1}{n} \log_2 \left[\sum_{i=0}^{t} \binom{n}{i} \right] \tag{14}$$

이는 $q = n - k = n(1 - R_c)$일 때 식 (13)으로부터 유도된다. 이 부등식은, $R_c \approx 1$로 하려면 $n \gg 1$이고 $k \gg 1$인 부호워드를 사용해야 한다는 사실을 강조하고 있다. 그러나, 부호에 추가적인 구조 조건을 부과하여야만, 긴 부호워드의 부호화 및 복호화를 위한 하드웨어 요구 사항이 허용된다. **순회 부호**(cyclic codes)는 더 현실적인 구현을 가능케 하는 순회구조를 갖는 선형 블록 부호의 한 부류이다. 따라서, FEC 시스템에 사용되는 블록 부호는 거의 항상 순회 부호이다.

순회 부호를 설명하기 위하여, 색인 기법을 변경하고, 임의의 n 비트 부호 벡터를 다음과 같은 형태로 나타내면 수월해진다.

$$X = (x_{n-1}\ x_{n-2}\ \cdots\ x_1\ x_0) \tag{15}$$

이제, X가 처음 단 부터 마지막 단 까지 귀환 연결을 갖는 쉬프트 레지스터에 저장되었다고 가정하자. 모든 비트를 한 위치에서 왼쪽으로 천이시키면 다음과 같이 표현되는 X의 **순회 천이**(cyclic shift)를 얻는다.

$$X' \triangleq (x_{n-2}\quad x_{n-3}\quad \cdots\quad x_1\quad x_0\quad x_{n-1}) \tag{16}$$

두 번째 천이를 통해 $X'' = (x_{n-3} \cdots x_1\ x_0\ x_{n-1}\ x_{n-2})$을 얻게 되며, 기타 천이에 대해서도 이런 식으로 진행된다. 부호 벡터 X의 모든 순회 천이가 부호 내 다른 벡터와 동일하다면 이 선형 부호를 순회적이라 한다.

이러한 순회 특성은 부호 벡터 X를 다항식과 결합하여 다음과 같이 수학적으로 다룰 수

있으며

$$X(p) = x_{n-1}p^{n-1} + x_{n-2}p^{n-2} + \cdots + x_1 p + x_0 \tag{17}$$

여기서, p는 임의의 실수 변수이다. 해당하는 p의 계수로 표현되는 p의 멱은 부호워드 비트들의 위치를 나타낸다. 공식적으로 이진 부호 다항식은, 순회 부호를 완벽하게 표현하는 데 필요한 이론을 제공하는 현대 대수학의 한 분야인, **Galois 장**(Galois field)에 관련되어 정의된다. 순회 부호의 간단한 개요를 위해, 두 가지 측면에서 변형된 대수학을 사용하여 부호 다항식을 다룬다. 첫째로, 두 부호 벡터의 합에 대한 앞에서의 정의와 일맥 상통하게, 두 다항식의 합은 각 계수의 모듈로-2 덧셈을 통해서 얻게 된다. 둘째로, 모든 계수가 0 또는 1이고, 또한 $1 \oplus 1 = 0$이기 때문에 빼기 연산은 모듈로-2 덧셈과 같게 된다. 결과적으로, 만약 $X(p) + Z(p) = 0$이라면 $X(p) = Z(p)$가 된다.

다음의 다항식을

$$pX(p) = x_{n-1}p^{n} + x_{n-2}p^{n-1} + \cdots + x_1 p^2 + x_0 p$$

천이된 다항식

$$X'(p) = x_{n-2}p^{n-1} + \cdots + x_1 p^2 + x_0 p + x_{n-1}$$

와 비교하여 천이의 다항식 해석을 전개할 수 있다. $(x_1 \oplus x_1)p^2 = 0$ 등과 같음을 주지하면서, 이 다항식들을 더하면 다음 식을 얻게 되며

$$pX(p) + X'(p) = x_{n-1}p^{n} + x_{n-1}$$

따라서,

$$X'(p) = pX(p) + x_{n-1}(p^n + 1) \tag{18}$$

가 된다. 반복은 다중 천이에 대하여 유사한 표현식을 나타내게 된다.

다항식 $p^n + 1$과 그의 인수는 순회 부호에서 중요한 역할을 한다. 특히, (n, k) 순회 부호는 다음과 같은 형태의 **생성 다항식**(generator polynomial)으로 정의되는데

$$G(p) = p^q + g_{q-1}p^{q-1} + \cdots + g_1 p + 1 \tag{19}$$

여기서 $q = n - k$이고 계수는 $G(p)$가 $p^n + 1$의 인수가 되도록 한다. 각 부호워드는 다음과 같이 다항식 곱에 해당하게 되며

$$X(p) = Q_M(p)G(p) \tag{20}$$

여기서 $Q_M(p)$는 k 메시지 비트 블록을 나타낸다. 이러한 모든 부호워드는 $G(p)$가 $X(p)$와 $p^n + 1$의 인수이기 때문에 식 (18)의 순회 조건을 만족한다.

q차까지의 $p^n + 1$의 어떤 인수도 순회부호를 위한 생성 다항식으로서 역할을 할 수 있지만, 반드시 좋은 부호를 생성하는 것은 아니다. 표 13.2-3에는 FEC 시스템에 적절한 파

라미터를 갖는 것이 입증된 몇몇 순회 부호의 생성 다항식을 나타내었다. 테이블에는 순회 Hamming 부호, 유명한 Golay 부호, 그리고 Bose, Chaudhuri, Hocquenghem에 의해 고안된 BCH 부호의 몇몇 주요 계열이 포함되어 있다. $G(p)$ 아래의 항목들은 다항식의 계수를 나타내는데, 예를 들어, 1 0 1 1은 $G(p) = p^3 + 0 + p + 1$를 의미한다.

순회 부호는 식 (20)의 $Q_M(p)$ 항에 따라 체계적이거나 또는 비체계적일 수 있다. 체계적 부호에서, 메시지 비트와 검사 비트 다항식을 다음과 같이 정의하면

$$M(p) = m_{k-1}p^{k-1} + \cdots + m_1 p + m_0$$
$$C(p) = c_{q-1}p^{q-1} + \cdots + c_1 p + c_0$$

부호워드 다항식은 다음과 같이 쓸 수 있다.

$$X(p) = p^q M(p) + C(p) \tag{21}$$

따라서 식 (20)과 (21)은 $p^q M(p) + C(p) = Q_M(p)G(p)$ 또는

$$\frac{p^q M(p)}{G(p)} = Q_M(p) + \frac{C(p)}{G(p)} \tag{22a}$$

이어야 한다. 14/3 = 4 + 2/3이므로 14를 3으로 나누면 나머지가 2인 것 처럼, $p^q M(p)$를 $G(p)$로 나누면 나머지가 $C(p)$와 같다는 것을 위 식을 통하여 알 수 있다. 상징적으로는 다음과 같이 나타내며

$$C(p) = \text{rem}\left[\frac{p^q M(p)}{G(p)}\right] \tag{22b}$$

여기서 rem[ ]은 괄호안의 나눗셈 연산 후 나머지를 나타낸다.

체계적 순회 부호의 생성에 필요한 나눗셈 연산은 그림 13.2-3에 나타낸 쉬프트 레지스터 부호기에 의해 쉽고 효율적으로 수행된다. 레지스터가 모두 0으로 초기화된 상태에서, 출력 스위치가 메시지 비트 위치에 연결되고, 귀환 스위치가 닫히면서 부호화가 시작된다. k개의 메시지 비트는 레지스터로 천이되면서 동시에 송신기로 전달된다. k번 천이하고 나면, 레지스터는 q개의 검사 비트를 포함하게 된다. 이제 귀환 스위치가 열리고, 출력

표 13.2-3 순회 부호 예.

Type	n	k	R_c	$d_{\min}$	$G(p)$						
Hamming Codes	7	4	0.57	3						1	011
	15	11	0.73	3						10	011
	31	26	0.84	3						100	101
BCH Codes	15	7	0.46	5					111	010	001
	31	21	0.68	5				11	101	101	001
	63	45	0.71	7	1	111	000	001	011	001	111
Golay Code	23	12	0.52	7				101	011	100	011

스위치는 검사 비트를 송신기로 전달하기 위한 위치로 연결된다.

수신기에서 신드롬 연산은 마찬가지로 간단하다. 수신된 벡터 Y가 주어지면, 신드롬은 다음 식으로부터 구해진다.

$$S(p) = \text{rem}\left[\frac{Y(p)}{G(p)}\right] \tag{23}$$

만약 $Y(p)$가 유효한 부호 다항식이라면, $G(p)$는 $Y(p)$의 인수가 될 것이고 $Y(p)/G(p)$의 나머지는 0이 될 것이다. 그렇지 않으면, 검출된 오류를 나타내는 0이 아닌 신드롬 다항식을 얻게 된다.

간단한 부호화와 신드롬 연산 외에도, 순회 부호는 비순회 블록 부호에 비해 또 다른 장점을 갖는다. 가장 주요한 장점은 특정 순회 부호에 대하여 고안된 독창적인 오류 정정 복호 방법 이다. 이 방법은 표 검색 복호화에서 필요한 저장 공간을 제거하여, $n \gg 1$의 강력한 성능 및 효율적인 부호의 사용을 현실적으로 가능케 한다. 또 다른 장점은 다수의 연속되는 비트에 퍼져있는 연집 오류를 검출하는 순회 부호의 능력이다.

예제 13.2–3

부호워드 생성

$G(p) = p^3 + 0 + p + 1$에 의해 생성되는 순회 (7, 4) Hamming 부호를 고려하자. $M = (1\ 1\ 0\ 0)$일 때 검사 비트 다항식 $C(p)$의 계산을 위해 긴 나눗셈 연산을 사용한다. 우선 메시지 비트 다항식을 다음과 같이 나타내면

$$M(p) = p^3 + p^3 + 0 + 0$$

$p^qM(p) = p^3M(p) = p^6 + p^5 + 0 + 0 + 0 + 0 + 0$가 된다. 다음으로, 뺄셈은 모듈로-2 연산의 덧셈과 같다는 점을 상기하면서 $p^qM(p)$를 $G(p)$로 나눈다. 따라서

$$\begin{array}{r|l}
 & Q_M(p) = p^3 + p^2 + p + 0 \\
p^3 + 0 + p + 1 & p^6 + p^5 + 0 + 0 + 0 + 0 + 0 \\
 & \underline{p^6 + 0 + p^4 + p^3} \\
 & \quad p^5 + p^4 + p^3 + 0 \\
 & \quad \underline{p^5 + 0 + p^3 + p^2} \\
 & \qquad p^4 + 0 + p^2 + 0 \\
 & \qquad \underline{p^4 + 0 + p^2 + p} \\
 & \qquad\quad 0 + 0 + p + 0 \\
 & \qquad\quad \underline{0 + 0 + 0 + 0} \\
 & \qquad C(p) = 0 + p + 0
\end{array}$$

이 되고, 따라서 완전한 부호 다항식은 다음과 같으며

$$X(p) = p^3M(p) + C(p) = p^6 + p^5 + 0 + 0 + 0 + p + 0$$

이것은 다음과 같은 부호워드에 해당한다.

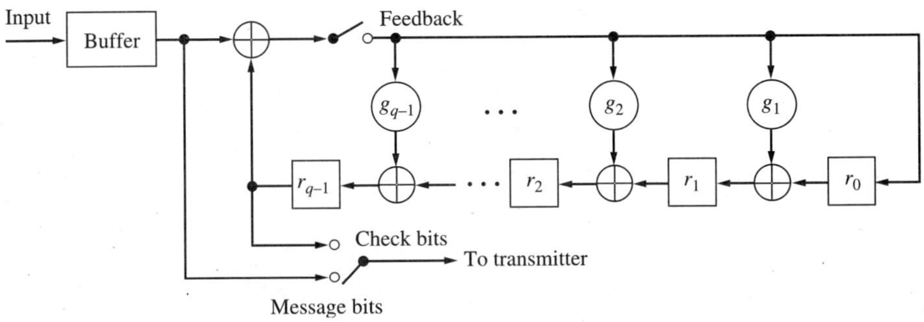

그림 13.2-3
쉬프트 레지스터 부호기.

$$X = (1 \quad 1 \quad 0 \quad 0 \quad | \quad 0 \quad 1 \quad 0)$$

이러한 부호워드는 이전의 표 13.2-1에서 찾을 수 있으며, 여기서 순회 천이된 $X' = (1\ 0\ 0\ 0 \mid 1\ 0\ 1)$ 및 모든 다중 천이된 부호워드도 찾을 수 있다.

마지막으로, 그림 13.2-4에는 입력이 $M = (1\ 1\ 0\ 0)$일 때 쉬프트 레지스터 부호기와 부호화 과정의 각 순회에 대한 레지스터 비트를 나타내었다. 네 번의 천이 순회 후에 레지스터는 $C = (0.1\ 0)$의 값을 갖게 되며, 이것은 손으로 나눗셈 연산을 수행한 결과와 일치한다.

$Y(p)$가 $G(p)$에 의해 나누어 떨어지지 않을 때 오류 검출만 된다는 사실을 기억하자. 만약 $G(p)$가 적절하게 선택되지 않는다면, $Y(p)$가 $G(p)$로 나누어 떨어진다 해도 오류가 발생할 수 있으므로, 몇몇 오류가 검출되지 않을 수 있다. **순회 잉여 부호**(cyclic redundancy

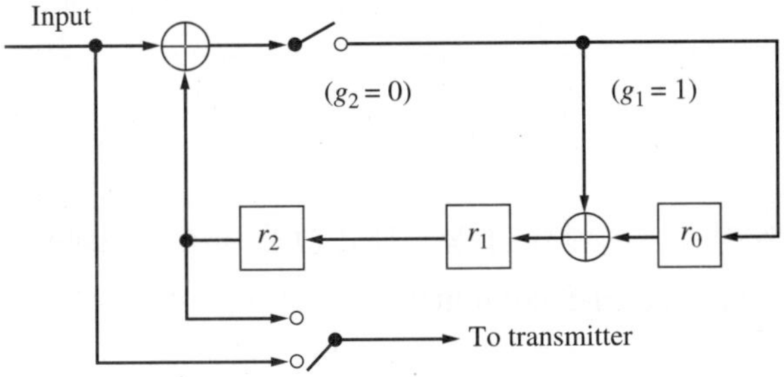

(a)

Input bit	Register bits before shifts			Register bits after shifts		
m	r_2	r_1	r_0	$r_2' = r_1$	$r_1' = r_0 \oplus r_2 \oplus m$	$r_0' = r_2 \oplus m$
1	0	0	0	0	1	1
1	0	1	1	1	0	1
0	1	0	1	0	0	1
0	0	0	1	0	1	0

(b)

그림 13.2-4
(a) (7, 4) Hamming 부호를 위한 쉬프트 레지스터 부호기. (b) $M = (1\ 1\ 0\ 0)$일 때의 레지스터 비트들.

codes, CRC)라 불리는 순회 부호의 한 종류가, 특별히 연집 오류 검출에 대하여, 검출되지 않고 통과되는 오류 확률을 최소화하기 위해 설계되었다. 또한 CRC는 또 다른 부호워드를 생성하는 부호워드의 순회 주기 천이에 의해 특징지어 진다. 그러한 구조가 효율적 부호화 및 복호화를 가능케 한다. 표 13.2-4에는 널리 쓰이는 몇 개의 CRC를 나타내었다.

CRC로 다음의 오류 유형들이 검출될 수 있다: (a) 모든 단일 비트 오류; (b) $p+1$이 $G(p)$의 인수인 경우를 가정할 때 홀수 개의 오류; (c) 검사 비트의 수, q를 초과하지 않는 길이를 가지는 연집 오류; (d) $G(p)$가 최소한 세 개의 1을 포함할 때의 이중 오류.

만약 모든 연집 오류 패턴들이 발생할 확률이 같다면, 길이가 $q+1$의 연집에 대해서 오류가 검출되지 않을 확률은 $1/2^{q-1}$이고, 연집 길이가 $q+1$ 보다 크다면 오류가 검출되지 않을 확률은 $1/2^q$이다. CRC의 오류 검출 능력에 대한 보다 자세한 사항은 Peterson과 Brown(1961)을 참조바란다.

표 13.2-4 순회 잉여 부호.

Code	$G(p)$	$q=n-k$
CRC-8	100 000 111	8
CRC-12	1 100 000 001 111	12
CRC-16	11 000 000 000 000 101	16
CRC-CCITT	10 001 000 000 100 001	16

응용문제 13.2-3

이진수로 1001010인 ASCII 문자 "J"를 전송하고, CRC-8 부호를 사용하여 오류 검사를 하려고 한다. 전송되는 시퀀스 X를 구하고, 식 (23)의 CRC 연산을 사용하여 가장 왼편의 2개의 메시지 비트에 있는 오류를 수신기가 어떻게 검출할 수 있는지 보이시오.

M진 부호

연집 오류가 발생하는 환경 조건에서 잘 동작하고 M진 변조 시스템에서 사용될 수 있는 BCH 부호 계열 중 하나가 **Reed-Solomon**(RS) 부호이다. 이것은 M진 알파벳의 일부인 비이진 부호이다. 만약 m 비트 디지털 부호기를 사용한다면, $M=2^m$개 심볼의 알파벳을 나타낼 수 있다. RS 부호의 최소 거리는

$$d_{\min}=n-k+1 \tag{24}$$

이며, 이진 부호에서와 같이 n은 부호 블록 내의 심볼의 총 개수이고 k는 메시지 심볼의 개수이다. RS부호는 다음 식과 같은 t개 까지의 심볼 오류를 정정할 수 있다.

$$t=\frac{d_{\min}-1}{2}=\frac{n-k}{2} \tag{25}$$

M개의 심볼 알파벳에 대하여 $n=2^m-1$이고, 따라서, $k=2^m-1-2t$가 된다.

M진 부호 거리

예제 13.2-4

이진 BCH $(n, k) = (7, 4)$ 시스템을 고려하자. 여기서 $d_{\min} = 3$ 비트 이다. 각 심볼이 $m = 3$ 비트를 갖는 RS $(n, k) = (7, 4)$ 시스템이 있다 하자. 따라서 $d_{\min} = n - k = 7 - 4 = 3$ 심볼 이다. 그러나, RS 부호는 비트로 $(2^3)^3 = 512$ 비트의 거리를 갖는 반면 이진 BCH 부호는 단지 3 비트 거리를 갖는다. 따라서 RS 시스템은 큰 부호 거리를 가질 수 있는 가능성을 갖는다. 일반적으로 심볼당 m 비트를 갖는 M진 (n, k) RS 부호는 $(2^m)^n$개의 부호 벡터를 갖는데, 이중 $(2^m)^k$개는 메시지 벡터 이다. 심볼 비트가 많을수록, 가능한 부호 거리도 커진다.

(63, 15) RS 부호는 얼마나 많은 오류 심볼을 정정할 수 있는가?

응용문제 13.2-4

13.3 컨벌루션 부호

컨벌루션 부호는 부호워드 블록에 국한되지 않고, 전체 전송 비트 스트림에 걸쳐 효율적으로 확장된 구조를 가진다. 컨벌루션 구조는 특히 간단한 부호기를 가지며, 정교한 복호화 방법으로 높은 성능을 얻는 우주 및 위성 통신 시스템에 매우 적합하다. 컨벌루션 부호화 및 복호화의 두드러진 특징을 소개하는 선택된 예제들로 이러한 중요한 부호 계열을 다룬다.

컨벌루션 부호화

컨벌루션 부호화를 위한 기본적인 하드웨어 단위는 그림 13.3-1에 나타낸 것과 같이 $L + 1$ 단의 탭을 가진 쉬프트 레지스터이다. 각 탭 이득 g는 단락 회로 연결 또는 개방 회로를 나타내는 이진수이다. 레지스터의 메시지 비트들은 모듈로-2 덧셈으로 합해져서 다음과 같이 부호화된 비트를 형성한다.

$$\begin{aligned} x_j &= m_{j-L}g_L \oplus \cdots \oplus m_{j-1}g_1 \oplus m_j g_0 \\ &= \sum_{i=0}^{L} m_{j-i}\, g_i \qquad \text{(mod-2)} \end{aligned} \tag{1}$$

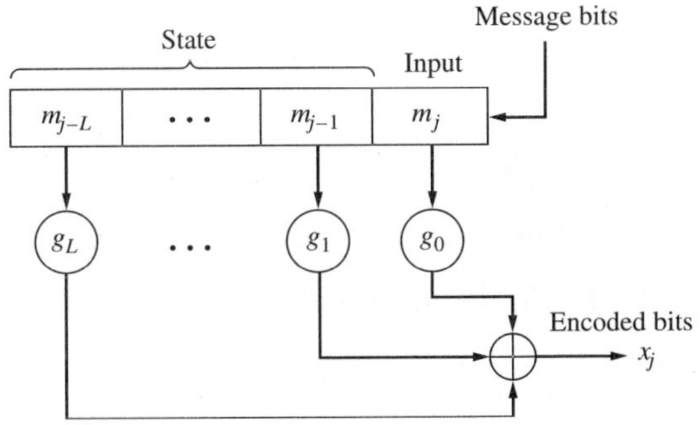

그림 13.3-1 컨벌루션 부호화를 위한 탭을 가진 쉬프트 레지스터.

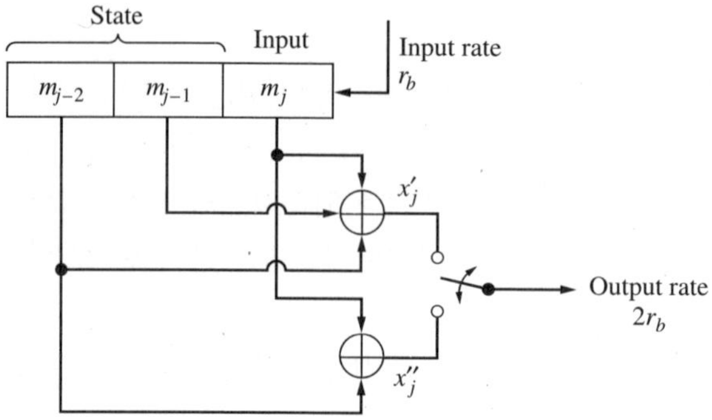

그림 13.3-2
$n = 2$, $k = 1$, $L = 2$인 컨벌루션 부호기.

컨벌루션 부호화라는 명칭은, 아래의 컨벌루션 적분과 유사하게, 식 (1)이 이진 컨벌루션 형태를 가진다는 사실에서 유래된다.

$$x(t) = \int m(t - \lambda)g(\lambda)\, d\lambda$$

식 (1)에서 x_j는 현재 입력 m_j와 과거 L개의 메시지 비트들에 의해 정의되는 레지스터 상태에 영향을 받는다는 점을 주목하라. 또한 특정 메시지 비트가 레지스터를 통하여 천이되면서 $L + 1$개의 연속되는 부호화된 비트 범위에 걸쳐 영향을 미친다는 점도 주목하라.

오류 제어에 필요한 여분의 비트를 제공하기 위해, 완전하게 갖춰진 컨벌루션 부호기는 메시지 비트율 r_b 보다 큰 비트율로 출력 비트를 생성해야 한다. 이것은 2개 이상의 모듈로-2 덧셈기를 레지스터에 연결하고, 부호화된 비트를 전환 스위치를 통하여 인터리빙함으로써 실현된다. 예를 들어, 그림 13.3-2의 부호기는 다음과 같은 $n = 2$인 부호화된 비트를 생성하는데

$$x'_j = m_{j-2} \oplus m_{j-1} \oplus m_j \quad \text{and} \quad x''_j = m_{j-2} \oplus m_j \tag{2}$$

이것은 스위치에 의해 인터리빙 되어 다음과 같은 출력 스트림을 생성하게 된다.

$$X = x'_1 x''_1 x'_2 x''_2 x'_3 x''_3 \cdots$$

따라서, 출력 비트율은 $2r_b$가 되고 부호율은 $R_c = k/n = 1/2$인 (n, k) 블록 부호와 같이 $R_c = 1/2$이 된다.

그러나, 블록 부호와는 다르게, 입력 비트들이 워드로 그룹화 되지는 않는다. 대신에, 각 메시지 비트는 $n(L + 1) = 6$개의 연속하는 출력 비트의 범위에 걸쳐 영향을 미친다. $n(L + 1)$은 부호화된 출력 비트들의 항으로 측정되는 **구속장**(constraint length)이라 불리는 반면 L은 입력 메시지 비트들의 항으로 측정되는 부호기의 **메모리**이다. 이러한 부호기는 $n = 2$, $k = 1$, $L = 2$의 (n, k, L)의 컨벌루션 부호[†]를 생성한다고 말한다.

컨벌루션 부호화의 연구를 위해 부호 트리(tree), 부호 격자(trellis), 상태도(state diagram) 등 세 개의 서로 다르지만 관련이 있는 도식적 표현이 고안되었다. 그림 13.3-2의 (2, 1, 2)

[†] 컨벌루션 부호의 표기법은 표준화되어 있지 않으며, 구속장의 정의가 그런것 처럼, 저자들에 따라 다소 달라진다.

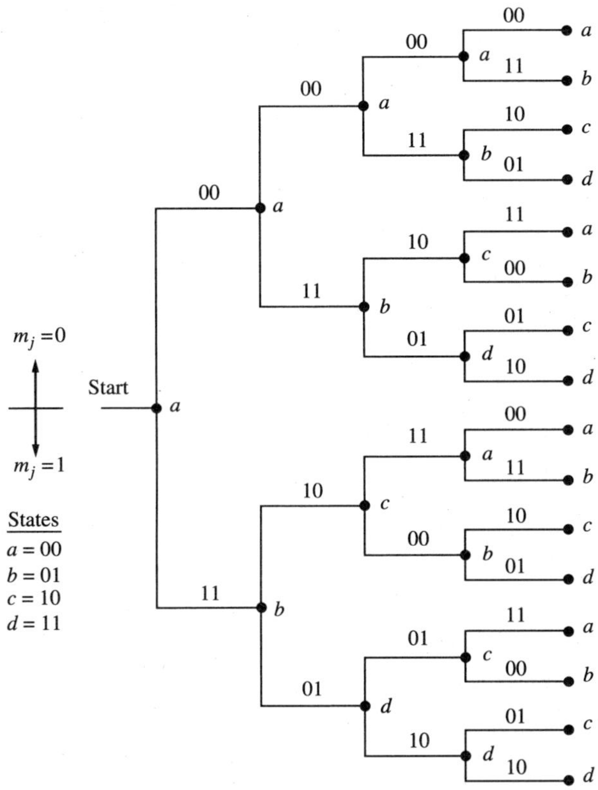

그림 13.3-3
[2, 1, 2] 부호기에 대한 부호 트리.

부호기에 대하여, 부호 트리 부터 시작하여 이들 각각을 나타내 보자. 일반적인 동작 절차에 맞도록, 첫 번째 메시지 비트 m_1이 도착할 때 레지스터가 모두 0을 갖도록 초기화된다고 가정한다. 따라서, 초기 상태는 $m_{-1}m_0 = 00$이 되고, 식 (2)에 의해, 만약 $m_1 = 0$이면 출력은 $x_1'x_1'' = 00$이 되고, $m_1 = 1$이면 출력은 $x_1'x_1'' = 11$이 된다.

그림 13.3-3에 나타낸 **부호 트리**는 초기상태를 나타내는 a로 표시된 분기점 또는 **노드**에서 시작한다. 만약 $m_1 = 0$이면, 노드 a로부터 위쪽으로 분기하여 출력이 00 이 되고, 다음 상태 역시 $m_0m_1 = 00$이므로 a로 표시된다. 만약 $m_1 = 1$이면 a로부터 아래로 분기하여 출력이 11 이 되고, 다음 상태는 $m_0m_1 = 01$이고 b로 표시된다. 부호 트리는 각각의 새로운 입력 비트에 대하여 이러한 방식으로 점진적으로 전개된다. 노드들은 현재 상태 $m_{j-2}m_{j-1}$를 나타내는 문자들로 분류되며; m_j 값에 따라 노드로부터 위로 분기하거나 아래로 분기하고; 각 분기는 식 (2)로부터 계산된 결과로 얻어진 부호화된 출력 $x_j'x_j''$를 보여주며; 다음 상태로 표시된 다른 노드에서 끝나게 된다. j번째 메시지 비트에 대하여 2^j개의 가능한 분기가 존재하나, 분기 패턴은 레지스터 길이가 $L + 1 = 3$이기 때문에 $j = 3$에서 반복을 시작한다.

부호 트리에서 반복을 관찰하여, 그림 13.3-4a 와 같은 부호 격자라 불리는 더 간결한 그림을 구성할 수 있다. 여기서, 왼쪽 노드는 4개의 가능한 현재 상태를 나타내며, 반면 오른쪽 노드는 결과로 얻어진 다음 상태를 나타낸다. 실선은 $m_j = 0$인 경우에 대한 상태 변화나 분기를 나타내고, 점선은 $m_j = 1$에 대한 분기를 나타낸다. 각 분기는 결과로 얻어진

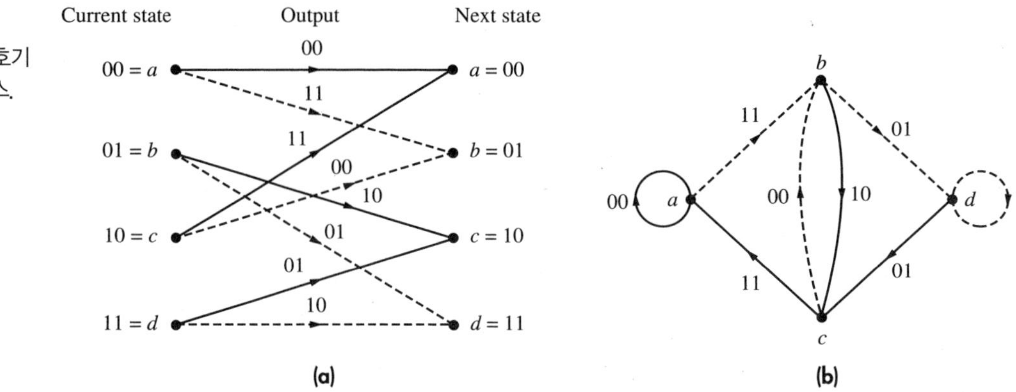

Input	1	1	0	1	1	1	0	0	1	0	0	0	
State	*a*	*b*	*d*	*c*	*b*	*d*	*d*	*c*	*a*	*b*	*c*	*a*	*a*
Output	11	01	01	00	01	10	01	11	11	10	11	00	

(c)

그림 13.3-4 (a) 부호 격자; (b) [2, 1, 2] 부호기에 대한 상태도; (c) 예제 시퀀스.

출력 비트 $x_j' x_j''$로 표시된다. 한 단계 더 나아가, 격자의 왼쪽과 오른쪽을 하나로 합쳐 그림 13.3-4b의 **상태도**를 얻을 수 있다. 노드 a와 d에 있는 재귀 루프는 a-a와 d-d의 상태 변화를 나타낸다.

메시지 비트 시퀀스와 초기상태가 주어지면, 결과적으로 얻어지는 상태 시퀀스와 출력 비트를 구하기 위해 부호 격자나 상태도를 사용할 수 있다. 그림 13.3-4c에는 초기상태 a에서 시작하는 이러한 과정을 나타내었다.

그림 13.3-2의 부호기를 변형하여 많은 다른 컨벌루션 부호를 만들 수 있다. 만약, 모듈로-2 덧셈기의 연결을 바꾸어도, 상태와 분기 패턴은 레지스터의 내용에만 관계되므로, 부호 트리, 격자, 그리고 상태도는 동일한 구조가 유지된다. 물론, 출력 비트는 덧셈기의 특별한 연결에 좌우되므로, 출력 비트는 달라진다.

만약, 쉬프트 레지스터를 임의의 길이 $L + 1$로 확장하고 $n \geq 2$인 모듈로-2 덧셈기에 연결하면, $k = 1$이고 부호율이 $R_c = 1/n \leq 1/2$인 (n, k, L) 컨벌루션 부호를 얻게 된다. 부호기의 상태는 이전 L개의 입력 비트들에 의해서 결정되므로, 부호 격자와 상태도는 2^L개의 서로 다른 상태를 가지게 되고, 부호 트리 패턴은 $j = L + 1$ 분기 후에 반복하게 된다.

$$X = m_1 x_1'' x_1''' \cdots m_2 x_2'' x_2''' \cdots m_3 x_3'' x_3''' \cdots \tag{3}$$

전환기의 한 끝을 레지스터의 처음 단에 직접 연결하면, $R_c = 1/n$인 **체계적인** 컨벌루션 부호를 결정하는, 다음과 같은 부호화된 비트 스트림을 생성하게 된다.

체계적인 부호에서는 정보 비트들이 부호워드의 직접적인 한 부분임을 다시한번 주목하라. **터보 부호**(이 장 이후에 설명됨)와 트렐리스 부호화 변조(14장 참조)에서 사용되는 부호를 제외한 대부분의 컨벌루션 부호는 **비체계적**이다.

$1/n$ 보다 높은 부호율에서는 $k \geq 2$의 쉬프트 레지스터와 입력 분배 스위치가 필요하

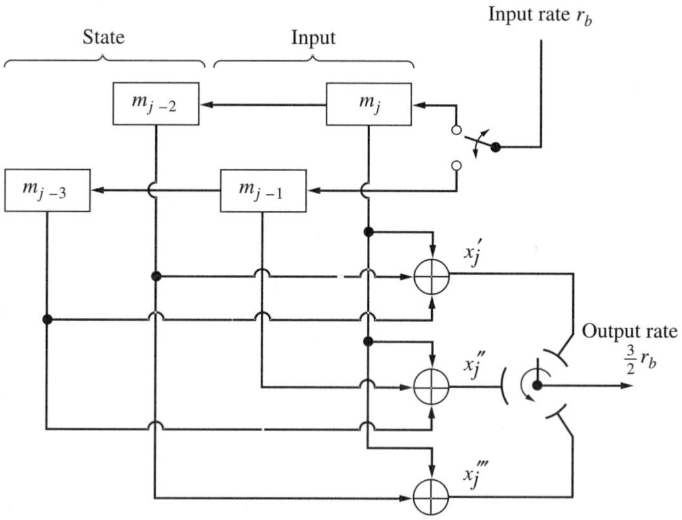

그림 13.3-5
[3, 2, 1] 부호기.

다. 그림 13.3-5의 (3, 2, 1) 부호기로 이러한 기법을 설명해 보자. 메시지 비트는 각 길이가 $L + 1 = 2$인 $k = 2$개의 레지스터 사이에서 교대로 분배된다. $m_{j-3}\ m_{j-2}$의 쌍이 부호기의 상태를 구성하고, $m_{j-1}\ m_j$의 비트 쌍이 현재 입력을 구성한다고 간주하자. 각 입력 쌍에 대해, 모듈로-2 덧셈기는 다음과 같은 $n = 3$의 부호화된 출력 비트를 생성한다.

$$x_j' = m_{j-3} \oplus m_{j-2} \oplus m_j \qquad x_j'' = m_{j-3} \oplus m_{j-1} \oplus m_j \tag{4}$$
$$x_j''' = m_{j-2} \oplus m_j$$

따라서, 출력 비트율은 $3r_b/2$가 되며, 이것은 $R_c = k/n = 2/3$의 부호율에 해당한다. 특정 입력 비트가 $L + 1 = 2$의 레지스터 각 위치로 부터 $n = 3$인 출력 비트 범위에 걸쳐 영향을 미치므로, 구속장은 $n(L + 1) = 6$이 된다.

2^k개의 그룹에서 입력 비트를 다루어야 하므로, $k > 1$인 컨벌루션 부호를 도식적으로 나타내는 것은 더욱 어려워진다. 결과적으로, 2^k개의 분기가 각 노드에서 시작하고 끝나며, 2^{kL}의 서로 다른 상태가 존재하게 된다. 예를 들면, 그림 13.3-6은 그림 13.3-5의 (3, 2, 1) 부호기에 대한 상태도를 보여준다. 각 분기는 $k = 2$의 입력 비트와, 그 뒤에, 그 결과 얻어지는 $n = 3$의 출력 비트로 표시된다.

FEC 시스템에서 사용되는 컨벌루션 부호는 통상적으로 작은 n, k 값을 갖으며, 구속장은 보통 7에서 30 까지 범위의 값을 갖는다. 모든 컨벌루션 부호기는 그림 13.3-2와 13.3-5에 나타낸 것 처럼 출력단에 전환 스위치가 있어야 한다.

> $k > 1$의 부호에 대하여, 길이가 kL인 단일 레지스터를 사용하고 k 그룹의 비트를 천이하여 입력 분배 스위치를 제거할 수 있다.

모든 경우에 있어서, 컨벌루션 부호의 하드웨어는, 메시지 비트가 r_b의 일정한 속도로 레

그림 13.3-6
[3, 2, 1] 부호기에 대한 상태도.

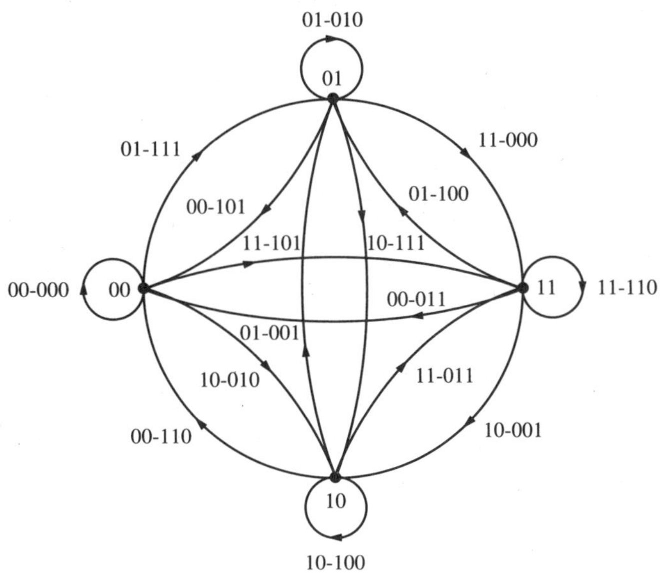

지스터 단에 입력되며 입력 버퍼가 필요하지 않으므로, 블록 부호의 하드웨어보다 간단하다.

예제 13.3-1

(3, 1, 3) 컨벌루션 부호기 분석

그림 13.3-2의 (2, 1, 2) 컨벌루션 부호기는 $G_1(D) = 1 + D^1 + D^2$와 $G_2(D) = 1 + D^2$의 두 개의 생성 다항식으로 표현될 수 있다. 메시지 시퀀스를 다항식의 형태로 변환하면, (110111001000)의 메시지 시퀀스는 $M(D) = 1 + D + D^3 + D^4 + D^5 + D^8$으로 표현된다. 이러한 메시지와 레지스터 이득의 D 영역으로의 변환은, 푸리에 변환에서 컨벌루션 연산이 곱셈 연산으로 변환되는 것과 유사하다. 이 부호기의 상위 분기로부터 생성된 출력은 $X_j' = M(D)G_1(D) = (1 + D + D^3 + D^4 + D^5 + D^8)(1 + D + D^2) = (1 + D^5 + D^7 + D^8 + D^9 + D^{10})$이 되고, 따라서 $x_j' = 100001011110$이 된다. 곱셈 연산 수행시 $D^i + D^i = 0$이 됨을 주지하라. 마찬가지로, 하위 분기에서는 $X_j'' = M(D)G_2(D) = (1 + D + D^3 + D^4 + D^5 + D^8)(1 + D^2) = (1 + D + D^2 + D^4 + D^6 + D^7 + D^8 + D^{10})$이 되고, 따라서 $x_j'' = 1\ 1\ 1\ 0\ 1\ 0\ 1\ 1\ 1\ 0\ 1\ 0$이 된다. 인터리빙된 출력은 $x_j = 11\ 01\ 01\ 00\ 01\ 10\ 01\ 11\ 11\ 10\ 11\ 00$이 되고, 이것은 컨벌루션을 사용해서 얻어진 결과와 같다.

응용문제 13.3-1

체계적인 (3, 1, 3) 컨벌루션 부호를 고려하자. $m_j = 0$과 $m_j = 1$에 의해 생성되는 상태 변화를 구하고, 가능한 상태를 나열하시오. 그리고 나서, 부호화된 출력 비트를 m_j, $m_{j-2} \oplus m_j$, $m_{j-3} \oplus m_{j-1}$로 취하여 상태도를 구성하고 각 명칭을 표시하시오. (그림 P13.3-4의 간편한 8-상태 패턴을 참조하시오)

자유거리와 부호화 이득

블록 부호의 오류 제어 능력은 부호워드의 가중치로부터 결정되는 최소거리에 좌우된다는 것을 앞에서 소개했다. 컨벌루션 부호는 부호워드들로 세분화되지 않으므로, 대신에 메시지 시퀀스에 의해 생성되는 전체 전송 시퀀스 X의 가중치 $w(X)$를 고려한다.

그러면, 컨벌루션 부호의 **자유 거리**는 다음과 같이 정의되게 된다.

$$d_f \triangleq [w(X)]_{\min} \qquad X \neq 000\cdots \tag{5}$$

d_f 값은 오류 제어 능력의 척도가 된다.

모든 가능한 전송 시퀀스를 나열하여 d_f를 계산하는 것은 매우 단조롭고 지루한 작업이 될 것이다. 다행히, 레지스터단의 내용을 모두 제거하고 부호기를 초기상태로 돌리기 위하여 메시지의 끝에 연속되는 0 들을 첨가하는 통상적인 연산과정에 기초한 더 좋은 방법이 존재한다. 이러한 과정은, 부호 격자에서 마지막 L개의 천이를 위한 특정 분기를 없애게 된다.

예로, 그림 13.3-4a의 부호 격자를 고려해 보자. a 상태에서 마치기 위해서는, 마지막 바로 전 상태가 a나 c가 되어야 하며, 따라서 전송된 시퀀스 X의 마지막 몇 개의 분기는 그림 13.3-7에 나타낸 경로중 하나를 따라야 한다. 여기서 마지막 상태는 e로 표시하며, 각 분기는, 해당 분기와 관련된 가중치와 같은, 부호화된 비트에서의 1의 개수로 표시된다. 전송된 시퀀스 X의 전체 가중치는 X의 경로를 따라 더해진 분기 가중치의 합과 같다. 식 (5)에 부합되게, 모두 0인 경로를 제외한, 분기 가중치의 합이 최소인 경로를 찾으면 된다.

e 상태에서 $L + 1 = 3$ 분기 거슬러 뒤로 보면, e에서 끝나기 전에 a 상태에서 시작하는 마지막 경로를 알 수 있다. 이제, 모든 이전의 경로 변화가 제일 최상위 라인의 모두 0인 경로를 따른다고 가정하면, 상태 시퀀스 $aa \cdots abce$가 얻어진다. a-a 분기의 가중치는 0이므로, 이 상태 시퀀스는 **최소 가중치 유효 경로**(minimum weight nontrivial path)에 해당된다. 따라서, $d_f = 0 + 0 + \cdots + 0 + 2 + 1 + 2 = 5$의 결과를 얻는다. $aa \cdots abcae$와 $aa \cdots abcbce$와 같은 또 다른 최소 가중치 경로가 있지만 $d_f = 5$ 보다 작은 가중치를 갖는 유효 경로는 없다.

자유거리를 계산하는 다른 방법은 컨벌루션 부호의 **생성 함수**(generation function)와 관계된다. 생성 함수는 상태 변화에 대한 부호기의 전달 함수로 볼 수 있다. 따라서 컨벌루션으로 입력과 출력 비트 스트림을 관련시키는 대신에, 생성 함수는 초기 및 최종 상태를

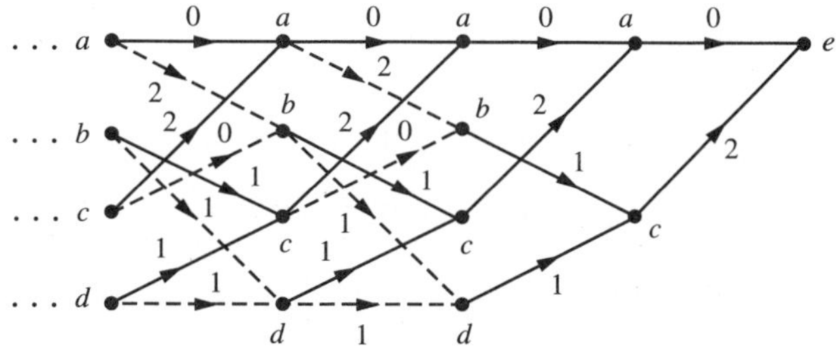

그림 13.3-7
[2, 1, 2] 부호 격자의 종단 마감.

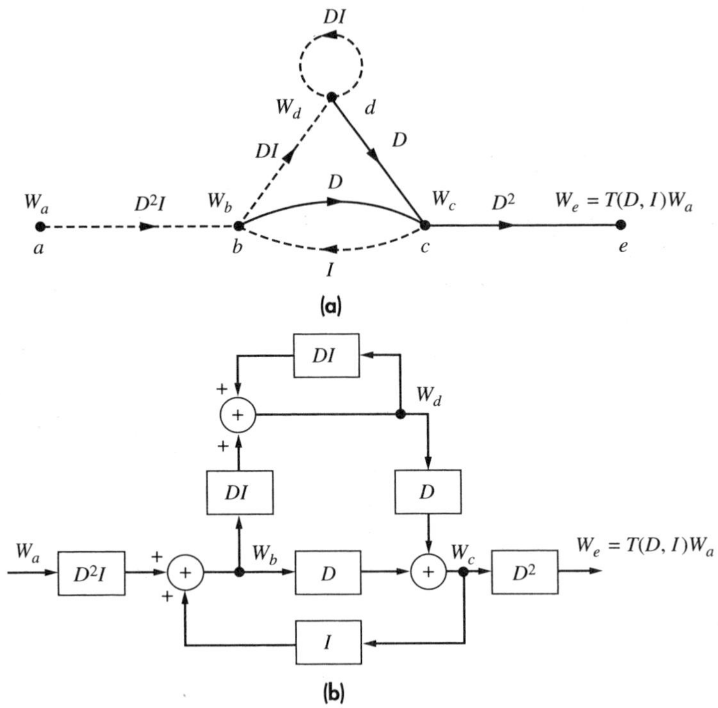

그림 13.3-8
(a) [2, 1, 2] 부호기에 대한 변형된 상태도; (b) 등가 블록도.

곱셈 연산으로 관련시킨다. 생성 함수는 자유거리와 복호화 오류 확률을 포함하는 부호 성능에 대한 중요한 정보를 제공한다.

그림 13.3-8a의 변형된 상태도를 사용하여 (2, 1, 2) 부호기의 생성함수를 다룰 것이다. 이 상태도는 그림 13.3-4b에서 네 가지를 변형하여 유도하였다. 첫째로, 시퀀스 X의 가중치와 관련이 없는 a-a 루프를 제거하였다. 둘째로, c-a 분기를, 마지막 c-e 변화로 도시하였다. 셋째로, 노드 a에 **상태 변수**(state variable) W_a를 할당하였고, 다른 모든 노드에 대해서도 이같이 한다. 넷째로, D의 지수가 (그림 13.3-7 에서와 같은) 분기 가중치와 같게 되고, I의 지수는 (실선 또는 점선의 분기선으로 나타낸 것과 같이) 0 이 아닌 메시지 비트 수와 같아지도록, 각 분기를 두 개의 이득 변수 D와 I로 표기하였다. 예를 들어, c-e 분기는 $x_j' x_j'' = 11$과 $m_j = 0$을 나타내므로 이를 $D^2 I^0 = D^2$으로 표기하였다. 이러한 지수 표기법으로, 생성함수의 독립변수가 되는, D와 I항을 곱함으로써 덧셈연산을 수행할 수 있게 된다.

이제 변형된 상태도는, 때때로 귀환 시스템 해석에 사용되는 신호 흐름도 형태처럼 보인다. 특히, 노드를 가중치가 더해지는 접합점(summing junction)으로 하고 DI항을 분기 이득으로 하면, 그림 13.3-8a는 다음과 같은 상태 방정식 집합을 나타내게 된다.

$$W_b = D^2 I W_a + I W_c \qquad W_c = D W_b + D W_d \tag{6a}$$
$$W_d = DI W_b + DI W_d \qquad W_e = D^2 W_c$$

부호기의 생성함수 $T(D, I)$는 이제 다음과 같은 **입-출력 식**으로 정의될 수 있다.

$$T(D, I) \triangleq W_e/W_a \tag{6b}$$

또한 이러한 식들은 상태변수, 분기 이득, 생성 함수 간의 관계를 더 강조한 그림 13.3-8b의 블록도와 일치한다. 여기서 (−) 부호는, 두 개의 귀환 경로 c-b와 d-d가 부 귀환(negative feedback)임을 나타내도록 표기되었다.

다음으로, $T(D, I)$의 표현식은, 식 (6)의 대수 해로 구할 수도 있고, 또는 그림 3.1-8에서 병렬, 직렬, 귀환 연결에 대한 전달함수 관계를 이용한 (만약 Mason의 법칙을 안다면 그림 13.3-8a에 이를 적용할 수도 있다) 그림 13.3-8b의 간략화 된 블록도로 구할 수 있다. 이러한 방법들을 이용하면 다음과 같은 최종결과를 얻게 되는데

$$T(D, I) = \frac{D^5 I}{1 - 2DI} \tag{7a}$$

$$= D^5 I + 2D^6 I^2 + 4D^7 I^3 + \cdots$$

$$= \sum_{d=5}^{\infty} 2^{d-5} D^d I^{d-4} \tag{7b}$$

여기서 $(1 - 2DI)^{-1}$을 전개하여 식 (7b)에서의 급수 형태를 구하였다. $T(D, I)$가 c-e 변화로 끝나는 모든 가능한 전송된 시퀀스를 나타낸다는 것을 염두에 두면, 식 (7b)는 다음과 같이 해석될 수 있다: $d \geq 5$에 대하여, c-e 변화로 끝나는 가중치가 $w(X) = d$인 정확히 2^{d-5}개의 유효 경로가 존재하며, 그러한 경로들은 $d - 4$개의 0이 아닌 비트를 포함하는 메시지에 의해 생성된다. $w(X)$의 최소값은 자유거리이므로 따라서 $d_f = 5$로 다시 결론지을 수 있다.

식 (7)의 일반화로서, 임의의 컨벌루션 부호에 대한 생성함수는 다음과 같은 형태를 가지게 된다.

$$T(D, I) = \sum_{d=d_f}^{\infty} \sum_{i=1}^{\infty} A(d, i) D^d I^i \tag{8}$$

여기서, $A(d, i)$는 가중치가 d이고 i개의 0이 아닌 비트를 포함하는 메시지로 생성되는 변형된 상태도에서의 다른 입 출력 경로의 개수를 나타낸다.

수신된 시퀀스 $Y = X + E$를 고려하자. 여기서 E는 전송 오류를 나타낸다. 그러면, Y의 경로는 X의 경로로 부터 갈라지는데, 문제의 부호에 대한 유효 경로 일 수도 있고 아닐 수도 있다. Y가 유효 경로에 해당되지 않는다면, 최대 가능성 복호기는 Y로부터 최소의 Hamming 거리를 가지는 유효 경로를 찾아야 한다. 그러한 복호기가 어떻게 구현될 수 있는지 설명하기 전에, 컨벌루션 부호의 **최대 가능성 복호화**에서 생성함수, 자유거리, 오류 확률 간의 관계에 대해서 설명할 것이다.

전송오류가 독립적이고 동일하게 비트 당 α의 확률로 발생한다면 복호된 메시지 비트의 오류 확률은 다음과 같은 상한 값에 의해 제한된다.

$$P_{be} \leq \frac{1}{k} \frac{\partial T(D, I)}{\partial I}\bigg|_{D=2\sqrt{\alpha(1-\alpha)},\, I=1} \tag{9}$$

α가 충분히 작을 때, $T(D, I)$를 급수 전개하면 다음과 같은 근사식을 얻게 되며

$$P_{be} \approx \frac{M(d_f)}{k} 2^{d_f} \alpha^{d_f/2} \quad \sqrt{\alpha} \ll 1 \tag{10}$$

여기서

$$M(d_f) = \sum_{i=1}^{\infty} iA(d_f, i)$$

이다. $M(d_f)$ 값은 단순히, 변형된 상태도에서 모든 최소 가중치 입-출력 경로에서의 0이 아닌 메시지 비트의 총 개수와 동일하다.

식 (10)은, 컨벌루션 부호의 오류 제어 능력이 자유 거리에 좌우된다는 앞서의 주장을 뒷받침해 준다. 부호화하지 않은 전송과의 성능 비교를 위하여, 통상적으로 백색 Gaussian 잡음과 $(S/N)_R = 2R_c\gamma_b \geq 10$이라 가정하면 , 13.1절의 식 (10)은 다음과 같은 전송 오류 확률이 된다.

$$\alpha \approx (4\pi R_c\gamma_b)^{-1/2} e^{-R_c\gamma_b}$$

복호된 오류 확률은 다음과 같이 되며

$$P_{be} \approx \frac{M(d_f)2^{d_f}}{k(4\pi R_c\gamma_b)^{d_f/4}} e^{-(R_c d_f/2)\gamma_b} \tag{11}$$

반면 부호화하지 않은 전송의 경우에는 다음과 같이 된다

$$P_{ube} \approx \frac{1}{(4\pi\gamma_b)^{1/2}} e^{-\gamma_b} \tag{12}$$

이러한 표현식들에서 지수항들이 성능에 큰 영향을 주므로, $R_c d_f/2 > 1$일 때 컨벌루션 부호가 신뢰도를 개선시킴을 알 수 있다. 따라서 $R_c d_f/2$를 **부호화 이득**(coding gain)이라 하며 보통 dB단위로 표시한다.

공교롭게도 d_f에 대한 명시적인 설계 공식이 존재하지 않기 때문에, 좋은 컨벌루션 부호는 컴퓨터 검색과 모의 실험으로 찾아야 한다. 표 13.3-1에는 주요 n, k, L 값에 대한 컨벌루션 부호의 최대 자유 거리 및 부호화 이득을 나열하였다. 부호율 R_c가 고정되어 있을

표 13.3-1 주요 컨벌루션 부호의 최대 자유거리 및 부호화 이득.

n	k	R_c	L	d_f	$R_c d_f/2$	$R_c d_f/2$ (dB)
4	1	1/4	3	13	1.63	2.12
3	1	1/3	3	10	1.68	2.25
2	1	1/2	3	6	1.50	1.76
			6	10	2.50	3.98
			9	12	3.00	4.77
3	2	2/3	3	7	2.33	3.67
4	3	3/4	3	8	3.00	4.77

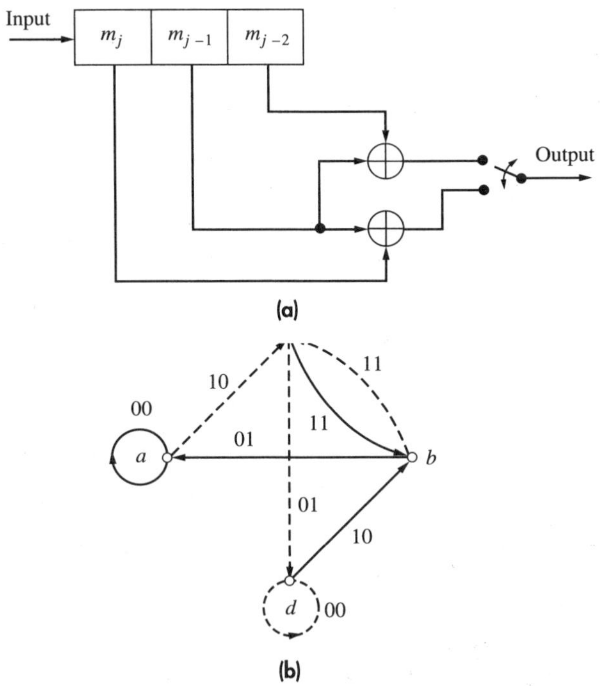

그림 13.3-9
치명적인 오류 전파가 존재하는 부호기. (a) 부호기; (b) 상태도.

때 메모리 수 L을 증가시키면 자유 거리와 부호화 이득이 증가함을 알 수 있다. 나열된 모든 부호는 비체계적이다. 체계적인 컨벌루션 부호는, 동일한 부호율과 메모리를 갖는 최적의 비체계적인 부호보다 더 작은 d_f 값을 갖는다.

컨벌루션 부호에 따라서는 **치명적인 오류 전파**(catastrophic error propagation)를 보일 수도 있다는 점을 또한 주목하여야 한다. 이것은, 그 이후의 심볼에 오류가 없다 할지라도, 유한개의 채널 오류가 무한개의 복호화 오류를 유발할 때 발생한다. 이러한 현상을 보이는 부호기는, 주어진 0이 아닌 입력이 0의 출력을 생성하는 그 자신의 상태로 되돌아오는 천이를 유발하는 상태를, 상태도에서 나타낼 것이다. 만약 생성 다항식이 최소 1 차의 공통 인수를 가지면, 치명적인 오류 전파 부호가 또한 인식될 수 있다. 예를 들어, 그림 13.3-9는 치명적인 오류 전파 부호기와 그것의 상태도를 나타내고 있다. 상태 d에서 0이 아닌 입력은, 0의 출력을 가지면서 다시 그 자신의 상태로 돌아오는 분기를 유발함을 주목하라. 생성함수 $G_1(D) = 1 + D$와 $G_2(D) = D + D^2$가 $1 + D$의 공통 인수를 가지므로 이 부호는 또한 치명적인 오류 전파 부호가 됨을 알 수 있다.

컨벌루션 부호의 오류 확률

예제 13.3–2

그림 13.3-2의 (2, 1, 2) 부호기에서 $T(D, I) = D^5I/(1 - 2DI)$이므로 $\partial T(D, I)/\partial I = D^5/(1 - 2DI)^2$이다. 따라서 식 (9)는

$$P_{be} \leq \frac{2^5[\alpha(1-\alpha)]^{5/2}}{[1 - 4\sqrt{\alpha(1-\alpha)}]^2} \approx 2^5\alpha^{5/2}$$

가 되고 작은 α 근사는 식 (10)과 일치한다. 특히, 그림 13.3-8a에서 $w(X) = 5 = d_f$를 가지며, 하나의 0이 아닌 비트를 포함하여 $M(d_f) = 1$인 메시지에 의해 생성되는 단 하나의 최소 가중치 유효 경로 *abce*를 찾을 수 있다.

만약 $\gamma_b = 10$이면 $R_c\gamma_b = 5$, $\alpha \approx 8.5 \times 10^{-4}$가 되고, $P_{ube} \approx 4.1 \times 10^{-6}$인 반면 최대 가능성 복호기에서는 $P_{be} \approx 6.7 \times 10^{-7}$가 된다. 이러한 다소 작은 신뢰도 개선은 $R_c\, d_f/2 = 5/4 \cong 0.97$ dB의 작은 부호화 이득만큼 이루어진다.

응용문제 13.3-2

그림 13.3-2의 모듈로-2 덧셈기의 연결이 $x_j' = m_j$이고 $x_j'' = m_{j-2} \oplus m_{j-1} \oplus m_j$가 되도록 변화하였다고 가정하자.

(a) 이 체계적 부호에 대한 부호격자와 변형된 상태도를 구성하시오. 상태도에 2개의 최소 가중치 경로가 존재하고, $d_f = 4$, $M(d_f) = 3$임을 보이시오. $T(D, I)$를 구할 필요는 없다.

(b) 이제 $\gamma_b = 10$이라 가정하고, α, P_{be}, P_{ube}를 계산하시오. $R_c d_f/2 = 1$일 때 컨벌루션 부호의 성능에 대하여 어떠한 결론을 내릴 수 있는가?

복호화 방법

컨벌루션 부호의 복호에는 3가지의 일반적인 방법이 있다. 한 편으로, Viterbi 알고리즘은 **최대 가능성 복호화**를 실행하여 최적의 성능을 얻게 되지만, 연산 및 저장에 많은 하드웨어를 필요로 한다. 다른 한 편으로, 간단한 하드웨어 대신 성능이 떨어지는 **귀환 복호화** 방식이 있다. 이에 대한 중간 격으로, **순차적 복호화** 방식은 복호기의 복잡도에 좌우되는 정도에 따라 최적 성능에 근접할 수 있다. (2, 1, L) 부호를 대상으로 이런 방법들이 어떻게 동작하는지 설명한다. 다른 부호로의 확장은 개념적으로는 수월하지만, $k > 1$에 대하여 기술하기는 성가신 작업이 된다.

최대 가능성 복호기는 수신된 Y 시퀀스 전체를 살펴보아야 하며, Y로부터 최소 Hamming 거리를 가지는 유효 경로를 찾아야 한다는 사실을 상기하자. 그러나 임의의 N 비트 메시지 시퀀스에 대하여 2^N개의 가능한 경로가 존재하므로, $N \gg 1$인 경우에 Y의 모든 유효 경로를 비교하는 것은 불합리한 작업이다. **Viterbi 알고리즘**은 최대 가능성 원리를 적용하여 N에 무관한 2^{kL}개의 **생존 경로**(survival path)에 대한 비교로 제한하며, 이에 따라 최대 가능성 복호의 실현을 가능케 한다.

Viterbi 복호기는 Y의 해당 분기로부터의 Hamming 거리와 같은 **메트릭**(metric)을 각 생존 경로의 각 분기에 할당한다. (여기서 0과 1의 전송오류는 동일하다고 가정한다. 그렇지 않으면 다른 전송 확률을 고려하기 위해 분기 메트릭을 다시 정의해야 한다.) 분기 메트릭의 합은 경로 메트릭을 생성하고, 최소의 메트릭을 가지는 생존 경로로 Y를 최종 복호한다. 메트릭 계산을 보여주고 생존 경로가 어떻게 선택되는지 설명하기 위해 Viterbi 복호의 예를 들어서 전개할 것이다.

송신단에서 (2, 1, 2) 부호기가 사용되고, 수신된 시퀀스는 $Y = 11\ 01\ 11$로 시작한다고

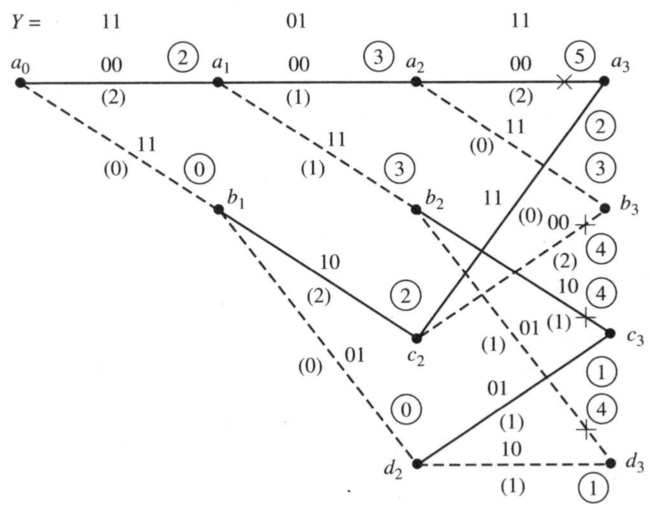

그림 13.3-10

최대 가능성 복호를 위한 Viterbi 알고리즘의 예.

가정하자. 그림 13.3-10은 부호격자에서 초기 노드 a_0로부터 출발하는 처음 3개의 유효 경로 분기를 보여주고 있다. 각 분기 아래의 괄호 안의 숫자는 부호화된 비트와 Y에서의 해당되는 비트와의 차이를 계산해서 얻어지는 분기 메트릭이다. 각 분기의 오른편 끝에 있는 원 안의 숫자는 a_0부터 분기 메트릭를 더하여 얻어진 이동 경로(running path) 메트릭이다. 예를 들어, $a_0b_1c_2b_3$의 경로 메트릭은 $0 + 2 + 2 = 4$가 된다.

또 다른 경로 $a_0a_1a_2b_3$ 역시 노드 b_3에 도달하게 되며, 더 작은 메트릭 $2 + 1 + 0 = 3$을 가짐이 관찰된다. 다음에 어떠한 분기가 발생하는지 관계없이, 이 경로는 Y로부터의 Hamming 거리가 노드 b_3에 도달하는 다른 경로보다 작아서, 실제 전송된 시퀀스를 나타낼 가능성이 더 높다. 따라서, 더 큰 메트릭 경로를 ×로 표시하여 무시하고, 이 노드에서 더 작은 메트릭을 가지는 경로를 생존 경로로 선택한다. 이러한 방법으로 노드 a_3, c_3, d_3에 도달하는 더 큰 메트릭 경로도 무시하면, 전체 $2^{kL} = 4$개의 생존 경로만 남게 된다. 생존 경로의 메트릭이 0이 되지 않는 사실은 Y에 검출 가능한 오류가 존재함을 의미한다.

후미의 0들을 포함한 전체 $N = 12$ 비트 메시지에 대하여 그림 13.3-10의 연속을 그림 13.3-11에 나타내었다. 이동 경로 메트릭을 제외한 무시되는 모든 분기와 명칭들은 명확하게 나타내기 위하여 생략하였다. 노드 밑의 문자 T는 노드로 들어오는 두 개의 경로가 같은 이동 메트릭을 갖는다는 것을 나타내며, 이 경우 동전 던지기 방식으로 생존 경로를 선정한다(왜 그럴까?). 최대 가능성 경로는 a_0부터 a_{12}까지의 굵은 실선을 따르며, 경로 메트릭의 마지막 값은 Y에 적어도 두 개의 전송 오류가 있음을 의미한다. 복호기는 해당 전송 시퀀스 $Y + \hat{E}$ 및 메시지 시퀀스 $\hat{M}$를 격자 밑에 쓰여진 것으로 가정하게 된다.

Viterbi 복호기는 각 노드마다 2개의 메트릭을 계산하여야 하고, 각각 N개의 분기로 구성된 2^{kL}개의 생존 경로를 저장하여야 한다. 따라서, 복호 복잡도는 L에 대해 지수적으로, N에 대해 선형적으로 증가한다. 지수적으로 증가하는 복잡도로 인해 Viterbi 알고리즘의 현실적인 적용은 작은 L 값을 갖는 부호에 한정된다.

$N \gg 1$일 때, 다음과 같은 메트릭 분기 효과(metric-divergence effect)에 기초한 생략

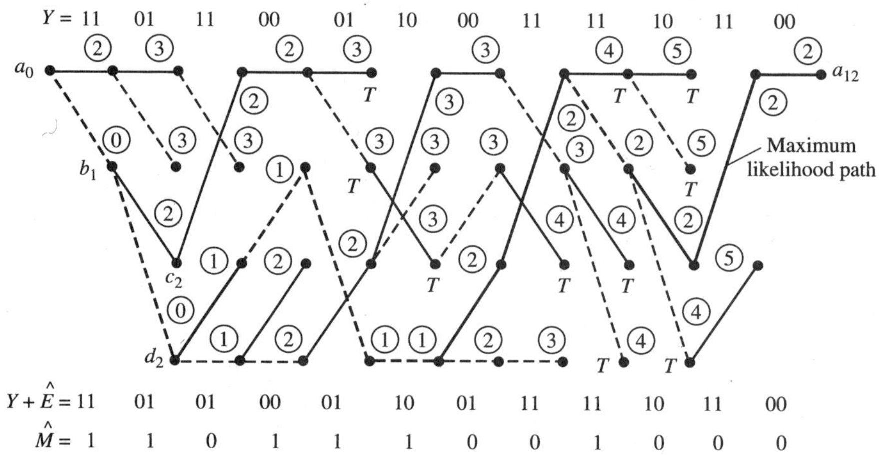

그림 13.3-11
최대 가능성 복호를 위한 Viterbi 알고리즘의 예.

과정(truncation process)에 의해 저장 요건이 줄어들 수 있다. 만약, 어느 시점에서 2개의 생존 경로가 같은 노드에서 시작된다면, 가능성이 작은 경로의 이동 메트릭은 공통 노드로부터 약 $5L$개의 분기 내에서 나머지 한 개의 다른 생존 경로 메트릭보다 더 빨리 증가하게 된다. 이러한 효과가 그림 13.3-11에 여러 번 나타나 있다. 예를 들어, 노드 b_1으로부터 시작하는 두 개의 경로를 고려하자. 복호화는 전송 시퀀스가 끝날 때까지 지연될 필요가 없다. 대신에, 첫 번째 k개의 메시지 비트가 복호될 수 있고, 첫 번째 $5Ln$개의 수신 비트가 처리된 후에 첫 번째 분기 집합이 메모리에서 삭제될 수 있다. 그리고 나서 이어지는 k개의 메시지 비트 그룹은, 그 이후로 수신되는 각각의 추가적인 n 비트에 대하여 복호된다.

Viterbi 알고리즘에 앞서 고안된 **순차 복호화**(sequential decoding) 역시 메트릭 분기 효과의 영향을 받는다. 그림 13.3-11에서와 같은, 동일한 격자, 수신 시퀀스, 메트릭을 사용하여, 그림 13.3-12a에 간략화된 순차 복호 알고리즘을 나타내었다. a_0에서 시작하여 각각의 이어지는 노드에서 최소 분기 메트릭을 가지는 분기를 선택하여 순차 복호기는 단일 경로를 추적하게 된다. d_2 노드에서와 같이 만약 한 노드로부터 2개 또는 그 이상의 분기의 메트릭이 동일하다면 복호기는 무작위로 하나를 선택하여 계속 동작한다. 현재 경로가 발생 가능성이 작으면 이동 메트릭은 급격히 증가하게 되고, 복호기는 결국 더 작은 메트릭 노드로 되돌아가 다른 경로에 대해서 복호를 시도하게 된다. 이 예제에서는 이렇게 포기된 경로가 3개 존재한다. 그렇다 하더라도, 그림 13.3- 11과 비교하여 보면, 순차 복호가 Viterbi 복호보다 더 작은 연산량을 가짐을 보여준다.

되돌아가는 것과 재시도의 결정은 주어진 노드에서 이동 메트릭의 기대값에 기반한다. 특히, 만약 α를 비트당 전송 오류 확률이라 하면, 옳바른 경로의 j번째 노드에서 이동 메트릭의 기대값은 그 시점에서 Y에 존재하는 비트 오류 개수의 기대값인 $jn\alpha$와 같게 된다. 순차 복호기는 메트릭이 $jn\alpha$ 보다 큰 어떤 규정된 문턱값 Δ를 초과하게 되면 경로를 포기하게 된다. 문턱값 테스트에서 생존하는 경로가 존재하지 않으면, Δ값이 증가하게 되고 복호기는 다시 뒤로 돌아가 복호화를 수행하게 된다. 그림 13.3-12b에는 $\alpha = 1/16$, $\Delta = 2$

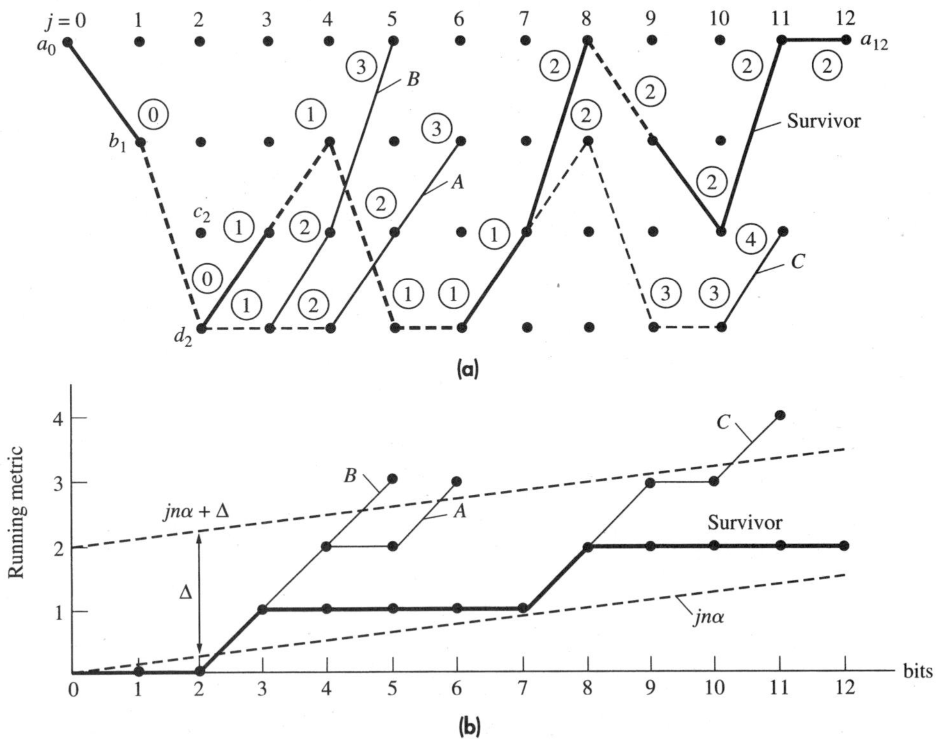

그림 13.3-12
순차 복호의 예.

일 때, $jn\alpha$ 및 문턱 직선 $jn\alpha + \Delta$와 함께 j에 따른 이동 메트릭을 나타내었다.

모든 가능한 경로 탐색이 허용되도록 문턱값이 충분히 낮으면 순차 복호는 최대 가능성 복호의 성능에 근접하게 된다. 그러나, 잦은 역 트래킹(backtracking)은 더 많은 연산량이 요구되어 Viterbi 복호보다 훨씬 큰 복호 지연을 유발한다. 더 높은 문턱값에 대하여 연산량과 복호지연은 감소하지만, 매우 가능성 있는 경로가 실제로 제거될 수 있기 때문에, 동일한 부호화 이득을 갖는 최대 가능성 복호의 경우보다 출력 오류 확률이 커질 수 있다. 이를 보상하기 위해, 복호기의 복잡도는 기본적으로 L에 무관하므로, 순차 복호에서는 큰 부호화 이득 및 L 값을 가지는 컨벌루션 부호의 실제 적용이 허용된다.

하드웨어 블록도 보다는 알고리즘으로 순차 복호와 Viterbi 복호를 설명하였다. 이러한 방법은 통상 경로 데이터를 저장하고 메트릭 계산을 수행하는 소프트웨어로 구현된다. 더 높은 오류 확률이 허용되거나, 알고리즘적인 복호가 불가능한 상황에서는, **귀환 복호**가 적절한 방법이 될 수 있다. 귀환 복호는 일반적으로 L개의 블록 또는 더 연속되는 트리형 분기에 기반하여 메시지 비트를 차례대로 하나씩 복호하는 미끄럼 블록 복호기(sliding block decoder)처럼 동작한다. 컨벌루션 복호기의 가장 간단한 하드웨어 구현을 위하여 다수결 논리를 사용하는 특별한 범주의 귀환 복호에 중점을 둘 것이다.

메시지 시퀀스 $M = m_1 m_2 \cdots$ 와 다음과 같은 **체계적** $(2, 1, L)$ 부호화된 시퀀스를 고려하자

$$X = x_1' x_1'' x_2' x_2'' \cdots \tag{13a}$$

여기서

$$x'_j = m_j \qquad x''_j = \sum_{i=0}^{L} m_{j-i}\, g_j \qquad \text{(mod-2)} \tag{13b}$$

이다. 전체 시퀀스 X를 무한한 길이의 부호워드로 간주할 것이다. 블록 부호에 대하여 사용되었던 행렬 표현식을 이용하여 다음과 같은 생성 행렬 G와 패리티 검사 행렬 H를 정의한다.

$$X = MG \qquad\qquad XH^T = 0\,0\cdots$$

식 (13)을 나타내기 위하여, G는 다음과 같은 대각선 구조를 갖는 반-무한(semi-infinite) 행렬이어야 한다.

$$G = \begin{bmatrix} 1 & g_0 & 0 & g_1 & 0 & \cdots & 0 & g_L & & & & \\ & & 1 & g_0 & 0 & g_1 & 0 & \cdots & 0 & g_L & & \\ & & & \cdot & \cdot & \cdot & & & & & \cdot & \\ & & & & \cdot & \cdot & \cdot & & & & & \cdot \\ & & & & & \cdot & \cdot & & \cdot & & & & \cdot \end{bmatrix} \tag{14a}$$

이 행렬은 오른쪽과 아래로 무한히 확장되며, 오른쪽 상단 및 왼쪽 하단의 삼각형의 공백 공간은 0인 성분들을 나타낸다. 마찬가지로, 오른쪽과 아래로 무한히 확장한 패리티 검사 행렬은 다음과 같다.

$$H = \begin{bmatrix} g_0 & 1 & & & & & & \\ g_1 & 0 & g_0 & 1 & & & & \\ \cdot & \cdot & g_1 & 0 & g_0 & 1 & & \\ \cdot & \cdot & \cdot & \cdot & & & \cdot\ \cdot & \\ \cdot & \cdot & \cdot & \cdot & & & \cdot\ \cdot & \\ g_L & 0 & \cdot & \cdot & & & & \cdot \\ & & g_L & 0 & & & & \\ & & & & \cdot\ \cdot & & & \\ & & & & & & \cdot\ \cdot & \end{bmatrix} \tag{14b}$$

다음으로, E를 수신 시퀀스 $Y = X + E$에서의 전송 오류 패턴이라 하자. 이러한 시퀀스는 다음과 같이 나타낼 수 있으며

$$Y = y'_1 y''_1 y'_2 y''_2 \cdots \qquad E = e'_1 e''_1 e'_2 e''_2 \cdots$$

따라서 $y'_j = m_j \oplus e'_j$이 된다. 따라서, 오류 비트 e'_j이 주어지면 j번째 메시지 비트는

$$m_j = y'_j \oplus e'_j \tag{15}$$

가 된다. 귀환 복호기는 신드롬 시퀀스로부터 오류를 추정한다.

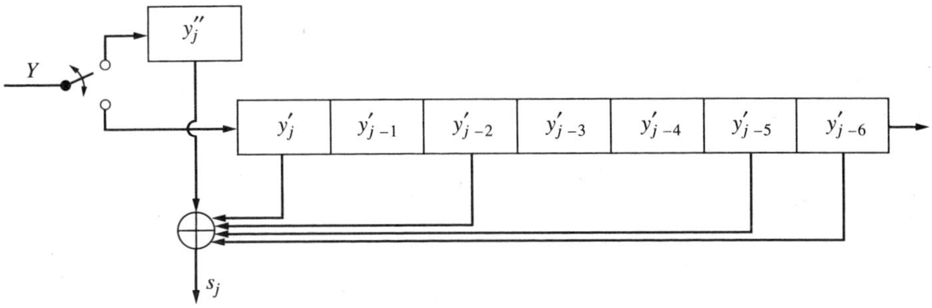

그림 13.3-13
체계적 (2, 1, 6) 부호의 신드롬 계산을 위한 쉬프트 레지스터 회로.

	e'_{j-12}	e'_{j-11}	e'_{j-10}	e'_{j-9}	e'_{j-8}	e'_{j-7}	e'_{j-6}	e''_{j-6}	e'_{j-5}	e'_{j-4}	e''_{j-4}	e'_{j-3}	e'_{j-2}	e'_{j-1}	e''_{j-1}	e'_j	e''_j
s_{j-6}	✓	✓			✓		✓	✓									
s_{j-4}			✓	✓			✓			✓	✓						
s_{j-1}						✓	✓					✓		✓	✓		
s_j							✓		✓				✓			✓	✓

그림 13.3-14
체계적 (2, 1, 6) 부호의 패리티 검사 테이블.

$$S = YH^T = (X + E)H^T = EH^T$$

H에 대한 식 (14b)를 이용하면 S의 j번째 비트는 다음과 같이 되고

$$s_j = \sum_{i=0}^{L} y'_{j-i} g_i \oplus y''_j = \sum_{i=0}^{L} e'_{j-i} g_i \oplus e''_j \tag{16}$$

여기서 덧셈은 모듈로-2 연산이며, $j - i \leq 0$에 대하여 $y'_{j-1} = e'_{j-i} = 0$이다.

특별한 예제로, $g_0 = g_2 = g_5 = g_6 = 1$이고 $g_1 = g_3 = g_4 = 0$인 (2, 1, 6) 부호기를 고려하면

$$s_j = y'_{j-6} \oplus y'_{j-5} \oplus y'_{j-2} \oplus y'_j \oplus y''_j \tag{17a}$$

$$= e'_{j-6} \oplus e'_{j-5} \oplus e'_{j-2} \oplus e'_j \oplus e''_j \tag{17b}$$

가 된다. 식 (17a)는 그림 13.3-13에 나타낸 신드롬 연산을 위한 쉬프트 레지스터 회로가 된다. 식 (17b)는 패리티 검사 합이라 불리며, 결국 귀환 복호기의 나머지 부분이 된다.

그러한 목적으로, s_{j-6}, s_{j-4}, s_{j-1}, s_j의 합에 어떤 오류 비트가 있는지를 나타내는 그림 13.3-14a의 패리티 검사 테이블을 고려하자. 이 테이블은, e'_{j-6}은 나열된 모두 네 개의 합에 의해 검사 되지만, 다른 오류 비트는 하나에 의해 검사된다는 사실을 보여준다. 따라서, 이 검사 합집합(set of check sums)은 e'_{j-6}에 대해 직교라 한다. 부호기의 탭 이득은 직교 검사 합을 얻을 수 있도록 주의 깊게 선택된다.

전송 오류 확률이 매우 작을 때, 패리티 검사 테이블에 나타낸 17개의 전송 비트에서 기껏해야 한 개 또는 두 개의 오류를 발견하는 것이 기대된다. 만약 오류들 중의 하나가 $e'_{j-6} = 1$에 해당된다면, 네 개의 검사 합은 세 개 또는 네 개의 1을 포함할 것이다. 그렇지

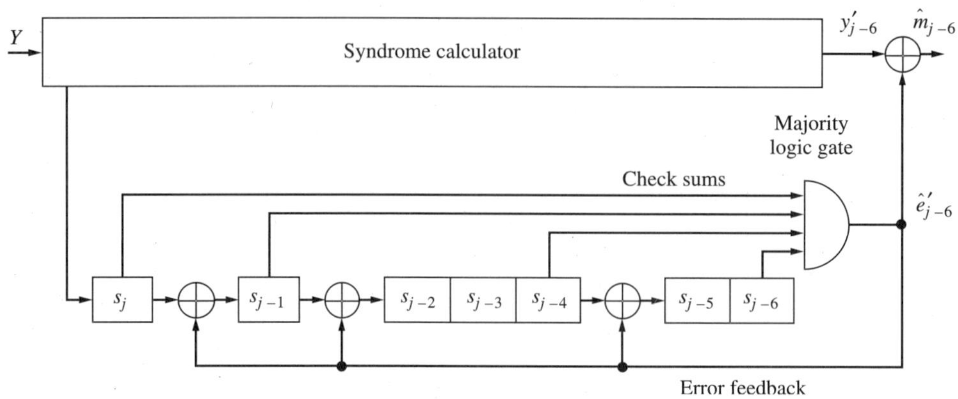

그림 13.3-15
체계적 (2, 1, 6) 부호를 위한 다수결 논리 귀환 복호기.

않으면 검사 합은 1을 세 개 미만으로 포함하게 된다. 따라서 이러한 네 개의 검사 합을 다수결 논리 게이트에 적용하여 최대로 가능성 있는 e'_{j-6}의 추정 값을 생성하게 된다.

그림 13.3-15에는 체계적 (2, 1, 6)부호에 대하여 완성된 다수결 논리 귀환 복호기를 나타내었다. 그림 13.3-13의 신드롬 계산기는 y'_{j-6}과 s_j의 두 개의 출력을 갖는다. 신드롬 비트는, 검사 합을 다수결 논리 게이트에 연결하는 탭으로 다른 쉬프트 레지스터로 이어지는데, 이때의 출력은 예측 오류 $\hat{e}'_{j-6}$과 동일하게 된다. 모듈로-2 덧셈 $y'_{j-6} \oplus \hat{e}'_{j-6} = \hat{m}_{j-6}$은 식 (15)에 기반하여 오류 정정을 수행한다. 이 오류는 또한 신드롬 레지스터로 다시 들어가 이어지는 검사 합의 신뢰도를 개선시킨다. 귀환 복호의 이름은 이러한 귀환 경로로서 설명된다.

위 예제의 복호기는 여섯 개의 연속하는 메시지 비트에서의 단일 오류 또는 이중 오류 패턴을 정정할 수 있다. 그러나, 두 개를 초과하는 전송 오류는 오류 정정 과정에서 오류 및 귀환 경로로 오류 전파를 발생시킨다. 이러한 효과는 최대 가능성 복호의 출력 오류 보다 더 많은 출력 오류를 유발한다. 다수결 논리 복호에 대한 더 자세한 방법 및 오류 분석은 Lin과 Costello (1983, Chap. 13)를 참조 바란다.

터보 부호

터보 부호(turbo codes) 또는 **병렬 연접 부호**(parallel concatenated codes, PCC)는 1993년에 처음 소개된 상대적으로 새로운 종류의 컨벌루션 부호이다. 이것은 샤논 한계 (Shannon Limit)에 거의 근접하는 채널 용량을 가능케 한다. 여기서는 주로 터보 부호의 기초적 서술 범위를 다룬다. 터보 부호에 대한 자세한 사항은 Berrou, Glavieux와 Thitmajshima (1993), Berrou와 Glavieux (1996), Hagenauer, Offer와 Papke (1996), Benedetto, al Montorsi (1996), Johannesson과 Zigangirov (1999)를 참조하기 바란다.

채널 용량에 대한 샤논의 이론은 부호의 블록 또는 구속장이 무한대로 감에 따라 비트 오류율(BER)이 0 에 근접하는 랜덤 부호화를 가정한다. 따라서, 완벽한 랜덤 부호를 복호하는 것은 가능하지 않다. 블록 길이 또는 구속장을 크게 하여 생기는 부호 복잡도의 증가

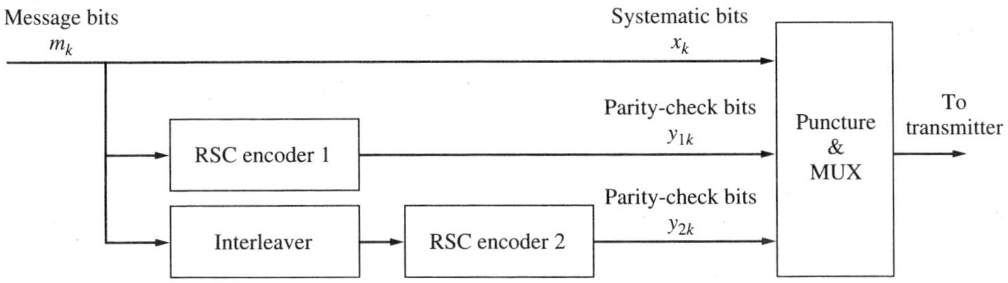

그림 13.3-16
터보 부호기.

는 해당 복호화 복잡도의 지수적 증가를 가져온다. 그러나, 만일 부호가 충분히 비구조적(unstructure)이고 복호화 복잡도에 관계된 대가를 감수할 수 있다면, 주어진 BER을 만족하는 결과를 얻을 수 있다. 이것은 다음과 같은 J. Wolfowitz의 역설로 표현될 수 있다.

> 우리가 생각할 수 있는 것을 제외한, 거의 모든 부호는 성능이 좋다.

터보 부호는 충분히 랜덤하게 만들어져 주어진 BER를 얻을 수 있으며, 반복 방법을 이용하여 효율적이고 실현 가능하게 복호될 수 있다는 점에서, 이러한 역설을 극복한다.

그림 13.3-16에는 터보 부호기를 나타내었다. 여기서, 부호율이 $\frac{1}{2}$인 두 개의 **체계적인 순환형 컨벌루션**(recursive systematic convolutional, RSC) 부호기로부터 생성되는 두 개의 부호를 병렬 연접한다. 두 번째 RSC 앞단에는 심볼 시퀀스를 섞어놓기 위하여 100에서 10,000비트 또는 이상으로 변화되는 길이를 가진 의사 랜덤(pseudo random) 인터리버가 위치한다.

RSC들이 동일할 필요는 없고, 컨벌루션 형태가 되어야 하는 것도 아니며, 세 개 이상도 사용될 수 있다. 두 부호기는 패리티 검사 비트를 생성한다. 이러한 패리티 비트와 체계적 비트라 불리는 원본 비트 스트림은 다중화된 후 전송된다. 주어진 것처럼 전체 부호율은 $\frac{1}{3}$이다. 그러나, 일부의 비트를 제거하는 **천공**(puncturing) 과정을 이용하여 이 부호율을 $R = \frac{1}{2}$로 증가시킬 수 있다. 예를 들어, 첫 번째 RSC에서 홀수 패리티 비트를, 두 번째 RSC에서 짝수 패리티 비트를 제거하여 이것을 이룰 수 있다.

그림 13.3-17에는 터보 부호화에 사용되는 G_1, G_2-RSC 부호기를 나타내었다. 본 절에

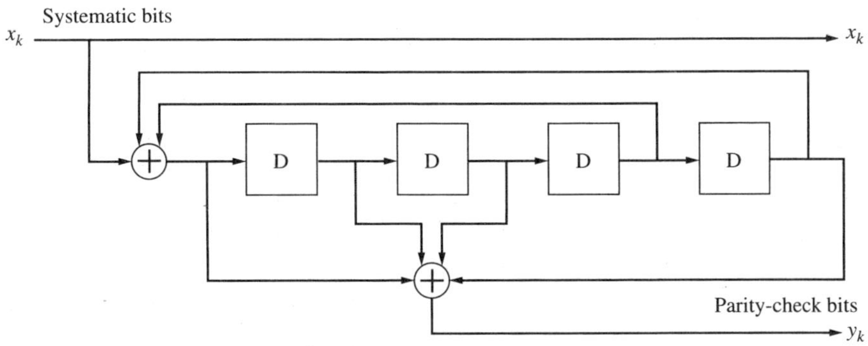

그림 13.3-17
$R = 1/2$, $G_1 = 23$, $G_2 = 35$, $L = 2$인 체계적인 순환형 컨벌루션 부호기.

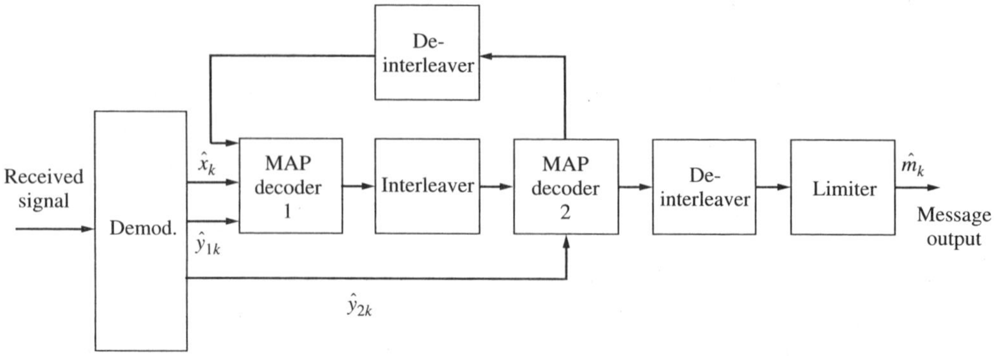

그림 13.3-18
터보 복호기.

서 초기에 설명되었던 비체계적 컨벌루션(nonsystematic convolutional; NSC) 부호기와는 달리, 이 부호기는 메시지와 패리티의 분리되어 있다는 점에서 체계적이다. 상태 출력으로부터의 귀환 연결은 부호기를 순환적으로 만들며, 따라서 단일 출력 오류도 많은 수의 패리티 오류를 유발하게 된다. 이 특정 부호기에 대한, 귀환 연결을 나타내는 다항식은 $1 + D^3 + D^4 = 10\ 011_2 = 23_8$이고 출력 다항식은 $1 + D + D^2 + D^4 = 11\ 101_2 = 35_8$이다. 따라서, 문헌에서는 종종 이것을 $G_1 = 23$, $G_2 = 35$ 또는 간단히 (23, 35) 부호기로 지칭한다.

그림 13.3-18에는 터보 복호기를 나타내었다. 터보 복호기는 두 개의 **최대 사후 확률**(MAP) 복호기와, 자동차 터보 엔진과 유사하게 동작하게 되는 (그래서 **터보 부호**라 한다) 귀환 경로로 구성된다. 첫 번째 복호기는 수신 신호로부터 정보를 취하여 사후 확률 값을 계산한다. 이 값은 두 번째 복호기의 사전 확률 값으로 사용된다. 출력은 첫 번째 복호기로 귀환되며, 여기서 반복할 때마다 더 정확한 예측값을 생성하게 되는 반복 형태로 이 과정이 계속된다.

전체 시퀀스의 오류를 최소화하는 Viterbi 알고리즘을 사용하는 대신, 이 MAP 복호기는, RSC 부호의 회귀 특성을 고려하여 각 비트에 대한 사후 확률을 예측하기 위한 LLR (log-likelihood ratio)을 계산하는 BCJR (Bahl, Cocke, Jelinek와 Raviv, 1972) 알고리즘의 변형된 형태를 사용한다.

Berrou 등 (1993)에 의한 결과는 매우 인상적이다. 이 결과는, 부호율 $R = 1/2$, $G_1 = 37$, $G_2 = 21$, 65,537의 인터리빙과 18번의 반복을 사용한 부호화 시, E_b/N_0 =0.7 dB에서 10^{-5}의 BER를 얻을 수 있었다. 터보 부호의 주된 단점은 상대적으로 큰 부호워드와 반복 복호 과정에서 오는 긴 지연이다. 65,537의 인터리빙과 18번의 반복을 수행하는 시스템은 음성 전화 통신에 있어서 너무 긴 지연을 보일 수 있다. 반면에, 터보 부호는 심우주 통신에서의 응용에 탁월한 성능을 보인다.

13.4 질문 및 연습문제

질문

1. 블록 부호에 비해 반복 부호의 최대 단점은 무엇인가?

2. 다른 블록 부호에 비해 순회 부호의 장점은 무엇인가?

3. 연집 에러에 대한 시스템의 면역성은 어떻게 증가 시키는가?

4. 만약 정정 될 수 있는 에러의 수가 변하되지 않는 경우라면, 패리트 비트 수 증가의 장점은 무엇인가?

5. 블록 부호 보다 컨벌루션 부호가 왜 더 작은 비트 오류 확률을 가지는가?

6. 블록 부호와 컨벌루션 부호의 본질적인 차이는 무엇인가?

7. 일반적인 블록 부호나 컨벌루션 부호 중에 어느 것이 연집 잡음에 의해 발생되는오류에 대한 면역성이 더 강한가? 그리고 그 이유는 무엇인가?

8. 왜 컨벌루션 부호보다 터보 부호가 본질적으로 더 효율적인가?

연습문제

13.1-1* $\alpha = 0.1$이고 $n = 4$인 패리티 검사 부호가 사용될 때 워드가 오류가 없을 확률, 오류가 검출될 확률, 오류가 검출되지 못할 확률을 계산하시오.

13.1-2 $n = 9$, $\alpha = 0.05$일 때 문제 13.1-1을 구하시오.

13.1-3 주어진 다음의 데이터와 그에 대한 (4, 2) 부호워드에 대하여, 모든 부호쌍들 간의 해밍 거리와 최소 해밍 거리를 구하시오. 보다 큰 $d_{\min}$을 갖는 또 다른 4-비트 부호워드 기법이 존재하는가?

Data	Codeword
00	0000
01	1110
10	0011
11	1101

13.1-4 부호워드 $X_1 = 0100101$와 다음의 다른 부호워드 $X_2 = 0111111$, $X_3 = 1010111$, $X_4 = 1101000$간의 해밍거리를 구하시오.

13.1-5 임의의 두 부호워드 간의 최소 거리가 3이 되는 6-비트 부호를 설계하시오.

13.1-6 그림 13.1-1의 정방 배열 부호를 고려하자. (a) 만약 워드에 두 개의 오류가 포함된다면 검출할 수는 있지만 정정할 수 없음을 보이시오. (b) 워드에 세 개의 오류가 포함된다면 어떻게 될지 설명하시오.

13.1-7 백색 Gaussian 잡음 환경에서 FEC 시스템이 최소의 전송 파워로 $P_{be} \le 10^{-4}$를 달성해야 한다. 고려되는 세 개의 블록 부호는 다음과 같은 파라미터를 갖는다:

n	k	$d_{\min}$
31	26	3
31	21	5
31	16	7

어떤 부호가 사용되어야 하는지를 결정하고, 부호화하지 않은 전송과 비교하여 절약되는 전력을 dB 단위로 구하시오.

13.1-8* $P_{be} \leq 10^{-6}$일 때 문제 13.1-7를 구하시오.

13.1-9 $d_{\min} = 3$인 (31, 26) 블록 부호를 사용하여 백색 Gaussian 잡음 환경에서 $\gamma_b = 2, 5, 10$일 때 FEC시스템의 α, P_{be}, P_{ube}를 계산하시오. 그림 13.1-5와 같이 결과를 도시하시오.

13.1-10 $d_{\min} = 5$인 (31, 21) 부호에 대하여 문제 13.1-9을 구하시오.

13.1-11* 극형 신호화와 정합 필터를 가진 시스템을 고려하자. 부호화 하지 않았을 경우 $P_{be} = 10^{-6}$이다. 같은 P_{be} 값에 대하여, $d_{\min} = 5$을 갖는 (15, 7) BCH 부호를 사용할 경우, 송신단에서 얻어지는 전력 감소는 얼마인가?

13.1-12 비트 전송률이 $r_b = 1$ Mbps 이고 (15, 7) BCH 부호가 주어졌을 때, 연집 오류에 더 강력한 면역성을 제공하는 시스템을 설계하시오. 오류가 발생되지 않는 최대 연집 길이는 얼마인가?

13.1-13 백색 Gaussian 잡음 환경에서 선택적 반복 ARQ 시스템이 아래와 같은 오류 검출 블록 부호 중 하나를 사용하여 $P_{be} = 10^{-5}$를 갖는다. 부호화하지 않은 전송의 경우 및 각 부호에 대한 r_b/r와 γ_b를 계산하시오. r_b/r에 대하여 γ_b를 dB 단위로 도시하시오.

n	k	$d_{\min}$
12	11	2
15	11	3
16	11	4

13.1-14 $P_{be} = 10^{-6}$일 때 문제 13.1-13을 구하시오.

13.1-15* 백색 Gaussian 잡음 환경에서 $\gamma_c = 6$ dB, $r = 500$ kbps이고, 한 방향 경로의 길이는 45 km 인 go-back-N진 ARQ 시스템을 고려하자. 오류 검출을 위한 $d_{\min} = 3$인 (15, 11) 블록 부호를 사용하여 P_{be}, N의 최대값, r_b의 최대값을 구하시오.

13.1-16 $d_{\min} = 4$인 (16, 11)인 블록부호를 사용하여 문제 13.1-15을 구하시오.

13.1-17 정지-대기 ARQ시스템이 오류 검출을 위해 $n = k + 1$의 간단한 패리티 검사를 사용한다. 이 시스템은 백색 Gaussian 잡음을 가지며, $r = 10$ kbps이고, 한 방향 경로의 길이가는 18 km이다. $P_{be} \leq 10^{-6}$이고 $r_b \geq 7200$이 되도록 하는 k의 최소값을 구하시오. γ_b를 dB 단위로 계산하시오.

13.1-18 60 km의 경로 길이에 대하여 문제 13.1-17를 구하시오.

13.1-19‡ go-back-N진 ARQ 시스템에 대하여 식 (20)에 주어진 것과 같이 m을 유도하시오. **힌트**: 주어진 워드가 i번 연속 전송에서 오류를 검출하면, 전송된 총 워드 개수는 $1 + Ni$가 된다.

13.1-20 n 비트 워드당 t개의 오류를 정정하고 $\ell > t$개의 오류를 검출하는 부호를 사용하는 혼합 ARQ 시스템을 고려하자. $\alpha \ll 1$일 때 재전송 확률 p에 대한 표현식을 구하시오. $d_{\min} = 4$로 하여 그 결과를 식 (16)과 비교하시오.

13.1-21 워드당 t개 까지의 오류를 정정하고 $t + 1$개의 오류를 검출하기 위하여 $d_{\min} = 2t + 2$인 (n, k) 블록 부호를 사용하는 혼합 선택적 재전송 ARQ 시스템을 가정하자. (a) 재전송 확률 p에 대한 근사식을 구하기 위해 $\alpha \ll 1$로 가정하고, 다음이 성립됨을 보이시오.

$$P_{be} \approx \binom{n-1}{t+1}\alpha^{t+2}$$

(b) $P_{be} = 10^{-5}$일 때 $d_{\min} = 8$인 (24, 12) 부호에 대하여 α와 p를 계산하시오. 백색 Gaussian 잡음을 가정하고, 같은 γ_b 값을 가지는 부호화 하지 않은 전송에 대한 P_{be}를 구하시오.

13.1-22 어떤 SNR에서 (15, 7) 블록 부호화가 더 이상 효과적이지 않은가?

13.2-1 U와 V를 n 비트 벡터라 하자. (a) U, V, $U + V$의 1의 개수를 고려하여, $d(U, V) \leq w(U) + w(V)$임을 보이시오. (b) 이제 $U = X + Y$, $V = Y + Z$라 하자. $U + V = X + Z$임을 보이고, 다음과 같은 삼각 부등식을 유도하시오.

$$d(X, Z) \leq d(X, Y) + d(Y, Z)$$

13.2-2 X를 부호벡터, Z를 그 부호에서 임의의 다른 벡터, Y를 i 비트 오류를 가진 X가 수신되었을 때의 결과 벡터라 하자. 문제 13.2-1의 삼각 부등식을 사용하여, 만약 부호가 $d_{\min} \geq \ell + 1$이고 $i \leq \ell$이면, Y의 오류는 검출 가능함을 보이시오.

13.2-3 X를 부호벡터, Z를 그 부호에서 임의의 다른 벡터, Y를 i 비트 오류를 가진 X가 수신되었을 때의 결과 벡터라 하자. 문제 13.2-1의 삼각 부등식을 사용하여, 만약 부호가 $d_{\min} \geq 2t + 1$이고 $i \leq t$이면, Y의 오류는 정정 가능함을 보이시오.

13.2-4 삼중 반복 부호는 부 행렬 $P = [1\ 1]$를 사용하여 생성되는 체계적 (3, 1) 블록 부호이다. 모든 가능한 수신 벡터 Y와 $S = YH^T$를 표로 만들어 나열하시오. 이에 대한 최대 가능성 오류 패턴과 정정된 벡터 $Y + \hat{E}$을 구하시오.

13.2-5 연습문제 13.2-1의 (6, 3) 블록 부호에 대한 조회 테이블(lookup table)를 구성하시오.

13.2-6 마지막 비트가 처음 3 비트의 배타적 논리합(exclusive OR)인 간단한 (3, 1) 패리티 검사 부호에 대하여 (a) 유효한 부호워드를 나열하고, (b) $d_{\min} = 2$를 보이고, (c) G 행렬을 구하시오.

13.2-7 다음과 같은 생성 행렬을 갖는 (6, 3) 부호를 고려하자.

$$G = \begin{bmatrix} 1 & 0 & 0 & 1 & 0 & 1 \\ 0 & 1 & 0 & 1 & 1 & 0 \\ 0 & 0 & 1 & 0 & 0 & 1 \end{bmatrix}$$

(a) 부호워드 및 (b) $d_{\min}$을 구하시오. (c) 얼마나 많은 오류가 검출 또는 정정 될 수 있는가?

13.2-8 연습문제 13.2-1의 부 행렬 P의 마지막 열을 삭제하여 구성한 (5, 3) 블록 부호를 고려하자. 조회 테이블을 구성한 후, 이 부호는 오류 검출에는 사용될 수 있으나 오류 정정에는 사용될 수 없음을 보이시오.

13.2-9 (15, 11) Hamming 부호에 대한 부 행렬 P를, 행 워드의 수치 값이 위에서 아래로 증가하는 형태로 배열시키자. 조회 테이블을 구성하고 검사 비트 식을 작성하시오.

13.2-10 $t = 1$인 블록 부호가 워드당 $k = 6$ 메시지 비트를 갖는 것이 요구된다고 가정하자. (a) n의 최소값과 조회 테이블에 저장되는 비트 수를 구하시오. (b) 이에 적절한 부 행렬 P를 구성하시오.

13.2-11 $k = 8$일 때 문제 13.2-10을 구하시오.

13.2-12 식 (4)로부터, $XH^T = MA$가 되는데 여기서 $A = GH^T$이다. A의 임의의 성분이 $a_{ij} = 0$의 성질을 갖는다는 것을 보임으로써 식 (9)를 증명하시오.

13.2-13 원래의 (7, 4) Hamming 부호는 다음과 같은 비체계적 부호이다.

$$H = \begin{bmatrix} 1 & 0 & 1 & 0 & 1 & 1 & 1 \\ 0 & 1 & 1 & 0 & 0 & 1 & 1 \\ 0 & 0 & 0 & 1 & 1 & 0 & 1 \end{bmatrix}$$

(a) 조회 테이블을 구성하고 이러한 비체계적 형태를 갖는 이유를 설명하시오. (b) $Y = X = (x_1\ x_2\ \cdots\ x_7)$를 갖는 s_1, s_2, s_3에 대한 식을 나타내시오. X에서 어느것이 메시지 비트이고 검사 비트인지 구별하고, 검사 비트 식을 구하시오.

13.2-14 (7, 4) Hamming 부호는, 모든 부호워드가 짝수 패리티를 갖도록 선택된 네 번째 검사 비트를 덧붙임으로써 (8, 4) 부호로 확장될 수 있다. (a) 이러한 확장 과정을 테이블 13.2-1에 적용하여 $d_{\min} = 4$임을 보이시오. (b) 메시지 비트의 함수로 c_4에 해당하는 식을 구하시오. (c) 그림 13.2-2의 복호 시스템이 단일 오류 정정 뿐만 아니라 이중 오류 검출도 수행하기 위해서는 어떻게 변형되어야 하는지 설명하시오.

13.2-15* $G(p) = p^4 + p^3 + p^2 + 0 + 1$에 의해 생성되는 체계적인 (7, 3) 순회 부호를 고려하자. $M = (1\ 0\ 1)$일 때 $Q_M(p)$, $C(p)$, X를 구하시오. $Y = X'$라 할 때 $S(p) = 0$임을 보이시오. 원한다면 다항식이 아니라 이진 워드를 사용하여 나눗셈을 수행하여도 좋다.

13.2-16 $G(p) = p^4 + 0 + p^2 + p + 1$일 때 문제 13.2-15를 구하시오.

13.2-17 $G(p)$가 주어지면, 체계적 순회 부호의 등가 생성 행렬은 부 행렬 P의 행에 해당하는 $R_i(p) = \text{rem}\,[p^{n-i}/G(p)]$, $1 \le i \le k$의 다항식으로부터 구할 수 있다. 이 방법을 이용하여 $G(p) = p^3 + 0 + p + 1$에 의해 생성되는 (7, 4) Hamming 부호에 대한 P를 구하시오. (원한다면 다항식이 아니라 이진 워드를 사용하여 나눗셈을 수행하여도 좋다.) 이 결과를 예제 13.2-1의 G 행렬의 결과와 비교하시오.

13.2-18 $G(p) = p^3 + p^2 + 0 + 1$일 때 문제 13.2-17을 구하시오.

13.2-19 그림 P13.2-19는 임의의 m차 다항식 $Z(p)$를 고정 다항식 $G(p) = p^q + g_{q-1}p^{q-1} + \cdots + g_1p + 1$로 나누는 기능을 수행하는 쉬프트 레지스터 회로이다. 만약 $Z(p)$가 천이하기 전에 레지스터가 비워져 있었다면, m번 천이된 후의 출력은 몫과 같고 나머지는 레지스터에서 나타난다. $Z(p) = p^3M(p)$로 하고 $G(p)$는 예제 13.2-3과 같이

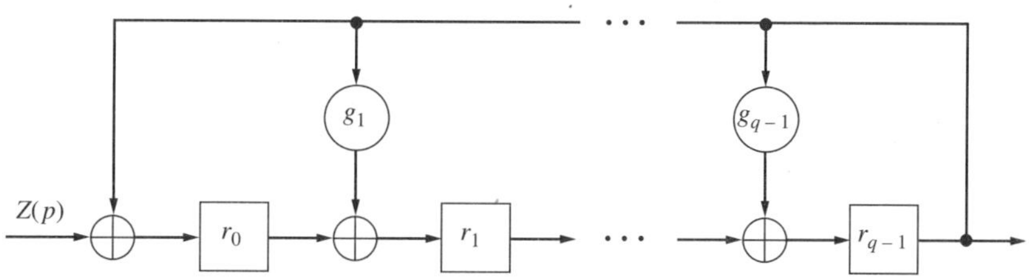

그림 P13.2-19

하여, 그림 13.2-4b와 유사하게 표를 구성하여 나눗셈 연산을 확인하시오.

13.2-20 문제 13.2-19의 쉬프트 레지스터 다항식 나눗셈기를 이용하여, 예제 13.2-3의 부호에 대한 $Y(p)$로 부터 신드롬 $S(p)$를 생성하는 회로를 도시하시오. 그림 13.2-4b와 같이 표를 구성하여 $Y = (1\ 1\ 0\ 0\ 0\ 1\ 0)$일 때 $S(p) = 0$임을 보이시오.

13.2-21* $P_{be} = 10^{-5}$인 부호화 하지 않은 시스템을 가정하자. 다음의 Hamming 부호들의 P_{be}와 α를 구하시오. (a) (7, 4), (b) (15, 11), (c) (31, 26)?

13.2-22 고정된 γ_c 값에 대하여 (7, 4) 부호가 (31, 26) 부호보다 더 낮은 P_{be}를 가짐을 보이시오. 왜 그런가? 또한 (31, 26) 부호의 이점은 무엇인가?

13.2-23 $P_{be} = 10^{-5}$인 부호화 하지 않은 시스템을 가정하자. 만약 데이터가 세 번 전송되고, 다수결 원칙에 기반하여 비트 값이 결정된다고 하면 전체 P_{be}는 얼마인가? 이 결과를 (7, 4) 및 (15, 11) FEC 부호를 사용하는 등가 시스템의 결과와 비교하시오.

13.2-24 $\gamma_b \cong 6$ dB에서 $\alpha = 0.4 \times 10^{-2}$인 채널이 주어질 때, 테이블 13.2-3의 부호 중 하나를 사용하여 $P_{be} \leq 10^{-5}$이 되도록 하는 최소 지연을 갖는 블록 부호 시스템을 명시하시오.

13.2-25 메시지 $M = 1001001$이 CRC-8 부호로 부호화 되면, 전송되는 시퀀스는 무엇인가?

13.2-26 (7, 4) Hamming 부호로 생성되는 벡터 Y가 다음과 같이 주어질 때 M을 구하시오. 각각은 단일 오류를 가질 수 있다. (a) $Y = [0100101]$, (b) $Y = [0111111]$, (c) $Y = [1010111]$, (d) $Y = [1101000]$.

13.2-27* ASCII 문자 "E"와 CRC-12 다항식에 대한 X를 구하시오.

13.2-28 문제 13.2-23에서 전송된 부호워드 대하여, 마지막 두 자리수에서의 오류가 검출됨을 보이시오.

13.2-29 초당 9600 비트로 7비트 ASCII 정보가 전송되는 채널에서는, 종종 연집 간격은 최소 125 ms 를 가지며, 125 ms 동안 지속되는 연집 잡음이 발생한다. (63, 45) BCH 부호를 사용하여 이러한 연집 오류의 영향을 제거하기 위한 인터리빙 시스템을 설계하시오. 인터리빙과 역 인터리빙 사이의 최대 지연시간은 얼마인가?

13.3-1 체계적인 (3, 2, 3) 컨벌루션 부호의 부호기를 도시하시오. 임의의 시간에서의 입출력 속도와, 현재 입력과 상태를 나타내시오.

13.3-2 체계적인 (4, 3, 1) 컨벌루션 부호의 부호기를 도시하시오. 임의의 시간에서의 입출력 속도와, 현재 입력과 상태를 나타내시오.

13.3-3 (3, 1, 2) 부호기는 다음과 같을 때 최대 자유거리를 갖는다.

$$x_j' = m_{j-2} \oplus m_j \quad x_j'' = x_j''' = m_{j-1} \oplus x_j'$$

(a) 부호 격자와 상태도를 구성하시오. 입력 시퀀스 1011001111에 의해 생성되는 출력 시퀀스와 상태를 구하시오. (b) 그림 13.1-8a와 같은 변형된 상태도를 구성하고, 최소 가중치 경로 또는 경로들을 명시하고, d_f와 $M(d_f)$ 값을 구하시오.

13.3-4 최대 자유거리를 갖게 되는 다음식과 같은 (2, 1, 3) 부호기에 대하여 문제 13.3-13을 구하시오.

$$x_j' = m_{j-3} \oplus m_{j-1} \oplus m_j \quad x_j'' = m_{j-2} \oplus x_j'$$

상태도 작성 시 그림 P13.3-4의 패턴을 이용하시오.

그림 P13.3-4

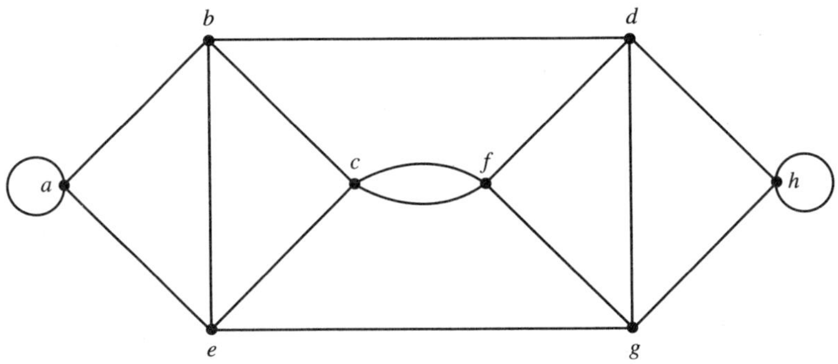

13.3-5 메시지 입력 M = (1101011101110000 . . .)에 대하여 그림 P13.3-5의 부호기로 부터의 출력을 구하시오.

그림 P13.3-5

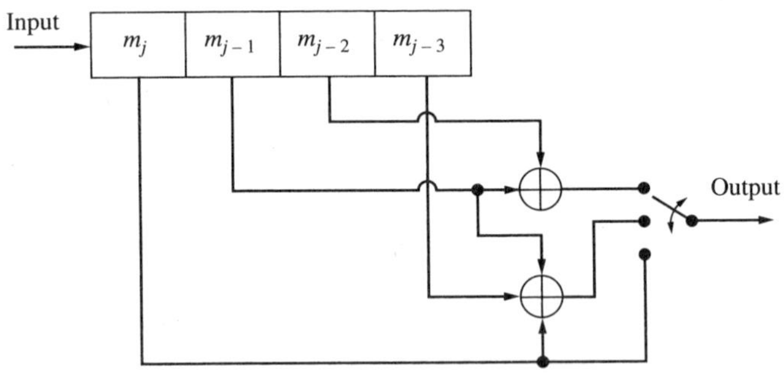

13.3-6* 입력 메시지 M = (1101011101110000 . . .)에 대하여 그림 13.3-5의 (3, 2, 1) 부호기 출력을 구하시오.

13.3-7 입력 메시지 M = (1101011101110000 . . .)에 대하여 그림 P13.3-7의 (3, 2, 1) 부호기 출력을 구하시오.

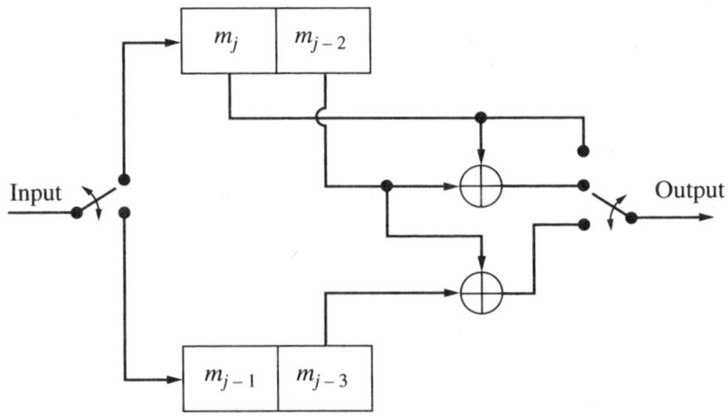

그림 P13.3-7

13.3-8 컨벌루션 부호화기가 $G_1 = 1, G_2 = 1 + D + D^3, G_3 = 1 + D^2 + D^3$으로 표현된다. (a) 입력이 $M = 11001101100101$일 때 출력 방정식과 출력 시퀀스를 구하고 (b) 부호 격자를 도시하고 (c) 상태 테이블을 구하시오. 이 부호는 치명적인 오류 전파를 발생시키는가? 또한 체계적인가?

13.3-9 그림 13.3-2, P13.3-5, P13.3-7, P13.3-9의 부호기로부터 생성되는 부호들이 치명적인 오류 전파를 발생시키는지 살펴보시오.

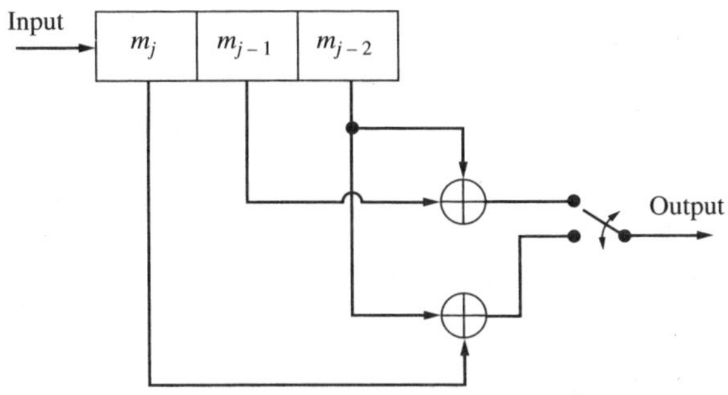

그림 P13.3-9

13.3-10 체계적인 컨벌루션 부호는 결코 치명적인 오류 전파를 하지 않음을 보이시오.

13.3-11 그림 13.3-8b의 블록도 축소를 이용하여 식 (7a)에서와 같은 $T(D, I)$를 구하시오.

13.3-12 식 (8)과 (9)로부터 식 (10)을 유도하시오.

13.3-13* $x_j' = m_j$이고, $x_j'' = m_{j-1} \oplus m_j$인 (2, 1, 1) 부호를 고려하자. (a) 부호격자와 변형된 상태 도를 구성하시오. 최소 가중치 경로 또는 경로들을 구분하고, d_f와 $M(d_f)$의 값을 구하시오. (b) 블록도 축소를 이용하여 식 (7a)의 형태로 $T(D, I)$를 구하시오. (c) $\alpha \ll 1$일 때를 가정하여, 식 (9)와 (10)으로부터 P_{be}를 구하고 비교하시오.

13.3-14 $x_j' = m_j, x_j' = m_{j-2} \oplus m_j, x_j' = m_{j-2} \oplus m_{j-1} \oplus m_j$인 (3, 1, 2) 부호에 대하여 문제 13.3-13을 구하시오.

13.3-15 $Y = 01\ 10\ 11\ 01\ 11\ 01\ 10\ 01$일 때 문제 13.3-14를 구하시오.

13.3-16* $Y = 01\ 11\ 01\ 01\ 11\ 01\ 10\ 11$일 때 그림 13.3-4의 부호 격자와 Viterbi 알고리즘을 이용하여 시퀀스 $Y + \hat{E}$와 $\hat{M}$을 구하시오. 만약 주어진 노드로 도착하는 두 개의 경로가 같은메트릭을 갖는다면, 임의로 상위 경로를 선택하시오.

13.3-17 $x'_j = m_{j-1} \oplus m_j$와 $x''_j = m_{j-2} \oplus m_{j-1}$인 (2, 1, 2) 부호에 대한 부호 격자를 구성하시오. $Y = 10\ 11\ 01\ 01\ 10\ 01\ 10\ 11$일 때 Viterbi 알고리즘을 적용하여 시퀀스 $Y + \hat{E}$와 $\hat{M}$을 구하시오.

13.3-18 다수결 논리의 귀환 복호를 위한 체계적 (2, 1, 4) 부호에서 $x''_j = m_{j-4} \oplus m_{j-3} \oplus m_j$이다. s_{j-4}에서 s_j까지의 검사 합에 나타나는 모든 오류 비트를 보여주는 그림 13.3-14 와 같은 패리티 검사 표를 구성하시오. 3개의 검사 합 직교 집합을 구하고, 복호기의 전체 블록도를 도시하시오.

13.3-19 $x'_j = m_{j-4} \oplus m_{j-1} \oplus m_j$일 때 문제 13.3-18을 구하시오.

13.3-20 다음 RSC부호기에 대한 블록도를 도시하시오. (a) (35, 21), (b) (34, 23).

제 **14** 장

대역통과 디지털 전송

개 요

장거리 디지털 전송에서는 전송매체가 무선, 케이블, 전화선 등 기타 어떠한 경우라 하더라도 이를 통하여 전송하기에 적합한 대역통과 신호를 만들어주기 위한 CW 변조를 수행하게 된다. 아날로그 신호의 다양한 전송 방법이 있는 것과 같이 반송파에 디지털 정보를 싣는 여러 가지 방법이 존재한다. 이 장에서는 대역통과 디지털 전송의 학습을 위해 기저대역 디지털 전송과 CW 변조의 개념들을 응용한다.

이진 및 M-진 변조 신호에 대하여 디지털 CW 변조를 위한 파형과 스펙트럼 분석으로 시작한다. 그리고 잡음이 있는 이진 신호의 복조에 초점을 맞춰, 동기 검파와 비동기 포락선 검파의 차이를 기술한다. 그다음 직교-반송파 M-진 시스템과 포락선이 일정한 M-진 FSK를 다룬다. 이 때 스펙트럼 효율, 하드웨어 복잡도, 시스템 성능 측면에서 변조 방법을 비교한다. 그리고 다중 반송파 변조 방식의 일종인 OFDM 방식도 살펴보고, 컨벌루션 코딩과 M-진 디지털 변조를 결합한 TCM(Trellis Coded Modulation) 방식을 논한다.

학습목표

이 장을 공부하고 응용문제들을 푼 후에 다음의 사항들을 수행할 수 있어야 한다.

1. 기저대역 펄스 정형화 파형과 함께 이진 ASK, FSK, PSK, DSB 방식을 설명한다(14.1절).
2. 다양한 ASK, PSK, FSK 방식들의 차이점을 기술한다(14.1절).
3. 이진과 M진 변조 시스템의 오류 확률을 계산한다. 또는 지정된 오류 확률과 잡음 레벨을 위한 송신 또는 수신 전력을 계산한다(14.2, 14.3, 14.4절).
4. 상관관계 수신기의 동작 원리에 대해서 설명한다(14.2절).
5. 조건부 PDF가 주어졌을 때의 오류 확률을 예측한다(14.2절).
6. 이진과 M진 변조 시스템을 위한 적절한 검파기를 정한다(14.2, 14.3, 14.4절).
7. OFDM 시스템의 작동을 설명한다(14.5절).
8. 트렐리스 부호화 변조를 설명하고, 전통적 디지털 변조 방식에 비하여 개선된 부호화 이득을 예측한다(14.6절).

14.1 디지털 CW 변조

디지털 신호로 정현 반송파의 진폭, 주파수, 또는 위상을 변조시킬 수 있다. 변조시키는 파형이 NRZ 구형파 펄스인 경우라면 변조된 신호의 해당 변수는 두 이산 값 사이를 전환하게 된다. 그림 14.1-1은 **이진 진폭 전위 변조**(amplitude-shift keying, ASK), **주파수 전위 변조**(frequency-shift keying, FSK), **위상 전위 변조**(phase-shift keying, PSK)를 나타낸다. 또한 비교를 위해 기저대역에서 Nyquist 펄스로 정형화 시킨후 DSB 변조된 파형을 함께 나타내었다. 다른 변조 기법들로는 기저대역 펄스 정형화를 적용하거나 적용하지 않는 형태에서 진폭과 위상을 결합한 변조 방식이 있다.

본 절에서는 디지털 변조의 구체적인 형태를 수학적 모델과 전송 다이어그램으로 정의한다. 또한 전력 스펙트럼을 조사하고 그것으로부터 주어진 디지털 신호율에 요구되는 전송 대역폭을 추정할 것이다. 이에 대한 준비로서 먼저 대역 통과 디지털 신호의 스펙트럼 분석에 사용되는 기법을 조사한다.

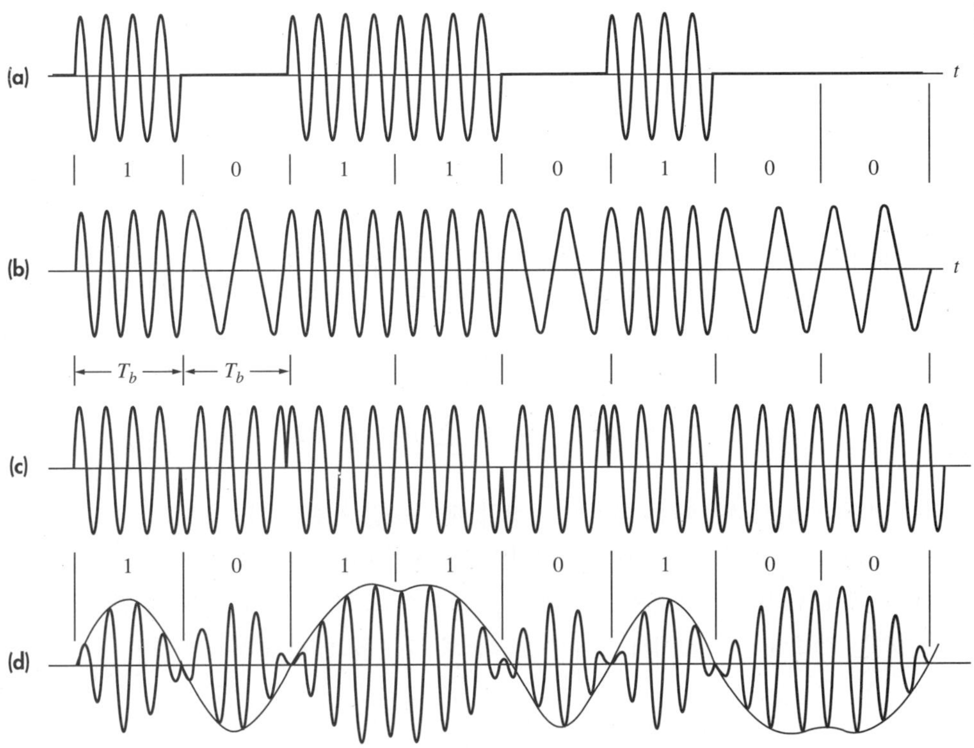

그림 14.1-1

이진 변조 파형들. (a) ASK; (b) FSK; (c) PSK; (d) 기저 대역 펄스로 정형화된 DSB.

대역통과 디지털 신호의 스펙트럼 분석

모든 변조된 대역 통과 신호는 직교위상 반송파의 형태로 표현할 수 있다.

$$x_c(t) = A_c[x_i(t) \cos(\omega_c t + \theta) - x_q(t) \sin(\omega_c t + \theta)] \tag{1}$$

반송 주파수 f_c, 진폭 A_c, 위상 θ는 상수인데 반하여 시간에 따라 변하는 i(동위상)와 q(직교위상) 성분은 메시지를 포함한다. $x_c(t)$에 대한 스펙트럼 분석은 i와 q 성분이 통계적 독립인 신호이고 적어도 하나의 평균이 '0'인 경우 비교적 쉽게 얻을 수 있다. 9.2절의 중첩과 변조 관계로부터 $x_c(t)$의 전력 스펙트럼은

$$G_c(f) = \frac{A_c^2}{4}[G_i(f - f_c) + G_i(f + f_c) + G_q(f - f_c) + G_q(f + f_c)]$$

이고, 여기에서 $G_i(f)$와 $G_q(f)$는 각각 i와 q 성분의 전력 스펙트럼이다. 좀 더 간단한 표현으로 저역 통과 등가 스펙트럼을 정의한다.

$$G_{\ell p}(f) \triangleq G_i(f) + G_q(f) \tag{2}$$

그래서

$$G_c(f) = \frac{A_c^2}{4}[G_{\ell p}(f - f_c) + G_{\ell p}(f + f_c)] \tag{3}$$

그러므로 대역 통과 스펙트럼은 등가 저역 통과 스펙트럼으로부터 간단한 주파수 변환을 하여 얻을 수 있다.

신호의 i 성분이 M진 디지털 신호라고 가정하면,

$$x_i(t) = \sum_k a_k p(t - kD) \tag{4a}$$

이다. a_k는 비트율 $r = 1/D$인 소스 디지트(digit)의 수열을 나타낸다. 소스 디지트들이 동일한 발생 확률을 가지고 통계적 독립이며 상관관계가 없다고 가정하자. 결과적으로 11.1절의 식 (11)을 이 곳에 적용하면

$$G_i(f) = \sigma_a^2 r|P(f)|^2 + (m_a r)^2 \sum_{n=-\infty}^{\infty} |P(nr)|^2 \delta(f - nr) \tag{4b}$$

이 된다. 신호의 q 성분이 다른 디지털 파형일 때 비슷한 표현이 가능하다.

식 (4a)의 펄스 정형 함수 $p(t)$는 기저대역 여파와 변조의 방식에 따라 좌우된다. 신호에 대한 전위(keyed) 변조는 NRZ 구형펄스를 포함하고, 11장처럼 $t = kD$에 펄스의 중심이 위치하는 것보다 $t = kD$에서 시작하는 펄스로 하는 것이 편리하다. 따라서

$$p_D(t) \triangleq u(t) - u(t - D) = \begin{cases} 1 & 0 < t < D \\ 0 & \text{otherwise} \end{cases} \tag{5a}$$

이고, 이 식의 푸리에 변환은

$$|P_D(f)|^2 = D^2 \operatorname{sinc}^2 fD = \frac{1}{r^2} \operatorname{sinc}^2 \frac{f}{r} \tag{5b}$$

이 된다. 식 (4a)의 $p(t)$가 $p_D(t)$와 같다면, 식 (4b)의 연속적인 스펙트럼 항이 $|P_D(f)|^2$에 비례한다. 우변의 $\operatorname{sinc}^2 (f/r)$가 대역제한 되지 않았으므로 식 (2)와 (3)으로부터 대역 통과 신호를 생성하기 위하여 전위 변조는 $f_c \gg r$인 조건이 필요하다는 결론을 내릴 수 있다. 이 절을 마치기 전에 11.1절의 식 (3)으로부터 이진 신호의 경우 $D = T_b$임을 상기하자.

진폭 변조 방식

그림 14.1-1a에 표현된 이진 ASK는 반송파를 온(On) 상태로 하거나 오프(Off) 상태로 하여 쉽게 만들 수 있으므로 **온오프 변조**(OOK)라고도 한다. 일반적으로 M진 ASK 파형에는 "off" 상태 외에 $M - 1$개의 이산적인 "on"을 나타내는 크기가 존재한다. 위상 반전이나 다른 변화가 없기 때문에 $x_c(t)$의 q 성분은 0으로 설정할 수 있고 i 성분을 단극 NRZ신호로 취급할 수 있으므로 다음과 같이 나타낼 수 있다.

$$x_i(t) = \sum_k a_k p_D(t - kD) \qquad a_k = 0, 1, \dots, M - 1 \tag{6a}$$

디지털 수열의 평균과 분산은

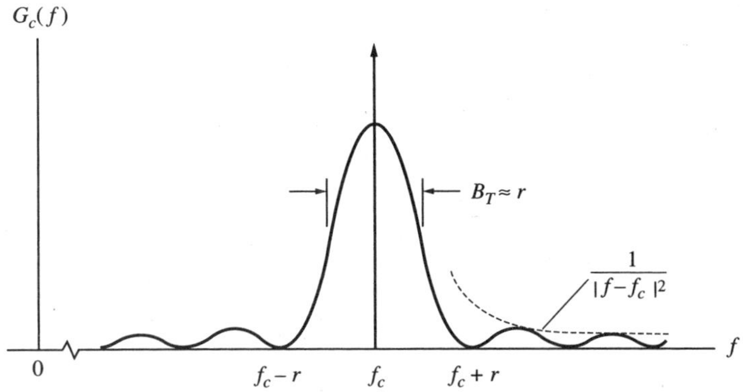

그림 14.1-2
ASK 전력 스펙트럼.

$$m_a = \overline{a_k} = \frac{M-1}{2} \qquad \sigma_a^2 = \overline{a_k^2} - m_a^2 = \frac{M^2-1}{12} \tag{6b}$$

이다. 그러므로 저역 통과 등가 스펙트럼은 식 (2), (4b), (5b)를 이용하여

$$G_{\ell p}(f) = G_i(f) = \frac{M^2-1}{12\,r}\ \text{sinc}^2\,\frac{f}{r} + \frac{(M-1)^2}{4}\,\delta(f) \tag{7}$$

이다.

그림 14.1-2는 $f > 0$에서의 대역 통과 스펙트럼 $G_c(f)$에 대한 결과를 나타낸다. 신호 전력의 대부분은 $f_c \pm r/2$의 범위 내에 존재하며, 반송파 주파수로부터 멀어질수록 $|f - f_c|^{-2}$에 비례하여 스펙트럼이 감소하는 이차 롤 오프(second order rolloff)가 있다. 이러한 점에 착안하여 추정된 전송 대역폭을 $B_T \approx r$라 한다. M진 ASK 신호가 비트율 $r_b = r \log_2 M$의 이진 데이터이면 $B_T \approx r_b/\log_2 M$이거나,

$$r_b/B_T \approx \log_2 M \qquad \text{bps/Hz} \tag{8}$$

이다. 이 전송 대역폭에 대한 비트율의 비를 가지고 변조 속도 또는 스펙트럼 효율을 측정한다. 이진 OOK는 $M = 2$일 때 $r_b/B_T \approx 1$ bps/Hz가 되어 가장 나쁜 스펙트럼 효율을 보인다.

직교 위상 진폭 변조(quadrature carrier AM, QAM)는 직교위상 반송파에 의한 다중화 원리를 이용하므로 변조 속도가 이진 ASK의 두 배가 된다. 그림 14.1-3a는 비트율 r_b의 극형 이진 입력이 있는 이진 QAM 전송기의 기능 블록도를 나타낸다. 직렬-병렬 변환기는 입력을 비트율 $r = r_b/2$의 교대비트로 구성된 두 개의 줄로 나눈다. 그러므로 i, q변조 신호는 각각 다음 식과 같이 표현된다.

$$x_i(t) = \sum_k a_{2k}\, p_D(t - kD) \qquad x_q(t) = \sum_k a_{2k+1}\, p_D(t - kD)$$

여기서 $D = 1/r = 2T_b$, $a_k = \pm 1$이다. 임의의 구간 $kD < t < (k+1)D$ 동안에 변조 신호의 최대치는 $x_i = x_q = \pm 1$이다. 그림 14.1-3b는 이것을 2차원 **신호 배치도**로 나타내고 있다. 신호원 비트들의 짝에 대응하는 네 개의 신호 점들은 **비트쌍**(dibit)라고 한다.

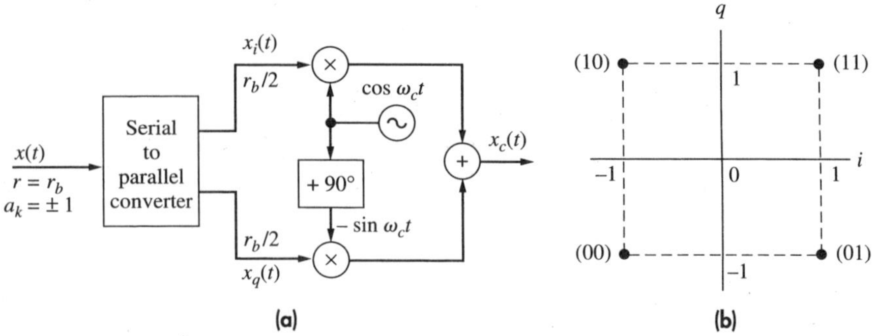

그림 14.1-3
이진 QAM. (a) 송신기; (b) 신호 배치도.

마지막으로 변조된 신호를 합하면 식 (1)의 형태로 QAM신호를 나타낼 수 있다. 신호의 i와 q 성분은 독립이지만, 동일한 펄스형태와 $m_a = 0$, $\sigma_a^2 = 1$인 동일한 통계적 값을 갖는다. 그러므로 식 (4b)와 식 (5b)에 $r = r_b/2$를 대입하여

$$G_{\ell p}(f) = 2 \times r|P_D(f)|^2 = \frac{4}{r_b}\,\mathrm{sinc}^2\,\frac{2f}{r_b} \tag{9}$$

가 된다. 이진 QAM은 비트쌍율이 입력 비트율의 반이어서 전송 대역폭을 $B_T = r_b/2$로 감소시키기 때문에 $r_b/B_T \approx 2$ bps/Hz가 될 수 있다.

그러나 ASK와 QAM 스펙트럼의 대역폭은 실제적으로 예상된 전송 대역폭을 넘어선다는 것을 기억하자. 이렇게 B_T의 바깥으로 넘어가는(spillover) 스펙트럼은 무선 전송과 주파수 분할 다중화 시스템에서 다른 채널 신호와 간섭을 일으킬 때 중요하게 고려되어야 할 점이다. 변조기의 출력단에서 대역 통과 필터가 스펙트럼이 넘는 것을 제어하지만, 엄격한 필터링은 변조 신호에 ISI를 유발시키므로 이러한 것은 피해야 한다.

스펙트럼의 넘침도 없으면서 높은 스펙트럼 효율을 그림 14.1-4a에 있는 **잔류 측파대**(vestigial-sideband, VSB) 변조 방식으로 얻을 수 있다. 이러한 VSB 방식은 11.3절에서 다루었던 극형입력 신호에 Nyquist 펄스 정형화를 적용하여 $B = (r/2) + \beta_N$으로 대역 제한 변조한 신호를 생성한다. VSB 필터는 하나의 측파대로부터 폭 β_V 만큼의 잔류를 제외한 모든 것을 제거하므로 $G_c(f)$는 그림 14.1-4b와 같이 $B_T = (r/2) + \beta_N + \beta_V$로 대역 제한된 스펙트럼으로 나타난다. 그러므로 $r = r_b/\log_2 M$이면

$$r_b/B_T \le 2\log_2 M \tag{10}$$

이고, $\beta_N \ll r$, $\beta_V \ll r$일 때 상한값이 된다.

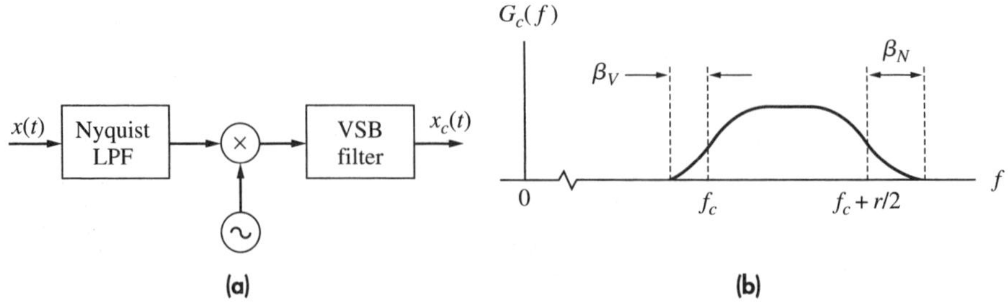

그림 14.1-4
디지털 VSB. (a) 송신기; (b) 전력 스펙트럼.

응용문제 14.1-1

이진 데이터가 1-MHz 반송파로 전송이 된다. 스펙트럼의 넘침 현상은 관계없으며, B_T는 비율 대역폭 제한 $B_T/f_c \le 0.1$을 만족해야 한다. 변조 방식이 다음과 같을 때 최대로 가능한 비트율 r_b를 계산하시오. (a) OOK, (b) 이진 QAM, (c) $M = 8$인 VSB.

위상 변조 방식

그림 14.1-1c의 이진 PSK 파형은 $\pm\,\pi$ (rad)의 위상 전위가 있으므로 **이진 위상 전위 변조**(binary phase-shift keying, BPSK) 또는 **위상 반전 변조**(phase-reversal keying, PRK)라고 한다. M진 PSK 신호는 구간 $kD < t < (k+1)D$에서 ϕ_k 만큼의 위상 전위가 있으며 일반적으로 다음과 같이 표현된다.

$$x_c(t) = A_c \sum_k \cos(\omega_c t + \theta + \phi_k) p_D(t - kD) \tag{11}$$

코사인 함수에 의한 삼각함수 확장에 의해서 다음과 같이 원하는 바의 직교 위상 반송파 형태로 나타낼 수 있다.

$$x_i(t) = \sum_k I_k p_D(t - kD) \qquad x_q(t) = \sum_k Q_k p_D(t - kD) \tag{12a}$$

여기에서

$$I_k = \cos\phi_k \qquad Q_k = \sin\phi_k \tag{12b}$$

이다. 주어진 M 값에 대하여 최대로 가능한 위상 변조를 하기 위해서 다음과 같이 ϕ_k와 a_k의 관계를 정한다.

$$\phi_k = \pi(2a_k + N)/M \qquad a_k = 0, 1, \ldots, M-1 \tag{13}$$

여기에서 N은 0 또는 1인 정수이다.

Gray 부호에 해당하는 이진 워드를 포함하는 PSK 신호 배치도의 예가 그림 14.1-5에 나와 있다. 인접한 신호 점에 대한 이진 워드는 서로간에 한 비트씩만 다르다. 그림 14.1-5

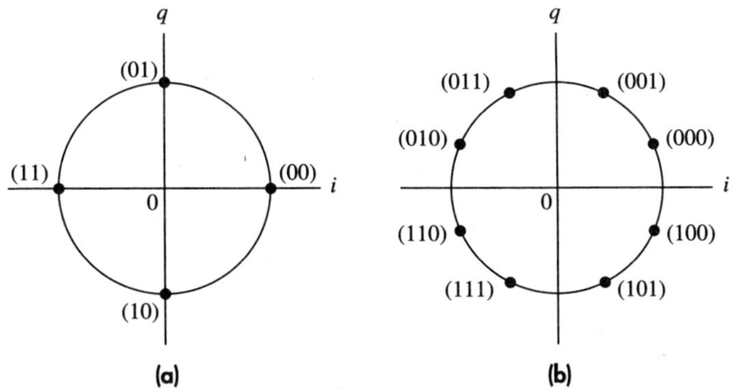

그림 14.1-5
PSK 신호 배치도. (a) $M = 4$; (b) $M = 8$.

에서 표현된 $M = 4, N = 0$의 PSK 신호를 **4진** 또는 **4위상** PSK(QPSK)라 한다. $N = 1$일 때의 QPSK 신호를 선택했다면 이 때의 신호 배치도 상의 점은 이진 QAM과 동일했을 것이다. 그러므로 이진 QAM 신호를 직교위상 반송파 위의 두 개의 BPSK 신호로 생각할 수 있다. 물론 이상적인 PSK 파형은 항상 일정한 포락선을 가지기 때문에 M진 PSK는 M진 ASK와 다르다.

식 (12b)과 (13)에서

$$\overline{I_k} = \overline{Q_k} = 0 \qquad \overline{I_k^2} = \overline{Q_k^2} = 1/2 \qquad \overline{I_k Q_j} = 0$$

를 확인한 후에 PSK 스펙트럼 분석은 간단한 과정으로 된다. 그러므로 i와 q 성분은 통계적 독립이고,

$$G_{\ell p}(f) = 2 \times \frac{r}{2}|P_D(f)|^2 = \frac{1}{r}\,\text{sinc}^2\frac{f}{r} \tag{14}$$

식 (7)과 비교해 보면, $G_c(f)$의 스펙트럼은 반송파 주파수에서의 임펄스가 제거된 ASK 스펙트럼과 같은 형태이다. 이산적인 반송파 성분이 없다는 것은 PSK가 ASK와 같은 스펙트럼 효율을 가지지만, 더 나은 전력 효율을 갖는다는 것을 의미한다.

몇몇 PSK 전송기는 스펙트럼의 넘침 현상을 제어하기 위해서 BPF를 포함한다. 그러나 대역 통과 필터는 5.2절에서 언급했던 FM-to-AM 전환에 의한 포락선 변화를 야기한다(단계적인 위상 전위는 FM 임펄스와 동일함을 기억하시오). 단파 반송파 주파수에서 사용되는 전형적인 비선형 증폭은 포락선의 형태를 평평하게 하고 스펙트럼의 넘침을 다시 유발하는데, 이것은 BPF 기능의 단점이라 할 수 있다. **오프셋 4위상 전위 변조**(offset-keyed QPSK, OQPSK)라고도 하는 특별한 형태의 QPSK가 이러한 문제를 해결하기 위해 개발되었다. 그림 14.1-6에서 OQPSK 전송기는 직교위상 신호를 지연시키는데, 변조된 위상 전위(shift)는 $D/2 = T_b$초마다 발생하지만, 위상 전위가 $\pm\pi/2$를 넘지는 않는다. 최대 위상 전위를 절반으로 잘라내면 대역 통과 필터링 후에 훨씬 작은 포락선 변형을 나타낸다.

포락선 변형이 허용되면, 진폭 변조와 위상 변조가 결합된 **진폭 위상 변조**(amplitude-phase keying, APK)가 효율적인 방식이 된다. APK는 PSK와 동일한 스펙트럼 효율을 가지지만, 잡음과 오류의 측면에서는 더 나은 성능을 얻을 수 있다. 14.4절에서 추가적인 설명을 하기로 한다.

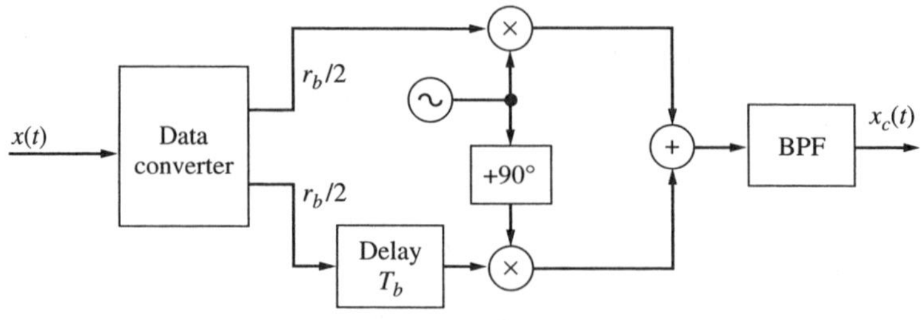

그림 14.1-6
오프셋-키 QPSK 송신기.

> 위상 전위 $\phi_k = \pi(2a_k - 1)/4$, $a_k = 0, 1$의 값을 가지는 이진 PSK의 신호배치도를 그리시오. 그리고 저주파 통과 등가 스펙트럼을 결정하고 $G_c(f)$를 그리시오. **응용문제 14.1-2**

주파수 변조 방식

디지털 주파수 변조 방식에는 두 가지의 기본적인 방식이 있다. **주파수 전위 변조**(frequency-shift keying, FSK)에 대하여 그림 14.1-7a에서 개념적으로 표현하였는데, 디지털 신호 $x(t)$의 값으로 M개의 발진기 뱅크로부터 변조된 주파수를 선택하는 스위치를 제어한다. 변조된 신호는 스위칭 시간 $t = kD$에서 불연속이다. 각 발진기의 진폭, 주파수, 위상을 잘 조절하지 않으면 출력 스펙트럼은 대역폭의 낭비를 의미하는 추가적인 정보가 없는 비교적 큰 옆돌출부가 있다. 그림 14.1-7b에서 표현된 **연속적 위상 주파수 전위 변조**(continuous-phase FSK, CPFSK)에서는 단일 발진기의 주파수 $x(t)$를 사용 변조하여 이러한 불연속들을 제거한다. 디지털 주파수 변조의 두 가지 형태는 스펙트럼에 대한 분석이 까다로우므로 우리의 고려를 몇몇의 선택된 경우만으로 제한하기로 한다.

첫째로, M진 FSK를 고려해보자. 그림 14.1-7a에서 모든 발진기는 동일한 진폭 A_c와 위상 θ를 가지고 a_k에 관련된 각각의 주파수는

$$f_k = f_c + f_d a_k \qquad a_k = \pm 1, \pm 3, \dots, \pm(M-1) \tag{15a}$$

라고 하자. M은 짝수로 가정한다. 그러면

$$x_c(t) = A_c \sum_k \cos(\omega_c t + \theta + \omega_d a_k t) p_D(t - kD) \tag{15b}$$

이고, 여기에서 $\omega_d = 2\pi f_d$이다. 파라미터 f_d는 $a_k = \pm 1$일 때 f_c로부터 이동한 주파수 전위와 같고, 인접한 주파수는 $2f_d$ 만큼의 차이가 난다. $t = kD$에서 $x_c(t)$의 연속성은 $2\omega_d D = 2\pi N$(N은 정수)일 때 확인할 수 있다.

Sunde's FSK로 알려진 이진 FSK의 형태에 대해서 분석해보면, $M = 2$, $D = T_d = 1/r_b$, $N = 1$인 것과 앞에서의 관계에 의해서 정의된다. 그러면 $p_D(t) = u(t) - u(t - T_b)$와

$$f_d = r_b/2 \tag{16}$$

이 된다. $x_c(t)$를 삼각함수 확장한 후에, $a_k = \pm 1$임을 이용하여 다시 쓰면

$$\cos \omega_d a_k t = \cos \omega_d t \qquad \sin \omega_d a_k t = a_k \sin \omega_d t$$

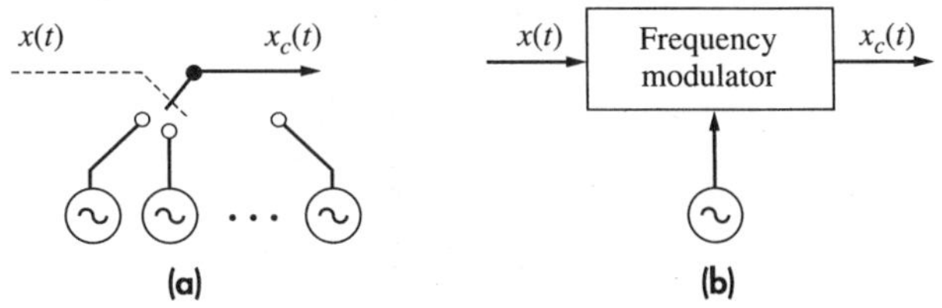

그림 14.1-7 디지털 주파수 변조. (a) FSK; (b) 연속적 위상 FSK.

이고, i 성분은 다음과 같이 a_k와 독립인

$$x_i(t) = \cos \pi r_b t \tag{17a}$$

으로 정리된다. a_k를 포함한 q 성분은

$$\begin{aligned} x_q(t) &= \sum_k a_k \sin(\pi r_b t)[u(t-kT_b) - u(t-kT_b-T_b)] \\ &= \sum_k Q_k p(t-kT_b) \qquad Q_k = (-1)^k a_k \end{aligned} \tag{17b}$$

여기서

$$p(t) = \sin(\pi r_b t)[u(t) - u(t-T_b)] \tag{17c}$$

의 형태이다. 계속되는 식 변형은 각자 연습하기로 한다.

다시 한번 독립적인 i와 q 성분을 살펴보자. 신호의 i 성분은 정현파로서 등가 저주파통과 스펙트럼에서 $\pm r_b/2$ 지점에 스펙트럼 임펄스가 분포한다. 반면에 q 성분의 전력 스펙트럼은 $\overline{Q_k^2} = \overline{a_k^2} = 1$인 반면에 $\overline{Q_k} = 0$이므로 어떤 임펄스도 포함하지 않는다. 그러므로

$$G_{\ell p}(f) = \frac{1}{4}\left[\delta\left(f - \frac{r_b}{2}\right) + \delta\left(f + \frac{r_b}{2}\right)\right] + r_b|P(f)|^2 \tag{18a}$$

여기서

$$\begin{aligned} |P(f)|^2 &= \frac{1}{4r_b^2}\left[\operatorname{sinc}\frac{f-(r_b/2)}{r_b} + \operatorname{sinc}\frac{f+(r_b/2)}{r_b}\right]^2 \\ &= \frac{4}{\pi^2 r_b^2}\left[\frac{\cos(\pi f/r_b)}{(2f/r_b)^2 - 1}\right]^2 \end{aligned} \tag{18b}$$

이에 대한 대역 통과 스펙트럼은 그림 14.1-8에 있다.

임펄스가 변조된 주파수 $f_c \pm f_d = f_c \pm r_b/2$에 해당하고, 스펙트럼에 4차의 롤오프가 있음을 관찰해보자. 빠른 롤오프는 Sunde's FSK가 $|f - f_c| > r_b$에서 아주 적은 스펙트럼

그림 14.1-8

f_d가 $r_b/2$인 이진 FSK의 전력 스펙트럼.

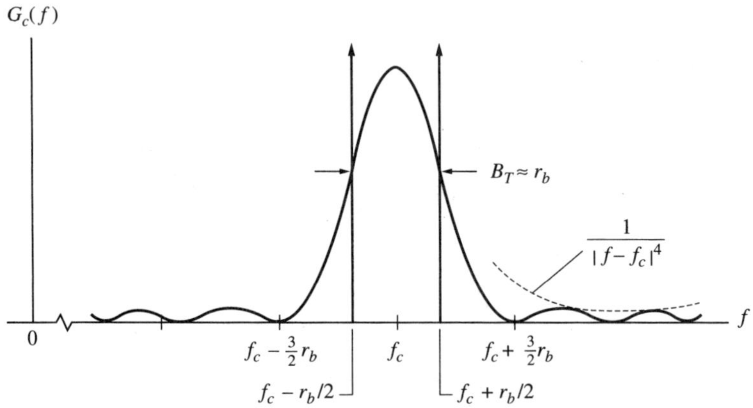

넘침 현상이 있음을 의미한다. 그러므로 $B_T \approx r_b$라 하면 $G_c(f)$의 중앙 돌출부가 이진 ASK나 PSK 스펙트럼의 중앙 돌출부보다 50% 정도 더 넓게 된다.

또 하나의 경우로 ***M*진 직교** *FSK*(orthogonal FSK)가 있는데, 이것은 M개의 천이된 주파수가 $2f_d = 1/2D = r/2$ 만큼 등 간격으로 분포되어 있다. 스펙트럼 분석 없이 $B_T \geq M \times 2f_d = Mr/2 = Mr_b/(2\log_2 M)$[†]라 생각할 수 있다. 그러므로

$$r_b/B_T \leq (2\log_2 M)/M \tag{19}$$

이 되고, 변조 속도는 $M \geq 4$에 대해서 M진 ASK나 PSK보다 작다. 다시 말해 직교 FSK는 광대역 변조 방식이라고 할 수 있다.

CPFSK는 주파수 편차에 따라 광대역 또는 협대역 변조 방식으로 나뉜다. 그림 14.1-7b에서 $x(t)$가 $t = 0$에서 시작하여

$$x(t) = \sum_{k=0}^{\infty} a_k p_D(t - kD) \qquad a_k = \pm 1, \pm 2, \ldots, \pm(M-1)$$

이고, 주파수 변조에 의한 CPFSK 신호는

$$x_c(t) = A_c \cos\left[\omega_c t + \theta + \omega_d \int_0^t x(\lambda)\, d\lambda\right] \qquad t \geq 0$$

가 된다. CPFSK와 FSK의 차이점을 알아보기 위해서 적분을 하면

$$\int_0^t x(\lambda)\, d\lambda = \sum_{k=0}^{\infty} a_k \int_0^t P_D(\lambda - kD)\, d\lambda$$

$kD < \lambda < (k+1)D$일 때 $p_D(\lambda - kD) = 1$이고, 나머지 구간에서는 $p_D(\lambda - kD) = 0$이 된다. 불연속 구간에서의 적분을 계산해 보면

$$\begin{aligned}
\int_0^t x(\lambda)\, d\lambda &= a_0 t && 0 < t < D \\
&= a_0 D + a_1(t - D) && D < t < 2D \\
&= \left(\sum_{j=0}^{k-1} a_j\right) D + a_k(t - kD) && kD < t < (k+1)D
\end{aligned}$$

이 된다. $x_c(t)$를 $t \geq 0$에서 합산의 형태로 표현하면

$$x_c(t) = A_c \sum_{k=0}^{\infty} \cos\left[\omega_c t + \theta + \phi_k + \omega_d a_k(t - kD)\right] p_D(t - kD) \tag{20a}$$

이고,

† CPFSK 신호의 전력 스펙트럼을 나타내는 식은 참고문헌 Ziemer & Peterson (2000)의 p. 282에서 참조하시오.

$$\phi_k \triangleq \omega_d D \sum_{j=0}^{k-1} a_j \tag{20b}$$

로 정의하며, $k = 0$이면 $\phi_k = 0$가 된다.

FSK와 같이 CPFSK는 $kD < t < (k + 1)D$에서 $f_d a_k$ 만큼의 주파수 전위가 있음을 식 (20)에서 나타내고 있다. 그러나 지난 이진수값에 따라 달라지는 위상 전위 ϕ_k도 있다. 이러한 위상 전위는 주파수 변조 과정에 기인하며, 모든 t에 대하여 연속성을 보장한다. 그러나 지난 값에 의한 ϕ_k는 CPFSK의 주파수 분석을 매우 복잡하게 한다. Proakis(2001, Chap. 4)에서 더욱 자세히 설명하였고, 또한 $M = 2, 4, 8$일 때의 다양한 f_d에 대한 $G_c(f)$가 그려져 있다. 이 절에 대한 결론을 맺기 위해서 이진 CPFSK 중에 하나인 **최소 전위 변조**(minimum-shift keying, MSK)에 대해서 알아보자.

응용문제 14.1-3

식 (17a)~(17c)에 대한 식을 자세히 전개하시오. 힌트: $\sin \omega_d t = \sin[\omega_d (t - kT_b) + k\pi] = \cos (k\pi) \times \sin [\omega_d (t - kT_b)]$임을 보이시오.

최소 전위 변조(minimum-shift keying, MSK)

빠른 FSK라고도 하는 최소 전위 변조(minimum-shift keying, MSK)는

$$f_d = \frac{r_b}{4} \qquad a_k = \pm 1 \qquad \phi_k = \frac{\pi}{2} \sum_{j=0}^{k-1} a_j \tag{21}$$

인 이진 CPFSK이다. $2f_d = r_b/2$의 주파수 간격은 Sunde's FSK의 절반이다. 이러한 사실은 연속 위상 성질과 함께 스펙트럼을 임펄스가 없는 더 간단한 형태로 만든다. 이어지는 설명을 통해 $G_i(f) = G_q(f)$와 다음 식을 증명할 것이다.

$$\begin{aligned} G_{\ell p}(f) &= \frac{1}{r_b}\left[\text{sinc}\,\frac{f - (r_b/4)}{(r_b/2)} + \text{sinc}\,\frac{f + (r_b/4)}{(r_b/2)}\right]^2 \\ &= \frac{16}{\pi^2 r_b}\left[\frac{\cos(2\pi f/r_b)}{(4f/r_b)^2 - 1}\right]^2 \end{aligned} \tag{22}$$

그림 14.1-9의 대역통과 스펙트럼 $G_c(f)$는 폭 $3r_b/2$의 중앙 돌출부 밖으로 적은 넘침(spillover)이 있다. 빠른 롤오프 $B_T \approx r_b/2$로 할 수 있으므로

$$r_b/B_T \approx 2 \text{ bps/Hz}$$

인데, 이것은 Sunde' s FSK의 변조 속도에 두 배이므로 “고속” FSK라고 한다.

$x_c(t)$를 일반적인 직교 위상 반송파의 형태로 나타내어 MSK를 분석해 본다.

$$x_i(t) = \sum_{k=0}^{\infty} \cos(\phi_k + a_k c_k) p_{T_b}(t - kT_b)$$

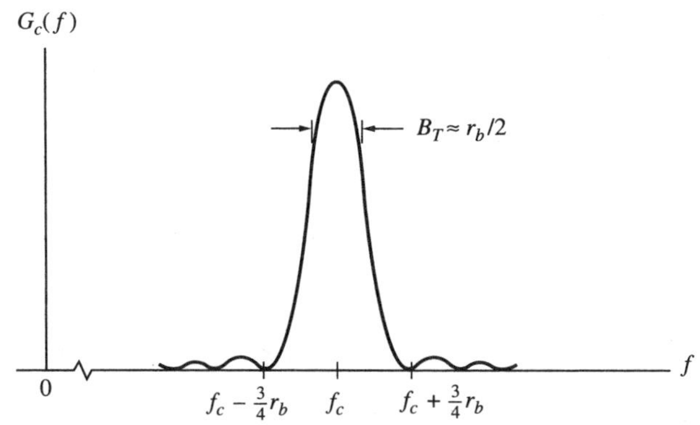

그림 14.1-9
MSK의 전력 스펙트럼.

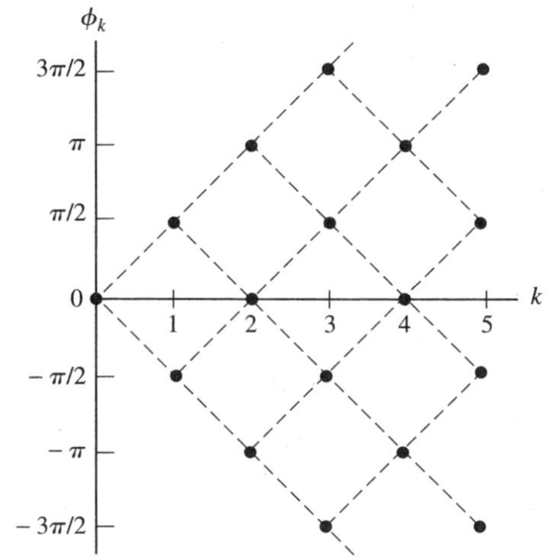

그림 14.1-10
MSK 위상 격자.

$$x_q(t) = \sum_{k=0}^{\infty} \sin(\phi_k + a_k c_k) p_{T_b}(t - kT_b)$$

여기서

$$c_k \triangleq \frac{\pi r_b}{2}(t - kT_b), \qquad p_{T_b}(t) = u(t) - u(t - kT_b)$$

로 한다. ϕ_k와 k의 관계를 그리면 그림 14.1-10의 위상 격자처럼 되는 것을 확인할 수 있다. 그림에서 k값이 짝수이면 $\phi_k = 0, \pm\pi, \pm 2\pi, \ldots,$ 이 되고 k값이 홀수이면 $\phi_k = \pm\pi/2, \pm 3\pi/2, \ldots,$ 이 됨을 볼 수 있다.

구체적인 예를 들어 입력 메시지가 100010111이라고 하자. 그림 14.1-11a의 위상 경로 ϕ_k의 결과값을 보면 입력 비트가 1이면 $a_k = +1$이고, 입력 비트가 0이면 $a_k = -1$이 된다. 앞에서의 표현으로부터 계산된 i와 q의 파형이 그림 14.1-11b에 그려져 있다. 두 파형 모두 $2T_b$에서 x축과 만나고, $x_q(t)$가 최대값일 때 $x_i(t)$는 0이 되며, 이에 대한 역도 성립한다. 이 점은 앞으로 MSK의 분석에서 이용된다.

신호의 i 성분에서 인접한 '0' 사이의 임의의 시구간을 생각해보면 k가 짝수일 때

그림 14.1-11

MSK의 도시. (a) 위상 경로; (b) i와 q파형.

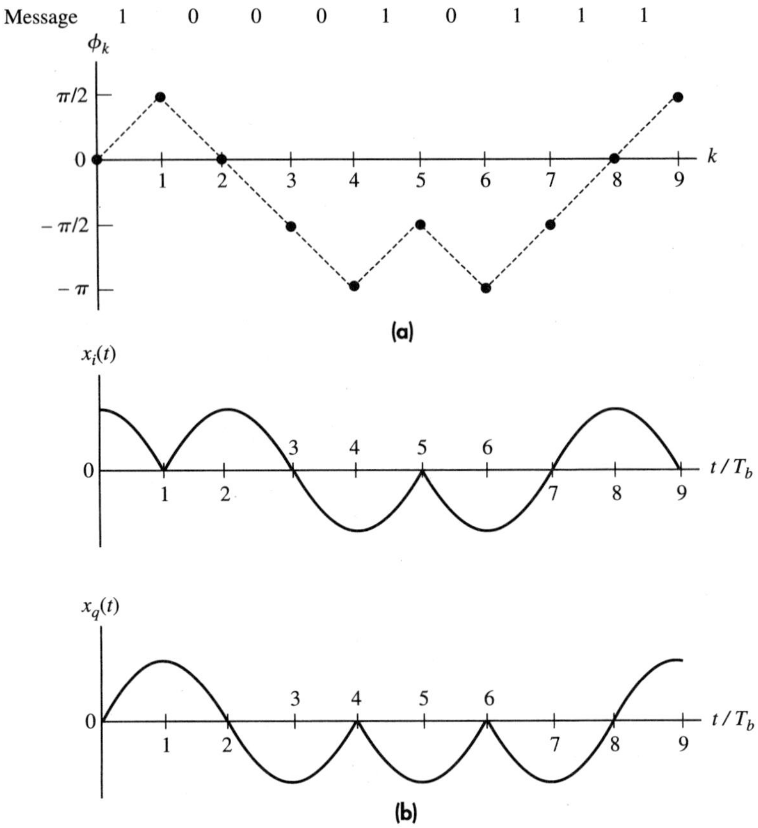

$$(k-1)T_b < t < (k+1)T_b$$

이다. 이 구간에서

$$x_i(t) = \cos(\phi_{k-1} + a_{k-1}c_{k-1})p_{T_b}[t-(k-1)T_b] + \cos(\phi_k + a_kc_k)p_{T_b}(t-kT_b)$$

이고, 이것을 하나의 항으로 나타내 보기로 한다. k는 짝수이므로 $\sin\phi_k = 0$이고, 삼각함수 관계에 의해서

$$\cos(\phi_k + a_kc_k) = \cos\phi_k\cos(a_kc_k) = \cos\phi_k\cos c_k$$

이 된다. $k-1$은 홀수이므로

$$\cos\phi_{k-1} = 0 \qquad \phi_{k-1} = \phi_k - a_{k-1}\pi/2 \qquad c_{k-1} = c_k + \pi/2$$

또한

$$\begin{aligned}\cos(\phi_{k-1} + a_{k-1}c_{k-1}) &= -\sin\phi_{k-1}\sin(a_{k-1}c_{k-1}) \\ &= a_{k-1}^2\cos\phi_k\cos c_k = \cos\phi_k\cos c_k\end{aligned}$$

가 된다. 그러므로, 관심 구간에서

$$x_i(t) = \cos\phi_k \cos c_k \{p_{T_b}[t-(k-1)T_b] + p_{T_b}(t-kT_b)\}$$
$$= \cos\phi_k \cos[(\pi r_b/2)(t-kT_b)][u(t-kT_b+T_b) - u(t-kT_b-T_b)]$$

이다. 모든 $t \geq 0$에서 구간을 합하면

$$x_i(t) = \sum_{k\text{ even}} I_k p(t-kT_b) \qquad I_k = \cos\phi_k \tag{23}$$

여기서

$$p(t) = \cos(\pi r_b t/2)[u(t+T_b) - u(t-T_b)] \tag{24}$$

k가 짝수일 때 $I_k = \cos\phi_k = \pm 1$이므로 이에 대한 결과는 그림 14.1-11b에 있는 파형과 일치한다.

이제 q 성분에 대해서 k가 홀수인 구간 $(k-1)T_b < t < (k+1)T_b$에서 전과 같은 연산으로

$$x_q(t) = \sin\phi_k \cos c_k\{p_{T_b}[t-(k-1)T_b] + p_{T_b}(t-kT_b)\}$$

이다. 그러므로 모든 $t \geq 0$에 대해서

$$x_q(t) = \sum_{k\text{ odd}} Q_k p(t-kT_b) \qquad Q_k = \sin\phi_k \tag{25}$$

이것 역시 그림 14.1-11b에 부합한다. 신호의 i와 q 성분은 서로 독립이고 $\overline{I_k} = \overline{Q_k} = 0$, $\overline{I_k^2} = \overline{Q_k^2} = 1$이므로 식 (23)~(25)의 당연한 결과로 식 (22)가 된다.

옆돌출부에 더 급격한 롤오프를 달성하기 위해 MSK에 변형을 취한 것이 **가우시안 필터링된 MSK**(GMSK) 변조 방식이다. 이 절의 앞 부분에서 데이터 펄스 $p_{Tb}(t)$가 사각 모양을 취하며, 스펙트럼에서 옆돌출부 영향이 심각했음을 상기하자. 이러한 옆돌출부를 줄이고 따라서 B_T를 줄이고자 다음과 같은 가우시안 LPF 함수를 사용해 기저대역 이진 펄스를 사전 필터링한다.

$$H(f) = e^{-[\ln(\sqrt{2})(f/B)^2]} \tag{26}$$

3장의 LPF에서처럼, B는 전력의 반(−3 dB)에 상응하는 주파수와 동일한 값이다. 식 (24)와 (25) 유도에 사용된 함수 $p_{T_b}(t)$는 식 (27)과 같이 표현된다(Murota & Hirade, 1981과 Ziemer & Peterson, 2001을 참조).

$$p_{T_b}(t) = 2Q\left[-\sqrt{2}\frac{1}{\ln\sqrt{2}}\pi BT_b\left(\frac{1}{T_b}-\frac{1}{2}\right)\right] + 2Q\left[\sqrt{2}\frac{1}{\ln\sqrt{2}}\pi BT_b\left(\frac{1}{T_b}+\frac{1}{2}\right)\right] \tag{27}$$

GMSK에서의 중요한 설계 파라미터는 BT_b이다. Murota & Hirade(1981)은 BT_b의 여러 값에 대하여 GMSK의 특징을 나타내었으며, 표 14.1-1에서 볼 수 있다.

표 14.1-1 전력의 주어진 백분율에 상응하는 GMSK의 점유 대역폭.

BT_b \ % power	90	99	99.9	99.99
0.20	0.52	0.79	0.99	1.22
0.25	0.57	0.86	1.09	1.37
0.5	0.69	1.04	1.33	2.08
∞ (MSK)	0.78	1.20	2.76	6.00

출처: Murota & Hirade (1981).

예제 14.1-1 **GMSK 대역폭**

GMSK의 다음 경우를 고려하자. $BT_b = 0.5$이고 $r_b = 100$ kbps이므로 $T_b = 1/r_b = 10\ \mu$s이다. 신호 에너지의 99%를 포함하는 대역폭은 $B_{T_{99\%}} = 1.04 \times r_b = 1.04 \times 100$ kHz이고, 90%를 포함하는 대역폭은 $B_{T_{90\%}} = 0.69 \times 100$ kHz $= 69$ kHz이다. GMSK의 대역폭 효율이 MSK와 비교해 우수한 점이 GSM 이동통신의 변조 표준으로 GMSK가 선정된 이유 중 하나이다.

14.2 동기식 이진 시스템

동기 대역 통과 디지털 시스템은 동기 아날로그 검파와 같이 메시지를 검파하기 위한 수신기에서 반송파 주파수와 위상에 대한 정보를 사용한다. **비동기** 시스템은 반송파 위상에 대한 동기화가 필요하지 않지만, 동기 검파에서 가능한 최적의 성능을 얻을 수 없다.

본 절에서는 가산 백색 가우시안 잡음 환경에서 최적 이진 검파의 일반적인 논의로 시작하여 동기 이진 전송에 대하여 알아보기로 한다. 이에 대한 결과는 이진 변조 시스템의 성능을 평가하는 데 적용할 수 있다. 변조된 신호에 ISI를 야기시킬 수 있는 전송 왜곡이나 기저 대역 여파가 없는 전위 변조(OOK, PRK, FSK)에 대하여 초점을 맞추기로 한다.

최적 이진 검파

변조된 대역 통과 이진 신호는 일반적인 직교 위상 반송파의 형태로 나타낼 수 있다.

$$x_c(t) = A_c\left\{\left[\sum_k I_k p_i(t-kT_b)\right]\cos(\omega_c t+\theta) - \left[\sum_k Q_k p_q(t-kT_b)\right]\sin(\omega_c t+\theta)\right\}$$

실제적인 동기 시스템에서 반송파는 디지털 변조에 동기화 되어야 한다. 이에 따라서 $\theta = 0$이라 하고, 조건

$$f_c = N_c/T_b = N_c r_b \tag{1}$$

를 적용할 것이다. 여기에서 N_c는 매우 큰 정수이다. 그러면

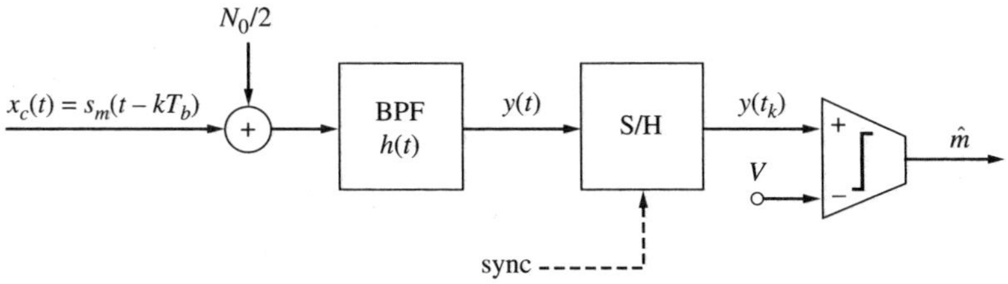

그림 14.2-1
대역 통과 이진 수신기.

$$x_c(t) = A_c \sum_k [I_k p_i(t - kT_b) \cos \omega_c(t - kT_b) - Q_k p_q(t - kT_b) \sin \omega_c(t - kT_b)]$$

그리고 다음과 같이 단일 비트 구간에 대해서만 주의 깊게 다뤄보자.

$$x_c(t) = s_m(t - kT_b) \qquad kT_b < t < (k + 1)T_b \tag{2}$$

여기서

$$s_m(t) \triangleq A_c[I_k p_i(t) \cos \omega_c t - Q_k p_q(t) \sin \omega_c t]$$

이고, $s_m(t)$는 메시지 비트 $m = 0$과 $m = 1$을 표현하는 두 신호 파형 $s_0(t)$, $s_1(t)$ 중에 하나를 나타낸다.

수신 신호 $x_c(t)$가 백색 가우시안 잡음의 영향을 받는다고 하자. 11.2절에서 최적 기저대역 수신기는 기저대역 파형에 정합되는 필터에 의해서 오류 확률을 최소화한다는 것을 확인하였다. 그러나 이진 CW 변조는 식 (2)와 같이 두 개의 진폭이 다른 하나의 펄스 형태라기보다는 서로 다른 두 개의 신호 파형으로 표현된다. 결과적으로 $s_0(t)$와 $s_1(t)$를 가지고 이전의 분석을 다시 반복해야 한다.

그림 14.2-1은 제안된 수신기 구조를 나타내며, 고려된 시간 구간 동안에서의 관련 신호와 잡음이 표시되어 있다. 이 대역 통과 수신기는 LPF 대신에 BPF를 사용한 것 빼고는 기저대역 수신기와 유사하다. 잡음이 더해진 필터된 신호 $y(t)$는 비트 구간의 끝인 $t_k = (k + 1)T_b$에서 샘플링되고, 문턱값과 비교를 거쳐 가장 근접한 메시지 비트 $\hat{m}$을 재생시킨다. 최적 이진 검파를 위하여 BPF의 임펄스 응답 $h(t)$와 문턱값 V를 찾아서 가장 작은 평균 재생 오류 확률로 귀착한다.

11.2절에서처럼 H_1과 H_0은 각각 $m = 1$과 $m = 0$이라는 가정을 나타낸다. 수신기는 관찰된 랜덤 변수의 값에 따라 H_1과 H_0 중에 하나를 결정한다. 이 랜덤 변수는

$$Y = y(t_k) = z_m + n$$

여기에서

$$\begin{aligned} z_m \triangleq z_m(t_k) &= [s_m(t - kT_b) * h(t)]\Big|_{t=t_k} \\ &= \int_{kT_b}^{(k+1)T_b} s_m(\lambda - kT_b) h(t_k - \lambda)\, d\lambda \\ &= \int_0^{T_b} s_m(\lambda) h(T_b - \lambda)\, d\lambda \end{aligned} \tag{3}$$

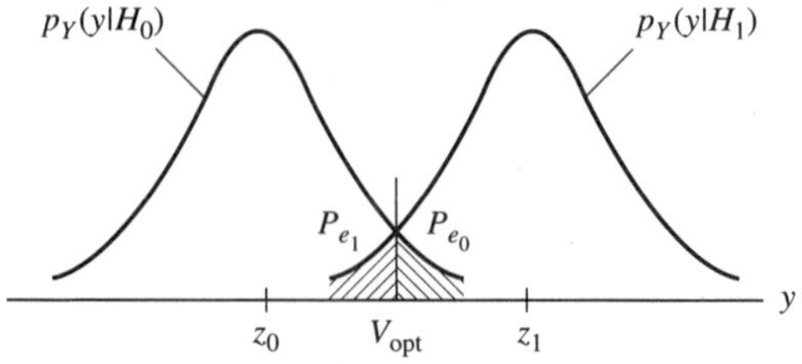

그림 14.2-2
조건 확률 밀도 함수(PDF)들.

잡음 샘플 $n = n(t_k)$는 평균이 0, 분산이 σ^2인 Gaussian RV이므로 주어진 H_1 또는 H_0에 대한 Y의 조건부 PDF는 그림 14.2-2에서 z_1, z_0에 중심이 있는 Gaussian 곡선이다. 0과 1의 발생 확률을 동일하다고 가정하면 최적의 문턱값은 두 곡선이 교차하는 지점이다. 즉,

$$V_{opt} = \frac{1}{2}(z_1 + z_0)$$

이다. PDF의 대칭성으로부터 $P_{e_1} = P_{e_0}$이고

$$P_e = Q(|z_1 - z_0|/2\sigma)$$

인데, 절대값 표기 $|z_1 - z_0|$는 $z_1 < z_0$의 경우를 포함한다.

그러나 어떤 BPF 임펄스 응답 $h(t)$가 비율 $|z_1 - z_0|/2\sigma$, 또는 등가인 $|z_1 - z_0|^2/4\sigma^2$을 최대화시킬까? 이에 대한 답은 식 (3)으로부터

$$|z_1 - z_0|^2 = \left| \int_{-\infty}^{\infty} [s_1(\lambda) - s_0(\lambda)] h(T_b - \lambda)\, d\lambda \right|^2 \tag{4a}$$

$0 < t < T_b$의 바깥에서 $s_m(t) = 0$이므로 무한대의 제한(infinite limiting)이 가능하다. 마찬가지로

$$\sigma^2 = \frac{N_0}{2} \int_{-\infty}^{\infty} |h(t)|^2\, dt = \frac{N_0}{2} \int_{-\infty}^{\infty} |h(T_b - \lambda)|^2\, d\lambda \tag{4b}$$

Schwartz 부등식을 적용하여

$$\frac{|z_1 - z_0|^2}{4\sigma^2} \le \frac{1}{2\,N_0} \int_{-\infty}^{\infty} [s_1(t) - s_0(t)]^2\, dt \text{ t} \tag{5}$$

이고, 이 비율은 $h(T_b - t) = K[s_1(t) - s_0(t)]$일 때 최대이다. 그러므로

$$h_{opt}(t) = K[s_1(T_b - t) - s_0(T_b - t)] \tag{6}$$

이고, K는 임의의 상수이다.

식 (6)은 다음과 같은 의미이다.

> 최적 이진 검파를 위한 필터는 두 신호 파형의 **차에** 정합되어야 한다.

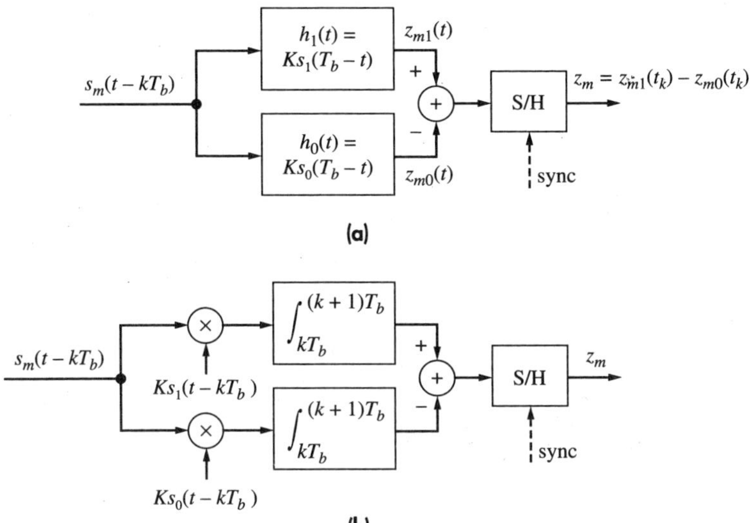

그림 14.2-3
최적 이진 검출. (a) 병렬 정합 필터; (b) 상관 검파기.

이에 대한 대안으로 그림 14.2-3a에서 평행하게 배열된 $h_1(t) = Ks_1(T_b - t)$와 $h_0(t) = Ks_0(T_b - t)$인 두 개의 정합 필터를 사용할 수 있다. 상위 분기에서 하위 분기의 출력을 빼도 동일한 최적 응답을 출력한다. 둘 중의 어느 한 경우라도, 필터에 저장된 에너지는 각각의 샘플링 시간 후에 연속적인 비트 구간에서 ISI를 방지하기 위해서 방전되어야 한다.

방전이 포함된 또 다른 대안은 그림 14.2-3a에서 상위 분기로부터 샘플된 신호값은

$$\begin{aligned} z_{m1}(t_k) &= \int_0^{T_b} s_m(\lambda)h_1(T_b - \lambda)\, d\lambda \\ &= \int_{kT_b}^{(k+1)T_b} s_m(t - kT_b)Ks_1(t - kT_b)\, dt \end{aligned}$$

이라는 관찰을 기초로 하며, $Z_{m0}(t_k)$에 대해서도 비슷하다. 그러므로 두 개의 곱셈기, 두 개의 적분기, $s_0(t)$와 $s_1(t)$의 값이 저장되어 있는 시스템으로 최적 필터링을 구현할 수 있다.

이 시스템은 잡음이 첨가된 수신 신호에 잡음이 없는 신호 파형이 곱해져 있으므로 **상관 검파기**라고 한다. 상관 검파기는 정합 여파를 위한 적분-덤프 기술을 일반화한 것이다. 오직 샘플 시간 t_k에서만 정합 필터와 상관 검파기가 등가인 점을 알아야 한다.

특별한 구현 방법에 상관없이 최적 이진 검파의 오류 확률은 식 (5)에서 최대화된 비율에 따라서 결정된다. 다시 말하면 이 비율은 비트 당 신호 에너지와 신호 파형의 유사성에 따라 달라진다. 이 점에 따라서 전개하면

$$\int_0^{T_b} [s_1(t) - s_0(t)]^2\, dt = E_1 + E_0 - 2E_{10}$$

여기에서

$$E_1 \triangleq \int_0^{T_b} s_1^2(t)\,dt \qquad E_0 \triangleq \int_0^{T_b} s_0^2(t)\,dt \tag{7}$$

$$E_{10} \triangleq \int_0^{T_b} s_1(t)s_0(t)\,dt$$

신호 $s_1(t)$, $s_0(t)$ 각각의 에너지를 E_1과 E_0라 하고, E_{10}는 상관 계수에 비례한다. 이러한 상관 계수를

$$\rho \triangleq \frac{1}{\sqrt{E_1 E_0}}\int_0^{T_b} s_1(t)s_0(t)\,dt \tag{8}$$

로 정의한다. 0와 1은 균일하게 분포하므로 비트당 평균 신호 에너지는

$$E_b = \frac{1}{2}(E_1 + E_0)$$

이다. 그러므로

$$\left(\frac{z_1 - z_0}{2\sigma}\right)^2_{\max} = \frac{E_1 + E_0 - 2E_{10}}{2N_0} = \frac{E_b - E_{10}}{N_0} \tag{9a}$$

그리고

$$P_e = Q\left[\sqrt{(E_b - E_{10})/N_0}\,\right] \tag{9b}$$

또는 동일한 신호 에너지이면,

$$P_e = Q\left[\sqrt{E_b(1 - \rho)/N_0}\,\right] \tag{9c}$$

E_b와 N_0가 고정되었을 때 식 (9)는 시스템 성능에 대한 E_{10}의 중요성과 어떻게 시스템 성능이 두 신호의 상관 계수에 따라 달라지는지에 대해서 알려준다.

끝으로, 식 (6)을 식 (3)에 대입하면, $z_1 = K(E_1 - E_{10})$과 $z_0 = K(E_{10} - E_0)$이므로

$$V_{\text{opt}} = \frac{1}{2}(z_1 + z_0) = \frac{K}{2}(E_1 - E_0) \tag{10}$$

이다. 최적화된 문턱값은 E_{10}을 포함하지 않음을 알 수 있다.

응용문제 14.2-1

식 (4a)와 (4b)로부터 식 (5), (6)을 이끌어내시오. 다음과 같은 형태로 쓰여진 3.6절의 식 (17)을 사용한다.

$$\frac{\left|\int_{-\infty}^{\infty} V(\lambda)W^*(\lambda)\,d\lambda\right|^2}{\int_{-\infty}^{\infty}|W(\lambda)|^2\,d\lambda} \le \int_{-\infty}^{\infty}|V(\lambda)|^2\,d\lambda$$

$V(\lambda)$와 $W(\lambda)$가 비례 함수일 때 등호가 성립한다.

동기 OOK, BPSK, FSK

ASK의 단순한 특성은 정교한 시스템 설계를 어렵게 하지만, 간략하게 동기 온-오프 변조에 대하여 살펴보면 최적 검파의 개념을 분명히 하는 데 도움이 될 수 있다. OOK 신호 파형은

$$s_1(t) = A_c\, p_{T_b}(t) \cos \omega_c t \qquad s_0(t) = 0 \tag{11}$$

이다. 반송파 주파수의 조건 $f_c = N_c/T_b$는 임의의 비트 구간에 대하여 $s_1(t - kT_b) = A_c \cos \omega_c t$인 반면에 $s_0(t - kT_b) = 0$이 됨을 의미한다. 그러므로 그림 14.2-4의 형태로 상관 검파를 하는 수신기를 간단히 할 수 있는데, 반송파에 동기된 국부 발진기가 $s_1(t)$의 복사된 값을 곱셈기로 입력한다. 비트 동기 신호는 샘플링-유지(S/H) 부분을 동작시키고 적분기를 재 설정한다. f_c와 r_b 사이의 고조파 관계에 의해서 두 개의 동기 신호는 하나의 신호원로부터 이끌어 낼 수 있다.

$E_0 = E_{10} = 0$을 구하기 위해서 식 (7)과 (11)을 사용하고

$$E_1 = A_c^2 \int_0^{T_b} \cos^2 \omega_c t\, dt = \frac{A_c^2 T_b}{2}\left[1 + \text{sinc}\,\frac{4f_c}{r_b}\right] = \frac{A_c^2 T_b}{2}$$

이므로 $E_b = E_1/2 = A_c^2 T_b/4$가 된다. 식 (9)에 의해서 $V = K(E_1 - E_0)/2 = KE_b$로 문턱값을 정하여 최소의 평균 오류 확률을 얻을 수 있으므로

$$P_e = Q\left(\sqrt{E_b/N_0}\right) = Q\left(\sqrt{\gamma_b}\right) \tag{12}$$

로 정한다. 이 결과로부터 동기 OOK의 성능은 단극 기저대역 전송과 동일함을 알 수 있다.

더 나은 성능은 동기 BPSK 변조를 통해서 얻을 수 있다. 두 개의 위상 전위를 0과 π rad이라 하면

$$s_1(t) = A_c\, p_{T_b}(t) \cos \omega_c t \qquad s_0(t) = -s_1(t) \tag{13}$$

두 신호가 $s_0(t) = -s_1(t)$인 관계는 정반대의 신호를 의미하고 극형 기저대역 전송과 유사함을 말한다. 따라서

$$E_b = E_1 = E_0 = A_c^2 T_b/2 \qquad E_{10} = -E_b$$

이므로 $E_b - E_{10} = 2E_b$이고

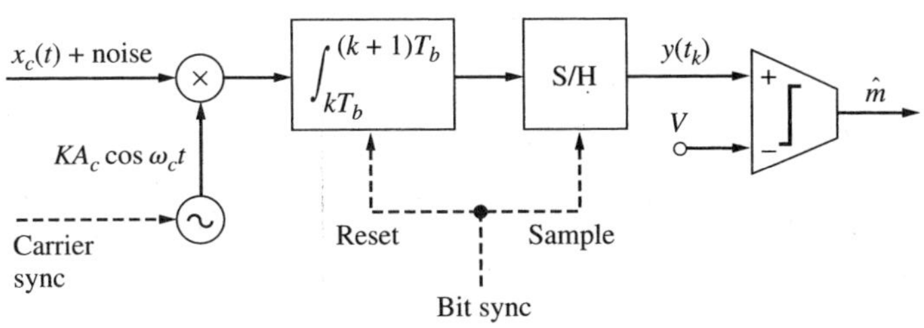

그림 14.2-4
OOK 혹은 BPSK를 위한 상관 수신기.

$$P_e = Q\left(\sqrt{2E_b/N_0}\right) = Q\left(\sqrt{2\gamma_b}\right) \tag{14}$$

이 된다. 그러므로 다른 요소들은 동일할 때 BPSK는 OOK보다 3 dB 적은 신호 에너지로 동일한 성능을 얻을 수 있다.

두 신호의 관계가 $s_0(t) = -s_1(t)$이므로 동기 BPSK 수신기에서는 OOK와 같이 단지 하나의 정합 필터 또는 상관기가 필요하다. 그러나 이제 $E_1 = E_0$이기 때문에 $V = 0$이므로 수신 신호가 페이딩을 겪는다 해도 BPSK 문턱 레벨을 재조정할 필요가 없다. 더욱이 BPSK의 일정한 포락선은 비선형 왜곡에 대해 덜 취약하므로 BPSK는 OOK와 동일한 스펙트럼 효율을 보이지만, 몇 가지 면에서는 더 우수한 점을 가지고 있다. 다음으로 BPSK가 이진 FSK 보다 우수한 점을 살펴보기로 한다.

주파수 전위가 $\pm f_d$인 이진 FSK의 신호 파형은

$$s_1(t) = A_c p_{T_b}(t) \cos 2\pi(f_c + f_d)t \tag{15}$$
$$s_0(t) = A_c p_{T_b}(t) \cos 2\pi(f_c - f_d)t$$

이다. 조건 $f_c \pm f_d \gg r_b$을 만족할 때, $E_b \approx A_c^2 T_b/2$이므로

$$E_{10} = E_b \operatorname{sinc}(4 f_d/r_b) \tag{16}$$

이고 이것은 주파수 전위 f_d에 따라 달라진다. 만약 $f_d = r_b/2$이라면 Sunde's FSK에 따라서 $E_{10} = 0$이 되고 오류 확률은 OOK 경우와 같다.

신호 $x_c(t)$에 대하여 위상 불연속이 허용될 때 몇 가지 성능 향상을 얻을 수 있으나 어떤 f_d를 선택해도 $E_b - E_{10} \le 1.22E_b$가 된다. 그러므로 이진 FSK에서는 뚜렷한 광대역 잡음 제거가 불가능하고, BPSK는 적어도 10 log (2/1.22) ≈ 2 dB 만큼의 에너지 이득이 있다. 이와 더불어 최적 FSK 수신기가 그림 14.2-4보다 더욱 복잡해진다.

MSK의 경우에 $f_d = r_b/4$라면, 오류 확률은 BPSK의 경우와 동일하며 $P_{be} = Q(\sqrt{2\gamma_b})$가 된다. Murota & Hirade (1981)은 경험적으로 GMSK의 오류 확률을 식 (17)과 같이 결정하였다.

$$P_{be} = Q(\sqrt{2\alpha E_b/N_0}) \text{ where } \alpha = \begin{cases} 0.68 \text{ for } B_T T_b = 0.25 \\ 0.85 \text{ for simple MSK } (B_T T_b \to \infty) \end{cases} \tag{17}$$

응용문제 14.2-2

Sunde's FSK에 대한 최적 수신기를 그림 14.2-3a의 형태로 설계할 때 두 필터의 진폭 응답을 구하고, 그리시오.

타이밍과 동기화

끝으로 최적 동기 검파와 관련된 타이밍과 동기화 문제에 대하여 주의를 기울이도록 한다. 따라서 다음과 같은 대역 통과 신호 파형과 정합 필터를 고려해보자.

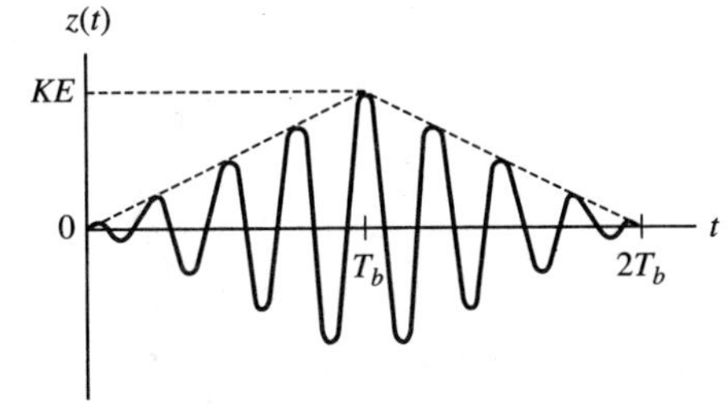

그림 14.2-5
대역 통과 정합 필터의 응답.

$$s(t) = A_c p_{T_b}(t) \cos \omega_c t \qquad f_c T_b = N_c \gg 1$$
$$h(t) = Ks(T_b - t) = KA_c p_{T_b}(t) \cos \omega_c t$$

이 때 입력 신호 s(t)가 정합 필터로 입력되면 이에 대한 응답은 $E = A_c^2 T_b/2$일 때

$$z(t) = s(t)*h(t) \approx KE\Lambda\left(\frac{t - T_b}{T_b}\right) \cos \omega_c t \tag{18}$$

이 된다. 그림 14.2-5에서 $z(t)$의 형태는 예상되는 최대값이 $z(T_b) = KE$이고, $t > T_b$에서의 응답이 샘플링 순간 이후 필터 방전으로 사라지는 것을 나타낸다. $z(t)$의 포락선을 나타내는 점선이 상관 수신기의 적분기 출력임에 주목하라. 이것은 연습문제 14.2-3과 14.2-4에서 명백히 알 수 있다. 그림 14.2-5는 또한 앞서 언급한 정합 필터의 적분기 출력과 상관기 출력이 단지 $t = kT_b$에서 동일함을 확인시켜 준다.

그러나 실제로 작은 타이밍 오류가 있어 샘플링이 $t_k = T_b(1 \pm \epsilon)$에서 발생한다고 가정한다. 그러면

$$z(t_k) \approx KE \cos \theta_\epsilon \qquad \theta_\epsilon = \omega_c T_b \epsilon = 2\pi N_c \epsilon$$

이므로 타이밍 오류는 효율적인 신호 레벨을 $\cos \theta_\epsilon$ 만큼 감소시킨다. σ^2이 변하지 않는 반면에 $|z_1 - z_0|^2$은 $\cos^2 \theta_\epsilon$ 만큼 감소하므로, 오류 확률은 식 (9)로부터

$$P_e - Q\left(\sqrt{\frac{E_b - E_{10}}{N_0} \cos^2 \theta_\epsilon}\right) \tag{19}$$

이다. 이 문제점의 중요성에 대하여 예를 들어보면 $\gamma_b = 8$, $r_b = 2$ kbps, $f_c = 100$ kHz인 BPSK는 완벽한 타이밍에 대해서 $P_e = Q(\sqrt{16}) \approx 3 \times 10^{-5}$이지만, 비트 구간의 0.3%만큼의 오류에 의해서 결과적으로 $\theta_\epsilon = 2\pi(100/2) \times 0.003 = 54°$, $P_e = Q(\sqrt{16\cos^2 54°})$ $\approx 10^{-2}$가 된다. 이러한 결과 값으로부터 대역 통과 정합 필터가 동기 검파를 하는데 있어서 실제적으로 구현할 만한 방식이 아닌 이유를 알 수 있다.

그림 14.2-4에서 적분된 출력이 반송 주파수에서 진동하지 않기 때문에 상관 검파기는 타이밍 오류에 대하여 덜 예민하다. 그러므로 대부분의 동기식 이진 시스템에서는 상관 검파가 사용된다. 그러나 국부 발진기가 반송파에 정확히 동기되어야 하고, 위상 동기 오류 θ_ϵ가 효율적인 신호 레벨을 다시 $\cos \theta_\epsilon$ 만큼 감소시킨다.

BPSK의 경우에 그림 7.3-4의 Costas PLL과 같은 기술을 사용하여 반송 동기 신호를 $x_c(t)$로부터 이끌어 낼 수 있다. 또 다른 방법인 위상-비교 검파는 OOK와 FSK의 비동기 검파에 이어서 다음 절에서 다루기로 한다.

응용문제 14.2-3

MATLAB을 사용해, 1011 수열로 이루어진 OOK 신호가 평균이 0이고 $\sigma = 1$인 백색 가우시안 잡음에 훼손되었을 때, 정합 필터 적분기의 출력을 구하라. OOK 신호는 다음과 같은 파라미터를 가진다: $f_c = 1$ Hz, $T_b = 150$ s, $T_s = 1/f_s = 1/50$ s. 또한 잡음 없는 OOK 입력에 대하여 정합 필터의 출력을 구하라. 적분기 출력을 그림 14.2-5의 경우와 비교하고, 가산 잡음을 제거하기 위한 정합필터의 기능을 설명하라.

응용문제 14.2-4

상관 검파기가 없는 조건에서 연습문제 14.2-3을 반복하라.

간섭

5.4절에서는 선형 및 지수 변조 시스템에서 협대역 간섭의 영향을, 7.2절에서는 불충분한 보호 시간 또는 보호 대역을 살펴보았다. 이제 동기검파를 하는 디지털 변조 시스템에서 신호의 다원 접속 간섭(MAI)으로 논의를 확장해 보자. MAI는 다중경로, 인접 채널 간섭, 비이상적 다중화 등에 의해 발생하며, 검파기의 입력은 동일한 시간 간격 동안에 둘 이상의 '충돌' 신호를 받게 된다. 신호의 충돌은 원하는 신호를 훼손시키고 오류를 발생시킨다. 신호는 동일한 주파수와 시간 구간을 공유한다. SNR 경우 처럼, MAI도 SIR(**signal-to-interference**)에 의하여 정량화 될 수 있다.

시간 간격 $kT_b \rightarrow (k+1)T_b$에서, 그림 14.2-3b의 상관 검파기의 입력에서 수신한 간섭과 잡음 존재 하에 이진 1 신호를 고려한다. 상관기 상위 분기로의 입력은 다음과 같다.

$$v_1(t - kT_b) = s_{i1}(t - kT_b) + \sum_{j \neq i}^{N} s_{j0,1}(t - kT_b) + n(t + kT_b) \tag{20}$$

여기서 $s_{i1}(t - kT_b)$는 i번째 원하는 이진 1 신호이고, $\sum_{j \neq i}^{N} s_{j0,1}(t - kT_b)$는 $(N-1)$개의 간섭 신호 합이며, $n(t + kT_b)$은 잡음이다. 0 또는 1을 전송하고자 하기 때문에, $s_{i1}(t - kT_b)$와 $s_{i0}(t - kT_b)$는 상호 배타적이라 말할 수 있고 $s_{i0}(t - kT_b)$는 이 분기에서 수신되지 않는다.

적분기 출력은 다음과 같이 나타낼 수 있다.

$$z_{m1}(t - kT_b) = \int_{kT_b}^{(k+1)T_b} \left[s_{i1}(t - kT_b) + \sum_{j \neq i}^{N} s_{j0,1}(t - kT_b) + n(t - kT_b) \right] s_{i1}(t - kT_b)\,dt \tag{21a}$$

$$= \underbrace{\int_{kT_b}^{(k+1)T_b} s_{i1}^2(t - kT_b)dt}_{\text{이진 1 신호 에너지}} + \underbrace{\int_{kT_b}^{(k+1)T_b} \sum_{j \neq i}^{N} s_{j0,1}(t - kT_b)s_{i1}(t - kT_b)dt}_{MAI} \tag{21b}$$

$$+ \underbrace{\int_{kT_b}^{(k+1)T_b} n(t - kT_b)s_{i1}(t - kT_b)dt}_{\text{잡음}}$$

$j \neq i$ 조건하에서 $s_{j0,\,1}\,(t - kT_b)$와 $s_{i1}\,(t - kT_b)$가 직교한다면, MAI를 최소화할 수 있다. 하지만 다중경로 영향뿐만 아니라 직교성을 유지하는 신호를 만들기 어렵기 때문에(다른 사용자가 비슷한 신호 형태를 사용) MAI의 최소화는 종종 불가능해진다. 사실상 MAI가 랜덤 잡음을 초과할 수도 있다. 15.1절과 15.2절에서 CDMA 시스템의 경우 MAI 표현식을 나타내었다. 비슷하게, 신호와 잡음이 서로 직교한다면, 식 (21b)의 셋째 항이 최소화된다. 5.4절에서는 다중경로 간섭에 기인한 손실 관련 연습문제들을 다루었다. 끝으로, 알로하와 CSMA 시스템과 관련해서도 간섭에 강할 뿐만 아니라 간섭이 예상되는 시스템 구현에도 주력한다.

14.3 비동기식 이진 시스템

만약에 신호를 검파할 때 입력 신호가 충분히 강해서 복잡하지 않은 수신기로도 적절한 신뢰도를 얻을 수 있다면 최적 동기 검파가 필요하지 않을 것이다. 이러한 상황의 대표적인 예로는 아날로그 성능 표준척도로 사용되는 신호 대 잡음 비가 비교적 큰 음성 전화 채널에서의 디지털 전송을 들 수 있다. 또한 동기 검파를 수행하는데는 구현이 어렵고 비용이 많이 드는 응용도 있다. 예를 들면 무선 채널에서의 전파 지연은 매우 빠르게 변하므로 수신단에서 반송파 위상을 정확히 따라가기 어려워 비동기 검파가 유일한 수단이 되기도 한다.

이제부터 동기 검파의 동기화 문제를 벗어나기 위해서 포락선 검파를 사용하는 비동기 OOK와 FSK 시스템의 준최적 성능에 대해서 알아보자. 또한 위상-비교 검파를 사용하는 차분 동기 PSK 시스템에 대해서도 알아본다. 먼저 세 가지 경우 모두 대역 통과 잡음이 추가된 정현파의 포락선에 대해서 분석해야 한다.

대역통과 잡음이 포함된 정현파의 포락선

정현파 $A_c \cos(\omega_c t + \theta)$와 평균이 0이고 분산이 σ^2인 Gaussian 대역통과 잡음 $n(t)$를 합한다고 가정하자. 직교 위상 반송파 표현을 사용하여

$$n(t) = n_i(t)\cos(\omega_c t + \theta) - n_q(t)\sin(\omega_c t + \theta)$$

인데, 이러한 잡음이 더해져서

$$A_c \cos(\omega_c t + \theta) + n(t) = A(t)\cos[\omega_c t + \theta + \phi(t)]$$

이고, 순시 시간 t에서

$$A = \sqrt{(A_c + n_i)^2 + n_q^2} \qquad \phi = \arctan \frac{n_q}{A_c + n_i} \tag{1}$$

이다. 10.1절로부터 i와 q 잡음 성분은 $n(t)$와 동일한 분포를 갖는 독립 RV임을 상기하자. 이제 포락선 A의 PDF를 알아보기로 하자.

분석을 시작하기 전에, 극단적인 상황에서의 A에 대해서 생각해보자. 만약 $A_c = 0$이라면 A는 잡음의 포락선 A_n으로 되고, 다음과 같은 Rayleigh 분포를 갖는다.

$$p_{A_n}(A_n) = \frac{A_n}{\sigma^2} e^{-A_n^2/2\sigma^2} \qquad A_n \geq 0 \tag{2}$$

반대의 상황에서 $A_c \gg \sigma$이라면 대부분의 시간 동안 A_c는 잡음 성분에 비하여 클 것이다. 그러므로

$$A = A_c\sqrt{1 + (2\,n_i/A_c) + (n_i^2 + n_q^2)/A_c^2} \approx A_c + n_i$$

이고, A는 근사적으로 Gaussian 분포를 갖는다.

임의의 A_c 값에 대해서 8.4절의 식 (10)이 되는 과정을 따라 구형파-극형 변환을 해야 하며, A와 ϕ의 결합 PDF는 다음과 같이 나타낼 수 있다.

$$p_{A\phi}(A, \phi) = \frac{A}{2\pi\sigma^2}\exp\left(-\frac{A^2 - 2A_c A\cos\phi + A_c^2}{2\sigma^2}\right) \tag{3}$$

여기에서 $A \geq 0$, $|\phi| \leq \pi$이다. 지수 내의 $A\cos\phi$항은 식 (3)을 $p_A(A)p_\phi(\phi)$와 같이 곱하기의 형태로 나타낼 수 없게 하는데, 이것은 A와 ϕ가 통계적 독립이 아니기 때문이다. 포락선의 PDF는 결합 PDF를 ϕ의 범위에서 적분하여 구할 수 있으므로

$$p_A(A) = \frac{A}{2\pi\sigma^2}\exp\left(-\frac{A^2 + A_c^2}{2\sigma^2}\right)\int_{-\pi}^{\pi}\exp\left(\frac{A_c A\cos\phi}{\sigma^2}\right)d\phi$$

이 된다. 1종 1차 변형 Bessel 함수를 다음과 같이 정의한다.

$$I_0(v) \triangleq \frac{1}{2\pi}\int_{-\pi}^{\pi}\exp(v\cos\phi)\,d\phi \tag{4a}$$

$$I_0(v) \approx \begin{cases} e^{v^2/4} & v \ll 1 \\ \dfrac{e^v}{\sqrt{2\pi v}} & v \gg 1 \end{cases} \tag{4b}$$

그러므로

$$p_A(A) = \frac{A}{\sigma^2} e^{-(A^2+A_c^2)/2\sigma^2} I_0\left(\frac{A_c A}{\sigma^2}\right) \qquad A \geq 0 \tag{5}$$

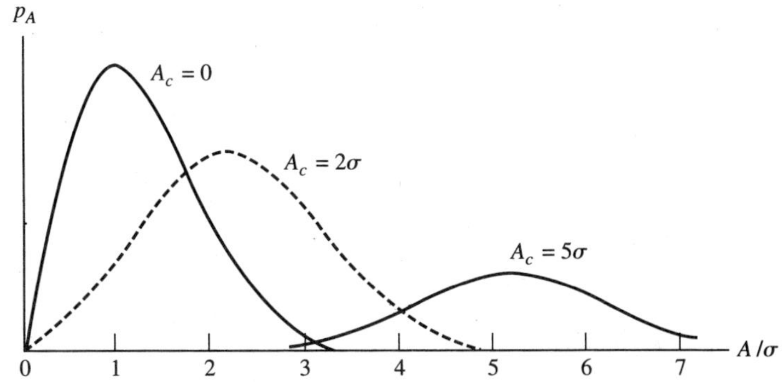

그림 14.3-1

정현파와 대역 통과 잡음의 포락선에 대한 전력 밀도 함수(PDF).

인데, 이것을 **Rician 분포**라고 한다.

식 (5)가 복잡한 형태를 가지지만, 큰 신호(large-signal) 조건에 대하여 간단히 나타내면

$$p_A(A) \approx \sqrt{\frac{A}{2\pi A_c \sigma^2}}\, e^{-(A-A_c)^2/2\sigma^2} \qquad A_c \gg \sigma \tag{6}$$

이 된다. 이 식은 식 (4b)에서 large-v 근사화를 하여 구할 수 있다. 식 (6)에서 지수항이 매우 크므로, 포락선의 PDF를 $\overline{A} \approx A_c$를 중심으로 분산 σ^2을 갖는 Gaussian 곡선으로 볼 수 있다. 그림 14.3-1은 A_c가 σ에 비해서 커짐에 따라 포락선의 PDF가 Rayleigh 곡선에서 Gaussian 곡선으로 변형되는 것을 나타내고 있다.

비동기 OOK

비동기 온-오프 변조(OOK)는 간단한 시스템으로 구현하려는 의도로 개발되었다. 대개 반송파와 데이터는 서로 비동기되는데, 임의의 비트 구간 $kT_b < t < (k+1)T_b$에서

$$x_c(t) = A_c a_k p_{T_b}(t - kT_b)\cos(\omega_c t + \theta) \qquad a_k = 0, 1 \tag{7}$$

로 쓴다. 신호 에너지 $E_0 = 0$이고 $f_c \gg r_b$로 가정하면

$$E_1 = \frac{A_c^2 T_b}{2}\left[1 + \frac{\sin(2\omega_c T_b + 2\theta) - \sin 2\theta}{2\omega_c T_b}\right] \approx \frac{A_c^2 T_b}{2}$$

이 된다. 앞으로 1과 0의 발생확률이 동일하다고 가정할 것이므로 비트당 평균 신호 에너지는 $E_b = E_1/2 \approx A_c^2 T_b/4$이 된다.

그림 14.3-2의 OOK 수신기는 BPF에 연결된 포락선 검파기와 재생기로 구성된다. BPF는 반송파 위상 θ를 무시한 임펄스 응답

$$h(t) = KA_c p_{T_b}(t)\cos\omega_c t \tag{8}$$

을 갖는 정합 필터이다. 그림 14.2-5에서 포락선 검파기는 점선을 추적하여 θ에 대한 영향을 제거한다. 그러므로 $a_k = 1$일 때 포락선 $y(t)$의 최대 신호 성분은 $A_1 = KE_1$이다. 편의

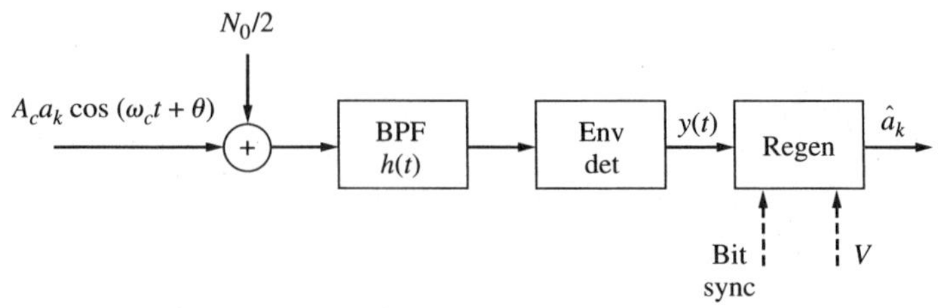

그림 14.3-2
비동기 OOK 수신기.

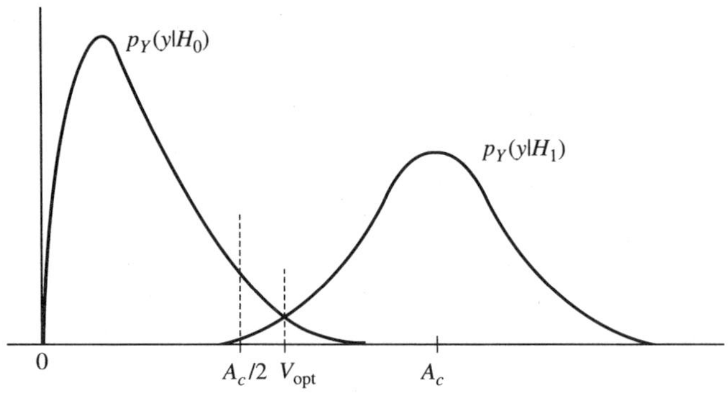

그림 14.3-3
비동기 OOK의 조건부 PDF.

상 $K = A_c/E_1$으로 하면 $A_1 = A_c$이다. 그러면

$$A_c^2/\sigma^2 = 4E_b/N_0 = 4\gamma_b \tag{9}$$

가 된다. σ^2은 입력에서 포락선 검출기로 향하는 대역 통과 잡음의 분산이고, 14.2절의 식 (4b)를 사용한 $h(t)$로부터 계산될 수 있다.

이제 랜덤 변수 $Y = y(t_k)$의 조건부 PDF에 대하여 살펴보기로 한다. $a_k = 0$일 때, 잡음에 의한 포락선의 샘플 값만 있으므로 $p_Y(y|H_0)$는 Rayleigh 함수 $pA_n(y)$가 된다. $a_k = 1$일 때 잡음이 더해진 정현파 포락선의 샘플 값을 구하면 $p_Y(y|H_1)$는 Rician 함수 $p_A(y)$가 된다. 그림 14.3-3은 $\gamma_b \gg 1$일 경우에 두 개의 곡선을 보여주는데, Rician PDF는 거의 Gaussian의 형태를 가지고 있다. 교차점이 다음과 같이 최적 문턱값을 정의한다.

$$V_{opt} \approx \frac{A_c}{2}\sqrt{1 + \frac{2}{\gamma_b}} \approx \frac{A_c}{2} \qquad \gamma_b \gg 1$$

그러나 문턱값의 측면에서 더 이상 대칭일 필요는 없고, 결과적으로 P_e가 최소이면 $P_{e_1} \neq P_{e_0}$이다.

적합한 성능을 위해서 비동기 OOK 시스템에서 $\gamma_b \gg 1$이어야 하고 문턱값은 보통 $A_c/2$로 정한다. 결과적인 오류 확률은

$$P_{e_0} = \int_{A_c/2}^{\infty} p_{A_n}(y)\, dy = e^{-A_c^2/8\sigma^2} = e^{-\gamma_b/2} \tag{10a}$$

$$P_{e_1} = \int_0^{A_c/2} p_A(y)\, dy \approx Q\left(\frac{A_c}{2\sigma}\right) = Q\left(\sqrt{\gamma_b}\right) \tag{10b}$$

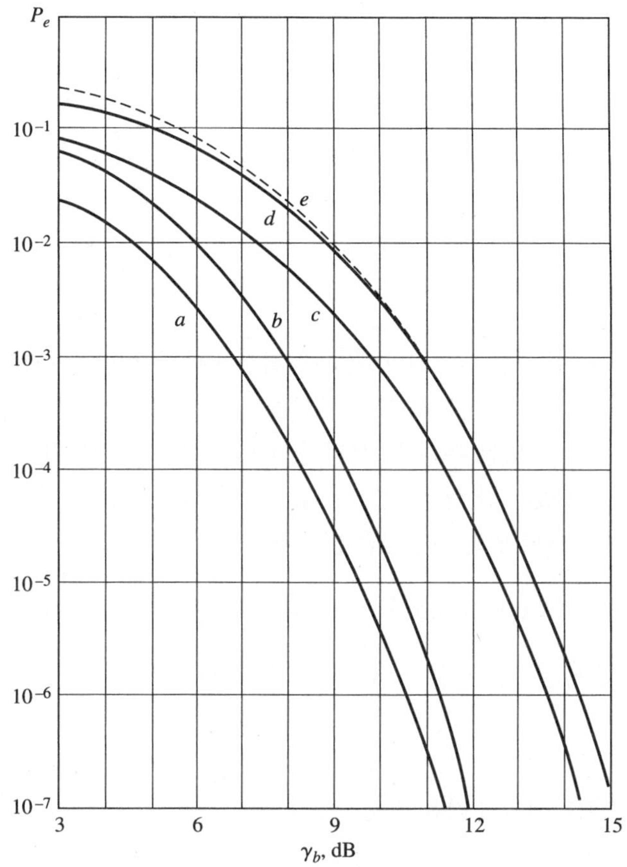

그림 14.3-4
이진 오류 확률 곡선.
(a) 동기 BPSK; (b) DPSK;
(c) 동기 OOK 혹은 FSK;
(d) 비동기 FSK; (e) 비동기 OOK.

$$\approx \frac{1}{\sqrt{2\pi\gamma_b}} e^{-\gamma b/2} \quad \gamma_b \gg 1 \tag{10b}$$

이며, 이때 $Q(\sqrt{\gamma_b})$에 점근적 근사화를 취해 $\gamma_b \gg 1$일 때 $P_{e_1} \ll P_{e_0}$가 되도록 하였다. 끝으로

$$P_e = \tfrac{1}{2}(P_{e_0} + P_{e_1}) = \tfrac{1}{2}\left[e^{-\gamma_b/2} + Q\left(\sqrt{\gamma_b}\right)\right] \tag{11}$$
$$\approx \tfrac{1}{2}e^{-\gamma_b/2}, \ \gamma_b \gg 1$$

이 된다. 이에 대하여 그림 14.3-4에서 다른 이진 시스템 곡선과 함께 나타내었다.

응용문제 14.3-1

신호 $x_c(t) = A_c p_{Tb}(t) \cos(\omega_c t + \theta)$, $K = 2/A_c T_b$일 때 BPF 출력 $z(t) = x_c(t)*h(t)$에 대해서 다음을 보이시오($0 < t < T_b$).

$$z(t) = \frac{A_c t}{T_b}\left[\cos\theta \cos\omega_c t - \left(\sin\theta - \frac{\cos\theta}{\omega_c t}\right)\sin\omega_c t\right]$$

반송파에 대한 조건으로 $f_c \gg r_b$라 가정하고, $z(t)$의 포락선을 찾고 파형을 그리시오.

그림 14.3-5
이진 FSK의 비동기식 검출.

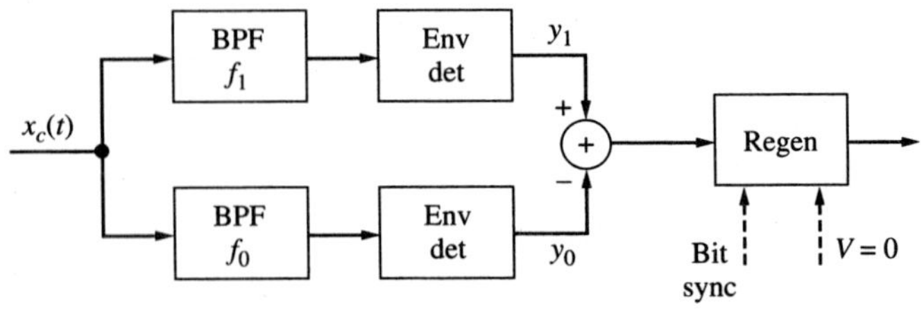

비동기 FSK

비록 포락선 검파가 FSK 신호를 검파하는 데 적절하지 않은 방식으로 보이더라도 그림 14.1-1b의 파형을 다시 보면 이진 FSK는 동일한 진폭 A_c와 다른 반송파 주파수 $f_1 = f_c + f_d$와 $f_0 = f_c - f_d$가 있는 두 개의 분리된 OOK 신호로 구성된다는 것을 알 수 있다. 따라서 그림 14.3-5에 있는 한 쌍의 대역 통과 필터와 포락선 검파기로 비동기 검파를 구현할 수 있으며 이 필터의 임펄스 응답은 다음과 같다.

$$h_1(t) = KA_c p_{T_b}(t) \cos \omega_1 t \qquad h_0(t) = KA_c p_{T_b}(t) \cos \omega_0 t \tag{12}$$

$K = A_c/E_b$라 하고, $E_b = E_1 = E_0 \approx A_c^2\, T_b/2$으로 한다. 그러면

$$A_c^2/\sigma^2 = 2E_b/N_0 = 2\gamma_b \tag{13}$$

σ^2은 각 필터의 출력단에서의 잡음의 분산이다.

또한 Sunde's FSK처럼 $f_1 - f_0 = 2f_d$ 만큼의 주파수 공간이 r_b의 정수배가 되도록 확보한다. 이 조건은 BPF들이 효과적으로 두 개의 주파수를 분리하고, 두 개의 대역 통과 잡음 파형이 샘플 순간에 비상관(uncorrelated)되도록 보장한다. 그러므로 $a_k = 1$일 때 상위 분기에서 샘플된 출력 $y_1(t_k)$는 신호 성분이 $A_1 = KE_1 = A_c$이고 Rician 분포를 나타내며, 반면에 하위 분기에서의 $y_0(t_k)$는 Rayleigh 분포를 나타낸다. $a_k = 0$일 때 이에 대한 역도 성립한다.

재생은 포락선의 차 $Y_1 - Y_0 = y_1(t_k) - y_0(t_k)$에 기초하여 이루어진다. 조건 PDF에 대하여 재구성하지 않고, A_c의 값에 상관없이 $V = 0$에서 문턱값이 정해지는 수신기의 대칭성으로부터 결론을 내린다. 이에 따라서 $P_{e_1} = P(Y_1 - Y_0 < 0|H_1)$이고, $P_{e_0} = P_{e_1} = P_e$이다. 그러므로

$$\begin{aligned} P_e &= P(Y_0 > Y_1|H_1) \\ &= \int_0^\infty p_{Y_1}(y_1|H_1)\left[\int_{y_1}^\infty p_{Y_0}(y_0|H_1)\, dy_0\right] dy_1 \end{aligned}$$

이며, 내부의 적분은 고정된 y_1 값에 대해서 $Y_0 > Y_1$일 확률을 나타낸다. PDF의 값으로 $p_{Y_0}(y_0|H_1) = p_{A_n}(y_0)$와 $p_{Y_1}(y_1|H_1) = p_A(y_1)$를 대입하고 내부의 적분을 계산하면,

$$P_e = \int_0^\infty \frac{y_1}{\sigma^2}\, e^{-(2y_1^2 + A_c^2)/2\sigma^2}\, I_0\!\left(\frac{A_c y_1}{\sigma^2}\right) dy_1$$

이다. 놀랍게도 이 적분은 $\lambda = \sqrt{2}\, y_1$와 $\alpha = A_c/\sqrt{2}$로 놓으면, 닫힌 형태로 표현된다.

$$P_e = \frac{1}{2} e^{-A_c^2/4\sigma^2} \int_0^\infty \frac{\lambda}{\sigma^2} e^{-(\lambda^2+\alpha^2)/2\sigma^2} I_0\left(\frac{\alpha\lambda}{\sigma^2}\right) d\lambda$$

이 적분은 식 (5)에서의 Rician PDF와 동일한 함수로서 총 넓이는 1이다. 그러므로 마지막 결과는 식 (13)을 사용하여

$$P_e = \frac{1}{2} e^{-A_c^2/4\sigma^2} = \frac{1}{2} e^{-\gamma_b/2} \tag{14}$$

을 얻을 수 있다. 식 (14)는 비동기 MSK에도 적용된다.

그림 14.3-4에서 비동기 FSK와 OOK의 성능 곡선을 비교해 보면 작은 γ_b 값에서만 약간의 차이가 있다. 그러나 FSK는 OOK에 비해서 세 가지 장점이 있는데, 일정한 변조 신호 포락선, 동일한 이진수 오류 확률, $V = 0$에서 고정된 문턱 레벨을 갖는다. 일반적으로 FSK 수신기를 위한 부가적인 하드웨어에 대한 부담은 이러한 장점으로 인하여 보상된다.

차분 동기 PSK

이진 PSK신호는 메시지 정보가 위상에 존재하므로 비동기 방식으로 검파하는 것이 불가능하다. 대신에 **위상-비교 검파** 기법은 동기 BPSK와 관련된 위상 동기화 문제를 극복하게 하고, 비동기 OOK나 FSK보다 더 나은 성능을 가지게 한다. 그림 14.3-6의 위상-비교 검파기는 국부 발진신호 대신에 T_b 만큼 지연된 BPSK 신호로 대체한 것을 제외하고는 상관 검파기와 유사하다. 앞부분의 BPF는 잡음의 초과로 인한 검파기의 오동작을 막는다.

성공적으로 동작하기 위해서 동기 BPSK처럼 f_c는 r_b의 정수배가 되어야 한다. 그러므로

$$\begin{aligned} x_c(t) &= A_c p_{T_b}(t - kT_b) \cos(\omega_c t + \theta + a_k\pi) \\ a_k &= 0, 1 \qquad kT_b < t < (k+1)T_b \end{aligned} \tag{15}$$

으로 쓴다. 잡음이 없을 때 k번째 비트 구간의 위상-비교 곱은 $\omega_c T_b = 2\pi N_c$임을 이용하여

$$\begin{aligned} x_c(t) \times 2\, x_c(t - T_b) &= 2A_c^2 \cos(\omega_c t + \theta + a_k\pi) \\ &\quad \times \cos[\omega_c(t - T_b) + \theta + a_{k-1}\pi] \\ &= A_c^2\{\cos[(a_k - a_{k-1})\pi] \\ &\quad + \cos[2\omega_c t + 2\theta + (a_k + a_{k-1})\pi]\} \end{aligned}$$

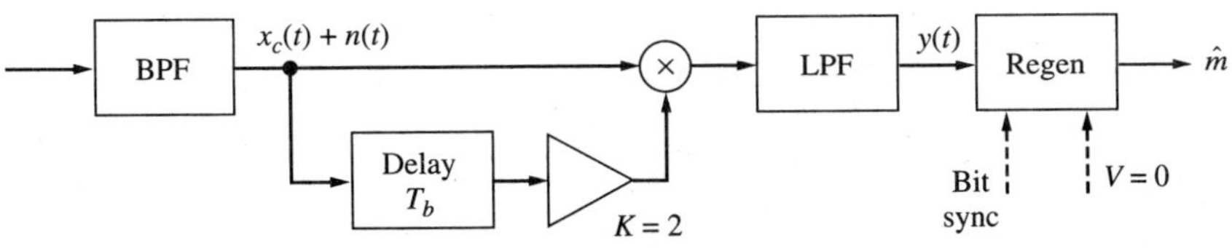

그림 14.3-6
이진 PSK의 차분 동기 수신기.

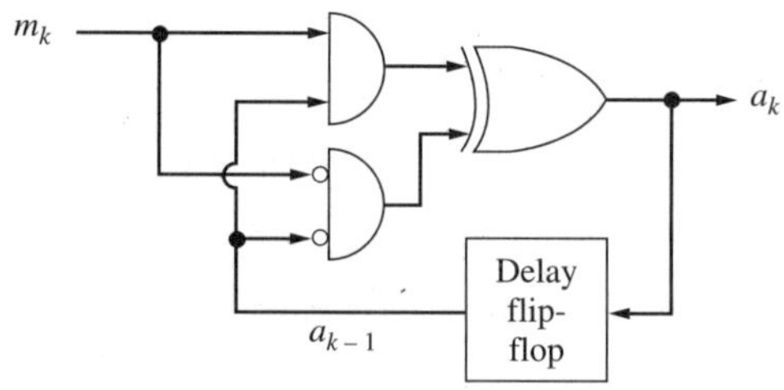

그림 14.3-7
차분 부호기의 논리 회로.

이 된다. 그 다음 저주파 통과 필터를 거치면,

$$z(t_k) = \begin{cases} +A_c^2 & a_k = a_{k-1} \\ -A_c^2 & a_k \neq a_{k-1} \end{cases} \tag{16}$$

이므로, 극형 대칭성을 나타내며 문턱값은 $V = 0$에서 정해져야 한다.

$z(t_k)$의 값은 오직 a_k와 a_{k-1}의 불일치 여부만을 알려주므로 위상-비교 검파기가 있는 BPSK 시스템을 **차분 위상 변위 변조**(differential PSK, DPSK)라고도 한다. 일반적으로 그러한 시스템은 송신기에 $z(t_k)$로부터 메시지 비트를 재생하도록 하는 차분 부호화를 포함하고 있다. 차분 부호화는 $a_0 = 1$인 임의의 초기 비트로 시작한다. 이어지는 비트들은 다음과 같은 규칙에 따라 메시지 수열에 의해서 결정된다. $m_k = 1$이라면, $a_k = a_{k-1}$이고, $m_k = 0$이면 $a_k \neq a_{k-1}$이다. 그러므로 $z(t_k) = +A_c^2$은 $m_k = 1$이고, $z(t_k) = -A_c^2$은 $m_k = 0$인 것을 의미한다. 그림 14.3-7은 차분 부호화의 논리 회로를 보여주는데, 다음과 같은 논리식으로 구성된다.

$$a_k = a_{k-1}\, m_k \oplus \overline{a}_{k-1}\, \overline{m}_k \tag{17}$$

$\overline{a}_{k-1}$은 a_{k-1}의 논리 반전을 나타낸다. 잡음이 없을 때 차분 부호화와 위상-비교 검파에 대한 예가 표 14.3-1에 있다.

잡음이 있을 때 DPSK의 성능을 분석하기 위해서 FSK 수신기의 BPF와 같이 BPF가 대부분의 잡음을 여파한다고 가정하자. 그러면 BPF 출력단에서 반송파 진폭과 잡음의 분산은

$$A_c^2/\sigma^2 = 2E_b/N_0 = 2\gamma_b$$

와 같은 관계가 있다. 대칭성을 이용하고 $a_k = a_{k-1} = 0$일 경우에 초점을 맞추면 $y(t_k) <$

표 14.3-1 차분 부호와 위상 비교 예.

Input message		1	0	1	1	0	1	0	0
Encoded message	1	1	0	0	0	1	1	0	1
Transmitted phase	π	π	0	0	0	π	π	0	π
Phase-comparison sign		+	−	+	+	−	+	−	−
Regenerated message		1	0	1	1	0	1	0	0

0일 때 오류가 발생한다.

지연된 i와 q 성분을 $n_i'(t) = n_i(t - T_b)$, $n_q'(t) = n_q(t - T_b)$로 나타내기로 한다. k번째 비트 구간동안에 곱셈기로의 입력은 $x_c(t) + n(t) = [A_c + n_i(t)] \cos(\omega_c t + \theta) - n_q(t) \sin(\omega_c t + \theta)$와 $2[x_c(t - T_b) + n(t) - T_b)] = 2[A_c + n_i'(t)] \cos(\omega_c t + \theta) - 2n_q'(t) \sin(\omega_c t + \theta)$이다. LPF가 고주파 항을 없애면

$$Y = y(t_k) = (A_c + n_i)(A_c + n_i') + n_q n_q' \tag{18}$$

이 남는데, 네 가지의 잡음 성분은 평균 0, 분산 σ^2인 독립 Gaussian RV이다.

식 (18)은 대각화에 의하여 간단하게 이차식의 형태로 표현할 수 있다.

$$Y = \alpha^2 - \beta^2 \tag{19a}$$

여기서

$$\alpha^2 = (A_c + \alpha_i)^2 + \alpha_q^2 \qquad \beta^2 = \beta_i^2 + \beta_q^2 \tag{19b}$$

그리고

$$\alpha_i \triangleq \frac{1}{2}(n_i + n_i') \qquad \beta_i \triangleq \frac{1}{2}(n_i - n_i') \tag{19c}$$

$$\alpha_q \triangleq \frac{1}{2}(n_q + n_q') \qquad \beta_q \triangleq \frac{1}{2}(n_q - n_q')$$

α_i는 평균 0, 분산 $\overline{\alpha_i^2} = (\overline{n_i^2} + \overline{n_i^2})/4 = 2\sigma^2/4 = \sigma^2/2$인 Gaussian RV이고 동일한 조건이 α와 β의 i, q의 성분에 적용된다. 그러므로 α는 식 (5)에서 σ^2 대신에 $\sigma^2/2$를 대입한 Rician PDF인 반면에 β는 식 (2)에서 $\sigma^2/2$ 대신에 σ^2을 대입한 Rayleigh PDF 특성을 갖는다.

마지막으로 α와 β는 음수가 아니므로 평균 오류 확률을 다음과 같이 쓸 수 있다.

$$P_e = P(Y < 0 | a_k = a_{k-1}) = P(\alpha^2 < \beta^2) = P(\beta > \alpha)$$

이것은 이전에 비동기 FSK에서의 식과 동일한 표현이다.

$$P_e = \frac{1}{2} e^{-A_c^2/2\sigma^2} = \frac{1}{2} e^{-\gamma_b} \tag{20}$$

그림 14.3-4의 성능 곡선은 $P_e \leq 10^{-4}$일 경우에 DPSK가 비동기식 이진 시스템보다 3-dB의 에너지 이득이 있고, 동기 BPSK보다 1-dB 정도 성능이 떨어짐을 나타낸다.

DPSK는 동기 PRK에서 필수적인 반송파 위상의 동기화가 필요하지 않지만, 비동기 OOK나 FSK보다 다소 많은 하드웨어가 필요하다. 즉, 차분 부호화와 전송단에서 r_b의 반송파 주파수의 동기화가 필요하게 된다. 사소한 문제지만 DPSK 오류는 2의 배수로 발생하게 된다.(왜 그런가?).

예제 14.3-1 **다양한 변조/검파 방법에 대한 전송 전력의 비교**

이진 데이터가 비트율 $r_b = 100$ kbps로, 전송 손실 60 dB와 잡음 밀도 $N_0 = 10^{-12}$인 채널을 통해서 수신단으로 전달되었다. 다양한 형태의 변조와 검파 방식에 대해서 $P_e = 10^{-3}$을 얻기 위해서 전송 전력 S_T가 얼마나 필요한가?

이 질문에 답하려면, $L = 10^6$일 때 먼저 수신신호 전력을 $S_R = E_b r_b = N_0 \gamma_b r_b = S_T/L$로 나타내야한다. 그러므로

$$S_T = L\, N_0 \gamma_b r_b = 0.1\gamma_b$$

이다. 다음으로 그림 14.3-4의 곡선을 사용하거나 P_e에 대한 이전의 식을 사용하여 주어진 오류 확률에 상응하는 γ_b의 값을 찾고 그것으로부터 S_T의 값을 계산한다.

표 14.3-2는 이에 대한 결과를 정리한 것이다. 구현의 난이도가 높은 순서대로 시스템들을 나열하였고, 신호의 전력과 하드웨어 복잡도 사이에는 trade-off가 존재한다.

표 14.3-2 $P_e = 10^{-3}$일 때 변조/검파 시스템의 전력 비교.

System	S_T, W
Noncoherent OOK or FSK	1.26
Differentially coherent PSK	0.62
Coherent BPSK	0.48

응용문제 14.3-2 이전 예제의 시스템 송신기에서 $LA_c^2 \le 2$ 와트의 최대 포락선 전력에 제한이 있을 경우 이에 따른 비동기 OOK, FSK와 DPSK의 최소 오류 확률을 계산하시오.

14.4 직교 위상 반송파와 M진 시스템

본 절에서는 일반적으로 직교위상 반송파로 구성되어 있는 신호에 대하여 동기 또는 위상-비교 검파를 하는 M진 변조 시스템의 성능을 조사한다. QAM과 이와 관련된 직교위상 반송파 방식 또는 M진 PSK와 M진 QAM 변조에 의해서 증가된 변조 속도에 첫 번째 목적을 둔다. 이것들은 전화선과 대역폭-제한 채널을 통한 디지털 전송에 가장 적합한 변조 방식들이다.

이전 절에서와 같이 이번에도 역시 독립이고 등가확률인 심볼과 AWGN 환경의 시스템이라고 가정하자. 그리고 M은 2의 거듭제곱이고, M진 데이터 변환에 대한 이진수와 일치한다고 가정하자. 이러한 가정으로 이진과 M진 시스템의 실제적인 비교를 할 수 있다.

직교 위상 반송파 시스템

14.1절에서 보았듯이 4위상 PSK와 변조된 극형 QAM 신호는 직교 위상 반송파에 실린 두 개의 BPSK 신호의 합과 등가임을 알고 있다. 이제 동기 검파를 하는 QPSK/QAM의

성능을 분석하는 데 그러한 관점을 적용할 것이다. 이에 따라서 신호원의 정보를 I_kQ_k로 표현되는 비트쌍로 분류하자. 각 비트쌍는 4진 신호원으로부터 발생하는 하나의 심볼에 대응하거나 이진 신호원으로부터 발생하는 두 개의 연속 비트들에 대응한다. 후자의 경우는 실제로 더 자주 사용되는데, 비트쌍율은 $r = r_b/2$이고 $D = 1/r = 2T_b$이다.

동기 직교 위상 반송파 검파에서는 14.2절에서 설명하였듯이 동기화된 변조가 필요하다. 그러므로 k번째 비트쌍 구간 $kD < t < (k + 1)D$ 동안에 다음과 같이 쓸 수 있다.

$$x_c(t) = s_i(t - kD) - s_q(t - kD) \tag{1a}$$

여기서

$$s_i(t) = A_c I_k p_D(t) \cos \omega_c t \qquad I_k = \pm 1 \tag{1b}$$
$$s_q(t) = A_c Q_k p_D(t) \sin \omega_c t \qquad Q_k = \pm 1$$

f_c는 $r = 1/D$와 정수배(고조파) 관계가 있어야 하므로 신호 에너지는

$$\int_{kD}^{(k+1)D} x_c^2(t)\, dt = \frac{1}{2}A_c^2(I_k^2 + Q_k^2)D = A_c^2 D$$

이고,

$$E = 2E_b \qquad E_b = A_c^2 D/2 \tag{2}$$

여기에서 E는 비트쌍 또는 4진 심볼 당 에너지를 말한다.

식 (1)과 이전의 동기 BPSK에 대한 분석으로부터 최적 직교 위상 반송파 수신기를 그림 14.4-1처럼 두 개의 상관 검파기로 구현할 수 있다. 각 상관기는 서로 간에 독립적으로 동기 이진 검파를 수행한다. 그러므로 비트당 평균 오류 확률은

$$P_{be} = Q(\sqrt{2E_b/N_0}) = Q(\sqrt{2\gamma_b}) \tag{3}$$

인데, 이 식에서 함수 $Q(\sqrt{2\gamma_b})$는 Gaussian 확률밀도함수의 끝부분 넓이를 나타내며 직교위상 변조 심볼을 나타내는 Q와 혼동해서는 안된다.

식 (3)으로부터 동기 QPSK/QAM은 동기 BPSK와 동일한 비트 오류 확률을 가지고 있음을 확인할 수 있다. 그러나 BPSK는 전송 대역폭이 $B_T \approx r_b$인 반면에 QPSK/QAM은

$$B_T \approx r_b/2$$

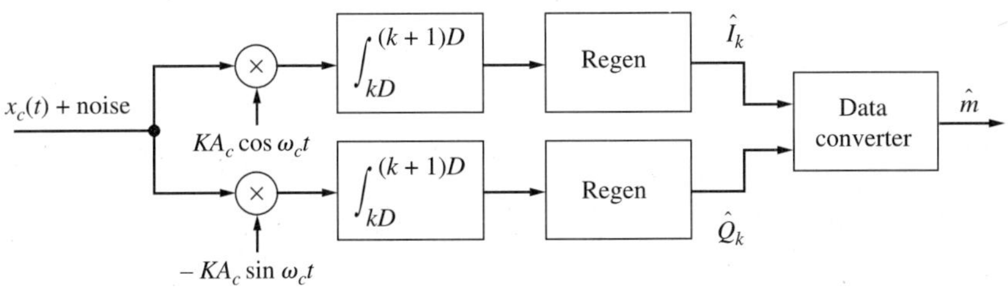

그림 14.4-1
상관 검출기를 갖는 직교 위상 반송파 수신기.

임에 유의해야 한다. 이것은 부가적인 직교 위상 반송파 하드웨어가 주어진 비트율에 대하여 전송 대역폭을 반으로 줄이거나 주어진 전송 대역폭에 대하여 비트율을 두 배로 하는 것을 의미한다. 두 가지 경우 오류 확률은 동일하다.

그림 14.1-11b에 있는 MSK의 i와 q 성분에 의해서 직교 위상 반송파 검파가 가능해지므로, MSK에서도 식 (3)과 대역폭/하드웨어 교환 관계 문제가 적용된다. 그림 14.4-1처럼 MSK 수신기는 i와 q 성분의 펄스 정형화와 시간차이(staggering)에 따라 변형될 수 있는 구조이다. MSK와 QPSK는 단지 두 가지의 중요한 차이점이 있다. (1) 동일한 비트율에서 MSK 스펙트럼은 QPSK의 스펙트럼보다 넓은 주 돌출부와 낮은 옆 돌출부 형태가 있고, (2) QPSK는 이진 또는 4진 위상 변조의 형태를 나타내는 반면에 MSK는 본질적으로 이진 주파수 변조이다.

QPSK/QAM이 4진 데이터를 전송할 때 그림 14.4-1의 출력 변환기는 재생성된 비트쌍로부터 4진 심볼들을 재생한다. 비트 오류들은 서로간에 독립이므로 정확한 심볼일 확률은

$$P_c = (1 - P_{be})^2$$

이고, 심볼당 평균 오류 확률은

$$\begin{aligned} P_e = 1 - P_c &= 2Q\left(\sqrt{E/N_0}\right) - Q^2\left(\sqrt{E/N_0}\right) \\ &\approx 2Q\left(\sqrt{E/N_0}\right) \qquad E/N_0 \gg 1 \end{aligned} \tag{4}$$

이다. $E = 2E_b$는 평균 심볼 에너지를 나타낸다.

직교 위상 반송파 수신기에서 동기 검파를 할 때 반송파 동기 신호를 생성하는데 필요한 다양한 방법이 개발되었다. 그림 14.4-2는 $x_c(t)$의 4제곱이 $4f_c$에서 이산 주파수 성분을 포함하고 있다는 사실에 근거하는 간단한 PLL 시스템을 보여준다. 그러나 $\cos 4\,\omega_c t = \cos(4\,\omega_c t + 2\pi N)$이기 때문에, 4중 주파수 분할로 $\cos(\omega_c t + N\pi/2)$가 되어서 출력은 고정 과도기에 따라서 결정되는 정수 N의 값에 의해 $N\pi/2$ 만큼 고정된 위상 오류를 포함한다. 위상 조정을 위하여 이미 알고 있는 예고 신호를 메시지의 시작부분에서 전송하거나, 위상 오류 효과를 없애는 데 차분 부호화를 사용한다. 다른 반송파 동기 시스템은 M진 PSK를 결합하여 구현할 수 있다. 이에 대한 추가적인 방식은 Lindsey(1972)에서 참조할 수 있다.

또한 위상-비교 검파는 차분 부호화의 직교 위상 반송파 시스템에서 사용될 수 있다. 14.3절에 있는 DPSK에 대한 설명으로 차분 동기 QPSK(DQPSK)가 명시된 오류 확률을 얻기 위해서 동기 QPSK보다 다소 많은 신호 에너지가 필요하다는 것을 추측할 수 있다. 이 차이는 약 2.3 dB로 알려져 있다.

그림 14.4-2

직교 위상 반송파 수신기의 반송파 동기를 위한 PLL 시스템.

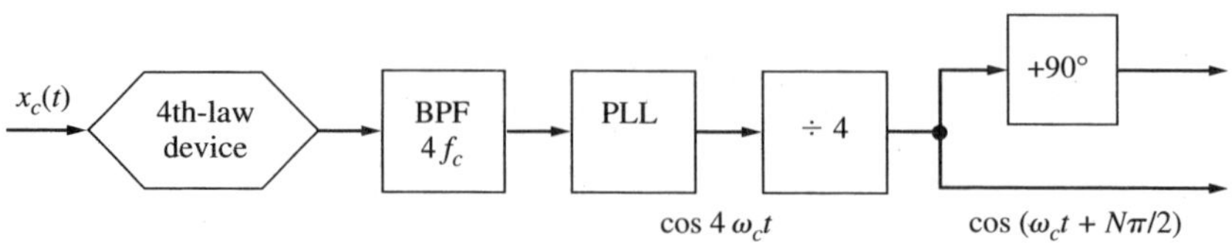

> **응용문제 14.4-1**
> 식 (1)에서 $x_c(t) = A_c \cos(\omega_c t + \phi_k)$, $\phi_k = \pi/4, 3\pi/4, 5\pi/4, 7\pi/4$인 QPSK 신호에 대하여 $x_c^4(t)$가 $4f_c$에서 변조되지 않는 성분을 포함하고 있음을 보이시오.

*M*진 PSK 시스템

*M*진 PSK를 포함한 동기 직교 위상 반송파 검파에 대하여 알아보자. 반송파는 변조신호로 다시 동기되고, f_c는 심볼율 r과 고조파 관계이다. 주어진 심볼 구간에 대하여 변조된 신호를 다음과 같이 쓸 수 있다.

$$x_c(t) = s_i(t - kD) - s_q(t - kD) \tag{5a}$$

여기서

$$s_i(t) = A_c \cos\phi_k p_D(t) \cos\omega_c t \tag{5b}$$
$$s_q(t) = A_c \sin\phi_k p_D(t) \sin\omega_c t$$

이고

$$\phi_k = 2\pi a_k/M \qquad a_k = 0, 1, \ldots, M-1$$

이다. 그러면 심볼당 신호 에너지는

$$E = \frac{1}{2}A_c^2(\cos^2\phi_k + \sin^2\phi_k)D = \frac{1}{2}A_c^2 D \tag{6}$$

이 된다. 각각의 심볼이 $\log_2 M$개의 이진수를 표현하면 위 식은 $E_b = E/\log_2 M$과 등가이다. 전송 대역폭의 요구치는 14.1절의 스펙트럼 분석으로부터 $B_T \approx r = r_b/\log_2 M$이다.

*M*진 PSK 신호의 최적 수신기는 그림 14.4-3의 형태로 설계할 수 있다. 잡음이 없을 때 $K = A_c/E$로 하면 $\phi_k = \arctan z_q/z_i$로부터 직교위상 상관기는 $z_i(t_k) = A_c \cos\phi_k$와 $z_q(t_k) = A_c \sin\phi_k$를 출력한다.

신호 $x_c(t)$에 잡음이 더해진 경우 메시지 심볼 재생은 다음과 같은 잡음 샘플에 기초한다.

$$y_i = A_c \cos\phi_k + n_i \qquad y_q = A_c \sin\phi_k + n_q$$

역시 i와 q 성분은 평균 0, 분산 σ^2인 독립 Gaussian RV이며, 분산은

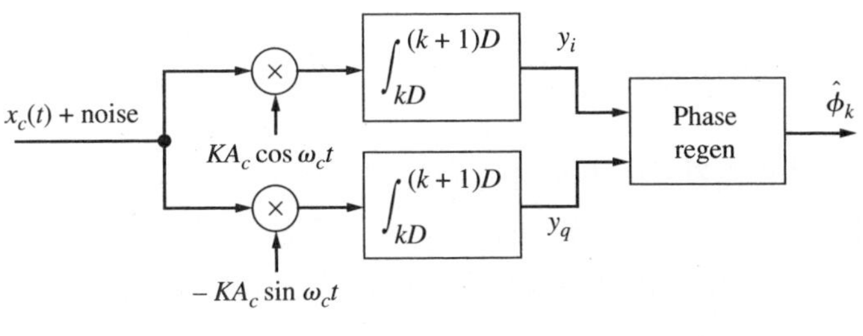

그림 14.4-3
동기 *M*진 PSK 수신기.

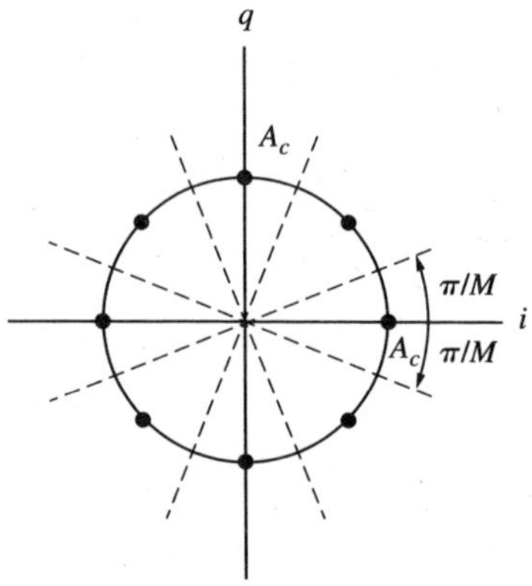

그림 14.4-4
M진 PSK의 검출을 위한 문턱 영역.

$$\sigma^2 = K^2EN_0/2 = A_c^2N_0/2E = N_0r \tag{7}$$

이다. 그림 14.4-4에서 생성기에는 $2\pi/M$씩 균일하게 분포한 M개의 각(angular) 문턱값이 있고 신호 배치도로부터 arctan y_q/y_i에 가장 가까운 점을 선택한다.

그림 14.4-4의 순환 대칭성은 잡음 PDF의 대칭성과 함께 모든 위상각이 동일한 오류 확률을 가지고 있음을 나타낸다. $\phi_k = 0$인 경우에

$$\arctan\frac{y_q}{y_i} = \arctan\frac{n_q}{A_c + n_i} = \phi$$

ϕ는 대역 통과 잡음이 더해진 정현파의 위상이다. $|\phi| < \pi/M$에서는 어떤 오류도 발생하지 않으므로 심볼 오류 확률은

$$P_e = P(|\phi| > \pi/M) = 1 - \int_{-\pi/M}^{\pi/M} p_\phi(\phi)\, d\phi \tag{8}$$

을 사용하여 계산할 수 있는데, 이를 위해서는 위상 ϕ의 PDF가 필요하다.

14.3절의 식 (3)에 대역 통과 잡음이 더해진 정현파의 포락선과 위상에 대한 결합 PDF가 있다. 위상만의 PDF는 결합 PDF를 $0 \le A < \infty$에서 적분하여 구한다. 식을 정리하면 $-\pi < \phi < \pi$일 경우에 다소 복잡한 표현이 되어

$$p_\phi(\phi) = \frac{1}{2\pi}e^{-A_c^2/2\sigma^2} + \frac{A_c\cos\phi}{\sqrt{2\pi\sigma^2}}\exp\left(-\frac{A_c^2\sin^2\phi}{2\sigma^2}\right)\left[1 - Q\left(\frac{A_c\cos\phi}{\sigma}\right)\right] \tag{9}$$

이 된다. $A_c \gg \sigma$와 같은 큰 신호 조건에서 식 (9)는

$$p_\phi(\phi) \approx \frac{A_c\cos\phi}{\sqrt{2\pi\sigma^2}}e^{-(A_c\sin\phi)^2/2\sigma^2} \qquad |\phi| < \frac{\pi}{2} \tag{10}$$

로 간단히 할 수 있고 여기에서 ϕ의 작은 값에 대하여 $\overline{\phi} = 0$, $\overline{\phi^2} = \sigma^2/A_c^2$인 Gaussian으로 근사화할 수 있다. 식 (10)은 $|\phi| > \pi/2$일 때 유효하지 않지만, $A_c \gg \sigma$일 경우에 그러한 사건이 발생할 확률은 작다. 그림 14.4-5는 $A_c = 0$일 때 $p_\phi(\phi)$가 균등 분포이지만,

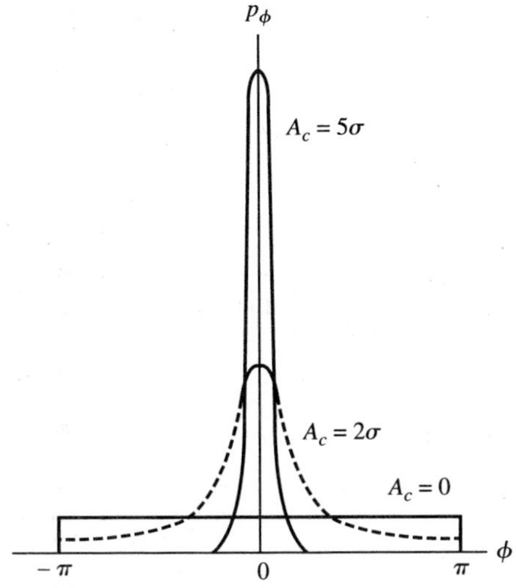

그림 14.4-5

정현파와 대역 통과 잡음이 혼재한 신호의 위상에 대한 확률 밀도 함수.

A_c가 σ 보다 커질 경우 가우시안 분포로 변화하는 것을 보여주고 있다. (포락선 PDF의 변화는 그림 14.3-1을 참조하시오.)

$A_c \gg \sigma$라 가정하고, $M > 4$인 경우에 동기 M진 PSK의 오류 확률을 계산하기 위하여 식 (10)을 이용한다(이미 $M = 2, 4$일 때는 계산되어 있다). $A_c^2/\sigma^2 = 2E/N_0$와 식 (10)을 식 (8)에 대입하면

$$P_e \approx 1 - \frac{1}{\sqrt{2\pi}}\int_{-\pi/M}^{\pi/M}\sqrt{\frac{2E}{N_0}}\cos\phi\, e^{-(2E/N_0)(\sin\phi)^2/2}\,d\phi \qquad (11)$$

$$\approx 1 - \frac{2}{\sqrt{2\pi}}\int_0^L e^{-\lambda^2/2}\,d\lambda$$

이고, 우 대칭성을 적용하고 변수를 $\lambda = \sqrt{2E/N_0}\sin\phi$와 $L = \sqrt{2E/N_0}\sin(\pi/M)$로 변형하였다. 그러나 식 (11)에서는 가우시안 분포의 형태를 나타내며 $P_e \approx 1 - [1 - 2Q(L)] = 2Q(L)$이다. 그러므로

$$P_e \approx 2Q\left(\sqrt{\frac{2E}{N_0}\sin^2\frac{\pi}{M}}\right) \qquad (12)$$

이 되고, 이것은 $M > 4$일 때 심볼 오류 확률에 대한 최종 결과이다. 이와 비교하여 본 장의 마지막에서 등가적인 비트 오류 확률을 논의하기로 하자.

그림 14.4-3의 수신기로 돌아가서 그림 14.4-2를 변형하여 $x_c(t)$의 M번째 급수로부터 반송파 동기 신호를 이끌어 낼 수 있다. 그림 14.4-6의 좀 더 복잡한 **결정-귀환** PLL시스템은 VCO의 위상 오류를 정정하는 제어신호 $v(t)$를 생성하기 위하여 측정 위상 $\hat{\phi}_k$를 사용한다. 여기에서 두 개의 지연기에 의해서 k번째 심볼 구간의 끝에서 $\hat{\phi}_k$를 계산할 수 있다는 사실을 쉽게 알 수 있다.

정확한 반송파 동기화를 실현하는 것이 불가능하다면 차분 동기 검파를 대신 사용할 수 있다. 잡음 분석은 매우 복잡하지만, Lindsey Simon(1973)에서 간단한 근사값으로

그림 14.4-6

반송파 동기를 위한 결정 피드백을 갖는 M진 PSK 수신기.

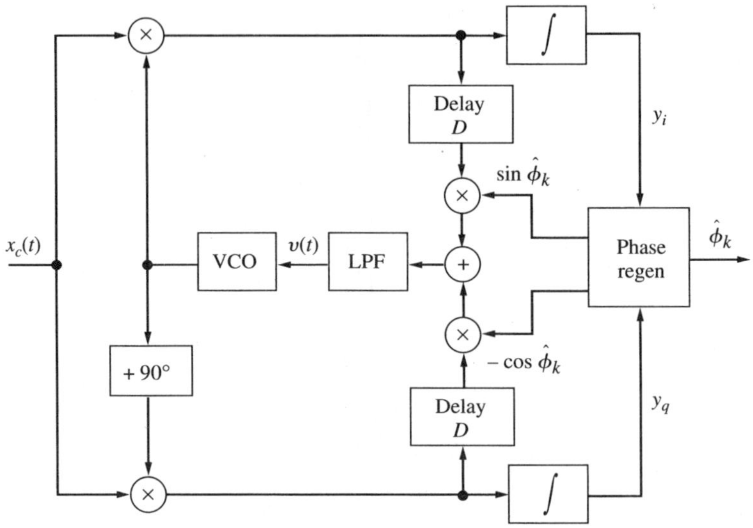

$M \geq 4$, $E/N_0 \gg 1$일 경우에

$$P_e \approx 2Q\left(\sqrt{\frac{4E}{N_0}\sin^2\frac{\pi}{2M}}\right) \tag{13}$$

을 구하는 과정을 참조할 수 있다. 식 (12), 식 (13)으로부터 M진 DPSK는 다음과 같은 인자에 의해서 에너지가 증가될 때 동기 PSK와 동일한 오류 확률을 나타낸다.

$$\Gamma = \frac{\sin^2(\pi/M)}{2\sin^2(\pi/2M)}$$

이 인자는 DQPSK ($M = 4$)에 대해서 2.3 dB로 같고, 이전에 강조한 대로 $M \gg 1$인 경우에 3 dB에 근접한다.

응용문제 14.4-2 그림 14.2-3처럼 동일한 BPF를 가진 그림 14.4-3의 상관 검파기 중에 하나로 대체함으로써 식 (7)을 이끌어 내시오.

M진 QAM 시스템

진폭과 위상 변조를 결합하여 신호원 심볼을 M진 QAM 신호의 형태로 표현할 수 있다. 또한 ***M*진 QAM**은 M진 진폭-위상 변조(APK)라고도 한다. 이 변조 방식은 대역폭이 제한된 채널에 유용하고 동일한 심볼율에서 키(keying) 변조의 다른 M진 시스템보다 더 낮은 오류율을 가능케 한다. 이제부터 사각 신호배치도로 정의한 M진 QAM 시스템의 종류에 대해서 알아본다. 그 후에 억압-반송파 M진 ASK에 대해서도 살펴본다.

동기화 변조와 억압 반송파 방식이 사용된 M진 ASK를 고려해보자. 반송파-억압은 극형 변조 신호를 적용함으로써 쉽게 나타낼 수 있다. 그러므로 k번째 심볼 구간에서

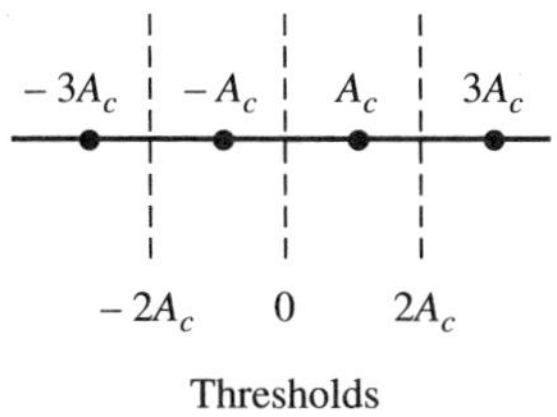

그림 14.4-7
4진 ASK의 검출 문턱값.

$$x_c(t) = A_c I_k p_D(t - kD) \cos \omega_c t \tag{14a}$$

여기서

$$I_k = \pm 1, \pm 3, \ldots, \pm(M - 1) \tag{14b}$$

라고 하자. 대역폭은 M진 PSK와 마찬가지로 $B_T \approx r$이다.

최적 동기 수신기는 직교 성분이 없으므로 단지 하나의 상관기로 구성되고, 재생은 노이즈가 섞인 샘플

$$y_i = A_c I_k + n_i$$

에 기초한다. 잡음 성분은 식 (7)과 같이 평균 0, 분산 $\sigma^2 = N_0 r$인 가우시안 RV이다. 그림 14.4-7은 1차원 신호 배치도에서 $M = 4$일 때 $M - 1$개의 균일하게 분포한 문턱값을 나타낸다. 짝수인 M 값에 대한 심볼 오류 확률은

$$P_e = 2\left(1 - \frac{1}{M}\right)Q\left(\frac{A_c}{\sqrt{N_0 r}}\right) \tag{15}$$

이고, 11.2절에서 극형 M진 기저대역 전송에 사용되는 동일한 분석에 의해서 이 식을 계산할 수 있다.

이러한 ASK 신호들 중에 두 개가 직교 위상 반송파 다중화를 거쳐 동일한 채널로 전송된다고 가정하며, 이때 필요한 대역폭은 신호 한 개를 보낼 때보다 넓지 않다. $M = \mu^2$인 M진 신호원으로부터 정보가 발생한다면 메시지는 동일한 샘플율 r을 가진 두 개의 μ진 줄로 변환된다. 기본적으로 M진 QAM의 성능은 μ진 오류율에 달려있는데, $M > \mu$인 직접 M진 변조에 비하여 우수하다.

그림 14.4-8a는 M진 QAM 전송기의 구조를 나타낸다. k번째 심볼 구간에서의 출력 신호는

$$x_c(t) = s_i(t - kD) - s_q(t - kD) \tag{16a}$$

여기서

$$\begin{aligned} s_i(t) &= A_c I_k p_D(t) \cos \omega_c t \qquad I_k = \pm 1, \pm 3, \ldots, \pm(\mu - 1) \\ s_q(t) &= A_c Q_k p_D(t) \sin \omega_c t \qquad Q_k = \pm 1, \pm 3, \ldots, \pm(\mu - 1) \end{aligned} \tag{16b}$$

이다. $\overline{I_k^2} = \overline{Q_k^2} = (\mu^2 - 1)/3$이므로, M진 심볼당 평균 에너지는

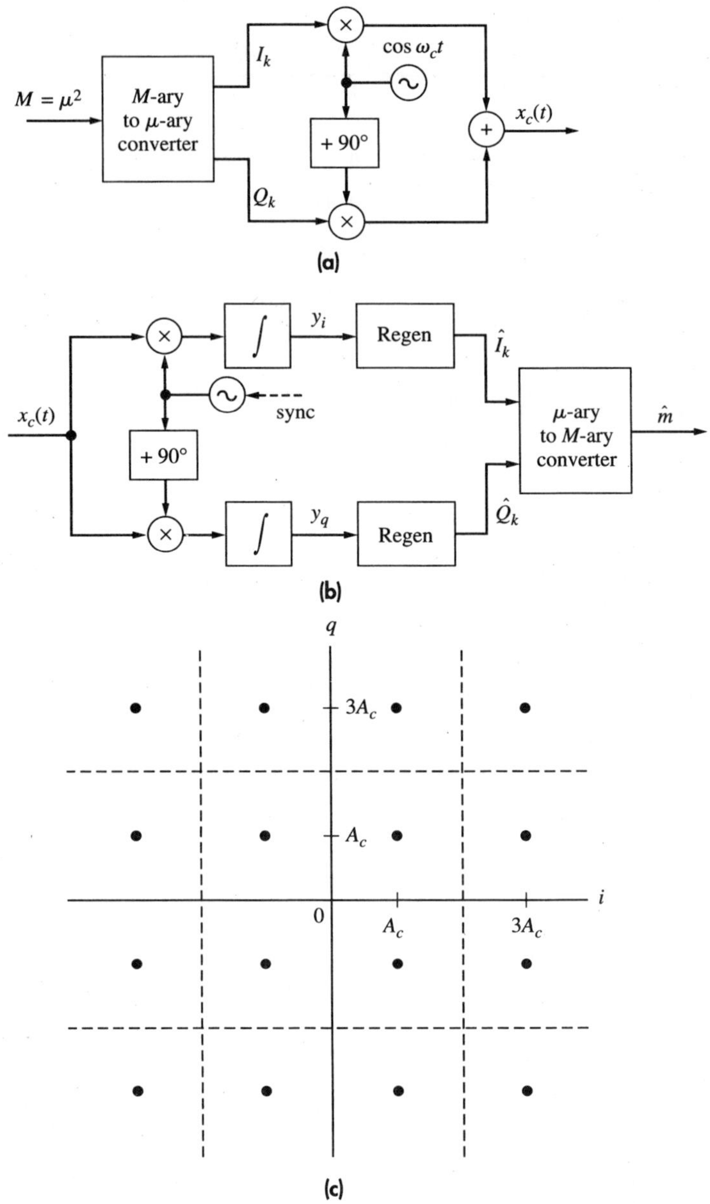

그림 14.4-8

*M*진 QAM 시스템. (a) 송신기; (b) 수신기; (c) *M*인 16인 경우의 정방형 신호 배치도 및 문턱값.

$$E = \frac{1}{2}A_c^2(\overline{I_k^2} + \overline{Q_k^2})D = \frac{1}{3}A_c^2(\mu^2 - 1)D \tag{17}$$

이 된다.

동기 QAM 검파를 그림 14.4-8b의 수신기로 구현한다. 이 수신기에서 직교 상관기의 샘플값은

$$y_i = A_c I_k + n_i \qquad y_q = A_c Q_k + n_q$$

이다. 그리고 나서 그림 14.4-8c에 나타난 것처럼 $M = 4^2 = 16$으로 하여 사각 신호배치도

와 문턱값의 형태를 정할 수 있다. M 대신에 $\mu = \sqrt{M}$를 사용하여 식 (15)에 주어진대로 I_k와 Q_k에 대한 오류 확률을 P라고 하자. M진 심볼당 오류 확률은 $P_e = 1 - (1 - P)^2$이고, $P \ll 1$일 때 $P_e \approx 2P$이다. 그러므로 식 (17)로부터 평균 심볼 에너지를 대입하여

$$P_e \approx 4\left(1 - \frac{1}{\sqrt{M}}\right)Q\left[\sqrt{\frac{3E}{(M-1)N_0}}\right] \tag{18}$$

이 된다.

이 결과를 사용해 계산해 보면 M진 QAM의 우수한 성능을 확인할 수 있다. 예를 들어 만약에 $M = 16$, $E/N_0 = 100$일 때, $P_e \approx 4 \times 3/4 \times Q(\sqrt{20}) = 1.2 \times 10^{-5}$이 된다. 반면에 $M = 16$인 등가적인 PSK 시스템에서는 $P_e \approx 2Q(\sqrt{7.6}) = 6 \times 10^{-3}$이다.

M진 FSK 시스템

앞서 기술했듯이, M개의 소스 심볼은 반송파 주파수를 $2f_d(= r/2)$만큼 등간격으로 주파수 변조시킴으로써 나타낼 수 있다. Ziemer & Peterson(2001)에 따르면 심볼 오류 확률의 상한 한계는 식 (19)로 표현된다.

$$P_e \le \begin{cases} (M-1)Q(\sqrt{\gamma_b \log_2 M}) & \text{동기 검파} \\ \dfrac{M-1}{2}\, e^{-\frac{1}{2}\gamma_b \log_2 M} & \text{비동기(포락선) 검파} \end{cases} \tag{19}$$

M진 FSK의 동기식 및 비동기식 수신기가 각각 그림 14.4-9와 14.4-10에 나타나 있다. 짐작하듯이 M개의 반송파 주파수로부터 상응하는 M개의 심볼을 찾아내는 데는 그림 14.2-3과 14.3-5의 이진 시스템의 경우 보다 M배 복잡해진다. 반면에 그림 14.4-3과 14.4-8의 M진 PSK와 M진 QAM 수신기는 각각 상응하는 이진 시스템과 복잡도가 비슷하다.

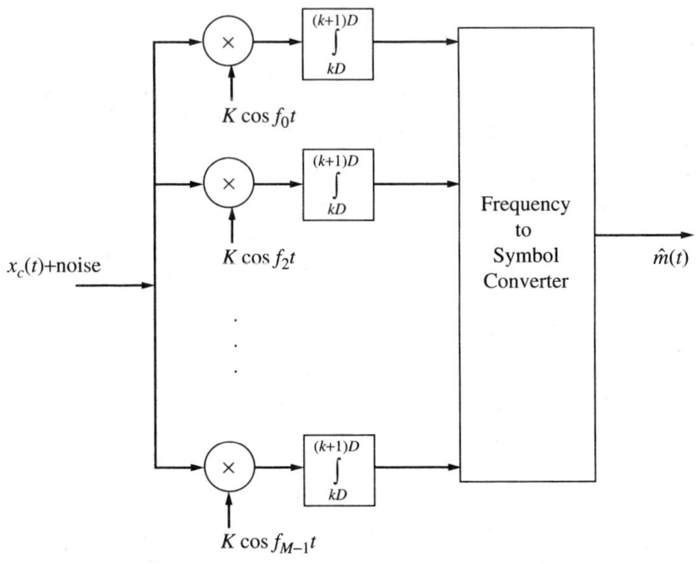

그림 14-4-9
동기식 M진 FSK 수신기.

그림 14.4-10
구형파 펄스 열.

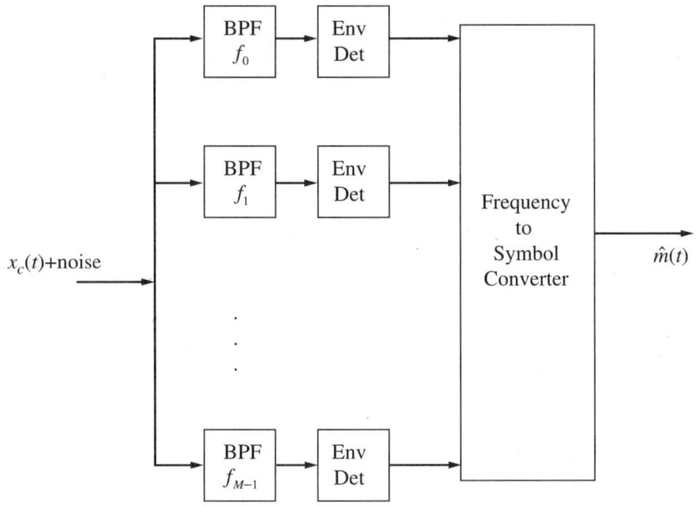

M진 직교 FSK는 종종 OFDM으로 구현된다. OFDM은 다음절에서 다룰 것이다.

디지털 변조 시스템의 비교

디지털 변조 시스템의 성능 비교를 위해서는 다음과 같은 여러 가지 인자들을 고려해야 한다. 즉 오류 확률, 전송 대역폭, 스펙트럼의 넘침 현상(spillover), 필요한 하드웨어, 이진과 M진 신호 사이의 차이점 등을 고려해야 한다. 비교시에 적용할 동일한 기준을 설정하기 위해서 실현 가능한 가정으로 정보는 비트율이 r_b인 이진 신호원으로부터 발생한다고 하자. 명시된 비트당 오류 확률을 얻는데 필요한 변조 속도 r_b/B_T와 에너지-잡음 비 γ_b으로 시스템을 비교할 수 있다.

이전의 이진 변조 시스템에 대한 결론을 가지고 직접 비교할 수 있으므로 그림 14.3-4의 오류 확률 곡선으로 비교할 수도 있다. 표 14.4-1에서 γ_b가 근사화 가능할 정도로 충분히 클 때 더욱 축약하여 정리하였다. (그러므로 비동기 OOK의 경우 거의 모든 오류는 반송파의 "off"상태에 해당한다.) 이것이 강조하는 점은 동기 직교 위상 반송파 검파 방식을 동반하면 변조 속도를 두 배로 할 수 있다는 것이다. 또한 스펙트럼 넘침현상을 최소화하려면 교차 변조(MSK 또는 OQPSK)나 추가적인 펄스 정형화가 필요함을 상기하자.

지금부터 심볼률이 r이고 심볼당 에너지가 E인 M진 전송에 대해서 생각해보자. $M = 2^K$라 하면, 데이터 변환 요소는

표 14.4-1 이진 변조 시스템들의 요약.

Modulation	Detection	r_b/B_T	P_{be}
OOK or FSK ($f_d = r_b/2$)	Envelope	1	$\frac{1}{2}e^{-\gamma_b/2}$
DPSK	Phase-comparison	1	$\frac{1}{2}e^{-\gamma_b}$
BPSK	Coherent	1	$Q(\sqrt{2\gamma_b})$
MSK, **4-QAM**, or QPSK	Coherent quadrature	2	$Q(\sqrt{2\gamma_b})$

$$K = \log_2 M$$

이고, 이것은 M진 심볼당 비트 수와 같다. 등가의 비트율과 에너지는 각각 $r_b = Kr$, $E_b = E/K$이므로,

$$\gamma_b = E/KN_0$$

이다. $B_T \approx r = r_b/K$이므로, M진 PSK 또는 M진 QAM의 변조 속도는

$$r_b/B_T \approx K \tag{20}$$

이 된다.

11.2절의 식 (24)의 결합에서 논의한 것처럼 데이터 변환으로 Gray 부호를 사용한다면 $P_{be} \approx P_e/K$이 된다. M진 PSK와 M진 QAM의 경우, 배치도 심볼 배치에 Gray 부호를 적용하면 오류 확률은 심볼당 한 개 정도가 된다. 이는 **신호 배치도**에서 쉽게 알 수 있듯이, 오류 발생시 인접한 심볼일 가능성이 인접하지 않은 심볼일 가능성 보다 높기 때문이다. 오류 확률이 비교적 작다면, 최대 심볼당 비트 오류는 1로 가정하는 것이 타당하다. 따라서 M진 PSK와 M진 QAM에 그레이 코딩을 취하면, 비트 오류 확률이 식 (21)로 근사화 된다.

$$P_{be} \approx \frac{P_e}{K} \tag{21}$$

반면에 M진 FSK에서는, 심볼 값에 따라 주파수를 결정하는 논리의 내재된 성질에 의해, 모든 심볼의 오류 발생 확률이 같기 때문에 Gray 코딩으로 인한 별 이점이 없다. M진 FSK의 경우 비트 오류 확률은 다음과 같이 표현된다(Ziemer & Peterson, 2001 참조).

$$P_{be} = \frac{P_e M}{2(M-1)} \tag{22}$$

앞에서의 표현식을 종합하여 표 14.4-2에 상대적인 결과를 나타내었다. r_b/B_T의 값은 **대역폭 효율**이라고 한다.

모든 직교 위상 반송파와 M진 시스템은 오류 확률이나 신호 에너지에 대한 보상을 지

표 14.4-2 $r_b/B_T = K = \log_2 M$인 M진 변조 시스템의 요약.

Modulation	Detection	P_{be}
DPSK ($M \geq 4$)	Phase-comparison quadrature	$\frac{2}{K} Q\left(\sqrt{4K\gamma_b \sin^2 \frac{\pi}{2M}}\right)$
PSK ($M \geq 8$)	Coherent quadrature	$\frac{2}{K} Q\left(\sqrt{2K\gamma_b \sin^2 \frac{\pi}{M}}\right)$
QAM (K even)	Coherent quadrature	$\frac{4}{K}\left(1 - \frac{1}{\sqrt{M}}\right) Q\left(\sqrt{\frac{3K}{M-1}\gamma_b}\right)$

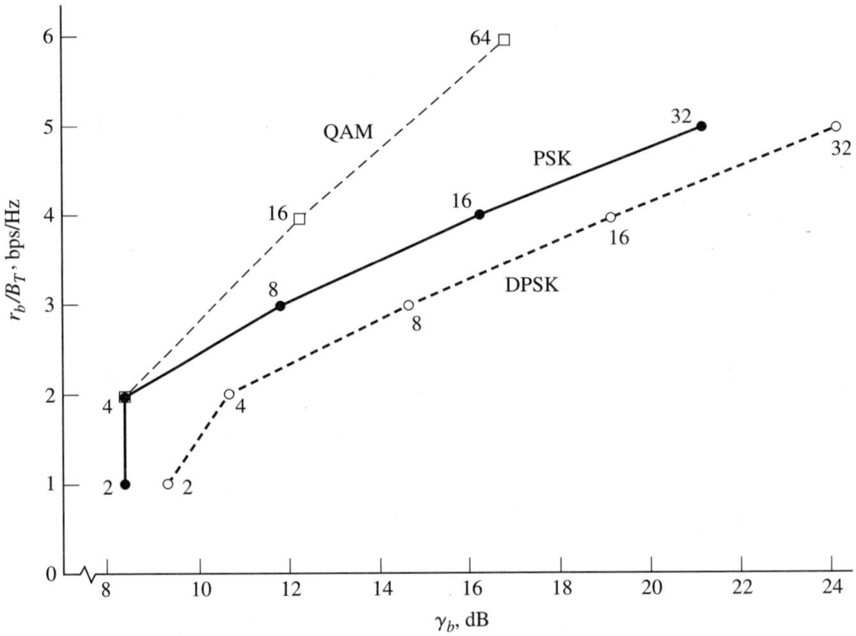

그림 14.4-11

$P_{be} = 10^{-4}$인 M진 변조 시스템들의 성능 비교.

불하며 변조 속도를 향상시킨다. 예를 들면 비교 시에 표준으로 쓰이는 $P_{be} \approx 10^{-4}$로 고정된 오류 확률을 유지한다고 가정하자. 다양한 변조 속도를 가지는 변조 시스템에서 필요한 γ_b의 값을 도표에 정리되어 있는 수식으로 계산할 수 있다. 그림 14.4-11에서 각각의 점은 M에 대응하는 값으로 하여 r_b/B_T 대 γ_b를 dB로 하여 그래프로 나타내었다. 분명히 $r_b/B_T \geq 4$에 대해서 PSK 대신에 QAM을 선택할 것이다. M진 DPSK는 동기 검파의 반송파-동기화 문제를 제거하지만, $r_b/B_T \geq 4$에서 QAM보다는 적어도 7 dB 이상의 에너지가 필요하다.

마지막 비교로서, 표 14.4-3은 그림 14.4-11의 M진 데이터를 모아 동일한 오류 확률을 가지는 이진 시스템에서 계산한 값을 보인다. 이 표는 다양한 시스템에 대하여 변조 속도, 신호 에너지, 하드웨어 비용 사이의 교환관계를 고려해 복잡도를 증가시키는 순으로 나열하였다.

표 14.4-3 $P_{be} = 10^{-4}$에 대한 디지털 변조 시스템의 비교.

Modulation	Detection	r_b/B_T	γ_b, dB
OOK or FSK ($f_d = r_b/2$)	Envelope	1	12.3
DPSK ($M = 2$)	Phase-comparison	1	9.3
DQPSK	Phase-comparison quadrature	2	10.7
BPSK	Coherent	1	8.4
MSK, QAM, or QPSK	Coherent quadrature	2	8.4
DPSK ($M = 8$)	Phase-comparison quadrature	3	14.6
PSK ($M = 8$)	Coherent quadrature	3	11.8
FSK ($M = 16$)	Coherent	0.5	6.6
PSK ($M = 16$)	Coherent quadrature	4	16.2
QAM ($M = 16$)	Coherent quadrature	4	12.2

표를 확인할 때 다음의 두 가지를 기억해야 한다. 첫째로, 수치값은 이상적인 시스템에 해당한다. 실제 시스템의 변조 속도는 전형적으로 이론값의 약 80퍼센트 정도이고, 필요한 에너지는 적어도 1~2 dB 정도 더 높다. 이러한 1~2 dB 차이는 종종 **구현 손실**로 지칭된다. 둘째로, 구체적인 전송 채널의 특성은 추가적으로 고려할 점이 있다. 특히 빠르게 변하는 전송 지연은 동기 검파를 어렵게 하고 전송의 비선형성은 OOK와 M진 QAM의 포락선 변조에 나쁜 영향을 끼친다.

언급해야 할 한가지 실제적인 것이 하드웨어 구현이다. FSK나 GMSK 방식은 출력 진폭이 일정해서 증폭기의 선형성이 중요하지 않기 때문에 송신기의 종단 증폭기로 효율이 높은 C-급 증폭기가 채택된다. 이로인해, GSM 모바일 폰의 경우, 배터리 지속시간을 많이 증가시킬 수 있다.

간섭, 페이딩, 지연 왜곡을 포함한 다른 요소들은 이곳에서 다루지 않았다. 이러한 것들은 Oetting(1979)에서 자세히 설명되었으며, 이 책은 시스템에 대한 추가적인 기준을 포함하고 있다.

14.5 직교 주파수 분할 다원 접속(OFDM)

7.2절에서 설명한 FDM을 상기해보면, 각 사용자는 서로 다른 주파수 구역을 할당 받는다. 주어진 총 대역폭 W Hz로 각각 Δf Hz를 차지하는 K명의 사용자를 수용한다. FDM은 비이상적 필터로 야기되는 혼선 문제를 해결해야하고, 최근 디지털 기술을 사용한 구현에 적합하지 않다고 지적되었다. 이에 이 절에서는 FDM을 변형시킨 **OFDM**을 고려하고자 한다. OFDM은 다중반송파 변조 방식에 속한다. FDM과 OFDM의 가장 큰 차이점은 OFDM의 경우 반송파간 서로 직교성을 갖는다는 것이다. OFDM은 주파수 영역뿐만 아니라 위상 영역에서의 **다원 접속**을 포함한다. 일단 OFDM은 단일 사용자의 메시지를 나누어 여러 개의 직교 주파수에 실어 전송하는 변조 방법으로 생각하자. 그 다음 다원 접속의 수단으로 OFDM을 고려할 것이다. OFDM은 현재 DSL(digital subscriber line), 무선망, Wi-Fi (IEEE802.11), WiMax (IEEE802.16)에 사용되고 있다. Wi-Fi 및 WiMax 표준에 대한 더 자세한 정보는 Andrew, Ghosh and Muhamed(2007)과 http://www.ieee.org를 참조하라.

OFDM에서 부반송파들은 직교성을 유지하므로 서로 간섭을 끼치지 않기 때문에 각 부반송파의 스펙트럼은 중첩시킬 수 있다. 따라서 기존의 FDM에 비하여 OFDM이 차지하는 스펙트럼의 효율성이 이점을 가진다. PSK 또는 QAM 변조가 채택된 OFDM에서는 앞서 언급된 FDM의 제약을 극복하고, 특히 기존의 FDM에 사용되던 고가의 대역통과 필터가 요구되지 않는다. 다만 OFDM에서는 엄격한 주파수 동기에 주의를 기울여야 한다.

총 채널 대역폭 W을 K개의 구역으로 나누고, 각 부반송파의 주파수는 f_k로 표기하면 부반송파간 간격은 다음과 같이 표현되고

$$\Delta f = f_{k+1} - f_k$$

따라서

$$f_k = k\left(\frac{W}{K}\right)$$

이고, 심볼율은 다음과 같다.

$$r = 1/T = \Delta f$$

여기서 T는 심볼 구간이고, 변조된 부반송파는 식 (1)과 같이 서로 직교한다.

$$\int_0^T \cos(2\pi f_k t)(\cos 2\pi f_{j\neq k} t)dt = 0 \quad \text{for all } j, k, j \neq k \tag{1}$$

따라서 OFDM에서는 간섭 없이 K개의 심볼을 동시에 전송 가능하다. 다시 말해, 일련의 프레임들로 구성된 메시지에 대하여, 각 프레임은 K개의 심볼들로 이루어지고 전체 프레임을 채널을 통해 전송율 $r_s = 1/T_s = K/T = W$로 보내는 대신, 각 심볼을 분리된 부반송파 주파수 f_k에 실어 K개의 심볼을 병렬로 느려진 전송율 $r = r_s/K$ Hz로 송신한다. 이때 심볼 구간은 $K = KT_s$가 된다. 심볼율을 느리게 해 얻은 중요 이득은 다중경로로 인한 ISI를 줄인 점이다.

ISI를 최소화 하고 다중경로로 야기되는 오류를 최소화하기 위하여 심볼 구간 T를 채널의 임펄스 응답보다 훨씬 크게 그리고 지연 확장 시간보다 크도록 K와 T를 선정해야 한다.

메시지 프레임이 K개의 심볼로 나누어지고, 각 심볼이 QAM에 의해 변조되었다고 하면 부반송파 함수는 다음과 같이 표현된다.

$$v_k(t) = I_k p_D(t)\cos(2\pi f_k t) - Q_k p_D(t)\sin(2\pi f_k t) \qquad k = 0, 1, \ldots K-1 \tag{2}$$

여기서 I_k와 Q_k는 k번째 심볼 배치도 점을 나타내고, $p_D(t) = u(t) - u(t-D)$이다. 표기를 간단히 하고자 배치도 점에 펄스 성형을 포함시켜 $I_{kP_D}(t)$와 $Q_{kP_D}(t)$를 각각 단지 $I_k(t)$와 $Q_k(t)$로 표기하면, 배치도 점은 식 (3)과 같이 표현된다.

$$X_k(t) = I_k(t) + jQ_k(t) \text{ and } X_k(t) = |X_k(t)|e^{j\phi_k(t)} \tag{3}$$

부반송파 신호가 실수 함수이므로 식 (4)를 정의하면

$$v_k(t) = \text{Re}[X_k(t)e^{j2\pi f_k t}] \tag{4}$$

출력은 식 (5)와 같이 부반송파의 합으로 나타낼 수 있고,

$$x_c(t) = \sum_{k=0}^{K-1} v_k(t) = \text{Re}[\sum_{k=0}^{K-1} X_k(t)e^{j2\pi f_k t}] \tag{5}$$

그림 14.5-1에 보인 것처럼 구현될 수 있다.

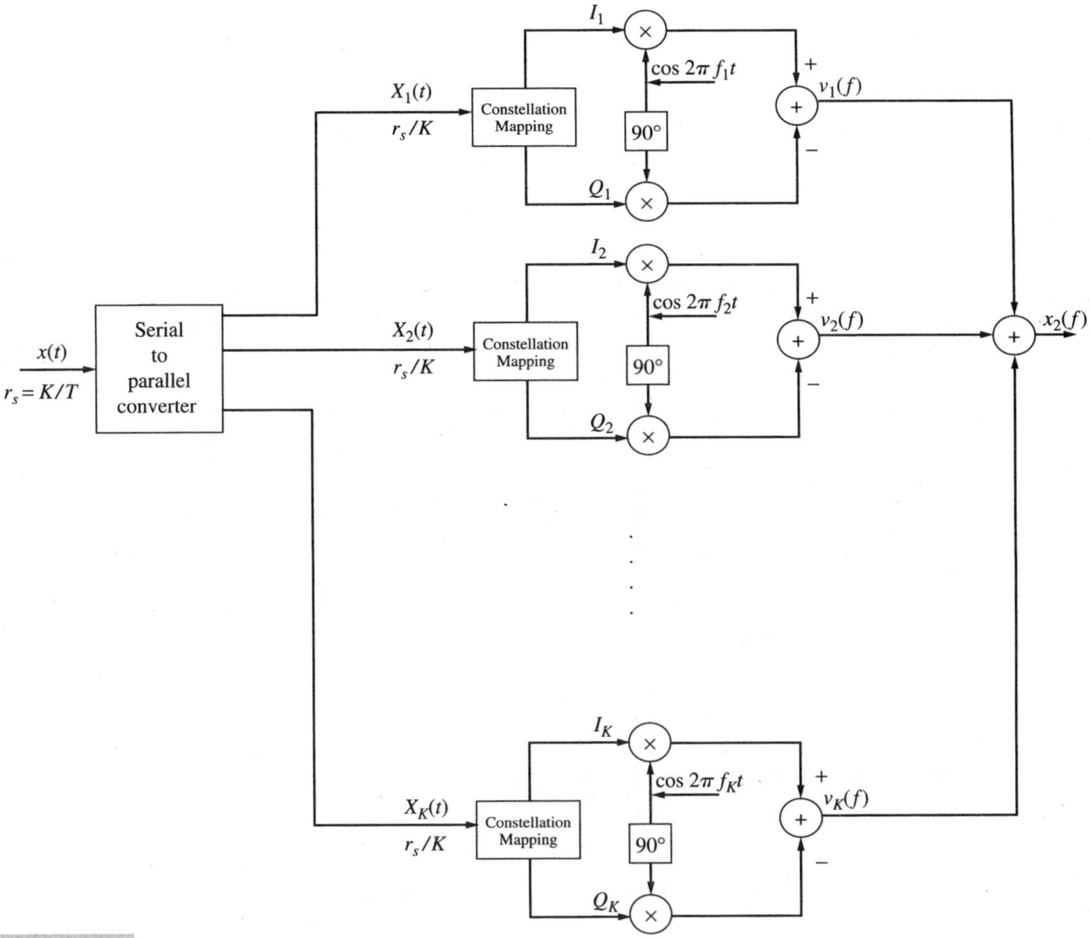

그림 14.5-1 OFDM 송신기.

DFT 역변환을 이용한 OFDM 생성

이제 이산 푸리에 역변환(IDFT)를 이용하여 OFDM의 구현을 더욱 용이하게 나타내고자 한다.

식 (5)를 수정하여 실수와 허수 성분을 포함하면 식 (6)을 얻게 된다.

$$w(t) = \sum_{k=0}^{K-1} X_k(t) e^{j2\pi f_k t} \tag{6}$$

위 함수 $w(t)$을 이산화시키면 ($w(t) \rightarrow w(nT_s) \rightarrow w(n)$)

$$w(t) \rightarrow w(nT_s) = \sum_{k=0}^{K-1} X_k(n) e^{j2\pi f_k n T_s} \qquad n = 0, 1, \ldots K\text{–}1 \tag{7a}$$

이 되고, $f_k = k\left(\dfrac{W}{K}\right)$와 $W = 1/T_s$을 식 (7a)에 대입하면 식 (7b)가 된다.

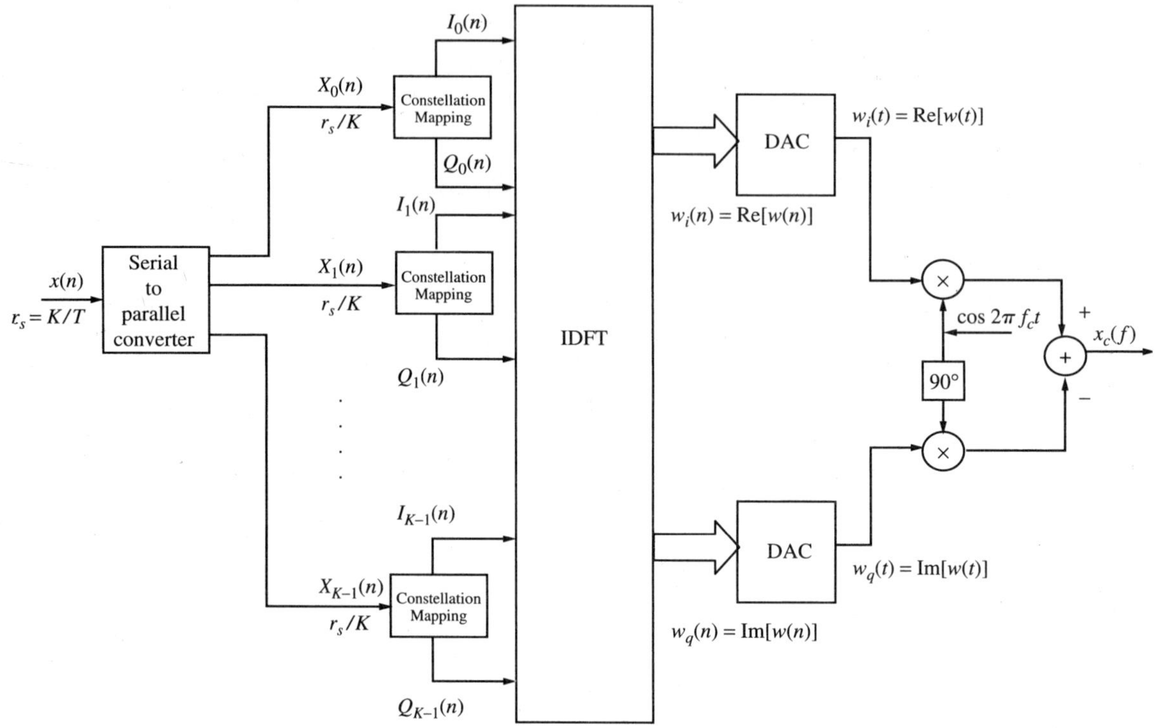

그림 14.5-2 IDFT를 이용한 OFDM 송신부 구현.

$$w(nT_s) = \sum_{k=1}^{K-1} X_k e^{j2\pi k(W/K)nT_s} \Rightarrow w(n) = \sum_{k=0}^{K-1} X_k e^{j2\pi kn/K} \quad n = 0,1 \ldots K-1 \tag{7b}$$

2.6절의 식 (2)를 상기하면, 식 (7b)에서 $w(n)$이 다음식과 같이 X_k의 IDFT로 표현됨을 알 수 있다.†

$$w(n) = IDFT[X_k(n)]$$

OFDM은 그림 14.5-2에 보인 것처럼 구현될 수 있다. IDFT 블록에서 나온 실수와 허수 출력 신호는 $1/T$율로 각각 DAC로 입력된다. DAC 출력 $w_i(n)$과 $w_q(n)$은 각각 동위상과 직교위상 성분을 나타내고 QAM을 거쳐 식 (8)의 OFDM 신호를 생성시킨다.

$$x_c(t) = w_i(t) \cos 2\pi f_c t - w_q(t) \sin 2\pi f_c t \tag{8}$$

QAM을 통한 변조는 $x_c(t)$가 실수 함수임을 보장한다.

이 시점에, IDFT 구조를 사용해 구현 가능한 디지털 주파수 다원 접속 시스템을 개발했다. K 값을 2의 거듭제곱으로 제한한다면, IDFT 연산은 보다 효율적이고 경제적으로 처리될 수 있다. 하지만 $x_c(t)$가 실수 함수임을 보장하는 QAM 연산을 수행하는 부가적인 아날로그 하드웨어가 필요하다. 또한 전화선을 통한 DSL에서도 응용을 찾을 수 있는데,

† 이 경우 $w(n)$이 IDFT의 입력이기 때문에 $w(n)$에 대한 독립변수로 k 대신 n을 사용한다.

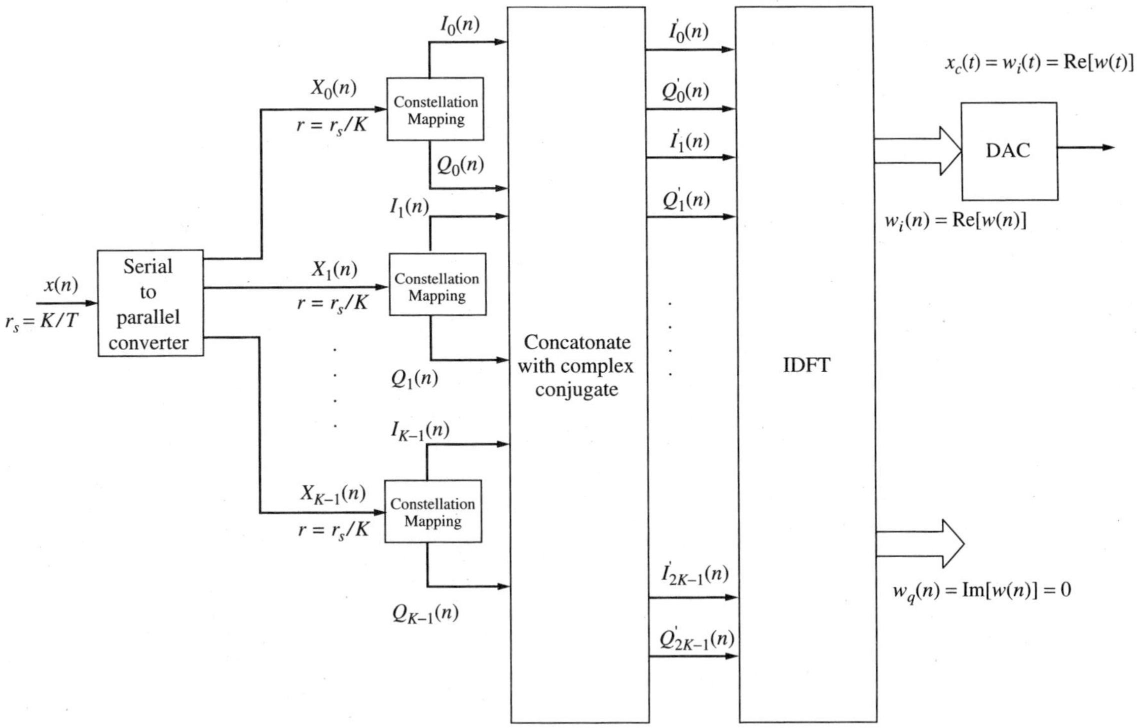

그림 14.5-3 OFDM 기저대역 송신기.

이 경우는 신호를 더 높은 반송파 주파수로 변조시킬 필요가 없다. 따라서 아날로그 하드웨어를 완전히 없애고자 한다. $N-$포인트 IDFT의 대칭성으로부터 입력의 후반 $N/2$개의 심볼이 전반 $N/2$개의 심볼과 켤레 복소 관계라면, IDFT의 출력은 허수부가 영인 실수 값이 된다. 이는 IDFT 입력에 전반 K개의 심볼의 켤레 복소인 K개의 부가적인 심볼을 접합시켜 쉽게 달성된다. IDFT의 입력은 식 (9)와 같다.

$$X_k'(n) = \begin{cases} X_k(n) & k = 1, 2, \ldots, K-1 \\ X_k^*(n) & k = 2K-1, 2K-2, \ldots, K+1 \end{cases} \tag{9}$$

IDFT의 성질을 더욱 충족시키기 위해, $X_0'(n)$과 $X_K'(n)$이 실수이어야 한다. 따라서 이 값들이 영이 아니라면, $X_0'(n) = \mathrm{Re}[X_0(n)]$이고 $X_{N/2}' = \mathrm{Im}[X_0(n)]$이 된다. 새로운 IDFT 구조는 $N(= 2K)$개의 입력과 $N(= 2K)$개의 출력을 갖게 되고, 식 (7)은 $w(n) = \sum_{k=0}^{2K-1} X_k' e^{j2\pi nk/N}$이 된다. 새로운 배치도 매핑은 다음과 같다.

$$X_k'(n) = I_k'(n) + jQ_k'(n) \quad k = 0, 1, \ldots, N-1 \tag{10}$$

이어서 DAC에 실수 벡터를 입력시켜 OFDM 변조 신호를 생성하며, 이때 전송율은 그림 14.5-3에 보인 바와 같이 $2K\Delta f$가 된다. IDFT의 허수 성분은 영이 되고, 식 (8)은 식 (11)과 같이 된다.

$$x_c(t) = w_i(t) \tag{11}$$

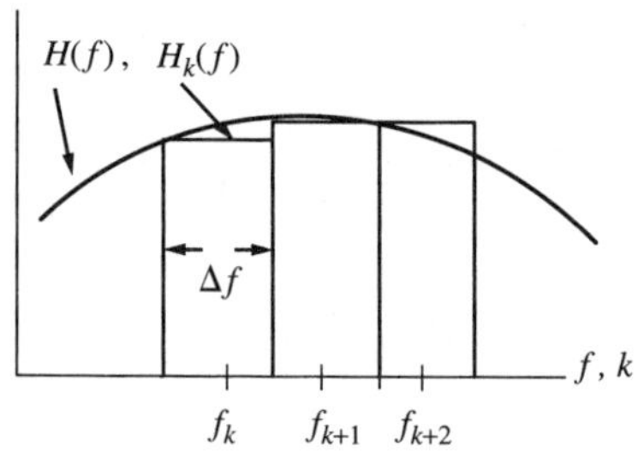

그림 14.5-4
부채널의 주파수 응답.

채널 응답과 순환적 확장

3.2절에서 설명한 것처럼, 채널 전체는 평평한 주파수 응답을 갖지 않기 때문에 전송 신호는 쉽사리 스펙트럼 왜곡을 겪게 된다. 11.3절에서는 이 문제를 해결하기 위한 방안으로 채널 등화를 논하였다. 이제 그림 14.5-4에 보인 채널 스펙트럼의 한 부분을 고려하고, 각 부채널의 주파수 응답의 변화를 다음 식과 같이 가정한다.

$$H_k(f) \neq H_{j \neq k}(f)$$

그러나, Δf가 충분히 작다면, 각 부채널의 주파수 응답이 식 (12)와 같이 비교적 평탄하다고 가정할 수 있다.

$$H_k(f) \cong A \text{ with } f - f_k/2 \leq f \leq f + f_k/2 \tag{12}$$

따라서 OFDM을 적용하면 채널 등화가 간단해진다.

데이터가 여러 개의 부반송파에 실려 전송되기 때문에, OFDM은 본질적으로 주파수 다각화 특성을 가지며, 이는 주파수 선택적 다중경로 왜곡이나 협대역 페이딩 문제를 완화시켜 준다. 데이터를 여러 채널에 분산시키는 것은 데이터를 여러 주파수에 섞어 끼울 수 있게 해준다. 이 방식은 13.1절에서 데이터를 시간 축에서 섞어 끼우는 것과 유사하다. 시간 축에서의 인터리빙은 오류조정 비트를 잘 이용해 연집 오류 영향을 줄여 준다. 비슷하게, 주파수 인터리빙은 주파수 선택적 페이딩을 줄여주는 역할을 한다.

OFDM은 K개 부채널의 더 좁아진 주파수 간격으로 인하여 다중경로로 야기되는 ISI 영향을 덜 받게 되고, 심볼 구간이 상대적으로 길어 채널의 시간 변화 영향을 덜 받는다. ISI의 감소는 OFDM 심볼 사이에 보호 시간을 삽입해 달성되며, 보호 시간은 채널 지연 확산 시간보다 길어야 한다. 3.2절의 지연 확산에 대한 설명을 상기하자. 보호 시간의 분명한 단점은 오버헤드에 있으며, 대역폭 효율의 감소를 가져온다. 이를 좀 더 자세히 살펴보자. 잡음을 무시하면, 이미 언급했듯이, k번째 부채널의 주파수 응답과 임펄스 응답은 각각 식 (13a)와 (13b)처럼 나타낼 수 있다.

$$H_k(f) = A\text{Rect}[f_k/\Delta f] \tag{13a}$$

$$h_k(t) = 2A\Delta f \,\text{sinc}(\Delta f t) \tag{13b}$$

따라서 부채널 출력 신호는 연속 영역과 이산 영역에서 각각 (14a)와 (14b)로 표현된다.

$$y_k(t) = h_k(t) * x_k(t) \tag{14a}$$

$$y_k(n) = h_k(n) * x_k(n) \tag{14b}$$

여기서 *는 선형 컨벌루션을 의미하며, $x_k(t)$와 $x_k(n)$은 각각 연속 및 이산 입력 신호를 나타낸다. $x_k(n)$과 $h_k(n)$의 선형 컨벌루션 결과는 ISI를 야기시킬 수 있다. 수열 $x_k(n)$과 $h_k(n)$의 길이를 각기 N과 M이라 하자. 이때 M은 부채널의 메모리 길이와 같다. 이제 $x_k(n)$과 $h_k(n)$에 각기 0을 채워 넣어 길이가 $N + M - 1$되도록 하고, 부채널이 보호 시간을 갖도록 한다. 그러면 다음과 같은 순환 컨벌루션을 통해 식 (14b)의 연산을 효율적으로 수행할 수 있고, 또한 ISI를 회피할 수 있다.

$$y_k(n) = h_k(n) \otimes x_k(n) = IDFT\,[H_k(j) \cdot X_k(j)] \tag{15}$$

앞서 언급한 보호 시간은 **접두 및 접미 순환 확장**으로 불리운다. 수열을 적절히 이동시키면, 단지 접두 확장만으로도 가능해진다. 수신 검파시, 입력 수열에서 M개의 심볼은 제거하고 원래 필요한 N개의 심볼만 취하면 된다. M의 최소값은 채널의 지연 확장보다 커야한다.

OFDM과 FDMA 프로토콜을 결합시키면 OFDMA가 된다. OFDM은 심볼의 모든 반송파를 차지하는 사용자에게만 전송을 가능케 한다. 하지만 **OFDMA**는 동일한 심볼의 서로 다른 부반송파들을 차지하는 서로 다른 사용자들에게 전송을 가능케 한다. 이를 성취하기 위해 그림 14.5-3의 구조를 변형시켜 K'명의 사용자에 대하여 각 사용자가 K개의 부채널을 차지하도록 한다. 예를 들어, $K'(= 4)$명의 사용자에 대하여 OFDM을 위해 각 사용자에게 $K(= 32)$개의 부채널이 할당되었다 하자. 따라서 사용자 1에게 1~32, 사용자 2에게 33~64, 같은 방식으로 총 128개의 주파수 채널을 할당한다. 또한 의사-랜덤 주파수 호핑 방식을 채택하여 각 사용자가 매 프레임 마다 서로 다른 그룹의 주파수를 차지하도록 할 수 있다.

지연 확산과 보호 심볼

예제 14.5-1

WiMax OFDM 시스템의 사양은 다음과 같다: $W = 20$ MHz, 부채널 수 $K = 2048$, 지연 확산 4 μs ⇒ 250 kHz = 0.250 MHz. 각 부채널의 대역폭은 $\Delta f = 9765$ Hz(= 20 MHz/2048)이 된다. 만약 채널의 심볼율이 20 MHz이고 지연 확산이 4μs라면, 오버헤드에 해당하는 보호 심볼 수는 80 (= 20×10^6 심볼/초 $\times 4 \times 10^{-6}$초)이다. 각 부채널에 대한 보호 심볼 수는 0.039(= 80 보호 심볼/2048 부채널)이다. WiMax 표준에서는 보호 시간과 채널 시간의 비가 1/4, 1/8, 1/16, 1/32 이 되도록 요구하며, 80 보호 심볼/512 부채널 (< 1/4)은 허용한다. 부채널 수를 512로 줄이게 되면 WiMax가 요구하는 최소 값 1/4 이내가 된다. 더 자세한 사항은 Andrews et al.(2007)을 참조하라.

OFDM 신호는 다수의 부반송파 신호들로 구성되며, 단일 전력 증폭기를 통해 출력된다. 종종 부반송파 신호들은 동시에 합해지므로 증폭기 출력에서는 **PAR**(peak-to-average-ratio)이 커지는 문제점이 발생한다. 예를 들어, K개의 동위상 신호들로 PAR값이 K가 되게 할 수 있다. 반면에 하나의 PSK 신호는 PAR값이 1이다. PAR이 크면 동적 범위도 커져, DAC와 ADC의 복잡도가 증가한다. PAR이 크면 송신단의 증폭기는 상대적으로 큰 선형 동적 범위를 가져야 한다. PAR을 줄이는 방법들은 다음과 같다: (a) 단일-왜곡 기법: 피크 진폭이 절단이나 다른 비선형 방식에 의해 줄어듦; (b) PAR을 최소화 시키기 위해 전송 심볼을 변경시키는 코딩 방법; (c) PAR을 최소화시키기 위해 OFDM 심볼을 뒤섞음. OFDM과 PAR을 줄이기 위한 더 자세한 정보는 Prasad(2004), Andrews et al.(2007), Bahai & SaHzberg(1999)을 참조하라.

응용 문제 14.5-1 송신단에서 나오는 부반송파들이 서로 직교한다는 가정하에, 수신 신호들 사이에는 어떻게 직교성이 유지되지 않을 수 있는가?

응용 문제 14.5-2 식 (4)를 증명하라.

14.6 트렐리스 부호화 변조

디지털 메시지를 전송하는 모뎀에 연결하는 대역폭이 3.2 kHz이고, S/N이 35 dB인 표준 음성 전화선을 고려해보자. 16.3절의 Hartley-Shannon 법칙에 따라서 회선의 용량 또는 메시지 비율은 $C = 37.2$ kbps이어야 한다. 그러나 고정된 P_{be}에 대해서 M진 PSK, QAM과 같이 전통적인 디지털 변조 방식을 사용하는 실제 모뎀은 Hartley-Shannon 제한에 근접하지 않고 단지 9.6 kbps까지의 메시지비율로 동작한다. 메시지비율은 대역폭을 늘리지 않고 신호 배치도에 추가로 점을 더함으로써 증가시킬 수 있다. 그러나 이 점들의 유클리드 거리가 감소하면 P_{be}는 증가하게 된다. 전통적인 오류 정정 부호를 사용할 수 있지만, 추가된 잉여(redundancy)에 의해서 전체적인 메시지 비율이 감소하게 된다. 이에 따라서 새롭게 개발된 터보 부호는 Hartley-Shannon 제한에 근접하지만, 반복성 때문에 만족스럽지 않은 비교적 긴 대기(latency) 시간을 가지고 있다.

전화선과 케이블 TV 선과 같이 대역 제한 채널상에서 Hartley-Shannon 제한에 더 근접한 메시지 비율을 얻기 위해서 IBM Zurich Research Laboratory의 Gottfried Ungerboeck가 1980년대 초기에 개발한 **트렐리스 부호화 변조**를 다뤄 보기로 한다(Ungerboeck, 1982, 1987).

TCM은 컨벌루션 부호화와 변조를 결합한 방식이다.

TCM은 대역폭 확장 없이 적어도 7 dB 정도의 부호화 이득과 전화 모뎀을 위한 더 높은 baud율을 가능하게 한다. 이러한 향상을 위한 비용으로 복호기의 복잡성이 다소 증가한다.

TCM 기초

그림 14.6-1과 같은 배치도의 M진 PSK 시스템에 대해서 생각해 보자.

$$P_{be} = \frac{2}{K} Q\left(\sqrt{\frac{2E}{N_0} \sin^2 \frac{\pi}{M}}\right) \tag{1}$$

오류는 인접한 점들이 혼동될 때 가장 쉽게 발생한다. 그러므로

오류를 최소화하려면 인접한 점들간의 유클리드 거리를 최대화하는 것이 필요하다.

이 경우에 인접한 점들간의 거리의 제곱은

$$d_{\min}^2 = 4 \sin^2 \frac{\pi}{M} \tag{2}$$

이고,

$$P_{be} = \frac{2}{K} Q\left(\sqrt{\frac{E}{2N_0} d_{\min}^2}\right) \tag{3}$$

로서 식 (1)을 표현할 수 있다.

TCM을 설명하기 위해서 심볼당 두 개의 비트와 그림 14.6-1a의 신호 배치도를 가지는 QPSK 시스템을 보자. 이 경우에 $x_1x_2 = 01$은 $\pi/2$ radian으로 매핑하고, $x_1x_2 = 10$은 $3\pi/2$ radian으로 매핑한다. 그림 14.6-1과 식 (2)와 같이 신호 배치도로 매핑한 후에 인접 심볼간

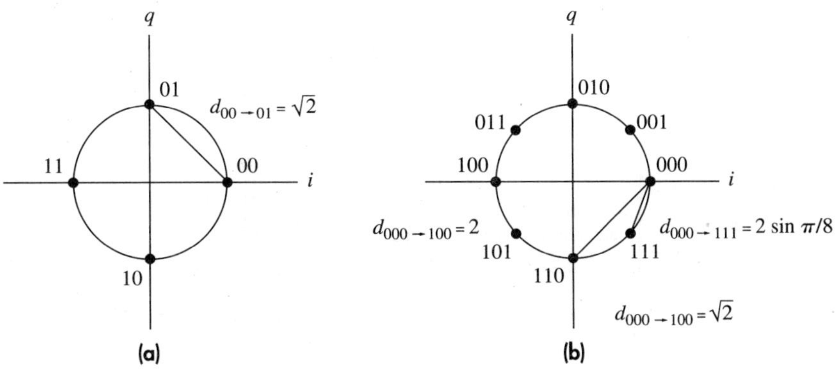

그림 14.6-1
PSK 신호 배치도. (a) $M = 4$; (b) $M = 8$.

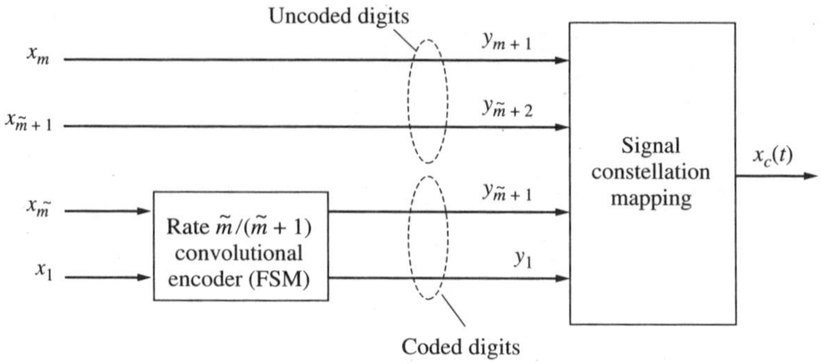

그림 14.6-2
TCM을 위한 기본적 $m/(m + 1)$ 부호기-변조기.

최소 거리의 제곱은 $d^2_{\min} = d^2_{00 \to 01} = 2$이다. 이제 이것을 M진 PSK TCM 시스템의 기준으로 사용한다.

그림 14.6-2의 기본적 TCM 시스템은 M개의 메시지 입력 $x_1, x_2, \cdots, x_m$을 확장하여 $m + 1$개의 출력 $y_1, y_2, \ldots, y_{m+1}$을 생성하고, 이것은 M진 신호 배치도로 매핑하는 $M = 2^{m+1}$개의 채널 심볼이다. 그러므로 전체적인 부호화율은 $R = m/(m + 1)$이다. TCM 구조는 $\tilde{m}/(\tilde{m} + 1)$ 비율의 컨벌루션 부호기를 포함하는데, 여기에서 $\tilde{m} \le m$을 만족하는 $\tilde{m}$은 부호화된 메시지 비트의 수와 같다. 이 부호기는 $\tilde{m}$개의 메시지 비트를 $\tilde{m} + 1$개의 신호 출력으로 확장한다.

그림 14.6-3a의 시스템은 $\tilde{m}/(\tilde{m} + 1) = 1/2$, 4-상태의 컨벌루션 부호기를 사용하여 메시지 비트 x_1을 두 개의 비트 y_1과 y_2으로 부호화한다. 반면에 그림 14.6-3b의 시스템은 $\tilde{m}/(\tilde{m} + 1) = 2/3$, 8-상태의 컨벌루션 부호기를 사용하여 두 개의 메시지 비트 x_1, x_2를 세 개의 비트 y_1, y_2, y_3로 부호화한다. 두 시스템에서 비트 y_1, y_2, y_3는 그림 14.6-1b의 8진 PSK 신호 배치도로 매핑하므로 $y_3y_2y_1 = 001$은 $\pi/4$ radian으로, $y_3y_2y_1 = 010$은 $\pi/2$ radian으로 매핑하고 나머지 비트들도 마찬가지 방법으로 매핑한다.

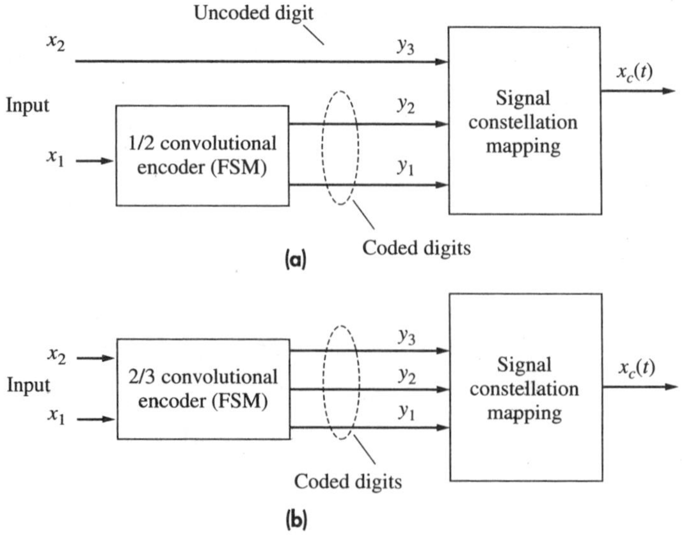

그림 14.6-3
TCM을 위한 8-진 PSK 부호기. (a) 4-상태, $m = 2$, $\tilde{m} = 1$ 컨벌루션 부호기; (b) 8-상태, $m = 2$, $\tilde{m} = 2$ 컨벌루션 인코더.

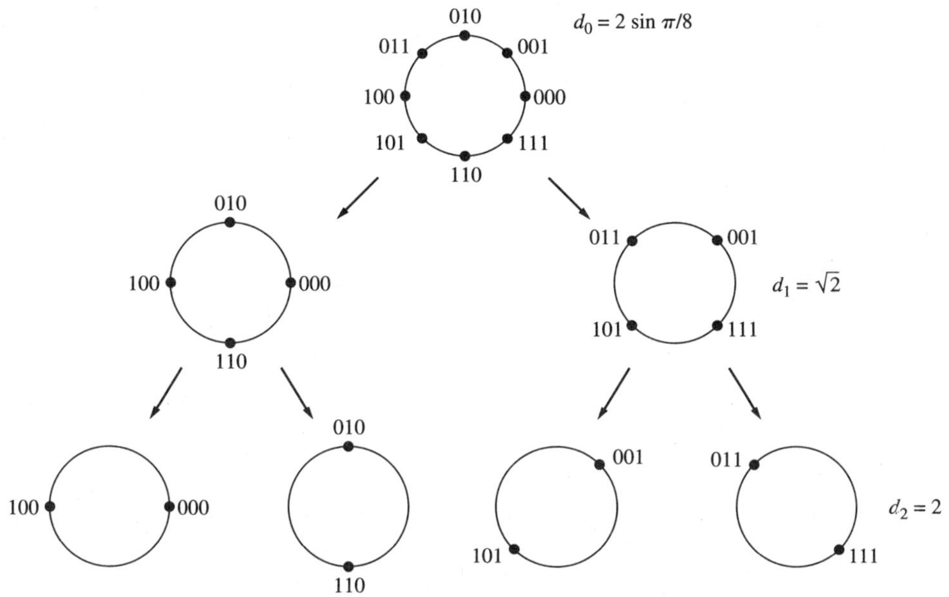

그림 14.6-4
8-진 PSK 신호 조합의 구분.
출처: Ungerbroeck, 1982.

TCM의 기본 이론은 분할된 구역에서 가장 혼동되는 메시지 심볼들 사이의 유클리드 거리를 최대화하는 것이다. 이것은 서로 다른 메시지 수열간에 자유 거리를 최대화하는 것에 해당한다.

이것은 최대의 Hamming 거리를 찾는 전통적인 오류 제어 부호화 방식과는 대조를 이룬다. 8-PSK의 구역을 정하는 프로세스의 예는 그림 14.6-4에 있다.

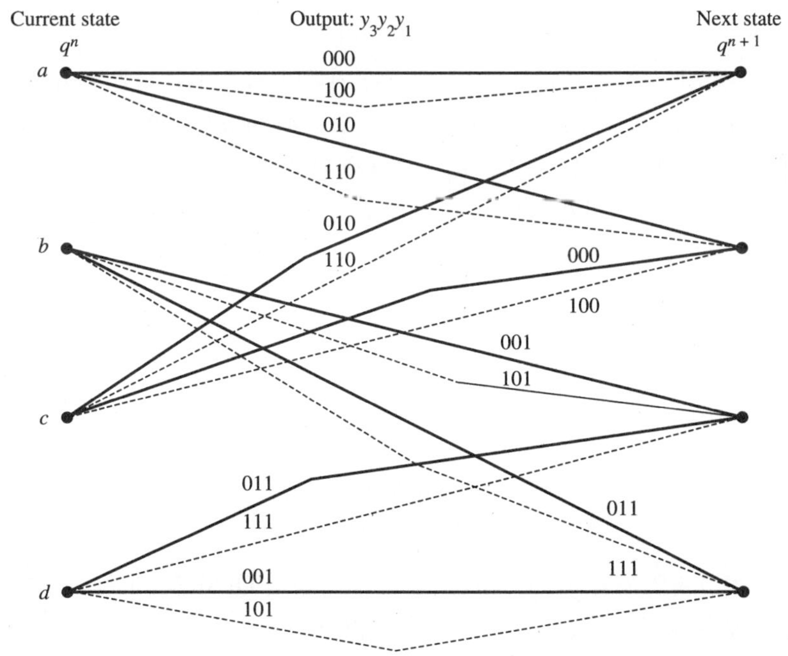

그림 14.6-5
그림 14.6-3a의 부호기를 위한 트렐리스 다이어그램.
출처: Ungerbroeck, 1982.

그림 14.6-6

그림 14.6-3a의 부호기에 대한 두 가지의 가능한 오류 상황들. 점선은 송신 수열, 실선들은 수신 수열들, 굵은선은 가장 확률이 큰 오류.

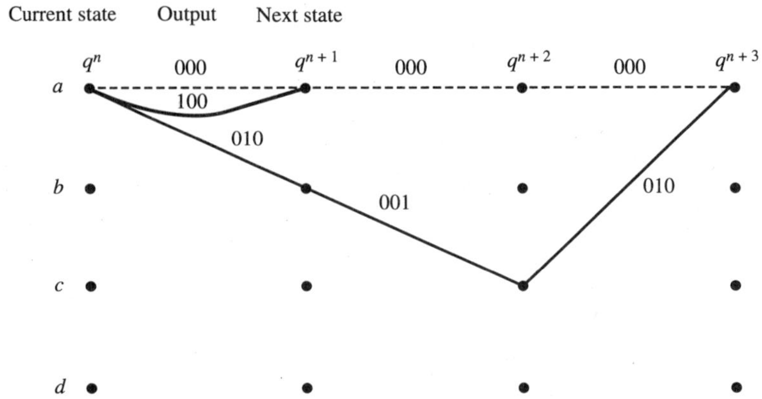

그림 14.6-3a의 시스템과 이에 해당하는 그림 14.6-5의 트렐리스 다이어그램에 대해서 알아보자. 각각의 노드로부터 M개의 출력에 대한 M개의 가지가 있다. 부호화되지 않은 메시지 비트에 의해 평행한 이동이 일어남을 알아두자. 그림 14.6-6의 점선으로 그려진 것처럼 메시지는 출력 $y_3y_2y_1 = 000$의 수열을 발생하는 입력 $x_2x_1 = 00$의 연속적인 수열이라고 가정한다. 목적지에서 신호는 비슷한 트렐리스 구조와 수신된 수열에 가장 근접한 트렐리스 경로를 결정하기 위한 Viterbi 알고리즘을 사용하여 복호한다. 그러므로 오류를 최소화하기 위해서 수열들 간에 자유 거리를 최대화해야 한다.

잡음의 원인은 오류가 발생하여 복호하는 동안에 수신된 수열이 올바른 경로로부터 벗어나는 것이다. 그러나 본래의 TCM 설계에 있어서 오직 확실한 편이만 허용되므로 결국에는 신호 경로가 정확한 가지로 돌아갈 때까지 여러 전송 구간을 가질 것이다. 이것은 정확하고 엇갈린 경로 사이에서 자유 거리를 증가시킨다.

그림 14.6-6의 실선은 두 가지의 오류에 대해서 나타내고 있다. 옳은 경로로부터의 편이는 신호 배치도에서 000으로부터 각각의 유클리드 거리를 측정해서 계산할 수 있다. 가장 짧은 오류 경로는 $d_1^2 = d_{000\to100}^2 = 4$와 같이 거리의 제곱이다. 다른 가능한 오류 경로 수열은 $d_2^2 = d_{000\to010}^2 + d_{000\to001}^2 + d_{000\to010}^2 = 2 + 4\sin^2\pi/8 + 2 = 4.586$이다. 그러므로 오류가 발생할 때의 거리는 최소한 $d_{\min}^2 = 4$가 된다. 또 다른 가능한 오류 경로는 동일하거나 더 큰 유클리드 거리가 있는데, 이것을 $d_{\min}^2 = d_{\text{free}}^2 = \min(d_1^2, d_2^2, \ldots)$라 하자.

E'과 E는 각각 부호화와 비부호화 신호의 에너지라 하면, TCM에 대해서 부호화 이득

$$g \triangleq \frac{(d_{\min}^2/E')_{\text{coded}}}{(d_{\min}^2/E)_{\text{uncoded}}} \tag{4}$$

로 정의한다. 만약 부호화와 비부호화 신호 모두 정규화된 동일한 에너지 레벨이 있다면,

$$g = \frac{(d_{\min}^2)_{\text{coded}}}{(d_{\min}^2)_{\text{uncoded}}} \tag{5}$$

이 되고, 부호화 이득은 제곱한 거리 이득과 같다. 비부호화 QPSK를 기준으로 그림 14.6-3a의 시스템의 부호화 이득은 $g = 4/2 = 2$, 즉 3 dB이다.

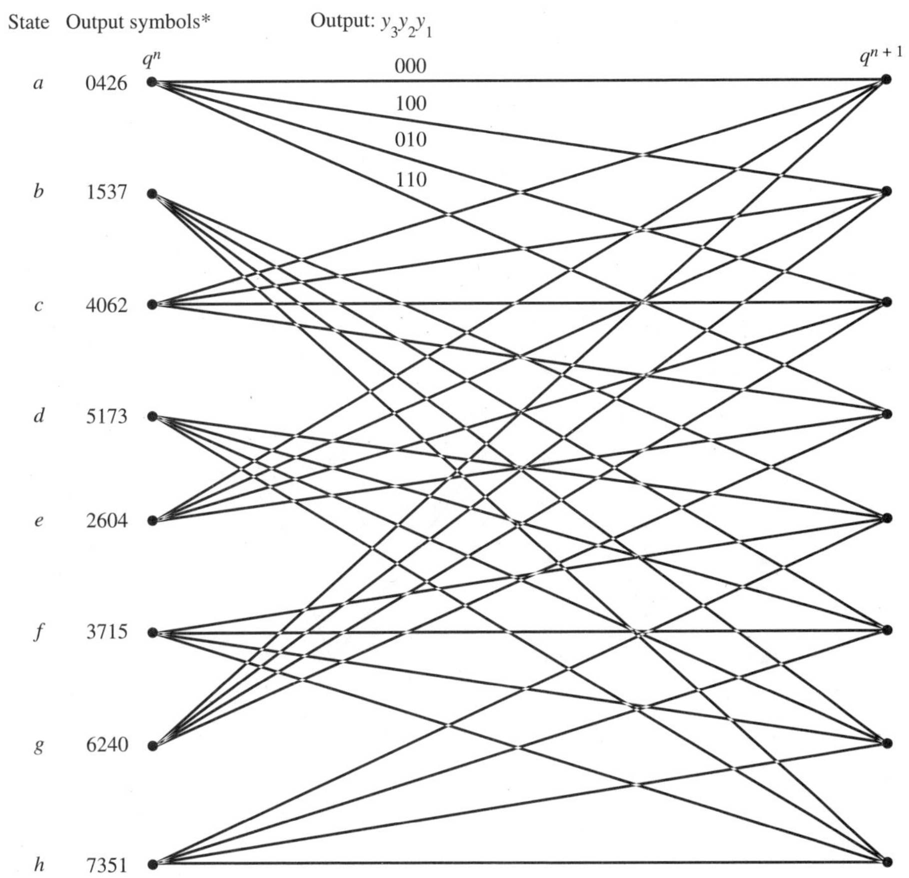

* 10진 등가 부호화된 출력

그림 14.6-7
그림 14.6-3b의 부호기에 대한 트렐리스 다이어그램.
출처: Ungerbroeck, 1982.

부호화 이득을 증가시키기 위해서 그림 14.6-7의 트렐리스 다이어그램을 만족하는 그림 14.6-3b의 8-상태, $\tilde{m} = 2$ TCM 시스템을 살펴보자. 모든 메시지 비트가 부호화 되었으므로 다음 상태로 평행한 이동은 없게 된다. 앞에서와 같이 정확한 신호는 그림 14.6-8의 점선처럼 $y_3y_2y_1 = 000$의 수열이고 실선으로 표현된 최소 거리 오류가 있다고 가정하자. 오직 확실한 이동만이 허용되므로 오류에 의해서 신호가 옳은 경로로부터 벗어날 때 정확한 가지로 가기 전까지 여러 이동을 할 수 있다. 앞에서 언급한대로 다른 오류 경로가 존재하지만, 이것과 동일하거나 더 큰 거리를 가지게 된다. 그림 14.6-1b의 신호 배치도 거리에서

$$d_{\min}^2 = (d_{000\to110}^2 + d_{000\to111}^2 + d_{000\to110}^2) = 2 + 4\sin^2\frac{\pi}{8} + 2 = 4.586$$

이며, 부호화 이득은 $g = 4.586/2 = 2.293$ 또는 3.6 dB가 된다.

앞에서 언급하였듯이 교대 수열들간의 자유 거리를 최대화함으로써 최대 부호화 이득을 얻을 수 있다. 이것은 트렐리스 다이어그램에서 신중한 부호화와 허용 가능한 경로에 대한 정의에 의해 가능하다. Ungerbroeck(1982)는 최적 신호 할당을 위해서 다음과 같은

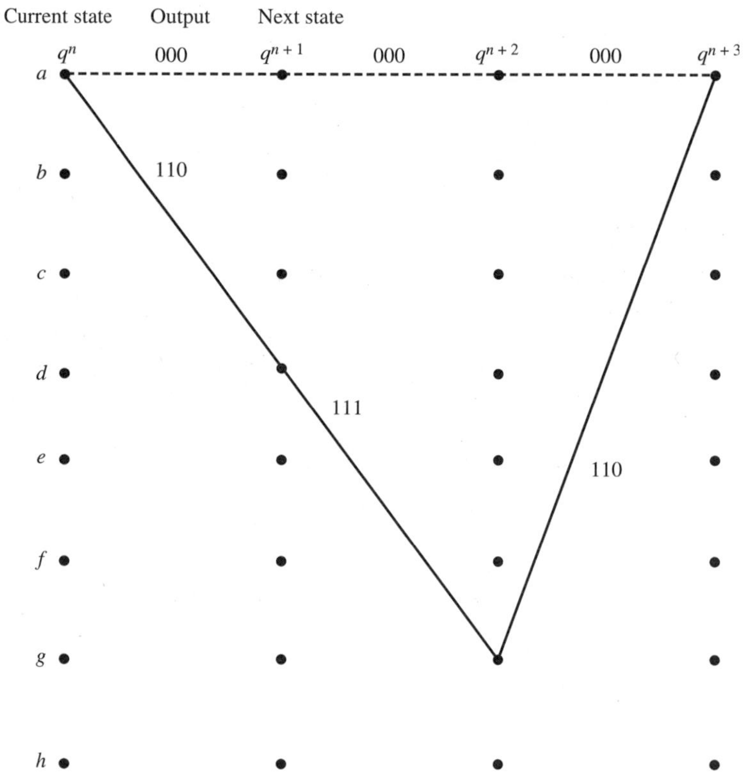

그림 14.6-8
그림 14.6-3b의 부호기에 대한 오류 상황. 점선은 송신 수열, 실선은 오류를 포함한 수신 수열.

규칙을 제안하였다.

1. 모든 신호는 동일한 빈도로 발생해야 한다.
2. 트렐리스 다이어그램에서 모든 평행이동은 최대 유클리드 거리의 신호와 같이 있어야 한다(이것은 그림 14.6-3a와 14.6-5의 TCM 시스템의 경우에 있어서 유클리드 거리가 단지 $d_{000 \to 001} = 2 \sin \pi/8 = 1.414$인 신호 $y_3y_2y_1 = 000$과 001 대신에 유클리드 거리가 $d_{000 \to 100} = 2$인 $y_3y_2y_1 = 000$과 100 같은 신호로 이동이 일어남을 의미한다).
3. 주어진 상태로 들어가거나 그로부터 떠나는 모든 신호들은 반드시 다음 번에 최대 가

표 14.6-1 PSK-TCM 시스템들의 부호 이득들.

States	$\tilde{m}$	$g_{8\text{-}PSK/QPSK}$, dB $m = 2$	$N_{\min}(m \to \infty)$
4	1	3.01	1.0
8	2	3.60	2.0
16	2	4.13	≈ 2.3
32	2	4.59	4.0
64	2	5.01	≈ 5.3
128	2	5.10	≈ 0.5
256	2	5.75	≈ 1.5

SOURCE: Ungerbroeck (1987).

표 14.6-2 QAM TCM 시스템들의 부호 이득들.

States	$\tilde{m}$	$g_{16-QAM/8-PSK}$, dB $m = 3$	$g_{32-QAM/16-QAM}$[1], dB $m = 4$	$N_{\min}(m \to \infty)$
4	1	4.36	3.01	4
8	2	5.33	3.98	16
16	2	6.12	4.77	56
32	2	6.12	4.77	16
64	2	6.79	5.44	56
128	2	7.37	6.02	344
256	2	7.37	6.02	44
512	2	7.37	6.02	4

SOURCE: Ungerbroeck (1987).
[1]The 32-QAM has a "cross"-shaped constellation pattern and is referred to by Ungerbroeck as 32CR.

능한 유클리드 거리가 있어야 한다.

표 14.6-1과 14.6-2는 상태의 수에 대한 잠재적인 부호화 이득을 나타내고 있다. 이전에 언급하였듯이 신호에 대한 최적 부호화와 분할을 가정하고 이 표를 작성하였다.

또한 M진 QAM을 이용하여 TCM을 설계할 수도 있다. 부호화되지 않은 8-PSK, 16-QAM과 비교하여 부호화된 16-QAM과 32-QAM의 잠재적인 부호화 이득을 표 14.6-2에 나타내었다.

비부호화 QPSK 대 8-PSK TCM에 대한 오류 확률

예제 14.6-1

높은 신호 대 잡음 비와 단위 신호 에너지에 대하여 M진 심볼당 오류 확률의 하위 경계에 대한 근사적 표현은

$$P_e \approx N_{\min}\, Q\left(\sqrt{d_{\min}^2/2\,N_0}\right) \tag{6}$$

이고, 여기에서 $N_{\min}$은 정확한 수열로부터 거리가 $d_{\min}$인 수열의 평균 개수이다. 식 (6)의 $N_{\min}$이 P_e에 현저하게 영향을 미치는 유일한 오류 경로라 가정한다. 다른 긴 수열에 대해서는 고려하지 않는다. 그림 14.6-1a에서 부호화되지 않은 QPSK에 대하여 각각의 신호점은 $N_{\min} = 2$, $d_{\min} = \sqrt{2}$에 위치한 두 개의 인접한 점들을 가지고 있다. $E_b/N_0 = 9$ dB $=$ 7.94이므로 오류 확률은

$$P_e = 2Q\left(\sqrt{\frac{2}{2/7.94}}\right) = 5 \times 10^{-3}$$

이 된다. 앞에서 4-상태, 8 PSK의 TCM은 $d_{\min} = 2$로 결정하였다. 그림 14.6-6의 트렐리스 다이어그램에는 어떤 상태에서 $y_3y_2y_1 = 000$인 수열에 대하여 $N_{\min} = 1$이고, 정확한 수열로부터 $d_{\min}$ 만큼 떨어진 하나의 경로만이 있다. 그러므로

$$P_e = Q\left(\sqrt{\frac{4}{2/7.94}}\right) = 3 \times 10^{-5}$$

로 구할 수 있다. $N_{\min}$을 평균값이라고 한다. 이것은 몇 개의 신호 배치도에서 주어진 점에서 이웃하는 점들의 수는 그 점의 위치에 따라 결정되기 때문이다. 예를 들면, 사각 신호 배치도에서 외부의 점보다 내부의 점이 더 많은 이웃하는 점들을 가진다.

경 판정 대 연 판정

앞에서 언급했던 것처럼, TCM으로 얻은 부호화 이득은 증가된 복호기의 복잡성과 비용에 대한 문제를 일으킨다. 그림 14.2-1에 있는 것과 같은 전통적인 이진 시스템에서 복조기 출력은 $\hat{m} = 0$, $\hat{m} = 1$ 중에 하나이므로 복호기는 두 개의 가능한 $\hat{m}$의 값에 기초하여 **경 판정**(hard decision)을 한다. 그러므로 비교적 많은 정보들을 복호하기 전에 잃어버릴 수 있다. 반면에 TCM은 $\hat{m}$ 값을 전형적으로 3 비트 길이로 출력하는 복조기를 사용한다. 그러므로 TCM 복호기는 $\hat{m}$ 값의 레벨이 $2^3 = 8$개에 기초를 하여 **연 판정**(soft decision)을 한다. 이러한 추가적인 레벨은 $\hat{m}$이 단지 2개의 레벨에 의해 가능한 것보다 신호에 대한 더 많은 정보를 복호기에 줄 수 있다. TCM이나 또 다른 연 판정 시스템에서 복조기가 8개의 양자화 레벨을 출력하는데, 이러한 시스템은 경 판정 시스템보다 2 dB 이상의 이득이 더 있을 것이다. 무한개의 양자화 레벨이 있는 아날로그 시스템에 이것을 확장한다면 이득은 단지 2.2 dB에 불과하다. 그러므로

> 3 비트 이상에 기초한 연 판정은 그리 많은 이점이 있는 것은 아니다.

더 많은 TCM에 대한 정보는 Ungerbroeck(1982), Biglieri et al.(1991). Schlegal (1997)을 참조하시오.

모뎀

대역 통과 디지털 변조의 일반적인 적용은 음성 전화 모뎀(변복조기)이다. 이 장치는 컴퓨터나 팩스의 기저대역 디지털 신호를 음성 전화선에 싣기 위해 변조하고, 복조기에서는 이의 역 과정이 이루어진다. 12.2절에서 언급한 것처럼 모뎀은 DSL로 교체되고 있다. 표 14.6-3은 Bell사와 ITU(International Telecommunication Union)의 비트율과 변조 방식에 따른 모뎀 표준에 대하여 나타낸다. 이전에 기술하였듯이 음성 대역의 전화선 표준에 대한 Shannon Limit는 37 kbps이다. 변조와 부호화의 향상에 의해 모뎀이 이 제한에 비교적 근접하였다. 대부분의 상용 모뎀은 대체 시스템 사양이 있어서 초기 연결과 세션 중에서도 모뎀은 데이터비율을 조정하거나 설정하기 위해서 전화선의 S/N 비율을 테스트할 것이다. 그러므로 V.34 모뎀의 경우에 회선의 S/N 비율이 심각하게 저하되면, 28.8 kbps의 데이터비율을 14.4 kbps나 9.6 kbps로 낮춘다.

표 14.6-3 대표적인 전화선 데이터 모델들.

Model	Bit Rate	Modulation	Transmitting Frequencies (Hz)
Bell 103A[2]	300 bps	FSK	(1,070–1,270)/(2,025–2,225)[1]
Bell 212A[3]	300/1200 bps	DPSK	1200/2400[1]
V.32	9600 bps	16-QAM or 32-QAM with TCM	1800
V.32bis	14.4 kbps	128-QAM with TCM	1800
V.34	28.8 kbps	960-QAM with TCM	1800
V.34.bis[4]	33.6 kbps	1664-QAM with TCM	1800
V.90	56/33.6 kbps[5]	PCM	—

SOURCE: Lewart (1998); Forney et al. (1996).

[1]Originating/answering. [2]Similar to V.21. [3]Similar to V.22. [4]Similar to V.34-1996 or V.34+.
[5]56 kbps downstream (server to user), 33.6 kbps upstream; requires conditioned line.

컴퓨터 통신을 위한 모뎀의 다른 형태는 케이블 TV 네트워크를 통하는 통신의 케이블 모뎀, LAN 모뎀, 무선 모뎀, 셀룰러 전화 모뎀 등을 포함한다. 300 MHz의 대역폭을 가진 케이블 TV 시스템은 Gbps 단위의 데이터비율로 전송이 가능하다.

14.7 질문 및 연습문제

질문

1. 보통 FSK에 비하여 CPFSK의 장점은 무엇인가?
2. GMSK에서 스펙트럼 폭을 더 줄이는 대가로 초래되는 불리한 결과는 무엇인가?
3. GSM 폰에 GMSK 변조 방식이 채택된 이유는 무엇인가?
4. 왜 GMSK가 보통 MSK 보다 차지하는 스펙트럼 폭이 작은가?
5. 언제 상관 검파기의 출력이 정합 필터의 출력과 동일해지는가?
6. 신호와 잡음에 대한 기본 가정과 확률과 통계에 대한 정의를 사용하여, 잡음 존재 하에 상관 검파기의 신호 검출을 방법을 설명하라.
7. 다른 비동기 디지털 변조 방식에 비하여 비동기 FSK의 장점은 무엇인가?
8. 10장의 개념을 이용하여 동기 시스템의 오류 발생 확률이 비동기 시스템 보다 동일하지 않으면 더 낮은 이유를 설명하라.
9. BPSK 대비 8-진 PSK의 장점은 무엇인가?
10. 전송 성능 지표로서 아날로그의 경우 SNR이 사용되는 반면 디지털의 경우에는 E_b/N_0가 사용되는가?
11. BPSK에서 8-진 PSK로 심볼 수가 증가하면 워드-오류가 증가하는가?
12. 다중반송파 변조에서는 어떻게 P_e가 감소되는가? 다시 말해, 메시지를 나누어 각각을 다른 주파수에 실어 보내면 어떤 이점이 있는가?
13. M-진 직교 FSK는 M-진 PSK에 비해 대역폭을 더 많이 차지하는데, 다른 M-진 시스템에 비해 장점은 무엇인가?
14. 영에서 영까지의 대역폭에 기반한 M-진 FSK의 대역폭 효율은 무엇인가?
15. 어떻게 OFDM에서는 채널 등화할 필요가 거의 없어지는가?
16. OFDM을 구현할 때 IDFT 사용의 이점은 무엇인가?
17. OFDM 시스템에서 최소 개수 이상의 부채널을 사용하는 이점은 무엇인가?
18. 유클리디안 거리와 해밍 거리의 차이는 무엇인가?
19. 14장에서의 M-진 변조 기법의 유클리디언 거리와 13장에서 기술한 유클리디언 거리의 초기 정의와 비교해 차이를 설명하라.
20. TCM 코딩과 컨벌루션 코딩 사이의 2가지 주된 차이는 무엇인가?
21. TCM 코딩이 체계적인가 아닌가?
22. 송신 전력이 동일한 조건에서, 왜 M-진 QAM이 M-진 PSK에 비하여 더 낮은 P_{be}을 가지는가?
23. 송신 전력이 동일한 조건에서, 왜 M-진 FSK가 M-진 QAM에 비하여 더 낮은 P_{be}을 가지는가?

연습문제

14.1-1* 식 (7)로부터 M진 ASK 신호의 평균 전력 $\overline{x_c^2}$과 반송파-주파수 전력 P_c를 구하시오. 그리고 $P_c/\overline{x_c^2}$을 구하고 $M = 2$, $M \gg 1$일 때 식을 간단히 하시오.

14.1-2 이진 ASK 신호가 주기 $T_b/2$인 RZ 구형파로 구성되어 있다고 하자($r_b = 1/T_b \ll f_c$). (a) 등가 저주파 통과 스펙트럼을 구하고, $f > 0$에 대한 $G_c(f)$를 그리시오. (b) 수열 010110을 나타내는 신호를 그리고, 평균 전력 $\overline{x_c^2}$에 대한 반송파 주파수 전력 P_c의 비를 찾으시오.

14.1-3 올림 코사인 펄스 형태를 가지는 이진 ASK에 대하여 예제 2.5-2로부터

$$p(t) = \frac{1}{2}\left[1 + \cos\left(\frac{\pi t}{\tau}\right)\right]\Pi\left(\frac{t}{2\tau}\right) \qquad P(f) = \frac{\tau \operatorname{sinc} 2f\tau}{1 - (2f\tau)^2}$$

(a) $\tau = T_b/2$일 때 수열 010110을 나타내는 신호를 그리고, 등가 저주파 통과 스펙트럼을 구하고, $f > 0$에 대한 $G_c(f)$를 그리시오. (b) $\tau = T_b$일 때 (a)를 반복하시오.

14.1-4 QAM 신호의 포락선과 위상 변화는 다음과 같다.

$$A(t) = A_c[x_i^2(t) + x_q^2(t)]^{1/2} \qquad \phi(t) = \arctan[x_q(t)/x_i(t)]$$

(a) $kD < t < (k+1)D$에서 구형 파형 $p_D(t)$에 의한 $A(t)$와 $\phi(t)$를 나타내시오. (b) 주기가 D를 초과하는 임의의 구형 펄스 $p(t)$에 대해서 (a)를 반복하시오.

14.1-5 11.3절 식 (6)의 Nyquist 펄스 형태를 가지는 극형 M진 VSB신호에 대하여 VSB 여파를 하기 전의 등가 저주파 통과 스펙트럼을 구하시오. 그리고 나서 $\beta_V \ll r$일 때 $f > 0$인 $G_c(f)$를 그리시오.

14.1-6 대역통과 여파를 하기 전에, 그림 14.1-6에서 OQPSK 신호의 i와 q 성분은 다음과 같이 표현된다.

$$x_i(t) = \sum_k a_{2k}p(t - 2kT_b) \qquad x_q(t) = \sum_k a_{2k+1}p(t - 2kT_b - T_b)$$

$a_k = (2A_k - 1)$는 메시지 비트 수열 A_k에 대응하는 극성 수열이다. 그리고, $p(t) = \Pi(t/2T_b)$는 NRZ 구형 펄스이다.

(a) 비트 수열 10011100에 대한 $x_i(t)$와 $x_q(t)$를 그리시오. 그린 신호 배치도를 이용하여 위상 $\phi(t) = \arctan[x_q(t)/x_i(t)]$가 $\pm\pi/2$ 이상은 변하지 않음을 확인하시오. (b) 등가의 저주파 통과 스펙트럼을 구하시오.

14.1-7‡ $A_kB_kC_k$는 그림 14.1-5b의 8-위상 PSK 배치도에 해당하는 Gray 부호 이진 워드이다. 각각의 $A_kB_kC_k$ 값과 $\alpha = \cos \pi/8$, $\beta = \sin \pi/8$의 항으로 표현된 I_k와 Q_k에 해당하는 표를 그리시오. 그리고 A_k, B_k, C_k, α, β의 함수로 I_k, Q_k에 대하여 대수적으로 표현하시오. 이러한 표현들로부터 PSK 신호를 생성하는 직교-위상 전송기의 다이어그램을 고안하시오. 직-병렬 변환기는 반전 극성 형태 $a_k = 1 - 2A_k$의 이진 워드를 생성한다.

14.1-8 불연속위상이 있는 이진 FSK신호는 출력 $A_c \cos(2\pi f_0 t + \theta_0)$와 $A_c \cos(2\pi f_1 t + \theta_1)$을 가지는 두 개의 발진기 사이에서 스위칭함으로써 생성된다. 발진기는 동기화

되지 않았기 때문에 FSK 신호는 두 개의 독립적인 이진 ASK신호를 단순히 합한 것처럼 보이게 된다. 이러한 점들을 이용하여 $f_0 = f_c - r_b/2$, $f_1 = f_c + r_b/2$, $f_c \gg r_b$일 때 $f > 0$인 $G_c(f)$를 구하고, 그리시오.

14.1-9 식 (17c)의 $p(t)$에 대하여, 식 (18b)에서 주어진 $|P(f)|^2$의 두 가지 형태를 구하시오.

14.1-10‡ 식 (15)에서 $M = 2$, $D = T_b$, $\omega_d = N/T_b$(N은 정수)로 정의된 이진 FSK 신호에 대하여 $x_i(t)$와 $x_q(t)$를 구하기 위하여 문제 14.1-3에서 주어진 문장과 힌트를 사용하여 앞의 식 (15)를 수정하시오. 그리고 나서 $N = 1$일 때 Sunde's FSK로 되는 다음 식을 증명하시오.

$$G_i(f) = \frac{1}{4}\left[\delta\left(f - \frac{Nr_b}{2}\right) + \delta\left(f + \frac{Nr_b}{2}\right)\right]$$

$$G_q(f) = \frac{1}{4r_b}\left[j^{N-1}\,\text{sinc}\,\frac{f - Nr_b/2}{r_b} + (-j)^{N-1}\,\text{sinc}\,\frac{f + Nr_b/2}{r_b}\right]^2$$

14.1-11 식 (26)에서의 B가 전력의 반에 상응하는 주파수임을 증명하시오.

14.1-12 문제 14.1-10에 주어진 FSK 스펙트럼 표현을 사용하여 $f > 0$에서 $G_c(f)$를 도시하고, $N = 2$, $N = 3$일 때 그림 14.1-8과 비교하시오.

14.1-13 코사인 펄스 정형화를 거친 OQPSK 신호는 MSK와 많은 유사점을 가지고 있다. i와 q 성분은 문제 14.1-6에서 주어진대로 하고, 다만 $p(t) = \cos(\pi r_b t/2)\Pi(t/2T_b)$로 하여 (a) 비트 수열 100010111에 대한 $x_i(t)$와 $x_q(t)$를 그리시오. 이것을 이용하여 신호 배치도를 그리고, $t = kT_b$, $0 \le k \le 7$일 때 위상 $\phi(t) = \arctan[x_q(t)/x_i(t)]$을 구한 후 그림 14.1- 11과 비교하시오. (b) 임의의 구간 $2kT_b < t < (2k+1)T_b$에서 포락선 $A(t) = A_c[x_q^2(t) + x_i^2(t)]^{1/2}$가 모든 t에 대하여 상수라는 것을 확인하시오. (c) $G_{lp}(f)$가 MSK 스펙트럼과 동일하다는 주장을 증명하시오.

14.1-14 식 (25)에서 주어진 MSK 신호의 q 성분을 이끌어 내시오.

14.1-15 $B_T = 3000$ Hz인 대역 제한 채널의 BPSK 시스템이 있는데, 이 채널은 채널 밖에서 최대값에 대하여 적어도 30 dB 아래에 스펙트럼 포락선이 있어야 한다. 이 목적에 부합하는 최대 데이터 전송율 r_b는 얼마인가?

14.1-16 문제 14.1-15를 (a) FSK, (b) MSK에 대하여 반복하시오.

14.1-17 5 MHz의 주파수 할당을 다중 GMSK 사용자들이 나누고자 한다. 각 사용자에 대하여 $BT_b = 0.25$이고, $r_b = 270$ kbps이다. (a) 각 사용자의 전력의 90%가 부채널에 국한된다면 몇 명의 사용자가 5 MHz 할당을 공유하겠는가? (b) 가우시안 필터에서의 1/2-전력에 대역폭은 얼마인가? 이 결과와 표 15.5-1에서의 GSM 셀룰러 전화의 결과와 비교하시오.

14.1-18 문제 14.1-13에 주어진 시스템에 대하여, 다음 두 시스템의 3dB 대역폭은 얼마인가? (a) GMSK (b) BPSK

14.2-1 정합 여파하는 최적 동기 BPSK 수신기의 블록 다이어그램을 그리시오.

14.2-2 OOK 신호가 올림 코사인 펄스 형태를 가진다고 가정하면 다음과 같이 된다.

$$s_1(t) = A_c \sin^2(\pi t/T_b) p_{T_b}(t) \cos \omega_c t$$

(a) 정합필터, (b) 상관 검파를 이용하여 최적 동기 수신기의 다이어그램을 그리시오.

14.2-3 $f_c = N_c r_b$이고, f_d는 임의의 값을 가지는 이진 FSK 신호에 대하여 E_b의 정확한 표현으로 나타내시오. 그리고, $N_c - f_d T_b \gg 1$일 때, 앞의 결과를 간단히 하시오.

14.2-4* 표 T.4를 사용하여, $f_d \approx 0.35 r_b$인 것이 AWGN이 더해진 이진 FSK에 대하여 최소의 오류 확률을 가능하게 함을 보이시오. 그리고 이에 해당하는 P_e의 표현을 γ_b로 나타내시오.

14.2-5 이진 FSK 또는 PSK를 검파하기 위해 PLL을 사용하는 시스템의 블록도를 그리고 설명하시오.

14.2-6‡ Sunde's FSK에 대한 최적 수신기의 완전한 블록 다이어그램을 그리시오. 상관 검사와 주파수가 r_b인 하나의 발진기를 사용하시오. N_c는 알고 있고, 비트 동기 신호는 $x_c(t)$로부터 얻어낼 수 있다고 가정한다.

14.2-7* 완전 동기화된 어떤 BPSK 시스템이 $P_e = 10^{-5}$라 한다. 식 (19)을 이용하여 $P_e < 10^{-4}$이기 위한 θ_ϵ의 조건을 구하시오.

14.2-8 그림 14.2-4의 형태로 출력이 $K A_c \cos(\omega_c t + \theta_\epsilon)$인 발진기를 가진 BPSK 수신기에 대하여 $y(T_b)$의 신호 성분이 크기에서 $\cos \theta_\epsilon$ 만큼 감소가 됨을 보이시오. 여기에서 θ_ϵ은 동기화 오류이다.

14.2-9 식 (18)에서 $z(t)$에 대한 정확한 표현을 구하시오. 그리고 $N_c \gg 1$인 경우에 근사화하시오.

14.2-10 동기화의 목적으로 파일럿 반송파가 있는 BPSK는 다음과 같다.

$$s_1(t) = [A_c \cos \omega_c t + \alpha A_c \cos(\omega_c t + \theta)] p_{T_b}(t)$$
$$s_0(t) = [-A_c \cos \omega_c t + \alpha A_c \cos(\omega_c t + \theta)] p_{T_b}(t)$$

$\theta = 0$라 하고, AWGN이 있는 최적 동기 수신기가 $P_e = Q[\sqrt{2\gamma_b/(1+\alpha^2)}]$임을 보이시오.

14.2-11 $\theta = -\pi/2$일 때 문제 14.2-10을 다시 하시오.

14.2-12‡ 동기식 이진 시스템에서 잡음이 비백색 전력 스펙트럼 $G_n(f)$을 가진 Gaussian일 때 수신기의 앞에 $|H_w(f)|^2 G_n(f) = N_0/2$가 되는 $H_w(f)$의 필터를 삽입하므로써 잡음을 "백색화"할 수 있다. 수신기의 나머지는 백색화 필터의 출력에서 왜곡된 신호 파형 $\tilde{s}_1(t)$, $\tilde{s}_0(t)$에 대하여 정합되어야 한다. 더욱이 여파되지 않은 파형 $s_1(t)$, $s_0(t)$의 주기는 ISI의 영향을 받지 않도록 감소되어야 한다. 이러한 조건을 적용하여 식 (9a)로부터 다음을 증명하시오.

$$\left(\frac{z_1 - z_0}{2\sigma}\right)^2_{\max} = \int_{-\infty}^{\infty} \frac{|S_1(f) - S_0(f)|^2}{4G_n(f)} df$$

($S_1(f) = \mathscr{F}[s_1(t)]$). 힌트: $v(t)$와 $w(t)$가 실수라면,

$$\int_{-\infty}^{\infty} v(t)w(t)\,dt = \int_{-\infty}^{\infty} V(f)W^*(f)\,df = \int_{-\infty}^{\infty} V^*(f)W(f)\,df$$

이 된다.

14.2-13 동기식 이진 FSK에 대하여 $\rho = \text{sinc}\,(4f_d/r_b)$임을 보이시오.

14.2-14 동기식 이진 FSK 시스템에서 P_e를 최소화하는 ρ를 결정하시오.

14.2-15* BPSK가 적용된 채널에서 $N_0 = 10^{-11}$ W/Hz일 때, 다음 각 경우에 $P_e = 10^{-5}$가 되도록 하는 A_c를 결정하시오. (a) $r_b = 9.6$ kbps, (b) $r_b = 28.8$ kbps.

14.2-16 동기 FSK에 대하여 문제 14.2-15를 반복하시오.

14.3-1* 비동기 OOK 시스템이 $P_e < 10^{-3}$이 되려고 할 때의 γ_b와 P_{e_1}을 구하시오.

14.3-2 $P_e < 10^{-5}$일 때 문제 14.3-1을 다시 계산하시오.

14.3-3 비동기 FSK에 대하여 문제 14.2-16를 다시 하시오.

14.3-4* Sunde's FSK를 사용하는 채널에 대하여 $(S/N) = 12$ dB, $r_b = 14.4$ kbps일 때 다음의 경우에 P_e를 결정하시오. (a) 동기 검파, (b) 비동기 검파.

14.3-5 $K = A_c/E_1$일 때 식 (8)로부터 식 (9)를 구하시오.

14.3-6 그림 14.3-2에서 OOK 수신기가 $f > 0$에서 $H(f) = [1 + j\,2(f - f_c)/B]^{-1}$인 간단한 BPF를 가지고 있다고 하자($2r_b \le B \ll f_c$). $f_c \gg r_b$, $\gamma_b \gg 1$이라고 가정하고 정합 필터가 있는 비동기 수신기로서 같은 오류 확률을 가지려면 신호 에너지는 적어도 5 dB만큼 증가되어야 함을 보이시오.

14.3-7 제곱-법칙 포락선 검파를 적용했을 때 그림 14.3-5의 방법이 제대로 동작함을 입증하시오.

14.3-8 3진 ASK 비동기 시스템이 $a_k = 0, 1, 2$인 식 (7)에 의해서 정의된다고 하자. E를 심볼당 평균 에너지라 하고, 오류 확률에 대하여 식 (11)과 비슷하게 전개하시오.

14.3-9* $S_T = 200$ mW, $L = 90$ dB, $N_0 = 10^{-15}$인 이진 전송 시스템이 $P_e \le 10^{-4}$가 된다. 다음 각각의 경우에 최대 허용 가능한 비트율을 구하시오. (a) 비동기 FSK, (b) DPSK, (c) BPSK.

14.3-10 $P_e \le 10^{-5}$일 때 문제 14.3-9을 하시오.

14.3-11 위상 변조의 이진 전송 시스템이 $P_e \le 10^{-4}$가 된다. 14.2절의 식 (18)을 사용하여 BPSK가 DPSK보다 적은 신호 에너지를 요구하도록 동기화 오류 θ_ϵ의 조건을 구하시오.

14.3-12 $P_e \le 10^{-6}$일 때 문제 14.3-11을 하시오.

14.3-13 동기 OOK에 비하여 비동기 OOK의 경우 $P_{be} \le 10^{-6}$을 만족하기 위해 얼마나 더 많은 전력이 요구되는가?

14.3-14 구형-극성 변환에 의한 식 (3)의 결합 PDF를 이끌어 내시오. $x = A_c + n_i$, $y = n_4$로 시작한다.

14.4-1* 이진 데이터가 비트율 $r_b = 500$ kbps로 400 kHz의 대역폭을 가진 라디오 채널로 전송된다.

(a) 신호 에너지를 최소화하는 변조 방식을 정하시오. 그리고 $P_{be} \leq 10^{-6}$을 얻는데 필요한 γ_b를 dB로 계산하시오.

(b) 동기 검파가 문제의 채널에서 쓰이지 못하는 추가적인 제약을 가질 때 a를 다시 하시오.

14.4-2 $r_b = 1$ Mbps일 때, 문제 14.4-1을 다시 계산하시오.

14.4-3* 이진 데이터가 비트율 $r_b = 800$ kbps로 250 kHz의 대역폭을 가진 라디오 채널로 전송된다.

(a) 신호 에너지를 최소화하는 변조 방식을 정하시오. 그리고 $P_{be} \leq 10^{-6}$을 얻는데 필요한 γ_b를 dB로 계산하시오.

(b) 채널 비선형성이 상수 포락선 신호를 요구하는 추가적인 제약을 가질 때 a를 다시 하시오.

14.4-4 $r_b = 1.2$ Mbps일 때 문제 14.4-3을 다시 계산하시오.

14.4-5 그림 14.4-6의 VCO의 출력이 $2 \cos (\omega_c t + \theta_\epsilon)$이라 하자. 잡음이 없을 때 제어 전압 $v(t)$가 $\sin \theta_\epsilon$에 비례하게 됨을 보이시오.

14.4-6* $M = 16$인 M진 QAM 시스템이 위상 비교 검파를 허용하도록 DPSK로 변환된다고 가정하자. 어떤 인자에 의해서 오류 확률은 바뀌지 않은 상태에서 심볼 에너지가 증가되도록 하는가?

14.4-7 $M \gg 1$인 PSK 시스템이 M진 QAM으로 변환된다고 가정하자. 어떤 인자에 의해서 오류 확률은 바뀌지 않은 상태에서 심볼 에너지가 감소되도록 할 수 있는가?

14.4-8‡ 14.3절의 식 (3)에 있는 결합 PDF로부터 식 (9)에서 주어진 위상 PDF를 구하시오. 힌트: 변수를 $\lambda = (A - A_c \cos \phi)/\sigma$로 바꾼다.

14.4-9 그림 14.4-2에서 주어진 기술을 사용하여 M진 PSK 수신기에 필요한 반송파 기준을 만드는 시스템을 설계하시오.

14.4-10 M진 PSK 수신기에서 M개의 기준 신호 발생이 가능하도록 그림 14.4-2의 설계를 일반화하시오.

14.4-11* $\gamma_b = 13$ dB일 때, 각각의 경우에 P_e를 계산하시오. (a) FSK(비동기), (b) BPSK, (c) 64-PSK, (d) 64-QAM.

14.4-12 $\gamma_b = 10$ dB일 때, 다음 각 경우에 대하여 P_e를 계산하시오. (a) 비동기 FSK ($f_d = r_b/2$) (b) 동기 FSK ($f_d = r_b/2$) (c) 16 PSK (d) 16 QAM (e) 16 FSK(동기식).

14.5-1 OFDM 신호의 대역폭과 저역 통과 스펙트럼의 표현은 무엇인가?

14.5-2* 심볼율이 3 Mbps인 BPSK 신호를 3 MHz의 채널 대역폭으로 전송하고자 한다. 이때 OFDM 방식을 적용하고, 채널 지연 확산은 1μs이다. K의 최소값과 지연 확산이 심볼 구간의 10%를 넘지 않도록 T 값을 구하시오.

14.5-3 채널의 임펄스 응답이 3μs 구간을 가질 ㄸ BPSK 전송의 최대 전송율과 대역폭은 얼마인가?

14.5-4 부채널 수가 1024인 OFDM 시스템에 대하여 문제 14.5-3을 반복하시오.

14.5-5 16개의 음성 신호를 BPSK 변조와 K-점 IFFT로 구현된 OFDM을 사용해 전송하는

시스템을 설계하시오. 실험 결과, 채널의 임펄스 응답 구간은 5 μs이고 각 사용자의 심볼율은 8 kHz이다.

14.5-6 그림 14.5-3의 시스템에서 어떻게 $x_c(t) = \text{Re}[w(t)]$와 $w_q(t) = 0$이 되는지 입증하시오.

14.6-1* QPSK 시스템에서 $P_e = 10^{-5}$이다. $m = \tilde{m} = 2$, 8-상태의 TCM을 적용한다면 새로운 P_e는 얼마인가?

14.6-2 코딩을 하지 않은 8-PSK의 P_e가 10^{-3}일 때, 상태 수가 128인 16-QAM 시스템으로 변경하면 새로운 P_e는 얼마인가?

14.6-3 그림 14.6-4의 8-PSK 배치도에 대하여 신호 점들간 거리를 최대화한 것과 같이, 간단한 방식으로 16-QAM 신호 배치도를 영역화하시오. 인접한 점들간의 원래의 최소 거리가 1이라면 각각의 연속적인 영역화에 대한 새로운 최소 거리를 보이시오.

14.6-4* 그림 14.6-3b와 14.6-7의 시스템이 초기 상태 a로 주어졌다. 입력 수열 x_2x_1 = 00 01 10 01 11 00에 대한 출력 수열 $y_3y_2y_1$을 결정하시오.

14.6-5 x_2x_1의 입력 수열이 00 10 10 01 11 01 00일 때, 문제 14.6-4를 푸시오.

14.6-6 그림 14.6-3b와 14.6-7b의 시스템에 대하여 문제 14.6-4를 푸시오.

14.6-7 그림 14.6-7의 시스템에 대하여 경로 (0, 2, 4, 2)와 (6, 1, 3, 0) 사이의 거리는 얼마인가?

14.6-8 Ungerbroeck(1982)는 이어지는 새로운 상태와 그에 상응하는 출력 심볼을 더함으로써 그림 14.6-7의 $m = \tilde{m} = 2$, 8-PSK TCM 시스템의 부호화 이득을 증가시켰다 (i: 4062, j: 5173, k: 0426, l: 1537, m: 6240, n: 7351, o: 2604, p: 3715). 그림 14.6-7의 패턴에 따라서 새로운 트렐리스 다이어그램을 그리고, $g_{8\text{-}PSK/QPSK} = 4.13$ dB임을 보이시오.

14.6-9 그림 14.6-5b의 TCM 시스템에 대한 회로를 유도하시오. 이 문제를 해결하기 위해서는 순차 논리 합성에 대한 지식이 필요하다.

제 **15** 장

대역 확산 시스템

개 요

제2차 세계대전 직전, 유명한 여배우이자 오스트리아로부터 정치적인 망명을 한 Hedy Lamarr는 음악 작곡가인 George Antheil과 대화하는 중에 먼 거리에서 장전된 수뢰를 조정하는 방법을 논의하게 되었다. 이 기술은 적의 전파 방해와 탐지에 안전하였다. 쉽게 탐지될 수 있고 방해받을 수 있는 하나의 주파수로 구성되는 전통적인 유도 시스템 대신에 그들의 신호는 하나의 주파수에서 다른 주파수로 거의 불규칙한 형태로 오직 권한을 가진 수신기(이 경우는 수뢰)만이 아는 형태로 도약한다. 이 경우 전송 대역은 메시지 대역폭보다 훨씬 더 큰 범위로 확산된다. 이렇게 주파수 도약 대역 확산 방식(FHSS)이 생겨났고 드디어는 Lamarr와 Antheil의 특허가 되었다.

대역 확산(SS)은 특별한 방법을 사용하여 전송신호가 메시지 대역보다 훨씬 더 큰 주파수대역을 사용하도록 확산하는 면에서는 각변조와 유사하다. 대역을 확산하면 강한 간섭에 대응할 수 있고 인가되지 않은 수신기의 도청을 방지할 수 있게 된다. FHSS 뿐만 아니라 메시지 스펙트럼이 광대역 의사잡음(PN) 수열에 곱해짐으로써 확산이 되는 직접 확산 기술에 기반을 둔 직접수열 대역 확산(DSSS)도 있다.

직접수열과 주파수 도약 시스템을 정의함으로써 대역 확산 시스템 공부를 시작하며, 이어서 광대역 잡음, 하나 혹은 다수의 주파수를 가지는 방해 신호, 그리고 다른 SS 신호가 존재할 때의 특성들을 고찰할 것이다. 그 다음 같은 부호끼리의 자기상관 값이 크고 (따라서 인가된 사용자는 쉽게 통신할 수 있고) 다른 부호끼리의 교차상관 값은 작은 (외부인의 간섭을 최소화하는) PN 부호의 생성을 다룰 것이다. 그리고 여러 사용자들이 다른 PN 부호를 가지고 하나의 RF 채널을 공유하는 부호분할 다원접속(CDMA) 방식을 검토한다. 마지막으로, 동기와 무선 전화 시스템에 대하여 논의할 것이다.

학습목표

이 장을 공부하고 응용문제들을 푼 후에 다음의 사항들을 수행할 수 있어야 한다.

1. DSSS와 FHSS 시스템의 작동을 기술한다(15.1, 15.2절).
2. 단일 톤의 전파 방해, 광대역 잡음, 그리고 다중 사용자 환경에서 DSSS 시스템의 오류 확률을 계산한다(15.1절).
3. 단일 혹은 다중 톤 전파 방해, 협대역과 광대역 잡음, 그리고 다중 사용자 환경에서 FHSS의 오류 확률을 계산한다(15.2절).
4. 높은 자기상관과 낮은 교차상관 값을 가지는 확산 부호를 만드는 부호 생성기를 설계하고 분석한다(15.3절).
5. SS이 거리측정에 어떻게 사용될 수 있는가를 말한다(15.3절).
6. SS 수신기의 동기 기법을 기술하고 동기가 되는데 걸리는 평균 시간을 계산한다(15.4절).
7. 셀룰러 전화 시스템의 운용 방법과 다양한 다원 접속 기술들의 차이 및 장점과 단점을 기술한다(15.5절).
8. Wi-Fi와 WiMAX 무선 통신망 시스템의 개념을 설명한다(15.5절).
9. TR 시스템을 갖춘 UWB 시스템의 운용과 대역 확산과 비교해 UWB의 차별성을 설명한다(15.6절).

15.1 직접수열 대역 확산

DSSS는 변조방식에 의하여 전송되는 메시지의 주파수 성분이 스펙트럼 상에서 크게 확산된다는 점에서 FM과 유사하다. 차이점은 FM에서는 메시지가 대역 확산을 일으키는 반면 DSSS에서는 의사랜덤 수 생성기가 확산을 일으킨다는 것이다.

DSSS 신호

DSSS 시스템과 관련된 스펙트럼을 그림 15.1-1에 보였다. 여기에서는 메시지 $x(t)$가 변조되기 전에 광대역 PN 파형 $c(t)$와 곱해져 다음과 같이 된다.

$$\tilde{x}(t) = x(t)c(t) \tag{1}$$

$c(t)$를 곱하는 것은 메시지를 효과적으로 감추고 변조된 신호의 스펙트럼을 확산한다. 그 다음 확산된 신호 $\tilde{x}(t)$는 DSB 신호로 만들어지기 위하여 평형변조기(혹은 곱셈기)에 의해서 변조될 수 있다. 만약 $x(t)$가 디지털 메시지를 나타내는 ±1의 값을 가진다면, DSB 변조기의 출력은 이진 BPSK(PRK) 신호가 될 것이다.

이것을 좀더 자세히 보자. PN 생성기는 그림 15.1-2에 자세히 나타나있듯이 **칩**(chip)이라고 불리는 구형파 펄스 열로 구성되어 있는 의사랜덤 이진 파형 $c(t)$를 만들어낸다. 각 칩은 폭이 T_c이고 크기는 ±1이다. 따라서 $c^2(t) = 1$이 되는데 이것은 메시지를 복구하는데 필수적인 조건이다. 분석을 쉽게 하기 위해서 $c(t)$가 $D = T_c$, $a_k = \pm 1$, $\sigma^2 = \overline{c^2} = 1$일 때 예제 9.1-3의 랜덤 디지털 파형과 동일한 특성을 가진다고 가정한다. 따라서 이미 공부했듯이 다음과 같이 되고

$$R_c(\tau) = \Lambda(t/T_c) \qquad \text{and} \qquad G_c(f) = T_c \operatorname{sinc}^2 \frac{f}{W_c} \tag{2}$$

이것은 그림 15.1-2에 그려져 있다. 변수

$$W_c \triangleq \frac{1}{T_c}$$

은 PN 대역폭의 척도로 사용된다. 다음으로 "칩 메시지" $\tilde{x}(t) = x(t)c(t)$를 고려하기로 한다. $x(t)$를 $c(t)$에 대하여 독립적인 에르고딕 정보과정의 출력으로 다루면 다음과 같이 된다.

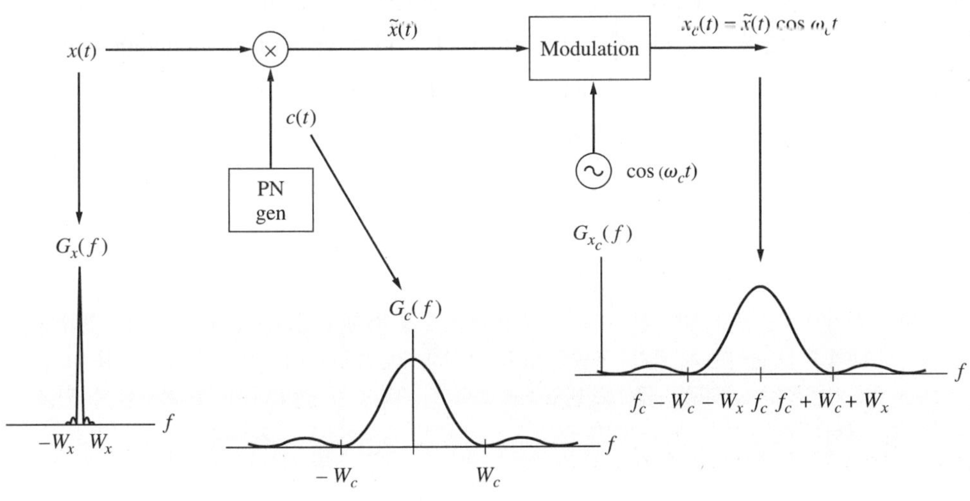

그림 15.1-1
DSSS 송신시스템과 스펙트럼.

그림 15.1-2

의사랜덤 이진 파형. (a) 파형; (b) 자기상관과 전력스펙트럼.

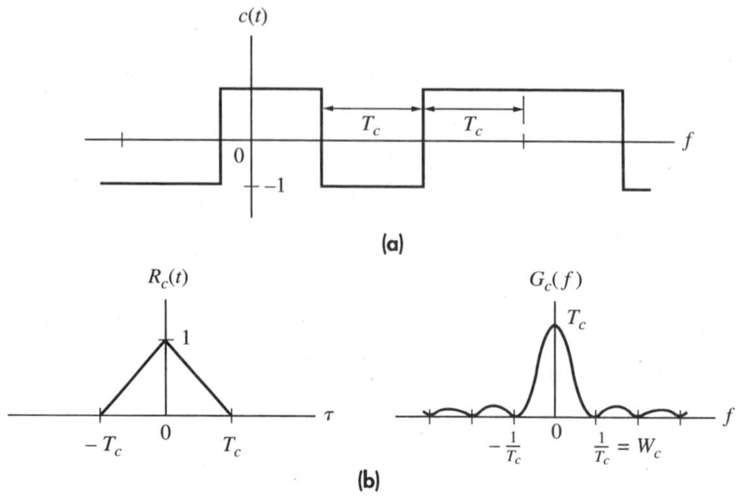

$$\overline{\tilde{x}^2} = E[x^2(t)c^2(t)] = \overline{x^2} = S_x$$

독립적인 불규칙 신호들의 곱은 그것들의 자기상관함수의 곱 그리고 그것들의 전력스펙트럼의 컨벌루션과 관련됨을 상기하라. 명확성을 위해서 메시지 대역을 $|f| > W_x$에서 $G_x(f) \approx 0$이 되는 W_x로 표기하면 다음과 같이 된다.

$$G_{\tilde{x}}(f) = G_x(f) * G_c(f) = \int_{-W_x}^{W_x} G_x(\lambda) G_c(f-\lambda)\, d\lambda$$

그러나 유효한 대역 확산은 $W_c \gg W_x$이어야 하고, 이 경우 $|\lambda| \leq W_x$에서 $G_c(f-\lambda) \approx G_c(f)$이다. 따라서

$$G_{\tilde{x}}(f) \approx \left[\int_{-W_x}^{W_x} G_x(\lambda)\, d\lambda\right] G_c(f) = S_x G_c(f) \tag{3}$$

이고 식 (3)과 그림 15.1-1로부터 $\tilde{x}(t)$가 기본적으로 PN 대역폭 W_c와 같은 확산 대역폭을 가진다고 결론을 내릴 수 있다. 실제적인 시스템에서 **대역 확산 인수**(bandwidth expansion factor) W_c/W_x는 10부터 10,000까지(10에서 40 dB)의 범위를 가질 수 있다. 나중에 보여주겠지만 이 비율이 더 클수록 간섭에 대한 시스템의 저항력은 더 좋아진다.

DSB나 BPSK 변조는 대역폭 $B_T \gg W_x$이 요구되며 $\tilde{x}(t) \cos \omega_c t$에 비례하는 전송신호를 발생시킨다.

보통 수신기에서는 유사 잡음 신호로 대역 확산된 신호를 배경 잡음과 구분하기가 힘들 것이다; 따라서 대역 확산 송신은 **차단당할 확률이 낮다**. 그러나 그림 15.1-3에 보인 것과 같이 권한이 부여된 수신기는 전송 대역폭이 큼에도 불구하고 출력 잡음의 증가 없이 메시지를 복구할 수 있을 것이다. 게다가 이 수신기 구조는 다른 간섭이나 고의적인 방해신호도 억제한다.

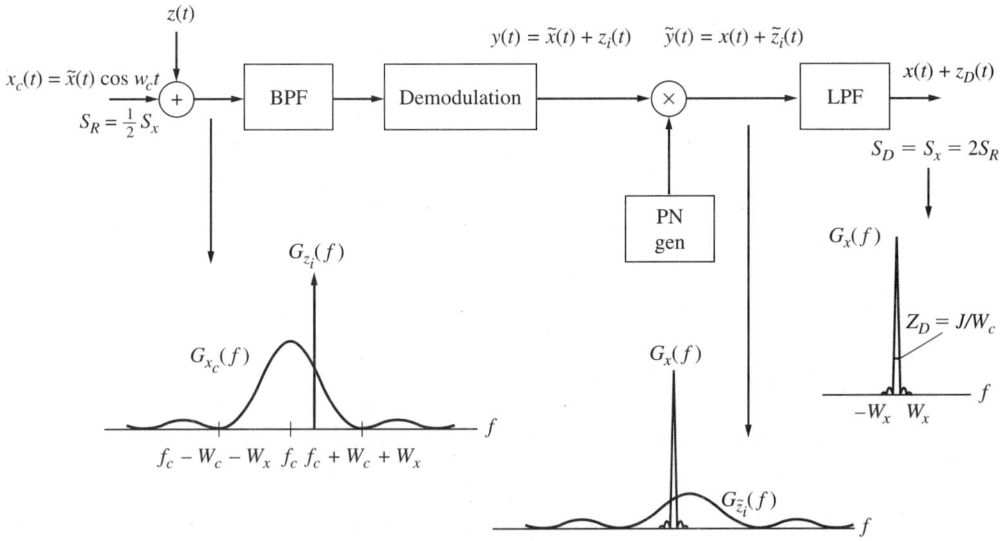

그림 15.1-3 DSSS 수신 시스템과 단일-톤 방해 신호의 영향.

수신기에서 크기가 1인 반송파를 가지는 시스템의 성능을 분석할 것이고, 따라서 $S_R = \frac{1}{2}\overline{\tilde{x}^2} = \frac{1}{2}S_x$이다. $z(t)$는 부가되는 잡음 또는 간섭이고, 그것의 동위상 성분은 $z_i(t)$이다. 대역 통과 필터 후에 동기 검파는 $y(t) = \tilde{x}(t) + z_i(t)$를 만들어내고 이것은 국부적으로 발생시킨 PN 파형과 곱해져 아래의 신호를 만들어낸다.

$$\begin{aligned}\tilde{y}(t) &= [\tilde{x}(t) + z_i(t)]c(t) \\ &= x(t)c^2(t) + z_i(t)c(t) = x(t) + \tilde{z}_i(t)\end{aligned} \tag{4}$$

이러한 곱셈 과정은 PN 생성기가 거의 완전히 동기되었다고 가정하면 $z_i(t)$의 스펙트럼은 확산시키지만 $\tilde{x}(t)$를 역확산시켜 $x(t)$를 복원한다. 마지막의 저역 통과 필터는 $\tilde{z}_i(t)$의 대역 바깥부분을 제거하고 전력이 $S_D = S_x = 2S_R$이 되는 출력 신호 $y_D(t) = x(t) + z_D(t)$를 만들어낸다. 다음 단계는 출력에서의 잡음 전력 $\overline{z_D^2}$을 찾는 것이다.

$z(t)$를 백색잡음 $n(t)$라고 할 때, 이전의 그림 10.1-3에서처럼 동위상 성분 $n_i(t)$는 아래와 같은 저역 통과 전력 스펙트럼을 가진다.

$$R_{n_i}(\tau) = \mathscr{F}[G_{n_i}(f)] \approx N_0 B_T \operatorname{sinc}(B_T\tau)$$

칩 수열이 곱해진 저역 통과 잡음 $\tilde{n}_i(t)$의 자기상관은 곱 $R_{n_i}(\tau)R_c(\tau)$와 같다. $|\tau| \geq 1/B_T \ll 1/W_c$일 때 $R_{n_i}(\tau)$는 매우 작은 값을 가지는 반면 $|\tau| \ll T_c = 1/W_c$에서 $R_c(\tau) \approx 1$이기 때문에 $R_{\tilde{n}_i}(\tau) \approx R_{n_i}(\tau)$라고 결론지을 수 있고 따라서

$$G_{\tilde{n}_i}(f) \approx G_{n_i}(f) \approx N_0\Pi(f/B_T)$$

이다. 저역 통과 필터 출력의 잡음 전력은 $N_D = 2\,N_0W_x$이고, 따라서 다음과 같이 된다.

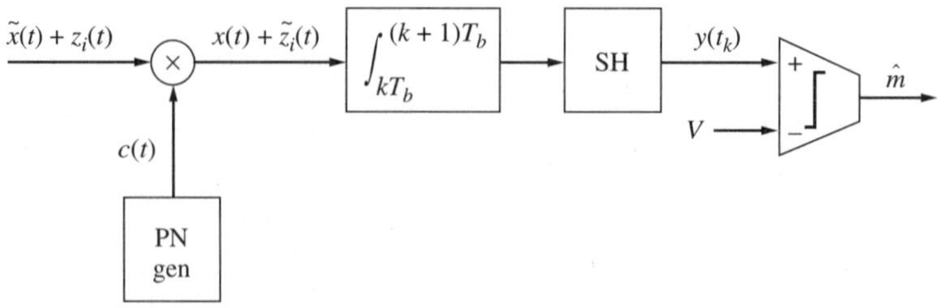

그림 15.1-4
BPSK를 위한 DSSS 상관 수신기.

$$(S/N)_D = 2S_R/2N_0W_x = S_R/N_0W_x \tag{5}$$

이 결과를 10.2절의 식 (4b)와 비교해볼 때, 동기 검파된 대역 확산 시스템의 잡음에 대한 성능은 전통적인 DSB 시스템의 경우와 동일해짐을 확인할 수 있다.

마찬가지로, 만약 메시지가 디지털이고 BPSK로 전송한다면 그림 15.1-4의 상관 검파기를 사용할 수 있다. 따라서, 백색 잡음이 있는 환경에서, 오류 확률은 아래와 같을 것이다.

$$P_e = Q\left(\sqrt{2E_b/N_0}\right) \tag{6}$$

간섭 환경의 DSSS 성능

그림 15.1-3은 DSSS 시스템에 미치는 단일 톤 방해 신호의 영향도 보여준다. $z(t)$를 정현파 간섭 신호 또는 CW 방해 신호라 하자, 즉

$$z(t) = \sqrt{2J}\cos\left[(\omega_c + \omega_z)t + \theta\right]$$

여기서 주파수는 $f_c + f_z$이고 평균 전력은 $\overline{z^2} = J$이다. 그러면 동위상 성분은 $z_i(t) = \sqrt{2J}\ \cos(\omega_z t + \theta)$이고 그래서 다음과 같다.

$$G_{z_i}(f) = \frac{J}{2}[\delta(f - f_z) + \delta(f + f_z)] \tag{7}$$

$c(t)$를 곱하면 이 스펙트럼을 확산시키고 그래서 $G_{\tilde{z}_i}(f) = Gz_i(f)*G_c(f)$이 되며, 임펄스와의 일반적인 컨벌루션이다. $c(t)$가 비교적 광대역이기 때문에, $\tilde{z}_i(t)$는 전력 스펙트럼 밀도 J/W_c를 가지는 또 다른 광대역 잡음원으로 근사화된다. 만약 $|f_z| \ll W_c$이면, 출력 방해신호 전력의 상한은

$$\overline{z_D^2} = \int_{-W_x}^{W_x} G_{\tilde{z}_i}(f)\,df \leq 2W_x\frac{J}{W_c} \tag{8a}$$

이 되고 신호 대 방해신호 비는 다음과 같이 된다.

$$\left(\frac{S}{J}\right)_D \geq \frac{W_c}{W_x}\frac{S_R}{J} \tag{8b}$$

단일 톤 방해신호의 스펙트럼은 확산되어져 있고, 출력 신호전력과 비교할 때 $W_x/W_c \ll 1$의 인수만큼 줄어들었다. 이러한 감소는 그림 15.1-3의 출력 스펙트럼에서도 볼 수 있다. 대역 확산 비율 W_c/W_x는 또한 **처리이득**(process gain, Pg)이라고도 불리며

$$Pg = W_c/W_x \tag{9}$$

이것은 간섭에 대한 시스템의 저항력을 나타내는 척도가 된다. Pg가 증가할수록 간섭에 대한 시스템의 저항력이 더 좋아지는 것을 의미한다.

따라서 방해신호를 또 다른 잡음원으로 다룰 수 있을 것이고, 디지털 정보를 BPSK로 전송하는 경우의 오류 확률은 다음과 같다.

$$P_e = Q\left(\sqrt{2E_b/N_J}\right) \tag{10}$$

여기서 $N_J = J/W_c$이다. 만약 채널이 광대역 백색 잡음과 CW 방해신호 모두에 의해서 영향을 받는다면, 오류 확률은 다음과 같다.

$$P_e = Q\left[\sqrt{2E_b/(N_0 + N_J)}\right] \tag{11}$$

만약 수신 신호 전력과 방해 신호 전력을 각각 $S_R = E_b r_b$와 $N_J = J/W_c$로 치환하여 식 (10)에 대입하면 다음과 같이 된다.

$$P_e = Q\left(\sqrt{\frac{2W_c/r_b}{J/S_R}}\right) \tag{12}$$

식 (9)와 $r_b = W_x$을 대입하면 식 (12)는 아래와 같이 된다.

$$P_e = Q\left(\sqrt{\frac{2\,Pg}{J/S_R}}\right) \tag{13}$$

이제 P_e의 최소값이 식 (10)으로 정해지는 것으로 하자. 식 (13)과 결합하고 dB로 바꾸면 다음과 같이 된다.

$$10\log(J/S_R) = 10\log(Pg) - 10\log(E_b/N_J) \tag{14}$$

여기서 $10\log(J/S_R)$은 **전파방해여유**(jamming margin)로 불리며, 간섭이 존재하는 상황에서 시스템이 동작할 수 있는 능력의 척도로 사용된다. 만약, 어떤 시스템에서, P_e의 최소값 또는 E_b/N_J 비율의 최소값이 정해지고 Pg가 비교적 큰 값으로 정해진다면, 이 시스템은 간섭에 대한 여유를 가질 것이다.

전파 방해 환경에서 DSSS 성능 — 예제 15.1-1

어떤 DSSS-BPSK 시스템에서 $r_b = 3$ kbps, $N_0 = 10^{-12}$이며 $P_e = 10^{-9}$로 수신된다. 수신 신호보다 전력이 10배가 더 크게 수신되는 단일 톤 전파방해신호가 있을 때 $P_e = 10^{-8}$가

되게 하기 위하여 시스템에 필요한 Pg를 계산하자. 부록에서의 표 T.6과 식 (6)을 사용하면 $2E_b/N_0 = 36$ 또는 $E_b = 1.8 \times 10^{-11}$을 얻는다. $S_R = E_b r_b = 5.4 \times 10^{-8}$이므로 $J = 10S_R = 5.4 \times 10^{-7}$이다. 만약 전파방해신호가 있을 때 $P_{e_{\min}} = 10^{-8}$이면 식 (11)과 표 T.6을 사용하여, $N_J = 1.48 \times 10^{-13}$, $N_J = J/W_c$, $W_c = 3.6 \times 10^6$이다. 만약 $W_x = r_b$이면 $Pg = W_c/W_x = 1200$이 된다.

응용문제 15.1-1 위의 예제에서 Pg(처리이득)=10,000인 경우 전파방해여유 값은 얼마인가?

다원 접속

마지막으로, 만약 우리가 **부호 분할 다원 접속**(code division multiple access, CDMA)의 경우와 같이, $M-1$명의 다른 대역 확산 사용자들과 채널을 공유하고 있다면 각 사용자는 자신만의 고유한 확산 부호와 수신기 도착 시간들을 가지게 될 것이다 따라서 간섭 항은 다음과 같이 되고

$$z(t) = \sum_{m=1}^{M-1} A_m x_m(t - t_m) c_m(t - t_m) \cos \theta_m \tag{15}$$

여기서 A_m, $c_m(t)$, t_m, θ_m은 각각 m번째 사용자의 신호 크기, 확산 부호, 시간 지연 그리고 위상을 나타낸다. 따라서 수신신호는 다음과 같다.

$$y(t) = \tilde{x}(t) + \sum_{m=1}^{M-1} A_m x_m(t - t_m) c_m(t - t_m) \cos \theta_m \tag{16}$$

만약 다른 사용자들 각각의 신호의 강도가 1로 모두 같다고 가정하면, 역확산 후 식 (16)은 다음과 같이 된다.

$$\tilde{y}(t) = x(t) + \left[\sum_{m=1}^{M-1} x_m(t - t_m) c_m(t - t_m) \cos \theta_m \right] c(t) \tag{17}$$

BPSK의 경우, 상관 수신기의 출력은 다음과 같이 되고

$$x(t_k) + \sum_{m=1}^{M-1} \left[\cos \theta_m \int_{kT_b}^{(k+1)T_b} x_m(t - t_m) c_m(t - t_m) c(t)\, dt \right] \tag{18a}$$

$$= x(t_k) + z(t_k) \tag{18b}$$

여기서 $z(t_k)$는 다른 $M-1$명의 CDMA 사용자들에 의한 간섭 합을 나타낸다. 유의할 것은 T_c가 직접 오는 성분과 다중경로를 통한 성분 간의 지연시간보다 작다면, 다중경로 성분은 다른 수신 입력으로 간주된다는 것이다. $x_m(t) = \pm 1$이기 때문에 식 (18a)의 적분항은 수신신호와 간섭신호의 PN 부호 사이의 교차상관이 되는 것에 주목하라. 따라서 확산

부호들 사이의 교차상관을 최소화하는 것은 CDMA 사용자들 사이의 간섭을 최소화하는 것이 된다. 이상적으로는 각 PN 부호를 서로 직교하도록 선택하면, $z(t_k) = 0$이 될 것이다. 불행하게도 뒤에 설명하겠지만, 실제적인 시스템에서 이것은 가능하지 않다.

Pursley(1977)와 Lathi(1998)는 사용자가 M명인 백색잡음이 있는 CDMA 채널에서 비트 오류 확률 식을 유도하였다. 이 식은 M명의 사용자들 각각의 신호 세기가 동일한 경우 다음과 같다.

$$P_e = Q\left(1/\sqrt{(M-1)/(3Pg) + N_0/2E_b}\right) \tag{19}$$

만약 채널에 사용자가 단 한 명이면(즉 $M = 1$), 식 (19)는 식 (6)으로 됨을 주목하라. 반대로 만약 채널에 잡음이 없고 다른 사용자들만 있으면 오류 확률은 다음과 같이 될 것이다.

$$P_e = Q\left(\sqrt{3Pg/(M-1)}\right) \tag{20}$$

따라서, 채널에 잡음이 없더라도, 만약 다른 사용자들이 있다면 오류 확률은 당연히 영이 될 수 없다.

식 (6), (10) 그리고 (19)에서 보듯이, 모든 간섭 신호가 시스템에는 광대역 잡음으로 보인다. 따라서 다른 사용자들이 혼선을 일으키는 TDMA나 FDMA와는 달리, 각 CDMA 사용자들은 단지 주변 잡음을 크게 할 뿐이다.

이것은 법적인 규제와 관련이 된다. 과거에 최대 전력 양과 관련된 FCC 규정들은 혼선을 일으키는 정도를 고려하여 만들어졌다. 그러나 SS-CDMA 세계에서는, 추가적인 사용자들은 단지 다른 사용자들의 신호 대 잡음 비를 줄일 뿐이다.

응용문제 15.1-2

단일 사용자 DSSS-BPSK 시스템에서 $P_e = 10^{-7}$이고 $Pg = 30$ dB이다. 만약 $P_e \le 10^{-5}$까지 허용된다면, 이 시스템은 얼마나 많은 사용자들을 추가적으로 수용할 수 있을까?

다중경로와 레이크수신기

식 (16)에서는 채널을 공유하는 $M - 1$명의 사용자를 고려하였다. 그러나 몇 개의 항들은 원하는 신호의 지연 또는 다중경로 신호 형태로 될지 모른다. l개의 다중경로 항들을 명확히 설명하기위해 식 (16)을 다시 쓰고, 그 다음 이 신호들을 유용하게 만들기 위한 방안을 알아보자.

$$y(t) = \underbrace{\sum_{i=1}^{l} A_i x(t-t_i)c(t-t_i)}_{\substack{\text{원하는 신호와} \\ \text{다중경로 신호들의 합}}} + \underbrace{\sum_{\mathrm{m}=1}^{\mathrm{M}-1} A_m x_m(t-t_m)c_m(t-t_m)}_{\text{다른 M} - 1 \text{ 사용자들}} + n(t) \tag{21}$$

만일 잡음과 다른 간섭들이 무시된다면, 식 (21)은 다음 식과 같이 간단해진다.

그림 15.1-5

전송 신호가 3개의 다른 경로를 거치는 다중경로 채널 모델.

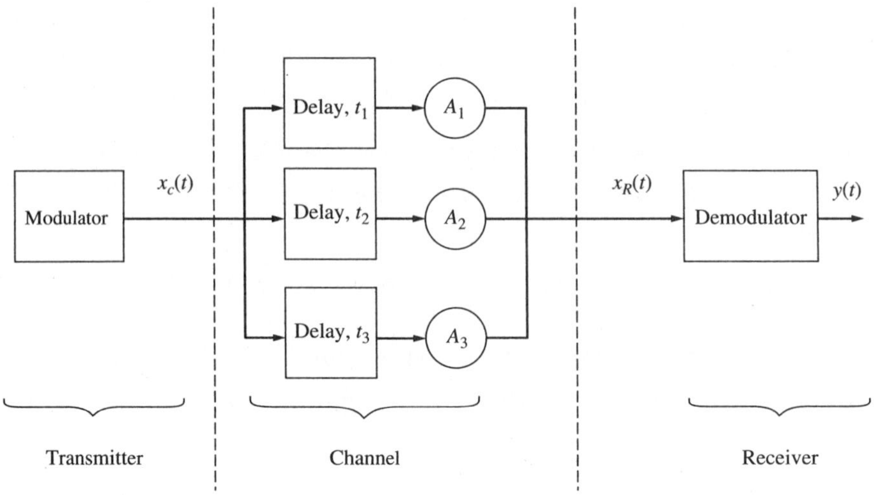

$$y(t) = \sum_{i=1}^{l} A_i x(t - t_i)c(t - t_i) \tag{22}$$

그림 15.1-5는 전송 신호가 3개($l = 3$)의 다른 경로로 전파되는 채널 모델을 보여준다. 각 경로마다 생기는 지연시간과 감쇠크기는 각각 t_i와 A_i로 표기된다. 분석을 간략화하기 위해, 초기에 이 변수들을 시간에 대해 상수로 가정하지만 일반적으로 시불변은 아니고, 특히 이동통신 시스템의 경우 더 그렇다. 또한, 다중경로에 의한 시간지연이 칩 시간보다 크다고($t_i > T_c$) 가정한다.

서로 간에 간섭하는 다중경로 신호의 영향을 극복하고, 경로 다각화(diversity)를 이용해 SNR과 SIR을 향상시키고자, 각 신호 경로마다 분리된 수신단을 이용한 방법을 제안한다. 이때 다중경로의 신호가 유용하게 더해질 수 있도록 각 경로 수신단에 지연과 증폭 조절을 행한다. 따라서 그림 15.1-6에 정원갈퀴의 가지와 유사하다는 점에서 명명된 세-핑거 **레이크** 수신기(Rake receiver)를 나타내었다. 이것은 신호 경로수가 l인 경우에 상응하는 l-핑거 구조로 일반화 시킬 수 있다. 수신입력 $y(t)$는 PN 곱셈기에 의해 역확산 되며, 각 곱셈기는 다중경로 각 신호와 위상동기를 맞춘 PN 신호를 제공한다. 따라서 i번째 역확산 곱셈기의 출력은 다음과 같다.

$$v_i(t) = A_i c^2(t - t_i)x(t - t_i) + \sum_{j \neq i} A_j x(t - t_j)c(t - t_{j \neq i})c(t - t_i) \quad i = 0, 1, 2 \tag{23a}$$

$c^2(t - t_i) = 1$일 때, (23a)의 첫 번째 항은 $A_i x(t - t_i)$이 된다. 주어진 PN 부호와 이것과 위상만 다른 PN 부호와의 상관 값이 매우 작기 때문에 식 (23a)의 두 번째 항은 의사잡음이 되며, 따라서 식 (23a)를 다음과 같이 나타낼 수 있다.

$$v_i(t) = A_i x(t - t_i) + \tilde{z}_i \qquad i = 0, 1, 2 \tag{23b}$$

여기서 $\tilde{z}_i = \sum_{j \neq i} A_j x(t - t_j)c(t - t_{j \neq i})c(t - t_i),\ i = 0, 1, 2$

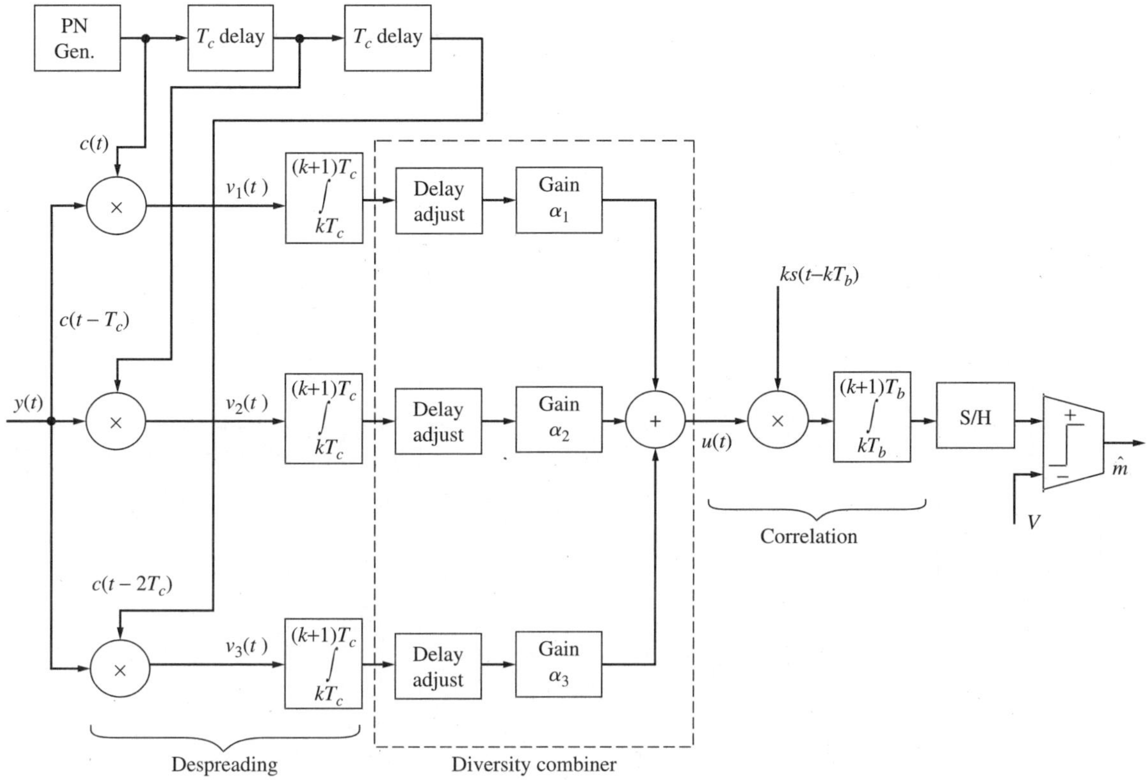

그림 15.1-6 세 개의 다중경로 성분을 갖는 신호에 대한 레이크 수신기.

i번째 곱셈기 각 출력은 다각화 결합기로 가며, 여기서 서로 다른 시간지연을 갖는 각 핑거로부터의 신호에 대하여 크기와 지연시간을 조절해 유용한 결합이 이루어진다. 이때 각 경로로부터 들어온 신호는 높은 신호 대 잡음 비를 갖는 핑거 신호의 경우 세기를 증가시키고 낮은 신호 대 잡음 비를 갖는 신호의 경우는 세기를 줄임으로써, 수신 신호의 품질에 따라 각 경로의 신호 세기를 조절한다. 이득과 스케일링 둘 다 경로 조건에 따라 동적으로 이루어 질 수 있다. 다각화 결합기의 출력은 다음과 같다.

$$u(t) = \sum_{i=0}^{2} \alpha_i[A_i x(t-\Delta) + \tilde{z}_i'] \qquad i = 0, 1, 2 \tag{24}$$

본 예에서는 단지 두 개의 강력한 신호 경로와 하나의 약한 경로에 상응하는 3개의 핑거가 있으며, i번째 핑거의 출력 SNR이 작아서, 이득 α_i을 다른 α_j에 비교하여 상대적으로 작은 값이 되도록 설정한다. 끝으로, 출력은 상관기로 들어가며, 상관기의 기준신호 $s(t-T_b)$가 신호의 상태에 정합된다. 최적의 복원를 위해 $s(t-T_b)$는 원래 신호의 형태와 채널 왜곡의 함수이어야 하고, 들어오는 신호의 특성에 따라 적응적으로 변화될 수 있다.

주목해야할 몇 가지 사항이 있다. 첫째, 발신지와 목적지 둘 다 고정된 위치에 있지 않으면, 채널 변수는 대체로 시간에 따라 변할 것이다. 따라서 수신단의 PN 부호 발생기의 위상 또한 동기를 유지하기 위해 변해야 할 것이다. PN 부호 동기화에 대해서는 15.3절에

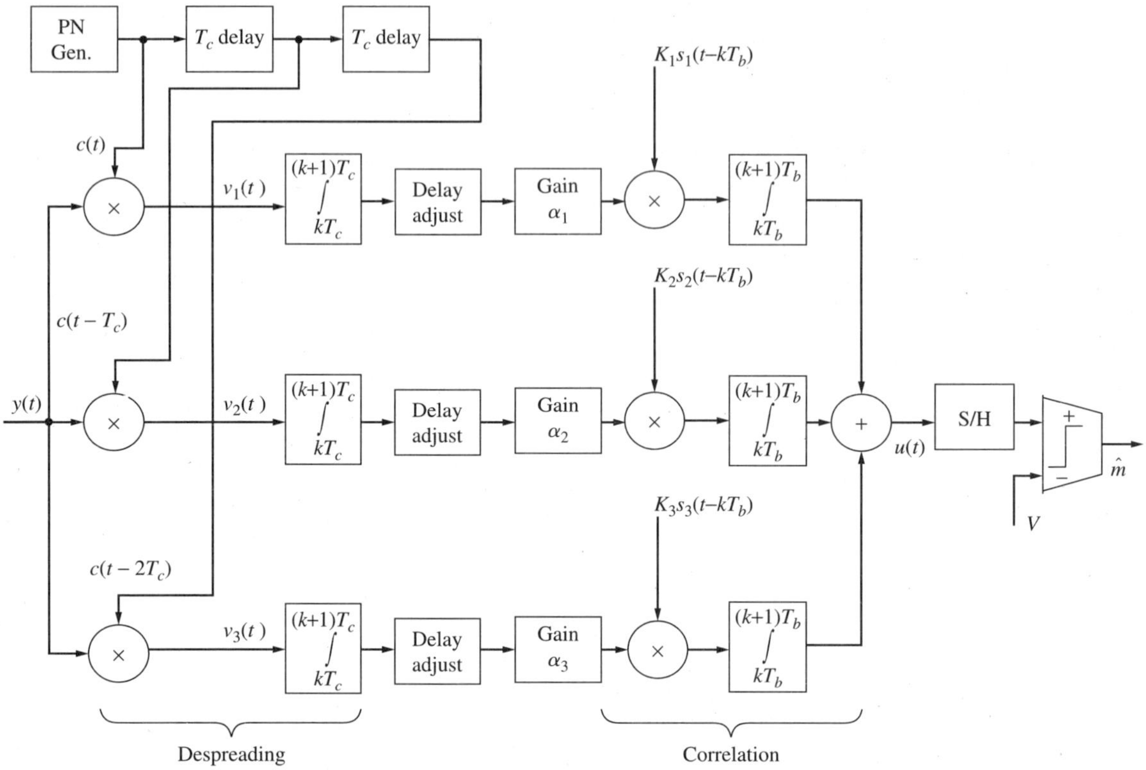

그림 15.1-7 각 경로마다 독립된 상관기를 갖는 세-핑거 레이크 수신기.

서 더 다룰 것이다. 또한, 다각화 결합기에 있는 이득과 지연 부분은 또한 시변 채널조건, 특히 이동 운용에 적응해 조절되어야 할 것이다. 이는 하나의 분리된 주제로서 신호 처리 문헌에서 광범위하게 다루어진다. 둘째, 다각화 결합기 이후에 단일 상관기의 사용은 세 개의 신호가 왜곡이 동일한 경로를 거쳐서 전달됨을 가정한 것이다. 이 가정은 일반적으로 성립하지 않기 때문에, 각 핑거가 자체 상관기를 갖도록 설계해서 신호 기준이 특정 경로 응답에 기반하도록 하는 것이 더 타당하다. 이것은 그림 15.1-7에서 볼 수 있다. 끝으로, 레이크의 개념은 다른 시스템에도 적용될 수 있다. 레이크 수신기는 SNR 과 SIR을 증가시키기 위해 적응 신호 처리를 사용한다. 또한, 적응 신호 처리는 60 Hz 소음이나 다른 간섭신호 및 반향 신호 제거에 적용될 수 있다. 적응 신호 처리에 대해 더 자세한 내용은 Widrow and Strearns(1985)를 참고하기 바란다.

예제 15.1-2

레이크 수신기와 경로 길이

레이크 수신기가 경로 다각화를 이용하기 위해서는, 경로 길이 시간이 칩 시간 T_c 보다 길어야 한다. IS-95 CDMA 이동 전화는 칩율이 1.2288 Mcps이고, 이때 T_c는 0.8138($=\frac{1}{1.2288\times10^6}$)$\mu$s이다. 최소 경로 길이 d는 244($=3\times10^8\times0.8138\times10^{-6}$)미터이다.

15.2 주파수 도약 대역 확산

앞에서 나왔듯이, 확산 스펙트럼 대역이 더 넓어질수록, 전파방해기가 효과를 내려면 출력을 높여야 한다. 그러나, PN부호 생성기 하드웨어의 실제적인 한계 때문에 대역 확산과 그에 따른 처리 이득의 크기는 제한된다. 처리 이득을 더 크게 만드는 또 다른 방식으로, PN 생성기로 주파수 합성기를 구동할 수 있는데, 이 주파수 합성기는 데이터-변조된 반송파를 하나의 주파수에서 다른 주파수로 도약하도록 하여 매우 넓은 범위에서 주파수를 만들어낼 수 있다. 이러한 과정을 **주파수 도약 대역 확산**(frequency hopping spread spectrum, FHSS)이라 부른다. 이 경우 전송 메시지가 많은 수의 반송파 주파수를 가지며 확산되기 때문에, 전파방해기가 특정 메시지를 방해할 수 있는 확률이 작아진다. 또는 효과적으로 방해하기 위해서 전파방해기는 방해신호의 전력을 더 넓은 주파수 범위로 퍼뜨려야 한다.

FHSS 신호

주파수 도약 SS 신호를 그림 15.2-1에 보였으며 다음과 같이 작동한다. 어떤 시스템은 BPSK를 사용하기도 하지만, 대개는 반송파 주파수가 f_c인 M진 FSK로 메시지가 변조된다. 그런 다음에 변조된 메시지는 주파수 합성기의 출력과 믹싱된다. 주파수 합성기의 출

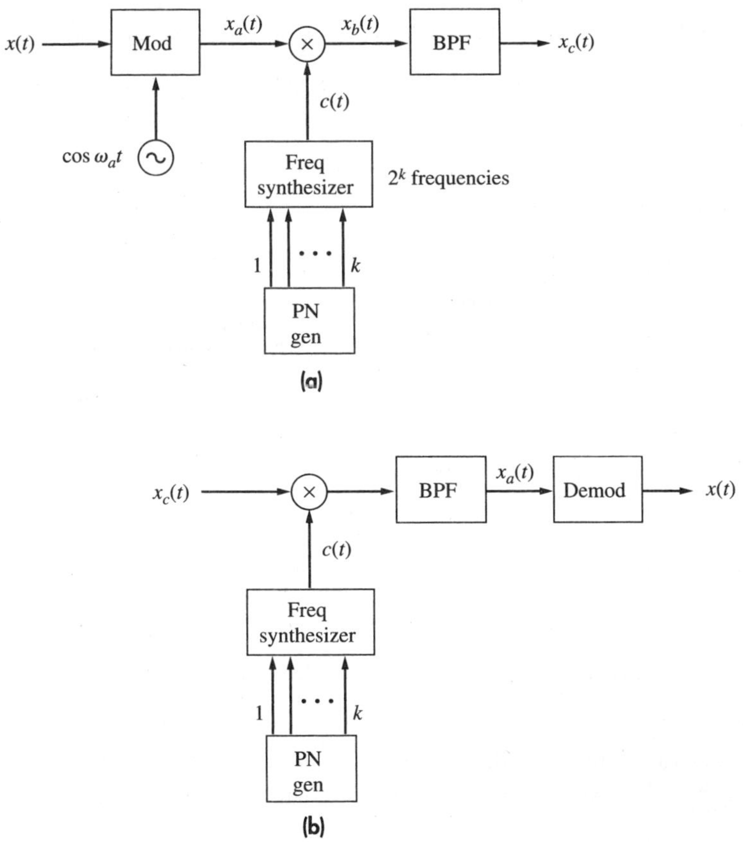

그림 15.2-1
FHSS 시스템. (a) 송신기; (b) 수신기.

력 주파수는 $Y = 2^k$의 값 중의 하나이고, 여기서 k는 PN 생성기의 출력 비트 수와 같다. BPF는 채널로 전송하기 위하여 믹서 출력 중 합 성분을 선택한다. 그림의 15.2-1(b)의 수신기는 이러한 과정의 역 과정을 수행한다. 위상 동기를 유지하는 것이 실제적으로는 어렵기 때문에, 대부분의 시스템은 포락선 검파기와 같은 비동기 방식 검파기를 사용한다.

FHSS 시스템에는 두 가지의 종류가 있다. **느린 도약**(slow hop) **SS**에서는 한번의 도약에 하나 또는 여러 개의 메시지 심볼이 전송되고: **빠른 도약**(fast hop) **SS**에서는 하나의 메시지 심볼이 두 번 또는 그 이상의 주파수 도약으로 전송된다. 느린 도약 SS에서 수신기는 어떤 다른 M진 FSK 신호의 경우와 마찬가지로 신호를 복조한다. 그러나 빠른 도약 SS에서는 심볼 당 몇 번의 도약이 있으므로, 검파기는 다수결 방식 또는 최대 확률 검파와 같은 어떤 결정 규칙에 의거해서 수신 메시지 값을 결정한다.

예제 15.2-1 이진 FSK변조 신호의 느린-주파수 도약 대역 확산

주파수 도약 당 두 개의 심볼을 전송하고 $k = 3$의 출력을 가지는 PN 생성기를 사용하는 이진 FSK의 느린 주파수 도약 SS 시스템을 고려하시오. 주어진 이진 메시지 수열에 대한 출력 스펙트럼을 그림 15.2-2에 보였다. $k = 3$이므로 이 시스템은 $Y = 2^k = 8$개의 서로 다른 반송파 주파수들로 도약할 수 있다. 각각의 도약에서 출력 주파수는 $f_{c_i} + f_d$이고 여기서 f_{c_i}는 i번째 도약에서의 반송파 주파수이고 f_d는 정해진 반송파 주파수로부터의 주파수 천이이다. 각 f_{c_i} 주위의 연계되어 있는 주파수들의 수는 도약 당 심볼 수와 같다. 만약 비트율이 r_b이면 14.1절의 식 (16)으로부터 $f_d = r_b/2$이다. 최대 주파수가 $f_{c_7} + f_d$이고 최

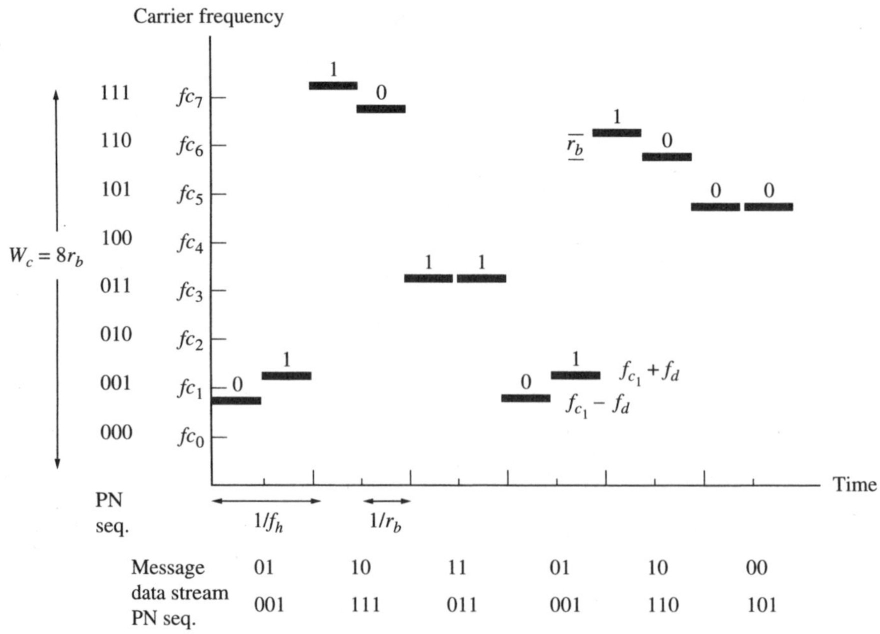

그림 15.2-2 예제 15.2-1의 느린 FHSS시스템에서 입력 데이터 대비 출력 주파수.

소 주파수가 $f_{c_0} - f_d$이므로 대역 확산 정도 또는 전송 대역폭은 $B_T = W_c = 8r_b$이다. 15.1절에서 처리 이득을 $Pg = W_c/W_x$로 정의하였다. 만약 W_x가 r_b이면 FHSS에서 처리 이득은 다음과 같이 된다.

$$Pg = 2^k \tag{1}$$

응용문제 15.2-1

이진 FSK, 심볼 당 두 번의 도약, 그리고 예제 15.2-1에서와 동일한 이진 메시지를 출력으로 하는 PN 생성기를 가진 빠른 주파수 도약 SS 시스템을 고려하시오. 메시지는 다음과 같은 PN 수열을 사용하여 전송된다: {010, 110, 101, 100, 000, 101, 011, 001, 001, 111, 011, 001, 110, 101, 101, 001, 110, 001, 011, 111, 100, 000, 110, 110}. 예제 15.2-1에서와 비슷한 형태로, 입력 메시지에 대하여 출력 주파수를 그리시오.

간섭 환경의 FHSS 성능

여기서는 FHSS 시스템의 성능을 비트 오류와 관련하여 살펴보고자 한다. 간섭 또는 잡음에는 몇 가지 종류가 있다: 연속 전파 방해에 의한 백색 잡음, 단일 톤 전파방해, 부분대역 전파방해, 그리고 CDMA 시스템에서 발생하는 것과 같은 동일 대역을 사용하는 다수의 FHSS 사용자에 의한 간섭 등이 있다. 이들 중 몇 가지를 그림 15.2-3에 나타내었다.

느린 도약 SS는 특정 주파수에서 하나 또는 그 이상의 심볼들이 전송되기 때문에 전파방해를 받기가 가장 쉽다. 그러나 만약 도약 주기가 전파방해 발신기와 사용자의 송수신기 사이의 전송 시간 보다 짧다면, 전파방해 발신기가 어느 주파수를 방해할지를 결정했을 때 송신기는 이미 다른 주파수로 도약했을 것이다. M진 FSK와 비동기 검파를 사용하는 경우, 백색 잡음이 있을 때의 비트 오류 확률은 다음과 같다.

$$P_e = \tfrac{1}{2}e^{-E_b/2N_0} \tag{2}$$

만약 전파방해 발신기가 그림 15.2-3(a)와 같은 전력 스펙트럼 밀도를 갖는다면 즉 N_J가 시스템 전체 대역통과에 대한 전력 레벨이라면, 전파방해는 백색 잡음처럼 되고 식 (2)는 다음과 같이 되며,

$$P_e = \tfrac{1}{2}e^{-E_b/[2(N_0+N_J)]} \tag{3}$$

여기서 $N_J = J/W_c$이다.

그림 15.2-3(b)는 전파방해가 발생하는 대역이 Δ인 부분대역 전파방해를 나타낸다. N_J/Δ 값은 대역폭이 $\Delta\ W_c$인 전파방해 발신기의 PSD와 같다. 또한 Δ와 $1 - \Delta$는 각각 전파방해를 받을 확률과 전파방해를 받지 않을 확률이 같으므로, 확률의 사슬 법칙을 이용해 표현하면 다음과 같다.

$$P_e = P(e|jammed^c)P(jammed^c) + P(e|jammed)P(jammed)$$

그림 15.2-3

FHSS 시스템의 전파방해 유형. (a) 연속; (b) 부분대역; (c) 단일 톤; (d) 다중톤.

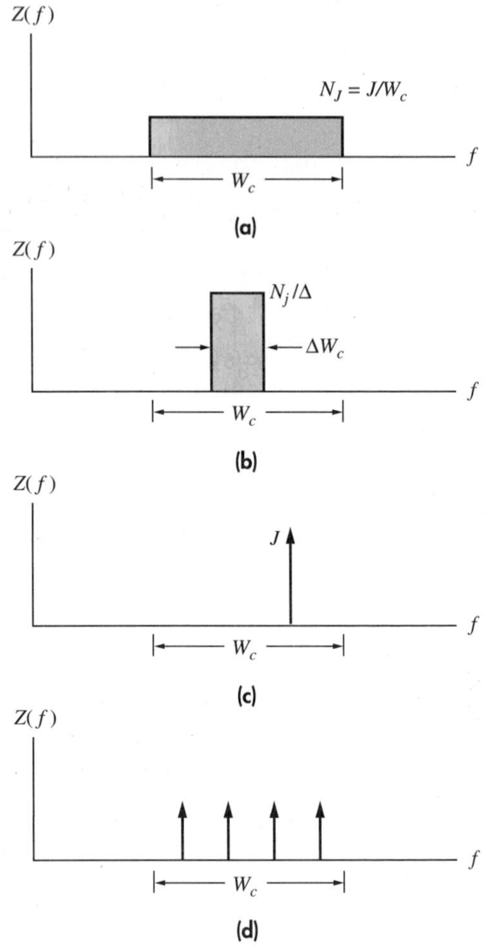

부분대역 전파방해를 받는 FHSS에서 오류 확률은 다음과 같이 된다.

$$P_e = \frac{1 - \Delta}{2} e^{-E_b/2N_0} + \frac{\Delta}{2} e^{-E_b/[2(N_0+N_J/\Delta)]} \tag{4}$$

도약하는 주파수의 수가 상대적으로 많고 전파방해 발신기의 거리가 송신기-수신기 사이의 거리에 비해 큰 시스템에서는 단일 톤 전파방해가 오류를 발생시킬 확률은 매우 적다.

마지막으로 그림 15.2-3(d)에 보는 바와 같이 M명의 사용자가 있고 $M - 1$명이 잠재적인 간섭원인 CDMA 시스템을 고려하자. 사용자들이 동일 주파수 슬롯을 사용하는 경우(그래서 충돌 c가 발생하고), 한 명의 사용자가 다른 사용자에게 오류를 발생시킬 확률은 1/2 또는 $P(error|c) = 1/2$이라고 하자. 그러면 충돌이 없을 때 오류가 발생할 확률은 잡음만 있는 경우의 오류 발생 확률, 즉 $P(error|c^c) = \frac{1}{2}e^{-E_b/2N_0}$과 같다. 만약 CDMA 채널에 $Y = 2^k$개의 주파수가 있다면, 어떤 슬롯에 간섭이 발생할 확률은 $1/Y$ [또는 발생하지 않을 확률은 $(1 - 1/Y)$]이다. 그러므로 $M - 1$명의 사용자가 간섭을 일으키지 않을 확률은 $(1 - 1/Y)^{M-1}$이다. 결과적으로 $M - 1$명의 사용자가 M번째 사용자와 충돌을 일으킬 확률은 $P_c = 1 - (1 - \frac{1}{Y})^{M-1}$이고 $M \ll Y$이면 $P_c \approx \frac{M-1}{Y}$이 된다. 다시 한번 사슬 법칙

을 사용하면 $P_e = P(e|c)P(c) + P(e|c^c)P(c^c)$이 되고 정리하면 다음과 같이 된다.

$$P_e \approx \frac{1}{2}\left(\frac{M-1}{Y}\right) + \frac{1}{2}e^{-E_b/2N_0}\left(1 - \frac{M-1}{Y}\right) \tag{5}$$

전파 방해 환경에서의 느린 주파수 도약 대역 확산 **예제 15.2-2**

메시지 전송율 3 kbps, $S_R = 5.4 \times 10^{-8}$ W인 SH-SS(slow-hopping SS) 시스템에서 PN 생성기의 $k = 10$ 이고 시스템이 $\Delta = 100\%, 10\%, 0.1\%$인 부분대역 전파방해를 받는 경우의 B_T와 오류 확률을 구하시오. 수신기에서 전파방해 전력은 신호 전력의 10배이고 불규칙잡음의 PDS N_0는 10^{-12} W/Hz이다. $k = 10$이면 $Pg = 2^{10} = 1024 = W_c/W_x$이다. $r_b = W_x = 3000$이면 $W_c = 3.07 \times 10^6$이다. $E_b = S_R/r_b$에서 $E_b = 5.4 \times 10^{-8}/3000 = 1.80 \times 10^{-11}$이고, $N_J = J/W_c = 5.4 \times 10^{-7}/3.07 \times 10^6 = 1.76 \times 10^{-13}$이다. 이 값들을 $\Delta = 1, 0.1, 0.001$에 대해 식 (4)에 대입하면 각각 2.37×10^{-4}, 0.0020, 5.36×10^{-4}의 P_e 값을 구할 수 있다. 이것을 통해서 우리는 P_e를 최소화 할 수 있는 최적의 Δ 값이 있음을 알 수 있다.

응용문제 15.2-2

단일 사용자 FHSS 시스템에서 $P_e = 10^{-7}$이다. 응용문제 15.1-2의 시스템에서와 같은 수의 사용자에 대해서 $P_e \leq 10^{-5}$가 되기 위하여 필요한 Pg의 최소값은 얼마인가?

고속 주파수 도약 대역 확산은 또한 다중경로에 의한 주파수 선택적 페이딩 환경에서 더욱 신뢰 있는 통신을 위해 **주파수 다각화** 이용을 가능케 한다. 예를 들어, 심볼당 일곱 번 도약하는 FHSS 시스템을 채택하면, 수신 검파기는 다수결 원칙에 따라 값을 결정한다. 따라서 일곱 번 중 적어도 네 번 메시지를 정확히 수신하면, 정확한 복호가 가능하다. 더구나, 처리이득이 충분히 크면, 협대역 페이딩뿐만 아니라 광대역 페이딩도 극복할 수 있다.

다른 형태의 대역 확산 시스템

DSSS와 FHSS가 가장 많이 사용되는 대역 확산 시스템이긴 하지만, 다른 형태의 대역 확산 시스템에 대해서도 간단히 다루고자 한다. 먼저 시간 도약(TH: Time Hopping) 시스템은 주파수 도약의 경우와 유사해 보이는데, 차이점은 데이터가 여러 반송 주파수에 의하여 확산되는 대신에 여러 시간 구간에 의사-랜덤하게 확산되어 시간 다각화 효과를 얻는다. 이는 13.1절에 기술되었던 것과 비슷한 방식으로 데이터를 효과적으로 인터리빙 시켜주고, 연집 오류에 강인하게 해 준다.

FHSS과 DSSS의 결합 형태는 DSSS 신호의 반송 주파수가 의사-랜덤 수열에 따라 여러 값으로 도약한다. 따라서 FHSS-DSSS 결합은 두 확산방식의 장점을 살려 처리이득을 크게 하고, 다중경로 간섭 및 주파수 선택적 페이딩에 더욱 강인하게 만든다. 다만 결합으로 인해 시스템이 복잡해지고 시간 동기화가 어려워질 수 있다.

15.3 부호화

$c(t)$를 발생시키고 따라서 신호의 대역을 확산하기 위해서 사용한 PN 생성기는 11.4 절에서 기술한 것과 동일한 유형과 특성을 가진다. PN 생성기에 관한 논의는 11.4절을 참조하기 바란다.

> 수신기가 송신기의 신호를 제대로 인식하고 특히 잘못된 동기를 피하기 위해서는 PN 부호의 자기상관 함수가 $\tau = 0$와 $\tau = \pm kT_c$에서 최대값을 갖고 그 밖의 τ 값에서는 가능한 한 작은 값을 가져야 한다는 것은 매우 중요하다.

만약 PN 생성기가 ML 수열(maximal-length sequence)을 만들어낸다면 이러한 목적은 달성된다.

전파간섭 또는 도청을 최소화하기 위해서 PN 수열의 길이는 가능한 한 길어야 한다; 수열이 길면 길수록 권한이 없는 도청자가 PN 수열을 찾아내는 데 더 많은 노력이 필요하게 된다. 그러나 선형 부호를 사용하는 경우에는 도청자가 PN 생성기의 전위 레지스터 연결을 알아내는데는 2^n칩의 정보만 알면 된다. 따라서 도청당할 가능성을 줄이려면 전송하는 동안 PN 수열을 자주 바꾸어 주거나 또는 PN 생성기의 귀환 연결에 비선형 구성을 사용해야 한다. 안전하고 동시에 바람직한 상관 특성을 가지는 PN 부호를 찾는 것은 일반적으로 어렵다. 그러므로 만약 목적이 통신 보안에 있다면 메시지는 따로 암호화되어야 한다.

각 사용자가 고유한 PN 부호를 사용하는 CDMA 시스템에서 수신기는 간섭을 일으키는 다른 사용자들의 SS 신호를 받아들이지 않고 또 상관관계가 잘못 검출되는 것을 방지할 수 있어야 한다. 15.1절의 식 (17)과 (18)에서 언급했듯이,

> 간섭을 최소화하기 위해서는 다른 PN 순차들 사이의 교차상관관계의 상한 값이 가능한 한 작아야 한다.

서로 다른 두 ML 수열 사이의 교차상관관계를 살펴보자. 예제 11.4-1에서처럼 [3,1] 전위 레지스터 구성은 그림 15.3-1에 보인 것과 같은 자기상관 함수를 만든다. $\tau = 0$과 $\tau = 7\,T_c$에서 상관 값이 1로 최대치를 갖는 것을 주목하라. 그림을 통해 [3, 2] 레지스터 구성이 1110010의 ML 수열을 만들고 [3, 1] 레지스터 구성과 동일한 자기상관함수를 가지는 것을 볼 수 있다. 이제 예제 11.4-1에서 사용했던 것과 비슷한 손쉬운 방법으로 이러한 두 수열의 교차상관관계를 계산하고, [3, 1] 구성의 출력과 전위된 [3, 2] 구성의 출력을 비교하면, 표 15.3-1과 그림 15.3-1에 보인 결과들을 얻을 수 있다. 예제 11.4-1에서와 같이 PN 수열이 극성 NRZ 신호로 된 경우를 기본으로 계산하였음을 명심하라. 자기상관관계와 교차상관관계 값 사이에 차이가 별로 없음을 주목하라. 따라서 이 PN 부호들을 사용

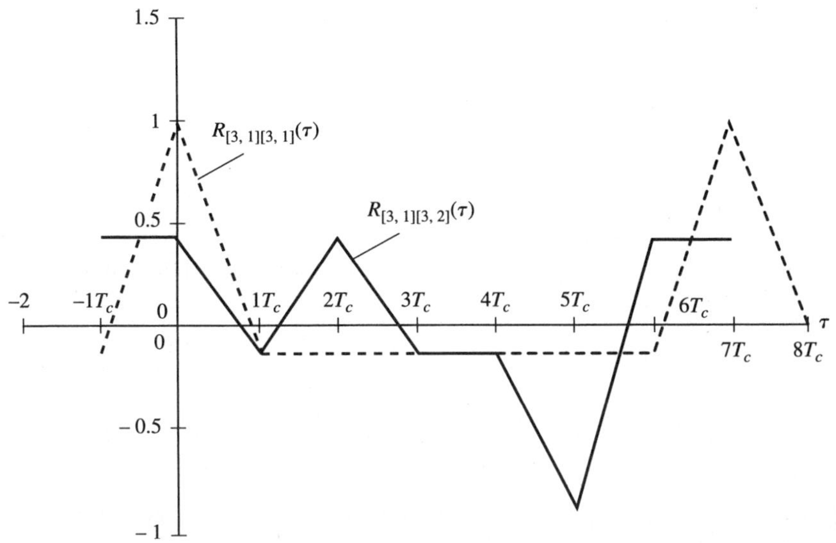

그림 15.3-1

[3, 1]과 [3, 2] PN 순차의 자기 및 교차상관관계.

표 15.3-1 [3, 1]과 [3, 2] PN 순차의 교차상관관계.

τ	[3, 1]/[3, 2]	$v(\tau)$	$R_{[3,1][3,2]}(\tau) = v(\tau)/N$
0	1110100 1110010	5 − 2 = 3	3/7 = 0.43
1	1110100 0111001	−1	−0.14
2	1110100 1011100	3	0.43
3	1110100 0101110	−1	−0.14
4	1110100 0010111	−1	−0.14
5	1110100 1001011	−5	−0.71
6	1110100 1100101	3	0.43
7	1110100 1110010	3	0.43

한 신호들을 식별하는 것이 쉽지 않기 때문에 이 전위 레지스터 구성의 PN 부호 생성기들은 CDMA 시스템에 적합하지 않다.

CDMA용으로 사용할 PN 수열은 다음의 특성들을 가져야 한다; (a) $R_{ss}(0)_{\max}$는 $R_{ss}(\tau \neq 0)$와 비교하여 가능한 한 커야 한다; (b) 만약 s와 t가 다른 PN 수열을 나타낸다면 $|R_{st}(\tau)|_{\max}$는 모든 τ에서 가능한 한 작은 값을 가져야 한다; 그러므로 (c) $|R_{st}(\tau)|_{\max}/R_{ss}(0)$의 비율이 최소가 되는 것이 바람직하다. 표 15.3-2는 여러 가지 레지스터 길이에 따른

표 15.3-2 여러 ML 수열 길이와 귀환 연결에 대한 교차상관관계 비율(하나의 전위 레지스터 PN 생성기에 의해 만들어짐).

n	$N = 2^n - 1$	$\lvert R_{st}(\tau)\rvert_{max}/R_{ss}(0)$	Feedback Taps
3	7	0.71	[3, 1], [3, 2]
5	31	0.35	[5, 2], [5, 4, 3, 2], [5, 4, 2, 1]
8	255	0.37	[8, 5, 3, 1], [8, 6, 5, 1], [8, 7, 6, 1]
9	511	0.22	[9, 4], [9, 6, 4, 3], [9, 8, 6, 5], [9, 8, 7, 6, 5, 3]
12	4095	0.34	[12, 6, 4, 1], [12, 10, 9, 8, 6, 2], [12, 11, 10, 5, 2, 1]

출처: Dixon, 1994.

$\lvert R_{st}(\tau)\rvert_{max}/R_{ss}(0)$ 비율의 가장 최적값을 보인다. 이 표는 또 ML 수열을 발생시킬 수 있는 가능한 귀환 연결들의 일부만 나타낸 것이다.

불행히도 그림 15.3-1과 표 15.3-2에서 살펴본 바와 같이 하나의 전위 레지스터에 의해 발생된 ML 수열들은 교차상관관계 특성이 좋지 못해서 CDMA시스템에 사용하기에는 적합하지 않다. 또 하나의 전위 레지스터로 다른 출력 수열을 발생시키기 위해서는 귀환 연결을 변경해야 한다; 그러므로 특정 길이의 전위 레지스터로 만들어낼 수 있는 서로 다른 출력 수열의 수는 매우 적다. 이러한 두 가지 한계를 모두 극복하기 위해서 그림 15.3-2에 보인 것과 같이 두 개 또는 그 이상의 레지스터 출력들의 이진 조합에 의해 Gold 부호를 생성한다. **선호 쌍**(preferred pairs)이라 부르는 n-비트 레지스터와 귀환 연결의 특정 조합에 대해, Gold(1967, 1968)는 길이가 $N = 2^n - 1$인 수열들 사이의 교차상관관계의 최대값은 다음의 값으로 한정된다고 밝혔으며,

$$R_{st} = |\phi|/\mathrm{N} \tag{1a}$$

여기서

$$\phi = \begin{cases} 2^{(n+1)/2} + 1 & n \text{ odd} \\ 2^{(n+2)/2} + 1 & n \text{ even} \end{cases} \tag{1b}$$

이고 또 어떤 경우에는 다음과 같다.

$$R_{st} = -1/N \tag{1c}$$

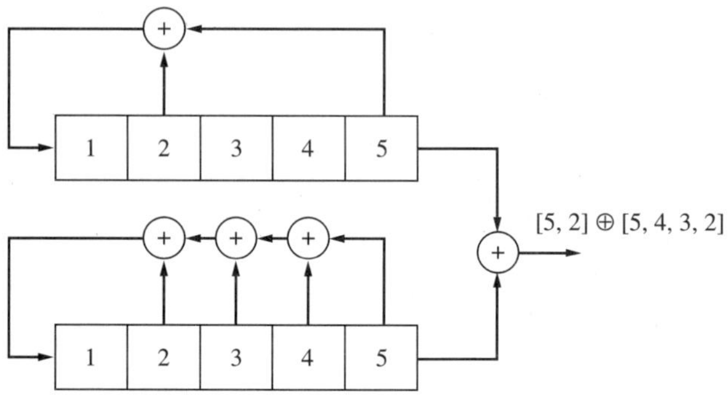

그림 15.3-2
Gold 부호 생성기.

표 15.3-3 Gold 부호 발생을 위한 몇 가지 선호 쌍과 그들의 자기/교차상관관계 비율.

n	Preferred Pair	$\|R_{st}(\tau)\|_{\max}/R_{ss}(0)$
5	[5, 2] [5, 4, 3, 2]	0.290
7	[7, 3] [7, 3, 2, 1]	0.134
8	[8, 7, 6, 5, 2, 1] [8, 7, 6, 1]	0.129
10	[10, 8, 5, 1] [10, 7, 6, 4, 2, 1]	0.064
12	[12, 9, 8, 5, 4, 3] [12, 7, 6, 4]	0.031

출처: Dixon, 1994

표 15.3-3에 Gold 부호를 발생시키는 몇 가지 선호하는 쌍의 목록과 각각의 경우 교차상관관계의 상한 값을 나열하였다. 단일 레지스터의 ML 수열과 비교하여 Gold 부호의 뛰어난 특성을 보기 위해서, 우리는 표 15.3-3에서 12-비트 Gold 부호로부터 발생되는 수열에서 $R_{st_{\max}} = 0.031$인 반면, 표 15.3-2에서는 단일 12-전위 레지스터로부터 발생되는 가장 우수한 수열에서 $R_{st_{\max}} = 0.34$임을 확인할 수 있다.

Gold 부호 수열의 자기상관함수도 식 (1)에 의해 한정되는 최대치를 벗어난 자기상관관계 값을 가진다(Proakis 2001). 그러므로 최대치를 벗어난 자기상관관계 값이 $-1/N$에 의해 한정되는 단일 전위 레지스터에 의해 발생되는 ML 수열과 달리, Gold 부호 수열의 최대치를 벗어난 자기상관관계 값은 $|\phi|/N$ 만큼 커질 수 있다. 그러므로 Gold 부호를 이용하면 우리는 최대치를 벗어난 자기상관관계 값이 약간 증가하는 대신에 교차상관관계 값을 대단히 작아지게 할 수 있다.

레지스터의 초기 상태(또는 레지스터 오프셋)에 따라 우리는 서로 다른 주기 수열을 얻는다. 그러므로 2개의 n-비트 선호 레지스터 쌍으로부터 $N = 2^n - 1$의 고유한 출력 수열을 얻을 수 있다. 또한 원래의 각 레지스터의 출력 수열들을 포함한다면 레지스터 쌍은 전체적으로 $N + 2$개의 수열을 만들 수 있다. 이것은 앞에서 언급된 하나의 레지스터 구성은 오직 하나의 고유한 출력 주기 수열을 만들어낼 수 있다고 한 내용과 대조를 이룬다.

Dixon(1994)은 Gold 부호 발생을 위한 선호 쌍들의 더욱 광범위한 목록을 만들고 Gold 부호를 발생시키는 데 사용한 선호 쌍들을 적절히 선택하는 알고리즘을 기술하였다.

특정 전위 레지스터 구성을 이용해서 바람직한 교차상관관계 특성을 갖는 다수의 고유한 부호 수열을 만들 수 있기 때문에 CDMA 용도로 Gold 부호가 매우 매력적이라고 결론지을 수 있다.

DSSS를 이용한 거리 측정

예제 15.3-1

DSSS의 응용분야 중의 하나는 거리 측정이고, 방법은 송신기와 수신기의 상관함수 사이에서 칩의 위상 차이 또는 시간 지연을 측정하는 것이다. 자기상관관계가 $\tau = 0$일 때 최대가 되는 $R_{vv}(\tau)$인 PN 수열로 신호 $v(t)$를 만들어내는 송신기가 있다고 하자. 전송된 신호는 거리 d 만큼 떨어진 어떤 물체에 의해 반사되어 다시 송신기로 되돌아온다. 송신기에서 받은 반사된 신호는 $w(t) = v(t - t_d)$이고 여기서 $t_d = 2d/c$ 그리고 c는 빛의 속도이다. 수신된 신호와 송신기의 PN 수열의 상관관계를 구해보면 $R_{vw}(\tau) = R_{vv}(\tau - \tau_d)$이고 여기서 τ_d는 kT_c 칩이다. 두 최대치 사이의 위상 차이(k칩 또는 $\tau_d = kT_c$ 초)는 송신 신호와 수신 신호 사이의 통과 시간이고 이것이 거리의 측정값을 나타낸다. 목표물로 길이 $N = 31$이고 클록 주기가 10 ns인 PN ML 수열을 전송하는 DSSS 송신기가 있다고 하자. 그리고 이 수열은 상관관계 최대치의 간격이 20칩인 상태로 되돌아와 수신된다. 이 경우 송신기와 목표물 사이의 거리는 다음과 같이 된다.

$$\begin{aligned} d &= kT_c c/2 \qquad (2) \\ &= 20 \text{ chips} \times (10 \times 10^{-9} \text{ seconds/chip}) \times (2.99 \times 10^8 \text{ m/s}) \times 1/2 \\ &= 29.90 \text{ meters} \end{aligned}$$

그러므로 DSSS 방식이 거리 측정에 사용된다면 정확도는 미터 단위로 다음과 같이 된다.

$$\Delta d = cT_c \qquad (3)$$

이런 특성의 거리 측정과 삼각 측량을 이용하는 DSSS 방식의 중요한 응용 하나는 **위성 위치 확인 시스템**(global positioning system, GPS)이다. GPS는 시각 및 지구상 대상체의 정확한 위도, 경도, 고도를 결정하는 데 사용될 수 있다. 이것은 어느 한 시점에 지구 위의 어느 곳이든 적어도 4개의 위성이 보일 수 있도록 24개의 위성이 배치되어 있기 때문에 가능하다. 각 위성은 지구 위 22,200 km에 있으며 매 12시간마다 한번씩 지구 주위를 공전한다.

응용문제 15.3-1

[5, 2] 구성을 가지는 5-비트 전위 레지스터는 초기 상태가 0이 아닌 모든 경우에 대해 오직 한 가지의 고유한 PN 수열을 발생시키는 것을 보이시오. 이 결과가 어떠한 n-비트 전위 레지스터 PN 생성기에 대해서도 성립되도록 일반화하시오.

15.4 동기

지금까지 우리는 전송되는 반송파 주파수와 위상을 알고 있고 송수신 PN 부호가 완벽하게 정렬되어 있다고 가정하였다. 그러나 불행히도 이러한 목적을 달성하기는 쉽지 않고 사실 이것이 대역 확산 스펙트럼 시스템에서 해결해야 하는 가장 어려운 문제중 하나이다. 가장 먼저 반송파의 주파수와 위상을 동기시켜야 한다. 우리가 비동기 검파를 사용한다면 이것은 다소 쉬워진다. 그렇다면 송신기와 수신기의 PN 부호를 정렬하고 전송되는 반송파 또는 PN 클록의 표류를 극복하며 동기를 유지시켜야 한다. 이동 또는 위성 SS 시스템에서는 도플러 주파수 천이[†] 때문에 반송파 주파수와 부호 클록 위상이 변할 수 있다.

수신되는 반송파의 주파수와 위상을 추적하는 것은 다른 디지털 또는 아날로그 변조 시스템에서와 마찬가지로 수행된다. 자세한 내용은 7.3과 14.4절에 설명되어 있다. 수신기의 PN 부호를 수신되는 PN 부호에 맞추어 동기 또는 정렬하는 것은 두 가지 과정을 거쳐 이루어진다. 첫 번째 과정은 **포착**(acquisition)이라 불리는데, 여기에서는 두 부호 사이에서 초기 포착과 칩의 절반 이내의 범위에서 아주 정확하지는 않은 정렬이 이루어진다. 두 번째 과정은 계속적으로 진행되는 정밀한 정렬로 **추적**(tracking)이라 부른다. 포착과 추적 모두 귀환 루프를 이용하고 특히 추적은 PLL 기법을 사용하여 이루어진다.

포착

그림 15.4-1은 DSSS 시스템을 위한 직렬 탐색 포착 시스템을 보여주는 블록 다이어그램이고, 그림 15.4-2는 FHSS 시스템의 경우를 나타낸다. 둘 다 비슷한 방법으로 작동한다. 전송된 PN 부호는 $y(t)$에 포함되어 있고 수신기는 자체적으로 동일한 부호를 만들지만 칩의 정수배인 N_c 만큼의 위상 차이를 가질 것이다. N_c는 칩의 수로 나타낸 PN 주기보다 하나 작은 값이 최대값이 되는 랜덤 변수이다. 포착 과정의 목적은 이러한 두 개의 PN 부호를 칩의 절반 이내의 범위 안에 오도록 정렬하는 것이다. 그리고 나서 추적 과정으로 넘어간다. 초기 포착을 위하여 어떤 시스템은 **예고신호**(preamble)라 불리는 PN 부호의 축소판을 사용하기도 한다.

포착 과정은 다음과 같이 작동한다. l개의 PN 칩을 포함하는 수신된 신호 $y(t)$는 동일한 수의 칩을 가지는 PN 부호와 곱해진다. 그리고 나서 그 곱을 0 부터 lT_c 초까지 적분하는데 여기서 T_c는 PN 클록 주기이다. 만약 정렬이 되어 있다면 신호는 역확산 되고 적분기의 출력은 문턱값 V와 비교하여 상대적으로 높은 값을 가지게 되며, 이 때는 PN 부호의 위상을 더 이상 바꾸지 않는다. 그러나 만약 정렬되어 있지 않다면, 적분기의 출력은 작은 값이 되고 회로에서는 PN 부호 생성기의 위상을 칩의 절반만큼 증가시키고 위의 과정을 반복한다. 이 과정은 정렬이 이루어질 때까지 반복된다. 만약 시스템이 정확한 PN 수열을

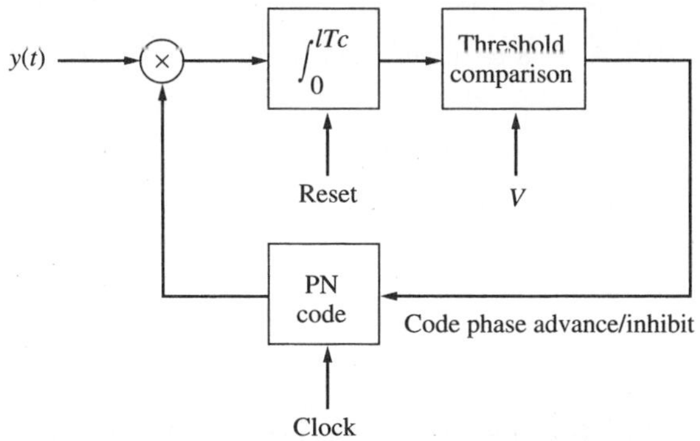

그림 15.4-1
DS의 연속 찾기 방식 포착.

† 도플러 주파수 천이는 송신기와 수신기 사이의 상대적인 움직임에 의해 생기는 수신 주파수의 변화이다. 도플러 주파수 천이 값은 $\Delta f = \pm v f_0/c$이 되고 여기서 v는 송신기와 수신기 사이의 상대 속도, f_0는 원래 주파수, 그리고 c는 빛의 속도이다.

그림 15.4-2
주파수 도약의 연속 찾기 방식 포착.

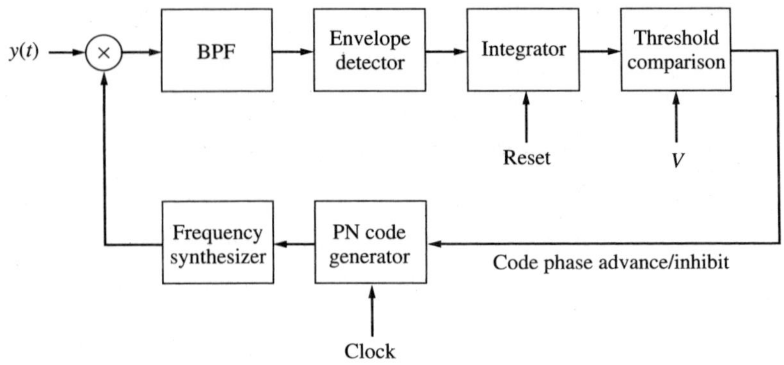

적절히 인식하는 경우를 가정하면 포착에 걸리는 최대 시간은 다음과 같다.

$$T_{acq} = 2N_c lT_c \tag{1}$$

여기서 계수 2는 칩의 절반씩 위상을 증가시켜 가며 상관계수를 구하기 때문에 생긴다. 잡음이 포함되는 시스템에서는 동기가 부정확하게 될 가능성이 있다. 식 (1)을 응용하면 평균 포착 시간을 다음과 같이 구할 수 있으며

$$\overline{T_{acq}} = \frac{2 - P_D}{P_D}(1 + \alpha P_{FA})N_c lT_c \tag{2}$$

여기서 P_D는 동기를 정확히 찾을 확률, P_{FA}는 동기를 못 찾을 확률이고, α는 잘못된 검출 때문에 발생하는 불이익을 반영하는 계수이고 보통 $\alpha \gg 1$이다. 포착 시간의 분산은 다음과 같고,

$$\sigma^2_{T_{acq}} = (2N_c lT_c)^2(1 + \alpha P_{FA})^2\left(\frac{1}{12} + \frac{1}{P_D^2} - \frac{1}{P_D}\right) \tag{3}$$

식 (2)와 (3)은 Simon(1994) 등에 의해 도출되었다.

DSSS에서 포착 시간을 줄이기 위해서 그림 15.4-1의 시스템을 **미끄럼-상관기**(sliding-correlator)가 되도록 변형할 수 있다. 여기서는 전체 lT_c 수열 구간의 적분값을 기다리는 대신에 연속적으로 적분을 하고 그 결과를 비교기에 넣고 결과가 문턱값을 초과하면 정렬이 이루어진 것이므로 미끄럼 과정을 멈추도록 한다. 또는 그림 15.4-1의 구조에 $2(N_c - 1)$개의 상관기를 추가하여 병렬 구조로 만들어 포착 속도를 $2N_c$배만큼 빠르게 할 수 있다.

추적

대강의 동기가 이루어지면 추적 또는 세밀한 동기가 시작된다. DSSS 신호에서는 이 과정에 그림 15.4-3과 같은 지연-동기 루프(DLL, delay-locked loop)를 사용할 수 있다. 수신된 신호 $y(t)$는 두 개의 곱셈기로 연결된다. $y(t)$는 각각 PN 부호 생성기 출력의 늦거나 앞선 버전, 즉 $c(t \pm \delta)$과 곱해지는데, 여기서 δ는 클록 주기 T_c의 작은 일부분이다. 그 다음 각

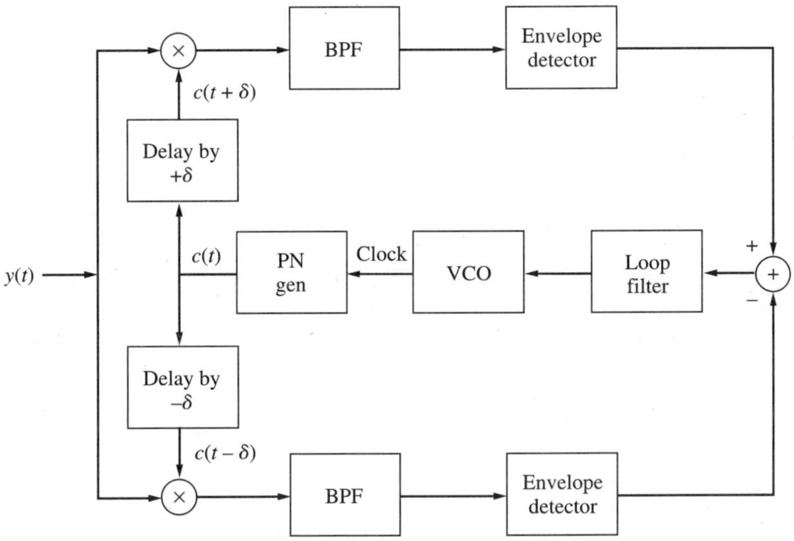

그림 15.4-3
지연–동기 루프(DLL).

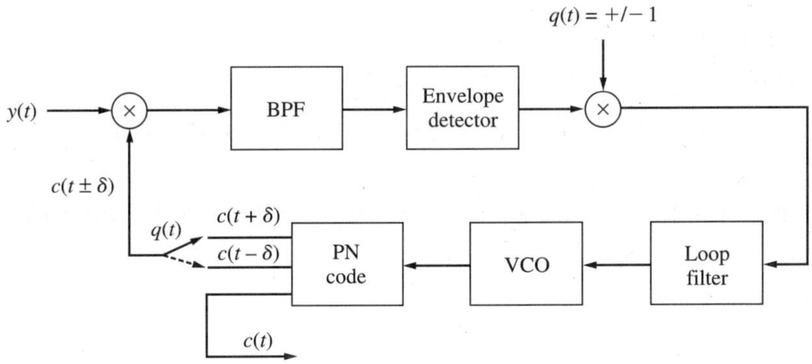

그림 15.4-4
Tau–Dither 동기.

곱셈기의 출력은 대역 통과 필터를 거쳐 포락선 검파가 된다. 두 개의 출력은 더해져서 전압 제어 발진기(voltage controlled oscillator, VCO)를 제어하는 루프 필터로 연결된다. 만약 동기 오류가 있다면 포락선 검파 중 하나의 출력 값은 다른 값보다 크게 되고, 이것은 뒷셈기 출력을 급등하게 만들고, 이것은 차례로 VCO가 출력을 앞서거나 또는 지체되게 만들고, 결국 $c(t)$가 $c(t+\delta)$와 $c(t-\delta)$ 사이에 있도록 만든다.

DLL보다 더 간단한 하나의 방법은 그림 15.4-4의 있는 Tau-Dither 루프이다. 여기에는 단지 하나의 루프만이 필요하기 때문에 두 개의 루프가 동일한 이득을 갖도록 하는 것에 대해서 걱정할 필요가 없다. 그것은 하나의 루프를 앞서거나 지체된 신호가 공유하는 것을 제외하고는 DLL과 비슷한 방법으로 작동한다. 신호 $q(t)$가 $+1$일 때, 입력 신호 $y(t)$에 $c(t+\delta)$를 곱한다. 그리고 나서 이 곱을 포락선 검파를 하고 $q = 1$을 곱하여 루프 필터로 보낸다. 다음 사이클에서는 $q(t) = -1$이고 입력 신호 $y(t)$에 $c(t-\delta)$를 곱한다. 그리고 역시 포락선 검파를 하고 -1을 곱해서 루프 필터로 보낸다. 만약 두 신호가 같은 값을 가진다면 VCO 출력은 변하지 않고 그대로 유지된다. 그러나 DLL에서처럼 만약 한 신호가 다른 신호보다 크다면 VCO 출력은 변하게 되고 PN 부호 생성기도 따라서 변하도록 한다.

15.5 무선 시스템

지난 수년 동안 통신 분야의 규제 완화에 힘입어 초고주파 대역을 중심으로 무선통신 기술의 많은 발전을 가져왔다. 미국 정부는 FCC 주도로 UHF 대역 이상에서도 사적 이용을 가능케 함으로써 이동통신과 컴퓨터 망의 급속한 확산을 이끌었다. 더구나 아날로그 TV에서 디지털 TV로 대체되는 등 여러 새로운 무선 서비스로 인해 부가적인 주파수 대역 또는 공백 대역(white spot)이 창출되고 있다. 이와 같은 무선 광대역 기술은 기존의 유선전화 시스템, DSL, 케이블 모뎀 시스템과 음성 및 데이터 통신 분야에서 심각한 경쟁을 해오고 있다. 더욱이 무선 컴퓨터 망은 무선 전화 시스템과 경쟁이 심해질 것이다. 이제 무선 시스템을 두 가지로 분류해 셀룰러 전화와 셀룰러 컴퓨터 통신망에 대하여 기술한다.

전화 시스템

지난 20년 사이에 무선 전화는 사치품에서 필수품으로 바뀌었다. 셀룰러 전화의 활성화로 언제 어디서나 전화 통화가 가능한 세상이 되었다. 음성 통화뿐만 아니라 문자 전송, 인터넷 접속, 비디오 서비스가 더욱 증대되고 있다. 한 응용 예로, 미국 법에서는, 911 긴급 구조 요청시, GPS 망을 사용해 이동 전화 위치를 자동적으로 추적할 수 있다. 이 절에서는 미국의 주요 무선 전화 시스템의 기본 운용과 셀룰러 전화 망에서의 다양한 기술에 대해 간단히 기술하고자 한다.

1세대 셀룰러 무선 전화 시스템은 1983년경에 소개되었다. AMPS(**advanced mobile**

표 15.5-1 800–900 MHz 대역의 무선 음성 전화의 파라미터.

	System				
Specification	**AMPS**	**N-AMPS**	**GSM**[a]	**IS-95**	**IS-136**[b]
Year introduced	1983	1992	1990	1993	1991
Where used	N. America	N. America	Worldwide	USA, Asia	N. America
Access method	FDMA	FDMA	TDMA	CDMA	TDMA
Modulation	FM	FM	GMSK	QPSK	$\pi/4$ DQPSK
	$f_\Delta = 12$ kHz	$f_\Delta = 5$ kHz	270.833 kbps	9.6 kbps	48.6 kbps
			$BT_b = 0.3$		
Channel bandwidth	30 kHz	10 kHz	200 kHz	1250 kHz	30 kHz
Users per channel	1	1	8	35	3
# of duplex channels	416	2496	125	20	832[c]
Maximum power (watts)	3	3	20	0.2	3
Base to cell frequencies (downlink)	869–894	869–894	935–960[a]	869–894	869–894
Duplex method	FDD	FDD	FDD	FDD	FDD
Cell to base frequencies (uplink)	824–849	824–849	890–915[a]	824–849	824–849

[a] GSM은 유럽과 아시아에서, 1.8 GHz PCS 대역은 북미에서 사용되었음.
[b] IS-136은 IS-54를 대체함.
[c] 811만이 음성에 이용가능함.

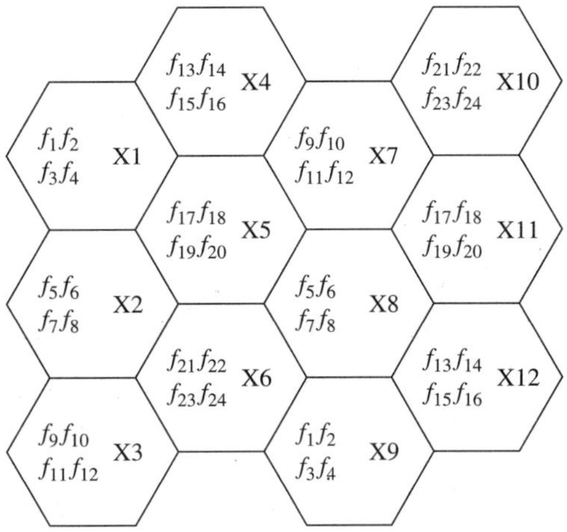

그림 15.5-1
AMPS의 간단한 주파수 할당.

phone service)가 대표적 예로, FM-FDMA 시스템이었다. 미국에서는 800 MHz 대역에서 운용되며, $W = 3$ kHz이고 $B_T = 30$ kHz이다. AMPS 이후 사용자 용량을 배가 시키고자 **협대역 AMPS** (N-AMPS)가 개발 되었다. 표 15.5-1에 관련 시스템의 기술적 사양을 나타내었다. FCC에서는 지상 TV 채널 70-83에 사용되던 806-890 MHz 대역을 재할당함으로써 AMPS 서비스를 허용하였다. 1990년대 중반 미국 정부는 1.8GHz(유럽에서는 1.9GHz) 대역에 PCS(personal communications services)라 불리는 새로운 셀룰러 전화 서비스를 개시하였다. PCS 기술은 이메일, 웹 접속, 항법 도우미, 문자 메시지 등의 다양한 인터넷 기능을 갖는 셀룰러 전화를 탄생시켰다. AT&T에 의해 처음 도입된 셀룰러 전화 시스템의 전체 개념은 아주 명료하며 다음과 같은 방식으로 운용된다.

주어진 서비스 영역은 그림 15.5-1에 보인 것처럼 셀 단위로 구분된다. 각 셀은 송신기, 수신기, 안테나로 구성된 기지국을 갖고 있으며 **MTSO(Mobile Telephone Switching Office)**로 연계된다. MTSO는 다시 전화 망으로 연결된다. MTSO와 전화 망 연결은 **백홀** (backhaul)†이라 부른다. 통화를 시도하면, MTSO에서 셀룰러 전화의 사용자 번호 및 일련번호에 기반하여 인증과정을 거친다. 그 다음 전화에게 일련의 사용가능한 송신 및 수신 주파수를 할당한다. 표 15.5-1을 살펴보면, 사용자는 824−849 MHz 대역의 송신주파수와 869−894 MHz 대역의 수신주파수를 할당받아 일반전화처럼 동시에 말하고 듣는 **양방향** 통신을 수행한다. 서로 다른 주파수에서 말하고 듣는 시스템을 **FDD(frequency division duplex)**라 부른다. 또 다른 시스템은 **TDD**를 채택하고, 여기서 송신과 수신은 동일한 주파수 대역을 사용하지만 송신과 수신 시간을 달리 한다. 여하간, 통화중에 MTSO는 전화기의 신호 세기를 추적 관찰하여, 사용자가 다른 셀로 이동하면 MTSO는 사용자에게 또 다른 송수신 주파수와 다른 셀 위치로 변경시켜 준다. 따라서 통화의 신호세기를 포함해 연속성이 유지되고, 끊어짐 없이 진행된다. 이 과정에서 새로운 셀 위치에서 새로 들어온 사용자를 위해 이용가능한 주파수를 갖고 있어야 한다. 그렇지 않으면 통화가 끊

† 백홀은 지리적으로 떨어져 있는 두 망 노드를 연결하는 링크를 일컫는다. 시골 전화망을 인근 도시의 중앙국에 연결하는 케이블을 한 예로 들 수 있다.

어진다. 주어진 영역에서 셀 기지국의 밀도를 증가시키면, 만족스럽지 않을지라도, 셀룰러 전화기와 MTSO 간에 전력 제어를 통해 낮은 전력으로 적절하게 작동하게 해준다. 이는 기지국과 전화 사이의 통신 거리가 주어진 셀 영역을 벗어나지 않게 함으로써 , 간섭 없이 동일한 주파수를 해당 셀에서 일정 범위 벗어난 지역에서 재사용을 가능케 한다. 송신 전력을 작게 하면 전화기 크기를 작게 할 수 있고, 또한 배터리 용량도 줄일 수 있다. 이제 AMPS와 N-AMPS는 디지털 기술에 밀려 거의 사용되지 않고 있다. 하지만 셀룰러 기본 개념은 여전히 유용하며, 다원 접속 방식에 따라 사용자 구분을 시간 슬롯으로 하는 TDMA와 부호 분할을 취하는 CDMA 방식이 디지털 기술에 속한다.

예제 15.5-1

셀룰러 전화 시스템

그림 15.5-1은 대도시를 가정한 이상적인 셀룰러 시스템 다이어그램을 도시한 것이다. 이 경우, 총 24개의 서로 다른 주파수가 있으며 12명의 사용자를 지원할 수 있다. 이 시스템은 셀 당 2명으로 제한한다. 이러한 물리적 제약은 셀 사이의 최대 간섭 레벨, 즉 허용 가능한 누화 정도에 기인한다. 이 시나리오에서 주파수 재사용 반지름은 적어도 2개 셀 범위에 해당한다. 고객이 셀 X1에서 주파수 f_1/f_2를 부여받아 통화를 시작했다고 가정하자. 어느 시점에 통화자가 이동하면서 셀 X5로 들어가면, MTSO는 통화자에게서 주파수 f_1/f_2를 떼어내고 다시 f_{17}/f_{18} 또는 f_{19}/f_{20}을 할당한다. 만약 이들 주파수를 다른 사용자가 사용하고 있다면 원래 통화는 끊어지게 된다. 하지만 주파수 f_1과 f_2가 셀 X9에서 재사용되고 있는데, 이유는 셀 X9이 셀 X1으로부터 간섭받지 않을 정도로 충분히 떨어져 있기 때문이다. 그림 15.5-1의 시스템을 보면 주파수 재사용을 고려해서 총 24개의 주파수가 있음에도 12명의 사용자만 지원한다. 본 예는 망 접속이 할당된 주파수에 의해서 가능한 FDMA 방식이며, 다른 망 접속 방식인 TDMA와 CDMA의 경우 각기 할당된 시간 구간과 부호 수열에 의해 가능하다.

디지털 시대에 접어들어 **2세대**(2G) 시스템에서는 아날로그 AMPS에 비해 품질을 향상시키고 문자 메시지, 비디오, 발신자 확인 기능을 제공한다. 11.2절과 14장에서 제시한 것처럼, 디지털 시스템에서의 잡음은 심볼 오류를 발생시킨다. 이 오류는 채널 부호화를 통해 정정할 수도 있고, 재생 중계기를 통하면 아날로그 중계기 경우보다 오류를 줄일 수 있다. 이는 디지털 신호가 회복 불능이 되기 전 재생해 보내면 잡음 없는 통화를 성취할 수 있기 때문이다. 음성 메시지에 내재된 중복성은 효율적 디지털 압축 기법을 가능케 하고 채널 대역폭 당 더 많은 사용자를 수용한다. 이러한 압축 기술은 아날로그 시스템에서 불가능하다. 다양한 2G 시스템 중에서, 가장 많이 사용되는 GSM(**Group Special Mobile**)과 **IS-95**(**Interim Standard-95**) 시스템을 다룰 것이며, 이들의 주요 사양을 표 15.5-1에 정리하였다.

AMPS에서처럼, GSM과 IS-95에서도 사용자는 특정 주파수 채널을 할당받지만, 주파수 외에도, GSM과 IS-95 시스템에서의 사용자는 각각 시간과 부호도 할당 받는다. GSM

은 125개의 양방향 채널을 갖고 있어 채널 당 약 8명의 사용자를 수용할 수 있다. IS-95는 20개의 양방향 채널을 가지며, CDMA를 적용하기 때문에 채널 당 약 35명을 수용할 수 있다. 누화나 다른 형태의 간섭을 피하기 위하여, GSM을 포함한 TDMA 시스템이나 FDMA 시스템에서는 셀 당 사용자수에 엄격한 제한을 가한다. 하지만 CDMA의 경우 확산 부호의 교차상관관계가 거의 0에 가까운 특성 때문에 누화나 간섭을 본질적으로 피할 수 있다. 사용자의 증가에 따라 잡음도 증가할 수 있으므로, 주어진 영역에서 사용자 수 제한을 고려해야 한다. CDMA 채널에서 사용자 수가 너무 많아져 잡음 정도가 허용범위를 넘어서면 통화가 끊어지는 결과를 초래할 수 있다. CDMA 시스템은 전화 대화 시 일시적으로 통계적인 성질을 이용할 수 있다. 예를 들어, 통화중인 사용자가 새로운 셀 영역으로 이동할 때, 통화는 즉시 끊어지지 않아야 한다. 셀 영역 안의 모든 사용자는 일시적인 잡음 증가를 참아내야 하는데, 채널을 공유하던 누군가가 곧 전화를 끊을 것이기 때문이다. 요지를 분명히 하면, GSM의 경우 주파수 재사용을 위한 안전거리는 7개의 셀 만큼 떨어져야 하는 반면 IS-95의 경우는 인접한 셀에서도 주파수 재사용이 가능하다. 그러나 유럽 표준안이었던 GSM은 미국에서도 AT&T사에 의해 널리 사용되어 왔는데, 그 이유는 하드웨어가 다양한 기술 표준을 수용하기 위해 재 프로그래밍이 가능하기 때문이다. IS-95는 미국의 퀄컴사에 의해 개발되었으며, 주로 Verizon사에 의해 운용되고 있다. 최신 전화기들은 3중 밴드/모드 기능을 갖기 때문에, 기술 사이에 분명한 경계가 점점 모호해지는 상황이다.

초기 1G 시스템(AMPS) 같이, 2G 시스템도 음성 통화를 위해 회선 교환을 사용한다. 1.4절의 그림 1.4-1a를 상기해 보면, 회선 교환으로 신호원과 목적지 사이가 직접 연결된다. 문자 메시지 등의 서비스를 가능케 하기 위하여, 2G를 개선시킨 2.5G에서는 기존의 회선 교환 GSM 망과의 인터페이스로서 GPRS(general packet radio system)을 포함시켰다. 그림 1.4-1b는 데이터 전송을 위한 패킷 교환을 설명해준다.

1999년에 ITU(International Telecommunication Union)는 2G에서 3G로 전환하기 위해 5개의 이동 통신 표준안을 설정하였고, IMT-2000(**International Mobile Telecommunication-2000**)으로 알려졌다. ITU가 정의한 바에 의하면, 3G는 주로 패킷 교환 기반 시스템이지만 회선 교환 방식도 지원하고 CDMA도 사용해 전 세계 로밍을 가능케 하는데 목적이 있다. 3G에서의 데이터 전송속도는 계속 진전되고 있으며, 수백 kbps에서 수 Mbps에 달한다. 5가지 표준안은 다음과 같다: (a) IMT-DS(direct sequence): 광대역 CDMA(WCDMA), GSM을 계승하여 유럽과 미국에서 주로 사용되고 있다. (b) IMT-MC(multi-carrier): CDMA 2000 또는 IS-2000, IS-95의 후속으로 미국 주도로 진행되었으나 현재 더 이상 사용되지 않고 있다. (c) IMT-TC: CDMA 시간 분할 양방향(TDD: Time Division Duplex) 또는 WCDMA-TDD, 주로 실내에서 사용될 마이크로 셀이나 피코 셀 시스템. (d) IMT-SC (single carrier): T-SC(단일 캐리어, UWC-135(Universal Wireless Communications), 또는 EDGE (Enhanced Data Rates for GSM Evolution). (e) IMT-FT: TDMA 다중 캐리어 또는 DECT(Direct Enhanced Cordless Telecommunication).

이제 GSM과 IS-95의 후속인 WCDMA와 CDMA 2000에 대해 각각 살펴보자.

표 15.5-2 북미에서 사용하는 3G 무선 파라미터.

	System	
Specification	**CDMA 2000**	**WCDMA**
Channel bandwidth	1.25/3.75/7.5 MHz*	5 MHz
Modulation	QPSK	QPSK
Chip rate**	1.2288/3.6864/6.1440 Mcps	3.84 Mcps
Data rate+	144/384/2048 kbps	144/384/2048 kbps
Duplex method	FDD	FDD or TDD
Cell to base frequencies++	1850–1910 MHz	1920–1980 MHz (FDD) 1900–1920 MHz (TDD)
Base to cell frequencies++	1930–1990 MHz	2110–2170 MHz (FDD) 2020–2025 MHz (TDD)

* 1.25 MHz를 넘는 대역폭은 1.25 MHz의 정수배로 다중캐리어에 해당한다.
** 칩율은 사용 대역폭에 대응하는 1.2288Mcps의 정수배이다.
+ 시스템은 더욱 높은 전송율로 진화할 것이다.
++ 이들은 기존의 800 MHz대역 외에 해당한다.

WCDMA는 단순히 CDMA의 광대역 버전이 아니고 GSM의 후속 표준 기술에 해당하고, 또한 UMTS(Universal Mobile Telecommunications Systems)로 알려져 있다. WCDMA에서 채널 대역폭은 통상 5 MHz이고 3.6864Mcps의 칩율을 가진다. 이때 송신부와 수신부는 물론 서로 다른 5 MHz의 채널 대역을 사용하고, 주파수 재사용 계수는 1이다. CDMA2000은 1.2288Mcps의 칩율을 가지며, 음성 및 데이터를 1.25, 3.75, 7.5, 11.25, 15 MHz의 대역폭으로 전송한다. 일반적으로 CDMA 2000은 WCDMA에 비해 협대역 CDMA 시스템이라 할 수 있는데, 이유는 WCDMA의 채널대역폭이 5 MHz인데 비하여 CDMA2000에서는 확산 대역폭이 1.25 MHz에 불과하기 때문이다. CDMA 2000은 2가지 형태로 분류되며, 하나는 확산 대역이 1.25 MHz인 기존의 DSSS 이고, 다른 하나는 데이터가 1.25 MHz의 정수배로 확산되는 MC(multi-carrier) 방식이다. 이때 칩율도 동일한 정수배로 증가한다. CDMA 2000계열에서는 여러 형태의 진화한 표준이 있다: EV-DV(evolution, data, voice), 1 × EV-DO(evolution data optimized), 3 × EV-DO. 표 15.5-2는 위 2가지 표준안을 요약한 것이다. 3G에 대한 더 자세한 정보는 Karim & Sarraf(2002)를 참조하라.

다른 지상 무선 시스템보다도, 이동 전화는 원근 문제가 심각하다. 이 문제는 셀 내의 사용자 위치에 따라 수신 전력 차이 때문에 발생하며, 수신 전력이 큰 사용자로 인하여 수신 전력이 작은 사용자가 통화를 못할 수 있다. 이 문제를 극복하려면 수신 증폭기의 동적 범위를 넓혀 더 강한 신호가 증폭기 앞단에 과부하 되지 않도록 해야 한다. 다른 해결책으로 적응적 이득 조절 기법과 송신기 전력의 적응적 조절 방법이 있다. 무선 시스템에 대한 더 자세한 설명은 Rappaport(2002)를 참조하라.

무선 통신망

미국 정부는 허가 없이 사용가능한 ISM 주파수 대역과 경매처분 대상의 UHF와 초고주파

표 15.5-3 Wi-Fi와 WiMAX 표준.

	System			
	Wi-Fi		WiMAX	
Specification	**802.11a**	**802.11g**	**802.16-2004**	**802.16e-2005**
Frequency	5 GHz	2.4 GHz	2-11 GHz	2-11 GHz (fixed) 2-6 GHz (mobile)
Application	wireless LAN	wireless LAN	fixed	fixed and mobile
Modulation	BPSK/QPSK 16/64 QAM	BPSK/QPSK 16/64 QAM	QPSK/16QAM/ 64-QAM	QPSK/16-QAM/ 64-QAM
Transmission technique	OFDM	OFDM	single carrier/ 256 or 2,048 OFDM	single carrier 128/512/1,024/2048 OFDM
Multiplexing	CSMA	CSMA	TDMA/OFDMA	TDMA/OFDMA
Bandwidth	20 MHz	20 MHz	1.75–14 MHz	1.75–15 MHz
Data rate	20–25 Mbps	20–25 Mbps	1–75 Mbps	1–75 Mbps
Duplexing	TDD	TDD	TDD/FDD	TDD/FDD

*Source: Andrews et al. (2007).

대역을 활성화시켜 무선 광대역 서비스의 폭발적 성장을 이끌었다. 이 절에서는 간단히 2개 시스템을 고려한다: Wi-Fi(wireless-fidelity) 또는 IEEE-802.11, WiMAX(Worldwide Interoperability for Microwave Access) 또는 IEEE802.16. 이 두 시스템은 무선 광대역 인터넷 접속을 제공하며, DSL, 이더넷, 케이블 모뎀을 망라한 유선망과 이동전화까지의 대체 수단이 되었다. Wi-Fi와 WiMAX는 종종 통신망 연결에 있어 각기 "last foot"과 "last mile" 서비스로 언급된다. 표 15.5-3은 Wi-Fi와 WiMAX의 몇 가지 표준안을 간단히 나열한 것이다. 표준안은 진화를 계속하기 때문에 더 정확한 정보는 IEEE 문헌 및 표준 자료를 참조하라. 무선 컴퓨터 통신망은 주로 OFDMA를 사용하고, 3G 전화는 CDMA 방식을 사용함에 주목하라.

Wi-Fi는 커피 숍, 호텔, 홈, 교실 등에서 광대역 무선 접속을 용이하게 함으로써 휴대용 컴퓨터의 사용 급증을 촉발시켰으며, 이더넷과 같은 유선 LAN의 사용 감소를 가져왔다. Wi-Fi는 허가받을 필요 없는 초고주파 대역 (2.45 − 5.7 Ghz)을 사용하며, 통신 거리는 대체적으로 수백 피트에 달한다. 홈이나 카페에서 사용되는 Wi-Fi의 흔한 예는 그림 15.5-2에서 볼 수 있다. 여기서 무선 라우터는 케이블 모뎀을 통해 통신망에 연결된다. 가정이나 회사에서 많은 사용자들은 휴대용 컴퓨터에 장착된 Wi-Fi 무선 통신망 카드를 사용해 무선 라우터를 거쳐 통신망에 접속한다. 접속에 제한이 없다면, 주위 사용자들도 무선 카드만 있으면 통신망 접속이 가능할 수 있다. 이 예에서 라우터는 통신망에 장착된 경우지만, 라우터는 그림 15.5-3에 볼 수 있는 것처럼 WiMAX를 사용해 통신망에 연결될 수도 있다.

대부분의 다원 접속에서는 FDMA, TDMA 등에서처럼 사용자마다 채널의 특정 부분을 할당 받는 반면에, Wi-Fi는 CSMA(carrier-sense multiple access) 방식을 취한다. **CSMA**는 알로하(Aloha)(예제 9.4-1 참조)를 개선한 것으로, 사용자는 (a) 먼저 채널의 사용 가능 여부 상태를 살펴보고, 비워 있으면 패킷을 전송한다. (b) 채널이 사용 중이면, 랜

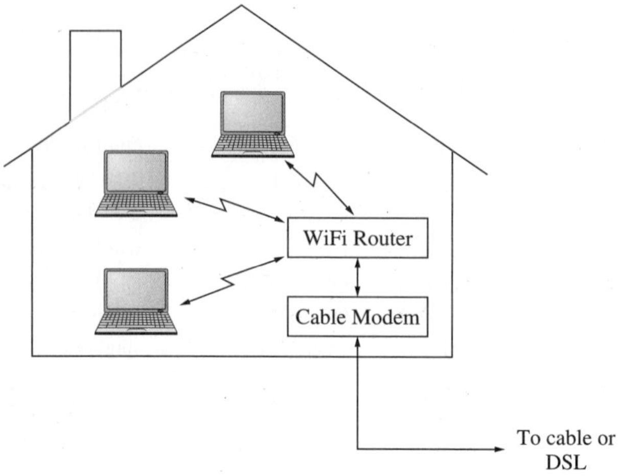

그림 15.5-2
집이나 카페에서 이용되는 Wi-Fi 시스템.

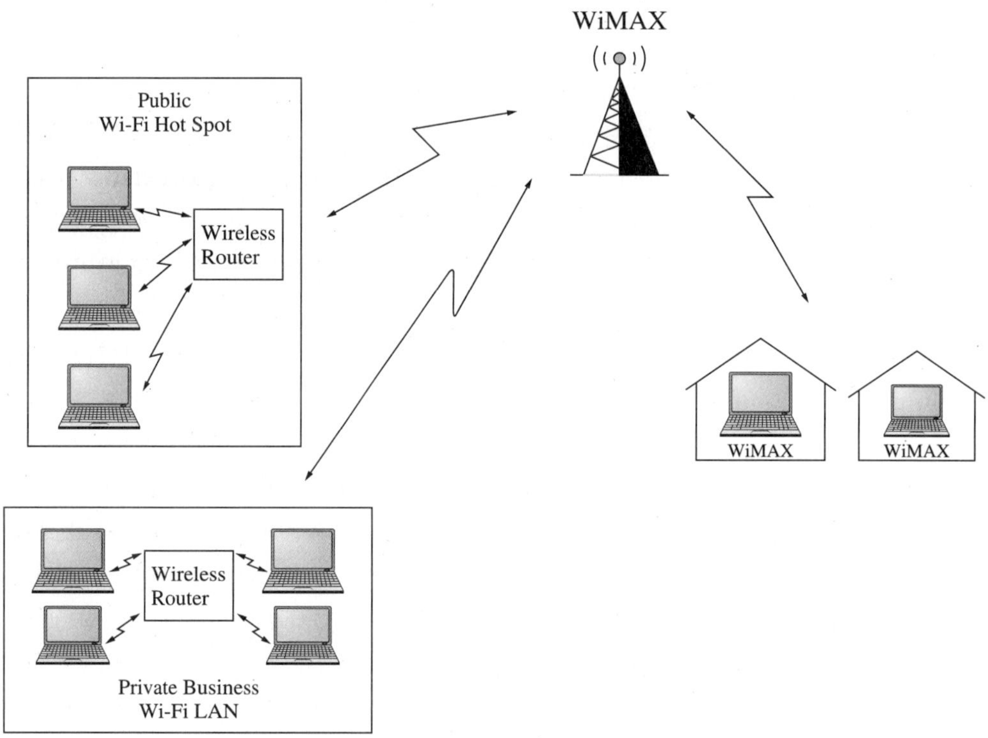

그림 15.5-3
WiMAX 셀 개념.

덤 시간 함수에 따라 채널이 사용 가능한지를 계속 주시한다. (c) 채널이 빈 상태가 되면 패킷을 전송하고, 그렇지 않으면 단계 (b)부터 반복한다.

WiMAX는 광대역 접속을 위해 광섬유, 케이블, 셀룰러 전화 시스템의 강력한 대안이 되고 있다. 한 가지 주된 응용이 백홀이다. WiMAX는 종종 기존의 셀룰러 전화 기지국 기반시설을 사용한다. 가시거리 상태에서는 통신 거리가 약 30 마일에 달한다. 시골 지역에서는 개인이나 사업자는 WiMAX 신호를 지상파 TV 수신처럼 지붕위 안테나를 통해 받거나 WiMAX 카드가 설치된 컴퓨터에서 직접 수신할 수 있다. 사실상 일부 컴퓨터는

Wi-Fi 카드와 WiMAX 카드를 장착하고 있다. 그림 15.5-3은 WiMAX 셀 시스템의 예를 보여준다. 여기서 WiMAX는 카드를 통해 직접 컴퓨터로 신호를 보내든지, 공공 카페나 사업장에서의 Wi-Fi 망으로 신호를 전송한다.

WiMAX는 인터넷 접속시 케이블이나 유선 전화망에 가장 강력한 경쟁자가 될 것이다. 예를 들어, 가정이나 지역사회에서 인터넷과 전화 망 접속을 위해 WiMAX 시스템을 설치하면, 기존의 전화 및 케이블 시스템을 우회하게 된다. 이는 규제완화와 더불어 경쟁을 부추겨 기존의 규제와 사업권 구조에 변화를 촉발시킬 것이다. 사실상, WiMAX가 개발된 한 가지 이유는 기존의 법적 장애를 피해가기 위함이다.

WiMAX가 3G 전화와 출발점을 다르게 시행되었지만, 현재 이동 WiMAX는 VOIP 기능을 합쳐 매우 강력한 셀룰러 전화로 등장하였다. 이는 대부분의 셀룰러 전화 운용자가 전화 회사의 산하에 있는 반면에 많은 WiMAX 서비스 업자는 전화 회사와는 독립한 체재이기 때문에 주목할 필요가 있다.

15.6 UWB 시스템

통신 시스템에서는 일반적으로 메시지 정보를 주기적 정현파나 펄스 열 파형의 반송파에 실어 전송한다. 이 절에서는 **UWB(ultra-wideband)** 또는 **무선 임펄스**(impulse radio)라 불리는 다른 형태의 전송 시스템을 기술한다. 먼저 UWB 신호, UWB의 실제 구현을 다루고, 이어서 다원 접속을 논한다. 간혹 UWB는 DSSS와 혼동되기 때문에, DSSS와 비교해 설명도 할 것이다.

UWB는 메시지 정보가 자신의 RF 스펙트럼이 중심 주파수를 가질지라도 고정된 주파수의 반송파 파형을 변형시키다는 측면에서 변조된 시스템은 아니다. 대신 송신 출력은 메시지에 따라 펄스 위치, 폭, 크기, 위상이 변형된다. UWB 펄스는 다음과 같은 특성을 가진다: (a) 짧은 구간 (펄스 폭 <0.5% 동작 비율); (b) 점유 주파수 대역폭이 중심 주파수에 대해 20% 이상(일반 변조 시스템의 경우 10%이하)인 광대역, 이때 대역폭은 PSD가 최대값 10%이내에 해당하는 주파수 영역으로 정의된다; (c) PSD는 컴퓨터 모니터나 무선 수신기 등과 같이 의도하지 않은 방사기에 의한 RF 간섭 레벨 이하이다. FCC는 무선 신호원들로부터의 방사를 75nW/MHz로 강제규정하고 있다(Nekoogar 2006). 실제 UWB 시스템은 0.5~1GHz 이상의 대역폭을 가진다. 따라서 다른 무선 서비스와는 달리 간섭 레벨 이하에서 운용되기 때문에 UWB 송신기는 이론적으로 특정 허가나 주파수 할당 없이 운용 가능하다. UWB 신호는 또한 현존하는 협대역 통신 채널과 겹쳐 전송될 수 있다. 소위 UWB 시스템이라 불리는 많은 것들이 사실상 실제 무선 임펄스는 아니며, 대역폭이 500 MHz 이상인 광대역 대역통과 시스템이다.

UWB 신호

UWB 펄스로 사용되는 다양한 종류의 신호가 있으며, 가우시안, n차 미분의 가우시안, 첩(chirp), Rayleigh, 직교 웨이브릿을 포함한다. 펄스 형태의 선택은 시스템의 대역폭과 성능에 영향을 미친다. 시간 t_d 만큼 지연된 가우시안 펄스를 고려하자.

$$p^0(t - t_d) = \frac{1}{\sqrt{2\pi\sigma^2}} e^{-(t-t_d)^2/2\sigma^2} \tag{1a}$$

위 식에서 $2\sigma^2$을 τ^2/π로 대체해 간단히 하면 식 (1b)가 된다.

$$p^0(t - t_d) = \frac{1}{\tau} e^{-\pi(t-t_d)^2/\tau^2} \tag{1b}$$

시간에 대해 1차 미분을 취하면, 식 (2)와 같은 1차 **가우시안 모노사이클**을 얻게 된다.

$$p^1(t - t_d) = \frac{-2\pi(t - t_d)}{\tau^2} e^{-\pi(t-t_d)^2/\tau^2} \tag{2}$$

이에 대한 시간 파형 모양과 상응하는 푸리에 변환은 각각 그림 15.6-1a와 15.6-1b에 보인 바와 같다. 1ns 가우시안 모노사이클은 수 GHz의 대역폭을 차지하고, 각 데이터 비트에 할당된 시간 슬롯은 프레임으로 언급될 것이다.

그림 15.6-2a는 UWB 송신기를 나타낸다. 수신기는 그림 15.6-2b에 보인 것처럼 안티포달(antipodal) 또는 OOK 신호에 적합한 상관 검색기로 구현된다. 7.1절에서 다룬 변조

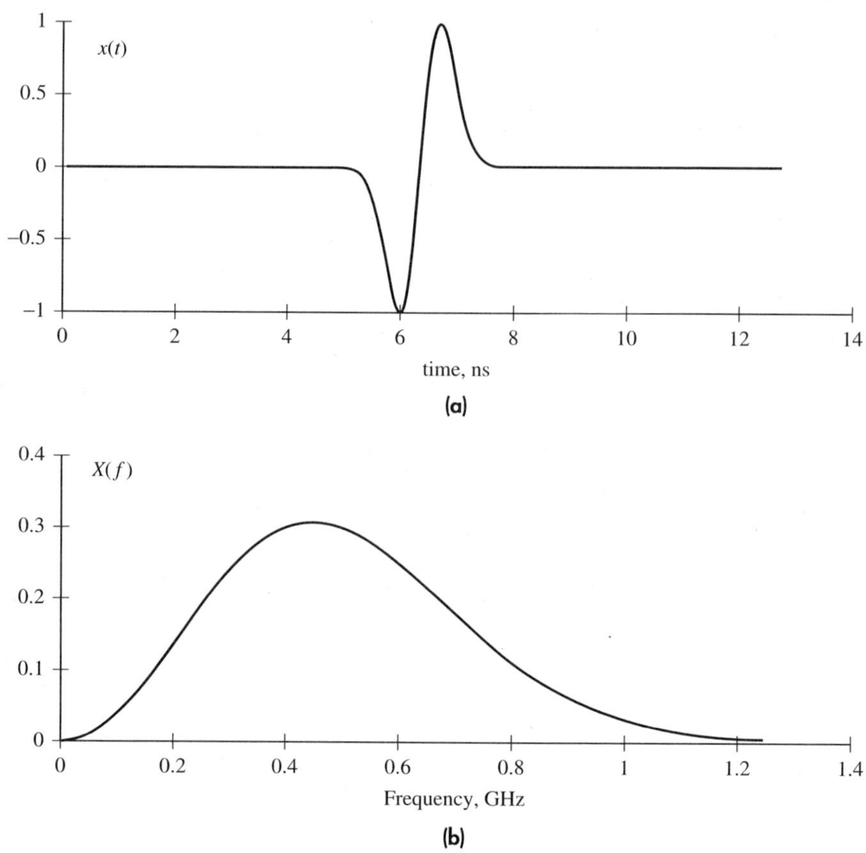

그림 15.6-1
1차 UWB 가우시안 모노사이클: (a) 시간 도메인, (b) 스펙트럼.

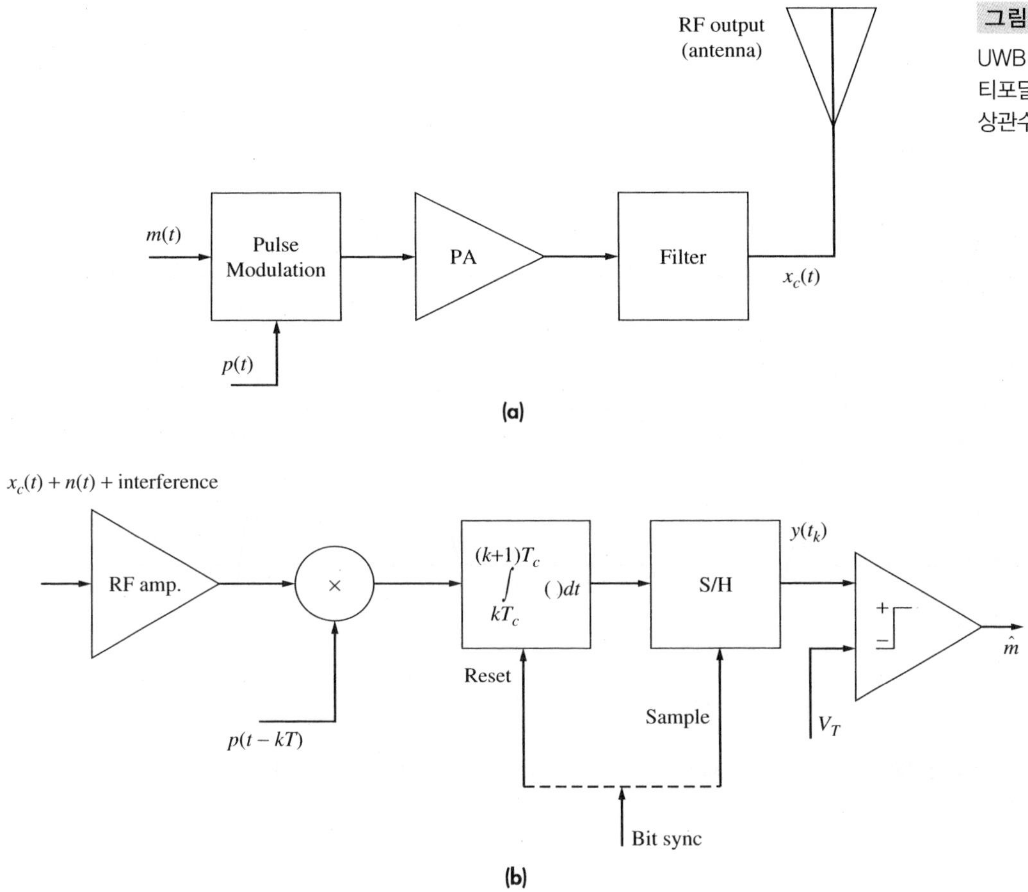

그림 15.6-2
UWB 시스템: (a) 송신기, (b) 안티포달 또는 OOK 신호에 적합한 상관수신기.

시스템의 송신 및 수신기와 비교하면 본 시스템이 간단함을 알 수 있다. 특히 UWB 수신기의 주된 요소는 상관 검색기이며, 반면에 그림 7.1-1의 슈퍼헤테로다인은 믹서, 발진기, IF-BPF를 포함해 복잡하다. 분명히 UWB 수신기의 이득은 기존의 슈퍼헤테로다인 경우보다 많이 작다.

코딩기술

메시지 정보가 이진 형태라면, UWB 펄스의 부호화를 위해, 그림 15.6-3에 나타난 것처럼, PPM, OOK, PAM 기법이 사용될 수 있다. PPM UWB 신호에 대한 표현식은 다음과 같다.

$$x_{c_{ppm}}(t) = A_c \sum_{k=0}^{N} p(t - kT - d_k\Delta) \tag{3}$$

여기서 $p(t)$는 UWB 펄스 형상이고, T는 프레임 구간을 나타낸다. d_k는 k번째 메시지 비트를 나타내므로 이진 시스템에서 d_k는 0 또는 1이고, Δ는 PPM 시간 단위를 나타낸다. OOK와 PAM에 대한 표현은 식 (4)와 같다.

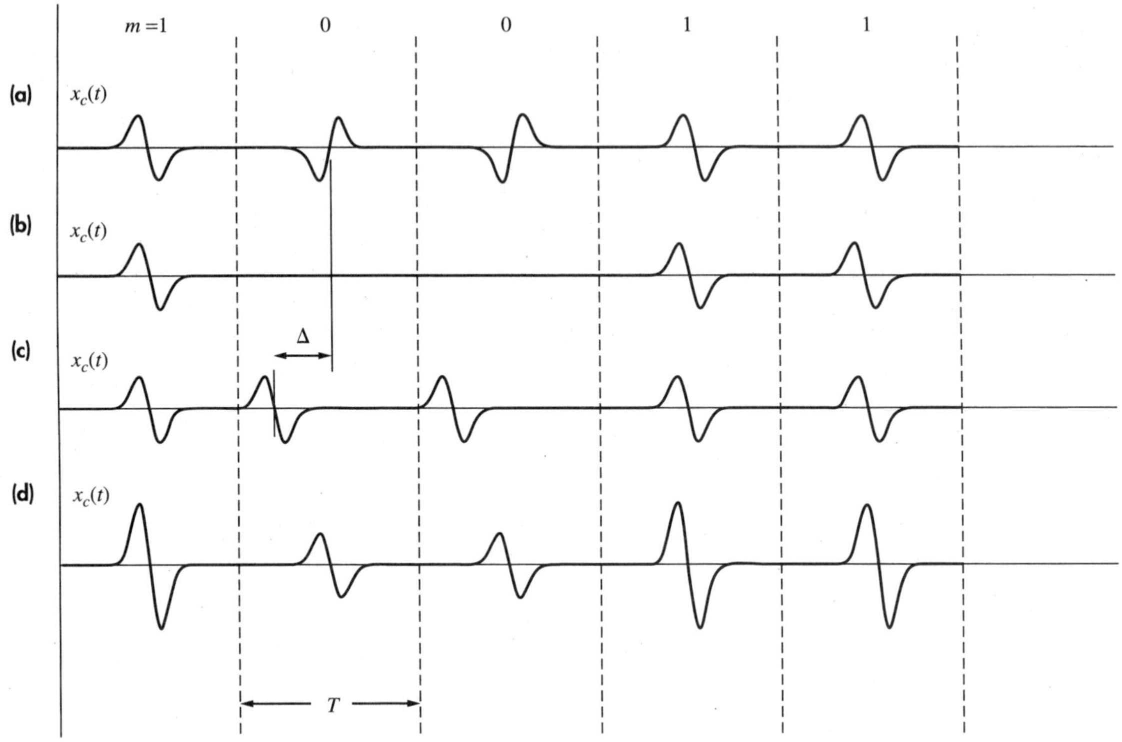

그림 15.6-3 10011 수열에 대한 모노사이클 UWB 신호: (a) 안티포달, (b) OOK, (c) PPM, (d) PAM.

$$x_{c_{\text{OOK or PAM}}}(t) = A_c \sum_{k=0}^{N} a_k p(t - kT) \tag{4}$$

여기서 a_k는 k번째 메시지 크기를 나타낸다. 안티포달 시스템에서는 $a_k = \pm 1$이고 종종 BPSK로 언급된다. PAM의 특수한 경우인 OOK는 별로 사용되지 않는데, 0펄스가 잡음이나 간섭과 쉽게 혼동되기 때문이다.

타 무선 서비스와의 간섭을 최소화 하고, 감청 확률을 줄이려면 UWB 신호가 주기적이지 않아야 하는데, 그 이유는 2.1절에서 설명된 바와 같이 주기적 신호가 스펙트럼 선을 생성하기 때문이다. DSSS에서처럼 펄스 형상은 높은 자기상관관계를 갖도록 만들어져야 한다. 그렇지만 다른 사용자들과의 간섭을 최소화하기 위해서 펄스는 다른 신호들과 교차상관관계가 작고 상관 검색기에 의해 제거되도록 하는 것이 바람직하다.

전송-기준 시스템

전송-기준(TR) 시스템이라 불리는 자체-동기 방식을 채택하면, 데이터 동기로 인한 수신기 복잡도는 크게 줄일 수 있다. 이를 설명하고자 안티포달 시스템을 살펴보면 각 프레임은 그림 15.6-4a에 보인 것처럼 기준 신호와 뒤따르는 데이터 비트로 구성된다. 이진 데이터는 다음과 같이 표현된다.

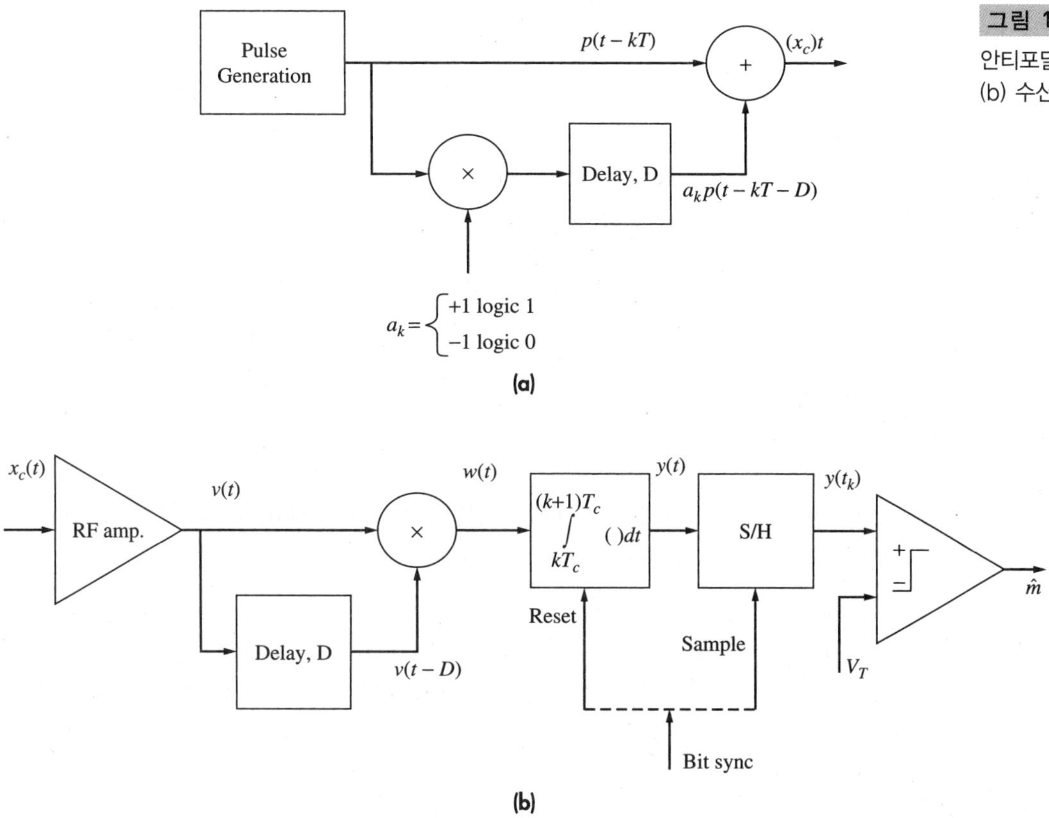

그림 15.6-4 안티포달 TR 시스템: (a) 송신기, (b) 수신기.

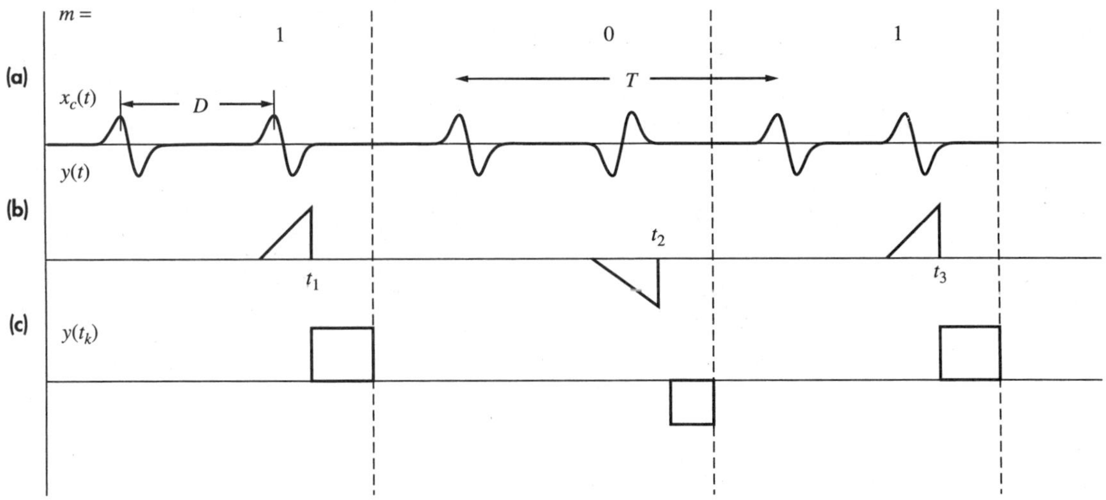

그림 15.6-5 비트율 $1/T$의 101 메시지에 대한 TR 수신기 신호: (a) 수신기 입력, (b) 적분기 출력, (c) 샘플-유지 출력.

$$m(t) \Rightarrow a_k = \begin{cases} +1 \rightarrow \text{logic } 1 \\ -1 \rightarrow \text{logic } 0 \end{cases}$$

식 (4)의 송신 출력은 식 (5)와 같이 나타낼 수 있다.

$$x_c(t) = \left[A_c \sum_{k=0}^{N} p(t - kT) + a_k p(t - kT - D) \right] \tag{5}$$

여기서 기준 신호와 데이터 신호 사이에 부가적인 지연 D가 존재한다. 그림 15.6-4b의 수신기 신호는 그림 15.6-5에 나타나 있다.

TR은 비동기식이므로 특별한 동기 방식을 채택할 필요가 없다. 또한 기준 신호와 데이터 신호에 영향을 미치는 채널 왜곡에 더욱 강인하다. 하지만 TR을 간단히 하는 데는 데이터 부가정보가 커지고 데이터율이 작아지는 희생이 따른다. UWB 시스템에서 간섭 및 다중경로 영향을 최소화하는 또 다른 기법들은 Zhou, Haimovich(2001), Dowla, Nekoogar, Spiridan(2004), Dang, van der Veen(2007)에서 참조할 수 있다.

UWB 신호가 잡음/간섭 레벨 아래에 있을 때, 통신을 성공적으로 하기 위해서는 송신 신호를 수신기에 가능한 기준 신호들에 동기시켜 줘야 한다. 그렇지 않으면, 수신기는 신호가 언제 전송되는지 알 방법이 없다.

다원 접속

UWB 시스템을 고려하며 채널 왜곡, 신호 손실, 랜덤 잡음을 무시하자. 수신 검색기 입력에 M개의 간섭 신호가 존재한다면, 식 (3)과 (4)로 표현되는 N개의 PPM 또는 PAM 펄스는 각각 식 (6a) 또는 (6b)로 나타낼 수 있다.

$$v_{\text{PPM}}(t) = \left[A_c \sum_{k=0}^{N} p(t - kT - d_k\Delta) \right] + \left[\sum_{j=1}^{M} \sum_{k=1}^{N} a_k^j p^j(t - kT - d_k^j\Delta) \right] \tag{6a}$$

$$v_{\text{PAM}}(t) = \left[A_c \sum_{k=0}^{N} a_k p(t - kT) \right] + \left[\sum_{j=1}^{M} \sum_{k=1}^{N} a_k^j p^j(t - kT - d_k^j\Delta) \right] \tag{6b}$$

여기서 식 (6a)와 (6b)의 첫 번째 괄호 항은 각각 원하는 PPM과 PAM 신호에 해당한다. 두 번째 괄호 항은 다원 접속 간섭(MAI)를 포함한 M개의 간섭 합을 나타낸다. 변수 a_k^j와 d_k^j는 각각 j번째 간섭 신호의 진폭과 지연 크기를 나타내고, $p^j(\,)$는 j번째 간섭 펄스를 나타낸다. 식 (6a)와 (6b)의 간섭 항은 원치 않는 다른 PAM이나 PPM, 다중경로 또는 다른 신호를 포함하도록 일반화시킬 수 있다. 또한 식 (5)에 기술된 바와 같은 기준 신호를 포함하지 않은 것에 유의하자.

그림 14.2-3의 상관 수신기를 갖는 PAM 경우를 고려하자. 신호 템플릿 $s_{i=0,1}(t - kT)$

가 송신 펄스의 형상과 일치한다면, 시간 t_k에서 상관 수신기의 i번째 적분기의 출력은 다음과 같다.

$$z_{m0,1}(t_k) = \int_{kT_b}^{(k+1)T_b} A_c a_k p(t-kT)s_i(t-kT_b)dt + \int_{kT_b}^{(k+1)T_b} \sum_{j=1}^{M} a^j p^j(t-kT-d_k^j\Delta)s_i(t-kT_b)dt \quad (7)$$

$$= E_{1 \text{ or } 0} + E_{\text{interference}}$$

따라서 수신기 출력은 식 (8)과 같다.

$$z_{m1}(t_k) > z_{m0}(t_k) \Rightarrow \hat{m} = \text{"1"}$$
$$z_{m1}(t_k) \leq z_{m0}(t_k) \Rightarrow \hat{m} = \text{"0"} \quad (8)$$

식 (7)에서 알 수 있는 것처럼, 사용자 수가 많아지면 $E_{\text{interference}}$의 크기가 증가하고 이로 인해 오류가 증가하게 된다. 따라서 다중 UWB 사용자를 수용하려면 각 사용자는 다른 사용자와 직교성을 갖는 펄스 모양을 사용해야만 한다. 참고문헌 Wu et al.(2006), Sellathurai & Sablatash(2004)를 참조하면 간섭을 최소화하기 위해 펄스 모양을 선택하는 데 도움이 될 것이다. PPM 시스템에 대한 다원 접속 평가에 대해서는 Yoon & Kohno (2002)을 참조하고, 다중경로를 고려한 UWB 시스템의 성능분석은 Choi & Stark(2002)을 참조하길 바란다.

오류를 줄이는 또 다른 방법은 우선적으로 펄스 충돌을 피하는 것이다. 이는 시간-도약 UWB(TH-UWB)을 통해 달성할 수 있다. TH-UWB는 의사-랜덤 생성기가 사용자의 송신 출력을 언제 생성할지를 조정하는 수열을 만들어내는 것을 제외하고는 THSS과 기본 개념이 유사하다. 적절히 설계한다면, 이 시스템은 데이터 충돌 확률을 최소화시켜 준다. 더 자세한 내용은 Hu & Beaulieu(2004), Nekoogar(2006)을 참조하라. 다원 접속을 위한 다른 방법으로 알로하 또는 CSMA를 들 수 있다.

DSSS와의 비교

DSSS와 UWB는 둘다 처리이득이 매우 크고, 간섭에 강하며, 다원 접속에 적합하다는 측면에서 종종 혼동될 수 있다. 그러나 둘 사이에는 큰 차이가 있다. 첫째, 앞서 언급한 바와 같이, UWB는 기존 관념의 변조 시스템이 아닌데, 메시지가 DSSS을 포함한 통상적 시스템에서 처럼 정현파 반송 신호를 변경시키는 것이 아니라 펄스를 변경시키기 때문이다. 둘째, DSSS에서는 처리이득이 PN 부호의 전송율에 제한받기 때문에 전송 대역폭이 수 MHz에 불과하지만, UWB의 경우 대역폭은 적어도 0.5GHz에 달한다. 끝으로, 앞서 언급한 것처럼, DSSS에서의 동작 비율은 거의 100%이지만 UWB에서는 보통 0.5%이하이다.

15.7 질문 및 연습문제

질문

1. 왜 DSSS에서는 간섭 확률이 작은가?
2. 유선에서 CDMA와 유사한 것을 제시하라?
3. DSSS가 다중경로에 어떻게 강할 수 있는가?
4. DSSS에서 확산 부호가 비밀 통신에 적합하지 않은 이유는 무엇인가?
5. 처리이득이 크면 장점이 무엇인가?
6. DSSS 신호가 단일 톤 전파 방해에 비하여 빗발치는 전파 방해에 강한 장점이 있는가? 있다면, 어떤 조건에서 가능한가?
7. 레이크 수신기의 장점은 무엇인가?
8. 왜 FHSS는 DSSS에 비하여 처리이득이 더 큰가?
9. 어떻게 FHSS는 다중경로에 강인한가?
10. 고속-호핑 FHSS가 느린-도약 FHSS이나 DSSS에 비하여 갖는 장점은 무엇이고, 그 이유 또한 설명하시오.
11. DSSS 또는 FHSS를 적용할 때, SNR 또는 오류 확률의 성능에 손실이 발생하는가?
12. 메시지 암호화 없이 SS를 더 안전하게 만들기 위해서는 어떤 방법이 있는가?
13. 수신자가 15.3절에서 설명한 동기화 하드웨어 없이 SS 신호(또는 PN 수열)를 복호하기 위한 방법을 설명하시오.
14. DSSS 시스템이 빌딩 환경에서 대상물을 찾거나 추적하는데 사용될 때, 오류 발생 요인은 무엇인가?
15. DSSS 거리측정 시스템에서 허깨비 위치가 생기는 것들을 극복하는 방안을 설명하시오.
16. 확산 부호 길이가 길어지면 단점은 무엇인가?
17. 원래 AMPS 시스템에서 왜 FM이 사용되는가, SSB, DSB, AM을 사용 안하는 이유는 무엇인가?
18. 셀룰러 전화기 수신기의 RF 증폭기가 넓은 동적 영역을 갖는 것이 왜 중요한가?
19. 셀룰러 전화기를 구현하면서 소프트웨어 라디오를 사용하면 어떤 장점이 있는가?
20. 1900 MHz 전화기가 850 MHz 전화기보다 더 소형인 이유가 무엇인가?
21. 초창기 AMPS 시스템이 나중 버전에서의 10 kHz 대역폭 대신에 30 kHz 대역폭을 가진 이유는 무엇인가?
22. 비행 중 탑승객의 휴대 전화 사용이 금지되는 이유 3가지 이상을 나열하고 이유를 설명하시오.
23. 무선 전화를 GSM과 IS-95 환경 모두에서 사용 가능케 하기 위한 설계 방법론은 무엇인가?
24. WCDMA가 인구 밀집 지역에서 CDMA 2000 보다 더 장점을 갖는 이유가 무엇인가?
25. WiMAX와 Wi-Fi의 차이점을 설명하시오.
26. CDMA와 OFDM 시스템이 어떻게 다중경로 페이딩을 극복하는지 설명하시오.

27. 무선 통신망은 OFDM을 채택하는 반면에 무선 전화는 왜 CDMA를 사용하는지 상충 관계를 설명하시오.

28. 왜 UWB는 쉽게 전파 방해를 받지 않는지 설명하시오.

29. 교실이나 세미나실에서 청중이 무선 컴퓨터로써 연사와 소통하고 있을 때, 사용자가 너무 많아지면 어떤 부정적 결과가 초래되는가?

30. UWB 통신에서 이미 제시된 다원 접속 방식 외에 또 다른 가능한 방법을 설명하시오.

연습문제

15.1-1* 어떤 DSSS-BPSK 시스템은 3 kbps의 전송 속도를 가지고 있고 다음과 같은 환경에서 동작한다. 수신기에서는 단일 톤 전파방해 신호가 수신 신호보다 5배 더 강하게 수신되고, $N_0 = 10^{-21}$ W/Hz이다. 전파방해가 없을 때 $(S/N)_R = 60$ dB이다. 요구되는 $P_e = 10^{-7}$일 때 (a) 칩 전송율과 (b) B_T를 구하시오.

15.1-2 어떤 DSSS-BPSK 시스템은 처리 이득이 $Pg = 30$ dB이고, 전파방해가 있을 때 $P_e = 10^{-7}$이다. 전파방해여유 값은 얼마인가?

15.1-3 어떤 DSSS-BPSK 시스템이 6 kbps의 속도로 전화 정보를 전송한다. 이 시스템의 부호 전송율은 10 MHz이고 하나의 신호만 전송될 때 $(S/N)_R = 20$ dB이다. 요구되는 $P_e = 10^{-7}$이고 각 신호는 같은 전력으로 수신된다. (a) 얼마나 많은 사용자가 이 채널을 공유할 수 있나? (b) 만약 각 사용자가 전력을 6 dB씩 줄인다면 채널을 공유할 수 있는 사용자 수는 최대 몇 명인가?

15.1-4 만약 다중 신호 경로가 직접 신호 경로보다 500 미터 더 길다면 다중 경로 간섭을 극복하기 위해 요구되는 칩 전송율의 최소값은 얼마인가?

15.1-5* 각 사용자가 6 kbps의 속도로 정보를 전송하는 10명의 DSSS-BPSK 사용자가 CDMA를 이용하여 채널을 공유하려고 한다. 가산 잡음을 무시할 때 $P_e = 10^{-7}$가 되게 하려면 칩 전송율은 최소 얼마가 되어야 하나?

15.1-6 단일 사용자일 때 $P_e = 10^{-9}$를 만드는 크기의 백색 가우시안 잡음이 있는 채널을 가정하고 문제 15.1-5를 다시 푸시오.

15.1-7 어떤 DSSS 시스템은 수신 신호보다 전력이 30 dB 더 크게 수신되는 단일 톤 전파방해가 있는 환경에서 9 kbps의 속도로 정보를 전송한다. $P_e < 10^{-7}$가 되게 하기 위하여 필요한 처리 이득은 얼마인가?

15.1-8 각 사용자가 처리 이득이 30 dB인 DS-BPSK를 사용할 때, 같은 전력을 사용하는 몇 명의 사용자가 $P_e < 10^{-7}$로 CDMA 시스템을 공유할 수 있나?

15.1-9 어떤 DSSS-BPSK 사용자가 6 kbps의 속도로 정보를 전송한다. 칩 전송율은 10×10^6이고, 수신신호에서 $P_e = 10^{-10}$이다. 요구되는 P_e를 10^{-5}로 줄이고 각 사용자가 그들의 전력을 3 dB만큼 줄일 때 얼마나 많은 사용자가 채널을 공유할 수 있나?

15.1-10* 3 kHz의 음성통신을 위하여 25 m 떨어진 곳에서 $f_c = 850$ MHz인 1-와트 셀룰러 전화기로부터의 방사 에너지가 주변 RF 레벨인 75 nW/MHz 보다 작기 위한 P_g와 B_T 값은 얼마인가?

15.1-11 원래 3 kHz 채널에서 1 와트였던 3 kHz의 음성 신호가 75 nW/MHz가 되기 위해 필요한 최소 P_g와 B_T 값은 얼마인가?

15.1-12 주어진 셀 영역에서 $P_e = 10^{-5}$가 20명의 사용자까지 유지된다면, 오류 확률을 10^{-4}까지 허용할 때 추가 가능한 사용자 수는 얼마인가? 이때 채널 잡음은 무시할만하고 모든 사용자는 동일한 전력을 갖는다고 가정한다.

15.1-13 $P_g = 500$, $S_R = 1$ mW, $r_b = 1000$ Hz인 단일 사용자 시스템을 가정하자. 간섭이 없을 때 $P_e = 10^{-6}$라면, 사용자 신호가 전파 방해 공세를 받아 수신측에서의 신호가 3000Hz 대역폭에 걸쳐 1 μW/Hz일 때의 P_e를 구하라.

15.2-1* 어떤 이진 FHSS 시스템은 3 kbps의 속도로 정보를 전송하며, 전체 채널이 수신 신호보다 5배 더 큰 전력의 전파 방해를 받는 연속 전파방해 환경에서 작동한다. 전파방해가 없을 때 $(S/N)_R = 60$ dB이고 $N_0 = 10^{-21}$ W/Hz이다. 요구되는 $P_e = 10^{-7}$일 때, 필요한 Pg의 최소값과 상응하는 B_T를 구하시오.

15.2-2 전송 속도가 3 kbps이고, 10명의 사용자가 있으며, $P_e \leq 10^{-5}$인 이진 FSK 시스템에서 요구되는 Pg의 최소값과 상응하는 B_T를 구하시오. 한 명의 사용자가 있는 경우는 $P_e = 10^{-10}$이다.

15.2-3 문제 15.2-1의 시스템에서 동일한 P_e를 갖는 DSSS 시스템의 Pg와 B_T는 얼마인가?

15.2-4* $\gamma = 10\%$, $J = 6$ mW인 부분 대역 전파방해가 있고 $E_b = 2 \times 10^{-11}$, $N_0 = 10^{-12}$, $r_b = 6$ kbps이고 PN 생성기가 $k = 10$인 출력을 가지는 FHSS 시스템에서 P_e는 얼마인가?

15.2-5 수신기로부터 5마일 떨어져서 동작하는 전파방해기의 방해를 피하기 위하여 FHSS 시스템에서 필요한 최소한의 도약율을 계산하시오.

15.2-6 변조방식이 Sunde의 이진 FSK이고 비트당 3번 도약하는 FHSS 시스템을 고려하자. 이때 전송 주파수는 $f_{c_0} = 200$ MHz로 시작하고 $r_b = 2000$ kbps이다. 또한 논리 0은 f_{c_i}, 논리 1은 $f_{c_i} + f_d$이다. 메시지 수열이 1011 이고, 도약 수열이 초기 조건이 [111]인 [3,1] 전위 레지스터의 출력에 따른다면 출력 주파수 수열은 무엇인가? 힌트: 본 문제와 다음 문제를 풀기 위해, 11.4절과 15.3절을 공부하라.

15.2-7 16단 전위 레지스터를 채택한 FHSS 시스템의 대역폭은 얼마인가? 이때 각 단의 값은 주파수가 중복되지 않도록 주파수 합성기로 입력되고, 도약당 1비트이며 r_b = 6kbps이다. 가정한 것이 있으면 또한 언급하라.

15.3-1 초기 상태가 0100이고 10 MHz의 클록으로 작동하는 [4, 1] 구성의 4단 전위 레지스터가 있을 때 (a) 출력 수열은 무엇인가? (b) PN 수열의 주기는 얼마인가? 이 전위 레지스터 출력의 자기상관함수를 그리시오.

15.3-2 문제 15.3-1을 [4, 2] 구성의 4단 전위 레지스터에 대하여 반복하시오.

15.3-3 [4, 1] 전위 레지스터의 출력 수열이 11.4절에서 기술된 ML 수열의 특성을 가지는 것을 보이시오.

15.3-4 초기 단계가 11111이고 [5, 4] 귀환 연결을 가지는 5비트 전위 레지스터 PN 생성기의 출력 수열과 그것의 길이를 구하시오. 이것은 ml 수열인가?

15.3-5* 두 레지스터의 초기 값이 모두 1인 선호 쌍 [5, 2]와 [5, 4, 3, 2]로 구성된 Gold 부

호생성기가 있을 때, (a) 출력 수열은 무엇인가? (b) 교차상관관계의 상한 값은 얼마인가?

15.3-6 DSSS 방식 거리 측정 시스템에서 해상도를 0.01 마일로 만들기 위하여 요구되는 칩 전송율은 얼마인가?

15.3-7 20 MHz의 부호 클록 속도를 가지는 DSSS 시스템의 거리 측정 해상도는 얼마인가?

15.3-8 $P_g \geq 30$ dB 이고 다원 접속 채널 조건에서, 약 25m 근처에 장애물이 존재하는 실내 환경 에서의 DSSS 무선전화의 경우 다중경로 간섭을 피하기 위한 최소의 채널 대역폭과 최소의 T_c 값을 구하라. 구한 T_c값에 대하여 P_g는 얼마인가? 이때 대역폭은 3 KHz로 가정한다.

15.3-9 주어진 실내 공간의 길이와 폭은 각각 50 m와 20 m 이다. 송신기와 수신기를 50 m 떨어져 배치할 경우, DSSS 방식으로 다중경로 간섭을 최소화하기 위한 최소 칩율은 얼마인가?

15.4-1 어떤 10 MHz 부호 생성기가 5 Hz/hour로 표류한다. 하루가 지난 후 칩의 불확실한 정도는 얼마나 될까?

15.4-2 반송파 주파수가 900 MHz이고 부호 클록이 10 MHz에서 동작하는 어떤 DSSS 시스템이 500 mph의 속도로 다가오고 있다. 도플러에 의해 발생하는 반송파 주파수의 최대 천이와 칩의 불확실한 정도는 얼마일까?

15.4-3* 칩 전송율이 10 MHz이고, 2048 비트 예고신호를 사용하는 연속 찾기를 적용하고, $P_D = 0.9$, $P_{FA} = 0.01$, $\alpha = 100$인 DSSS-BPSK에서 포착 시간의 평균과 표준 편차는 얼마인가? 입력 신호의 PN 수열과 수신기 PN 생성기 출력 사이의 초기 위상 차이를 최대로 가정하시오.

15.4-4 어떤 DSSS-BPSK 시스템은 50 MHz의 부호 클록을 사용하고 12단 전위 레지스터를 최대 길이 (ML) 부호 생성기로 설정하여 사용한다. 수신 신호의 PN 수열과 수신기 PN 생성기 출력 사이의 위상 차이를 PN 주기의 반으로 가정하고 $P_D = 0.9$, $P_{FA} = 0.01$, $\alpha = 10$인 연속 찾기를 하는 경우 포착 시간의 평균과 표준 편차를 계산하시오.

15.5-1 $P_e = 10^{-5}$의 오류 확률을 허용한다면, 5 MHz 대역의 케이블-TV 채널에서 몇 개의 음성 WDCDMA DSSS 신호를 함께 보낼 수 있는가? 이때 모든 신호의 전력은 동일하다고 가정한다.

15.5-2 CDMA 2000에서 $W_c = 1.2288$ Mcps의 경우 문제 15.5-1을 반복하시오.

15.5-3 다중경로가 다음 각 경우에 대하여 문제를 일으킬 수 있는 장애물의 대략적 거리 차이는 얼마인가? (a) WCDMA (b) CDMA 2000.

제 16 장

정보이론 및 검파이론

개 요

이 책을 통하여 우선적으로 신호, 즉 잡음과 간섭에 의해 손상된 정보를 포함하는 신호의 관점에서 전기 통신을 공부하였다. 비록 신호 이론이 가치있는 도구임이 입증되었지만, 기본적인 통신 과정인 정보 전송을 포함하지는 않는다. 보다 넓은 관점이 필요한 것을 인식하고, Claude Shannon은 그전까지의 Nyquist와 Hartley의 연구와 당시의 Wiener의 연구 결과를 이용하여 1948년에 "통신의 수학적 이론"이라 명명한 본질적으로 새로운 접근법을 개발하고 시도하였다.

Shannon의 논문은 다음의 질문에 들어있는 통신 공학의 핵심 문제를 분리해 내었다: 우리의 선택과 무관하게 메시지를 만들어내는 신호원이 있을 때, 고유의 물리적 제한을 지닌 통신 채널을 통해 신뢰성 있게 전송하려면 이 메시지를 어떻게 나타내어야 하나? 이에 대한 답으로 Shannon은 신호보다는 오히려 메시지 정보 자체에 관심을 기울였다. 그의 접근법은 곧 **정보이론**(information theory)이라고 이름 붙여졌다. 그리고 결과적으로 수학과 공학의 혼합 학문 분야로 진화하였다.

정보이론은 세 개의 기본 개념: 신호원 정보의 측정, 채널의 정보 용량, 그리고 정보 전송을 위해 채널 용량을 활용하는 기법인 부호화를 다룬다. 여기서 부호화란 용어는 이산 그리고 지속파를 모두 포함하는 넓은 의미의 메시지 표현 방법으로 받아들여 진다. 정보이론의 세 가지 개념들은 여러 정리들을 거쳐 다음과 같이 요약된다.

> 만약 신호원으로부터의 정보율이 통신 채널의 용량을 넘지 않으면, 채널에 잡음이 있음에도 불구하고 오류율을 임의로 작게 하면서 이 정보를 채널을 통해 전송할 수 있는 부호화 기법이 존재한다.

이 주장의 놀랄만한, 거의 믿기 어려운 관점은 잡음이 있는 채널에서 부호화의 도움으로 달성되는 오류 없는 전송에 대한 약속이다.

최적의 부호화는, 마치 최대 전력 전달을 위한 임피던스의 정합처럼, 최대로 신뢰성 있는 정보의 전달을 위하여 신호원과 채널을 정합시킨다. 부호화 절차는 일반적으로 두 가지 별개의 부호/복호 과정을 포함하며 이것을 그림 16.0-1에 다이어그램으로 나타내었다. 채널 부호/복호는 13.1-13.3절의 논의를 통해, 채널 잡음의 효과가 어떻게 줄어들 수 있는가를 본 것처럼, 오류 제어 부호화의 작업을 수행한다. 정보이론은 한 단계 더 나아가, 최적 채널 부호화는 정보 전송을 위해 잘 정의된 용량의, 잡음이 전혀 없는 것과 동일한 효과를 가지는 등가 채널을 만들어 낸다고 주장한다. 이제 신호원 부호/복호기들은, 신호원 정보율이 채널 용량보다 작기만 하면, 신호원을 잡음 없는 등가 채널에 정합시킨다.

이 장은 정보량 측정, 신호원 부호화, 정보 전송, 그리고 이산채널 용량을 포함하여 디지털 또는 이산 정보를 다루는 것으로 시작한다. 이산 정보의 연구에서 얻어지는 많은 개념들과 결론들은 보다 실질적인, 메시지가 시간에 따라 변하는 신호의 형태를 가지는, 연속채널을 통한 정보 전송의 경우에 적용될 수 있다. Hartley-Shannon 법칙은 연속채널의 용량을 대역폭과 신호 대 잡음 비의 식으로 정의하고, 정보이론에 비추어 통신시스템의 성능을 비교하는 기준 역할을 한다.

이 장은 정보이론을 최적 디지털 검파에 적용하는 것으로 끝을 맺는다. 우선 신호를 표현하고 정량화하는 수단으로 신호 공간을 소개한 후, 최적 검파의 원리를 디지털 통신에 적용할 것이다.

그림 16.0-1

신호원 부호화 및 채널 부호화가 적용된 통신시스템.

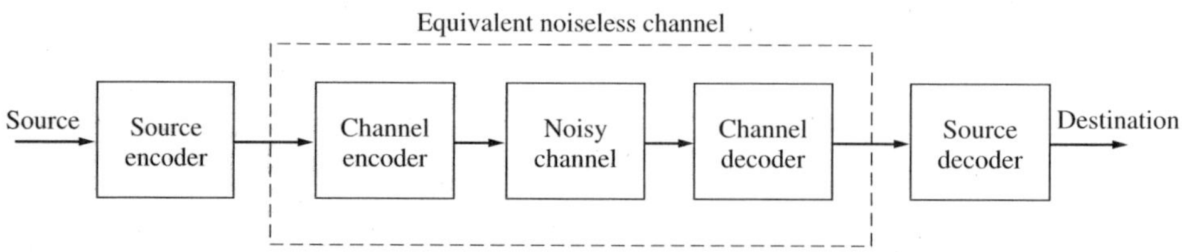

학습목표

이 장을 공부하고 응용문제들을 푼 후에 다음의 사항들을 수행할 수 있어야 한다.

1. Shannon의 정보량 측정을 정의한다(16.1절).
2. 이산 무기억 신호원의 정보율을 계산한다(16.1절).
3. 신호원과 천이 확률이 주어진 경우, 이산 무기억 채널을 분석한다(16.2절).
4. 잡음이 있는 채널에서의 정보 전송을 위한 Shannon의 기본 정리를 설명하고 적용한다(16.2, 16.3절).
5. 연속채널에 관한 Hartley-Shannon 법칙을 설명하고 적용한다(16.3절).
6. 두 개 또는 그 이상의 신호들의 벡터 표현을 구한다(16.4절).
7. 2차원 공간에서의 MAP 검파를 위한 결정 영역들을 구한다(16.5절).
8. MAP 수신기의 판정 함수들을 찾고 결정 영역이 사각형일 때 심볼 오류 확률들을 계산한다(16.5절).

16.1 정보량 측정 및 신호원 부호화

정보이론의 공부를 정보량의 측정으로 시작하며, 이것은 상당히 논리적이다. 그 후 정보량의 측정을 이산 신호원들의 정보율을 결정하기 위해 적용한다. 특히 이산 무기억 신호원들의 이진 부호화에 관심을 기울일 것이고 계속하여 기억이 있는 신호원들에 대한 예측 부호화를 간략히 살펴볼 것이다.

정보량 측정

정보이론의 가장 중요한 점은 정보량의 측정이다. 여기서 사용되는 기술적인 용어 **정보**와 정량적인 측정이나 정확한 정의가 필요없는 통상적인 개념의 "지식" 또는 "의미"와 혼동해서는 안된다. 통신과 관련하여 정보는 단순히 목적지의 어떤 사용자에게 전송되기 위하여 신호원에서 생산되는 생산품이다. 이것은 정보가 목적지에서는 아직 입수할 수 없는 것임을 의미하며, 그렇지 않다면 전송은 필요하지 않을 것이다.

예를 들어, 당신이 멀리 있는 도시로 여행을 계획한다고 가정해 보자. 어떤 옷을 챙길 것인지 결정하기 위해 당신은 다음의 일기 예보 가운데 하나를 듣는다고 하자:

- 태양이 뜰 것이다.
- 산발적으로 소나기가 올 것이다.
- 토네이도가 올 것이다.

첫 번째 메시지는 당신이 이미 태양이 뜰 것을 알고 있기 때문에 사실상 당신에게 아무 정보도 주지 않는다. 그러나, 비가 온다는 일기 예보는 당신이 아직 가지고 있지 않은 정보를 제공한다. 세 번째 일기 예보는, 토네이도는 매우 드물게 발생하고 예상할 수 없는 사건이기 때문에, 당신에게 더 많은 정보를 준다; 당신은 여행을 취소할 수도 있다.

위의 메시지들은 가능성이 적고 정보가 많은 순서로 나열되었음을 주목하라. 가능성이 적은 메시지는 더 많은 정보를 전달한다. 따라서 우리는 정보의 양은 **불확실성**, 즉 메시지가 어떤 것인지를 사용자가 알 수 없는 불확실성과 관련되어야 한다고 결론을 내릴 수 있다. 또는 신호원이 어떤 메시지를 선택할 때의 **자유도**를 정보가 측정한다고 말할 수 있다. 신호원이 자유롭게 많은 다른 메시지들 가운데 하나를 선택 할 때, 사용자는 어떤 메시지가 선택될 지에 대해 매우 불확실하게 된다.

당신이 신호원 또는 사용자의 관점 중 어떤 것을 선호하든, 정보량이 메시지의 **확률**과 관련된다는 것은 명백하다. 만약 x_i가 임의의 메시지를 나타내고 $P(x_i) = P_i$가 x_i가 전송을 위해 선택되는 사건의 확률이라면, x_i와 함께 하는 정보의 양은 P_i의 함수이어야 한다. 구체적으로, Shannon은 로그 함수로 정보의 양을 다음과 같이 정의하였으며

$$I_i \triangleq -\log_b P_i = \log_b \frac{1}{P_i} \tag{1}$$

여기서 b는 로그의 밑이다. 양을 나타내는 I_i는 메시지 x_i의 **자기 정보**(self-information)라고 불린다. I_i의 값은 단지 P_i에만 의존하는데 실제 메시지 내용 또는 가능한 해석들과는 무관하다. 당신이 다음의 일기 예보를 들었다고 가정하자.

- 태양이 토네이도 비를 내릴 것이다.

이것은 내용이 없음에도 불구하고, 아주 일어날 것 같지 않는, 많은 정보를 포함한다.

비록 지금 당장 분명한 건 아니지만, 식 (1)의 정의로부터 다음을 포함하는 몇 가지 중요하고 의미있는 결과를 얻을 수 있다.

$$I_i \ge 0 \quad \text{for} \quad 0 \le P_i \le 1 \tag{2a}$$

$$I_i \to 0 \quad \text{for} \quad P_i \to 1 \tag{2b}$$

$$I_i > I_j \quad \text{for} \quad P_i < P_j \tag{2c}$$

따라서, 만약 $P_i = 1$(불확실성이 없음)이면 $I_i = 0$이고, 만약 $P_i < P_j$이면 $I_i > I_j$인 (정보량은 불확실성과 함께 증가) 속성과 함께 I_i는 음이 아닌 값이다. 더 나아가 신호원이 두 개의 연속적이고 독립적인 메시지, x_i와 x_j의 결합확률 $P(x_i x_j) = P_i P_j$에 대한 정보량은 식 (3)과 같이 표현된다.

$$I_{ij} = \log_b \frac{1}{P_i P_j} = \log_b \frac{1}{P_i} + \log_b \frac{1}{P_j} = I_i + I_j \tag{3}$$

이 경우 전체의 정보량은 각 메시지들의 정보량의 합과 동일하다. Shannon의 정보량 척도 $\log_b (1/P_i)$는 식 (2)와 (3)의 속성을 모두 만족시키는 유일한 함수이다.

로그의 밑 b를 정하는 것에 따라 정보량의 단위가 결정된다. 정보이론의 표준 관행에서 $b = 2$이며 이때의 단위는 비트(bit)이고, 이것은 "binary digit"의 약어로 J. W. Tukey에 의해 새로 만들어진 이름이다. 식 (1)은 따라서 $I_i = \log_2 (1/P_i)$ 비트가 된다. 이 관행은 두

개의 동일한 확률을 갖는 메시지들로부터 하나를 선택하는, 가장 기본적인 신호원과 관련지어 정보량을 일반화한다. 만약 $P(x_1) = P(x_2) = 1/2$이면, $I_1 = I_2 = \log_2 2 = 1$ 비트이다. 다른 말로 표현하면, 1 비트는 동일한 가능성을 가지는 둘 사이에서 하나를 선택하는 데 필요한 정보의 양이다.

임의의 두 사물을 두 개의 이진수로 나타낼 수 있기 때문에 이진수가 사용된다. 그러나, 정보 비트와 이진수는 조심스럽게 구별되어야 한다. 특히 하나의 이진수는 확률에 따라 한 비트의 정보량 보다 더 많거나 적은 정보를 전달하기 때문이다. 혼동을 막기 위하여, 가끔은 메시지 또는 부호화 요소로 사용되는 이진수를 나타내는 데 약어 **비니트**(binit)가 사용되기도 한다.

필요한 경우, 로그의 밑 2를 자연 또는 일반 로그로 다음과 같이 변환할 수 있다.

$$\log_2 v = \frac{\ln v}{\ln 2} = \frac{\log_{10} v}{\log_{10} 2} \tag{4}$$

예를 들어, 만약 $P_i = 1/10$이면 $I_i = (\log_{10} 10)/0.301 = 3.32$ 비트이다. 이제부터, 따로 언급되지 않는 한 모든 로그들의 밑은 2로 가정한다.

엔트로피 및 정보율

지금부터 M개의 다른 심볼들의 알파벳, 즉 M-진 알파벳으로부터 선택된 연속된 심볼들을 만들어내는 정보 신호원을 고려한다. X가 전체 심볼 집합 $x_1, x_2, \ldots, x_M$을 나타낸다고 하자. 각 심볼 x_i를 확률 P_i로 발생되고 자기-정보 I_i를 전달하는 메시지로 간주한다. 물론, 심볼 확률의 집합은 다음을 만족하여야 한다.

$$\sum_{i=1}^{M} P_i = 1 \tag{5}$$

신호원이 정적, 그래서 확률이 시간에 따라 변하지 않고 일정하게 유지된다고 가정하고, 또한 연속적으로 만들어지는 심볼들이 통계적으로 독립적이고 초당 r 심볼의 평균 속도로 신호원으로부터 나온다고 가정한다. 이러한 특성들은 **이산 무기억 신호원**(discrete memoryless source) 모델을 정의한다.

임의의 심볼 기간동안 신호원에서 생산되는 정보의 양은 가능한 값들 $I_1, I_2, \ldots, I_M$을 갖는 임의의 이산 랜덤 변수이다. 심볼당 기대되는 정보량은 통계적 평균에 의해 다음과 같이 표현되며, 신호원 **엔트로피**(entropy)라 불린다.

$$H(X) \triangleq \sum_{i=1}^{M} P_i I_i = \sum_{i=1}^{M} P_i \log_2 \frac{1}{P_i} \quad \text{bits/symbol} \tag{6}$$

Shannon은 이 이름과 표기 H를 통계적 기계공학에서의 비슷한 표현으로부터 가져왔다. 이어서, 열역학 엔트로피를 통신 엔트로피(또는 comentropy)에 관련짓는 데 대한 다양한 물리적 그리고 철학적 주장들이 제기되어 왔다.

하지만 식 (6)은 신호원이 $n \gg 1$개의 심볼들을 연속으로 내보낼 때, 전송되어야 할 전체 정보량을 약 $nH(X)$ 비트로 보다 실용적인 관점에서 해석하고자 한다. 신호원이 평균적으로 초당 r개의 심볼들을 만들어낸다면, 전송 심볼열의 시간은 약 n/r초 이다. 따라서 정보는 초당 평균 $nH(X)/(n/r) = rH(X)$ 비트를 전송하게 된다. 공식적으로, 신호원 **정보율**(information rate)을 다음과 같이 정의하며

$$R \triangleq rH(X) \quad \text{bits/sec} \tag{7}$$

이것은 전송과 관련하여 아주 중요한 값이다. Shannon은 어떤 이산 무기억 신호원로부터의 정보도 이진수로 부호화될 수 있고 잡음없는 채널에서 신호율 $r_b \geq R$ 비니트/초로 전송될 수 있다고 단언하였다. 신호원 부호화의 연구에 대한 준비로서 엔트로피에 대해 더 많이 알아야 한다.

어떤 신호원에 대한 $H(X)$ 값은 심볼 확률 P_i와 알파벳 크기 M에 의해 정해진다. 그럼에도 불구하고, 신호원 엔트로피는 항상 다음의 범위 안에 있게 된다.

$$0 \leq H(X) \leq \log_2 M \tag{8}$$

여기서의 하한 값은 불확실성이 없는 또는 선택의 여지가 없는 경우, 즉 한 심볼이 확률 $P_j = 1$을 가지고 다른 모든 심볼들 $i \neq j$에 대해 $P_i = 0$일 때, 따라서 신호원이 거의 항상 동일한 심볼을 내보낼 때에 해당된다. 상한 값은 불확실성 또는 선택의 자유가 최고일 때, 즉 모든 i에 대해 $P_i = 1/M$일 때, 따라서 모든 심볼들이 동일하게 가능할 때에 해당된다.

이러한 두 극한 사이에서 $H(X)$의 변화를 보기 위하여, 특별하지만 중요한 이진 신호원 $(M = 2)$의 경우를 다음과 같이 고려하자.

$$P_1 = p \qquad P_2 = 1 - p$$

이러한 확률들을 식 (6)에 대입하면, 다음과 같은 이진 엔트로피를 만들어내며

$$H(X) = \Omega(p) \triangleq p \log_2 \frac{1}{p} + (1-p) \log_2 \frac{1}{1-p} \tag{9}$$

그림 16.1-1
이진 엔트로피 함수.

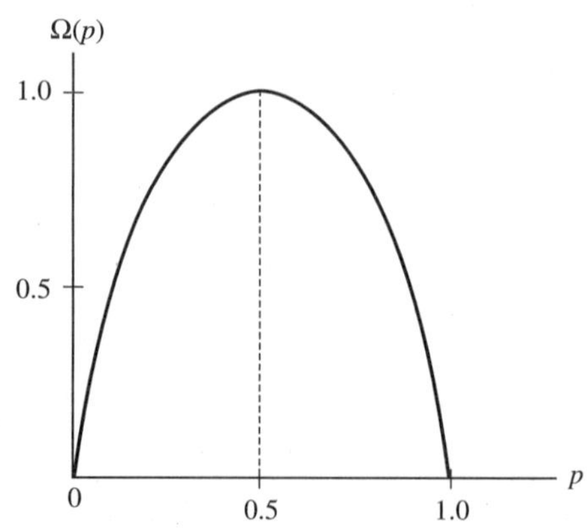

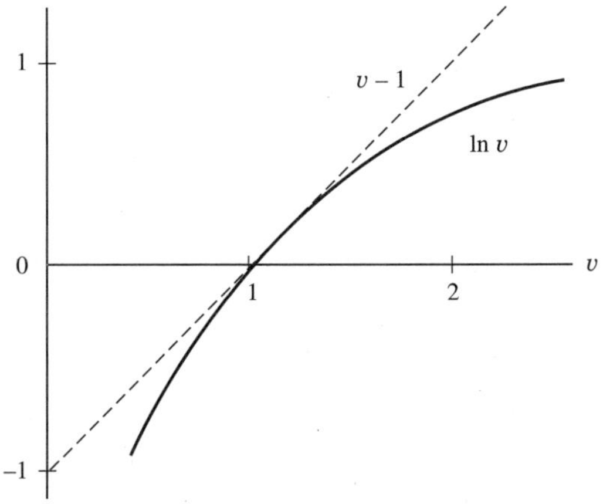

그림 16.1-2
$v - 1$과 $\ln(v)$의 그래프.

여기서 말굽 함수 $\Omega(p)$를 정의하였다. 그림 16.1-1의 $\Omega(p)$ 그래프는 $p = 1 - p = 1/2$에 중심을 둔 다소 넓은 최대값 $H(X) = \log_2 2 = 1$ 비트/심볼을 보여준다. 그리고 $H(X)$는 그 후 $p \to 1$ 또는 $1 - p \to 1$에 따라 단조롭게 감소하여 0이 된다.

임의의 M에 대하여 식 (8)에서의 하한 값을 증명하는 것은 $v \to 0$에서 $v \log_2 (1/v) \to 0$인 것만 알면, 쉽게 된다. 상한 값 $H(X) \le \log_2 M$의 증명은 몇 개의 단계가 필요하며 다음과 같다.

첫째, 또 다른 확률의 집합 $Q_1, Q_2, \ldots, Q_M$을 도입하고 식 (6)의 $\log_2 (1/P_i)$를 $\log_2 (Q_i/P_i)$로 대체한다. 밑수가 2인 로그로부터 자연 로그로의 변환은 다음과 같이 되며

$$\sum_i P_i \log_2 \frac{Q_i}{P_i} = \frac{1}{\ln 2} \sum_i P_i \ln \frac{Q_i}{P_i}$$

여기서 모든 합은 $i = 1$에서부터 M까지 이다. 둘째, 그림 16.1-2에 보인 것처럼, $v = 1$일 때만 등식이 이루어지는, 부등식 $\ln v \le v - 1$을 이용한다. 따라서, $v = P_i/Q_i$라 하고 식 (5)를 이용하면 다음과 같이 된다.

$$\sum_i P_i \ln \frac{Q_i}{P_i} \le \sum_i P_i\left(\frac{Q_i}{P_i} - 1\right) = \left(\sum_i Q_i\right) - 1$$

셋째, 다음 조건을 적용하면

$$\sum_{i=1}^{M} Q_i = 1 \tag{10a}$$

다음과 같이 된다.

$$\sum_{i=1}^{M} P_i \log_2 \frac{Q_i}{P_i} \le 1 - 1 = 0 \tag{10b}$$

마지막으로, $Q_i = 1/M$을 취하면 다음과 같이 되는데

표 16.1-1 예제 16.1-1에 대한 심볼 확률과 정보량.

x_i	P_i	I_i
A	1/2	1
B	1/4	2
C	1/8	3
D	1/8	3

$$\sum_i P_i \log_2 \frac{1}{P_i M} = \sum_i P_i \log_2 \frac{1}{P_i} - \sum_i P_i \log_2 M = H(X) - \log_2 M \le 0$$

여기서 식 (8)로부터 $H(X) \le \log_2 M$이다. 등호는 모든 i에 대해 $P_i = 1/M$이고 따라서 $\upsilon = Q_i/P_i = 1/MP_i = 1$인 가능성이 균등한 경우에만 성립한다.

예제 16.1-1

신호원 엔트로피와 신호율

어떤 신호원이 표 16.1-1에 나열된 심볼 확률과 정보량을 가지는 $M = 4$개의 알파벳으로부터 심볼들을 $r = 2000$ 심볼/초의 속도로 선택하여 보낸다. 식 (6)에서 신호원 엔트로피는 다음과 같이 되고

$$H(X) = \tfrac{1}{2} \times 1 + \tfrac{1}{4} \times 2 + \tfrac{1}{8} \times 3 + \tfrac{1}{8} \times 3 = 1.75 \text{ bits/symbol}$$

이것은 최대값 $\log_2 M = 2$ 보다 약간 작은 값을 가진다. 정보율은 다음과 같이 되고

$$R = 2000 \times 1.75 = 3500 \text{ bits/sec}$$

적절한 부호화를 사용하면 이 신호원 정보를 이진 신호율 $r_b \ge 3500$ 비니트/초로 전송할 수 있게 된다.

응용문제 16.1-1

어떤 신호원이 $P_1 = p$ 그리고 $P_2 = P_3$의 확률로 $M = 3$개의 심볼들을 가지고 있다고 하자. $H(X) = \Omega(p) + 1 - p$임을 보이시오. 그리고 $H(X)|_{max}$를 구하고 이때의 p의 값을 구하시오.

이산 무기억 채널을 위한 부호화

어떤 이산 무기억 신호원이 M개의 가능성이 균등한 심볼들을 만들어 내는 경우, 즉 $R = r \log_2 M$일 때, 모든 심볼들은 동일한 양의 정보를 전달하고, 효율적인 전송은 신호 전송율이 심볼율 r과 동일한 M-진 신호의 형태를 가질 때 이루어진다. 하지만 심볼들이 다른 확률을 가져서, $R = rH(X) < r \log_2 M$일 때, 효율적인 전송을 위해서는 심볼당 정보량이 다양한 점이 고려되는 부호화 과정이 필요하게 된다. 여기서, 이진 부호기의 신호원 부호

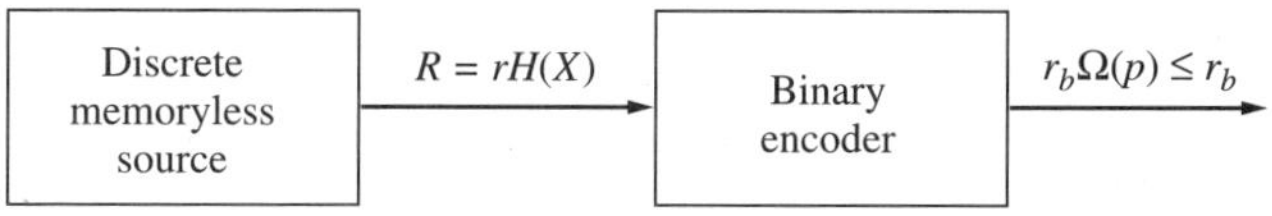

그림 16.1-3
신호원 부호화.

화를 살펴보고자 한다. 비이진 부호화 경우에 대한 결과를 구하려면 로그의 밑만을 바꾸면 된다.

그림 16.1-3의 이진 부호기는 들어오는 신호원 심볼들을 고정 속도 r_b의 이진수들로 구성된 부호워드들로 바꾼다. 출력에서 보면, 부호기는 엔트로피가 $\Omega(p)$이고 정보율이 $r_b\Omega(p) \le r_b \log_2 2 = r_b$인 이진 신호원으로 보인다. 부호화는 분명히 정보를 추가적으로 만들어내지도 않을 뿐만 아니라, 정보를 훼손하지도 않고, 또 부호는 유일하게 **판독**(uniquely decipherable)될 수 있어야 한다. 따라서, 부호기의 입력과 출력 정보율을 같게 놓으면, $R = rH(X) = r_b\Omega(p) \le r_b$ 또는 $r_b/r \ge H(X)$로 결론 내릴 수 있다.

$\bar{N} = r_b/r$는 **평균 부호 길이**(average code length)라 불리는 중요한 변수이다. 물리적으로, $\bar{N}$은 신호원 심볼 당 이진수들의 평균에 해당한다. 수학적으로, 통계적 평균은 다음과 같이 되며

$$\bar{N} = \sum_{i=1}^{M} P_i N_i \tag{11}$$

여기서 N_i는 i번째 심볼에 해당하는 부호워드의 길이를 나타낸다.

Shannon의 **신호원 부호화 정리**(source coding theorem)는 $\bar{N}$의 최소값이 다음과 같은 범위로 제한된다고 하고

$$H(X) \le \bar{N} < H(X) + \epsilon \tag{12}$$

여기서 ϵ은 양의 값이다. ϵ의 값은 이론상 임의의 작은 값이 될 수 있으며 최적 신호원 부호화의 경우는 $\bar{N} = H(X)$의 하한 값을 갖는다. 실제적으로는, 만약 부호가 상당히 좋은 효율을 가지는 경우 우리는 종종 $\bar{N} > H(X)$이 되는 준최적 부호화를 하게 된다. 비율 $R/r_b = H(X)/\bar{N} \le 1$은 준최적 부호들의 효율에 대한 기준이 된다.

신호원 부호화 정리는 정보가 훼손되지 않는다는 것을 확인하기 위하여 유일하게 판독되는 부호를 가정한다. 이 요구조건은 N에 대해 추가적이지만 간접적인 제한조건을 부여한다. 특히, 유일하게 판독되는 이진 부호에 대한 필요 충분 조건으로서, 부호워드 길이 N_i는 다음 식을 만족해야 하고

$$K = \sum_{i=1}^{M} 2^{-N_i} \le 1 \tag{13}$$

이를 **Kraft 부등식**(Kraft inequality)이라 한다. 가장 간단한 부호화 과정은, 모든 부호워드의 길이가 $N_i = \bar{N}$로 동일한, 구속장 부호를 생성한다. 이 경우 식 (13)의 Kraft 부등식은 $K = M2^{-\bar{N}} \le 1$이 되고, 따라서 판독 가능성을 위해서는 $\bar{N} \ge \log_2 M$이 요구되고 결과적으로 효율은 $H(X)/\bar{N} \le H(X)/\log_2 M$이 된다. $H(X) < \log_2 M$일 때, 보다 높은 효율을 위해

표 16.1-2 신호원 부호들의 예.

x_i	P_i		Code I	Code II	Code III	Code IV
A	1/2		00	0	0	0
B	1/4		01	1	01	10
C	1/8		10	10	011	110
D	1/8		11	11	0111	111
		$\overline{N}$	2.0	1.25	1.875	1.75
		K	1.0	1.5	0.9375	1.0

서는 평균 부호 길이 $\overline{N}$을 줄일 수 있는 **가변-길이 부호화**가 필요하다. 이러한 개념을 분명히 하는 데 다음의 예제가 도움이 될 것이다.

예제 16.1–2

신호원 부호화와 효율

표 16.1-2에는 예제 16.1-1의 신호원에 대하여 사용 가능성이 있는 부호들이 몇 개 나열되어 있다. 부호 I은 $H(X) = 1.75$ 비트/심볼과 비교하여 $\overline{N} = \log_2 M = 2$ 비니트/심볼의 구속장 부호이다. 효율은 $H(X)/\overline{N} = 1.75/2 \approx 88\%$로서 과히 나쁘지 않지만, 가변-길이 부호를 사용하면 더 좋은 효율을 얻을 수 있다.

식 (11)과 (13)을 부호 II에 적용하면 다음과 같다.

$$\overline{N} = \tfrac{1}{2} \times 1 + \tfrac{1}{4} \times 1 + \tfrac{1}{8} \times 2 + \tfrac{1}{8} \times 2 = 1.25 < H(X)$$

$$K = 2^{-1} + 2^{-1} + 2^{-2} + 2^{-2} = 1.5 > 1$$

$K > 1$이고, 이것은 이 부호가 유일하게 판독되지 않는다는 것을 말해주기 때문에, 결과 $\overline{N} < H(X)$는 의미가 없다. 예를 들면, 부호 수열 10011은 BAABB 또는 CABB 또는 CAD 등으로 복호될 수 있다. 따라서 부호 II는 결과적으로 신호원 정보를 훼손하고 따라서 사용될 수 없다.

쉼표 부호(comma code)로 알려진 부호 III은 $K < 1$인 값을 가지며, 각 워드의 시작을 이진수 0으로 시작하기 때문에 판독 가능성을 보장한다. 그러나, 추가된 쉼표 숫자들은 결과적으로 $\overline{N} = 1.875 > H(X)$이 되게 한다.

부호 IV는 어떤 부호워드도 다른 부호워드의 접두신호로 나타나지 않는 특성을 가진 **나무형 부호**(tree code)이다. 따라서, 예를 들면, 부호 110010111는 모호하지 않게 메시지 CABD를 나타내는 것을 확인할 수 있다. 이 부호는 $K = 1$일 뿐만 아니라 $\overline{N} = 1.75 = H(X)$이 되기 때문에 이 신호원에 대하여 최적 부호이다.

최적 부호화를 예를 들어 설명하였고, 이제 신호원 부호화 정리의 일반적 증명으로 넘어간다. 이를 위하여 식 (10b)로 시작하여, 식 (13)에서와 같은 K의 $Q_i = 2^{-N_i}/K$를 취하면, 식 (10a)를 만족시킨다. 그렇게 하면 다음 식과 같이 되고

$$\sum_i P_i \log_2 \frac{Q_i}{P_i} = \sum_i P_i\left(\log_2 \frac{1}{P_i} - N_i - \log_2 K\right) = H(X) - \overline{N} - \log_2 K \leq 0$$

또는, $\log_2 K \leq 0$이므로, 다음 식과 같이 된다.

$$\overline{N} \geq H(X)$$

이것은 식 (12)의 하한 값을 형성한다. 등호는 $K = 1$이고 $P_i = Q_i$일 때 성립된다. 그러므로 $\overline{N} = H(X)$이 되는 최적 신호원 부호화는 $K = 1$과 다음 형태의 심볼 확률이 요구된다.

$$P_i = 2^{-N_i} \qquad i = 1, 2, \ldots, M \tag{14}$$

따라서 $N_i = -\log_2 P_i = I_i$이다.

최적 부호는 또한 이진 엔트로피가 $\Omega(p) = 1$로 최대가 되기 위해 동일한 가능성으로 1과 0이 만들어져야 한다. 표 16.1-2의 부호 IV는 이러한 최적 특성들을 잘 나타낸 예이다.

그렇더라도, 모든 신호원이 식 (14)를 따를 것으로 기대할 수 없고, 그리고 당연히 우리는 정보 신호원의 통계치를 제어할 수 없다. 그렇기는 하나, 식 (14)는 실질적인 신호원 부호화에 대해 중요한 의미를 함축하고 있다. 즉:

> 높은 확률로 발생하는 심볼들에는 낮은 확률로 발생하는 심볼들보다 더 짧은 부호워드를 할당해야 한다.

Shannon보다 훨씬 이전에, Samuel Morse는 이 상식적인 원칙을 영어 글자를 위한 전보 부호에 적용하였다(첨언하면, Morse는 인쇄소의 활자들의 수를 세는 방법으로 글자의 확률을 추정하였다). 우리는 이 원칙을 신호원 부호화 정리의 상한 값을 정하는데 사용할 것이다.

i번째 부호워드의 길이를 $I_i \leq N_i < I_i + 1$ 또는 다음과 같은 범위 안에 있는 정수 N_i라 하자.

$$\log_2 \frac{1}{P_i} \leq N_i < \log_2 \frac{1}{P_i} + 1 \tag{15}$$

당신은 이 관계가 Kraft 부등식을 만족한다는 것을 쉽게 확인할 수 있을 것이다. 식 (15)에 P_i를 곱하고 i에 대하여 더하면 다음 식이 만들어진다.

$$H(X) \leq \overline{N} < H(X) + 1 \tag{16}$$

따라서, 식 (15)에 따라 만들어진 부호는 만약 $H(X) \gg 1$이거나 모든 i에 대해 $N_i \approx \log_2 (1/P_i)$이면 비교적 효율적으로 된다. 만약 어떤 조건도 만족하지 않는다면, **확장부호**(extension coding)라 불리는 과정을 사용하여야 한다.

확장부호를 위해서는, n개의 연속적인 신호원 심볼들을 그룹 지어 블록으로 만들고 부호기는 각 심볼보다는 블록 단위로 작동한다. 각 블록이 n개의 통계적으로 독립적인 심볼들로 구성되기 때문에, 블록 엔트로피는 $nH(X)$이다. 따라서, 식 (15)의 부호화 법칙을 수정하여 확장부호에 적용하면, 식 (16)은 $nH(X) \le n\bar{N} < nH(X) + 1$이 되고, 여기서 $n\bar{N}$는 블록당 이진수의 평균 갯수가 된다. n으로 나누면 다음 식이 되고, 이것이 최종결과이다.

$$H(X) \le \bar{N} < H(X) + \frac{1}{n} \tag{17}$$

식 (17)은 신호원 부호화 정리에서 $\epsilon = 1/n$인 경우이다. 이는 또한 신호원의 통계적 특성에 관계없이 $n \to \infty$일 때 $\bar{N} \to H(X)$임을 보여준다. 그러므로 n차 확장 부호가 최적의 신호원 부호화에 아주 가까워짐을 증명한 것이다. 우리가 아직 다루지 않은 것은 실제 부호를 만드는 기법이다. 효율적이고 실제적인 신호원 부호화를 위한 체계적인 알고리즘들은 여러 교재에 소개되어 있다. 다음의 예제는 하나의 기법을 보여준다.

예제 16.1-3

Shannon-Fano 부호화

Shannon-Fano 부호화는 심볼 확률들이 감소할수록 워드의 길이가 증가하는, 그러나 식 (15)를 정확히 따를 필요는 없는, 효율적인 부호를 만들어낸다. 이 알고리즘은 유일하게 판독될 수 있도록 하기 위해 트리-부호 구조를 제공한다. 이 알고리즘은 $M = 8$이고 $H(X) = 2.15$인 통계 자료가 표 16.1-3에 나열되어 있는 신호원에 적용할 것이다.

Shannon-Fano 알고리즘에서는 나누고—할당하는 단계들이 차례로 적용된다. 첫 단계에서, 그룹확률들이 가능한 한 비슷하게 되도록 심볼들을 두 개의 그룹들로 나누는 선을 긋는다; 그리고 이진수 0을 선 위 그룹의 각 심볼에 할당하고 이진수 1을 선 아래 그룹의 각 심볼에 할당한다. 이후 계속되는 모든 단계마다, 각 그룹을 다시 그 다음 그룹들로 나누고 앞에 적용된 규칙에 따라 이진수들을 할당한다. 표의 첫째와 셋째 단계들에서 일어나는 것처럼, 어떤 그룹에 한 심볼만 포함되는 경우에는, 그룹을 더 나누는 것이 불가능해

표 16.1-3 Shannon-Fano 부호화.

		Coding steps						
x_i	P_i	1	2	3	4	5	6	Codeword
A	0.50	0						0
B	0.15	1	0	0				100
C	0.15	1	0	1				101
D	0.08	1	1	0				110
E	0.08	1	1	1	0			1110
F	0.02	1	1	1	1	0		11110
G	0.01	1	1	1	1	1	0	111110
H	0.01	1	1	1	1	1	1	111111

지고 여기서 그 심볼에 대한 부호워드는 완성된다. 모든 그룹들이 한 심볼로 줄어들면 각 심볼에 할당된 이진수들을 왼쪽에서 오른쪽으로 읽음으로써 부호워드들이 정해진다. 표 16.1-3을 자세히 검토하면 이 알고리즘이 분명해질 것이다.

이 경우에 만들어진 Shannon-Fano 부호에서는 $\bar{N} = 2.18$이 되고 효율은 $2.15/2.18 \approx 99\%$이다. 따라서, 만약 심볼율이 $r = 1000$이면, $r_b = \bar{N}r = 2180$ 비니트/초로 $R = rH(X) = 2150$ 비트/초보다 약간 크다. 반면에, 구속장 부호에서는 $\bar{N} = \log_2 8 = 3$과 $r_b = 3000$ 비니트/초가 요구된다.

응용문제 16.1-2

Shannon-Fano 알고리즘을 표 16.1-2의 신호원에 적용하시오. 결과는 부호 IV와 동일해야 한다. 그리고 이 부호가 $N_i = I_i$이고 0과 1의 가능성이 동일하다는 최적의 특성들을 가지는 것을 확인하시오.

기억있는 신호원을 위한 예측 부호화

지금까지 우리는 연속하여 발생하는 심볼들에 대하여 통계적으로 독립적인 무기억 신호원들을 가정하였다. 하지만 많은 정보 신호원들은 기억을 가지며, 이것은 심볼 확률들이 하나 또는 그 이상의 이전 심볼들의 영향을 받는다는 의미이다. 철자와 문법의 규칙을 따라 쓰여진 언어는 기억 있는 신호원의 좋은 예이다. 예를 들면, 영어에서 철자 U(대문자이거나 아니거나)는 상대적 발생 빈도가 확률 $P(U) = 0.02$로 나타난다; 하지만 만약 이전 철자가 Q이면 조건확률은 $P(U \mid Q) \approx 1$이 된다. 확실히, 기억 효과는 불확실성을 줄이고 따라서 신호원 통계를 조건확률을 사용함으로써 절대 확률로 계산하는 것보다 엔트로피를 적게 줄여준다.

신호원이 **일차메모리**(first-order memory)을 갖는다고, 즉 바로 이전 심볼 하나만을 “기억한다”고 가정하자. 엔트로피를 나타내기 위해서, P_{ij}를 심볼 x_j 후에 심볼 x_i가 나올 조건확률이라고 하자. 식 (6)의 P_i 대신 P_{ij}를 대입하면, **조건 엔트로피**(conditional entropy)는 다음과 같이 되며

$$H(X|x_j) \triangleq \sum_i P_{ij} \log_2 \frac{1}{P_{ij}} \tag{18a}$$

이것은 이전 심볼이 x_j인 경우 심볼당 평균 정보를 나타낸다. 가능한 모든 이전 심볼들에 대해 평균을 내면 다음 식과 같이 된다.

$$H(X) = \sum_j P_j H(X \mid x_j) \tag{18b}$$

동일한 표현이 q차 기억의 일반적인 경우에도 적용된다. 그러나, x_j를 이전의 q개의 심볼에 의하여 정의되는 신호원의 상태로 바꾸어야 하고 여기에는 M^q개의 가능한 상태들을 고려해야 하기 때문에, 표기가 매우 복잡해질 것이다.

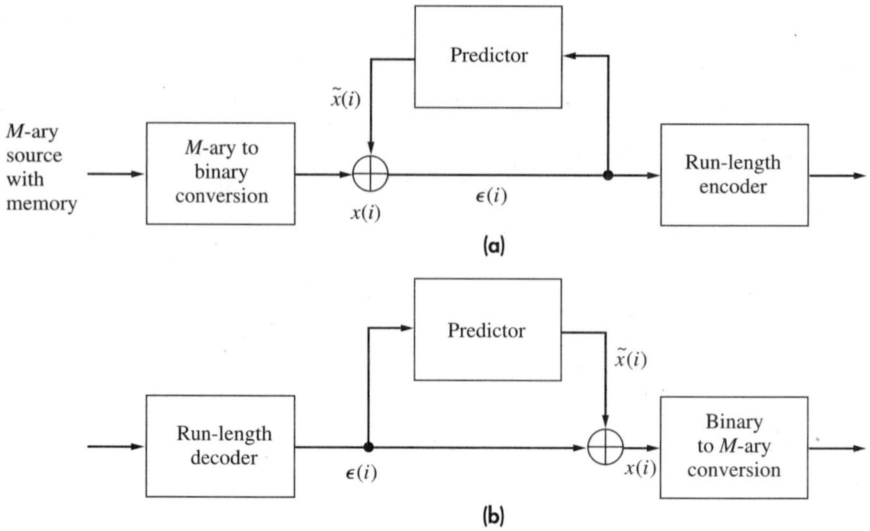

그림 16.1-4
기억 있는 신호원을 위한 예측 부호화 시스템. (a) 부호기; (b) 복호기.

조건확률에 의하여 $H(X)$가 상한 값 $\log_2 M$에 비해 상당히 줄어들 때, 기억 있는 신호원은 **잉여적**(redundant)이라고 불린다. 영어 문장의 잉여도는 대략 50%로 추정되며, 이는 긴 문단의 심볼들의 대략 절반 정도는 정보를 전달하는 데 필수적이지 않다는 것을 의미한다. 예를 들어 보면, 당ㅣ으 여ㄱ에 비ㄹㄱ 몇 그자ㅏ 엇어ㅗ 읽■ㅡㄹ 수 있다. 마찬가지로, 만약 불확실성이 기억 효과에 의해 줄어든다면, 예측 가능성이 증가한다고 할 수 있다. 그러면 효율적인 전송을 위한 부호화는 어떤 예측 방법에 바탕을 둘 수도 있다. 여기서 우리는 기억 있는 이산 신호원에 대해서 **예측 런 부호화**(predictive run encoding)로 알려진 방법을 분석할 것이다.

신호원 심볼들이 우선 이진수율 r의 이진 수열로 바뀌는 그림 16.1-4a의 부호화 시스템을 고려하자. $x(i)$는 이진 수열의 i번째 이진수를 나타내고, $\tilde{x}(i)$는 예측기에 의해 생성된 상응하는 이진수라고 하자. $x(i)$와 $\tilde{x}(i)$의 이진 덧셈은 $x(i) = \tilde{x}(i)$일 때 $\epsilon(i) = 0$이고 $x(i) \neq \tilde{x}(i)$일 때 $\epsilon(i) = 1$이 되는 이진 **오류 수열**(error sequence) $\epsilon(i)$를 만들어 낸다. 오류 수열은 예측 과정을 갱신하기 위해서 예측기로 보내진다. 그림 16.1-4b의 복호 시스템은 이진합 $x(i) = \tilde{x}(i) \oplus \epsilon(i)$의 방법으로 신호원 심볼들을 복원하기 위해 부호기에서 사용한 것과 동일한 예측기를 사용한다. 우리는 신호원이 충분히 예측가능해서 예측이 정확할 확률이 다음과 같이 되도록 예측기를 만들 수 있다고 가정한다.

$$p = P[\epsilon(i) = 0] > 1/2$$

또한 예측 오류들이 통계적으로 독립적이라고 가정한다. 그러면 오류 수열 엔트로피는 $\Omega(p) < 1$이고 부호화를 적절히 잘 하면 $r_b < r$의 전송율로 정보를 전송할 수 있다.

예측 런 부호화는 오류 수열이 1들보다 더 많은 0들로 구성된다는 사실을 활용하며, 예측을 더 잘 할수록 0들의 백분율은 더 커진다. ***n*의 런**(run of n)은 연속적인 n개의 0 다음에 1이 따라오는 문자열로 정의한다. 이러한 $n + 1$개의 이진수 문자열들을 전송하는

표 16.1-4 런 부호화 알고리즘.

n	Encoder Output (k digits/codeword)	Decoder Output ($\leq m$ digits/word)
0	00…000	1
1	00…001	01
2	00…010	001
⋮	⋮	⋮
$m-1$	11…110	000…01
$\geq m$	11…111	000…00

대신에, 부호기는 k-이진수 부호워드로 n개의 연속적인 값들을 나타낸다. 하나의 부호워드는 범위 $0 \leq n \leq m-1$ 내에서 n의 어떠한 값도 나타낼 수 있다. 여기서 m은 아래와 같다.

$$m = 2^k - 1$$

런의 길이가 $n \geq m$일 때, 부호기는 복호기에게 n을 결정하기 위해 다음 부호워드를 기다리라고 알리는 모두 1들로 구성된 k-이진수 부호워드를 보낸다. 표 16.1-4에 부호화 및 복호화 알고리즘을 요약하였다.

만약, 평균적으로 부호워드들이 그것이 나타내는 런의 길이 보다 적은 이진수를 가지면, 전송이 효율적으로 이루어진다. 특히, $\overline{E}$를 런 당 평균 오류 이진수의 수라 하고 $\overline{N}$을 런 당 부호워드 이진수의 평균 수라 하면 부호화된 이진수 비율은 $r_b = (\overline{N}/\overline{E})r$이 된다. 만약 $\overline{N}/\overline{E} < 1$이면 $r_b < r$이고 이 경우 예측 런 부호화에 의해 **데이터 압축**(data compression) 또는 **전송율 감소**(rate reduction)가 되었다고 할 수 있다. 압축 비율 $\overline{N}/\overline{E}$은 다음 계산을 통해서 알 수 있다.

첫째, 어떤 런이 마지막에 1을 포함 총 $E = n + 1$의 오류 이진수들로 구성되어 있다면, n의 런 확률은 다음과 같다.

$$P(n) = p^n(1-p)$$

따라서,

$$\overline{E} = \sum_{n=0}^{\infty}(n+1)P(n) = (1-p)\sum_{n=0}^{\infty}(n+1)p^n = \frac{1}{1-p} \tag{19}$$

여기서 합의 값을 계산하기 위하여 다음의 급수 전개를 사용하였고

$$(1-v)^{-2} = 1 + 2v + 3v^2 + \cdots = \sum_{n=0}^{\infty}(n+1)v^n \tag{20}$$

이것은 $v^2 < 1$일 때 유효하다.

다음으로, 긴 런들은 한 개 이상의 k-이진수 부호워드로 나타내어지므로, 다음과 같다.

표 16.1-5 예측 런 부호화의 성능.

p	k_{opt}	$\bar{N}$	$\bar{E}$	$\bar{N}/\bar{E}$
0.6	1	2.50	2.5	1.00
0.8	3	3.80	5.0	0.76
0.9	4	5.04	10.0	0.50
0.95	6	6.25	20.0	0.31

$$N = Lk \qquad L = 1, 2, 3, \ldots$$

여기서 L은 $(L-1)m \le n \le Lm - 1$을 통해 n과 관계된다. 런 당 부호 이진수의 평균수는 다음과 같이 주어진다.

$$\bar{N} = k\sum_{n=0}^{m-1} P(n) + 2k\sum_{n=m}^{2m-1} P(n) + \cdots = k(1-p)\left(\sum_{n=0}^{m-1} p^n\right)\sum_{i=0}^{\infty}(i+1)(p^m)^i$$

첫 번째 합은 표준 형태이고 두 번째는 식 (20)을 사용해서 위와 같이 계산되며, 마지막 결과는 다음과 같다.

$$\bar{N} = k(1-p)\frac{p^m - 1}{p-1}(1-p^m)^{-2} = \frac{k}{1-p^m} = \frac{k}{1-p^{2k-1}} \tag{21}$$

$\bar{N}$이 k와 p에 따라 결정되므로, 어떤 예측기에 대해서는 $\bar{N}$을 최소화하는 최적 값 k가 존재한다.

표 16.1-5에 몇몇 p와 그에 상응하는 k의 최적 값을 나열하였다. 또 결과 값들 $\bar{N}$, $\bar{E}$와 압축비율 $\bar{N}/\bar{E} = r_b/r$도 나열하였다. 이 표는 우리가 $p > 0.8$인 예측기를 만들 수 있을 정도로 신호원에 관해서 충분히 잘 알고 있을 때 예측 런 부호화를 이용하면 상당한 정도로 압축할 수 있음을 보인다.

응용문제 16.1-3

팩스 전송에서는 문서를 스캔하고 표본 값을 흑백에 따라 각각 1과 0으로 변환한다. 보통 1보다 0이 더 많이 나오기 때문에, 이 신호원은 메모리를 가진다. $p = 0.9$인 예측기를 만들 수 있다고 가정하고, $\log_2 2 = 1$ 비트/샘플보다 작은 신호원 엔트로피의 상한값을 추정하시오.

16.2 이산채널의 정보전송

이번 절에서는 정보이론을 정보전송 연구에 적용한다. 신호원과 전송 채널 모두 이산적인 것으로 가정하면, 전송되는 정보의 양을 측정할 수 있고 **채널용량**을 정의할 수 있다. Shannon은 적절한 부호화를 사용하고 채널 용량을 초과하지 않는 전송율로 정보를 전송하면, 잡음채널에서도 거의 오류 없이 정보를 전송할 수 있다고 주장했다. 이 기본 정리를 디지털

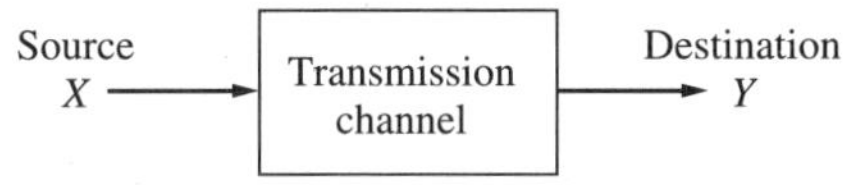

그림 16.2-1
이산 정보 전송 시스템.

통신시스템을 해석하는 데 중요한 채널 모델 중에 하나인 이진 대칭 채널에 적용해서 검토할 것이다.

상호 정보

그림 16.2-1에 나타낸 정보 전송 시스템을 고려하자. 이산 신호원은 알파벳 X로부터 채널을 통해 전송할 심볼들을 선택한다. 이상적으로 전송 채널은 신호원에 의해서 발생된 심볼들을 목적지에서 다시 만들어내야 한다. 하지만 잡음과 전송 상의 왜곡들은 신호원 심볼들을 변형시키고, 결국 목적지에서 다른 심볼 알파벳 Y를 만들어낼 수 있다. 우리는 이 경우에 전송된 정보의 양을 측정하길 원한다.

여기에서 두 개의 알파벳을 다루기 위해서는 여러 형태의 심볼 확률들이 필요하게 되고, 다음과 같이 정의된 기호를 사용할 것이다:

- $P(x_i)$는 전송을 위해 신호원이 심볼 x_i를 선택할 확률.
- $P(y_j)$는 목적지에서 y_j가 수신될 확률.
- $P(x_i\, y_j)$는 x_i가 전송되고 y_j가 수신될 결합확률.
- $P(x_i \mid y_j)$는 y_j가 수신되었을 때 x_i가 전송되었을 조건확률.
- $P(y_j \mid x_i)$는 x_i가 전송되었을 때 y_j가 수신될 조건확률.

간단한 해석을 위하여, 채널은 시불변이고 무기억이라고 가정한다. 그러면 조건확률들은 시간에 따라 변하지 않고 이전에 전송한 심볼과 무관하게 된다. 이 경우 조건확률 $P(y_j \mid x_i)$는 채널의 **순방향 천이확률**(forward transition probability)이다.

예를 들어, 그림 16.2-2는 두 개의 신호원 심볼과 세 개의 목적지 심볼들을 가지는 잡음 채널의 순방향 천이를 도시한 것이다. 만약 이 시스템이 $x_i = x_1$일 때 $y_j = y_1$으로 되고 $x_i = x_2$일 때 $y_j = y_2$로 전송되도록 만들어 졌다면, 심볼 오류 확률은 $j \neq i$에 대한 $P(y_j \mid x_i)$로 주어진다.

이산 무기억 채널에서 정보전송의 정량적인 기술은 아래의 **상호 정보**(mutual information)

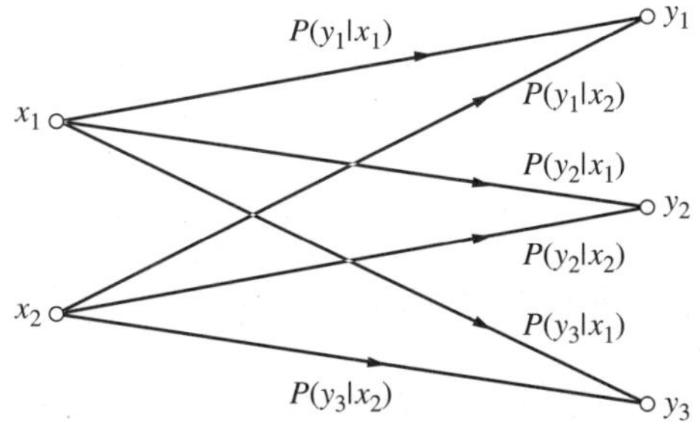

그림 16.2-2
잡음 있는 이산채널의 순방향 천이 확률.

로 시작한다.

$$I(x_i; y_j) \triangleq \log_2 \frac{P(x_i \mid y_j)}{P(x_i)} \quad \text{bits} \tag{1}$$

이것은 x_i가 전송되고 y_j가 수신된 경우 전송된 정보의 양이다. 이 정의에 도움을 주기 위해서, 두 가지의 극단적인 경우들을 살펴보자. 첫 번째 경우, 각 y_j가 유일하게 특정 x_i를 식별할 수 있는 이상적인 무잡음 채널이 있다고 가정해보자; 그러면 $P(x_i \mid y_j) = 1$이고 $I(x_i; y_j) = \log_2 [1/P(x_i)]$—즉, 전송된 정보의 양은 x_i의 자기정보량과 같게 된다. 반면, 채널 잡음이 너무 커서 y_j가 x_i와 완전히 무관하게 될 정도라고 가정해보자; 그러면 $P(x_i \mid y_j) = P(x_i)$이고 $I(x_i; y_j) = \log_2 1 = 0$—즉, 정보는 하나도 전송되지 않는다. 이러한 극단적인 경우들은 직관적으로 이해할 수 있다.

대부분의 전송 채널들은 완전히 전송되는 것과 하나도 정보가 전송되지 않는 극단적인 경우들의 사이 어딘가에 있게 된다. 이런 일반적인 경우들을 분석하기 위해서 **평균 상호 정보**(average mutual information)를 정의하면 다음과 같다.

$$I(X; Y) \triangleq \sum_{x,y} P(x_i y_j) I(x_i; y_j) = \sum_{x,y} P(x_i y_j) \log_2 \frac{P(x_i \mid y_j)}{P(x_i)} \text{ bits/symbol} \tag{2}$$

여기서 합산은 두 변수 모두에 대해 통계적 평균을 취한 것을 나타낸다. $I(X; Y)$는 수신된 심볼 당 신호원 정보의 평균 양을 나타내며, 신호원 엔트로피 $H(X)$로 표현되는 신호원 심볼 당 평균정보량과는 구별된다.

확률의 관계들을 이용하면 상호 정보에 대한 여러 가지 다른 형태의 그러나 등가의 표현들이 아래와 같이 유도된다.

$$P(x_i y_j) = P(x_i \mid y_j) P(y_j) = P(y_j \mid x_i) P(x_i) \tag{3a}$$

$$P(x_i) = \sum_{y} P(x_i y_j) \qquad P(y_j) = \sum_{x} P(x_i y_j) \tag{3b}$$

특히, 식 (2)를 풀어 쓰면 다음과 같이 되고

$$I(X; Y) = \sum_{x,y} P(x_i y_j) \log_2 \frac{1}{P(x_i)} - \sum_{x,y} P(x_i y_j) \log_2 \frac{1}{P(x_i \mid y_j)}$$

여기서 첫째 항은 다음과 같이 간단해진다.

$$\sum_{x} \left[\sum_{y} P(x_i y_j) \right] \log_2 \frac{1}{P(x_i)} = \sum_{x} P(x_i) \log_2 \frac{1}{P(x_i)} = H(X)$$

따라서

$$I(X; Y) = H(X) - H(X \mid Y) \tag{4}$$

여기서 $H(X \mid Y)$는 식 (5)로 정의된 **모호정도**(equivocation)을 도입해 설명된다.

$$H(X|Y) \triangleq \sum_{x,y} P(x_i y_j) \log_2 \frac{1}{P(x_i|y_j)} \tag{5}$$

식 (4)는 심볼 당 평균 정보전송량은 신호원 엔트로피에서 모호정도를 뺀 것을 나타낸다. 즉, 모호정도는 잡음 채널에서 잃어버리는 정보의 양을 나타낸다.

정보전송을 다른 관점에서 살펴보면, 식 (2)로 돌아가 식 (3a)에서 $P(x_i | y_j)/P(x_i) = P(y_j | x_i)/P(y_j)$이므로 $I(X; Y) = I(Y; X)$가 된다. 그러므로 식 (4)에서 X와 Y의 자리를 서로 바꾸면 다음 식들을 얻는다.

$$I(X; Y) = H(Y) - H(Y|X) \tag{6}$$

여기서

$$H(Y) = \sum_{y} P(y_j) \log_2 \frac{1}{P(y_j)} \qquad H(Y|X) = \sum_{x,y} P(x_i y_j) \log_2 \frac{1}{P(y_j|x_i)} \tag{7}$$

식 (6)은 전송된 정보량은 **목적지 엔트로피** $H(Y)$에서 채널에 의해서 더해진 **잡음 엔트로피** $H(Y|X)$를 뺀 것과 같다는 것을 의미한다. 순방향 천이 확률 $P(y_j | x_i)$의 집합에 심볼 오류 확률이 포함된다는 이전의 관찰에 따라 $H(Y|X)$를 잡음 엔트로피(noise entropy)로 해석할 수 있다.

이진대칭채널

예제 16.2-1

그림 16.2-3은 **이진대칭채널**(binary symmetric channel, BSC) 모델을 도시한 것이다. 다음과 같은 확률의 두 개의 신호원 심볼들이 있고

$$P(x_1) = p \qquad P(x_2) = 1 - p$$

다음과 같은 순방향 천이 확률을 가지는 두 개의 목적지 심볼들이 있다.

$$P(y_1|x_2) = P(y_2|x_1) = \alpha \qquad P(y_1|x_1) = P(y_2|x_2) = 1 - \alpha$$

이 모델은 오류들이 통계적으로 독립적으로 발생하고 두 심볼의 오류 확률이 동일한 임의의 이진 전송 시스템을 나타낼 수 있다. 평균 오류 확률은 다음과 같다.

$$P_e = P(x_1)P(y_2|x_1) + P(x_2)P(y_1|x_2) = p\alpha + (1-p)\alpha = \alpha$$

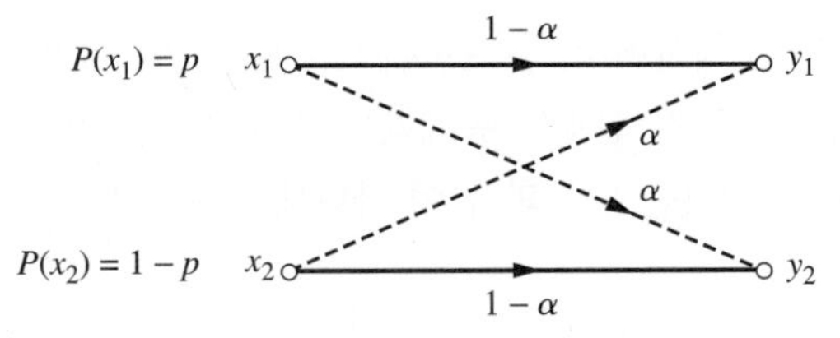

그림 16.2-3
이진대칭채널(BSC).

여기서 우리는 순방향 천이 확률들을 알고 있으므로, p와 α로 상호 정보를 계산하기 위해서 $I(X; Y) = H(Y) - H(Y|X)$를 사용할 것이다.

목적지 엔트로피 $H(Y)$는 채널의 출력을 심볼 확률이 $P(y_1)$과 $P(y_2) = 1 - P(y_1)$인 이진 신호원로 간주하면 쉽게 구할 수 있다. 그러므로 $H(Y) = \Omega[P(y_1)]$로 쓸 수 있고 여기서 $\Omega(\ )$는 16.1절의 식 (9)에서 정의된 이진 엔트로피 함수이다. 다음의 식은 식 (3a)와 식 (3b)을 이용하여 얻어진다.

$$P(y_1) = P(y_1|x_1)P(x_1) + P(y_1|x_2)P(x_2) = \alpha + p - 2\alpha p$$

잡음 엔트로피 $H(Y|X)$에 대해서는, 식 (7)에 $P(x_i\, y_j) = P(y_j|x_i)P(x_i)$을 대입하면 아래와 같이 되고

$$H(Y|X) = \sum_x P(x_i)\left[\sum_y P(y_j|\ x_i)\ \log_2 \frac{1}{P(y_j|\ x_i)}\right]$$

이것은 $H(Y|X) = \Omega(\alpha)$로 간단하게 된다. 채널의 대칭성은 이 결과가 p에 독립적이 되도록 한다.

앞의 식들을 종합하면, 마지막으로 다음의 식을 얻을 수 있다.

$$I(X; Y) = \Omega(\alpha + p - 2\alpha p) - \Omega(\alpha) \tag{8}$$

따라서 BSC를 통한 정보전송량은 오류 확률 α와 신호원 확률 p에 의해 결정된다. 만약 잡음이 작으면, $\alpha \ll 1$이고 $I(X; Y) \approx \Omega(p) = H(X)$가 되고; 만약 잡음이 매우 크게 되면, $\alpha = 1/2$이고 $I(X; Y) = 0$이 된다.

응용문제 16.2-1 BSC에서 $H(Y|X) = \Omega(\alpha)$임을 입증하시오.

응용문제 16.2-2 모든 i와 j에 대해서 x_i와 y_j가 통계적으로 독립적인 특성을 가지는 채널에 대하여 $H(X|Y) = H(X)$이고 $I(X; Y) = 0$임을 보이시오.

이산채널 용량

우리는 잡음이 있음에도 불구하고 이산 무기억 채널은 한정된 양의 정보 $I(X; Y)$를 전송함을 알았다. 채널들은 보통 신호원과 목적지 알파벳들이 정해져 있고 또 순방향 천이 확률들이 일정하므로 $I(X; Y)$의 계산에서 변수는 신호원 확률 $P(x_i)$뿐이다. 결론적으로, 전달되는 **정보량**이 최대가 되려면 특정 신호원 통계값이 필요한데—이것은 신호원 부호화에 의해 정해진다. $I(X; Y)$의 최대값을 다음과 같이 나타내도록 하자.

$$C_s \triangleq \max_{P(x_i)} I(X; Y) \qquad \text{bits/symbol} \tag{9}$$

이 양은 채널 심볼 당 전송되는 (평균) 정보량의 최대값을 나타내는 것으로 **채널용량**(channel capacity)으로 불린다. 또한 용량은 정보율로 측정되기도 한다. 만약 s가 채널에서 허용되는 최대 심볼율이면, 단위 시간당 용량은 다음과 같고

$$C = sC_s \qquad \text{bits/sec} \tag{10}$$

이것은 정보 전송율의 최대값을 나타낸다.

채널용량의 중요성은 Shannon의 **잡음있는 채널의 기본 정리**(fundamental theorem for a noisy channel)를 통해 명백해 졌고, 그 내용은 다음과 같다:

> 만약 어떤 채널의 용량이 C이고 어떤 신호원의 정보율이 $R < C$이면, 신호원의 출력을 오류율을 임의로 적게 하며 이 채널을 통해 전송될 수 있게 하는 부호화 시스템이 존재한다. 반대로, 만약 $R > C$이면, 오류 없이 정보를 전송하는 것은 불가능하다.

이 정리의 일반적인 증명은 이 교재의 범위를 벗어나지만, 두 개의 특별한 경우를 고려하여 이 정리가 믿을만한 주장임을 보이려고 한다.

첫 번째로, $\mu = 2^\nu$의 심볼들을 가지는 이상적인 무잡음 채널이 있다고 하자. 이때 $I(X; Y) = H(X)$이고, 이것은 모든 i에 대해서 $P(x_i) = 1/\mu$일 때 최대가 된다. 식으로 나타내면 다음과 같다.

$$C_s = \max_{P(x_i)} H(X) = \log_2 \mu = \nu \qquad C = s\nu \tag{11}$$

이 경우 채널이 무잡음이기 때문에 무오류 전송이 된다. 하지만, 신호원과 채널을 정합하기 위해서는 그림 16.2-4의 다이어그램과 같은 부호화 시스템이 여전히 필요하다. 이진 신호원 부호화기는 전송율 $s = r_b/\log_2 \mu = r_b/\nu$의 μ-진 채널 심볼들로 변환하기 위해서 전송율 $r_b > R$로 이진수를 생성한다. 그러면,

$$R \le r_b = s\nu = C \qquad \text{bits/sec}$$

이고 최적화된 신호원 부호화는 $R = r_b = C$로 정보 전송율을 최대로 만든다. $R > C$로 전송하려면 Kraft 부등식을 위반하는 부호화 시스템이 필요하고; 결론적으로, 채널이 무잡음인 경우에도 복호화 오류가 발생하게 된다.

채널 잡음이 포함된, 좀더 실제적인 경우에는 예제 16.2-1의 이진대칭채널이 있다. 우

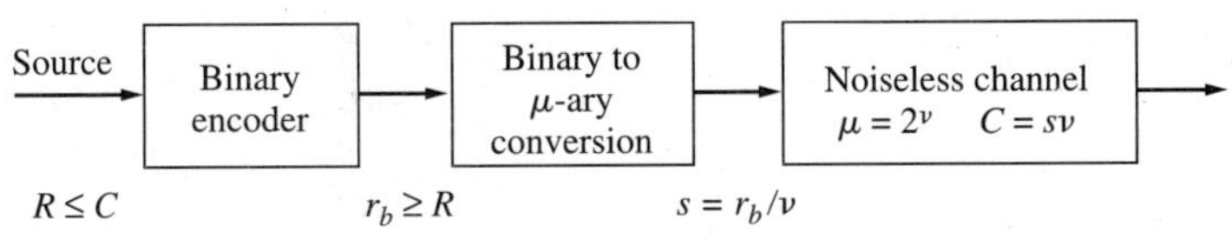

그림 16.2-4 무잡음 이산채널을 위한 부호화 시스템.

그림 16.2-5
BSC 용량.

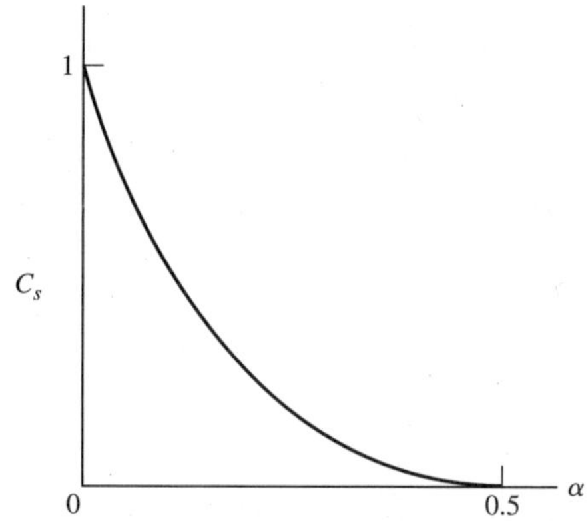

리는 앞에서 $I(X; Y) = \Omega(\alpha + p - 2\alpha p) - \Omega(\alpha)$임을 알았고, 여기서 $\Omega(\alpha)$는 특정 오류 확률 α에 따라 정해지는 상수이다. 하지만 $\Omega(\alpha + p - 2\alpha p)$는 신호원 확률 p에 따라서 변하고 $\alpha + p - 2\alpha p = 1/2$일 때 최대값 1이 된다. 이 조건은 $p = 1/2$이면, 즉, 이진 입력 심볼들이 동일한 확률을 갖는 경우 α에 관계없이 만족된다. 따라서, BSC 의 채널용량은 다음과 같다.

$$C_s = 1 - \Omega(\alpha) \tag{12}$$

그림 16.2-5에 보인 α에 대한 C_s의 그래프에서 $\alpha \ll 1$에 대해서 $C_s \approx 1$임을 볼 수 있고, $\alpha \rightarrow 0.5$로 되면서 용량이 영으로 급격히 떨어짐을 알 수 있다. 만약 α를 $1 - \alpha$로 바꾸면 $0.5 \leq \alpha \leq 1$의 구간에 대해서도 동일한 그림이 적용되고, 이것은 두 출력 심볼들이 바뀐 경우와 같다.

BSC에서 정보전송을 신뢰성있게 하기 위해서는 신호원 부호화에 더해서 **오류 제어**를 위한 채널 부호화가 요구된다. 13장에서 오류-제어 부호화가 이진 메시지 당 오류확률을, 실제로 전송 오류확률 α 보다도 매우 적게 만들 수 있음을 보였다. 예를 들어, (15, 11) Hamming 부호는 부호 전송율이 $R_c = 11/15$이고 메시지 당 $P_{be} \approx 14\alpha^2$의 출력 오류확률을 가진다; 만약 BSC가 $\alpha = 10^{-3}$와 심볼 전송율 s를 갖는다면, Hamming 부호화는 메시지 전송율 $r_b = R_c\,s \approx 0.73s$에서 $P_{be} \approx 10^{-5}$을 만들어낸다. Shannon의 정리는 어떤 더 좋은 부호화 시스템이 전송율 $r_b = R \leq C = s[1 - \Omega(\alpha)] \approx s$에서 거의 무오류 전송을 가능하게 할 수 있음을 주장하고 있다. 이제 BSC에 이러한 부호화 시스템이 존재함을 증명하는 데 사용된 Shannon 주장의 개략을 살펴보고 이 절을 마무리 하고자 한다.

이진대칭채널에 대한 부호화

그림 16.2-6에 보인 부호화 시스템을 고려하자. BSC는 심볼 전송율 s와 $\alpha < 1/2$에 대해 용량 $C_s = 1 - \Omega(\alpha)$를 갖는다. 신호원은 전송율 R로 정보를 발생시킨다. 상호 정보를 최대화하기 위해서 최적 이진신호원 부호화기가 신호원 심볼들에 작동하여 동일한 확률로 이진수를 발생시킨다. 오류 제어를 위한 채널 부호화는 두 단계를 거쳐 수행된다. 첫 번째로, 변환기가 이진수의 블록들을 $\log_2 M$ 비트/심볼의 정보를 전달하는 동일한 확률의 M-

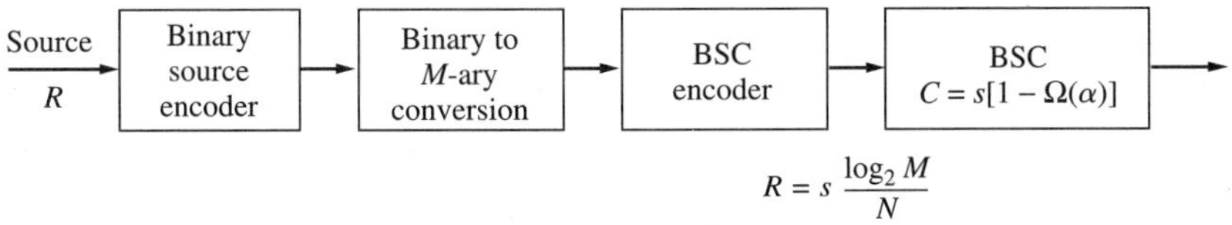

그림 16.2-6
BSC를 위한 부호화 시스템.

진 심볼로 바꾼다. 두 번째로, BSC 부호화기는 각 M-진 심볼들을 N개의 비니트라 불리는 이진 심볼들로 구성된 **채널 부호워드**로 나타낸다(채널 부호워드 길이 N과 신호원 부호화기의 출력에서의 평균 부호 길이 $\bar{N}$을 혼동하면 안된다).

비니트당 평균 정보는 $(\log_2 M)/N$이고, 비니트는 채널 심볼률 s로 발생된다. 따라서, 신호원 정보율을 다음과 같이 표현할 수 있고

$$R = s(\log_2 M)/N$$

여기서 M과 N은 채널 부호화기의 변수들이다. Shannon의 정리는 $R \le C = sC_s$를 요구하고, 여기서는 $(\log_2 M)/N \le C$와 마찬가지이다. 그러므로 변수 M과 N은 다음과 같은 관계를 가진다.

$$M = 2^{N(C_s - \epsilon)} \tag{13}$$

여기서 $0 \le \epsilon \le C_s$이다. 만약 워드길이 N이 굉장히 크게 되면, ϵ이 임의의 작은 값으로 될 수 있고, 따라서 $R \to C$이고, 적절한 채널 부호화 기법이 목적지에서 임의의 적은 오류확률로 M-진 심볼들을 복원할 수 있음을 보일 것이다. 사실, 오류없는 정보전송을 위하여, 궁극적으로는 $N \to \infty$로 놓을 것이다. 따라서 BSC를 위한 이상적인 채널 부호화에서는 시간 지연이 무한히 길게 된다. 시간 지연이 유한하고 유한한 워드길이를 가져야 하는 실제 부호화 시스템의 성능은 이상적인 값에는 미치지 못하게 될 것이다.

오류 제어를 위해 긴 워드길이가 필요한 이유는 13.1절에서 소개했던 이진 부호워드의 벡터 그림으로부터 알 수 있다. 특히, 길이 N으로 가능한 2^N개의 워드들은 N-차원 공간에서 벡터들로 보여질 수 있으며, 이 공간에서 거리는 Hamming 거리로 측정됨을 상기하라. 그림 16.2-7에서 벡터 V는 M개의 채널 부호워드 중의 하나를 나타내고, V'은 전송 오류에 의해 발생한 n개의 오류 비니트를 가지고 수신된 부호워드라고 하자. V'과 V 사이의 Hamming 거리는 n과 같고, n은 0에서 N 사이의 랜덤변수이다. 하지만, N이 굉장히 크면, V'은 거의 항상 벡터 V의 끝을 중심으로 반지름 $d < N$를 갖는 **Hamming 구**(Hamming

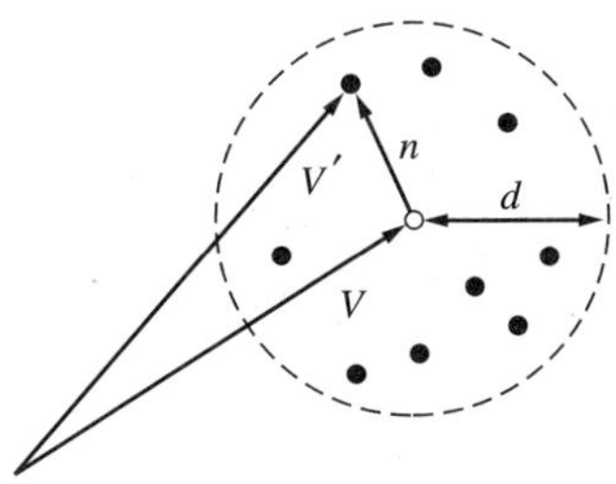

그림 16.2-7
부호워드의 벡터 표현.

sphere) 안에 있게 된다. 만약 V'이 이 구 안에 수신되고, 나머지 $M - 1$개의 부호 벡터 중 하나도 이 구 안에 수신되지 않으면, 복호기는 V가 전송된 것으로 올바르게 결정하게 된다.

하지만 Shannon은 부호워드를 선택하는 자세한 알고리즘을 제시하지는 않았다. 대신, Shannon은 $N \to \infty$이면, 부호워드들을 **임의로** 선택해도 요구조건을 만족시킬 수 있다고 말했다. 비록 이 랜덤 부호화의 접근방식이 처음에는 상당한 비판에 직면했지만, 결과적으로 그것은 부호이론 및 정보이론의 강력한 수단으로 인정받았다. 우리는 랜덤 부호워드 선택 기법을 받아들이고 복호화 오류를 다음과 같은 식으로 표현할 것이다.

$$P_e = P_{ne} + P_{ce}$$

여기서, P_{ne}는 잡음 오류의 확률, 즉 V'이 Hamming 구 밖으로 벗어날 확률이고, P_{ce}는 "부호 오류"의 확률로서 두 개 이상의 선택된 부호워드들이 동일한 Hamming 구 내부에 존재하는 경우에 해당한다.

잡음 오류는 $n \geq d$인 사건에 대응된다. 전송 오류들은 통계적으로 독립적이고 확률 $\alpha < 1/2$로 발생하기 때문에, n은 평균과 분산이 다음과 같은 **이항분포**(8.4절)를 따른다.

$$\bar{n} = N\alpha \qquad \sigma^2 = N\alpha(1 - \alpha)$$

만약 Hamming 반지름을 다음과 같이 선택하고

$$d = N\beta \qquad \alpha < \beta < 1/2 \tag{14a}$$

여기에 Chebeyshev 부등식을 적용하면 상한값은 다음과 같이 된다.

$$P_{ne} = P(n \geq d) \leq \left(\frac{\sigma}{d - \bar{n}}\right)^2 = \frac{\alpha(1 - \alpha)}{N(\beta - \alpha)^2} \tag{14b}$$

따라서, 임의의 $\beta > \alpha$에 대해서, $N \to \infty$로 갈수록 잡음 오류의 확률은 점점 작은 값을 갖게 된다.

"부호 오류"의 확률을 구하기 위해 그림 16.2-7에 벡터 V를 선택된 부호워드 중의 하나라고 하고, m을 Hamming 구 안의 벡터들의 수라고 하자. 나머지 $M - 1$개의 부호워드들은 전체 2^N개의 벡터들의 집합으로부터 임의로 선택되고, m개 중에 하나를 선택할 확률은 $m/2^N$이다. 따라서 다음과 같이 되고

$$P_{ce} = (M - 1)m2^{-N} < Mm2^{-N} = m2^{-N[\Omega(\alpha) - \epsilon]} \tag{15}$$

여기서 식 (13)을 M에 대입하고, 그리고 $C_s = 1 - \Omega(\alpha)$를 사용했다. 이제 $N \to \infty$일 때 m의 상한값이 필요하다.

반지름이 d인 Hamming 구 내부의 모든 m개의 벡터들은 서로 다른 이진수가 d개 이내인 길이가 N인 이진 워드들을 나타낸다. 서로 다른 이진수가 i개인 부호워드의 수는 이항계수와 같고, 따라서 다음과 같다.

$$m = \sum_{i=0}^{d} \binom{N}{i} = \binom{N}{0} + \binom{N}{1} + \cdots + \binom{N}{d}$$

이 합 안에 $d + 1$개의 항이 있고 $d = N/\beta < N/2$이기 때문에 마지막 항이 가장 큰 값을 갖는다; 따라서 아래와 같이 된다.

$$m \leq (d + 1)\binom{N}{d} = (d + 1)\frac{N!}{d!(N - d)!}$$

다음으로, 큰 수들 N, $d = N/\beta$, $N - d = N(1 - \beta)$ 각각의 계승들에 대해서 **Stirling 근사식**(Stirling's approximation)을 적용하면 다음과 같이 되고

$$k! \approx \sqrt{2\pi k}\, k^k e^{-k} \qquad k \gg 1 \tag{16}$$

약간의 처리를 하면 상한값에 대하여 다음을 구할 수 있다.

$$m \leq \frac{N\beta + 1}{\sqrt{2\pi N\beta(1 - \beta)}} 2^{N\Omega(\beta)} \tag{17}$$

식 (15)와 (17)을 조합하면 다음의 식을 구할 수 있고

$$P_{ce} < \frac{N\beta + 1}{\sqrt{2\pi N\beta(1 - \beta)}} 2^{-N[\epsilon + \Omega(\alpha) - \Omega(\beta)]} \tag{18}$$

이것이 최종 결과이다.

식 (18)은, $\epsilon > \Omega(\beta) - \Omega(\alpha)$이면, $N \to \infty$로 되면서 무작위의 부호워드 선택으로 인한 복호화 오류의 확률이 영으로 되어 가는 것을 보여준다. 어떤 주어진 채널 변수 α 값에 대해서, 식 (14)를 만족시키는 $\beta > \alpha$를 취할 수 있고, 그리고도 여전히 $\epsilon > \Omega(\beta) - \Omega(\alpha)$를 아주 작은 값으로 할 수 있다. 이런 조건들 아래, $N \to \infty$에서 BSC의 전송율 $R \to C$로 정보 전송을 오류 없이 할 수 있다.

16.3 연속채널 및 시스템 비교

지금까지 간단한 이산채널에서의 정보 전송 개념에 대해 연구했으므로, 이제 연속 신호원과 채널을 갖는 좀더 실제에 가까운 경우를 다룰 수 있는 준비가 되었다.

먼저 연속 신호를 발생시키는 신호원의 정보량을 측정하는 것부터 시작할 것이다. 처음에는 주제가 약간 어렵게 느껴질 것이나, 채널의 용량을 **대역폭과 신호 대 잡음 비**로 표현하기 위하여 연속 신호의 전송에 대한 몇 가지 합리적인 가정을 할 것이며, 이 결과는 **Hartley-Shannon 법칙**으로 알려져 있다. 이 결과를 이용하여 이상적인 통신시스템을 정의할 수 있으며, 이것은 시스템 비교를 위한 표준의 역할을 하고 또 보다 성능이 향상된 통신시스템을 설계하기 위한 방향을 제시한다.

연속 정보

연속 정보 신호원은 시간에 따라 변하는 시변환 신호 $x(t)$를 발생시킨다. 우리는 가능한 신호들의 조합을 에르고딕으로 가정되는 어떤 랜덤 프로세스에 의해서 발생되어 지는 파형들의 앙상블로 다룰 것이다. 더 나아가 신호들은 유한한 대역폭을 가진다고 가정할 것이며, 이것은 $x(t)$의 특성을 주기적인 **표본값**으로 완전히 나타낼 수 있음을 의미한다. 따라서, 어떤 샘플링 순간에, 가능한 표본값들의 집합은 확률 밀도 함수 $p(x)$에 의해 기술되어지는 **연속 랜덤 변수** X를 구성한다.

$x(t)$의 표본값 당 평균 정보량은 다음과 같은 **엔트로피 함수**(entropy function)로 측정되며

$$H(X) \triangleq \int_{-\infty}^{\infty} p(x) \log_2 \frac{1}{p(x)}\, dx \tag{1}$$

여기서, 앞에서와 같이 로그의 밑 $b = 2$이다. 이 표현에는 이산 신호원에 대한 엔트로피의 정의와 매우 유사한 점이 있음을 알 수 있다. 그러나, 식 (1)은 정보량의 절대적인 측정이 아닌 상대적인 측정값이다. 연속 신호원의 절대 엔트로피는, 원칙적으로 다음의 극한 과정으로부터 정의된다.

연속 랜덤변수 X가 $i = 0, \pm 1, \pm 2, \ldots$ 에 대해서 확률 $P(x_i) \approx p(x_i)\,\Delta x$로 값 $x_i = i\,\Delta x$을 가지는 이산 랜덤변수로 근사화된다고 하자. 그러면, 이산 엔트로피에 대한 공식에 근거해서, 절대 엔트로피가 다음과 같이 된다.

$$\begin{aligned} H_{\text{abs}}(X) &= \lim_{\Delta x \to 0} \sum_i p(x_i)\Delta x \log_2 \frac{1}{p(x_i)\,\Delta x} \\ &= \lim_{\Delta x \to 0} \sum_i \left[p(x_i) \log_2 \frac{1}{p(x_i)} - p(x_i) \log_2 \Delta x \right] \Delta x \end{aligned}$$

합계를 적분으로 바꾸면 다음과 같이 되고

$$H_{\text{abs}}(X) = H(X) + H_0(X) \tag{2a}$$

여기서

$$H_0(X) = -\lim_{\Delta x \to 0} \log_2 \Delta x \int_{-\infty}^{\infty} p(x)\, dx = -\lim_{\Delta x \to 0} \log_2 \Delta x \tag{2b}$$

이고, 이것은 상대 엔트로피 $H(X)$의 기준이 된다. $H_0(X) = -\log_2 0 = \infty$이므로, 연속 신호원의 절대 엔트로피는 항상 무한대이고—이것은 X가 무한한 값을 취할 수 있는 연속 랜덤변수라는 관점에서 합리적이긴 하지만 그러나 쓸모 없는 결과이다.

상대 엔트로피는 값이 유한하며, 서로 다른 기준으로 비교하는 오류를 범하지 않는 한, 연속 신호원의 정보량을 측정하는 유용한 척도이다. 특별히, 두 개의 정보 신호 $x(t)$와 $z(t)$의 경우를 고려하자. 이것들의 엔트로피 함수들을 올바르게 비교하기 위해서 다음과 같이 쓸 수 있다.

$$H_{\text{abs}}(Z) - H_{\text{abs}}(X) = H(Z) - H(X) + [H_0(Z) - H_0(X)]$$

에서

$$H_0(Z) - H_0(X) = -\lim_{\Delta z \to 0} \log_2 \Delta z + \lim_{\Delta x \to 0} \log_2 \Delta x \tag{3}$$

$$= -\lim_{\Delta z, \Delta x \to 0} \log_2 \left| \frac{\Delta z}{\Delta x} \right| = -\log_2 \left| \frac{dz}{dx} \right|$$

만약 신호가 어떠한 방식으로든 연관이 되어있고 $|dz/dx| = 1$이면, 기준값들은 동일하고 $H(Z)$와 $H(X)$는 바로 비교할 수 있다.

상대 엔트로피의 고유한 성질 때문에 $H(X)$에는 절대적 한계가 없다. 사실, $H(X)$의 값은 신호원의 PDF에 따라 양수, 0, 또는 음수의 값을 가질 수 있다. 그럼에도 불구하고 제기할 수 있는 합리적인 질문은: 어떤 신호원에서 $H(X)$를 최대로 만드는 $p(x)$는 무엇인가?이다. 어떤 신호원은 통상적으로 고정된 최대값이나 평균전력 등 가능한 PDF를 제한하는 조건들이 있기 때문에 이 질문은 중요하다.

이 문제를 좀더 일반적인 용어를 사용하여 기술하면, 아래의 적분 값을 최대로 만드는 $p = p(x)$를 찾는 것인데

$$I = \int_a^b F(x, p)\, dx$$

여기의 피적분 함수 $F(x, p)$는 x와 p에 의해 정해지는 함수이다. 가변 함수 p는 다음과 같이 주어지는 k개의 조건들에 의해 제한되는데

$$\int_a^b F_k(x, p)\, dx = c_k$$

여기서 c_k는 상수이다. 미적분의 정리에 의하면 p가 아래의 식을 만족할 때 I가 최대 (또는 최소)가 되며

$$\frac{\partial F}{\partial p} + \sum_k \lambda_k \frac{\partial F_k}{\partial p} = 0 \tag{4}$$

여기서 λ_k는 **Lagrange의 미정 승수**(Lagrange's undetermined multiplier)이다. 식 (4)의 해를 조건식에 대입하면 λ_k 값을 구할 수 있다.

이 문제에서 우리는 식 (1)에서 정의했던 $I = H(X)$를 최대로 만들기를 원한다. 그래서 다음과 같은 식을 취한다.

$$F(x, p) = p \log_2 (1/p) = -p\,(\ln p)/\ln 2$$

덧붙여 $p(x)$는 다음의 기본적인 PDF 특성을 만족해야 하고

$$\int_{-\infty}^{\infty} p(x)\, dx = 1 \tag{5}$$

따라서 항상 다음의 조건 함수와 상수를 가진다.

$$F_1(x, p) = p \qquad c_1 = 1$$

부가적인 조건들은 다음의 중요한 예에서 설명되듯이 특별한 신호원 제약들로부터 추가된다.

예제 16.3-1

고정 평균 전력을 가지는 신호원 엔트로피

$p(x)$에 의하여 아래와 같이 정의되는 고정 평균 전력을 가지는 신호원의 경우를 고려하면

$$S \triangleq \overline{x^2} = \int_{-\infty}^{\infty} x^2\, p(x)\, dx \tag{6}$$

위 식에 추가적으로 조건식 $F_2 = x^2 p$와 $c^2 = S$을 부가한다. 식 (4)에 F, F_1, F_2를 대입하면 다음과 같이 되며

$$-(\ln p + 1) + \lambda_1 + \lambda_2 x^2 = 0$$

여기서 λ_1과 λ_2는 편의상 상수 ln 2가 이미 곱해진 표현이다. 따라서 다음과 같이 된다.

$$p(x) = e^{\lambda_1 - 1} e^{\lambda_2 x^2}$$

배수들을 계산하기 위하여 식 (5)와 (6)을 사용하면 다음과 같은

$$p(x) = \frac{1}{\sqrt{2\pi S}} e^{-x^2/2S} \tag{7}$$

평균이 영이고 분산이 $\sigma^2 = S$인 가우시안 함수를 얻는다.

식 (1)에서 $\log_2 1/p(x) = \log_2 \sqrt{2\pi S} + (x^2/2S)\log_2 e$을 사용하면 상응하는 최대 엔트로피 값이 계산된다. 따라서 식 (5)와 (6)을 활용하면 다음을 구할 수 있다.

$$H(X) = \log_2 \sqrt{2\pi S} + \tfrac{1}{2} \log_2 e = \tfrac{1}{2} \log_2 2\pi e S \tag{8}$$

이 상대 엔트로피는 $2\pi e S < 1$일 경우 음의 값을 가짐을 주의하라. 그럼에도 불구하고, 임의의 고정된 평균 전력 S에 대하여 다음의 중요한 결과와

$$H(X) \le \tfrac{1}{2} \log_2 2\pi e S$$

그리고 $p(x)$가 평균이 영인 가우시안 PDF일 때 엔트로피는 최대가 된다는 결과를 입증하였다. 물론 다른 신호원 조건은 상이한 결과를 가져올 것이다.

> **응용문제 16.3-1**
>
> 어떤 신호원의 최대값이 $-M \le x(t) \le M$로 제한된다고 가정하자. (a) $H(X)$를 최대로 만드는 PDF를 찾는 방법에 의해, $H(X) = \log_2 2M$임을 보이시오. (b) 신호원의 파형이 증폭되어 $z(t) = Kx(t)$로 되었다고 하자. $H(Z)$를 구하고, $H(Z) \neq H(X)$임에도 불구하고 절대 엔트로피는 변하지 않음을 확인하시오.

연속채널 용량

연속채널에서의 정보 전송은 신호 전송의 형태를 가진다. 신호원에서 나온 신호 $x(t)$는 전송 잡음에 의해 오염되어 목적지에서는 다른 신호 $y(t)$로 나타난다. **평균 상호 정보량**(average mutual information)은 이산 경우와 유사하게 아래와 같이 정의되며

$$I(X;Y) \triangleq \iint_{-\infty}^{\infty} p_{XY}(x,y)\log_2 \frac{p_X(x\,|\,y)}{p_X(x)}\,dx\,dy \tag{9}$$

여기에서 $p_X(x)$는 신호원 PDF, $p_{XY}(x, y)$는 결합 PDF이다. X와 Y 모두에 대하여 평균을 취하면 상대 엔트로피에서 있을 수 있는 모호성은 제거된다. 그래서 $I(X; Y)$는 목적지에서 $y(t)$의 표본 당 절대 정보 전달 양의 척도이다. 식 (9)로부터 $I(X; Y) \ge 0$이고, 잡음이 매우 커서 $y(t)$가 $x(t)$에 무관하게 되면 $I(X; Y) = 0$임을 보일 수 있다.

보통, $p_X(x\,|\,y)$보다는 순방향 천이 PDF $p_Y(y\,|\,x)$를 알 수 있다. 우리는 다음의 등가 식으로부터 $I(X; Y)$를 계산할 수 있으며

$$I(X;Y) = H(Y) - H(Y\,|\,X) \tag{10}$$

여기서 $H(Y)$는 목적지에서의 엔트로피이고 $H(Y\,|\,X)$는 다음과 같은 잡음 엔트로피이다.

$$H(Y\,|\,X) = \iint_{-\infty}^{\infty} p_X(x)p_Y(y\,|\,x)\log_2 \frac{1}{p_Y(y\,|\,x)}\,dx\,dy$$

만약 채널이 $y(t) = x(t) + n(t)$와 같이 되는 독립적 가산 잡음을 가지면, $p_N(n)$이 잡음의 PDF일 때 $p_Y(y\,|\,x) = p_Y(x + n) = p_N(y - x)$이 된다. 결과적으로, $H(Y\,|\,X)$는 $p_X(x)$와 무관하게 다음과 같이 된다.

$$H(Y\,|\,X) = \int_{-\infty}^{\infty} p_N(n)\log_2 \frac{1}{p_N(n)}\,dn \tag{11}$$

이제 고정된 순방향 천이 PDF를 가지는 채널을 고려하면, $y(t)$의 표본 당 최대 정보 전송량은 다음과 같이 된다.

$$C_s \triangleq \max_{p_X(x)} I(X;Y) \qquad \text{bits/sample} \tag{12}$$

만약 이 채널이 고정된 대역폭 B를 가지고 있다면, $y(t)$는 Nyquist 율 $f_s = 2B$—주어진 대역폭 B에 대해 최대로 허용된 신호율로 취해진 표본 값들로 완전하게 정의된 대역제한 신

호이다. (Nyquist 율보다 큰 값으로 취해진 표본들은 독립적이지 않게 되고, 더 이상의 부가적인 정보를 포함하지 않을 것이다.) 따라서 최대 정보 전송율은 다음과 같고

$$C \triangleq 2BC_s \qquad \text{bits/sec} \tag{13}$$

이것은 연속 대역제한 채널의 **용량**을 정의한다. Shannon의 잡음 채널에 대한 기본 정리는 정보율이 $R \leq C$이면 오류 없는 전송이 이론적으로는 가능하다는 것이다.

가장 관심이 있는 연속채널 모델은 다음의 특성들로 정의되는 **가산 백색 가우시안 잡음**(additive white gaussian noise, AWGN) **채널**이다.

1. 채널의 어떤 대역폭 B안에서는 왜곡 없이 전송되고 전송손실은 증폭으로 완전히 보상된다.
2. 신호원에서 채널로 들어오는 입력 신호 $x(t)$는 고정된 평균 전력 $S = \overline{x^2}$을 가지는 대역제한 신호이다.
3. 목적지에서 수신되는 신호에는 평균이 영이고 평균 잡음 전력이 $N = \overline{n^2} = N_0B$인 대역제한 백색 가우시안 잡음 $n(t)$가 더해져서 훼손된다.
4. 신호와 잡음은 독립적이며 따라서 $y(t) = x(t) + n(t)$이고 아래와 같이 나타낼 수 있다.

$$\overline{y^2} = \overline{x^2} + \overline{n^2} = S + N$$

이러한 특성들은 이전의 장들에서 아날로그 시스템 성능의 상한값을 얻기 위하여 사용한 가정들과 일치한다. 여기서 우리는 대응되는 채널용량을 결정할 것이다.

첫째로, 식 (11)을 통해 잡음 엔트로피 $H(Y|X)$를 구한다. $p_N(n)$은 분산이 $\sigma^2 = N$이고 평균이 영인 가우시안 함수이기 때문에, 식 (7)과 (8)로부터 $H(Y|X) = \frac{1}{2}\log_2 2\pi eN$이 된다. 둘째로 $H(Y|X)$이 신호원 PDF에 의존하지 않기 때문에, 식 (10)과 (12)를 사용하면 다음과 같이 된다.

$$C_s = \max_{p_X(x)}[\mathrm{H(Y)} - \mathrm{H(Y|X)}] = \left[\max_{p_X(x)} \mathrm{H(Y)}\right] - \tfrac{1}{2}\log_2 2\pi eN$$

그러나 목적지의 신호 $y(t)$가 고정된 평균 전력 $\overline{y^2} = S + N$을 가지기 때문에 $H(Y) \leq \frac{1}{2}\log_2 2\pi e(S + N)$이다. 만약 $p_X(x)$가 평균이 영인 가우시안 함수이면 $y = x + n$은 가우시안 PDF를 가지고, $H(Y)$는 최대가 된다. 따라서 다음과 같이 된다.

$$C_s = \tfrac{1}{2}\log_2 2\pi e(S + N) - \tfrac{1}{2}\log_2 2\pi eN = \tfrac{1}{2}\log_2\left(\frac{S + N}{N}\right)$$

마지막으로, 식 (13)의 C_s를 치환하면 아래와 같은 간단한 결과가 되고

$$C = B\log_2(1 + S/N) \tag{14}$$

여기서 S/N은 목적지에서의 신호 대 잡음 비이다.

식 (14)는 유명한 **Hartely-Shannon 법칙**이다. 기본 정리와 관련지을 때 이것은 대역제한 AWGN 채널에서 신뢰성 있는 정보 전송을 위한 상한을, 즉 $R \leq B \log_2 (1 + S/N)$ 비트/초로 설정한다. 추가적으로, 대역폭과 신호 대 잡음 비는 기본적인 전송 변수이므로, 식 (14)는 통신시스템을 비교하는데 일반적으로 성능의 기준 역할을 한다. 이 절의 나머지 부분에서는 Hartely-Shannon 법칙의 의미들을 다룰 것이다.

이상적 통신시스템

사실상 모든 실제 통신시스템은 연속 신호를 전송할 때 어느 정도 전력이나 대역폭에 제한을 받는다. 게다가 만약 페이딩이 있는 무선 전송을 배제한다면 시스템을 신중하게 설계할 경우, 피할 수 없는 열 잡음을 제외하고는, 대체로 모든 잡음원들을 제거시킬 수 있다. 따라서 이러한 조건에서 AWGN 채널은 정당한 모델의 역할을 하며, Hartely-Shannon 법칙은 신뢰성 있는 통신이 가능한 최대 전송율을 제시한다. 그러므로 다음과 같이 정의할 수 있다.

> 이상적 통신시스템은 $R \leq B \log_2 (1 + S/N)$에 근접하는 전송율에서 오류가 거의 없는 정보 전송을 실현하는 시스템이다.

Shannon은 앞에서의 이상적인 통신 시스템을 다음과 같이 설명하였다.

이상적 시스템은 그림 16.3-1과 같은 구조를 가진다. 신호원으로부터의 정보는 T초 간격으로 관측되며 발생 확률이 동일한 M-진 심볼로 부호화되고, 이때 $(\log_2 M)/T = R$이다. 각각의 심볼에 대해 신호 발생기는 $M = 2^{RT}$의 집합에서 선택된 고유한 하나의 파형 $x(t)$를 발생시킨다. 이러한 신호들은 대역제한 백색 가우시안 과정으로부터 생성되며, 목적지에도 복사본이 저장되어 있다. 신호 검파기는 수신된 신호 $y(t) = x(t) + n(t)$와 저장된 사본을 비교하고 복호하기 위하여 가장 비슷한 것을 선택한다. 신호원에서의 부호화와 목적지에서 신호 검파 과정에서 총 $2T$의 시간 지연이 발생하며 이것은 부호화 **지연**(coding delay)이라고 불린다.

서로 다른 신호들의 수는 요구되는 오류 확률 P_e에 따라 결정되며, Shannon은 다음을 입증하였다.

$$\lim_{P_e \to 0} \lim_{T \to \infty} \frac{\log_2 M}{T} = B \log_2 \left(1 + \frac{S}{N} \right)$$

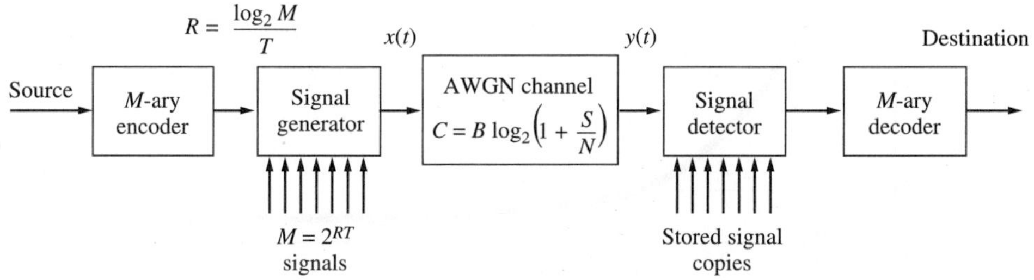

그림 16.3-1 AWGN 채널에서의 이상적 통신 시스템.

따라서, $T \to \infty$인 한계에서 $R \to C$이다—이것은 신호들의 수와 부호화 지연이 매우 커짐을 의미하고 따라서 이상적 시스템은 물리적으로 **구현할 수 없다**. 그러나 크기는 하지만 유한한 M과 T를 가지는 실제 시스템을 우리가 원하는 만큼 이상적인 성능에 가까워지도록 설계할 수는 있다(그러한 시스템의 하나가 16.5절에 설명되어 있다). 이러한 생각을 가지고, 가상의 이상적인 시스템의 특성을 좀더 고려해 보자.

용량 관계식 $C = B \log_2 (1 + S/N)$는 통신에서 대역폭과 신호 대 잡음 비의 근본적인 역할을 강조한다. 그것은 또한, FM이나 PCM과 같은 광대역 잡음 감소 시스템에서 이전에 관찰되었던 특징, 즉 대역폭의 증가와 신호 전력의 감소를 서로 교환할 수 있음을 보여주고 있다. Hartely-Shannon 법칙은 **최적의 대역폭-전력 교환**을 명시하고, 게다가 **대역폭 압축**의 가능성 또한 제시한다.

잡음 전력과 대역폭의 관계 $N = N_0B$를 상기하고, 대역폭과 신호 전력의 교환관계에 대하여 알아보면 다음과 같이 된다.

$$C = B \log_2\left(1 + \frac{S}{N_0B}\right) \tag{15}$$

그러므로, 만약에 N_0와 R이 고정된 값을 가진다면, 전송율 $R \le C$로부터 다음 식이 유도되고

$$\frac{S}{N_0R} \ge \frac{B}{R}\left(2^{R/B} - 1\right) \tag{16}$$

여기서 등식은 $R = C$에서 성립한다. 그림 16.3-2는 dB로 나타낸 S/N_0R과 B/R의 관계를 보여주고 있다. 좌측 하단의 구역은 $R > C$에 해당되고, 신뢰성 있는 통신을 위해서는 금지된 조건이다. 이 그림에서 **대역폭 압축**($B/R < 1$)은 신호 전력의 급격한 증가를 요구하며, 반면에 **대역폭 확장**($B/R > 1$)는 S/N_0R을 감소시키고 $B/R \to \infty$에서 -1.6 dB의 명확한 한계값으로 점근적으로 줄어드는 것을 보여주고 있다.

그림 16.3-2
이상적 시스템에서의 대역폭과 신호 전력의 교환관계.

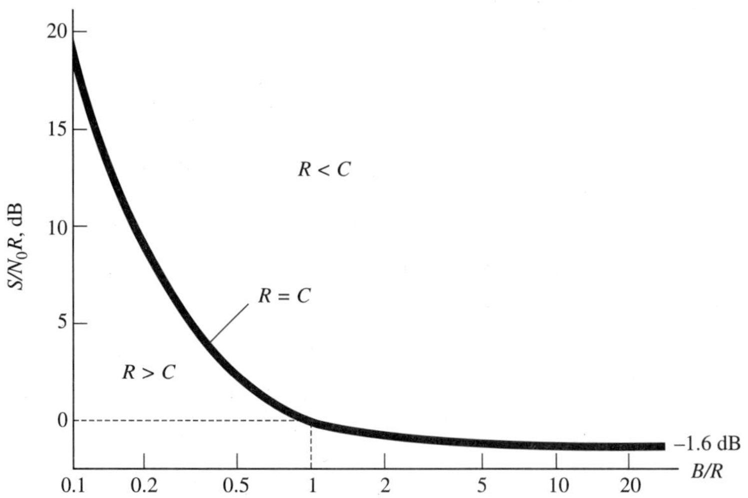

사실, 무한 대역폭을 가진 이상적인 시스템은 다음의 유한한 채널 용량을 가진다.

$$C_\infty \triangleq \lim_{B\to\infty} B \log_2\left(1 + \frac{S}{N_0 B}\right) = \frac{S}{N_0 \ln 2} \approx 1.44 \frac{S}{N_0} \tag{17}$$

식 (17)은 식 (15)로부터 유도되며, 다음과 같이 쓸 수 있다.

$$C = \frac{S}{N_0\lambda}\frac{\ln(1+\lambda)}{\ln 2}, \quad \lambda = \frac{S}{N_0 B}$$

급수 전개 $\ln(1+\lambda) = \lambda - \frac{1}{2}\lambda^2 + \cdots$로부터 $B \to \infty$를 의미하는 $\lambda \to 0$일 때 $[\ln(1+\lambda)]/\lambda \to 1$이 된다. 고정값을 가지는 S와 N_0에 대하여 C_∞가 최대 용량이므로 다음과 같다.

$$S/N_0R \geq S/N_0C_\infty = \ln 2 \approx -1.6 \text{ dB}$$

그림 16.3-2 곡선의 모양으로부터 $B/R > 10$에서 $C \approx C_\infty$라는 결론을 얻는다.

그러나 이러한 결과들은 이상적이지만 실현 불가능하다는 사실이 강조되어야 한다. 결과적으로 이것들은 전송 채널이 AWGN 환경과 유사한 실제 시스템의 성능의 상한을 추정하는 데 사용될 수 있다. 이러한 추정 값을 예시하는 데 다음의 예제가 도움이 될 것이다.

화성으로부터의 TV 영상 — 예제 16.3-2

화성의 표면을 계속적으로 탐사하기 위하여 흑백 TV 카메라를 갖춘 운송기가 제안되었다. TV 영상은 지구로 전송되기 위하여 디지털화된다. 우리는 아래에 주어진 정보를 이용하여 하나의 화면을 전송하는 데 필요한 시간을 추정하고자 한다.

디지털화 된 화면은 $n_p = 400 \times 300$ 화소(화면 요소)로 구성되고, 각각의 화소는 16가지 중 하나의 밝기를 가진다. 그러므로, 정보율 R과 화면 전송 시간 T는 다음과 같이 관계된다.

$$RT = n_p \log_2 16 = 480{,}000 \text{ bits}$$

여기서 각각의 밝기는 동일한 확률로 발생한다고 가정한다.

화성에서 지구로의 링크는 반송파 주파수가 $f_c = 2$ GHz인 마이크로웨이브 전송 시스템이고 거리는 $\ell = 3 \times 10^8$ km이다. 운송기에 설치된 전송기는 지름이 1 m인 접시형 안테나에 $S_T = 20$ W인 신호 전력을 전달한다. 지구의 관측소에는 지름이 30 m인 접시형 안테나와 잡음온도가 $\mathcal{T}_N = 58$ K인 저잡음 수신기가 설치되어 있다. 수신기에서의 신호 전력 S를 $L = 268$ dB, $g_T = 26$ dB, $g_R = 56$ dB를 사용하여 구하면 아래와 같다.

$$S = \frac{g_T g_R}{L} S_T = 5 \times 10^{-18} \text{ W}$$

수신기에서의 잡음 밀도는 9.4절의 식 (6)에서 다음과 같이 된다.

$$N_0 = k\mathcal{T}_N = 8 \times 10^{-22}\ \mathrm{W/Hz}$$

전송 대역폭이 언급되어 있지 않으므로 $B/R > 10$을 가정하자. 그러면 이상적인 시스템은 아래와 같이 되고

$$R \leq C \approx C_\infty = 1.44S/N_0 \approx 9000\ \mathrm{bits/sec}$$

대응하는 대역폭은 $B > 10R \geq 90$ kHz이어야 한다. 그러므로 한 화면당 전송 시간은 아래와 같이 된다.

$$T \geq \frac{480{,}000\ \mathrm{bits}}{9000\ \mathrm{bits/sec}} \approx 53\ \mathrm{sec}$$

물론 실제 시스템에서는 화면 전송에 더 많은 시간이 요구될 것이다. 여기에서의 핵심은, 동일한 가정하에서는 어떠한 시스템도 신호 부호화로 RT를 줄이지 않는 한 이보다 적은 전송시간을 가질 수 없다는 것이다.

응용문제 16.3-2

64개의 각기 다른 심볼을 가진 키보드 기기가 $B = 3$ kHz이고 $S/N_0B = 30$ dB인 음성 전화 채널에 연결되어 있다. (a) 오류없이 전송할 수 있는 최대 심볼율을 구하시오. (b) 다른 변수들은 고정되어 있고 B만 변화할 수 있다고 가정할 경우, $B = 1$ kHz인 경우와 $B \to \infty$인 경우에 대하여 심볼율을 구하시오.

시스템 비교

이상적인 통신시스템의 특성들을 정리해 보았기 때문에, 이제는 이전에 다루었던 다양한 시스템들을 다시 검토해 보고 정보이론에 비추어 그것들의 성능을 비교해 보고자 한다. 이러한 비교는 디지털 또는 아날로그 통신시스템을 개선하거나 새로 개발하는데 중요한 지침을 제공한다. 모든 비교에서, 전송 대역폭이 B_T이고 수신기에서의 신호 대 잡음 비가 $(S/N)_R = S_R/N_0B_T$인 AWGN 채널을 가정할 것이다.

우선 이진 기저대역 전송을 고려하자. 앞에서 최대 전송율이 $2B_T$이고, 양극 sinc 펄스 신호와 정합 필터를 사용하는 경우에 얻어지는 최소 전송오류 확률은 $Q[\sqrt{(S/N)_R}]$임을 알았다. 이제 이 시스템을 심볼율이 $s = 2B_T$이고 전송오류 확률이 $\alpha = Q[\sqrt{(S/N)_R}]$인 이진 대칭채널로 간주할 것이다. 그러면 BSC 시스템의 용량은 다음과 같고

$$C = 2B_T[1 - \Omega(\alpha)], \qquad \alpha = Q\left[\sqrt{(S/N)_R}\right] \tag{18}$$

여기서 $\Omega(\alpha)$는 16.1절의 식 (9)의 이진 엔트로피 함수이다. 충분히 정교한 오류 정정 부호화를 적용하면 $R \leq C$인 경우에 거의 오류 없이 정보를 전송할 수 있다.

그림 16.3-3은 BSC에서와 $C/B_T = \log_2[1 + (S/N)_R]$인 이상적 연속 시스템에서 C/B_T 대 $(S/N)_R$의 관계를 보여주고 있다. 무잡음 이진 신호의 최대 엔트로피가 심볼당 한 비트

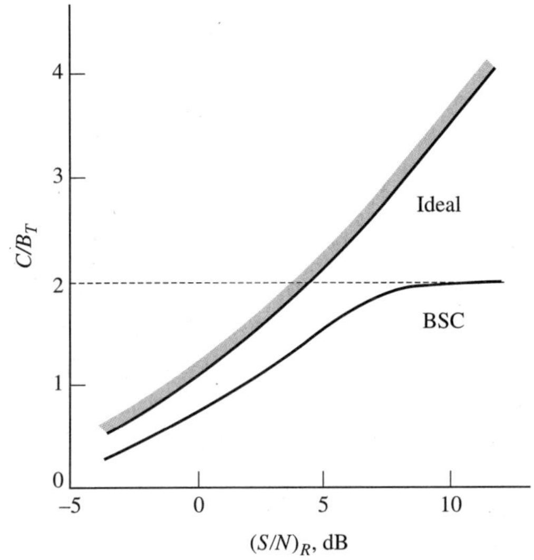

그림 16.3-3

BSC와 이상적 연속시스템의 채널 비트율/대역폭 대비 신호 대 잡음비.

이기 때문에 $(S/N)_R \rightarrow \infty$에 따라 BSC 곡선은 $C/B_T = 2$에서 평평해진다. 그러므로 $(S/N)_R \gg 1$에서 이상적인 성능에 가까워지기 위해서는 M-진 신호를 사용해야 한다. $C/B_T < 2$인 낮은 신호 대 잡음 비에서는 BSC 곡선과 이상적 곡선 사이의 간격은 잡음이 섞인 이진 신호로부터 더 많은 정보를 뽑아내기 위한 방법이 있음을 제시하고 있다. 이러한 관찰은 재생성된 (경 판정) 이진 파형으로부터 부호워드를 복호하기 보다는 연속적인 신호+잡음 파형의 표본으로부터 부호워드를 복호화하는 **연 결정 검파**(soft-decision decoding)라고 알려진 복잡한 기술을 이끌어내었다.

이제 오류 정정 부호화가 적용되지 않은 M-진 디지털 통신시스템의 성능을 조사해보자. r_b의 율로 동일한 확률을 가지는 심볼들을 발생시키는 이진 신호원을 가정한다. 만약 오류 확률이 작다면, 예를 들어 $P_{be} \leq 10^{-4}$, 대부분의 이진 수가 정확하게 정보를 목적지까지 전달할 것이기 때문에 정보 전송율은 $R \approx r_b$이다. 전송을 목적으로 이진 데이터를 $M = 2^K$인 M-진 Gray-부호로 전환하자. 양극 sinc 펄스와 정합 필터가 적용된 M-진 기저대역 시스템에서는 다음과 같이 되며

$$\frac{r_b}{B_T} = 2K \qquad P_{be} \approx \frac{2}{K}\left(1 - \frac{1}{M}\right)Q\left(\sqrt{\frac{6K}{M^2 - 1}\gamma_b}\right) \tag{19}$$

여기서 $\gamma_b = E_b/N_0$이고 $E_b = S_R/r_b$은 이진수 당 평균 에너지이다.

$P_{be} \approx 10^{-4}$이 되는 γ_b 값에 대해 식 (19)를 풀면, 그림 16.3-4의 r_b/B_T 대 γ_b의 그림을 얻을 수 있다. 이 곡선은 M을 $\sqrt{M}$로 치환한 APK 변조의 대역통과 전송에도 적용된다. 다른 변조 방식들은 더 좋지 않은 성능을 보일 것이다. 비교를 위한 이상적인 시스템의 곡선은 $R = r_b$와 $S/N_0R = S_R/N_0r_b = \gamma_b$로 식 (16)에서 계산된 것이다. 그래서 $r_b/B_T \geq 2$이고 작지만 영이 아닌 오류 확률을 가지는 실제 디지털 시스템은 이상적인 시스템보다 적어도 6~7 dB 정도 더 많은 신호 에너지를 요구한다. 오류 정정 부호화를 적용하면 특정 오류 확률을 만족시키는 에너지를 줄이고 따라서 시스템 성능 곡선을 이상적인 경우에 가

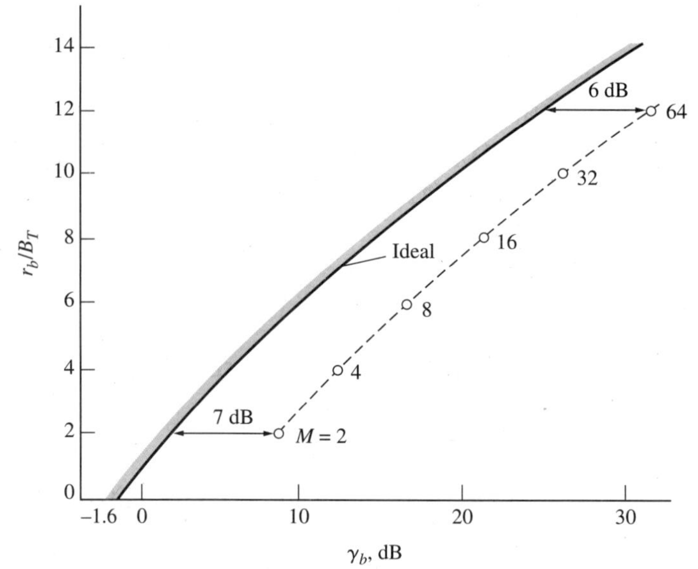

그림 16.3-4
이상적인 시스템과 $P_{be} = 10^{-4}$인 M-진 시스템의 성능 비교.

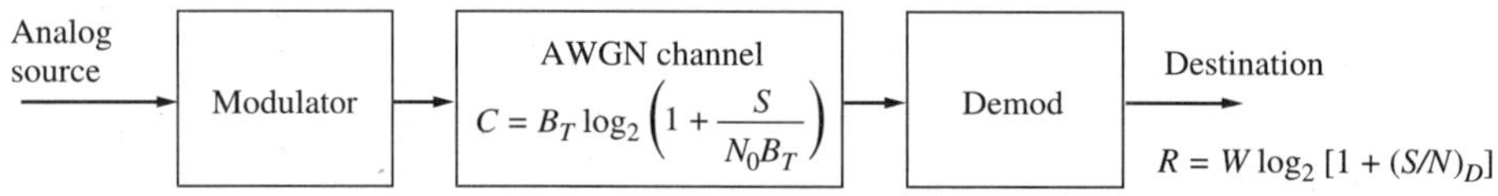

그림 16.3-5
아날로그 변조 시스템.

깝게 이동시킬 수 있을 것이다.

마지막으로, 정보율이나 오류 확률보다는 대역폭과 신호 대 잡음 비가 더욱 결정적인 성능 요소인 **아날로그** 시스템의 경우를 알아보자. 목적지에서 아날로그 신호의 대역폭이 W이고 신호 대 잡음 비가 $(S/N)_D$인 그림 16.3-5에 나타낸 것과 같은 아날로그 변조 시스템을 고려하자. 최대 출력 정보율이 $R = W \log_2 [1 + (S/N)_D]$이고 이것은 전송 채널 용량인 $C = B_T \log[1 + (S_R/N_0 B_T)]$을 초과하지 못한다. $R \leq C$라 놓고 $(S/N)_D$에 관해 풀면 다음과 같이 되고

$$\left(\frac{S}{N}\right)_D \leq \left(1 + \frac{S_R}{N_0 B_T}\right)^{B_T/W} - 1 = \left(1 + \frac{\gamma}{b}\right)^b - 1 \tag{20}$$

여기서 표준화된 변수 b와 γ는 다음과 같이 정의된다.

$$b = B_T/W \qquad \gamma = S_R/N_0 W$$

식 (20)은 최대 용량으로 작동하는 이상적 시스템과 같고, 따라서 다른 모든 아날로그 통신시스템을 비교할 수 있는 기준이 된다. 특히 대역폭 비율 b를 고정시켰을 때 γ에 대한 $(S/N)_D$로 주어지는 아날로그 성능 곡선과, $(S/N)_D$를 고정시켰을 때 γ 대 b에 의해서 얻어지는 전력-대역폭 교환관계를 비교할 것이다.

그림 16.3-6에 이전에 구했던 $b = 6$인 경우의 아날로그 성능 곡선을 다시 보이고, 또 이상적인 시스템의 성능 곡선을 함께 보였다. 진한 점은 임계점을 나타내고, 광대역 잡음

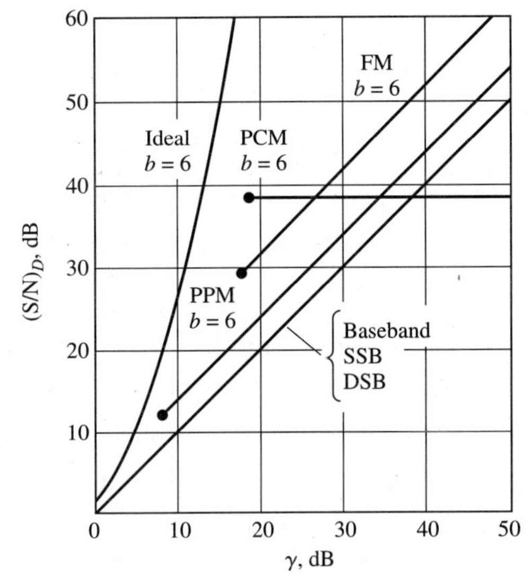

그림 16.3-6

아날로그 변조 시스템들의 성능 비교.

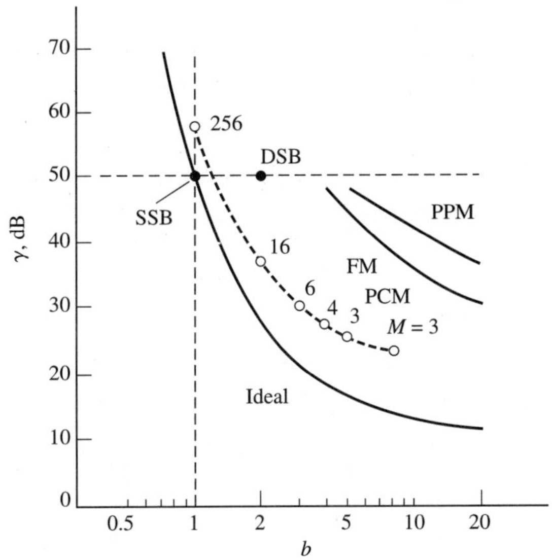

그림 16.3-7

$(S/N)_D$ = 50 dB인 아날로그 변조 시스템의 전력-대역폭 교환.

감소 시스템(FM, PCM, PPM)들은 주로 임계값 제한의 결과로 이상적인 성능에 못 미치는 것을 볼 수 있다. 임계값을 확장하는 기술은 아마도 성능을 몇 dB 정도 향상시킬 수 있겠지만, 광대역 아날로그 변조에서 문턱 효과는 항상 일어날 수밖에 없다; 그렇지 않으면, 곡선들은 왼쪽의 금지구역으로 교차해 들어갈 수도 있을 것이다.

그림 16.3-7은 $(S/N)_D = 50$ dB이고 $S_x = \overline{x^2} = 1/2$로 하였을 경우 아날로그 변조 시스템의 전력-대역폭 교환관계를 묘사하고 있다. SSB와 DSB는 b가 고정되어 있기 때문에 여기에 하나의 점으로 나타나고, SSB는 $b = 1$로, 광대역에 의한 성능 향상이 되지 않는다는 의미이고, 이상적인 시스템과 동일한 성능을 보인다. FM과 PPM 곡선은 이전의 식으로부터 계산되어 졌으며, PCM 곡선은 임계값의 바로 위에서 작동하는 경우를 보인 것이다. 광대역에 의한 향상을 위해 $b > 1$로 할 때 PCM이 이상적인 곡선에 가장 가까워지는

것을 주시하라.

이 두 개의 비교 그림들을 근거로 하여, PCM을 통한 **디지털** 전송이 기존의 아날로그 변조보다 연속채널의 용량을 더욱 효율적으로 활용한다는 결론을 내릴 수 있다. 아날로그 정보를 디지털 방식으로 전송하는 것과 아날로그 방식으로 전송하는 것의 차이점은 전송 잡음이 아날로그 신호의 정확한 재현을 어렵게 만든다는 기본적인 사실로부터 생겨난다. PCM의 양자화 과정은 이러한 사실을 이용하여 아날로그 변조보다 신호를 채널에 더 잘 정합시킨다.

Shannon은 이 방향으로 이론을 계속 전개시켜, 연속 신호원의 정보율이 특정 **충실도**나 **왜곡**을 기준으로 측정될 수 있음을 제시하였다. 적절한 디지털 신호원 부호화는 구하려고 하는 전송율과 동일한 용량을 가지는 채널을 통한 정보의 효율적 전송을 가능하게 한다. Shannon의 제안은 그 후 **전송율 왜곡 이론**(rate distortion theory) 분야로 발전되었다. 이 이론에 대하여는 Proakis와 Salehi의 저서(1994, 4장)에 소개되어 있다.

16.4 신호 공간

이제까지 검토한 대로, 정보이론의 관점에서 보면 **디지털** 전송이 가장 효율적인 형태의 통신이다. 그래서 우리는 **최적 디지털 검파**를 위한 이론에 관심을 가져야 한다. 우선, 신호를 표현하는 방법이 필요하고, 그것이 이 장의 목표이다. 특히, Kotel'nikov의 최적 잡음 면역성 이론에서 처음으로 소개된 신호를 벡터로 표현하는 중요한 기술을 소개하고자 한다.

신호의 벡터 표현

신호공간은 그 안에서 벡터들이 신호의 특정 집합을 나타내는 다차원 공간이다. 신호를 벡터로 나타내면서 기하학에서의 익숙한 관계성과 통찰을 신호 분석이나 통신시스템 설계에 관련짓게 되었다. 여기에서는 관심을 **실수 에너지 신호**로만 제한하면서 디지털 검파와 관련되는 신호공간 이론을 소개하겠다.

임의의 두 실수 에너지 신호 $v(t)$와 $w(t)$를 고려하자. 만약 α와 β가 유한한 실수 상수라면, 선형 결합 $z(t) = \alpha v(t) + \beta w(t)$ 또한 에너지 신호이다. 공식적으로는, 모든 실수 에너지 신호의 집합이 선형 결합 아래 **닫혀 있다**(closed)고 말하고, 이것은 **선형 공간**(linear space)을 구성하기 위한 필수 조건이다. 이러한 신호 공간 Γ를 선형 공간이라고 정의하고, 이 안에서 v나 w와 같은 벡터들은 에너지 신호인 $v(t)$와 $w(t)$를 나타내고, $z = \alpha v + \beta w$와 같은 임의의 선형 결합은 신호 공간 Γ 안의 또 다른 벡터이다.

Γ 안에서의 벡터 합과 스칼라 곱은 일반적인 규칙을 따르고 거기에는 $v + 0 = v$와 $v - v = 0$과 같이 되는 '0'의 요소가 존재한다. 그러나, Γ의 기하학적 구조를 완성하기 위해서는 신호의 특성들과 관련지어 표현되는 벡터의 길이와 각도에 대한 적절한 척도가 필요하다(2진 수열만 다루는 경우가 아니므로 Hamming 거리는 사용할 수 없다). 에너지 신호를 다루므로, 신호 벡터 v의 길이 혹은 **놈**(norm)을 신호 에너지의 제곱근 형태로 다음과 같이 정의한다.

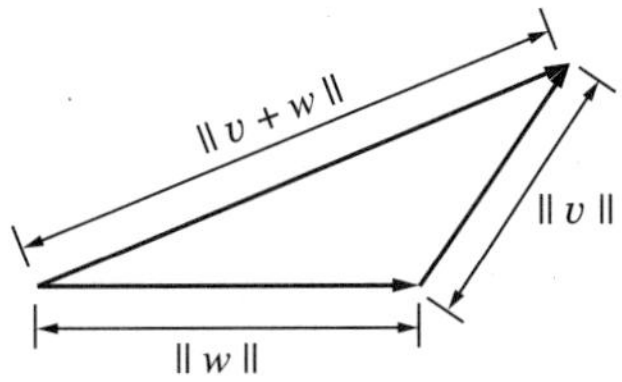

그림 16.4-1
삼각 부등식을 입증하는 벡터 다이어그램.

$$\|v\| \triangleq \sqrt{E_v} = \left[\int_{-\infty}^{\infty} v^2(t)\, dt \right]^{1/2} \tag{1}$$

이 벡터 놈은 음이 아닌 값을 가지며, $v(t) = 0$인 경우에만 $\|v\| = 0$이 된다. 식 (1)에서 신호 에너지의 제곱근 값을 사용하였으므로, 합 $z(t) = v(t) + w(t)$의 놈은 다음의 **삼각 부등식**을 만족한다.

$$\|v + w\| \leq \|v\| + \|w\| \tag{2}$$

그림 16.4-1은 상응하는 그림을 벡터 v, w와 $z = v + w$로 이루어진 삼각형으로 나타낸 것이다.

어떤 다른 벡터 w에 대한 벡터 v의 각을 측정하기 위하여, 우선 교차 상관 함수가 천이된 신호 $v(t + \tau)$와 $w(t)$ 사이의 유사성을 측정하는 척도임을 기억하자. $\tau = 0$로 놓으면, **스칼라 곱**은 다음과 같이 정의되고

$$(v, w) \triangleq R_{vw}(0) = \int_{-\infty}^{\infty} v(t)w(t)\, dt \tag{3}$$

이것은 다음과 같은 특성을 가진다.

$$(v, v) = \|v\|^2 \tag{4}$$

$$|(v, w)| \leq \|v\|\|w\| \tag{5}$$

식 (5)는 단지 Schwarz 부등식이며, 등식은 $v(t)$와 $w(t)$가 비례하는 신호인 경우에 성립한다.

스칼라 곱이 각도 측정에 사용될 수 있음은 다음의 확장된 식으로부터 확인할 수 있다.

$$\begin{aligned} \|v + w\|^2 &= (v + w, v + w) = (v, v) + (v, w) + (w, v) + (w, w) \\ &= \|v\|^2 + 2(v, w) + \|w\|^2 \end{aligned} \tag{6}$$

한편, $v(t)$와 $w(t)$가 $v(t) = \pm \alpha w(t)$로서 완전한 상관관계가 있다면, $(v, w) = \pm \|v\| \|w\|$이고 $\|v + w\| = \|v\| + \|w\|$이다. 이 경우 그림 16.4-1은 v가 w와 평행한 공동선형(colinear) 벡터로 줄어든다. 반면, $v(t)$와 $w(t)$가 $(v, w) = 0$로서 상관 관계를 가지지 않는 경우, $\|v + w\|^2 = \|v\|^2 + \|w\|^2$가 되며, 그림 16.4-1은 수직 벡터 w와 v를 가진 직각 삼각형이 된다. 즉, 다음과 같이 된다.

그림 16.4-2
w 위로 v의 투영.

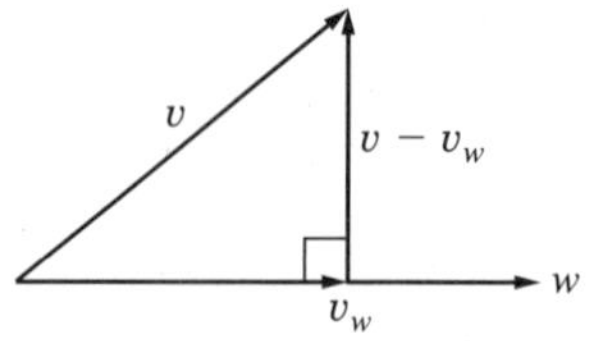

$(v, w) = 0$인 경우 $v(t)$와 $w(t)$는 **직교 신호**이다.

$\|v\|^2 + \|w\|^2 = E_v + E_w$이므로 신호 공간에서의 직교성은 에너지의 중첩을 의미한다.

$0 < |(v, w)| < \|v\| \, \|w\|$인 중간의 경우, 그림 16.4-2에 보인 것과 같이 v를 두 개의 직교(수직) 성분으로 분리할 수 있다. w 위로 v의 **투영**은 공동선형 조건과 직교 조건인 $v_w = \alpha w$와 $(v - v_w, w) = 0$로 정의되며 α에 대하여 풀면 다음과 같이 된다.

$$v_w = \frac{(v, w)}{\|w\|^2} w \tag{7}$$

Schwarz 부등식으로부터 예상할 수 있는대로 $\|v_w\| \le \|v\|$임을 확인할 수 있다.

다음으로, 최적 검파에 대한 연구를 위한 준비로, $\{s_i(t);\ i = 1, 2, \ldots, M\}$로 표시되는 M개의 에너지 신호로 이루어진 집합이 있다고 가정하자. 이때 각 신호를 다음과 같은 형식을 가진 벡터로 나타낼 수 있다.

$$s_i = \alpha_{i1}\phi_1 + \alpha_{i2}\phi_2 + \cdots + \alpha_{iK}\phi_K = \sum_{k=1}^{K} \alpha_{ik}\phi_k \qquad K \le M \tag{8a}$$

여기서 ϕ_k는 벡터이며 α_{ik}는 다음으로부터 계산된 스칼라 계수이다.

$$\alpha_{ik} = (s_i, \phi_k) \tag{8b}$$

이러한 표현식에서 두 가지 중요한 점들이 강조되어야 한다. 첫째, 식 (8a)는 급수 근사식이 아니라 정확한 표현이라는 것이다. 둘째, 각 신호는 식 (8b)의 스칼라로 완전히 표현될 수 있으며, 따라서 전체 파형 $s_i(t)$ 대신에 K개의 계수들 α_{ik}의 집합을 이용하여 문제를 다룰 수 있다. 이러한 사실들은 신호공간 해석으로부터 보다 명백해질 것이다.

식 (8)의 벡터 ϕ_k는 다음의 성질을 가지는 **직교 기저함수** $\phi_k(t)$의 집합을 나타낸다.

$$\begin{aligned} \|\phi_k\|^2 = (\phi_k, \phi_k) &= 1 \qquad k = 1, 2, \ldots, K \\ (\phi_k, \phi_j) &= 0 \qquad j \ne k \end{aligned} \tag{9}$$

이 기저함수는 상호 직교적이며 각각의 놈 값이 1이 된다 보통 2차원 혹은 3차원 공간에서의 단위 벡터와 유사하다. 추론을 통하여 ϕ_k는 신호 공간 Γ의 K차원 부공간인 Γ_K에 걸쳐 있음을 알 수 있다. Γ_K가 신호 벡터 s_i를 포함하는 경우, 기저벡터 ϕ_k로의 투영은 다음과 같고

$$(s_i, \phi_k)\phi_k / \|\phi_k\|^2 = (s_i, \phi_k)\phi_k = \alpha_{ik}\phi_k$$

여기에는 식 (7), (9), (8b)가 사용되었다. 그러므로, 계수 α_{ik}는 기저벡터 ϕ_k에 대한 벡터 s_i의 **좌표**이다.

부공간 Γ_K와 기저벡터 ϕ_k는 나타내고자 하는 특정한 신호 집합에 의해 결정된다. 보통, 기저함수는 신호 집합 $\{s_i(t)\}$로부터 구해지며, 따라서 Γ_K가 다루어야 할 모든 신호 벡터를 확실히 포함하게 된다. 주어진 신호들의 집합이 유일한 부공간을 정의하긴 하지만, 그것들이 Γ_K에 걸쳐있고 식 (9)를 만족하는 한 기저함수를 선택하는 데는 상당한 유연성이 있다.

신호 집합에 대한 직교정규기저함수를 정의한 후에는, 벡터 좌표를 계산할 수 있으며 놈과 스칼라 곱을 좌표값으로 표현할 수 있다. 어떤 두 신호의 스칼라 곱은 식 (8)과 식 (9)를 이용하여 구할 수 있으며 그 결과는 다음과 같다.

$$(s_i, s_m) = \left(\sum_k \alpha_{ik}\phi_k, \sum_j \alpha_{mj}\phi_j \right) = \sum_{k=1}^{K} \alpha_{ik}\alpha_{mk} \tag{10a}$$

따라서, $m = i$로 할 경우 다음을 얻을 수 있으며

$$\|s_i\|^2 = (s_i, s_i) = \sum_{k=1}^{K} \alpha_{ik}^2 \tag{10b}$$

이것은 피타고라스 정리를 K-차원에서 서술한 것이다.

Gram-Schmidt 절차

직교정규기저함수를 만드는 순차적인 방법을 **Gram-Schmidt 절차**라고 하며 다음과 같다.

1. 신호 집합으로부터 0이 아닌 놈을 가지는 $s_1(t)$를 선택하고, $\phi_1 = s_1/\|s_1\|$을 만든다. 그러면 $\|\phi_1\| = 1$이 된다.
2. 다른 신호 $s_2(t)$를 선택하고 좌표값 $\alpha_{21} = (s_2, \phi_1)$을 계산한다. 그리고 그림 16.4- 3a에서와 같이 보조 벡터 $g_2 = s_2 - \alpha_{21}\phi_1$를 정의한다. g_2는 ϕ_1에 직교적이기 때문에 $\phi_2 = g_2/\|g_2\|$를 얻을 수 있다.
3. 다른 신호 $s_3(t)$를 선택하고 그림 16.4-3b에서와 같이 $g_3 = s_3 - [\alpha_{31}\phi_1 + \alpha_{32}\phi_2]$를 정의하기 위해 좌표값 α_{31}과 α_{32}를 계산한다. 그리고 $\phi_3 = g_3/\|g_3\|$를 만들어 ϕ_3가 단위 놈을 가지고 ϕ_1과 ϕ_2에 직교하도록 한다.
4. 모든 M개의 신호에 대해 이와 같은 과정을 수행한다.

이러한 절차를 거쳐 만들어지는 기저함수는 간단히 다음과 같이 표현되며

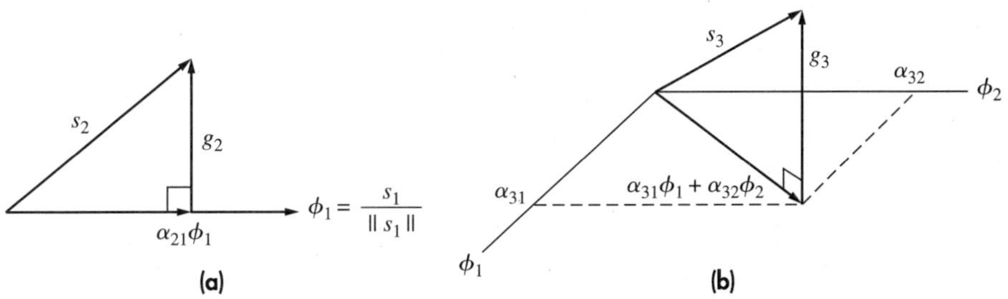

그림 16.4-3 Gram-Schmidt 절차를 위한 벡터 구성.

$$\phi_k = g_k/\|g_k\| \tag{11a}$$

여기에서 $g_1 = s_1$이고 나머지는 다음과 같다.

$$g_k = s_k - \sum_{j=1}^{k-1} \alpha_{kj}\phi_j \qquad 2 \le k \le K \tag{11b}$$

어떤 s_k가 놈이 영이거나 이전 신호 벡터들의 선형 조합과 같아지는 경우, 식 (11b)에서 $g_k = 0$이 된다. 이런 경우들은 기저함수에서 제외되며, 결과적으로 공간의 차원은 $K < M$으로 된다.

예제 16.4-1

Gram-Schmidt 절차

그림 16.4-4a에 보인 세 개의 신호들의 직교정규기저함수를 구하기 위하여 Gram- Schmidt 절차를 적용하여 보자. 먼저, $\|s_1\|^2 = E_1 = 6^2$이므로, $\phi_1(t) = s_1(t)/6$이 되며 그림 16.4-4b와 같다. 이어서 다음과 같이 되고

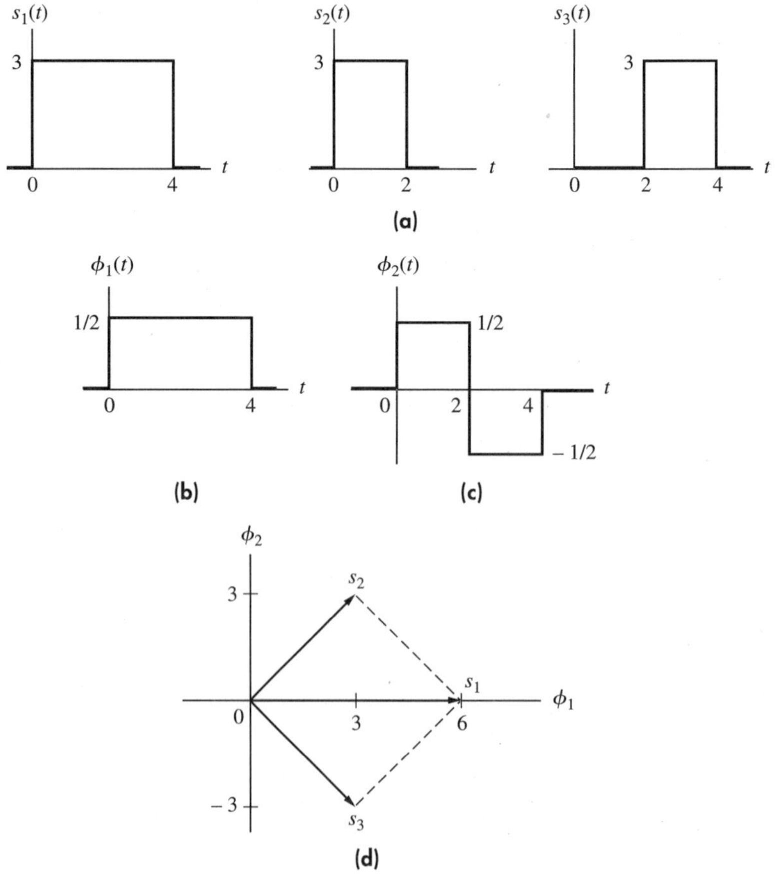

그림 16.4-4
(a) 신호 집합; (b) 기저함수 하나; (c) 또 다른 기저함수; (d) 벡터 다이어그램.

$$\alpha_{21} = \int_{-\infty}^{\infty} s_2(t)\phi_1(t)\, dt = 3$$

따라서 $g_2(t) = s_2(t) - 3\phi_1(t)$이 된다. $g_2(t)$를 그려보면 $\|g_2\|^2 = 3^2$을 알 수 있고, $\phi_2(t) = g_2(t)/3$을 구하면, 그림 16.4-4c와 같이 된다. 선형조합 $s_3(t) = s_1(t) - s_2(t)$이 되므로 세 번째 기저함수는 필요하지 않다.

나머지 좌표를 계산함으로써, 혹은 파형을 검토하여, 다음과 같은 벡터 표현을 얻게 되며

$$s_1 = 6\phi_1 \qquad s_2 = 3\phi_1 + 3\phi_2 \qquad s_3 = 3\phi_1 - 3\phi_2$$

이는 그림 16.4-4d의 벡터와 같이 표현된다. 이 그림은 s_2와 s_3가 직교하며 그들의 합이 s_1과 같음을 보여준다.

응용문제 16.4-1

그림 16.4-4a에 $s_1'(t) = \sqrt{2}\, s_2(t)$, $s_2'(t) = \sqrt{2}\, s_1(t)$, $s_3'(t) = -\sqrt{2}\, s_3(t)$를 이용하여 새로운 신호 집합을 정의하자. (a) Gram-Schmidt 절차를 적용하고 결과를 벡터 다이어그램으로 그리시오. (b) 식 (10b)를 사용하여 $\|s_2'\|^2$을 계산하고 식 (1)의 결과와 비교하시오.

16.5 최적 디지털 검파

본 절에서는 AWGN 환경에서 디지털 신호의 검파를 위한 최적 검파기를 설계하는데 앞의 절에서 개발된 신호/벡터 개념을 사용한다. 벡터 개념은 오류 확률 계산과 효율적인 디지털 통신을 위한 신호의 선택을 용이하게 한다.

최적 검파 및 MAP 수신기

그림 16.5-1의 M-진 디지털 통신시스템을 고려하자. 신호원은 집합 $\{m_i;\ i = 1, 2, \ldots, M\}$에서 심볼 m을 선택한다. 송신기는 수신기에서 $s(t)$로 나타나는 신호를 발생시킨다. 이 신호는 심볼 집합과 일대일 대응이 되는 집합 $\{s_i(t);\ i = 1, 2, \ldots, M\}$에 속한다. 수신 신호는 평균이 0이고 전력 밀도가 $G(f) = N_0/2$인 독립적인 백색 가우시안 잡음 $n_w(t)$에 의해 원형이 손상된다. 수신기는 수신 신호 $y(t) = s(t) + n_w(t)$를 저장되어 있는 손상되지 않은 원래 신호와 비교하여 추정된 심볼 $\hat{m}$를 만들어낸다. 여기서 평균 오류 확률 $P_e = P(\hat{m} \neq m)$을 최소로 만드는 최적 검파 방법을 찾아야 한다.

최적화의 기준을 더 정확하게 공식화하기 위하여, $P(m \mid y)$를 $y(t)$가 수신단에 수신된

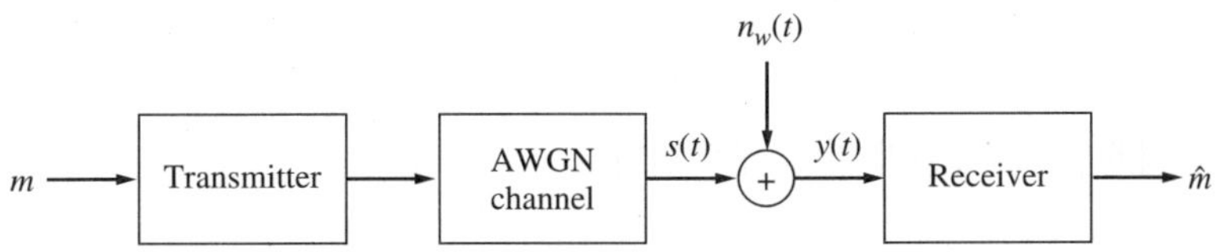

그림 16.5-1
M–진 디지털 통신시스템.

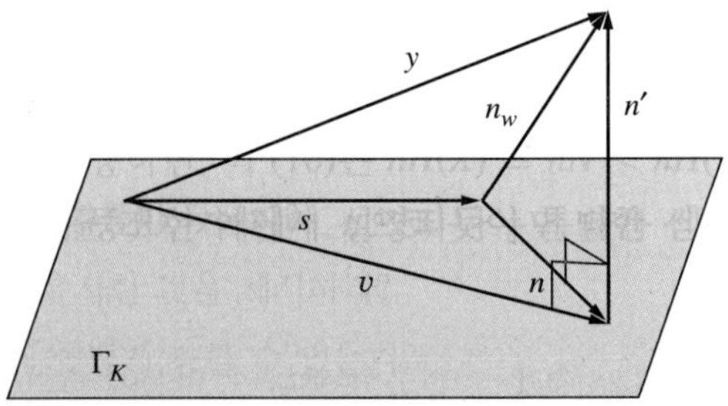

그림 16.5-2
$y = s + n_w$의 Γ_K 위로의 투영.

상태에서 신호원에 의해 m이 선택된 조건 확률이라고 하자. 만일,

$$P(m_j|y) > P(m_i|y) \qquad \text{all } i \neq j \tag{1}$$

라면 수신기는 $P(\hat{m} \neq m)$를 최소화하기 위하여 $\hat{m} = m_j$를 선택하여야 한다. 식 (1)의 값은 **사후**(a posteriori)확률이며, 관측 이후를 의미한다. 또한 식 (1)은 **최대사후판정 수신기**(maximum a posteriori; MAP)를 정의한다. $P(m_i | y)$를 최대로 만드는 m_i가 여러개인 흔하지 않은 경우 수신기는 m_i들 중 하나를 임의로 선택한다. 각 심볼의 발생 확률이 동일한 경우를 가정할 것이며, 이 경우 MAP 기준은 **최대 가능성**(maximum likelihood) 검파와 같아진다.

최적 검파 문제를 위한 설명에는 두 개의 중요한 가정들이 들어 있는데; 독립적인 가산성 가우시안 잡음과 전송되는 파형들의 사본이 수신기에 저장되어 있다는 것이다. 심볼들의 발생 확률이 동일하다는 가정은, 16.1절에서 설명된 신호원 부호화 과정에서 보장되기 때문에, 크게 중요하지는 않다. 비백색 잡음 스펙트럼도 수신기의 전단에서 필터에 의해 등화될 수 있으므로, 잡음의 스펙트럼이 백색이라는 가정도 마찬가지로 심각하게 언급할 필요는 없다. 전송되는 파형들의 사본이 수신기에 저장되어 있다고 가정하는 것은 기본적으로 **동기** 시스템을 다루는 것을 의미하나, 수신기 자체의 구조에 관한 어떠한 선입관도 가지고 있지 않다. 신호-공간 분석은 궁극적으로 특정 수신기 구조를 결정하게 될 것이다.

가능한 M개의 모든 신호 파형은 $K \leq M$ 차원의 부공간 Γ_K 안의 벡터로 표현될 수 있으며 직교정규기저함수 ϕ_k들에 의해 측정된다. 그러나, 수신 벡터 $y = s + n_w$는 반드시 Γ_K 공간 안에 있지는 않다. 따라서 그림 16.5-2에 보인 것과 같이 n_w을 $n_w = n + n'$로 나눈다. 이 그림에서는 편의상 Γ_K가 평면으로 그려져 있다. **비관련 잡음**(irrelevant noise)으로 불리는 n'성분은 다음과 같은 의미에서 Γ_K에 직교한다.

$$(n', \phi_k) = 0 \qquad k = 1, 2, \ldots, K$$

나머지 잡음 벡터 n은 Γ_K에 포함되며 따라서 다음과 같이 쓸 수 있고

$$n = \sum_{k=1}^{K} \beta_k \phi_k \tag{2a}$$

여기서 잡음 좌표 β_k는 다음과 같이 주어진다.

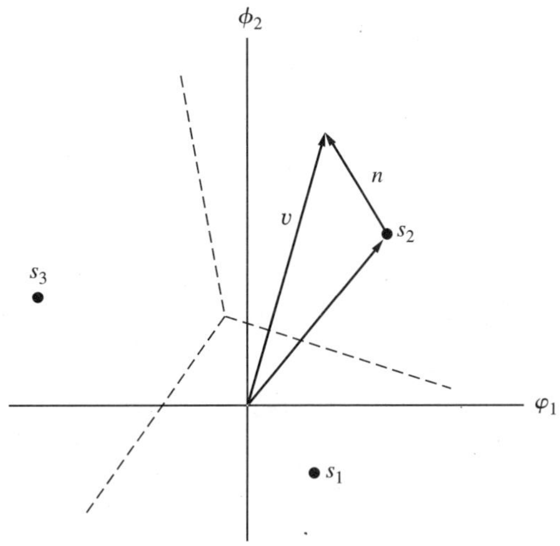

그림 16.5-3
K = 2, M = 3인 경우 Γ_K의 신호 벡터와 판정 영역.

$$\beta_k = (n, \phi_k) = (n_w - n', \phi_k) = (n_w, \phi_k) \tag{2b}$$

마지막으로, **관련 데이터 벡터**(relevant data vector)를 다음과 같이 정의한다.

$$v \triangleq y - n' = s + n \tag{3}$$

이것은, $y = v + n'$이고 n'이 Γ_K의 모든 벡터에 직교하므로, y를 Γ_K 위로 투영한 것이다.

그림 16.5-3은 $K = 2$, $M = 3$인 경우의 Γ_K의 벡터들을 보여준다. 세 개의 점은 잡음이 섞이지 않은 신호 벡터의 끝을 나타내며, v는 $s = s_2$일 때의 전형적인 관련데이터 벡터이다. 이 다이어그램은 수신기가 v의 끝에 가장 가까운 끝을 가지는 신호 벡터를 선택해야 함을 직관적으로 보여주고 있다. 뒤에 계속되는 분석은 다음의 **최대 가능성 검파 법칙**(maximum-likelihood detection rule)을 입증한다.

> 관측 벡터 v에 대하여, 모든 $i \neq j$에 대하여 $\|v - s_j\| < \|v - s_i\|$을 만족하는 j값으로 $\hat{m} = m_j$를 선택한다.

이 법칙은 각 신호 심볼들에 대해 한 개의 영역씩, 모두 M개의 **판정 영역**(decision region)을 Γ_K 상에 정의하고 있다. 그림 16.5-3에서는 한 예로, 신호 점들을 잇는 선의 수직 이등분선(점선)으로 세 개의 판정 영역이 나누어져 있다. 이 판정 영역의 경계는 11장에서 소개된 판정 임계값에 해당된다.

앞의 검파 법칙은 Γ_K에서의 벡터 놈이 관련되어 있다. 우리는 신호의 놈을 $\|s_i\| = \sqrt{E_i}$로 알고 있지만, 잡음 n은 랜덤 벡터이므로 이것의 특성은 더 연구해 보아야 한다. 16.4절의 식 (2a)와 식 (10b)로부터 다음과 같고

$$\|n\|^2 = \sum_{k=1}^{K} \beta_k^2$$

여기서 $\beta_k = (n_w, \phi_k)$이며, 이것은 가우시안 랜덤 변수에 대한 선형 연산이다. 따라서 β_k도 역시 평균값이 $\overline{\beta_k} = (\overline{n_w}, \phi_k) = 0$인 가우시안 랜덤변수이다. 다음으로, 아래의 기대값을 고려하여, 분산과 통계적 독립성 여부를 알아본다.

$$E[\beta_k\beta_i] = E\left[\int_{-\infty}^{\infty} n_w(t)\phi_k(t)\,dt \int_{-\infty}^{\infty} n_w(\lambda)\phi_i(\lambda)\,d\lambda\right]$$
$$= \iint_{-\infty}^{\infty} E[n_w(t)n_w(\lambda)]\phi_k(t)\phi_i(\lambda)\,dt\,d\lambda$$

하지만 백색 잡음의 자기 상관 함수 $E[n_w(t)n_w(\lambda)] = \dfrac{N_0}{2}\delta(t-\lambda)$로부터, 다음과 같이 되고

$$E[\beta_k\beta_i] = \begin{cases} N_0/2 & i = k \\ 0 & i \neq k \end{cases}$$

이것은 β_k가 분산이 $\sigma^2 = N_0/2$인 **독립적인** 가우시안 랜덤변수임을 의미한다.

따라서, 어떤 잡음 좌표 $\beta_k = \beta$의 PDF는 다음과 같이 평균이 0인 가우시안 함수이다.

$$p_\beta(\beta) = \frac{1}{\sqrt{2\pi\sigma^2}}e^{-\beta^2/2\sigma^2} \qquad \sigma^2 = \frac{N_0}{2} \tag{4a}$$

좌표가 상호 독립적이므로, 모든 K개 좌표의 결합 PDF는 $p_n(\beta_1, \beta_2, \beta_3, \ldots, \beta_K) = p_\beta(\beta_1)p_\beta(\beta_2)\cdots p_\beta(\beta_K)$가 된다. 따라서, 벡터 PDF는 다음과 같이 되고

$$p_n(n) = p_n(\beta_1, \beta_2, \ldots, \beta_K) = (\pi N_0)^{-K/2}\,e^{-\|n\|^2/N_0} \tag{4b}$$

이것은 Γ_K에서 **구형 대칭**(spherical symmetry)이다.

이제 우리는 $P(m \mid y) = P(m \mid v)$를 이용하여 식 (1)의 기준으로부터 최적 검파에 대한 분석을 수행할 준비가 되었다. $P(m \mid v)p_v(v)\,dv = P(m)p_v(v \mid m)dv$이므로 $P(m \mid v) = P(m)p_v(v \mid m)/p_v(v)$로 쓸 수 있고 여기서 절대 PDF $p_v(v)$는 m과 무관하다. 따라서, $P(m_j \mid y) > P(m_i \mid y)$는 다음의 벡터 PDF 조건과 동등하다.

$$P(m_j)p_v(v \mid m_j) > P(m_i)p_v(v \mid m_i) \tag{5}$$

하지만, $m = m_i$, $s = s_i$이면 $v = s_i + n$이고, 아래와 같이 된다.

$$p_v(v|m_i) = p_n(v - s_i) = (\pi N_0)^{-K/2}\,e^{-\|v-s_i\|^2/N_0}$$

위 식을 (5)에 대입하고, **MAP 검파 법칙**을 간략화하면 다음과 같다.

$$\|v - s_j\|^2 - \ln P(m_j) < \|v - s_i\|^2 - \ln P(m_i) \tag{6a}$$

심볼들의 발생 확률이 동일한 경우, 모든 i에 대하여 $P(m_i) = 1/M$이고 식 (6a)는 간단해져서 아래와 같은 **최대 가능성 검파법칙**으로 되며

$$\|v - s_j\|^2 < \|v - s_i\|^2 \tag{6b}$$

이것은 결정 영역 조건 $\|v - s_j\| < \|v - s_i\|$과 같다.

다음 과제는 검파 법칙을 구현하는 수신기 구조를 고안하는 것이다. 실제 수신기는 벡터 신호 v가 아니라 신호 파형 $y(t)$에 대해 작동해야 하므로, 우선 $\|v - s_i\|^2 = \|v\|^2 - 2(v, s_i) + \|s_i\|^2$를 고려한다. 여기서, n'이 Γ_K의 어떤 벡터에도 직교하므로 $\|s_i\|^2 = E_i$이고 $(v, s_i) = (y - n', s_i) = (y, s_i)$이다. $\|v\|^2$은 식 (6)의 양변에 나타나므로 소거되고, 따라서 관측할 수 있는 **결정 함수**는 다음과 같다.

$$z_i \triangleq (y, s_i) - c_i \tag{7a}$$

$$(y, s_i) = \int_{-\infty}^{\infty} y(t) s_i(t)\, dt \tag{7b}$$

$$c_i = \begin{cases} \frac{1}{2} E_i & \text{equiprobable } m_i \\ \frac{1}{2}[E_i - N_0 \ln P(m_i)] & \text{otherwise} \end{cases} \tag{7c}$$

따라서, 검파 법칙은 다음과 같이 된다.

> 모든 $i \neq j$ 대하여 $z_j > z_i$인 j에 의해서 m_j를 $\hat{m}$로 선택한다.

최적 검파를 위해 필요한 스칼라 곱 (y, s_i)는 수신기에 저장되어 있는 신호 정보와 그림 16.5-4a의 형태와 같은 일련의 상관기들로 이루어진 **상관 검파기**(correlation detector)를 이용하여 계산될 수 있다. 신호가 $0 \le t \le D$의 범위 밖에서는 $s_i(t) = 0$인 시간 제한 신호이면, 상관 검파는 그림 16.5-4b와 같이 정합필터와 샘플링으로 수행될 수 있다. 어떤 경우에서든, (y, s_i) 연산은 s_i의 방향으로 y를 투영하고 비관련 잡음 n'을 제거한다.

그림 16.5-5는 $y(t)$ 신호를 병렬로 처리하여, $i = 1, 2, \ldots, M$에 대한 (y, s_i)를 생성하

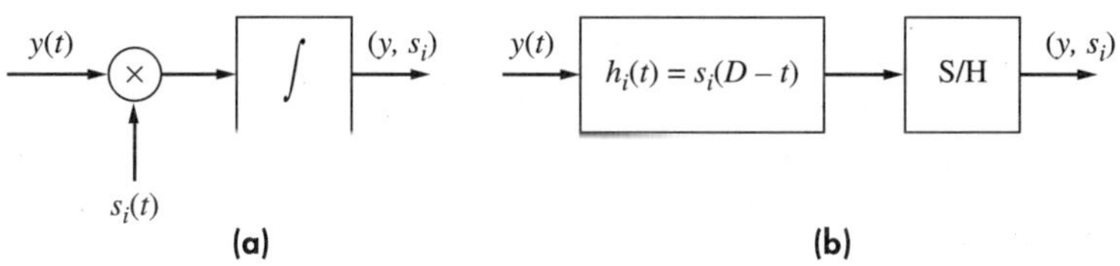

그림 16.5-4
스칼라 곱 계산. (a) 상관 검파기 (b) 정합 필터.

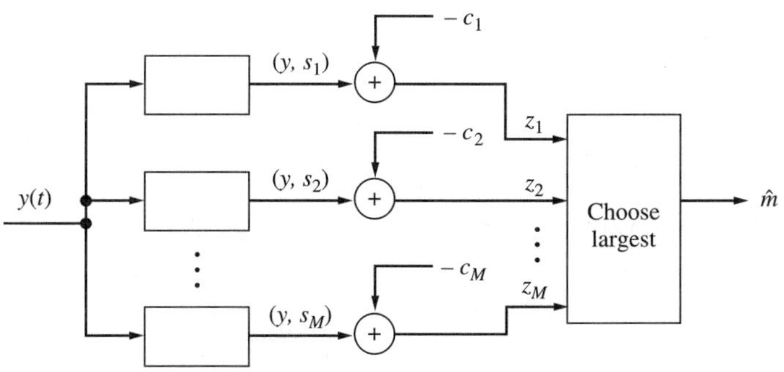

그림 16.5-5
일련의 상관기 혹은 정합 필터로 구성된 MAP 수신기.

는 일련의 상관기 혹은 정합필터들로 이루어진 완전한 MAP 수신기를 나타낸다. 편차 항인 c_i를 제거하면 결정 함수의 집합 $\{z_i\}$을 얻을 수 있다. 수신기는 결정 함수들을 비교하여 가장 큰 값 z_j를 찾아 최적 추정치로 $\hat{m} = m_j$를 선택한다.

특정 신호 집합들에 대해서는 여러 가지 방식으로 수신기 구조를 더 간단하게 구성할 수 있다. 심볼들의 발생 확률이 동일하고 모든 신호들이 같은 에너지를 가지고 있다면, 편차 항은 i에 독립적이므로 생략되고 $z_i = (y, s_i)$가 된다. 신호들의 차원 Γ_K이 $K < M$인 경우, 16.4절의 식 (8a)를 사용하여, 다음과 같이 되며

$$(y, s_i) = \sum_{k=1}^{K} \alpha_{ik}(y, \phi_k) \tag{8}$$

스칼라 곱은 M개의 신호가 아니라 저장된 K개의 기저함수로부터 계산될 수 있다. 이런 구현에서만 기저함수에 대한 정확한 정보가 필요하다. 이와 같은 변형으로 이전의 장들에서 보인 간단한 수신기의 구조가 설명된다.

예제 16.5-1

진폭 및 위상 결합 변조(QAM)에 의해 만들어진 $M = 8$개의 신호 집합이 다음과 같다고 하자.

$$s_1(t) = -s_5(t) = A_c \cos \omega_c t$$
$$s_2(t) = -s_6(t) = \sqrt{2}\, A_c \cos(\omega_c t + \pi/4) = A_c(\cos \omega_c t - \sin \omega_c t)$$
$$s_3(t) = -s_7(t) = A_c \cos(\omega_c t + \pi/2) = -A_c \sin \omega_c t$$
$$s_4(t) = -s_8(t) = \sqrt{2}\, A_c \cos(\omega_c t + 3\pi/4) = -A_c(\cos \omega_c t + \sin \omega_c t)$$

모든 신호는 지속 시간이 D이고 캐리어 주파수 f_c는 $1/D$의 정수배이다.

각 신호가 $\cos \omega_c t$와 $\sin \omega_c t$의 선형 조합으로 표현될 수 있으므로 기저함수는 다음과 같다.

$$\phi_1(t) = \sqrt{2/D} \cos \omega_c t \qquad \phi_2(t) = -\sqrt{2/D} \sin \omega_c t$$

따라서, 그림 16.5-6a와 같이 2차원의 신호 집합을 얻을 수 있으며, 여기에서 $E_1 = A_c^2 D/2$이고 $E_2 = 2E_1$이다. 그림 16.5-6b는 이 경우에 해당하는 최대 가능성 검파를 위한 결정 영역을 보인다. (이 다이어그램은 14.4절에서 논의한 $M = \mu^2$개의 점을 가진 정방형 배열의 QAM 신호와는 다르다.)

$K < M$이고 기저함수를 알고 있으므로 식 (8)을 이용하면 그림 16.5-6c와 같은 간단한 최적 수신기를 만들 수 있다. 식 (7), (8)대로 수신기는 (y, ϕ_1)와 (y, ϕ_2)를 입력으로 이용하여 다음의 결정 함수를 계산한다.

$$z_i = [\alpha_{i1}(y, \phi_1) + \alpha_{i2}(y, \phi_2)] - E_i/2 \qquad i = 1, 2, \ldots, 8$$

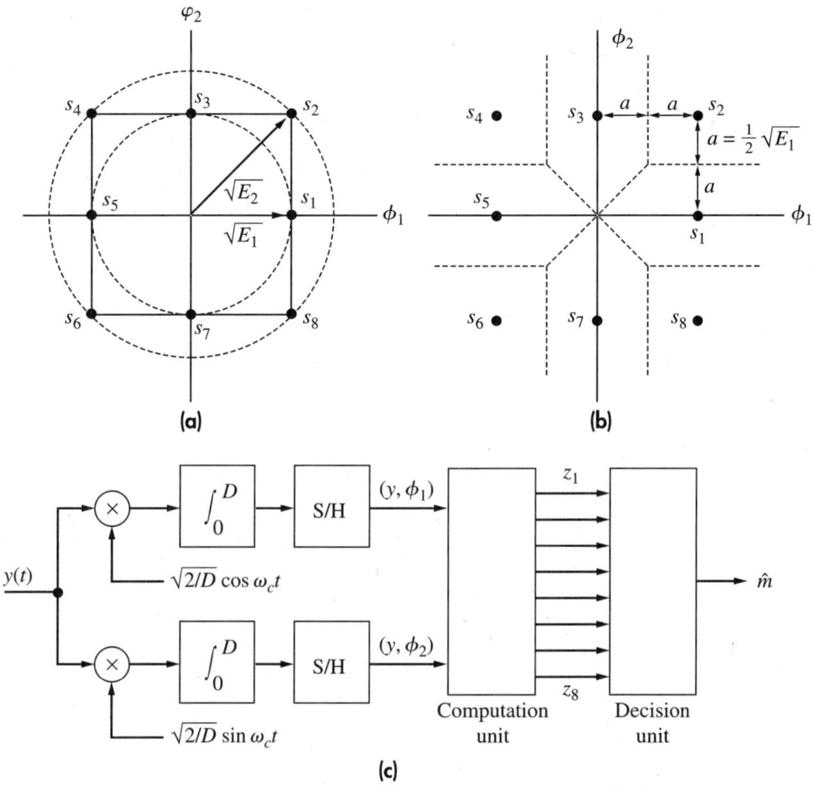

그림 16.5-6

(a) 2차원 신호 집합; (b) 결정 영역; (c) 최적 수신기.

신호원이 일련의 심볼들을 발생시키면 수신기에서의 적분과 결정 과정은 각각의 연속적인 신호 간격 $kD \leq t \leq (k+1)D$에 대하여 반복적으로 수행된다.

오류 확률

하지만 최적 수신기의 구조는 오류 확률을 알지 못하는 경우에는 별로 효과적이지 않다. 따라서 심볼들의 발생 확률이 같고 최적 검파를 하는 M-진 시스템에서의 평균 오류 확률을 일반적이면서도 구체적인 방법으로 표현해 보려 한다.

이를 위하여 먼저 임의의 심볼 m_j에 대하여, 이에 해당하는 신호 $s_j(t)$를 잘못 검파하게 될 확률을 $P(e \mid m_j)$라고 하자. 이 확률을 M개의 발생확률이 같은 심볼들에 대하여 평균을 취하게 되면 다음과 같이 된다.

$$P_e = \sum_{j=1}^{M} P(m_j)P(e \mid m_j) = \frac{1}{M}\sum_{j=1}^{M} P(e \mid m_j) \tag{9a}$$

또는, 아래와 같이 나타낼 수도 있으며

$$P_e = 1 - P_c \qquad P_c = \frac{1}{M}\sum_{j=1}^{M} P(c \mid m_j) \tag{9b}$$

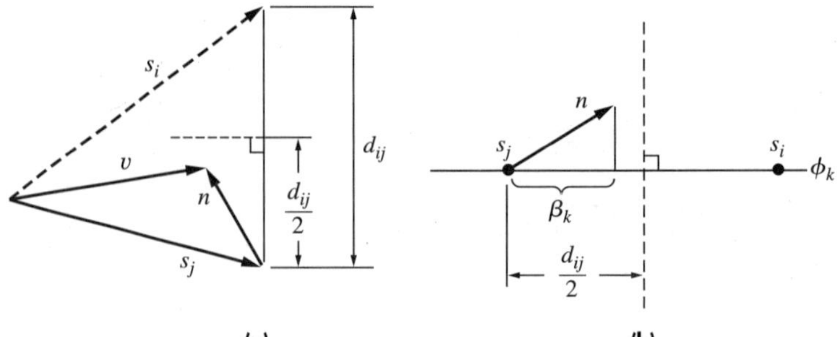

그림 16.5-7
(a) 신호와 잡음의 합 벡터; (b) 신호 지점들의 이동 및 회전에 의해 구한 잡음 벡터의 투영.

여기서 $P(c \mid m_j)$는 검파가 옳게 될 확률을 나타낸다. $P(e \mid m_j)$ 또는 $P(c \mid m_j)$를 결정하기 위해 기하학적 벡터 방법을 이용할 것이다.

그림 16.5-7a는 $s_j(t)$가 잡음 $n_w(t)$에 의해 변형되어 벡터 $\mathbf{v} = s_j + n$를 만들어내는 경우의 Γ_K에서의 상황을 나타낸다. 그리고 s_j와 끝 사이의 거리가 $d_{ij} \triangleq \|s_i - s_j\|$인 또 다른 신호 벡터 s_i를 보이고 있다. 검파 오류는 $s_i - s_j$의 방향을 따라 n의 투영길이가 $d_{ij}/2$ 보다 커질 때 일어나며, 이 경우 $\mathbf{v}$는 s_i와 s_j 사이의 중간 지점인 결정 경계의 반대쪽에 있게 된다. 이러한 오류 발생 사건을 e_{ij}로 표시하겠다. 확률 $P(e_{ij})$를 구하기 위해, 그림 16.5-7a에 보인 것과 같이 벡터들을 이동하거나 또는 회전시켜 $s_i - s_j$가 임의의 기저벡터 ϕ_k와 공동선형이 되게 한다고 하자. $p_n(n)$이 Γ_K에서 구 대칭이므로, 신호 지점들과 결정 경계를 이동 및 회전시키는 것은 오류 확률의 계산에 영향을 주지 못한다. 우리는 $P(e_{ij})$가 $\beta_k > d_{ij}/2$의 확률과 동일함을 이제 알 수 있다. 그러므로, 식 (4a)로부터 다음과 같이 된다.

$$P(e_{ij}) = \int_{d_{ij}/2}^{\infty} p_\beta(\beta_k)\, d\beta_k = Q\left(\frac{d_{ij}/2}{\sqrt{N_0/2}}\right) = Q\left(\frac{d_{ij}}{\sqrt{2N_0}}\right) = Q\left(\frac{\|s_i - s_j\|}{\sqrt{2N_0}}\right) \tag{10}$$

이진 신호의 경우, 오직 두 개의 신호 벡터가 있고 s_0와 s_1를 이전의 표현식과 일치하도록 표기하였기 때문에, 식 (10)은 바로 적용된다. 명백히, $P(e \mid m_0) = P(e_{10})$과 $P(e \mid m_1) = P(e_{01}) = P(e_{10})$이며, 따라서 이진 신호의 최대 확률 검파에서 평균 오류 확률은 다음과 같이 된다.

$$P_e = Q\left(\frac{\|s_1 - s_0\|}{\sqrt{2N_0}}\right) \tag{11}$$

$\|s_1 - s_0\|^2 = E_1 - 2\,(s_1, s_0) + E_0 = 2[E_b - (s_1, s_0)]$이고, 여기서 $E_b = (E_1 + E_0)/2$은 비트 당 평균 에너지임을 주목할 때, 좀 더 익숙한 표현을 구할 수 있다. 만약 신호들이 $s_0(t) = -s_1(t)$인 극 신호라면, $(s_1, s_0) = -E_b$이고 $(\|s_1 - s_0\|/\sqrt{2N_0})^2 = 4E_b/2N_0 = 2\,\gamma_b$이다. 따라서 식 (11)은 정합필터가 사용된 극 신호 기저대역 전송에 대해 이전에 얻은 결과와 동일해진다.

일반적인 M-진 신호의 경우, 식 (10)은 s_j와 다른 $M - 1$ 신호 지점들 사이의 경계 중 하나가 고려된 것이다. $P(e \mid m_j)$ 또는 $P(c \mid m_j)$에 대한 완전한 표현은 필수적으로 신호 집

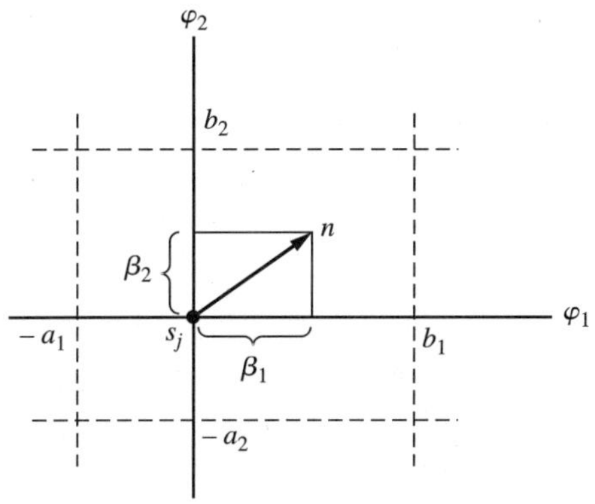

그림 16.5-8
사각 결정 영역에 대응한 잡음 벡터의 좌표.

합의 기하학적 위치와 관련되며, 이것을 유도하는 것은 쉬울 수도 또는 쉽지 않을 수도 있다. 만약 신호 지점들이 직각 배열을 이룬다면, 이동 및 회전은 그림 16.5-8과 같은 사각 결정 영역을 만들어 낸다. 여기서, m_j의 올바른 검파를 위해서는 $-a_1 < \beta_1 < b_1$과 $-a_2 < \beta_2 < b_2$이 만족되어야 한다. 직교 잡음 좌표 값들이 통계적으로 독립적이기 때문에 다음과 같이 된다.

$$P(c \mid m_j) = \int_{-a_1}^{b_1} p_\beta(\beta_1)\, d\beta_1 \int_{-a_2}^{b_2} p_\beta(\beta_2)\, d\beta_2 \tag{12a}$$

식 (12a)의 적분은 평균이 0이고 분산이 $N_0/2$인 가우시안 PDF에 대한 Q 함수의 도식적 해석으로부터 얻어지며, 아래와 같이 표현된다.

$$\int_{-a}^{b} p_\beta(\beta)\, d\beta = 1 - Q\left(\frac{a}{\sqrt{N_0/2}}\right) - Q\left(\frac{b}{\sqrt{N_0/2}}\right) \tag{12b}$$

신호 집합의 기하학적 위치가 정확한 분석을 어렵게 만들 경우, 평균 오류 확률에 대한 상한을 대신 도출할 수 있다. 상한을 도출하기 위해서, 우선 $M = 3$인 경우를 고려한다. 그러면 $P(e \mid m_1)$는 오류 사건 e_{21}과 e_{31}의 합집합의 확률과 같고, $P(e \mid m_1) = P(e_{21} + e_{31}) = P(e_{21}) + P(e_{31}) - P(e_{21}, e_{31}) \leq P(e_{21}) + P(e_{31})$로 쓸 수 있다. 임의의 M과 m_j의 경우로 추론하면 다음과 같은 **합집합 한계**(union bound)를 얻고

$$P(e \mid m_j) \leq \sum_{i=1}^{M} P(e_{ij}) \qquad i \neq j$$

여기에서 $P(e_{ij})$는 식 (10)의 것과 같다. 이 합에는 $M - 1$개의 항이 있으며, 더 간단하지만 대신 느슨한 한계는 $P(e \mid m_j) \leq (M - 1)Q(d_j/\sqrt{2N_0})$이고, 여기서 d_j는 s_j와 가장 인접한 이웃 지점과의 거리로 다음과 같다.

$$d_j \triangleq \min_{i \neq j} \| s_i - s_j \| \tag{13a}$$

이제, 식 (9a)을 이용하면, 최종 결과는 다음과 같이 된다.

$$P_e \le \frac{M-1}{M}\sum_{j=1}^{M} Q\left(\frac{d_j}{\sqrt{2N_0}}\right) \tag{13b}$$

예제 16.5-2

오류 확률과 신호간 거리

그림 16.5-6b의 신호 집합을 고려하시오. 결정 영역은 다소 복잡한 모양이나, 가장 인접한 이웃과의 거리는 모두 8개의 지점에 대해 $d_j = 2a = \sqrt{E_1}$이다. 짝수 i에 대해서는 $\|s_i\|^2 = E_1 = (2a)^2$이며, 반면 홀수 i에 대해서는 $\|s_i\|^2 = E_2 = 2E_1$임을 알 수 있다. 이 때, 심볼 당 평균 에너지는 다음과 같다.

$$E = \frac{1}{8}[4 \times (2a)^2 + 4 \times 2(2a)^2] = 6a^2$$

그러므로, 식 (13)으로부터 다음과 같이 되고,

$$P_e \le \frac{7}{8}8Q\left(\frac{2a}{\sqrt{2N_0}}\right) = 7Q\left(\sqrt{\frac{E}{3N_0}}\right)$$

이는 평균 신호 에너지의 식으로 나타낸 오류 확률의 상한이다.

그림 16.5-6b을 자세히 검토해 보면, 구석에 위치한 점들은 경계가 직각이 됨을 알 수 있으며, 이는 그림 16.5-8에서 $a_1 = a_2 = a$과 $b_1 = b_2 = \infty$인 경우와 동일하다. 따라서, 짝수 j에 대해, 식 (12)에서 다음과 같은 **정확한** 결과가 얻어진다.

$$P(c\,|\,m_j) = (1-q)^2 \qquad q = Q\left(a/\sqrt{N_0/2}\right) = Q\left(\sqrt{E/3N_0}\right)$$

또한, 홀수 j에 대해, 삼각형 영역을 생략할 수 있으며 다음과 같이 된다.

$$P(c\,|\,m_j) > \int_{-a}^{\infty} p_\beta(\beta_1)d\beta_1 \int_{-a}^{a} p_\beta(\beta_2)\,d\beta_2 = (1-q)(1-2q)$$

이제, 식 (9b)에 치환하면 다음과 같이 되며

$$P_c > \frac{1}{8}\left[4(1-q)^2 + 4(1-q)(1-2q)\right] \qquad P_e = 1 - P_c < \frac{5}{2}q - \frac{3}{2}q^2$$

이것은 앞에서 유도된 집합 경계보다 더 정확한 결과이다.

응용문제 16.5-1

$M = 6$인 신호들의 집합을 $s_1 = -s_2 = a\phi_1$, $s_3 = -s_4 = a\phi_1 + 2a\phi_2$, $s_5 = -s_6 = a\phi_1 - 2a\phi_2$라고 정의하자. 결정 경계를 구성하고 식 (12)를 이용하여, $P_e = (7q - 4q^2)/3$임을 보이시오. 여기서, $q = Q(\sqrt{6E/11N_0})$이며, E는 평균 신호 에너지이다.

신호 선택 및 직교 신호화

이제까지 주어진 신호 집합에 대한 최적 검파 방법을 알아보았으며, 마지막으로 디지털 통신을 위한 중요한 설계 과제인 **신호 선택**을 다루게 되었다. 계속해서 심볼들의 발생 확률은 동일하고 잡음은 가우시안이라고 가정하지만, 평균 신호 에너지 E에 대한 제한을 추가한다. 이러한 상황에서, 다음과 같이 이야기할 수 있다.

> 최적 신호 집합은 특정 E 값에 대해 가장 낮은 오류 확률을, 또는 등가적으로, 특정 오류 확률을 가장 적은 E 값으로 얻는다.

벡터 해석은 이를 위해서 신호들을, 벡터 길이 또는 신호 에너지를 최소로 하기 위해서는 원점으로부터 동일한 거리에 구형으로 위치시키고, 최대로 분리시키고 오류 확률을 최소로 만들기 위해서는 신호 지점들 사이를 가능한 한 가장 큰 간격으로 위치시킬 것을 제안한다. 이 최적 특성은 $K = M - 1$차원의 부공간에서 소위 **단순 집합**(simplex set)을 정의한다.

이 단순 신호 지점들은 K-차원 각뿔의 꼭지점들을 이루며, 이 각뿔의 무게 중심은 원점과 일치한다. 각뿔은 $M = 3$일 경우 정삼각형이 되며, $M = 2$일 경우 양극 지점들 ($s_2 = -s_1$)로 된다. M이 큰 경우, 최적 단순 집합과 **동등에너지 직교 신호** 집합과는 거의 차이가 없다. 직교 신호가 단일 신호에 비해 발생시키고 분석하기가 용이하므로, M-진 직교 신호를 사용하는, 디지털 통신의 거의 최적 경우에 관심을 집중하겠다.

특히, M-차원 부공간이 직교정규기저함수의 집합으로 만들어지고, 아래와 같이 표현된다고 하자.

$$s_i(t) = \sqrt{E}\,\phi_i(t) \qquad i = 1, 2, \ldots, M \tag{14a}$$

이때

$$(s_i, s_j) = \begin{cases} E & j = i \\ 0 & j \neq i \end{cases} \tag{14b}$$

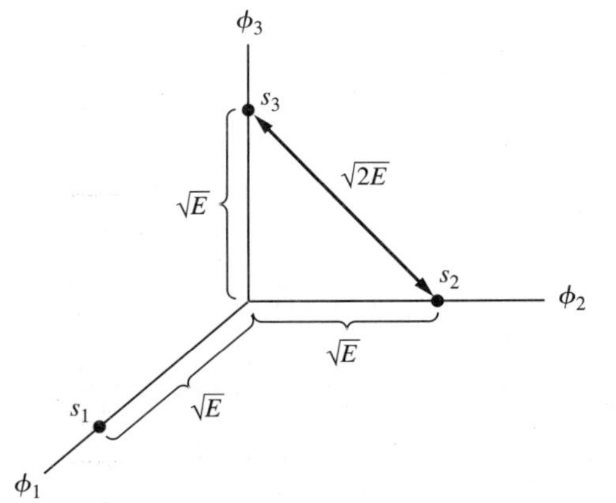

그림 16.5-9
M = 3인 직교 신호 집합.

$$d_{ij}^2 = \|s_i - s_j\|^2 = 2E \qquad j \neq i \tag{14c}$$

이 관계는, $M = 3$인 경우가 그림 16.5-9에 도시되어 있듯이, 평균 신호 에너지가 E인 상호 직교 신호들의 집합을 정의한다. 또한, $t < 0$이거나 $t > D$인 경우에, $s_i(t) = 0$인 시간 제한 조건을 부과한다. D와 M은 다음과 같이 관련되며

$$r_b = \frac{\log_2 M}{D}$$

여기서, r_b는 정보 신호원의 등가 비트율이다.

예는 많이 들 수 있다. 예를 들어, 기저대역에서 이 신호들은 구간이 $\tau \leq D/M$인 포개지지 않는 펄스들일 수 있다—이 경우, 디지털 펄스 위치 변조(PPM)가 된다. 또는, 대역통과 전송의 경우, 직교 신호는 주파수 간격이 $1/2D$인 주파수 전위 변조(FSK)의 형태를 가질 수도 있다. 특별한 방법에 관계없이, M-진 직교 신호는 다음과 같은 전송 대역폭이 요구되는 광대역 방식이다.

$$B_T \geq \frac{M}{2D} = \frac{Mr_b}{2 \log_2 M} \geq r_b \tag{15}$$

아날로그 통신에서의 광대역 잡음 감소와 유사하게, 이 방법에서 오류 확률을 감소시키기 위하여 전송 대역폭을 증가시키는 교환관계를 보게될 것이다.

우선, 대칭성으로 인해 $P(c \mid m_j)$는 모든 M 신호들에 대해 동일하다는 것에 주목하면, 다음과 같이 된다.

$$P_c = P(c|m_j) = P(z_j > z_i, \text{all } i \neq j)$$

여기서, z_i는 식 (7)에서의 결정 함수이다. 편차 항 c_i는 i에 무관하므로, 이 항을 떼어내고 쓰면, $z_i = (y, s_i) = (v, s_i)$이다. $m = m_j$일 때, $v = s_j + n = \sqrt{E}\varphi_j + n$이고, 또 다음과 같이 된다.

$$z_i = \left(\sqrt{E}\,\phi_j + n, \sqrt{E}\,\phi_i\right) = E(\phi_j, \phi_i) + \sqrt{E}(n, \varphi_i) = \begin{cases} E + \sqrt{E}\beta_j & i = j \\ \sqrt{E}\beta_i & i \neq j \end{cases}$$

여기에서 잡음 좌표값 $\beta_i = (n, \phi_i)$을 도입하였다.

다음으로, β_j의 특정값을 고려해보자. 그러면, 임의의 $i \neq j$에 대해, 어떤 β_j에 대한 사건 $z_j > z_i$의 확률은 다음과 같이 된다.

$$\begin{aligned} P(z_j > z_i|\beta_j) &= P(E + \sqrt{E}\beta_j > \sqrt{E}\beta_i) = P(\beta_i < \sqrt{E} + \beta_j) \\ &= \int_{-\infty}^{\sqrt{E}+\beta_j} p_\beta(\beta_i)\, d\beta_i \end{aligned}$$

이 때, 잡음 좌표값들은 독립적인 RV이고, $i \neq j$인 $M - 1$개의 좌표값들이 있으므로, 어떤 β_j에 대하여 검파가 올바르게 될 확률은 다음과 같다.

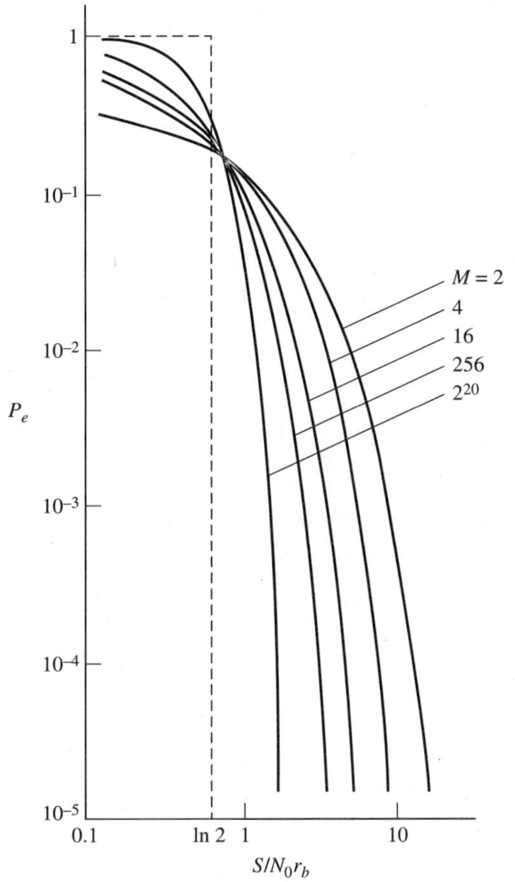

그림 16.5-10
M–진 직교 신호의 오류 확률.

$$P(c \mid \beta_j) = \left[\int_{-\infty}^{\sqrt{E}+\beta_j} p_\beta(\beta_i)\, d\beta_i\right]^{M-1}$$

마지막으로, $P(c \mid \beta_j)$를 모든 가능한 β_j에 대하여 평균을 취하면 다음과 같이 되고

$$P_c = \int_{-\infty}^{\infty} P(c \mid \beta_j) p_\beta(\beta_j)\, d\beta_j = \pi^{-M/2} \int_{-\infty}^{\infty} \left[\int_{-\infty}^{\sqrt{E/N_0}+\lambda} e^{\ \mu^2}\, d\mu\right]^{M-1} e^{-\lambda^2}\, d\lambda \qquad (16)$$

여기서 $\mu = \beta_i/\sqrt{N_0}$이고, $\lambda = \beta_j/\sqrt{N_0}$이다.

복잡한 식 (16)의 표현은 Viterbi (1966)에 의해 수식적으로 유도되었으며, 선택된 몇 M 값에 대한 $P_e = 1 - P_c$의 곡선을 그림 16.5-10에 보였다. 이 곡선들은 다음의 값에 따라 도시되었으며

$$\frac{E}{N_0 \log_2 M} = \frac{SD}{N_0 \log_2 M} = \frac{S}{N_0 r_b} \qquad (17)$$

여기서 $S = E/D$는 평균 신호 전력이다. 그림에서 $S/N_0 r_b$이 고정된 값을 가질 때, 오류 확률은 M을 증가시켜 원하는 만큼 작은 값으로 만들 수 있다. 실제로 Viterbi는 그림 16.5-10

에 점선으로 표시된 다음을 증명하였다.

$$\lim_{M\to\infty} P_e = \begin{cases} 0 & S/N_0 r_b > \ln 2 \\ 1 & S/N_0 r_b < \ln 2 \end{cases}$$

그러므로, 만약 $M \to \infty$이면, 최적 검파가 되는 직교 신호는 다음의 조건을 만족시키는 임의의 전송율에서 오류 없는 전송에 가까워지며

$$r_b < \frac{S}{N_0 \ln 2} = C_\infty$$

여기서 C_∞는 정보이론을 통해 예측된, AWGN 채널의 최대 용량이다.

그러나, M의 증가는 대역폭과 수신기의 복잡도가 비례적으로 증가하는 것을 의미함을 명심하라. 게다가, 그림 16.5-10은 만약 $S/N_0 r_b$가 어느 값 이하로 감소되면, P_e는 급격하게 증가한다는 점에서 $M \gg 1$인 직교 신호는 문턱 효과를 가짐을 보인다. 이러한 관찰은 신뢰성이 있고, 효율적이며, 그리고 실제적인 디지털 통신은 항상 주의 깊은 신호 선택 및 최적의 수신기 설계는 물론 오류 제어 부호화를 필요로 한다는 중요한 결론을 내리도록 한다.

16.6 연습문제

16.1-1* 어떤 과목에서 성적 A, B, C, D, F가 동일한 수로 주어진다고 하자. 교사가 당신의 성적은 F가 아니다라고 말할 때 얼마의 정보(비트)를 받은 것인가? 당신의 성적을 알아내기 위해서는 얼마나 더 많은 정보가 필요한가?

16.1-2 보통의 52장의 놀이카드 한 벌에서 하나의 카드를 임의로 뽑았다. (a) 그 카드가 하트라고; 얼굴이 그려져 있는 카드라고; 얼굴이 그려져 있는 하트라고 들었을 때, 당신이 얻은 정보의 양을 비트 단위로 답하시오. (b) 이 카드가 얼굴이 그려져 있는 붉은 색의 카드라고 들었다면, 이 카드가 정확히 어떤 카드인지를 알기 위해서는 얼마나 더 많은 정보가 필요한가?

16.1-3 자물쇠의 암호가 00부터 99까지의 범위를 갖는 숫자 3개의 조합으로 되어 있을 때, 이 자물쇠를 열기 위해 필요한 정보의 양을 계산하시오.

16.1-4* 다음의 확률로 6개의 심볼들을 발생시키는 이산 무기억 신호원의 $H(X)$를 계산하시오.

$$P_A = 1/2 \quad P_B = 1/4 \quad P_C = 1/8 \quad P_D = P_E = 1/20 \quad P_F = 1/40$$

그리고 메시지 $ABABBA$와 $FDDFDF$에 포함된 정보의 양을 찾고, 6개의 심볼로 이루어진 하나의 메시지에 기대되는 정보의 양과 비교하시오.

16.1-5 아래의 확률로 문제 16.1-4를 다시 푸시오.

$$P_A = 0.4 \quad P_B = 0.2 \quad P_C = 0.12 \quad P_D = P_E = 0.1 \quad P_F = 0.08$$

16.1-6 어떤 신호원이 8개의 심볼을 가지고 있으며, 초당 1000블록의 빠르기로, 3개의 심볼들로 이루어진 블록 단위로 데이터를 발생시킨다. 각 블록에서 첫 번째 심볼은 동기를 목적으로 항상 동일하고; 나머지 두 곳에는 8개의 심볼이 동일한 확률을 가지고 채워진다. 이 신호원의 정보율을 구하시오.

16.1-7 어떤 데이터 신호원이 각각 1 ms의 길이를 가지는 16개의 동등한 확률의 심볼들을 가지고 있다. 이 심볼들은 15개로 구성된 블록 단위로 만들어지며, 블록들은 5 ms의 간격으로 구분된다. 이 신호원의 정보율을 구하시오.

16.1-8 도트(짧은 선)와 대쉬(긴 선)의 두 심볼을 가지는 전신 신호원의 정보율을 계산하시오. 도트의 길이는 0.2초이다. 대쉬의 길이는 도트보다 두 배로 길며, 발생 확률은 절반이다.

16.1-9* $M = 3$인 신호원을 고려하시오. $P_1 = 1/3$과 $P_2 = p$일 때, p의 함수로 $H(X)$를 구하시오. 또한 $p = 0$과 $p = 2/3$일 때, $H(X)$를 계산하시오.

16.1-10 $M > 2$인 신호원을 고려하시오. 한 심볼은 확률 $\alpha \ll 1/M$을 가지고 있으며 나머지 심볼은 동일한 확률로 발생한다. $H(X) \approx \log_2 (M - 1) + \alpha \log_2 (1/\alpha)$임을 보이시오.

16.1-11 N_i가 16.1절의 식 (15)를 만족할 때, 16.1절의 식 (13)에서 K의 한계를 구하시오.

16.1-12 문제 16.1-4의 신호원에 대하여 Shannon-Fano 부호를 구하고, 효율을 계산하시오.

16.1-13 문제 16.1-5에 주어진 심볼 확률의 신호원에 대해 두 개의 Shannon-Fano 부호가 가능함을 보이시오. 그리고 이들 중 더 좋은 부호의 효율을 계산하시오.

16.1-14 $M = 3$이고 각 심볼의 확률이 0.5, 0.4, 0.1인 신호원을 고려한다. (a) Shannon-Fano 부호를 구하고, 효율을 계산하시오. (b) 두 심볼을 한 블록으로 묶은 이차-연장 부호에 대해 *a* 항을 반복하시오.

16.1-15 어떤 이진 신호원의 심볼 확률이 각각 0.8, 0.2이다. (a) 두 심볼을 한 블록으로 묶어, 이차-연장 Shannon-Fano 부호를 구하고, 효율을 계산하시오. (b) 세 심볼을 한 블록으로 묶는 삼차-연장 부호에 대해 *a* 항을 반복하시오.

16.1-16* 어떤 이진 신호원이 $P_0 = P_1 = 1/2$이고, $P(0 \mid 1) = P(1 \mid 0) = 3/4$인 1차 메모리를 가진다. 결과적으로 만들어지는 조건 엔트로피를 계산하시오.

16.2-1 이산 시스템의 **결합 엔트로피**(joint entropy)가 아래와 같이 정의된다.

$$H(X, Y) = \sum_{x,y} P(x_i y_j) \log_2 \frac{1}{P(x_i y_j)}$$

$H(X, Y) = H(Y) + H(X \mid Y)$임을 보이시오.

16.2-2 16.2절의 식 (2)를 확장하여 $I(X; Y) = H(X) + H(Y) - H(X, Y)$를 구하시오. 여기서, $H(X, Y)$는 연습문제 16.2-1에서 정의된 결합 엔트로피이다.

16.2-3 μ개의 신호원 심볼, μ개의 수신 심볼, 그리고 다음과 같은 순방향 천이 확률을 가지는 무잡음 시스템을 고려하시오.

$$P(y_j \mid x_i) = \begin{cases} 1 & j = i \\ 0 & j \neq i \end{cases}$$

$H(Y) = H(X)$, $H(Y \mid X) = 0$이고 따라서 $I(X; Y) = H(X)$임을 보이시오. 힌트: 지수 $0 \le i \le \mu$와 $0 \le j \le \mu$에 대한 합을 써 보시오.

16.2-4 그림 P16.2-4는 비대칭 이진 채널을 나타낸다. 예제 16.2-1에서 사용한 방법을 이용하여 아래의 식을 구하시오.

$$I(X; Y) = \Omega[\beta + (1 - \alpha - \beta)p] - p\Omega(\alpha) - (1 - p)\Omega(\beta)$$

16.2-5 만약 $\beta = 1 - \alpha$라면, 문제 16.2-4의 채널은 **쓸모없음**(useless)으로 불린다. 직관적인 그리고 분석적인 검토를 통해 이 이름의 정당성을 입증하시오.

16.2-6 a와 b가 상수일 때, 다음을 보이시오.

$$\frac{d}{dp}\Omega(a + bp) = b \log_2 \frac{1 - a - bp}{a + bp}$$

그림 P16.2-4

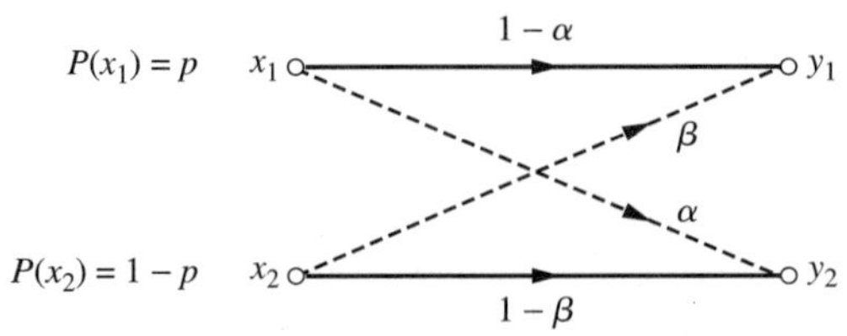

그리고 이 관계식을 $p = 1/2$일 때 16.2절 식 (8)의 $I(X; Y)$가 최대가 되는 것을 확인하는데 적용하시오.

16.2-7 $\beta = 0$일 때, 문제 16.2-4의 채널을 **Z-채널**이라 부른다. 만약 $\alpha = 1/2$이면, $p = 2/5$일 때 $I(X; Y)$가 최대가 되는 것을 보이기 위해 문제 16.2-6의 관계식을 이용하시오. 또 C_s를 평가하시오.

16.2-8* 문제 16.2-4의 채널에서 $\alpha = 1/4$이고 $\beta = 0$일 때, 문제 16.2-6의 관계식을 이용하여 C_s를 구하시오.

16.2-9 **이진 말소 채널**(binary erasure channel)은 두 개의 신호원 심볼 0, 1과 세 개의 수신단 심볼 0, 1, E를 가지고, 여기에서 E는 검파되었으나 판정할 수 없는 오류를 표시한다. 순방향 천이 확률은 다음과 같다.

$$P(0 \mid 0) = 1 - \alpha \qquad P(E \mid 0) = \alpha \qquad P(1 \mid 0) = 0$$
$$P(0 \mid 1) = 0 \qquad P(E \mid 1) = \alpha \qquad P(1 \mid 1) = 1 - \alpha$$

대칭성에 따라, 신호원 심볼이 동일한 확률로 발생될 때 $I(X; Y)$가 최대가 된다. C_s를 α의 식으로 구하시오.

16.2-10 16.2절 식 (14b)에 주어진 $P(n \geq d)$의 한계를 유도하시오.

16.3-1* $H(X)$를 $S = \overline{x^2}$의 식으로 구하고, $p(x)$가 $|x| \leq a$의 범위에서 균등 PDF일 때, $H(X) < \frac{1}{2} \log_2 2\pi e S$임을 입증하시오.

16.3-2 $H(X)$를 $S = \overline{x^2}$의 식으로 구하고, $p(x)$가 예제 8.3-1에서의 Laplace PDF일 때, $H(X) < \frac{1}{2} \log_2 2\,\pi e S$임을 입증하시오.

16.3-3 $H(X)$를 $S = \overline{x^2}$의 식으로 구하고, $p(x) = ae^{-ax}u(x)$일 때, $H(X) < \frac{1}{2} \log_2 2\pi e S$임을 입증하시오.

16.3-4 $Z = aX + b$일 때, $H(Z)$를 $H(X)$의 식으로 구하시오.

16.3-5* 신호가 $x(t) \geq 0$이고 $\overline{x(t)} = m$의 조건을 가질 때, $H(X)$를 최대로 하는 $p(x)$를 구하고, 결과 $H(X)$를 결정하시오.

16.3-6 신호가 $x(t) \geq 0$이고 $\overline{x^2(t)} = S$의 조건을 가질 때, $H(X)$를 최대로 하는 $p(x)$를 구하고, 결과 $H(X)$를 결정하시오.

16.3-7 $p_x(x \mid y)/p_x(x) = [p_x(x)p_y(y)/p_{xy}(x, y)]^{-1}$를 사용하고, $\ln v \leq v - 1$를 적용하여 $I(X; Y) \geq 0$임을 보이시오.

16.3-8 $S/N_0 = 10^4$인 AWGN을 고려하시오. B = 1 kHz, 10 kHz, 100 kHz일 때, 신뢰성 있는 정보 전송이 보장되는 최대 전송률을 구하시오.

16.3-9 B = 3 kHz인 AWGN을 고려하시오. R = 2400, 4800, 9600 비트/초일 때, 신뢰성 있는 정보 전송이 보장되는 S/N의 최소값을 dB로 구하시오.

16.3-10* B = 1 kHz와 $N_0 = 1\ \mu$W/Hz인 AWGN을 고려하시오. R = 100, 1000, 10,000 비트/초에서 신뢰성 있는 정보 전송이 보장되는 S의 최소값을 mW로 구하시오.

16.3-11 어떤 엔지니어가 S_R/N_0B_T = 5 dB이고 $B_T = 10W$일 때, $(S/N)_D$ = 60 dB인 아날로그 통신 시스템을 설계했다고 주장한다. 당신은 이 주장을 믿을 수 있는가?

16.3-12 $B_T = 4W$에서 $(S/N)_D$ = 40 dB가 되는 이상적인 시스템이 있다. 다른 모든 변수들은 고정되어 있고 B_T만 세 배로 증가할 경우, $(S/N)_D$를 구하시오.

16.3-13 B_T를 세 배로 증가시키는 대신 $W/2$로 감소시키는 경우에 대해, 문제 16.3-12를 구하시오.

16.3-14* 어떤 통신시스템에서 B_T = 12 kHz, L = 60 dB, N_0 = pW/Hz이다. W = 3 kHz일 때, $(S/N)_D$ = 30 dB을 얻기 위해 필요한 S_T의 최소값을 구하시오.

16.3-15 W = 6 kHz로 연습문제 16.3-14를 구하시오.

16.4-1 에너지 $E_v = E_w = 4$, $E_z = 8$을 갖는 신호 $v(t)$, $w(t)$, $z(t) = v(t) + w(t)$를 고려하자. 이 정보에 기초하여 벡터 다이어그램을 도시하고, 이를 이용하여, $x(t) = 3v(t) - 0.5w(t)$일 때의 E_x를 구하시오.

16.4-2 $E_v = 4$, $E_w = 12$, $E_z = 16$일 때, 연습문제 16.4-1을 구하시오.

16.4-3 16.4 절의 식 (5)와 (6)을 이용하여 16.4절의 식 (2)의 삼각 부등식을 증명하시오.

16.4-4 16.4 절의 식 (7)을 유도하고, $\|v_w\| \le \|v\|$를 보이시오.

16.4-5* $-1 \le t \le 1$에서 정의되는 아래의 신호들에 Gram-Schmidt 절차를 적용하여 직교정규기저함수를 구하시오.

$$s_1(t) = 1 \quad s_2(t) = t \quad s_3(t) = t^2$$

그리고 신호 벡터를 기저함수의 식으로 나타내시오.

16.4-6 $-1 \le t \le 1$에서 정의되는 아래의 신호들에 Gram-Schmidt 절차를 적용하여 직교정규기저함수를 구하시오.

$$s_1(t) = 1 \quad s_2(t) = \cos \pi t/2 \quad s_3(t) = \sin \pi t$$

그리고 신호 벡터를 기저함수의 식으로 나타내시오.

16.5-1* 직교정규기저함수 ϕ_1과 ϕ_2의 식으로 정의된 아래의 이진 신호들의 세 가지 집합을 고려하시오.

(a) $s_1 = a\phi_1 \quad s_2 = a\phi_2$
(b) $s_1 = a\phi_1 \quad s_2 = -a\phi_2$
(c) $s_1 = a\phi_1 \quad s_2 = 0$

최대-가능성 결정 영역을 구성하고, 각 신호 집합에 대한 결정 함수를 구하시오. 그리고 상관 검파를 이용하는 최적 수신기들을 간략화하고 다이어그램으로 도시하시오.

16.5-2 직교정규기저함수 ϕ_1과 ϕ_2의 식으로 정의되는 아래의 두 집합의 4진 신호들 (M = 4)을 고려하시오.

(a) $s_1 = a\phi_1 \quad s_2 = a\phi_2 \quad s_3 = -a\phi_1 \quad s_4 = -a\phi_2$
(b) $s_1 = a\phi_1 \quad s_2 = a\phi_2 \quad s_3 = a(\phi_1 + \phi_2) \quad s_4 = 0$

각 신호 집합에 대하여, 최대-가능성 결정 영역을 구성하고, 결정 함수를 구하시오.

그리고 상관 검파를 이용하는 최적 수신기들을 간략화하고 다이어그램으로 도시하시오.

16.5-3 직교정규기저함수 ϕ_1과 ϕ_2의 식으로 정의된 아래의 4진 신호들($M = 4$)의 집합을 고려하시오.

$$s_1 = -s_3 = a(\phi_1 + \phi_2) \quad s_2 = -s_4 = a(\phi_1 - \phi_2)$$

최대-가능성 결정 영역을 구성하고, AWGN에서의 오류 확률을 구하고, 결과들을 평균 신호 에너지 E의 식으로 나타내시오.

16.5-4 문제 16.5-3의 신호 집합에 신호 $s_5 = 0$이 추가된다고 하자. 최대-가능성 결정 영역을 구성하고, AWGN에서 오류 확률의 상한을 구하고, 결과들을 평균 신호 에너지 E의 식으로 나타내시오.

16.5-5* 그림 16.5-6a의 신호 집합에 신호 $s_9 = 0$이 더해진다고 하자. 최대-가능성 결정 영역을 구성하고, AWGN에서의 오류 확률을 구하고, 결과들을 평균 신호 에너지 E의 식으로 나타내시오. 16.5절 식 (13)에서 구한 상한값과 비교하시오.

부 록

회로 및 시스템의 잡음

개 요

전송 손실은 통신 수신기의 입력에 매우 미약한 신호를 초래한다. 따라서 뒤이은 신호의 처리에 충분한 신호 레벨을 얻기 위해, 보통의 수신기의 "전단(前端, front-end)"은 몇 단계의 증폭을 한다. 하지만 고이득 증폭기는 수신 신호에 동반하는 모든 잡음을 증폭하고 또 그 자신 내부에서 발생한 잡음을 여기에 더한다. 그러므로 정확한 시스템 성능 평가에서는 증폭기의 잡음을 고려해야만 한다.

이 부록은 증폭기와 그 외 잡음성 2-포트(two-port) 회로망을 설명하기 위한 준비 과정으로서, 회로 및 소자의 잡음으로부터 시작한다. 그 다음 수신기는 물론, 중계기에도 해당되는 구성인 직렬로 연결되어 있는 잡음성 2-포트 망들을 해석한다. 이 해석은 수신기의 잡음과 저잡음 시스템의 설계 원리에 있어 결정적 요소가 무엇인지를 밝혀 준다.

학습목표

이 장을 공부하고 응용문제들을 푼 후에 다음의 사항들을 수행할 수 있어야 한다.

1. 잡음 전압 또는 전류의 제곱 평균과 내부 저항 잡음을 갖는 수동 회로망의 가용 전력 밀도를 계산한다.
2. 잡음성 2-포트 회로망의 성능 분석을 위한 가용 전력 이득, 유효 잡음 온도, 그리고 잡음 지수 등의 개념을 이용한다.
3. 직렬로 연결된 시스템의 총 잡음 지수 및 잡음 온도를 계산하고, 주어진 $(S/N)_s$에 대한 $(S/N)_o$를 구하는 데 이들을 이용한다.

회로 및 소자의 잡음

전기 회로 내에서 발생한 잡음은 몇 가지의 서로 다른 물리 현상이 관여하는 수많은 원인들에 기인한다. 여기서는 통신 시스템에서 발견되는 주요 소자 잡음의 형태를 설명하고, 적당한 회로 모델과 해석 방식들의 설명을 전개해 나갈 것이다.

대부분의 전기적 잡음에 대해 정상성(定常性)을 가정하는 것이 합당하고, 그에 의해 잡음원을 주파수 영역에서 나타낼 수 있다. 편의를 위해, 전적으로 양(陽)의 주파수와 단측(單側, one-sided) 주파수 함수—9.3 절에서 사용된 양측 함수들과 구별되는 바와 같은—만을 가지고 논의하는 통상적인 관행을 따를 것이다. 이 차이를 분명히 하기 위해, $G(f)$가 어떤 잡음원의 양측 가용 전력 스펙트럼이라고 하자. $G(f)$는 우(偶, even) 대칭이므로 그에 상응하는 **단측 가용 전력 밀도**는

$$\eta(f) \triangleq 2G(f) \quad f \geq 0 \tag{1a}$$

로 정의되며 총 가용 잡음 전력은

$$N = \int_0^\infty \eta(f)\, df \tag{1b}$$

이다. 마찬가지로, 단측 제곱 평균 전압 또는 전류 밀도는 $f \geq 0$에서 양측 주파수 함수의 두 배가 된다.

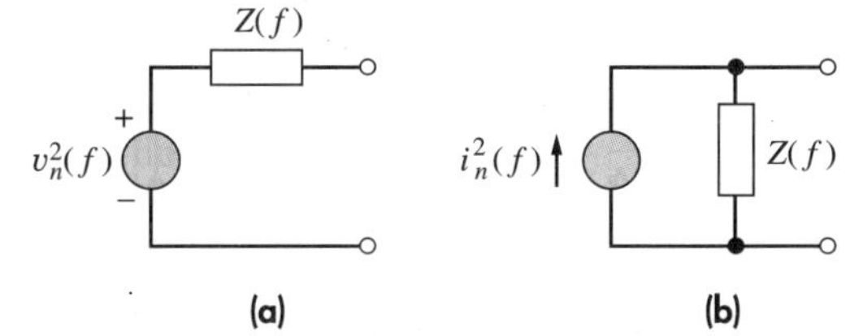

그림 A-1

잡음원의 주파수 영역 모델: (a) 테브난 회로; (b) 노턴 회로.

그림 A-1a는, 정상(定常)적이지만 그 외에는 임의적이며, 잡음이 없는 내부 임피던스 $Z(f)$를 갖는 어떤 잡음원의 주파수 영역 테브난 회로 모델이다. 함수 $v_n^2(f)$는

$$\eta(f) = \frac{v_n^2(f)}{4\,\mathrm{Re}\,[Z(f)]} \tag{2}$$

가 되도록 정의되는 **개방-회로 제곱 평균 전압 밀도**(open-circuit mean square voltage density)를 나타낸다. 달리 표현하면, 어떤 주파수 f에 중심을 둔 대역폭 df를 갖는 이상적인 전압계로는 이 잡음원의 개방 단자 사이에서 $\sqrt{v_n^2(f)\,df}$의 RMS 값이 측정될 것이다. 그림 A-1a을 노턴 등가 회로로 변환하면 **단락-회로 제곱 평균 전류 밀도**(short-circuit mean square current density)를 나타내는,

$$i_n^2(f) = \frac{v_n^2(f)}{|Z(f)|^2} \tag{3}$$

인 그림 A-1b의 회로 모델이 될 것이다. 식 (3)은 또 회로 잡음 해석에서 필요한 형태를 갖는 옴(Ohm)의 법칙을 나타낸다.

문제의 잡음원이 마침 온도 $\mathcal{T}$인 **열저항** R이어서 9.3절의 식 (5)로부터 $G(f) = k\mathcal{T}/2$라고 가정하자. 그러면

$$\eta(f) = k\mathcal{T} \tag{4a}$$

이고 $Z(f) = R$이라고 놓으면

$$v_n^2(f) = 4\,Rk\mathcal{T} \quad i_n^2(f) = 4k\mathcal{T}/R \tag{4b}$$

가 된다. 이 상수 밀도들은 적어도 적외선 주파수에 이르기까지는 **백색**(white) 잡음이라고 할 수 있다. 계산상의 목적을 위해, 양(量) $k\mathcal{T}$는

$$k\mathcal{T} = k\mathcal{T}_0(\mathcal{T}/\mathcal{T}_0) \approx 4 \times 10^{-21}(\mathcal{T}/\mathcal{T}_0)$$

와 같이 다시 쓸 수 있는데, 여기서 표준 실내 온도인 $\mathcal{T}_0 = 290$ K를 삽입하였다.

저항 잡음은 거의 모든 회로에서 발생하지만, 리액턴스성 소자가 주파수 밀도를 변경시킬 수 있다. 특히, 그림 A-2a는 저항, 용량, 인덕턴스만을 포함하는, 등가 임피던스가 $Z(f) = R(f) + jX(f)$인 한 포트 (두 단자) 회로망이라고 하자. 저항들이 온도 $\mathcal{T}$에서 열평형(thermal equilibrium) 상태에 있을 때, **나이퀴스트의 공식**에 의하면

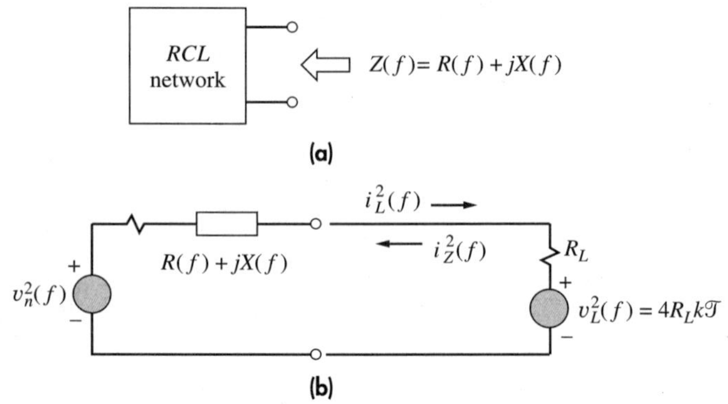

그림 A-2
잡음성 저항 부하를 구동하는 RLC 회로망.

$$v_n^2(f) = 4\,R(f)k\mathcal{T} \tag{5}$$

이다. 그러므로 제곱 평균 전압 밀도는 등가 저항 $R(f)$의 형태를 갖는다. 식 (5)는 등가 저항이 주파수 f와 무관한, 저항으로만 구성된 특별한 회로망의 경우를 포함한다.

잡음원이, 자신과 같은 온도 $\mathcal{T}$인 부하 저항 R_L에 연결된 그림 A-2b의 전체 회로를 염두에 두고 나이퀴스트의 공식을 증명해 보자. 물론 부하 저항은 $v_L^2(f) = 4R_Lk\mathcal{T}$인 열 잡음을 발생한다. 두 잡음원이 물리적으로 독립되어 있으므로 중첩이 적용되고 각 방향의 제곱 평균 전류 밀도를 계산할 수 있다, 즉,

$$i_L^2(f) = \frac{v_n^2(f)}{|Z(f) + R_L|^2} \qquad i_Z^2(f) = \frac{4\,R_Lk\mathcal{T}}{|Z(f) + R_L|^2}$$

이다. 임의의 주파수 대역 df에서 잡음원으로부터 부하로 전달된 평균 전력은 $R_Li_L^2(f)\,df$이고 반면에 부하는 $R(f)i_Z^2(f)\,df$를 잡음원으로 되 전달한다. 하지만 회로가 열 평형 상태에 있기 위해서는 순(純, net) 전력 전달은 0이어야 한다. 그러므로

$$\frac{R_Lv_n^2(f)\,df}{|Z(f) + R_L|^2} = \frac{R(f)4\,R_Lk\mathcal{T}\,df}{|Z(f) + R_L|^2}$$

이고 소거 과정을 거치면 식 (5)를 얻는다.

나이퀴스트의 공식은 저항들이 다른 온도에 있을 때나 회로망이 비(非) 열잡음원을 포함할 때는 적용되지 않는다. 하지만 그러한 경우도 잡음원들이 독립적이면 쉽게 해석할 수 있다. 단순하게 중첩을 이용하고 제곱 평균 값들을 더하여 주파수 밀도를 구하면 된다.

대부분의 전기 회로에서 가장 흔한 비 열잡음은 **산탄**(散彈, shot) **잡음**이다. 이 현상은 대전(帶電)된 입자가 전위 장벽을 통과할 때—반도체의 접합면이나 진공관 등에서 처럼—마다 발생한다. 각 입자들 사이의 운동 에너지의 작은 차이들이 전체 전류에 무작위적인 변동을 일으키는데, 이는 마치 산탄들이 연달아 북을 맞힐 때 나는 소리와 비슷하게 생각할 수 있다. 온도가 제한된 조건 하에서 동작하는 진공관 다이오드에 대해 쇼트키(Schottky)가 이 효과를 처음으로 연구하였다. 그는 산탄 잡음이

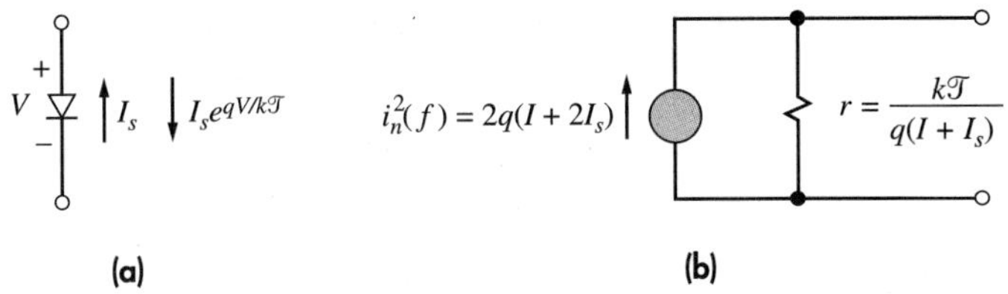

그림 A-3

(a) 반도체 접합 다이오드; (b) 잡음 모델.

$$i_n^2(f) = 2qI \tag{6}$$

인 전류원으로 표현될 수 있다는 것을 발견하였다. 여기서 q는 전자의 전하 (1.6×10^{-19} 쿨롱)이고 I는 직류 전류이다. 식 (6)은 주파수와 온도 모두에 무관하므로 산탄 잡음은 비열(非熱) 백색(白色) 잡음(non-thermal white noise)이다. 뒤이은 연구들은, $i_n^2(f)$는 $f \approx 1/\tau$ 이상의 주파수에서 사실상 줄어든다는 것을 밝혔다. 여기서 τ는 입자의 평균 통과(transit) 시간이다.

쇼트키가 얻은 결과는 그림 A-3a의 **반도체 접합 다이오드**에도 적용된다. 총 직류 전류는 두 성분으로 이루어지는데, 다이오드 방정식인

$$I = I_s e^{qV/k\mathcal{T}} - I_s \tag{7a}$$

와 같이 주어진다. 여기서 V는 접합면 양단 간의 전압이고 I_s는 역방향 포화 전류이다. 두 전류 성분은 통계적으로 독립적인 산탄 잡음을 만들어내므로 총 제곱 평균 잡음 전류 밀도는

$$i_n^2(f) = 2qI_s e^{qV/k\mathcal{T}} + 2qI_s = 2q(I + 2I_s) \tag{7b}$$

가 된다. 그림 A-3b는 다이오드의 동적 저항(dynamic resistance)

$$r = \frac{1}{dI/dV} = \frac{k\mathcal{T}}{q(I + I_s)} \tag{7c}$$

를 포함하는 종합적인 잡음원 모델을 보여준다. 옴 저항과는 달리 동적 저항은 전력 소모와 무관하므로 무(無) 잡음이다.

이번에는 그림 A-4a의 **접합 전계 효과 트랜지스터**(junction field-effect transistor, JFET)를 생각해 보자. 여기서는 게이트 단자 G와, 소스 단자 S로부터 드레인 단자 D까지를 잇는 반도체 채널 사이에 역방향 바이어스된 접합면이 있다. 그림 A-4b는

$$i_g^2(f) = 2qI_g \quad i_d^2(f) = 4k\mathcal{T} \times \tfrac{2}{3} g_m$$

으로 주어지는 게이트의 산탄 잡음과 채널의 단자 잡음을 나타내는 전류원을 갖는 단순화된 잡음 등가 회로를 나타낸다. 여기서 g_m은 전이전도도(transconductance)를 나타낸다. 외부 회로가 게이트와 소스 단자에 연결되면, 산탄 잡음은 종속 전류 발생기 $g_m V_{gs}$에 의해 증폭되고 드레인 단자의 출력 잡음에 더해진다.

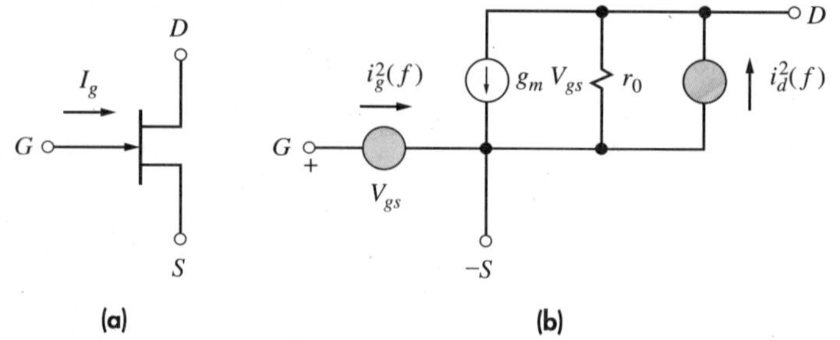

그림 A-4
(a) 접합 전계 효과 트랜지스터;
(b) 잡음 모델.

절연된 게이트 구조를 갖는 FET는 산탄 잡음이 없다. 하지만 **이극(二極) 접합 트랜지스터**(bipolar junction transistor, BJT)는 내부 옴 저항으로부터의 열잡음뿐만 아니라 두 개의 반도체 접합면과 두 개의 산탄 잡음 원을 갖는다. 열 및 산탄 잡음 외에도 모든 트랜지스터들은, 소자 및 용도에 따라 다르긴 하지만, 크건 작건 간에 특정 형태의 비(非) 백색 잡음을 발생한다.

트랜지스터, 진공관 및 기타의 소자들은 **깜박임 잡음**(flicker noise)—가끔 "f 분의 1" 잡음이라고도 불리는데 이는 제곱 평균 밀도가 $v \approx 1$인 $1/f^{v}$에 비례하기 때문이다—으로 알려져 있는 저주파 현상을 보인다. 어떤 반도체 소자들은 **파열**(破裂, burst) 또는 **"팝콘" 잡음**을 발생하는데, 그 파형이 그림 9.2-3a의 무작위적인 전보(電報, telegraph) 신호의 파형과 유사하다. 그러므로 제곱 평균 밀도는 결국에는 $1/f^2$로 떨어진다. 그림 A-5는 $i_n^2(f)$가 깜박임, 파열 및 백색 잡음으로 이루어져 있을 경우에 대해 주파수 변화를 예시하고 있다. 깜박임 및 파열 잡음은 저주파 응용에서 심각한 문제가 되지만, 수 킬로 헤르츠 이상의 주파수에서는 보통 무시할 수 있다. 훨씬 높은 주파수에서는 용량성 결합 및 기타 다양한 효과들로 인해 전자 소자의 잡음이 증가하는 경향이 있다.

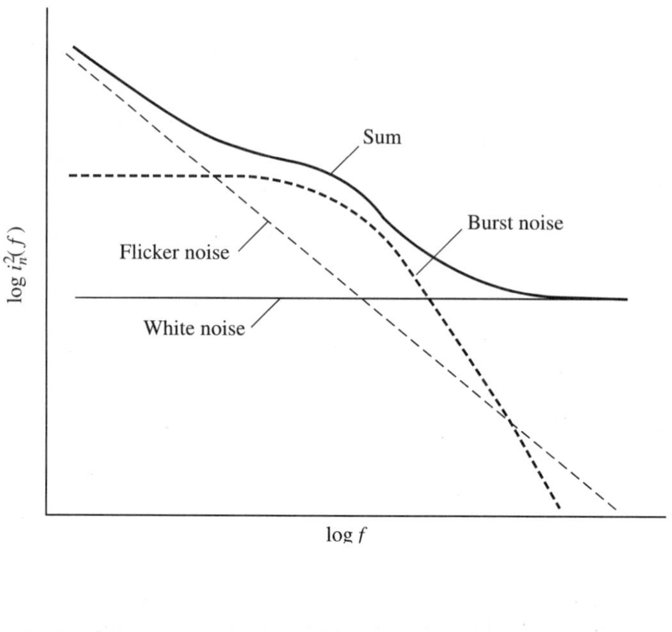

그림 A-5
깜박임 및 파열 잡음이 있는 반도체 잡음의 주파수 변화.

진공관 다이오드 잡음 발생기

예제 A-1

잡음 발생기는 잡음의 특성을 연구하기 위해 실험실에서 사용되는데, 그림 A-6a는 온도 제한된 진공관 다이오드를 사용하는 잡음 발생기의 회로도이다. 초크 코일과 차단 커패시터는 표시된 것처럼 직류와 산탄 잡음 전류를 분리하는 역할을 한다.

이에 상응하는 그림 A-6b의 잡음 회로 모델은 다이오드의 무 잡음 동적 저항 r과 상온 $\mathcal{T}_0$을 가정하는 잡음성 열 저항 R을 포함하고 있다. 등가 임피던스는 병렬 연결

$$Z(f) = \frac{R(r + 1/j\omega C)}{R + (r + 1/j\omega C)}$$

이지만 비열(非熱) 산탄 잡음 전류 때문에 나이퀴스트의 공식을 이용할 수 없다. 대신 산탄 잡음 전류와 동적 저항을 그림 A-6c에 보인 것처럼 테브난 형태로 변환한다. 이제 중첩을 적용하면, 총 단락-회로 제곱 평균 전류 밀도는 명백히

$$i_n^2(f) = \frac{r^2 2qI}{|r + 1/j\omega C|^2} + \frac{4k\mathcal{T}_0}{R}$$

이므로

$$v_n^2(f) = |Z(f)|^2 i_n^2(f) = \frac{R^2(r^2 2qI)}{|R + r + 1/j\omega C|^2} + \frac{R^2|r + 1/j\omega C|^2}{|R + r + 1/j\omega C|^2}\frac{4k\mathcal{T}_0}{R}$$

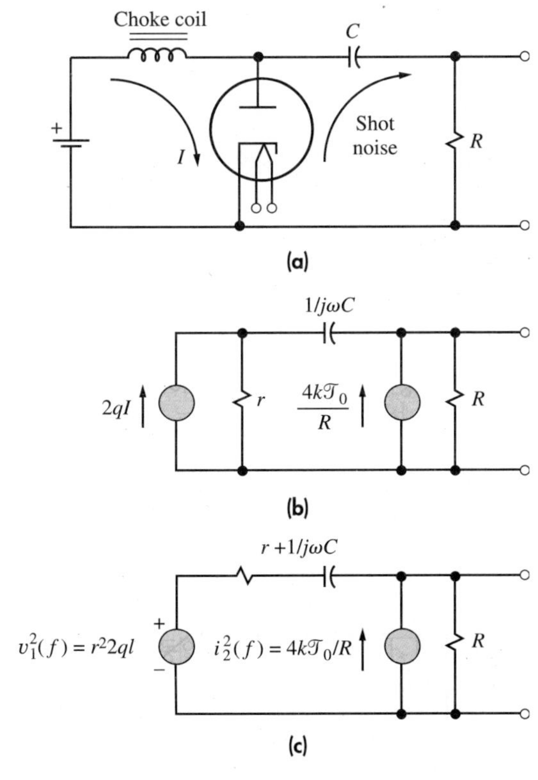

그림 A-6
진공관 다이오드 잡음 발생기의 회로도 및 잡음 모델.

임을 보일 수 있다. 첫 번째 항은 $i_2^2(f) = 0$일 때 $v_1^2(f)$에 의해 발생되는 개방-회로 제곱 평균 전압 밀도이고, 두 번째 항은 $v_1^2(f) = 0$ 일 때 $i_2^2(f)$에 의해 발생됨을 주목하자.

보통의 잡음 발생기의 동작에서는, 저주파에서의 잡음 (깜박임 잡음이 주를 이루는 경우가 많음)에는 관심이 없고 동적 저항 r이 R보다 훨씬 크다. 이러한 조건하에서는 앞의 결과는

$$1/2\pi rC \ll f < 1/\tau$$

의 주파수 범위에서

$$Z(f) \approx R \quad v_n^2(f) \approx 2R^2qI + 4\,Rk\mathcal{T}_0$$

와 같이 단순화 할 수 있다. 이 용도로 만들어진 진공관은 보통 $\tau \le 1$ ns의 매우 짧은 통과 시간을 가지므로 산탄 잡음은 약 1 GHz 까지 일정하게 유지된다. 마지막으로, 식 (2)로부터, 가용 잡음 전력 밀도는

$$\eta(f) \approx \tfrac{1}{2}qIR + k\mathcal{T}_0 = k(\mathcal{T}_x + \mathcal{T}_0)$$

이고 여기서

$$\mathcal{T}_x = qIR/2k$$

이며, 이를 산탄 잡음의 등가 잡음 온도로 설명한다. 진공관의 필라멘트에 인가된 전압은 I를 제어함으로써 $\mathcal{T}_x$를 제어하는데, 그 값은 전류계로부터 읽어서 알 수 있다.

응용 문제 A-1

R_1과 R_2가 서로 다른 온도에 있는 열 저항인 그림 A-7을 생각해 보자. $R_2 = R_1 = R$이고 $L = R/2\pi$이라고 하자. $v_n^2(f)$와 $\eta(f)$의 식을 구하시오. 그 다음 $\mathcal{T}_1 = \mathcal{T}_2 = \mathcal{T}$일 때 그 결과를 단순화 하시오.

증폭기의 잡음

증폭기 내의 모든 개별 잡음원을 보여주는 자세한 회로 모델은 매우 복잡하고 또 통신 기술자들에게는 실질적인 가치가 별로 없을 것이다. 따라서 증폭기에서의 잡음을 해석하기 위해 대체 방안이 마련되었다. 특히 유용한 증폭기 잡음의 두 가지의 척도는 유효 잡음 온도와 잡음 지수이다. 이 두 가지 척도 모두 먼저 소개할 가용 전력 이득(available power gain)

그림 A-7
저항 잡음이 있는 RL 회로망.

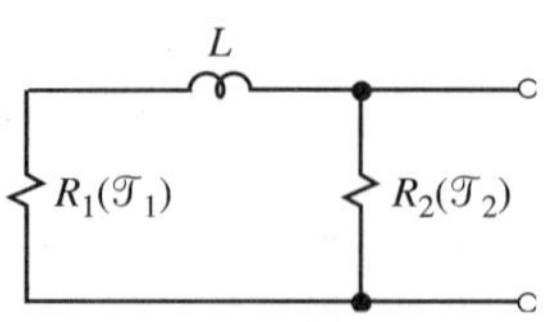

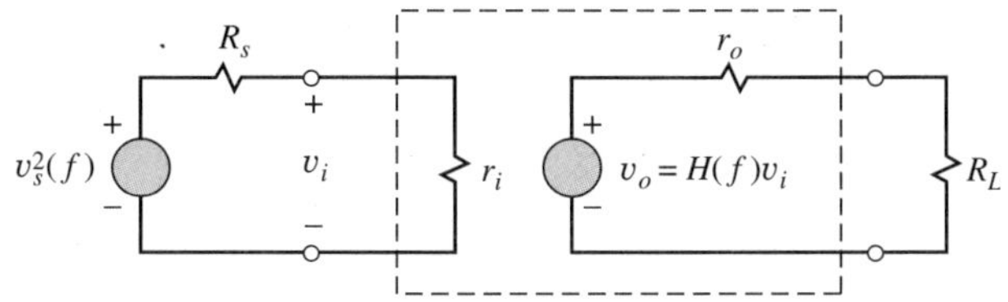

그림 A-8
무잡음 증폭기의 회로 모델.

이라는 개념과 관련이 있다.

그림 A-8은 신호원과 부하 사이에 삽입된 무잡음 증폭기의 회로 모델이라고 하자. (간단히 하기 위해, 신호원, 증폭기 및 부하 임피던스와 연계되어 있을 수도 있는 모든 리액턴스 성분들을 생략하기로 한다.) 증폭기 그 자체는 입력 저항 r_i, 출력 저항 r_o, 전압 전달함수 $H(f)$로 특징지을 수 있다. 신호원은 제곱 평균 전압 밀도 $v_s^2(f)$를 발생—잡음이거나 정보 신호, 아니면 둘 다—하며 신호원으로부터의 가용 전력 밀도는 $\eta_s(f) = v_s^2(f)/4R_s$이다. 증폭기 출력에서의 가용 전력 밀도는

$$\eta_o(f) = \frac{v_o^2(f)}{4r_o} = \frac{|H(f)|^2 v_i^2(f)}{4r_o} = \frac{|H(f)|^2}{4r_o}\left(\frac{r_i}{R_s + r_i}\right)^2 v_s^2(f)$$

이다. 증폭기의 **가용 전력 이득**(available power gain) $g_a(f)$는 이들 가용 전력 밀도들의 비로서 정의 된다. 즉,

$$g_a(f) \triangleq \frac{\eta_o(f)}{\eta_s(f)} = \frac{v_o^2(f)R_s}{v_s^2(f)r_o} = \left(\frac{|H(f)|\, r_i}{R_s + r_i}\right)^2 \frac{R_s}{r_o} \tag{8}$$

이다. 증폭기의 실제 전력 이득은 입력과 출력에서 최대 전력 전달을 얻기 위해 임피던스들이 정합하였을 때 가용 전력 이득과 같다.

이제부터 신호원은 열 잡음이든 아니든 잡음 온도 $\mathcal{T}_s$를 갖는 백색 잡음을 발생한다고 가정한다. 그러면 $\eta_s(f) = k\mathcal{T}_s$이고 무잡음 증폭기의 출력에서의 가용 잡음 전력은

$$\eta_o(f) = g_a(f)\eta_s(f) = g_a(f)k\mathcal{T}_s$$

이 될 것이다. 하지만 잡음성 증폭기는 추가적으로 내부에서 발생한 잡음을 더하게 된다. 내부 잡음은 신호원의 잡음과 무관하므로

$$\eta_o(f) = g_a(f)k\mathcal{T}_s + \eta_{\text{int}}(f) \tag{9}$$

와 같이 쓸 수 있다. 여기서 $\eta_{\text{int}}(f)$는 출력에서 본 내부 잡음의 가용 전력 밀도를 나타낸다. 그림 A-9a는 식 (9)를 블록도 형태로 설명한다. 적분은

$$N_o = \int_0^\infty \eta_o(f)\, df = k\mathcal{T}_s \int_0^\infty g_a(f)\, df + \int_0^\infty \eta_{\text{int}}(f)\, df$$

와 같은 총 가용 출력 잡음 전력을 산출해내는데, 이는 좀 더 단순화할 수 있는 표현이다.

통신 시스템에 사용되는 대부분의 증폭기는 최대 전력 이득이 g이고 잡음 등가 대역폭이

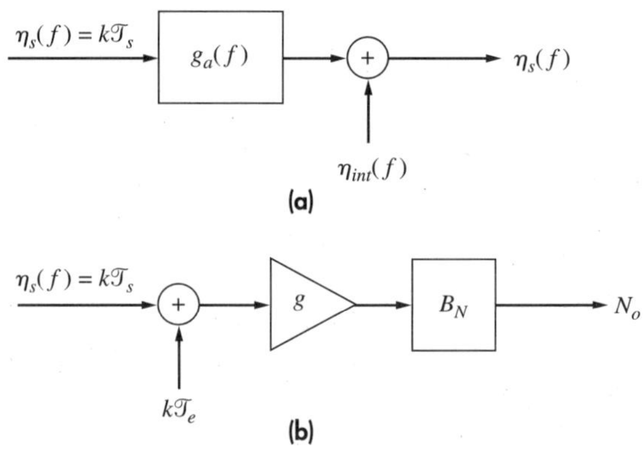

그림 A-9
잡음성 증폭기의 블록도 표현.

B_N이며 주파수 선택적 응답을 갖는다. 이 파라미터들은 $g_a(f)$와

$$gB_N = \int_0^{\infty} g_a(f)\, df \tag{10}$$

과 같은 관계가 있으므로 N_o의 첫 번째 항은 $k\mathcal{T}_s gB_N$으로 간단히 할 수 있다. 다음은 두 번째 항을 간단히 하기 위해 증폭기의 **유효 잡음 온도**(effective noise temperature)를

$$\mathcal{T}_e \triangleq \frac{1}{gkB_N}\int_0^{\infty} \eta_{\text{int}}(f)\, df \tag{11}$$

와 같이 정의한다. 그러므로 총 출력 잡음 전력은

$$N_o = k\mathcal{T}_s gB_N + gkB_N\mathcal{T}_e = gk(\mathcal{T}_s + \mathcal{T}_e)B_N \tag{12}$$

이 되는데, 이는 그림 A-9b와 같은 그림으로 표현할 수 있다. 이 그림은, $\mathcal{T}_e$는 입력 쪽을 기준으로 한 내부 잡음을 나타내고 그것으로 신호 대 잡음 비를 쉽게 계산할 수 있다.

이제 그림 A-10이 입력 쪽에 신호와 백색 잡음을 갖는 잡음성 증폭기를 나타낸다고 하자. 신호원으로부터의 가용 신호 전력은 S_s이고 신호의 스펙트럼은 증폭기의 통과대역 내에 들어가므로 출력 쪽의 가용 신호 전력은 $S_o = gS_s$가 될 것이다. 그러므로 식 (12)를 이용하면 신호 대 잡음 비는

$$\left(\frac{S}{N}\right)_o = \frac{gS_s}{N_o} = \frac{S_s}{k(\mathcal{T}_s + \mathcal{T}_e)B_N} \tag{13}$$

가 되는데, 이득 g는 분모와 분자에서 소거되었다. 신호원 잡음이 반드시 정해진 대역폭이

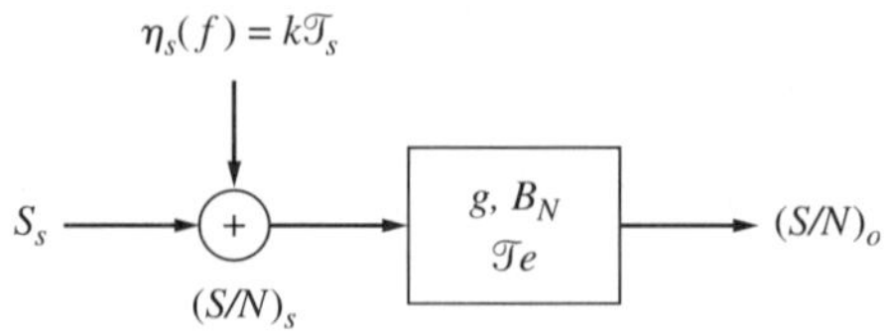

그림 A-10
입력 신호와 잡음을 갖는 잡음성 증폭기.

없더라도 신호원의 신호 대 잡음 비는 관례적으로

$$\left(\frac{S}{N}\right)_s \triangleq \frac{S_s}{k\mathcal{T}_s B_N}$$

로 하는데, 이는 단위 이득과 대역폭 B_N을 갖는 이상적인 무잡음 필터에 의해 생성되는 신호 대 잡음 비에 상당한다. 하지만, 식 (13)으로부터 잡음성 증폭기는

$$\left(\frac{S}{N}\right)_o = \frac{S_s}{(1 + \mathcal{T}_e/\mathcal{T}_s)k\mathcal{T}_s B_N} = \frac{1}{1 + \mathcal{T}_e/\mathcal{T}_s}\left(\frac{S}{N}\right)_s \tag{14}$$

를 발생하고 우리는 $(S/N)_o < (S/N)_s$임을 알 수 있다.

잡음성 증폭기로 인한 신호 대 잡음 비의 열화(劣化)는 신호원 잡음 온도에 대한 유효 잡음 온도의 상대적인 값에 따른다는 것을 또한 알 수 있다. 특히, $\mathcal{T}_e \ll \mathcal{T}_s$이면 $(S/N)_o \approx (S/N)_s$이다; 이 조건에서는 내부 잡음은 거의 영향력이 없고 증폭기는 무 잡음성처럼 보인다. 이 조건은 약 30 MHz 이하의 반송파 주파수에서 주로 만족되고, 반면에 높은 주파수에서는 $\mathcal{T}_e$가 매우 커진다. 이러한 고려 사항이 종종 수신기 및 중계기의 설계에 영향을 미친다.

입력 또는 출력에서 임피던스가 정합되지 않았을 경우, 모든 신호 및 잡음 전력은 가용 전력보다 작아진다. 그럼에도 불구하고, 식 (13)과 (14)는 계속 유효한데, 그 이유는 이것들은 특정 지점들에서 측정한 전력 비를 나타내므로 임피던스 부정합 인수들은 이득에서 상쇄되어 버리기 때문이다. 그러므로 유효 잡음 온도는 임피던스 정합 여부와 상관없이 중요한 파라미터이다.

증폭기 잡음의 다른 척도는 **잡음 지수**(noise figure) F이다. (이는 또 **잡음 인수**라고도 불리며 n_F 또는 NF로 나타내기도 한다. 어떤 저자들은 "잡음 지수"를 잡음 인수의 값을 dB로 표현한 것으로 구별하기도 한다.) 잡음 지수는

$$\left(\frac{S}{N}\right)_o = \frac{1}{F}\left(\frac{S}{N}\right)_s \quad \text{when} \quad \mathcal{T}_s = \mathcal{T}_0 \tag{15}$$

이 되도록 정의한다. $\mathcal{T}_s = \mathcal{T}_0$일 때 $S_o = gS_s$이고 $(S/N)_s = S_s/k\mathcal{T}_0 B_N$이므로

$$F = \frac{N_o}{gk\mathcal{T}_0 B_N} = 1 + \frac{\mathcal{T}_e}{\mathcal{T}_0} \tag{16}$$

이고 역으로

$$\mathcal{T}_e = (F - 1)\mathcal{T}_0 \tag{17}$$

이다. 잡음이 매우 많은 증폭기는 $\mathcal{T}_e \gg \mathcal{T}_0$이고 $F \gg 1$—이 경우 보통 F를 데시벨로 나타낸다—이다. 그러면, 신호원 잡음이 상온이라면, 식 (15)는, dB로 나타낸 $(S/N)_o$는 dB로 나타낸 $(S/N)_s$ 빼기 dB로 나타낸 F라는 것을 말해 준다. 저 잡음 증폭기는 $\mathcal{T}_e < \mathcal{T}_0$이고 $1 < F < 2$—이 경우는 보통 유효 잡음 온도를 사용하며 식 (13)으로부터 $(S/N)_o$를 계산

표 A-1 대표적인 증폭기들의 잡음 파라미터.

Type	Frequency	$\mathcal{T}_e$, K	F, dB	g, dB
Maser	9 GHz	4	0.06	20–30
Parametric Amplifier				
Room temperature	9 GHz	130	1.61	10–20
Cooled with liquid N_2	6 GHz	50	0.69	
Cooled with liquid He	4 GHz	9	0.13	
FET Amplifier				
GaAs	9 GHz	330	3.3	6
	6 GHz	170	2.0	10
	1 GHz	110	1.4	12
Silicon	400 MHz	420	3.9	13
	100 MHz	226	2.5	26
Integrated Circuit	10.0 MHz	1160	7.0	50
	4.5 MHz	1860	8.7	75

한다—이다.

표 A-1은 여러 가지 형태의 고주파 증폭기에 대해 대표적인 유효 잡음 온도, 잡음 지수 및 최대 전력 이득 등을 정리한 것이다. 많은 저잡음 증폭기들이 물리적인 온도를 낮춰서 내부 열 잡음을 저감하기 위해 극저온 냉각 시스템을 채용하고 있다. 기타 증폭기들은 상온에서 동작하지만 내부 잡음은 $\mathcal{T}_e > \mathcal{T}_0$가 되게 하는 비 열잡음원으로부터 유래한다.

식 (16)은 N_o가 $\eta_o(f)$를 모든 주파수에서 적분하는 것을 내포한다는 의미에서 **평균** 또는 **적분 잡음** 지수를 정의한다. 하지만 가끔 내부 잡음이 주파수에 대해 어떻게 변화하는지를 알아야 될 필요가 있을 때가 있다. **점**(spot) **잡음 지수** $F(f)$가 이러한 정보를

$$F(f) \triangleq \frac{\eta_o(f)}{k\mathcal{T}_s g_a(f)} \quad \text{when} \quad \mathcal{T}_s = \mathcal{T}_0 \tag{18}$$

과 같은 형태로 담고 있다. 특정 주파수에서의 $F(f)$ 값은 광대역 증폭기를, 추가적인 필터링을 더하여 협대역 증폭에 사용할 때 잡음 지수를 추정하는 역할을 한다.

마지막으로 증폭기 잡음의 시스템 및 회로 모델들을 연관 짓기 위해 그림 A-11에 도시한 **두 발생기 모델**(two-generator model)에 대해 언급한다. 이 회로 모델은 내부 잡음을, 등가 무잡음 증폭기의 입력 단자 쪽에 위치한 가상의 전압 및 전류원의 식으로 표현한다. $v_n^2(f)$와 $i_n^2(f)$가 상관 관계가 없을 경우 개방한 출력에서의 총 제곱 평균 전압 밀도는

그림 A-11
증폭기 잡음의 두 발생기 회로 모델.

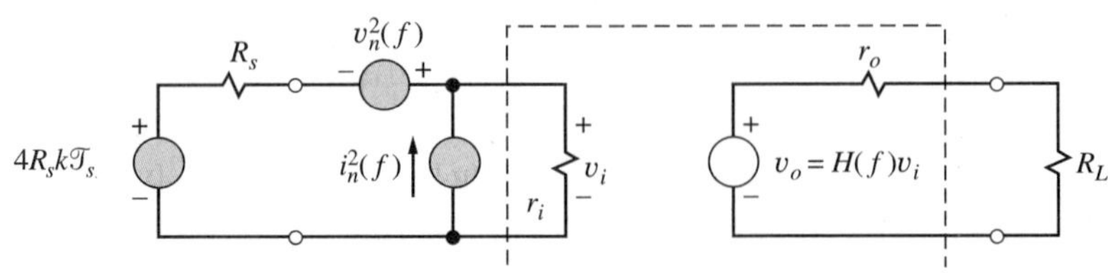

$$v_o^2(f) = \left(\frac{|H(f)|r_i}{R_s + r_i}\right)^2 [4R_s k\mathcal{T}_s + v_n^2(f) + R_s^2 i_n^2(f)]$$

이다. $\eta_o(f) = v_o^2(f)/4r_o$와 식 (8)과 (9)를 이용하면

$$F(f) = 1 + \frac{v_n^2(f) + R_s^2 i_n^2(f)}{4R_s k\mathcal{T}_0} \tag{19}$$

를 얻는데, 이는 점 잡음 지수가 부분적으로 외부 신호원 저항에도 영향을 받는다는 것을 보여준다. 따라서 $F(f)$를 어떤 특정 주파수에서 최적화하는 것은 가끔 최적 신호원 저항을 얻기 위한 임피던스 변환기가 필요할 때가 있다.

증폭기의 잡음 측정

예제 A-2

절대 잡음 전력을 측정한다는 것은 대단히 어려운 일이어서, 출력 쪽에 연결된 상대 전력계로 증폭기의 잡음을 측정하는 독창적인 기술들이 개발되어 왔다. 그 중 한 가지 기술은 다이오드 잡음 발생기와 같은, 증폭기의 입력에 임피던스 정합되어 있는 보정(補正)된 백색 잡음원을 이용한다. 그 절차는 다음과 같다.

먼저 잡음원의 잡음 온도를 $\mathcal{T}_s = \mathcal{T}_0$에 맞추고 출력의 눈금 N_1을 기록한다. 식 (12)로부터, 이 값은

$$N_1 = CN_o = Cgk(\mathcal{T}_0 + \mathcal{T}_e)B_N$$

에 해당하는데, 비례 상수 C는 출력의 모든 임피던스 부정합 요소들을 포함한다. 둘째, 잡음원 온도를 $\mathcal{T}_s = \mathcal{T}_x + \mathcal{T}_0$로 올려 계기판의 값이 두 배가 되어

$$N_2 = Cgk[(\mathcal{T}_x + \mathcal{T}_0) + \mathcal{T}_e]B_N = 2N_1$$

이 되도록 한다. 그러면 $N_2/N_1 = (\mathcal{T}_x + \mathcal{T}_0 + \mathcal{T}_e)/(\mathcal{T}_0 + \mathcal{T}_e) = 2$이고, 따라서

$$\mathcal{T}_e = \mathcal{T}_x - \mathcal{T}_0 \qquad F = \mathcal{T}_x/\mathcal{T}_0$$

이다. 우리가 g, B_N, 또는 상수 C를 알 필요가 없음을 주목하자.

응용 문제 A-2

$g = 60$ dB이고 $B_N = 2$ MHz인 어떤 증폭기가 잡음원 잡음이 상온일 때 $N_o = 40$ nW를 갖는다. (a) 유효 잡음 온도와 잡음 지수를 구하시오. (b) 예제 A-2의 측정 절차의 두 번째 단계에 필요한 잡음원 온도를 계산하시오.

시스템 잡음 계산

여기서는 증폭기와 기타 잡음성 2-포트 회로망 등으로 구성되는, 직렬 연결된 시스템의

해석을 생각해 보자. 우리의 목표는 각 단의 개별적인 파라미터들의 식으로 표현되는, 시스템 전체의 성능을 나타내는 식을 찾는 것이다.

우선, 전송 선로 및 연결 케이블과 같은 손실성 2-포트 회로망을 생각해 보아야 한다. 전력 손실은 내부 저항에 의한 소모를 의미한다. 따라서 내부 잡음은 주변 온도 $\mathcal{T}_{\text{amb}}$에서의 **열 잡음**이고, $\eta_{\text{int}}(f) = k\mathcal{T}_{\text{amb}}$이다. 하지만, 그림 A-9a의 모델을 이용할 수가 없는데, 손실성 2-포트는 **양방향성**이기 때문이다. 이는 내부 잡음의 일부가 입력으로 되흘러 간다는 것을 의미한다. 임피던스가 정합되었을 경우, 양방향성 2-포트는 양방향 모두 $g < 1$인 상수의 이득을 가지며, 따라서 $g\eta_{\text{int}}(f)$가 입력으로 도로 흘러가고 $(1 - g)\eta_{\text{int}}(f)$는 출력으로 간다. 출력에서 대역폭 B_N 내의 총 가용 잡음 전력은 따라서

$$N_o = gk\mathcal{T}_s B_N + (1 - g)k\mathcal{T}_{\text{amb}} B_N = gk[\mathcal{T}_s + (L - 1)\mathcal{T}_{\text{amb}}]B_N$$

이 되고 여기서

$$L = 1/g$$

인데, 이는 전송 손실 또는 감쇠를 나타낸다. N_o에 대한 식을 식 (12)와 비교하면, 유효 잡음 온도

$$\mathcal{T}_e = (L - 1)\mathcal{T}_{\text{amb}} \tag{20a}$$

를 얻으며 식 (16)에 의해 잡음 지수

$$F = 1 + (L - 1)(\mathcal{T}_{\text{amb}}/\mathcal{T}_0) \tag{20b}$$

를 얻을 수 있다. 손실성 2-포트가 상온에 있다면, $\mathcal{T}_{\text{amb}} = \mathcal{T}_0$이고 식 (20b)는 $F = L$로 단순화 된다.

다음은, 그림 A-12에서와 같은 두 개의 잡음성 2-포트의 직렬 연결을 생각해 보자. 그림에서 아래 첨자는 각 단의 최대 전력 이득, 잡음 대역폭, 그리고 유효 잡음 온도를 식별한다. 우리는 별 무리 없이 두 단 모두 선형이고 시불변(時不變, time-invariant) (LTI)이라고 가정할 수 있다. 나아가 두 번째 단의 통과대역이 첫 번째 단의 통과대역 내에 들어가서, $B_2 \leq B_1$이고 전체의 잡음 대역폭은 $B_N \approx B_2$라고 가정한다. 이 조건은 마지막 단에서 신호 대역 바깥에 잔존하는 모든 잡음들을 걸러내는 제대로 된 설계 전략을 반영하는 것이다. 첫 번째 단이 두 번째 단을 통과하는 모든 것을 증폭하므로 전체의 전력 이득은 곱

$$g = g_1 g_2$$

와 같다.

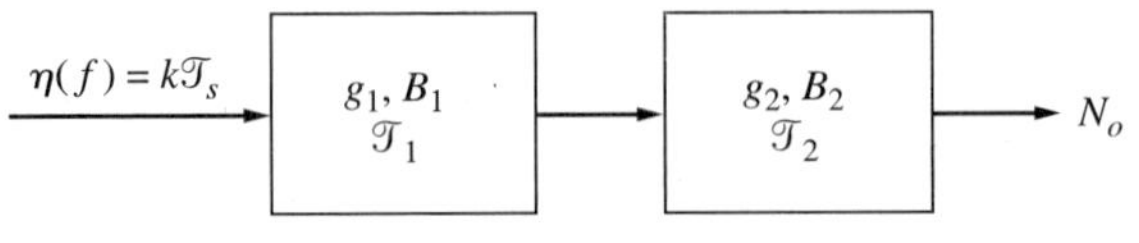

그림 A-12
두 잡음성 2-포트의 직렬 연결.

총 출력 잡음 전력은 세 개의 항으로 구성된다:

1. 두 단 모두에서 증폭되는 신호원 잡음;
2. 두 번째 단에서 증폭되는 첫 번째 단의 내부 잡음;
3. 두 번째 단의 내부 잡음.

그러므로

$$N_o = gk\mathcal{T}_s B_N + g_2(g_1 k\,\mathcal{T}_1 B_N) + g_2 k\,\mathcal{T}_2 B_N = gk\left(\mathcal{T}_s + \mathcal{T}_1 + \frac{\mathcal{T}_2}{g_1}\right)B_N$$

이고 전체 유효 잡음 온도는

$$\mathcal{T}_e = \mathcal{T}_1 + \frac{\mathcal{T}_2}{g_1}$$

이다. 총 잡음 지수는

$$F = 1 + \frac{\mathcal{T}_1}{\mathcal{T}_0} + \frac{\mathcal{T}_2}{g_1\mathcal{T}_0} = F_1 + \frac{F_2 - 1}{g_1}$$

이고, 이는 일반적인 관계식 $F = 1 + \mathcal{T}_e/\mathcal{T}_0$로부터 왔다.

앞의 해석은 쉽게 셋 또는 그 이상으로 직렬 연결된 LTI 2-포트들에도 일반화 할 수 있다. 총 유효 잡음 온도는 **프리이**(Frii)**의 공식**에 의해

$$\mathcal{T}_e = \mathcal{T}_1 + \frac{\mathcal{T}_2}{g_1} + \frac{\mathcal{T}_3}{g_1 g_2} + \cdots \tag{21}$$

과 같이 주어지고, 총 잡음 지수는

$$F = F_1 + \frac{F_2 - 1}{g_1} + \frac{F_3 - 1}{g_1 g_2} + \cdots \tag{22}$$

이 된다. 두 식은 다음과 같은 사실을 드러낸다.

첫 번째 단이 결정적인 역할을 하며, 시스템 설계 시 세심한 주의를 기울여야 한다.

한편, 첫 번째 단이, 식 (21)이 $\mathcal{T}_e \approx \mathcal{T}_1$로 단순화 되는 충분히 큰 이득을 갖는 **전치 증폭기**(preamplifier)라고 가정하자. 시스템 잡음은 주로 이 전치 증폭기에 의해 결정된다. 나머지 단들은 추가적인 증폭과 필터링을 제공하는데, 신호 대 잡음 비의 큰 변화 없이 신호와 잡음을 증폭한다. 저잡음 수신기의 설계는 보통 이러한 전치 증폭의 원리를 기본으로 하고 있다.

하지만, 다른 한편으로, 첫 번째 단이 연결 케이블이거나 아니면 기타의 손실성 2-포트라고 가정해 보자. 잡음의 관점에서 볼 때, $g_1 = 1/L_1 < 1$이면서 $\mathcal{T}_1 = (L_1 - 1)\mathcal{T}_{\text{amb}}$이므

로 감쇠는 이중으로 나쁘다. 식 (21)은 따라서

$$\mathcal{T}_e = (L_1 - 1)\mathcal{T}_{\text{amb}} + L_1\mathcal{T}_2 + L_1\mathcal{T}_3/g_2 + \cdots$$

이 되는데, 이는 L_1이 뒤의 모든 단계의 잡음 온도에 곱해지는 것을 보여준다.

이제 그림 A-13a에 보인 것과 같이 통신용 수신기 전체를 생각해 보자. 수신기는 두 개의 주요 부분으로 나누어져 있다. 즉, 검파 전단부와 그 다음에 오는 검파부가 그것이다. 검파부는 증폭된 신호와 잡음을 처리하고 비선형 동작, 즉, 아날로그 복조 또는 디지털 재생 등을 수행한다. 이들 동작에 대한 분석은, 검파 전단부로부터 오는 증폭된 잡음과 비교하여 검파기는 거의 잡음을 보태지 않는다는 타당한 가정 하에서 10, 11 및 14 장에서 다루었다. 여기서 우리가 관심을 가지는 것은 $(S/N)_R$로 표시되는 **검파 전** 신호 대 잡음 비이다.

수신기의 검파 전단부는 잡음성 증폭기와 통상적인 소신호 조건에서 LTI 2-포트로 동작하는 기타의 기능 블록들이 직렬로 연결된 것이다. 그러므로 그림 A-13a에 표시한 것처럼 검파 전단부 전체는 식 (21)로부터 계산할 수 있는 총 유효 잡음 온도로 특징지을 수 있다. (검파 전단부가 슈퍼헤테로다인 수신기에서와 같이 주파수 변환기를 포함할 경우, 그 변환 이득이 가용 전력 이득을 대신한다.) 잘 만들어진 수신기에서는 검파 전 잡음 대역폭은 신호에 필요한 전송 대역폭 B_T와 본질적으로 같다. 수신기 입력 쪽에서의 가용 신호 전력이 S_R이고 동반되는 잡음의 온도가 $\mathcal{T}_R$이면, 식 (13)은

$$(S/N)_R = S_R/N_0B_T \tag{23a}$$

가 되고, 여기서

$$N_0 \triangleq k(\mathcal{T}_R + \mathcal{T}_e) = k\mathcal{T}_N \tag{23b}$$

이다. 합인 $\mathcal{T}_N = \mathcal{T}_R + \mathcal{T}_e$를 **시스템 잡음 온도**라고 하고, N_0는 등가 무잡음 수신기—그림 A-13b의 그림에 해당—의 입력 쪽을 기준으로 한 총 잡음 전력 밀도이다.

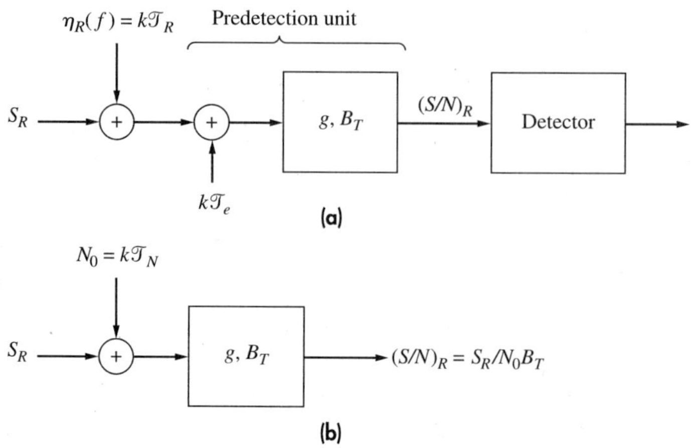

그림 A-13
(a) 통신용 수신기; (b) 검파 전단부의 잡음 모델.

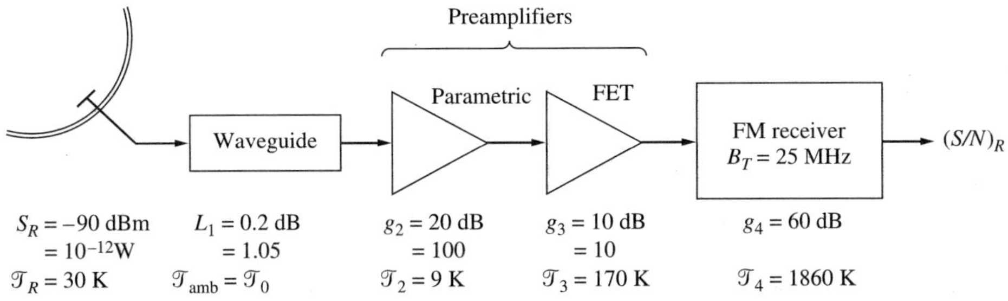

그림 A-14
위성 지구국.

예제 A-3

위성 지구국

위성 지구국에서 수신되는 신호는 매우 미약하다. 다행스럽게도, 그에 동반하는 잡음은 주로 "차가운" 대기 현상으로부터 도래하며 매우 낮은 온도를 갖는다. 수신기 잡음을 최소화 하는 것은 필수적이기도 하고 타당한 것이기도 하다. (반대로, 수평선이나 그 아래를 지향하는 안테나는 "더운" 지구로부터의 흑체 복사를 포집한다. 그러면 $\mathcal{T}_R \approx \mathcal{T}_0$이고 수신기 잡음은 상대적으로 덜 중요해진다.)

그림 A-14는 FM 변조된 위성 신호를 위한 저잡음 초고주파 수신기를 예로서 보여주고 있다. 도파관(導波管, waveguide)은 안테나 급전(給電) 구조물의 일부이고 손실이 매우 작다; 상응하는 유효 잡음 온도는 식 (20a)로부터 $\mathcal{T}_1 = (1.05 - 1)290 = 14.5$ K이다. 고이득 FM 수신기의 잡음을 저감하기 위해 두 개의 전치 증폭기를 채용하고 있다. 식 (21)에 수치를 삽입하면, 총 유효 잡음 온도

$$\mathcal{T}_e = 14.5 + 1.05 \times 9 + \frac{1.05 \times 170}{100} + \frac{1.05 \times 1860}{100 \times 10}$$

$$= 14.5 + 9.5 + 1.8 + 2.0 = 27.8 \text{ K}$$

를 얻는다. 도파관 손실이 $\mathcal{T}_e$의 반을 차지하고 FM 수신기로부터의 잡음은 전치 증폭기의 이득에 의해 (그 영향이) 거의 사라져버렸음을 주목하자.

시스템 잡음 온도는 $\mathcal{T}_N = \mathcal{T}_R + \mathcal{T}_e = 57.8 \text{ K} \approx 0.2\mathcal{T}_0$이다. 그러므로 식 (23)을 이용하면

$$\left(\frac{S}{N}\right)_R = \frac{10^{-12}}{4 \times 10^{-21} \times 0.2 \times 25 \times 10^6} = 50 = 17 \text{ dB}$$

가 된다. 이렇게 작은 신호 대 잡음 비는, FM 변조가 제공하는 추가적인 이득이 없다면 아날로그 통신에 충분하지 않을 수도 있다.

응용 문제 A-3

그림 A-14의 파라메트릭 증폭기를 도파관 앞 안테나 위에 직접 탑재할 수 있다고 하자. FET 증폭기가 있을 때와 없을 때 $\mathcal{T}_N$을 구하시오.

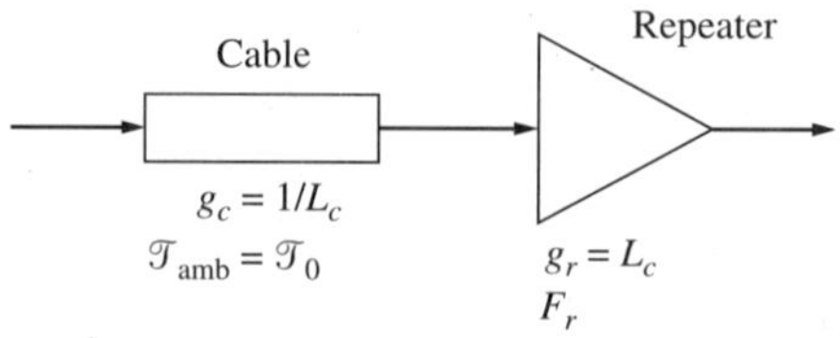

그림 A-15
케이블 중계기 시스템의 한 부분.

유선 중계기 시스템

손실성 2-포트의 잡음에 대한 나쁜 영향은 분명히 유선 전송 시스템에서도 벗어날 수 없다. 하지만, 앞에서 중계 증폭기를 삽입하면 중계기가 없이 유선 전송하는 것에 비해 성능을 향상시킬 수 있다고 주장하였었다. 이제 그러한 중계기 시스템의 잡음 성능을 분석하는 데 필요한 도구들을 갖추었다.

중계기 시스템은 보통 그림 A-15에서와 같이 m개의 동일한 케이블/중계기 부분들로 이루어져 있다. 케이블의 손실은 L_c이고 주변 온도는 $\mathcal{T}_{\text{amb}} \approx \mathcal{T}_0$이므로 $F_c = L_c$이다. 중계 증폭기는 잡음 지수가 F_r이고 케이블의 손실을 보상하기 위한 이득은 $g_r = L_c$이다. 우리는 각 부분을, 식 (22)로부터 계산한 이득이

$$g_{cr} = (1/L_c)g_r = 1$$

이고, 잡음 지수가

$$F_{cr} = F_c + \frac{F_r - 1}{(1/L_c)} = L_c + L_c(F_r - 1) = L_c F_r$$

인 한 개의 단위로 다룬다. 그러면 직렬로 연결된 m개의 부분들 전체의 잡음 지수는

$$F = mF_{cr} - (m - 1) \tag{24a}$$

$$\approx mF_{cr} \tag{24b}$$

이 된다. 식 (24b)에 사용된 근사는 $F_{cr} \gg 1$을 가정하는데, 이는 $L_c \gg 1$과 같은 맥락이다. 이 결과는, "중계기의 수를 두 배로 늘이면 잡음 지수가 3 dB 증가한다"는 어림셈법을 설명해준다.

대부분의 시스템은 실제로 $F_{cr} \gg 1$이고, 따라서 유효 잡음 온도는

$$\mathcal{T}_e = (F - 1)\mathcal{T}_0 \approx mF_{cr}\mathcal{T}_0$$

이다. 뿐만 아니라, 상식적으로 송신기에서의 잡음 온도는 $\mathcal{T}_e$에 비해 낮다고 가정할 수 있을 것이다. 이런 조건에서 송신 신호 전력 S_T는 수신 쪽에서 검파 전 신호 대 잡음 비가

$$\left(\frac{S}{N}\right)_R \approx \frac{S_T}{k\mathcal{T}_e B_N} \approx \frac{S_T}{m(kF_{cr}\mathcal{T}_0 B_T)} = \frac{1}{m}\left(\frac{S}{N}\right)_1$$

이 되도록 한다. 여기서 $(S/N)_1 = S_T/(kF_{cr}\mathcal{T}_0 B_T)$이고, 이는 첫 번째 중계기 출력에서의 신호 대 잡음 비이다.

연습문제

A-1* 온도 $\mathcal{T}_1$인 저항 R_1이 온도 $\mathcal{T}_2$인 저항 R_2와 직렬로 연결되어 있을 때 $v_n^2(f)$와 $i_n^2(f)$의 식을 구하시오. $\mathcal{T}_1 = \mathcal{T}_2 = \mathcal{T}$라고 하고 결과를 체크하시오.

A-2 병렬 연결에 대해 문제 A-1을 되풀이 하시오.

A-3 그림 A-7의 회로에서 $\mathcal{T}_1 = \mathcal{T}_2 = \mathcal{T}$, $R_1 = 1$, $R_2 = 9$, 그리고 $L = 1/2\pi$일 때 $v_n^2(f)$를 구하시오.

A-4 그림 A-7의 인덕턴스가 용량 C로 대체되었다고 하자. $\mathcal{T}_1 = \mathcal{T}_2 = \mathcal{T}$이고 $R_1 = R_2 = R$일 때 $v_n^2(f)$를 구하시오.

A-5* 그림 A-3의 전압이 $V \gg k\mathcal{T}/q$라고 하자. $i_n^2(f)$를 r의 식으로 쓰고 접합 산탄 잡음이 어째서 가끔 "반(半) 열잡음"이라고 불리는지 그 이유를 설명하시오.

A-6 $r_1 = r_o = 50\ \Omega$인 증폭기가 $R_s = 50\ \Omega$인 상온의 신호원에 연결되어 있다. 증폭기는 $f \geq 0$에서 $|H(f)| = 200\ \Pi[(f - f_c)/B]$이고, $\eta_{\text{int}}(f) = 2 \times 10^{-16}\ \Pi[(f - f_c)/B]$이다. 여기서 $f_c = 100$ MHz이고 $B = 1$ MHz이다. gB_N, $k\mathcal{T}_e$, 그리고 N_o를 구하시오.

A-7 $g = 50$ dB이고 $B_N = 20$ kHz인 어떤 증폭기가 $\mathcal{T}_s = \mathcal{T}_0$일 때 $N_o = 80$ pW임이 밝혀졌다. $\mathcal{T}_e$와 F를 구하고, $\mathcal{T}_s = 2\mathcal{T}_0$일 때 N_o를 계산하시오.

A-8 어떤 증폭기의 입력에서의 잡음 온도가 $\mathcal{T}_0$에서 $2\mathcal{T}_0$로 변화할 때, 출력 잡음은 3분의 1이 증가한다. $\mathcal{T}_e$와 F를 구하시오.

A-9 예제 A-2의 측정 절차에서 잡음원 대신 정현파 발진기가 이용될 수도 있다. 발진기는 연결되어 있지만 처음 측정에서는 전원을 꺼서 내부 저항이 잡음원의 잡음을 발생한다. 그 다음 발진기의 전원을 켜고 신호 전력 S를 조정하여 계기 눈금이 두 배가 되도록 한다. S의 식으로 F를 표현하고, 이 방법의 단점을 논하시오.

A-10* 300 Ω 안테나와 50 Ω 수신기 사이의 임피던스 정합은 가끔 안테와 수신기 입력 단자 사이에 300 Ω 저항을 직렬로 연결하는 것으로 수행된다. 300 Ω 신호원 저항과 50 Ω 부하 저항을 가질 때의 전력 이득을 계산함으로써 이 저항 2-포트 회로망의 잡음 지수를 구하시오.

A-11 직렬 연결된 두 증폭기가 다음과 같은 성질을 갖고 있다: $\mathcal{T}_1 = 3\mathcal{T}_0$, $g_1 = 10$ dB, $F_2 = 13.2$ dB, $g_2 = 50$ dB, $B_1 > B_2 = 100$ kHz. $\mathcal{T}_s = 10\mathcal{T}_0$일 때 $(S/N)_o = 30$ dB를 얻기 위해서는 얼마만큼의 입력 신호 전력이 필요한가?

A-12 어떤 시스템이 2 dB/km의 손실을 갖는 케이블과 그 뒤를 잇는 $F = 7$ dB인 증폭기로 구성되어 있다. $\mathcal{T}_s = \mathcal{T}_0$이면, $(S/N)_o \geq 0.05(S/N)_s$를 위한 최대 경로 길이는 얼마인가?

A-13 어떤 수신기 시스템이 $F = 3$ dB이고 $g = 20$ dB인 전치 증폭기와 $L = 6$ dB이고 $\mathcal{T}_{\text{amb}} = \mathcal{T}_0$인 케이블, 그리고 $F = 13$ dB인 수신기로 구성되어 있다. (a) 시스템의 dB로 표현된 잡음 지수를 계산하시오. (b) 전치 증폭기가 케이블과 수신기 사이에 있을 경우에 대해 a를 되풀이 하시오.

A-14* 어떤 수신기 시스템이 $L_1 = 1.5$ dB인 도파관, $g_2 = 20$ dB이고 $\mathcal{T}_2 = 50$ K인 전치 증폭기, 그리고 $F_3 = 10$ dB인 수신기로 구성되어 있다. 시스템이 $\mathcal{T}_e \leq 150$ K가 되기

위해서는 도파관이 어떤 온도까지 냉각되어야 하겠는가?

A-15 증폭기에 대한 **하우스-아들러의 잡음 척도**(Haus-Adler noise measure)는 $M = (F - 1)/(1 - 1/g)$로 정의된다. 두 개의 다른 증폭기를 직렬로 연결하였을 때 첫 번째 증폭기가 더 낮은 M을 가져야 한다는 것을 잡음의 관점에서 보이시오. 힌트: 가능한 두 가지의 배치에 대해 $F_{12} - F_{21}$을 구하시오.

표 T.1

Fourier 변환

정의

변환

$$V(f) = \mathscr{F}[v(t)] = \int_{-\infty}^{\infty} v(t)e^{-j2\pi ft}\,dt$$

역변환

$$v(t) = \mathscr{F}^{-1}[V(f)] = \int_{-\infty}^{\infty} V(f)e^{j2\pi ft}\,df$$

적분 정리

$$\int_{-\infty}^{\infty} v(t)w^*(t)\,dt = \int_{-\infty}^{\infty} V(f)W^*(f)\,df$$

정리

Operation	Function	Transform
Superposition	$a_1v_1(t) + a_2v_2(t)$	$a_1V_1(f) + a_2V_2(f)$
Time delay	$v(t - t_d)$	$V(f)e^{-j\omega t_d}$
Scale change	$v(\alpha t)$	$\frac{1}{\lvert\alpha\rvert}V\left(\frac{f}{\alpha}\right)$
Conjugation	$v^*(t)$	$V^*(-f)$
Duality	$V(t)$	$v(-f)$
Frequent translation	$v(t)e^{j\omega_c t}$	$V(f - f_c)$
Modulation	$v(t)\cos(\omega_c t + \phi)$	$\frac{1}{2}[V(f - f_c)e^{j\phi} + V(f + f_c)e^{-j\phi}]$
Differentiation	$\frac{d^nv(t)}{dt^n}$	$(j2\pi f)^nV(f)$
Integration	$\int_{-\infty}^{t} v(\lambda)\,d\lambda$	$\frac{1}{j2\pi f}V(f) + \frac{1}{2}V(0)\,\delta(f)$
Convolution	$v * w(t)$	$V(f)W(f)$
Multiplication	$v(t)w(t)$	$V * W(f)$
Multiplication by t^n	$t^nv(t)$	$(-j2\pi)^{-n}\frac{d^nV(f)}{df^n}$

변환

Function	$v(t)$	$V(f)$
Rectangular	$\Pi\left(\frac{t}{\tau}\right)$	$\tau \operatorname{sinc} f\tau$
Triangular	$\Lambda\left(\frac{t}{\tau}\right)$	$\tau \operatorname{sinc}^2 f\tau$
Gaussian	$e^{-\pi(bt)^2}$	$(1/b)\, e^{-\pi(f/b)^2}$
Causal exponential	$e^{-bt}u(t)$	$\frac{1}{b + j2\pi f}$
Symmetric exponential	$e^{-b\|t\|}$	$\frac{2b}{b^2 + (2\pi f)^2}$
Sinc	$\operatorname{sinc} 2Wt$	$\frac{1}{2W}\Pi\left(\frac{f}{2W}\right)$
Sinc squared	$\operatorname{sinc}^2 2Wt$	$\frac{1}{2W}\Lambda\left(\frac{f}{2W}\right)$
Constant	1	$\delta(f)$
Phasor	$e^{j(\omega_c t + \phi)}$	$e^{j\phi}\,\delta(f - f_c)$
Sinusoid	$\cos(\omega_c t + \phi)$	$\frac{1}{2}[e^{j\phi}\,\delta(f - f_c) + e^{-j\phi}\delta(f + f_c)]$
Impulse	$\delta(t - t_d)$	$e^{-j\omega t_d}$
Sampling	$\sum_{k=-\infty}^{\infty} \delta(t - kT_s)$	$f_s \sum_{n=-\infty}^{\infty} \delta(f - nf_s)$
Signum	$\operatorname{sgn} t$	$1/j\pi f$
Step	$u(t)$	$\frac{1}{j2\pi f} + \frac{1}{2}\delta(f)$

표 T.2

Fourier 급수

정의

$v(t)$가 다음과 같은 기본 주기를 갖는 주기 함수이면

$$T_0 = 1/f_0 = 2\pi/\omega_0$$

이것은 다음과 같이 지수형 Fourier 급수로 쓸 수 있다.

$$v(t) = \sum_{n=-\infty}^{\infty} c_n e^{jn\omega_0 t}$$

이 급수의 계수는 다음과 같이 되고

$$c_n = \frac{1}{T_0}\int_{t_1}^{t_1+T_0} v(t)e^{-jn\omega_0 t}\,dt$$

여기서 t_1은 임의의 수이다.

$v(t)$가 실수일 때, 그것의 Fourier 급수는 삼각함수 형태로 다음과 같이 표현될 수 있고

$$v(t) = c_o + \sum_{n=1}^{\infty} |2c_n| \cos(n\omega_0 t + \arg c_n)$$

$$= c_o + \sum_{n=1}^{\infty}(a_n \cos n\omega_0 t + b_n \sin n\omega_0 t)$$

여기서 계수는 다음과 같다.

$$a_n = 2\,\mathrm{Re}[c_n] \qquad b_n = -2\,\mathrm{Im}[c_n]$$

계수 계산

$v(t)$의 한 주기가

$$Z(f) = \mathscr{F}\left[v(t)\Pi\left(\frac{t-t_1}{T_0}\right)\right]$$

과 같이 알려진 Fourier 변환을 갖는다면, Fourier 계수는 다음과 같다.

$$c_n = \frac{1}{T_0} Z(nf_0)$$

다음의 관계는 $c_v(n)$으로 표시되는, 알려진 계수를 갖는 파형 $v(t)$의 식으로 표현되는 파형의 지수형 급수 계수를 얻는데 이용될 수 있다.

Waveforms	**Coefficients**	
	$Ac_v(0) + B$	$n = 0$
$Av(t) + B$	$Ac_v(n)$	$n \neq 0$
$v(t - t_d)$	$c_v(n)e^{-jn\omega_0 t_d}$	
$dv(t)/dt$	$(j2\pi nf_0)c_v(n)$	
$v(t)\cos(m\omega_0 t + \phi)$	$\frac{1}{2}c_v(n-m)e^{j\phi} + \frac{1}{2}c_v(n+m)e^{-j\phi}$	

정선한 파형들의 급수 계수

다음의 목록에 있는 파형들은 주기 함수로서, 표시된 것과 같이, $0 < t < T_0$ 또는 $|t| < T_0/2$의 한 주기에서 정의된다. 이 목록은 앞의 관계식과 함께 사용하면 또 다른 파형의 지수형 급수 계수를 구하는데 사용될 수 있다.

Waveform		**Coefficients**	
Impulse train			
$\delta(t)$	$\lvert t \rvert < T_0/2$	$1/T_0$	
Rectangular pulse train			
$\Pi(t/\tau)$	$\lvert t \rvert < T_0/2$	$(\tau/T_0)\,\text{sinc}\, nf_0\tau$	
Square wave (odd symmetry)			
$+1$	$0 < t < T_0/2$	0	n even
-1	$-T_0/2 < t < 0$	$-j2/\pi n$	n odd
Triangular wave (even symmetry)			
$1 - \dfrac{4\lvert t \rvert}{T_0}$	$\lvert t \rvert < T_0/2$	0	n even
		$(2/\pi n)^2$	n odd
Sawtooth wave			
t/T_0	$0 < t < T_0$	$1/2$	$n = 0$
		$j/2\pi n$	$n \neq 0$
Half-rectified sine wave			
$\sin \omega_0 t$	$0 < t < T_0/2$	$\dfrac{1}{\pi(1 - n^2)}$	n even
0	$T_0/2 < t < T_0$	$-jn/4$	$n = \pm 1$
		0	otherwise

표 T.3

수학적 관계식

편리하게 참고할 수 있도록 이 교재에서 사용된 수학적 관계식들의 일부를 아래에 나열하였다. 그러나 이 표가 있다고 해도 여전히 포괄적인 내용을 담고있는 핸드북을 참고할 필요는 있을 것이다.

삼각함수 공식

$$e^{\pm j\theta} = \cos\theta \pm j\sin\theta$$
$$e^{j2\alpha} + e^{j2\beta} = 2\cos(\alpha - \beta)e^{j(\alpha+\beta)}$$
$$e^{j2\alpha} - e^{j2\beta} = j2\sin(\alpha - \beta)e^{j(\alpha+\beta)}$$
$$\cos\theta = \frac{1}{2}(e^{j\theta} + e^{-j\theta}) = \sin(\theta + 90°)$$
$$\sin\theta = \frac{1}{2j}(e^{j\theta} - e^{-j\theta}) = \cos(\theta - 90°)$$
$$\sin^2\theta + \cos^2\theta = 1$$
$$\cos^2\theta - \sin^2\theta = \cos 2\theta$$
$$\cos^2\theta = \tfrac{1}{2}(1 + \cos 2\theta)$$
$$\cos^3\theta = \tfrac{1}{4}(3\cos\theta + \cos 3\theta)$$
$$\sin^2\theta = \tfrac{1}{2}(1 - \cos 2\theta)$$
$$\sin^3\theta = \tfrac{1}{4}(3\sin\theta - \sin 3\theta)$$
$$\sin(\alpha \pm \beta) = \sin\alpha\cos\beta \pm \cos\alpha\sin\beta$$
$$\cos(\alpha \pm \beta) = \cos\alpha\cos\beta \mp \sin\alpha\sin\beta$$
$$\tan(\alpha \pm \beta) = \frac{\tan\alpha \pm \tan\beta}{1 \mp \tan\alpha\tan\beta}$$
$$\sin\alpha\sin\beta = \tfrac{1}{2}\cos(\alpha - \beta) - \tfrac{1}{2}\cos(\alpha + \beta)$$
$$\cos\alpha\cos\beta = \tfrac{1}{2}\cos(\alpha - \beta) + \tfrac{1}{2}\cos(\alpha + \beta)$$
$$\sin\alpha\cos\beta = \tfrac{1}{2}\sin(\alpha - \beta) + \tfrac{1}{2}\sin(\alpha + \beta)$$
$$A\cos(\theta + \alpha) + B\cos(\theta + \beta) = C\cos\theta - S\sin\theta = R\cos(\theta + \phi)$$

where

$$C = A\cos\alpha + B\cos\beta$$
$$S = A\sin\alpha + B\sin\beta$$
$$R = \sqrt{C^2 + S^2} = \sqrt{A^2 + B^2 + 2AB\cos(\alpha - \beta)}$$
$$\phi = \arctan\frac{S}{C} = \arctan\frac{A\sin\alpha + B\sin\beta}{A\cos\alpha + B\cos\beta}$$

급수 전개 및 근사식

$$(1+x)^n = 1 + nx + \frac{n(n-1)}{2!}x^2 + \cdots \qquad |nx| < 1$$

$$e^x = 1 + x + \frac{1}{2!}x^2 + \cdots$$

$$a^x = 1 + x\ln a + \frac{1}{2!}(x\ln a)^2 + \cdots$$

$$\ln(1+x) = x - \tfrac{1}{2}x^2 + \tfrac{1}{3}x^3 + \cdots$$

$$\sin x = x - \frac{1}{3!}x^3 + \frac{1}{5!}x^5 - \cdots$$

$$\cos x = 1 - \frac{1}{2!}x^2 + \frac{1}{4!}x^4 - \cdots$$

$$\tan x = x + \tfrac{1}{3}x^3 + \tfrac{2}{15}x^5 + \cdots$$

$$\arcsin x = x + \tfrac{1}{6}x^3 + \tfrac{3}{40}x^5 + \cdots$$

$$\arctan x = \begin{cases} x - \tfrac{1}{3}x^3 + \tfrac{1}{5}x^5 - \cdots & |x| < 1 \\ \dfrac{\pi}{2} - \dfrac{1}{x} + \dfrac{1}{3x^3} - \cdots & x > 1 \end{cases}$$

$$\operatorname{sinc} x = 1 - \frac{1}{3!}(\pi x)^2 + \frac{1}{5!}(\pi x)^4 - \cdots$$

$$J_n(x) = \frac{1}{n!}\left(\frac{x}{2}\right)^n - \frac{1}{(n+1)!}\left(\frac{x}{2}\right)^{n+2} + \frac{1}{2!(n+2)!}\left(\frac{x}{2}\right)^{n+4} - \cdots$$

$$J_n(x) \approx \sqrt{\frac{2}{\pi x}}\cos\left(x - \frac{\pi}{4} - \frac{n\pi}{2}\right) \qquad x \gg 1$$

$$I_0(x) \approx \begin{cases} e^{x^2/4} & x^2 \ll 1 \\ e^x/\sqrt{2\pi x} & x \gg 1 \end{cases}$$

합의 공식

$$\sum_{m=1}^{M} m = \frac{M(M+1)}{2}$$

$$\sum_{m=1}^{M} m^2 = \frac{M(M+1)(2M+1)}{6}$$

$$\sum_{m=1}^{M} m^3 = \frac{M^2(M+1)^2}{4}$$

$$\sum_{m=0}^{M} x^m = \frac{x^{M+1}-1}{x-1}$$

정적분

$\int_0^\infty \frac{x^{m-1}}{1+x^n}\,dx = \frac{\pi/n}{\sin(m\pi/n)} \qquad n > m > 0$	$\int_0^\infty \sin x^2\,dx = \int_0^\infty \cos x^2\,dx = \frac{1}{2}\sqrt{\frac{\pi}{2}}$
$\int_0^\infty \frac{\sin x}{x}\,dx = \int_0^\infty \frac{\tan x}{x}\,dx = \frac{\pi}{2}$	$\int_0^\infty x^n e^{-ax}\,dx = \frac{n!}{a^{n+1}} \qquad n \ge 1, a > 0$
$\int_0^\infty \frac{\sin x \cos ax}{x}\,dx = \begin{cases} \frac{\pi}{2} & a^2 < 1 \\ \frac{\pi}{4} & a^2 = 1 \\ 0 & a^2 > 1 \end{cases}$	$\int_0^\infty e^{-a^2x^2}\,dx = \frac{1}{2a}\sqrt{\pi} \qquad a > 0$ $\int_0^\infty x^2 e^{-x^2}\,dx = \frac{1}{4}\sqrt{\pi}$
$\int_0^\infty \frac{\sin^2 x}{x^2}\,dx = \frac{\pi}{2}$	$\int_0^\infty e^{-ax}\cos x\,dx = \frac{a}{1+a^2} \qquad a > 0$
$\int_0^\infty \frac{\cos nx}{1+x^2}\,dx = \frac{\pi}{2}e^{-\|n\|}$	$\int_0^\infty e^{-ax}\sin x\,dx = \frac{1}{1+a^2} \qquad a > 0$
$\int_0^\infty \operatorname{sinc} x\,dx = \int_0^\infty \operatorname{sinc}^2 x\,dx = \frac{1}{2}$	$\int_0^\infty e^{-a^2x^2}\cos bx\,dx = \frac{1}{2a}\sqrt{\pi}e^{-(b/2a)^2}$

Schwarz의 부등식

$$\left|\int_a^b v(\lambda)w(\lambda)\,d\lambda\right|^2 \le \int_a^b |v(\lambda)|^2\,d\lambda \int_a^b |w(\lambda)|^2\,d\lambda$$

여기에서 등호는 $v(\lambda) = Kw(\lambda)$일 때 성립하고, K는 상수이다.

Poisson의 합 공식

$$\sum_{n=-\infty}^{\infty} e^{\pm j2\pi n\lambda/L} = L\sum_{m=-\infty}^{\infty} \delta(\lambda - mL)$$

표 T.4

Sinc 함수

아래에 x 값이 0에서 3.9까지 0.1씩 증가할 때 sinc $x = (\sin \pi x)/\pi x$의 수치값과 그것의 제곱값을 표로 만들어 놓았다.

x	sinc x	sinc^2 x	x	sinc x	sinc^2 x
0.0	1.000	1.000	2.0	0.000	0.000
0.1	0.984	0.968	2.1	0.047	0.002
0.2	0.935	0.875	2.2	0.085	0.007
0.3	0.858	0.737	2.3	0.112	0.013
0.4	0.757	0.573	2.4	0.126	0.016
0.5	0.637	0.405	2.5	0.127	0.016
0.6	0.505	0.255	2.6	0.116	0.014
0.7	0.368	0.135	2.7	0.095	0.009
0.8	0.234	0.055	2.8	0.067	0.004
0.9	0.109	0.012	2.9	0.034	0.001
1.0	0.000	0.000	3.0	0.000	0.000
1.1	−0.089	0.008	3.1	−0.032	0.001
1.2	−0.156	0.024	3.2	−0.058	0.003
1.3	−0.198	0.039	3.3	−0.078	0.006
1.4	−0.216	0.047	3.4	−0.089	0.008
1.5	−0.212	0.045	3.5	−0.091	0.008
1.6	−0.189	0.036	3.6	−0.084	0.007
1.7	−0.151	0.023	3.7	−0.070	0.005
1.8	−0.104	0.011	3.8	−0.049	0.002
1.9	−0.052	0.003	3.9	−0.025	0.001

표 T.5

확률 함수

이항(binominal) 분포

n번의 독립적인 시도 중 어떤 사건 A가 발생하는 횟수를 이산 랜덤 변수 I라고 하자. 만약 $P(A) = \alpha$이면, 변수 I는 다음과 같은 이항분포를 따른다.

$$P_I(i) = \binom{n}{i}\alpha^i(1-\alpha)^{n-i} \qquad i = 0, 1, \ldots, n$$

$$E[I] = n\alpha \qquad \sigma_I^2 = n\alpha(1-\alpha)$$

만약 $n \gg 1$, $\alpha \ll 1$이고, $m = n\alpha$가 유한한 값을 유지한다면, 다음과 같이 된다.

$$P_I(i) \approx e^{-m}\frac{m^i}{i!}$$

Poisson 분포

시간 T 안에 어떤 사건 A가 발생하는 횟수를 이산 랜덤 변수 I라고 하자. 짧은 시간 간격 ΔT에서 $P(A) = \mu\Delta T \ll 1$이면, 그리고 이 사건들이 통계적으로 독립으로 발생하면, 변수 I는 다음과 같은 Poisson 분포를 따른다.

$$P_I(i) = e^{-\mu T}\frac{(\mu T)^i}{i!} \qquad E[I] = \mu T$$

균등 분포

연속 랜덤 변수 X가 어떤 유한한 범위에서는 어느 곳에서든 동일한 확률로 나타나고, 그 이외의 범위에서는 나타나지 않는다면, 변수 X는 다음과 같은 균등분포를 따른다.

$$p_X(x) = \frac{1}{b-a} \qquad a \le x \le b$$

$$E[X] = \frac{1}{2}(a+b) \qquad \sigma_X^2 = \frac{1}{12}(b-a)^2$$

정현 분포

X가 $b - a = 2\pi$인 균등 분포를 가지고 $Z = A\cos(X + \theta)$이고, 여기서 A, θ는 상수이면, 변수 Z는 다음과 같은 정현 분포를 따른다.

$$p_Z(z) = \frac{1}{\pi\sqrt{A^2 - z^2}} \qquad |z| \le A$$

$$E[Z] = 0 \qquad \sigma_Z^2 = \frac{1}{2}A^2$$

Laplace 분포

만약 연속 랜덤 변수 X가 다음과 같은 Laplace 분포를 따르면,

$$p_X(x) = \frac{a}{2}e^{-a|x|}$$

다음과 같이 된다.

$$E[X] = 0 \qquad \sigma_X^2 = \frac{2}{a^2}$$

가우스 (정규) 분포

X가 많은 수의 독립적인 랜덤 성분들의 합을 나타내고, 각 랜덤 성분이 전체 합에 매우 적게 기여한다면, 랜덤 변수 X는 다음과 같은 가우스 분포를 따른다.

$$p_X(x) = \frac{1}{\sqrt{2\pi\sigma^2}}e^{-(x-m)^2/2\sigma^2}$$

$$E[X] = m \qquad \sigma_X^2 = \sigma^2$$

(가우스 확률에 대해서는 표 T.6을 참조하시오.)

Rayleigh 분포

$R^2 = X^2 + Y^2$이고, 여기서 랜덤 변수 X, Y가 평균이 0이고 분산이 σ^2인 독립적인 가우스 랜덤 변수 일 때, 랜덤 변수 R은 다음과 같은 Rayleigh 분포를 따른다.

$$p_R(r) = \frac{r}{\sigma^2}e^{-r^2/2\sigma^2} \qquad r \ge 0$$

$$E[R] = \sqrt{\frac{\pi}{2}}\,\sigma \qquad E[R^2] = 2\sigma^2$$

표 T.6

Gaussian 확률

평균 m, 분산 σ^2을 가지는 가우시안 랜덤 변수가 $m + k\sigma$ 보다 큰 값을 가질게 될 확률은 다음의 함수에 의해 주어지며

$$Q(k) \triangleq \frac{1}{\sqrt{2\pi}} \int_k^\infty e^{-\lambda^2/2}\, d\lambda$$

이것은 가우시안 끝부분 아래 면적이다.

$$P(X > m + k\sigma) = P(X \le m - k\sigma) = Q(k)$$

$$P(|X - m| > k\sigma) = 2Q(k)$$

$$P(m < X \le m + k\sigma) = P(m - k\sigma < X \le m) = \tfrac{1}{2} - Q(k)$$

$$P(|X - m| \le k\sigma) = 1 - 2Q(k)$$

$$P(m - k_1\sigma < X \le m + k_2\sigma) = 1 - Q(k_1) - Q(k_2)$$

$Q(k)$와 관련된 다른 함수들은 다음과 같다.

$$\operatorname{erf} k \triangleq \frac{2}{\sqrt{\pi}} \int_0^k e^{-\lambda^2}\, d\lambda = 1 - 2Q(\sqrt{2}\, k)$$

$$\operatorname{erfc} k \triangleq \frac{2}{\sqrt{\pi}} \int_k^\infty e^{-\lambda^2}\, d\lambda = 1 - \operatorname{erf} k = 2Q(\sqrt{2}\, k)$$

$$\Phi(k) \triangleq \frac{1}{\sqrt{2\pi}} \int_0^k e^{-\lambda^2/2}\, d\lambda = \tfrac{1}{2} - Q(k)$$

앞의 모든 관계식은 $k \ge 0$에 대해서이다. 만약 $k < 0$이면, 아래와 같이 된다.

$$Q(-|k|) = 1 - Q(|k|)$$

$0 \le k \le 7.0$의 범위에서 $Q(k)$의 수치값을 아래에 그림으로 나타내었다. 더 큰 k 값에 대하여, $Q(k)$는 다음과 같이 근사화 될 수 있으며,

$$Q(k) \approx \frac{1}{\sqrt{2\pi}k} e^{-k^2/2}$$

이 근사식은 $k > 3$의 범위에서 상당히 정확하다.

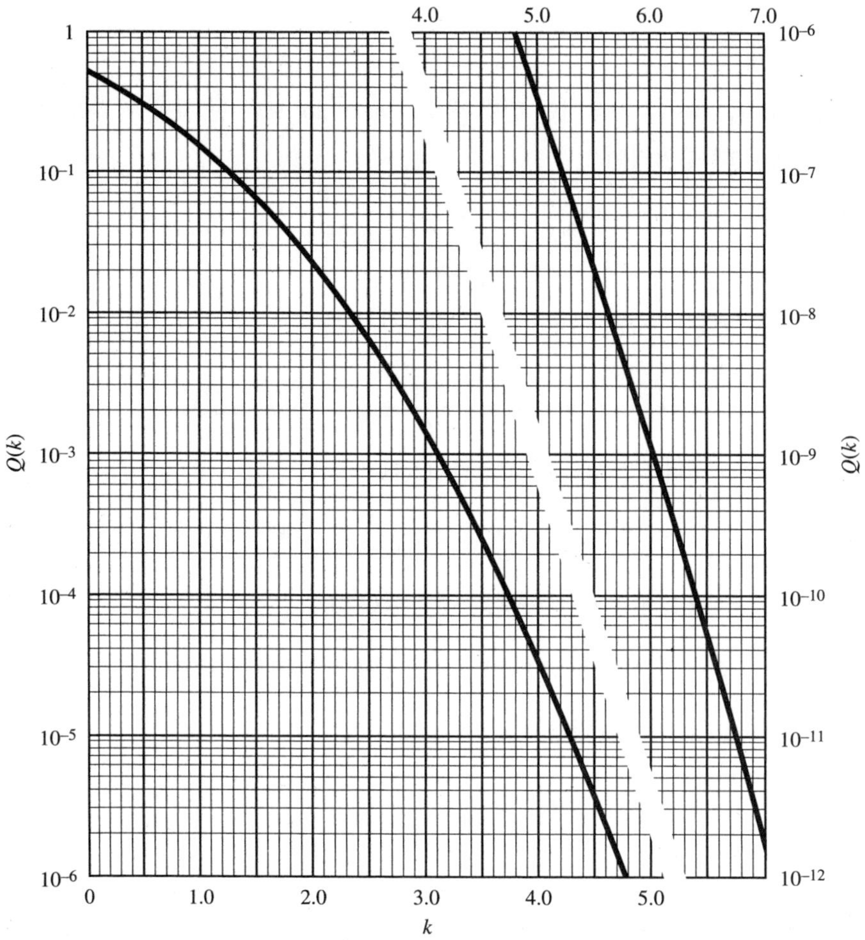

표 T.7

표기법 해설

연산

z^*	Complex conjugate
$\mathrm{Re}\,[z]$, $\mathrm{Im}\,[z]$	Real and imaginary parts
$\lvert z \rvert$	Magnitude or absolute value
$\arg z = \arctan \dfrac{\mathrm{Im}\,[z]}{\mathrm{Re}\,[z]}$	Angle of a complex quantity
$\langle v(t) \rangle = \lim\limits_{T\to\infty} \dfrac{1}{T} \displaystyle\int_{-T/2}^{T/2} v(t)\,dt$	Time average
$\mathscr{F}[v(t)] = \displaystyle\int_{-\infty}^{\infty} v(t) e^{-j2\pi ft}\,dt$	Fourier transform
$\mathscr{F}^{-1}[V(f)] = \displaystyle\int_{-\infty}^{\infty} V(f) e^{j2\pi ft}\,df$	Inverse Fourier transform
$v * w(t) = \displaystyle\int_{-\infty}^{\infty} v(\lambda) w(t-\lambda)\,d\lambda$	Convolution
$\hat{v}(t) = \dfrac{1}{\pi} \displaystyle\int_{-\infty}^{\infty} \dfrac{v(\lambda)}{t-\lambda}\,d\lambda$	Hilbert transform
$R_{vw}(\tau)$	Cross-correlation
$R_v(\tau) = R_{vv}(\tau)$	Autocorrelation
$G_v(f) = \mathscr{F}_\tau[R_v(\tau)]$	Spectral density or power spectrum
$E[X]$	Mean or expected value
$E[v(t)]$	Ensemble average

함수

$Q(k) = \dfrac{1}{\sqrt{2\pi}} \displaystyle\int_k^\infty e^{-\lambda^2/2}\, d\lambda$	Gaussian probability
$\exp t = e^t$	Exponential
$Si(\theta) \triangleq \displaystyle\int_0^\theta \mathrm{sinc}(\mu) d\mu = \pi \int_0^{\theta/\pi} \mathrm{sinc}(\mu) d\mu$	
$\mathrm{sinc}\, t = \dfrac{\sin \pi t}{\pi t}$	Sinc
$\mathrm{sgn}\, t = \begin{cases} 1 & t > 0 \\ -1 & t < 0 \end{cases}$	Sign
$u(t) = \begin{cases} 1 & t > 0 \\ 0 & t < 0 \end{cases}$	Step
$\Pi\left(\dfrac{t}{\tau}\right) = \begin{cases} 1 & \|t\| < \dfrac{\tau}{2} \\ 0 & \|t\| > \dfrac{\tau}{2} \end{cases}$	Rectangle
$\Lambda\left(\dfrac{t}{\tau}\right) = \begin{cases} 1 - \dfrac{\|t\|}{\tau} & \|t\| < \tau \\ 0 & \|t\| > \tau \end{cases}$	Triangle

각종 심볼

$\triangleq$	"Equals by definition"
$\approx$	"Approximately equals"
$\displaystyle\int_T$	$\displaystyle\int_{t_1}^{t_1+T}$ where t_1 is arbitrary
$\leftrightarrow$	Denoting a Fourier transform pair
$\dbinom{n}{i} = \dfrac{n!}{i!(n-i)!}$	Binomial coefficient

응용 문제 풀이

2.1–1 $v(t) = 3\cos(2\pi 0t \pm 180°) + 4\cos(2\pi 15t - 90° \pm 180°)$

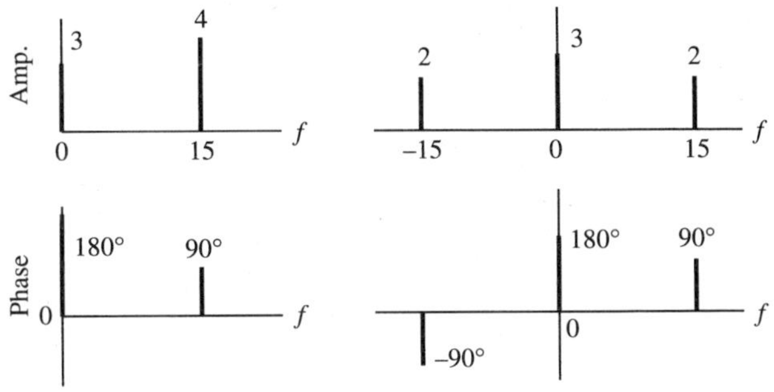

2.1–2

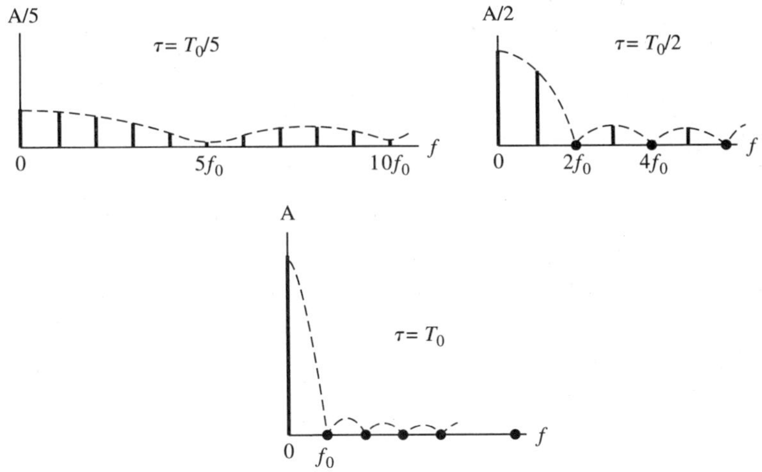

2.1–3 $P = 7^2 + 2 \times 5^2 + 2 \times 2^2 = 107$

2.2–1 $V(f) = 2\int_0^{\infty} Ae^{-bt}\cos\omega t\,dt = \dfrac{2A}{\omega}\dfrac{b/\omega}{1 + (b/\omega)^2} = \dfrac{2Ab}{b^2 + (2\pi f)^2}$

$$|V(f)| \geq \frac{1}{2}\left(\frac{2A}{b}\right) \Rightarrow |f| \leq \frac{b}{2\pi}$$

2.2–2 $\displaystyle\int_{-\infty}^{\infty} |V(f)|^2\,df = \frac{2A^2}{b^2}\int_0^{\infty}\frac{df}{1 + (2\pi f/b)^2} = \frac{A^2}{\pi b}\frac{\pi/2}{\sin \pi/2} = \frac{A^2}{2b}$

$$\int_{-\infty}^{\infty} |v(t)|^2\,dt = A^2\int_0^{\infty} e^{-2bt}\,dt = \frac{A^2}{2b}$$

2.2–3 $z(t) = V(t)$ with $b = 1$ and $2A = B$, so $Z(f) = Ae^{-b|-f|} = \dfrac{B}{2}e^{-|f|}$

2.3–1 $\mathscr{F}[v(-t)] = \frac{1}{|-1|}[V_e(-f) + jV_o(-f)] = V_e(f) - jV_o(f)$

$$Z(f) = a_1[V_e(f) + jV_o(f)] + a_2[V_e(f) - jV_o(f)]$$
$$= (a_1 + a_2)V_e(f) + j(a_1 - a_2)V_o(f)$$

2.3–2 $\frac{d}{df}\left[\int_{-\infty}^{\infty} v(t)e^{-j2\pi ft}\,dt\right] = \int_{-\infty}^{\infty} v(t)(-j2\pi t)e^{-j2\pi ft}\,dt = -j2\pi\mathscr{F}[tv(t)]$

Thus, $tv(t) \leftrightarrow \frac{1}{-j2\pi}\frac{d}{df}V(f)$

2.4–1 $(A\text{ sinc }2Wt)^2 \leftrightarrow \frac{A}{2W}\Pi\left(\frac{f}{2W}\right) * \frac{A}{2W}\Pi\left(\frac{f}{2W}\right) = \begin{cases}\frac{A^2}{2W}\Lambda\left(\frac{f}{2W}\right) \\ 0 & f > 2W\end{cases}$

2.5–1 (a) $\int_{-\infty}^{\infty} v(t)\delta(t+4)\,dt = v(-4) = 49,$

(b) $v(t) * \delta(t+4) = v(t+4) = (t+1)^2$

(c) $v(t)\delta(t+4) = v(-4)\delta(t+4) = 49\delta(t+4)$

(d) $v(t) * \delta(-t/4) = |-4|v(t) * \delta(t) = 4(t-3)^2$

2.5–2 $\mathscr{F}[Au(t)\cos\omega_c t] = \frac{A}{2}\left[\frac{1}{j2\pi(f-f_c)} + \frac{1}{2}\delta(f-f_c) + \frac{1}{j2\pi(f+f_c)} + \frac{1}{2}\delta(f+f_c)\right]$

2.5–3 $\frac{dv(t)}{dt} = \frac{2A}{\tau}\Pi\left(\frac{t}{\tau}\right) - A\delta\left(t+\frac{\tau}{2}\right) - A\delta\left(t-\frac{\tau}{2}\right)$

$$j2\pi fV(f) = 2A\text{ sinc }f\tau - Ae^{j\pi f\tau} - Ae^{-j\pi f\tau}$$

$$V(f) = \frac{jA}{\pi f}(\cos\pi f\tau - \text{sinc }f\tau)$$

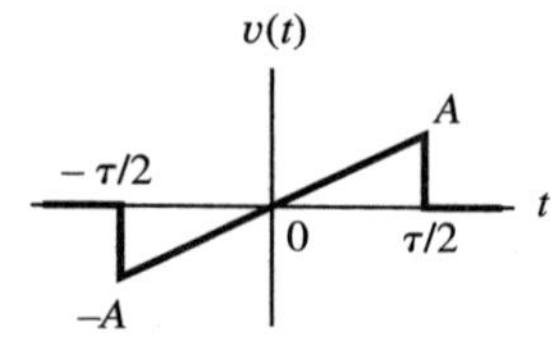

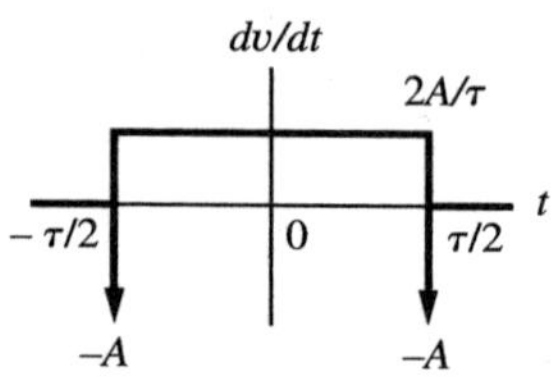

2.6–1 With impulse sampling $x(t) \to x(t)\delta(t - kTs) \to x(kTs)$. We then divide up the spectra into n frequency samples, or $f_n = nf_s/N$. By the sifting property for the impulse function, we get

$$X(f) = \int_0^{NT_s} x(t)e^{-j2\pi ft}dt \Rightarrow X(f) = \int_0^{NT_s} x(kT_s)\delta(t - kT_s)e^{-j2\pi fkT_s}\,dt$$

$$\Rightarrow X(f_n) = \sum_{k=0}^{N} x(kT_s)e^{-j2\pi(f_n = nf_s/N)kT_s} \Rightarrow \text{with } f_n \Rightarrow n \text{ and } kT_s \Rightarrow k$$

$$\Rightarrow X(n) = \sum_{k=0}^{N} x(k)e^{-j2\pi kn/N}$$

3.1–1 $g(t) = e^{-t/RC}u(t)$

$$h(t) = e^{-t/RC}\frac{du}{dt} + \frac{d}{dt}(e^{-t/RC})u(t) = \delta(t) - \frac{1}{RC}e^{-t/RC}u(t)$$

3.1–2 $H(f) = \dfrac{j2\pi fL}{R + j2\pi fL} = \dfrac{jf}{f_l + jf}$

3.1–3 $H(f) = T\,\text{sinc}\, fT\, e^{-j2\pi fT},\ X(f) = A\tau\ \text{sinc}\, f\tau$

$\tau \ll T,\ Y(f) \approx A\tau H(f),\ y(t) \approx A\tau h(t)$

$\tau = T,\ Y(f) = AT^2\,\text{sinc}^2 fT\, e^{-j2\pi fT},\ y(t) = AT\Lambda\left(\dfrac{t - T}{T}\right)$

$\tau \gg T,\ Y(f) \approx TX(f),\ y(t) \approx Tx(t)$

3.2–1

$$t_d(f) = \begin{cases} -\dfrac{1}{2\pi f}\left(-\dfrac{\pi}{2}\text{ rad}\right)\dfrac{f}{30\text{ kHz}} = \dfrac{1}{120}\text{ ms} & |f| < 30\text{ kHz} \\ -\dfrac{1}{2\pi f}\left(-\dfrac{\pi}{2}\text{ rad}\right) = \dfrac{1}{4f} & |f| > 30\text{ kHz} \end{cases}$$

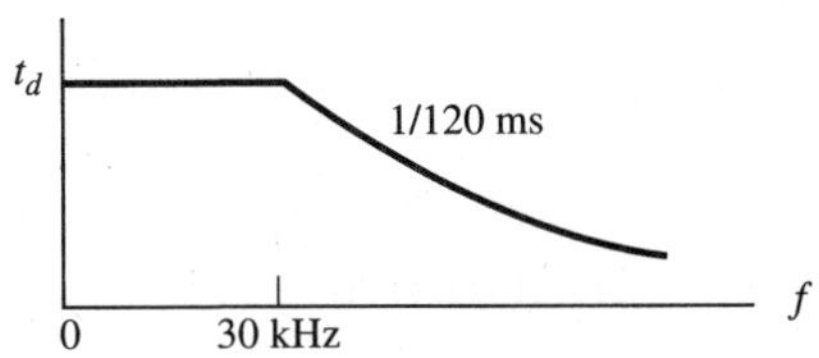

3.2–2 $x(t) = x_1(t)\cos\omega_c t - x_2(t)\sin\omega_c t$

$y(t) = Ax_1(t - t_d)\cos\omega_c(t - t_d) - Ax_2(t - t_d)\sin\omega_c(t - t_d)$

With $x(t - t_d) = X(f)e^{-j\omega t_d}$ and $t_d(f) = t_g - \phi_0/(2\pi f)$

$\Rightarrow Y(f) = X_1(f)e^{-j\omega t_d} * \Im\{\cos 2\pi(t - t_d)\} - X_2(f)e^{-j\omega t_d} * \Im\{\sin 2\pi(t - t_d)\}$

and

$e^{-j\omega t_d} = e^{-j\omega[t_g - \phi_0/(2\pi f)]} = e^{-j\omega t_g}e^{j\phi_0}$

then

$$\Rightarrow Y(f) = X_1(f)e^{-j\omega t_g}e^{j\phi_0} * \Im\{\cos 2\pi(t - t_d)\} - X_2(f)e^{-j\omega t_g}e^{j\phi_0} * \Im\{\sin 2\pi(t - t_d)\}$$

$$\Rightarrow y(t) = x_1(t - t_g)\cos[2\pi(t - t_d) + \phi_0] - x_2(t - t_g)\sin[2\pi(t - t_d) + \phi_0]$$

3.2–3 $|H_{eq}(f)| = \frac{1}{4}|H(f)|$

$$= \begin{cases} \dfrac{1}{4}\dfrac{20\text{ kHz}}{f} & |f| < 20\text{ kHz} \\ \frac{1}{4} & |f| > 20\text{ kHz} \end{cases}$$

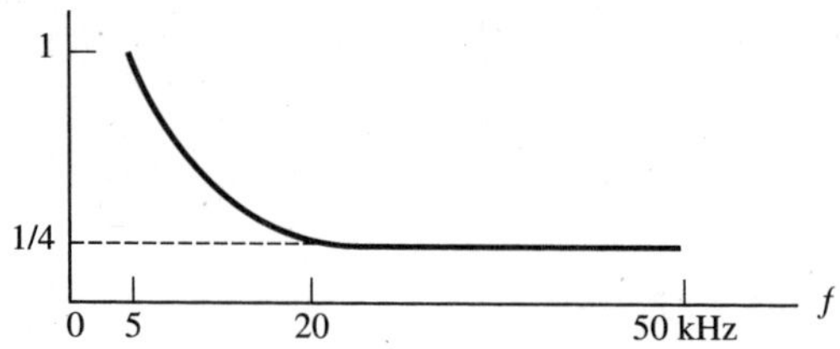

$$\arg H_{eq}(f) = -2\pi f\frac{10^{-3}}{120} - \arg H(f)$$

$$= \begin{cases} 0 & |f| < 30\text{ kHz} \\ -2\pi f\dfrac{10^{-3}}{120} + \dfrac{\pi}{2} & |f| > 30\text{ kHz} \end{cases}$$

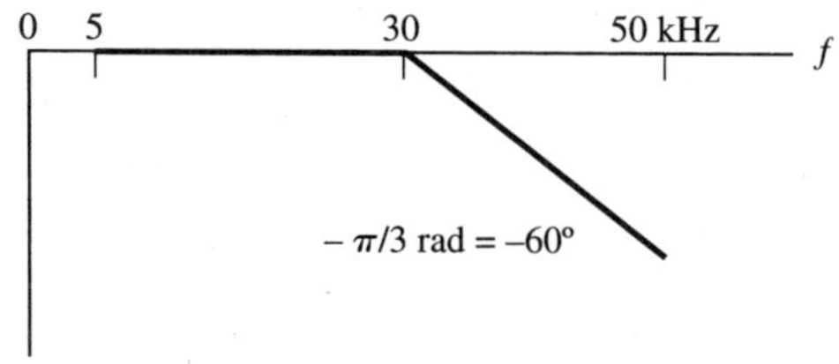

3.3–1 (*a*)

$$P_{\text{dBm}} = 10\log_{10}\left(\frac{P}{1\text{ mW}} \times \frac{10^3\text{ mW}}{1\text{ W}}\right)$$

$$= 10\log_{10}\frac{P}{1\text{ W}} + 10\log_{10}10^3 = P_{\text{dBW}} + 30\text{ dB}$$

(*b*)

$$|H(f)|^2 = 10^{(-3\text{ dB}/10)} = 10^{-0.3} = 0.501 \Rightarrow |H(f)| \approx \frac{1}{\sqrt{2}}$$

3.3–2 (*a*) $33\text{ dBm} - 24 \times 2.5\text{ dB} = -27\text{ dBm} = 10^{-2.7}\text{ mW} \approx 2\ \mu\text{W}$

(*b*) $-27\text{ dBm} + 64\text{ dB} - (40 - 24) \times 2.5\text{ dB}$

$= -3\text{ dBm} = 10^{-0.3}\text{ mW} \approx 0.5\text{ mW}$

3.4–1 Let $f_c = f_l + \frac{B}{2} = \dfrac{(f_l + f_u)}{2}$ and let $V(f) = 2K\Pi(f/B)$, so

$H(f) = \frac{1}{2}[V(f - f_c) + V(f + f_c)]e^{-j\omega t_d}$

$h(t) = v(t - t_d)\cos\omega_c(t - t_d)$ where $v(t) = 2BK\,\text{sinc}\,Bt$

3.4–2 $|H(f)|_{\text{dB}} = 10\log_{10}\dfrac{1}{1 + (f/B)^{2n}} \approx 10\log_{10}\left(\dfrac{f}{B}\right)^{-2n}$

$$= -20n\log_{10}\left(\frac{f}{B}\right) \quad \text{for } f > B$$

$$|H(2B)|_{\text{dB}} \approx -20n\log_{10}2 = -6.0n \le -20\text{ dB} \Rightarrow n \ge \frac{20}{6},\ n_{\min} = 4$$

3.4–3 $\tau_{\min} = 10\ \mu\text{s}$, but the minimum pulse spacing is $30\ \mu\text{s} - \tau_{\max} = 5\ \mu\text{s}$, so

$$B \geq \frac{1}{2 \times 5\ \mu\text{s}} = 100\ \text{kHz}, \quad t_r \approx \frac{1}{2B} = 5\ \mu\text{s}$$

3.5–1 $\mathcal{F}[\hat{x}(t)] = (-j\ \text{sgn}\, f)X(f)$ and

$$\mathcal{F}\left[-\frac{1}{\pi t}\right] = -H_Q(f) = +j\ \text{sgn}\, f, \text{ so}$$

$$\mathcal{F}\left[\hat{x}(t) * \left(-\frac{1}{\pi t}\right)\right] = (\text{sgn}\, f)^2 X(f)$$

$$= X(f) \Rightarrow \hat{x}(t) * \left(-\frac{1}{\pi t}\right) = x(t)$$

3.6–1 Let $z(t) = v(t) + w(t)$ where $v(t) = \frac{A}{2} e^{j\phi} e^{j\omega_0 t}$,

$w(t) = \frac{A}{2} e^{-j\phi} e^{-j\omega_0 t}$

then $R_{vw}(\tau) = 0$ since $\omega_w \neq \omega_v$, so

$$R_z(\tau) = R_v(\tau) + R_w(\tau) = |\tfrac{A}{2} e^{j\phi}|^2 e^{j\omega_0 t}$$

$$+ |\tfrac{A}{2} e^{-j\phi}|^2 e^{-j\omega_0 t} = \tfrac{A^2}{2} \cos \omega_0 \tau$$

3.6–2 $z(t) = w*(-t) = w(-t)$,

$$R_{vw}(\tau) = \int_{-\infty}^{\infty} v(\lambda) z(\tau - \lambda)\, d\lambda$$

$E_v = E_w = A^2 D$

$|R_{vw}(\tau)|^2_{\max} = (A^2 D)^2 = E_v E_w$ at

$\tau = -t_d$

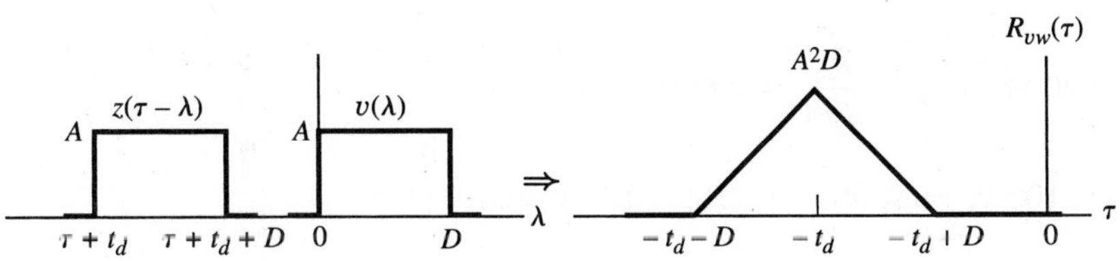

3.6–3

$$\mathcal{F}_\tau[v*(-\tau)] = \int_{-\infty}^{\infty} v*(-\tau) e^{-j\omega\tau}\, d\tau$$

$$= \int_{-\infty}^{\infty} v*(\lambda) e^{-j\omega\lambda}\, d\lambda$$

$$= \left[\int_{-\infty}^{\infty} v(\lambda) e^{-j\omega\lambda}\, d\lambda\right]^* = V*(f) \text{ so}$$

$$G_v(f) = \mathscr{F}_\tau[R_v(\tau)] = \mathscr{F}_\tau[v(\tau) * v^*(-\tau)]$$
$$= V(f)V^*(f) = |V(f)|^2$$

4.1–1 $v_{bp}(t) = z(t) + z^*(t),\ z(t) = v_{lp}(t)e^{j\omega_c t}$

$V_{bp}(f) = \mathscr{F}[z(t)] + \mathscr{F}[z^*(t)]$ where

$\mathscr{F}[z(t)] = V_{lp}(f - f_c)$

and $\mathscr{F}[z^*(t)] = Z^*(-f) = V_{lp}^*(-f - f_c)$

so $V_{bp}(f) = V_{lp}(f - f_c) + V_{lp}^*(-f - f_c)$

4.1–2 $H_{lp}(f) = K_0 + K_1 f/f_c,\quad f_l - f_c < f < f_u - f_c$

$$Y_{lp}(f) = K_0 X_{lp}(f) + \frac{K_1}{j2\pi f_c}[j2\pi f X_{lp}(f)] \text{ where}$$

$x_{bp}(t) = A_x(t)\cos\omega_c t \Rightarrow x_{lp}(t) = \frac{1}{2}A_x(t)$

so $y_{lp}(t) = \frac{1}{2}K_0 A_x(t) + j\frac{1}{2}\left[\dfrac{-K_1}{2\pi f_c}\dfrac{dA_x(t)}{dt}\right]$ and

$$y_i(t) = K_0 A_x(t),\ y_q(t) = \frac{-K_1}{2\pi f_c}\frac{dA_x(t)}{dt}$$

4.2–1

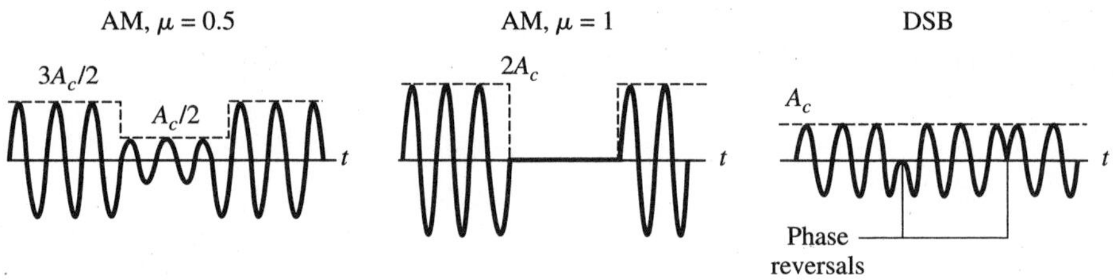

4.2–2 DSB: $S_T = 2P_{sb} = 20\text{ W},\ A_{\max}^2 = \dfrac{P_{sb}}{S_x/4} = 200\text{ W}$

AM: $P_c = \dfrac{P_{sb}}{\frac{1}{2}\mu^2 S_x} = 100\text{ W} \Rightarrow S_T = P_c + 2P_{sb} = 120\text{ W}$ and

$$A_{\max}^2 = \frac{P_{sb}}{S_x/16} = 800\text{ W}$$

4.2–3 $x_c(t) = \dfrac{A_c}{2}\cos(\omega_c - \omega_m)t + \dfrac{A_c}{2}\cos(\omega_c + \omega_m)t$

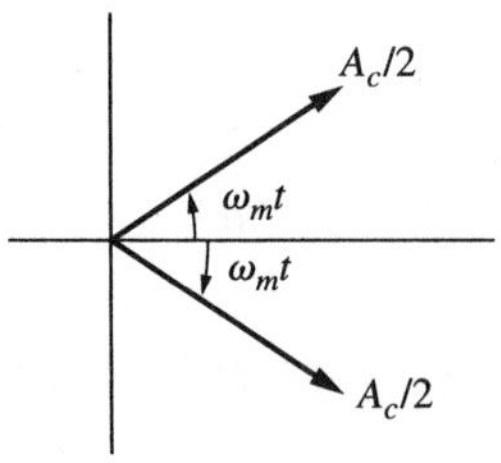

$$v_i = \frac{A_c}{2}\cos\omega_m t + \frac{A_c}{4}\cos\omega_m t = \frac{3A_c}{4}\cos\omega_m t$$

$$v_q = \frac{A_c}{2}\sin\omega_m t - \frac{A_c}{4}\sin\omega_m t = \frac{A_c}{4}\sin\omega_m t$$

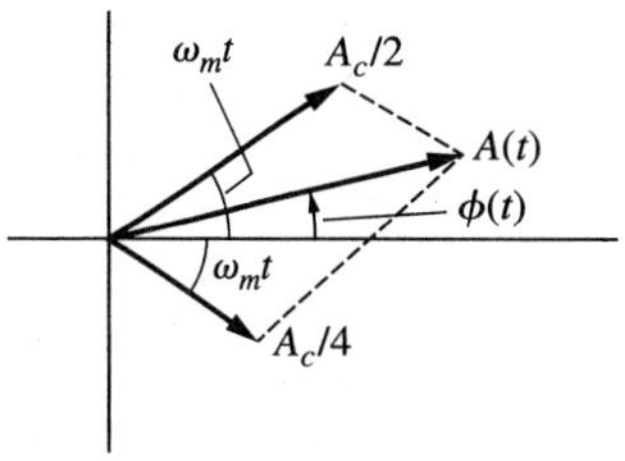

$$A(t) = \sqrt{(\tfrac{3}{4}A_c\cos\omega_m t)^2 + (\tfrac{1}{4}A_c\sin\omega_m t)^2} = \frac{A_c}{4}\sqrt{9\cos^2\omega_m t + \sin^2\omega_m t}$$

$$= \frac{A_c}{4}\sqrt{8\cos^2\omega_m t + 1} = \frac{A_c}{4}\sqrt{5 + 4\cos 2\omega_m t}$$

$$\phi(t) = \arctan\frac{A_c/4\sin\omega_m t}{3A_c/4\cos\omega_m t} = \arctan\left(\frac{\tan\omega_m t}{3}\right)$$

4.3–1 Expanding $\cos^3\theta = \frac{3}{4}\cos\theta + \frac{1}{4}\cos 3\theta$,

$$v_{out\pm} = a_1(\underline{A_c\cos\omega_c t} \pm \tfrac{1}{2}x) + a_2(A_c^2\cos^2\omega_c t \pm \underline{2\tfrac{x}{2}A_c\cos\omega_c t} + \tfrac{x^2}{4})$$
$$+ a_3(\underline{A_c^3\tfrac{3}{4}\cos\omega_c t} + A_c^3\tfrac{1}{4}\cos 3\omega_c t \pm 3\tfrac{x}{2}A_c^2\cos^2\omega_c t + \underline{3\tfrac{x^2}{4}A_c\cos\omega_c t} \pm \tfrac{x^3}{8})$$

Only underlined terms are passed by BPFs, so

$$x_c(t) = v_{out+} - v_{out-} = 2a_2x(t)A_c\cos\omega_c t = (2a_2A_c)x(t)\cos\omega_c t$$

4.4–1

$$x_c(t) = \tfrac{1}{2}A_cA_m(\cos\omega_m t\cos\omega_c t \mp \sin\omega_m t\sin\omega_c t)$$
$$= \tfrac{1}{4}A_cA_m[\cos(\omega_c - \omega_m)t + \cos(\omega_c + \omega_m)t$$
$$\mp \cos(\omega_c - \omega_m)t \pm \cos(\omega_c + \omega_m)t]$$
$$= \tfrac{1}{2}A_cA_m\cos(\omega_c \pm \omega_m)t$$

$$A(t) = \tfrac{1}{2}A_c\sqrt{A_m^2\cos^2\omega_m t + A_m^2\sin^2\omega_m t} = \tfrac{1}{2}A_cA_m$$

4.4–2

$x(t) = \cos\omega_m t$ $\quad A_c/2\ x(t) = \cos\omega_c t = A_c/4\ [\cos(\omega_c - \omega_m)t + \cos(\omega_c + \omega_m)t]$

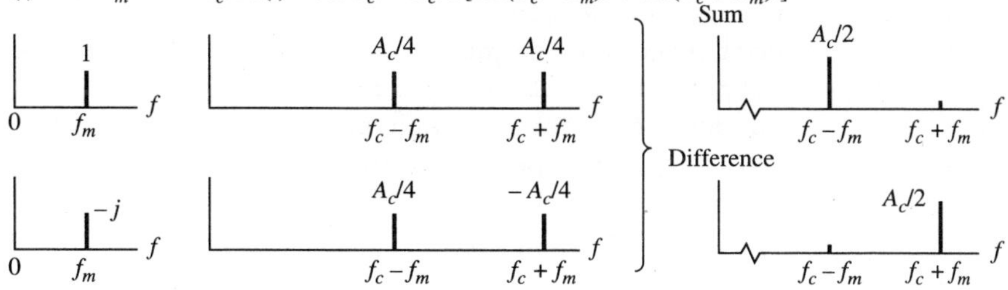

$\hat{x}(t) = \cos(\omega_m t - 90°)$ $\quad \frac{A_c}{2}\hat{x}(t)\cos(\omega_c t - 90°) =$

$\frac{A_c}{4}\{\cos(\omega_c - \omega_m)t + \cos[(\omega_c + \omega_m)t - 180°]\}$

4.5–1

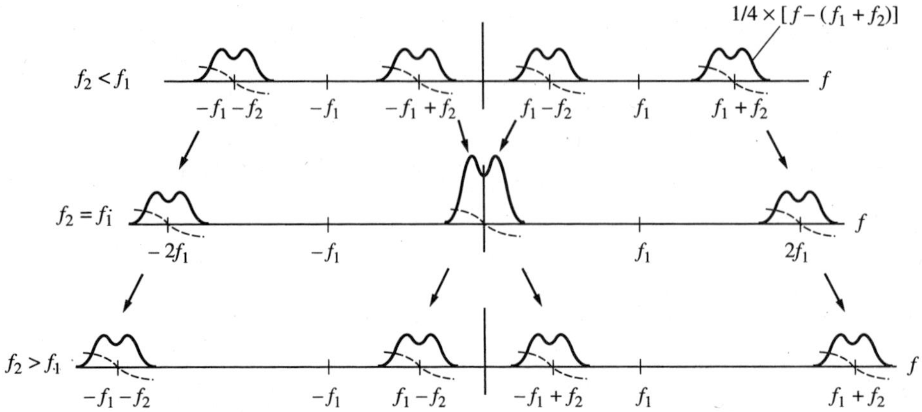

4.5–2 Let $a = \dfrac{A_c A_m}{2}$, so

$$A^2(t) = (A_{LO}\cos\phi' + a\cos\omega_m t)^2 + (A_{LO}\sin\phi' \pm a\sin\omega_m t)^2$$

$$= A_{LO}^2 + a^2 + 2A_{LO}a\underbrace{(\cos\omega_m t\cos\phi' \pm \sin\omega_m t\sin\phi')}_{\cos(\omega_m t \mp \phi')} \quad \text{and}$$

$$A(t) = A_{LO}\sqrt{1 + \left(\frac{a}{A_{LO}}\right)^2 + \frac{2a}{A_{LO}}\cos(\omega_m t \mp \phi')}$$

$$\approx A_{LO} + \tfrac{1}{2}A_c A_m\cos(\omega_m t \mp \phi')$$

4.5–3

```
% Show how an envelope detector demodulates AM and DSB signals
% Clear and initialize variables
    clear
    for t=1:2000
    j(t)=t;
    xc_am(t)=0;      %          AM signal
    xc_dsb(t)=0;     %          DSB signal
    v_am(t)=0;       %          Rectified AM signal
    v_dsb(t)=0;      %          Rectified DSB signal
    y_am(t)=0;       %          output of envelope detector
    y_dsb(t)=0;      %          output of envelope detector
    hlpf(t)=0;       %          LPF for envelope detector
  end;
  Ts=1/1000; %      sample period is 1/1000 seconds
  fc=100;    %      carrier frequency is 100 Hz
  fm=2;      %      message frequency is 2 Hz
  Ac=1.5;    %      carrier amplitude is 1.5
  %    Generate a single-tone message
       for t=1:2000
```

```
      m(t)=cos(2*pi*fm*t*Ts);
    end;

%   Generate AM and DSB modulated signals.
    for t=1:2000
      xc_am(t)=Ac*(1+m(t))*cos(2*pi*fc*t*Ts);
      xc_dsb(t)=Ac*m(t)*cos(2*pi*fc*t*Ts);
    end;

%   Generate impulse response function for first order Butterworth
%   filter using Eq. (8b) of Sect. 3.1.
%   With Eq. (18b) of Sect. 3.1, B=5 Hz or B=1/(2piRC).
      for t=1:2000
        hlpf(t)=2*pi*exp(-t*2*pi*5*Ts);
    end;

%   Demodulate the AM and DSB signals using an envelope detector
      %   Rectify AM and DSB signals

          for t=1:2000
            if xc_am(t) >=0
              v_am(t)=xc_am(t);
              end;
            if xc_dsb(t) >=0
              v_dsb(t)=xc_dsb(t);
              end;
    end;

      %   Low pass filter rectified signals via convolving with LPF
          y_am=conv(hlpf,v_am);
          y_dsb=conv(hlpf,v_dsb);
      %   Remove DC offset from signals [this functions as
      %   the blocking capacitor]
      %   calculate DC offset by determining average value
      %   of signal
              dc_am=0;
              dc_dsb=0;
              for t=1:2000
                dc_am=dc_am+y_am(t);
                dc_dsb=dc_dsb+y_dsb(t);
              end;
              dc_am=dc_am/2000;
              dc_dsb=dc_dsb/2000;

          %     subtract DC offset
              for t=1:2000
                y_am(t)=y_am(t)-dc_am;
```

```
            y_dsb(t)=y_dsb(t)-dc_dsb;
        end;

    %   Scale the message amplitudes
        y_am=5*y_am/max(y_am);
        y_dsb=5*y_dsb/max(y_dsb);
        m=2*m/max(m);

%       Plot the modulated, demodulated signals and original message
%       and include adding offsets of 20, 15, 10, 5, and 0
%       to signal amplitudes to enable them to fit on a single figure.
plot(j,xc_dsb+20, j, y_dsb(1:2000)+15, j, xc_am+10, j, y_am(1:2000)+5, j, m)
```

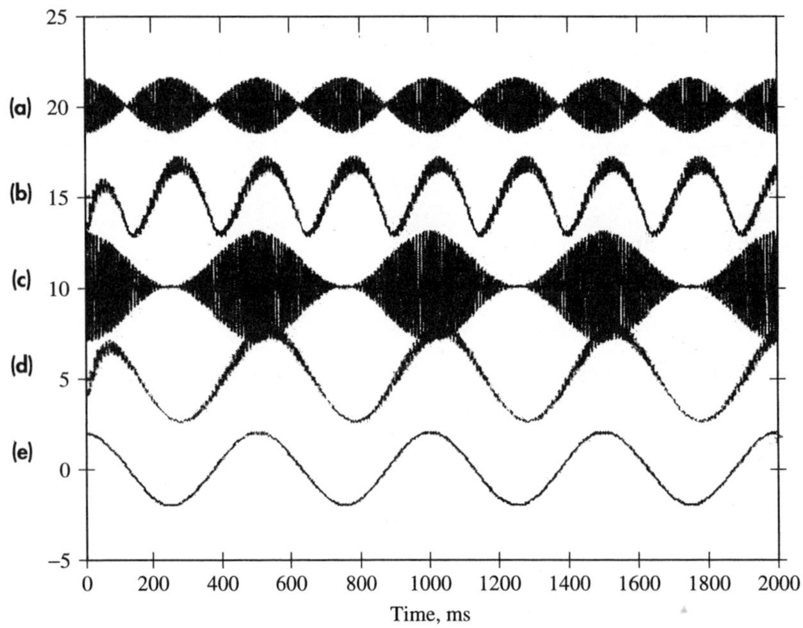

Envelope detection of AM and DSB signals with 2 Hz message. (a) DSB signal, (b) detector output, (c) AM signal, (d) detector output, (e) original message.

Notes:

1. Interference component on the signals of (b) and (d) is due to the non ideal nature of LPF.
2. Envelope detector signal output in part (b) does not resemble the message whereas the signal in (d) does resemble the message.
3. As seen in parts (b) and (c) the LPF output does have a transient component and causes a phase change.

5.1–1 $x_c(t) = A_c \cos[\omega_c t + \omega_c \mu x(t)t] \Rightarrow \theta_c(t) = 2\pi[f_c t + f_c \mu x(t)t]$

$$f(t) = \frac{1}{2\pi}\dot{\theta}_c(t) = f_c + f_c\mu x(t) + f_c\mu\dot{x}(t)t$$

$$= f_c[1 + \mu\cos\omega_m t - \mu\omega_m t\sin\omega_m t]$$

so $f(t) \approx -f_c\mu\omega_m t\sin\omega_m t$ for $\mu\omega_m t \gg 1$ and $|f(t)| \rightarrow \infty$ as $t \rightarrow \infty$.

5.1–2 $\mathscr{F}[\phi(t)] = \dfrac{\phi_\Delta}{2W}\Pi\left(\dfrac{f}{2W}\right)$, $\mathscr{F}[\phi^2(t)] = \dfrac{\phi_\Delta}{2W}\Lambda\left(\dfrac{f}{2W}\right)$

$$X_c(f) = \frac{1}{2}A_c\left\{\delta(f - f_c) + \frac{j\phi_\Delta}{2W}\Pi\left(\frac{f - f_c}{2W}\right) - \frac{\phi_\Delta}{4W}\Lambda\left(\frac{f - f_c}{2W}\right)\right\},\ f \geq 0$$

5.1–3 $\beta = 8\text{ kHz}/4\text{ kHz} = 2$

$f_c = 30$ kHz

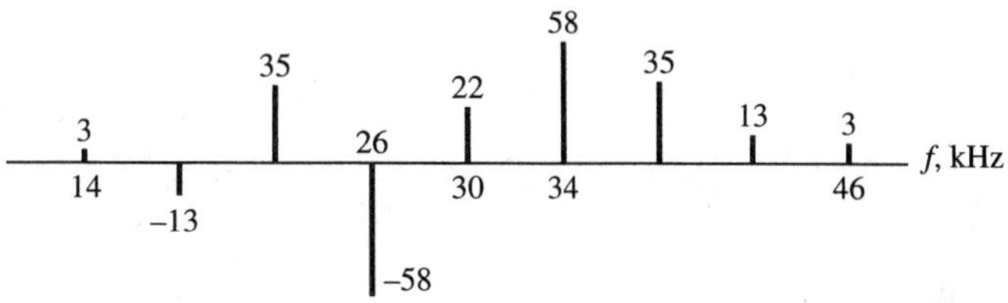

$f_c = 11$ kHz

Note "folded" terms at

$|11 - 12| = 1$ kHz

$|11 - 16| = 5$ kHz

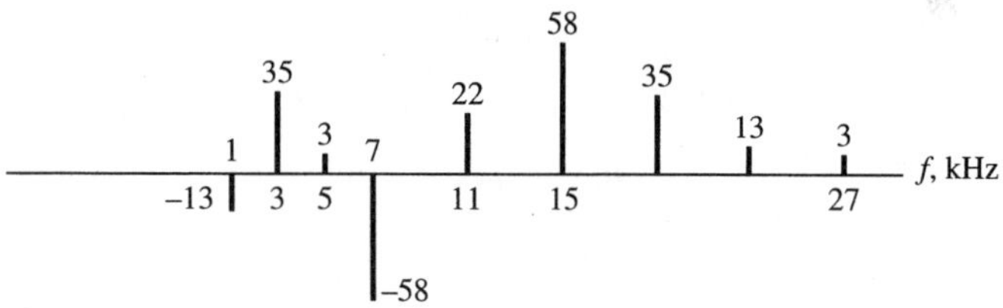

5.2–1

D	$2M(D)$	Approximation
0.3	3.0	$2(D + 1) = 2.6$
3.0	10	$2(D + 2) = 10$
30	⋯	$2(D + 1) = 62$

5.2–2 Since $H(f + f_c) = e^{-j2\pi t_1 f}$, we have $K_0 = 1$, $K_1 = 0$,

and $t_0 = 0$ in Eq. (12), so $A(t) = A_c$,

$\phi(t - t_1) = \beta\sin\omega_m(t - t_1)$

$- \beta(\cos\omega_m t_1 \sin\omega_m t - \sin\omega_m t_1\cos\omega_m t)$

$\approx \beta(\sin\omega_m t - \omega_m t_1\cos\omega_m t) \quad \omega_m t_1 \ll \pi$

and $y_c(t) \approx A_c\cos(\omega_c t + \beta\sin\omega_m t - \beta\omega_m t_1\cos\omega_m t)$

For Eq. (14), $|H(f_c)| = 1$ and $f(t) = f_c + \beta f_m\cos\omega_m t$, so

$\arg H[f(t)] = -2\pi t_1[f(t) - f_c] = -\beta\omega_m t_1\cos\omega_m t$ and

$y_c(t) = A_c\cos(\omega_c t + \beta\sin\omega_m t - \beta\omega_m t_1\cos\omega_m t)$

5.3–1 $x_c(t) = A_c \cos \omega_c t - A_c \phi_\Delta x \sin \omega_c t = A_c \sqrt{1 + (\phi_\Delta x)^2} \cos [\omega_c t + \arctan (\phi_\Delta x)]$
Thus, $\phi(t) = \arctan (\phi_\Delta x) = \phi_\Delta x(t) - \frac{1}{3}\phi_\Delta^3 x^3(t) + \frac{1}{5}\phi_\Delta^5 x^5(t) + \cdots$

5.3–2 $x_c(t) - x_c(t - t_0) \approx t_0 \dot{x}_c(t) = t_0 2\pi A_c[f_c + f_\Delta x(t)]\sin [\theta_c(t) \pm 180°]$

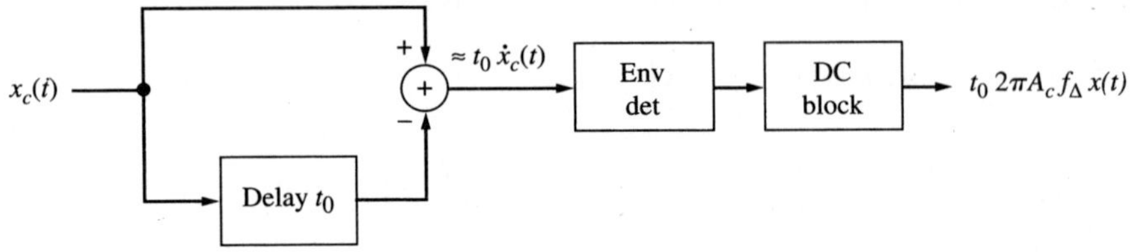

5.4–1 $1 + \cos \theta_i = 2 \cos^2 \dfrac{\theta_i}{2}$ so

$$A_v(t) = A_c\sqrt{2 + 2\cos \theta_i} = A_c\sqrt{4\cos^2 \frac{\theta_i}{2}} = 2A_c\left|\cos \frac{\omega_i t}{2}\right|$$

$$\frac{\sin \theta_i}{1 + \cos \theta_i} = \frac{2 \sin \frac{\theta_i}{2} \cos \frac{\theta_i}{2}}{2 \cos \frac{\theta_i}{2}} = \tan \frac{\theta_i}{2} \text{ so}$$

$$\phi_v(t) = \arctan\left(\tan \frac{\theta_i}{2}\right) = \frac{\omega_i t}{2}$$

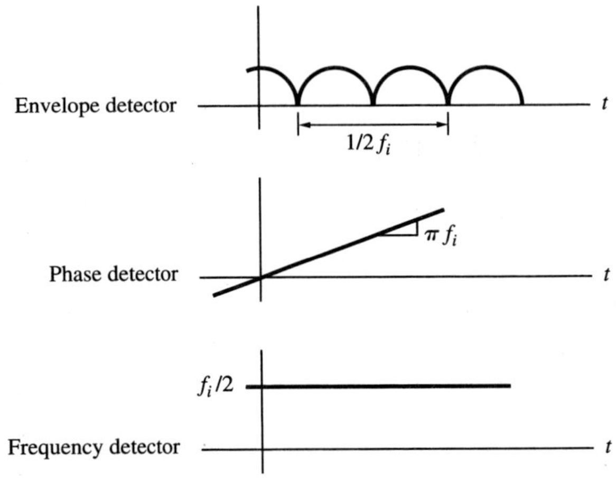

5.4–2 $A_{mpe} = A_m\sqrt{1 + (f/B_{de})^2} \leq \dfrac{1 \text{ kHz}}{15 \text{ kHz}}\sqrt{1 + 7.5^2} \approx 0.5$
$\beta = 0.5 \times 75 \text{ kHz}/15 \text{ kHz} = 2.5,\ M(\beta) \approx 4.5$
$B \approx 2 \times 4.5 \times 15 \text{ kHz} = 135 \text{ kHz} < B_T$

6.1–1 $s_p(t) = \sum_{n=-\infty}^{\infty} c_n e^{-jn\omega_s t},\ p(t) = s_p(t)\Pi\left(\frac{t}{T_s}\right) \Rightarrow c_n = \frac{1}{T_s}P(nf_s)$

Thus, $S_p(f) = \mathcal{F}\left[\sum_n \frac{1}{T_s}P(nf_s)e^{-jn\omega_s t}\right] = f_s \sum_{n=-\infty}^{\infty} P(nf_s)\delta(f - nf_s)$

6.1–2 Sample values are identical, so the reconstructed waveforms will be the same for both signals.

6.1–3 Zero-padding interpolation involves adding an integer amount of zeros around the $N/2$ point on the DFT graph. Because the original shape of the DFT is unchanged (i.e., you haven't change the relative magnitudes of the nonzero DFT values), this process yields perfect interpolation. For example, let's say you have a bandlimited signal with $N = 8$ samples taken and you want to represent the signal with $N' = 16$ samples, effectively doubling your sampling rate. First, take the 8-point DFT, then add four zeros on each side of the $N/2$ point, yielding a 16-point DFT. Taking the 16-point IDFT will yield a signal with 16 sample points with perfect interpolation.

6.2–1 $\frac{1}{\tau} = \frac{1}{0.1T_s} = 10f_s = 80\text{ kHz},\quad B_T \geq \frac{1}{2\tau} = 40\text{ kHz}$

6.3–1 $c_n = f_s\tau \operatorname{sinc} nf_s\tau = \frac{1}{\pi n}\sin \pi n f_s \tau$

$$x_p(t) = A\left[f_s\tau + \sum_{n=1}^{\infty}\frac{2}{\pi n}\sin \pi n f_s\tau \cos n\omega_s t\right] \quad \tau = \tau_0[1 + \mu x(t)]$$

$$= Af_s\tau_0[1 + \mu x(t)] + \sum_{n=1}^{\infty}\frac{2A}{\pi n}\sin\{n\pi f_s\tau_0[1 + \mu x(t)]\}\cos n\omega_s t$$

7.1–1 $f_{IF} = 7.0$ and $10 < f_{LO} < 10.5$ with $f_c' - 10.5 = 7 \Rightarrow 17 < f_c' < 17.5$

$f_{IF} = 7.0$ and $30 < f_{LO} < 31.5$ with $31.5 - f_c'' = 7 \Rightarrow 23 < f_c'' < 24.5$

$f_{IF} = 7.0$ and $30 < f_{LO} < 31.5$ with $f_c''' - 31.5 = 7 \Rightarrow 37 < f_c''' < 38.5$

With 1st-order Butterworth LPF, spurious rejection is

$$\left[20\log\frac{1}{\sqrt{1 + (f/4)^2}}\right]_{f=17,\,23,\,37\text{ MHz}} = -12.8\text{ dB},\ -15.3\text{ dB, and}$$

-19.4 dB

7.1–2 $H_{RF}(f_c) = 1,\ H_{RF}(f_c') = \left[1 + jQ\left(x - \frac{1}{x}\right)\right]^{-1}$ where $x = \frac{f_c'}{f_c}$

$IR = 1 + 50^2\left(x - \frac{1}{x}\right)^2 = 10^6 \Rightarrow x \approx 20$ or $\frac{1}{20}$

But $\frac{f_c'}{f_c} = 1 + \frac{2f_{IF}}{f_c} > 1$ so take $\frac{f_c'}{f_c} \approx 20$ and $f_{IF} \approx 9.5f_c$

7.1–3 clear

```
a=100;
N=64;
```

```
 %      Generate a 64 point monocycle centered at
 %      n=32.

        k=(0:N-1);
        for j=1:N
            x(j)=(j-N/2)/a*exp(-((j-N/2)^2)/a);
        end;
        x=x/max(x);  % normalize x

%       Generate its 64 point DFT, and power spectrum
        n=(0:N-1);
        u=fft(x,N);
        Puu=u.*conj(u)/N;

%       Modify the power spectrum so it starts at f=0 Hz, and
%       looks like how it would appear on a spectrum analyzer.

%       Assume the sampling frequency is fs =1 Hz.
                % The discrete frequency is fs/N

                % Set up an array of discrete frequencies
                % for the horizontal axis
  f=(0:N/2)/N;

                % Plot the data up to fs X N/2 Hz =1 X 1/64=0.5 Hz.

  plot(f,Puu(1:(N/2+1)));
  title('Frequency content of x(t)')
  xlabel('Frequency - Hz')
```

Notes:

1. See Fig. 2.6–1 for the original $x(k)$ function and its corresponding DFT components $X_R(n)$, $X_I(n)$, and $|X(n)|^2$.
2. Note that just as there is no DC component in $x(k)$, neither is there a DC component in $|X(n)|^2$.
3. It is assumed that $T_s = 1$ second $\Rightarrow f_s = 1$ Hz $\Rightarrow \Delta f = \frac{1}{N} = \frac{1}{64}$ Hz
4. The graph on the next page would be smoother if f_s and N were increased.

7.2–1 $(v_2 \cos \omega_2 t)^2 v_1 \cos \omega_1 t = \frac{1}{2} v_2^2(1 + \cos 2\omega_2 t) v_1 \cos \omega_1 t$

$$= \frac{1}{2} v_1 v_2^2 \cos \omega_1 t + \text{components at } |2f_2 \pm f_1|$$

$$\text{AM: } v_1 v_2^2 = 1 + x_1(t) + \underbrace{2x_2(t)}_{\text{intelligible}} + \underbrace{2x_1(t)x_2(t) + x_1(t)x_2^2(t) + x_2^2(t)}_{\text{unintelligible}}$$

DSB: $v_1 v_2^2 = x_1(t) x_2^2(t)$ unintelligible

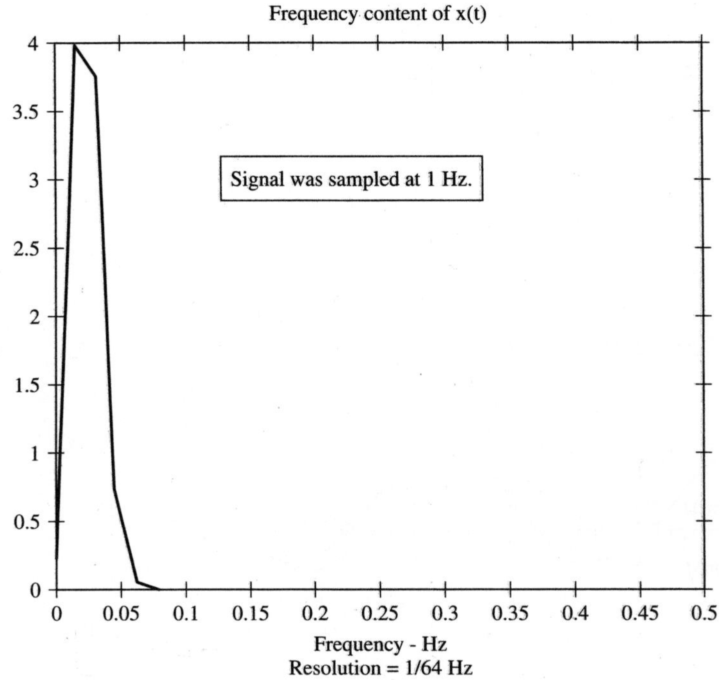

7.2–2

Refer to Fig. 7.2–6.

With the receiver input being $x_c(t_0) = x_1(t)\cos \omega_c t + x_2(t)\sin \omega_c t$

At the lower branch we have

$$x_c(t) \cos \omega_c t = [x_1 \cos \omega_c t + x_2(t) \sin \omega_c t] \cos \omega_c t$$
$$= \frac{x_1(t)}{2}[\cos(0) + \cos 2\omega_c t] + \frac{x_2(t)}{2}[\sin(0) + \sin 2\omega_c t]$$

At the LPF output we get $\frac{x_1(t)}{2}$

Similarly at the upper branch, we have

$$x_c(t) \sin \omega_c t = [x_1 \cos \omega_c t + x_2(t) \sin \omega_c t] \sin \omega_c t$$
$$= \frac{x_1(t)}{2}[\sin(0) + \sin 2\omega_c t] + \frac{x_2(t)}{2}[\cos(0) - \sin 2\omega_c t]$$

At the LPF output we get $\frac{x_2(t)}{2}$

7.2–3 $\tau = \frac{1}{2} \times \frac{1}{8} \times \frac{1}{750}$, $B_T \geq \frac{1}{2\tau} = 8 \times 750 = 6$ kHz

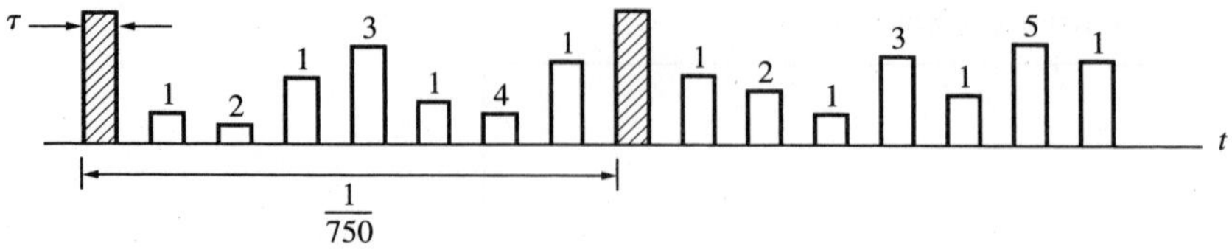

7.2–4 $T_g = \dfrac{(-60)}{(-54.5 \times 4 \times 10^5)} \approx 2.8\ \mu\text{s},$

$T_s/M = \dfrac{1}{(10 \times 8 \times 10^3)} = 12.5\ \mu\text{s},$

$\tau = \frac{12.5}{5} = 2.5\ \mu\text{s},\ t_0 \le \frac{1}{2}(12.5 - 2.5 - 2.8) \approx 3.6\ \mu\text{s}$

7.3–1

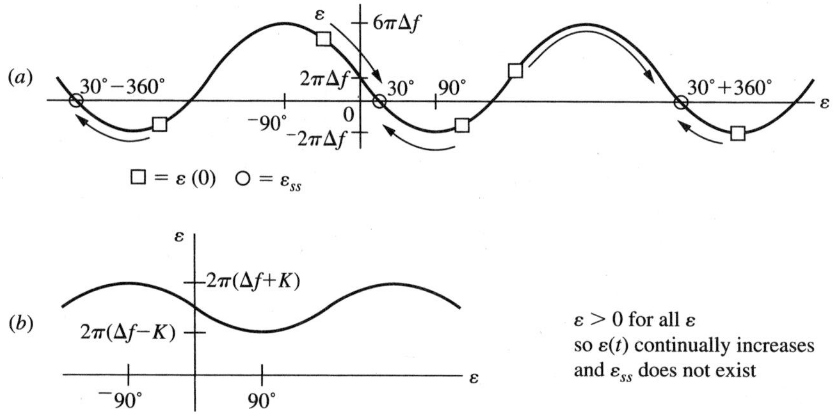

7.3–2 $f_v = \dfrac{nf_c}{m} - \Delta f, \quad K \ge |\Delta f| = \left| f_v - \dfrac{nf_c}{m} \right|$

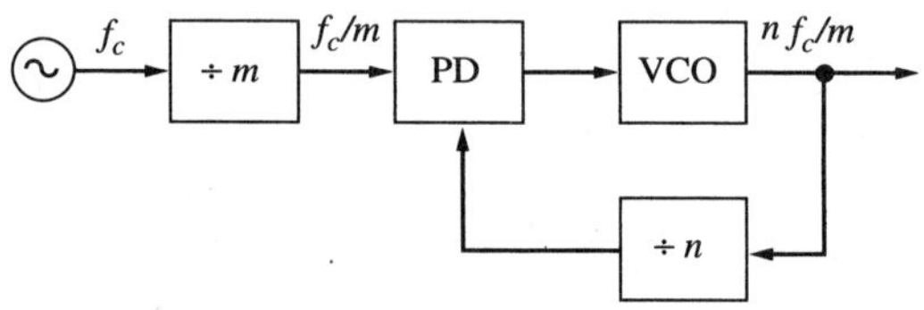

7.4–1 $n_p = (37\ \text{cm} \times 40\ \text{lines/cm})(59\ \text{cm} \times 40\ \text{lines/cm})$

$\approx 3.5 \times 10^6$

$T_{frame} = \dfrac{1}{3.2 \times 10^3} \times \dfrac{0.714 n_p}{1 \times 1} = 781\ \text{sec} \approx 13\ \text{min}$

7.4–2 $-\sin \omega_{cv} t = \cos(\omega_{cv} t + 90°)$

$A_{ca} \ll A_{cv}$, $|\mu x| < 1$, and $|\mu x_q| \ll 1$

Thus, $A_y \approx A_{cv}(1 + \mu x) + A_{ca} \cos(\omega_a t + \phi)$

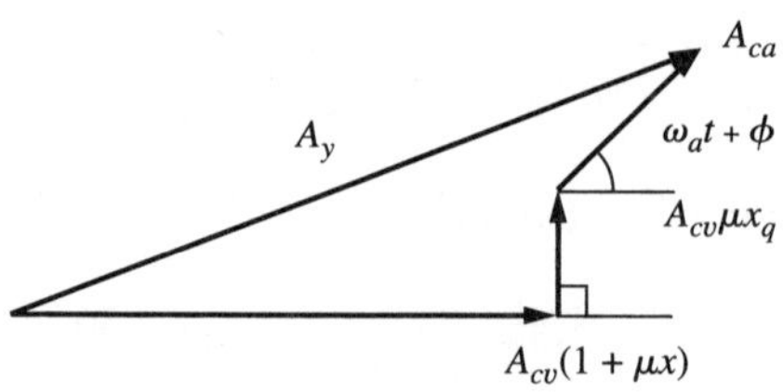

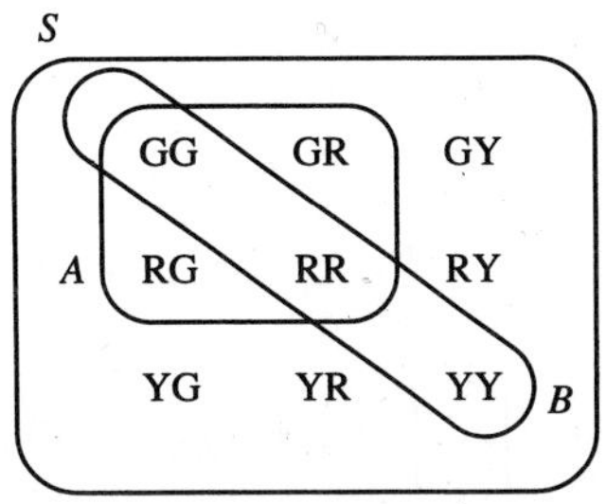

8.1–1 $M = 9$ equally likely outcomes

$P(A) = \frac{4}{9}$

$P(B) = \frac{3}{9} = \frac{1}{3}$

$P(AB) = P(GG + RR) = \frac{2}{9}$

$P(A + B) = \frac{5}{9}$

8.1–2 $P(D) = \frac{4}{8}, P(BD) = \frac{1}{8},$

$P(B|D) = (\frac{1}{8})/(\frac{4}{8}) = \frac{2}{8} = P(B)$

$P(D|B) = (\frac{1}{8})/(\frac{2}{8}) = \frac{4}{8} = P(D),$

$P(B)P(D) = (\frac{2}{8})(\frac{4}{8}) = \frac{1}{8} = P(BD)$

8.2–1

Outcome	GG	GR	GY	RG	RR	RY	YG	YR	YY
Weights	2,2	2,−1	2,0	−1,2	−1,−1	−1,0	0,2	0,−1	0,0
X	2.0	0.5	1.0	0.5	−1.0	−0.5	1.0	−0.5	0.0

x_i	−1.0	−0.5	0.0	0.5	1.0	2.0
$P_X(x_i)$	1/9	2/9	1/9	2/9	2/9	1/9
$F_X(x_i)$	1/9	3/9	4/9	6/9	8/9	9/9

$P(-1.0 < X \leq 1.0) = F_X(1.0) - F_X(-1.0) = \frac{7}{9}$

8.2–2

$$P(\pi < X < 3\pi/2) = \int_{\pi}^{3\pi/2} \frac{1}{2\pi}\,dx = \frac{1}{4},$$

$$P(X > 3\pi/2) = \int_{3\pi/2}^{2\pi} \frac{1}{2\pi}\,dx = \frac{1}{4},$$

$$P(\pi < Z \leq 3\pi/2) = \int_{\pi^+}^{3\pi/2} \frac{1}{2\pi}\,dz = \frac{1}{4},$$

$$P(\pi \leq Z \leq 3\pi/2) = \int_{\pi^-}^{3\pi/2} \left[\frac{1}{2}\delta(z + \pi) + \frac{1}{2\pi}\right] dz = \frac{3}{4}$$

8.2–3 $p_X(x) = \frac{1}{4}$ for $0 < x \leq 4$, $g^{-1}(z) = z^2 \Rightarrow dg^{-1}(z)/dz = 2z$

$p_Z(z) = \frac{z}{2} \quad 0 < z \leq 2$

$\quad\quad\; = 0 \quad\quad$ otherwise

8.3–1

$$m_X = \int_0^{2\pi} x \frac{1}{2\pi}\,dx = \pi \quad \overline{X^2} = \int_0^{2\pi} x^2 \frac{1}{2\pi}\,dx = \frac{4\pi^2}{3}$$

$$\sigma_X = \sqrt{(\tfrac{4\pi^2}{3}) - \pi^2} = \pi/\sqrt{3},$$

$$P(|X - m_X| < 2\sigma_X)$$

$$= P(\pi - \tfrac{2\pi}{\sqrt{3}} < X < \pi + \tfrac{2\pi}{\sqrt{3}}) = 1$$

8.3–2 $E[X + Y] = \int_{-\infty}^{\infty}\int_{-\infty}^{\infty}(x + y)p_{XY}(x, y)\,dx\,dy$

$$= \int_{-\infty}^{\infty} x\left[\int_{-\infty}^{\infty} p_{XY}(x, y)\,dy\right]dx$$

$$+ \int_{-\infty}^{\infty} y\left[\int_{-\infty}^{\infty} p_{XY}(x, y)\,dx\right]dy$$

$$= \int_{-\infty}^{\infty} xp_X(x)\,dx + \int_{-\infty}^{\infty} yp_Y(y)\,dy = \overline{X} + \overline{Y}$$

8.3–3 $\Phi_X(2\pi t) = \mathscr{F}^{-1}[a^{-1}\Pi(f/a)] = \text{sinc}\, at$, so

$\Phi_X(\nu) = \text{sinc}\, at|_{t=\nu/2\pi} = \text{sinc}(a\nu/2\pi)$

8.4–1 $m = 10^4 \times 5 \times 10^{-5} = 0.5,\ P_I(i) \approx e^{-0.5}(0.5^i/i!)$

$$F_I(2) \approx e^{-0.5}\left(\frac{0.5^0}{0!} + \frac{0.5^1}{1!} + \frac{0.5^2}{2!}\right) = 0.986$$

8.4–2 $\sigma = 8$ so $9 = m + 0.5\sigma,\ 25 = m + 2.5\sigma$

$$P(9 < X \le 25) = P(X > 9) - P(X \ge 25)$$

$$= P(X - m > 0.5\sigma) - P(X - m \ge 2.5\sigma)$$

$$= Q(0.5) - Q(2.5) \approx 0.31 - 0.06 \approx 0.30$$

8.4–3 $F_R(r) = \int_{-\infty}^{r} p_R(\lambda)\,d\lambda = \int_0^r \left(\frac{\lambda}{\sigma^2}\right)e^{-\lambda^2/2\sigma^2}\,d\lambda \quad r \ge 0$

Let $\alpha = \lambda^2/2\sigma^2$ so

$$F_R(r) = \int_0^{r^2/2\sigma^2} e^{-\alpha}\,d\alpha = 1 - e^{-r^2/2\sigma^2} \quad r \ge 0$$

9.1–1 $\overline{v(t)} = E[X + 3t] = \overline{X} + 3t = 3t$

$$R_v(t_1, t_2) = E[X^2 + 3(t_1 + t_2)X + 9t_1t_2]$$

$$= \overline{X^2} + 3(t_1 + t_2)\overline{X} + 9t_1t_2 = 5 + 9t_1t_2$$

$$\overline{v^2(t)} = R_v(t, t) = 5 + 9t^2$$

9.1–2 $E[z^2(t_1, t_2)] = E[v^2(t_1) + v^2(t_2) \pm 2v(t_1)v(t_2)]$

$$= \overline{v^2(t_1)} + \overline{v^2(t_2)} \pm 2R_v(t_1, t_2) \geq 0$$

Since $\overline{v^2(t)} = R_v(0)$ for all t,

$$|R_v(\tau)| = |R_v(t, t-\tau)|$$

$$\leq \tfrac{1}{2}[\overline{v^2(t)} + \overline{v^2(t-\tau)}] = R_v(0)$$

9.1–3 Being produced by a linear operation on a gaussian process, $w(t)$ is another gaussian process with

$$R_w(t_1, t_2) = E[4v(t_1)v(t_2) - 16v(t_1) - 16v(t_2) + 64]$$

$$= 4R_v(t_1, t_2) - 16[\overline{v(t_1)} + \overline{v(t_2)}] + 64$$

$$= 36e^{-5|t_1 - t_2|} + 64$$

Thus, $R_w(\tau) = 36e^{-5|\tau|} + 64$ and

$\overline{w^2} = R_w(0) = 100$, $m_w = \sqrt{R_w(\pm\infty)} = 8$,

$\sigma_w = \sqrt{100 - 8^2} = 6$

Hence, $w(t)$ is stationary and ergodic.

9.2–1 $R_z(\tau) = E[v(t)v(t-\tau) - m_V v(t-\tau) - m_V v(t) + m_V^2]$

$$= R_v(\tau) - m_V^2 - m_V^2 + m_V^2$$

Thus, $R_v(\tau) = R_z(\tau) + m_V^2 \Rightarrow G_v(f) = G_z(f) + m_V^2\delta(f)$

9.2–2 Let $w(t)$ be a randomly phased sinusoid with $A = 1$, so

$G_w(f) = \frac{1}{4}[\delta(f - f_c) + \delta(f + f_c)]$ and

$G_z(f) = G_v(f) * G_w(f) = \frac{1}{4}[G_v(f - f_c) + G_v(f + f_c)]$

9.2–3 $G_x(f) = \sigma^2 D \,\mathrm{sinc}^2 fD \approx \sigma^2 D$ for $|f| \ll \frac{1}{D}$. Thus, if $B \ll \frac{1}{D}$,

$$G_y(f) \approx \frac{1}{1 + (f/B)^2}\sigma^2 D \text{ and } R_y(\tau) \approx \sigma^2 D\pi B e^{-\pi B|\tau|}$$

9.3–1 $\overline{v^2} = \dfrac{2(\pi 4 \times 10^{-22})^2}{3 \times 6.62 \times 10^{-34}} \times 1000 = 1.6 \times 10^{-6}\ \mathrm{V}^2$,

$\sigma_V \approx 1.26$ mV $\frac{h}{2k\mathcal{T}} \approx 8 \times 10^{-13}$ so

$\frac{h|f|}{2k\mathcal{T}} \ll 1$ for $|f| \leq 10^9$

$$\int_{-10^9}^{10^9} G_v(f)\,df \approx 2 \times 10^9 G_v(0) = 1.6 \times 10^{-9}\ \mathrm{V}^2, \text{ and}$$

$$\frac{1.6 \times 10^{-9}}{1.6 \times 10^{-6}} = 0.1\%$$

9.3–2 $|H(f)|^2 = 1/[1 + (f/B)^{2n}]$ and $g = |H(0)|^2 = 1$ so

$$B_N = \int_0^\infty \frac{df}{1 + (f/B)^{2n}} = B\int_0^\infty \frac{d\lambda}{1 + \lambda^{2n}}$$

$$= B\frac{\pi/2n}{\sin(\pi/2n)} = \frac{\pi B}{2n \sin(\pi/2n)}$$

and $[\sin(\pi/2n)]/(\pi/2n) = \text{sinc}\left(\frac{1}{2n}\right) \to 1$ as $n \to \infty$

9.4–1 $S_{R_{\text{dBm}}} + 174 - 10\log_{10}(5 \times 4.2 \times 10^6) \geq 50$ dB

$\Rightarrow S_R \geq -51$ dBm $= 8.4 \times 10^{-6}$ mW

$S_T \geq 10^{14} S_R = 840$ kW without repeater

$S_T \geq 840\text{ kW}/(5 \times 10^6) = 168$ mW with repeater

9.5–1 (*a*) $\sigma_A/A = \sqrt{\dfrac{N_0}{2E_p}} = 0.1,$

$$\sigma_t/\tau = \sqrt{\frac{N_0}{4BE_p\tau}} = \sqrt{\frac{N_0}{2E_p}} = 0.1$$

(*b*) $\sigma_A/A = \sqrt{\dfrac{N_0 B_T}{A^2}} = \sqrt{\dfrac{N_0 B_T \tau}{E_p}} = 0.4,$

$$\sigma_t/\tau = \sqrt{\frac{N_0}{4B_T E_p \tau}} = 0.025$$

9.5–2 $h_{\text{opt}}(t) = \left(\dfrac{2K}{N_0}\right)[u(t_d - t) - u(t_d - t - \tau)]$

$$= \begin{cases} 1 & t_d - \tau < t < t_d \\ 0 & \text{otherwise} \end{cases}$$

so, with $\frac{2K}{N_0} = 1$, $h_{\text{opt}}(t) = u(t - t_d + \tau) - u(t - t_d)$

Realizability requires $h_{\text{opt}}(t) = 0$ for $t < 0$, so take $t_d \geq \tau$.

$h_{\text{opt}}(t) * x_R(t) = A\Lambda\left(\dfrac{t - t_d}{\tau}\right)$ where, at $t = t_d$,

$$A = \int_{t_d - \tau}^{t_d} A_p\, d\lambda = A_p \tau.$$

9.5–3

```
%       Compare the performance of a matched filter versus a 1st order
%       Butterworth to process a noisy sinusoid.

%       Clear and initialize variables
```

```
      clear
      for t=1:500
        j(t)=t;
        c(t)=0;
        n(t)=0;
        v(t)=0;
        hlpf(t)=0;
        hopt(t)=0;
        y(t)=0;
        n(t)=0;
      end;
Ts=1/100;  %  set the sample period to 1/100 seconds
%  generate impulse response function for first order Butterworth
%  filter
      for t=1:50
           hlpf(t)=2*pi*exp(-t*2*pi*Ts);
      end;

%  generate impulse response function for optimum filter
      for t=1:50
           hopt(t)=sin(2*pi*t*Ts);
      end;

%  generate a sinusoidal signal
      for t=1:500
           p(t)=sin(2*3.1415*t*Ts);
      end;


%  add gaussian white noise to sinusoidal signal
      for t=1:500
           n(t)=randn;
           y(t)=p(t)+n(t);    %  Add gaussian noise to the signal
      end;


%  Filter noisy signal with first order Butterworth LPF,
%  then normalize the amplitude

      c=conv(hlpf,y);
      c=c/max(c);

%  Filter noisy signal using matched filter,
%  then normalize the amplitude
```

```
v=conv(hopt,y);
v=v/max(v);

% Plot signal w/o noise, noisy signal, Butterworth filtered signal
% and optimum filtered signal

plot (j, p+15, j, y+10, j, c (1:500)+5, j, v (1:500))
```

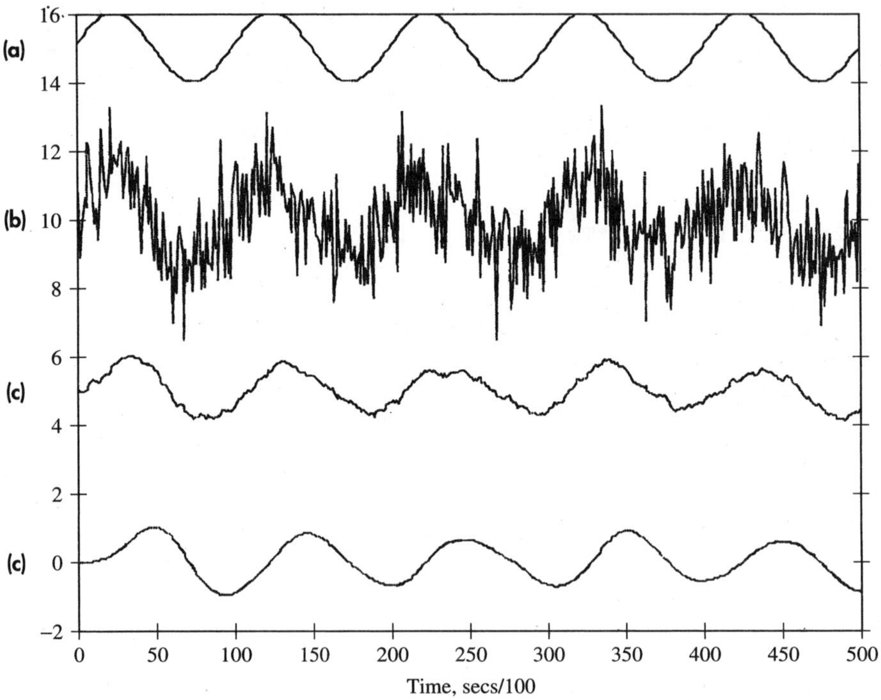

Filtering of noisy signals. (*a*) Noiseless signal, (*b*) signal with noise, (*c*) noisy signal filtered via first-order Butterworth LPF, (*d*) noisy signal filtered via matched filter.

10.1–1 $G_n(f)$ for $f > 0$

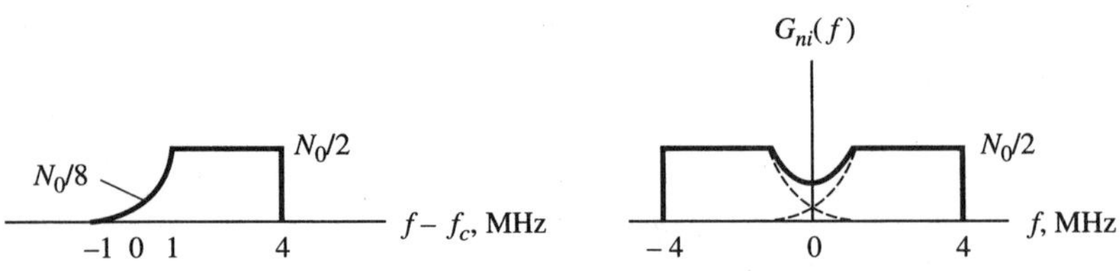

$$G_{ni}(0) = 2 \times \frac{N_0}{8} = \frac{N_0}{4}$$

10.1–2 $\overline{A_n} = \sqrt{\pi \times \dfrac{10^{-6}}{2}} \approx 1.3 \text{ mV and } \overline{A_n^2} = 2 \times 10^{-6}$

so $\sigma_{A_n} = \sqrt{2 - \dfrac{\pi}{2}} \times 10^{-3} = 0.655 \text{ mV}$

Let $a^2 = (2\overline{A_n})^2 = 2\pi N_R$ so $P(A_n > a) = e^{-\pi} = 0.043$

10.2–1 $G_n(f)$

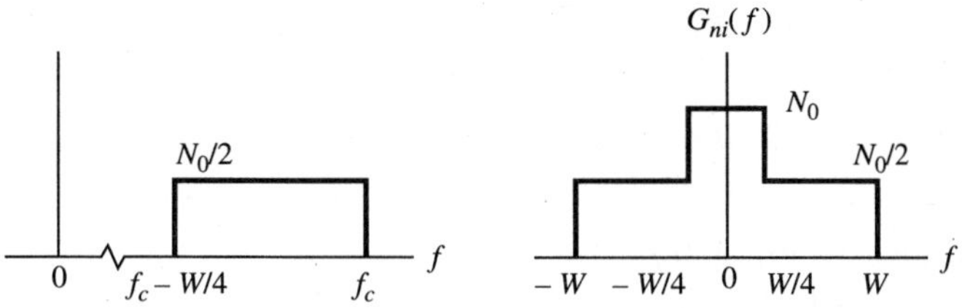

$$N_D = \frac{N_0}{2} \times 2W + \frac{N_0}{2} \times 2\frac{W}{4} = 1.25N_0W,$$

$$\left(\frac{S}{N}\right)_D = 0.8\gamma, \quad 10 \log 0.8 \approx -1 \text{ dB}$$

10.2–2 $S_x = 1 \Rightarrow A_c^2 = S_R, \qquad P(A_c \geq A_n) = 0.99 \Rightarrow P(A_n > A_c) = 0.01$

Thus, $e^{-A_c^2/2N_R} = e^{-S_R/2N_R} = 0.01$ and $\left(\dfrac{S}{N}\right)_{R_{\text{th}}} = 2 \ln \dfrac{1}{0.01} = 4 \ln 10 = 9.2$

10.3–1 $|H_{\text{de}}(f)|^2 G_\xi(f) = \dfrac{N_0}{2S_R} \dfrac{f^2}{1 + (f/B_{\text{de}})^2} \Pi\left(\dfrac{f}{B_T}\right) \approx \dfrac{N_0}{2S_R} B_{\text{de}}^2$

for $B_{\text{de}} < |f| < \dfrac{B_T}{2}$

$$N_D \approx \frac{N_0}{2S_R} B_{\text{de}}^2 \times 2\frac{B_T}{2} = \frac{N_0 B_{\text{de}}^2 B_T}{2S_R} = \left(\frac{B_T}{2W}\right) \frac{N_0 B_{\text{de}}^2 W}{S_R}$$

10.3–2 $\left(\dfrac{f_\Delta}{B_{\text{de}}}\right)^2 S_x \dfrac{S_R(\text{FM})}{N_0 W} = \phi_\Delta^2 S_x \dfrac{S_R(\text{PM})}{N_0 W}$ where $\phi_\Delta \leq \pi$ and $S_T(FM) = 1$ W

$$\frac{S_T(\text{PM})}{S_T(\text{FM})} = \left(\frac{f_\Delta}{\phi_\Delta B_{\text{de}}}\right)^2 \geq \left(\frac{75}{\pi \times 2.1}\right)^2 \Rightarrow S_T(\text{PM}) \geq 130 \text{ W}$$

10.3–3 $B_T = 5W \Rightarrow \gamma_{\text{th}} = 10 \times 5 = 50$

so $\left(\dfrac{S}{N}\right)_D \geq \left(\dfrac{10B_{\text{de}}}{B_{\text{de}}}\right)^2 \times \dfrac{1}{2} \times 50 = 2500 \approx 34 \text{ dB}$

10.6–1 $\tau_{\max} = \tau_0(1+\mu) \le T_s$ and $\tau_{\min} = \tau_0(1-\mu) \ge 0$ so

$\tau_{\max} - \tau_{\min} = 2\mu\tau_0 \le T_s \Rightarrow \mu\tau_0 \le T_s/2 = 1/4W$

$$\left(\frac{S}{N}\right)_D = 4(\mu\tau_0)^2 B_T\left(\frac{W}{f_s\tau_0}\right)S_x\gamma = 4\mu^2\tau_0 B_T\frac{W}{f_s}S_x\gamma \le \frac{1}{2}\frac{B_T}{W}S_x\gamma$$

since $\mu \le 1$, $\tau_0 \le \dfrac{T_s}{2} = \dfrac{1}{2f_s}$, and $f_s \ge 2W$

11.1–1 $\operatorname{sinc}^2 at = \begin{cases} 1 & t = 0 \\ 0 & t = \pm\frac{1}{a}, \pm\frac{2}{a}, \ldots \end{cases}$ so take $r = a$

$\mathscr{F}[\operatorname{sinc}^2 at] = \dfrac{1}{a}\Lambda\left(\dfrac{f}{a}\right) = 0$ for $|f| > a$ so $B \ge a \Rightarrow r \le B$

11.1–2 $P(f) = \dfrac{1}{r_b}\operatorname{sinc}\left(\dfrac{f}{r_b}\right) = 0$ for $f = \pm r_b, \pm 2r_b, \ldots$

Thus, $G_x(f) = \dfrac{A^2}{4r_b}\operatorname{sinc}^2\dfrac{f}{r_b} + \dfrac{A^2}{4}\delta(f)$

$\overline{x^2} = A^2/2$ by inspection of $x(t)$ or integration of $G_x(f)$

11.1–3 $P(f) = \dfrac{1}{r_b}\Pi\left(\dfrac{f}{r_b}\right) = 0$ for $|f| > \dfrac{r_b}{2}$

Thus, $G_x(f) = \dfrac{A^2}{r_b}\sin^2\dfrac{\pi f}{r_b}\Pi\left(\dfrac{f}{r_b}\right)$, $\quad \overline{x^2} = \frac{1}{2}\dfrac{A^2}{r_b} \times 2\dfrac{r_b}{2} = \dfrac{A^2}{2}$

11.2–1 $A/\sigma = 2\sqrt{\frac{1}{2}\times 50} = 10$

$P_{e_0} = Q(0.4 \times 10) \approx 3.4 \times 10^{-5}$, $P_{e_1} = Q(0.6 \times 10) \approx 1.2 \times 10^{-9}$

$P_e = \frac{1}{2}(P_{e_0} + P_{e_1}) \approx 1.7 \times 10^{-5}$

whereas $P_{e_{\min}} = Q(0.5 \times 10) \approx 3 \times 10^{-7}$

11.2–2 (*b*) $S_R = \frac{1}{4}A^2$, $\tau = \frac{1}{2}T_b = \dfrac{1}{2r_b}$, $\sigma^2 = \dfrac{N_0}{2\tau} = N_0 r_b$

$$\left(\frac{A}{2\sigma}\right)^2 = \frac{A^2}{4\sigma^2} = \frac{4S_R}{4N_0 r_b} = \frac{S_R}{N_0 r_b} = \gamma_b$$

11.2–3 $P_e = \frac{1}{2} \times 2Q(\frac{A}{2\sigma}) + 2 \times \frac{1}{4}Q(\frac{A}{2\sigma}) = \frac{3}{2}Q(\frac{A}{2\sigma})$

$S_R = \frac{1}{4}A^2 + \frac{1}{4}(-A)^2 + \frac{1}{2}0 = \dfrac{A^2}{2}$, $\left(\dfrac{A}{2\sigma}\right)^2 = \dfrac{2S_R}{4N_R} \le \dfrac{S_R}{2N_0 r_b/2} = \gamma_b$

so $P_e = \frac{3}{2}Q(\sqrt{\gamma_b})$

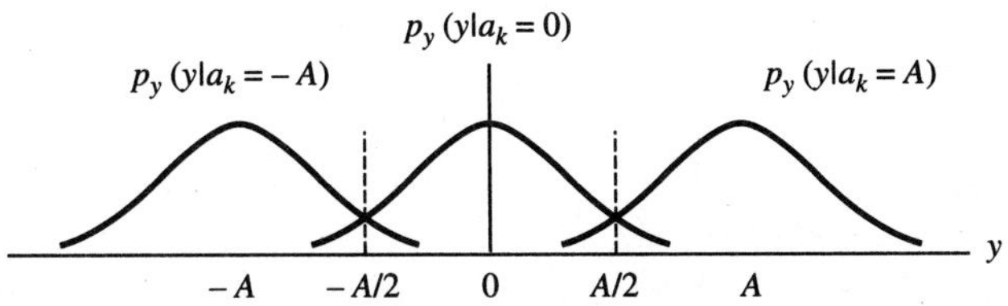

11.3–1 Note that $P(f)$ has even symmetry, so consider only $f > 0$.

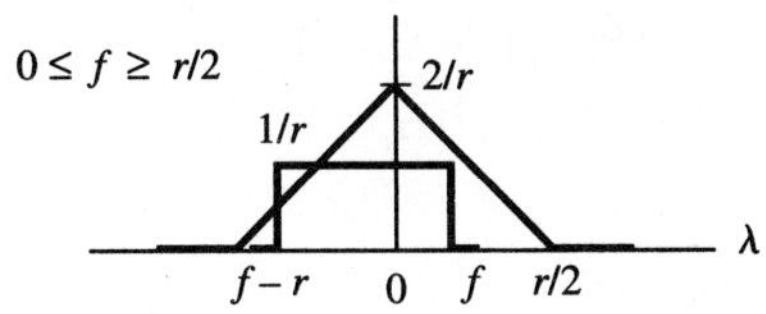

$$P(f) = \frac{1}{r}\left[\int_{f-r}^{0} \frac{2}{r}\left(1 + \frac{2\lambda}{r}\right) d\lambda + \int_{0}^{f} \frac{2}{r}\left(1 - \frac{2\lambda}{r}\right) d\lambda\right] = \frac{1}{r}\left(1 - \frac{2f^2}{r^2}\right)$$

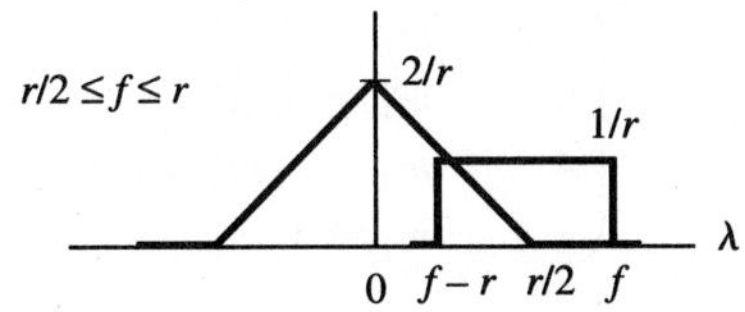

$$P(f) = \frac{1}{r}\int_{f-r}^{r/2} \frac{2}{r}\left(1 - \frac{2\lambda}{r}\right) d\lambda = \frac{2}{r}\left(1 - \frac{f}{r}\right)^2$$

$$\text{Thus, } P(f) = \begin{cases} \dfrac{1}{r}\left(1 - \dfrac{2f^2}{r^2}\right) & |f| \le \dfrac{r}{2} \\ \dfrac{2}{r}\left(1 - \dfrac{|f|}{r}\right)2 & \dfrac{r}{2} \le |f| \le r \end{cases}$$

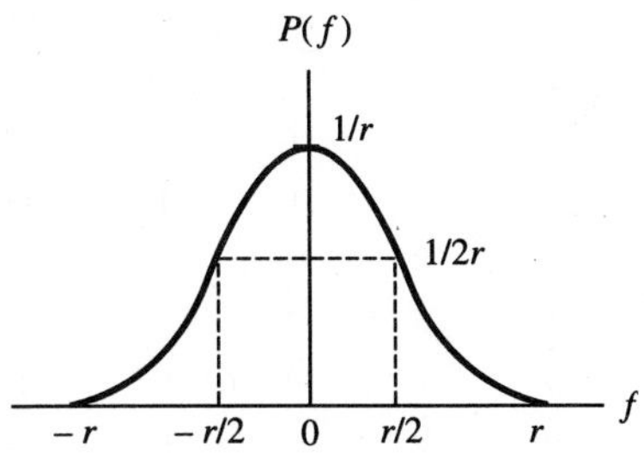

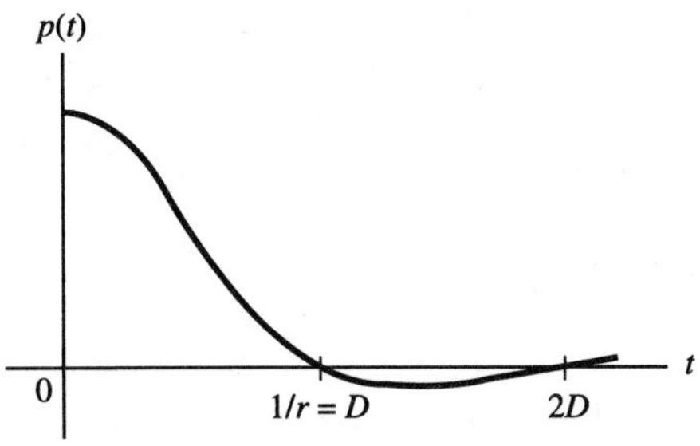

$$p_\beta(t) = \text{sinc}^2 \frac{rt}{2},\; p(t) = \text{sinc}^2 \frac{rt}{2} \text{ sinc } rt$$

No additional zero-crossings, but $|p(t)| < 0.01$ for $|t| > 2D$.

11.3–2 Let $I_{HR} = \int_{-\infty}^{\infty} |V(f)|^2\, df \int_{-\infty}^{\infty} |W(f)|^2\, df$ with

$$V(f) = |H_R(f)|\sqrt{G_n(f)},\ W(f) = \frac{|P(f)|}{|H_c(f)||H_R(f)|}$$

Then I_{HR} is minimized when $V(f) = gW(f)$, so

$$|H_R(f)|\sqrt{G_n(f)} = g\frac{|P(f)|}{|H_c(f)||H_R(f)|} \Rightarrow |H_R(f)|^2 = \frac{g|P(f)|}{\sqrt{G_n(f)}\,|H_c(f)|},$$

and $|H_T(f)|^2 = \dfrac{|P(f)|^2}{|P_x(f)H_c(f)H_R(f)|^2} = \dfrac{|P(f)|\sqrt{G_n(f)}}{g|P_x(f)|^2|H_c(f)|}$

11.3–3

m_k	m'_{k-2}	m'_k	$m'_k - m'_{k-2}$
0	0	0	0
0	1	1	0
1	0	1	1
1	1	0	−1

$$y(t_k) = (m'_k - m'_{k-2})A = \begin{cases} 0 & m_k = 0, m'_{k-2} = 0 \\ 0 & m_k = 0, m'_{k-2} = 1 \\ A & m_k = 1, m'_{k-2} = 0 \\ -A & m_k = 1, m'_{k-2} = 1 \end{cases}$$

11.4–1 $m_1 = m_2 + m_3 + m_4 + m_5$ and output $= m_5$

shift	m_1	m_2	m_3	m_4	m_5	shift	m_1	m_2	m_3	m_4	m_5
0	1	1	1	1	1	16	0	1	1	0	1
1	0	1	1	1	1	17	1	0	1	1	0
2	0	0	1	1	1	18	0	1	0	1	1
3	1	0	0	1	1	19	1	0	1	0	1
4	0	1	0	0	1	20	0	1	0	1	0
5	0	0	1	0	0	21	0	0	1	0	1
6	1	0	0	1	0	22	0	0	0	1	0
7	1	1	0	0	1	23	1	0	0	0	1
8	0	1	1	0	0	24	1	1	0	0	0
9	0	0	1	1	0	25	1	1	1	0	0
10	0	0	0	1	1	26	0	1	1	1	0
11	0	0	0	0	1	27	1	0	1	1	1
12	1	0	0	0	0	28	1	1	0	1	1
13	0	1	0	0	0	29	1	1	1	0	1
14	1	0	1	0	0	30	1	1	1	1	0
15	1	1	0	1	0	31	1	1	1	1	1

12.1–1 $\nu f_s \leq 36{,}000$ and $f_s \geq 2W = 6400$ $\qquad \nu \leq \dfrac{36{,}000}{6400} = 5.6 \Rightarrow \nu = 5$

so $q = 2^5 = 32, f_s = r/\nu = 7.2$ kHz

12.1–2 (*a*) $4.8 + 6\nu \geq 50$ dB $\Rightarrow \nu = 8, r = \nu f_s = 80$ Mbps
(*b*) $(S/N)_D = 4.8 + 6\nu - 10 \geq 50$ dB $\Rightarrow \nu = 11, r = 110$ Mbps

12.1–3 $3 -$ bit quantizer $\Rightarrow$ 8 levels, with $x_{\max} = 8.75$ V $\Rightarrow$ step size $= 2.5$ V.
For an input of 0.6 V $\Rightarrow x_q = 1.25$ V $\Rightarrow \varepsilon_q = 1.25 - 0.60 = 0.65$ V.

With companding: $z(x) = 8.75\left(\dfrac{\ln(1 + 255 \times 0.6/8.75)}{\ln(1 + 255)}\right) = 4.60$

4.601 feeds to a quantizer $\Rightarrow x'_q = 3.75$ V.

x'_q is then expanded using Eq. (13):

$$\hat{x} = \frac{8.75}{255}[(1 + 255)^{3.75/8.75} - 1] = 0.34$$

$\varepsilon'_q = 0.60 - 0.34 = 0.26$ (with companding) versus

$\varepsilon_q = 0.65$ (without companding)

12.2–1 $1 + 4q^2P_e = 10^{0.1} = 1.259 \Rightarrow P_e = 0.065/q^2 \approx 10^{-6}$

$M = 2, P_e = Q[\sqrt{(S/N)_R}] = 10^{-6} \Rightarrow (S/N)_R \approx 4.76^2 = 13.6$ dB

Eq. (5) gives $(S/N)_{R_{th}} = 6(2^2 - 1) = 12.6$ dB

12.2–2 $\gamma_{th} \approx 6\dfrac{B_T}{W}(M^2 - 1) \Rightarrow M_{th}^2 = 1 + \dfrac{W}{6B_T}\gamma_{th} = 1 + \dfrac{\gamma_{th}}{6b}$

Thus, $(S/N)_{D_{th}} = 3M_{th}^{2b}S_x = 3\left(1 + \dfrac{\gamma_{th}}{6b}\right)^b S_x$

For WBFM, $(S/N)_{D_{th}} = 3(\frac{b}{2})^2 S_x\gamma_{th} = \frac{3}{4}b^2\gamma_{th}S_x$

12.3–1 $W_{rms}^2 = \dfrac{1}{S_x}\displaystyle\int_{-W}^{W} f^2\frac{S_x}{2W}df = \frac{W^2}{3} \Rightarrow W_{rms} = \frac{W}{\sqrt{3}}$

$$s = \frac{f_s\Delta\sqrt{3}}{2\pi\sigma W} = \frac{\Delta\sqrt{3}\,b}{\pi\sqrt{S_x}},$$

$$s_{opt} \approx \ln 2b \Rightarrow \Delta_{opt} = \frac{\pi\sqrt{S_x}}{\sqrt{3}b}\ln 2b = 0.393\sqrt{S_x}$$

12.3–2 PCM: $(S/N)_D = 4.8 + 6.0\nu + 10\log_{10} S_x$ dB
DPCM: $(S/N)_D = G_{p_{dB}} + 4.8 + 6.0\nu' + 10\log_{10} S_x$ dB

If $G_p = 6$ dB, then $6 + 6.0\nu' = 6.0\nu \Rightarrow \nu' = \nu - 1$

12.4–1 One frame has a total of 588 bits consisting of 33 symbols and 17 bits/symbol.
But, of 17 bits, only 8 are info, so 8 info bits × 33 symbols frame = 264 info bits/frame.
Output is 4.3218 Mbits/sec × one frame/588 bits = 7350 frames/sec.

12.5–1 Voice PCM bits/frame = 30 channels × 8 bits/channel = 240 bits,

$$T_{frame} = \frac{1}{(8\text{ kHz})} = 125\ \mu\text{s}$$

$$r = \frac{240 + n}{125\ \mu\text{s}} = 2.048\text{ Mbps} \Rightarrow n = 256 - 240 = 16\text{ bits/frame}$$

13.1–1 $\alpha = 10^{-3}, n = 15$

$$P(0, n) = (1 - \alpha)^{15} = 0.985, P(1, n) = 15\alpha(1 - \alpha)^{14} = 0.0148$$

$$P(2, n) = \frac{15 \times 14}{2}\alpha^2(1 - \alpha)^{13} = 1.04 \times 10^{-4}$$

$$P(3, n) = \frac{15 \times 14 \times 13}{3 \times 2}\alpha^3(1 - \alpha)^{12} = 4.50 \times 10^{-7}$$

We see that $P(2, n) \gg P(3, n)$, and $P(4, n)$ will be even smaller, etc.

Hence, $\sum_{i=2}^{n} P(i, n) \approx P(2, n)$

13.1–2 We want $R_c' = \frac{r_b}{r} \geq 0.5$, given $\frac{2t_a r_b}{k} = 2.2$ and $p \approx 10\alpha = 0.011$

$$\text{Go-back-N: } R_c' \leq \frac{9}{10}\frac{0.989}{0.989 + 2.2 \times 0.011} = 0.879 \text{ OK}$$

$$\text{Stop-and-wait: } R_c' \leq \frac{9}{10}\frac{0.989}{1 + 2.2} = 0.278 \text{ Unacceptable}$$

13.2–1
$$(c_1 \quad c_2 \quad c_3) = (m_1 \quad m_2 \quad m_3)\begin{bmatrix} 1 & 1 & 0 \\ 0 & 1 & 1 \\ 1 & 0 & 1 \end{bmatrix}$$

$$c_1 = m_1 \oplus 0 \oplus m_3, c_2 = m_1 \oplus m_2 \oplus 0, c_3 = 0 \oplus m_2 \oplus m_3$$

$m_1m_2m_3$	$c_1c_2c_3$	W
0 0 0	0 0 0	0
0 0 1	1 0 1	3
0 1 0	0 1 1	3
0 1 1	1 1 0	4
1 0 0	1 1 0	3
1 0 1	0 1 1	4
1 1 0	1 0 1	4
1 1 1	0 0 0	3

13.2–2 $S = Y[P^T|I_q^T] = (y_1 \quad y_2 \quad \ldots \quad y_n)\begin{bmatrix} p_{11} & p_{21} & \cdots & p_{k1} & | & 1 & 0 & \cdots & 0 \\ p_{12} & p_{22} & \cdots & p_{k2} & | & 0 & 1 & \cdots & 0 \\ \vdots & & & \vdots & | & \vdots & & & \vdots \\ p_{1q} & p_{2q} & \cdots & p_{kq} & | & 0 & 0 & \cdots & 1 \end{bmatrix}^T$

$$s_j = y_1 p_{1j} \oplus y_2 p_{2j} \oplus \cdots \oplus y_k p_{kj} \underbrace{\oplus 0 \oplus 0 \oplus \cdots}_{j-1 \text{ terms}} \oplus y_{k+j} \underbrace{\oplus 0 \oplus 0 \oplus \cdots \oplus 0}_{g-j \text{ terms}}$$

For $P^T = \begin{bmatrix} 1 & 1 & 1 & 0 \\ 0 & 1 & 1 & 1 \\ 1 & 1 & 0 & 1 \end{bmatrix}$

$s_1 = y_1 \oplus y_2 \oplus y_3 \oplus 0 \oplus y_5$, $s_2 = 0 \oplus y_2 \oplus y_3 \oplus y_4 \oplus y_6$,
$s_3 = y_1 \oplus y_2 \oplus 0 \oplus y_4 \oplus y_7$

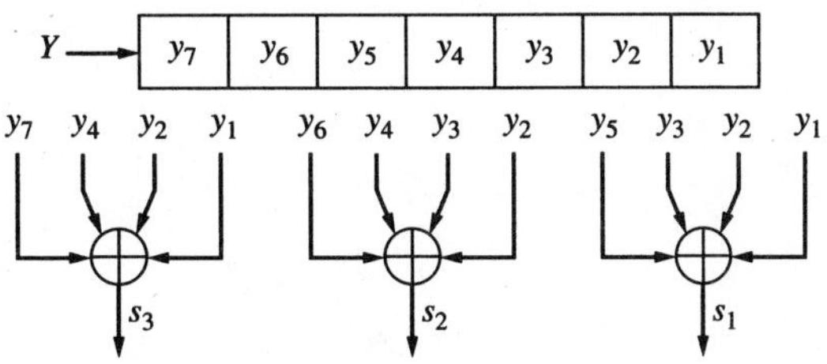

13.2–3 "J" $= 1\,0\,0\,1\,0\,1\,0 \Rightarrow Q_m(p) = p^6 + p^3 + p$

CRC-8: $G(p) = p^8 + p^2 + p + 1$

$X(p) = Q_m(p)G(p) = p^{14} + p^{11} + p^9 + p^8 + p^7 + p^6 + p^5 + p^4 + p^2 + p$

Y is received version of X with errors in first two digits, so

$Y(p) = p^{13} + p^{11} + p^9 + p^8 + p^7 + p^6 + p^5 + p^4 + p^2 + p$

$$\frac{Y(p)}{G(p)} = p^8 + p^2 + p + 1 \overline{)\, p^{13} + 0 + p^{11} + 0 + p^9 + p^8 + p^7 + p^6 + p^5 + p^4 + 0 + p^2 + p} \quad \text{quotient: } p^5 + p^3 + p + 1$$

$$\begin{array}{l} p^{13} + p^7 + p^6 + p^5 \\ \hline p^{11} + p^9 + p^8 + p^4 + p^2 + p \\ p^{11} + p^5 + p^4 + p^3 \\ \hline p^9 + p^8 + p^5 + p^3 + p^2 + p \\ p^9 + p^3 + p^2 + p \\ \hline p^8 + p^5 \\ p^8 + p^2 + p + 1 \\ \hline p^5 + p^2 + p + 1 \end{array}$$

$$S(p) = \text{rem}\left[\frac{Y(p)}{G(p)}\right] = p^5 + p^2 + p + 1 \neq 0 \Rightarrow \text{an error has occurred}$$

13.2–4 $n = 63, k = 15 \Rightarrow t = \dfrac{63 - 15}{2} = 24$ errors can be corrected

13.3–1

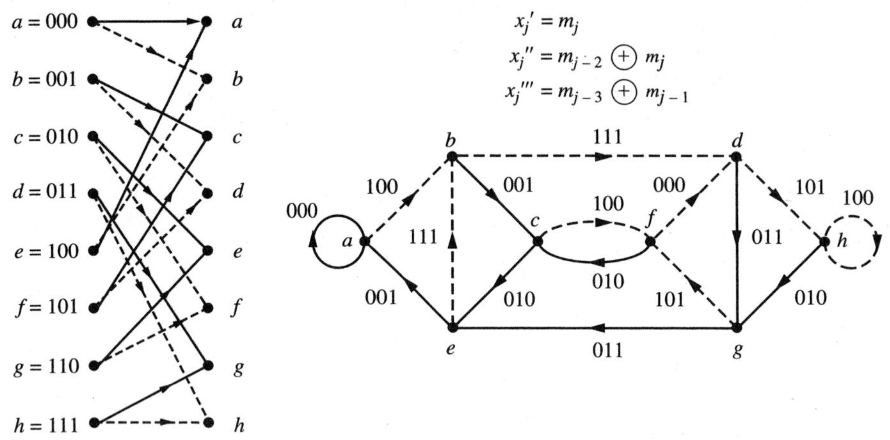

13.3–2

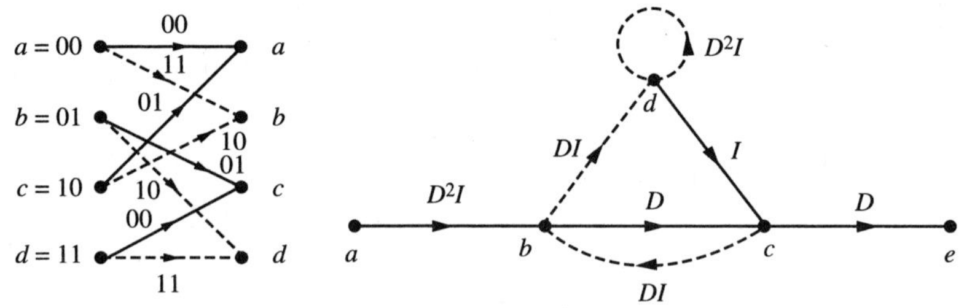

Minimum-weight paths: $\left.\begin{aligned} abce &= D^4 I \\ abdce &= D^4 I^2 \end{aligned}\right\} \quad d_f = 4, \quad M(d_f) = 1 + 2 = 3$

$(b)\ \alpha \approx \dfrac{1}{\sqrt{20\pi}} e^{-5} = 8.5 \times 10^{-4} \Rightarrow P_{be} = 3 \times 2^4 \times \alpha^2 = 3.5 \times 10^{-5}$

$P_{ube} \approx \dfrac{1}{\sqrt{40\pi}} e^{-10} = 4.1 \times 10^{-6} < P_{be}$

Coding *increases* error probability when $\dfrac{R_c d_f}{2} = 1$

14.1–1 $B_T \le 0.1 f_c = 100$ kHz, $r_b \le (r_b/B_T) \times 100$ kHz

(a) $r_b/B_T \approx 1$ so $r_b \le 100$ kbps

(b) $r_b/B_T \approx 2$ so $r_b \le 200$ kbps

(c) $r_b/B_T \approx 2 \log_2 8 = 6$ so $r_b \le 600$ kbps

14.1–2 $\phi_k = \pm\frac{\pi}{4} \Rightarrow I_k = \cos\phi_k = \frac{1}{\sqrt{2}},\ Q_k = \sin\phi_k = \pm\frac{1}{\sqrt{2}}$

$$x_i(t) = \sum_k \frac{1}{\sqrt{2}} p_{T_b}(t - kT_b) = \frac{1}{\sqrt{2}} \Rightarrow G_i(f) = \frac{1}{2}\delta(f)$$

$$\overline{Q_k} = 0,\ \overline{Q_k^2} = \frac{1}{2} \Rightarrow G_q(f) = \frac{1}{2} r_b |P_{T_b}(f)|^2 = \frac{1}{2r_b}\text{sinc}^2\frac{f}{r_b}$$

Thus, $G_{lp}(f) = \frac{1}{2}\delta(f) + \frac{1}{2r_b}\text{sinc}^2\frac{f}{r_b}$

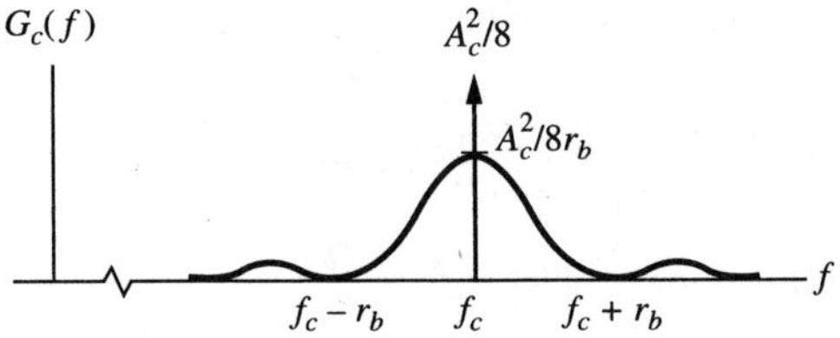

14.1–3 $x_c(t) = A_c \sum_k [\cos(\omega_d a_k t)\cos(\omega_c t + \theta) - \sin(\omega_d a_k t)\sin(\omega_c t + \theta)] p_{T_b}(t - kT_b)$

where $a_k = \pm 1,\ p_{T_b}(t) = u(t) - u(t - T_b),\ \omega_d = \frac{\pi}{T_b} = \pi r_b$

so $\cos(\omega_d a_k t) = \cos\omega_d t,\ \sin(\omega_d a_k t) = a_k \sin\omega_d t$. Thus,

$$x_i(t) = \sum_k \cos(\omega_d a_k t) p_{T_b}(t - kT_b) = \sum_k \cos\omega_d t\, p_{T_b}(t - kT_b) = \cos\omega_d t, \text{ and}$$

$$x_q(t) = \sum_k \sin(\omega_d a_k t) p_{T_b}(t - kT_b) = \sum_k a_k \sin\omega_d t\, p_{T_b}(t - kT_b). \text{ But}$$

$$\sin\omega_d t = \sin\frac{\pi t}{T_b} = \sin\left[\tfrac{\pi}{T_b}(t - kT_b) + k\pi\right]$$

$$= \cos k\pi \sin\left[\tfrac{\pi}{T_b}(t - kT_b)\right] = (-1)^k \sin[\pi r_b(t - kT_b)]$$

$$\text{so } x_q(t) = \sum_k \underbrace{(-1)^k a_k}_{Q_k} \underbrace{\sin[\pi r_b(t - kT_b)] p_{T_b}(t - kT_b)}_{p(T - kT_b)}$$

14.2–1 Let $V(\lambda) = s_1(\lambda) - s_0(\lambda)$ and $W*(\lambda) = h(T_b - \lambda)$, so

$$\frac{|z_1 - z_0|^2}{4\sigma^2} = \frac{\left|\int_{-\infty}^{\infty} V(\lambda)W*(\lambda)\,d\lambda\right|^2}{4\dfrac{N_0}{2}\displaystyle\int_{-\infty}^{\infty} |W(\lambda)|^2\,d\lambda} \le \frac{1}{2N_0}\int_{-\infty}^{\infty} |V(\lambda)|^2\,d\lambda$$

$$= \frac{1}{2N_0}\int_{-\infty}^{\infty} |s_1(\lambda) - s_0(\lambda)|^2\,d\lambda$$

The equality holds when $W(\lambda) = KV(\lambda)$, so

$h(T_b - \lambda) = K[s_1(\lambda) - s_0(\lambda)] \Rightarrow h_{opt}(t) = K[s_1(T_b - t) - s_0(T_b - t)]$

14.2–2 $h(t) = A_c p_{T_b}(T_b - t)\cos[2\pi(f_c \pm f_d)(T_b - t)]$ with $f_cT_b = N_c, f_dT_b = \frac{1}{2}$

$$= A_c[u(T_b - t) - u(-t)]\cos[2\pi(N_c \pm \tfrac{1}{2}) - 2\pi(f_c \pm f_d)t]$$

$$= -A_c\cos[2\pi(f_c \pm f_d)t][u(t) - u(t - T_b)],\quad f_d = \frac{r_b}{2}$$

since $[u(T_b - t) - u(-t)] = [u(t) - u(t - T_b)] = \Pi\left(\dfrac{t - \frac{T_b}{2}}{T_b}\right)$

Thus, $|H(f)| = \dfrac{A_cT_b}{2}\left|\text{sinc}\left[\dfrac{f - \left(f_c \pm \frac{r_b}{2}\right)}{r_b}\right] + \text{sinc}\left[\dfrac{f + \left(f_c \pm \frac{r_b}{2}\right)}{r_b}\right]\right|$

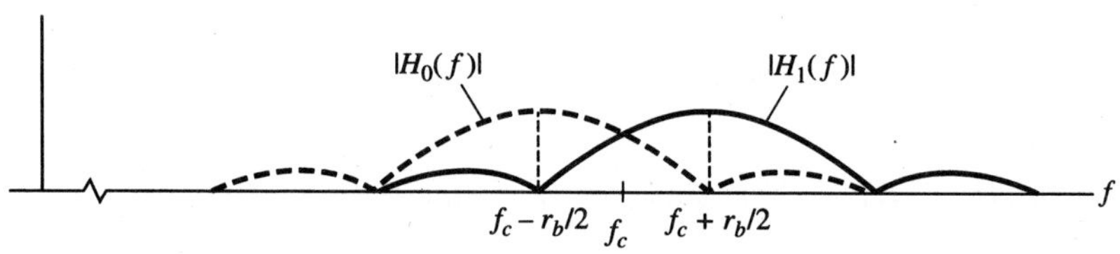

14.2–3

```
%  Exercise 14.2-3
%  Implement a matched filter detector for a noisy OOK signal
%  A "1" will be a pulse consisting of 3- one Hz sin waves and a "0"
%  consists of zero volts
%  The transmitted message will be 1011
%  Sampling period, Ts will be 1/50 seconds
%  Bit duration, Tb=150 seconds
```

```
% Initialize variables
clear
for t=1:900
  j(t)=t;
  x(t)=0;          %     Noiseless signal
  h1(t)=0;         %     Impulse response function of matched filter
  y(t)=0;          %     Noisy signal
  n(t)=0;          %     Noise
  znoisy(t)=0;     %     Matched fitler output with noisy input
  znoiseless(t)=0; %     Matched fitler output with noisless input
end;
Ts=1/50;           %     Sampling period =`1/50 seconds
Tb=150;            %     Bit duration = 150 seconds

% Create the impulse response function, h1(t) for the matched filter
% that consists of three 1 Hz sine waves
for t=1:Tb
   h1(t)=sin(2*pi*t*Ts);
end;

% Modulate message sequence 1011 onto a 1 Hz OOK carrier
% digits occur at t=150,t=300,t=450 and t=600
% OOK pulses are spaced Tb apart.

for t=Tb:2*Tb
   x(t)=sin(2*3.1415*(t)*Ts);      %      "1"
end;

for t=2*Tb:3*Tb
   x(t)=0;                         %      "0"
end
for t=3*Tb:4*Tb                    %      "1"
   x(t)=sin(2*3.1415*(t)*Ts);
end;

for t=4*Tb:5*Tb                    %      "1"
   x(t)=sin(2*3.1415*(t)*Ts);
end;

% Add gaussian noise to the OOK signal
for t=1:900
   n(t)=randn;
   y(t)=x(t)+n(t);
end;
```

```
%  Filter noisy and noiseless signals using matched filter

znoisy=conv(h1,y);
znoiseless=conv(h1,x);

%  Normalize matched filter outputs
znoisy=znoisy/max(znoisy);
znoiseless=znoiseless/max(znoiseless);

%  Plot output/input of matched filters with and without noisy
%  inputs.

plot(j, x+15, j, znoiseless(1:900)+10, j, y+5, j, znoisy(1:900))
```

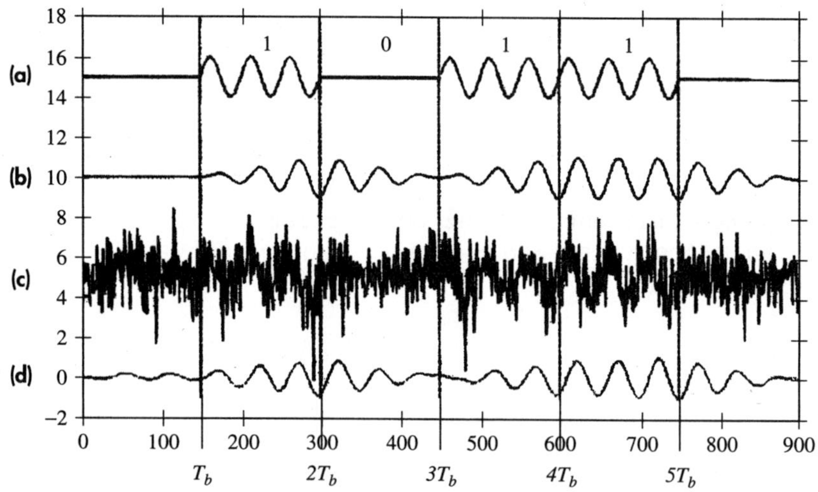

Matched filter signals. (*a*) Noiseless 1011 OOK input, (*b*) matched filter output of noisless input, (*c*) noisy 1011 OOK input, (*d*) matched filter output of noisy input. Sample and hold circuitry captures the 1011 message at $2T_b$, $3T_b$, $4T_b$, and $5T_b$.

14.2–4

```
%  Exercise 14.2-4
%  Implement a correlation detector for a noisy OOK signal.
%  A "1" will be a pulse consisting of 3- one Hz sin waves and a "0"
%  consists of zero volts. The transmitted message will be 1011.
%  Sampling period, Ts will be 1/50 seconds; bit duration, Tb=150
%  seconds

%  Initialize variables
clear
```

```
 for t=1:900
   j(t)=t;
   x(t)=0;          %       Noiseless signal
   h1(t)=0;         %       Impulse response function Of matched filter
   y(t)=0;          %       Noisy signal
   n(t)=0;          %       Noise
   w(t)=0;
   V_est(t)=0;      %       Correlator output with noiseless input
   W_est(t)=0;      %       Correlator output with noisy input
end;
Ts=1/50;            %       Sampling period =`1/50 seconds
Tb=150;             %       Bit duration = 150 seconds

% Create the impulse response function h1(t) correlator
% that consists of three 1 Hz sine waves
for t=1:Tb
    h1(t)=sin(2*pi*t*Ts);
 end;

% Modulate message sequence 1011 onto a 1 Hz OOK carrier; digits occur
% at t=150, 300,and t=600 seconds
for t=Tb:2*Tb
    x(t)=sin(2*3.1415*t*Ts);         %         "1"
end;
     for t=2*Tb:3*Tb
          x(t)=0;                           %     "0"
end
for t=3*Tb:4*Tb                      %         "1"
   x(t)=sin(2*3.1415*t*Ts);
end;
 for t=4*Tb:5*Tb
    x(t)=sin(2*3.1415*t*Ts);         %         "1"
end;

% Add gaussian noise to the OOK signal
for t=1:900
    n(t)=randn;
    y(t)=x(t)+n(t);
end;

% Implement correlator for noisy and noiseless OOK signals.
for k=1:4
                                     % Multiply incomming OOK pulses by a
                                     % replica of correct "1" pulse
```

```
  for t=k*Tb+1:(k+1)*Tb
    w(t)=h1(t-k*Tb+1)*y(t);   %        multiplier output for noisy
                              %        signal
    v(t)=h1(t-k*Tb+1)*x(t);   %        multiplier output for %
                              %        noiseless signal
    end;
                              %        integrate output of each
                              %        multiplier
    W_hold=0;
    V_hold=0;
        for t=(k*Tb+1):(k+1)*Tb
            W_hold=W_hold+w(t);
            V_hold=V_hold+v(t);
            W_est(t)=w(t)+W_hold;
            V_est(t)=v(t)+V_hold;
        end;
    end;
%  normalize outputs
    W_est=W_est/max(W_est);
    V_est=V_est/max(V_est);

%  Plot OOK input and correlator outputs
plot (j, x+15, j, V est+10, j, y+5, j, W est)
```

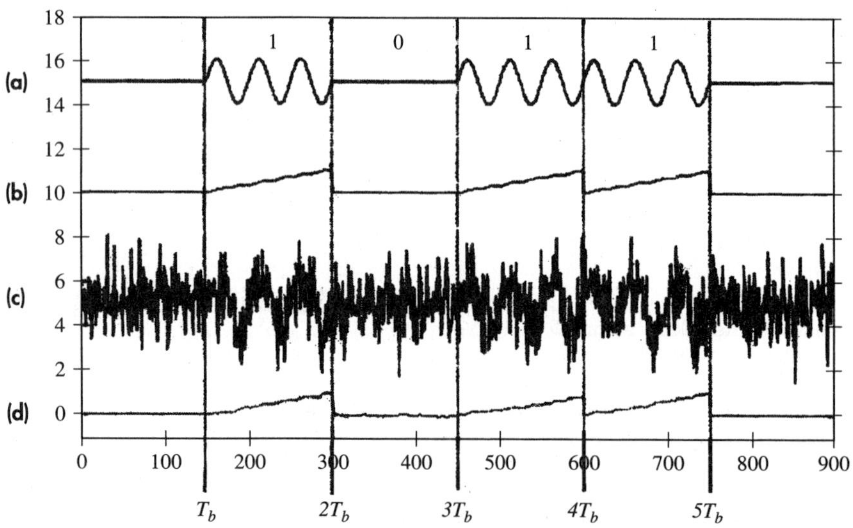

Correlator signals. (*a*) Noiseless 1011 OOK input, (*b*) correlator output of noisless input, (*c*) noisy 1011 OOK input, (*d*) correlator output of noisy input. Sample and hold circuitry captures the 1011 message at $2T_b$, $3T_b$, $4T_b$, and $5T_b$. Note also the ramp in parts (*b*) and (*d*) matches the envelope of the matched filter output shown in parts (*b*) and (*d*) in the graph of Example 14.2–3.

14.3–1 $z(t) = \int_0^t A_c \cos(\omega_c\lambda + \theta)\, KA_c \cos(\omega_c t - \omega_c\lambda)\, d\lambda \quad KA_c = \frac{2}{T_b}$

$$= \frac{2A_c}{T_b}\frac{1}{2}\left[\int_0^t \cos(\omega_c t + \theta)\, d\lambda + \int_0^t \cos(2\omega_c\lambda - \omega_c t + \theta)\, d\lambda\right]$$

$$= \frac{A_c}{T_b}\left[t\cos(\omega_c t + \theta) + \frac{\sin(\omega_c t + \theta) + \sin(\omega_c t - \theta)}{2\omega_c}\right] \quad 0 < t < T_b$$

where $\cos(\omega_c t + \theta) = \cos\omega_c t\cos\theta - \sin\omega_c t\sin\theta$ and

$$\sin(\omega_c t + \theta) + \sin(\omega_c t - \theta) = 2\sin\omega_c t\cos\theta$$

Thus, $z(t) = \frac{A_c t}{T_b}\left[\cos\theta\cos\omega_c t - \left(\sin\theta - \frac{\cos\theta}{\omega_c t}\right)\sin\omega_c t\right]$ and

$$A_z(t) = \frac{A_c t}{T_b}\sqrt{\cos^2\theta + \left(\sin\theta - \frac{\cos\theta}{\omega_c t}\right)^2}$$

$$= \frac{A_c t}{T_b}\sqrt{1 - \frac{2\sin\theta\cos\theta}{\omega_c t} + \left(\frac{\cos\theta}{\omega_c t}\right)^2}$$

$$\approx \frac{A_c t}{T_b} \quad \omega_c t \gg 1$$

14.3–2 $A_c^2 \le 2 \times 10^{-6} W, \quad \gamma_b = \frac{A_c^2}{N_0}\frac{E_b}{A_c^2} \le 2 \times 10^{-6}\frac{E_b}{A_c^2}$

OOK: $\frac{E_b}{A_c^2} = \frac{1}{4r_b} = 2.5 \times 10^{-6}$ so $\gamma_b \le 5$, $P_e \ge \frac{1}{2}[e^{-2.5} + Q(\sqrt{5})] \approx 5 \times 10^{-2}$

FSK: $\frac{E_b}{A_c^2} = \frac{1}{2r_b} = 5 \times 10^{-6}$ so $\gamma_b \le 10$, $P_e \ge \frac{1}{2}e^{-5} \approx 3 \times 10^{-3}$

DPSK: $\frac{E_b}{A_c^2} = \frac{1}{2r_b} = 5 \times 10^{-6}$ so $\gamma_b \le 10$, $P_e \ge \frac{1}{2}e^{-10} \approx 2 \times 10^{-5}$

14.4–1 Let $\psi = \omega_c t + \phi_k$ so

$$x_c^4 = A_c^4\cos^3\psi\cos\psi = \frac{A_c^4}{4}(3\cos\psi + \cos 3\psi)\cos\psi$$

$$= \frac{A_c^4}{8}(3 + 4\cos 2\psi + \cos 4\psi)$$

where $\cos 4\psi = \cos(4\omega_c t + 4\phi_k) = -\cos 4\omega_c t$ since $4\phi_k = \pi, 3\pi, 7\pi$

14.4–2 For correlation detection

$$y(t_k) = \int_{kD}^{(k+1)D} x_c(\lambda)\, KA_c\cos\omega_c\lambda\, d\lambda, \quad t_k = (k+1)D$$

For filter detection $y(t_k) = \int_{-\infty}^{\infty} x_c(\lambda)\, h(t_k - \lambda)\, d\lambda$

Thus, $h[(k+1)D-\lambda] = \begin{cases} KA_c \cos \omega_c\lambda & kD \le \lambda \le (k+1)D \\ 0 & \text{otherwise} \end{cases}$

So $h(t) = KA_c \cos[(k+1)\omega_c D - \omega_c t] \quad 0 \le t \le D$

$$= KA_c \cos \omega_c t \, p_D(t) \quad \text{since} \quad \omega_c D = 2\pi N_c$$

$$E = \tfrac{1}{2} A_c^2 D = \frac{A_c^2}{2r} \Rightarrow K = \frac{A_c}{E} = \frac{2r}{A_c}$$

$$\sigma^2 = \frac{N_0}{2}\int_{-\infty}^{\infty} |h(t)|^2\,dt = \frac{N_0}{2}\int_0^D (KA_c)^2 \cos^2 \omega_c t\,dt$$

$$= \frac{N_0}{4}(KA_c)^2 D = \frac{A_c^2 N_0}{2E} = N_0 r$$

14.5–1 Loss of orthogonality among the received subcarriers can be caused by Doppler shift combined with multipath, particularly in mobile environments.

14.5–2 $X_k(t)e^{j2\pi f_k t} = X_k(t)[\cos 2\pi f_k t + j \sin 2\pi f_k t]$

with

$X_k(t) = [I_k(t) + jQ_k(t)]$

$$\Rightarrow [I_k(t) + jQ_k(t)][\cos 2\pi f_k t + j\sin 2\pi f_k t]$$

$$= [I_k(t)\cos 2\pi f_k t - Q_k(t)\sin 2\pi f_k t] + j[Q_k(t)\cos 2\pi f_k t + I_k(t)\sin 2\pi f_k t]$$

$$\Rightarrow \text{Re}\{[I_k(t)\cos 2\pi f_k t - Q_k(t)\sin 2\pi f_k t] + j[Q_k(t)\cos 2\pi f_k t + I_k(t)\sin 2\pi f_k t]\}$$

$$= v_k(t)$$

15.1–1 $10 \log (J/S_R) = 10 \log (Pg) - 10 \log (E_b/N_J)$

$$= 10 \log (10{,}000) - 10 \log (1.80 \times 10^{-11}/1.48 \times 10^{-13})$$

$$= 19.2 \text{ dB}$$

15.1–2 $P_e = Q(\sqrt{2E_b/N_0}) = 1 \times 10^{-7} \Rightarrow 2E_b/N_0 = 27.04$

Multiple users:

$$P_e = Q\left(\frac{1}{\sqrt{(M-1)/3Pg + N_0/2E_b}}\right) = 1 \times 10^{-5}$$

$$= Q\left(\frac{1}{\sqrt{(M-1)/3000 + 1/27.04}}\right) \Rightarrow (M-1) = 54$$

$\Rightarrow$54 total users

15.2–1

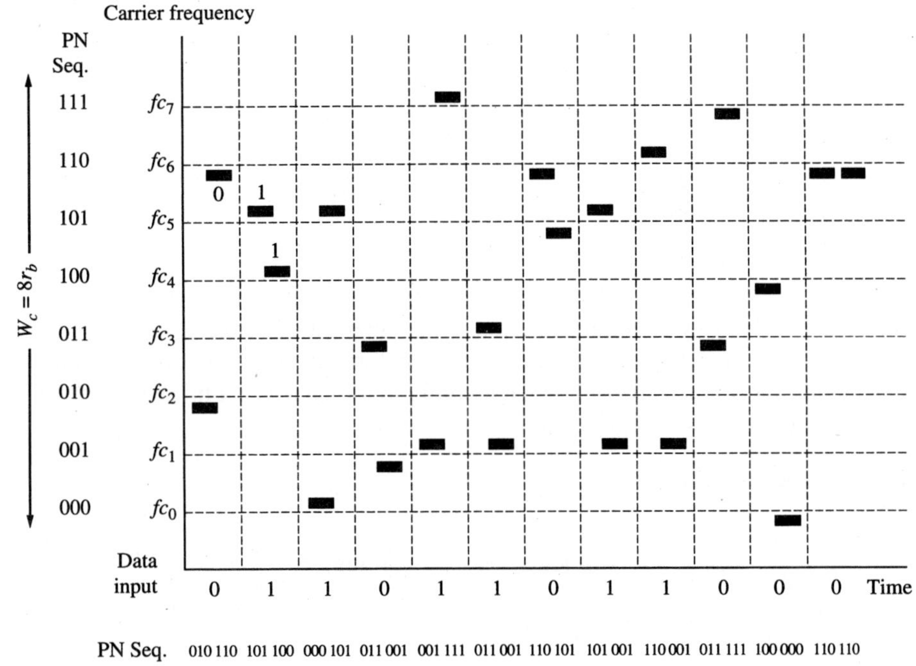

15.2–2 Multiple users: $P_e = \frac{1}{2}\left(\frac{M-1}{Y}\right) + \frac{1}{2}e^{-E_b/2N_0}\left(1 - \frac{M-1}{Y}\right)$

Assume 2nd term does not significantly contribute to the overall error so that with $M = 54$ users, we have

$$10^{-5} = \frac{1}{2}\left(\frac{54-1}{Y}\right) \Rightarrow Y = 2650.$$

But with FH-SS, $Pg = 2^k \Rightarrow k = 12 \Rightarrow Y = 4096$.

Comparing to Exercise 15.1–2, for $M = 54$, and the same P_e, we require $Pg = 1000$.

15.3–1 $m_1 = m_2 + m_5$ and output $= m_5$

shift	m_1	m_2	m_3	m_4	m_5	shift	m_1	m_2	m_3	m_4	m_5
0	1	1	1	1	1	8	0	0	1	0	1
1	0	1	1	1	1	9	1	0	0	1	0
2	0	0	1	1	1	10	0	1	0	0	1
3	1	0	0	1	1	11	0	0	1	0	0
4	1	1	0	0	1	12	0	0	0	1	0
5	0	1	1	0	0	13	0	0	0	0	1
6	1	0	1	1	0	14	1	0	0	0	0
7	0	1	0	1	1	15	0	1	0	0	0

shift	m_1	m_2	m_3	m_4	m_5	shift	m_1	m_2	m_3	m_4	m_5
16	1	0	1	0	0	24	0	1	1	0	1
17	0	1	0	1	0	25	0	0	1	1	0
18	1	0	1	0	1	26	0	0	0	1	1
19	1	1	0	1	0	27	1	0	0	0	1
20	1	1	1	0	1	28	1	1	0	0	0
21	0	1	1	1	0	29	1	1	1	0	0
22	1	0	1	1	1	30	1	1	1	1	0
23	1	1	0	1	1	31	1	1	1	1	1

The above output occurs with all 1s as initial conditions. Any other set of nonzero initial conditions will produce a delayed version of the above output. Therefore, this register configuration only produces one unique sequence. Any n-bit register configured to produce a ml sequence will only have one unique output sequence regardless of initial conditions.

16.1–1 $P_2 + P_3 = 1 - P_1$ so $2P_2 = 2P_3 = 1 - p$ and

$$H(X) = p\log_2\frac{1}{p} + 2\frac{1-p}{2}\log_2\frac{2}{1-p} = p\log_2\frac{1}{p} + (1-p)\left[\log_2\frac{1}{1-p} + \log_2 2\right]$$

$$= p\log_2\frac{1}{p} + (1-p)\log_2\frac{1}{1-p} + (1-p) = \Omega(p) + 1 - p$$

$$H(X)|_{\max} = \log_2 M = \log_2 3 = 1.58 \text{ at } p = \tfrac{1}{M} = 1/3$$

16.1–2

x_i	P_i	1	2	3	Codeword	N_i	I_i
A	1/2	0			0	1	1
B	1/4	1	0		10	2	2
C	1/8	1	1	0	110	3	3
D	1/8	1	1	1	111	3	3

$$N_0 = \tfrac{1}{2}\times 1 + \tfrac{1}{2}\times 1 + \tfrac{1}{8}\times 1 = \tfrac{7}{8} = \overline{N}/2$$

$$N_1 = \tfrac{1}{4}\times 1 + \tfrac{1}{8}\times 2 + \tfrac{1}{8}\times 3 = \tfrac{7}{8} = \overline{N}/2$$

16.1–3 From Table 16.1–5 with $p = 0.9$ we have the data compression $\overline{N}/\overline{E} = 0.50$ so $r_b/r = 0.50$.
But $R = rH(X) \le r_b$, so
$H(X) \le r_b/r = 0.50$ bits/sample.

16.2–1
$$H(Y \mid X) = P(x_1)\left[P(y_1 \mid x_1)\log_2\frac{1}{P(y_1 \mid x_1)} + P(y_2 \mid x_1)\log_2\frac{1}{P(y_2 \mid x_1)}\right]$$

$$+ P(x_2)\left[P(y_1 \mid x_1)\log_2\frac{1}{P(y_1 \mid x_2)} + P(y_2 \mid x_2)\log_2\frac{1}{P(y_2 \mid x_2)}\right]$$

$$= p\left[(1-\alpha)\log_2\frac{1}{1-\alpha} + \alpha\log_2\frac{1}{\alpha}\right]$$

$$+ (1-p)\left[\alpha\log_2\frac{1}{\alpha} + (1-\alpha)\log_2\frac{1}{1-\alpha}\right]$$

$$= \alpha\log_2\frac{1}{\alpha} + (1-\alpha)\log_2\frac{1}{1-\alpha} = \Omega(\alpha)$$

16.2–2 $P(x_iy_j) = P(x_i)P(y_j) \quad P(x_i|y_j) = P(x_iy_j)/P(y_j) = P(x_i)$

Thus, $H(X|Y) = \sum_{x,y} P(x_i)P(y_j)\log_2\frac{1}{P(x_i)}$

$$= \left[\sum_y P(y_j)\right]\left[\sum_x P(x_i)\log_2\frac{1}{P(x_i)}\right] = 1 \times H(X)$$

so $I(X;Y) = H(X) - H(X|Y) = 0$

16.3–1 (*a*) $p(x) = 0$ for $|x| > M$ so

$$I = \int_{-M}^{M} p(x)\log_2\frac{1}{p(x)}\,dx \quad \text{and} \quad \int_{-M}^{M} p(x)\,dx = 1 \Rightarrow F_1 = p,\ c_1 = 1$$

$$-\frac{(\ln p + 1)}{\ln 2} + \lambda_1 = 0 \Rightarrow \ln p = \lambda_1\ln 2 - 1 \Rightarrow p = e^{(\lambda_1\ln 2-1)} = \text{constant}$$

Thus, $p(x) = \dfrac{1}{2M}$ for $-M < x < M$, and $H(X) = \displaystyle\int_{-M}^{M}\frac{1}{2M}\log_2 2M\,dx$

$$= \log_2 2M$$

(*b*) $p(z) = 1/2KM$ for $-KM < z < KM$ so $H(Z) = \log_2 2KM$

But $dz/dx = K$ so $H_0(Z) - H_0(X) = -\log_2 K$ and

$$H_{abs}(Z) - H_{abs}(X) = \log_2 2KM - \log_2 2M - \log_2 K$$

$$= \log_2\left[\tfrac{2KM}{(2M \times K)}\right] = 0$$

16.3–2 (*a*) $R = r\log_2 64 \le B\log_2(1 + S/N) \Rightarrow r \le (3 \times 10^3\log_2 1001)/6$

$= 5000$ symbols/sec

(*b*) $S/N_0B = 10^3 \Rightarrow S/N_0 = 3 \times 10^3 \times 10^3 = 3 \times 10^6$

$B = 1$ kHz:

$C = 10^3\log_2(1 + 3 \times 10^6/10^3) \approx 1.2 \times 10^4 \Rightarrow r \le 1.2 \times 10^4/6 = 2000$

$B \to \infty$:

$C_\infty = 1.44 \times 3 \times 10^6 = 4.32 \times 10^6 \Rightarrow r \le 4.32 \times 10^6/6 = 720{,}000$

16.4–1 (*a*) $\|s_1'\|^2 = (3\sqrt{2})^2 \times 2 = 36 \quad \phi_1 = s_1'/6$

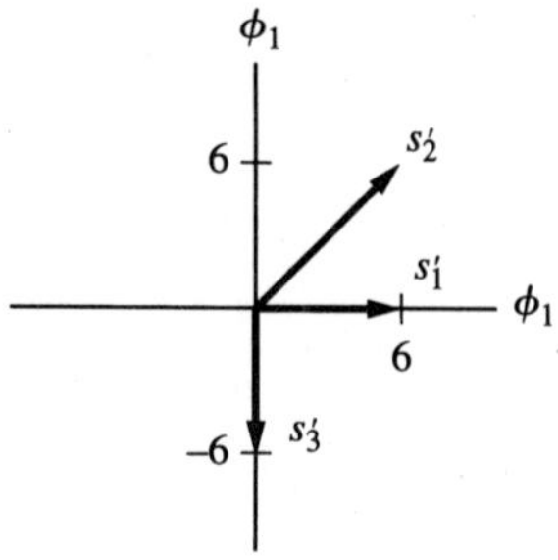

$$\alpha_{21} = \int s_2'\phi_1\, dt = 3\int_0^2 dt = 6 \quad g_2 = s_2' - 6\phi_1$$

$$\|g_2\|^2 = 36 \quad \phi_2 = g_2/6$$

(*b*) $\left\|s_2'\right\|^2 = 6^2 + 6^2 = 72 \quad \left\|s_2'\right\|^2 = \int_0^4 (3\sqrt{2})^2\, dt = 18 \times 4 = 72$

16.5–1 $E_i = a^2 \qquad i = 1, 2$

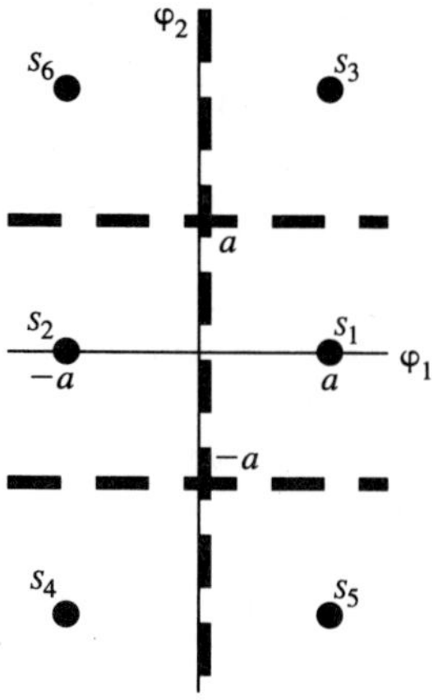

$$= a^2 + (2a)^2 \quad i = 3, 4, 5, 6$$

$$E = \frac{[2 \times a^2 + 4 \times 5a^2]}{6} = \frac{11a^2}{3}$$

$$\frac{a}{\sqrt{N_0/2}} = \sqrt{\frac{6E}{11N_0}} \text{ so let } q = Q\left(\sqrt{\frac{6E}{11N_0}}\right)$$

For $i = 1, 2$

$$P(c \mid m_i) = \int_{-a}^{a} p_\beta(\beta_1)\, d\beta_1 \int_{-a}^{\infty} p_\beta(\beta_2)\, d\beta_2 = (1 - 2q)(1 - q)$$

For $i = 3, 4, 5, 6$ $P(c \mid m_i) = \int_{-a}^{\infty} p_\beta(\beta_1)\, d\beta_1 \int_{-a}^{\infty} p_\beta(\beta_2)\, d\beta_2 = (1 - q)^2$

$$P_c = \tfrac{1}{6}[2(1 - 2q)(1 - q) + 4(1 - q)^2] = \tfrac{1}{3}(3 - 7q + 4q^2)$$

Thus, $P_e = 1 - P_c = \frac{1}{3}(7q - 4q^2)$

A–1

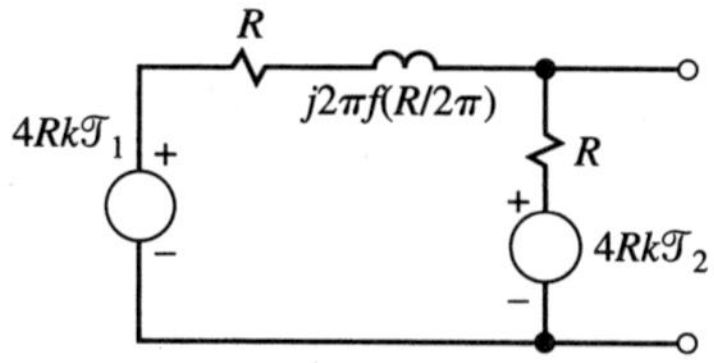

$$i_n^2(f) = \frac{4Rk\mathcal{T}_1}{|R + jfR|^2} + \frac{4Rk\mathcal{T}_2}{R^2} = \frac{4k}{R}\left(\frac{\mathcal{T}_1}{1 + f^2} + \mathcal{T}_2\right)$$

$$Z(f) = \frac{R(R + jfR)}{R + R + jfR} = \frac{R(1 + jf)}{2 + jf}, \quad |Z(f)|^2 = R^2\frac{1 + f^2}{4 + f^2},$$

$$\mathrm{Re}[Z(f)] = R\frac{2+f^2}{4+f^2}$$

$$v_n^2(f) = |Z(f)|^2 i_n^2(f) = 4kR\frac{\mathcal{T}_1 + (1+f^2)\mathcal{T}_2}{4+f^2}$$

$$\eta(f) = \frac{v_n^2(f)}{4\,\mathrm{Re}[Z(f)]} = k\frac{\mathcal{T}_1 + (1+f^2)\mathcal{T}_2}{2+f^2}$$, If $\mathcal{T}_1 = \mathcal{T}_2 = \mathcal{T}$, then

$\eta(f) = k\mathcal{T}$.

A–2 (*a*) $N_o = 10^6 k(\mathcal{T}_0 + \mathcal{T}_e) \times 2 \times 10^6$

$$= 2 \times 10^{12} \times 4 \times 10^{-21}\frac{\mathcal{T}_0 + \mathcal{T}_e}{\mathcal{T}_0} = 40 \times 10^{-9}$$

so $(\mathcal{T}_0 + \mathcal{T}_e)/\mathcal{T}_0 = 5 \Rightarrow \mathcal{T}_e = 4\mathcal{T}_0$, $F = 1 + \frac{4\mathcal{T}_0}{\mathcal{T}_0} = 5$

(b) $F = \mathcal{T}_x/\mathcal{T}_0 = 5$, $\mathcal{T}_i = \mathcal{T}_0 + \mathcal{T}_x = 6\mathcal{T}_0 = 1740\ \mathrm{K}$

A–3 With FET: $\mathcal{T}_e = 9 + \frac{14.5}{100} + 1.8 + 2.0 = 12.9, \quad \mathcal{T}_N = 42.9\ \mathrm{K}$

Without: $\mathcal{T}_e = 9 + \frac{14.5}{100} + \frac{1.05 \times 1860}{100} = 28.7, \quad \mathcal{T}_N = 58.7\ \mathrm{K}$

Note that FET increase $(S/N)_R$ by $58.7/42.9 = 1.37 \approx 1.4$ dB

선택된 연습문제 해답

Selected answers are given here for problems marked with an asterisk (*).

2.1–9 $0.23A^2, 0.24A^2, 0.21A^2$

2.2–4 $-j(A/\pi f)[\text{sinc } 2f\tau - \cos 2\pi f\tau]$

2.2–8 50%, 84%

2.2–12 $AW[\text{sinc }(2Wt - \frac{1}{2}) - \text{sinc }(2Wt + \frac{1}{2})]$

2.3–1 $2A\tau \text{ sinc } f\tau \cos 2\pi fT$

2.3–6 $(1/|a|)V(f/a)e^{-j\omega t_d/a}$

2.3–21 $(j2Abf)/[b^2 + (2\pi f)^2]^2$

2.4–3
$$\begin{aligned} y(t) &= 0 && t < 0, t > 5 \\ &= At^2/2 && 0 < t < 2 \\ &= 2A && 2 < t < 3 \\ &= (A/2)[4 - (t-3)^2] && 3 < t < 5 \end{aligned}$$

2.4–8 $y(t) = \begin{cases} 0 & t < 0 \\ [AB/(a-b)][e^{-bt} - e^{-at}] & t > 0 \end{cases}$

2.4–15 $y(t) = \frac{1}{2} \text{ sinc}\left(\frac{t}{2}\right)$ (*Hint:* Use duality)

2.5–5 $2A\tau \text{ sinc } 2f\tau\, e^{-j2\pi f\tau}$

2.5–11 $2A\tau \text{ sinc } f\tau(1 + \cos 4\pi fT)$

2.5–13 4

2.6–2 $H(0) = 1, H(1) = [0.25 - j0.604], H(2) = 0.0, H(3) = [0.25 - j0.104]$

3.1–3 $AH^2(f)e^{-j2\pi ft_d}$

3.1–9 $y(t) \approx 2\pi B \int_{-\infty}^{t} x(\lambda)\, d\lambda$

3.1–18 $h(t) = \frac{1}{K}\delta(t) - \frac{1}{K^2}e^{-t/K}u(t),\ g(t) = \frac{1}{K}e^{-t/K}u(t)$

3.2–5 $y(t) = 1.28 \cos(\omega_0 t - 72°) + 0.31 \cos(3\omega_0 t - 45°) + 0.14 \cos(5\omega_0 t - 31°)$

3.2–10 $y(t) \approx \frac{\alpha}{2}x(t) + x(t-T) - \frac{\alpha}{2}x(t-2T)$

3.3–1 $\ell_1 = 22$ km, $g_2 = 56$ dB, $g_4 = 34$ dB

3.3–6 $r = 1.55$ m

3.3–12 29 W

3.4–2 $h(t) = K\delta(t - t_d) - 2BK \text{ sinc } B(t - t_d) \cos \omega_c(t - t_d)$

3.4–8 $g(t) = 1 - e^{-bt}(\sin bt + \cos bt)$ for $t \geq 0$, $t_r \approx 1/2.8B$

3.5–2 $\hat{v}(t) = \lim_{t\to\infty}(A/\pi)\ln|(2t+\tau)/(2t-\tau)| = 0$

3.5–5 $\hat{x}(t) = 4\sin\omega_0 t + \frac{4}{9}\sin 3\omega_0 t + \frac{4}{25}\sin 5\omega_0 t$

3.6–6 $G_v(f) = \left(\frac{A}{2W}\right)^2 \Pi\left(\frac{f}{2W}\right), R_v(\tau) = \left(\frac{A^2}{2W}\right)\text{sinc } 2W\tau, E_v = \frac{A^2}{4W}$

3.6–11 $R_v(\tau) = A^2/2, P_v = A^2/2, G_v(f) = (A^2/2)\delta(f)$

4.1–4 $v_{lp}(t) = 400 \text{ sinc } 400t\, e^{-j2\pi 100t}, v_i(t) = 800 \text{ sinc } 400t \cos 2\pi 100t,$

$v_q(t) = -800 \text{ sinc } 400t \sin 2\pi 100t$

4.1–10 $y_{bp}(t) = A(1 - e^{-\pi Bt})\cos \omega_c t\, u(t)$

4.1–17 2200 Hz

4.2–3 AM: $B_T = 200, S_T = 68$; DSB: $B_T = 200, S_T = 50$

4.2–11 5 kHz $< f_c <$ 50 kHz

4.3–2 $K = \sqrt{b/a}$

4.3–7 $f_c > 4000$ Hz

4.4–7 $S_T = 7A_c^2/4, B_T = 400$

4.4–14 $x_c(t) = (A_c/2)[\cos\omega_m t \cos\omega_c t - 2a \sin\omega_m t \sin\omega_c t]$

4.5–5 $a = \frac{1}{2}$ will produce standard AM with no distortion at the output.

$a = 1$ will produce USSB + C, $a = 0$ will produce LSSB + C } maximum distortion from envelope detector.

5.1–4 $\theta_c(t) = 2\pi[f_1 t + (f_2 - f_1)t^2/T]$

5.1–10 $f(t) = 40 + 40\cos 2\pi 20t;\ S_T = 6441.5$

5.2–7 $5 \times 10^{12} < B_T < 5 \times 10^{13}\ 2.5 \times 10^{12} < f_\Delta < 2.5 \times 10^{13}$

5.2–11 $y_c(t) = A_c[\cos\omega_c t - \phi_\Delta(\pi f_c/Q)\tilde{x}(t)\sin\omega_c t];$

$\phi(t) = \arctan[\phi_\Delta(\pi f_c/Q)\tilde{x}(t)]$

5.2–17 $f_\Delta < (f_c - 2W)/9$

5.3–5 Signal has low frequencies boosted.

5.3–11 $K_1 = \frac{A_c}{2f_c\sqrt{2}},\quad K_2 = \frac{A_c}{8f_c^2\sqrt{2}},\ f_\Delta/f_c < 0.08$

5.4–5 S_x will increase dramatically and will have a larger impact on DSB.

$P_{sb}/A_{\max}^2 = S_x/4$ for DSB however $P_{sb}/A_{\max}^2 = S_x/16$ for AM.

5.4–10 $y_D(t) = \frac{\{1 + \rho\cos[\phi(t) - \theta_i(t)]\}\dot{\phi}(t)/2\pi + \{\rho + \cos[\phi(t) - \theta_i(t)]\}\rho f_i}{1 + \rho^2 + 2\rho\cos[\phi(t) - \theta_i(t)]}$

5.4–11 $d = 2.219 + n6$ meters

6.1–4 $K_1 = 2$ and $K_2 = \pi/2$

6.1–15 $f_s \le 12$ MHz, $W_{presampling} \le 137.5$ MHz

6.1–17 (*a*) 1.64%, (*b*) −14.3%

6.1–20 (*a*) 100 Hz, (*b*) 200 Hz, (*c*) 400 kHz

6.1–22 $f_s = 187$ kHz

6.2–3 (*a*) $H(f) = \text{sinc}\, f\tau\, e^{-j\omega\tau/2}$, $X_p(f) = P(f)\overline{X}_\delta(f)$ where $\overline{X}_\delta(f) = f_s \sum_n H(f - nf_s)X(f - nf_s)$

(*b*) $H_{eq}(f) = Ke^{-j\omega(t_d - \tau/2)}/\text{sinc}^2 f\tau, \quad |f| \le W$

6.3–1 $B_T \ge 400$ kHz

7.1–1 $f_{IF} \ge 532.5$ kHz, $f_{LO} = 1072.5$ to 2132.5 kHz, 10 kHz $< B_{RF} <$ 1065 kHz

7.1–3 $C = 6$ to 25.6 nF, 19.3 to 3,506 nF

7.1–10 (*a*) 50–54 MHz, 50.910 to 54.910 MHz

(*b*) 50–54 MHz, 64 to 68 MHz

7.1–13 (*a*) 2 MHz at 0 dB, 2.9 MHz at −10 dB, 4.550 at −23.1 dB, 5.365 MHz at −25.4 dB

7.1–17 (*a*) −24 dB, (*b*) −35.6 dB

7.1–22 20 bits

7.2–4 $B_g \ge 0.76W$, $B_T \ge 17W$

7.2–11 $r = 200$ kHz, $\tau = 2.5\ \mu s$, $B_T \ge 200$ kHz

7.2–14 (*a*) $B_T \ge 250$ kHz, (*b*) $B_T \approx 250$ kHz

7.2–19 $M = 28$

7.3–5 $\cos \theta_v(t) = \cos[(\omega_c + \omega_1)t + \phi_0 + \phi_1 + 90^0 - \varepsilon_{ss}]$

7.3–8 $f_v = 5$ kHz, 50 kHz

7.3–12 (*a*) $\dfrac{E(f)}{\Phi(f)} = \dfrac{jf}{jf + KH(f)}$

7.3–13 (*a*) $A_\varepsilon = \dfrac{f_\Delta}{K}\dfrac{A_m}{\sqrt{1 + (f_m/K)^2}}$, (*b*) $K \ge 2f_\Delta$

7.4–4 $n_p = 25{,}921$, $B = 805$ kHz

7.4–6 $n_p = 2.18 \times 10^5$, $T_{line} = 64\ \mu s$, $B = 4.99$ MHz

8.1–1 $P(A^cB) = 2/12$

8.1–7 $P(C) = P(A) + P(B) - 2P(AB)$

8.1–11 0.6048

8.1–17 (a) $P(A) = 11/24$

(b) $P(L|A) = 9/11$

8.2–1 $P(X \ge 2) = 0.4$

8.2–5 $K = 0.01$, $P(5 < X \le 7) = F_X(7) - F_X(5) = 0.49 - 0.25 = 0.24$

8.2–9 $p_Z(z) = e^{-(z+5)}u(z + 5)$

8.2–16 $p_Y(y) = e^{-y}u(y)$

8.3–1 $m_X = 1/a$

8.3–5 $m_X = \dfrac{K-1}{2}a \qquad \sigma_X = \sqrt{\dfrac{K^2-1}{3}}\dfrac{a}{2}$

8.3–9 $\beta = -m_X$

8.3–16 $\Phi_X(\nu) = \left(1 - j\dfrac{\nu}{a}\right)^{-1}$

8.4–1 $P(i < 3) = 56/1024$

8.4–5 $P(I > 1) = 0.264$

8.4–9 $P(X > 20) = Q(0.5) \approx 0.31$

8.4–13 $P(FA) = 0.154, V_T = 2.9$

8.4–16 $P_e = 0.0570$

8.4–24 $E[Y] = e^{\sigma_X{}^2/2}e^{m_X}, \quad E[Y^2] = e^{2\sigma_X{}^2}e^{2m_X}$

8.4–31 $m_Z = 0, \sigma_Z^2 = 100$

9.1–1 $\overline{v(t)} = \dfrac{3}{t}(e^{2t} - 1), \quad \overline{v^2(t)} = \dfrac{9}{t}(e^{4t} - 1)$

9.1–7 $R_{vw}(t_1, t_2) = \sigma^2 \sin \omega_0(t_1 - t_2)$

9.1–10 $m_Z = \overline{z(t)} = 0, \sigma_Z^2 = 2[R_v(0) - R_v(T)]$

9.2–1 $\langle v(t)\rangle = \pm 3, \langle v^2(t)\rangle = 25, \mathrm{V}_{RMS} = 4$

9.2–12 $R_{yx}(\tau) = \mathscr{F}_\tau^{-1}[(j2\pi f)G_x(f)]$

9.2–14a 4 W

9.3–3 $\overline{y^2} = N_0T/2$

9.3–7 $\overline{y^2} = N_{0v}R/4L$

9.3–10 $\bar{z} = \sqrt{\dfrac{2}{\pi}}\sigma \approx 16\ \mu\mathrm{v}, \sigma_Z = \sqrt{\sigma^2 - \left(\sqrt{\dfrac{2}{\pi}}\sigma\right)^2} \approx 12\ \mu\mathrm{v}$

9.3–15 $B_N = \dfrac{\sqrt{\pi}}{2a\sqrt{2}}, \quad B = \dfrac{1}{a}\sqrt{\dfrac{\ln 2}{2}}, \qquad B_N/B = 1.06$

9.4–1 $(S/N)_{D_{dB}} = 61$ dB

9.4–7 $(S/N)_D = \dfrac{2}{3}\dfrac{S_T}{LN_0W}$

9.4–11 $m_{min} = 5$

9.5–1 $(\sigma_A/A)^2 = k\mathcal{T}_N B_N \tau/E_p = 0.4$

9.5–5 $E_p \geq 5 \times 10^{-8}$

9.5–8 $h_{opt}(t) = \dfrac{2K\tau}{N_0}\Lambda\left(\dfrac{t - t_d}{\tau}\right)$

10.1–3 $G_n(f) \div N_0 = 0.1$ at $f/f_c = \pm 0.5$

10.1–7 $\sigma_Y = \sqrt{8 - 2\pi} = 1.3$

10.1–10 $R_n(\tau) = N_0 B_T \operatorname{sinc} B_T \tau \cos \omega_c \tau$

10.1–16 $R_{n_i n_q}(\tau) = -\pi N_0 B_T^2 \tau \operatorname{sinc}^2 B_T \tau$

10.2–1 $(S/N)_D = 50$ dB

10.2–5 $(S/N)_D = \gamma/2$ for both channels

10.2–11 $g_T = \gamma/\gamma_{th} \approx 1500 = 32$ dB

10.3–1 FM:$N_D = N_0 W^3/3S_R = 1.67 \times 10^5$

10.3–6 $(S/N)_D = 290 = 24.6$ dB

10.3–10 $(S/N)_{D_{th}} \leq 2030 \approx 33$ dB

10.4–1 (*c*) $S_T \approx 200$ W

10.4–5 $(S/N)_D = 90 = 19.5$ dB

10.4–9 $S'_T = 0.105$ W

10.6–1 $(S/N)_D = 2.78 \times 10^5 = 54.4$ dB

11.1–7 (*a*) $B \geq 160$ kHz, (*b*) $M \geq 8$

11.1–11 $r \approx 0.7B$

11.1–12 63 MHz

11.2–1 $(S/N)_R = 19.2$, $P_e = 6 \times 10^{-6}$ (polar)

11.2–4 (*a*) $P_e = \frac{1}{2} Q\left(\frac{A - 2\alpha}{2\sigma}\right) + \frac{1}{2} Q\left(\frac{A + 2\alpha}{2\sigma}\right)$, $P_e = 3.7 \times 10^{-4}$ and 3.4×10^{-5} (if $\varepsilon = 0$)

11.2–8 $P_e = 1.5 \times 10^{-22}$ (regenerative), $P_e = 1.2 \times 10^{-2}$ (nonregenerative)

11.2–14 $M_{\min} = 16$, $S_R \geq 670$ pW

11.2–19 $V_T = 2.5$, $P_{be} = 2.5 \times 10^{-4}$, $E_b = 1.25 \times 10^{-4}$

11.3–3 (*a*) 3 kpbs, (*b*) 4 kpbs, (*c*) 4.8 kbps

11.3–20 $c_{-1} = -0.3834$, $c_0 = 1.127$, $c_1 = -0.2058$, $\varepsilon^2_{MMSE} = .0312$, $\varepsilon^2_{zero\ forced} = 0.0481$

11.4–1 scrambled output: 010011101101100, dc value: 0.53 (scrambled), 0.80 (unscrambled)

12.1–1 $\nu = 3$, $f_s \leq 33.3$ kHz, $n = 3$

12.1–5 $M = 3$, $\nu = 5$, $f_s \leq 6.4$ kHz

12.1–10 $q = 4096$, 0.488 mV, $(S/N)_D = 74$ dB

12.1–14 24 Mbits

12.1–20 $\varepsilon_{\text{with companding}} = 0.42$, $\varepsilon_{\text{w/o companding}} = 0.65$

12.2–1 $M = 8$, $\nu = 2$, $q = 64$, $S_R = 56.7$ mW

12.2–4 $\gamma \approx 22.8$ dB (PCM), $\gamma = 50$ dB (analog), advantage: 27.2 dB

12.2–11 $B_T = 16.35$ kHz, $\nu = 5$

12.3–2 0.372

12.3–7 $W_{RMS} = 1.3$ kHz, $K = \dfrac{f_0 S_x}{2 \arctan (W/f_0)}$

12.3–10 $n = 1: c_1 = \rho_1, G_\rho = 10.1$ dB, $n = 2: c_1 = 0.9744, c_2 = -0.0256, G_\rho = 10.1$ dB

12.4–1 5.9 Gbits

12.5–1 $N = 4$, efficiency $= 7.8\%$

12.5–4 49.5 secs/page

13.1–1 $P(\text{no errors}) = 0.6561, P(\text{detected error}) = 0.2916, P(\text{undetected error}) = 0.0523$

13.1–8 $(31, 26): \gamma_b = 8.9$ dB, $(31, 21): \gamma_b = 8.2$ dB, $(31, 16): \gamma_b = 8.3$ dB, uncoded: $\gamma_b = 10.5$ dB

13.1–11 0.76 or 24% less power

13.1–15 $P_{be} \approx 10^{-6}, N \geq 10, r_b \leq 269$ kbps

13.2–15 $Q_M(p) = p^2 + p + 1, C(p) = 0 + 0 + p + 1, X = (1\,0\,1\,0\,0\,1\,1)$

13.2–21 (a) $\alpha = 6 \times 10^{-4}, P_{be} = 2.2 \times 10^{-6}$

13.2–27 $X = (1\,0\,0\,0\,1\,0\,1\,1\,0\,1\,0\,1\,0\,1\,0\,0\,1\,1\,1)$

13.3–6 $X = (101 \quad 100 \quad 010 \quad 000 \quad 100 \quad 000 \quad 011 \quad 000)$

13.3–13 (a) minimum weight path: $abc = D^3I^1, d_f = 3, M(d_f) = 1$

(b) $T(D, I) = \dfrac{D^3 I}{1 - DI}$ (c) Eq. (9): $P_{be} = 8\alpha^{3/2}$, Eq. (10): $P_{be} = 8\alpha^{3/2}$

13.3–16 $Y + \hat{E} = 00 \quad 11 \quad 01 \quad 01 \quad 11 \quad 11 \quad 10 \quad 11$

$\hat{M} = 0 \quad 1 \quad 1 \quad 0 \quad 0 \quad 1 \quad 0 \quad 0$

14.1–1 $\overline{x_c^2} = \dfrac{A_c^2}{12}(M - 1)(2M - 1), \dfrac{P_c}{\overline{x_c^2}} = 1/2\,(M = 2), \dfrac{P_c}{\overline{x_c^2}} = 3/4\,(M \gg 1)$

14.1–15 $r_b = 385$ bps

14.2–4 $P_e = Q(\sqrt{1.216\gamma_b})$

14.2–6 $\theta_\varepsilon < \arccos(3.74/4.27) \approx 29°$

14.2–14 (a) $A_c = 0.00133$, (b) $A_c = 0.0023$

14.3–1 $\gamma_b > 10.9$ dB, $P_{e1} < 3 \times 10^{-4}$

14.3–4 (a) $P_e = 3.4 \times 10^{-5}$, (b) $P_e = 1.76 \times 10^{-4}$

14.3–9 (a) 11.8 kbps (b) 23.5 kbps (c) 28.4 kbps

14.4–1 (a) $\gamma_b \geq 10.5$ dB, (b) $\gamma_b \geq 12.8$ dB

14.4–3 (a) 16-QAM with $\gamma_b \geq 14.4$ dB, (b) 16-PSK with $\gamma_b \geq 18.4$ dB

14.4–6 5.2

14.4–11 (a) $P_e = 2.32 \times 10^{-5}$, (b) $P_e = 1.8 \times 10^{-10}$, (c) $P_e = 0.4$, (d) $P_e = 0.017$

14.5–2 $K \geq 32, \quad T_{s_{\min}} \geq 10\ \mu s$

14.6–1 $P_e = 4 \times 10^{-11}$, output symbol rate does not change

14.6–4 $x_2x_1 = \{00, \quad 01, \quad 10, \quad 01, \quad 11, \quad 00\} \rightarrow$

$y_3y_2y_1 = \{000, \quad 100, \quad 011, \quad 010, \quad 111, \quad 111\}$

15.1–1 (a) $W_c = 203$ kcps, (b) $B_T = 0.41$ MHz

15.1–5 $W_c > 487$ kcps

15.1–10 $Pg = 37$ dB, $B_T = 17$ MHz

15.2–1 $Pg = 2^7 = 256$, $B_T = 768$ kHz

15.2–4 $P_e = 4.95 \times 10^{-2}$

15.3–5 $\{0000 \quad 0000 \quad 1001 \quad 0100 \quad 1001 \quad 1110 \quad 1010 \quad 110\}$, $|R_{st}(\tau)|_{\max} = 0.29$

15.4–3 $\overline{T}_{acq} = 0.51$ secs, $\sigma_{\text{acq}} = 0.38$ secs

16.1–1 $I(\text{not } F) = \log 5/4 = 0.322$ bits

16.1–4 $H(X) \doteq 1.94$ bits

16.1–9 $H(X) = \dfrac{1}{3}\log 3 + p\log\dfrac{1}{p} + \left(\dfrac{2}{3} - p\right)\log\dfrac{1}{\dfrac{2}{3} - p}$

16.1–16 $H(X) = 0.811$ bits

16.2–8 $C_s = 0.577$ bits/symbol

16.3–1 $H(X) = \log\sqrt{12S}$

16.3–5 $p(x) = \dfrac{1}{m}e^{-x/m}u(x) \quad H(X) = \log em$

16.3–10 $S \geq 10^{-3}(2^{R/1000} - 1)$

16.3–14 $S_T = \gamma L N_0 W$

16.4–5 $s_1 = \sqrt{2}\,\phi_1 \quad s_2 = \sqrt{\dfrac{2}{3}}\,\phi_2 \quad s_3 = \dfrac{\sqrt{2}}{3}\phi_1 + \sqrt{\dfrac{8}{45}}\,\phi_3$

16.5–1 (*a*) $z_1 = (y, s_1)$ $z_2 = (y, s_2)$

16.5–5 $P_e = \dfrac{20}{9}Q\left(\sqrt{\dfrac{9E}{24N_0}}\right) - \dfrac{16}{9}Q^2\left(\sqrt{\dfrac{9E}{24N_0}}\right)$

A–1 $v_n^2(f) = 4R_1k\mathcal{T}_1 + 4R_2k\mathcal{T}_2$

A–5 $i_n^2(f) \approx 4(r/2)k\mathcal{T}, \quad r \approx k\mathcal{T}/qI$

A–10 $F = 26$

A–14 $\mathcal{T} \leq 103$ K

찾아보기

ㅈ